산업보건지도사

1차

산업안전보건법령
산업위생일반
기업진단 · 지도

. H · 한유숙

INDUSTRIAL
HEALTH INSTRUCTOR

예문사

사업장의 안전보건에 관한 진단 · 평가 · 기술지도 · 교육 등에 관한 산업안전보건 컨설턴트인 보건지도사는 그간 시험문제 수준의 형평성 관리부족과 교재수준의 미비로 시험에 응시하고자 희망하는 수험생들이 쉽게 학습을 시작하지 못하는 분야로 여겨져 왔습니다.

보건관리 분야는 안전관리 분야와 비교해 보면 사회적으로 보다 광범위한 문제를 유발하는 데 비해 정부차원에는 최근에서야 문제의 심각성을 인식한 듯합니다. 지난 2022년 산업재해 통계를 살펴보면 질병 재해자의 28.7%가 신체부담작업에 의해 질병에 이환되었고, 23.2%나 되는 근로자가 난청에 시달리고 있는 것으로 조사되었으며, 전체 질병 중 36.0%가 뇌 · 심장질환, 35.0%가 진폐증, 15.2%가 직업성 암으로 사망하는 등 사업장 보건관리에 심각한 문제가 지속되고 있습니다.

이러한 현상의 지속으로 향후 보건관리에 많은 관심과 제도개혁이 이루어질 것으로 예상해 볼 수 있으며, 당연히 산업보건지도사의 업무영역 확대에 따른 인력수급 불균형이 예상되므로 향후 산업보건지도사 자격의 취득은 사회생활에 매우 큰 힘이 될 것이며, 사회적 위상도 더욱 높아질 것입니다.

최근 산업보건지도사 시험의 출제경향은 그간의 단순 암기위주의 출제수준에서 벗어나 실무적으로 활용 가능한 지식과 직업분야에 적합한 품위를 가늠하는 출제경향으로 전환되고 있으며, 이는 시험에 응시하려는 수험생분들에게 대단한 희소식이라 할 수 있습니다.

저는 대한민국 최고의 전문수험서를 집필한다는 각오로 그간 기술사, 지도사, 기사교재를 집필해 오고 있습니다. 당연히, 수시로 개정되는 법령은 물론 전문기술에 관한 내용을 빠짐없이 반영해 수험생 여러분이 1차, 2차, 3차 면접까지 계획하신 일정대로 합격하실 수 있도록 최선을 다하겠습니다.

여러분의 도전에 합격의 영광이 함께하기를 기원합니다.

저자 Willy. H

◯ 산업보건지도사(직업환경의학 분야) 시험과목 및 방법

구분	시험 과목	시험 시간	배점
1차	1. 산업안전보건법령 2. 산업위생일반 3. 기업진단 · 지도	90분 1. 과목당 25문항(총 75문항) 2. 각 문항별 보기 5개 중 택일	과목당 100점
2차	직업환경의학	100분 1. 단답형 5문항 2. 논술형 4문항(필수 2, 선택 1)	100점 1. 단답형 5×5 = 25점 2. 논술형 25×3 = 75점
3차	면접	1인당 20분 내외	10점

◯ 자격 및 시험

1. 지도사 시험에 합격한 사람은 지도사의 자격을 가진다.
2. 지도사 등록의 갱신기간 동안 지도실적이 2년 이상인 지도사의 보수교육시간은 10시간 이상이다.

◯ 업무 범위

1. 지도사의 직무
   - 안전보건개선계획서의 작성
   - 위험성 평가의 지도
   - 그 밖에 산업위생에 관한 사항의 자문에 대한 응답 및 조언

2. 지도사 등록이 불가능한 사람
   - 피성년후견인 또는 피한정후견인
   - 파산선고를 받은 자로서 복권되지 아니한 사람
   - 금고 이상의 실형을 선고받고 그 집행이 끝나거나(집행이 끝난 것으로 보는 경우를 포함한다) 집행이 면제된 날부터 2년이 지나지 아니한 사람
   - 금고 이상의 형의 집행유예를 선고받고 그 유예기간 중에 있는 사람
   - 같은 법을 위반하여 벌금형을 선고받고 1년이 지나지 아니한 사람
   - 등록이 취소된 후 2년이 지나지 아니한 사람

○ 업무 영역별 업무 범위

1. 산업안전지도사(기계안전 · 전기안전 · 화공안전 분야)

- 유해 · 위험방지계획서, 안전보건개선계획서, 공정안전보고서, 타워크레인 · 전기설비 등 기계 · 기구 · 설비의 작업계획서 및 물질안전보건자료 작성 지도
- 전기 · 기계기구설비, 화학설비 및 공정의 설계 · 시공 · 배치 · 보수 · 유지에 관한 안전성 평가 및 기술 지도
- 자동화설비, 자동제어, 방폭전기설비, 전력시스템, 전자파 및 정전기로 인한 재해의 예방 등에 관한 기술지도
- 인화성 가스, 인화성 액체, 폭발성 물질, 급성독성 물질 및 방폭설비 등에 관한 안전성 평가 및 기술 지도
- 크레인 등 기계 · 기구, 전기작업의 안전성 평가
- 그 밖에 기계, 전기, 화공 등에 관한 교육 또는 기술 지도

2. 산업안전지도사(건설안전 분야)

- 유해 · 위험방지계획서, 안전보건개선계획서, 건축 · 토목 작업계획서 작성 지도
- 가설구조물, 시공 중인 구축물, 해체공사, 건설공사 현장의 붕괴우려 장소 등의 안전성 평가
- 가설시설, 가설도로 등의 안전성 평가
- 굴착공사의 안전시설, 지반붕괴, 매설물 파손 예방의 기술 지도
- 그 밖에 토목, 건축 등에 관한 교육 또는 기술 지도

3. 산업보건지도사(산업위생 분야)

- 유해 · 위험방지계획서, 안전보건개선계획서, 물질안전보건자료 작성 지도
- 작업환경측정 결과에 대한 공학적 개선대책 기술 지도
- 작업장 환기시설의 설계 및 시공에 필요한 기술 지도
- 보건진단결과에 따른 작업환경 개선에 필요한 직업환경의학적 지도
- 석면 해체 · 제거 작업 기술 지도
- 갱내, 터널 또는 밀폐공간의 환기 · 배기시설의 안전성 평가 및 기술 지도
- 그 밖에 산업보건에 관한 교육 또는 기술 지도

4. 산업보건지도사(산업의학 분야)

- 유해 · 위험방지계획서, 안전보건개선계획서 작성 지도
- 건강진단 결과에 따른 근로자 건강관리 지도
- 직업병 예방을 위한 작업관리, 건강관리에 필요한 지도
- 보건진단 결과에 따른 개선에 필요한 기술 지도
- 그 밖에 직업환경의학, 건강관리에 관한 교육 또는 기술 지도

○ 업무 영역별 필기시험 과목 및 범위

1. 전공필수

구분		과목	시험 범위
산업안전 지도사	기계안전 분야	기계안전 공학	• 기계 · 기구 · 설비의 안전 등(위험기계 · 양중기 · 운반기계 · 압력용기 포함) • 공장자동화설비의 안전기술 등 • 기계 · 기구 · 설비의 설계 · 배치 · 보수 · 유지기술 등
	전기안전 분야	전기안전 공학	• 전기기계 · 기구 등으로 인한 위험 방지 등(전기 방폭설비 포함) • 정전기 및 전자파로 인한 재해예방 등 • 감전사고 방지기술 등 • 컴퓨터 · 계측제어 설비의 설계 및 관리기술 등
	화공안전 분야	화공안전 공학	• 가스 · 방화 및 방폭설비 등, 화학장치 · 설비안전 및 방식기술 등 • 정성 · 정량적 위험성 평가, 위험물 누출 · 확산 및 피해 예측 등 • 유해위험물질 화재폭발방지론, 화학공정 안전관리 등
	건설안전 분야	건설안전 공학	• 건설공사용 가설구조물 · 기계 · 기구 등의 안전기술 등 • 건설공법 및 시공방법에 대한 위험성 평가 등 • 추락 · 낙하 · 붕괴 · 폭발 등 재해요인별 안전대책 등 • 건설현장의 유해 · 위험요인에 대한 안전기술 등
산업보건 지도사	직업환경 의학 분야	직업환경 의학	• 직업병의 종류 및 인체발병경로, 직업병의 증상 판단 및 대책 등 • 역학조사의 연구방법, 조사 및 분석방법, 직종별 산업의학적 관리대책 등 • 유해인자별 특수건강진단 방법, 판정 및 사후관리대책 등 • 근골격계 질환, 직무스트레스 등 업무상 질환의 대책 및 작업관리 방법 등
	산업보건 분야	산업보건 공학	• 산업환기설비의 설계 시스템의 성능 검사 · 유지관리기술 등 • 유해인자별 작업환경측정 방법, 산업위생통계처리 및 해석, 공학적 대책 수립기술 등 • 유해인자별 인체에 미치는 영향 · 대사 및 축적, 인체의 방어기전 등 • 측정시료의 전처리 및 분석 방법, 기기분석 및 정도관리기술 등

2. 공통필수

구분		공통필수 I	공통필수 II		공통필수 III	
		시험범위		시험범위		시험범위
산업안전 지도사	기계안전 분야	산업 안전 보건 법령	「산업안전보건법」, 「산업안전보건법 시 행령」,「산업안전보 건법 시행규칙」,「산 업안전보건기준에 관 한 규칙」	산업 안전 일반	산업안전교육론, 안 전관리 및 손실방지 론, 신뢰성공학, 시 스템안전공학, 인간 공학, 위험성 평가, 산업재해 조사 및 원 인 분석 등	기업 진단 · 지도	경영학(인적자원관 리, 조직관리, 생산 관리), 산업심리학, 산업위생개론
	전기안전 분야						
	화공안전 분야						
	건설안전 분야						
산업보건 지도사	직업환경 의학 분야			산업 위생 일반	산업위생개론, 작업 관리, 산업위생보호 구, 위험성 평가, 산 업재해 조사 및 원인 분석 등		경영학(인적자원관 리, 조직관리, 생산 관리), 산업심리학, 산업안전개론
	산업보건 분야						

CONTENTS 차례

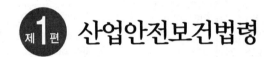

제1편 산업안전보건법령

제1장 산업안전보건법

제2장 안전·보건관리체계

제3장 안전 · 보건관리제도

제4장 진단 및 점검

CONTENTS 차례

CONTENTS 차례

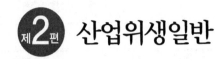

제2편 산업위생일반

제 2 장 작업관리

CONTENTS 차례

제3장 산업위생보호구

제4장 건강관리

CONTENTS 차례

제5장 산업재해 조사 및 원인분석

제3편 기업진단·지도

제1장 인간행동 분석

제2장 피로와 대책

CONTENTS 차례

CONTENTS 차례

제9장 시스템 위험분석

제10장 안전성 평가

제11장 조직구조

제4편 과년도 기출문제

산업안전보건법 관련 개정 핵심 내용

위험성 평가를 핵심 수단으로 「자기규율 예방체계」 확립

❶ 예방과 재발 방지의 핵심 수단으로 위험성평가 개편
위험성평가 제도를 '핵심 위험요인' 발굴·개선과 '재발 방지' 중심으로 운영하고, 2023년 내 300인 이상, 2024년 50~299인, 2025년 5~49인 사업장에 단계적으로 의무화한다. 중소기업도 위험성평가를 손쉽게 할 수 있도록 실질적인 사고발생 위험이 있는 작업·공정에 대해 중점적으로 실시한다. 또한 아차사고와 휴업 3일 이상 사고는 모든 근로자에게 사고 사례를 전파·공유하고 재발방지 대책을 반영하도록 지원한다.

위험성평가 단계별 개선(안)

사전준비
- 실시규정 작성
- 평가대상 선정
실질 위험작업 중점적 공유 선정

▼

위험요인 파악
- 노·사 순회점검
- 아차사고 등 사고분석·공유

▼

위험성 추정	위험성 결정
- 빈도 확인: 3~5단계	- 빈도·강도 조합
- 강도 확인: 3~5단계	(9~25단계)

평가방식 추가·다양화

- 체크리스트 방식
- OPS 방식
- 빈도·강도 통합(대·중·소 3단계로 간소화)

▼

개선
- 개선책 마련·이행
- 재발 방지 대책 필수

또한 중대재해 발생 원인이 담긴 재해조사 의견서를 공개하고, '중대재해 사고 백서'를 발간해 공적자원으로 활용되도록 한다. 위험성평가 전 과정에서의 근로자 참여를 확대하고 해당 작업·공정을 가장 잘 아는 관리감독자가 숨겨진 위험요인 발굴 등 위험성평가의 핵심적인 역할을 효과적으로 수행할 수 있도록 교육도 강화한다. 사업장별 정기(연 단위)·수시(공정·설비 변경 시) 평가 결과가 현장 근로자까지 상시 전달·공유될 수 있도록 '월(月)-주(週)-일(日) 3단계 공유체계'를 확산하고 스마트기기를 통해 위험성평가 결과가 실시간 공유될 수 있도록 모바일 앱(APP)도 개발·보급한다.

'월-주-일' 단위 3단계 공유체계 확산(안)

월(月)-기업/협력사
안전보건협의체 등을 통해 본사(원청)-공장(하청) 공동회의
전반적 위험요인 공유

주(週)-현장관리자
원·하청 안전관리자, 관리감독자 회의
공정·작업별 위험요인 공유

일(日)-근로자 TBM
팀별 관리감독자, 근로자 참여
현장 위험요인 공유

❷ 산업안전감독 및 행정 개편
위험성평가의 현장 안착을 위해 산업안전감독과 법령 체계를 전면 개편한다. 정기 산업안전감독을 '위험성평가 점검'으로 전환해 적정하게 실시, 근로자에게 결과 공유, 재발방지대책 수립·시행 등을 실시했는지 근로자 인터뷰 방식 등으로 확인하고, 컨설팅, 재적 지원 사업과 연계한다. 중대재해가 발생하면 반드시 지켜야 할 의무 위반과 위험성평가 적정 실시 여부 등을 중점적으로 수사해 처벌·제재한다. 다만, 위험성평가를 충실히 수행한 기업에서 중대재해가 발생할 경우 자체 노력 사항을 수시자료에

적시해 검찰·법원의 구형·양형 판단 시 고려될 수 있도록 한다. 사고 원인을 철저히 규명해 동종·유사 업종에 비슷한 사고가 확산될 우려가 있다면 재발 방지에 중점을 둔 기획감독을 실시한다.

❸ 산업안전보건 법령 및 기준 정비

산업·기술 변화 등을 반영해 안전보건기준규칙 679개 전 조항을 현행화한다. 안전보건기준규칙 중 필수적으로 준수해야 하는 핵심 규정은 처벌이 가능하도록 법규성을 유지하되, 개별 사업장의 특성을 반영해 유연한 대처가 필요한 사항은 예방 규정으로 전환하고 고시, 기술가이드 형식으로 보다 구체적인 내용을 제공한다. 또한 중대재해처벌법은 위험성평가와 재발방지대책 수립·시행 위반 등 중대재해 예방을 위한 핵심사항 위주로 처벌 요건을 명확히 한다.

상습반복, 다수 사망사고 등에 대해서는 형사처벌도 확행한다. 중대재해 예방의 실효성을 강화하고 안전투자를 촉진하기 위해 선진국 사례 등을 참조해 제재 방식 개선, 체계 정비 등을 강구하고 이를 위해 2023년 상반기에 노·사·정이 추천한 전문가들로 '산업안전보건 법령 개선 TF'를 운영해 개선안을 논의·마련한다.

> ### 중소기업 등
> ### 중대재해 취약 분야 집중 지원·관리

❶ 중소기업에 안전관리 역량 향상 집중 지원

6개월 내 신설 또는 고위험 중소기업에 대해서는 '안전일터 패키지' 프로그램을 통해 '진단·시설 개선·컨설팅'으로 중소기업의 안전관리 역량 향상을 전폭 지원한다. 50인 미만 소규모 제조업의 노후·위험 공정 개선 비용을 지원하는 안전 리모델링 사업을 추진한다. 2026년까지 안전보건 인력을 추가로 2만명 이상 양성하고 업종규모별 직무 분석을 통해 '안전보건 인력 운영 가이드'를 마련해 안전관리 전담 인력 추가 선임 시 재정지원도 검토한다. 특히, 소규모 기업이

밀집된 주요 산업단지에 공동 안전보건관리자 선임을 지원하고, 노후화 산업단지 내 종합 안전진단, 교육, 예방활동 등을 수행하는 화학 안전보건 종합센터도 신설·운영한다.

안전일터 패키지 프로그램 운영(안)

안전보건 기초진단
공단, 민간기술지도기관 협업 운영

▼

기초 컨설팅
진단 결과에 따른 기초 유해·위험요인 컨설팅

▼

시설 개선 지원
시설공정재선지원 연계(유관기관 포함)

▼

심층 컨설팅
안전보건시스템·안전문화 구축 컨설팅

❷ 건설·제조업에 스마트 기술장비 중점 지원

건설·제조업에는 위험한 작업환경 개선을 위한 AI 카메라, 건설장비 접근 경보 시스템, 떨어짐 보호복 등 스마트 장비·시설을 집중 지원하고, 근로자 안전확보 목적의 CCTV 설치도 제도화한다. 건설업 산업안전보건관리비를 활용해 건설 현장의 스마트 안전장비 사용을 촉진한다. 스마트공장 사업에 산재예방 협업 모델(Safe & Smart Factory)을 신설해 기계·설비의 설계·제작 단계부터 안전장치를 내장하도록 유도한다.

❸ 떨어짐·끼임·부딪힘의 3대 사고유형 현장 중심 특별관리

떨어짐 사고는 비계, 지붕, 사다리, 고소작업대, 끼임 사고는 방호장치, 기계 정비 시 잠금 및 표지 부착 (LOTO), 부딪힘 사고는 혼재작업, 충돌방지장치 등 8대 요인 중심으로 특별 관리한다. 이러한 3대 사고유형 8대 요인에 대해서는 스마트 안전시설·장비를 우선적으로 보급하고, 사업장 점검 시에는 핵심 안전수칙 교육 및

준수, 근로자의 위험 인지 여부를 반드시 확인한다. 핵심 안전수칙 위반 및 중대재해 발생 시에는 무관용 원칙으로 대응한다.

❹ 원·하청 안전 상생 협력 강화
하청 근로자 사망사고 예방을 위해 원·하청 기업 간 안전보건 역할·범위 등을 명확히 하는 가이드라인을 마련한다. 원청 대기업이 하청 중소기업의 안전보건 역량 향상을 지원하는 '대·중소기업 안전보건 상생 협력 사업'을 확대하고, 협력업체의 산재 예방활동을 지원한 기업 등 상생협력 우수 대기업에 대해서는 동반성장 지수 평가 시 우대한다. 'Safety In ESG' 경영 확산을 위해 기업별 산업안전 관련 사항을 '지속가능경영보고서'에 포함해 공시하고 ESG 평가기관에서 활용하도록 유도하며, 산업안전 등 ESG 우수기업에 대한 정책금융 지원확대를 검토한다.

참여와 협력을 통해 안전의식과 문화 확산

❶ 근로자의 안전보건 참여 및 책임 확대
산업안전보건위원회 설치 대상을 100인 이상에서 30인 이상 사업장으로 확대한다. 사업장 규모·위험요인별 명예산업안전감독관의 적정 인력 수준을 제시하고 해당 기준 이상 추가 위촉 시 인센티브를 제공한다. 근로자의 핵심 안전수칙 준수 의무를 산업안전보건법에 명시한다. 근로자의 안전수칙 준수 여부에 따라 포상과 제재가 연계될 수 있도록 표준 안전보건관리규정을 마련·보급하고 취업규칙 등에 반영토록 지도한다.

❷ 범국민 안전문화 캠페인 확산
7월을 산업안전보건의 달로 신설하고 중앙 단위 노사정 안전일터 공동선언, 지역 단위 안전문화 실천 추진단 구성·운영, 업종 단위 계절·시기별 특화 캠페인 등 범국가적 차원의 안전캠페인을 전개한다. 사업장 안전문화 수준 측정을 위해전 한국형 안전문화 평가지표(KSCI)도 마련·보급한다.

❸ 안전보건교육 내용 및 체계 정비
근로자 안전보건교육을 강의 방식 외 현장 중심으로 확대강화하고, 50인 미만 기업 CEO 대상 안전보건교육 기회도 확대·제공한다. 초·중·고, 대학 등 학령 단계별 안전보건교육을 강화하고, 구직자 대상 직업훈련(1.5만개) 및 중장년 일자리 희망센터 등 재취업 지원 시 안전보건교육을 포함한다.

산업안전 거버넌스 재정비

❶ 산재예방 전문기관 기능 재조정
양질의 종합 기술지도·컨설팅을 제공하는 '안전보건 종합 컨설팅 기관'을 육성하고, 평가체계를 개편하여 우수기관에 대해서는 공공기관 안전관리 용역 발주 시 가점 등 인센티브를 확대한다. 안전보건공단의 기술지도, 재정지원 등 중소기업 지원 기능을 확대·개편하고, 위험성 평가제 전담조직도 신설한다.

❷ 비상 대응 및 상황 공유 체계 정비
응급의료 비상 대응체계를 정비한다. 근로자 대상 심폐소생술(CPR) 교육을 근로자 의무 교육시간으로 인정한다. 이를 통해 2026년까지 사업장 내 CPR이 가능한 근로자를 50%까지 확대하고 '현장 비상상황 대응 가이드라인'도 마련·보급한다. 또한 중대재해 상황공유 체계도 고도화한다. 가칭'산업안전비서' 챗봇 시스템 등을 통해 일반 국민에게 실시간으로 중대재해 속보를 전파·공유하고 지자체, 직능단체, 민간기관, 안전관리자 네트워크 등을 활용해 사고 속보를 실시간으로 문자로 전송한다. 중대재해 현황 등을 지도 형태로 시각화한 사고분석·공개 플랫폼도 구축한다.

❸ 중앙·지역 간 협업 거버넌스 구축
지자체·업종별 협회가 지역·업종별 특화 예방사업을 추진할 경우 정부가 인센티브를 부여하는 방안도 검토한다.

구분	산업안전보건법	중대재해처벌법(중대산업재해)
의무주체	**사업주**(법인사업주+개인사업주)	개인사업주, 경영책임자 등
보호대상	근로자, 수급인의 근로자, 특수형태근로종사자	근로자, 노무제공자, 수급인, 수급인의 근로자 및 노무제공자
적용범위	전 사업장 적용(다만, 안전보건관리체제는 50인 이상 적용)	5인 미만 사업장 적용 제외(50인 미만 사업장은 2024. 1. 27. 시행)
재해정의	**중대재해** : 산업재해 중 ① 사망자 1명 이상 ② 3개월 이상 요양이 필요한 부상자 동시 2명 이상 ③ 부상자 또는 직업성 질병자 동시 10명 이상 ※ 산업재해 : 노무를 제공하는 자의 업무와 관계되는 건설물, 설비 등에 의하거나 작업 또는 업무로 인한 사망·부상·질병	**중대산업재해** : 산업안전보건법상 산업재해 중 ① 사망자 1명 이상 ② 동일한 사고로 6개월 이상 치료가 필요한 부상자 2명 이상 ③ 동일한 유해요인으로 급성중독 등 직업성 질병자 1년 내 3명 이상
의무내용	① **사업주의 안전조치** • 프레스·공작기계 등 위험기계나 폭발성 물질 등 위험물질 사용 시 • 굴착·발파 등 위험한 작업 시 • 추락하거나 붕괴할 우려가 있는 등 위험한 장소에서 작업 시 ② **사업주의 보건조치** • 유해가스나 병원체 등 위험물질 • 신체에 부담을 주는 등 위험한 작업 • 환기·청결 등 적정기준 유지 ※ 「산업안전보건기준에 관한 규칙」에서 구체적으로 규정(680개 조문)	**개인사업주 또는 경영책임자 등의 종사자에 대한 안전·보건 확보 의무** ① 안전보건관리체계의 구축 및 이행에 관한 조치 ② 재해 재발방지 대책의 수립 및 이행에 관한 조치 ③ 중앙행정기관 등이 관계법령에 따라 시정 등을 명한 사항 이행에 관한 조치 ④ 안전·보건 관계 법령상 의무이행에 필요한 관리상의 조치 ※ ①~④의 구체적인 사항은 시행령에 위임
처벌수준	① **자연인** • 사망 → 7년 이하 징역 또는 1억 원 이하 벌금 • 안전·보건조치 위반 → 5년 이하 징역 또는 5천만 원 이하 벌금 ② **법인** • 사망 → 10억 원 **이하** 벌금 • 안전·보건조치 위반 → 5천만 원 이하 벌금	① **자연인** • 사망 → 1년 이상 징역 또는 10억 원 이하 벌금(병과 가능) • 부상·질병 → 7년 이하 징역 또는 1억 원 이하 벌금 ② **법인** • 사망 → 50억 원 이하 벌금 • 부상·질병 → 10억 원 이하 벌금

■ 산업안전보건법 시행규칙 [별표 26]

행정처분기준(제240조 관련)

1. 일반기준

   가. 위반행위가 둘 이상인 경우에는 그중 무거운 처분기준에 따르며, 그에 대한 처분기준이 같은 업무정지인 경우에는 무거운 처분기준에 나머지 각각의 처분기준의 2분의 1을 더하여 처분한다.

   나. 위반행위의 횟수에 따른 행정처분기준은 최근 2년간 같은 위반행위로 행정처분을 받은 경우에 적용한다. 이 경우 기간의 계산은 위반행위에 대하여 행정처분을 받은 날과 그 처분 후 다시 같은 위반행위를 하여 적발된 날을 기준으로 한다.

   다. 나목에 따라 가중된 행정처분을 하는 경우 행정처분의 적용 차수는 그 위반행위 전 부과처분 차수(나목에 따른 기간 내에 행정처분이 둘 이상 있었던 경우에는 높은 차수를 말한다)의 다음 차수로 한다. 다만, 적발된 날부터 소급하여 2년이 되는 날 전에 한 행정처분은 가중처분의 차수 산정 대상에서 제외한다.

   라. 업무정지(영업정지)기간이 지난 후에도 그 정지 사유가 소멸되지 않은 경우에는 그 기간을 연장할 수 있다.

   마. 업무정지(영업정지)기간 중에 업무를 수행한 경우 또는 업무정지(영업정지)를 최근 2년간 3회 받은 자가 다시 업무정지(영업정지)의 사유에 해당하게 된 경우에는 지정 등을 취소한다.

   바. 위반사항이 위반자의 업무수행지역에 국한되어 있고, 그 지역에 대해서만 처분하는 것이 적합하다고 인정되는 경우에는 그 지역에 대해서만 처분(지정 등의 일부 취소, 일부 업무정지)할 수 있다.

   사. 위반의 정도가 경미하고 단기간에 위반을 시정할 수 있다고 인정되는 경우에는 1차 위반의 경우에 한정하여 개별기준의 업무정지를 갈음하여 시정조치를 명할 수 있다.

   아. 개별기준에 열거되어 있지 않은 위반사항에 대해서는 개별기준에 열거된 유사한 위법사항의 처분기준에 준하여 처분해야 한다.

   자. 안전관리전문기관 또는 보건관리전문기관에 대한 업무정지를 명할 때 위반의 내용이 경미하고 일부 대행사업장에 한정된 경우에는 1차 위반 처분 시에 한정하여 그 일부 사업장만 처분할 수 있다.

   차. 건설재해예방전문지도기관에 대한 업무정지는 신규지도계약 체결의 정지에 한정하여 처분할 수 있다.

2. 개별기준

위반사항	행정처분 기준		
	1차 위반	2차 위반	3차 이상 위반
가. 안전관리전문기관 또는 보건관리전문기관 (법 제21조제4항 관련)			
1) 거짓이나 그 밖의 부정한 방법으로 지정을 받은 경우	지정취소		
2) 업무정지 기간 중에 업무를 수행한 경우	지정취소		
3) 법 제21조제1항에 따른 지정 요건을 충족하지 못한 경우	업무정지 3개월	업무정지 6개월	지정취소
4) 지정받은 사항을 위반하여 업무를 수행한 경우	업무정지 1개월	업무정지 3개월	업무정지 6개월
5) 안전관리 또는 보건관리 업무 관련 서류를 거짓으로 작성한 경우	지정취소		
6) 정당한 사유 없이 안전관리 또는 보건관리 업무의 수탁을 거부한 경우	업무정지 1개월	업무정지 3개월	업무정지 6개월
7) 위탁받은 안전관리 또는 보건관리 업무에 차질을 일으키거나 업무를 게을리한 경우			
가) 위탁받은 사업장에 대하여 최근 1년간 3회 이상 수탁 업무를 게을리한 경우	업무정지 1개월	업무정지 2개월	업무정지 3개월
나) 인력기준에 해당되지 않는 사람이 수탁 업무를 수행한 경우	업무정지 3개월	업무정지 6개월	지정취소
다) 위탁받은 사업장 전체의 직전 연도 말의 업무상 사고재해율(전국 사업장 모든 업종의 평균 재해율 이상인 경우에만 해당한다)이 그 직전 연도 말의 업무상 사고재해율보다 증가한 경우(안전관리전문기관만 해당한다)			
(1) 30퍼센트 이상 50퍼센트 미만 증가한 경우	업무정지 1개월		
(2) 50퍼센트 이상 70퍼센트 미만 증가한 경우	업무정지 2개월		
(3) 70퍼센트 이상 증가한 경우	업무정지 3개월		
라) 위탁받은 사업장 중에서 연도 중 안전조치에 대한 기술지도 소홀이 원인이 되어 중대재해가 발생한 경우(사업장 외부에 출장 중 발생한 재해 또는 재해발생 직전 3회 방문점검 기간에 그 작업이 없었거나 재해의 원인에 대한 기		업무정지 1개월	업무정지 3개월

	위반 1차	위반 2차	위반 3차
술 지도를 실시하였음에도 사업주가 이를 이행하지 않아 발생한 재해는 제외한다)			
마) 고용노동부장관이 정하는 전산시스템에 안전관리ㆍ보건관리 상태에 관한 보고서를 3회 이상 입력하지 않은 경우	업무정지 1개월	업무정지 2개월	업무정지 3개월
8) 안전관리 또는 보건관리 업무를 수행하지 않고 위탁 수수료를 받은 경우	업무정지 3개월	업무정지 6개월	지정취소
9) 안전관리 또는 보건관리 업무와 관련된 비치서류를 보존하지 않은 경우	업무정지 1개월	업무정지 3개월	업무정지 6개월
10) 안전관리 또는 보건관리 업무 수행과 관련한 대가 외의 금품을 받은 경우	업무정지 1개월	업무정지 3개월	업무정지 6개월
11) 법에 따른 관계 공무원의 지도ㆍ감독을 거부ㆍ방해 또는 기피한 경우	업무정지 3개월	업무정지 6개월	지정취소
나. 직무교육기관(법 제33조제4항 관련)			
1) 거짓이나 그 밖의 부정한 방법으로 등록한 경우	등록취소		
2) 업무정지 기간 중에 업무를 수행한 경우	등록취소		
3) 법 제33조제1항에 따른 등록 요건을 충족하지 못한 경우	업무정지 3개월	업무정지 6개월	등록취소
4) 등록한 사항을 위반하여 업무를 수행한 경우	업무정지 1개월	업무정지 3개월	업무정지 6개월
5) 교육 관련 서류를 거짓으로 작성한 경우	업무정지 3개월	등록취소	
6) 정당한 사유 없이 교육 실시를 거부한 경우	업무정지 1개월	업무정지 3개월	업무정지 6개월
7) 교육을 실시하지 않고 수수료를 받은 경우	업무정지 3개월	업무정지 6개월	등록취소
8) 법 제32조제1항 각 호 외의 부분 본문에 따른 교육의 내용 및 방법을 위반한 경우	업무정지 1개월	업무정지 3개월	업무정지 6개월
다. 근로자안전보건교육기관(법 제33조제4항 관련)			
1) 거짓이나 그 밖의 부정한 방법으로 등록한 경우	등록취소		
2) 업무정지 기간 중에 업무를 수행한 경우	등록취소		
3) 법 제33조제1항에 따른 등록 요건을 충족하지 못한 경우	업무정지 3개월	업무정지 6개월	등록취소
4) 등록한 사항을 위반하여 업무를 수행한 경우	업무정지	업무정지	업무정지

	1개월	3개월	6개월
5) 교육 관련 서류를 거짓으로 작성한 경우	업무정지 3개월	등록취소	
6) 정당한 사유 없이 교육 실시를 거부한 경우	업무정지 1개월	업무정지 3개월	업무정지 6개월
7) 교육을 실시하지 않고 수수료를 받은 경우	업무정지 3개월	업무정지 6개월	등록취소
8) 법 제29조제1항부터 제3항까지의 규정에 따른 교육의 내용 및 방법을 위반한 경우	업무정지 1개월	업무정지 3개월	업무정지 6개월
라. 건설업 기초안전·보건교육기관(법 제33조 제4항 관련)			
1) 거짓이나 그 밖의 부정한 방법으로 등록한 경우	등록취소		
2) 업무정지 기간 중에 업무를 수행한 경우	등록취소		
3) 법 제33조제1항에 따른 등록 요건을 충족 하지 못한 경우	업무정지 3개월	업무정지 6개월	등록취소
4) 등록한 사항을 위반하여 업무를 수행한 경우	업무정지 1개월	업무정지 3개월	업무정지 6개월
5) 교육 관련 서류를 거짓으로 작성한 경우	업무정지 3개월	등록취소	
6) 정당한 사유 없이 교육 실시를 거부한 경우	업무정지 1개월	업무정지 3개월	업무정지 6개월
7) 교육을 실시하지 않고 수수료를 받은 경우	업무정지 3개월	업무정지 6개월	등록취소
8) 법 제31조제1항 본문에 따른 교육의 내용 및 방법을 위반한 경우	업무정지 1개월	업무정지 3개월	업무정지 6개월
마. 안전보건진단기관(법 제48조제4항 관련)			
1) 거짓이나 그 밖의 부정한 방법으로 지정을 받은 경우	지정취소		
2) 업무정지 기간 중에 업무를 수행한 경우	지정취소		
3) 법 제48조제1항에 따른 지정 요건에 미달 한 경우	업무정지 3개월	업무정지 6개월	지정취소
4) 지정받은 사항을 위반하여 안전보건진단 업무를 수행한 경우	업무정지 1개월	업무정지 3개월	업무정지 6개월
5) 안전보건진단 업무 관련 서류를 거짓으로 작성한 경우	지정취소		
6) 정당한 사유 없이 안전보건진단 업무의 수탁을 거부한 경우	업무정지 1개월	업무정지 3개월	업무정지 6개월

7) 영 제47조에 따른 인력기준에 해당하지 않는 사람에게 안전보건진단 업무를 수행하게 한 경우	업무정지 3개월	업무정지 6개월	지정취소
8) 안전보건진단 업무를 수행하지 않고 위탁 수수료를 받은 경우	업무정지 3개월	업무정지 6개월	지정취소
9) 안전보건진단 업무와 관련된 비치서류를 보존하지 않은 경우	업무정지 1개월	업무정지 3개월	업무정지 6개월
10) 안전보건진단 업무 수행과 관련한 대가 외의 금품을 받은 경우	업무정지 1개월	업무정지 3개월	업무정지 6개월
11) 법에 따른 관계 공무원의 지도·감독을 거부·방해 또는 기피한 경우	업무정지 3개월	업무정지 6개월	지정취소

바. 건설재해예방전문지도기관(법 제74조제4항 관련)

1) 거짓이나 그 밖의 부정한 방법으로 지정을 받은 경우	지정취소		
2) 업무정지 기간 중에 업무를 수행한 경우	지정취소		
3) 법 제74조제1항에 따른 지정 요건을 충족하지 못한 경우	업무정지 3개월	업무정지 6개월	지정취소
4) 지정받은 사항을 위반하여 업무를 수행한 경우	업무정지 1개월	업무정지 3개월	업무정지 6개월
5) 지도업무 관련 서류를 거짓으로 작성한 경우	지정취소		
6) 정당한 사유 없이 지도업무를 거부한 경우	업무정지 3개월	업무정지 6개월	지정취소
7) 지도업무를 게을리하거나 지도업무에 차질을 일으킨 경우			
가) 지도 대상 전체 사업장에 대하여 최근 1년간 3회 이상 지도 업무의 수행을 게을리 한 경우(각 사업장별로 지도 업무의 수행을 게을리한 횟수를 모두 합산한다)	업무정지 1개월	업무정지 2개월	업무정지 3개월
나) 인력기준에 해당하지 않는 사람이 지도 업무를 수행한 경우	업무정지 3개월	업무정지 6개월	지정취소
다) 지도 업무를 수행하지 않고 부당하게 대가를 받은 경우	업무정지 3개월	업무정지 6개월	지정취소
라) 지도사업장에서 중대재해 발생 시 그 재해의 직접적인 원인이 지도 소홀로 인정되는 경우	업무정지 1개월	업무정지 2개월	업무정지 3개월
8) 영 별표 18에 따른 지도업무의 내용, 지도 대상 분야, 지도의 수행방법을 위반한 경우	업무정지 1개월	업무정지 2개월	업무정지 3개월
9) 지도를 실시하고 그 결과를 고용노동부장	업무정지	업무정지	업무정지

관이 정하는 전산시스템에 3회 이상 입력하지 않은 경우	1개월	2개월	3개월
10) 지도업무와 관련된 비치서류를 보존하지 않은 경우	업무정지 1개월	업무정지 3개월	업무정지 6개월
11) 법에 따른 관계 공무원의 지도·감독을 거부·방해 또는 기피한 경우	업무정지 3개월	업무정지 6개월	지정취소

사. 타워크레인 설치·해체업을 등록한 자(법 제82조제4항 관련)

1) 거짓이나 그 밖의 부정한 방법으로 등록을 한 경우	등록취소		
2) 업무정지 기간 중에 업무를 수행한 경우	등록취소		
3) 법 제82조제1항에 따른 등록 요건을 충족하지 못한 경우	업무정지 3개월	업무정지 6개월	등록취소
4) 등록한 사항을 위반하여 업무를 수행한 경우	업무정지 1개월	업무정지 3개월	업무정지 6개월
5) 법 제38조에 따른 안전조치를 준수하지 않아 벌금형 또는 금고 이상의 형의 선고를 받은 경우	업무정지 6개월	등록취소	
6) 법에 따른 관계 공무원의 지도·감독 업무를 거부·방해 또는 기피한 경우	업무정지 3개월	업무정지 6개월	등록취소

아. 안전인증의 취소 등(법 제86조제1항 관련)

1) 거짓이나 그 밖의 부정한 방법으로 안전인증을 받은 경우	안전인증 취소		
2) 안전인증을 받은 유해·위험기계등의 안전에 관한 성능 등이 안전인증기준에 맞지 않게 된 경우			
가) 안전인증기준에 맞지 않게 된 경우	개선명령 및 6개월의 범위에서 안전인증기준에 맞게 될 때까지 안전인증표시 사용금지	안전인증 취소	
나) 가)에 따라 개선명령 및 안전인증표시 사용금지처분을 받은 자가 6개월의 사용금지기간이 지날 때까지 안전인증기준에 맞지 않게 된 경우	안전인증 취소		

3) 정당한 사유 없이 법 제84조제4항에 따른 확인을 거부, 방해 또는 기피하는 경우	안전인증표시 사용금지 3개월	안전인증표 시 사용금지 6개월	안전인증 취소
자. 안전인증기관(법 제88조제5항 관련)			
1) 거짓이나 그 밖의 부정한 방법으로 지정받은 경우	지정취소		
2) 업무정지 기간 중에 업무를 수행한 경우	지정취소		
3) 법 제88조제1항에 따른 지정요건을 충족하지 못한 경우	업무정지 3개월	업무정지 6개월	지정취소
4) 지정받은 사항을 위반하여 업무를 수행한 경우	업무정지 1개월	업무정지 3개월	업무정지 6개월
5) 안전인증 관련 서류를 거짓으로 작성한 경우	지정취소		
6) 정당한 사유 없이 안전인증 업무를 거부한 경우	업무정지 1개월	업무정지 3개월	업무정지 6개월
7) 안전인증 업무를 게을리하거나 차질을 일으킨 경우			
가) 인력기준에 해당되지 않는 사람이 안전인증업무를 수행한 경우	업무정지 3개월	업무정지 6개월	지정취소
나) 안전인증기준에 적합한지에 대한 심사 소홀이 원인이 되어 중대재해가 발생한 경우	업무정지 1개월	업무정지 3개월	업무정지 6개월
다) 안전인증 면제를 위한 심사 또는 상호인정협정 체결 소홀이 원인이 되어 중대재해가 발생한 경우	업무정지 1개월	업무정지 3개월	업무정지 6개월
8) 안전인증·확인의 방법 및 절차를 위반한 경우	업무정지 1개월	업무정지 3개월	업무정지 6개월
9) 법에 따른 관계 공무원의 지도·감독을 거부·방해 또는 기피한 경우	업무정지 3개월	업무정지 6개월	지정취소
차. 자율안전확인표시 사용금지 등(법 제91조 관련)			
○ 신고된 자율안전확인대상기계등의 안전에 관한 성능이 자율안전기준에 맞지 않게 된 경우	시정명령 또는 6개월의 범위에서 자율안전기 준에 맞게 될 때까지 자율안전확인 표시 사용금지		

카. 안전검사기관(법 제96조제5항 관련)

1) 거짓이나 그 밖의 부정한 방법으로 지정받은 경우	지정취소		
2) 업무정지 기간 중에 업무를 수행한 경우	지정취소		
3) 법 제96조제2항에 따른 지정요건을 충족하지 못한 경우	업무정지 3개월	업무정지 6개월	지정취소
4) 지정받은 사항을 위반하여 업무를 수행한 경우	업무정지 1개월	업무정지 3개월	업무정지 6개월
5) 안전검사 관련 서류를 거짓으로 작성한 경우	지정취소		
6) 정당한 사유 없이 안전검사 업무를 거부한 경우	업무정지 1개월	업무정지 3개월	업무정지 6개월
7) 안전검사 업무를 게을리하거나 업무에 차질을 일으킨 경우			
가) 인력기준에 해당되지 않는 사람이 안전검사업무를 수행한 경우	업무정지 3개월	업무정지 6개월	지정취소
나) 안전검사기준에 적합한지에 대한 확인 소홀이 원인이 되어 중대재해가 발생한 경우	업무정지 1개월	업무정지 3개월	업무정지 6개월
8) 안전검사·확인의 방법 및 절차를 위반한 경우	업무정지 1개월	업무정지 3개월	업무정지 6개월
9) 법에 따른 관계 공무원의 지도·감독을 거부·방해 또는 기피한 경우	업무정지 3개월	업무정지 6개월	지정취소

타. 자율검사프로그램 인정의 취소 등(법 제99조제1항 관련)

1) 거짓이나 그 밖의 부정한 방법으로 자율검사프로그램을 인정받은 경우	자율검사 프로그램 인정취소		
2) 자율검사프로그램을 인정받고도 검사를 하지 않은 경우	개선명령	개선명령	자율검사 프로그램 인정취소
3) 인정받은 자율검사프로그램의 내용에 따라 검사를 하지 않은 경우	개선명령	개선명령	자율검사 프로그램 인정취소
4) 법 제98조제1항 각 호의 어느 하나에 해당하는 사람 또는 자율안전검사기관이 검사를 하지 않은 경우	개선명령	개선명령	자율검사 프로그램 인정취소

파. 자율안전검사기관의 지정취소 등(법 제100
　　조제4항 관련)

1) 거짓이나 그 밖의 부정한 방법으로 지정을 받은 경우	지정취소		
2) 업무정지 기간 중에 업무를 수행한 경우	지정취소		
3) 법 제100조제1항에 따른 지정 요건을 충족하지 못한 경우	업무정지 3개월	업무정지 6개월	지정취소
4) 지정받은 사항을 위반하여 검사업무를 수행한 경우	업무정지 1개월	업무정지 3개월	업무정지 6개월
5) 검사 관련 서류를 거짓으로 작성한 경우	지정취소		
6) 정당한 사유 없이 검사업무의 수탁을 거부한 경우	업무정지 1개월	업무정지 3개월	업무정지 6개월
7) 검사업무를 하지 않고 위탁 수수료를 받은 경우	업무정지 3개월	업무정지 6개월	지정취소
8) 검사 항목을 생략하거나 검사방법을 준수하지 않은 경우	업무정지 1개월	업무정지 3개월	업무정지 6개월
9) 검사 결과의 판정기준을 준수하지 않거나 검사 결과에 따른 안전조치 의견을 제시하지 않은 경우	업무정지 1개월	업무정지 3개월	업무정지 6개월

하. 등록지원기관(법 제102조제3항 관련)

1) 거짓이나 그 밖의 부정한 방법으로 등록받은 경우	등록취소		
2) 법 제102조제2항에 따른 등록요건에 적합하지 아니하게 된 경우	지원제한 1년	등록취소	
3) 법 제86조제1항제1호에 따라 안전인증이 취소된 경우	등록취소		

거. 허가대상물질의 제조·사용허가(법 제118조
　　제5항 관련)

1) 거짓이나 그 밖의 부정한 방법으로 허가를 받은 경우	허가취소		
2) 법 제118조제2항에 따른 허가기준에 맞지 않게 된 경우	영업정지 3개월	영업정지 6개월	허가취소
3) 법 제118조제3항을 위반한 경우			
가) 제조·사용 설비를 법 제118조제2항에 따른 허가기준에 적합하도록 유지하기 않거나, 그 기준에 적합하지 않은 작업방법으로 허가대상물질을 제조·사용한 경우[나)부터 라)까지의 규정에 해당하는 경우는 제외한다]	영업정지 3개월	영업정지 6개월	허가취소

위반사항	1차	2차	3차
나) 허가대상물질을 취급하는 근로자에게 적절한 보호구(保護具)를 지급하지 않은 경우	영업정지 2개월	영업정지 3개월	영업정지 6개월
다) 허가대상물질에 대한 작업수칙을 지키지 않거나 취급근로자가 보호구를 착용하지 않았는데도 작업을 계속한 경우	영업정지 2개월	영업정지 3개월	영업정지 6개월
라) 그 밖에 법 또는 법에 따른 명령을 위반한 경우			
(1) 국소배기장치에 법 제93조에 따른 안전검사를 하지 않은 경우	영업정지 2개월	영업정지 3개월	영업정지 6개월
(2) 비치서류를 보존하지 않은 경우	영업정지 1개월	영업정지 3개월	영업정지 6개월
(3) 법에 따른 관계 공무원의 지도·감독을 거부·방해 또는 기피한 경우	영업정지 4개월	영업정지 6개월	허가취소
(4) 관련 서류를 거짓으로 작성한 경우	허가취소		
4) 법 제118조제4항에 따른 명령을 위반한 경우	영업정지 6개월	허가취소	
5) 자체검사 결과 이상을 발견하고도 즉시 보수 및 필요한 조치를 하지 않은 경우	영업정지 2개월	영업정지 3개월	영업정지 6개월
너. 석면조사기관(법 제120조제5항 관련)			
1) 거짓이나 그 밖의 부정한 방법으로 지정을 받은 경우	지정취소		
2) 업무정지 기간 중에 업무를 수행한 경우	지정취소		
3) 법 제120조제1항에 따른 지정 요건을 충족하지 못한 경우	업무정지 3개월	업무정지 6개월	지정취소
4) 지정받은 사항을 위반하여 업무를 수행한 경우	업무정지 1개월	업무정지 3개월	업무정지 6개월
5) 법 제119조제2항의 기관석면조사 또는 법 제124조제1항의 공기 중 석면농도 관련 서류를 거짓으로 작성한 경우	지정취소		
6) 정당한 사유 없이 석면조사 업무를 거부한 경우	업무정지 1개월	업무정지 3개월	업무정지 6개월
7) 영 제90조에 따른 인력기준에 해당하지 않는 사람에게 석면조사 업무를 수행하게 한 경우	업무정지 3개월	업무정지 6개월	지정취소
8) 법 제119조제5항 및 이 규칙 제176조에 따른 석면조사 방법과 그 밖에 필요한 사항을 위반한 경우	업무정지 6개월	지정취소	
9) 법 제120조제2항에 따라 고용노동부장관이 실시하는 석면조사기관의 석면조사 능력 확인을 받지 않거나 부적합 판정을 받은 경우(연속 2회에 한함)	향후 석면조사 능력 확인에서 적합 판정을 받을 때까지 업무정지		

10) 법 제124조제2항에 따른 자격을 갖추지 않은 자에게 석면농도를 측정하게 한 경우	업무정지 3개월	업무정지 6개월	지정취소
11) 법 제124조제2항에 따른 석면농도 측정 방법을 위반한 경우	업무정지 1개월	업무정지 3개월	업무정지 6개월
12) 법에 따른 관계 공무원의 지도 · 감독을 거부 · 방해 또는 기피한 경우	업무정지 3개월	업무정지 6개월	지정취소

더. 석면해체 · 제거업자(법 제121조제4항 관련)

1) 거짓이나 그 밖의 부정한 방법으로 등록을 한 경우	등록취소		
2) 업무정지 기간 중에 업무를 수행한 경우	등록취소		
3) 법 제121조제1항에 따른 등록 요건을 충족하지 못한 경우	업무정지 3개월	업무정지 6개월	등록취소
4) 등록한 사항을 위반하여 업무를 수행한 경우	업무정지 1개월	업무정지 3개월	업무정지 6개월
5) 법 제122조제3항에 따른 서류를 거짓이나 그 밖의 부정한 방법으로 작성한 경우	등록취소		
6) 법 제122조제3항에 따른 신고(변경신고는 제외한다) 또는 서류 보존 의무를 이행하지 않은 경우	업무정지 1개월	업무정지 2개월	업무정지 3개월
7) 법 제123조제1항 및 안전보건규칙 제489조부터 제497조까지, 제497조의2, 제497조의3에서 정하는 석면해체 · 제거의 작업기준을 준수하지 않아 벌금형의 선고 또는 금고 이상의 형의 선고를 받은 경우	업무정지 6개월	등록취소	
8) 법에 따른 관계 공무원의 지도 · 감독을 거부 · 방해 또는 기피한 경우	업무정지 3개월	업무정지 6개월	등록취소

러. 작업환경측정기관(법 제126조제5항 관련)

1) 거짓이나 그 밖의 부정한 방법으로 지정을 받은 경우	지정취소		
2) 업무정지 기간 중에 업무를 수행한 경우	지정취소		
3) 법 제126조제1항에 따른 지정 요건을 충족하지 못한 경우	업무정지 3개월	업무정지 6개월	지정취소
4) 지정받은 사항을 위반하여 작업환경측정 업무를 수행한 경우	업무정지 1개월	업무정지 3개월	업무정지 6개월
5) 작업환경측정 관련 서류를 거짓으로 작성한 경우	지정취소		
6) 정당한 사유 없이 작업환경측정 업무를 거부한 경우	업무정지 1개월	업무정지 3개월	업무정지 6개월

위반행위	1차	2차	3차
7) 위탁받은 작업환경측정 업무에 차질을 일으킨 경우			
○ 인력기준에 해당하지 않는 사람이 측정한 경우	업무정지 3개월	업무정지 6개월	지정취소
8) 법 제125조제8항 및 이 규칙 제189조에 따른 작업환경측정 방법 등을 위반한 경우	업무정지 1개월	업무정지 3개월	업무정지 6개월
9) 법 제126조제2항에 따라 고용노동부장관이 실시하는 작업환경측정기관의 측정·분석 능력 확인을 1년 이상 받지 않거나 작업환경측정기관의 측정·분석능력 확인에서 부적합 판정(2회 연속 부적합에 한함. 단, 특별정도관리의 경우 1회 부적합 판정인 경우임)을 받은 경우	향후 작업환경측정기관의 측정·분석 능력 확인에서 적합 판정을 받을 때까지 업무정지		
10) 작업환경측정 업무와 관련된 비치서류를 보존하지 않은 경우	업무정지 1개월	업무정지 3개월	업무정지 6개월
11) 법에 따른 관계 공무원의 지도·감독을 거부·방해 또는 기피한 경우	업무정지 3개월	업무정지 6개월	지정취소

머. 특수건강진단기관(법 제135조제6항 관련)

위반행위	1차	2차	3차
1) 거짓이나 그 밖의 부정한 방법으로 지정을 받은 경우	지정취소		
2) 업무정지 기간 중에 업무를 수행한 경우	지정취소		
3) 법 제135조제2항에 따른 지정 요건을 충족하지 못한 경우	업무정지 3개월	업무정지 6개월	지정취소
4) 지정받은 사항을 위반하여 건강진단업무를 수행한 경우	업무정지 1개월	업무정지 3개월	업무정지 6개월
5) 고용노동부령으로 정하는 검사항목을 빠뜨리거나 검사방법 및 실시 절차를 준수하지 않고 건강진단을 하는 경우			
가) 검사항목을 빠뜨린 경우	업무정지 1개월	업무정지 3개월	업무정지 6개월
나) 검사방법을 준수하지 않은 경우	업무정지 1개월	업무정지 3개월	업무정지 6개월
다) 실시 절차를 준수하지 않은 경우	업무정지 1개월	업무정지 3개월	업무정지 6개월
6) 고용노동부령으로 정하는 건강진단의 비용을 줄이는 등의 방법으로 건강진단을 유인하거나 건강진단의 비용을 부당하게 징수한 경우	업무정지 3개월	업무정지 6개월	지정취소

위반행위	1차	2차	3차
7) 법 제135조제3항에 따라 고용노동부장관이 실시하는 특수건강진단기관의 진단·분석 능력의 확인에서 부적합 판정을 받은 경우	향후 특수건강진단기관의 진단·분석 능력 확인에서 적합 판정을 받을 때까지 해당 검사의 업무정지		
8) 건강진단 결과를 거짓으로 판정하거나 고용노동부령으로 정하는 건강진단개인표 등 건강진단 관련 서류를 거짓으로 작성한 경우	지정취소		
9) 무자격자 또는 영 제97조에 따른 특수건강진단기관의 지정 요건을 충족하지 못하는 자가 건강진단을 한 경우			
가)「의료법」에 따른 의사가 아닌 사람이 진찰·판정 업무를 수행한 경우	지정취소		
나)「의료법」에 따른 직업환경의학과 전문의가 아닌 의사가 진찰·판정 업무를 수행한 경우	업무정지 3개월	업무정지 6개월	지정취소
다) 지정기준에 적합하지 않은 사람이 진찰·판정을 제외한 건강진단업무를 수행한 경우	업무정지 1개월	업무정지 3개월	업무정지 6개월
10) 정당한 사유 없이 건강진단의 실시를 거부하거나 중단한 경우			
가) 건강진단 실시를 거부한 경우	업무정지 1개월	업무정지 3개월	업무정지 6개월
나) 건강진단 실시를 중단한 경우	업무정지 3개월	업무정지 6개월	지정취소
11) 정당한 사유 없이 법 제135조제4항에 따른 특수건강진단기관의 평가를 거부한 경우	업무정지 3개월	업무정지 6개월	지정취소
12) 법에 따른 관계 공무원의 지도·감독 업무를 거부·방해 또는 기피한 경우	업무정지 3개월	업무정지 6개월	지정취소
버. 유해·위험작업 자격 취득 등을 위한 교육기관(법 제140조제4항 관련)			
1) 거짓이나 그 밖의 부정한 방법으로 지정을 받은 경우	지정취소		
2) 업무정지 기간 중에 업무를 수행한 경우	지정취소		

3) 「유해·위험작업의 취업제한에 관한 규칙」 제4조제1항에 따른 지정 요건을 충족하지 못한 경우	업무정지 3개월	업무정지 6개월	지정취소
4) 지정받은 사항을 위반하여 업무를 수행한 경우	업무정지 1개월	업무정지 3개월	업무정지 6개월
5) 교육과 관련된 서류를 거짓으로 작성한 경우	업무정지 3개월	지정취소	
6) 정당한 사유 없이 특정인에 대한 교육을 거부한 경우	업무정지 1개월	업무정지 3개월	업무정지 6개월
7) 정당한 사유 없이 1개월 이상 휴업으로 인하여 위탁받은 교육업무의 수행에 차질을 일으킨 경우	지정취소		
8) 교육과 관련된 비치서류를 보존하지 않은 경우	업무정지 1개월	업무정지 3개월	업무정지 6개월
9) 교육과 관련하여 고용노동부장관이 정하는 수수료 외의 금품을 받은 경우	업무정지 1개월	업무정지 3개월	업무정지 6개월
10) 법에 따른 관계 공무원의 지도·감독을 방해·거부 또는 기피한 경우	업무정지 3개월	업무정지 6개월	지정취소

서. 산업안전지도사 등(법 제154조 관련)

1) 거짓이나 그 밖의 부정한 방법으로 등록 또는 갱신등록을 한 경우	등록취소		
2) 업무정지 기간 중에 업무를 한 경우	등록취소		
3) 업무 관련 서류를 거짓으로 작성한 경우	등록취소		
4) 법 제142조에 따른 직무의 수행과정에서 고의 또는 과실로 인하여 중대재해가 발생한 경우	업무정지 3개월	업무정지 6개월	업무정지 12개월
5) 법 제145조제3항제1호부터 제5호까지의 규정 중 어느 하나에 해당하게 된 경우	등록취소		
6) 법 제148조제2항에 따른 보증보험에 가입하지 않거나 그 밖에 필요한 조치를 하지 않은 경우	업무정지 3개월	업무정지 6개월	업무정지 12개월
7) 법 제150조제1항을 위반하여 같은 조 제2항에 따른 기명·날인 또는 서명을 한 경우	업무정지 3개월	업무정지 6개월	업무정지 12개월
8) 법 제151조, 제153조 또는 제162조를 위반한 경우	업무정지 12개월	등록취소	

PART

01

산업안전
보건법령

산업안전보건법

001 산업안전보건법의 체계

1 개요

'산업안전보건법령'이란 산업현장에서 근로자의 안전과 보건을 확보하고 생명과 신체를 보호하며 국가에 의해 법적 강제력이 발휘되는 법령을 말한다.

2 산업안전보건법령의 분류

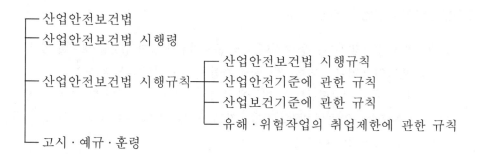

3 산업안전보건법령

(1) 산업안전보건법
① 산업재해 예방을 위한 기본적인 법령
② 사업주·근로자 및 정부가 행할 사업 수행의 근거를 규정한 것

(2) 산업안전보건법 시행령
법에서 위임된 사항, 즉 제도시행 대상범위·종류 등을 설정한 것

(3) 산업안전보건법 시행규칙의 구성
① 산업안전보건법 시행규칙
산업안전보건에 대한 일반사항을 규정

② 산업안전기준에 관한 규칙

　　사업주가 행할 안전상의 조치에 관한 기술적 사항

③ 산업보건기준에 관한 규칙

　　사업주가 행할 보건상의 조치에 관한 기술적 사항

④ 유해ㆍ위험작업의 취업제한에 관한 규칙

　　유해 또는 위험작업에 필요한 자격ㆍ면허ㆍ경험에 관한 사항을 규정

(4) 산업안전보건법 고시ㆍ예규ㆍ훈령

① 고시

　　산업안전보건법을 확보하기 위한 각종 검사, 검정 등에 필요한 일반적이고 객관적인 사항

② 예규

　　산업안전보건업무에 필요한 행정절차적 사항

③ 훈령

　　고용노동부장관이 하급기관, 즉 지방노동관서의 장에게 업무 수행을 위한 훈시ㆍ지침 등을 시달

④ 산업안전보건법령 계층 간 경향

(1) 제ㆍ개정 절차가 까다로운 순서에 따라 준수의무가 강한 경향을 보이고 있다.

(2) 법은 법률이라 하여 징역형, 벌금형을 가할 수 있는 형사처벌 대상

(3) 시행령, 규칙은 법규명령으로, 법률에 준하는 성질로 구분하여 형사처벌 대상

(4) 고시ㆍ예규 등은 행정명령으로 경제적 제재, 즉 세금혜택 취소, 감독강화, 융자 대상 제외 등으로 그 준수를 강제하고 있다.

⑤ 산업안전보건법 체계도(도해 설명)

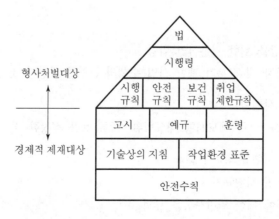

002 산업안전보건법의 제정목적

1 제정목적

산업안전 · 보건에 관한 기준을 확립하고 그 책임의 소재를 명확하게 하여 산업재해를 예방하고 쾌적한 작업환경을 조성함으로써 노무를 제공하는 자의 안전과 보건을 유지 · 증진함을 목적으로 한다.

2 정의

(1) 산업재해 : 노무를 제공하는 자가 업무에 관계되는 건설물 · 설비 · 원재료 · 가스 · 증기 · 분진 등에 의하거나 작업 또는 그 밖의 업무로 인하여 사망 또는 부상하거나 질병에 걸리는 것을 말한다.

(2) 근로자 : 근로기준법 제2조제1항제1호에 따른 노무를 제공하는 자를 말한다.

(3) 사업주 : 노무를 제공하는 자를 사용하여 사업을 하는 자를 말한다.

(4) 근로자대표 : 노무를 제공하는 자의 과반수로 조직된 노동조합이 있는 경우에는 그 노동조합을, 노무를 제공하는 자의 과반수로 조직된 노동조합이 없는 경우에는 노무를 제공하는 자의 과반수를 대표하는 자를 말한다.

(5) 작업환경 측정 : 작업환경 실태를 파악하기 위하여 해당 노무를 제공하는 자 또는 작업장에 대하여 사업주가 측정계획을 수립한 후 시료를 채취하고 분석 · 평가하는 것을 말한다.

(6) 안전 · 보건진단 : 산업재해를 예방하기 위하여 잠재적 위험성을 발견하고 그 개선대책을 수립할 목적으로 고용노동부장관이 지정하는 자가 하는 조사 · 평가를 말한다.

3 고용노동부령으로 정하는 재해

(1) 사망자가 1명 이상 발생한 재해

(2) 3개월 이상의 요양이 필요한 부상자가 동시에 2명 이상 발생한 재해

(3) 부상자 또는 직업성 질병자가 동시에 10명 이상 발생한 재해

1 개요

산업안전보건법에서 정부 · 사업주 · 노무를 제공하는 자에게 산업안전보건법의 목적을 달성하기 위하여 산업재해 예방을 위하여 수행하여야 할 기준 및 의무를 부과하고 있으며, 정부 · 사업주 · 노무를 제공하는 자는 책무 및 의무를 준수하여 재해를 예방하여야 한다.

2 정부의 책무

(1) 산업안전 및 보건정책의 수립 및 집행
(2) 산업재해 예방 지원 및 지도
(3) 근로기준법에 의한 예방을 위한 조치기준 마련, 지도 및 지원
(4) 자율적인 산업 안전 및 보건 경영 체제 확립 지원
(5) 안전문화 확산 추진
(6) 안전보건 관련 단체의 지원
(7) 산재조사 및 통계의 유지, 관리
(8) 노무를 제공하는 사람의 안전 및 건강의 보호, 증진

3 지방자치단체의 책무(산업안전보건법 제4조의2)

지방자치단체는 정부의 정책에 적극 협조하고, 관할 지역의 산업재해를 예방하기 위한 대책을 수립 · 시행해야 한다.

4 지방자치단체의 산업재해예방활동

(1) 자체계획의 수립
(2) 교육홍보 및 안전한 작업환경 조성을 지원하기 위한 사업장 지도 등의 조치를 할 수 있다.
(3) 정부는 지방자치단체의 산업재해예방활동에 필요한 행정적 · 재정적 지원을 할 수 있다.

🔳 발주자 주도의 선제적 예방관리 체계

(1) 사업계획 단계, 설계 단계, 공사 단계 참여자들의 주체별 책임과 역할을 발주자가 선도하여 명확히 하여야 한다.

(2) 사업계획 및 설계 단계부터 근로자의 안전이 고려되도록 유해·위험요인을 발굴하고 위험성 평가를 통해 위험성 감소대책을 수립하고 설계에 반영하도록 발주자가 확인·관리하여야 한다.

(3) 시공자로 하여금 유해위험방지계획(해당 시)을 작성토록 하고 발주자는 유해위험방지계획이 현장에서 이행되고 있는지 확인하여야 한다.

(4) 발주자는 안전보건 분야에 역량을 갖춘 설계자와 시공자를 선정하고, 합리적인 수준의 적정 자원(공사금액 등)과 공사기간을 보장하여 건설공사 참여자들이 발주자 주도의 안전보건 관리체계에 적극적으로 참여하도록 하여야 한다.

(5) 발주자 주도의 안전보건관리 체계의 핵심은 발주자의 관심과 안전보건관리 역량이므로, 발주자는 안전보건관리 전문성을 향상시키기 위해 노력해야 하며, 안전보건 전담 조직이나 전문가가 없는 발주자(기관)는 외부 건설 분야 안전보건 전문가 등을 적극적으로 활용하여 근로자의 안전을 확보하여야 한다.

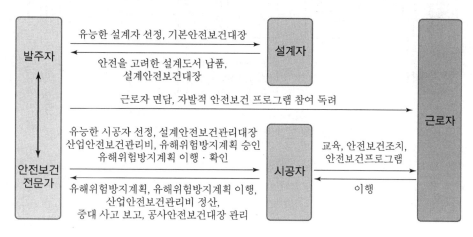

2 공사단계별 발주자의 주요 업무

(1) 사업 전반

　① 발주자는 사업 전(全) 단계에 대하여 건설공사 참여자인 설계자, 시공자가 안전ㆍ보건관리 업무를 제대로 이행하도록 총괄하여야 하며, 유해ㆍ위험요인을 관리할 기본ㆍ설계ㆍ공사 안전보건대장을 관리하여야 한다.

　② 발주자는 근로자의 안전ㆍ보건을 확보할 수 있도록 적정한 공기와 자원 등을 건설공사 참여자에게 제공하여야 하며, 시공자의 안전ㆍ보건활동이 효과적으로 실행되도록 지원하여야 한다.

　③ 발주자는 건설공사의 안전ㆍ보건을 위해 건설 분야 안전보건 전문가의 도움을 받는 것이 효과적이며, 사업계획 단계, 설계 단계와 공사(시공) 단계에서 건설 분야 안전보건 전문가를 고용하거나 전문가의 자문 등을 받아 발주자 안전보건 업무를 수행하여야 한다.

(2) 사업계획 단계

　발주자는 해당 건설공사의 안전ㆍ보건에 대한 목표, 역할과 책임을 결정하고 중점적으로 관리하여야 할 유해ㆍ위험요인 및 위험성 감소대책을 사전에 발굴하여야 함

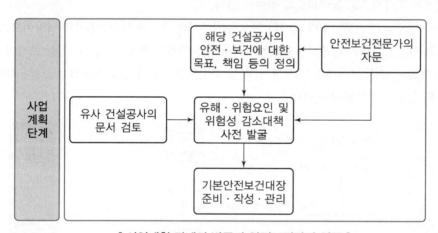

‖ 사업계획 단계의 발주자 안전보건관리 업무 ‖

(4) 공사발주 단계

　① 발주자는 설계 단계에서 발굴한 해당 건설공사의 유해 · 위험요인 및 위험성 감소 대책과
　　해당 건설공사에서 반드시 지켜야 할 안전 · 보건 요구사항과 기대 안전성과를 입찰 내용
　　(입찰 설명서)에 반영하여야 한다.

　② 발주자는 산업안전보건법에 따른 산업안전보건관리비를 공사금액에 계상하고, 평가절
　　차를 통해 능력을 갖춘 시공자를 선정하여야 한다.

(5) 공사착공 단계

　① 발주자는 해당 건설공사의 기본 및 설계안전보건대장, 반드시 준수하여야 하는 안전 · 보
　　건지침을 시공자에게 제공하고, 시공자가 유해 · 위험방지계획(유해 · 위험방지계획서
　　등과 같은 문서)을 수립하도록 하여야 한다.

　② 발주자는 시공자가 작성한 유해 · 위험방지계획을 검토하고 시공자에게 그 결과를 통보
　　하여야 하며, 필요시 수정 · 보완하도록 하여야 한다.

(6) 공사시행 단계

　① 발주자는 시공자가 공사안전보건대장을 작성하도록 하여야 한다.

　② 발주자는 다음의 내용을 확인하여야 한다.

　　• 시공자의 유해 · 위험방지계획을 이행
　　• 현장의 안전보건활동의 적절성
　　• 안전 · 보건과 관련된 정기회의(노사협의체 등)
　　• 산업안전보건관리비 사용 실적
　　• 위생시설의 설치
　　• 점검 및 기술지도 이행결과

　③ 발주자는 산업재해가 발생할 위험이 있을 경우, 작업을 중단시켜야 한다.

　④ 발주자는 시공방법의 변경 등과 같이 근로자의 안전 · 보건에 영향을 미치는 사항에 대해
　　충분한 안전보건 정보를 제공하고 공기 연장, 공사금액 증가, 추가 산업안전보건관리비
　　에 대해 검토하여 필요시 반영하여야 한다.

　⑤ 발주자는 공사 단계를 관리 및 모니터링 하여야 하며, 안전 · 보건에 대한 위험 없이 공사
　　가 수행되도록 관련된 문제를 조정하여야 한다.

(7) 공사완료 단계

　발주자는 공사안전보건대장을 확인하고, 현장의 안전보건대장(기본, 설계, 공사)을 취합하
　여 보관하여야 한다.

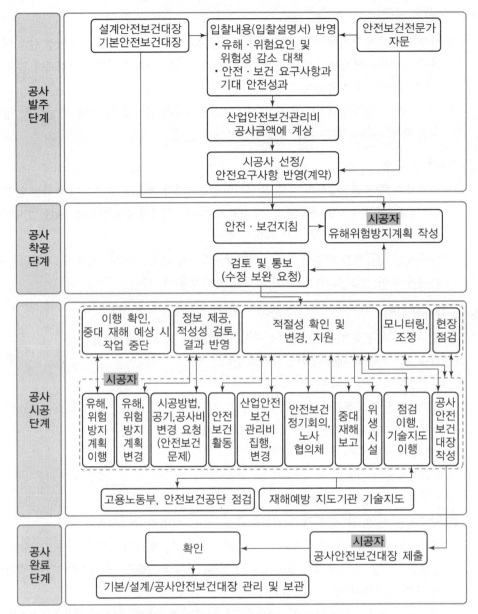

┃ 공사 단계의 발주자 안전보건관리 업무 ┃

005　사업주 및 근로자 등의 의무

1 개요

산업안전보건관리는 사업주 책임하에 행해져야 하며, 사업주는 조직 내 모든 안전보건관리에 대한 책임을 진다. 또한, 근로자의 안전 확보를 위해 노력해야 하며 근로자는 사업주의 안전보건조치가 효과를 거둘 수 있도록 적극 협조해야 한다.

2 사업주의 의무

(1) 법령에 따른 산업재해 예방을 위한 기준준수
(2) 쾌적한 작업환경의 조성 및 근로조건 개선
(3) 해당 사업장 안전 및 보건에 관한 정보제공
(4) 안전보건관리 규정작성, 신고 준수
(5) 작업중지기준 준수
　　① 산재발생의 급박한 위험 시
　　② 중대재해 발생 시

(6) 작업환경 측정
(7) 근로자 보호구 착용 조치
(8) 안전보건표지 설치, 부착
(9) 산재예방 계획 수립
　　① 산재예방 계획서 작성
　　② 안전보건 관리 규정 작성
　　③ 안전보건교육 총괄

3 근로자의 직무

(1) 안전보건 규정 준수
　　정부, 사업주가 정한 안전보건규정 준수

(2) 위험예방 조치 준수
　　위험예방, 건강장해 예방을 위한 사업주가 행하는 조치 준수

(3) 교육참여

안전보건 교육에 적극참여, 안전지식, 기능 증진

(4) 보호구 착용

안전시설 및 지급된 보호구 활용

(5) 안전작업 실시

성실한 태도와 자세로 안전작업 실시

4 사업주의 안전보건조치 의무이행 강화

그간 사업주가 안전보건조치 의무를 불이행하여 근로자를 사망에 이르게 한 경우 7년 이하의 징역 또는 1억 원 이하의 벌금을 부과하도록 함

(1) 개정법에서는 산업재해 예방 효과 강화를 위해 형을 선고받고 형이 확정된 후 5년 이내에 동일한 죄를 범한 경우 그 형의 2분의 1까지 가중토록 함

(2) 유죄판결(선고유예 제외)을 받을 경우 200시간 범위 내에서 수강명령을 병과할 수 있도록 하고 있고 법인에게 10억 원 이하의 벌금형을 부과하도록 함

006 대표이사 안전보건계획 수립 가이드

1 개요

근로자 안전·보건 유지증진을 위해 대표이사가 안전·보건에 관한 계획을 주도적으로 수립하고 성실하게 이행하도록 안전보건경영시스템 구축을 도모하기 위한 제도이다.

2 대통령령으로 정한 회사의 범위

(1) 시공능력 순위 1,000위 이내 건설회사
(2) 상시근로자 500명 이상을 사용하는 회사(건설회사 외)

3 대표이사 의무내용

(1) 매년 안전 및 보건에 관한 계획 수립 → 이사회 보고 → 승인
(2) 이사회 보고 및 승인을 받지 않을 경우 : 1,000만 원 이하 과태료

4 AEC. 안전보건계획 5요소

(1) 구체성이 있는 목표를 설정할 것(Specified)
(2) 성과측정이 가능할 것(Measurable)
(3) 목표달성이 가능할 것(Attainable)
(4) 현실적으로 적용 가능할 것(Realistic)
(5) 시기 적절한 실행계획일 것(Timely)

5 안전보건 계획에 포함 내용

(1) 안전·보건에 관한 경영방침
(2) 안전·보건관리 조직의 구성·인원 및 역할
(3) 안전·보건 관련 예산 및 시설현황
(4) 안전·보건에 관한 전년도 활동실적 및 다음 연도 활동계획 수립

6 안전보건계획 수립 · 이행 절차

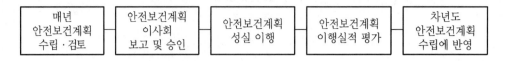

| 매년 안전보건계획 수립 · 검토 | → | 안전보건계획 이사회 보고 및 승인 | → | 안전보건계획 성실 이행 | → | 안전보건계획 이행실적 평가 | → | 차년도 안전보건계획 수립에 반영 |

7 안전보건개선계획 수립대상

(1) 산업재해율이 같은 업종의 규모별 평균 산업재해율보다 높은 사업장

(2) 사업주가 필요한 안전조치 또는 보건조치를 이행하지 아니하여 중대재해가 발생한 사업장

(3) 직업성 질병자가 연간 2명 이상 발생한 사업장

(4) 유해인자의 노출기준을 초과한 사업장

8 안전보건진단을 받아 안전보건개선계획을 수립해야 하는 대상

(1) 산업재해율이 같은 업종 평균 산업재해율의 2배 이상인 사업장

(2) 사업주가 필요한 안전조치 또는 보건조치를 이행하지 아니하여 중대재해가 발생한 사업장

(3) 직업성 질병자가 연간 2명 이상(상시근로자 1천 명 이상 사업장의 경우 3명 이상) 발생한 사업장

(4) 그 밖에 작업환경 불량, 화재 · 폭발 또는 누출사고 등으로 사업장 주변까지 피해가 확산된 사업장

007 근로자 작업중지권

1 개요

산업재해의 발생 위험이 있거나 재해 발생 시 근로자가 작업을 중지하고 위험요소를 제거한 이후 작업을 재개할 수 있는 권리

2 근로자 작업중지권

(1) 근로자는 산업재해가 발생할 급박한 위험이 있는 경우에는 작업을 중지하고 대피할 수 있다.

(2) 작업을 중지하고 대피한 근로자는 지체 없이 그 사실을 관리감독자 또는 그 밖에 부서의 장에게 보고하여야 한다.

(3) 관리감독자 등은 보고를 받으면 안전 및 보건에 관하여 필요한 조치를 하여야 한다.

(4) 사업주는 산업재해가 발생할 급박한 위험이 있다고 근로자가 믿을 만한 합리적인 이유가 있을 때에는 작업을 중지하고 대피한 근로자에 대하여 해고나 그 밖의 불리한 처우를 해서는 아니 된다.

3 고지방법

(1) 안전작업허가 전 작업자에게 작업중지권에 대하여 고지

(2) 작업현장 곳곳에 작업중지권 게시물 부착

4 구체적 해당 사유

(1) 추락위험 : 작업발판, 안전난간, 안전방망 설치 불량 및 미설치

(2) 붕괴위험 : 토석 변형, 변위, 부적합 자재설치 시

(3) 화재폭발위험 : 불꽃 등에 의한 화재폭발위험 시

(4) 질식사고위험 : 산소결핍 · 유해가스 등에 의한 질식사고, 석면 등 작업 시 국소배기장치 미설치에 의한 건강장해 위험 시

(5) 폭염특보 발령 시 옥외작업자의 열사병 등 온열질환 위험 시. 특히, 열사병은 중대재해처벌법 시행령에 의한 직업성 질환으로 규정되어 적극적인 작업중지 요청 대상임

❶ 개요

농업 및 어업, 소프트웨어 개발 및 공급업 등 상시 근로자 300명 이상을 사용하는 사업장이거나 농업 및 어업, 소프트웨어 개발 및 공급업 등을 제외한 사업의 경우 상시근로자 100명 이상을 사용하는 사업장은 산업안전보건법 등 관련 법령에 위배되지 않는 범위 내에서 사업장의 규모나 특성에 적합하도록 안전보건관리규정을 작성·변경하여야 한다.

❷ 작성대상 업종

사업의 종류	규모
1. 농업 2. 어업 3. 소프트웨어 개발 및 공급업 4. 컴퓨터 프로그래밍, 시스템 통합 및 관리업 5. 정보서비스업 6. 금융 및 보험업 7. 임대업;부동산 제외 8. 전문, 과학 및 기술 서비스업(연구개발업은 제외한다) 9. 사업지원 서비스업 10. 사회복지 서비스업	상시 근로자 300명 이상을 사용하는 사업장
11. 제1호부터 제10호까지의 사업을 제외한 사업	상시 근로자 100명 이상을 사용하는 사업장

❸ 작성시기

(1) 최초 작성사유 발생일 기준 30일 이내
(2) 변경사유 발생일로부터 30일 이내

❹ 포함되어야 할 사항

(1) 안전보건 관리조직과 그 직무
(2) 안전보건교육

(3) 작업장 안전관리

(4) 작업장 보건관리

(5) 사고 조사 및 대책수립

(6) 위험성 평가

(7) 그 밖에 근로자의 유해위험 예방조치에 관한 사항

5 작성항목별 세부내용

(1) 총칙
  ① 안전보건관리규정 작성의 목적 및 적용 범위에 관한 사항
  ② 사업주 및 근로자의 재해 예방 책임 및 의무 등에 관한 사항
  ③ 하도급 사업장에 대한 안전·보건관리에 관한 사항

(2) 안전·보건 관리조직과 그 직무
  ① 안전·보건 관리조직의 구성방법, 소속, 업무 분장 등에 관한 사항
  ② 안전보건관리책임자(안전보건총괄책임자), 안전관리자, 보건관리자, 관리감독자의 직무 및 선임에 관한 사항
  ③ 산업안전보건위원회의 설치·운영에 관한 사항
  ④ 명예산업안전감독관의 직무 및 활동에 관한 사항
  ⑤ 작업지휘자 배치 등에 관한 사항

(3) 안전·보건교육
  ① 근로자 및 관리감독자의 안전·보건교육에 관한 사항
  ② 교육계획의 수립 및 기록 등에 관한 사항

(4) 작업장 안전관리
  ① 안전·보건관리에 관한 계획의 수립 및 시행에 관한 사항
  ② 기계·기구 및 설비의 방호조치에 관한 사항
  ③ 유해·위험기계 등에 대한 자율검사 프로그램에 의한 검사 또는 안전검사에 관한 사항
  ④ 근로자의 안전수칙 준수에 관한 사항
  ⑤ 위험물질의 보관 및 출입 제한에 관한 사항
  ⑥ 중대재해 및 중대산업사고 발생, 급박한 산업재해 발생의 위험이 있는 경우 작업중지에 관한 사항
  ⑦ 안전표지·안전수칙의 종류 및 게시에 관한 사항과 그 밖에 안전관리에 관한 사항

(5) 작업장 보건관리
  ① 근로자 건강진단, 작업환경측정의 실시 및 조치절차 등에 관한 사항
  ② 유해물질의 취급에 관한 사항
  ③ 보호구의 지급 등에 관한 사항

④ 질병자의 근로 금지 및 취업 제한 등에 관한 사항

⑤ 보건표지 · 보건수칙의 종류 및 게시에 관한 사항과 그 밖에 보건관리에 관한 사항

(6) 사고 조사 및 대책 수립

① 산업재해 및 중대산업사고의 발생 시 처리 절차 및 긴급조치에 관한 사항

② 산업재해 및 중대산업사고의 발생원인에 대한 조사 및 분석, 대책 수립에 관한 사항

③ 산업재해 및 중대산업사고 발생의 기록 · 관리 등에 관한 사항

(7) 위험성 평가에 관한 사항

① 위험성 평가의 실시 시기 및 방법, 절차에 관한 사항

② 위험성 감소대책 수립 및 시행에 관한 사항

(8) 보칙

① 무재해운동 참여, 안전 · 보건 관련 제안 및 포상 · 징계 등 산업재해 예방을 위하여 필요하다고 판단하는 사항

② 안전 · 보건 관련 문서의 보존에 관한 사항

③ 그 밖의 사항

사업장의 규모 · 업종 등에 적합하게 작성하며, 필요한 사항을 추가하거나 그 사업장에 관련되지 않는 사항은 제외할 수 있다.

6 안전보건조직

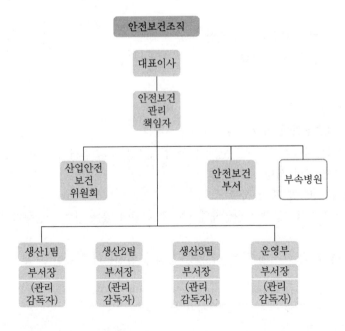

009 산업재해 발생건수 등 공표

1 개요

고용노동부장관은 산업재해를 예방하기 위하여 대통령령으로 정하는 사업장의 산업재해 발생건수, 재해율 또는 그 순위 등을 공표하여야 한다.

2 공표대상 사업장

(1) 사망재해자가 연간 2명 이상 발생한 사업장
(2) 사망만인율이 규모별 같은 업종의 평균 사망만인율 이상인 사업장
(3) 산업안전보건법에 따른 중대산업사고가 발생한 사업장
(4) 산업안전보건법에 따른 산업재해 발생 사실을 은폐한 사업장
(5) 산업안전보건법에 따른 산업재해의 발생에 관한 보고를 최근 3년 이내 2회 이상 하지 않은 사업장

3 공표방법

관보, 신문 등의 진흥에 관한 법률에 따라 그 보급지역을 전국으로 하여 등록한 일반일간신문 또는 인터넷 등에 게재하는 방법으로 한다.

4 도급인과 수급인의 통합산업재해 관련 자료 제출

(1) 지방고용노동청장 또는 지청장은 도급인의 산업재해 발생건수, 재해율 또는 그 순위 등에 수급인의 산업재해 발생건수 등을 포함하여 공표하기 위하여 해당 사업장의 상시근로자 수가 500명 이상인 사업장의 사업주인 도급인에게 도급인 근로자와 같은 장소에서 작업하는 수급인 소속 근로자의 산업재해 발생에 관한 자료를 제출하도록 공표의 대상이 되는 연도의 다음연도 3월 15일까지 요청하여야 한다.
(2) 자료의 제출을 요청받은 도급인은 4월 30일까지 통합산업재해현황조사표를 작성해 지방고용노동관서의 장에게 제출하여야 한다.
(3) 도급인은 수급인에게 통합산업재해현황조사표의 작성에 필요한 자료를 요청할 수 있다.

5 산업재해 발생 은폐 금지 및 보고 등

(1) 사업주는 산업재해가 발생하였을 때에는 그 발생 사실을 은폐하여서는 아니 되며, 고용노동부령으로 정하는 바에 따라 재해발생원인 등을 기록·보존하여야 한다.

(2) 사업주는 기록한 산업재해 중 고용노동부령으로 정하는 산업재해에 대하여는 그 발생 개요·원인 및 보고시기, 재발방지 계획 등을 고용노동부령으로 정하는 바에 따라 고용노동부장관에게 보고하여야 한다.

010 산업재해 발생 보고

1 개요

사업주는 산업재해로 사망자가 발생하거나 3일 이상의 휴업이 필요한 부상을 입거나 질병에 걸린 사람이 발생한 경우에는 해당 산업재해가 발생한 날부터 1개월 이내에 산업재해조사표를 작성하여 관할 지방고용노동관서의 장에게 제출하여야 한다.

2 과태료

(1) 산업재해발생을 보고하지 않은 경우
 ① 1차 과태료 : 700만 원
 ② 2차 과태료 : 1,000만 원
 ③ 3차 과태료 : 1,500만 원
(2) 산업재해발생을 거짓으로 보고한 경우
 ① 1차 과태료 : 1,500만 원
 ② 2차 과태료 : 1,500만 원
 ③ 3차 과태료 : 1,500만 원

3 중대재해 발생보고

사업주는 중대재해가 발생한 사실을 알게 된 경우 지체 없이 지방고용노동관서의 장에게 전화
팩스 또는 그 밖의 적절한 방법으로 이를 보고해야 한다.
(1) 보고사항
 ① 발생 개요 및 피해상황
 ② 조치 및 전망
 ③ 그 밖의 중요한 사항

(2) 중대재해의 범위
 ① 사망자가 1명 이상 발생한 재해
 ② 3개월 이상의 요양이 필요한 부상자가 동시에 2명 이상 발생한 재해
 ③ 부상자 또는 직업성 질병자가 동시에 10명 이상 발생한 재해

(3) 과태료

　　① 1차 과태료 : 3,000만 원

　　② 2차 과태료 : 3,000만 원

　　③ 3차 과태료 : 3,000만 원

④ 재해기록

사업주는 산업재해가 발생한 때에는 그 내용을 기록, 보존해야 한다.(단, 산업재해조사표의 사본을 보존하거나 요양신청서에 재해 재발방지계획을 첨부하여 보존한 경우에는 생략할 수 있다.)

(1) 사업장의 개요 및 근로자의 인적사항

(2) 재해 발생의 일시 및 장소

(3) 재해 발생의 원인 및 과정

(4) 재해 재발방지 계획

■ 산업안전보건법 시행규칙 [별지 제30호서식]

산업재해조사표

※ 뒤쪽의 작성방법을 읽고 작성해 주시기 바라며, [ ]에는 해당하는 곳에 ✓ 표시를 합니다. (앞쪽)

<table>
<tr><td rowspan="9">I.
사업장
정보</td><td colspan="2">①산재관리번호
(사업개시번호)</td><td></td><td colspan="2">사업자등록번호</td><td colspan="2"></td></tr>
<tr><td colspan="2">②사업장명</td><td></td><td colspan="2">③근로자 수</td><td colspan="2"></td></tr>
<tr><td colspan="2">④업종</td><td></td><td colspan="2">소재지</td><td colspan="2">(-   )</td></tr>
<tr><td rowspan="2">⑤재해자가 사내 수
급인 소속인 경우
(건설업 제외)</td><td colspan="2">원도급인 사업장명</td><td rowspan="2">⑥재해자가 파견근로
자인 경우</td><td colspan="2">파견사업주 사업장명</td></tr>
<tr><td colspan="2">사업장 산재관리번호
(사업개시번호)</td><td colspan="2">사업장 산재관리번호
(사업개시번호)</td></tr>
<tr><td rowspan="4">건설업만
작성</td><td>발주자</td><td></td><td colspan="4">[ ]민간   [ ]국가·지방자치단체   [ ]공공기관</td></tr>
<tr><td>⑦원수급 사업장명</td><td></td><td rowspan="2">공사현장 명</td><td colspan="3"></td></tr>
<tr><td>⑧원수급 사업장 산
재관리번호(사업개시
번호)</td><td></td><td colspan="3"></td></tr>
<tr><td>⑨공사종류</td><td></td><td>공정률</td><td>%</td><td>공사금액</td><td>백만원</td></tr>
</table>

※ 아래 항목은 재해자별로 각각 작성하되, 같은 재해로 재해자가 여러 명이 발생한 경우에는 별도 서식에 추가로 적습니다.

<table>
<tr><td rowspan="11">II.
재해
정보</td><td>성명</td><td></td><td>주민등록번호
(외국인등록번호)</td><td></td><td>성별</td><td colspan="2">[ ]남   [ ]여</td></tr>
<tr><td>국적</td><td colspan="3">[ ]내국인 [ ]외국인 [국적:] ⑩체류자격:]</td><td>⑪직업</td><td colspan="2"></td></tr>
<tr><td>입사일</td><td colspan="3">년   월   일</td><td>⑫같은 종류업무 근속
기간</td><td colspan="2">년   월</td></tr>
<tr><td>⑬고용형태</td><td colspan="6">[ ]상용 [ ]임시 [ ]일용 [ ]무급가족종사자 [ ]자영업자 [ ]그 밖의 사항 [   ]</td></tr>
<tr><td>⑭근무형태</td><td colspan="6">[ ]정상 [ ]2교대 [ ]3교대 [ ]4교대 [ ]시간제 [ ]그 밖의 사항 [   ]</td></tr>
<tr><td rowspan="2">⑮상해종류
(질병명)</td><td rowspan="2"></td><td rowspan="2">⑯상해부
위부위
(질병부위)</td><td rowspan="2"></td><td>⑰휴업예상일수</td><td colspan="2">휴업 [   ]일</td></tr>
<tr><td>사망 여부</td><td colspan="2">[ ] 사망</td></tr>
</table>

<table>
<tr><td rowspan="5">III.
재해
발생
개요
및
원인</td><td rowspan="4">⑱
재해
발생
개요</td><td>발생일시</td><td>[   ]년 [   ]월 [   ]일 [   ]요일 [   ]시 [   ]분</td></tr>
<tr><td>발생장소</td><td></td></tr>
<tr><td>재해관련 작업유형</td><td></td></tr>
<tr><td>재해발생 당시 상황</td><td></td></tr>
<tr><td colspan="2">⑲재해발생원인</td><td></td></tr>
</table>

<table>
<tr><td>IV.
⑳재발
방지
계획</td><td></td></tr>
</table>

※ 위 재발방지 계획 이행을 위한 안전보건교육 및 기술지도 등을 한국산업안
전보건공단에서 무료로 제공하고 있으니 즉시 기술지원 서비스를 받고자 하
는 경우 오른쪽에 ✓ 표시를 하시기 바랍니다.

즉시 기술지원 서비스 요청[ ]

<table>
<tr><td>작성자 성명</td><td></td><td></td><td></td></tr>
<tr><td>작성자 전화번호</td><td>작성일</td><td>년   월   일</td><td></td></tr>
<tr><td></td><td>사업주</td><td></td><td>(서명 또는 인)</td></tr>
<tr><td></td><td>근로자대표(재해자)</td><td></td><td>(서명 또는 인)</td></tr>
</table>

(   )지방고용노동청장(지청장) 귀하

<table>
<tr><td rowspan="2">재해 분류자 기입란
(사업장에서는 작성하지 않습니다)</td><td>발생형태</td><td>□ □ □</td><td>기인물</td><td>□ □ □ □ □</td></tr>
<tr><td>작업지역·공정</td><td>□ □ □</td><td>작업내용</td><td>□ □ □</td></tr>
</table>

210mm×297mm[백상지(80g/m²) 또는 중질지(80g/m²)]

작성방법

I. 사업장 정보

① 산재관리번호(사업개시번호) : 근로복지공단에 산업재해보상보험 가입이 되어 있으면 그 가입번호를 적고 사업장등록번호 기입란에는 국세청의 사업자등록번호를 적습니다. 다만, 근로복지공단의 산업재해보상보험에 가입이 되어 있지 않은 경우 사업자등록번호만 적습니다.
※ 산재보험 일괄 적용 사업장은 산재관리번호와 사업개시번호를 모두 적습니다.

② 사업장명 : 재해자가 사업주와 근로계약을 체결하여 실제로 급여를 받는 사업장명을 적습니다. 파견근로자가 재해를 입은 경우에는 실제적으로 지휘·명령을 받는 사용사업주의 사업장명을 적습니다. [예: 아파트를 건설하는 종합건설업의 하수급 사업장 소속 근로자가 작업 중 재해를 입은 경우 재해자가 실제로 하수급 사업장의 사업주와 근로계약을 체결하였다면 하수급 사업장명을 적습니다.]

③ 근로자 수 : 사업장의 최근 근로자 수를 적습니다(정규직, 일용직·임시직 근로자, 훈련생 등 포함).

④ 업종 : 통계청(www.kostat.go.kr)의 통계분류 항목에서 한국표준산업분류를 참조하여 세세분류(5자리)를 적습니다. 다만, 한국표준산업분류 세세분류를 알 수 없는 경우 아래와 같이 한국표준산업분류명과 주요 생산품을 추가로 적습니다.
[예: 제철업, 시멘트제조업, 아파트건설업, 공작기계도매업, 일반화물자동차 운송업, 중식음식점업, 건축물 일반청소업 등]

⑤ 재해자가 사내 수급인 소속인 경우(건설업 제외) : 원도급의 사업장명과 산재관리번호(사업개시번호)를 적습니다.
※ 원도급의 사업장이 산재보험 일괄 적용 사업장인 경우에는 원도급의 사업장 산재관리번호와 사업개시번호를 모두 적습니다.

⑥ 재해자가 파견근로자인 경우 : 파견사업주의 사업장명과 산재관리번호(사업개시번호)를 적습니다.
※ 파견사업주의 사업장이 산재보험 일괄 적용 사업장인 경우에는 파견사업주의 사업장 산재관리번호와 사업개시번호를 모두 적습니다.

⑦ 원수급 사업장명 : 재해자가 소속되거나 관리되고 있는 사업장이 하수급 사업장인 경우에만 적습니다.

⑧ 원수급 사업장 산재관리번호(사업개시번호) : 원수급 사업장이 산재보험 일괄 적용 사업장인 경우에는 원수급 사업장 산재관리번호와 사업개시번호를 모두 적습니다.

⑨ 공사 종류, 공정률, 공사금액 : 수급 받은 단위공사에 대한 현황이 아닌 원수급 사업장의 공사 현황을 적습니다.
가. 공사 종류 : 재해 당시 진행 중인 공사 종류를 말합니다. [예: 아파트, 연립주택, 상가, 도로, 공장, 댐, 플랜트시설, 전기공사 등]
나. 공정률 : 재해 당시 건설 현장의 공사 진척도로 전체 공정률을 적습니다.(단위공정률이 아님)

II. 재해자 정보

⑩ 체류자격 : 「출입국관리법 시행령」 별표 1에 따른 체류자격(기호)을 적습니다.(예 : E-1, E-7, E-9 등)

⑪ 직업 : 통계청(www.kostat.go.kr)의 통계분류 항목에서 한국표준직업분류를 참조하여 세세분류를 적습니다. 다만, 한국표준직업분류 세세분류를 알 수 없는 경우 알고 있는 직업명을 적고, 재해자가 평소 수행하는 주요 업무내용 및 직위를 추가로 적습니다.
[예: 토목감리기술자, 전문간호사, 인사 및 노무사무원, 한식조리사, 철근공, 미장공, 프레스조작원, 선반기조작원, 시내버스 운전원, 건물내부청소원 등]

⑫ 같은 종류 업무 근속기간 : 과거 다른 회사의 경력부터 현직 경력(동일·유사 업무 근무경력)까지 합하여 적습니다.(질병의 경우 관련 작업근무기간)

⑬ 고용형태 : 근로자가 사업장 또는 타인과 명시적 또는 내재적으로 체결한 고용계약 형태를 적습니다.
가. 상용 : 고용계약기간을 정하지 않았거나 고용계약기간이 1년 이상인 사람
나. 임시 : 고용계약기간을 정하여 고용된 사람으로서 고용계약기간이 1개월 이상 1년 미만인 사람
다. 일용 : 고용계약기간이 1개월 미만인 사람 또는 매일 고용되어 근로의 대가로 일급 또는 일당제 급여를 받고 일하는 사람
라. 자영업자 : 혼자 또는 그 동업자로서 근로자를 고용하지 않은 사람
마. 무급가족종사자 : 사업주의 가족으로 임금을 받지 않는 사람
바. 그 밖의 사항 : 교육·훈련생 등

⑭ 근무형태 : 평소 근로자의 작업 수행시간 등 업무를 수행하는 형태를 적습니다.
가. 정상 : 사업장의 정규 업무 개시시각과 종료시각(통상 오전 9시 전후에 출근하여 오후 6시 전후에 퇴근하는 것) 사이에 업무 수행하는 것을 말합니다.
나. 2교대, 3교대, 4교대 : 격일제근무, 같은 작업에 2개조, 3개조, 4개조로 순환하면서 업무수행하는 것을 말합니다.
다. 시간제 : 가목의 '정상' 근무형태에서 규정하고 있는 주당 근무시간보다 짧은 근로시간 동안 업무수행하는 것을 말합니다.
다. 그 밖의 사항 : 고정적인 심야(야간) 등을 말합니다.

⑮ 상해종류(질병명) : 재해로 발생된 신체적 특성 또는 상해 형태를 적습니다.
[예: 골절, 절단, 타박상, 찰과상, 중독·질식, 화상, 감전, 뇌진탕, 고혈압, 뇌졸중, 피부염, 진폐, 수근관증후군 등]

⑯ 상해부위(질병부위) : 재해로 피해가 발생된 신체 부위를 적습니다.
[예: 머리, 눈, 목, 어깨, 팔, 손, 손가락, 등, 척추, 몸통, 다리, 발, 발가락, 전신, 신체내부기관(소화·신경·순환·호흡배설) 등]
※ 상해종류 및 상해부위가 둘 이상이면 상해 정도가 심한 것부터 적습니다.

⑰ 휴업예상일수 : 재해발생일을 제외한 3일 이상의 결근 등으로 회사에 출근하지 못한 일수를 적습니다.(추정 시 의사의 진단 소견을 참조)

III. 재해발생정보

⑱ 재해발생 개요 : 재해원인의 상세한 분석이 가능하도록 발생일시[년, 월, 일, 요일, 시(24시 기준), 분], 발생 장소(공정 포함), 재해 관련 작업유형(누가 어떤 기계·설비를 다루면서 무슨 작업을 하고 있었는지), 재해발생 당시 상황[재해 발생 당시 기계·설비· 구조물이나 작업환경 등의 불안전한 상태(예시: 떨어짐, 무너짐 등)와 재해자나 동료 근로자가 어떠한 불안전한 행동(예시 : 넘어짐, 끼임 등)을 했는지]을 상세히 적습니다.

[작성예시]

발생일시	2013년 5월 30일 금요일 14시 30분
발생장소	사출성형부 플라스틱 용기 생산 1팀 사출공정에서
재해관련 작업유형	재해자 ○○○가 사출성형기 2호기에서 플라스틱 용기를 꺼낸 후 금형을 점검하던 중
재해발생 당시 상황	재해자가 점검중임을 모르던 동료 근로자 000가 사출성형기 조작 스위치를 가동하여 금형 사이에 재해자가 끼어 사망하였음

⑲ 재해발생 원인 : 재해가 발생한 사업장에서 재해발생 원인을 인적 요인(무의식 행동, 착오, 피로, 연령, 커뮤니케이션 등), 설비적 요인(기계·설비의 설계상 결함, 방호장치의 불량, 작업표준화의 부족, 점검·정비의 부족 등), 작업·환경적 요인(작업정보의 부적절, 작업자세·동작의 결함, 작업방법의 부적절, 작업환경 조건의 불량 등), 관리적 요인(관리조직의 결함, 규정·매뉴얼의 불비·불철저, 안전교육의 부족, 지도감독의 부족 등)을 적습니다.

IV. 재발방지계획

⑳ "19. 재해발생 원인"을 토대로 재발방지 계획을 적습니다.

001 안전 · 보건관리체계

1 개요

(1) '안전 · 보건관리체계'는 선임대상 및 직무에 따라 안전보건책임자, 안전보건총괄책임자, 관리감독자, 안전관리자, 안전담당자 등으로 구분할 수 있다.

(2) 사업주는 안전 · 보건관리체제를 확립하고 근로자의 위험 또는 건강장해의 예방을 위한 작업환경을 조성해야 한다.

2 산업안전보건법의 목적

(1) 산업안전 · 보건에 관한 기준확립 및 책임 소재의 명확

(2) 산업재해예방 및 쾌적한 작업환경 조성

(3) 노무를 제공하는 사람의 안전과 보건 유지 · 증진(인간존중)

3 안전 · 보건관리체계의 필요성

(1) 기업의 손실을 근본적으로 예방(기업의 손실비용 원척적 예방 가능)

(2) 조직적인 사고 예방 활동의 추진

(3) 작업장 위험요소의 발굴 및 제거

(4) 위험 제거 기술의 수준 향상

(5) 재해발생 가능요인의 제거

4 명예산업안전감독관의 위촉

고용노동부장관은 다음 각 호의 어느 하나에 해당하는 사람 중에서 법 제23조제1항에 따른 명예산업안전감독관(이하 "명예산업안전감독관"이라 한다)을 위촉할 수 있다.

(1) 산업안전보건위원회 구성 대상 사업의 근로자 또는 노사협의체 구성·운영 대상 건설공사의 근로자 중에서 근로자대표(해당 사업장에 단위 노동조합의 산하 노동단체가 그 사업장 근로자의 과반수로 조직되어 있는 경우에는 지부·분회 등 명칭이 무엇이든 관계없이 해당 노동단체의 대표자를 말한다. 이하 같다)가 사업주의 의견을 들어 추천하는 사람

(2) 노동조합 및 노동관계조정법 제10조에 따른 연합단체인 노동조합 또는 그 지역대표기구에 소속된 임직원 중에서 해당 연합단체인 노동조합 또는 그 지역 대표기구가 추천하는 사람

(3) 전국 규모의 사업주단체 또는 그 산하조직에 소속된 임직원 중에서 해당 단체 또는 그 산하조직이 추천하는 사람

(4) 산업재해 예방 관련 업무를 하는 단체 또는 그 산하조직에 소속된 임직원 중에서 해당 단체 또는 그 산하조직이 추천하는 사람

5 업무범위

명예산업안전감독관의 업무는 다음 각 호와 같다. 이 경우 위 (1)항에 따라 위촉된 명예산업안전감독관의 업무 범위는 해당 사업장에서의 업무[(8)항은 제외한다]로 한정하며, 위 (2)항부터 (4)항까지의 규정에 따라 위촉된 명예산업안전감독관의 업무 범위는 (8)항부터 (10)항까지의 규정에 따른 업무로 한정한다.

(1) 사업장에서 하는 자체점검 참여 및 근로기준법 제10조에 따른 근로감독관이 하는 사업장 감독 참여

(2) 사업장 산업재해 예방계획 수립 참여 및 사업장에서 하는 기계·기구 자체검사 참석

(3) 법령을 위반한 사실이 있는 경우 사업주에 대한 개선 요청 및 감독기관에의 신고

(4) 산업재해 발생의 급박한 위험이 있는 경우 사업주에 대한 작업중지 요청

(5) 작업환경측정, 근로자 건강진단 시의 참석 및 그 결과에 대한 설명회 참여

(6) 직업성 질환의 증상이 있거나 질병이 걸린 근로자가 여러 명 발생한 경우 사업주에 대한 임시 건강진단 실시 요청

(7) 근로자에 대한 안전수칙 준수 지도

(8) 법령 및 산업재해 예방정책 개선 건의

(9) 안전보건 의식을 북돋우기 위한 활동 등에 대한 참여와 지원

(10) 그 밖에 산업재해 예방에 대한 홍보 등 산업재해 예방업무와 관련하여 고용노동부장관이 정하는 업무

002 안전보건총괄책임자

① 개요

같은 장소에서 행하여지는 사업으로서 사업의 일부를 분리하여 도급을 주어 하는 사업이거나 사업이 전문분야의 전부를 도급을 주어 하는 사업인 경우 사업주는 그 사업의 관리책임자를 안전보건총괄책임자로 지정하여 자신이 사용하는 근로자와 수급인이 사용하는 근로자가 같은 장소에서 작업을 할 때에 생기는 산업재해를 예방하기 위한 업무를 총괄관리하도록 하여야 한다.

② 자격

(1) 그 사업의 관리책임자
(2) 관리책임자를 두지 아니하여도 되는 사업에서는 그 사업장에서 사업을 총괄관리하는 자

③ 대상사업

수급인의 공사금액을 포함한 해당 공사의 총공사금액이 20억 원 이상인 건설업

④ 직무

(1) 위험성 평가의 실시에 관한 사항
(2) 작업의 중지
(3) 도급 시 산업재해 예방조치
(4) 산업안전보건관리비의 관계수급인 간의 사용에 관한 협의 · 조정 및 그 집행의 감독
(5) 안전인증대상기계등과 자율안전확인대상기계 등의 사용 여부 확인

003 안전보건관리책임자 [법 제15조 관련]

1 개요

안전보건관리책임자는 산업안전보건법상 사업장의 안전보건을 총괄하는 자로, 특히 산업재해 예방계획의 수립, 안전보건관리규정의 작성 및 변경, 근로자의 안전보건교육에 관한 사항, 작업환경측정 등 작업환경 점검 및 개선에 관한 업무를 수행하여야 한다.

2 안전보건관리책임자를 두어야 할 사업의 종류 및 규모

(1) 시행령 별표 2의 제1호부터 제22호까지의 규정된 사업(위험성이 존재하는 제조업)으로서 상시근로자 50명 이상 사용하는 사업

> 예 토사석, 광업 / 식료품 제조업, 음료 제조업 / 목재 및 나무제품제조업(가구 제외) / 펄프, 종이 및 종이제품 제조업 / 코크스, 연탄 및 석유정제품 제조업 / 화학물질 및 화학제품 제조업(의약품 제외) / 의료용 물질 및 의약품 제조업 / 고무제품 및 플라스틱 제품 제조업 / 비금속 광물 제품 제조업 / 1차 금속 제조업 / 금속가공 제품 제조업(기계 및 가구 제외) / 전자부품, 컴퓨터, 영상, 음향 및 통신장비 제조업 / 의료, 정밀, 광학기기 및 시계 제조업 / 전기 장비 제조업 / 기타 기계 및 장비 제조업 / 자동차 및 트레일러 제조업 / 기타 운송장비 제조업

(2) 제23호부터 제32호까지의 규정된 사업(농업, 어업을 비롯해 사회복지 서비스업)으로서 상시근로자 300인 이상 사용하는 사업

(3) 공사금액 20억 이상인 공사를 시행하는 건설업

(4) 제1호부터 제33호까지의 사업을 제외한 사업으로서 상시근로자 100인 이상 사용하는 사업

3 총괄업무

(1) 산업재해의 예방계획에 대한 수립 등 관련된 사항

(2) 안전보건관리규정 작성 및 변경에 관련된 사항

(3) 근로자의 안전보건 정기 · 채용 시, 작업 변경 시 교육 등에 대한 전반적인 교육 관련 사항

(4) 작업환경에 대한 측정 및 작업환경 점검 및 위험요소에 대한 개선사항

(5) 근로자의 건강검진, 건강관리 등에 관한 전반적인 사항

(6) 산업재해 발생 시 원인 조사, 재해방지 대책 · 개선 수립에 관련한 사항

(7) 산업재해 발생 시 관련 사항에 대한 통계 및 기록 · 유지에 관련된 사항

(8) 안전, 보건에 관련된 안전보호구 종류에 전반적인 사항 및 적격품 여부 확인에 관련된 사항

(9) 기타 산업안전보건법에 의거하여 규정에 의한 근로자 유해 · 위험 예방조치에 관련된 고용노동부 장관이 정한 사항

4 선임방법

선임신고를 하기 위해서는 법정의무교육을 수료해야 한다. 최초 선임 시 신규교육, 선임이 된 자인 경우 2년에 1회 보수교육을 수료해야 한다.

(1) 교육시간 및 내용

구분	신규교육	보수교육
교육이수 시간	6시간	6시간
교육내용	• 관리책임자의 책임과 직무 • 산업안전보건법령 안전보건조치에 관련된 사항	• 산업안전보건정책 관련 사항 • 자율안전보건관리에 관한 사항

(2) 교육과정 방식
  ① 온라인 2시간+집체교육 4시간
  ② 집체교육 6시간

5 안전보건총괄책임자와의 차이점

하도급이 있을 경우에는 안전보건총괄책임자를 선임해야 하며, 하도급이 없는 경우에는 안전보건관리책임자를 선임해야 한다.

6 과태료

위반행위	세부내용	과태료 금액(단위 : 만 원)		
		1차 위반	2차 위반	3차 위반
사업장을 실질적으로 총괄하여 관리하는 사람으로 하여금 업무를 총괄하여 관리하도록 하지 않은 경우	안전보건관리책임자를 선임하지 않은 경우	500	500	500
	안전보건관리책임자로 하여금 업무를 총괄하여 관리하도록 하지 않은 경우	300	400	500

7 상세업무

(1) 산재예방계획의 수립에 관한 사항

① 계획을 수립할 때에는 법규 요구사항, 위험성 평가결과, 안전보건경영활동의 효과적 운영을 위한 필수사항(교육, 훈련, 성과측정, 평가 등)이 포함되도록 고려한다.

② 계획 및 세부계획은 안전보건경영정책과 부합되도록 하며, 가능한 정량화함으로써 모니터링 및 성과측정이 가능하도록 설정한다.

③ 계획은 안전보건방침과 일치하여야 하며, 목표달성을 위한 조직 및 인적·물적 자원의 제공을 고려한다.

(2) 추진계획에 포함하여야 할 사항

안전보건활동 목표, 개선내용, 성과지표, 추진일정, 추진부서, 투자예산 등

(3) 목표관리

① 목표는 단순하게, 정량적으로, 달성 가능하게, 시기의 적절성을 반드시 반영하여야 하며, 1년 단위로 목표 수립, 반기 단위로 실적을 관리하여야 한다.

② 목표 미달 시 관리방안

• 목표는 기간 내 미달성 시 차기연도 목표에 반영하여 추진하여야 한다.

• 차기연도에 반영할 필요가 없을 시 미반영 사유에 대하여 사업주(관리책임자)의 방침을 받아야 한다.

(4) 안전보건관리규정의 작성

① 안전 및 보건에 관한 관리조직과 그 직무에 관한 사항

② 안전보건교육에 관한 사항

③ 작업장 안전 및 보건관리에 관한 사항

④ 사고 조사 및 대책 수립에 관한 사항

⑤ 그 밖에 안전 및 보건에 관한 사항

• 안전보건관리규정 작성대상

사업의 종류	상시근로자 수
1. 농업 2. 어업 3. 소프트웨어 개발 및 공급업 4. 컴퓨터 프로그래밍, 시스템 통합 및 관리업 5. 정보서비스업 6. 금융 및 보험업 7. 임대업(부동산 제외) 8. 전문, 과학 및 기술 서비스업(연구개발업은 제외한다) 9. 사업지원 서비스업 10. 사회복지 서비스업	300명 이상
11. 제1호부터 제10호까지의 사업을 제외한 사업	100명 이상

- 작성 · 변경
  - 작성(변경)하여야 할 사유가 발생한 날부터 30일 이내
    ※ 소방 · 가스 · 전기 · 통신 · 분야 등의 다른 법령에 정하는 규정과 통합작성 가능
  - 안전보건관리규정을 작성하거나 변경할 때에는 산업안전보건위원회의 심의 · 의결을 거쳐야 한다.
    ※ 다만, 산업안전보건위원회가 설치되어 있지 아니한 사업장의 경우에는 근로자 대표의 동의를 받아야 한다.

(5) 근로자의 안전보건교육에 관한 사항

본 교육을 실시할 경우에는 사전에 다음의 내용을 충분히 검토하여 추진하도록 하여야 한다.
① 연간 교육 과정별 안전보건교육계획 작성
② 교육과정별 강사를 지정하고 교재를 작성하여 활용
③ 교육과정별 교육시간 및 교육내용을 적합하게 선정, 실시

(6) 작업환경측정 등 작업환경의 점검 및 개선에 관한 사항

① 개선계획의 수립방법 : 개선계획의 수립에 있어서는 먼저 유해환경요인의 관리 현상을 정확하게 파악하는 것이 필요하다.
② 문제점을 알게 되면 설비, 재료, 작업방법, 근로시간 등의 실태를 조사하여 문제의 원인이 된다고 생각되는 것을 적출한다.
③ 계획을 수립하는 단계에서 충분한 시간과 개선 가능한 방법의 원인에 대하여 모든 가능한 해결책을 생각한다. 이 단계에서는 되도록 선입관을 갖지 않도록 조금이라도 가능성이 있는 아이디어는 모두 받아들인다.
④ 최후로 모아진 해결책 중에서 실현 가능성, 기대되는 효과 등을 짐작하여 최선책 및 차선의 해결책을 선정한다.
⑤ 실행계획
  - 최선의 해결책에 대하여 담당부서, 담당책임자, 실행시기, 예산안 등을 포함한 구체적인 안을 작성한다.
  - 이 단계에서는 보다 구체적인 개선 효과의 예측을 행하여 경영자, 관계된 근로자에 대하여 어떠한 개선효과와 이익을 기대할 수 있는가를 구체적으로 설득하여 스스로 개선에 협력할 수 있는 분위기 조성과 동기 부여가 중요하다.

(7) 근로자의 건강진단 등 건강관리에 관한 사항

[건강진단 실시 목적]
① 개별 근로자의 건강수준 평가와 현재의 건강상태 파악 및 계속적인 건강관리의 기초 자료로 사용한다.
② 특정업무에 종사하기에 적합한 정신, 신체적인 상태의 파악 및 적절한 작업배치를 한다.
③ 일반질환과 직업성 질환의 조기 발견과 사후관리 조치를 한다.

④ 집단전체에 악영향을 미칠 수 있는 질병이나 건강장해를 일으킬 수 있는 요인을 가진 근로자의 발견과 적절한 조치를 한다.

(8) 산업재해의 원인조사 및 재발 방지대책 수립에 관한 사항

[재발방지계획 수립을 위한 자료 활용 방법]

한국산업안전보건공단 홈페이지 접속 > 자료마당 > 산업재해통계 > 국내 재해사례를 검색하여 재해원인 및 대책을 참조하여 작성한다.

(9) 산업재해에 관한 통계의 기록 및 유지에 관한 사항

[작성요령]

① 사업장의 인적 구성별 특성 분석

② 사업장의 조직단위별 특성 분석

③ 재해발생 원인별 특성분석

④ 연도별, 월별, 요일별 등 시간별 특성 분석

⑤ 기타 손실비용(인적, 물적) 등의 특성 분석

(10) 안전장치 및 보호구 구입 시 적격품 여부 확인에 관한 사항

[안전인증(자율안전확인신고) 제품 확인방법]

① 공단 홈페이지 접속 > 사업안내/신청 > 인증 · 검사 · 심사 > 위험기계 · 기구 안전인증 및 안전검사 > 위험기계 · 기구 안전인증현황 > 안전인증 또는 자율안전확인

② 공단 홈페이지 접속 > 사업안내/신청 > 인증 · 검사 · 심사 > 방호장치, 보호구 안전인증 > 안전인증 현황 > 안전인증 또는 자율안전확인

(11) 그 밖에 근로자의 유해 · 위험 예방조치에 관한 사항으로서 고용노동부령으로 정하는 사항

① 안전기준

기계기구 및 그 밖의 설비에 대한 위험예방, 폭발화재 및 위험물 누출에 의한 위험방지, 전기로 인한 위험방지, 건설작업 등에 의한 위험예방, 중량물 취급 시의 위험방지, 하역작업 등에 의한 위험방지, 벌목작업에 의한 위험방지, 궤도 관련 작업 등에 의한 위험방지

② 보건기준

관리대상 유해물질에 의한 건강장해의 예방, 허가대상 유해물질 및 석면에 의한 건강장해의 예방, 금지유해물질에 의한 건강장해의 예방, 소음 및 진동에 의한 건강장해의 예방, 이상기압에 의한 건강장해의 예방, 온도 · 습도에 의한 건강장해의 예방, 방사선에 의한 건강장해의 예방, 병원체에 의한 건강장해의 예방, 분진에 의한 건강장해의 예방, 밀폐공간 작업으로 인한 건강장해의 예방, 사무실에서의 건강장해의 예방, 근골격계부 부담작업으로 인한 건강장해의 예방, 그 밖의 유해인자에 의한 건강장해의 예방

1 정의

(1) 관리감독자란 경영조직에서 생산과 관련되는 업무와 소속직원을 직접 지휘 · 감독하는 부서의 장이나 그 직위를 담당하는 자를 말한다.

(2) 관리감독자는 직무와 관련된 안전 · 보건에 관한 업무로써 안전 · 보건 점검, 위험기계 · 기구 및 설비에 대한 자체 검사, 유해 · 위험한 작업에 근로자를 사용할 때 실시하는 특별교육 중 안전에 관한 교육을 추가로 수행한다.

2 업무변천

(1) 1990년 1월 13일에 산업안전보건법을 전면 개정하면서 탄생시킨 동법 제14조의 규정에 의한 관리감독자 제도이며, 2006년 3월 24일 법을 개정(2006년 9월 25일 시행)하였다.

(2) 위험방지가 특히 필요한 작업에 대한 관리감독자를 안전담당자로 별도 지정하는 절차를 폐지하고, 관리감독자가 현행 안전담당자의 직무를 수행하도록 하였다.

3 건설근로자의 직무스트레스 요인 및 예방을 위한 관리감독자의 역할

(1) 관리감독자의 개념

경영조직에서 생산과 관련되는 당해 업무와 소속 직원을 직접 지휘 · 감독하는 부서의 장이나 그 직위를 담당하는 자로 명문화하고 있다. '부서의 장'이란 부장, 팀장, 과장, 직장, 조장, 반장 등의 직함 명칭을 불문하고 사업장 내에서 일정하게 분류된 부서의 직함자를 말한다고 볼 수 있고, '그 직위를 담당하는 자'라 함은 부서 명칭을 갖고 있지는 않지만 어떠한 형태로든 단위작업을 행하는 부분이 있다면 그 작업을 지휘 · 감독하는 자를 말한다고 볼 수 있다.

(2) 관리감독자의 역할

관리감독자들이 재해예방에 대한 성공 여부는 그들과 함께 일하는 근로자들과 평소에 효과적인 대화를 통해 원만한 인간관계를 유지할 수 있는 방법을 파악해야 한다.

작업현장의 관리감독자라면 해당 작업에 대해서는 나름대로 전문가라고 할 수 있으므로 자기가 맡은 안전관리와 감독을 해야 할 근로자들을 효과적으로 잘 가르치고 관심을 갖느냐에 따라 근로자들의 신뢰와 협조가 가능할 것이다.

① 설비의 안전보건 점검 및 이상 유무 확인

② 근로자의 작업복, 보호구 및 방호장치의 점검과 그 착용 · 사용에 관한 교육 · 지도

③ 산업재해에 관한 보고 및 이에 대한 응급조치
④ 작업장의 정리정돈 및 통로 확보의 확인감독
⑤ 산업보건의, 안전관리자 및 보건관리자의 지도 · 조언

4 관리감독자의 업무내용

(1) 기계 · 기구 · 설비의 안전보건 점검 및 이상 유무 확인
　① 작업 시작 전에 안전보건사항 점검
　② 운전 시작 전에 이상 유무의 확인
　③ 재료의 결함 유무, 기구 및 공구의 기능 점검
　④ 화학설비 및 부속설비의 사용 시작 전 점검

(2) 근로자의 작업복, 보호구 및 방호장치의 점검과 그 착용 · 사용에 관한 교육 · 지도
　① 작업내용에 따라 적절한 보호구의 지급 · 착용지도
　② 작업모 또는 작업복의 올바른 착용지도
　③ 드릴작업 등 회전체 작업 시 목장갑 착용 금지
　④ 프레스 등 유해위험기계의 안전장치기능 확인

(3) 산업재해에 관한 보고 및 이에 대한 응급조치(사후조치)
　① 재해자 발생 시 응급조치 및 병원으로 즉시 이송
　② 1개월 이내에 산업재해조사표 작성 또는 요양신청서를 근로복지공단에 제출
　③ 중대재해가 발생한 경우 지체 없이 관할노동관서에 보고
　④ 재해발생 원인조사 및 재발방지계획 수립/개선

(4) 작업장의 정리정돈 및 안전통로 확보의 확인/감독
　① 작업장 바닥을 안전하고 청결한 상태로 유지
　② 근로자가 안전하게 통행할 수 있도록 통로의 설치관리
　③ 옥내통로는 걸려 넘어지거나 미끄러질 위험이 없도록 관리

(5) 당해 근로자들에 대한 안전보건 교육 및 교육일지 작성
　① 매월 실시하는 근로자의 정기안전교육
　② 유해위험작업에 배치하기 업무와 관계되는 특별안전교육 등

(6) 안전관리자, 보건관리자, 안전보건담당자, 안전보건관리담당자 등에 해당하는 사람의 지도 · 조언에 대한 협조

(7) 위험성 평가(유해위험요인의 파악, 개선조치)의 참여

5 관리감독자의 유해 · 위험방지

작업의 종류	직무수행 내용
1. 프레스등을 사용하는 작업 (제2편제1장제3절)	가. 프레스등 및 그 방호장치를 점검하는 일 나. 프레스등 및 그 방호장치에 이상이 발견되면 즉시 필요한 조치를 하는 일 다. 프레스등 및 그 방호장치에 전환스위치를 설치했을 때 그 전환스위치의 열쇠를 관리하는 일 라. 금형의 부착 · 해체 또는 조정작업을 직접 지휘하는 일
2. 목재가공용 기계를 취급하는 직업 (제2편제1장제4절)	가. 목재가공용 기계를 취급하는 작업을 지휘하는 일 나. 목재가공용 기계 및 그 방호장치를 점검하는 일 다. 목재가공용 기계 및 그 방호장치에 이상이 발견된 즉시 보고 및 필요한 조치를 하는 일 라. 작업 중 지그(jig) 및 공구 등의 사용 상황을 감독하는 일
3. 크레인을 사용하는 작업 (제2편제1장제9절제2관 · 제3관)	가. 작업방법과 근로자 배치를 결정하고 그 작업을 지휘하는 일 나. 재료의 결함 유무 또는 기구 및 공구의 기능을 점검하고 불량품을 제거하는 일 다. 작업 중 안전대 또는 안전모의 착용 상황을 감시하는 일
4. 위험물을 제조하거나 취급하는 작업 (제2편제2장제1절)	가. 작업을 지휘하는 일 나. 위험물을 제조하거나 취급하는 설비 및 그 설비의 부속설비가 있는 장소의 온도 · 습도 · 차광 및 환기 상태 등을 수시로 점검하고 이상을 발견하면 즉시 필요한 조치를 하는 일 다. 나목에 따라 한 조치를 기록하고 보관하는 일
5. 건조설비를 사용하는 작업 (제2편제2장제5절)	가. 건조설비를 처음으로 사용하거나 건조방법 또는 건조물의 종류를 변경했을 때에는 근로자에게 미리 그 작업방법을 교육하고 작업을 직접 지휘하는 일 나. 건조설비가 있는 장소를 항상 정리정돈하고 그 장소에 가연성 물질을 두지 않도록 하는 일
6. 아세틸렌 용접장치를 사용하는 금속의 용접 · 용단 또는 가열작업 (제2편제2장제6절제1관)	가. 작업방법을 결정하고 작업을 지휘하는 일 나. 아세틸렌 용접장치의 취급에 종사하는 근로자로 하여금 다음의 작업요령을 준수하도록 하는 일 (1) 사용 중인 발생기에 불꽃을 발생시킬 우려가 있는 공구를 사용하거나 그 발생기에 충격을 가하지 않도록 할 것

작업의 종류	직무수행 내용
6. 아세틸렌 용접장치를 사용하는 금속의 용접·용단 또는 가열작업 (제2편제2장제6절 제1관)	(2) 아세틸렌 용접장치의 가스누출을 점검할 때에는 비눗물을 사용하는 등 안전한 방법으로 할 것 (3) 발생기실의 출입구 문을 열어 두지 않도록 할 것 (4) 이동식 아세틸렌 용접장치의 발생기에 카바이드를 교환할 때에는 옥외의 안전한 장소에서 할 것 다. 아세틸렌 용접작업을 시작할 때에는 아세틸렌 용접장치를 점검하고 발생기 내부로부터 공기와 아세틸렌의 혼합가스를 배제하는 일 라. 안전기는 작업 중 그 수위를 쉽게 확인할 수 있는 장소에 놓고 1일 1회 이상 점검하는 일 마. 아세틸렌 용접장치 내의 물이 동결되는 것을 방지하기 위하여 아세틸렌 용접장치를 보온하거나 가열할 때에는 온수나 증기를 사용하는 등 안전한 방법으로 하도록 하는 일 바. 발생기 사용을 중지하였을 때에는 물과 잔류 카바이드가 접촉하지 않은 상태로 유지하는 일 사. 발생기를 수리·가공·운반 또는 보관할 때에는 아세틸렌 및 카바이드에 접촉하지 않은 상태로 유지하는 일 아. 작업에 종사하는 근로자의 보안경 및 안전장갑의 착용 상황을 감시하는 일
7. 가스집합용접장치의 취급작업 (제2편제2장제6절 제2관)	가. 작업방법을 결정하고 작업을 직접 지휘하는 일 나. 가스집합장치의 취급에 종사하는 근로자로 하여금 다음의 작업요령을 준수하도록 하는 일 (1) 부착할 가스용기의 마개 및 그 배관 연결부에 붙어 있는 유류·찌꺼기 등을 제거할 것 (2) 가스용기를 교환할 때에는 그 용기의 마개 및 배관 연결부 부분의 가스누출을 점검하고 배관 내의 가스가 공기와 혼합되지 않도록 할 것 (3) 가스누출 점검은 비눗물을 사용하는 등 안전한 방법으로 할 것 (4) 밸브 또는 콕은 서서히 열고 닫을 것 다. 가스용기의 교환작업을 감시하는 일 라. 작업을 시작할 때에는 호스·취관·호스밴드 등의 기구를 점검하고 손상·마모 등으로 인하여 가스나 산소가 누출될 우려가 있다고 인정할 때에는 보수하거나 교환하는 일 마. 안전기는 작업 중 그 기능을 쉽게 확인할 수 있는 장소에 두고 1일 1회 이상 점검하는 일 바. 작업에 종사하는 근로자의 보안경 및 안전장갑의 착용 상황을 감시하는 일

작업의 종류	직무수행 내용
8. 거푸집 동바리의 고정·조립 또는 해체 작업/지반의 굴착작업/흙막이 지보공의 고정·조립 또는 해체작업 (제2편제4장제1절제2관·제4장제2절제1관·제4장제2절제3관제1속·제4장제4절)	가. 안전한 작업방법을 결정하고 작업을 지휘하는 일 나. 재료·기구의 결함 유무를 점검하고 불량품을 제거하는 일 다. 작업 중 안전대 및 안전모 등 보호구 착용 상황을 감시하는 일
9. 높이 5미터 이상의 비계(飛階)를 조립·해체하거나 변경하는 작업(해체작업의 경우 가목은 적용 제외) (제1편제7장제2절)	가. 재료의 결함 유무를 점검하고 불량품을 제거하는 일 나. 기구·공구·안전대 및 안전모 등의 기능을 점검하고 불량품을 제거하는 일 다. 작업방법 및 근로자 배치를 결정하고 작업 진행 상태를 감시하는 일 라. 안전대와 안전모 등의 착용 상황을 감시하는 일
10. 달비계 작업 (제1편제7장제4절)	가. 작업용 섬유로프, 작업용 섬유로프의 고정점, 구명줄의 조정점, 작업대, 고리걸이용 철구 및 안전대 등의 결손 여부를 확인하는 일 나. 작업용 섬유로프 및 안전대 부착설비용 로프가 고정점에 풀리지 않는 매듭방법으로 결속되었는지 확인하는 일 다. 근로자가 작업대에 탑승하기 전 안전모 및 안전대를 착용하고 안전대를 구명줄에 체결했는지 확인하는 일 라. 작업방법 및 근로자 배치를 결정하고 작업 진행 상태를 감시하는 일
11. 발파작업 (제2편제4장제2절제2관)	가. 점화 전에 점화작업에 종사하는 근로자가 아닌 사람에게 대피를 지시하는 일 나. 점화작업에 종사하는 근로자에게 대피장소 및 경로를 지시하는 일 다. 점화 전에 위험구역 내에서 근로자가 대피한 것을 확인하는 일 라. 점화순서 및 방법에 대하여 지시하는 일 마. 점화신호를 하는 일 바. 점화작업에 종사하는 근로자에게 대피신호를 하는 일 사. 발파 후 터지지 않은 장약이나 남은 장약의 유무, 용수(湧水)의 유무 및 암석·토사의 낙하 여부 등을 점검하는 일 아. 점화하는 사람을 정하는 일 자. 공기압축기의 안전밸브 작동 유무를 점검하는 일 차. 안전모 등 보호구 착용 상황을 감시하는 일

작업의 종류	직무수행 내용
12. 채석을 위한 굴착작업 (제2편제4장제2절 제5관)	가. 대피방법을 미리 교육하는 일 나. 작업을 시작하기 전 또는 폭우가 내린 후에는 암석 · 토사의 낙하 · 균 열의 유무 또는 함수(含水) · 용수(湧水) 및 동결의 상태를 점검하는 일 다. 발파한 후에는 발파장소 및 그 주변의 암석 · 토사의 낙하 · 균열의 유 무를 점검하는 일
13. 화물취급작업 (제2편제6장제1절)	가. 작업방법 및 순서를 결정하고 작업을 지휘하는 일 나. 기구 및 공구를 점검하고 불량품을 제거하는 일 다. 그 작업장소에는 관계 근로자가 아닌 사람의 출입을 금지하는 일 라. 로프 등의 해체작업을 할 때에는 하대(荷臺) 위의 화물의 낙하위험 유 무를 확인하고 작업의 착수를 지시하는 일
14. 부두와 선박에서의 하역작업 (제2편제6장제2절)	가. 작업방법을 결정하고 작업을 지휘하는 일 나. 통행설비 · 하역기계 · 보호구 및 기구 · 공구를 점검 · 정비하고 이들 의 사용 상황을 감시하는 일 다. 주변 작업자 간의 연락을 조정하는 일
15. 전로 등 전기작업 또는 그 지지물의 설치, 점검, 수리 및 도장 등의 작업 (제2편제3장)	가. 작업구간 내의 충전전로 등 모든 충전 시설을 점검하는 일 나. 작업방법 및 그 순서를 결정(근로자 교육 포함)하고 작업을 지휘하 는 일 다. 작업근로자의 보호구 또는 절연용 보호구 착용 상황을 감시하고 감 전재해 요소를 제거하는 일 라. 작업 공구, 절연용 방호구 등의 결함 여부와 기능을 점검하고 불량품 을 제거하는 일 마. 작업장소에 관계 근로자 외에는 출입을 금지하고 주변 작업자와의 연락을 조정하며 도로작업 시 차량 및 통행인 등에 대한 교통통제 등 작업전반에 대해 지휘 · 감시하는 일 바. 활선작업용 기구를 사용하여 작업할 때 안전거리가 유지되는지 감 시하는 일 사. 감전재해를 비롯한 각종 산업재해에 따른 신속한 응급처치를 할 수 있도록 근로자들을 교육하는 일
16. 관리대상 유해물질을 취급하는 작업 (제3편제1장)	가. 관리대상 유해물질을 취급하는 근로자가 물질에 오염되지 않도록 작 업방법을 결정하고 작업을 지휘하는 업무 나. 관리대상 유해물질을 취급하는 장소나 설비를 매월 1회 이상 순회점 검하고 국소배기장치 등 환기설비에 대해서는 다음 각 호의 사항을 점 검하여 필요한 조치를 하는 업무. 단, 환기설비를 점검하는 경우에는 다음의 사항을 점검 (1) 후드(hood)나 덕트(duct)의 미모 · 부식, 그 밖의 손상 여부 및 정도 (2) 송풍기와 배풍기의 주유 및 청결 상태 (3) 덕트 접속부가 헐거워졌는지 여부 (4) 전동기와 배풍기를 연결하는 벨트의 작동 상태

작업의 종류	직무수행 내용
16. 관리대상 유해물질을 취급하는 작업 (제3편제1장)	(5) 흡기 및 배기 능력 상태 다. 보호구의 착용 상황을 감시하는 업무 라. 근로자가 탱크 내부에서 관리대상 유해물질을 취급하는 경우에 다음의 조치를 했는지 확인하는 업무 　(1) 관리대상 유해물질에 관하여 필요한 지식을 가진 사람이 해당 작업을 지휘 　(2) 관리대상 유해물질이 들어올 우려가 없는 경우에는 작업을 하는 설비의 개구부를 모두 개방 　(3) 근로자의 신체가 관리대상 유해물질에 의하여 오염되었거나 작업이 끝난 경우에는 즉시 몸을 씻는 조치 　(4) 비상시에 작업설비 내부의 근로자를 즉시 대피시키거나 구조하기 위한 기구와 그 밖의 설비를 갖추는 조치 　(5) 작업을 하는 설비의 내부에 대하여 작업 전에 관리대상 유해물질의 농도를 측정하거나 그 밖의 방법으로 근로자가 건강에 장해를 입을 우려가 있는지를 확인하는 조치 　(6) 제(5)에 따른 설비 내부에 관리대상 유해물질이 있는 경우에는 설비 내부를 충분히 환기하는 조치 　(7) 유기화합물을 넣었던 탱크에 대하여 제(1)부터 제(6)까지의 조치 외에 다음의 조치 　　㈎ 유기화합물이 탱크로부터 배출된 후 탱크 내부에 재유입되지 않도록 조치 　　㈏ 물이나 수증기 등으로 탱크 내부를 씻은 후 그 씻은 물이나 수증기 등을 탱크로부터 배출 　　㈐ 탱크 용적의 3배 이상의 공기를 채웠다가 내보내거나 탱크에 물을 가득 채웠다가 내보내거나 탱크에 물을 가득 채웠다가 배출 마. 나목에 따른 점검 및 조치 결과를 기록·관리하는 업무
17. 허가대상 유해물질 취급작업 (제3편제2장)	가. 근로자가 허가대상 유해물질을 들이마시거나 허가대상 유해물질에 오염되지 않도록 작업수칙을 정하고 지휘하는 업무 나. 작업장에 설치되어 있는 국소배기장치나 그 밖에 근로자의 건강장해 예방을 위한 장치 등을 매월 1회 이상 점검하는 업무 다. 근로자의 보호구 착용 상황을 점검하는 업무
18. 석면 해체·제거작업 (제3편제2장제6절)	가. 근로자가 석면분진을 들이마시거나 석면분진에 오염되지 않도록 작업방법을 정하고 지휘하는 업무 나. 작업장에 설치되어 있는 석면분진 포집장치, 음압기 등의 장비의 이상 유무를 점검하고 필요한 조치를 하는 업무 다. 근로자의 보호구 착용 상황을 점검하는 업무

작업의 종류	직무수행 내용

19. 고압작업
(제3편제5장)
	가. 작업방법을 결정하여 고압작업자를 직접 지휘하는 업무
	나. 유해가스의 농도를 측정하는 기구를 점검하는 업무
	다. 고압작업자가 작업실에 입실하거나 퇴실하는 경우에 고압작업자의 수를 점검하는 업무
	라. 작업실에서 공기조절을 하기 위한 밸브나 콕을 조작하는 사람과 연락하여 작업실 내부의 압력을 적정한 상태로 유지하도록 하는 업무
	마. 공기를 기압조절실로 보내거나 기압조절실에서 내보내기 위한 밸브나 콕을 조작하는 사람과 연락하여 고압작업자에 대하여 가압이나 감압을 다음과 같이 따르도록 조치하는 업무
	  (1) 가압을 하는 경우 1분에 제곱센티미터당 0.8킬로그램 이하의 속도로 함
	  (2) 감압을 하는 경우에는 고용노동부장관이 정하여 고시하는 기준에 맞도록 함
	바. 작업실 및 기압조절실 내 고압작업자의 건강에 이상이 발생한 경우 필요한 조치를 하는 업무

20. 밀폐공간 작업 (제3편제10장)	가. 산소가 결핍된 공기나 유해가스에 노출되지 않도록 작업 시작 전에 해당 근로자의 작업을 지휘하는 업무 나. 작업을 하는 장소의 공기가 적절한지를 작업 시작 전에 측정하는 업무 다. 측정장비 · 환기장치 또는 공기호흡기 또는 송기마스크를 작업 시작 전에 점검하는 업무 라. 근로자에게 공기호흡기 또는 송기마스크의 착용을 지도하고 착용 상황을 점검하는 업무

005 안전관리자

1 개요

사업주는 사업장에 안전관리자를 두어 안전에 관한 기술적인 사항에 관하여 사업주 또는 관리책임자를 보좌하고 관리감독자에게 조언·지도하는 업무를 수행하게 하여야 한다.

2 안전관리자의 자격

(1) 산업안전지도사 자격을 가진 사람
(2) 산업안전산업기사 이상의 자격을 취득한 사람
(3) 건설안전산업기사 이상의 자격을 취득한 사람
(4) 4년제 대학 이상의 학교에서 산업안전 관련 학위를 취득한 사람 또는 이와 같은 수준 이상의 학력을 가진 사람
(5) 전문대학 또는 이와 같은 수준 이상의 학교에서 산업안전 관련 학위를 취득한 사람 등
(6) 상기 (1)~(5) 이외에도 2022. 8. 18. 산업안전보건법 시행령 [별표 3] 개정으로 아래와 자격을 갖춘 자도 추가되었다.
  ① 건축·토목 분야 자격취득자로서 일정한 실무경력을 갖추고 강단 양성교육 이수 후 시험에 합격한 자
    ㉠ 건축·토목기사 취득 후 실무경력 3년 이상인 자로서 공단 안전관리자 양성교육 수료 후 시험에 합격한 자
    ㉡ 건축·토목산업기사 취득 후 실무경력 5년 이상인 자로서 공단 안전관리자 양성교육 수료 후 시험에 합격한 자
    ※ 양성교육은 당초 2023년 12월 31일까지였으나 교육기간을 2025년 12월 31일까지 연장하는 「산업안전보건법 시행령」 개정안이 현재 입법예고 완료되었고 규제심사 및 법제처 심사 중으로 2024년 초 공표예정임

3 안전관리자의 업무

(1) 산업안전보건위원회 또는 노사협의체에서 심의·의결한 업무와 해당 사업장의 안전보건관리규정 및 취업규칙에서 정한 업무
(2) 위험성 평가에 관한 보좌 및 조언·지도
(3) 안전인증대상기계 등과 자율안전확인대상기계 등의 구입 시 적격품의 선정에 관한 보좌 및 조언·지도
(4) 해당 사업장 안전교육계획의 수립 및 안전교육 실시에 관한 보좌 및 조언·지도

(5) 사업장 순회점검 · 지도 및 조치의 건의

(6) 산업재해 발생의 원인 조사 · 분석 및 재발 방지를 위한 기술적 보좌 및 조언 · 지도

(7) 산업재해에 관한 통계의 유지 · 관리 · 분석을 위한 보좌 및 조언 · 지도

(8) 법 또는 법에 따른 명령으로 정한 안전에 관한 사항의 이행에 관한 보좌 및 조언 · 지도

(9) 업무수행 내용의 기록 · 유지

(10) 그 밖에 안전에 관한 사항으로서 고용노동부장관이 정하는 사항

4 공사 금액별 안전관리자 자격 강화 및 안전관리자 수 확대

공사금액 (VAT 포함)	변경 전				변경 후				15% 전·후 기술사 or 경력자 배치
	선임인원	15% 전·후 최소인원	증액	기술사 또는 경력자	선임인원	15% 전·후 최소인원	증액	기술사 또는 경력자	
800억 ~ 1,500억 원 미만	2명				2명	1명	+ 700억 원	—	—
1,500억 ~ 2,200억 원 미만	3명				3명	2명	+ 700억 원	1명 포함	
2,200억 ~ 3,000억 원 미만	3명	1명	매 700억 원 (증가 시)	1명 포함	4명	2명	+ 800억 원		
3,000억 ~ 3,900억 원 미만	5명				5명	3명	+ 900억 원	2명 포함	산업안전지도사 건설안전기술사 등 1명 포함
3,900억 ~ 4,900억 원 미만	6명				6명	3명	+ 1,000억 원		
4,900억 ~ 6,000억 원 미만	8명				7명	4명	+ 1,100억 원		산업안전지도사 건설안전기술사 등 2명 포함
6,000억 ~ 7,200억 원 미만	11명				8명	4명	+ 1,200억 원		
7,200억 ~ 8,500억 원 미만	12명				9명	5명	+ 1,300억 원	3명 포함	산업안전지도사 건설안전기술사 등 3명 포함
8,500억 ~ 1조 원 미만	14명				10명	5명	+ 1,500억 원		
1조 원 이상					11명 이상	선임 수 50% 잔류	• 1조 이상 : 매 2,000억 원 • 2조 이상 : 매 3,000억 원마다		좌동 1명 추가

5 같은 사업주가 경영하는 둘 이상의 사업장에 안전관리자를 공동으로 둘 수 있는 경우

(1) 같은 시 · 군 · 구 지역에 소재하는 경우
(2) 사업장 간의 경계를 기준으로 15킬로미터 이내에 소재하는 경우

6 사업주의 선임 후 조치

안전관리자를 선임하거나 안전관리전문기관에 위탁한 경우 14일 이내에 고용노동부장관에게 증명할 수 있는 서류를 제출하여야 한다.

7 안전관리자 등의 증원 · 교체임명 명령

(1) 해당 사업장의 연간재해율이 같은 업종의 평균재해율이 2배 이상인 경우
(2) 중대재해가 연간 2건 이상 발생한 경우
(3) 관리자가 질병이나 그 밖의 사유로 3개월 이상 직무를 수행할 수 없게 된 경우
(4) 화학적 인자로 인한 직업성 질병자가 연간 3명 이상 발생한 경우(이 경우 직업성 질병자 발생일은 산재보험법 시행규칙에 따른 요양급여의 결정일로 한다.)

8 유의사항

(1) 사업주가 안전관리자를 배치할 때에는 연장근로 · 야간근로 또는 휴일근로 등 해당 사업장의 작업 형태를 고려하여야 한다.
(2) 사업주는 안전관리업무의 원활한 수행을 위하여 외부 전문가의 평가 · 지도를 받을 수 있다.
(3) 안전관리자는 업무를 수행할 때에는 보건관리자와 협력하여야 한다.

006 보건관리자

1 개요

사업주는 사업장에 보건관리자를 두어 보건에 관한 기술적인 사항에 관하여 사업주 또는 안전보건관리책임자를 보좌하고 관리감독자에게 조언·지도하는 업무를 수행하게 하여야 한다.

2 선임대상

(1) 공사금액 800억 원 이상 건축공사현장
(2) 공사금액 1,000억 원 이상 토목공사현장
(3) 1,400억 원이 증가할 때마다 또는 상시근로자 600인이 추가될 때마다 1명씩 추가

3 업무

(1) 산업안전보건위원회 또는 노사협의체에서 심의·의결한 업무와 안전보건관리규정 및 취업규칙에서 정한 업무
(2) 안전인증대상기계 등과 자율안전확인대상 기계 등 중 보건과 관련된 보호구 구입 시 적격품 선정에 관한 보좌 및 지도·조언
(3) 위험성 평가에 관한 보좌 및 지도·조언
(4) 물질안전보건자료의 게시 또는 비치에 관한 보좌 및 지도·조언
(5) 산업보건의의 직무
(6) 해당 사업장 보건교육계획의 수립 및 보건교육 실시에 관한 보좌 및 지도·조언
(7) 다음의 의료행위
　① 자주 발생하는 가벼운 부상에 대한 치료
　② 응급처치가 필요한 사람에 대한 처치
　③ 부상·질병의 악화를 방지하기 위한 처치
　④ 건강진단 결과 발견된 질병자의 요양 지도 및 관리
　⑤ 의료행위에 따르는 의약품의 투여
(8) 작업장 내에서 사용되는 전체 환기장치 및 국소배기장치 등에 관한 설비의 점검과 작업방법의 공학적 개선에 관한 보좌 및 지도·조언
(9) 사업장 순회점검, 지도 및 조치의 건의
(10) 산업재해 발생의 원인 조사·분석 및 재발 방지를 위한 기술적 보좌 및 지도·조언

⑾ 산업재해에 관한 통계의 유지 · 관리 · 분석을 위한 보좌 및 지도 · 조언

⑿ 법 또는 법에 따른 명령으로 정한 보건에 관한 사항의 이행에 관한 보좌 및 지도 · 조언

⒀ 업무수행 내용의 기록 · 유지

⒁ 그 밖에 보건과 관련된 작업관리 및 작업환경관리에 관한 사항으로서 고용노동부장관이 정하는 사항

4 자격

(1) 산업보건지도사 자격을 가진 사람

(2) 의료법에 따른 의사

(3) 의료법에 따른 간호사

(4) 국가기술자격법에 따른 산업위생관리산업기사 또는 대기환경산업기사 이상의 자격을 취득한 사람

(5) 국가기술자격법에 따른 인간공학기사 이상의 자격을 취득한 사람

(6) 고등교육법에 따른 전문대학 이상의 학교에서 산업보건 또는 산업위생 분야의 학위를 취득한 사람

5 보건관리자 선임방법

사업의 종류	사업장의 상시근로자 수	보건관리자 의 수	보건관리자의 선임방법
1. 광업(광업 지원 서비스업은 제외한다) 2. 섬유제품 염색, 정리 및 마무리 가공업 3. 모피제품 제조업 4. 그 외 기타 의복액세서리 제조업(모피 액세서리에 한정한다) 5. 모피 및 가죽 제조업(원피가공 및 가죽 제조업은 제외한다) 6. 신발 및 신발부분품 제조업 7. 코크스, 연탄 및 석유정제품 제조업 8. 화학물질 및 화학제품 제조업 : 의약품 제외 9. 의료용 물질 및 의약품 제조업 10. 고무 및 플라스틱제품 제조업 11. 비금속 광물제품 제조업 12. 1차 금속 제조업	상시근로자 50명 이상 500명 미만	1명 이상	별표 6 각 호의 어느 하나에 해당하는 사람을 선임해야 한다.
	상시근로자 500명 이상 2천 명 미만	2명 이상	별표 6 각 호의 어느 하나에 해당하는 사람을 선임해야 한다.
	상시근로자 2천 명 이상	2명 이상	별표 6 각 호의 어느 하나에 해당하는 사람을 선임하되, 같은 표 제2호 또는 제3호에 해당하는 사람이 1명 이상 포함되어야 한다.

사업의 종류	사업장의 상시근로자 수	보건관리자의 수	보건관리자의 선임방법
13. 금속가공제품 제조업 : 기계 및 가구 제외 14. 기타 기계 및 장비 제조업 15. 전자부품, 컴퓨터, 영상, 음향 및 통신장비 제조업 16. 전기장비 제조업 17. 자동차 및 트레일러 제조업 18. 기타 운송장비 제조업 19. 가구 제조업 20. 해체, 선별 및 원료 재생업 21. 자동차 종합 수리업, 자동차 전문 수리업 22. 제88조 각 호의 어느 하나에 해당하는 유해물질을 제조하는 사업과 그 유해물질을 사용하는 사업 중 고용노동부장관이 특히 보건관리를 할 필요가 있다고 인정하여 고시하는 사업	상시근로자 2천 명 이상	2명 이상	별표 6 각 호의 어느 하나에 해당하는 사람을 선임하되, 같은 표 제2호 또는 제3호에 해당하는 사람이 1명 이상 포함되어야 한다.
23. 제2호부터 제22호까지의 사업을 제외한 제조업	상시근로자 50명 이상 1천 명 미만	1명 이상	별표 6 각 호의 어느 하나에 해당하는 사람을 선임해야 한다.
	상시근로자 1천 명 이상 3천 명 미만	2명 이상	별표 6 각 호의 어느 하나에 해당하는 사람을 선임해야 한다.
	상시근로자 3천 명 이상	2명 이상	별표 6 각 호의 어느 하나에 해당하는 사람을 선임하되, 같은 표 제2호 또는 제3호에 해당하는 사람이 1명 이상 포함되어야 한다.

사업의 종류	사업장의 상시근로자 수	보건관리자의 수	보건관리자의 선임방법
24. 농업, 임업 및 어업 25. 전기, 가스, 증기 및 공기조절공급업 26. 수도, 하수 및 폐기물 처리, 원료 재생업(제20호에 해당하는 사업은 제외한다)	상시근로자 50명 이상 5천 명 미만. 다만, 제35호의 경우에는 상시근로자 100명 이상 5천 명 미만으로 한다.	1명 이상	별표 6 각 호의 어느 하나에 해당하는 사람을 선임해야 한다.
27. 운수 및 창고업 28. 도매 및 소매업 29. 숙박 및 음식점업 30. 서적, 잡지 및 기타 인쇄물 출판업 31. 방송업 32. 우편 및 통신업 33. 부동산업 34. 연구개발업 35. 사진 처리업 36. 사업시설 관리 및 조경 서비스업 37. 공공행정(청소, 시설관리, 조리 등 현업업무에 종사하는 사람으로서 고용노동부장관이 정하여 고시하는 사람으로 한정한다) 38. 교육서비스업 중 초등·중등·고등 교육기관, 특수학교·외국인학교 및 대안학교(청소, 시설관리, 조리 등 현업업무에 종사하는 사람으로서 고용노동부장관이 정하여 고시하는 사람으로 한정한다) 39. 청소년 수련시설 운영업 40. 보건업 41. 골프장 운영업 42. 개인 및 소비용품수리업(제21호에 해당하는 사업은 제외한다) 43. 세탁업	상시 근로자 5천 명 이상	2명 이상	별표 6 각 호의 어느 하나에 해당하는 사람을 선임하되, 같은 표 제2호 또는 제3호에 해당하는 사람이 1명 이상 포함되어야 한다.

사업의 종류	사업장의 상시근로자 수	보건관리자의 수	보건관리자의 선임방법
44. 건설업	공사금액 800억 원 이상(「건설산업기본법 시행령」 별표 1의 종합공사를 시공하는 업종의 건설업종란 제1호에 따른 토목공사업에 속하는 공사의 경우에는 1천억 이상)또는 상시 근로자 600명 이상	1명 이상[공사금액 800억 원(「건설산업기본법 시행령」 별표 1의 종합공사를 시공하는 업종의 건설업종란 제1호에 따른 토목공사업은 1천억 원)을 기준으로 1,400억 원이 증가할 때마다 또는 상시 근로자 600명을 기준으로 600명이 추가될 때마다 1명씩 추가한다]	별표 6 각 호의 어느 하나에 해당하는 사람을 선임해야 한다.

6 직무교육

(1) 신규 : 채용된 뒤 3개월 이내(의사의 경우 1년 이내)
(2) 보수 : 신규교육 이수한 후 매 2년이 되는 날을 기준으로 전후 3개월 사이

7 교육시간

(1) 신규 : 34시간 이상
(2) 보수 : 24시간 이상

8 교육내용

(1) 신규교육

    ① 산업안전보건법령 및 작업환경측정에 관한 사항

    ② 산업안전보건개론에 관한 사항

    ③ 안전보건교육방법에 관한 사항

    ④ 산업보건관리계획 수립평가 및 산업역학에 관한 사항

    ⑤ 작업환경 및 직업병 예방에 관한 사항

    ⑥ 작업환경 개선에 관한 사항(소음 · 분진 · 관리대상유해물질 및 유해광선 등)

    ⑦ 산업역학 및 통계에 관한 사항

    ⑧ 산업환기에 관한 사항

    ⑨ 안전보건관리의 체제 규정 및 보건관리자 역할에 관한 사항

    ⑩ 보건관리계획 및 운용에 관한 사항

    ⑪ 근로자 건강관리 및 응급처치에 관한 사항

    ⑫ 위험성 평가에 관한 사항

    ⑬ 그 밖에 보건관리자의 직무 향상을 위하여 필요한 사항

(2) 보수교육

    ① 산업안전보건법령, 정책 및 작업환경관리에 관한 사항

    ② 산업보건관리계획 수립평가 및 안전보건교육 추진 요령에 관한 사항

    ③ 근로자 건강 증진 및 구급환자 관리에 관한 사항

    ④ 산업위생 및 산업환기에 관한 사항

    ⑤ 직업병 사례 연구에 관한 사항

    ⑥ 유해물질별 작업환경 관리에 관한 사항

    ⑦ 위험성 평가에 관한 사항

    ⑧ 그 밖에 보건관리자의 직무 향상을 위하여 필요한 사항

007 안전보건조정자

1 개요

전기공사업법 및 정보통신공사업법 등의 공사와 그 밖의 건설공사를 함께 발주하는 자는 그 각 공사가 같은 장소에서 행하여지는 경우 그에 따른 작업의 혼재로 인하여 발생할 수 있는 산업재해를 예방하기 위하여 건설공사현장에 안전보건조정자를 두어야 한다.

2 선임기준

(1) 산업안전지도사
(2) 건설안전기술사
(3) 건설현장 안전보건관리책임자로 3년 이상 재직자
(4) 건설안전기사 또는 산업안전기사 자격자로 건설안전 분야 실무경력 5년 이상인 자
(5) 건설안전산업기사 또는 산업안전산업기사로서 건설안전 분야 실무경력 7년 이상인 자
(6) 해당 건설공사 중 주된 공사의 감리업무를 총괄하여 수행하는 자(책임감리원)
(7) 발주청이 발주하는 건설공사인 경우 발주청이 선임한공사감독자를 지정해야 함

3 선임 후 조치

안전보건조정자를 두어야 하는 발주자는 분리 발주되는 공사의 착공일 전날까지 안전보건조정자를 지정하거나 선임하여 각각의 공사 도급인에게 그 사실을 알려야 한다.

4 업무

(1) 같은 장소에서 행하여지는 각각의 공사 간에 혼재된 작업의 파악
(2) 혼재된 작업으로 인한 산업재해 발생의 위험성 파악
(3) 혼재된 작업으로 인한 산업재해를 예방하기 위한 작업의 시기 · 내용 및 안전보건 조치 등의 조정
(4) 각각의 공사 도급인의 안전보건관리책임자 간 작업 내용에 관한 정보 공유 여부의 확인

008 산업안전보건위원회

① 개요

사업주는 사업장의 안전 및 보건에 관한 중요 사항을 심의·의결하기 위하여 근로자위원과 사용자위원이 같은 수로 구성되는 산업안전보건위원회를 구성·운영하여야 한다.

② 설치 대상

(1) 공사금액 120억 원 이상 건설업
(2) 공사금액 150억 원 이상 토목공사업

③ 심의·의결사항

(1) 산재 예방계획 수립
(2) 안전보건관리규정 작성, 변경
(3) 근로자 안전보건교육
(4) 작업환경측정 점검, 개선 등
(5) 근로자 건강진단 등 건강관리
(6) 산재 통계 기록 유지
(7) 중대재해 원인조사 및 재발 방지대책 수립
(8) 규제당국, 경영진, 명예산업감독관 등에 의한 작업장 안전점검 결과에 관한 사항
(9) 위험성 평가에 관한 사항(연 1회 및 변경 발생 시)
(10) 비상 시 대비대응 절차
(11) 유해위험 기계와 설비를 도입한 경우 안전보건조치
(12) 기타 사업장 안전보건에 중대한 영향을 미치는 사항

5 구성

(1) 산업안전보건위원회의 근로자위원은 다음 각 호의 사람으로 구성한다.

① 근로자대표

② 명예산업안전감독관이 위촉되어 있는 사업장의 경우 근로자대표가 지명하는 1명 이상의 명예산업안전감독관

③ 근로자대표가 지명하는 9명(근로자인 ②의 위원이 있는 경우에는 9명에서 그 위원의 수를 제외한 수를 말한다) 이내의 해당 사업장의 근로자

(2) 산업안전보건위원회의 사용자위원은 다음 각 호의 사람으로 구성한다. 다만, 상시근로자 50명 이상 100명 미만을 사용하는 사업장에서는 ⑤에 해당하는 사람을 제외하고 구성할 수 있다.

① 해당 사업의 대표자(같은 사업으로서 다른 지역에 사업장이 있는 경우에는 그 사업장의 안전보건관리책임자를 말한다. 이하 같다)

② 안전관리자(제16조제1항에 따라 안전관리자를 두어야 하는 사업장으로 한정하되, 안전관리자의 업무를 안전관리전문기관에 위탁한 사업장의 경우에는 그 안전관리전문기관의 해당 사업장 담당자를 말한다) 1명

③ 보건관리자(제20조제1항에 따라 보건관리자를 두어야 하는 사업장으로 한정하되, 보건관리자의 업무를 보건관리전문기관에 위탁한 사업장의 경우에는 그 보건관리전문기관의 해당 사업장 담당자를 말한다) 1명

④ 산업보건의(해당 사업장에 선임되어 있는 경우로 한정한다)

⑤ 해당 사업의 대표자가 지명하는 9명 이내의 해당 사업장 부서의 장

(3) (1) 및 (2)에도 불구하고 법 제69조제1항에 따른 건설공사도급인(이하 "건설공사도급인"이라 한다)이 법 제64조제1항제1호에 따른 안전 및 보건에 관한 협의체를 구성한 경우에는 산업안전보건위원회의 위원을 다음 각 호의 사람을 포함하여 구성할 수 있다.

1. 근로자위원 : 도급 또는 하도급 사업을 포함한 전체 사업의 근로자대표, 명예산업안전감독관 및 근로자대표가 지명하는 해당 사업장의 근로자

2. 사용자위원 : 도급인 대표자, 관계수급인의 각 대표자 및 안전관리자

(4) 위원장

산업안전보건위원회의 위원장은 위원 중에서 호선한다. 이 경우 근로자위원과 사용자위원 중 각 1명을 공동위원장으로 선출할 수 있다.

6 회의 등

(1) 정기회의 : 분기마다 위원장이 소집

(2) 임시회의 : 위원장이 필요하다고 인정할 때에 소집

(3) 근로자위원 및 사용자위원 각 과반수의 출석으로 시작하고 출석위원 과반수의 찬성으로 의결

(4) 근로자대표, 명예산업안전감독관, 해당 사업의 대표자, 안전관리자, 보건관리자는 회의에 출석하지 못할 경우에는 해당 사업에 종사하는 사람 중에서 1명을 지정하여 위원으로서의 직무를 대리하게 할 수 있다.

(5) 회의록 작성
① 개최 일시 및 장소
② 출석위원
③ 심의 내용 및 의결·결정 사항
④ 그 밖의 토의사항

7 의결되지 않은 사항 등의 처리

(1) 근로자위원과 사용자위원의 합의에 따라 산업안전보건위원회에 중재기구를 두어 해결
(2) 제3자에 의한 중재를 받아야 한다.

8 회의 결과 등의 공지

(1) 사내방송
(2) 사내보
(3) 게시
(4) 자체 정례조회
(5) 그 밖의 적절한 방법

9 근로자대표의 통지요청 대상

(1) 산업안전보건위원회가 의결한 사항
(2) 안전보건진단 결과에 관한 사항
(3) 안전보건개선계획의 수립·시행에 관한 사항
(4) 도급인의 이행 사항
(5) 물질안전보건자료에 관한 사항
(6) 작업환경측정에 관한 사항

🔟 산업안전보건위원회를 설치 · 운영해야 할 사업의 종류 및 규모

사업의 종류	규모
1. 토사석 광업 2. 목재 및 나무제품 제조업 : 가구 제외 3. 화학물질 및 화학제품 제조업 : 의약품 제외(세제, 화장품 및 광택제 제조업과 화학섬유 제조업은 제외한다.) 4. 비금속 광물제품 제조업 5. 1차 금속 제조업 6. 금속가공제품 제조업 : 기계 및 가구 제외 7. 자동차 및 트레일러 제조업 8. 기타 기계 및 장비 제조업(사무용 기계 및 장비 제조업은 제외한다.) 9. 기타 운송장비 제조업(전투용 차량 제조업은 제외한다.)	상시근로자 50명 이상
10. 농업 11. 어업 12. 소프트웨어 개발 및 공급업 13. 컴퓨터 프로그래밍, 시스템 통합 및 관리업 14. 정보서비스업 15. 금융 및 보험업 16. 임대업(부동산 제외) 17. 전문, 과학 및 기술 서비스업(연구개발업은 제외한다.) 18. 사업지원 서비스업 19. 사회복지 서비스업	상시근로자 300명 이상
20. 건설업	공사금액 120억 원 이상(「건설산업기본법 시행령」 별표 1에 따른 토목공사업에 해당하는 공사의 경우에는 150억 원 이상)
21. 제1호부터 제20호까지의 사업을 제외한 사업	상시근로자 100명 이상

009 노사협의회

1 개요

근로자와 사용자가 참여와 협력을 통하여 근로자의 복지증진과 기업의 건전한 발전을 도모하기 위하여 구성하는 협의기구이다.

2 설치대상

근로조건에 대한 결정권이 있는 사업인 · 사업장 단위로 설치하여야 하며, 상시 30명 미만의 근로자를 사용하는 사업 또는 사업장은 적용 제외

3 산업안전보건위원회와의 유사점

근로자와 사용자를 대표하는 동수의 위원으로 구성되고 분기마다 개최되는 정기회의와 필요시 개최되는 임시회의로 구분되며, 안전은 심의(협의)사항과 의결사항으로 구분됨

4 산업안전보건위원회와의 차이점

노사협의회는 30인 이상 사업장을 대상으로 하는 반면, 산업안전보건위원회는 100인 이상(유해업종은 50인 이상) 사업장으로 규정되어 대상 규모 등에 있어 차이가 남

5 산업안전보건위원회와 노사협의회 제도 비교

산업안전보건위원회	노사협의회
[의결사항] (1) 산업재해 예방계획의 수립에 관한 사항 (2) 안전보건관리규정의 작성 및 변경에 관한 사항 (3) 근로자의 안전 · 보건교육에 관한 사항 (4) 작업환경측정 등 작업환경의 점검 및 개선에 관한 사항 (5) 근로자의 건강진단 등 건강관리에 관한 사항 (6) 중대재해의 원인 조사 및 재발 방지대책 수립에 관한 사항	[의결사항] (1) 근로자의 교육훈련 및 능력개발 기본계획의 수립 (2) 복지시설의 설치와 관리 (3) 사내근로복지기금의 설치 (4) 고충처리위원회에서 의결되지 아니한 사항 (5) 각종 노사공동위원회의 설치

산업안전보건위원회	노사협의회
(7) 산업재해에 관한 통계의 기록 및 유지에 관한 사항 (8) 유해하거나 위험한 기계·기구와 그 밖의 설비를 도입한 경우 안전·보건조치에 관한 사항 (9) 그 밖에 해당 사업장 근로자의 안전 및 보건을 유지·증진시키기 위하여 필요한 사항	[협의 또는 의결사항] (1) 생산성 향상과 성과 배분 (2) 근로자의 채용·배치 및 교육훈련 (3) 근로자의 고충처리 (4) 안전, 보건, 그 밖의 작업환경 개선과 근로자의 건강증진 (5) 인사·노무관리의 제도 개선 (6) 경영상 또는 기술상의 사정으로 인한 인력의 배치·전환·재훈련·해고 등 고용조정의 일반원칙 (7) 작업과 휴게 시간의 운용 (8) 임금의 지불방법·체계·구조 등의 제도 개선 (9) 신기계·기술의 도입 또는 작업 공정의 개선 (10) 작업 수칙의 제정 또는 개정 (11) 종업원지주제와 그 밖에 근로자의 재산형성에 관한 지원 (12) 직무 발명 등과 관련하여 해당 근로자에 대한 보상에 관한 사항 (13) 근로자의 복지증진 (14) 사업장 내 근로자 감시 설비의 설치 (15) 여성근로자의 모성보호 및 일과 가정생활의 양립을 지원하기 위한 사항 (16) 「남녀고용평등과 일·가정 양립 지원에 관한 법률」에 따른 직장 내 성희롱 및 고객 등에 의한 성희롱 예방에 관한 사항 (17) 그 밖의 노사협조에 관한 사항

010 　도급인의 안전 및 보건에 관한 협의체

▣ 구성

도급인 및 그의 수급인 전원으로 구성해야 한다.

▣ 협의사항

(1) 작업의 시작 시간

(2) 작업 또는 작업장 간의 연락방법

(3) 재해 발생 위험이 있는 경우 대피방법

(4) 작업장에서의 법 제36조에 따른 위험성 평가의 실시에 관한 사항

(5) 사업주와 수급인 또는 수급인 상호 간의 연락방법 및 작업공정의 조정

▣ 건설공사의 안전 및 보건에 관한 협의체

(1) 대통령령으로 정하는 규모의 건설공사의 건설공사도급인은 해당 건설공사 현장에 근로자위
원과 사용자위원이 같은 수로 구성되는 안전 및 보건에 관한 협의체(노사협의체)를 대통령령
으로 정하는 바에 따라 구성·운영할 수 있다.

　• 건설공사도급인이 노사협의체를 구성·운영하는 경우에는 산업안전보건위원회 및 안전
　　및 보건에 관한 협의체를 각각 구성·운영하는 것으로 본다.

(2) 대상

　공사금액이 120억 원(토목공사업은 150억 원) 이상인 건설공사

(3) 건설 노사협의체 구성

구분	근로자위원	사용자위원
필수구성	(1) 도급 또는 하도급 사업을 포함한 전체 사업의 근로자대표 (2) 근로자대표가 지명하는 명예산업안전감독관 1명, 다만, 명예산업안전감독관이 위촉되어 있지 않은 경우에는 근로자대표가 지명하는 해당 사업장 근로자 1명 (3) 공사금액이 20억 원 이상인 공사의 관계수급인의 각 근로자대표	(1) 도급 또는 하도급 사업을 포함한 전체 사업의 대표자 (2) 안전관리자 1명 (3) 보건관리자 1명(별표 5 제44호에 따른 보건관리자 선임대상 건설업으로 한정한다) (4) 공사금액이 20억 원 이상인 공사의 관계수급인의 각 대표자
합의구성	공사금액이 20억 원 미만인 공사의 관계수급인의 근로자대표	공사금액이 20억 원 미만인 공사의 관계수급인
합의참여	건설기계관리법 제3조제1항에 따라 등록된 건설기계를 직접 운전하는 사람	

① 노사협의체의 근로자위원과 사용자위원이 합의하여 위원으로 위촉 가능한 사람

② 노사협의체의 근로자위원과 사용자위원이 합의하여 협의체에 참여가 가능한 사람

(4) 건설 노사협의체 운영

　① 정기회의 : 2개월마다 위원장이 소집

　② 임시회의 : 위원장이 필요하다고 인정할 때에 소집

(5) 심의 · 의결 사항

　건설 노사협의체 심의 · 의결 사항은 산업안전보건위원회와 동일함

(6) 구성 · 운영의 특례

　건설공사의 도급인이 법　제75조제1항에 따른 노사협의체를 구성 · 운영하는 경우에는 산업
안전보건회 및 도급인의 안전보건에 관한 협의체를 각각 구성 · 운영하는 것으로 봄

011 명예산업안전감독관

1 개요

(1) '명예산업안전감독관 제도'란 재해예방활동에 대한 근로자의 참여를 활성화하기 위한 제도를 말한다.

(2) 고용노동부장관은 산업재해 예방활동에 대한 참여와 지원을 촉진하기 위하여 근로자·근로자단체·사업주단체 및 산업재해 예방 관련 전문단체에 소속된 사람 중에서 명예산업안전감독관을 위촉할 수 있다.

2 명예산업안전감독관의 위촉

고용노동부장관은 다음 각 호의 어느 하나에 해당하는 사람 중에서 법 제23조제1항에 따른 명예산업안전감독관(이하 "명예산업안전감독관"이라 한다)을 위촉할 수 있다.

(1) 산업안전보건위원회 구성 대상 사업의 근로자 또는 노사협의체 구성·운영 대상 건설공사의 근로자 중에서 근로자대표(해당 사업장에 단위 노동조합의 산하 노동단체가 그 사업장 근로자의 과반수로 조직되어 있는 경우에는 지부·분회 등 명칭이 무엇이든 관계없이 해당 노동단체의 대표자를 말한다. 이하 같다)가 사업주의 의견을 들어 추천하는 사람

(2) 노동조합 및 노동관계조정법 제10조에 따른 연합단체인 노동조합 또는 그 지역 대표기구에 소속된 임직원 중에서 해당 연합단체인 노동조합 또는 그 지역 대표기구가 추천하는 사람

(3) 전국 규모의 사업주단체 또는 그 산하조직에 소속된 임직원 중에서 해당 단체 또는 그 산하조직이 추천하는 사람

(4) 산업재해 예방 관련 업무를 하는 단체 또는 그 산하조직에 소속된 임직원 중에서 해당 단체 또는 그 산하조직이 추천하는 사람

3 업무범위

명예산업안전감독관의 업무는 다음 각 호와 같다. 이 경우 2의 (1)항에 따라 위촉된 명예산업안전감독관의 업무 범위는 해당 사업장에서의 업무[(8)항는 제외한다]로 한정하며, 2의 (2)항부터 (4)항까지의 규정에 따라 위촉된 명예산업안전감독관의 업무 범위는 (8)항부터 ⑽항까지의 규정에 따른 업무로 한정한다.

(1) 사업장에서 하는 자체점검 참여 및 근로기준법 제101조에 따른 근로감독관이 하는 사업장 감독 참여

(2) 사업장 산업재해 예방계획 수립 참여 및 사업장에서 하는 기계·기구 자체검사 참석

(3) 법령을 위반한 사실이 있는 경우 사업주에 대한 개선 요청 및 감독기관에의 신고

(4) 산업재해 발생의 급박한 위험이 있는 경우 사업주에 대한 작업중지 요청

(5) 작업환경측정, 근로자 건강진단 시의 참석 및 그 결과에 대한 설명회 참여

(6) 직업성 질환의 증상이 있거나 질병이 걸린 근로자가 여러 명 발생한 경우 사업주에 대한 임시 건강진단 실시 요청

(7) 근로자에 대한 안전수칙 준수 지도

(8) 법령 및 산업재해 예방정책 개선 건의

(9) 안전보건 의식을 북돋우기 위한 활동 등에 대한 참여와 지원

(10) 그 밖에 산업재해 예방에 대한 홍보 등 산업재해 예방업무와 관련하여 고용노동부장관이 정하는 업무

4 명예산업안전감독관의 활동 지원

(1) 불이익 처우 금지

(2) 수당 등 경비 지급

(3) 교육 실시

산업안전보건법령 등 재해예방활동 관련 교육을 연 1회 이상 실시하여야 하고 소속된 사업주 및 단체의 장은 교육을 이수하는 데 따른 임금 등의 불이익이 없도록 적극 협조하여야 한다.

(4) 협의회 구성 및 운영

업무활성화와 산업재해 예방을 위한 정보교류 및 정책개선을 위한 건의사항 등을 수렴하기 위하여 지방노동관서별로 명예산업안전감독관협의회를 구성·운영하여야 하고 협의회는 지역별 협의회, 소구역 협의회 및 업종별 협의회로 구분·운영하되, 지역별 협의회는 반드시 구성하고 소구역 협의회 및 업종별 협의회는 지역 특성에 따라 구성·운영한다.

① 지역별 협의회 및 업종별 협의회 : 해당 지방고용노동관서의 장이 위촉하는 명예산업안전감독관으로 구성

② 소구역 협의회 : 해당 지방고용노동관서 근로감독관별로 담당구역 내에 위촉된 명예산업안전감독관으로 구성

SECTION 03 안전 · 보건관리제도

001 안전보건대장

1 개요

건설사업계획 시부터 공사 완료 단계까지 발주자가 안전관리에 관한 자료를 제공 · 지원 확인해 건설공사의 재해예방을 위해 도입된 제도로 산업안전보건법상 발주자 주도의 안전관리체계 구축에 그 목적을 두고 있다.

2 발주자의 의무

(1) 발주단계 : 계획단계에서 기본안전보건대장을 작성할 의무가 있다.
(2) 설계단계 : 설계자가 시공과정에서 발생 가능한 위험요소와 위험성 저감에 대한 대책을 설계안전보건대장에 작성토록 하고 작성내용의 적정함을 확인해야 한다.
(3) 시공단계 : 시공자가 설계안전보건대장을 참고해 공사안전보건대장을 작성토록 하고 공사 착공 이후 3개월마다 설계안전보건대장의 이행여부를 확인토록 해야 한다.

3 기본안전보건대장 포함사항

(1) 건설공사 발주자의 주요의무
    ① 안전보건조정자 지정 또는 선임
    ② 공사기간 단축 및 공법변경 금지
    ③ 건설공사 기간의 연장
    ④ 설계변경의 요청
    ⑤ 산업안전보건관리비 계상
    ⑥ 건설공사 산업재해 예방 기술지도

(2) 공사현장 제반정보
(3) 해당 건설공사의 주요 유해위험요인과 위험성 감소방안

④ 설계안전보건대장 포함사항

(1) 안전한 작업을 위한 적정 공사기간 및 공사금액 산출서(건설기술진흥법 제39조 제3항에 따라 설계용역에 대한 건설사업관리를 하게 하는 경우 제외 가능)
(2) 해당 건설공사 중 발생할 수 있는 주요 유해 · 위험요인 및 위험성 감소방안
(3) 산업안전보건관리비 산출내역서

⑤ 공사안전보건대장

(1) 설계안전보건대장의 위험성 감소방안 내용을 반영한 건설공사 중 안전조치 및 보건조치
(2) 유해 · 위험방지계획서 이행의 확인결과에 대한 조치내용
(3) 주요 건설공사용 기계장비에 대한 안전조치 이행계획
(4) 건설공사 산업재해 예방 기술지도를 위한 계약여부, 지도결과 및 조치내용

⑥ 각 의무주체의 유의사항

(1) 발주자가 하나의 건설공사를 2개 이상으로 분리하여 발주하는 경우에는 발주자, 설계자 또는 수급인은 안전보건대장을 각각 작성해야 한다.
(2) 발주자는 2개 이상으로 분리하여 발주하는 건설공사의 기본안전보건대장을 통합하여 작성할 수 있으며, 설계자 또는 수급인이 같은 건설공사는 설계안전보건대장 또는 공사안전보건대장을 통합하여 작성할 수 있다.
(3) 발주자는 건설공사 계획단계에서 건설공사 발주자의 주요의무 등 기본안전보건대장을 작성해야 하며, 설계자와 설계계약을 체결할 경우 기본안전보건대장을 설계자에게 제공해야 한다.
(4) 설계자는 기본안전보건대장을 반영하여 건설공사 중 발생할 수 있는 주요 유해 · 위험요인 및 위험성 감소방안 등을 포함한 설계안전보건대장을 작성해야 하며 작성이 완료된 설계도서(설계도면, 설계명세서, 공사시방서 및 부대도변과 그 밖의 관련 서류)를 기준으로 설계안전안전보건대장을 작성해 발주자에게 제출해야 한다.
(5) 설계안전보건대장을 제출받은 발주자는 안전보건 분야의 전문가에게 대장 기재 내용의적정성을 검토하게 해야 하며 이 경우, 발주자 및 설계자는 설계도서 등 설계안전보건대장 검토에 필요한 자료를 제공해야 한다.
(6) 안전보건 분야 전문가
    설계자가 예상한 시공단계의 유해 · 위험요인과 이의 감소방안, 공사기간 및 공사비 산정내역의 적정성 등을 검토하고 그 결과를 발주자에게 제출해야 한다.

(7) 설계안전보건대장 작성 시점

입찰 시 설계안전보건대장을 미리 고지하고, 건설공사 계약 체결 시 설계안전보건대장을 수급인에게 제공해야 한다.

(8) 공사안전보건대장 작성기한

착공 전날까지 작성해 발주자에게 제출해야 한다.

(9) 이행여부 확인

발주자는 수급인이 공사안전보건대장에 따른 안전보건 조치계획을 이행하였는지 여부를 건설공사 착공 후 매 3개월마다 1회 이상 확인해야 하며 3개월 이내에 공사가 종료되는 경우에는 종료 전에 확인해야 한다.

(10) 작업중단 요청

발주자는 수급인이 공사안전보건대장에 따른 안전보건 조치 등을 이행하지 아니하여 산업재해가 발생할 급박한 위험이 있을 때에는 수급자에게 작업중단을 요청할 수 있다.

1 개요

도급사업의 안전보건을 위해서는 안전보건협의체의 구성운영, 위험성 평가, 사업장 안전보건 점검, 산재발생 위험장소 예방조치, 수급사업장 안전·보건교육지도 지원, 유해인자 및 화학물질 관리 등의 활동이 유기적으로 수행될 수 있도록 시스템을 구축해야 한다.

2 절차

수급인 근로자의 안전확보를 위해 수급인의 협력을 유도해 사업장의 위험요소를 체계적으로 도출해 개선해야 한다.

3 구성요소

협의체 구성 및 운영	위험성 평가	안전보건 점검
(1) 상호 연락방법 및 작업공정 조정 (2) 재해발생위험 시 대피방법 등 협의	정기 및 수시 위험성 평가	(1) 1회/2일 이상 작업장 순회점검 (2) 1회/2월 이상 합동안전보건점검

4 유기적 원·하도급 간 안전보건체계 구축방법

(1) 협의체 구성 및 활동, 위험성 평가, 순회점검, 합동안전보건점검, 위험장소 안전조치, 안전보건교육, 유해인자 및 화학물질 관리
(2) 우수협력업체 선정 평가 및 육성

5 항목별 추진사항

(1) 유해인자 및 화학물질 관리
  ① 작업환경 측정 개선
  ② 안전보건 정보 제공

(2) 안전보건교육
  ① 교육장소 및 자료 제공
  ② 법정교육 지도 지원
  ③ 사업장 특성별 교육

(3) 위험장소 예방조치
  ① 감전, 추락 등이 우려되는 위험장소에 대한 예방조치
  ② 공사기간 단축/위험공법 사용금지

6 작업장의 순회점검

대상사업	규모
(1) 건설업 (2) 제조업 (3) 토사석 광업 (4) 서적, 잡지, 기타 인쇄물 출판업 (5) 음악 및 기타 오디오물 출판업 (6) 금속 및 비금속 원료 재생업	2일에 1회 이상
제(1)호부터 제(6)호까지의 사업을 제외한 사업	1주일에 1회 이상

1 개요

도급사업 운영 시 최초 단계부터 안전보건에 관한 사항을 검토하고, 사업 수행 시 수급업체 재해 예방을 위한 안전보건관리 실행과 평가를 통해 지속적으로 발전하는 체계를 운영하는 것이 중요하다.

2 도급사업의 계약단계

(1) 입찰단계

산업안전보건관리비, 안전보건교육, 위험성 평가 등 '도급계약 안전보건 가이드라인'의 내용을 입찰 설명 시 제시한다.

(2) 계약단계

'도급계약 안전보건 가이드라인'을 참조해 도급계약 시 도급인이 조치해야 할 사항과 수급인이 준수해야 할 사항을 명확히 한다.

3 도급사업의 수행단계

(1) 수급업체 안전보건조직 구성의 지원

① 수급업체의 안전보건관리자, 안전관리자, 안전담당자, 관리감독자 등의 조직 구성 및 조직별 역할과 책임 부여

② 위험성 평가 실시책임자, 실시담당자, 실시반의 구성 및 역할과 책임 부여

(2) 수급업체의 시공계획을 포함한 안전관리계획의 수립

① 현장 안전보건 목표와 설정기간에 따라 구체적 계획을 검토해 수립

② 계획에 대한 실현 가능성에 대한 검토를 목표 달성 상황, 공정상황, 공법 변경 등에 따라 지속적으로 실시

(3) 안전보건협의체 및 노사협의체 구성

① 공사금액에 따라 근로자와 사용자가 같은 수로 구성되는 안전·보건에 관한 노사협의체의 구성

② 노사협의체를 운영하는 경우 산업안전보건위원회 및 안전보건에 관한 협의체를 각각 설치·운영하는 것으로 인정

(4) 위험성 평가

    ① 도급인은 수급인으로 하여금 수급인의 작업 및 해당 사업장에 대한 위험성 평가를 실시하도록 한다.

    ② 도급인과 수급인 또는 수급인 간의 작업 및 위험요인이 서로 관련되는 경우 이를 조정 · 관리한다.

(5) 작업장 순회점검

    ① 도급인 사업주는 작업장을 2일에 1회 이상 정기적으로 순회점검한다.

    ② 수급인 사업주는 순회점검을 거부 · 방해 · 기피해서는 안 되며, 도급인의 시정요구 시 이에 따라야 한다.

(6) 작업장 합동 안전보건점검

    ① 도급인 사업주는 수급인 사업주와 점검반을 구성하여 정기 · 수시로 합동 안전보건점검을 실시한다.

    ② 점검주기는 2개월에 1회 이상 실시한다.

(7) 산재발생 위험장소의 예방조치

(8) 위험작업 시 경보운영 및 운영사항 통보

    [경보장치의 설치가 필요한 장소]

    ① 하역운반기계 통로 인접 출입구 : 비상등, 비상벨

    ② 연면적 400제곱미터 이상 또는 상시근로자 50명 이상 옥내 작업장 : 경보설비

    ③ 폭발 또는 화재발생 위험장소 : 가스검지 및 경보장치

    ④ 급성독성물질 취급 장소 : 감지, 경보장치

    ⑤ 터널공사 등 인화성 가스 폭발, 화재 위험장소 : 자동경보장치

    ⑥ 방사선 업무 장소 : 경보시설

    ⑦ 금속류, 산, 알칼리, 가스상태 물질류 취급장소 : 경보설비

    ⑧ 냉장실, 냉동실 내부 : 경보장치

(9) 공사기간 단축 및 위험공법 사용변경 금지

(10) 수급업체 위생시설 설치 또는 이용 협조

(11) 산업안전보건관리비 계상 및 사용

(12) 수급업체 안전보건교육의 지원

(13) 유해인자 및 화학물질의 관리

    ① 물질안전보건자료의 작성 · 비치

    ② 화학물질의 유해 · 위험성, 명칭 · 성분 · 함유량, 응급조치요령, 안전 · 보건상 취급 시 주의사항 기재

4 도급사업의 평가단계

(1) 수급사업장의 안전보건수준 평가
(2) 평가결과에 따른 수급업체 관리 및 피드백
 ① 평가결과 우수사업장은 인센티브 부여
 ② 미흡한 사업장은 수급업체 스스로 안전관리활동을 강화토록 관리

5 안전보건활동 우수사례 인센티브 부여

(1) 매년 안전보건분야 우수 수급업체를 선정해 수의계약 인센티브 부여
(2) 전문건설업 KOSHA 18001 인증 시 : +5점 가점
(3) 수급업체 본사 안전보건조직 확보 : +5점 가점

004 도급인의 안전 · 보건 조치

1 개요

도급인은 사업장 재해예방을 위해 도급사업 전 위험성 평가의 실시는 물론 안전보건 정보를 수급인에게 제공할 의무가 있으며 협의체 구성, 작업장 순회점검 외 이행사항을 준수해야 한다.

2 도급인이 이행하여야 할 사항

(1) 안전보건협의체 구성 · 운영

(2) 작업장 순회점검

(3) 관계수급인이 근로자에게 하는 안전 · 보건교육을 위한 장소 및 자료제공 등 지원과 안전 · 보건교육 실시 확인

(4) 발파, 화재 · 폭발, 토사구조물 등의 붕괴, 지진 등에 대비한 경보체계 운영과 대피방법 등의 훈련

(5) 유해위험 화학물질의 개조 · 분해 · 해체 · 철거 작업 시 안전 및 보건에 관한 정보 제공

(6) 도급사업의 합동 안전 · 보건점검

(7) 위생시설 설치 등을 위해 필요한 장소 제공 또는 도급인이 설치한 위생시설 이용의 협조

(8) 안전 · 보건시설의 설치 등 산업재해예방조치

(9) 같은 장소에서 이루어지는 도급인과 관계수급인 등의 작업에 있어서 관계수급인 등의 작업시기 · 내용 · 안전보건조치 등의 확인

(10) 확인결과 관계수급인 등의 작업혼재로 인하여 화재 · 폭발 등 위험발생 우려 시 관계수급인 등의 작업시기 내용 등의 조정

3 도급인의 작업조정의무 대상

도급인이 혼재작업 시 관계수급인 등의 작업시기, 내용 및 안전보건조치 등을 확인하고 조정해야 할 작업 및 위험의 종류

(1) 근로자가 추락할 위험이 있는 경우

(2) 기계 · 기구 등이 넘어질 우려가 있는 경우

(3) 동력으로 작동되는 기계 · 설비 등에 의한 끼임 우려가 있는 경우

(4) 차량계 하역 · 운반기계, 건설기계, 양중기 등에 의한 충돌 우려가 있는 경우

(5) 기계 · 기구 등이 무너질 위험이 있는 경우

(6) 물체가 떨어지거나 날아올 위험이 있는 경우

(7) 화재 · 폭발 우려가 있는 경우

(8) 산소결핍, 유해가스로 질식 · 중독 등 우려가 있는 경우

005 설계변경의 요청

1 개요

건설공사도급인은 건설공사 중에 가설구조물의 붕괴 등 재해발생 위험이 높다고 판단되는 경우에는 전문가의 의견을 들어 건설공사발주자에게 설계변경을 요청할 수 있다.

2 설계변경 요청 대상

(1) 높이 31미터 이상인 비계
(2) 작업발판 일체형 거푸집 또는 높이 5미터 이상인 거푸집 동바리
(3) 터널의 지보공 또는 높이 2미터 이상인 흙막이 지보공
(4) 동력을 이용하여 움직이는 가설구조물

3 수급인이 의견을 들어야 하는 전문가

(1) 건축구조기술사(토목공사 및 구조물은 제외한다.)
(2) 토목구조기술사(토목공사로 한정한다.)
(3) 토질및기초기술사(터널의 지보공 또는 높이 2미터 이상인 흙막이 지보공 구조물로 한정한다.)
(4) 건설기계기술사(동력을 이용하여 움직이는 가설구조물로 한정한다.)

4 요청방법

설계변경 요청서에 다음 서류를 첨부하여 도급인에게 제출
(1) 설계변경 요청 대상 공사의 도면
(2) 당초 설계의 문제점 및 변경요청 이유서
(3) 가설구조물의 구조계산서 등 당초 설계의 안전성에 관한 전문가의 검토 의견서 및 그 전문가의 자격증 사본
(4) 그 밖에 재해발생의 위험이 높아 설계변경이 필요함을 증명할 수 있는 서류

5 첨부서류

(1) 유해위험방지계획서 심사결과 통지서

(2) 지방고용노동관서의 장이 명령한 공사착공중지명령 또는 계획변경명령 등의 내용

(3) 상기 (1), (2)의 서류

⑥ 건설공사발주자의 의무

설계변경을 요청받은 발주자는 설계변경 요청서를 받은 날부터 30일 이내에 설계를 변경한 후 설계변경 승인 통지서를 건설공사도급인에게 통보해야 한다.

⑦ 도급인의 의무

발주자로부터 설계변경 승인 통지서 또는 변경 불승인 통지서를 받은 경우 통보받은 날부터 5일 이내에 관계수급인에게 그 결과를 통보해야 한다.

006 공사기간의 연장 요청

1 개요

건설공사발주자는 다음 각 호의 어느 하나에 해당하는 사유로 건설공사가 지연되어 해당 건설공사도급인이 산업재해 예방을 위하여 공사기간의 연장을 요청하는 경우에는 특별한 사유가 없으면 공사기간을 연장하여야 한다.

2 해당사유

(1) 태풍·홍수 등 악천후, 전쟁·사변, 지진, 화재, 전염병, 폭동, 그 밖에 계약 당사자가 통제할 수 없는 사태의 발생 등 불가항력의 사유에 의한 경우
(2) 건설공사발주자에게 책임이 있는 사유로 착공이 지연되거나 시공이 중단된 경우

3 요청기일

(1) 사유가 종료된 날부터 10일이 되는 날까지 공사기간 연장 요청서에 관련서류를 첨부하여 도급인에게 제출하여야 한다.
(2) 해당 공사기간 연장 사유가 그 건설공사의 계약기간 만료 후에도 지속될 것으로 예상되는 경우에는 그 계약기간 만료 전에 건설공사발주자에게 공사기간 연장을 요청할 예정임을 통지하고 그 사유가 종료된 날부터 10일이 되는 날까지 공사기간 연장을 요청할 수 있다.

4 첨부서류

(1) 공사기간 연장 요청 사유 및 그에 따른 공사 지연사실을 증명할 수 있는 서류
(2) 공사기간 연장 요청 기간 산정 근거 및 공사 지연에 따른 공정 관리 변경에 관한 서류

5 도급인의 의무

(1) 공사기간 연장 요청을 받은 날부터 30일 이내에 공사기간 연장 조치를 하여야 한다.
(2) 단, 남은 기간 내에 공사를 마칠 수 있다고 인정되는 경우에는 그 사유와 그 사유를 증명하는 서류를 첨부하여 건설공사도급인에게 통보하여야 한다.

007 화재감시자 지정 배치

1 개요

용접 · 용단 작업을 하거나 불꽃의 비산거리(11미터) 이내 또는 가연성 물질, 열전도나 열복사에 의해 발화될 우려가 있는 장소 등으로 화재감시자 배치를 확대하여 화재 · 폭발 사고 예방을 강화해야 한다.

2 배치기준

아래의 어느 하나에 해당하는 장소에서 용접용단 작업을 하도록 하는 경우에는 화재감시자를 배치해야 한다. 단, 같은 장소에서 상시 · 반복적으로 용접 · 용단작업을 할 때 경보용 설비 · 기구, 소화설비 또는 소화기가 갖추어진 경우에는 배치하지 않을 수 있다.

(1) 작업반경 11미터 이내에 건물구조 자체나 내부(개구부 등으로 개방된 부분을 포함한다)에 가연성 물질이 있는 장소
(2) 작업반경 11미터 이내의 바닥 하부에 가연성 물질이 11미터 이상 떨어져 있지만 불꽃에 의해 쉽게 발화될 우려가 있는 장소
(3) 가연성 물질이 금속으로 된 칸막이, 벽, 천장 또는 지붕의 반대쪽 면에 인접해 있어 열전도나 열복사에 의해 발화될 우려가 있는 장소

3 화재감시자의 업무

(1) 배치장소에 가연성 물질이 있는지 여부의 확인
(2) 가스검지, 경보 성능을 갖춘 가스 검지 및 경보 장치의 작동 여부의 확인
(3) 화재 발생 시 사업장 내 근로자의 대피 유도

4 화재감시자 지급 물품

(1) 화재감시자 가방
(2) 화재감시자 천 조끼
(3) 화재감시자 안전모
(4) 접이식 미니 메가폰
(5) 휴대용 소화기
(6) 휴대용 손전등
(7) 화재감시자 완장
(8) 방연마스크

① 방연마스크의 정의

방연마스크란 화재로 인한 유독가스와 연기를 거르거나 차단할 수 있도록 제조되어 화재 장소로부터 피난 또는 대피에 사용하는 보호구이다.

② 방연마스크 지급의 법적 근거

(1) 사업주는 화재감시자에게 업무수행에 필요한 확성기, 휴대용조명기구 및 방연마스크 등 대피용 방연장비를 지급하여야 한다.
(2) 방연마스크는 KS제품 또는 한국소방산업기술원 기준을 충족하는 제품을 사용한다.

③ 방연마스크의 종류별 비교

기준	공기정화식	지급식
사용제한	산소농도 17~19.5% 감소	작업용, 구조용, 다이빙장비
정량제한	최대 1.0kg	최대 7.5kg
착용성능	30초 이내 착용 (착용 후 바로 사용)	30초 이내 착용 및 작동 (착용 후 별도 조작)
유독가스 보호성능	최소 15분간 6종 가스 차단	최소 5~6분간 산소 직접 공급
호흡	흡기저항 최대 1.1kPa 외부공기 여과하여 호흡 편함	흡기저항 최대 1.6kPa 폐쇄순환구조로 호흡 난이
열적 보호성능	공통적으로 가연성 및 난연성 시험항목 존재	
	복사열 차단 시험기준 존재	복사열 차단 시험기준 불명확

④ 방연마스크 사용 시 지도사항

(1) 매월 또는 100시간 사용 후 점검
(2) 사용 후에는 반드시 필터 교체
(3) 방연마스크 착용장소 방독 또는 방진 마스크 착용 금지

5 방연마스크 선정 시 고려사항

(1) 어두운 곳에서도 개봉이 가능하도록 포장

(2) 연기와 화염으로부터 눈을 보호하는 후드형 사용

(3) 난연제품사용(두건재질 시험성적서 구비)

(4) 필터의 제독성능 확인

(5) 방연마스크에 필터 밀착 후 호흡 편리성 확인

009 소방안전관리자 선임제도

1 개요

특정소방대상물의 신축 · 증축 · 개축 · 이전 · 용도변경 · 대수선 또는 설비 설치 등을 위한 공사 현장에서 인화성(引火性) 물품을 취급하는 작업 등 대통령령으로 정하는 작업(이하 "화재위험작업"이라 한다)을 하기 전에 설치 및 철거가 쉬운 화재대비시설(이하 "임시소방시설"이라 한다)을 설치하고 관리하여야 한다.

2 대상

소방시설공사 착공신고 대상으로 다음 어느 하나에 해당하는 건설현장 소방안전관리대상물
(1) 연면적 15,000m² 이상인 것
(2) 연면적 5,000m² 이상인 것으로서
- 지하 2층 이하
- 지상 11층 이상
- 냉동창고, 냉장창고 또는 냉동 · 냉장창고

3 건설현장 소방안전관리자 업무

(1) 건설현장의 소방계획서의 작성
(2) 「소방시설 설치 및 관리에 관한 법률」 제15조제1항에 따른 임시소방시설의 설치 및 관리에 대한 감독
(3) 공사진행 단계별 피난안전구역, 피난로 등의 확보와 관리
(4) 건설현장의 작업자에 대한 소방안전 교육 및 훈련
(5) 초기대응체계의 구성 · 운영 및 교육
(6) 화기취급의 감독, 화재위험작업의 허가 및 관리
(7) 그 밖에 건설현장의 소방안전관리와 관련하여 소방청장이 고시하는 업무

4 건설현장 소방안전관리자 선임 자격

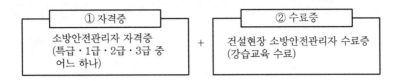

① 자격증	+	② 수료증
소방안전관리자 자격증 (특급 · 1급 · 2급 · 3급 중 어느 하나)		건설현장 소방안전관리자 수료증 (강습교육 수료)

5 유의사항

(1) 아래의 자격증은 법 시행('22. 12. 1) 후 2급 소방안전관리자 자격으로 불인정(소방안전관리자 시험응시 자격은 부여). 단, 아래 자격증을 갖고 소방안전관리자로 선임된 사람은 법 시행 후 2년 이내에 2급 소방안전관리자 자격증을 발급받아야 함
① 건축사 · 산업안전기사 · 산업안전산업기사 · 건축기사 · 건축산업기사 · 일반기계기사
② 전기기능장 · 전기기사 · 전기산업기사 · 전기공사기사 · 전기공사산업기사

(2) 선임기간
건설현장의 소방시설공사 착공신고일~건축물 사용승인일

(3) 선임신고
선임한 날로부터 14일 이내 한국소방안전원에 신고

(4) 처벌기준
위반자는 벌칙 또는 과태료 처분

(5) 벌금
건설현장 소방안전관리자를 선임하지 않은 경우 300만 원 이하의 벌금

(6) 과태료
기간 내에 선임 신고를 하지 아니한 경우 200만 원 이하의 과태료

010 산업안전보건관리비

1 개요

산업안전보건관리비는 건설현장의 산업재해 예방을 위해 발주자가 도급인(시공사)에게 지급하는 비용(공사금액의 2~3% 내외, 안전모·안전화 등 보호구, 난간·덮개 등 안전시설 등에 사용할 수 있는 비용)으로 건설현장 산업재해 예방을 위해 사용될 수 있도록 건설공사 발주자가 공사금액에 계상하여 시공자에게 지급하는 비용이다.

2 2024. 1. 1. 시행 내용의 핵심

(1) 응급상황 초동 대처에 필수적인 심폐소생술(CPR) 교육비와 자동심장충격기(AED) 구입비에 사용할 수 있도록 명확히 하였다.
(2) 최근 산업계에서 다양한 정보통신기술(ICT) 기반의 안전장비를 개발 중임을 고려, 인공지능 폐쇄회로 텔레비전(AI CCTV), 건설기계 충돌협착 방지장비 등 스마트 안전장비 사용한도를 현행 구입·임대비의 20%에서 40%로 확대하였다.
(3) 산업안전보건관리비 고시에서 사용하는 '공사종류'가 건설 관계 법령과 상이하여 불편하다는 건설업계 의견을 수렴하여, 「건설산업기본법」을 기초로 하여 분류방식을 현실에 맞게 개편하였다.

3 적용범위

총공사금액 2천만 원 이상 건설공사

4 대상액 산정

대상액은 산업안전보건관리비 산정의 기초가 되는 금액으로 공사내역의 구분 여부에 따라 대상액을 산정하여야 한다.

(1) 공사내역이 구분되어 있는 경우
재료비(발주자가 따로 재료를 제공하는 경우에는 그 재료의 시가환산액을 가산한 금액) + 직접노무비
(2) 공사내역이 구분되지 않은 경우
총공사금액(부가가치세 포함) × 70%

5 공사종류 및 규모별 산업안전보건관리비 계상기준

구분 / 공사종류	대상액 5억 원 미만인 경우 적용비율(%)	대상액 5억 원 이상 50억 원 미만인 경우		대상액 50억 원 이상인 경우 적용비율(%)	영 별표5에 따른 보건관리자 선임 대상 건설공사의 적용비율(%)
		적용비율(%)	기초액		
건축공사	2.93%	1.86%	5,349,000원	1.97%	2.15%
토목공사	3.09%	1.99%	5,499,000원	2.10%	2.29%
중건설공사	3.43%	2.35%	5,400,000원	2.44%	2.66%
특수 건설공사	1.85%	1.20%	3,250,000원	1.27%	1.38%

※ 공사종류 개편 사항은 2024. 7. 1.부터 시행

6 조정계상 요령

산업안전보건관리비는 설계변경, 물가변동, 관급자재의 증감 등으로 대상액의 변동이 있는 경우에는 변경시점을 기준으로 다시 계상하여야 하며, 설계변경 등으로 공사금액이 800억 원 이상으로 증액된 경우 증액된 대상액에 기준 요율을 적용하여 새로 계상하여야 한다.

(1) 설계변경에 따른 안전관리비는 다음 계산식에 따라 산정한다.

설계변경에 따른 안전관리비＝설계변경 전의 안전관리비＋설계변경으로 인한 안전관리비 증감액

(2) (1)의 계산식에서 설계변경으로 인한 안전관리비 증감액은 다음 계산식에 따라 산정한다.

설계변경으로 인한 안전관리비 증감액＝설계변경 전의 안전관리비×대상액의 증감비율

(3) (2)의 계산식에서 대상액의 증감비율은 다음 계산식에 따라 산정한다. 이 경우, 대상액은 예정가격 작성 시의 대상액이 아닌 설계변경 전·후의 도급계약서상의 대상액을 말한다.

$$\text{대상액의 증감 비율} = \frac{\text{설계변경 후 대상액} - \text{설계변경 전 대상액}}{\text{설계변경 전 대상액}} \times 100\%$$

7 관리 및 제재

(1) 관리

① 건설공사 도급인은 매월 사용명세서를 작성하여야 함(공사종료 후 1년간 보존)

② 6개월마다 발주자의 확인을 받아야 함

③ 건설공사도급인은 관계수급인에게 안전보건관리비를 지급하여 사용하게 할 수 있음

④ 발주자는 목적 외 사용하거나 미사용한 안전보건관리비에 대하여 감액조정하거나 반환을 요구할 수 있음

(2) 제재

　　미계상 및 부족계상(발주자), 목적 외 사용 및 사용내역서 미작성 · 미보존(도급인) 시 1,000만
　　원 이하의 과태료 부과

8 사용기준

(1) 사용원칙

　　① 목적 외로 사용할 경우 안전시설 설치, 개인보호구 지급 등 안전조치 공백이 우려됨에 따
　　　라 사용기준을 제한

　　② 원칙적으로 근로자 안전보건 확보 목적으로만 사용 가능

　　③ 공사도급내역서에 반영되어 있거나, 他법령에서 의무사항으로 규정한 항목은 사용 불가

(2) 공사진척별 사용기준

공정률	50% 이상 70% 미만	70% 이상 90% 미만	90% 이상
사용기준	50% 이상	70% 이상	90% 이상

9 항목별 사용기준

항목	사용요령
안전관리자 등 인건비	겸직 안전관리자 임금의 50%까지 가능
안전시설비	스마트 안전장비 구입(임대비의 40% 이내 허용, 총액의 10% 한도) •「건설기술진흥법」제62조의3에 따른 스마트 안전장비 외에 고용부 고시* 　에 따라 지원하는 품목도 사용가능토록 확대 　*「산업재해예방시설자금 융자금 지원사업 및 보조금 지급사업 운영규정」(고용 　　노동부 고시) 제2조 제12호에 따른 "스마트안전장비 지원사업"에 해당되는 품목
보호구 등	안전인증 대상 보호구에 한함
안전 · 보건 진단비	「산업안전보건법」상 법령에 따른 진단에 소요되는 비용
안전 · 보건 교육비 등	산재예방 관련 모든 교육비용 허용(타 법령상 의무교육 포함)
건강장해 예방비	손소독제 · 체온계 · 진단키트 등 허용
본사인건비	「중대재해처벌법」시행 고려, 200위 이내 종합건설업체는 사용 제한, 5억 원 한도 폐지, 임금 등으로 사용항목 한정
자율결정항목	위험성 평가 또는 중대법상 유해 · 위험요인 개선 판단을 통해 발굴하여 노 사 간 합의로 결정한 품목 허용 ※ 총액의 10% 한도

⑩ 산업안전보건관리비 계상기준표 및 공사종류 분류표

공사종류	내용 예시
1. 건축공사	가. 「건설산업기본법 시행령」(별표 1) 제1호 '나'목 종합적인 계획, 관리 및 조정에 따라 토지에 정착 하는 공작물 중 지붕과 기둥(또는 벽)이 있는 것과 이에 부수되는 시설물을 건설하는 공사 및 이와 함께 부대하여 현장 내에서 행하는 공사 나. 「건설산업기본법 시행령」(별표 1) 제2호의 전문공사로서 건축물과 관련하여 분리하여 발주되었고 시간적·장소적으로도 독립하여 행하는 공사
2. 토목공사	가. 「건설산업기본법 시행령」(별표 1) 제1호 '가'목 종합적인 계획·관리 및 조정에 따라 토목 공작물을 설치하거나 토지를 조성·개량하는 공사, '라'목 종합적인 계획, 관리 및 조정에 따라 산업의 생산시설, 환경오염을 예방·제거 재활용하기 위한 시설, 에너지 등의 생산·저장·공급시설 등의 건설공사 및 이와 함께 부대하여 현장 내에서 행하는 공사 나. 「건설산업기본법 시행령」(별표 1) 제2호의 전문공사로서 같은 표 제1호 건축공사 외의 시설물과 관련하여 분리하여 발주되었고 시간적·장소적으로도 독립하여 행하는 공사
3. 중건설공사	「건설산업기본법 시행령」(별표 1) 제1호 '가'목 및 '라'목에 해당되는 공사 중 다음과 같은 공사 및 이와 함께 부대하여 현장 내에서 행하는 공사 가. 고제방 댐 공사 등 댐 신설공사, 제방신설공사와 관련한 제반 시설공사 나. 화력, 수력, 원자력, 열병합 발전시설 등 설치공사 화력, 수력, 원자력, 열병합 발전시설과 관련된 신설공사 및 제반시설공사 다. 터널신설공사 등 도로, 철도, 지하철 공사로서 터널, 교량, 토공사 등이 포함된 복합시설물로 구성된 공사에 있어 터널 공사비 비중이 가장 큰 비중을 차지하는 건설공사
4. 특수건설공사	「건설산업기본법 시행령」(별표 1) 제1호 '마'목 종합적인 계획·관리 및 조정에 따라 수목원, 공원, 녹지, 숲의 조성 등 경관 및 환경을 조성·개량 등의 건설공사로서 같은 법 시행규칙(별표 3)에서 구분한 조경공사에 해당하는 공사와 아래 각 목에 따른 건설공사 중 다른 공사와 분리하여 발주되었고 시간적·장소적으로도 독립하여 행하는 공사 가. 「전기공사업법」에 의한 공사 나. 「정보통신공사업법」에 의한 공사 다. 「소방공사업법」에 의한 공사 라. 「문화재수리공사업법」에 의한 공사

[비고]
1. 건축물과 관련하여 공사가 수행된다 하더라도 독립하여 행하는 공사가 토목공사, 중건설공사가 명백한 경우 해당 공사 종류로 분류한다.
2. 건축공사, 토목공사 및 중건설공사와 함께 부대하여 현장 내에서 이루어지는 공사는 개별 법령에 따라 수행되는 공사를 포함한다.

011 건설공사 산업재해 예방기술 지도

1 개요

공사금액 120억 원 이상 건설공사의 경우, 전담 안전관리자를 선임하여, 안전에 관한 기술적인 사항에 관하여 사업주 또는 안전보건관리책임자를 보좌하도록 하고 있으나, 120억 원 미만 건설공사의 경우, 전담 안전관리자 선임의무가 없어 안전에 관한 기술적인 사항을 보좌할 수 있는 전담 전문인력 부재가 가장 큰 문제점이다. 이에, 산업안전보건법령은 공사금액 1억 원 이상 120억 원 미만인 공사를 하는 경우 고용노동부장관이 지정한 전문기관에게 정기적으로 산업재해예방을 위한 지도를 받도록 하고 있다.

2 건설공사의 산업재해 예방 지도

(1) 대통령령으로 정하는 건설공사의 건설공사발주자 또는 건설공사도급인(건설공사발주자로부터 건설공사를 최초로 도급받은 수급인은 제외한다)은 해당 건설공사를 착공하려는 경우 지정받은 전문기관(이하 "건설재해예방전문지도기관"이라 한다)과 건설 산업재해 예방을 위한 지도계약을 체결하여야 한다.

(2) 건설재해예방전문지도기관은 건설공사도급인에게 산업재해 예방을 위한 지도를 실시하여야 하고, 건설공사도급인은 지도에 따라 적절한 조치를 하여야 한다.

(3) 건설재해예방전문지도기관의 지도업무의 내용, 지도대상 분야, 지도의 수행방법, 그 밖에 필요한 사항은 대통령령으로 정한다.

3 건설재해예방전문지도기관

(1) 건설재해예방전문지도기관이 되려는 자는 대통령령으로 정하는 인력ㆍ시설 및 장비 등의 요건을 갖추어 고용노동부장관의 지정을 받아야 한다.

(2) (1)에 따른 건설재해예방전문지도기관의 지정 절차, 그 밖에 필요한 사항은 대통령령으로 정한다.

(3) 고용노동부장관은 건설재해예방전문지도기관에 대하여 평가하고 그 결과를 공개할 수 있다. 이 경우 평가의 기준ㆍ방법, 결과의 공개에 필요한 사항은 고용노동부령으로 정한다.

(4) 건설재해예방전문지도기관에 관하여는 「산업안전보건법」(이하 "법"이라 한다) 제21조제4항 및 제5항을 준용한다. 이 경우 "안전관리전문기관 또는 보건관리전문기관"은 "건설재해예방전문지도기관"으로 본다.

4 계기술지도계약 체결 대상 건설공사 및 체결 시기

(1) "대통령령으로 정하는 건설공사"란 공사금액 1억 원 이상 120억 원의 종합공사를 시공하는 업종의 건설업종란 제1호의 토목공사업에 속하는 공사는 150억 원) 미만인 공사와 「건축법」에 따른 건축허가의 대상이 되는 공사를 말한다.

(2) (1)에 따른 건설공사의 건설공사발주자 또는 건설공사도급인(건설공사도급인은 건설공사발주자로부터 건설공사를 최초로 도급받은 수급인은 제외한다)은 건설산업재해 예방을 위한 지도계약(이하 "기술지도계약"이라 한다)을 해당 건설공사 착공일의 전날까지 체결해야 한다.

5 건설재해예방전문지도기관의 지도 기준

법 제73조제1항에 따른 건설재해예방전문지도기관(이하 "건설재해예방전문지도기관"이라 한다)의 지도업무의 내용, 지도대상 분야, 지도의 수행방법, 그 밖에 필요한 사항은 별표 18과 같다.

6 건설재해예방전문지도기관의 지도 기준

(1) 건설재해예방전문지도기관의 지도대상 분야
   ① 건설공사
   ② 전기공사, 정보통신공사 및 소방시설공사

(2) 기술지도계약
   ① 지도기관은 발주자로부터 기술지도계약서 사본을 받은 날부터 14일 이내에 이를 건설현장에 갖춰 두도록 건설공사도급인(시공사)을 지도하고, 자기공사자에게도 계약체결 14일 이내 계약서 사본을 건설현장에 갖춰 두도록 지도해야 한다.
   ② 지도기관은 계약체결 시 고용노동부장관이 정하는 전산시스템에서 발급한 계약서를 사용해야 하며, 계약체결 7일 이내에 계약에 관한 내용을 전산시스템에 입력해야 한다.

(3) 기술지도의 수행방법
   ① 기술지도 횟수
      ㉠ 기술지도는 공사시작 후 15일마다 1회 실시하고, 공사금액이 40억 원 이상인 공사에 대해서는 다음에 해당하는 자가 기술지도 8회마다 1회 방문지도해야 한다.
         • 건설공사 : 산업안전지도사 또는 건설안전기술사
         • 전기 · 정보통신 · 소방시설공사 : 산업안전지도사, 건설 · 전기안전기술사 또는 건설 · 산업안전기사 자격 취득 후 실무경력 9년 이상인 자
      ㉡ 조기 준공 등으로 횟수기준을 지키기 어려운 경우 : 공사감독자 등의 승인을 받아 횟수 조정

② 기술지도 한계 및 기술지도 지역
　　㉠ 사업장 지도 담당자 1명당 기술지도 횟수는 1일당 최대 4회, 월 최대 80회로 한다.
　　㉡ 지도기관의 기술지도 지역은 지도기관으로 지정한 지방고용노동관서의 관할지역으로 한다.

(4) 기술지도 업무의 내용
　① 기술지도 범위 및 준수의무
　　㉠ 지도기관은 공사의 종류·규모, 담당 사업장 수 등을 고려, 직원 중 지도 담당자를 지정해야 한다.
　　㉡ 지도기관은 담당자에게 건설업 발생 사망사고 사례 등 연 1회 이상 교육을 실시해야 한다.
　　㉢ 지도기관은 「산업안전보건법」 등 관계 법령에 따라 도급인이 산업재해 예방을 위해 준수해야 하는 사항을 기술지도해야 하며, 기술지도를 받은 도급인은 그에 따른 적절한 조치를 해야 한다.
　　㉣ 지도기관은 도급인(시공사)이 적절한 조치를 하지 않은 경우 발주자에게 그 사실을 알려야 한다.
　② 기술지도 결과의 관리
　　㉠ 지도기관은 기술지도를 한 때마다 결과보고서를 작성하고 다음에 해당하는 자에게 통보해야 함
　　　• 총공사금액 20억 원 이상인 경우 : 해당 사업장의 안전보건총괄책임자
　　　• 총공사금액 20억 원 미만인 경우 : 해당 사업장을 실질적으로 총괄하여 관리하는 사람
　　㉡ 지도기관은 총공사금액이 50억 원 이상인 경우 도급인 소속 사업주와 「중대재해 처벌 등에 관한 법률」에 따른 경영책임자등에게 분기별 1회 이상 기술지도 결과보고서를 송부해야 한다.
　　㉢ 지도기관은 기술지도 후 7일 이내 지도결과를 전산시스템에 입력해야 한다.
　　㉣ 지도기관은 공사 종료 시 발주자 등에게 기술지도 완료증명서를 발급해 주어야 한다.

(5) 기술지도 관련 서류의 보존
　지도기관은 계약 종료일로부터 3년간 관련 서류를 보존해야 한다.

7 건설재해예방전문지도기관의 인력 · 시설 및 장비 기준

(1) 건설공사 지도 분야

① 산업안전지도사의 경우

ㄱ) 지도인력기준 : 법 제145조제1항에 따라 등록한 산업안전지도사(건설안전 분야)

ㄴ) 시설기준 : 사무실(장비실 포함)

ㄷ) 장비기준 : 제2항의 장비기준과 같음

② 법인의 경우

지도인력기준	시설기준	장비기준
다음에 해당하는 인원 1) 산업안전지도사(건설 분야) 또는 건설안전 기술사 1명 이상 2) 다음의 기술인력 중 2명 이상 가) 건설안전산업기사 이상 자격취득 후 건설안전 실무경력이 기사 이상 자격은 5년, 산업기사 자격은 7년 이상인 사람 나) 토목 · 건축산업기사 이상 자격취득 후 건설 실무경력이 기사 이상은 5년, 산업기사는 7년 이상이고 법 제17조에 따른 안전관리자의 자격을 갖춘 사람 3) 다음의 기술인력 중 2명 이상 가) 건설안전산업기사 이상 자격취득 후 건설안전 실무경력이 기사 이상은 1년, 산업기사는 3년 이상인 사람 나) 토목 · 건축산업기사 이상 자격취득 후 건설 실무경력이 기사 이상은 1년, 산업기사는 3년 이상이고 법 제17조에 따른 안전관리자의 자격을 갖춘 사람 4) 법 제17조에 따른 안전관리자의 자격(별표 4 제6호부터 제10호까지의 규정에 해당하는 사람은 제외)을 갖춘 후 건설안전 실무경력이 2년 이상인 사람 1명 이상	사무실 (장비실 포함)	지도인력 2명당 다음의 장비 각 1대 이상(지도인력이 홀수인 경우 지도인력 인원을 2로 나눈 나머지인 1명도 다음의 장비를 갖추어야 한다.) 1) 가스농도측정기 2) 산소농도측정기 3) 접지저항측정기 4) 절연저항측정기 5) 조도계

※ 단, 지도인력기준 3)과 4)를 합한 수는 1)과 2)를 합한 수의 3배를 초과할 수 없음

(2) 전기공사, 정보통신공사 및 소방시설공사 지도 분야
　① 법 제145조제1항에 따라 등록한 산업안전지도사의 경우
　　㉠ 지도인력기준 : 법 제145조제1항에 따라 등록한 산업안전지도사(전기안전 또는 건설안전 분야)
　　㉡ 시설기준 : 사무실(장비실 포함)
　　㉢ 장비기준 : 제2항의 장비기준과 같음
　② 법인의 경우

지도인력기준	시설기준	장비기준
다음에 해당하는 인원 1) 다음의 기술인력 중 1명 이상 　가) 산업안전지도사(건설 또는 전기 분야), 　　건설안전기술사 또는 전기안전기술사 　나) 건설안전 · 산업안전기사 자격을 취득한 　　후 건설안전 실무경력이 9년 이상인 사람 2) 다음의 기술인력 중 2명 이상 　가) 건설 · 산업안전산업기사 이상 자격취득 　　후 건설안전 실무경력이 기사 이상은 5년, 　　산업기사는 7년 이상인 사람 　나) 토목 · 건축 · 전기 · 전기공사 또는 정보 　　통신산업기사 이상의 자격취득 후 건설 　　실무경력이 기사 이상은 5년, 산업기사 　　는 7년 이상이고 법 제17조에 따른 안전 　　관리자의 자격을 갖춘 사람 3) 다음의 기술인력 중 2명 이상 　가) 건설 · 산업안전산업기사 이상 자격취득 　　후 건설안전 실무경력이 기사 이상은 1년, 　　산업기사 자격은 3년 이상인 사람 　나) 토목 · 건축 · 전기 · 전기공사 또는 정보 　　통신산업기사 이상 자격취득 후 건설 실 　　무경력이 기사 이상은 1년, 산업기사는 　　3년 이상이고 법 제17조에 따른 안전관 　　리자의 자격을 갖춘 사람 4) 법 제17조에 따른 안전관리자의 자격(별표 　4 제6호부터 제10호까지의 규정에 해당하 　는 사람은 제외한다.)을 갖춘 후 건설안전 　실무경력이 2년 이상인 사람 1명 이상	사무실 (장비실 포함)	지도인력 2명당 다음의 장비 각 1대 이상(지도인력이 홀수인 경우 지도인력 인원을 2로 나눈 나머지인 1명도 다음의 장비를 갖추어야 한다.) 1) 가스농도측정기 2) 산소농도측정기 3) 고압경보기 4) 검전기 5) 조도계 6) 접지저항측정기 7) 절연저항측정기

※ 단, 지도인력기준 3)과 4)를 합한 수는 1)과 2)를 합한 수의 3배를 초과할 수 없음

8 계약대상 건설공사

(1) 건설재해예방전문지도기관의 지도대상 분야

건설재해예방전문지도기관이 법 제73조제2항에 따라 건설공사도급인에 대하여 실시하는 지도(이하 "기술지도"라 한다)는 공사의 종류에 따라 다음 각 목의 지도 분야로 구분한다.

① 건설공사(「전기공사업법」, 「정보통신공사업법」 및 「소방시설공사업법」에 따른 전기공사, 정보통신공사 및 소방시설공사는 제외한다) 지도 분야

② 「전기공사업법」, 「정보통신공사업법」 및 「소방시설공사업법」에 따른 전기공사, 정보통신공사 및 소방시설공사 지도 분야

(2) 공사종류

① 건설공사 : 토목 · 건축 · 산업설비 · 조경 · 환경시설 공사, 그 밖에 명칭과 관계없이 시설물을 설치 · 유지 · 보수하는 공사 및 기계설비나 그 밖의 구조물을 설치 · 해체하는 공사 등(건설산업기본법 제2조제4호)

② 전기공사 : 발전 · 송전 · 변전 및 배전 설비공사, 산업시설물 · 건축물 등 구조물 및 도로 · 공항 · 항만 · 전기철도 · 철도신호 등 전기설비공사, 전기설비 유지 · 보수공사와 그 부대공사(전기공사업법 시행령 제2조)

③ 정보통신공사 : 통신 · 방송 · 정보설비공사, 정보통신전용 전기시설설비공사 및 그 부대공사 등(정보통신공사업법 시행령 제2조)

④ 소방시설공사 : 소방시설을 신설, 증설, 개설, 이전 및 정비하는 영업(소방시설공사업법 제2조)

⑤ 문화재수리공사 : 지정문화재 및 임시지정문화재의 보수 · 복원 · 정비 및 손상 방지 조치를 위한 공사(문화재수리 등에 관한 법률 제2조)

(3) 공사금액

기술지도 대상 건설공사는 공사금액이 1~120억 원(토목공사는 150억 원) 미만인 공사이다. 단, 아래의 경우는 제외한다.

① 공사기간이 1개월 미만인 공사

② 육지와 연결되지 않은 섬 지역(제주특별자치도는 제외한다)에서 이루어지는 공사

③ 사업주가 별표 4에 따른 안전관리자의 자격을 가진 사람을 선임하여 「산업안전보건법 시행령」 제18조제1항 각 호에 따른 안전관리자의 업무만을 전담하도록 하는 공사

　※ 같은 광역지방자치단체의 구역 내에서 같은 사업주가 시공하는 셋 이하의 공사에 대하여 공동으로 안전관리자의 자격을 가진 사람 1명을 선임한 경우를 포함한다)

④ 법 제42조제1항에 따라 유해위험방지계획서를 제출해야 하는 공사

9 계약체결 주체

대통령령으로 정하는 건설공사의 건설공사발주자 또는 건설공사도급인(건설공사발주자로부터 건설공사를 최초로 도급받은 수급인은 제외한다)은 해당 건설공사를 착공하려는 경우 법 제74조에 따라 지정받은 전문기관(이하 "건설재해예방전문지도기관"이라 한다)과 건설산업재해 예방을 위한 지도계약을 체결하여야 한다.

(1) 발주자

건설사업자에게 건설공사를 완성하도록 약정하고 그에 따른 대가를 지급하는 다음의 건설공사발주자를 말한다.

① 국가 : 정부기관, 국회, 법원, 선관위, 헌법재판소, 국립대학, 군부대 등

② 지방자치단체 : 지방정부기관(지방공기업 포함), 교육청(소속 학교) 등

③ 공공기관 : 「공공기관운영법」에 따른 공공기관, 준정부기관, 기타 공공기관 등

④ 민간발주자 : 건설공사 시공을 의뢰하는 법인 또는 개인

　　※ 개인의 경우 전원주택 건축이나 조경공사 등을 시공업체에 의뢰하는 일반인도 포함

(2) 자기공사자

건설공사를 발주하였으나 다른 건설사업자에게 도급하지 않고, 직접 총괄·관리하며 공사를 수행하는 자를 말한다.

012 사업장 내 안전보건교육

1 개요

안전보건교육이란 근로자가 작업장의 유해 · 위험요인 등 안전 · 보건에 관한 지식을 습득하여 근로자 스스로 자신을 보호하고 사전에 재해를 예방하기 위해 실시하는 제도이다.

2 안전보건교육

(1) 안전보건관리책임자 보수교육

보수교육 이수기간을 신규교육 이수한 날을 기준으로 전후 3개월(총 6개월)에서 전후 6개월(총 1년)로 확대

(2) 근로자 안전보건교육 시간 정비

① 근로자 정기안전보건교육 추가 확대

② 일용근로자 및 기간제 근로자의 채용 시 교육시간 개선

③ 타법에 따른 안전교육 이수대상자의 교육시간 감면

보건에 관한 사항만 교육하는 사업은 해당 교육과정별(채용 시·정기·작업내용 변경 시 특별) 교육시간의 2분의 1 이상 이수하도록 완화

④ 관리감독자 교육을 근로자 안전보건교육에서 분리하여 규정

(3) 근로자 안전보건교육 내용 정비

① 일반 근로자와 구분하여 관리감독자의 교육과정별 교육내용을 별도로 규정

정기교육, 채용 시 교육, 작업내용 변경 시 교육, 특별교육

② 근로자관리감독자의 정기교육 및 채용 시 교육내용 보완

위험성평가, 사업장 내 안전보건관리체제 및 안전보건조치 현황에 관한 사항 등

3 관리감독자 안전보건교육

교육과정	교육시간
가. 정기교육	연간 16시간 이상
나. 채용 시 교육	8시간 이상
다. 작업내용 변경 시 교육	2시간 이상
라. 특별교육	16시간 이상(최초 작업에 종사하기 전 4시간 이상 실시하고 12시간은 3개월 이내에서 분할하여 실시 가능)
	단기간 작업 또는 간헐적 작업인 경우에는 2시간 이상

4 검사원 성능검사 교육

교육과정	교육대상	교육시간
성능검사 교육	–	28시간 이상

5 근로자 안전보건교육

교육과정	교육대상		교육시간
가. 정기교육	1) 사무직 종사 근로자		매반기 6시간 이상
	2) 그 밖의 근로자	가) 판매업무에 직접 종사하는 근로자	매반기 6시간 이상
		나) 판매업무에 직접 종사하는 근로자 외의 근로자	매반기 12시간 이상
나. 채용 시 교육	1) 일용근로자 및 근로계약기간이 1주일 이하인 기간제 근로자		1시간 이상
	2) 근로계약기간이 1주일 초과 1개월 이하인 기간제 근로자		4시간 이상
	3) 그 밖의 근로자		8시간 이상
다. 작업내용 변경 시 교육	1) 일용근로자 및 근로계약기간이 1주일 이하인 기간제 근로자		1시간 이상
	2) 그 밖의 근로자		2시간 이상
라. 특별교육	1) 일용근로자 및 근로계약기간이 1주일 이하인 기간제 근로자(특별교육 대상 작업 중 아래 2)에 해당하는 작업 외에 종사하는 근로자에 한정)		2시간 이상
	2) 일용근로자 및 근로계약기간이 1주일 이하인 기간제 근로자(타워크레인을 사용하는 작업 시 신호업무를 하는 작업에 종사하는 근로자에 한정)		8시간 이상
	3) 일용근로자 및 근로계약기간이 1주일 이하인 기간제 근로자를 제외한 근로자(특별교육 대상 작업에 한정)		가) 16시간 이상(최초 작업에 종사하기 전 4시간 이상 실시하고 12시간은 3개월 이내에서 분할하여 실시 가능) 나) 단기간 작업 또는 간헐적 작업인 경우에는 2시간 이상
마. 건설업 기초안전 보건교육	건설 일용근로자		4시간 이상

6 안전보건관리책임자 등에 대한 교육

교육과정	교육시간	
	신규교육	보수교육
가. 안전보건관리책임자	6시간 이상	6시간 이상
나. 안전관리자, 안전관리전문기관의 종사자	34시간 이상	24시간 이상
다. 보건관리자, 보건관리전문기관의 종사자	34시간 이상	24시간 이상
라. 건설재해예방전문지도기관의 종사자	34시간 이상	24시간 이상
마. 석면조사기관의 종사자	34시간 이상	24시간 이상
바. 안전보건관리담당자	–	8시간 이상
사. 안전검사기관, 자율안전검사기관의 종사자	34시간 이상	24시간 이상

7 특수형태근로종사자에 대한 안전보건교육

교육과정	교육시간
가. 최초 노무 제공 시 교육	2시간 이상(단기간 작업 또는 간헐적 작업에 노무를 제공하는 경우에는 1시간 이상 실시하고, 특별교육을 실시한 경우는 면제)
나. 특별교육	16시간 이상(최초 작업에 종사하기 전 4시간 이상 실시하고 12시간은 3개월 이내에서 분할하여 실시 가능)
	단기간 작업 또는 간헐적 작업인 경우에는 2시간 이상

8 기초안전보건교육에 대한 내용 및 시간

교육내용	시간
건설공사의 종류 및 시공절차	1시간
산업재해 유형별 위험요인 및 안전보건 조치	2시간
안전보건 관리체제 현황 및 산업안전보건관련 근로자 권리·의무	1시간

※ 중대재해 감축 로드맵에 따라 상기교육 내용에는 CPR(심폐소생술)교육이 추가되고 있다.

9 근로자 정기교육내용

(1) 산업안전 및 사고예방에 관한 사항
(2) 산업보건 및 직업병 예방에 관한 사항
(3) 위험성 평가에 관한 사항
(4) 건강증진 및 질병 예방에 관한 사항

(5) 유해 · 위험 작업환경 관리에 관한 사항

(6) 산업안전보건법령 및 산업재해보상보험제도에 관한 사항

(7) 직무스트레스 예방 및 관리에 관한 사항

(8) 직장 내 괴롭힘, 고객 폭언 등으로 인한 건강장해 예방 및 관리에 관한 사항

🔟 관리감독자 정기교육

(1) 작업공정의 유해위험과 재해 예방대책에 관한 사항

(2) 표준안전 작업방법 결정 및 지도 · 감독 요령에 관한 사항

(3) 관리감독자의 직무에 관한 사항

(4) 산업안전보건법령 및 산업재해보상보험 제도에 관한 사항

(5) 산업안전 및 사고 예방에 관한 사항

(6) 산업보건 및 직업병 예방에 관한 사항

(7) 유해위험 작업환경 관리에 관한 사항

(8) 안전보건교육 능력 배양에 관한 사항

(9) 위험성평가에 관한 사항

(10) 사업장 내 안전보건관리체제 및 안전보건조치 현황에 관한 사항

(11) 비상시 또는 재해 발생 시 긴급조치에 관한 사항

(12) 직무스트레스 예방 및 관리에 관한 사항

(13) 직장 내 괴롭힘, 고객 폭언 등으로 인한 건강장해 예방 및 관리에 관한 사항

11 특수형태근로종사자 안전보건교육

(1) 산업안전 및 사고 예방에 관한 사항

(2) 산업보건 및 직업병 예방에 관한 사항

(3) 건강증진 및 질병 예방에 관한 사항

(4) 유해 · 위험 작업환경 관리에 관한 사항

(5) 산업안전보건법령 및 산업재해보상보험 제도에 관한 사항

(6) 직무스트레스 예방 및 관리에 관한 사항

(7) 직장 내 괴롭힘, 고객 폭언 등으로 인한 건강장해 예방 및 관리에 관한 사항

(8) 기계 · 기구 위험성과 작업순서 · 동선에 관한 사항

(9) 작업 개시 전 점검에 관한 사항

(10) 정리정돈 및 청소에 관한 사항

(11) 사고 발생 시 긴급조치에 관한 사항

(12) 물질안전보건자료에 관한 사항

⒀ 교통안전 및 운전안전에 관한 사항
⒁ 보호구 착용에 관한 사항 중 직무에 적합한 내용

12 안전보건교육기관 강사 자격

(1) 산업안전지도사 · 산업보건지도사 또는 산업안전 · 보건 분야 기술사
(2) 직업환경의학과 전문의
(3) 산업전문간호사 자격을 취득한 후 실무경력이 2년 이상인 사람
(4) 산업안전 · 보건 분야 기사 자격을 취득한 후 실무경력이 5년 이상인 사람
(5) 전문대학 또는 4년제 대학의 산업안전보건 분야 관련 학과의 전임강사 이상인 사람
(6) 5급 이상 공무원 근무 중 산업재해 예방 분야에 실제 근무한 기간이 3년 이상인 사람
(7) 산업안전 · 보건 분야 기사자격을 취득한 후 실무경력이 3년 이상인 사람
(8) 산업안전 · 보건 분야 산업기사 자격을 취득한 후 실무경력이 5년 이상인 사람
(9) 의사 또는 간호사 자격을 취득한 후 산업보건 분야 실무경력이 2년 이상인 사람
⑽ 고등교육법 제2조(제2호, 제6호 및 제7호는 수업연한이 4년인 경우로 한정한다)에 따른 학교에서 산업안전보건 분야 관련 학위를 취득한 후(다른 법령에서 이와 같은 수준 이상의 학력이 있다고 인정받은 경우를 포함한다) 해당 분야에서 실제 근무한 기간이 3년 이상인 사람
⑾ (5)에 해당하지 않는 경우로서 산업안전 · 보건 분야 석사 이상의 학위를 취득한 후 산업안전 · 보건 분야에서 실제 근무한 기간이 3년 이상인 사람
⑿ 7급 이상 공무원 근무 중 산업재해 예방 분야에 실제 근무한 기간이 3년 이상인 사람
⒀ 공단 또는 비영리법인에서 산업안전보건 분야에 실제 근무한 기간이 5년 이상인 사람
⒁ 안전보건교육규정(별표 1)강사 기준에 해당하는 사람

1 개요

재해발생빈도 및 위험성이 매우 높아 사업주의 각별한 관리와 근로자의 전문적 교육이수가 필요한 작업을 지정해 실시하고 있는 특별안전보건교육은 산업재해 발생을 예방하기 위한 소정의 목적이 달성될 수 있도록 교육 시에는 교육내용의 철저한 준비로 효과적인 교육이 이루어지도록 해야 한다.

2 건설업 특별안전보건교육 대상 및 내용

작업명	교육내용
고압실 내 작업	• 고기압 장해의 인체에 미치는 영향에 관한 사항 • 작업의 시간, 작업방법 및 절차에 관한 사항 • 압기공법에 관한 기초지식 및 보호구 착용에 관한 사항 • 이상 발생 시 응급조치에 관한 사항 • 그 밖에 안전보건관리에 필요한 사항
아세틸렌 용접장치 또는 가스집합 용접장치 사용 용접, 용단작업	• 용접흄, 분진 및 유해광선 등의 유해성에 관한 사항 • 가스용접기, 압력조정기, 호스 및 취관두 등의 기기점검에 관한 사항 • 작업방법·순서 및 응급처치에 관한 사항 • 안전기 및 보호구 취급에 관한 사항 • 화재예방 및 초기 대응에 관한 사항 • 그 밖에 안전보건관리에 필요한 사항
밀폐된 장소에서 하는 용접작업 또는 습한 장소에서 하는 전기용접작업	• 작업순서, 안전작업방법 및 수칙에 관한 사항 • 환기설비에 관한 사항 • 전격 방지 및 보호구 착용에 관한 사항 • 질식 시 응급조치에 관한 사항 • 작업환경 점검에 관한 사항 • 그 밖에 안전보건관리에 필요한 사항
목재가공용 기계를 5대 이상 보유한 작업장에서 해당 기계로 하는 작업	• 목재가공용 기계의 특성과 위험성에 관한 사항 • 방호장치의 종류와 구조 및 취급에 관한 사항 • 안전기준에 관한 사항 • 안전작업방법 및 목재 취급에 관한 사항 • 그 밖에 안전보건관리에 필요한 사항

작업명	교육내용
1톤 이상의 크레인을 사용하는 작업 또는 1톤 미만의 크레인 또는 호이스트를 5대 이상 보유한 사업장에서 해당 기계로 하는 작업	• 방호장치의 종류, 기능 및 취급에 관한 사항 • 걸고리, 와이어로프 및 비상정지장치 등의 기계 · 기구 점검에 관한 사항 • 화물의 취급 및 안전작업방법에 관한 사항 • 신호방법 및 공동작업에 관한 사항 • 인양 물건의 위험성 및 낙하 · 비래(飛來) · 충돌재해 예방에 관한 사항 • 인양물이 적재될 지반의 조건, 인양하중, 풍압 등이 인양물과 타워크레인에 미치는 영향 • 그 밖에 안전보건관리에 필요한 사항
건설용 리프트, 곤돌라를 이용한 작업	• 방호장치의 기능 및 사용에 관한 사항 • 기계, 기구, 달기체인 및 와이어 등의 점검에 관한 사항 • 화물의 권상, 권하 작업방법 및 안전작업 지도에 관한 사항 • 기계 · 기구의 특성 및 동작원리에 관한 사항 • 신호방법 및 공동작업에 관한 사항 • 그 밖에 안전보건관리에 필요한 사항
전압이 75볼트 이상인 정전 및 활선작업	• 전기의 위험성 및 전격방지에 관한 사항 • 해당 설비의 보수 및 점검에 관한 사항 • 정전작업, 활선작업 시의 안전작업방법 및 순서에 관한 사항 • 절연용 보호구, 절연용 보호구 및 활선작업용 기구 등의 사용에 관한 사항 • 그 밖에 안전보건관리에 필요한 사항
굴착면의 높이가 2미터 이상이 되는 지반굴착작업	• 지반의 형태, 구조 및 굴착요령에 관한 사항 • 지반의 붕괴재해 예방에 관한 사항 • 붕괴방지용 구조물 설치 및 작업방법에 관한 사항 • 보호구의 종류 및 사용에 관한 사항 • 그 밖에 안전보건관리에 필요한 사항
흙막이 지보공의 보강 또는 동바리를 설치하거나 해체하는 작업	• 작업안전 점검요령과 방법에 관한 사항 • 동바리의 운반, 취급 및 설치 시 안전작업에 관한 사항 • 해체작업 순서와 안전기준에 관한 사항 • 보호구 취급 및 사용에 관한 사항 • 그 밖에 안전보건관리에 필요한 사항
터널 안에서의 굴착작업 또는 같은 작업에서의 터널 거푸집 지보공의 조립 또는 콘크리트 작업	• 작업환경의 점검요령과 방법에 관한 사항 • 붕괴방지용 구조물 설치 및 안전작업 방법에 관한 사항 • 재료의 운반 및 취급, 설치의 안전기준에 관한 사항 • 보호구의 종류 및 사용에 관한 사항 • 소화설비의 설치장소 및 사용방법에 관한 사항 • 그 밖에 안전보건관리에 필요한 사항

작업명	교육내용
굴착면의 높이가 2미터 이상이 되는 암석의 굴착작업	• 폭발물 취급요령과 대피요령에 관한 사항 • 안전거리 및 안전기준에 관한 사항 • 방호물의 설치 및 기준에 관한 사항 • 보호구 및 신호방법 등에 관한 사항 • 그 밖에 안전보건관리에 필요한 사항
거푸집 동바리의 조립 또는 해체작업	• 동바리의 조립방법 및 작업절차에 관한 사항 • 조립재료의 취급방법 및 설치기준에 관한 사항 • 조립 해체 시의 사고 예방에 관한 사항 • 보호구 착용 및 점검에 관한 사항 • 그 밖에 안전보건관리에 필요한 사항
비계의 조립, 해체 또는 변경작업	• 비계의 조립순서 및 방법에 관한 사항 • 비계작업의 재료취급 및 설치에 관한 사항 • 추락재해 방지에 관한 사항 • 보호구 착용에 관한 사항 • 비계 상부 작업 시 최대 적재하중에 관한 사항 • 그 밖에 안전보건관리에 필요한 사항
건축물의 골조, 다리의 상부구조 또는 탑의 금속제의 부재로 구성되는 것의 조립, 해체 또는 변경작업	• 건립 및 버팀대의 설치순서에 관한 사항 • 조립해체 시의 추락재해 및 위험요인에 관한 사항 • 건립용 기계의 조작 및 작업신호 방법에 관한 사항 • 안전장비 착용 및 해체순서에 관한 사항 • 그 밖에 안전보건관리에 필요한 사항
처마높이가 5미터 이상인 목조건축물의 구조부재의 조립이나 건축물의 지붕 또는 외벽 밑에서의 설치작업	• 붕괴 · 추락 및 재해 방지에 관한 사항 • 부재의 강도 · 재질 및 특성에 관한 사항 • 조립설치 순서 및 안전작업방법에 관한 사항 • 보호구 착용 및 작업 점검에 관한 사항 • 그 밖에 안전보건관리에 필요한 사항
콘크리트 인공구조물(그 높이가 2미터 이상인 것만 해당한다.)의 해체 또는 파괴작업	• 콘크리트 해체기계의 점검에 관한 사항 • 파괴 시의 안전거리 및 대피요령에 관한 사항 • 작업방법, 순서 및 신호방법 등에 관한 사항 • 해체, 파괴 시의 작업안전기준 및 보호구에 관한 사항 • 그 밖에 안전보건관리에 필요한 사항
타워크레인을 설치, 해체하는 작업	• 붕괴, 추락 및 재해방지에 관한 사항 • 설치, 해체순서 및 안전작업방법에 관한 사항 • 부재의 구조, 재질 및 특성에 관한 사항 • 신호방법 및 요령에 관한 사항 • 이상 발생 시 응급조치에 관한 사항 • 그 밖에 안전보건관리에 필요한 사항

작업명	교육내용
밀폐공간에서의 작업	• 산소농도 측정 및 작업환경에 관한 사항 • 사고 시의 응급처치 및 비상시 구출에 관한 사항 • 보호구 착용 및 사용방법에 관한 사항 • 작업내용 · 안전작업방법 및 절차에 관한 사항 • 장비 · 설비 및 시설 등의 안전점검에 관한 사항 • 그 밖에 안전보건관리에 필요한 사항
석면해체, 제거작업	• 석면의 특성과 위험성 • 석면해체, 제거의 작업방법에 관한 사항 • 장비 및 보호구 사용에 관한 사항 • 그 밖에 안전보건관리에 필요한 사항
가연물이 있는 장소에서 하는 화재 위험 작업	• 작업준비 및 작업절차에 관한 사항 • 작업장 내 위험물, 가연물의 사용, 보관, 설치 현황에 관한 사항 • 화재위험작업에 따른 인근 인화성 액체에 대한 방호조치에 관한 사항 • 화재위험작업으로 인한 불꽃, 불티 등의 비산방지조치에 관한 사항 • 인화성 액체의 증기가 남아 있지 않도록 환기 등의 조치에 관한 사항 • 화재감시자의 직무 및 피난교육 등 비상조치에 관한 사항 • 그 밖에 안전보건관리에 필요한 사항
타워크레인을 사용하는 작업 시 신호업무를 하는 작업	• 타워크레인의 기계적 특성 및 방호장치 등에 관한 사항 • 화물의 취급 및 안전작업방법에 관한 사항 • 신호방법 및 요령에 관한 사항 • 인양 물건의 위험성 및 낙하, 비래, 충돌재해예방에 관한 사항 • 인양물이 적재될 지반의 조건, 인양하중, 풍압 등이 인양물과 타워크레인에 미치는 영향 • 그 밖에 안전보건관리에 필요한 사항
콘크리트 파쇄기를 사용하는 파쇄 작업(2미터 이상인 구축물의 파쇄 작업만 해당)	• 콘크리트 해체 요령과 방호거리에 관한 사항 • 작업안전조치 및 안전기준에 관한 사항 • 파쇄기의 조작 및 공통작업 신호에 관한 사항 • 보호구 및 방호장비 등에 관한 사항 • 그 밖에 안전보건관리에 필요한 사항
높이가 2미터 이상인 물건을 쌓거 나 무너뜨리는 작업(하역기계로만 하는 작업은 제외)	• 원부재료의 취급방법 및 요령에 관한 사항 • 물건의 위험성 · 낙하 및 붕괴재해 예방에 관한 사항 • 적재방법 및 전도 방지에 관한 사항 • 보호구 착용에 관한 사항 • 그 밖에 안전보건관리에 필요한 사항

014 안전보건관련자 직무교육

1 개요

관리책임자, 안전관리자 등의 직무능력 향상을 위해 고용노동부장관이 실시하는 안전·보건에 관한 교육을 받도록 하기 위한 제도이다.

2 직무교육 대상

(1) 관리책임자·안전관리자·보건관리자(위반 시 500만 원 이하의 과태료)
(2) 재해예방전문지도기관의 종사자(위반 시 300만 원 이하의 과태료)

3 직무교육 이수시기

(1) 신규교육

해당 직위에 선임된 후 3개월(보건관리자가 의사인 경우 1년) 이내

(2) 보수교육

신규교육을 이수한 후 매 2년이 되는 날을 기준으로 전후 3개월 사이에 고용노동부장관이 실시하는 안전·보건에 관한 보수교육을 받아야 한다.

4 직무교육의 면제

(1) 다른 법령에 따라 교육을 받는 등 고용노동부령으로 정하는 경우
(2) 영 별표 4 제11호 각 목의 어느 하나에 해당하는 사람
   ① 「기업활동 규제완화에 관한 특별조치법」 제30조 제3항 제4호 또는 제5호에 따라 안전관리자로 채용된 것으로 보는 사람
   ② 보건관리자로서 영 별표 6 제1호 또는 제2호에 해당하는 사람이 해당 법령에 따른 교육기관에서 제39조 제2항의 교육 내용 중 고용노동부장관이 정하는 내용이 포함된 교육을 이수하고 해당 교육기관에서 발행하는 증명서를 제출하는 경우에는 직무교육 중 보수교육을 면제
(3) 규칙 제39조 제1항 각 호의 어느 하나에 해당하는 사람이 고용노동부장관이 정하여 고시하는 안전·보건에 관한 교육을 이수한 경우에는 직무교육 중 보수교육을 면제한다.

SECTION 04 진단 및 점검

001 안전보건진단

① 개요

안전보건진단은 산업재해를 예방하기 위해 잠재적 위험성의 발견과 그 개선대책의 수립을 목적으로 자율진단이나 명령진단에 의해 실시되는 것으로 종합진단, 안전진단, 보건진단, 시스템 진단으로 분류된다.

② 진단주체에 따른 분류

(1) 자율진단

사업장 등에서 자율적으로 안전수준 향상을 위하여 진단기관에 신청하는 진단

(2) 명령진단

중대재해 등 안전보건 개선이 시급하다고 판정받은 사업장

③ 진단내용에 따른 분류

(1) 종합진단

사업장 전반의 유해위험요인을 도출해 그 문제점과 개선대책을 제시하는 종합적인 진단

(2) 안전진단

안전분야에 대해 위험성 평가기법 등을 사용해 사업장 등의 위험요인을 도출시켜 그 문제점과 개선대책 제시를 주 내용으로 하는 진단

(3) 보건진단

보건분야에 대해 위험성 평가기법 등을 사용해 사업장 등의 유해요인을 도출시켜 그 문제점과 개선대책 제시를 주 내용으로 하는 진단

(4) 시스템 진단

사업장 등의 재해발생 보고 및 기록, 안전보건조직 및 직무이행 실태, 도급사업장 등의 안전보건조치 등 안전보건관리체계 전반에 대해 실시하는 진단

4 업무처리 절차

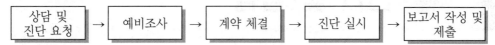

상담 및 진단 요청 → 예비조사 → 계약 체결 → 진단 실시 → 보고서 작성 및 제출

5 진단보고서 제출기한

진단 실시일로부터 30일 이내

6 안전보건진단 관련 법규

(1) 안전보건개선계획

재해율이 높거나 중대재해 발생 사업장 등 종합적 개선조치가 필요한 경우 사업주는 안전보건진단을 받아 안전보건개선계획을 수립해 제출하고 지방관서로부터 지속적으로 확인 · 지도를 받아야 한다.

(2) 작업중지 등

중대재해 발생 시 원인 규명 또는 예방대책 수립을 위해 안전보건진단이나 그 밖에 필요한 조치를 실시해야 한다.

(3) 유해작업 도급 금지

대통령령으로 정하는 유해하거나 위험한 작업은 안전보건진단에 준하는 평가를 받지 않을 경우 그 작업만을 분리해 도급(하도급)을 금지한다.

7 안전보건진단의 종류 및 보고서에 포함하여야 할 내용

종류	내용
종합진단	(1) 경영 · 관리적 사항에 대한 평가 (2) 산업재해 또는 사고의 발생원인(산재 또는 사고가 발생한 경우) (3) 작업조건 및 작업방법에 대한 평가 (4) 유해위험 예방조치의 적정성 (5) 보호구 안전보건장비 및 작업환경 개선시설의 적정성 (6) 유해물질의 사용 · 보관 · 저장, 물질안전보건자료의 작성, 근로자 교육 및 경고표시 부착의 적정성 (7) 그 밖에 작업환경 및 근로자 건강 유지 · 증진 등 보건관리의 개선을 위해 필요한 사항 (8) 자율 안전보건경영시스템의 구축 및 운영의 적정성

종류	내용
안전진단	(1) 경영 · 관리적 사항에 대한 평가 (2) 작업조건 및 작업방법에 대한 평가 (3) 유해위험 예방조치의 적정성 (4) 보호구 안전보건장비 및 작업환경 개선시설의 적정성 　※ 상기 항목 중 안전 관련 사항 (5) 자율 안전보건경영시스템의 구축 및 운영의 적정성
보건진단	(1) 경영 · 관리적 사항에 대한 평가 (2) 작업조건 및 작업방법에 대한 평가 (3) 유해위험 예방조치의 적정성 (4) 보호구 안전보건장비 및 작업환경 개선시설의 적정성 　※ 상기 항목 중 보건 관련 사항 (5) 유해물질의 사용 · 보관 · 저장, 물질안전보건자료의 작성, 근로자 교육 및 경고표시 부착의 적정성 (6) 자율 안전보건경영시스템의 구축 및 운영의 적정성

⑧ 안전관리전문기관 지정의 취소 등

(1) 관련규정

　① 고용노동부장관은 안전관리전문기관이 지정 요건을 충족하지 못한 경우에 해당할 때에는 그 지정을 취소하거나 6개월 이내의 기간을 정하여 그 업무의 정지를 명할 수 있다.

　② 지정이 취소된 자는 지정이 취소된 날부터 2년 이내에는 안전관리전문기관으로 지정받을 수 없다.

(2) 취소사유

　① 거짓이나 그 밖의 부정한 방법으로 지정을 받은 경우

　② 업무정지 기간 중에 업무를 수행한 경우

　③ 지정 요건을 충족하지 못한 경우

　④ 지정받은 사항을 위반하여 업무를 수행한 경우

　⑤ 그 밖에 대통령령으로 정하는 사유에 해당되는 경우

(3) 기타사유

　① 안전관리 업무를 수행하지 아니하고 위탁 수수료를 받거나 관련 서류를 거짓으로 작성한 경우

　② 정당한 사유 없이 안전관리 업무의 수탁을 거부한 경우

　③ 위탁받은 안전관리 업무에 차질이 생기게 하거나 업무를 게을리한 경우

① 개요

산업안전보건법상 안전점검은 건설현장에 잠재되어 있는 유해·위험요인을 사전파악해 위험
상태를 분석, 산재사고를 예방하기 위한 것으로 일상점검, 정기점검, 특별점검, 임시점검으로
분류된다.

② 순회점검 및 합동점검

분류	구성	실시 주기	내용
작업장 순회점검	도급인 사업주	1회 이상/2일	점검결과 개선요구
합동 안전보건점검	• 도급인, 수급인 • 도급인 근로자 1명 • 수급인 근로자 1명	1회 이상/2개월	

③ 안전점검의 종류

종류	점검시기	점검사항
일상점검	매일 작업 전, 중, 후	설비·기계·공구
정기점검	매주 또는 매월	• 기계·기구·설비의 안전상 중요부 • 마모·손상·부식 등
특별점검	기계기구설비의 신설 및 변경	• 신설 및 변경된 기계·기구설비 • 고장·수리 등
임시점검	• 이상 발생 시 • 재해 발생 시	• 설비·기계 등의 이상 유무 • 설비·기계 등의 작동상태

※ 점검주체 : 사업주

④ 점검방법

(1) 육안점검
(2) 기능점검 : 안전장치 및 제어장치 등의 성능확인
(3) 기계·기구에 의한 점검 : 계측기기를 통한 점검(부식, 마모, 균열 등)

5 점검 시 유의사항

(1) 점검방법의 병행 실시

(2) 점검자 능력에 맞는 점검방법 선정

(3) 재해발생 이력이 있는 경우 원인의 제거상태 확인

(4) 불량한 부분 발견 시 다른 동종설비도 점검

(5) 발견된 불량부분은 원인조사 후 대책강구

6 점검결과 조치

(1) 이상 발견 시 처리대상 및 순서
   ① 긴급한 것
   ② 법령상 규제되어 있는 것
   ③ 대상 근로자가 많은 것

(2) 점검결과는 향후 자료로 활용할 수 있도록 보존조치

7 점검표 작성 시 유의사항

(1) 쉬운 표현으로 작성

(2) 일정한 양식으로 작성

(3) 중점관리대상부터 작성

(4) 구체적으로 작성하며, 산재예방에 실효를 거둘 수 있도록 한다.

1 개요

'안전점검'이란 재해가 발생되기 전에 재해발생의 유해·위험 요인을 사전에 발견하여 재해예방책을 강구하는 행위를 말하며, 산업안전보건법·건설기술 진흥법시행령·시설물의 안전관리에 관한 특별법에 규정되어 법제화되어 있다.

2 산업안전보건법상 안전점검

종류	점검 시기	점검 내용
일상 점검	매일 수시 점검	① 설비, 기계 공구 등 점검 ② 해당 작업에 대한 전체 사항 점검
정기 점검	매주 또는 매월 1회	① 기계·기구·설비의 안전상 중요 부분 ② 피로, 마모, 손상, 부식 등
특별 점검	① 기계·기구·설비의 신설 및 변경 ② 천재지변 발생 후	① 신설 및 변경된 기계·기구·설비 ② 고장, 수리 등 점검
임시 점검	① 이상 발생 시 ② 재해 발생 시	① 설비·기계 등의 이상 유무 ② 설비·기계 등의 작동 상태

3 건설기술 진흥법상 안전점검

종류	점검 시기	점검 내용
자체안전점검	건설공사의 공사기간 동안 해당 공종별로 매일 실시	건설공사 전반
정기안전점검	① 안전관리계획에서 정한 시기와 횟수에 따라 실시 ② 대상 : 안전관리계획수립공사	① 임시시설 및 가설공법의 안전성 ② 품질, 시공 상태 등의 적정성 ③ 인접 건축물 또는 구조물의 안전성
정밀안전점검	정기안전점검 결과 필요 시	① 시설물 결함에 대한 구조적 안전성 ② 결함의 원인 등을 조사·측정·평가하여 보수·보강 등 방법 제시
초기 점검	준공 직전	공사완료상태의 품질수준 점검
공사재개 전 점검	1년 이상 공사중단 후 재개	① 공사 재개 시 안전성 ② 주요부재 결함 여부

④ 시설물의 안전 및 유지관리에 관한 특별법상 점검 및 진단

종류	점검 시기	점검 내용
정기 점검	(1) A · B · C등급 : 반기당 1회 (2) D · E등급 : 해빙기 · 우기 · 동절기 등 연간 3회	(1) 시설물의 기능적 상태 (2) 사용요건 만족도
정밀 점검	(1) 건축물 　① A등급 : 4년에 1회 　② B · C등급 : 3년에 1회 　③ D · E등급 : 2년에 1회 　④ 최초실시 : 준공일 또는 사용승인일 기준 3년 　　이내(건축물은 4년 이내) 　⑤ 건축물에는 부대시설인 옹벽과 절토사면을 포 　　함한다. (2) 기타 시설물 　① A등급 : 3년에 1회 　② B · C등급 : 2년에 1회 　③ D · E등급 : 1년마다 1회 　④ 항만시설물 중 썰물 시 바닷물에 항상 잠겨 있 　　는 부분은 4년에 1회 이상 실시한다.	(1) 시설물 상태 (2) 안전성 평가
긴급 점검	(1) 관리주체가 필요하다고 판단 시 (2) 관계 행정기관장이 필요하여 관리주체에게 긴급 　점검을 요청한 때	재해, 사고에 의한 구조적 손상 상태
정밀진단	최초실시 : 준공일, 사용승인일로부터 10년경과 시 1년 이내 * A 등급 : 6년에 1회 * B · C 등급 : 5년에 1회 * D · E 등급 : 4년에 1회	(1) 시설물의 물리적, 기능적 결함 발견 (2) 신속하고 적절한 조치를 취하기 　위해 구조적 안전성과 결함 원인 　을 조사, 측정, 평가 (3) 보수, 보강 등의 방법 제시

⑤ 안전점검 시 유의사항

(1) 법에서 정한 횟수 이상 점검 및 진단 실시

(2) 관련법에서 인정하는 진단 및 점검기관에서 실시

(3) 현장의 의견이 충분히 반영될 수 있도록 객관적인 시각을 겸비할 것

(4) 해당 전문가(기술사, 박사) 등에 의한 전문성 확보

(5) 법에서 정한 기간 이상 점검 및 진단 실시

(6) 최첨단 진단장비 사용으로 신뢰성 확보

① 개요

유해·위험한 기계·기구 및 설비 등으로서 근로자의 안전·보건에 필요하다고 인정되어 대통령령으로 정하는 것을 제조하거나 수입하는 자는 안전인증대상 기계·기구 등이 안전인증기준에 맞는지 여부에 대하여 고용노동부장관이 실시하는 안전인증을 받아야 한다.

② 안전인증대상 기계·기구·보호구·방호장치

기계·기구 및 설비	방호장치	보호구
가. 프레스	가. 프레스 및 전단기 방호장치	가. 추락 및 감전위험 방지용 안전모
나. 전단기 및 절곡기	나. 양중기용 과부하방지장치	나. 안전화
다. 크레인	다. 보일러 압력방출용 안전밸브	다. 안전장갑
라. 리프트	라. 압력용기 압력방출용 안전밸브	라. 방진마스크
마. 압력용기	마. 압력용기 압력방출용 파열판	마. 방독마스크
바. 롤러기	바. 절연용 방호구 및 활선작업용 기구	바. 송기마스크
사. 사출성형기	사. 방폭구조 전기기계·기구 및 부품	사. 전동식 호흡보호구
아. 고소작업대	아. 추락·낙하 및 붕괴 등의 위험방	아. 보호복
자. 곤돌라	지 및 보호에 필요한 가설기자재로	자. 안전대
	서 고용노동부장관이 고시하는 것	차. 차광 및 비산물위험방지용 보
		안경
		카. 용접용 보안면
		타. 방음용 귀마개 또는 귀덮개

③ 안전인증대상 기계·기구 등의 제조·수입 등의 금지 등

안전인증을 받지 않았거나 안전인증기준에 맞지 않은 경우 및 안전인증이 취소되거나 안전인증표시의 사용금지명령을 받은 경우 안전인증대상 기계·기구 등을 제조·수입·양도·대여·사용하거나 양도·대여의 목적으로 진열할 수 없다.

4 안전인증의 면제

(1) 안전인증대상 기계·기구 등이 다음 각 호의 어느 하나에 해당되면 법에 따른 안전인증을 전부 면제한다.

  ① 연구·개발을 목적으로 제조·수입하거나 수출을 목적으로 제조하는 경우

  ②「건설기계관리법」등과 같은 관계법에 따른 검사를 받은 경우 또는 같은 법에 따른 형식 승인을 받거나 같은 조에 따른 형식신고를 한 경우

  ③「위험물안전관리법」에 따른 탱크안전성능검사를 받은 경우

(2) 안전인증대상 기계·기구 등이 다음 각 호의 어느 하나에 해당하는 인증 또는 시험이나 그 일부 항목이 법 전단에 따른 안전인증기준과 같은 수준 이상인 것으로 인정되는 경우에는 해당 인증 또는 시험이나 그 일부 항목에 한정하여 법에 따른 안전인증을 면제한다.

  ① 고용노동부장관이 정하여 고시하는 외국의 안전인증기관에서 안전인증을 받은 경우

  ②「품질경영 및 공산품안전관리법」에 따른 안전인증을 받은 경우

  ③「산업표준화법」에 따른 인증을 받은 경우

  ④「국가표준기본법」에 따른 시험에 검사기관에서 실시하는 시험을 받은 경우

  ⑤ 국제전기기술위원회의 국제방폭전기·기계·기구 상호인정제도에 따라 인증을 받은 경우

(3) 안전인증이 면제되는 안전인증대상 기계·기구 등을 제조하거나 수입하는 자는 해당 공산품의 출고 또는 통관 전 안전인증 면제신청서에 다음의 서류를 첨부하여 안전인증기관에 제출하여야 한다.

  ① 제품 및 용도설명서

  ② 연구·개발을 목적으로 사용되는 것임을 증명하는 서류

  ③ 외국의 안전인증기관의 인증증서 및 시험성적서

  ④ 다른 법령에 따른 인증 또는 검사를 받았음을 증명하는 서류 및 시험성적서

(4) 안전인증기관은 면제신청을 받으면 이를 확인하고 안전인증 면제확인서를 발급하여야 한다.

005 자율안전확인대상 기계 · 기구 · 보호구 · 방호장치

1 개요

자율안전확인대상 기계 · 기구 등을 제조 또는 수입하는 자는 동 기계 · 기구 등의 안전에 관한 성능이 고용노동부장관이 고시하는 자율안전기준에 맞는 것임을 확인하여 고용노동부장관에 신고하여야 한다. 단, 연구개발을 목적으로 제조 · 수입하거나 수출을 목적으로 제조하는 경우, 안전인증을 받은 경우, 다른 법령에서 안전성에 관한 검사나 인증을 받은 경우 신고를 면제할 수 있다.

2 신고품 · 부적합 제품에 대한 조치

(1) 자율안전확인의 신고를 하지 않거나 거짓이나 그 밖의 부정한 방법으로 자율안전확인의 신고를 한 경우, 고용노동부장관이 정하여 고시하는 자율안전기준에 맞지 아니한 경우 또는 자율안전확인표시 사용금지명령을 받은 자율안전확인대상 기계 · 기구 등은 제조 · 수입 · 양도 · 대여 · 설치 · 사용하거나 양도 · 대여의 목적으로 진열하여서는 아니 된다.

(2) 위반 시 1천만 원 이하의 벌금

3 자율안전확인대상 기계 · 기구 등

기계 · 기구 및 설비	방호장치	보호구
가. 연삭기 또는 연마기 (휴대형 제외) 나. 산업용 로봇 다. 혼합기 라. 파쇄기 마. 식품가공용 기계 (파쇄, 절단, 혼합, 제면기) 바. 컨베이어 사. 자동차정비용 리프트 아. 공작기계 (선반, 드릴, 평삭, 형삭기, 밀링) 자. 고정형 목재가공용 기계 차. 인쇄기 카. 기압조절기(Chamber)	가. 아세틸렌 용접장치 또는 가스집합용접장치용 안전기 나. 교류아크 용접용 자동전격방지기 다. 롤러기 급정지장치 라. 연삭기 덮개 마. 목재가공용 둥근톱 반발 예방장치 및 날 접촉 예방장치 바. 동력식 수동대패용 칼날 접촉 방지장치 사. 산업용 로봇안전매트 아. 추락 · 낙하 및 붕괴 등의 위험방지 및 보호에 필요한 가설기자재(고소작업대의 가설기자재는 제외)	가. 안전모(추락 및 감전방지용 안전모 제외) 나. 보안경(차광 및 비산물위험 방지용 보안경 제외) 다. 보안면(용접용 보안면 제외) 라. 잠수기(잠수헬멧 및 잠수마스크 포함)

4 방호장치가 필요한 기계ㆍ기구 등

(1) 예초기 : 날 접촉 예방장치

(2) 금속절단기 : 날 접촉 예방장치

(3) 원심기 : 회전체 접촉 예방장치

(4) 공기압축기 : 압력방출장치

(5) 지게차 : 헤드가드, 백테스트, 전조등, 후미등, 안전벨트

(6) 진공 포장기계, 램핑기 : 구동부 방호 연동장치

006 안전검사대상 유해 · 위험기계

① 개요

유해하거나 위험한 기계·기구 및 설비의 안전에 관한 성능이 검사기준에 맞는지에 대하여 대통령령으로 정하는 기계·기구 설비를 사용하는 사업주는 고용노동부장관이 실시하는 안전검사를 받아야 한다.

② 과태료

위반 시 1,000만 원 이하의 과태료

③ 안전검사대상 유해 · 위험기계 등

(1) 프레스

(2) 전단기

(3) 크레인(이동식 및 정격하중 2톤 미만인 호이스트는 제외)

(4) 리프트(적재하중 0.5톤 미만 산업용 리프트 포함)

(5) 압력용기

(6) 곤돌라

(7) 국소배기장치(이동식은 제외)

(8) 원심기(산업용에 한정)

(9) 롤러기(밀폐형 구조는 제외)

(10) 사출성형기(형체결력 294kN 미만은 제외)

(11) 차량탑재형 고소작업대

(12) 컨베이어

(13) 산업용 로봇

④ 검사신청

안전검사신청서를 검사주기 만료일 30일 전에 안전검사기관에 제출

5 안전검사의 주기

대상 기계·기구	최초검사	최초 이후검사
크레인(이동식은 제외), 리프트 (이삿짐 운반용은 제외)	설치가 끝난 날부터 3년 이내	2년마다 (건설현장에 설치된 것은 최초로 설치한 날부터 6개월마다)
이동식 크레인, 이삿짐 운반용 리프트 및 고소작업대	신규등록 이후 3년 이내	2년마다
프레스, 전단기, 압력용기, 국소 배기장치, 원심기, 롤러기, 사출 성형기, 컨베이어, 산업용 로봇	설치가 끝난 날부터 3년 이내	2년마다
원심기(산업용만 해당)	설치가 끝난 날부터 3년 이내	4년마다

6 설치·이전 시 안전인증대상 기계·기구

크레인, 리프트, 곤돌라

7 자율검사프로그램 인정

사업주가 근로자대표와 협의하여 검사기준 및 검사방법, 검사주기 등을 충족하는 자율 검사프로그램을 정하고 고용노동부장관의 인정을 받아 안전에 관한 성능검사를 실시하면 인정(자율검사프로그램의 유효기간은 2년)

8 안전검사 합격의 표시

안전검사에 합격한 유해·위험기계·기구 등을 사용하는 사업주는 안전검사에 합격한 것임을 나타내는 표시를 해야 한다.(위반 시 500만 원 이하의 과태료)

9 검사원의 자격

(1) 기사 이상의 자격을 취득한 사람으로서 해당 분야의 실무경력이 3년 이상인 사람
(2) 산업기사 이상의 자격을 취득한 사람으로서 해당 분야의 실무경력이 5년 이상인 사람
(3) 기능사 이상의 자격을 취득한 사람으로서 해당 분야의 실무경력이 7년 이상인 사람
(4) 수업연한이 4년인 학교에서 관련 학과를 졸업한 사람으로서 해당 분야의 실무경력이 3년 이상인 사람
(5) 수업연한이 4년인 학교 외의 학교에서 관련 학과를 졸업한 사람으로서 해당 분야의 실무경력이 5년 이상인 사람
(6) 고등학교·고등기술학교에서 관련 학과를 졸업한 사람으로서 해당 분야의 실무경력이 7년 이상인 사람

⑩ 위험기계기구 등의 안전강화

(1) 타워크레인 등 안전강화

  ① 문제점

    타워크레인 등의 임대업체, 설치 · 해체업체는 영세소규모 사업주로 작업자 숙련도가 낮고 안전작업 절차 미준수 등 안전관리에 취약하여 다수의 산업재해가 발생

  ② 개정법

    • 타워크레인 설치 · 해체업 등록제 신설을 통해 숙련도 높은 업체가 안전수칙을 준수하며 설치 · 해체 작업 등을 하도록 함

    • 건설공사도급인에게 자신의 사업장에 타워크레인, 항타기 및 항발기 등이 설치되어 있거나 작동하는 경우 또는 이를 설치 · 해체 · 조립 작업 시 필요한 안전보건조치 의무를 신설함

(2) 지게차 안전강화

  사업장에서 중량물 운반 목적으로 사용하는 지게차의 위험을 방지하기 위해 안전장치 설치와 운전자 교육이수 신설

  ① 안전장치 : 후진경보기 · 경광등 또는 후방감지기 설치 등 후방 확인 조치

  ② 교육이수 : 사업장에서 사용하는 지게차 중 건설기계관리법에 적용받지 않는 3톤 미만 전동식 지게차 운전자는 국가기술자격법에 따른 지게차 운전기능사 자격이 있거나 지게차 소형건설기계교육기관이 실시하는 교육을 이수

(3) 고소작업대

  ① 지게차, 리프트, 고소작업대 등의 기계기구를 타인에게 대여하거나 대여 받은 자는 안전 및 보건조치의 의무가 있다.

  ② 옥내에서 사용할 수 있도록 설계된 고소작업대에는 건물의 천장 등과 작업대 사이에 작업자가 끼이거나 충돌하는 등의 재해를 예방할 수 있는 가드 또는 과상승 방지장치를 설치

  [과상승 방지장치 규격]

    ㉠ 강재의 강도 이상의 재질을 사용하여 견고하게 설치하여야 하며, 쉽게 탈락되지 않는 구조로써 수평형(안전바 등)이나 수직형(방지봉 등) 등의 형태로 설치

    ㉡ (수평형) 상부 안전난간대에서 높이 5cm 이상에 설치하고 전 길이에서 압력이 감지될 수 있는 구조로 설치

    ㉢ (수직형) 작업대 모든 지점에서 과상승이 감지되도록 상부 안전난간대 모서리 4개소에 60cm 이상 높이로 설치할 것(단, 수직형과 수평형을 동시에 설치하는 경우에는 수직형은 2개 이상 설치)

(4) 리프트 안전강화

  ① 낙하방지장치를 운행거리에 관계없이 설치

  ② 충격완화장치, 로프이완감지장치, 낙하방지장치를 모두 설치해 운반구의 낙하사고에 대비

007 건설업 자율안전컨설팅 제도

1 개요

자율안전관리능력과 의지가 있는 대규모 건설현장의 자율안전관리체계 구축을 유도하기 위한 제도로 신청 연도 1~2월에 참여신청을 받아 고용노동부 승인 후 컨설팅이 진행된다.

2 자율안전컨설팅 참여대상

(1) 1,000대 건설업체에서 시공하는 공사금액 120억(토목 150억) 이상인 현장
(2) 전년도 사고사망재해 발생 없음
(3) 전년도 산재예방실적평가(노력도) 점수 70점 이상
(4) 전년도 산업재해발생률(사고사망만인율)이 평균 0.5배 이하인 업체(단, 대형사고 등으로 사회적 물의를 일으킨 업체 제외)
※ 산재예방실적평가 점수의 고려사항은 사업주 교육 이수여부, 안전보건관리자 정규직 비율, 본사 안전보건조직 등이며, 중대재해 발생으로 컨설팅이 취소된 현장은 신청 불가

3 컨설팅기관

재해예방전문지도기관과 건설 분야 안전진단기관 소속 건설안전 분야 산업안전지도사와 건설안전기술사(외부전문가)이며, 건설안전 외부전문가가 월 1회 이상 컨설팅을 실시해야 한다. 외부전문가는 월 15개 이하의 컨설팅을 실시할 수 있으며, 컨설팅 실시일에는 기술지도 수행이 불가하다.

4 공사규모별 컨설팅 외부전문가 요건

(1) 120억 원 이상 1,500억 원 미만 : 건설안전 분야 산업안전지도사(또는 건설안전기술사) 및 건설안전산업기사 이상 자격자 각 1명 이상
(2) 1,500억 원 이상 3,000억 원 미만 : 건설안전 분야 산업안전지도사(또는 건설안전기술사) 및 경력 3년 이상 건설안전기사(산업기사 5년) 보조원 각 1명 이상
(3) 3,000억 원 이상 : 건설안전 분야 산업안전지도사(또는 건설안전기술사) 및 경력 3년 이상 건설안전기사(산업기사 5년) 보조원 각 1명 이상이 2일 이상 지도

5 컨설팅 분야

해당 현장의 위험요인, 위험성평가, 안전보건 시설, 기계·기구, 안전관리조직, 교육, 산업안전
보건관리비 사용, 보호구 지급·착용실태 등에 대해 컨설팅 실시

6 자율안전컨설팅 시 혜택

건설현장에 대한 3대 취약시기 및 추락감독 유예(다만, 이 경우에도 중대재해 발생, 본부 별도
지시사항 및 지방관서 자체계획에 따른 수시감독은 유예되지 않음)

7 현장 지도점검 및 모니터링

(1) 현장 지도·점검
  ① 자율안전관리 승인 현장에 대해서는 3대 취약시기(장마철, 동절기, 해빙기) 감독 등 정
    기 감독은 유예되지만, 중대재해 발생, 고용노동부 별도 지시 및 각 노동부 지청의 자체
    계획에 따른 수시감독 등은 감독 실시
  ② 위험공정, 위험작업시기 도래 각 노동부 지청에서 필요하다고 판단하는 경우 현장 지
    도·점검 실시
    ㉠ 지도·점검을 실시 후 미비점에 대해 개선조치 불응 시에는 감독 실시
    ㉡ 지도·점검 결과 전반적인 안전관리 상태가 극히 불량하다고 판단되는 경우에는 자
      율안전컨설팅 승인은 취소되고 감독 실시

(2) 모니터링
  자율안전관리 승인 현장에서 제출한 안전조치 개선결과 보고서를 검토하여 컨설팅 사업추
  진이 부실(개선실적 미흡 포함)하다고 판단되는 경우 자율안전관리 승인 취소 조치
  ① 컨설팅 기관의 컨설팅 부실 시 해당 기관 및 전문가는 컨설팅 참여를 제한(기관 1년, 전
    문가 2년)
  ② 건설현장에서 중대재해(1건 이상) 발생 시 자율안전관리 승인 취소

건설현장 자율안전컨설팅 신청서

❏ 신청업체 현황

공사명	산재보험가입증명원에 기재된 공사명을 기재	시공업체명	
시공능력 평가순위		산재예방실적 평가점수	(공란)
		산업재해발생률	(공란)
소재지		현장소장	
공사기간	. . .~ . . .	공사금액	억 원
공사종류		현공정률	%
전화번호 (FAX)	( )	발주자	

❏ 자율안전컨설팅 수행자(기관) 현황

전문가	소속	산재보험가입증명원에 기재된 공사명을 기재	기관소재지	
	직책		성명	
	거주지	시 구(군) 동 (휴대전화 :)		
	자격		생년월일	. . .
			건설안전경력	년 월
계약일자		202 . . .	계약기간	~
계약내용				
소속기관성격		□ 재해예방지도기관 □ 안전진단기관		

* 계약내용은 1회 컨설팅 비용 등을 기재

202 .   .   .

현장소장   (서명)

자율안전컨설팅 기관   (서명)

붙임 1. 컨설팅 계획(기관) 및 전문가(점검수행자) 자격증 사본
　　　2. 컨설팅 이행계획서(컨설팅 방문 일시 포함)

001 무재해운동

1 개요

'무재해운동'이란 사업주와 근로자가 다같이 참여하여 산업재해예방을 위한 자율적인 운동을 촉진함으로써, 사업장 내의 모든 잠재적 요인을 사전에 발견 · 파악하여 근원적으로 산업재해를 근절하기 위한 운동을 말한다.

2 무재해운동의 의의

무재해운동 〉 위험예지훈련 〉 TBM(Tool Box Meeting)

(1) 인간 존중
(2) 합리적인 기업경영
(3) 일체의 산업재해 근절
(4) 직장의 각종 위험이나 문제점에 대해
　　전원 참가로 해결
(5) 안전 · 보건의 선취

▌무재해운동의 3원칙 ▌

3 무재해 1배수 목표시간 산정

$$\text{무재해목표시간} \atop (1\text{배수})} = \frac{\text{연간 총 근로시간}}{\text{연간 총 재해자 수}} = \frac{\text{연평균 근로자 수} \times 1\text{인당 연평균 근로시간}}{\text{연간 총 재해자 수}}$$

$$= \frac{1\text{인당 연평균 근로시간} \times 100}{\text{재해율}}$$

※ 연평균 근로시간은 고용노동부 사업체 임금근로시간 조사자료를, 재해율은 최근 5년간 평균 재해율을 적용

※ 공사규모별 직종별 재해율을 고려하여 노동부장관이 매년 공표

④ 무재해운동의 3요소

(1) 자주적 안전활동
(2) 라인(관리감독자)화에 의한 추진
(3) 최고경영자의 추진의지

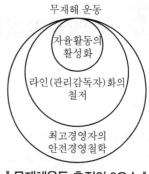

무재해 운동

자율활동의
활성화

라인(관리감독자)화의
철저

최고경영자의
안전경영철학

∥ 무재해운동 추진의 3요소 ∥

⑤ 무재해운동의 3원칙

(1) 무의 원칙

재해발생의 잠재요인을 사전에 발견 · 파악 · 해결함으로써 근원적으로 산업재해를 제거한
다는 원칙

(2) 선취의 원칙

위험 행동 전 발견 · 파악 · 해결하여 재해를 예방한다는 원칙

(3) 참가의 원칙

작업에 수반되는 잠재적 위험요인을 발견 · 해결하기 위하여 근로자 모두가 적극적으로 참
가하는 원칙

⑥ 무재해운동 실천 4단계

(1) 제1단계(인식 단계)

최고경영자의 안전 · 보건에 대한 확고한 경영방침 설정

(2) 제2단계(준비 단계)

무재해운동의 추진도 작성 및 추진체제 구축

(3) 제3단계(개시 및 시행 단계)

개시 선포식(전체 근로자 참석) 및 무재해운동의 적극 추진

(4) 제4단계(목표달성)

사업장의 무재해운동

1 개요

무재해운동이라 함은 사업장의 업종·규모에 따라 정해진 무재해 기간목표를 달성하기 위해 사업주가 추진 계획을 수립하여 무재해운동의 개시를 선포하고, 자율적인 방법으로 근로자들이 전원 참여하는 안전관리시책을 추진하며, 추진에 필요한 사항에 대하여 공단의 지원을 받아 정해진 목표를 달성하면 달성사실을 공단의 확인을 거쳐 인증을 받는 일련의 활동을 말한다.

2 사업장 무재해운동의 목적

인간존중의 이념을 바탕으로 사업주와 근로자가 다같이 참여하여 자율적인 산업재해예방 운동을 추진함으로써, 안전의식을 고취하고 나아가 일체의 산업재해를 근절하여 인간중심의 밝고 안전한 사업장을 조성하기 위함

3 사업장 무재해운동의 추진절차

1. 인식단계	(1) 사업주의 자세 (2) 근로자의 자세
2. 준비단계	(1) 무재해운동 경영방침 및 목표설정 (2) 무재해운동 규정제정(권장) (3) 무재해운동 추진조직 구축 (4) 무재해운동 추진계획 수립 (5) 근로자 교육 및 홍보
3. 개시신청 단계	(1) 무재해운동 개시선포식 개최 (2) 무재해운동 개시신청서 제출(사업장 → 공단)
4. 시행단계	(1) 회사에 무재해기 게양하여 붐 조성 (2) 무재해 목표달성 현황의 상시 기록·관리 (3) 사업주와 근로자의 무재해운동 적극 참여유도 (4) 노·사 자율안전보건활동 활성화 (5) 필요시 공단교육원 및 교육정보센터의 무재해운동 추진관련 교육이수 (6) 기술지원, 안전점검 및 무재해기, 안전보건자료 등 각종 자료 공단에 지원 요청

003   물질안전보건자료(MSDS)

1 개요

화학물질 및 화학물질을 함유한 제제 중 고용노동부령으로 정하는 분류기준에 해당하는 화학물질 및 화학물질을 함유한 제제를 양도하거나 제공하는 자는 이를 양도받거나 제공받는 자에게 물질안전보건자료를 고용노동부령으로 정하는 방법에 따라 작성하여 제공하여야 한다.

2 물질안전보건자료 작성 시 포함될 내용

(1) 화학제품과 회사에 관한 정보
(2) 유해성 위험성
(3) 구성성분의 명칭 및 함유량
(4) 응급조치 요령
(5) 폭발 화재 시 대처방법
(6) 누출 사고 시 대처방법
(7) 취급 및 저장방법
(8) 누출방지 및 개인보호구
(9) 물리화학적 특성
(10) 안정성 및 반응성
(11) 독성에 관한 정보
(12) 환경에 미치는 영향
(13) 폐기 시 주의사항
(14) 운송에 필요한 정보
(15) 법적 규제현황
(16) 그 밖에 참고사항

3 적용대상 화학물질

(1) 물리적 위험물질
(2) 건강유해물질
(3) 환경유해성 물질

4 물질안전보건자료 작성방법

(1) 물질안전보건자료의 신뢰성이 확보될 수 있도록 인용된 자료의 출처를 함께 적어야 한다.
(2) 물질안전보건자료의 세부작성방법, 용어 등 필요한 사항은 고용노동부장관이 정하여 고시한다.

⑤ 기재 및 게시 · 비치방법 등 고용노동부령으로 정하는 사항

(1) 물리 · 화학적 특성
(2) 독성에 관한 정보
(3) 폭발 · 화재 시의 대피 방법
(4) 응급조치 요령
(5) 그 밖에 고용노동부장관이 정하는 사항

⑥ 물질안전보건자료 교육의 시기 · 방법

(1) 사업주는 다음 중 어느 하나에 해당하는 경우에는 해당되는 내용을 근로자에게 교육하여야 한다.
　① 대상화학물질을 제조 · 사용 · 운반 또는 저장하는 작업에 근로자를 배치하게 된 경우
　② 새로운 대상화학물질이 도입된 경우
　③ 유해성 · 위험성 정보가 변경된 경우

(2) 유해성 · 위험성이 유사한 대상화학물질을 그룹별로 분류하여 교육할 수 있다.
(3) 교육시간 및 내용 등을 기록하여 보존하여야 한다.

⑦ 물질안전보건자료 교육내용

(1) MSDS 제도의 개요
(2) 유해화학물질의 종류와 유해성
(3) MSDS의 경고표시에 관한 사항
(4) 응급처치 · 긴급대피요령 보호구착용방법

⑧ 물질안전보건자료 작업공정별 게시사항

작업공정별 관리요령에 포함되어야 할 사항
(1) 대상화학물질의 명칭
(2) 유해성 · 위험성
(3) 취급상의 주의사항
(4) 적절한 보호구
(5) 응급조치 요령 및 사고 시 대처방법

⑨ 비상구의 설치기준

(1) 사업주는 위험물질을 취급 · 제조하는 작업장과 그 작업장이 있는 건축물에 출입구 외에 안전한 장소로 대피할 수 있는 비상구 1개 이상을 설치하여야 한다.

(2) 설치기준
　① 출입구와 같은 방향에 있지 아니하고, 출입구로부터 3미터 이상 떨어져 있을 것
　② 작업장의 각 부분으로부터 하나의 비상구 또는 출입구까지의 수평거리가 50미터 이하가 되도록 할 것

③ 비상구의 너비는 0.75미터 이상으로 하고, 높이는 1.5미터 이상으로 할 것

④ 비상구의 문은 피난 방향으로 열리도록 하고, 실내에서 항상 열 수 있는 구조로 할 것

🔟 산업안전보건법령상 화학물질의 유해성 · 위험성 조사 제외대상

(1) 일반 소비자의 생활용으로 제공하기 위하여 신규화학물질을 수입하는 경우로 고용노동부장 관령으로 정하는 경우

(2) 신규화학물질의 수입량이 소량이거나 그 밖에 유해 정도가 적다고 인정되는 경우로 고용노동부령으로 정하는 경우

　① 소량 신규화학물질의 유해성 · 위험성 조사 제외대상

　　㉠ 신규화학물질의 연간 수입량이 100킬로그램 미만인 경우

　　㉡ 위 항에 따른 수입량이 100킬로그램 이상인 경우 사유발생일로부터 30일 이내에 유해성 · 위험성 조사보고서를 고용노동부장관에게 제출한 경우

　② 일반소비자 생활용 신규화학물질의 유해성 · 위험성 조사 제외대상

　　㉠ 완성된 제품으로서 국내에서 가공하지 아니하는 경우

　　㉡ 포장 또는 용기를 국내에서 변경하지 아니하거나 국내에서 포장하거나 용기에 담지 아니하는 경우

　③ 그 밖의 신규화학물질의 유해성 · 위험성 조사 제외대상

　　㉠ 시험 · 연구를 위하여 사용되는 경우

　　㉡ 전량 수출하기 위하여 연간 10톤 이하로 제조하거나 수입하는 경우

　　㉢ 신규화학물질이 아닌 화학물질로만 구성된 고분자화합물로서 고용노동부장관이 정하여 고시하는 경우

⓫ 산업안전보건법령상 허가대상 유해물질

(1) 디클로로벤지딘과 그 염

(2) 알파─나프틸아민과 그 염

(3) 크롬산 아연

(4) 오로토─토릴딘과 그 염

(5) 디아니시딘과 그 염

(6) 베릴륨

(7) 비소 및 그 무기화합물

(8) 크롬광(열을 가하여 소성처리하는 경우만 해당)

(9) 휘발성 콜타르피치

(10) 황화니켈

(11) 염화비닐

(12) 벤조트리클로리드

(13) 제1호부터 제11호까지 및 제13호의 어느 하나에 해당하는 물질을 함유한 제제(함유된 중량 의 비율이 1% 이하인 것은 제외)

(14) 제12호의 물질을 함유한 제제(함유된 중량의 비율이 0.5% 이하인 것은 제외)

(15) 그 밖에 보건상 해로운 물질로서 고용노동부장관이 산업재해보상보험 및 예방심의위원회의 심의를 거쳐 정하는 유해물질

⑫ 유해인자별 노출농도의 허용기준

유해인자		허용기준			
		시간가중평균값(TWA)		단시간 노출값(STEL)	
		ppm	mg/m³	ppm	mg/m³
1. 납 및 그 무기화합물			0.05		
2. 니켈(불용성 무기화합물)			0.2		
3. 디메틸포름아미드		10			
4. 벤젠		0.5		2.5	
5. 2-브로모프로판		1			
6. 석면			0.1개/cm³		
7. 6가크롬 화합물	불용성		0.01		
	수용성		0.05		
8. 이황화탄소		1			
9. 카드뮴 및 그 화합물			0.01 (호흡성 분진인 경우 0.002)		
10. 톨루엔-2,4-디이소시아네이트 또는 톨루엔-2,6-디이소시아네이트		0.005		0.02	
11. 트리클로로에틸렌		10		25	
12. 포름알데히드		0.3			
13. 노말헥산		50			

※ 비고

1. "시간가중평균값(TWA ; Time-Weighted Average)"이란 1일 8시간 작업을 기준으로 한 평균노출농도로서 산출 공식은 다음과 같다.

$$TWA = \frac{C_1 \cdot T_1 + C_2 \cdot T_2 + \cdots\cdots + C_n \cdot T_n}{8}$$

여기서, C : 유해인자의 측정농도(단위 : ppm, mg/m³ 또는 개/cm³)

T : 유해인자의 발생시간(단위 : 시간)

2. "단시간 노출값(STEL ; Short-Term Exposure Limit)"이란 15분간의 시간가중평균값으로서 노출농도가 시간가중 평균값을 초과하고 단시간 노출값 이하인 경우에는 ① 1회 노출 지속시간이 15분 미만이어야 하고, ② 이러한 상태 가 1일 4회 이하로 발생해야 하며, ③ 각 회의 간격은 60분 이상이어야 한다.

⑬ 작성 · 제출 제외 대상 화학물질

1. 「건강기능식품에 관한 법률」 제3조제1호에 따른 건강기능식품
2. 「농약관리법」 제2조제1호에 따른 농약
3. 「마약류 관리에 관한 법률」 제2조제2호 및 제3호에 따른 마약 및 향정신성의약품
4. 「비료관리법」 제2조제1호에 따른 비료
5. 「사료관리법」 제2조제1호에 따른 사료
6. 「생활주변방사선 안전관리법」 제2조제2호에 따른 원료물질
7. 「생활화학제품 및 살생물제의 안전관리에 관한 법률」 제3조제4호 및 제8호에 따른 안전확인 대상생활화학제품 및 살생물제품 중 일반소비자의 생활용으로 제공되는 제품
8. 「식품위생법」 제2조제1호 및 제2호에 따른 식품 및 식품첨가물
9. 「약사법」 제2조제4호 및 제7호에 따른 의약품 및 의약외품
10. 「원자력안전법」 제2조제5호에 따른 방사성물질
11. 「위생용품 관리법」 제2조제1호에 따른 위생용품
12. 「의료기기법」 제2조제1항에 따른 의료기기
13. 「총포 · 도검 · 화약류 등의 안전관리에 관한 법률」 제2조제3항에 따른 화약류
14. 「폐기물관리법」 제2조제1호에 따른 폐기물
15. 「화장품법」 제2조제1호에 따른 화장품
16. 제1호부터 제15호까지의 규정 외의 화학물질 또는 혼합물로서 일반소비자의 생활용으로 제공되는 것(일반소비자의 생활용으로 제공되는 화학물질 또는 혼합물이 사업장 내에서 취급되는 경우를 포함한다.)
17. 고용노동부장관이 정하여 고시하는 연구 · 개발용 화학물질 또는 화학제품 인 경우 법 제110조제1항부터 제3항까지의 규정에 따른 자료의 제출만 제외된다.
18. 그 밖에 고용노동부장관이 독성 · 폭발성 등으로 인한 위해의 정도가 적다고 인정하여 고시하는 화학물질

⑭ 유의사항

구성성분의 명칭과 함유량을 비공개하려는 경우 고용노동부 장관의 승인을 받고, 승인 시 대체명칭 · 대체함유량을 기재해야 한다.

1 개요

GHS(Globally Harmonized System of Classification and Labelling of Chemicals)는 화학물질 분류 및 표시에 관한 세계 조화 시스템으로, 국제적으로 통일된 기준에 따라 화학물질의 유해위험성을 분류해 경고표시와 MSDS 정보로 전달하는 표준을 말한다.

2 국내 시행

(1) 고용노동부 산업안전보건법

　　단일물질 2010년 7월 1일, 혼합물질 2013년 7월 1일 시행

(2) 환경부 유해화학물질관리법

　　단일물질 2011년 7월 1일, 혼합물질 2013년 7월 1일 시행

3 라벨 규격

포장 또는 용기의 용량	인쇄 또는 표찰의 규격(cm²)	라벨 크기(cm)
500L ≤ 용량	450cm² 이상	20.9 × 21.6
200L ≤ 용량 < 500L	300cm² 이상	20 × 15
50L ≤ 용량 < 200L	180cm² 이상	15 × 12
5L ≤ 용량 < 50L	90cm² 이상	12.5 × 7.5

4 그림문자의 크기와 경고표지 작성항목

(1) 개별 그림문자의 크기는 인쇄 또는 표찰 규격의 40분의 1 이상이어야 한다.

(2) 그림문자의 크기는 최소한 $0.5cm^2$ 이상이어야 한다.

(3) GHS 경고표시 작성항목

구분	내용
명칭	MSDS상의 대상 화학물질의 제품명
그림문자	5개 이상일 경우 4개만 표시 가능
신호어	"위험" 또는 "경고" 문구 표시(모두 해당하는 경우 "위험"만 표시)
유해·위험 문구	해당 문구 모두 기재(중복문구 생략, 유사문구 조합 가능)
예방조치 문구	예방·대응·저장·폐기 각 1개 이상 포함 6개만 표시 가능
공급자 정보	제조자/공급자의 회사명, 전화번호, 주소 등

5 작성원칙

(1) 경고표지는 한글로 작성하여야 한다.

(2) 단, 실험실에서 시험·연구 목적으로 사용하는 시약으로서 외국어 경고표지가 부착되어 있는 경우, 수출하기 위하여 저장·운반 중에 있는 완제품은 한글 표지 부착을 제외한다.

(3) UN의 「위험물 운송에 관한 권고」에서 정하는 유해·위험성 물질을 포장에 표시하는 경우에는 「위험물 운송에 관한 권고」에 따라 표시할 수 있음

(4) 포장하지 않는 드럼 등의 용기에 UN의 「위험물 운송에 관한 권고」에 따라 표시를 한 경우에는 경고표지에 해당 그림문자를 표시하지 않을 수 있음

(5) 혼합물 전체로서 시험된 자료가 있는 경우 : 그 시험결과에 따라 단일물질의 분류기준 적용

(6) 혼합물 전체로서 시험된 자료가 없는 경우 : 혼합물을 구성하고 있는 단일화학물질에 관한 자료를 통해 혼합물의 잠재 유해성·위험성 평가

(7) 유사 혼합물의 대표 MSDS 작성원칙
   ① 혼합물로 된 제품의 구성성분이 같을 것
   ② 각 구성성분의 함량 변화가 10% 이하일 것
   ③ 비슷한 유해성을 가질 것

(8) 영업비밀제도 시행 강화
   ① 영업비밀 화학물질은 구성성분의 명칭 및 함유량을 명시하지 않을 수 있으나, 근로자의 건강장해 예방을 위하여 유해성·위험성, 취급 시 주의사항 등은 반드시 기재
   ② 제조금지물질, 허가대상물질, 관리대상유해물질, 유독물은 영업비밀 자체가 적용되지 않고 MSDS상 작성항목을 모두 기재

6 화학물질 양도, 제공자의 경고표시 의무

(1) 화학물질 용기 및 포장에 경고표지 부착
(2) 용기·포장 이외의 방법으로 화학물질을 양도·제공하는 경우 경고표시 기재항목을 적은 자료를 제공 (예 파이프라인, 탱크로리 등)

7 화학물질 사용 사업주의 경고표시 의무

(1) 작업장에서 사용하는 대상 화학물질을 담은 용기에 경고표지 부착
(2) 경고표시 의무 제외 대상
   ① 용기에 이미 경고표시가 되어있는 경우
   ② 근로자가 경고표시가 되어 있는 용기에서 대상 화학물질을 옮겨 담기 위해 일시적으로 용기를 사용하는 경우

005 작업환경측정

1 개요

작업환경 실태를 파악하기 위하여 해당 근로자 또는 작업장에 대하여 사업주가 유해인자에 대한 측정계획을 수립한 후 시료를 채취하고 분석·평가하는 것을 말한다.

2 작업환경측정의 목적

근로자가 호흡하는 공기 중의 유해물질 종류 및 농도를 파악하고 해당 작업장에서 일하는 동안 건강장해가 유발될 가능성 여부를 평가하며 작업환경 개선의 필요성 여부를 판단하는 기준이 된다.

3 작업환경 측정방법

(1) 측정 전 예비조사 실시
(2) 작업이 정상적으로 이루어져 작업시간과 유해인자에 대한 근로자의 노출 정도를 정확히 평가할 수 있을 때 실시
(3) 모든 측정은 개인시료채취방법으로 하되, 개인시료채취방법이 곤란한 경우에는 지역시료채취방법으로 실시

4 작업환경측정 절차

(1) 작업환경측정유해인자 확인(취급공정 파악)
(2) 작업환경측정 기관에 의뢰
(3) 작업환경측정 실시(유해인자별 측정)
(4) 지방고용노동관서에 결과보고(측정기관에서 전산송부)
(5) 측정결과에 따른 대책수립 및 서류 보존(5년간 보존. 단, 고용노동부 고시물질 측정결과는 30년간 보존)

5 작업환경측정대상

상시근로자 1인 이상 사업장으로서 측정대상 유해인자 192종에 노출되는 근로자

[측정대상물질(192종)]

구분	대상물질	종류	비고
화학적 인자	유기화합물	114	중량비율 1% 이상 함유한 혼합물
	금속류	24	중량비율 1% 이상 함유한 혼합물
	산 및 알칼리류	17	중량비율 1% 이상 함유한 혼합물
	가스상태 물질류	15	중량비율 1% 이상 함유한 혼합물
	허가대상 유해물질	12	• 1)~4) 및 6)부터 12)까지 중량비율 1% 이상 함유한 혼합물 • 5)의 물질을 중량비율 0.5% 이상 함유한 혼합물
	금속가공유	1	
물리적 인자	소음, 고열	2	• 8시간 시간가중평균 80dB 이상의 소음 • 안전보건규칙 제558조에 따른 고열
분진	광물성, 곡물, 면, 나무, 용접흄, 유리섬유, 석면	7	
합계		192	

※ 「산업안전보건법 시행규칙」 별표 21 참고

6 면제대상

(1) 임시작업

일시적으로 행하는 작업 중 월 24시간 미만인 작업. 단, 월 10시간 이상 24시간 미만이라도 매월 행하여지는 경우는 측정대상임

(2) 단시간 작업

관리대상 유해물질 취급에 소요되는 시간이 1일 1시간 미만인 작업. 단, 1일 1시간 미만인 작업이 매일 행하여지는 경우는 측정대상임

(3) 다음에 해당되는 사업장

관리대상 유해물질의 허용소비량을 초과하지 않는 작업장(보건규칙 제421조)

(4) 적용제외대상

관리대상 유해물질의 허용소비량을 초과하지 않는 작업장(보건규칙 제421조)

① 사업주가 관리대상 유해물질의 취급업무에 근로자를 종사하도록 하는 경우로서 작업시간 1시간을 소비하는 관리대상유해물질의 양이 작업장 공기의 부피를 15로 나눈 양 이하인 경우에는 이 장의 규정을 적용하지 아니한다. 다만, 유기화합물 취급 특별장소, 특별관리물질 취급장소, 지하실 내부, 그 밖에 환기가 불충분한 실내작업장인 경우에는 그러하지 아니한다.

② 제1항 본문에 따른 작업장 공기의 부피는 바닥에서 4미터가 넘는 높이에 있는 공간을 제외한 세제곱미터를 단위로 하는 실내작업장의 공간부피를 말한다. 다만, 공기의 부피가 150세제곱미터를 초과하는 경우에는 150세제곱미터를 그 공기의 부피로 한다.

7 측정방법

(1) 시료채취의 위치

구분	내용
개인시료 채취방법	측정기기의 공기유입부위가 작업근로자의 호흡기 위치에 오도록 한다.
지역시료 채취방법	유해물질 발생원에 근접한 위치 또는 작업근로자의 주 작업행동 범위 내의 작업근로자 호흡기 높이에 오도록 한다.
검지관 방식	작업근로자의 호흡기 및 발생원에 근접한 위치 또는 근로자 작업행동 범위의 주 작업위치에서의 근로자 호흡기 높이에서 측정한다.

(2) 시료채취 근로자수
① 단위작업장소에서 최고 노출근로자 2명 이상에 대하여 동시에 측정하되, 단위작업장소에 근로자가 1명인 경우에는 그러하지 아니하며, 동일 작업근로자 수가 10명을 초과하는 경우에는 매 5명당 1명(1개 지점) 이상 추가하여 측정한다. 다만, 동일 작업근로자 수가 100명을 초과하는 경우에는 최대 시료채취 근로자 수를 20명으로 조정할 수 있다.
② 지역시료채취방법에 따른 측정시료의 개수는 단위작업장소에서 2개 이상에 대하여 동시에 측정한다. 다만, 단위작업장소의 넓이가 50평방미터 이상인 경우에는 매 30평방미터마다 1개 지점 이상을 추가로 측정한다.

(3) 측정 후 조치사항
① 사업주는 측정을 완료한 날로부터 30일 이내에 측정결과보고서를 해당 관할 지방노동청에 제출한다.(측정대행 시 해당 기관에서 제출)
② 사업주는 측정, 평가 결과에 따라 시설·설비 개선 등 적절한 조치를 취한다.
③ 작업환경측정결과를 해당 작업장 근로자에게 알려야 한다.(게시판 게시 등)

(4) 근로자 입회 및 설명회
① 작업환경측정 시 근로자 대표의 요구가 있을 경우 입회
② 산업안전보건위원회 또는 근로자 대표의 요구가 있는 경우 직접 또는 작업환경측정을 실시한 기관으로 하여금 작업환경측정결과에 대한 설명회 개최
③ 작업환경측정결과에 따라 근로자의 건강을 보호하기 위하여 당해 시설 및 설비의 설치 또는 개선 등 적절히 조치

④ 작업환경측정결과는 사업장 내 게시판 부착, 사보 게재, 자체 정례 조회 시 집합교육, 기타 근로자들이 알 수 있는 방법으로 근로자들에게 통보
⑤ 산업안전보건위원회 또는 근로자 대표의 요구 시에는 측정결과를 통보받은 날로부터 10일 이내에 설명회를 개최

8 측정주기

구분	측정주기
신규공정 가동 시	30일 이내 실시 후 매 6개월에 1회 이상
정기적 측정주기	6개월에 1회 이상
발암성물질, 화학물질 노출기준 2배 이상 초과	3개월에 1회 이상
1년간 공정변경이 없고 최근 2회 측정결과가 노출기준 미만인 경우(발암성물질 제외)	1년 1회 이상

※ 작업장 또는 작업환경이 신규로 가동되거나 변경되는 등 작업환경측정대상이 된 경우에 반드시 작업환경측정을 실시하여야 한다.

9 서류보존기간

5년(발암성물질은 30년)
※ 발암성 확인물질 : 허가대상유해물질, 관리대상유해물질 중 특별관리물질

10 측정자의 자격

(1) 산업위생관리기사 이상 자격소지자
(2) 고용노동부 지정 측정기관

11 기타사항

법적 노출기준이 초과된 경우에는 60일 이내에 작업공정이 개선을 증명할 수 있는 서류 또는 개선계획을 관할 지방노동관서에 제출하여야 한다.

006 밀폐공간작업 프로그램의 주요 내용

1 필요성

(1) 밀폐공간작업 프로그램은 사유 발생 시 즉시 시행하여야 하며 매 작업마다 수시로 적정한 공기상태 확인을 위한 측정·평가내용 등을 추가·보완하고 밀폐공간작업이 완전 종료되면 프로그램의 시행을 종료한다.

(2) 밀폐공간에서의 작업 전 산소농도 측정, 호흡용 보호구의 착용, 긴급구조훈련, 안전한 작업방법의 주지 등 근로자 교육 및 훈련 등에 대한 사전규제를 통하여 재해를 예방하는 것이 요구된다.

2 밀폐공간작업 허가절차

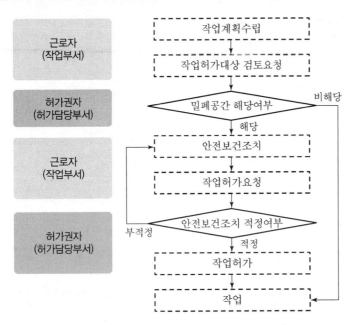

3 주요 내용

(1) 밀폐공간에서 근로자를 작업하게 할 경우 사업주는 다음 내용을 포함하여 밀폐공간작업 프로그램을 수립·시행하여야 함

① 사업장 내 밀폐공간의 위치파악 및 관리방안

② 밀폐공간 내 질식·중독 등을 일으킬 수 있는 위험요인의 파악 및 관리방안

③ ②항에 따라 밀폐공간 작업 시 사전확인이 필요한 사항에 대한 확인절차

④ 산소 · 유해가스농도의 측정 · 평가 및 그 결과에 따른 환기 등 후속조치 방법

⑤ 송기마스크 또는 공기호흡기의 착용과 관리

⑥ 비상연락망, 사고 발생 시 응급조치 및 구조체계 구축

⑦ 안전보건 교육 및 훈련

⑧ 그 밖에 밀폐공간 작업근로자의 건강장해 예방에 관한 사항

(2) 밀폐공간 작업허가 등

① 사업주는 근로자가 밀폐공간에서 작업을 하는 경우 사전에 허가절차를 수립하는 경우 포함사항을 확인하고, 근로자의 밀폐공간 작업에 대한 사업주의 사전허가 절차에 따라 작업하도록 하여야 한다.

ㄱ 작업일시, 기간, 장소 및 내용 등 작업 정보

ㄴ 관리감독자, 근로자, 감시인 등 작업자 정보

ㄷ 산소 및 유해가스 농도의 측정결과 및 후속조치 사항

ㄹ 작업 중 불활성가스 또는 유해가스의 누출 · 유입 · 발생 가능성 검토 및 후속조치 사항

ㅁ 작업 시 착용하여야 할 보호구의 종류

ㅂ 비상연락체계

② 사업주는 해당 작업이 종료될 때까지 ①에 따른 확인 내용을 작업장 출입구에 게시하여야 한다.

(3) 사전허가절차를 수립하는 경우 포함사항

① 작업 정보(작업 일시 및 기간, 작업 장소, 작업 내용 등)

② 작업자 정보(관리감독자, 근로자, 감시인)

③ 산소농도 등의 측정결과 및 그 결과에 따른 환기 등 후속조치 사항

④ 작업 중 불활성가스 또는 유해가스의 누출 · 유입 · 발생 가능성 검토 및 조치사항

⑤ 작업 시 착용하여야 할 보호구

⑥ 비상연락체계

(4) 출입의 금지

사업주는 사업장 내 밀폐공간을 사전에 파악하고, 밀폐공간에는 관계 근로자가 아닌 사람의 출입을 금지하고, 출입금지 표지를 보기 쉬운 장소에 게시하여야 한다.

밀폐공간 출입금지 표지
(제619조 관련)

1. 양식

2. 규격

- 밀폐공간의 크기에 따라 적당한 규격으로 하되, 최소 가로 21cm×세로 29.7cm 이상으로 한다.
- 표지 전체 바탕은 흰색으로, 글씨는 검정색, 전체 테두리 및 위험 글자 테두리는 빨간색, 위험 글씨는 노란색으로 하여야 하며 채도는 별도로 정하지 않는다.

(5) 사고 시의 대피 등

사업주는 근로자가 밀폐공간에서 작업을 하는 때에 산소 결핍이 우려되거나 유해가스 등의 농도가 높아서 질식ㆍ화재ㆍ폭발 등의 우려가 있는 경우에 즉시 작업을 중단시키고 해당 근로자를 대피하도록 하여야 한다.

(6) 대피용 기구의 비치

사업주는 근로자가 밀폐공간에서 작업을 하는 경우 비상시에 근로자를 피난시키거나 구출하기 위하여 공기호흡기 또는 송기마스크, 사다리 및 섬유로프 등 필요한 기구를 갖추어 두어야 한다.

(7) 구출 시 공기호흡기 또는 송기마스크 등의 사용

사업주는 밀폐공간에서 위급한 근로자를 구출하는 작업을 하는 경우에 그 구출작업에 종사하는 근로자에게 공기호흡기 또는 송기마스크를 지급하여 착용하도록 하여야 한다.

(8) 긴급상황에 대처할 수 있도록 종사근로자에 대하여 응급조치 등을 6월에 1회 이상 주기적으로 훈련시키고 그 결과를 기록·보존하여야 함

긴급구조훈련 내용 : 비상연락체계 운영, 구조용 장비의 사용, 공기호흡기 또는 송기마스크의 착용, 응급처치 등

(9) 작업시작 전 근로자에게 안전한 작업방법 등을 알려야 함

알려야 할 사항 : 산소 및 유해가스농도 측정에 관한 사항, 사고 시의 응급조치 요령, 환기설비 등 안전한 작업방법에 관한 사항, 보호구 착용 및 사용방법에 관한 사항, 구조용 장비 사용 등 비상시 구출에 관한 사항

(10) 근로자가 밀폐공간에 종사하는 경우 사전에 관리감독자, 안전관리자 등 해당자로 하여금 산소농도 등을 측정하고 적정한 공기 기준과 적합 여부를 평가하도록 함

산소농도 등을 측정할 수 있는 자 : 관리감독자, 안전·보건관리자, 안전관리대행기관, 지정측정기관

4 산소농도별 증상

산소농도(%)	증상
14~19	업무능력 감소, 신체기능조절 손상
12~14	호흡수 증가, 맥박 증가
10~12	판단력 저하, 청색 입술
8~10	어지럼증, 의식 상실
6~8	8분 내 100% 치명적, 6분 내 50% 치명적
4~6	40초 내 혼수상태, 경련, 호흡정지, 사망

5 밀폐공간 작업 전 확인 · 조치사항

(1) 작업 일시, 기간, 장소 및 내용 등 작업정보
　① 작업위치, 작업기간, 작업내용
　② 화기작업(용접, 용단 등)이 병행되는 경우 별도의 작업승인(화기작업허가 등) 여부 확인

(2) 관리감독자, 근로자, 감시인 등 작업자 정보
　근로자 안전보건교육(특별안전보건교육 등) 및 안전한 작업방법 주지 여부 확인

(3) 산소 및 유해가스 농도의 측정결과 및 후속조치 사항
　① 산소유해가스 등의 농도, 측정시간, 측정자(서명 포함)
　② 최초 공기상태가 부적절할 경우 환기 실시 후 공기상태를 재측정하고 그 결과를 추가 기대
　③ 작업 중 적정공기 상태 유지를 위한 환기계획 기재(기계환기, 자연환기 등)

(4) 작업 중 불활성가스 또는 유해가스의 누출 · 유입 · 발생 가능성 검토 및 후속조치 사항
 밀폐공간과 연결된 펌프나 배관의 잠금상태 여부(펌프나 배관의 조직을 담당하는 담당자(부서)에 사전통지 및 밀폐공간 작업 종료 시까지 조작금지 요청)

(5) 작업 시 착용하여야 할 보호구의 종류
 안전대, 구명줄, 공기호흡기 또는 송기마스크

(6) 비상연락체계
 ① 작업근로자와 외부 감시인, 관리자 사이에 긴급 연락할 수 있는 체계
 ② 밀폐공간 작업 시 외부와 상시 소통할 수 있는 통신수단을 포함

6 산소결핍 발생 가능 장소

전기 · 통신 · 상하수도 맨홀, 오 · 폐수처리시설 내부(정화조, 집수조), 장기간 밀폐된 탱크, 반응탑, 선박(선창) 등의 내부, 밀폐공간 내 CO_2가스 용접작업, 분뇨 집수조, 저수조(물탱크) 내 도장작업, 집진기 내부(수리작업 시), 화학장치 배관 내부, 곡물 사일로 내 작업 등
※ 산소결핍 위험 작업 시 산소 및 가스농도 측정기, 공급호흡기, 공기치환용 환기팬 등의 예방 장비 없이 작업을 수행하여 대형사고 발생

7 산소결핍 위험 작업 안전수칙

(1) 작업시작 전 작업장 환기 및 산소농도 측정
(2) 송기마스크 등 외부공기 공급 가능한 호흡용 보호구 착용
(3) 산소결핍 위험 작업장 입장, 퇴장 시 인원 점검
(4) 관계자 외 출입금지 표지판 설치
(5) 산소결핍 위험 작업 시 외부 관리감독자와의 상시 연락
(6) 사고 발생 시 신속한 대피, 사고 발생에 대비하여 공기호흡기, 사다리 및 섬유로프 등 비치
(7) 특수한 작업(용접, 가스배관공사 등) 또는 장소(지하실 등)에 대한 안전보건조치

8 산소 및 유해가스 농도의 측정

사업주는 밀폐공간에서 근로자에게 작업을 하도록 하는 경우 작업을 시작(작업을 일시 중단하였다가 다시 시작하는 경우를 포함한다.)하기 전 다음 각 호의 어느 하나에 해당하는 자로 하여금 해당 밀폐공간의 산소 및 유해가스 농도를 측정하여 적정공기가 유지되고 있는지를 평가하도록 해야 한다.

(1) 관리감독자

(2) 안전관리자 또는 보건관리자

(3) 안전관리전문기관 또는 보건관리전문기관

(4) 건설재해예방전문지도기관

(5) 작업환경측정기관

(6) 한국산업안전보건공단법에 따른 한국산업안전보건공단이 정하는 산소 및 유해가스 농도의 측정평가에 관한 교육을 이수한 사람

(7) 사업주는 산소 및 유해가스 농도를 측정한 결과 적정공기가 유지되고 있지 아니하다고 평가된 경우에는 작업장을 환기시키거나, 근로자에게 공기호흡기 또는 송기마스크를 지급하여 착용하도록 하는 등 근로자의 건강장해 예방을 위하여 필요한 조치를 하여야 한다.

① 밀폐공간 출입 전 확인사항

(1) 작업허가서에 기록된 내용을 충족하고 있는지
(2) 출입자가 안전한 작업방법 등에 대한 사전교육을 이수하였는지 여부
(3) 감시인으로 하여금 각 단계의 안전을 확인, 작업 중 상주
(4) 입구의 크기는 응급상황 시 쉽게 접근 가능하고, 빠져나올 수 있는 충분한 크기인지
(5) 밀폐공간 내 유해공기가 없는지 사전에 측정하여 확인
(6) 화재 및 폭발의 우려가 있는 장소에서는 방폭형 구조의 장비 등을 사용
(7) 보호구, 응급구조체계, 구조장비, 연락 및 통신장비, 경보설비의 정상 여부 점검

② 밀폐공간 보건작업 프로그램의 기록 및 보관

(1) 밀폐공간 작업허가서
(2) 유해공기 측정결과
(3) 환기대책 수립의 세부내용
(4) 보호구 지급 및 착용실태
(5) 밀폐공간 보건작업 프로그램 평가 자료 등

③ 상시 가동 환기시설을 갖춘 밀폐공간에 대한 특례규정

(1) 사업주가 밀폐공간에 상시 가동되는 급배기 환기장치를 설치하여 질식 · 화재 · 폭발 등의 위험이 없도록 한 경우
  • 밀폐공간 작업 전 작업에 관한 주요사항 확인 및 작업장 출입구 게시의무 미적용
  • 환기, 인원점검, 감시인 배치, 6개월마다 하는 긴급구조훈련 미적용
(2) 사업주는 환기장치 및 적정공기 유지상태를 월 1회 이상 정기적으로 점검하고 이상 발견 시 필요한 조치를 취한다.
(3) 사업주는 점검결과(점검일, 점검자, 환기설비 가동상태, 적정공기 유지상태, 조치사항 등)를 해당 밀폐공간 출입구에 상시 게시한다.
(4) 밀폐공간 중 아래 장소는 특례규정에 제외된다.
  • 간장 · 주류 · 효모 그 밖에 발효하는 물품이 들어 있거나 들어 있었던 탱크 · 창고 또는 양조주의 내부
  • 분뇨, 오염된 흙, 썩은 물, 폐수, 오수, 그 밖에 부패하거나 분해되기 쉬운 물질이 들어 있는 정화조 · 침전조 · 집수조 · 탱크 · 암거 · 맨홀 · 관 또는 피트의 내부

4 밀폐공간 작업 시작 전 산소 · 유해가스 농도 측정 · 평가자가 숙지해야 할 사항

[안전보건규칙 제619조의2, 제2항 입법예고 : 2023.12.27.~2024.2.7. 2024.4월 중 시행 예정]

(1) 밀폐공간의 유해성
(2) 측정장비의 이상유무 확인과 조작방법
(3) 밀폐공간 내에서의 측정방법
(4) 적정공기의 기준과 판단

사업주는 밀폐공간 작업시작 전 산소 · 유해가스 농도 측정평가자가 숙지사항을 잘 숙지하고 있는지 사전에 확인하고 필요한 경우 교육을 해야 하며 밀폐공간 작업장은 항상 적정공기가 유지되도록 평가 · 관리해야 한다.

작업명	사전조사 내용	작업계획서 내용
1. 타워크레인을 설치·조립·해체하는 작업	—	가. 타워크레인의 종류 및 형식 나. 설치·조립 및 해체순서 다. 작업도구·장비·가설설비(假設設備) 및 방호설비 라. 작업인원의 구성 및 작업근로자의 역할 범위 마. 제142조에 따른 지지 방법
2. 차량계 하역운반기계 등을 사용하는 작업	—	가. 해당 작업에 따른 추락·낙하·전도·협착 및 붕괴 등의 위험 예방대책 나. 차량계 하역운반기계 등의 운행경로 및 작업방법
3. 차량계 건설기계를 사용하는 작업	해당 기계의 굴러 떨어짐, 지반의 붕괴 등으로 인한 근로자의 위험을 방지하기 위한 해당 작업장소의 지형 및 지반상태	가. 사용하는 차량계 건설기계의 종류 및 성능 나. 차량계 건설기계의 운행경로 다. 차량계 건설기계에 의한 작업방법
4. 화학설비와 그 부속설비 사용작업	—	가. 밸브·콕 등의 조작(해당 화학설비에 원재료를 공급하거나 해당 화학설비에서 제품 등을 꺼내는 경우만 해당한다) 나. 냉각장치·가열장치·교반장치(攪拌裝置) 및 압축장치의 조작 다. 계측장치 및 제어장치의 감시 및 조정 라. 안전밸브, 긴급차단장치, 그 밖의 방호장치 및 자동경보장치의 조정 마. 덮개판·플랜지(Flange)·밸브·콕 등의 접합부에서 위험물 등의 누출 여부에 대한 점검 바. 시료의 채취 사. 화학설비에서는 그 운전이 일시적 또는 부분적으로 중단된 경우의 작업방법 또는 운전 재개 시의 작업방법 아. 이상 상태가 발생한 경우의 응급조치 자. 위험물 누출 시의 조치 차. 그 밖에 폭발·화재를 방지하기 위하여 필요한 조치

작업명	사전조사 내용	작업계획서 내용
5. 제318조에 따른 전기작업	—	가. 전기작업의 목적 및 내용 나. 전기작업 근로자의 자격 및 적정 인원 다. 작업 범위, 작업책임자 임명, 전격·아크 섬광·아크 폭발 등 전기 위험 요인 파악, 접근 한계거리, 활선접근 경보장치 휴대 등 작업시작 전에 필요한 사항 라. 제319조에 따른 전로 차단에 관한 작업계획 및 전원(電源) 재투입 절차 등 작업 상황에 필요한 안전 작업 요령 마. 절연용 보호구 및 방호구, 활선작업용 기구·장치 등의 준비·점검·착용·사용 등에 관한 사항 바. 점검·시운전을 위한 일시 운전, 작업 중단 등에 관한 사항 사. 교대 근무 시 근무 인계(引繼)에 관한 사항 아. 전기작업장소에 대한 관계 근로자가 아닌 사람의 출입금지에 관한 사항 자. 전기안전작업계획서를 해당 근로자에게 교육할 수 있는 방법과 작성된 전기안전작업계획서의 평가·관리계획 차. 전기 도면, 기기 세부 사항 등 작업과 관련되는 자료
6. 굴착작업	가. 형상·지질 및 지층의 상태 나. 균열·함수(含水)·용수 및 동결의 유무 또는 상태 다. 매설물 등의 유무 또는 상태 라. 지반의 지하수위 상태	가. 굴착방법 및 순서, 토사 반출 방법 나. 필요한 인원 및 장비 사용계획 다. 매설물 등에 대한 이설·보호대책 라. 사업장 내 연락방법 및 신호방법 마. 흙막이 지보공 설치방법 및 계측계획 바. 작업지휘자의 배치계획 사. 그 밖에 안전·보건에 관련된 사항
7. 터널굴착작업	보링(Boring) 등 적절한 방법으로 낙반·출수(出水) 및 가스 폭발 등으로 인한 근로자의 위험을 방지하기 위하여 미리 지형·지질 및 지층상태를 조사	가. 굴착의 방법 나. 터널지보공 및 복공(覆工)의 시공방법과 용수(湧水)의 처리방법 다. 환기 또는 조명시설의 설치방법
8. 교량작업	—	가. 작업 방법 및 순서 나. 부재(部材)의 낙하·전도 또는 붕괴를 방지하기 위한 방법 다. 작업에 종사하는 근로자의 추락 위험을 방지하기 위한 안전조치 방법

작업명	사전조사 내용	작업계획서 내용
8. 교량작업	–	라. 공사에 사용되는 가설 철구조물 등의 설치 · 사용 · 해체 시 안전성 검토 방법 마. 사용하는 기계 등의 종류 및 성능, 작업방법 바. 작업지휘자 배치계획 사. 그 밖에 안전 · 보건에 관련된 사항
9. 채석작업	지반의 붕괴 · 굴착기계의 굴러 떨어짐 등에 의한 근로자에게 발생할 위험을 방지하기 위한 해당 작업장의 지형 · 지질 및 지층의 상태	가. 노천굴착과 갱내굴착의 구별 및 채석방법 나. 굴착면의 높이와 기울기 다. 굴착면 소단(小段 : 비탈면의 경사를 완화시키기 위해 중간에 좁은 폭으로 설치하는 평탄한 부분)의 위치와 넓이 라. 갱내에서의 낙반 및 붕괴방지 방법 마. 발파방법 바. 암석의 분할방법 사. 암석의 가공장소 아. 사용하는 굴착기계 · 분할기계 · 재기계 또는 운반기계(이하 "굴착기계 등"이라 한다)의 종류 및 성능 자. 토석 또는 암석의 적재 및 운반방법과 운반경로 차. 표토 또는 용수(湧水)의 처리방법
10. 건물 등의 해체작업	해체건물 등의 구조, 주변 상황 등	가. 해체의 방법 및 해체 순서도면 나. 가설설비 · 방호설비 · 환기설비 및 살수 · 방화설비 등의 방법 다. 사업장 내 연락방법 라. 해체물의 처분계획 마. 해체작업용 기계 · 기구 등의 작업계획서 바. 해체작업용 화약류 등의 사용계획서 사. 그 밖에 안전 · 보건에 관련된 사항
11. 중량물의 취급 작업	–	가. 추락위험을 예방할 수 있는 안전대책 나. 낙하위험을 예방할 수 있는 안전대책 다. 전도위험을 예방할 수 있는 안전대책 라. 협착위험을 예방할 수 있는 안전대책 마. 붕괴위험을 예방할 수 있는 안전대책
12. 궤도와 그 밖의 관련설비의 보수 · 점검작업 13. 입환작업(入換作業)	–	가. 적절한 작업 인원 나. 작업량 다. 작업순서 라. 작업방법 및 위험요인에 대한 안전조치방법 등

009   근로자의 건강진단

1 개요

사업주는 정기적으로 근로자에 대한 건강진단을 실시하여야 하며, 근로자를 채용할 때에도 건강진단을 실시하여야 하며 근로자 대표의 요구가 있을 때에는 건강진단에 근로자 대표를 입회시켜야 한다.

2 건강진단의 종류

(1) 일반건강진단

상시 사용하는 근로자에 대하여 주기적으로 실시하는 건강진단

(2) 특수건강진단

특수건강진단 대상 업무에 종사하는 근로자와 건강진단에서 발견된 직업병 의심 근로자에 대하여 사업주가 실시하는 건강진단

(3) 배치 전 건강진단

근로자의 신규채용 또는 작업부서의 전환으로 특수건강진단 대상 업무에 종사할 근로자에 대하여 사업주가 실시하는 건강진단

(4) 수시건강진단

특수건강진단 대상 업무로 인하여 해당 유해인자에 의한 직업성 천식·직업성 피부염 기타 건강장해를 의심하게 하는 증상이나 의학적 소견이 있는 근로자에 대하여 사업주가 실시하는 건강진단

(5) 임시건강진단

특수건강진단 대상 유해인자 기타 유해인자에 의한 중독 여부, 질병의 이환 여부, 질병의 발생원인 등을 확인하기 위하여 지방노동관서의 장의 명령에 따라 사업주가 실시하는 건강진단

3 건강진단 실시 주기의 일시 단축

사업장의 작업환경 측정 결과 또는 특수건강진단 실시 결과에 따라 다음 각 호의 어느 하나에 해당하는 근로자에 대해서는 다음 회에 한정하여 관련 유해인자별로 특수건강진단 주기를 2분의 1로 단축하여야 한다.

(1) 작업환경을 측정한 결과 노출기준 이상인 작업공정에서 해당 유해인자에 노출되는 모든 근로자

(2) 특수건강진단 · 수시건강진단 또는 임시건강진단을 실시한 결과 직업병 유소견자가 발견된 작업공정에서 해당 유해인자에 노출되는 모든 근로자

(3) 특수건강진단 또는 임시건강진단을 실시한 결과 해당 유해인자에 대하여 특수건강진단 실시 주기를 단축하여야 한다는 의사의 판정을 받은 근로자

4 건강진단 검사항목

(1) 과거병력, 작업경력 및 자각 · 타각증상(사진 · 촉진 · 청진 및 문진)

(2) 혈압 · 혈당 · 요당 · 요단백 및 빈혈검사

(3) 체중 · 시력 및 청력

(4) 흉부방사선 간접촬영

(5) 혈청 지 · 오 · 티 및 지 · 피 · 티, 감마 지 · 티 · 피 및 총 콜레스테롤

5 건강진단 결과의 보존

(1) 건강진단 결과표 및 건강진단 결과를 증명하는 서류를 5년간 보존

(2) 발암성 확인물질을 취급하는 근로자에 대한 건강진단 결과의 서류 또는 전산입력자료는 30년간 보존

6 근로자가 주사 및 채혈 작업을 하는 경우 사업주가 하여야 할 조치

(1) 안정되고 편안한 자세로 주사 및 채혈을 할 수 있는 장소 제공

(2) 채취 혈액을 검사용기에 옮기는 경우 조사침 사용 금지

(3) 사용한 주사침의 바늘을 구부리는 행위 금지

(4) 사용한 주사침은 안전한 전용 수거용기에 모아 튼튼한 용기를 사용하여 폐기

7 건강진단 시 준수사항

(1) 사업주는 건강검진기관에서 건강진단을 하여야 하며, 근로자대표가 요구할 때에는 근로자 대표를 입회시켜야 한다.

(2) 근로자 건강을 보호하기 위해 필요하다고 인정할 때에는 사업주에게 특정근로자에 대한 임시건강진단의 실시를 명할 수 있다.

(3) 근로자는 사업주가 지정한 건강진단기관에서 진단 받기를 희망하지 아니하는 경우 다른 건강진단기관으로부터 건강진단을 받아 그 결과를 증명하는 서류를 제출할 수 있다.

(4) 건강진단기관은 건강진단을 실시한 때에는 그 결과를 근로자 및 사업주에게 통보하고 고용노동부장관에게 보고하여야 한다.

(5) 건강진단결과 근로자의 건강을 유지하기 위해 필요하다고 인정할 때에는 작업장소 변경, 작업 전환, 근로시간 단축, 야간근로(오후 10시부터 오전 6시까지)의 제한, 작업환경측정 또는 시설 · 설비의 설치 · 개선 등 적절한 조치를 하여야 한다.

(6) 산업안전보건위원회 또는 근로자대표가 요구할 때에는 직접 또는 건강진단을 한 건강진단기관으로 하여금 건강진단 결과에 대한 설명을 하도록 한다. 단, 본인의 동의 없이는 개별 근로자의 건강진단 결과를 공개하여서는 아니 된다.

(7) 건강진단 결과를 근로자의 건강 보호 · 유지 외의 목적으로 사용하여서는 아니 된다.

(8) 건강진단의 종류 · 시기 · 주기 · 항목 · 방법 및 건강진단기관의 지정 · 관리 및 임시 건강진단, 기타 필요사항은 고용노동부령으로 정한다.

(9) 고용노동부장관은 건강진단기관의 건강진단 · 분석 능력을 평가하고 결과에 따른 지도 · 교육을 하여야 한다.

(10) 고용노동부장관은 건강진단기관을 평가한 후 그 결과를 공표할 수 있다.

(11) 건강진단기관 중 고용노동부장관이 지정하는 기관에 관해서는 지정의 취소, 과징금에 대한 관련법을 준용한다.

8 특수건강진단

(1) 진단대상 : 유해업무를 보유한 사업장에 근무하는 근로자
(2) 실시주기 : 6개월, 1년, 2년의 주기마다 정기적으로 실시
(3) 결과의 활용
　　① 근로자가 소속된 공정별로 분석해 직무관련성 추정
　　② 근로자의 근무시기별 비교로 직무관련성 분석
　　③ 특수건강진단 대상자가 걸린 질병의 직무 영향 고찰
　　④ 직업병 요관찰자 또는 유소견자는 작업 전환 방안 강구
　　⑤ 사업주는 산업안전보건위원회 또는 근로자대표 요구 시 직접 또는 건강진단을 한 건강진단기관으로 하여금 건강진단 결과에 대한 설명을 하도록 해야 함
　　⑥ 사업주는 건강진단 결과를 근로자 건강보호 · 유지 외의 목적으로 사용해서는 안 됨

9 발암성물질작업현장의 특수건강진단 시기

구분	대상 유해인자	시기 (배치 후 첫 특수건강진단)	주기
1	N,N-디메틸아세트아미드 디메틸포름아미드	1개월 이내	6개월
2	벤젠	2개월 이내	6개월
3	사염화탄소 염화비닐 1,1,2,2-테트라클로로에탄 아크릴로니트릴	3개월 이내	6개월
4	석면, 면 분진	12개월 이내	12개월
5	광물성 / 목재 분진 소음 및 충격소음	12개월 이내	24개월
6	제1호부터 제5호까지의 대상 유해인자를 제외한 별표22의 모든 대상 유해인자	6개월 이내	12개월

10 질병자의 취업제한

(1) 전염될 우려가 있는 질병에 걸린 사람. 다만, 전염을 예방하기 위한 조치를 한 경우에는 그러하지 아니하다.
(2) 정신분열증, 마비성 치매에 걸린 사람
(3) 심장, 신장, 폐 등의 질환이 있는 사람으로서 근로에 의하여 병세가 악화될 우려가 있는 사람
(4) (1), (2), (3)에 준하는 질병으로서 고용노동부장관이 정하는 질병에 걸린 사람

11 질병자의 근로제한

(1) 감압증이나 그 밖에 고기압에 의한 장해 또는 그 후유증
(2) 결핵, 급성상기도감염, 진폐, 폐기종, 그 밖의 호흡기계의 질병
(3) 빈혈증, 심장판막증, 관상동맥경화증, 고혈압증, 그 밖의 혈액 또는 순환기계의 질병
(4) 정신신경증, 알코올중독, 신경통, 그 밖의 정신신경계의 질병
(5) 메니에르병, 중이염, 그 밖의 이관협착을 수반하는 귀 질환
(6) 관절염, 류마티스, 그 밖의 운동기계의 질병
(7) 천식, 비만증, 바세도우씨병, 그 밖에 알레르기성 내분비계 물질대사 또는 영양장해 등과 관련된 질병

010 유해인자의 분류기준

1 화학물질의 분류기준

(1) 물리적 위험성 분류기준

① 폭발성 물질 : 자체의 화학반응에 따라 주위 환경에 손상을 줄 수 있는 정도의 온도 · 압력 및 속도를 가진 가스를 발생시키는 고체 · 액체 또는 혼합물

② 인화성 가스 : 20℃, 표준압력(101.3kPa)에서 공기와 혼합하여 인화되는 범위에 있는 가스(혼합물을 포함한다)

③ 인화성 액체 : 표준압력(101.3kPa)에서 인화점이 60℃ 이하인 액체

④ 인화성 고체 : 쉽게 연소되거나 마찰에 의하여 화재를 일으키거나 촉진할 수 있는 물질

⑤ 인화성 에어로졸 : 인화성 가스, 인화성 액체 및 인화성 고체 등 인화성 성분을 포함하는 에어로졸(자연발화성 물질, 자기발열성 물질 또는 물반응성 물질은 제외한다)

⑥ 물반응성 물질 : 물과 상호작용을 하여 자연발화되거나 인화성 가스를 발생시키는 고체 · 액체 또는 혼합물

⑦ 산화성 가스 : 일반적으로 산소를 공급함으로써 공기보다 다른 물질의 연소를 더 잘 일으키거나 촉진하는 가스

⑧ 산화성 액체 : 그 자체로는 연소하지 않더라도, 일반적으로 산소를 발생시켜 다른 물질을 연소시키거나 연소를 촉진하는 액체

⑨ 산화성 고체 : 그 자체로는 연소하지 않더라도 일반적으로 산소를 발생시켜 다른 물질을 연소시키거나 연소를 촉진하는 고체

⑩ 고압가스 : 20℃, 200킬로파스칼(kPa) 이상의 압력하에서 용기에 충전되어 있는 가스 또는 냉동액화가스 형태로 용기에 충전되어 있는 가스(압축가스, 액화가스, 냉동액화가스, 용해가스로 구분한다)

⑪ 자기반응성 물질 : 열적(熱的)인 면에서 불안정하여 산소가 공급되지 않아도 강렬하게 발열 · 분해하기 쉬운 액체 · 고체 또는 혼합물

⑫ 자연발화성 액체 : 적은 양으로도 공기와 접촉하여 5분 안에 발화할 수 있는 액체

⑬ 자연발화성 고체 : 적은 양으로도 공기와 접촉하여 5분 안에 발화할 수 있는 고체

⑭ 자기발열성 물질 : 주위의 에너지 공급 없이 공기와 반응하여 스스로 발열하는 물질(자기발화성 물질은 제외한다)

⑮ 유기과산화물 : 2가의 -O-O- 구조를 가지고 1개 또는 2개의 수소 원자가 유기라디칼에 의하여 치환된 과산화수소의 유도체를 포함한 액체 또는 고체 유기물질

⑯ 금속 부식성 물질 : 화학적인 작용으로 금속에 손상 또는 부식을 일으키는 물질

(2) 건강 및 환경 유해성 분류기준

    ① 급성 독성 물질 : 입 또는 피부를 통하여 1회 투여 또는 24시간 이내에 여러 차례로 나누어 투여하거나 호흡기를 통하여 4시간 동안 흡입하는 경우 유해한 영향을 일으키는 물질

    ② 피부 부식성 또는 자극성 물질 : 접촉 시 피부조직을 파괴하거나 자극을 일으키는 물질(피부 부식성 물질 및 피부 자극성 물질로 구분한다)

    ③ 심한 눈 손상성 또는 자극성 물질 : 접촉 시 눈 조직의 손상 또는 시력의 저하 등을 일으키는 물질(눈 손상성 물질 및 눈 자극성 물질로 구분한다)

    ④ 호흡기 과민성 물질 : 호흡기를 통하여 흡입되는 경우 기도에 과민반응을 일으키는 물질

    ⑤ 피부 과민성 물질 : 피부에 접촉되는 경우 피부 알레르기 반응을 일으키는 물질

    ⑥ 발암성 물질 : 암을 일으키거나 그 발생을 증가시키는 물질

    ⑦ 생식세포 변이원성 물질 : 자손에게 유전될 수 있는 사람의 생식세포에 돌연변이를 일으킬 수 있는 물질

    ⑧ 생식독성 물질 : 생식기능, 생식능력 또는 태아의 발생·발육에 유해한 영향을 주는 물질

    ⑨ 특정 표적장기 독성 물질(1회 노출) : 1회 노출로 특정 표적장기 또는 전신에 독성을 일으키는 물질

    ⑩ 특정 표적장기 독성 물질(반복 노출) : 반복적인 노출로 특정 표적장기 또는 전신에 독성을 일으키는 물질

    ⑪ 흡인 유해성 물질 : 액체 또는 고체 화학물질이 입이나 코를 통하여 직접적으로 또는 구토로 인하여 간접적으로, 기관 및 더 깊은 호흡기관으로 유입되어 화학적 폐렴, 다양한 폐 손상이나 사망과 같은 심각한 급성 영향을 일으키는 물질

    ⑫ 수생 환경 유해성 물질 : 단기간 또는 장기간의 노출로 수생생물에 유해한 영향을 일으키는 물질

    ⑬ 오존층 유해성 물질 : 「오존층 보호를 위한 특정물질의 제조규제 등에 관한 법률」에 따른 특정물질

② 물리적 인자의 분류기준

(1) 소음 : 소음성 난청을 유발할 수 있는 85데시벨(A) 이상의 시끄러운 소리

(2) 진동 : 착암기, 핸드 해머 등의 공구를 사용함으로써 발생되는 백립병·레이노 현상·말초순환장애 등의 국소 진동 및 차량 등을 이용함으로써 발생되는 관절통·디스크·소화장애 등의 전신 진동

(3) 방사선 : 직접·간접으로 공기 또는 세포를 전리하는 능력을 가진 알파선·베타선·감마선·엑스선·중성자선 등의 전자선

(4) 이상기압 : 게이지 압력이 제곱센티미터당 1킬로그램 초과 또는 미만인 기압

(5) 이상기온 : 고열·한랭·다습으로 인하여 열사병·동상·피부질환 등을 일으킬 수 있는 기온

3 생물학적 인자의 분류기준

(1) 혈액 매개 감염인자 : 인간면역결핍바이러스, B형·C형 간염바이러스, 매독바이러스 등 혈액을 매개로 다른 사람에게 전염되어 질병을 유발하는 인자

(2) 공기 매개 감염인자 : 결핵·수두·홍역 등 공기 또는 비말 감염 등을 매개로 호흡기를 통하여 전염되는 인자

(3) 곤충 및 동물 매개 감염인자 : 쯔쯔가무시증, 렙토스피라증, 유행성출혈열 등 동물의 배설물 등에 의하여 전염되는 인자 및 탄저병, 브루셀라병 등 가축 또는 야생동물로부터 사람에게 감염되는 인자

1 건강관리수첩의 발급 대상

구분	건강장해가 발생할 우려가 있는 업무	대상 요건
1	베타-나프틸아민 또는 그 염(같은 물질이 함유된 화합물의 중량 비율이 1퍼센트를 초과하는 제제를 포함한다.)을 제조하거나 취급하는 업무	3개월 이상 종사한 사람
2	벤지딘 또는 그 염(같은 물질이 함유된 화합물의 중량 비율이 1퍼센트를 초과하는 제제를 포함한다.)을 제조하거나 취급하는 업무	3개월 이상 종사한 사람
3	베릴륨 또는 그 화합물(같은 물질이 함유된 화합물의 중량 비율이 1퍼센트를 초과하는 제제를 포함한다.) 또는 그 밖에 베릴륨 함유물질(베릴륨이 함유된 화합물의 중량 비율이 3퍼센트를 초과하는 물질만 해당한다.)을 제조하거나 취급하는 업무	제조하거나 취급하는 업무에 종사한 사람 중 양쪽 폐부분에 베릴륨에 의한 만성 결절성 음영이 있는 사람
4	비스-(클로로메틸)에테르(같은 물질이 함유된 화합물의 중량 비율이 1퍼센트를 초과하는 제제를 포함한다.)를 제조하거나 취급하는 업무	3년 이상 종사한 사람
5	가. 석면 또는 석면방직제품을 제조하는 업무	3개월 이상 종사한 사람
	나. 다음의 어느 하나에 해당하는 업무 　1) 석면함유제품(석면방직제품은 제외한다.)을 제조하는 업무 　2) 석면함유제품(석면이 1퍼센트를 초과하여 함유된 제품만 해당한다. 이하 다목에서 같다.)을 절단하는 등 석면을 가공하는 업무 　3) 설비 또는 건축물에 분무된 석면을 해체 · 제거 또는 보수하는 업무 　4) 석면이 1퍼센트 초과하여 함유된 보온제 또는 내화피복제(耐火被覆劑)를 해체 · 제거 또는 보수하는 업무	1년 이상 종사한 사람
	다. 설비 또는 건축물에 포함된 석면시멘트, 석면마찰제품 또는 석면 개스킷제품 등 석면함유제품을 해체 · 제거 또는 보수하는 업무	10년 이상 종사한 사람
	라. 나목 또는 다목 중 하나 이상의 업무에 중복하여 종사한 경우	다음의 계산식으로 산출한 숫자가 120을 초과하는 사람 : (나목의 업무에 종사한 개월 수)×10+(다목의 업무에 종사한 개월 수)
	마. 가목부터 다목까지의 업무로서 가목부터 다목까지에서 정한 종사기간에 해당하지 않는 경우	흉부방사선상 석면으로 인한 질병 징후(흉막반 등)가 있는 사람

구분	건강장해가 발생할 우려가 있는 업무	대상 요건
6	벤조트리클로라이드를 제조(태양광선에 의한 염소화반응에 의하여 제조하는 경우만 해당한다.)하거나 취급하는 업무	3년 이상 종사한 사람
7	가. 갱내에서 동력을 사용하여 토석(土石)·광물 또는 암석(습기가 있는 것은 제외한다. 이하 "암석등"이라 한다.)을 굴착하는 작업 나. 갱내에서 동력(동력 수공구(手工具)에 의한 것은 제외한다.)을 사용하여 암석 등을 파쇄(破碎)·분쇄 또는 체질하는 장소에서의 작업 다. 갱내에서 암석 등을 차량계 건설기계로 싣거나 내리거나 쌓아두는 장소에서의 작업 라. 갱내에서 암석 등을 컨베이어(이동식 컨베이어는 제외한다.)에 싣거나 내리는 장소에서 작업 마. 옥내에서 동력을 사용하여 암석 또는 광물을 조각하거나 마무리하는 장소에서의 작업 바. 옥내에서 연마재를 분사하여 암석 또는 광물을 조각하는 장소에서의 작업 사. 옥내에서 동력을 사용하여 암석·광물 또는 금속을 연마·주물 또는 추출하거나 금속을 재단하는 장소에서의 작업 아. 옥내에서 동력을 사용하여 암석 등·탄소원료 또는 알미늄박을 파쇄·분쇄 또는 체질하는 장소에서의 작업 자. 옥내에서 시멘트, 티타늄, 분말상의 광석, 탄소원료, 탄소제품, 알미늄 또는 산화티타늄을 포장하는 장소에서의 작업 차. 옥내에서 분말상의 광석, 탄소원료 또는 그 물질을 함유한 물질을 혼합·혼입 또는 살포하는 장소에서의 작업 카. 옥내에서 원료를 혼합하는 장소에서의 작업 중 다음의 어느 하나에 해당하는 작업 　1) 유리 또는 법랑을 제조하는 공정에서 원료를 혼합하는 작업이나 원료 또는 혼합물을 용해로에 투입하는 작업(수중에서 원료를 혼합하는 작업은 제외한다.) 　2) 도자기·내화물·형상토제품 또는 연마재를 제조하는 공정에서 원료를 혼합 또는 성형하거나, 원료 또는 반제품을 건조하거나, 반제품을 차에 싣거나 쌓아 두는 장소에서의 작업 또는 가마 내부에서의 작업(도자기를 제조하는 공정에서 원료를 투입 또는 성형하여 반제품을 완성하거나 제품을 내리고 쌓아 두는 장소에서의 작업과 수중에서 원료를 혼합하는 장소에서의 작업은 제외한다.) 　3) 탄소제품을 제조하는 공정에서 탄소원료를 혼합하거	3년 이상 종사한 사람으로서 흉부 방사선 사진상 진폐증이 있다고 인정되는 사람(「진폐의 예방과 진폐근로자의 보호 등에 관한 법률」에 따라 건강관리수첩을 발급받은 사람은 제외한다.)

구분	건강장해가 발생할 우려가 있는 업무	대상 요건
	나 성형하여 반제품을 노(爐)에 넣거나 반제품 또는 제품을 노에서 꺼내거나 제작하는 장소에서의 작업 타. 옥내에서 내화 벽돌 또는 타일을 제조하는 작업 중 동력을 사용하여 원료(습기가 있는 것은 제외한다.)를 성형하는 장소에서의 작업 파. 옥내에서 동력을 사용하여 반제품 또는 제품을 다듬질하는 장소에서의 작업 중 다음의 어느 하나에 해당하는 작업 　1) 도자기 · 내화물 · 형상토제품 또는 연마재를 제조하는 공정에서 원료를 혼합 또는 성형하거나, 원료 또는 반제품을 건조하거나, 반제품을 차에 싣거나 쌓은 장소에서의 작업 또는 가마 내부에서의 작업(도자기를 제조하는 공정에서 내리고 쌓아 두는 장소에서의 작업과 수중에서 원료를 혼합하는 장소에서의 작업은 제외한다.) 　2) 탄소제품을 제조하는 공정에서 탄소원료를 혼합하거나 성형하여 반제품을 노에 넣거나 반제품 또는 제품을 노에서 꺼내거나 제작하는 장소에서의 작업 하. 옥내에서 주형(鑄型)을 해체하거나, 분해장치를 이용하여 사형(似形)을 부수거나, 모래를 털어 내거나 동력을 사용하여 주물사를 재생하거나 혼련(混練)하거나 주물품을 절삭(切削)하는 장소에서의 작업 거. 옥내에서 수지식(手指式) 용융분사기를 이용하지 않고 금속을 용융분사하는 장소에서의 작업	
8	가. 염화비닐을 중합(重合)하는 업무 또는 밀폐되어 있지 않은 원심분리기를 사용하여 폴리염화비닐(염화비닐의 중합체를 말한다.)의 현탁액(懸濁液)에서 물을 분리시키는 업무 나. 염화비닐을 제조하거나 사용하는 석유화학설비를 유지 · 보수하는 업무	4년 이상 종사한 사람
9	크롬산 · 중크롬산 또는 이들 염(같은 물질이 함유된 화합물의 중량 비율이 1퍼센트를 초과하는 제제를 포함한다.)을 광석으로부터 추출하여 제조하거나 취급하는 업무	4년 이상 종사한 사람
10	삼산화비소를 제조하는 공정에서 배소(焙燒) 또는 정제를 하는 업무나 비소가 함유된 화합물의 중량 비율이 3퍼센트를 초과하는 광석을 제련하는 업무	5년 이상 종사한 사람
11	니켈(니켈카보닐을 포함한다.) 또는 그 화합물을 광석으로부터 추출하여 제조하거나 취급하는 업무	5년 이상 종사한 사람
12	카드뮴 또는 그 화합물을 광석으로부터 추출하여 제조하거나 취급하는 업무	5년 이상 종사한 사람

구분	건강장해가 발생할 우려가 있는 업무	대상 요건
13	가. 벤젠을 제조하거나 사용하는 업무(석유화학 업종만 해당한다.) 나. 벤젠을 제조하거나 사용하는 석유화학설비를 유지·보수하는 업무	6년 이상 종사한 사람
14	제철용 코크스 또는 제철용 가스발생로를 제조하는 업무(코크스로 또는 가스발생로 상부에서의 업무 또는 코크스로에 접근하여 하는 업무만 해당한다.)	6년 이상 종사한 사람

012 산업재해 발생 시 조치사항

1 개요

근로자가 업무에 관계되는 건설물 · 설비 · 원재료 가스 · 증기 · 분진 등에 의하거나 작업 또는 기타 업무에 기인하여 사망 또는 부상을 입거나 질병에 이환되었을 경우 재해자 발견 시 조치사항 및 발생보고, 기록보존 및 재발방지계획에 따른 개선활동을 실시해야 한다.

2 산업안전보건법상 용어의 정의

(1) 산업재해

근로자가 업무에 관계되는 건설물 · 설비 · 원재료 가스 · 증기 · 분진 등에 의하거나 작업 또는 기타 업무에 기인하여 사망 또는 부상을 입거나 질병에 걸리는 것을 말한다.

(2) 중대재해

① 사망자 1인 이상 발생

② 3개월 이상의 요양이 필요한 부상자가 동시에 2명 이상 발생

③ 부상자 또는 직업성 질병자가 동시에 10명 이상 발생

3 산업재해 발생 시 조치사항 및 처리절차

(1) 재해자 발견 시 조치사항

① 재해 발생 기계의 정지 및 재해자 구출

② 긴급 병원후송

③ 보고 및 현장 보존 : 관리감독자 등 책임자에게 알리고, 조사가 끝날 때까지 현장 보존

(2) 산업재해 발생 보고

① 산업재해(3일 이상 휴업)가 발생한 날부터 1개월 이내에 관할 지방고용노동관서에 산업재해조사표를 제출

② 중대재해는 지체 없이 관할 지방고용노동관서에 전화, 팩스 등으로 보고

(3) 보고사항

① 발생개요 및 피해상황

② 조치 및 전망

③ 그 밖의 중요한 사항

4 산업재해 기록 보존기간 : 3년간

013 근골격계질환 원인과 대책

1 개요

무리한 힘의 사용, 반복적인 동작, 부적절한 작업자세, 날카로운 면과의 신체접촉, 진동 및 온도 등의 요인으로 인해 근육과 신경, 힘줄, 인대, 관절 등의 조직이 손상되어 신체에 나타나는 건강 장해를 총칭하는 근골격계 질환은 요통, 수근관증후군, 건염, 흉곽출구증후군, 경추자세증후군 등으로도 표현된다.

2 근골격계질환의 종류

종류	원인	비고
수근관증후군 (손목터널증후군)	• 빠른 손동작을 계속 반복할 때 • 엄지와 검지를 자주 움질일 때 • 빈번하게 손목이 꺾일 때	• 1, 2, 3번째 손가락 전체와 4번째 손가락 안쪽에 증상 • 손의 저림 또는 찌릿한 느낌 • 물건을 쥐기 어려움
건초염	• 반복 작업, 힘든 작업을 할 때 • 오랫동안 손을 사용할 때	• 인대나 인대를 둘러싼 건초(건막)부위가 부음 • 손이나 팔이 붓고 누르면 아픔
드퀘르병 건초염	• 물건을 자주 집는 작업을 할 때 • 손목을 자주 비틀 때 • 반복 작업, 힘든 작업을 할 때	• 엄지손가락 부분에 통증 • 손목과 엄지손가락이 붓거나 움직임이 힘듦
방아쇠 손가락	• 수공구의 방아쇠를 자주 사용할 때 • 반복 작업, 힘든 작업을 할 때 • 충격, 진동이 심한 작업을 할 때	• 손가락이 굽어져 움직이기가 어려움 • 손가락 첫째 마디에 통증
백지병	진동이 심한 공구를 사용할 때	• 손가락, 손의 일부가 하얗게 창백함 • 손가락, 손의 마비

3 발생단계 구분

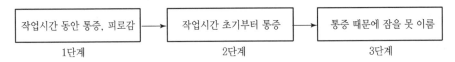

작업시간 동안 통증, 피로감	→	작업시간 초기부터 통증	→	통증 때문에 잠을 못 이룸
1단계		2단계		3단계

4 근골격계 유해요인 조사시기

(1) 최초의 유해요인조사 실시 후 매 3년마다 정기적 실시 대상
    ① 설비작업공정 · 작업량 · 작업속도 등 작업장 상황
    ② 작업시간 · 작업자세 · 작업방법 등 작업조건
    ③ 작업과 관련된 근골격계 질환 징후와 증상 유무 등

(2) 수시 유해요인조사 실시 대상
    ① 법에 따른 임시건강진단 등에서 근골격계질환자가 발생하였거나 근로자가 근골격계질환
       으로 「산업재해보상보험법 시행령」 별표 3 제2호 가목 · 마목 및 제12호 라목에 따라 업
       무상 질병으로 인정받은 경우
    ② 근골격계부담작업에 해당하는 새로운 작업 · 설비를 도입한 경우
    ③ 근골격계부담작업에 해당하는 업무의 양과 작업공정 등 작업환경을 변경한 경우

5 유해요인조사 내용

(1) 작업장 상황조사 항목은 다음 내용을 포함한다.
    ① 작업공정
    ② 작업설비
    ③ 작업량
    ④ 작업속도 및 최근 업무의 변화 등

(2) 작업조건조사 항목은 다음 내용을 포함한다.
    ① 반복동작
    ② 부적절한 자세
    ③ 과도한 힘
    ④ 접촉스트레스
    ⑤ 진동
    ⑥ 기타 요인(예 극저온, 직무스트레스)

(3) 증상 설문조사 항목은 다음 내용을 포함한다.
    ① 증상과 징후
    ② 직업력(근무력)
    ③ 근무형태(교대제 여부 등)
    ④ 취미활동
    ⑤ 과거질병력 등

6 유해요인 조사방법

(1) 고용노동부 고시에서 정한 유해요인조사표 및 근골격계질환 증상표 활용
(2) 단기간 작업이란 2개월 이내에 종료되는 1회성 작업을 말한다.
(3) 간헐적인 작업이란 연간 총 작업일수가 30일을 초과하지 않는 작업을 말한다.

7 근골격계질환 예방관리 프로그램 시행대상

(1) 근골격계 질환으로 업무상 질병으로 인정받은 근로자가 연간 10명 이상 발생한 사업장
(2) 근골격계 질환으로 업무상 질병으로 인정받은 근로자가 5명 이상 발생한 사업장으로서 발생
    비율이 그 사업장 근로자 수의 10퍼센트 이상인 경우
(3) 근골격계 질환 예방과 관련하여 노사 간 이견이 지속되는 사업장으로서 고용노동부장관이 필
    요하다고 인정하여 근골격계 질환 예방관리 프로그램을 수립하여 시행할 것을 명령한 경우
(4) 근골격계 질환 예방관리 프로그램을 작성 · 시행할 경우에 노사협의를 거쳐야 한다.
(5) 사업주는 프로그램 작성 · 시행 시 노사협의를 거쳐야 하며, 인간공학 · 산업의학 · 산업위
    생 · 산업간호 등 분야별 전문가로부터 필요한 지도 · 조언을 받을 수 있다.

8 문서의 기록과 보존

(1) 사업주는 안전보건규칙에 따라 문서를 기록 또는 보존하되 다음을 포함하여야 한다.
    ① 유해요인조사 결과(해당될 경우 근골격계질환 증상조사 결과 포함)
    ② 의학적 조치 및 그 결과
    ③ 작업환경 개선계획 및 그 결과보고서
(2) 사업주는 상기 (1)의 ①과 ② 문서의 경우 5년 동안 보존하며, ③ 문서의 경우 해당 시설 · 설
    비가 작업장 내에 존재하는 동안 보존한다.

9 근골격계 질환 예방관리 프로그램 시행 대상

(1) 근골격계 질환으로 업무상 질병으로 인정받은 근로자가 연간 10명 이상 발생한 사업장
(2) 근골격계 질환으로 업무상 질병으로 인정받은 근로자가 5명 이상 발생한 사업장으로서 발생
    비율이 그 사업장 근로자 수의 10퍼센트 이상인 경우
(3) 근골격계 질환 예방과 관련하여 노사 간 이견이 지속되는 사업장으로서 고용노동부장관이
    필요하다고 인정하여 근골격계 질환 예방관리 프로그램을 수립하여 시행할 것을 명령한 경우
(4) 근골격계 질환 예방관리 프로그램을 작성 · 시행할 경우에 노사협의를 거쳐야 한다.
(5) 사업주는 프로그램 작성 · 시행 시 노사협의를 거쳐야 하며, 인간공학 · 산업의학 · 산업위
    생 · 산업간호 등 분야별 전문가로부터 필요한 지도 · 조언을 받을 수 있다.

⑩ 근골격계 부담작업의 범위

번호	내용
1	하루에 4시간 이상 집중적으로 자료 입력 등을 위해 키보드 또는 마우스를 조작하는 작업
2	하루에 총 2시간 이상 목, 어깨, 팔꿈치, 손목 또는 손을 사용하여 같은 동작을 반복하는 작업
3	하루에 총 2시간 이상 머리 위에 손이 있거나, 팔꿈치가 어깨 위에 있거나, 팔꿈치를 몸통으로부터 들거나, 팔꿈치를 몸통 뒤쪽에 위치하도록 하는 상태에서 이루어지는 작업
4	지지되지 않은 상태이거나 임의로 자세를 바꿀 수 없는 조건에서, 하루에 총 2시간 이상 목이나 허리를 구부리거나 드는 상태에서 이루어지는 작업
5	하루에 총 2시간 이상 쪼그리고 있거나 무릎을 굽힌 자세에서 이루어지는 작업
6	하루에 총 2시간 이상 지지되지 않은 상태에서 1kg 이상의 물건을 한 손의 손가락으로 집어 옮기거나, 2kg 이상에 상응하는 힘을 가하여 한 손의 손가락으로 물건을 쥐는 작업
7	하루에 총 2시간 이상 지지되지 않은 상태에서 4.5kg 이상의 물건을 한 손으로 들거나 동일한 힘으로 쥐는 작업
8	하루에 10회 이상 25kg 이상의 물체를 드는 작업
9	하루에 25회 이상 10kg 이상의 물체를 무릎 아래에서 들거나, 어깨 위에서 들거나, 팔을 뻗은 상태에서 드는 작업
10	하루에 총 2시간 이상, 분당 2회 이상 4.5kg 이상의 물체를 드는 작업
11	하루에 총 2시간 이상 시간당 10회 이상 손 또는 무릎을 사용하여 반복적으로 충격을 가하는 작업

1 개요

건축물이나 설비를 철거하거나 해체하려는 경우에 해당 건축물이나 설비의 소유주 또는 임차인 등은 고용노동부령으로 정하는 바에 따라 조사한 후 해당 건축물이나 설비에 석면이 함유되어 있는지 여부와 해당 건축물이나 설비 중 석면이 함유된 자재의 종류, 위치 및 면적 등 그 결과를 기록·보존하여야 한다.

2 기관에서의 석면조사 대상

(1) 건축물의 연면적 합계가 50제곱미터 이상이면서, 그 건축물의 철거·해체하려는 부분의 면적 합계가 50제곱미터 이상인 경우
(2) 주택의 연면적 합계가 200제곱미터 이상이면서, 그 주택의 철거·해체하려는 부분의 면적 합계가 200제곱미터 이상인 경우
(3) 설비의 철거·해체하려는 부분에 다음 각 목의 어느 하나에 해당하는 자재(물질을 포함)를 사용한 면적의 합이 15제곱미터 이상 또는 그 부피의 합이 1세제곱미터 이상인 경우
　① 단열재
　② 보온재
　③ 분무재
　④ 내화피복재
　⑤ 개스킷(Gasket)
　⑥ 패킹(Packing)재
　⑦ 실링(Sealing)재
　⑧ 그 밖에 고용노동부장관이 정하여 고시한 자재
(4) 파이프 길이의 합이 80미터 이상이면서, 그 파이프의 철거·해체하려는 부분의 보온재로 사용된 길이의 합이 80미터 이상인 경우

3 기관석면조사 이외 대상의 조사방법 및 과태료

(1) 기관석면조사 대상 이외의 규모는 의무 주체의 일반석면조사 가능
(2) 기관석면조사 대상 위반 시 : 5천만 원 이하 과태료 부과
(3) 일반석면조사 대상 위반 시 : 3백만 원 이하 과태료 부과

4 석면조사방법

(1) 건축도면, 설비제작도면 또는 사용자재의 이력 등을 통하여 석면 함유 여부에 대한 예비조사를 할 것

(2) 건축물이나 설비의 해체 · 제거할 자재 등에 대하여 성질과 상태가 다른 부분들을 각각 구분할 것

(3) 시료채취는 (2)항에 따라 구분된 부분들 각각에 대하여 그 크기를 고려하여 채취 수를 달리하여 조사를 할 것

015 제거업자에 의한 석면의 해체

1 개요

해체하려는 건축물 등에 대통령령이 정하는 기준 이상의 석면이 함유된 경우 고용노동부장관에게
등록된 전문 석면해체 · 제거업자를 통해 해체 · 제거하도록 하기 위한 제도이며, 해당 건축물 등
에 대한 석면조사기관과 동일한 석면해체 · 제거업자에게 해체 · 제거작업을 위탁하지 못하도
록 하기 위한 제도이다.

2 등록전문업자에 의한 해체제거

(1) 철거 해체하려는 자재에 석면이 1%(무게퍼센트)를 초과해 함유되어 있고 자재의 면적의 합
   이 50m² 이상인 경우
(2) 석면이 1%를 초과해 함유된 분무재 또는 내화피복재를 사용한 경우
(3) 석면이 1%를 초과해 함유된 자재(분무재, 내화피복재 제외한 제30조의3 제1항 제3호의 각 목
   중 하나)의 면적의 합이 15m² 이상 또는 그 부피의 합이 1m³ 이상인 경우
(4) 파이프에 사용된 보온재에서 석면이 1%를 초과하고, 그 보온재 길이의 합이 80미터 이상인 경우
(5) 단, 석면 해체 · 제거작업을 스스로 하려는 자가 석면해체 · 제거업자의 등록요건(인력 시설
   및 장비)과 동등 능력을 갖춘 경우 증명서류를 첨부해 작업신고를 하는 경우는 직접 해체 ·
   제거할 수 있도록 한다.

3 제거업자의 준수사항

(1) 해체 · 제거작업의 신고
   석면의 해체 · 제거작업 전 신고서를 작성해 작업 시작 7일 전까지 작업장 소재 고용노동청
   에 제출
(2) 작업 시
   산업안전 · 보건기준에 관한 규칙에 의거 기준준수
(3) 작업 시 석면노출기준
   ① 크리소타일 : 2개/cm³
   ② 아모사이트 : 0.5개/cm³
   ③ 크로시돌라이트 : 0.2/cm³
   ④ 기타형태 : 2개/cm³

(4) 작업 완료 후

　　작업장 공기 중 석면농도 측정

(5) 서류보존

　　30년

(6) 보존서류

　　① 석면해체제거작업장 명칭 및 소재지

　　② 석면해체제거작업근로자 인적사항

　　③ 작업내용 및 작업기간에 관한 서류

４ 작업계획서에 포함되어야 할 사항

(1) 석면해체제거작업 절차 및 방법

(2) 석면 흩날림 방지 및 폐기방법

(3) 근로자 보호조치방안

５ 해체작업 근로자 공지 및 작업장 게시사항

(1) 작업계획

(2) 작업장의 석면조사방법 및 종료일자

(3) 석면조사 결과의 내용

６ 완료 후 석면농도기준

작업완료 후 해당 작업장 청소가 완료된 후 밀폐시설이 철거되지 않은 상태에서 침전된 분진 비산 후 지역시료채취방법으로 측정해야 하며 0.01개/m³ 이하가 되도록 할 것

７ 측정자격자

(1) 석면조사기관 : 산업위생관리산업기사 또는 대기환경산업기사 이상의 자격자

(2) 지정측정기관 : 산업위생관리산업기사 이상 자격자

８ 업무 Flow Chart

신청서 작성 → 지방노동관서 접수 → 검토 → 허가 → 공사

9 작업요령

(1) 창문, 벽, 바닥 등을 불침투성 차단재로 밀폐하고 음압 유지
(2) 습식 작업
(3) 실외작업 시 분진포집장치 설치
(4) 탈의실, 샤워실 등의 위생시설을 작업장과 연결 설치
(5) 통풍구가 지붕 근처에 있을 경우 밀폐 후 환기설비 가동 중단
(6) 작업자는 방진마스크 및 전용작업복 착용
(7) 작업자에 대한 주기적 정기점검 실시

1 개요

근로자의 안전 및 보건을 확보하기 위하여 근로자의 판단이나 행동의 착오로 인하여 산업재해를 일으킬 우려가 있는 작업장의 특정장소 · 시설 · 물체에 설치 또는 부착하는 표지를 말한다.

2 안전 · 보건표지의 구분

(1) 금지표지 : 위험한 행동을 금지하는 표지(8개 종류)
(2) 경고표지 : 위해 또는 위험물에 대해 경고하는 표지(15개 종류)
(3) 지시표지 : 보호구 착용 등을 지시하는 표지(9개 종류)
(4) 안내표지 : 구명, 구호, 피난의 방향 등을 알리는 표지(8개 종류)

3 종류와 형태

	101 출입금지	102 보행금지	103 차량통행금지	104 사용금지	105 탑승금지
1. 금지표지	106 금연	107 화기금지	108 물체이동금지		
	201 인화성물질경고	202 산화성물질경고	203 폭발성물질경고	204 급성독성물질경고	205 부식성물질경고
2. 경고표지	206 방사성물질경고	207 고압전기경고	208 매달린물체경고	209 낙하물경고	210 고온경고
	211 저온경고	212 몸균형상실경고	213 레이저광선경고	214 발암성 · 변이원성 · 생식독성 · 전신독성 · 호흡기과민성물질경고	215 위험장소경고

3. 지시표지	301 보안경착용	302 방독마스크착용	303 방진마스크착용	304 보안면착용	305 안전모착용
	306 귀마개착용	307 안전화착용	308 안전장갑착용	309 안전복착용	

4. 안내표지	401 녹십자표지	402 응급구호표지	403 들것	404 세안장치	405 비상용기구
	406 비상구	407 좌측비상구	408 우측비상구		

5. 관계자 외 출입금지	501 허가대상물질 작업장	502 석면 취급/해체 작업장	503 금지대상물질의 취급실험실 등
	관계자 외 출입금지 (허가물질 명칭) 제조/사용/보관 중 보호구/보호복 착용 흡연 및 음식물 섭취 금지	관계자 외 출입금지 석면 취급/해체 중 보호구/보호복 착용 흡연 및 음식물 섭취 금지	관계자 외 출입금지 발암물질 취급 중 보호구/보호복 착용 흡연 및 음식물 섭취 금지

4 안전보건표지 색채, 색도기준

색채	색도기준	용도	사용 예
빨간색	7.5R 4/14	금지	정지신호, 소화설비 및 그 장소, 유해행위의 금지
		경고	화학물질 취급장소에서의 유해·위험 경고
노란색	5Y 8.5/12	경고	화학물질 취급장소에서의 유해·위험경고 이외의 위험경고, 주의표지 또는 기계방호물
파란색	2.5PB 4/10	지시	특정 행위의 지시 및 사실의 고지
녹색	2.5G 4/10	안내	비상구 및 피난소, 사람 또는 차량의 통행표지
흰색	N9.5		파란색 또는 녹색에 대한 보조색
검은색	N0.5		문자 및 빨간색 또는 노란색에 대한 보조색

017 안전보건개선계획

1 개요

중대재해가 발생된 사업장이나 산재발생률이 동종사업장보다 높은 사업장 등에 대해 산재예방을 위해 실시하는 안전보건개선계획은 산재예방을 위해 실시하는 것으로 사업자는 개선계획서에 의해 종합적 개선이 이루어질 수 있도록 해야 한다.

2 수립대상 사업장

(1) 산재율이 동종 규모 평균 산재율보다 높은 사업장
(2) 중대재해 발생 사업장
(3) 유해인자 노출기준 초과 사업장

3 안전보건진단 후 개선계획 수립대상 사업장

(1) 안전보건조치 위반으로 중대재해가 발생된 사업장(2년 이내 동종 산재율 평균 초과 시)
(2) 산재율이 동종 평균 산재율의 2배 이상인 사업장
(3) 직업병 이환자가 연간 2명 이상 발생된 사업장(상시근로자 1천 명 이상인 사업장의 경우 3명)
(4) 작업환경불량, 화재, 폭발, 누출사고 등으로 사회적 물의를 일으킨 사업장
(5) 고용노동부장관이 정하는 사업장

4 안전보건개선계획서 내용

(1) 작업공정별 유해위험분포도
(2) 재해발생현황
(3) 재해다발원인 및 유형분석표
(4) 교육 및 점검계획
(5) 유해위험작업 부서 및 근로자 수
(6) 개선계획서
(7) 산업안전보건관리비 예산

5 제출방법 및 시기

(1) 작성 시 근로자 대표 및 산업안전보건위원회의 의견수렴
(2) 제출명령을 받은 날로부터 60일 이내
(3) 안전보건공단의 검토 및 기술지도를 득할 것

6 안전보건계획서에 포함되어야 하는 사항

(1) 안전시설
(2) 안전보건관리체제
(3) 안전보건교육
(4) 산재예방을 위해 필요한 사항
(5) 작업환경을 위해 필요한 사항

7 승인절차

(1) 15일 이내 결과통보
(2) 1차승인, 보완승인, 진단 후 승인
(3) 승인기준
    ① 개선지시내용 준수 여부
    ② 개선지시내용의 세부시행계획 수립 여부
    ③ 개선계획 실현가능성
    ④ 개선기일의 고의적 지연 여부

8 안전보건개선계획 수립 시 유의사항

(1) 사업주는 안전보건개선계획을 수립할 때에는 산업안전보건위원회가 설치되어 있지 아니한 사업장의 경우에는 근로자대표의 의견을 들어야 한다.
(2) 사업주와 근로자는 안전보건개선계획을 준수하여야 한다.
(3) 안전보건개선계획의 수립 · 시행명령을 받은 사업주는 고용노동부장관이 정하는 바에 따라 안전보건개선계획서를 작성하여 그 명령을 받은 날부터 60일 이내에 관할 지방고용노동관서의 장에게 제출하여야 한다.
(4) 안전보건개선계획서에는 시설, 안전 · 보건관리체제, 안전 · 보건교육, 산업재해 예방 및 작업환경의 개선을 위하여 필요한 사항이 포함되어야 한다.

018 산업재해예방사업의 지원제도

1 재해예방의 재원

(1) 재해예방 관련 시설과 그 운영에 필요한 비용
(2) 재해예방 관련 사업, 비영리법인에 위탁하는 업무 및 기금운용 · 관리에 필요한 비용
(3) 그 밖에 재해예방에 필요한 사업으로 고용노동부장관이 인정하는 사업의 사업비

2 지원분야

(1) 산업재해예방을 위한 방호장치, 보호구, 안전설비, 작업환경개선시설, 장비 등의 제작, 구입, 보수, 시험, 연구, 홍보 및 정보제공 등의 업무
(2) 사업장 안전 · 보건관리에 대한 기술지원
(3) 산업안전 · 보건 관련 교육 및 전문인력 양성 업무
(4) 산업재해예방을 위한 연구 및 기술개발 업무
(5) 안전검사 지원업무
(6) 위험성 평가에 관한 지원업무
(7) 작업환경측정 및 건강진단 지원
(8) 직업성 질환의 발생 원인을 규명하기 위한 역학조사 · 연구 또는 직업성 질환 예방에 필요하다고 인정되는 시설 · 장비 등의 구입 업무
(9) 안전 · 보건의식의 고취 및 무재해운동 추진 업무
(10) 지정측정기관의 작업환경측정 · 분석 능력 평가 및 건강진단기관의 건강진단 · 분석 능력 평가에 필요한 시설 · 장비 등의 구입업무
(11) 산업의학분야 학술활동 및 인력 양성 지원에 관한 업무
(12) 유해인자 노출 기준 및 유해성 · 위험성 조사 · 평가 등에 관한 업무
(13) 그 밖에 산업재해예방을 위한 업무로 산업재해보상보험 및 예방심의위원회의 심의를 거쳐 고용노동부장관이 정하는 업무

❸ 산업재해예방사업 보조 · 지원의 취소 등

(1) 거짓으로 보조 · 지원을 받은 경우 보조 · 지원의 전부를 취소

(2) 보조 · 지원 대상을 임의매각 · 훼손 · 분실하는 등 지원 목적에 적합하게 유지 · 관리 · 사용하지 아니한 경우 보조 · 지원의 전부 또는 일부 취소

(3) 보조 · 지원이 산업재해예방사업의 목적에 맞게 사용되지 아니한 경우 보조 · 지원의 전부 또는 일부를 취소

(4) 보조 · 지원 대상 기간이 끝나기 전에 보조 · 지원 대상 시설 및 장비를 국외로 이전 설치한 경우 보조 · 지원의 전부 또는 일부 취소

① 산업안전보건법상 휴게시설 설치 · 관리기준

(1) 크기
① 휴게시설의 최소 바닥면적은 6제곱미터로 한다. 다만, 둘 이상의 사업장의 근로자가 공동으로 같은 휴게시설(이하 이 표에서 "공동휴게시설"이라 한다)을 사용하게 되는 경우 공동휴게시설의 바닥면적은 6제곱미터에 사업장의 개수를 곱한 면적 이상으로 한다.
② 휴게시설의 바닥에서 천장까지의 높이는 2.1미터 이상으로 한다.
③ ①에도 불구하고 근로자의 휴식 주기, 이용자 성별, 동시 사용인원 등을 고려하여 최소면적을 근로자대표와 협의하여 6제곱미터가 넘는 면적으로 정한 경우에는 근로자대표와 협의한 면적을 최소 바닥면적으로 한다.
④ ①에도 불구하고 근로자의 휴식 주기, 이용자 성별, 동시 사용인원 등을 고려하여 공동휴게시설의 바닥면적을 근로자대표와 협의하여 정한 경우에는 근로자대표와 협의한 면적을 공동휴게시설의 최소 바닥면적으로 한다.
(2) 위치 : 다음의 요건을 모두 갖춰야 한다.
① 근로자가 이용하기 편리하고 가까운 곳에 있어야 한다. 이 경우 공동휴게시설은 각 사업장에서 휴게시설까지의 왕복 이동에 걸리는 시간이 휴식시간의 20퍼센트를 넘지 않는 곳에 있어야 한다.
② 다음의 모든 장소에서 떨어진 곳에 있어야 한다.
㉠ 화재 · 폭발 등의 위험이 있는 장소
㉡ 유해물질을 취급하는 장소
㉢ 인체에 해로운 분진 등을 발산하거나 소음에 노출되어 휴식을 취하기 어려운 장소
(3) 온도
적정한 온도(18~28℃)를 유지할 수 있는 냉난방 기능이 갖춰져 있어야 한다.
(4) 습도
적정한 습도(50~55%. 다만, 일시적으로 대기 중 상대습도가 현저히 높거나 낮아 적정한 습도를 유지하기 어렵다고 고용노동부장관이 인정하는 경우는 제외한다)를 유지할 수 있는 습도 조절 기능이 갖춰져 있어야 한다.
(5) 조명
적정한 밝기(100~200럭스)를 유지할 수 있는 조명 조절 기능이 갖춰져 있어야 한다.
(6) 창문 등을 통하여 환기가 가능해야 한다.
(7) 의자 등 휴식에 필요한 비품이 갖춰져 있어야 한다.

⑻ 마실 수 있는 물이나 식수 설비가 갖춰져 있어야 한다.

⑼ 휴게시설임을 알 수 있는 표지가 휴게시설 외부에 부착돼 있어야 한다.

⑽ 휴게시설의 청소·관리 등을 하는 담당자가 지정돼 있어야 한다. 이 경우 공동휴게시설은 사업장마다 각각 담당자가 지정돼 있어야 한다.

⑾ 물품 보관 등 휴게시설 목적 외의 용도로 사용하지 않도록 한다.

2 휴게시설 설치·관리기준 적용제외대상

다음에 해당하는 경우에는 다음의 구분에 따라 **1**-⑴부터 **1**-⑹까지의 규정에 따른 휴게시설 설치·관리기준의 일부를 적용하지 않는다.

⑴ 사업장 전용면적의 총합이 300제곱미터 미만인 경우 : **1**-⑴ 및 **1**-⑵의 기준

⑵ 작업장소가 일정하지 않거나 전기가 공급되지 않는 등 작업특성상 실내에 휴게시설을 갖추기 곤란한 경우로서 그늘막 등 간이 휴게시설을 설치한 경우 : **1**-⑶부터 **1**-⑹까지의 규정에 따른 기준

⑶ 건조 중인 선박 등에 휴게시설을 설치하는 경우 : **1**-⑷의 기준

3 과태료 부과대상 및 금액

⑴ 휴게시설 미설치 : 1,500만 원

⑵ 휴게시설 기준미준수 : 1,000만 원

2022. 8. 18 시행	2023. 8. 18 시행
상시근로자 50명 이상 사업장 (건설업은 총공사금액 50억 원 이상 공사현장)	⑴ 상시근로자 20명 이상 　(건설업은 총공사금액 20억 원 이상 공사현장) ⑵ 상시근로자 10명 이상 20명 미만을 사용하는 사업장으로 7개 직종 중 어느 하나에 해당하는 직종의 상시근로자가 2명 이상인 사업장(건설업은 제외) 　① 전화상담원 　② 돌봄서비스 종사원 　③ 텔레마케터 　④ 배달원 　⑤ 청소원. 환경미화원 　⑥ 아파트경비원 　⑦ 건물경비원

020 벌목작업 안전수칙

① 개요

건설공사 중 도로 또는 주택공사 시 벌목작업을 수시로 행할 수 있으므로 벌목작업의 안전수칙을 준수하는 것은 근로자 안전 · 보건 유지증진을 위해 중요한 사항이다.

② 벌목작업 시 보호구

(1) 안전모
(2) 작업복
(3) 안전장갑
(4) 안전바지 및 무릎보호대
(5) 안전화
(6) 구급상자

③ 안전수칙

(1) 벌목하려는 나무의 가슴 높이 지름이 20cm 이상인 경우에는 수구의 상 · 하면 각도를 30° 이상으로 하고, 수구 깊이는 뿌리 부분 지름의 1/4 이상, 1/3 이하로 만들 것
(2) 벌목작업 중에는 벌목하려는 나무로부터 해당 나무 높이의 2배에 해당하는 직선거리 안에서 다른 작업을 하지 않을 것
(3) 나무가 다른 나무에 걸려있는 경우에는 다음 사항을 준수할 것
  • 걸려있는 나무 밑에서 작업금지
  • 받치고 있는 나무의 벌목작업 금지

④ 기계톱 사용 벌목작업 시 유의사항

(1) 벤 나무가 넘어지는 방향을 결정하고 미리 대피로 및 대피장소 확보
(2) 벌목 전 벌도목 주변 장애물 사전 제거
(3) 벌목하려는 나무의 가슴 높이 지름이 20cm 이상인 경우
  • 수구 상 · 하면 각도를 30° 이상으로
  • 수구 깊이는 뿌리 부분 지름의 1/4 이상, 1/3 이하로 할 것

(4) 벌목 대상 나무를 중심으로 나무 높이의 2배 이상 안전거리 유지 및 타 작업자 접근금지

(5) 받치고 있는 나무의 벌목이나 걸려있는 나무 밑 작업금지

(6) 벌목작업 계획 시 인력작업을 최소화하고 원칙적으로 어깨 높이 위로 톱사용 금지

(7) 작업 시작 전 신호체계 확립 및 작업순서, 작업자 간 연락방법, 응급상황 발생 시 조치사항을 작업자에게 주지

(8) 벌목작업에 적절한 보호구 지급 및 착용

(9) 강풍, 폭우, 폭설 등 악천후로 인하여 작업상 위험이 예상될 때에는 작업중지

001 건설공사의 안전성 평가절차

1 개요

건설공사에 있어서 '안전성 평가'란 근로자의 안전을 확보하기 위하여 유해ㆍ위험방지계획서 등에 의해 안전에 관한 사전평가를 실시하는 것으로, 사업주는 공사의 착공 전일까지 유해ㆍ위험방지계획서를 공단에 2부를 제출하여 심사를 받아야 한다.

2 안전성 평가 Flow Chart

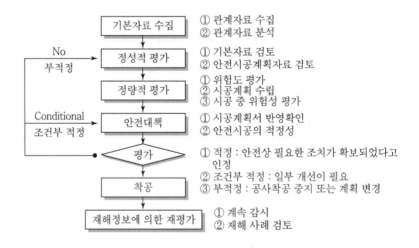

| 기본자료 수집 | ① 관계자료 수집
② 관계자료 분석 |

```
         No
        부적정
                  정성적 평가     ① 기본자료 검토
                                ② 안전시공계획자료 검토

                  정량적 평가     ① 위험도 평가
                                ② 시공계획 수립
                                ③ 시공 중 위험성 평가
      Conditional
       조건부 적정   안전대책      ① 시공계획서 반영확인
                                ② 안전시공의 적정성

                    평가         ① 적정 : 안전상 필요한 조치가 확보되었다고
                                     인정
                                ② 조건부 적정 : 일부 개선이 필요
                    착공         ③ 부적정 : 공사착공 중지 또는 계획 변경

         재해정보에 의한 재평가    ① 계속 감시
                                ② 재해 사례 검토
```

3 안전성 평가결과 조치(심사결과 조치)

(1) 적정 판정 또는 조건부 적정 판정

유해ㆍ위험방지계획서 심사결과 통지서에 보완사항을 포함하여 해당 사업주에게 교부

(2) 부적정 판정

① 공사착공 중지

② 계획변경 명령

1 개요

일정 규모 이상의 건설공사 시 작성하는 유해 · 위험방지계획서는 건설공사 안전성 확보를 위해 실시하는 것으로 사업주는 유해 · 위험방지계획서를 작성해 산업안전공단에 제출해야 하며, 공사 개시 이후 제출한 계획서의 철저한 이행으로 근로자의 안전보건을 확보하기 위한 제도이다.

2 유해 · 위험작업 시 자격필요 작업의 범위

(1) 건설기계관리법에 따른 건설기계를 사용하는 작업
(2) 터널 내 발파작업
(3) 인화성 가스 및 산소를 사용하여 금속을 용접 · 용단 또는 가열하는 작업
(4) 폭발성 · 발화성 및 인화성 물질의 제조 또는 취급작업
(5) 고압선 정전작업 및 활선작업
(6) 철골구조물 및 배관 등의 설치 및 해체 작업
(7) 천장크레인 조종 작업(조종석이 설치되어 있는 것에 한함)
(8) 타워크레인 조종 작업(조종석이 설치되어 있지 않은 정격하중 5년 이상의 무인타워크레인 포함)
(9) 승강기 점검 및 보수 작업
(10) 흙막이 지보공의 조립 및 해체 작업
(11) 거푸집의 조립 및 해체 작업
(12) 비계의 조립 및 해체 작업
(13) 타워크레인 설치(타워크레인을 높이는 작업 포함) 및 해체 작업
(14) 이동식크레인(카고 크페인에 한함) · 고소작업대(차량 탑재형에 한함) 조종 작업 등

3 건설업의 대상 사업장

(1) 지상높이가 31m 이상인 건축물 또는 인공구조물
(2) 연면적 30,000m² 이상인 건축물 또는 연면적 5,000m² 이상의 문화 및 집회시설(전시장 및 동물원 · 식물원은 제외), 판매시설, 운수시설(고속철도의 역사 및 집배송시설 제외), 종교시설, 의료시설 중 종합병원, 숙박시설 중 관광숙박시설, 지하도 상가 또는 냉동 · 냉장창고 시설의 건설 · 개조 또는 해체 공사

(3) 연면적 5,000m² 이상의 냉동 · 냉장창고시설의 설비공사 및 단열공사

(4) 최대 지간길이 50m 이상인 교량건설 등의 공사

(5) 터널 건설 등의 공사

(6) 다목적댐, 발전용 댐 및 저수용량 2천만 톤 이상의 용수 전용 댐, 지방상수도 전용 댐 건설 등의 공사

(7) 깊이 10m 이상인 굴착공사

4 제출서류

(1) 유해 · 위험방지계획서 2부

(2) 유해 · 위험방지계획서 제출 공문

(3) 사업자등록증 사본 1부

(4) 제출일 현재 현장사진 1부

(5) 건설공사에 관한 도급계약서 사본 1부(자기 공사인 경우는 생략)

(6) 산업재해보상보험 가입 증명원

5 심사

(1) 심사기간
  산업안전공단은 접수일로부터 15일 이내에 심사하여 사업주에게 그 결과를 통지

(2) 심사결과 구분 및 조치
  ① 적정 : 근로자의 안전과 보건상 필요한 조치가 구체적으로 확보되었다고 인정되는 경우
  ② 조건부 적정 : 근로자의 안전과 보건을 확보하기 위하여 일부 개선이 필요하다고 인정되는 경우
  ③ 부적정
    ㉠ 기계 · 설비 또는 건설물이 심사기준에 위반되어 공사 착공 시 중대한 위험 발생의 우려가 있는 경우
    ㉡ 계획에 근본적 결함이 있다고 인정되는 경우

⑥ 이행 확인 및 조치(위반 시 300만 원 이하의 과태료)

(1) 확인내용 및 주기

① 해당 건설물의 기계·기구 및 설비의 시운전단계, 건설공사 중 6개월 이내마다 공단으로부터 계획서의 이행실태를 확인받아야 한다.

㉠ 유해·위험방지계획서의 내용과 실제 공사내용의 부합 여부

㉡ 유해·위험방지계획서의 변경사유가 발생해 이를 보완한 경우 변경내용의 적정성

㉢ 추가적인 유해·위험요인의 존재 여부

② 자체심사 및 확인업체의 사업주는 해당 공사 준공 시까지 6개월 이내마다 자체 확인을 하여야 하며, 사망재해 등의 재해가 발생한 경우에는 공단의 확인을 받아야 한다.

(2) 확인결과 조치

공단은 확인 실시 결과 적정하다고 판단되는 경우 5일 이내에 확인결과통지서를 사업주에게 발급하여야 하며, 보고를 받은 지방고용노동관서의 장은 사실 여부를 확인한 후 필요한 조치를 하여야 한다.

⑦ 업무 Flow-chart

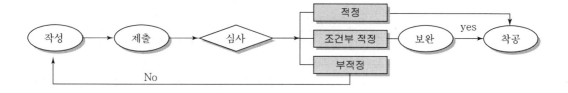

⑧ 첨부서류

(1) 공사개요 및 안전보건관리계획

① 공사 개요서

② 공사현장의 주변 현황 및 주변과의 관계를 나타내는 도면(매설물 현황 포함)

③ 건설물, 사용 기계설비 등의 배치를 나타내는 도면 및 서류

④ 전체 공정표

⑤ 산업안전보건관리비 사용계획

⑥ 안전관리 조직표

⑦ 재해 발생 위험 시 연락 및 대피방법

(2) 작업 공사 종류별 유해 · 위험방지계획

대상공사	작업공사 종류	주요 작성대상	첨부서류
건축물, 인공구조물 건설 등의 공사	1. 가설공사 2. 구조물공사 3. 마감공사 4. 기계 설비공사 5. 해체공사	가. 비계 조립 및 해체작업(외부비계 및 높이 3미터 이상 내부비계) 나. 높이 4미터를 초과하는 거푸집 동바리 조립 및 해체작업 또는 비탈면 슬래브의 거푸집동바리 조립 및 해체작업 다. 작업발판 일체형 거푸집의 조립 및 해체작업 라. 철골 및 PC 조립작업 마. 양중기 설치연장 해체작업 및 천공 · 항타작업 바. 밀폐공간 내 작업 사. 해체작업 아. 우레탄폼 등 단열재 작업(취급 장소와 인접한 장소에서 화기 작업 포함) 자. 같은 장소(출입구를 공동으로 이용하는 장소)에서 둘 이상의 공정이 동시에 진행되는 작업	1. 해당 작업공사 종류별 작업 개요 및 재해예방 계획 2. 위험물질의 종류별 사용량과 저장 및 보관 및 사용 시의 안전작업계획 〈비고〉 1. 바목의 작업에 대한 유해 · 위험방지계획에는 질식화재 및 폭발예방계획이 포함되어야 한다. 2. 각 목의 작업과정에서 통풍이나 환기가 충분하지 않거나 가연성 물질이 있는 건축물 내부나 설비 내부에서 단열재 취급 · 용접 · 용단 등과 같은 화기작업이 포함되어 있는 경우는 세부계획이 포함되어야 한다.
냉동 · 냉장 창고시설의 설비공사 및 단열공사	1. 가설공사 2. 단열공사 3. 기계 설비공사	가. 밀폐공간 내 작업 나. 우레탄폼 등의 단열재 작업(취급장소와 인접한 곳에서 이루어지는 화기작업 포함) 다. 설비공사 라. 같은 장소(출입구를 공동으로 이용하는 장소)에서 둘 이상의 공정이 동시에 진행되는 작업	1. 해당 작업공사 종류별 작업개요 및 재해예방계획 2. 위험물질의 종류별 사용량과 저장 · 보관 및 사용 시의 안전작업계획 〈비고〉 1. 가목의 작업에 대한 유해 · 위험방지계획에는 질식화재 및 폭발예방계획이 포함되어야 한다. 2. 각 목의 작업과정에서 통풍이나 환기가 충분하지 않거나 가연성 물질이 있는 건축물 내부나 설비 내부에서 단열재 취급 · 용접 · 용단 등과 같은 화기작업이 포함되어 있는 경우는 세부계획이 포함되어야 한다.

대상공사	작업공사 종류	주요 작성대상	첨부서류
교량 건설 등의 공사	1. 가설공사 2. 하부공 공사 3. 상부공 공사	가. 하부공 작업 　　1) 작업발판 일체형 거푸집 조립 　　　및 해체작업 　　2) 양중기 설치·연장·해체작 　　　업 및 천공·항타작업 　　3) 교대·교각·기초 및 벽체 철 　　　근 조립작업 　　4) 해상·하상 굴착 및 기초 작업 나. 상부공 작업 　　1) 상부공 가설작업(ILM, FCM, 　　　FSM, MSS, PSM 등을 포함) 　　2) 양중기 설치·연장·해체작업 　　3) 상부 슬래브 거푸집동바리 조 　　　립 및 해체(특수작업대를 포 　　　함)작업	1. 해당 작업공사 종류별 작업개 　요 및 재해예방계획 2. 위험물질의 종류별 사용량과 　저장·보관 및 사용 시의 안전 　작업계획
터널 건설 등의 공사	1. 가설공사 2. 굴착 및 발파 　공사 3. 구조물공사	가. 터널굴진공법(NATM) 　　1) 굴진(갱구부, 본선, 수직갱, 　　　수직구 등) 및 막장 내 붕 　　　괴·낙석방지계획 　　2) 화약 취급 및 발파 작업 　　3) 환기 작업 　　4) 작업대(굴진, 방수, 철근, 콘크 　　　리트 타설 포함) 사용 작업 나. 기타 터널공법(TBM 공법, Shield 　공법, Front Jacking 공법, 침매 　공법 등을 포함) 　　1) 환기작업 　　2) 막장 내 기계·설비 유지· 　　　보수작업	1. 해당 작업공사 종류별 작업개 　요 및 재해예방계획 2. 위험물질의 종류별 사용량과 　저장·보관 및 사용시의 안전 　작업계획 〈비고〉 1. 나목의 작업에 대한 유해· 　위험방지계획에는 굴진 및 　막장 내 붕괴·낙석 방지 계 　획이 포함되어야 한다.
댐 건설 등의 공사	1. 가설공사 2. 굴착 및 발파 　공사 3. 댐 축조공사	가. 굴착 및 발파작업 나. 댐 축조(가체절 작업 포함)작업 　　1) 기초처리 작업 　　2) 둑 비탈면 처리 작업 　　3) 본체 축조관련 장비작업 　　　(흙쌓기 및 다짐만 해당) 　　4) 작업발판 일체형 거푸집 조립 　　　및 해체작업(콘크리트 댐만 　　　해당)	1. 해당 작업공사 종류별 작업개 　요 및 재해예방계획 2. 위험물질의 종류별 사용량과 　저장·보관 및 사용 시의 안전 　작업계획
굴착공사	1. 가설공사 2. 굴착 및 발파 　공사 3. 흙막이 지보공 　공사	가. 흙막이 가시설 조립 및 해체작 　업(복공작업 포함) 나. 굴착 및 발파작업 다. 양중기 설치·연장·해체작업 　및 천공·항타작업	1. 해당 작업공사 종류별 작업개 　요 및 재해예방계획 2. 위험물질의 종류별 사용량과 　저장·보관 및 사용 시의 안 　전작업계획

1 개요

재해율이 낮은 건설업체에 대해서 유해 · 위험방지계획서 심사 및 확인 등을 자율적으로 심사하여 수행하도록 해 안전관리 우수업체를 우대함으로써 자율안전관리로 유도하기 위한 제도이다.

2 자체심사 및 확인업체 선정기준

(1) 시공능력 순위가 상위 200위 이내인 건설업체
(2) 건설업체 전체의 직전 3년간 평균산업재해발생률 이하인 건설업체
(3) 안전관리자 자격을 갖춘 사람 1명 이상을 포함하여 3명 이상의 안전전담직원으로 구성
(4) 별도의 안전전담조직을 갖춘 건설업체일 것
(5) 해당 연도 8월 1일 기준으로 직전 2년간 근로자 사망 재해가 없는 건설업체일 것
(6) 직전년도 건설업 산업재해예방활동 실적 평가 점수가 70점 이상인 건설업체일 것

▼ 산업재해예방활동 실적평가 항목 및 점수

실적평가 항목	점수
사업주 안전보건교육 등 참여	40
안전보건관리자 중 정규직 비율	40
안전보건관리조직	20
KOSHA−MS 등 안전인증	5(추가점수)

3 지정기간

해당 연도 8월 1일부터 다음 연도 7월 31일까지

4 자체심사 제외규정

(1) 자체심사 및 확인업체 시공현장에서 2명 이상 동시 사망하거나 사회적 물의발생 시에는 즉시 자체심사 및 확인업체에서 제외됨
(2) 개정규정은 이 규칙 시행일인 2022.8.18 이후 동시에 2명 이상 근로자가 사망한 재해가 발생한 경우부터 적용됨

5 자체심사 및 확인방법

임직원 및 외부전문가 중 아래 해당 자격자에 의함

(1) 산업안전지도사(건설안전분야)

(2) 건설안전기술사

(3) 건설안전기사(산업안전기사 이상의 자격을 취득한 후 건설안전 실무경력이 3년 이상인 사람 포함)로서 공단에서 실시하는 유해·위험방지계획서 심사전문화교육과정 28시간 이상 이수한 사람

6 유의사항

상기 1명 이상이 참여하여 심사하고 자체확인을 실시하여야 하며 자체확인을 실시한 사업주는 자체확인 결과서를 작성해 사업장에 비치해야 함

7 유해위험방지계획서 작성내용

(1) 공사개요
공사개요서

(2) 안전보건관리계획
① 공사현장 주변현황 및 주변과의 관계를 나타내는 도면(매설물현황 포함)
② 전체 공정표
③ 산업안전보건관리비 사용계획서
④ 안전관리조직표
⑤ 재해발생 위험 시 연락 및 대피방법

8 제출 전 의견청취 시 의견제출자의 자격

(1) 산업안전지도사(건설안전)
(2) 건설안전기술사 또는 건축토목분야 기술사
(3) 건설안전기사 자격자로서 실무경력 5년 이상
(4) 건설안전산업기사 자격자로서 실무경력 7년 이상

004 사전작업허가제

1 개요

가설공사 및 토공사, 밀폐공간작업 등 재해발생 위험이 높은 작업 시 위험요인에 대한 사전 대책을 수립한 후 작업에 임할 수 있도록 사전작업허가제에 의한 위험작업허가서를 발급받은 후 작업에 임하도록 하고 있다.

2 주요 대상 작업

(1) 거푸집 동바리 작업 중 높이 3.5미터 이상
(2) 토공사 중 깊이 2미터 이상의 굴착, 흙막이, 파일 작업
(3) 거푸집, 비계, 가설구조물의 조립 및 해체작업
(4) 건설기계장비 작업
(5) 높이 5미터 이상의 고소작업
(6) 타워크레인 사용 양중작업
(7) 절단 및 해체작업
(8) 로프 사용 작업 및 곤돌라 작업
(9) 밀폐공간 작업
(10) 소음, 진동 발생 발파작업 등 재해발생 위험이 높은 작업

3 업무절차

4 안전작업허가 종류

(1) 화기작업허가
(2) 일반위험작업허가
(3) 보충적인 작업허가
　　화기작업허가와 일반위험작업허가가 동시에 이루어질 것

5 안전작업허가서 작성이 필요한 필수작업

(1) 밀폐공간 출입작업

(2) 정전작업

(3) 방사선 사용작업

(4) 고소작업

(5) 굴착작업

6 단위절차별 업무내용

(1) 작업허가서 작성 : 안전보건관리책임자

(2) 작업허가서 검토 : 안전관리자, 관리감독자

(3) 허가서 발급 : 안전관리자, 안전보건총괄책임자

(4) 순회점검 : 위험요인 발견 시 작업중지, 안전조치 후 재발급

7 국토부 공공공사 추락사고 방지에 관한 보완지침과 건설공사 사업관리방식 검토기준 및 업무수행 지침규정 작업허가제 작성대상

(1) 2미터 이상 고소작업

(2) 1.5미터 이상 굴착 · 가설공사

(3) 철골구조물공사

(4) 2미터 이상의 외부 도장공사

(5) 승강기 설치공사

(6) 기타 발주청 필요인정 위험공종 등

8 작업허가제 실시 유의사항

(1) 형식적 허가제가 되지 않도록 전 구성원이 참여할 것

(2) 관리자는 안전대책 수립여부를 현장에서 직접 확인할 것

(3) 위험작업에 대한 작업실시 여부와 대책을 전체 근로자가 공유하고 교차점검할 것

(4) 공사감독자 및 건설사업관리기술인은 시공자의 유해 · 위험요인 및 안전대책수립이 적정한지 작업계획서를 철저히 검토해 안전한 작업이 되도록 지도 · 감독할 것

(5) 작업 시에는 작업계획서에 따른 시공순서 및 작업방법을 준수할 것

(6) 공사감독자 및 건설사업관리기술인은 대상 작업을 세분화해 선정할 수 있으나, 무분별하게 과다 선정하지 않도록 안전성 · 시공성 · 경제성을 모두 적정하게 고려할 것

005 산재예방활동 실적평가제

① 개요

건설업 환산재해율 폐지에 따른 안전의식 제고를 위해 산업재해 예방활동의 세부 내용을 평가하기 위한 제도로 실적의 평가는 산업안전보건공단에서 주관하고 있다.

② 평가내용

(1) 안전관리자 또는 보건관리자 선임의무 현장보유 건설사
  ① 공통항목
    ㉠ 사업주의 안전보건교육 참여도(40점)
    ㉡ 안전보건관리자의 정규직 비율(40점)
    ㉢ 안전보건조직의 구성 및 수준(20점)
  ② 가점항목
    KOSHA(안전보건경영시스템) 인증 여부(10점)
  ③ 총 배점 : 110점

(2) 안전관리자 또는 보건관리자 선임의무 현장을 보유하지 않은 건설사
  ① 공통항목
    ㉠ 사업주의 안전보건교육 참여도(50점)
    ㉡ 안전보건조직의 구성 및 수준(50점)
  ② 가점항목
    KOSHA(안전보건경영시스템) 인증 여부(10점)
  ③ 총 배점 : 110점

③ 평가기준

(1) 허위로 제출된 평가자료의 평가부여 무효처리
(2) 산재예방활동 결과 미제출 시 평가점수 산정을 보류할 수 있음

006 석면 해체·제거 작업의 안전성 평가제도

1 개요

석면 해체 및 제거 작업 등록업체의 안전성 확보 및 기술력 향상을 위해 고용노동부에서 매년 실시하고 있는 석면해체, 제거업자의 안전성 평가제도는 평가 결과를 행정기관 및 공공기관에 통보하는 것으로, 안전한 석면관리를 유도하기 위한 제도이다.

2 평가항목

(1) 작업기준 준수상태
   ① 현장밀폐 및 음압유지, 습식작업상태
   ② 경고표지설치 및 흡연금지 여부
   ③ 잔재물처리 및 흩날림 방지조치 상태
   ④ 개인보호구 지급 및 착용상태

(2) 장비 분야
   ① 음압기, 음압기록장치 및 진공청소기 성능
   ② 안전장비 및 보호구 성능
   ③ 위생설비
   ④ 장비 매뉴얼 및 이력 관리, 청결유지상태

(3) 기술력 분야
   ① 전문 기술력
   ② 교육이수 및 자체안전교육
   ③ 등록인력의 참여도
   ④ 전산화 정도
(4) 기타 분야

3 평가등급

(1) S : 최상위 등급
(2) A : 차상위 등급
(3) B : 보통 등급
(4) C : 개선필요 등급
(5) D : 부적합 등급

④ 석면 조사대상 및 관리기준

(1) 조사대상

① 유치원, 초 · 중 · 고교, 다중이용시설 전체

② 공공건축물, 문화집회시설, 노인 · 어린이 시설 : 연면적 500제곱미터 이상

③ 어린이집 : 연면적 430제곱미터 이상

(2) 관리기준

① 관리대상 : 석면사용면적 50제곱미터 이상, 1% 초과

② 조치기준 : 석면건축물 지정, 석면지도 작성, 석면자재 위험성 평가

③ 관리기준 : 안전관리인 지정, 6개월마다 상태 평가, 관리대장 작성

007 위험성 평가

1 정의

사업주가 스스로 유해위험요인을 파악하고 유해위험요인의 위험성 수준을 결정하여, 위험성을 낮추기 위한 적절한 조치를 마련하고 실행하는 과정

2 평가절차

(1) 평가 대상의 선정 등 사전 준비
(2) 근로자의 작업과 관계되는 유해 · 위험요인의 파악
(3) 추정한 위험성이 허용 가능한 위험성인지 여부의 결정
(4) 위험성 감소대책의 수립 및 실행
(5) 위험성 평가 실시내용 및 결과에 대한 기록 및 보존

3 준비자료

(1) 관련설계도서(도면, 시방서)
(2) 공정표
(3) 공법 등을 포함한 시공계획서 또는 작업계획서, 안전보건 관련 계획서
(4) 주요 투입장비 사양 및 작업계획, 자재, 설비 등 사용계획서
(5) 점검, 정비 절차서
(6) 유해위험물질의 저장 및 취급량
(7) 가설전기 사용계획
(8) 과거 재해사례 등

4 실시주체별 역할

실시주체	역할
사업주	산업안전보건전문가 또는 전문기관의 컨설팅 가능
안전보건관리책임자	위험성 평가 실시를 총괄 관리
안전보건관리자	안전보건관리책임자를 보좌하고 지도/조언
관리감독자	유해위험요인을 파악하고 그 결과에 따라 개선조치 시행
근로자	(1) 사전준비(기준마련, 위험성 수준) (2) 유해위험요인 파악 (3) 위험성 결정 (4) 위험성 감소대책 수립 (5) 위험성 감소대책 이행여부 확인

5 실시시기별 종류

실시시기	내용
최초평가	사업장 설립일로부터 1개월 이내 착수
수시평가	기계 · 기구 등의 신규도입 · 변경으로 인한 추가적인 유해 · 위험요인에 대해 실시
정기평가	매년 전체 위험성 평가 결과의 적정성을 재검토하고, 필요시 감소대책 시행
상시평가	월 1회 이상 제안제도, 아차사고 확인, 근로자가 참여하는 사업장 순회점검을 통해 위험성 평가를 실시하고, 매주 안전 · 보건관리자 논의 후 매 작업일마다 TBM 실시하는 경우 수시 · 정기평가 면제

6 위험성 평가 전파교육방법

안전보건교육 시 위험성 평가의 공유
(1) 유해위험 요인
(2) 위험성 결정 결과
(3) 위험성 감소대책, 실행계획, 실행 여부
(4) 근로자 준수 또는 주의사항
(5) TBM을 통한 확산 노력

7 단계별 수행방법

(1) 1단계 평가 대상 공종의 선정

   ① 평가 대상 공종별로 분류해 선정

     평가 대상 공종은 단위 작업으로 구성되며 단위 작업별로 위험성 평가 실시

   ② 작업공정 흐름도에 따라 평가 대상 공종이 결정되면 평가 대상 및 범위 확정

   ③ 위험성 평가 대상 공종에 대하여 안전보건에 대한 위험정보 사전 파악

     • 회사 자체 재해 분석 자료

     • 기타 재해 자료

(2) 위험요인의 도출

   ① 근로자의 불안전한 행동으로 인한 위험요인

   ② 사용 자재 및 물질에 의한 위험요인

   ③ 작업방법에 의한 위험요인

   ④ 사용 기계, 기구에 대한 위험원의 확인

(3) 위험도 계산

   ① 위험도 = 사고의 발생빈도 × 사고의 발생강도

   ② 발생빈도 = 세부공종별 재해자수 / 전체 재해자수 × 100%

   ③ 발생강도 = 세부공종별 산재요양일수의 환산지수 합계 / 세부 공종별 재해자 수

산재요양일수의 환산지수	산재요양일수
1	4~5
2	11~30
3	31~90
4	91~180
5	181~360
6	360일 이상, 질병사망
10	사망(질병사망 제외)

(4) 위험도 평가

위험도 등급	평가기준
상	발생빈도와 발생강도를 곱한 값이 상대적으로 높은 경우
중	발생빈도와 발생강도를 곱한 값이 상대적으로 중간인 경우
하	발생빈도와 발생강도를 곱한 값이 상대적으로 낮은 경우

(5) 개선대책 수립

   ① 위험의 정도가 중대한 위험에 대해서는 구체적 위험 감소대책을 수립하여 감소대책 실행 이후에는 허용할 수 있는 범위의 위험으로 끌어내리는 조치를 취한다.

② 위험요인별 위험 감소대책은 현재의 안전대책을 고려해 수립하고 이를 개선대책란에 기입한다.

③ 위험요인별로 개선대책을 시행할 경우 위험수준이 어느 정도 감소하는지 개선 후 위험도 평가를 실시한다.

8 평가기법

(1) 사건수 분석(ETA)

재해나 사고가 일어나는 것을 확률적인 수치로 평가하는 것이 가능한 기법으로 어떤 기능이 고장 나거나 실패할 경우 이후 다른 부분에 어떤 결과를 초래하는지를 분석하는 귀납적 방법이다.

(2) 위험과 운전 분석(HAZOP)

시스템의 원래 의도한 설계와 차이가 있는 변이를 일련의 가이드 워드를 활용해 체계적으로 식별하는 기법으로 정성적 분석기법이다.

(3) 예비 위험 분석(PHA)

최초단계 분석으로 시스템 내의 위험요소가 어느 정도의 위험상태에 있는지를 평가하는 방법으로 정성적 분석방법이다.

(4) 고장 형태에 의한 영향 분석(FMEA)

전형적인 정성적 · 귀납적 분석방법으로 시스템에 영향을 미치는 전체 요소의 고장을 형태별로 분석해 고장이 미치는 영향을 분석하는 방법이다.

(5) 중소규모 사업장에서도 쉽고 간단하게 위험성 평가를 실시할 수 있도록 위험성 수준 3단계(저 · 중 · 고) 판단법, 체크리스트법, 핵심요인 기술법 등이 2023년 5월 22일 추가되었다.

SECTION 07 정책

001 KOSHA 18001 인증

1 개요

(1) 안전보건경영시스템은 조직이 위험성 관리를 통한 안전보건경영을 체계적으로 실시하여 재해를 예방함으로써 사고비용을 줄여 경제적 이득을 최대화하고자 하는 조직적 노력의 절차로서

(2) 시스템에 필요한 기능을 실현하기 위해 관련 요소를 어떤 법칙에 따라 조합한 집합체를 의미한다.

2 안전보건경영시스템 개발 배경

(1) ILO에서 가이드라인을 2001년 6월에 공표하여 각국이 안전보건경영시스템을 개발해 보급

(2) 영국 안전보건경영시스템(BS 8800)을 근간으로 각국의 실정에 적합하도록 개발

(3) ISO인증을 추진하는 13개 인증기관은 OHSAS 18001을 1999년 11월에 개발하여 보급

(4) 우리나라는 고용노동부 산하 한국산업안전보건공단에서 개발한 KOSHA 18001을 1999년 7월 보급

3 인증효과

(1) 대외 신뢰성 제고

(2) 업무표준화 및 책임과 권한의 명확한 구분

(3) 위험성 평가의 활성화로 체계적인 위험관리

(4) 근로자 참여를 통한 원활한 의사소통으로 안정적 안전관리

(5) 경영환경 변화에 신속한 대응으로 리스크 감소

4 인증절차

신청서 접수 → 계약 → 심사팀 구성 → 심사 → 컨설팅 → 심사 → 인증 여부 결정 → 인증서 교부

⑤ 종합건설업체 현장 분야 인증항목

구분	항목
목표관리	(1) 현장소장 방침 (2) 안전보건목표 (3) 현장 문서 및 기록 관리
교육	안전보건교육
평가	(1) 위험성 평가 (2) 성과 측정
안전보건관리	(1) 안전보건관리예산 (2) 안전보건계획 수립 (3) 안전보건재해예방활동 (4) 비상시 조치계획 및 대응 (5) 안전점검 및 시정조치
조직관리	(1) 현장조직 및 책임 (2) 의사소통 회의 (3) 평가와 상벌 관리

⑥ 본사 분야 인증항목

구분	항목
계획	(1) 최고경영자 안전보건방침 (2) 위험성 평가 (3) 법규검토 (4) 목표수립 (5) 안전보건활동 추진계획
실행 및 운영	(1) 조직구조 및 책임 (2) 교육훈련 및 자격 (3) 의사소통 및 정보제공 (4) 문서화 (5) 문서관리 (6) 운영관리 (7) 비상시 대비 및 대응
평가 및 개선	(1) 성과측정 및 모니터링 (2) 시정조치 및 예방조치 (3) 기록 (4) 내부심사 (5) 경영자검토

7 유효기간 및 연장심사

인증일로부터 3년을 유효기간으로 하며, 매 3년 단위로 연장

8 인증위원회 구성 기준

(1) 당연직 위원
 ① 해당 분야 업무 담당부서의 장
 ② 고용노동부 안전보건경영시스템 관련 업무 담당자

(2) 위촉직 위원
 ① 노동계 · 경영계를 대표하는 단체의 산업안전보건업무 관련자
 ② 안전 · 보건 · 건축 · 토목 · 기계 · 전기 · 화공 분야 기술사
 ③ 안전 · 보건 · 건축 · 토목 · 기계 · 전기 · 화공 분야 기사 자격 취득자로 해당 분야 경력
  5년 이상
 ④ 안전보건 관련 분야 석사학위 소지자로 5년 이상, 박사학위 소지자 등

9 근로자 참여 의무화

(1) 사업주는 건설물, 기계 · 기구 · 설비 등의 유해 · 위험요인을 찾아내어 부상 및 질병으로 이
 어질 수 있는 위험성 크기가 허용 가능 범위인지 평가하고 필요한 조치를 하여야 함
(2) 법률상 유해 · 위험요인을 파악하거나 감소대책을 수립하는 경우 근로자 참여사항이 의무화
 되어 반드시 근로자가 참여하여야 함

002 KOSHA-MS

1 정의

2018년 국제표준화기구에서 국제규격 ISO45001을 공표함에 따라 그간 운영해오던 KOSHA18001에 ISO45001을 반영하였으며, 사업장의 현장 작동성을 높이고자 도입되었다.

2 달라지는 점

(1) 국제표준 ISO45001 인증기준 체계의 반영으로 향후 사업장에서 국제표준인증 취득이 쉬워졌다.
(2) 사망사고 감축을 목표로 하는 정부 기조에 부합하도록 재해율 기준 인증취소 요건이 사고사망만인율로 변경되었다.
(3) 사업장 규모에 따라 인증기준, 심사비, 심사일수를 세분화하였다(상시근로자 20인 미만 사업장의 인증기준 추가 및 심사비 감면, 20인 미만 사업장 및 3만 2,000명 이상 대규모 사업장의 심사일수 제정).

3 평가항목(총 39개 항목)

(1) 안전보건경영체제 분야 18개 항목
(2) 현장안전보건활동 15개 항목
(3) 경영층, 중간관리자, 현장관리자 등 관계자 면담 6개 항목

4 도입효과

(1) 최근 3년간 건설업 인증 사업장의 평균 사망만인율의 경우 1,000대 건설업체 평균 사망만인율의 2/3 이하 유지 중
(2) 자율안전관리체계 시스템 정착으로 재해 감소
(3) 기업 이미지 상승, 노사 관계 향상

5 인증기준

(1) 발주기관

① 본사분야

항목	내용
조직의 상황	• 조직과 조직상황의 이해 • 근로자 및 이해관계자 요구사항 • 안전보건경영시스템 적용범위 결정 • 안전보건경영시스템
리더십과 근로자의 참여	• 리더십과 의지표명 • 안전보건방침 • 조직의 역할, 책임 및 권한 • 근로자의 참여 및 협의
계획수립	• 위험성과 기회를 다루는 조치 • 일반사항 • 위험성 평가 • 법규 및 그 밖의 요구사항 검토 • 안전보건목표 • 안전보건목표 추진계획
지원	• 자원 • 역량 및 적격성 • 인식 • 의사소통 및 정보제공 • 문서화 • 문서관리 • 기록
실행	• 운영계획 및 관리 • 비상시 대비 및 대응
성과평가	• 모니터링, 측정, 분석 및 성과평가 • 내부심사 • 경영자검토
개선	• 일반사항 • 사건, 부적합 및 시정조치 • 지속적 개선

(2) 현장분야

항목	내용
현장소장 리더십, 의지 및 안전보건방침	–
현장조직의 역할, 책임 및 권한	–
계획수립	• 위험성 평가 • 안전보건 목표 및 추진계획
안전보건계획의 실행	• 안전보건교육 및 적격성 • 의사소통 • 문서 및 기록관리 • 안전보건관리 활동 • 비상시 조치계획 및 대응
평가 및 개선	• 현장검검 및 성과측정 • 시정조치 및 개선 • 평가와 상벌 관리

(3) 안전보건경영관계자 면담

항목	내용
일반원칙	–
본사	• 최고경영자(경영자대리인)와 경영층(임원) 관계자 • 본사 부서장
현장	• 현장소장 • 관리감독자 • 안전보건관리자 • 협력업체 소장, 안전관계자, 근로자

6 인증 취소조건

(1) 거짓 또는 부정한 방법으로 인증을 받은 경우
(2) 정당한 사유 없이 사후심사 또는 연장심사를 거부·기피·방해하는 경우
(3) 공단으로부터 부적합사항에 대하여 2회 이상 시정요구 등을 받고 정당한 사유 없이 시정을 하지 아니하는 경우
(4) 안전보건 조치를 소홀히 하여 사회적 물의를 일으킨 경우
(5) 건설업 종합건설업체에 대해서는 인증을 받은 사업장의 사고사망만인율이 최근 3년간 연속해 종합 심사낙찰제 심사기준 적용 평균 사고사망만인율 이상이고 지속적으로 증가하는 경우

(6) 다음 각 목에 해당하는 경우로서 인증위원회 위원장이 인증 취소가 필요하다고 판단하는 경우
    ① 인증사업장에서 안전보건조직을 현저히 약화시키는 경우
    ② 인증사업장이 재해예방을 위한 제도개선이 지속적으로 이루어지지 않는 경우
    ③ 경영층의 안전보건경영 의지가 현저히 낮은 경우
    ④ 그 밖에 안전보건경영시스템의 인증을 형식적으로 유지하고자 하는 경우

(7) 사내협력업체로서 모기업과 재계약을 하지 못하여 현장이 소멸되거나 인증범위를 벗어난 경우
(8) 사업장에서 자진취소를 요청하는 경우
(9) 인증유효기간 내에 연장신청서를 제출하지 않은 경우
(10) 인증사업장이 폐업 또는 파산한 경우

7 KOSHA MS 안전보건경영방침의 수립 · 실행 · 유지사항

(1) 최고경영자는 조직에 적합한 안전보건방침을 정하여야 하며 이 방침에는 최고경영자의 정책과 목표, 성과개선에 대한 의지를 제시해야 한다.

(2) 안전보건방침에 포함되어야 할 사항
    ① 작업장을 안전하고 쾌적한 작업환경으로 조성하려는 의지가 표현될 것
    ② 작업장의 유해위험요인을 제거하고 위험성을 감소시키기 위한 실행 및 안전보건경영시스템의 지속적인 개선의지를 포함할 것
    ③ 조직의 규모와 여건에 적합할 것
    ④ 법적 요구사항 및 그 밖의 요구사항의 준수의지를 포함할 것
    ⑤ 최고경영자의 안전보건 경영철학과 근로자의 참여 및 협의에 대한 의지를 포함할 것

(3) 최고경영자는 안전보건방침을 간결하게 문서화하고 서명과 시행일을 명기하여 조직의 모든 구성원 및 이해관계자가 쉽게 접할 수 있도록 공개
(4) 최고경영자는 안전보건방침이 조직에 적합한지를 정기적으로 검토할 것

003 CDM 제도

1 개요

(1) 'CDM(Construction Design Management)'이란 영국의 안전보건청에서 운용하고 있는 건설산업에 대한 시공 · 설계관리 규정을 말한다.

(2) CDM 제도는 건설공사를 대상으로 하는 일종의 사전안전성 평가제도로서 건축주(소유주), 설계자, 계획감리자, 주도급자, 하도급자 등에게 의무와 책임을 부여하는 제도이다.

2 참여주체의 의무

(1) 건축주
  ① 계획감리자 및 주도급자 임명
  ② 계획감리자에게 산업안전보건정보를 제공
  ③ 공사완료시 계획감리자로부터 안전파일을 제출받아 유지관리용으로 사용

(2) 설계자
  ① 위험을 줄이기 위한 상세한 설계 및 계획을 고려
  ② 비계 혹은 기타 가시설의 안전성 확인검토

(3) 계획감리자
  ① 안전계획의 개발
  ② 설계자의 의무 준수를 실행 가능토록 함
  ③ 원도급자가 규정한 의무를 준수토록 함

(4) 주도급자
  ① 안전보건을 실질적으로 관리함
  ② 설계자와 계획감리자에 의해 확인된 위험요인의 관리
  ③ 하청업자의 근로자 안전보건 관리 사항이 적절한가를 검토 및 확인

(5) 하도급자
  ① 원도급자의 지시와 안전보건계획상 규칙 준수
  ② 안전보건관리를 위한 근로자의 적정 배치

1 개요

'국제노동권고'란 국제노동기구에서 수립한 '예방 및 보호조치'에 관한 내용으로 일종의 사전안전성 평가제도이다.

2 국제노동권고의 주요 내용

건설현장에서 예견될 수 있는 모든 위험사항은 사전에 예방조치되어야 한다.

3 국내 건설공사의 사전안전성 평가제도

(1) 유해 · 위험방지계획서
　① 근거
　② 목적 : 근로자의 안전 · 보건 확보
　③ 담당기관 : 고용노동부

(2) 안전관리계획서
　① 근거
　② 목적 : 건설공사 시공안전 및 주변안전 확보
　③ 담당기관 : 국토교통부

4 외국의 사전안전성 평가제도

시행국가	시행명칭	담당기관	주요내용
일본	사전안전성 평가	노동성	건설업은 7개 위험공종 대상
영국	CDM 제도	안전보건청	모든 건설공사 대상
미국	기본안전 계획서	산업안전보건청	모든 건설공사 대상
대만	CSM 제도	노공위원회	7개 위험공종 대상
중국	사전안전성 평가제도	노동부	한국의 유해 · 위험방지 계획서를 모델
덴마크	안전 · 보건예방조치 사전계획	작업환경청	법령에서 정하는 공사 대상
스웨덴	안전 · 보건예방조치 사전계획	작업안전보건 위원회	모든 공사
그리스	안전 · 보건계획	노동부	허가관청에 제출, 이행 여부 확인

SECTION 08 재해조사와 분석

001 재해발생 시 조치사항

1 개요

재해가 발생하였을 때에는 재해의 유형과 인적·물적 피해상황에 따라 조치하여야 하며, 2차 재해의 예방을 위한 조치를 행함과 동시에 재해원인조사를 위해 재해발생 현장을 보존하여야 한다.

2 재해조사방법 3단계

(1) 제1단계(현장 보존)
　① 재해발생 시 즉각적인 조치
　② 현장보존에 유의

(2) 제2단계(사실의 수집)
　① 현장의 물리적 흔적(물적 증거)을 수집
　② 재해 현장은 다각도로 촬영하여 기록

(3) 제3단계(목격자, 감독자, 피해자 등의 진술)
　① 목격자, 현장책임자 등 많은 사람들로부터 사고 시의 상황을 청취
　② 재해 피해자로부터 재해 직전의 상황 청취
　③ 판단이 어려운 특수재해·중대재해는 전문가에게 조사 의뢰

3 사고조사의 순서

　① 긴급사태에 신속하고 또한 적극적으로 대응
　② 발생한 사건의 관련 정보를 수집
　③ 중요한 원인을 철저히 분석
　④ 시정조치 실시
　⑤ 조사결과 및 의견서 검토
　⑥ 시정조치의 유효성에 대해 사후관리 조치

4 재해발생 시 조치순서(7단계) 및 조치사항

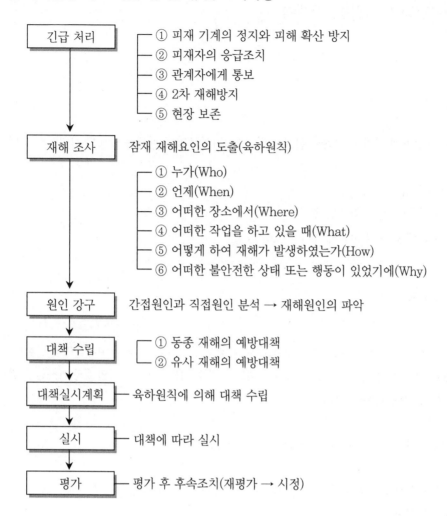

긴급 처리
- ① 피재 기계의 정지와 피해 확산 방지
- ② 피재자의 응급조치
- ③ 관계자에게 통보
- ④ 2차 재해방지
- ⑤ 현장 보존

재해 조사 — 잠재 재해요인의 도출(육하원칙)
- ① 누가(Who)
- ② 언제(When)
- ③ 어떠한 장소에서(Where)
- ④ 어떠한 작업을 하고 있을 때(What)
- ⑤ 어떻게 하여 재해가 발생하였는가(How)
- ⑥ 어떠한 불안전한 상태 또는 행동이 있었기에(Why)

원인 강구 — 간접원인과 직접원인 분석 → 재해원인의 파악

대책 수립
- ① 동종 재해의 예방대책
- ② 유사 재해의 예방대책

대책실시계획 — 육하원칙에 의해 대책 수립

실시 — 대책에 따라 실시

평가 — 평가 후 후속조치(재평가 → 시정)

5 재해발생 시 기록보존사항

(1) 사업장의 개요 및 근로자 인적사항
(2) 재해발생 일시 및 장소
(3) 재해발생 원인 및 과정
(4) 재해 재발방지계획

002 사고형태와 기인물, 가해물

1 사고형태

(1) 정의

사고형태란 물체와 사람이 접촉된 현상을 말하며, 기인물과의 관계로 발생된 사고형태를 말한다.

(2) 발생형태의 분류

① 사람이 물체에 직접 접촉된 경우

② 사람이 유해 환경에 노출된 경우

2 기인물과 가해물

(1) 정의

① '기인물'이란 재해를 가져오게 한 근원이 된 기계, 장치, 기타의 물질이나 환경을 말한다.

② '가해물'이란 직접 사람에게 접촉되어 위해를 가한 물체를 말하며, 기인물과 가해물은 같을 수도 있으나 다른 경우가 많다.

(2) 기인물

재해발생의 근원으로 불안전한 상태에 있는 물체 또는 환경

(3) 가해물

직접 사람에게 접촉되어 상해를 발생시키거나 상해를 주게 한 물체

(4) 기인물과 가해물의 비교

① 근로자가 작업대에서 작업 중 지면에 추락 시

㉠ 기인물 : 작업대

㉡ 가해물 : 지면

㉢ 사고형태(발생형태) : 추락

② 근로자가 자재 운반 중 그 자재로 인해 발을 다쳤을 때

㉠ 기인물 : 자재

㉡ 가해물 : 자재

㉢ 사고형태(발생형태) : 낙하(자재낙하)

003 재해사례연구법

1 개요

'재해사례연구법'이란 산업재해의 사례를 과제로 하여 그 사실과 배경을 체계적으로 파악하여, 문제점과 재해원인을 규명하고 관리ㆍ감독자의 입장에서 향후 재해예방대책을 세우기 위한 기법을 말한다.

2 재해사례연구의 목적

(1) 재해요인을 체계적으로 규명하여 이에 대한 대책 수립
(2) 재해방지의 원칙을 습득하여 이것을 일상의 안전보건활동에 실천
(3) 참가자의 안전보건활동에 관한 사고력 제고

3 재해사례연구의 참고기준

(1) 법규   (2) 기술지침   (3) 사내규정
(4) 작업명령   (5) 작업표준   (6) 설비기준
(7) 작업의 상식   (8) 직장의 관습 등

4 재해사례연구법의 Flow Chart

재해상황의 파악	→	재해사례연구의 4단계	→	실시계획
• 재해발생일시, 장소 • 상해, 물적 피해 상황 • 재해유형 및 기인물 • 재해현장도 등		• 제1단계(사실의 확인) • 제2단계(문제점의 발견) • 제3단계(근본적 문제점의 결정) • 제4단계(대책의 수립)		• 수립대책에 따라 실시계획 수립 • 육하원칙에 의한 실시 계획 수립

5 재해사례연구의 진행방법

(1) 개별연구
 ① 사례 해결에 대한 자문자답 또는 사실에 대한 스스로의 조건보충과 비판을 통한 판단 및 결정
 ② 집단으로 연구하는 경우에도 같은 과정을 거침

(2) 반별토의
　　① 기인사고와 집단토의의 결과를 대비
　　② 참가자의 자기개발 또는 상호개발을 촉진

(3) 전체토의
　　① 반별토의 결과를 상호 발표 및 의견교환
　　② 반별토의에서 해결하지 못했던 현안사항 또는 관련사항에 대하여 토의
　　③ 참가자의 경험 및 정보의 교환

6 재해사례 연구순서

(1) 1단계
　　사실의 확인(① 사람 ② 물건 ③ 관리 ④ 재해발생까지의 경과)

(2) 2단계
　　직접원인과 문제점의 확인

(3) 3단계
　　근본 문제점의 결정

(4) 4단계
　　대책의 수립
　　① 동종재해의 재발방지
　　② 유사재해의 재발방지
　　③ 재해원인의 규명 및 예방자료 수집

7 사례연구 시 파악하여야 할 상해의 종류

(1) 상해의 부위
(2) 상해의 종류
(3) 상해의 성질

004 재해통계 산출방법의 분류

통계를 산출하는 방법에 따른 종류로 법적인 제도를 이용한 통계와 조사자료를 이용한 통계로 구분할 수 있다.

1 제도를 이용한 통계

(1) 산업안전보건법이나 산업재해보상보험법 등 법적 규정에 의하여 실시되는 각종 제도의 결과를 이용한 통계
(2) 산업재해현황분석 통계, 근로자건강진단실시결과 통계, 작업환경 측정결과 통계 등이 있다.

2 조사 자료를 이용한 통계

(1) 설문지, 조사표 등의 도구를 활용하여 다양한 방법으로 수집한 자료를 바탕으로 필요로 하는 정보를 산출하는 통계
(2) 통계자료 해석 시 표본조사와 센서스조사, 면접조사와 우편조사, 자기기입 방법과 조사원 기입방법 등의 조사방법에 따라 다양한 고유 특성을 인지하는 등 세심한 주의가 요구된다.
(3) 사업장에서 주로 활용되는 조사 자료를 이용한 통계에는 산업재해원인조사, 취업자 근로환경조사, 산업안전보건 동향조사, 근로자건강실태조사 등이 있다.

3 원시자료의 종류에 따른 통계

(1) 통계를 작성하기 위한 원시적 자료로는 산출 방법에 따라 검사자료, 기록자료, 면접(설문)조사자료 등으로 구분된다.
(2) 일반적으로 검사(측정)자료의 신뢰성이 면접(설문)조사 자료보다 높을 것으로 예상되나, 산출방법의 특성에 따른 한계(시료, 분석기기, 분석자, 설문지, 조사원, 응답자 등) 등이 포함되고 있어 절대적이라 할 수는 없다.
(3) 수집되는 자료의 신뢰성을 절대적으로 믿을 수 없다.

분류항목	세부항목
1. 골절	뼈가 부러진 상해
2. 동상	저온물과의 접촉에 의해 발생된 상해
3. 부종	국부의 혈액 순환의 이상으로 몸이 퉁퉁 부어오르는 상해
4. 찔림	칼날 등 날카로운 물건에 의해 발생된 상해
5. 타박상	타박·충돌·추락 등으로 피부표면보다는 피하조직 또는 근육부를 다친 상해
6. 절단	신체부위가 절단된 상해
7. 중독, 질식	음식·약불·가스 등에 의한 중독이나 질식된 상해
8. 찰과상	스치거나 문질러서 벗겨진 상해
9. 베임	창, 칼 등에 발생되어 베인 상해
10. 화상	화재 또는 고온물과의 접촉으로 인해 발생된 상해
11. 뇌진탕	머리를 세게 맞았을 때 장해로 발생된 상해
12. 익사	물 속에 추락해 사망한 상해
13. 피부병	직업과 연관되어 발생 또는 악화되는 피부 질환
14. 청력 장애	청력이 감퇴되거나 난청이 된 상해
15. 시력 장애	시력이 감퇴되거나 실명된 상해
16. 기타	1~15 항목으로 분류 불능 시 상해 명칭 기재

006 ILO의 재해분류와 근로손실일수 산정기준

1 산업재해의 국제적인 구분

(1) 사망
   ① 부상의 결과로 사망한 재해
   ② 신체장해등급 제1급~제3급에 해당

(2) 영구 전노동 불능재해
   ① 부상의 결과 근로자로서의 노동기능을 완전히 잃은 재해
   ② 신체장해등급 제1급~제3급에 해당

(3) 영구 일부 노동 불능재해
   ① 부상의 결과 근로자로서의 노동기능의 일부를 잃은 재해
   ② 신체장해등급 제4급~제14급에 해당

(4) 일시 전노동 불능재해
   ① 의사의 소견에 따라 일정기간 정규 노동에 종사할 수 없는 상태의 재해
   ② 신체장해를 수반하지 않는 일반의 휴업재해

(5) 일시 일부 노동 불능재해
   ① 의사의 소견에 따라 부상 다음날 또는 이후의 어느 기간 동안 정규 노동에 종사할 수 없는 정도의 재해
   ② 취업시간 중에 일시적으로 작업을 떠나서 진료를 받는 것도 해당됨
   ③ 휴업재해 이외의 것

(6) 구급처치재해
   구급처치 또는 의료처치를 받아 부상당한 다음날 정상으로 작업에 복귀될 수 있는 정도의 재해를 를 말함

2 국제노동기구(ILO)의 재해원인 분류방법

(1) 재해형태에 따른 분류 : 추락, 낙반 등
(2) 매개물에 따른 분류 : 기계류, 운송 및 기중장비, 기타 장비, 재료, 물질, 방사능, 작업환경 등
(3) 재해의 성격에 따른 분류 : 골절, 외상, 타박상 등
(4) 인체의 상해부위에 따른 분류 : 머리, 목, 손, 발 등

❸ ILO의 재해구성 비율

200건의 무상해사고의 관리가 안전대책의 중요한 관리대상이 된다.

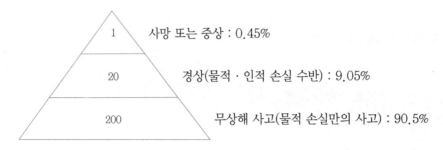

❹ 근로손실일수 산정기준

(1) 근로손실일수 산정기준
　　① 근로손실일수＝(재해의)장해등급별 근로손실일수＋비장해 등급손실×(300/365)
　　② 일시 전 노동 불능 : 휴업일수×(300/365)
　　③ 사망, 영구 전노동 불능재해, 영구 일부노동 불능재해의 경우 휴업일수는 손실일수에 가산되지 않음
　　④ 근로손실일수 7,500일 산출근거
　　　　㉠ 사망자 평균연령 : 30세
　　　　㉡ 근로가능 연령 : 55세
　　　　㉢ 근로가능 일수 : 300일
　　　　㉣ 근로손실일수＝25년(근로손실연수)×300일＝7,500일

(2) 장해 등급별 근로손실 일수(제1급~제3급은 사망 및 영구 전노동 불능재해)

신체장해등급	1~3	4	5	6	7	8	9	10	11	12	13	14
근로손실일수	7,500	5,500	4,000	3,000	2,200	1,500	1,000	600	400	200	100	50

SECTION 09 안전점검 · 안전인증

001 산업안전보건법상 안전점검

1 안전점검의 목적

(1) 기계 · 기구 · 설비의 안전 확보

(2) 불안전한 상태 및 행동 제거

(3) 안전확보 및 생산성 향상

2 산업안전보건법상 안전점검의 종류별 비교

종류	점검시기	점검내용	점검주체
일상점검	매일 수시 점검	① 설비, 기계, 공구 등 점검 ② 해당 작업에 대한 전체사항 점검	사업주
정기점검	매주 또는 매월 1회	① 기계 · 기구 · 설비의 안전상 중요 부분 ② 피로, 마모, 손상, 부식 등	
특별점검	① 기계 · 기구 · 설비의 신설 및 변경 ② 천재지변 발생 후	① 신설 및 변경된 기계 · 기구 · 설비 ② 고장, 수리 등 점검	
임시점검	① 이상 발생 시 ② 재해 발생 시	① 설비 · 기계 · 공구 등의 이상 유무 ② 설비 · 기계 · 공구 등의 작동상태	

3 안전점검의 방법

(1) 외관점검 : 설비에 따라 정해진 점검기준에 의거한 양호 여부

(2) 작동점검 : 정해진 순서에 따라 작동시켜 작동 상태의 양호 여부

(3) 기능점검 : 간단한 조작을 통한 기능상의 양호 여부 확인

(4) 종합점검 : 정해진 기준에 따라 측정검사, 운전시험 등으로 종합적인 기능을 판단

작업시작 전 점검사항 [산업안전보건기준에 관한 규칙 제35조 제2항 관련]

작업의 종류	점검내용
1. 프레스 등을 사용하여 작업을 할 때	가. 클러치 및 브레이크의 기능 나. 크랭크축 · 플라이휠 · 슬라이드 · 연결봉 및 연결 나사의 풀림 여부 다. 1행정 1정지기구 · 급정지장치 및 비상정지장치의 기능 라. 슬라이드 또는 칼날에 의한 위험방지기구의 기능 마. 프레스의 금형 및 고정볼트 상태 바. 방호장치의 기능 사. 전단기(剪斷機)의 칼날 및 테이블의 상태
2. 로봇의 작동 범위에서 그 로봇에 관하여 교시 등(로봇의 동력원을 차단하는 것은 제외한다)의 작업을 할 때	가. 외부 전선의 피복 또는 외장의 손상 유무 나. 매니퓰레이터(Manipulator) 작동의 이상 유무 다. 제동장치 및 비상정지장치의 기능
3. 공기압축기를 가동할 때	가. 공기저장 압력용기의 외관 상태 나. 드레인밸브(Drain valve)의 조작 및 배수 다. 압력방출장치의 기능 라. 언로드밸브(Unload valve)의 기능 마. 윤활유의 상태 바. 회전부의 덮개 또는 울 사. 그 밖의 연결 부위의 이상 유무
4. 크레인을 사용하여 작업을 할 때	가. 권과방지장치 · 브레이크 · 클러치 및 운전장치의 기능 나. 주행로의 상측 및 트롤리(Trolley)가 횡행하는 레일의 상태 다. 와이어로프가 통하고 있는 곳의 상태
5. 이동식 크레인을 사용하여 작업을 할 때	가. 권과방지장치나 그 밖의 경보장치의 기능 나. 브레이크 · 클러치 및 조정장치의 기능 다. 와이어로프가 통하고 있는 곳 및 작업장소의 지반상태
6. 리프트(간이리프트를 포함한다)를 사용하여 작업을 할 때	가. 방호장치 · 브레이크 및 클러치의 기능 나. 와이어로프가 통하고 있는 곳의 상태
7. 곤돌라를 사용하여 작업을 할 때	가. 방호장치 · 브레이크의 기능 나. 와이어로프 · 슬링와이어(Sling Wire) 등의 상태
8. 양중기의 와이어로프 · 달기체인 · 섬유로프 · 섬유벨트 또는 훅 · 섀클 · 링 등의 철구(이하 "와이어로프 등"이라 한)를 사용하여 고리걸이작업을 할 때	와이어로프 등의 이상 유무

작업의 종류	점검내용
9. 지게차를 사용하여 작업을 하는 때	가. 제동장치 및 조종장치 기능의 이상 유무 나. 하역장치 및 유압장치 기능의 이상 유무 다. 바퀴의 이상 유무 라. 전조등 · 후미등 · 방향지시기 및 경보장치 기능의 이상 유무
10. 구내운반차를 사용하여 작업을 할 때	가. 제동장치 및 조종장치 기능의 이상 유무 나. 하역장치 및 유압장치 기능의 이상 유무 다. 바퀴의 이상 유무 라. 전조등 · 후미등 · 방향지시기 및 경음기 기능의 이상 유무 마. 충전장치를 포함한 홀더 등의 결합상태의 이상 유무
11. 고소작업대를 사용하여 작업을 할 때	가. 비상정지장치 및 비상하강방지장치 기능의 이상 유무 나. 과부하방지장치의 작동 유무(와이어로프 또는 체인구동방식의 경우) 다. 아웃트리거 또는 바퀴의 이상 유무 라. 작업면의 기울기 또는 요철 유무 마. 활선작업용 장치의 경우 홈 · 균열 · 파손 등 그 밖의 손상 유무
12. 화물자동차를 사용하는 작업을 할 때	가. 제동장치 및 조종장치의 기능 나. 하역장치 및 유압장치의 기능 다. 바퀴의 이상 유무
13. 컨베이어 등을 사용하여 작업을 할 때	가. 원동기 및 풀리(Pulley) 기능의 이상 유무 나. 이탈 등의 방지장치 기능의 이상 유무 다. 비상정지장치 기능의 이상 유무 라. 원동기 · 회전축 · 기어 및 풀리 등의 덮개 또는 울 등의 이상 유무
14. 차량계 건설기계를 사용하여 작업을 할 때	브레이크 및 클러치 등의 기능
15. 이동식 방폭구조(防爆構造) 전기기계 · 기구를 사용할 때	전선 및 접속부 상태
16. 근로자가 반복하여 계속적으로 중량물을 취급하는 작업을 할 때	가. 중량물 취급의 올바른 자세 및 복장 나. 위험물이 날아 흩어짐에 따른 보호구의 착용 다. 카바이드 · 생석회(산화칼슘) 등과 같이 온도상승이나 습기에 의하여 위험성이 존재하는 중량물의 취급방법 라. 그 밖에 하역운반기계 등의 적절한 사용방법
17. 양화장치를 사용하여 화물을 싣고 내리는 작업을 할 때	가. 양화장치(揚貨裝置)의 작동상태 나. 양화장치에 제한하중을 초과하는 하중을 실었는지 여부
18. 슬링 등을 사용하여 작업을 할 때	가. 훅이 붙어 있는 슬링 · 와이어슬링 등이 매달린 상태 나. 슬링 · 와이어슬링 등의 상태(작업시작 전 및 작업 중 수시로 점검)

001 보호구

1 보호구의 분류(안전인증대상 보호구)

(1) 안전보호구

　① 두부 보호 : 추락 및 감전위험 방지용 안전모

　② 추락 방지 : 안전대

　③ 발 보호 : 안전화

　④ 손 보호 : 안전장갑

　⑤ 얼굴 보호 : 용접용 보안면

(2) 위생 보호구

　① 유해화학물질 흡입방지 : 방진마스크, 방독마스크, 송기마스크

　② 눈 보호 : 차광 및 비산물 위험방지용 보안경

　③ 소음 차단 : 방음용 귀마개 또는 귀덮개

　④ 몸 전체 방호 : 보호복

　⑤ 전동식 호흡 보호구

(3) 기타

　근로자의 작업상 필요한 것

2 보호구의 구비조건

(1) 착용이 간편할 것

(2) 작업에 방해가 되지 않도록 할 것

(3) 유해 위험요소에 대한 방호성능 충분할 것

(4) 품질이 양호할 것

(5) 구조와 끝마무리가 양호할 것

(6) 겉모양과 표면이 섬세하고 외관이 좋을 것

③ 보호구의 보관방법

(1) 직사광선을 피하고 통풍이 잘되는 장소에 보관할 것
(2) 부식성, 유해성, 인화성, 기름, 산과 통합하여 보관하지 말 것
(3) 발열성 물질이 주위에 없을 것
(4) 땀으로 오염된 경우 세척하여 보관할 것
(5) 모래, 진흙 등이 묻은 경우는 세척 후 그늘에서 건조할 것

④ 보호구 사용 시 유의사항

(1) 정기적으로 점검할 것
(2) 작업에 적절한 보호구 선정
(3) 작업장에 필요한 수량의 보호구 비치
(4) 작업자에게 올바른 사용법을 가르칠 것
(5) 사용 시 불편이 없도록 관리를 철저히 할 것
(6) 사용 시 필요 보호구를 반드시 사용할 것
(7) 검정 합격 보호구 사용

⑤ 보호구 종류와 적용작업

보호구의 종류	구분	적용 작업 및 작업장
호흡용 보호구	방진마스크	분체작업, 연마작업, 광택작업, 배합작업
	방독마스크	유기용제, 유해가스, 미스트, 흄 발생작업장
	송기마스크, 산소호흡기, 공기호흡기	저장조, 하수구 등 청소 및 산소결핍위험작업장
청력 보호구	귀마개, 귀덮개	소음발생작업장
안구 및 시력보호구	전안면 보호구	강력한 분진비산작업과 유해광선 발생작업
	시력 보호 안경	유해광선 발생 작업보호의와 장갑, 장화
안전화, 안전장갑	장갑	피부로 침입하는 화학물질 또는 강산성 물질을 취급하는 작업
	장화	피부로 침입하는 화학물질 또는 강산성 물질을 취급하는 작업
보호복	방열복, 방열면	고열발생 작업장
	전신보호복	강산 또는 맹독유해물질이 강력하게 비산되는 작업
	부분보호복	상기 물질이 심하게 비산되지 않는 작업
피부보호크림		피부염증 또는 홍반을 일으키는 물질에 노출되는 작업장

① 안전인증대상 보호구

(1) 추락 및 감전 위험방지용 안전모   (2) 안전화

(3) 안전장갑   (4) 방진마스크

(5) 방독마스크   (6) 송기마스크

(7) 전동식 호흡보호구   (8) 보호복

(9) 안전대

(10) 차광(遮光) 및 비산물(飛散物) 위험방지용 보안경

(11) 용접용 보안면

(12) 방음용 귀마개 또는 귀덮개

② 자율 안전확인대상 보호구

(1) 안전모(추락 및 감전 위험방지용 안전모 제외)

(2) 보안경(차광 및 비산물 위험방지용 보안경 제외)

(3) 보안면(용접용 보안면 제외)

(4) 잠수기(잠수헬멧 및 잠수마스크를 포함한다)

③ 안전인증의 표시

안전인증, 자율안전확인신고 표시	임의인증 표시
KCs	S

안전인증제품에는 상기 표시 외에 다음의 사항을 표시한다.

(1) 형식 또는 모델명

(2) 규격 또는 등급 등

(3) 제조자명

(4) 제조번호 및 제조연월

(5) 안전인증 번호

4 표시방법

(1) 표시의 크기는 대상기계 · 기구 등의 크기에 따라 조정할 수 있다.

(2) 표시의 표상을 명백히 하기 위하여 필요한 경우에는 표시 주위에 한글 · 영문 등의 글자로 필요한 사항을 덧붙여 적을 수 있다.

(3) 표시는 대상 기계 · 기구 등이나 이를 담은 용기 또는 포장지의 적당한 곳에 붙이거나 인쇄하거나 새기는 등의 방법으로 해야 한다.

(4) 표시는 테두리와 문자를 파란색, 그 밖의 부분을 흰색으로 표현하는 것을 원칙으로 하되, 안전인증표시의 바탕색 등을 고려하여 테두리와 문자를 흰색, 그 밖의 부분을 파란색으로 표현할 수 있다. 이 경우 파란색의 색도는 2.5PB 4/10으로, 흰색의 색도는 N9.5로 한다[색도기준은 한국산업규격(KS)에 따른 색의 3속성에 의한 표시방법(KSA 0062 기술표준원 고시 제2008－0759)에 따른다].

(5) 표시를 하는 경우에 인체에 상해를 입힐 우려가 있는 재질이나 표면이 거친 재질을 사용해서는 안 된다.

1 안전모의 구비조건

(1) 모체의 재료는 내전성 · 내열성 · 내한성 · 내수성 · 난연성 등이 높을 것
(2) 원료의 값이 싸고 대량생산이 가능할 것
(3) 안전모는 내충격성이 높고, 가벼우며, 사용하기 쉬울 것
(4) 외관이 미려할 것

2 안전모의 종류 및 사용구분 [보호구 검정 규정 제16조]

종류	사용구분	모체의 재질	비고
AB	물체의 낙하 또는 비래 및 추락에 의한 위험을 방지 또는 경감시키기 위한 것(낙하 · 비래 · 추락)	합성수지	
AE	물체의 낙하 및 비래에 의한 위험을 방지 또는 경감하고 머리 부위에 감전에 의한 위험을 방지하기 위한 것(낙하 · 비래, 감전)	합성수지	내안정성 (주 1)
ABE	물체의 낙하 또는 비래 및 추락에 의한 위험을 방지 또는 경감하고, 머리 부위 감전에 의한 위험을 방지하기 위한 것(낙하 · 비래, 추락, 감전)	합성수지	내전압성 (주 2)

[주] (1) 추락이란 높이 2m 이상의 고소작업, 굴착작업 및 하역작업 등에서의 추락을 의미한다.
    (2) 내전압성이란 7,000 Bolt 이하의 전압에 대한 내전압성을 말한다.

3 안전모의 성능시험

(1) 내관통성 시험
(2) 충격흡수성 시험
(3) 내전압성 시험
(4) 내수성 시험
(5) 난연성 시험

┃ 안전모의 구조 ┃

1 종류

종류	용도	걸이형식
1종	전주작업	U자 걸이
2종	건설작업	1개 걸이
3종	U자 걸이와 1개 걸이 사용 시 로프길이를 짧게 하기 위함	–
4종	안전블록으로 안전그네와 연결 시	계단작업용
5종	추락방지대로서 수직이동 시	철골트랩용 곤돌라, 달비계 작업 시

2 최하사점

최하사점＝로프길이 + 로프신장길이 + 작업자 키의 1/2

3 사용장소

추락위험이 있는 작업이나 장소 중
(1) 작업발판이 없는 장소
(2) 작업발판이 있어도 난간대가 없는 장소
(3) 난간대로부터 상체를 내밀어 작업해야 하는 경우
(4) 작업발판과 구조체 사이가 30cm 이상인 경우

4 직경기준

안전대 부착설비로 로프 사용 시
(1) 와이어로프 9~10mm
(2) 합성섬유로프 중 나일론로프 12,14,16mm
(3) PP로프(비닐론로프) 16mm
(4) 기타 2,340kg 이상의 인장강도를 갖는 직경

005 안전대의 점검, 보수, 보관, 폐기기준

■ 개요

안전대의 점검 · 보수 · 보관은 책임자를 정하여 정기적으로 점검하여야 하며, 안전대의 보관은 직사광선이 닿지 않으며 통풍이 잘되고 습기가 없는 곳에서 하여야 한다.

② 안전대의 점검

(1) 벨트의 마모, 흠, 비틀림, 약품류에 의한 변색
(2) 재봉실의 마모, 절단, 풀림
(3) 철물류의 마모, 균열, 변형, 전기단락에 의한 용융, 리벳이나 스프링의 상태
(4) 로프의 마모, 소선의 절단, 흠, 열에 의한 변형, 풀림 등의 변형, 약품류에 의한 변색
(5) 각 부품의 손상 정도에 의한 사용한계 준수

③ 안전대의 보수

(1) 벨트, 로프가 더러워지면 미지근한 물 또는 중성세제를 사용하여 씻은 후 직사광선을 피해 통풍이 잘되는 곳에서 자연 건조할 것
(2) 벨트, 로프에 도료가 묻은 경우 용제를 사용하지 말고 헝겊 등으로 닦아낼 것
(3) 철물류가 물에 묻은 경우 마른 헝겊으로 잘 닦아내고 녹방지 기름을 엷게 바를 것
(4) 철물류의 회전부는 정기적으로 주유할 것

④ 안전대의 보관

(1) 직사광선이 닿지 않는 곳
(2) 통풍이 잘되며 습기가 없는 곳
(3) 부식성 물질이 없는 곳
(4) 근처에 화기 등 열원이 없는 곳

5 안전대의 폐기

(1) 로프

　　① 소선에 손상이 있는 것

　　② 페인트, 기름, 약품, 오물 등에 변화된 것

　　③ 비틀림이 있는 것

　　④ 횡마로 된 부분이 헐거워진 것

(2) 벨트

　　① 끝 또는 폭에 10mm 이상의 손상 또는 변형이 있는 것

　　② 양끝의 헤짐이 심한 것

(3) 재봉부

　　① 재봉 부분에 이완이 발생된 것

　　② 재봉실이 1개소 이상 절단되어 있는 것

　　③ 재봉실의 마모가 심한 것

(4) D링

　　① 깊이 1mm 이상 손실이 있는 것(그림의 ×부분)

　　② 눈에 보일 정도로 변형이 심한 것

　　③ 전체적으로 녹이 슬어 있는 것

‖ D링 ‖

(5) 훅, 버클

　　① 훅 갈고리 부분의 안쪽에 손상이 있는 것(그림의 ×부분)

　　② 훅 외측에 1mm 이상의 손상이 발생된 것

　　③ 이탈방지 장치의 작동이 부드럽지 못한 것

　　④ 전체적으로 녹이 슬어 있는 것

　　⑤ 변형되어 있거나 버클의 체결 상태가 나쁜 것

‖ 훅 ‖

■ 정의

연삭기는 연삭숫돌의 입자에 의한 절삭작용을 이용해 공작물을 가공하는 기계장치로 고정형과 휴대용으로 구분된다.

② 연삭기의 종류

(1) 고정형

① 원통연삭기 : 외면의 테이퍼 및 바깥둘레를 연삭하는 장비

② 내면연삭기 : 내면이 곧은 구멍, 롤러베어링의 레이스홈 등을 연삭하는 장비

③ 평면연삭기 : 평면형태의 가공물을 연삭하는 장비

④ 센터리스 연삭기 : 가공물을 센터로 지지하지 않고 연삭숫돌과 조정숫돌 사이에 가공물을 놓고 지지판에 의해 지지하며 연삭하는 장비

(2) 휴대형 연삭기

③ 연삭숫돌의 기호

WA	60	K	m	V
입자	입도	결합도	조직	결합제

④ 연삭숫돌의 구성

(1) 숫돌입자

연삭재		숫돌입자 기호	성분
인조	Al_2O_3	A	알루미나 96%
		WA	알루미나 99.5% 이상
	SiC	C	탄화규소 97%
		GC	탄화규소 98% 이상
천연	다이아몬드	D	다이아몬드 100%

(2) 입도

호칭	거친 입도	중간 입도	고운 입도	매우 고운 입도
입도	10, 12, 14~24	30, 36~60	70, 80~220	240, 280~800

(3) 결합도(숫돌입자의 결합도)

결합도	E, F, G	H, I, J, K	P, Q, R, S	T, U, V, W, X, Y, Z
입도	극히연함	연함	단단함	매우 단단함

(4) 조직(입자의 조밀한 정도)

호칭	조직	숫돌입자율(%)	기호
치밀	0, 1, 2, 3	50~54	c
보통	4, 5, 6	42~50	m
거침	7, 8, 9, 10, 11, 12	42 이하	w

(5) 결합제

Vitrified, Silicate, Rubber, Resinoid

5 원주속도 및 플랜지 지름

원주속도 $v = \pi DN (\mathrm{m/min})$

여기서, D : 지름
N : 회전수

6 연삭숫돌의 재해발생 원인

(1) 숫돌에 균열이 발생한 경우
(2) 고속작업 시
(3) 불량한 고정으로 인한 편심 발생
(4) 숫돌의 측면을 가공물이 심하게 가압할 경우
(5) 압력 증가로 과도한 열 발생에 의한 Glass화
(6) 플랜지 지름이 숫돌직경의 1/3 이하일 경우

7 연삭숫돌의 수정

(1) Dressing(표면을 깎아내 절삭성을 회복시키는 방법)

　　[발생원인]

　　① 눈메움 : 결합도가 높은 숫돌에 연한금속을 연삭할 때 숫돌 표면이 칩에 의해 메워지는 현상

　　② Glazing : 결합도가 높은 입자가 탈락되지 않아 절삭이 안 되고 표면이 변질되는 현상

　　③ 입자탈락 : 결합도가 낮은 경우 숫돌입자의 파쇄발생 전 결합체가 파쇄되어 숫돌입자가 떨어지는 현상

(2) Truing(연삭면을 축과 평행 또는 정확하게 성형하는 방법)

　　① Crush Roller : 숫돌을 가공물의 반대방향으로 성형하여 드레싱하기 위한 강철롤러로 저속회전하는 숫돌바퀴에 접촉시켜 숫돌면을 부수며 총형으로 드레싱과 트루잉을 하는 작업

　　② 자생작용 : 연삭작업 중 숫돌입자가 무디게 되었을 때 자연적으로 떨어져 나가고 새로운 입자층에 의해 숫돌 스스로 마모, 파쇄, 탈락, 생성되어 회복되는 현상

8 방호장치

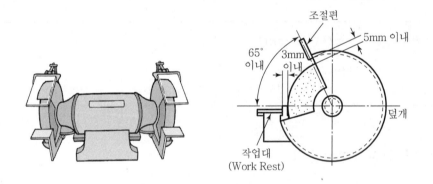

‖ 안전덮개 ‖

(1) 직경이 5cm 이상인 경우 근로자의 위험요인이 있을 시 덮개를 설치해야 한다.

(2) 작업시작 전 1분 이상, 교체 후 3분 이상 시험운전을 실시해 이상 여부 확인

(3) 시험운전 시 사용 연삭숫돌은 작업시작 전에 결함 여부 확인

(4) 최고 사용회전속도 초과 금지

(5) 측면사용 용도가 아닌 숫돌의 측면사용 금지

PART

02

산업위생일반

① 산업위생

001 산업위생의 역사

① 개요

산업위생의 개념은 영국에서 시작된 산업혁명으로 인해 집단생산시스템이 시작되며 본격화되었으나, 산업혁명 이전에도 탄광작업을 하는 근로자로부터 직업병이 발생되므로 문제화되었다.

② 산업위생의 연혁

(1) 1833년 : 영국 공장법 제정

(2) 1866년 : 독일 뮌헨대학 위생학과 개설

(3) 1883년 : 독일 노동자 질병보호법 제정

(4) 1892년 : 영국 굴뚝청소부 음낭암 발생원인이 굴뚝 검댕이라는 것이 최초로 밝혀짐

(5) 1905년 : 영국에서 황린 사용금지

(6) 1948년 : 세계보건기구 창립

(7) 1981년 : 국내 산업안전보건법 제정

(8) 1988년 : 수은으로 근로자 문송면 씨가 사망함으로써 수은중독이 사회적 이슈화됨

(9) 1991년 : 원진레이온 이황화탄소 중독 이슈화

(10) 1995년 : 전자부품제조 근로자 생식독성의 원인인자는 광범위한 유해물질로 밝혀짐

(11) 2004년 : 노말헥산으로 외국인 근로자의 다발성 신경손상과 하지마비 이슈화

(12) 2006년 : 디메틸포름아미드로 중국동포 급성 간독성 사망

(13) 2016년 : 메탄올 특수건강진단에서 실제 발병 확인

(14) 2018년 : 대진침대에서 라돈성분 함유 발표됨

(15) 2022년 : 디클로로메탄 노출로 김해 두성산업 이슈화

※ 국내 삼성전자 관련

(1) 2007년 3월 6일 : 삼성전자 반도체 기흥공장 노동자 황유미 씨 급성 골수성 백혈병으로 사망

(2) 2009년 5월 15일 : 근로복지공단, 황상기 씨에게 유족 보상 및 장의비 부지급 처분

(3) 2011년 6월 23일 : 서울행정법원 고 황유미, 고 이숙영씨의 산재 인정

3 산업위생 역사의 주요 인물

(1) 히포크라테스(Hippocrates) : 광산의 납중독에 관하여 기록하였다.

(2) 파라셀서스(Philippus Paracelsus) : 독성학의 아버지로 불리며 모든 물질은 그 양에 따라 독이 될 수도 치료약이 될 수도 있다고 말하였다.

(3) 라마치니(B. Ramazzini) : 산업의학의 아버지로 불리며 직업병의 원인을 유해물질, 불완전/과격한 동작으로 구분하였다.

(4) 필(R. Peel) : 영국의 귀족으로 자신이 소유한 면방직공장에서 진폐증이 집단발병하자 그 원인을 조사하였으며「도제건강 및 도덕법」제정에 주도적 역할을 하였다.

(5) 해밀턴(Alice Hamilton) : 여의사로서 20세기 초 미국의 산업보건 분야에 공헌한 것으로 인정받고 있으며 1910년 납 공장에 대한 조사를 하였다.

(6) 로리가(Loriga) : 진동공구에 의한 레이노드(Raynaud) 증상을 보고하였다.

(7) 어그리콜러(Agricola) : 광부들의 질병에 관한「광물에 대하여」를 저술하였고 먼지에 의한 규폐증을 증명하였다.

(8) 갈렌(Galen) : 그리스인으로 납중독의 증세를 관찰하였다.

(9) 퍼시벌 포트(Percival Pott) : 영국의 외과의사로 직업성 암 보고를 최초로 하였으며, 어린이 굴뚝청소부에게 음낭암이 많이 발생됨을 발견하였다.

002 산업위생활동

1 정의

근로자나 일반 대중에게 질병, 건강장애, 심각한 불쾌감 및 능률 저하 등을 초래하는 작업환경
요인과 스트레스를 예측, 인지, 측정, 평가, 관리하는 과학 기술

2 산업위생의 목적

(1) 작업환경 개선 및 직업병의 근원적 예방
(2) 작업환경 및 작업조건의 인간공학적 개선
(3) 작업자의 건강 보호 및 생산성 향상
(4) 유해인자 예측 및 관리

3 산업위생의 범위

(1) 작업능력과 작업조건의 연구
(2) 노동시간과 교대제 연구
(3) 작업환경과 신체적 최적환경의 연구
(4) 노동 생리와 정신적 조건 연구
(5) 노동력의 재생산과 사회경제적 조건 연구
(6) 신기술과 건강 피해 연구
(7) 생체리듬의 연구
(8) 연령, 성별, 적성 문제의 연구
(9) 노동 생리와 정신적 조건의 연구

4 산업위생 활동의 순서

(1) 예측
  ① 산업위생 활동의 최초 단계에 요구되는 활동
  ② 작업환경 측정 조건을 포함한 새로운 물질, 기계의 도입, 신규공정, 새로운 제품의 생산
    및 부산물로 인한 근로자의 건강장애와 미치는 영향의 사전 예측

(2) 인지

    ① 현재 상황에서의 잠재되고 있는 유해인자의 파악

    ② 유해인자의 분류(물리적, 화학적, 생물학적, 인간공학적, 공기역학적)

    ③ 위험성 평가에 의한 유해인자 특성의 구체적 파악

(3) 측정

    ① 작업환경 또는 작업환경의 유해함 정도를 정성적인 방법과 정량적인 방법으로 계측

    ② 기계조작에 의한 단순한 방법으로부터 고도의 기술이 요구되는 기기분석까지 다양한 방법의 고려

(4) 평가

    ① 유해인자의 발생량, 유해함의 정도로 인한 근로자에의 영향 정도를 판단

    ② 미국의 TLVs, NIOSH의 RELs, OSHA의 PELs, 일본의 관리농도와 고용노동부 노출기준의 비교

(5) 관리

    ① 유해인자로부터 근로자를 보호하는 수단

    ② 기본관리, 행정적 관리, 엔지니어링적 관리, 보호구에 의한 소극적 관리

    ③ 근본적 관리 : 유해인자 발생의 억제 대책

    ④ 엔지니어링적 관리 : 대체, 격리, 환기, 포위

    ⑤ 작업관리 : 작업시간, 작업방법, 배치조정, 교육

    ⑥ 보호구 : 안전인증대상과 자율안전확인대상으로 분류

☐ 정의

힐(A. Hill)의 기준은 요인과 질병 사이의 인과관계를 판정하기 위하여 검토되는 기준을 말한다.

☑ 인과관계 구성 9가지

(1) 관련성의 강도

Relative Risk, Odds Ratio 등 연관성이 클수록 인과관계의 가능성이 커진다.

(2) 관련성의 일관성

어떤 원인에 대한 노출과 특정 질병 발생 간에 관련성이 보이지만, 다른 질병과의 연관성도
함께 관찰된다면 인과관계의 가능성은 작아진다.

(3) 관련성의 특이성

1대 1의 관계, 요인과 질병이 1 : 1로 특이하게 발생하는 경우

(4) 시간적 선후관계

인과관계 판정에 가장 중요한 요인으로 요인이 질병발생보다 선행하는 선후관계

(5) 양－반응 관계

요인에 노출되는 정도가 증가할수록 질병의 발생도 증가한다.

(6) 생물학적 설명력

요인에 노출되는 정도가 증가할수록 질병의 발생도 증가한다.

(7) 기존 학설과의 일치

(8) 실험적 입증

(9) 기존의 다른 인과관계와의 유사성

의심되는 원인에 노출되어 질병이 발생하는 기전에 대해 기존 지식이 아닌 새로운 이론으로
해석될 때 인과관계의 가능성은 적어진다.

🔳 개요

GHS(Globally Harmonized System of Classification and Labelling of Chemicals)는 화학물질 분류 및 표시에 관한 세계조화시스템으로, 국제적으로 통일된 기준에 따라 화학물질의 유해위험성을 분류해 경고표시와 MSDS 정보로 전달하는 표준을 말한다.

🔳 국내 시행

(1) 고용노동부 산업안전보건법

　　단일물질 2010년 7월 1일, 혼합물질 2013년 7월 1일 시행

(2) 환경부 유해화학물질관리법

　　단일물질 2011년 7월 1일, 혼합물질 2013년 7월 1일 시행

🔳 라벨 규격

포장 또는 용기의 용량	인쇄 또는 표찰의 규격(cm²)	라벨 크기(cm)
500L ≤ 용량	450cm² 이상	20.9 × 21.6
200L ≤ 용량 < 500L	300cm² 이상	20 × 15
50L ≤ 용량 < 200L	180cm² 이상	15 × 12
5L ≤ 용량 < 50L	90cm² 이상	12.5 × 7.5

🔳 그림문자의 크기와 경고표지 작성항목

(1) 개별 그림문자의 크기는 인쇄 또는 표찰 규격의 40분의 1 이상이어야 한다.

(2) 그림문자의 크기는 최소한 $0.5cm^2$ 이상이어야 한다.

(3) GHS 경고표시 작성항목

구분	내용
명칭	MSDS상의 대상 화학물질의 제품명
그림문자	5개 이상일 경우 4개만 표시 가능
신호어	"위험" 또는 "경고" 문구 표시(모두 해당하는 경우 "위험"만 표시)
유해 · 위험 문구	해당 문구 모두 기재(중복문구 생략, 유사문구 조합 가능)
예방조치 문구	예방 · 대응 · 저장 · 폐기 각 1개 이상 포함 6개만 표시 가능
공급자 정보	제조자/공급자의 회사명, 전화번호, 주소 등

5 작성원칙

(1) 경고표지는 한글로 작성하여야 한다.

(2) 단, 실험실에서 시험 · 연구 목적으로 사용하는 시약으로서 외국어 경고표지가 부착되어 있는 경우, 수출하기 위하여 저장 · 운반 중에 있는 완제품은 한글 표지 부착을 제외한다.

(3) UN의 「위험물 운송에 관한 권고」에서 정하는 유해 · 위험성 물질을 포장에 표시하는 경우에는 「위험물 운송에 관한 권고」에 따라 표시할 수 있다.

(4) 포장하지 않는 드럼 등의 용기에 UN의 「위험물 운송에 관한 권고」에 따라 표시를 한 경우에는 경고표지에 해당 그림문자를 표시하지 않을 수 있다.

(5) 혼합물 전체로서 시험된 자료가 있는 경우 : 그 시험결과에 따라 단일물질의 분류기준 적용

(6) 혼합물 전체로서 시험된 자료가 없는 경우 : 혼합물을 구성하고 있는 단일화학물질에 관한 자료를 통해 혼합물의 잠재 유해성 · 위험성 평가

(7) 유사 혼합물의 대표 MSDS 작성원칙
   ① 혼합물로 된 제품의 구성성분이 같을 것
   ② 각 구성성분의 함량 변화가 10% 이하일 것
   ③ 비슷한 유해성을 가질 것

(8) 영업비밀제도 시행 강화
   ① 영업비밀 화학물질은 구성성분의 명칭 및 함유량을 명시하지 않을 수 있으나, 근로자의 건강장해 예방을 위하여 유해성 · 위험성, 취급 시 주의사항 등은 반드시 기재
   ② 제조금지물질, 허가대상물질, 관리대상유해물질, 유독물은 영업비밀 자체가 적용되지 않고 MSDS상 작성항목을 모두 기재

6 화학물질 양도, 제공자의 경고표시 의무

(1) 화학물질 용기 및 포장에 경고표지 부착
(2) 용기 · 포장 이외의 방법으로 화학물질을 양도 · 제공하는 경우 경고표시 기재항목을 적은 자료를 제공 (예 파이프라인, 탱크로리 등)

7 화학물질 사용 사업주의 경고표시 의무

(1) 작업장에서 사용하는 대상 화학물질을 담은 용기에 경고표지 부착
(2) 경고표시 의무 제외 대상
   ① 용기에 이미 경고표시가 되어있는 경우
   ② 근로자가 경고표시가 되어 있는 용기에서 대상 화학물질을 옮겨 담기 위해 일시적으로 용기를 사용하는 경우

005 역학

1 개요

인구에 관한 학문, 인간의 질병에 관한 학문으로 해석되어 왔으며 점차 면역학, 세균학의 발달로 감염성 질환은 감소되는 반면 비감염성이며 다수 발생되는 질병에까지 범위가 확대되어 현재는 암, 심장질환, 당뇨병 등의 만성 퇴행성 질환뿐 아니라 자살, 교통사고, 보건사업의 효과평가까지 역학의 영역에서 다루고 있다.

2 역학의 분류

(1) 분석역학

제2단계 역학으로 기술 역학의 결정인자를 토대로 질병 발생요인들에 대하여 가설을 설정하고, 실제 얻은 관측자료를 분석하여 그 해답을 구한다.

(2) 실험역학

실험군과 대조군을 같은 조건하에서 가설검정을 하여 비교 관찰한다.

(3) 이론역학

질병 발생 양상에 관한 모델을 설정하고 그에 따른 수리적 분석을 토대로 유행하는 법칙을 비교하여 타당성 있게 상호관계를 수리적으로 규명한다.

(4) 임상역학

한 개인 환자를 대상으로 그 증상과 질병의 양상을 기초로 인간 집단이나 지역사회를 조사대상으로 확대 비교하여 역학적 제요인을 규명한다.

(5) 작전역학

보건서비스를 포함하는 지역사회서비스의 운영에 관한 계통적 연구를 통해 서비스를 향상시킨다.

3 주요 용어

(1) 유병률

어떤 시점에서 이미 존재하는 질병의 비율로 발생률에서 기간을 제거한 것을 말한다. 환자의 비례적 분율 개념이므로 시간의 개념은 없으며 지역사회 이환 정도를 평가한다.

(2) 위음성률

타당도 지표로 산정한다.

(3) 기여위험도

어떤 위험요인에 노출된 사람과 노출되지 않은 사람 사이의 발병률 차이를 의미한다.

(4) 비교위험도

1보다 큰 경우에는 해당 요인에 노출되면 질병의 위험도가 증가됨을 의미한다.

001 ACGIH 권고 유해물질 관리기준

① TLV − TWA(시간가중평균치)

(1) 1일 8시간, 1주일 40시간의 평균농도

$$TWA = \frac{C_1 T_1 + C_2 T_2 + \cdots + C_n T_n}{8}$$

여기서, C : 유해인자 측정치(ppm, mg/m³, 개/cm³)
T : 유해인자 발생시간(hour)

(2) 시간가중평균 노출기준(TWA) : 1일 8시간 측정치 × 발생시간/8시간

② TLV − STEL(단시간 노출허용농도)

15분간 노출될 수 있는 농도로 고농도에서 급성 중독을 초래하는 유해물질에 적용

③ TLV − C(천정값 허용농도)

작업시간 중 잠시라도 초과금지 농도로 자극성 가스, 독작용이 빠른 물질에 적용(보통 15분 측정)

④ Excursion Limits(허용농도 상한치)

TLV − TWA(시간가중평균치)가 설정되어 있는 유해물질에서 독성자료가 부족해 제대로 설정 되지 않은 경우 ACCIH의 권고는 TLV − TWA 3배 농도 30분 이하 노출, TLV − TWA 5배 농도 절대 노출금지

5 유해인자 허용기준

유해인자		허용기준			
		시간가중평균값(TWA)		단시간 노출값(STEL)	
		ppm	mg/m³	ppm	mg/m³
1. 납 및 그 무기화합물			0.05		
2. 니켈(불용성 무기화합물)			0.2		
3. 디메틸포름아미드		10			
4. 벤젠		0.5		2.5	
5. 2-브로모프로판		1			
6. 석면			0.1개/cm³		
7. 6가크롬 화합물	불용성		0.01		
	수용성		0.05		
8. 이황화탄소		1			
9. 카드뮴 및 그 화합물			0.01 (호흡성 분진인 경우 0.002)		
10. 톨루엔-2,4-디이소시아네이트 또는 톨루엔-2,6-디이소시아네이트		0.005		0.02	
11. 트리클로로에틸렌		10		25	
12. 포름알데히드		0.3			

6 유해물질별 건강영향 유형

(1) 벤젠(TWA 0.5ppm, STEL 2.5ppm) : 백혈병
(2) 카본블랙(TWA 3mg/m³) : 기관지염(빨간색 3지수로 표시)
(3) 이산화탄소(TWA 5,000ppm, STEL 30,000ppm) : 질식
(4) 노말-헥산(TWA 50ppm) : 중추신경계 손상, 말초신경염, 눈 염증

1 개요

산업안전보건법상 정보제공 목적으로 지정한 화학물질 및 물리적 인자의 노출기준과 유해물질별 그 표시 내용은 근로자 안전보건 유지증진을 위해 주요한 사항이다.

2 용어의 정의

(1) 노출기준 : 작업장 유해인자에 대한 작업환경개선기준과 작업환경측정결과의 평가기준으로 사용할 수 있다.

(2) 최고노출기준 C : 근로자가 1일 작업시간 동안 잠시라도 노출되지 않아야 하는 기준이다.

(3) 혼재물질 관리 : 혼재하는 물질 간 유해성이 서로 다른 부위에 유해작용을 하는 경우 혼재물질 중 어느 한 가지라도 노출기준을 초과하지 않아야 한다.

3 화학물질 및 물리적 인자의 노출기준

| 일련번호 | 유해물질의 명칭 | | 화학식 | 노출기준 | | | | 비고 (CAS번호 등) |
| | 국문표기 | 영문표기 | | TWA | | STEL | | |
				ppm	mg/m³	ppm	mg/m³	
1	가솔린	Gasoline	–	300	–	500	–	[8006-61-9] 발암성 1B, (가솔린 증기의 직업적 노출에 한정함), 생식세포 변이원성 1B
2	개미산	Formic acid	HCOOH	5	–	–	–	[64-18-6]
3	게르마늄 테트라하이드라이드	Germanium tetrahydride	GeH₄	0.2	–	–	–	[7782-65-2]
4	고형 파라핀 흄	Paraffin wax fume	–	–	2	–	–	[8002-74-2]
5	곡물분진	Grain dust	–	–	4	–	–	–
6	곡분분진	Flour dust (Inhalable fraction)	–	–	0.5	–	–	흡입성

일련번호	유해물질의 명칭		화학식	노출기준				비고 (CAS번호 등)
				TWA		STEL		
	국문표기	영문표기		ppm	mg/m^3	ppm	mg/m^3	
7	과산화벤조일	Benzoyl peroxide	$(C_6H_5CO)_2O_2$	−	5	−	−	[94−36−0]
8	과산화수소	Hydrogen peroxide	H_2O_2	1	−	−	−	[7722−84−1] 발암성 2
9	광물털 섬유	Mineral wool fiber	−	−	10	−	−	발암성 2, (알칼리 산화물 및 알칼리토금속 산화물의 중량비가 18% 이상인 불특정 모양의 인공 유리규산 섬유에 한정함)
10	구리(분진 및 미스트)	Copper(Dust & mist, as Cu)	Cu	−	1	−	2	[7440−50−8]
11	구리(흄)	Copper(Fume)	Cu	−	0.1	−	−	[7440−50−8]
12	규산칼슘	Calcium silicate	$CaSiO_3$	−	10	−	−	[1344−95−2]
13	규조토	Diatomaceous earth	−	−	10	−	−	
14	글루타르알데히드	Glutaraldehyde	$OCH(CH_2)_3CHO$			C0.05	−	[111−30−8]
15	글리세린미스트	Glycerin mist	$CH_2OHCHOH \cdot CH_2OH$	−	10	−	−	[56−81−5]
16	글리시돌	Glycidol	$C_3H_6O_2$	2,3−에폭시−1−프로판올 참조				
17	글리콜 모노에틸에테르	Glycol monoethyl ether	$C_2H_5OCH_2CH_2OH$	2−에톡시에탄올 참조				
18	금속가공유 (혼합용매추출물)	Metal Working Fluids (as mixed solvent soluble aerosol)	−	−	0.8	−	−	−
19	나프탈렌	Naphthalene	$C_{10}H_8$	10	−	15	−	[91−20−3] 발암성 2, Skin
20	날레드	Naled	$C_4H_7Br_2Cl_2O_4P$	디메틸−1,2−디브로모−2,2−디클로로에틸 포스페이트 참조				
21	납 및 그 무기화합물	Lead and Inorganic compounds, as Pb	Pb	−	0.05	−	−	[7439−92−1] 발암성 1B, 생식독성 1A (납(금속)의 경우 발암성 2)

일련번호	유해물질의 명칭		화학식	노출기준				비고 (CAS번호 등)
				TWA		STEL		
	국문표기	영문표기		ppm	mg/m^3	ppm	mg/m^3	
22	납석	Agalmatolite	$Al_2O_3 \cdot 4SiO_2 \cdot H_2O$			–		
23	내화성세라믹섬유	Refractory ceramic fibers (Respirable fibers)	–	–	0.2개/cm^3	–	–	호흡성, 발암성 1B(알칼리 산화물 및 알칼리토금속 산화물의 중량비가 18% 이하인 불특정 모양의 인공 유리규산 섬유에 한정함)
24	노난	Nonane	$CH_3(CH_2)_7CH_3$	200	–	–	–	[111-84-2]
25	노말-니트로소디메틸아민	n-Nitroso dimethylamine	$(CH_3)_2NNO$	디메틸니트로소아민 참조				
26	2-N-디부틸아미노에탄올	2-N-Dibutyl aminoethanol	$(C_4H_9)_2NCH_2CH_2OH$	2	–	–	–	[102-81-8] Skin
27	N-메틸 아닐린	N-Methyl aniline	$C_6H_5NHCH_3$	0.5	–	–	–	[100-61-8] Skin
28	노말-발레알데히드	n-Valeraldehyde	$CH_3(CH_2)_3CHO$	50	–	–	–	[110-62-3]
29	노말-부틸 글리시딜에테르	n-Butyl glycidyl ether(BGE)	$C_4H_9OCH_2CHOCH_2$	3	–	–	–	[2426-08-6] 발암성 2, 생식세포 변이원성 2, Skin
30	노말-부틸 락테이트	n-Butyl lactate	$CH_3CH(OH)COO(CH_2)_3CH_3$	5	–	–	–	[138-22-7]
31	노말-부틸아크릴레이트	n-Butyl acrylate	$C_7H_{12}O_2$	2	–	10	–	[141-32-2]
32	노말-부틸알코올	n-Butyl alcohol(1-Butanol)	$CH_3CH_2CH_2CH_2OH$	20	–	–	–	[71-36-3]
33	N-비닐-2-피롤리돈	N-Vinyl-2-pyrrolidone(NVP)	C_6H_9NO	0.05	–	–	–	[88-12-0] 발암성 2
34	N-에틸모르폴린	N-Ethylmorpholine	$C_6H_{13}ON$	5	–	–	–	[100-74-3] Skin
35	N-이소프로필아닐린	N-Isopropyl aniline	$C_6H_5NHCH(CH_3)_2$	2	–	–	–	[768-52-5] Skin
36	노말-초산 부틸	n-Butyl acetate	$CH_3COO(CH_2)_3CH_3$	150	–	200	–	[123-86-4]
37	노말-초산 아밀	n-Amyl acetate	$CH_3COOC_5H_{11}$	50	–	100	–	[628-63-7]

| 일련번호 | 유해물질의 명칭 | | 화학식 | 노출기준 | | | | 비고 (CAS번호 등) |
| | 국문표기 | 영문표기 | | TWA | | STEL | | |
				ppm	mg/m³	ppm	mg/m³	
38	N-페닐-베타-나프틸 아민	N-Phenyl-β-naphthyl amine	$C_{10}H_7NHC_6H_5$	–	–	–	–	[135-88-6] 발암성 2
39	노말-프로필 니트레이트	n-Propyl nitrate	$C_3H_8NO_3$	25	–	40	–	[627-13-4]
40	노말-프로필 아세테이트	n-Propyl acetate	$CH_3COOCH_2CH_2CH_3$	초산 프로필 참조				
41	노말-프로필 알코올	n-Propyl alcohol	$CH_3CH_2CH_2OH$	200	–	250	–	[71-23-8] Skin
42	노말-헥산	n-Hexane	$CH_3(CH_2)_4CH_3$	50	–	–	–	[110-54-3] 생식독성 2, Skin
43	니켈 (가용성화합물)	Nickel (Soluble compounds, as Ni)	Ni	–	0.1	–	–	[7440-02-0] 발암성 1A
44	니켈 (불용성 무기화합물)	Nickel(Insoluble Inorganic compounds, as Ni)	Ni	–	0.2	–	–	[7440-02-0] 발암성 1A
45	니켈(금속)	Nickel(Metal)	Ni	–	1	–	–	[7440-02-0] 발암성 2
46	니켈 카르보닐	Nickel carbonyl, as Ni	$Ni(CO_4)$	0.001	–			[13463-39-3] 발암성 1A, 생식독성 1B
47	니코틴	Nicotine	$C_{10}H_{14}N_2$	–	0.5	–	–	[54-11-5] Skin
48	니트라피린	Nitrapyrin	$C_6H_3C_{14}N$	2-클로로-6-(트리클로로메틸) 피리딘 참조				
49	니트로글리세린	Nitroglycerin(NG)	$CH_2NO_3CHNO_3CH_2NO_3$	0.05	–	–	–	[55-63-0] Skin
50	니트로글리콜	Nitroglycol	$(CH_2ONO_2)_2$	에틸렌글리콜 디니트레이트 참조				
51	4-니트로디페닐	4-Nitrodiphenyl	$C_6H_5C_6H_4NO_2$	–	–	–	–	[92-93-3] 발암성 1B, Skin
52	니트로메탄	Nitromethane	CH_3NO_2	20	–	–	–	[75-52-5] 발암성 2
53	니트로벤젠	Nitrobenzene	$C_6H_5NO_2$	1	–	–	–	[98-95-3] 발암성 2, 생식독성 IB, Skin
54	니트로에탄	Nitroethane	$C_2H_5NO_2$	100	–	–	–	[79-24-3]

일련번호	유해물질의 명칭		화학식	노출기준				비고 (CAS번호 등)
	국문표기	영문표기		TWA		STEL		
				ppm	mg/m³	ppm	mg/m³	
55	니트로톨루엔 (오쏘, 메타, 파라-이성체)	Nitrotoluene (o, m, p-isomers)	$CH_3C_6H_4NO_2$	2	-	-	-	[88-72-2] 발암성 1B, 생식세포 변이원성 1B, 생식독성 2, Skin, [99-08-1] [99-99-0] Skin
56	니트로트리클로로메탄	Nitrotrichloromethane	CCl_3NO_2	클로로피크린 참조				
57	1-니트로프로판	1-Nitropropane	$CH_3CH_2CH_2NO_3$	25	-	-	-	[108-03-2]
58	2-니트로프로판	2-Nitropropane	$CH_3CHNO_2CH_3$	10	-	-	-	[79-46-9] 발암성 1B
59	대리석	Marble	-	-	10	-	-	-
60	데미톤	Demeton	$(C_2H_5O)_2PSOC_2H_4SC_2H_5$	-	0.1	-	-	[8065-48-3] Skin
61	데카보란	Decaborane	$B_{10}H_{14}$	0.05	-	0.15	-	[17702-41-9] Skin
62	2,4-디	2,4-D(2,4-Dichloro phenoxyacetic acid)(Inhalable fraction)	$Cl_2C_6H_3OCH_2COOH$	-	10	-	-	[94-75-7] 발암성 2, 흡입성
63	디글리시딜에테르	Diglycidyl ether(DGE)	$C_6H_{10}O_3$	0.1	-	-	-	[2238-07-5]
64	디니트로벤젠(모든 이성체)	Dinitrobenzene (all isomers)	$C_6H_4(NO_2)_2$	0.15	-	-	-	[528-29-0] [99-65-0] [100-25-4] [25154-54-5] Skin
65	디니트로-오쏘-크레졸	Dinitro-o-cresol	$CH_3C_6H_2OH(NO_2)_2$	-	0.2	-	-	[534-52-1] 생식세포 변이원성 2, Skin
66	3,5-디니트로-오쏘-톨루아미드	3,5-Dinitro-o-toluamide	$C_8H_7N_3O_5$	-	5	-	-	[148-01-6]

| 일련번호 | 유해물질의 명칭 | | 화학식 | 노출기준 | | | | 비고 (CAS번호 등) |
| | 국문표기 | 영문표기 | | TWA | | STEL | | |
				ppm	mg/m^3	ppm	mg/m^3	
67	디니트로톨루엔	Dinitrotoluene	$(NO_2)_2C_6H_3CH_3$	–	0.2	–	–	[25321-14-6] 발암성 1B, 생식세포 변이원성 2, 생식독성 2, Skin
68	디메톡시메탄	Dimethoxymethane	$CH_3OCH_2OCH_3$	1,000	–	–	–	[109-87-5]
69	디메틸니트로소아민	Dimethylnitrosoamine	$(CH_3)_2NNO$	–	–	–	–	[62-75-9] 발암성 1B, Skin
70	디메틸-1,2-디브로모-2,2-디클로로에틸포스페이트	Dimethyl-1,2-dibromo-2,2-dichloroethyl phosphate	$C_4H_7Br_2Cl_2O_4P$	–	3	–	–	[300-76-5] Skin
71	디메틸벤젠 (모든 이성체)	Dimethylbenzene (all isomers)	$C_6H_4(CH_3)_2$	크실렌(모든 이성체) 참조				
72	디메틸아닐린	Dimethylaniline (N,N-Dimethyl aniline)	$C_6H_4N(CH_3)_2$	5	–	10	–	[121-69-7] 발암성 2, Skin
73	디메틸아미노벤젠 (혼합이성체 포함)	Dimethylamino benzene(mixed isomers, Inhalabable fraction and vapor)	$(CH_3)_2C_6H_3NH_2$	0.5	–	–	–	[1300-73-8] 발암성 2, Skin, 흡입성 및 증기
74	디메틸아민	Dimethylamine	$(CH_3)_2NH$	5	–	15	–	[124-40-3]
75	N,N-디메틸아세트아미드	N,N-Dimethyl acetamide	C_4H_9NO	10	–	–	–	[127-19-5] 생식독성 1B, Skin
76	디메틸 카르바모일클로라이드	Dimethyl carbamoylchloride	$(CH_3)_2NCOCl$	0.005	–	–	–	[79-44-7] 발암성 1B, Skin
77	디메틸포름아미드	Dimethylform amide	$HCON(CH_3)_2$	10	–	–	–	[68-12-2] 생식독성 1B, Skin
78	디메틸프탈레이트	Dimethylphthalate	$C_{10}H_{10}O_4$	–	5	–	–	[131-11-3]
79	2,6-디메틸-4-헵타논	2,6-Dimethyl-4-heptanone	$[(CH_3)_2CHCH_2]_2CO$	디이소부틸케톤 참조				
80	1,1-디메틸하이드라진	1,1-Dimethyl hydrazine	$(CH_3)_2NNH_2$	0.01	–	–	–	[57-14-7] 발암성 1B, Skin
81	디보란	Diborane	B_2H_6	0.1	–	–	–	[19287-45-7]

일련번호	유해물질의 명칭		화학식	노출기준				비고 (CAS번호 등)
				TWA		STEL		
	국문표기	영문표기		ppm	mg/m^3	ppm	mg/m^3	
82	디부틸 포스페이트	Dibutyl phosphate (Inhalable fraction and vapor)	$(C_4H_9O)_2(OH)PO$	−	5	−	10	[107−66−4] Skin, 흡입성 및 증기
83	디부틸 프탈레이트	Dibutyl phthalate	$C_6H_4(CO_2C_4H_9)_2$	−	5	−	−	[84−74−2] 생식독성 1B
84	1,2−디브로모에탄	1,2−Dibromoethane	CH_2BrCH_2Br	−	−	−	−	[106−93−4] 발암성 1B, Skin
85	디비닐 벤젠	Divinyl benzene	$C_6H_4(CH=CH_2)_2$	10	−	−	−	[1321−74−0]
86	디설피람	Disulfiram	$C_{10}H_{20}N_2S_4$	−	2	−	−	[97−77−8]
87	디설포톤	Disulfoton (Inhalable fraction and vapor)	$C_8H_{19}O_2PS_3$	−	0.05	−	−	[298−04−4] Skin, 흡입성 및 증기
88	디시클로펜타디에닐철	Dicyclopentadienyl iron	$C_{10}H_{10}Fe$	−	10	−	−	[102−54−5]
89	디시클로펜타디엔	Dicyclopentadiene	$C_{10}H_{12}$	5	−	−	−	[77−73−6]
90	디아니시딘	Dianisidine	$C_{14}H_{16}N_2O_2$	−	0.01	−	−	[119−90−4] 발암성 1B
91	1,2−디아미노에탄	1,2−Diaminoethane	$H_2NCH_2CH_2NH_2$	10	−	−	−	[107−15−3] Skin
92	디아세톤 알코올	Diaceton alcohol	$C_6H_{12}O_2$	50	−	−	−	[123−42−2]
93	디아조메탄	Diazomethane	CH_2N_2	0.2	−	−	−	[334−88−3] 발암성 1B
94	디아지논	Diazinon (Inhalable fraction and vapor)	$C_{12}H_{21}N_2O_3PS$	−	0.01	−	−	[333−41−5] 발암성 1B, Skin, 흡입성 및 증기
95	디에탄올아민	Diethanolamine	$(HOCH_2CH_2)_2NH$	−	2	−	−	[111−42−2] 발암성 2, Skin
96	디에틸렌 글리콜 모노부틸 에테르	Diethylene glycol monobutyl ether	$CH_2(CH_2)_3OCH_2CH_2OCH_2CH_2OH$	10	−	−	−	[112−34−5]
97	2−디에틸아미노 에탄올	2−Diethylamino ethanol	$(C_2H_5)_2NC_2H_4OH$	2	−	−	−	[100−37−8] Skin
98	디에틸아민	Diethylamine	$(C_2H_5)_2NH$	5	−	15	−	[109−89−7] Skin

일련번호	유해물질의 명칭		화학식	노출기준				비고 (CAS번호 등)
	국문표기	영문표기		TWA		STEL		
				ppm	mg/m³	ppm	mg/m³	
99	디에틸 에테르	Diethyl ether	$C_2H_5OC_2H_5$	400	–	500	–	[60-29-7]
100	디에틸 케톤	Diethyl ketone	$C_2H_5COC_2H_5$	200	–	–	–	[96-22-0]
101	디에틸렌 트리아민	Diethylene triamine	$(NH_2CH_2CH_2)_2NH$	1	–	–	–	[111-40-0] Skin
102	디에틸프탈레이트	Diethyl phthalate	$C_6H_4(COOC_2H_5)_2$	–	5	–	–	[84-66-2]
103	디(2-에틸헥실)프탈레이트	Di(2-ethylhexyl) phthalate	$C_6H_4(COOC_8H_{17})_2$	–	5	–	10	[117-81-7] 발암성 2, 생식독성 1B
104	디엘드린	Dieldrin	$C_{12}H_8Cl_6O$	–	0.25	–	–	[60-57-1] 발암성 2, Skin,
105	디옥사티온	Dioxathion	$C_{12}H_{26}O_6P_2S_4$	–	0.2	–	–	[78-34-2] Skin
106	1,4-디옥산	1,4-Dioxane(Diethylene dioxide)	$OCH_2CH_2OCH_2CH_2$	20	–	–	–	[123-91-1] 발암성 2, Skin
107	디우론	Diuron	$C_9H_{10}Cl_2N_2O$	–	10	–	–	[330-54-1] 발암성 2
108	디이소부틸케톤	Diisobutyl ketone	$[(CH_3)_2CHCH_2]_2CO$	25	–	–	–	[108-83-8]
109	디이소프로필아민	Diisopropylamine	$(CH_3)_2CHNHCH(CH_3)_2$	5	–	–	–	[108-18-9] Skin
110	2,6-디-삼차-부틸-파라-크레졸	2,6-Di-tert-butyl-p-cresol (Inhalable fraction and vapor)	$C_{15}H_{24}O$	–	2	–	–	[128-37-0] 흡입성 및 증기
111	디-이차-옥틸프탈레이트	Di-sec-octyl phthalate	$C_6H_4(COOC_8H_{17})_2$	디-(2-에틸헥실)프탈레이트 참조				
112	디쿼트	Diquat (Inhalable fraction)	$C_{12}H_{12}Br_2N_2$	–	0.5	–	–	[2764-72-9] [85-00-7] [6385-62-2] Skin, 흡입성
113	디크로토포스	Dicrotophos	$C_8H_{16}NO_5P$	–	0.25	–	–	[141-66-2] Skin
114	디클로로디페닐트리클로로에탄	Dichlorodiphenyl trichloroethane (D.D.T)	$C_{14}H_9Cl_5$	–	1	–	–	[50-29-3] 발암성 2
115	1,1-디클로로-1-니트로에탄	1,1-Dichloro-1-nitroethane	$CH_3CCl_2NO_2$	2	–	–	–	[594-72-9]

일련번호	유해물질의 명칭		화학식	노출기준				비고 (CAS번호 등)
	국문표기	영문표기		TWA		STEL		
				ppm	mg/m^3	ppm	mg/m^3	
116	1,3-디클로로-5,5-디메틸하이단토인	1,3-Dichloro-5,5-dimethyl hydantoin	$C_5H_6Cl_2N_2O_2$	–	0.2	–	0.4	[118-52-5]
117	디클로로디플루오로메탄	Dichlorodifluoro methane	CCl_2F_2	1,000	–	–	–	[75-71-8]
118	디클로로메탄	Dichloromethane	CH_2Cl_2	50	–	–	–	[75-09-2] 발암성 2
119	3,3-디클로로벤지딘	3,3-Dichlorobenzidine	$C_{12}H_{10}Cl_2N_2$	–	–	–	–	[91-94-1] 발암성 1B, Skin
120	디클로로아세트산	Dichloro acetic acid	$C_2H_2Cl_2O_2$	0.5	–	–	–	[79-43-6] 발암성 2, Skin
121	디클로로아세틸렌	Dichloroacetylene	ClCCCl			C 0.1	–	[7572-29-4] 발암성 2
122	1,1-디클로로에탄	1,1-Dichloroethane	CH_3CHCl_2	100	–	–	–	[75-34-3]
123	1,2-디클로로에탄	1,2-Dichloroethane	$ClCH_2CH_2Cl$	이염화 에틸렌 참조				
124	1,1-디클로로에틸렌	1,1-Dichloroethylene	CH_2CCl_2	5	–	20	–	[75-35-4] 발암성 2
125	1,2-디클로로에틸렌	1,2-Dichloroethylene	CHClCHCl	200	–	–	–	[540-59-0]
126	디클로로에틸에테르	Dichloroethylether	$(ClCH_2CH_2)_2O$	5	–	10	–	[111-44-4] 발암성 2, Skin
127	디클로로테트라플루오로에탄	Dichlorotetrafluoro ethane	$F_2ClCCClF_2$	1,000	–	–	–	[76-14-2]
128	2,2-디클로로-1,1,1-트라이플루오로에탄	2,2-Dichloro-1,1,1-trifluoroethane	$CHCl_2CF_3$	10	–	–	–	[306-83-2]
129	1,2-디클로로프로판	1,2-Dichloropropane	$CH_3CHClCH_2Cl$	10	–	110	–	[78-87-5] 발암성 1A
130	디클로로프로펜	Dichloropropene	$CHClCHCH_2Cl$	1	–	–	–	[542-75-6] 발암성 2, Skin
131	2,2-디클로로프로피온산	2,2-Dichloropropionic acid(Inhalable fraction)	CH_3CCl_2COOH	–	6	–	–	[75-99-0] 흡입성

일련번호	유해물질의 명칭		화학식	노출기준				비고 (CAS번호 등)
	국문표기	영문표기		TWA		STEL		
				ppm	mg/m^3	ppm	mg/m^3	
132	디클로로플루오로메탄	Dichlorofluoro methane	CHCl$_2$F	10	–	–	–	[75-43-4]
133	1,1-디클로로-1-플루오로에탄	1,1-Dichloro-1-fluoro ethane	C$_2$Cl$_2$FH$_3$	500	–	–	–	[1717-00-6]
134	디클로르보스	Dichlorvos (Inhalable fraction and vapor)	(CH$_3$O)$_2$POOCHCHCl$_2$ / C$_4$H$_7$Cl$_2$O$_4$P	–	0.1	–	–	[62-73-7] 발암성 2, Skin, 흡입성 및 증기
135	디페닐	Diphenyl	C$_{12}$H$_{10}$	비페닐 참조				
136	디페닐메탄 디이소시아네이트	Diphenylmethane diisocyanate	NCOC$_6$H$_4$CH$_2$C$_6$H$_4$NCO	메틸렌비스페닐이소시아네이트 참조				
137	디페닐아민	Diphenylamine	C$_6$H$_5$NHC$_6$H$_5$	–	10	–	–	[122-39-4]
138	디프로필렌 글리콜메틸 에테르	Dipropylene glycol methyl ether	CH$_3$CH(OCH$_3$)CH$_2$O CH$_2$CH(OH)CH$_3$	100	–	150	–	[34590-94-8] Skin
139	디프로필 케톤	Dipropyl ketone	(CH$_3$CH$_2$CH$_2$)$_2$CO	50	–	–	–	[123-19-3]
140	디플루오로디브로모메탄	Difluorodibromo methane	CBr$_2$F$_2$	100	–	–	–	[75-61-6]
141	디하이드록시벤젠	Dihydroxybenzene	C$_6$H$_4$(OH)$_2$	–	2	–	–	[123-31-9] 발암성 2, 생식세포 변이원성 2
142	러버 솔벤트	Rubber solvent(Naphtha)	–	400	–	–	–	[8030-30-6] 발암성 1B, 생식세포 변이원성 1B (벤젠 0.1% 이상인 경우에 한정함)
143	레조시놀	Resorcinol	C$_6$H$_4$(OH)$_2$	10	–	20	–	[108-46-3]
144	로듐금속	Rhodium, Metal	Rh	–	0.1	–	–	[7440-16-6]
145	로듐, 불용성화합물	Rhodium, Insoluble compounds, as Rh	Rh	–	1	–	–	[7440-16-6]
146	로진 열분해산물	Rosin core solder pyrolysis products, as Formaldehyde	–	–	0.1	–	–	
147	로테논	Rotenone (Commercial)	C$_{23}$H$_{22}$O$_6$	–	5	–	–	[83-79-4]

| 일련번호 | 유해물질의 명칭 | | 화학식 | 노출기준 | | | | 비고 (CAS번호 등) |
| | 국문표기 | 영문표기 | | TWA | | STEL | | |
				ppm	mg/m^3	ppm	mg/m^3	
148	론넬	Ronnel	$(CH_3O)_2PSOC_6H_2Cl_3$	–	10	–	–	[299-84-3]
149	루지	Rouge	–	–	10	–	–	
150	리튬하이드라이드	Lithium hydride	LiH	–	0.025	–	–	[7580-67-8]
151	린데인	Lindane	$C_6H_6Cl_6$	–	0.5	–	–	[58-89-9] 발암성 1A, 수유독성, Skin
152	말라티온	Malathion(Inhalable fraction and vapor)	$C_{10}H_{19}O_6PS_2$	–	1	–	–	[121-75-5] 발암성 1B, Skin, 흡입성 및 증기
153	망간 및 무기 화합물	Manganese & Inorganic compounds, as Mn	Mn	–	1	–	–	[7439-96-5]
154	망간 시클로펜타디에닐 트리카보닐	Manganese cyclopentadienyl tricarbonyl, as Mn	$C_5H_5Mn(CO)_3$	–	0.1	–	–	[12079-65-1] Skin
155	망간(흄)	Manganese(Fume)	Mn	–	1	–	3	[7439-96-5]
156	메빈포스	Mevinphos	$(CH_3O)_2PO_2C(CH_3)CHCOOCH_3$	0.01	–	0.03	–	[7786-34-7] Skin
157	메타크릴 산	Methacrylic acid	CH_2CCH_3COOH	20	–	–	–	[79-41-4]
158	메타-크실렌-알파, 알파-디아민	m-Xylene-α, α'-diamine	$C_6H_4(CH_2NH_2)_2$	–	–	–	C 0.1	[1477-55-0] Skin
159	메타-톨루이딘	m-Toluidine	$CH_3C_6H_4NH_2$	2	–	–	–	[108-44-1] Skin
160	메타-프탈로디니트릴	m-Phthalodinitrile (Inhalable fraction and vapor)	$C_8H_4N_2$	–	5	–	–	[626-17-5] 흡입성 및 증기
161	메탄올	Methanol	CH_3OH	메틸 알코올 참조				
162	메탄에티올	Methanethiol	CH_3SH	0.5	–	–	–	[74-93-1]
163	메토밀	Methomyl	$C_5H_{10}N_2O_2S$	–	2.5	–	–	[16752-77-5]
164	2-메톡시에탄올	2-Methoxyethanol	$CH_3OCH_2CH_2OH$	5	–	–	–	[109-86-4] 생식독성 1B, Skin
165	2-메톡시에틸 아세테이트	2-Methoxyethyl acetate	$CH_3COOCH_2CH_2OCH_3$	5	–	–	–	[110-49-6] 생식독성 1B, skin

일련번호	유해물질의 명칭		화학식	노출기준				비고 (CAS번호 등)
	국문표기	영문표기		TWA		STEL		
				ppm	mg/m³	ppm	mg/m³	
166	메톡시클로르	Methoxychlor	$C_{16}H_{15}Cl_3O_2$	−	10	−	−	[72-43-5]
167	4-메톡시페놀	4-Methoxyphenol	$CH_3OC_6H_4OH$	−	5	−	−	[150-76-5]
168	메트리뷰진	Metribuzin	$C_8H_{14}N_4OS$	−	5	−	−	[21087-64-9]
169	메틸 노말-부틸케톤	Methyl n-butylketone	$CH_3COCH_2CH_2CH_2CH_3$	5	−	−	−	[591-78-6] 생식독성 2, skin
170	메틸 노말-아밀케톤	Methyl n-amylketone	$CH_3(CH_2)_4COCH_3$	50	−	−	−	[110-43-0]
171	메틸 데메톤	Methyl demeton	$(CH_3O)_2PSO(CH_2)_2SC_2H_5$	−	0.5	−	−	[8022-00-2] Skin
172	4,4'-메틸렌디아닐린	4,4'-Methylene dianiline	$H_2NC_6H_4CH_2C_6H_4NH_2$	0.1	−	−	−	[101-77-9] 발암성 1B, 생식세포 변이원성 2, Skin
173	1,1'-메틸렌비스 (4-이소시아네이토 사이클로헥산)	1,1'-Methylenebis (4-isocyanato cyclohexane)	$CH_2[(C_6H_{10})NCO]_2$	0.005	−	−	−	[5124-30-1]
174	4,4'-메틸렌비스 (2-클로로아닐린)	4,4'-Methylenebis (2-chloroaniline)	$CH_2(C_6H_4ClNH_2)_2$	0.01	−	−	−	[101-14-4] 발암성 1A, Skin
175	메틸렌비스페닐 이소시아네이트	Methylene bisphenyl isocyanate	$NCOC_6H_4CH_2C_6H_4NCO$	0.005	−	−	−	[101-68-8] 발암성 2
176	메틸메타크릴레이트	Methyl methacrylate	$CH_2C(CH_3)COOCH_3$	50	−	100	−	[80-62-6]
177	메틸 멀캡탄	Methyl mercaptan	CH_3SH	메탄에티올 참조				
178	메틸삼차 부틸에테르	Methyl tert-butyl ether(MTBE)	$C_5H_{12}O$	50	−	−	−	[1634-04-4] 발암성 2
179	메틸 2-시아노아크릴레이트	Methyl 2-cyanoacrylate	$CH_2C(CN)COOCH_3$	2	−	4	−	[137-05-3]
180	2-메틸시클로펜타 디에닐 망간트리카르보닐	2-Methylcyclo pentadienyl manganese tricarbonyl, as Mn	$CH_3C_5H_5Mn(CO)_3$	−	0.2	−	−	[12108-13-3] Skin
181	메틸시클로헥사놀	Methylcyclohexanol	$C_7H_{14}O$	50	−	−	−	[25639-42-3]

| 일련번호 | 유해물질의 명칭 | | 화학식 | 노출기준 | | | | 비고 (CAS번호 등) |
| | 국문표기 | 영문표기 | | TWA | | STEL | | |
				ppm	mg/m³	ppm	mg/m³	
182	메틸시클로헥산	Methylcyclohexane	$CH_3C_6H_{11}$	400	–	–	–	[108 – 87 – 2]
183	메틸실리케이트	Methyl silicate	$(CH_3O)_4Si$	1	–	–	–	[681 – 84 – 5]
184	메틸 아민	Methyl amine	CH_3NH_2	5	–	15	–	[74 – 89 – 5]
185	메틸 아밀알코올	Methyl amylalcohol	$(CH_3)_2CHCH_2CHOHCH_3$	25	–	40	–	[108 – 11 – 2] Skin
186	메틸 아세틸렌	Methyl acetylene	C_3H_4	1,000	–	1,250	–	[74 – 99 – 7]
187	메틸 아세틸렌 프로파디엔 혼합물	Methyl acetylene propadiene mixture(MAPP)	–	1,000	–	1,250	–	[59355 – 75 – 8]
188	메틸 아크릴레이트	Methyl acrylate	$CH_2CHCOOCH_3$	2	–	–	–	[96 – 33 – 3] Skin
189	메틸 아크릴로니트릴	Methyl acrylonitrile	CH_2CCH_3CN	1	–	–	–	[126 – 98 – 7] Skin
190	메틸알	Methylal	$CH_3OCH_2OCH_3$	디메톡시메탄 참조				
191	메틸 알코올	Methanol	CH_3OH	200	–	250	–	[67 – 56 – 1] Skin
192	메틸 에틸 케톤	Methyl ethyl ketone(M.E.K)	$CH_3COC_2H_5$	200	–	300	–	[78 – 93 – 3]
193	메틸 에틸 케톤 퍼옥사이드	Methyl ethyl ketone peroxide	$C_8H_{16}O_4/C_8H_{18}O_6$	–	–	C 0.2	–	[1338 – 23 – 4]
194	메틸 이소부틸 케톤	Methyl isobutyl ketone	$CH_3COCH_2CH(CH_3)_2$	50	–	75	–	[108 – 10 – 1] 발암성 2
195	메틸 이소시아네이트	Methyl isocyanate	CH_3NCO	0.02	–	–	–	[624 – 83 – 9] 생식독성 2, Skin
196	메틸 이소부틸 카르비놀	Methyl isobutyl carbinol	$(CH_3)_2CHCH_2CHOHCH_3$	메틸 아밀 알코올 참조				
197	메틸 이소아밀 케톤	Methyl isoamyl ketone	$CH_3COCH(C_2H_5)_2$	50	–	–	–	[110 – 12 – 3]
198	메틸 이소프로필 케톤	Methyl isopropyl ketone	$(CH_3)_2CH3COCH$	200	–	–	–	[563 – 80 – 4]
199	메틸 클로라이드	Methyl chloride	CH_3Cl	50	–	100	–	[74 – 87 – 3] 발암성 2, Skin
200	메틸 클로로포름	Methyl chloroform	CH_3CCl_3	350	–	450	–	[71 – 55 – 6]

일련번호	유해물질의 명칭		화학식	노출기준				비고 (CAS번호 등)
	국문표기	영문표기		TWA		STEL		
				ppm	mg/m³	ppm	mg/m³	
201	메틸 파라티온	Methyl parathion (Inhalable fraction and vapor)	$C_8H_{10}NO_5PS$	−	0.2	−	−	[298−00−0] Skin, 흡입성 및 증기
202	메틸 포메이트	Methyl formate	$HCOOCH_3$	100	−	150	−	[107−31−3]
203	메틸 프로필 케톤	Methyl propyl ketone	$CH_3COC_3H_7$	200	−	250	−	[107−87−9]
204	메틸 하이드라진	Methyl hydrazine	CH_3NHNH_2	0.01	−	−	−	[60−34−4] 발암성 2, Skin
205	5−메틸−3−헵타논	5−Methyl−3 −heptanone	$C_8H_{16}O$	에틸 아밀 케톤 참조				
206	면분진	Cotton dust, raw	−	−	0.2	−	−	−
207	모노크로토포스	Monocrotophos (Inhalable fraction and vapor)	$C_7H_{14}NO_5P$	−	0.05	−	−	[6923−22−4] 생식세포 변이원성 2, Skin, 흡입성 및 증기
208	모노클로로벤젠	Monochlorobenzene	C_6H_5Cl	클로로벤젠 참조				
209	모르폴린	Morpholine	C_4H_9ON	20	−	30	−	[110−91−8] Skin
210	목재분진(적삼목)	Wood dust(Western red cedar, Inhalable fraction)	−	−	0.5	−	−	흡입성, 발암성 1A
211	목재분진 (적삼목외 기타 모든 종)	Wood dust(All other species, Inhalable fraction)	−	−	1	−	−	흡입성, 발암성 1A
212	몰리브덴 (불용성화합물)	Molybdenum (Insoluble compounds) (Inhalable fraction)	Mo	−	10	−	−	[7439−98−7] 흡입성
213	몰리브덴 (불용성화합물)	Molybdenum (Insoluble compounds) (Respirable fraction)	Mo	−	5	−	−	[7439−98−7] 호흡성

| 일련번호 | 유해물질의 명칭 | | 화학식 | 노출기준 | | | | 비고 (CAS번호 등) |
| | 국문표기 | 영문표기 | | TWA | | STEL | | |
				ppm	mg/m³	ppm	mg/m³	
214	몰리브덴 (수용성화합물)	Molybdeunum (Soluble compounds) (Respirable fraction)	Mo	−	0.5	−	−	[7439−98−7] 발암성 2, 호흡성
215	무수 말레산	Maleic anhydride	$(CHCO)_2O$	−	0.4	−	−	[108−31−6]
216	무수 초산	Acetic anhydride	$(CH_3CO)_2O$	1	−	3	−	[108−24−7]
217	무수 프탈산	Phthalic anhydride	$C_6H_4(CO)_2O$	1	−	−	−	[85−44−9] Skin
218	바륨 및 그 가용성화합물	Barium and soluble compounds	Ba	−	0.5	−	−	[7440−39−3]
219	백금(가용성염)	Platinum(Soluble salts, as Pt)	$Na_2PtCl_6 \cdot 6H_2O/ PtCl_4/(NH_4)_2PtCl_6$	−	0.002	−	−	[7440−06−4]
220	백금(금속)	Platinum(Metal)	Pt	−	1	−	−	[7440−06−4]
221	배노밀	Benomyl	$C_{14}H_{18}N_4O_3$	−	10	−	−	[17804−35−2] 발암성 2, 생식세포 변이원성 1B, 생식독성 1B
222	베릴륨 및 그 화합물	Beryllium & Compounds	Be	−	0.002	−	0.01	[7440−41−7] 발암성 1A, Skin
223	베타−나프틸아민	β−Naphthylamine	$C_{10}H_7NH_2$	−	−	−	−	[91−59−8] 발암성 1A
224	베타−클로로프렌	β−Chloroprene	$CH_2CClCHCH_2$	2−클로로−1, 3−부타디엔 참조				
225	베타−프로피오락톤	β−Propiolactone	$C_3H_4O_2$	0.5	−	−	−	[57−57−8] 발암성 1B, Skin
226	벤젠	Benzene	C_6H_6	0.5	−	2.5	−	[71−43−2] 발암성 1A, 생식세포 변이원성 1B, Skin
227	1,2−벤젠디아민	1,2−Benzenediamine	$C_6H_4(NH_2)_2$	−	0.1	−	−	[95−54−5]
228	1,3−벤젠디아민	1,3−Benzenediamine	$C_6H_4(NH_2)_2$	−	0.1	−	−	[108−45−2]
229	벤조일클로라이드	Benzoyl chloride	C_7H_5ClO	−	−	C 0.5	−	[98−88−4] 발암성 1B

일련번호	유해물질의 명칭		화학식	노출기준				비고 (CAS번호 등)
	국문표기	영문표기		TWA		STEL		
				ppm	mg/m³	ppm	mg/m³	
230	벤조트리클로라이드	Benzotrichloride	$C_7H_5Cl_3$	−	−	C 0.1	−	[98−07−7] 발암성 1B, Skin
231	벤조 피렌	Benzo(a) pyrene	$C_{20}H_{12}$	−	−	−	−	[50−32−8] 발암성 1A, 생식세포 변이원성 1B, 생식독성 1B
232	벤지딘	Benzidine	$NH_2C_6H_4C_6H_4NH_2$	−	−	−	−	[92−87−5] 발암성 1A, Skin
233	2−부타논	2−Butanone	$CH_3COC_2H_5$	메틸 에틸 케톤 참조				
234	1,3−부타디엔	1,3−Butadiene	$CH_2CHCHCH_2$	2	−	10	−	[106−99−0] 발암성 1A, 생식세포 변이원성 1B
235	부탄(이성체)	Butane, isomers	$CH_3(CH_2)_2CH_3$	800	−	−	−	[75−28−5] [106−97−8] 발암성 1A, 식세포 변이원성 1B (부타디엔 0.1% 이상인 경우에 한정함)
236	2−부톡시에탄올	2−Butoxyethanol	$C_4H_9OCH_2CH_2OH$	20	−	−	−	[111−76−2] 발암성 2, Skin
237	부탄에티올	Butanethiol	$CH_3CH_2CH_2CH_2SH$	0.5	−	−	−	[109−79−5]
238	부틸 멀캡탄	Butyl mercaptan	$CH_3CH_2CH_2CH_2SH$	Butanethiol 참조				
239	부틸아민	Butylamine	$C_4H_9NH_2$			C 5	−	[109−73−9] Skin
240	이차−부틸알코올	sec−Butyl alcohol (2−Butanol)	$CH_3CHOHCH_2CH_3$	100	−	150	−	[78−92−2]
241	삼차−부틸알코올	tert−Butyl alcohol	$(CH_3)_3COH$	100	−	150	−	[75−65−0]
242	불소	Fluorine	F_2	0.1	−	−	−	[7782−41−4]
243	불화수소	Hydrogen fluoride, as F	HF	0.5	−	C 3	−	[7664−39−3] Skin

일련번호	유해물질의 명칭		화학식	노출기준				비고 (CAS번호 등)
	국문표기	영문표기		TWA		STEL		
				ppm	mg/m^3	ppm	mg/m^3	
244	붕소산 사나트륨염 (무수물)	Borates tetrasodium salts (Anhydrous) (Inhalable fraction)	Na$_2$B$_4$O$_7$	–	1	–	–	[1330-43-4] 생식독성 1B, 흡입성
245	붕소산 사나트륨염 (오수화물)	Borates tetrasodium salts (Pentahydrate) (Inhalable fraction)	Na$_2$B$_4$O$_7$ · 5H$_2$O	–	1	–	–	[12179-04-3] 생식독성 1B, 흡입성
246	붕소산 사나트륨염 (십수화물)	Borates tetrasodium salts(Decahydrate) (Inhalable fraction)	Na$_2$B$_4$O$_7$ · 10H$_2$O	–	5	–	–	[1303-96-4] 생식독성 1B, 흡입성
247	브로마실	Bromacil	C9H$_{13}$BrN$_2$O$_2$	–	10	–	–	[314-40-9] 발암성 2
248	브로모클로로메탄	Bromochloro methane	CH$_2$BrCl	200	–	250	–	[74-97-5]
249	브로모포롬	Bromoform	CHBr$_3$	0.5	–	–	–	[75-25-2] 발암성 2, Skin
250	1-브로모프로판	1-Bromopropane	CH$_3$CH$_2$CH$_2$Br	25	–	–	–	[106-94-5] 발암성 2, 생식독성 1B
251	2-브로모프로판	2-Bromopropane	(CH$_3$)$_2$CHBr	1	–	–	–	[75-26-3] 생식독성 1A
252	브롬	Bromine	Br$_2$	0.1	–	0.3	–	[7726-95-6]
253	브롬화 메틸	Methyl bromide	CH$_3$Br	1	–	–	–	[74-83-9] 생식세포 변이원성 2, Skin
254	브롬화 비닐	Vinyl bromide	C$_2$H$_3$Br	0.5	–	–	–	[593-60-2] 발암성 1B
255	브롬화 수소	Hydrogen bromide	HBr			C 2	–	[10035-10-6]
256	브롬화 에틸	Ethyl bromide	C$_2$H$_5$Br	5	–	–	–	[74-96-4] 발암성 2, Skin

일련번호	유해물질의 명칭		화학식	노출기준				비고 (CAS번호 등)
	국문표기	영문표기		TWA		STEL		
				ppm	mg/m³	ppm	mg/m³	
257	브이엠 및 피 나프타	VM & P Naphtha	-	300	-	-	-	[8032-32-4] 발암성 1B, 생식세포 변이원성 1B (벤젠 0.1% 이상인 경우에 한정함)
258	비닐 벤젠	Vinyl benzene	$C_6H_5CHCH_2$	스티렌 참조				
259	비닐 시클로헥센디옥사이드	Vinyl cyclohexenedioxide	$C_8H_{12}O_2$	0.1	-	-	-	[106-87-6] 발암성 2, Skin
260	비닐 아세테이트	Vinyl acetate	$CH_3COOCHCH_2$	10	-	15	-	[108-05-4] 발암성 2
261	비닐 톨루엔	Vinyl toluene	$CH_3C_6H_4CHCH_2$	50	-	-	-	[25013-15-4]
262	비소 및 그 무기화합물	Arsenic & inorganic compounds, as As	As	-	0.01	-	-	[7440-38-2] 발암성 1A
263	비스-(클로로메틸) 에테르	bis-(Chloromethyl) ether	$O(CH_2Cl)_2$	0.001	-	-	-	[542-88-1] 발암성 1A
264	비페닐	Biphenyl	$C_{12}H_{10}$	0.2	-	-	-	[92-52-4]
265	사브롬화 아세틸렌	Acetylene tetrabromide	$CHBr_2CHBr_2$	1	-	-	-	[79-27-6]
266	사브롬화 탄소	Carbon tetrabromide	CBr_4	0.1	-	0.3	-	[558-13-4]
267	사산화 오스뮴	Osmium tetroxide, as Os	OsO_4	0.0002	-	0.0006	-	[20816-12-0]
268	사염화탄소	Carbon tetrachloride	CCl_4	5	-	-	-	[56-23-5] 발암성 1B, Skin
269	산화규소 (결정체 석영)	Silica(Crystalline quartz) (Respirable fraction)	SiO_2	-	0.05	-	-	[14808-60-7] 발암성 1A, 호흡성
270	산화규소 (결정체 크리스토바라이트)	Silica(Crystalline cristobalite) (Respirable fraction)	SiO_2	-	0.05	-	-	[14464-46-1] 발암성 1A, 호흡성

일련번호	유해물질의 명칭		화학식	노출기준				비고 (CAS번호 등)
	국문표기	영문표기		TWA		STEL		
				ppm	mg/m^3	ppm	mg/m^3	
271	산화규소 (결정체 트리디마이트)	Silica(Crystalline tridymite) (Respirable fraction)	SiO$_2$	–	0.05	–	–	[15468-32-3] 발암성 1A, 호흡성
272	산화규소 (결정체 트리폴리)	Silica(Crystalline tripoli) (Respirable fraction)	SiO$_2$	–	0.1	–	–	[1317-95-9] 발암성 1A, 호흡성
273	산화규소 (비결정체 규소, 용융된)	Silica(Amorphous silica, fused) (Respirable fraction)	SiO$_2$	–	0.1	–	–	[60676-86-0] 호흡성
274	산화규소 (비결정체 규조토)	Silica (Amorphous diatomaceous earth)	SiO$_2$	–	10	–	–	[61790-53-2]
275	산화규소 (비결정체 침전된 규소)	Silica (Amorphous precipitated silica)	SiO$_2$	–	10	–	–	[112926-00-8]
276	산화규소 (비결정체 실리카겔)	Silica(Amorphous silicagel)	SiO$_2$	–	10	–	–	[112926-00-8]
277	산화마그네슘	Magnesium oxide	MgO	–	10	–	–	[1309-48-4]
278	산화 메시틸	Mesityl oxide	CH$_3$COCHC(CH$_3$)$_2$	15	–	25	–	[141-79-7]
279	산화 붕소	Boron oxide	B$_2$O$_3$	–	10	–	–	[1303-86-2] 생식독성 1B
280	산화아연 분진	Zinc oxide (Respirable fraction)	ZnO	–	2	–	–	[1314-13-2] 호흡성
281	산화아연	Zinc oxide	ZnO	–	5	–	10	[1314-13-2]
282	산화 알루미늄	Aluminum oxide	Al$_2$O$_3$	알파-알루미나 참조				
283	산화 에틸렌	Ethylene oxide	(CH$_2$)$_2$O	1	–	–	–	[75-21-8] 발암성 1A, 생식세포 변이원성 1B
284	산화주석 및 무기화합물	Tin oxide & Inorganic compounds except SnH$_4$, as Sn	Sn/SnCl$_2$/SnCl$_4$/Sn SO$_4$/K$_2$SnO$_3$·3H$_2$O	–	2	–	–	[7440-31-5] Skin

일련번호	유해물질의 명칭 국문표기	유해물질의 명칭 영문표기	화학식	노출기준 TWA ppm	노출기준 TWA mg/m³	노출기준 STEL ppm	노출기준 STEL mg/m³	비고 (CAS번호 등)
285	산화철	Iron oxide, as Fe	Fe_2O_3	−	5	−	−	[1309−37−1]
286	산화철(흄)	Iron oxide (Fume, as Fe)	Fe_2O_3	−	5	−	−	[1309−37−1]
287	산화칼슘	Calcium oxide	CaO	−	2	−	−	[1305−78−8]
288	산화프로필렌	Propylene oxide	CH_3CHOCH_2	1, 2−에폭시프로판 참조				
289	삼차부틸크롬산	tert−Butyl chromate, as CrO_3	$[(CH_3)_3CO]_2CrO_2$	−	−	−	C 0.1	[1189−85−1] 발암성 1A, Skin
290	삼불화붕소	Boron trifluoride	BF_3	−	−	C 1	−	[7637−07−2]
291	삼불화염소	Chlorine trifluoride	ClF_3	−	−	C 0.1	−	[7790−91−2]
292	삼불화질소	Nitrogen trifluoride	NF_3	10	−			[7783−54−2]
293	삼브롬화붕소	Boron tribromide	BBr_3	−	−	C 1	−	[10294−33−4]
294	삼산화 안티몬 (취급 및 사용물)	Antimony trioxide (Handling & use, as Sb)	Sb_2O_3	−	0.5	−	−	[1309−64−4] 발암성 2
295	삼산화 안티몬(생산)	Antimony trioxide (Production)	Sb_2O_3	−	−	−	−	[1309−64−4] 발암성 1B
296	삼수소화 비소	Arsine	AsH_3	0.005	−	−	−	[7784−42−1]
297	석고	Gypsum (Inhalable fraction)	$CaSO_4 \cdot 2H_2O$	−	10	−	−	[13397−24−5] 흡입성
298	석면(모든 형태)	Asbestos (All forms)	−	−	0.1개/ cm³	−		발암성 1A
299	석탄분진	Coal ust (Respirable fraction)	−	−	1	−		호흡성
300	석회석	Lime stone	−	−	10	−	−	[1317−65−3]
301	설퍼릴 플루오라이드	Sulfuryl fluoride	SO_2F_2	5	−	10	−	[2699−79−8]
302	설퍼 모노클로라이드	Sulfur monochloride	S_2Cl_2	−	−	C 1	−	[10025−67−9]
303	설퍼 테트라플루오라이드	Sulfur tetrafluoride	SF_4	−	−	C 0.1	−	[7783−60−0]
304	설퍼 펜타플루오라이드	Sulfur pentafluoride	S_2F_{10}	−	−	C 0.01	−	[5714−22−7]

일련번호	유해물질의 명칭		화학식	노출기준				비고 (CAS번호 등)
	국문표기	영문표기		TWA		STEL		
				ppm	mg/m³	ppm	mg/m³	
305	설포텝	Sulfotep	$(C_2H_5)_4P_2S_2O_5$	–	0.2	–	–	[3689–24–5] Skin
306	설프로포스	Sulprofos	$C_{12}H_{19}O_2PS_3$	–	1	–	–	[35400–43–2] Skin
307	세손	Sesone	$C_8H_7Cl_2NaO_5S$	–	10	–	–	[136–78–7]
308	세슘하이드록시드	Cesium hydroxide	$CsOH$	–	2	–	–	[21351–79–1]
309	셀레늄 및 그 화합물	Selenium and compounds	$Se/Na_2SeO_3/Na_2SeO_4/SeO_2SeOCl_2$	–	0.2	–	–	[7782–49–2]
310	셀룰로오스	Cellulose (paper fiber)	$(C_6H_{10}O_5)n$	–	10	–	–	[9004–34–6]
311	소디움 2,4-디클로로페녹시에틸 설페이트	Sodium 2,4-dichlorophenoxyethylsulfate	$C_8H_7Cl_2NaO_5S$	세손 참조				
312	소디움 메타바이설파이트	Sodium metabisulfite	$Na_2S_2O_5$	–	5	–	–	[7681–57–4]
313	소디움 비설파이트	Sodium bisulfite	$NaHSO_3$	–	5	–	–	[7631–90–5]
314	소디움 아지이드	Sodium azide	NaN_3	–	–	–	C 0.29	[26628–22–8]
315	소디움 풀루오로아세테이트	Sodium fluoroacetate	$CH_2FCOONa$	–	0.05	–	0.15	[62–74–8] Skin
316	소석고	Plaster of Pariss (Inhalable fraction)	–	–	10	–	–	[10034–76–1] 흡입성
317	소우프스톤	Soapstone	$3MgO \cdot 4SiO_2 \cdot H_2O$	–	6	–	–	[14807–96–6]
318	소우프스톤	Soapstone (Respirable fraction)	$3MgO \cdot 4SiO_2 \cdot H_2O$	–	3	–	–	[14807–96–6] 호흡성
319	수산화나트륨	Sodium hydroxide	$NaOH$	–	–	–	C 2	[1310–73–2]
320	수산화 칼륨	Potassium hydroxide	KOH	–	–	–	C 2	[1310–58–3]
321	수산화 칼슘	Calcium hydroxide	$Ca(OH)_2$	–	5	–	–	[1305–62–0]
322	수산화테트라메틸 암모늄	Tetramethylammonium hydroxide	$C_4H_{13}NO$	–	1	–	–	[75–59–2]
323	수은(아릴화합물)	Mercury (Aryl compounds)	Hg	–	0.1	–	–	[7439–97–6] Skin

| 일련번호 | 유해물질의 명칭 | | 화학식 | 노출기준 | | | | 비고 |
| | 국문표기 | 영문표기 | | TWA | | STEL | | (CAS번호 등) |
				ppm	mg/m^3	ppm	mg/m^3	
324	수은 및 무기형태 (아릴 및 알킬 화합물 제외)	Mercury elemental and inorganic form(All forms except aryl & alkyl compounds)	Hg	–	0.025	–	–	[7439-97-6] 생식독성 1B, Skin
325	수은(알킬화합물)	Mercury(Alkyl compounds)	Hg	–	0.01	–	0.03	[7439-97-6] Skin
326	스토다드 용제	Stoddard solvent	C$_9$ ~ C$_{11}$ paraffn(85%) + aromatics(15%)	100	–	–	–	[8052-41-3] 발암성 1B, 생식세포 변이원성 1B (벤젠 0.1% 이상인 경우에 한정함)
327	스트론티움크로메이트	Strontium chromate	C$_2$H$_2$O$_4$ · Sr	–	0.0005	–	–	[7789-06-2] 발암성 1A
328	스트리치닌	Strychnine	C$_{21}$H$_{22}$N$_2$O$_2$	–	0.15	–	–	[57-24-9]
329	스티렌	Styrene	C$_6$H$_5$CHCH$_2$	20	–	40	–	[100-42-5] 발암성 2, 생식독성 2, Skin
330	스티빈	Stibine	SbH$_3$	0.1	–	–	–	[7803-52-3]
331	시스톡스	Systox	(C$_2$H$_5$O)$_2$PSOC$_2$H$_4$SC$_2$H$_5$	데미톤 참조				
332	시아노겐	Cyanogen	(CN)$_2$	10	–	–	–	[460-19-5]
333	시안아미드	Cyanamide	H$_2$NCN	–	2	–	–	[420-04-2]
334	시안화 나트륨	Sodium cyanide	NaCN	–	3	–	5	[143-33-9] Skin
335	시안화 비닐	Vinyl cyanide	CH$_2$CHCN	아크릴로니트릴 참조				
336	시안화 수소	Hydrogen cyanide	HCN	–	–	C 4.7	–	[74-90-8] Skin
337	시안화 칼륨	Potassium cyanide	KCN	시안화합물 참조				
338	시안화합물	Cyanides, as CN	KCN/Ca(CN)$_2$	–	5	–	–	[151-50-8] [592-01-8] Skin
339	시클로나이트	Cyclonite	C$_3$H$_6$N$_6$O$_6$	–	0.5	–	–	[121-82-4] Skin
340	시클로펜타디엔	Cyclopentadiene	C$_5$H$_6$	75	–	–	–	[542-92-7]

일련번호	유해물질의 명칭 국문표기	유해물질의 명칭 영문표기	화학식	노출기준 TWA ppm	노출기준 TWA mg/m³	노출기준 STEL ppm	노출기준 STEL mg/m³	비고 (CAS번호 등)
341	시클로펜탄	Cyclopentane	C_5H_{10}	600	–	–	–	[287-92-3]
342	시클로헥사논	Cyclohexanone	$C_6H_{11}O$	25	–	50	–	[108-94-1] 발암성 2, Skin
343	시클로헥사놀	Cyclohexanol	$C_6H_{11}OH$	50	–	–	–	[108-93-0] Skin
344	시클로헥산	Cyclohexane	C_6H_{12}	200	–	–	–	[110-82-7]
345	시클로헥센	Cyclohexene	C_6H_{10}	300	–	–	–	[110-83-8]
346	시클로헥실아민	Cyclohexylamine	$C_6H_{11}NH_2$	10	–	–	–	[108-91-8] 생식독성 2
347	시헥사틴	Cyhexatin	$C_{18}H_{34}OSn$	–	5	–	–	[13121-70-5]
348	실레인	Silane	SiH_4	5	–	–	–	[7803-62-5]
349	실리콘	Silicon	Si	–	10	–	–	[7440-21-3]
350	실리콘 카바이드	Silicon carbide	SiC	–	10	–	–	[409-21-2] 발암성 1B [섬유상(수염형태 결정 포함] 물질에 한정함]
351	실리콘 테트라하이드라이드	Silicon tetrahydride	SiH_4	실레인 참조				
352	아니시딘 (오쏘, 파라-이성체)	Anisidine (o, p-isomers)	$NH_2C_6H_4OCH_3$	–	0.5	–	–	[29191-52-4] Skin
353	아닐린과 아닐린 동족체	Aniline & homologues	$C_6H_5NH_2$	2	–	–	–	[62-53-3] 발암성 2, 생식세포 변이원성 2, Skin
354	4-아미노디페닐	4-Aminodiphenyl	$C_6H_5C_6H_4NH_2$	–	–	–	–	[92-67-1] 발암성 1A, Skin
355	2-아미노에탄올	2-Aminoethanol	$HOCH_2CH_2NH_2$	에탄올 아민 참조				
356	3-아미노-1,2,4-트리아졸 (또는 아미트롤)	3-Amino-1,2,4-triazole (or Amitrole)	–	–	0.2	–	–	[61-82-5] 발암성 2, 생식독성 2
357	2-아미노피리딘	2-Aminopyridine	$NH_2C_5H_4N$	0.5	–	–	–	[504-29-0]
358	아세네이트 연	Lead arsenate, as $Pb(AsO_4)_2$	Pb_3HAsO_4	–	0.05	–	–	[7784-40-9] 발암성 1A, 생식독성 1A

일련번호	유해물질의 명칭		화학식	노출기준				비고 (CAS번호 등)
	국문표기	영문표기		TWA		STEL		
				ppm	mg/m³	ppm	mg/m³	
359	아세토니트릴	Acetonitrile	CH_3CN	20	−	−	−	[75−05−8] Skin
360	아세톤	Acetone	CH_3COCH_3	500	−	750	−	[67−64−1]
361	아세톤시아노히드린	Acetone cyanohydrin	$(CH_3)_2C(OH)CN$	−	−	C 4.7	−	[75−86−5]
362	아세트알데히드	Acetaldehyde	CH_3CHO	50	−	150	−	[75−07−0] 발암성 1B
363	아세틸살리실산	Acetylsalicylic acid(Aspirin)	$C_9H_8O_4$	−	5	−	−	[50−78−2]
364	아스팔트 흄 (벤젠 추출물)	Asphalt(Bitumen) fumes (as benzene soluble aerosol) (Inhalable fraction)	−	−	0.5	−	−	[8052−42−4] 발암성 2, 흡입성
365	아연 스테아린산	Zinc stearate(Inhalable fraction)	$Zn(C_{18}H_{35}O_2)_2$	−	10	−	−	[557−05−1] 흡입성
366	아진포스 메틸	methyl(Inhalable fraction and vapor)	$C_{10}H_{12}N_3O_3PS_2$	−	0.2	−	−	[86−50−0] Skin, 흡입성 및 증기
367	아크로레인	Acrolein	CH_2CHCHO	0.1	−	0.3	−	[107−02−8] Skin
368	아크릴로니트릴	Acrylonitrile	CH_2CHCN	2	−	−	−	[107−13−1] 발암성 1B, Skin
369	아크릴 산	Acrylic acid	$CH_2CHCOOH$	2	−	−	−	[79−10−7] Skin
370	아크릴아미드	Acrylamide (Inhalable fraction and vapor)	$CH_2CHCONH_2$	−	0.03	−	−	[79−06−1] 발암성 1B, 생식세포 변이원성 1B, 생식독성 2, Skin, 흡입성 및 증기
371	아트라진	Atrazine	$C_8H_{14}ClN_5$	−	5	−	−	[1912−24−9] 발암성 2
372	아황화니켈	Nickel subsulfide (Inhalable fraction)	Ni_3S_2	−	0.1	−	−	[12035−72−2] 발암성 1A, 생식세포 변이원성 2, 흡입성

일련번호	유해물질의 명칭		화학식	노출기준				비고 (CAS번호 등)
	국문표기	영문표기		TWA		STEL		
				ppm	mg/m^3	ppm	mg/m^3	
373	안티몬과 그 화합물	Antimony & compounds, as Sb	Sb	–	0.5	–	–	[7440-36-0]
374	알드린	Aldrin	$Cl_2H_8Cl_6$	–	0.25	–	–	[309-00-2] 발암성 2, Skin
375	알루미늄(가용성 염)	Aluminum (Soluble salts)	Al	–	2	–	–	[7429-90-5]
376	알루미늄(금속분진)	Aluminum (Metal dust)	Al	–	10	–	–	[7429-90-5]
377	알루미늄(알킬)	Aluminum(Alkyls)	Al	–	2	–	–	[7429-90-5]
378	알루미늄(용접 흄)	Aluminum (Welding fumes)	Al	–	5	–	–	[7429-90-5]
379	알루미늄 (피로파우더)	Aluminum (Pyropowders)	Al	–	5	–	–	[7429-90-5]
380	알릴글리시딜에테르	Allyl glycidyl ether(AGE)	$CH_2CHCH_2OC_3H_5O$	1	–	–	–	[106-92-3] 발암성 2, 생식세포 변이원성 2, 생식독성 2, Skin
381	알릴 알코올	Allyl alcohol	CH_2CHCH_2OH	0.5	–	4	–	[107-18-6] Skin
382	알릴프로필 디설파이드	Allylpropyl disulfide	$CH_2CHCH_2S_2C_3H_7$	0.5	–	–	–	[2179-59-1]
383	알파나프틸아민	α-Naphthyl amine	$C_{10}H_7NH_2$	–	0.006	–	–	[134-32-7] 발암성 2
384	알파-나프틸티오 우레아	α-Naphthylthio urea(ANTU)	$C_{11}H_{10}N_2S$	–	0.3	–	–	[86-88-4] 발암성 2, Skin
385	알파-메틸 스티렌	α-Methyl styrene	$C_6H_5C(CH_3)=CH_2/$ C_9H_{10}	50	–	100	–	[98-83-9] 발암성 2
386	알파-알루미나	α-Alumina	Al_2O_3	–	10	–	–	[1344-28-1]
387	알파 -클로로아세토페논	α-Chloroaceto phenone	$C_6H_5COCH_2Cl$	0.05	–	–	–	[532-27-4]
388	암모늄 설파메이트	Ammonium sulfamate	$NH_2SO_3NH_4$	–	10	–	–	[7773-06-0]
389	암모니아	Ammonia	NH_3	25	–	35	–	[7664-41-7]

일련번호	유해물질의 명칭 국문표기	유해물질의 명칭 영문표기	화학식	TWA ppm	TWA mg/m³	STEL ppm	STEL mg/m³	비고 (CAS번호 등)
390	액화 석유가스	L.P.G(Liquified petroleum gas)	C₃H₆/C₃H₈/C₄H₈/C₄H₁₀	1,000	–	–	–	[68476-85-7] 발암성 1A, 생식세포 변이원성 1B (부타디엔 0.1% 이상인 경우에 한정함)
391	에머리	Emery	–	–	10	–	–	[1302-74-5]
392	에탄 에티올	Ethanethiol	C₂H₅SH	0.5	–	–	–	[75-08-1]
393	에탄올	Ethanol	C₂H₅OH	에틸 알코올 참조				
394	에탄올아민	Ethanolamine	HOCH₂CH₂NH₂	3	–	6		[141-43-5]
395	2-에톡시에탄올	2-Ethoxyethanol	C₂H₅OCH₂CH₂OH	5	–	–	–	[110-80-5] 생식독성 1B, Skin
396	2-에톡시에틸 아세테이트	2-Ethoxyethyl acetate	C₂H₅OCH₂CH₅OCOCH₃	5	–	–	–	[111-15-9] 생식독성 1B, Skin
397	에티온	Ethion	C₉H₂₀O₄P₂S₂	–	0.4	–	–	[563-12-2] Skin
398	에틸렌 글리콜 디니트레이트	Ethylene glycol dinitrate	(CH₂NO₃)₂	0.05	–	–	–	[628-96-6] Skin
399	에틸렌글리콜모노부틸 에테르아세테이트	Ethyleneglycol monobutyl etheracetate	C₄H₉OCH₂OO-CH₃	20	–	–	–	[112-07-2] 발암성 2
400	에틸렌 글리콜메틸에테르 아세테이트	Ethylene glycol methyl ether acetate	CH₃COOCH₂CH₂OCH₃	5	–	–	–	[110-49-6] 생식독성 1B, Skin
401	에틸렌 글리콜 (증기 및 미스트)	Ethylene glycol (Vapor and mist)	CH₂OHCH₂OH	–	–	–	C 100	[107-21-1]
402	에틸렌디아민	Ethylenediamine	CH₂BrCH₂Br	1,2-디아미노에탄 참조				
403	에틸렌이민	Ethylenimine	(CH₂)₂NH	0.5	–	–	–	[151-56-4] 발암성 1B, 생식세포 변이원성 1B, Skin
404	에틸렌 클로로하이드린	Ethylene chlorohydrin	CH₃ClCH₂OH	–	–	C 1	–	[107-07-3] Skin

일련번호	유해물질의 명칭		화학식	노출기준				비고 (CAS번호 등)
	국문표기	영문표기		TWA		STEL		
				ppm	mg/m^3	ppm	mg/m^3	
405	에틸리덴 노보르닌	Ethylidene norbornene	C$_9$H$_{12}$	–	–	C 5	–	[16219-75-3]
406	에틸 멀캅탄	Ethyl mercaptan	C$_2$H$_5$SH	에탄에티올 참조				
407	에틸 벤젠	Ethyl benzene	C$_2$H$_5$C$_6$H$_5$	100	–	125	–	[100-41-4] 발암성 2
408	에틸 부틸 케톤	Ethyl butyl ketone	C$_2$H$_5$COC$_4$H$_9$	50	–	–	–	[106-35-4]
409	에틸 실리케이트	Ethyl silicate	(C$_2$H$_5$O)Si/ (CH$_2$H$_5$)$_4$SiO$_4$	10	–	–	–	[78-10-4]
410	에틸 아민	Ethyl amine	C$_2$H$_5$NH$_2$	5	–	15	–	[75-04-7] Skin
411	에틸 아밀 케톤	Ethyl amyl ketone	C$_8$H$_{16}$O	25	–	–	–	[541-85-5]
412	에틸 아크릴레이트	Ethyl acrylate	CH$_2$CHCOOC$_2$H$_5$	5	–	–	–	[140-88-5] 발암성 2
413	에틸 알코올	Ethyl alcohol	C$_2$H$_5$OH	1,000	–	–	–	[64-17-5] 발암성 1A (알코올 음주에 한정함)
414	에틸 에테르	Ethyl ether	C$_2$H$_5$OC$_2$H$_5$	디에틸 에테르 참조				
415	1,2-에폭시프로판	1,2-Epoxypropane	CH$_3$CHOCH$_2$	2	–	–	–	[75-56-9] 발암성 1B, 생식세포 변이원성 1B
416	2,3-에폭시-1-프로판올	2,3-Epoxy-1-propanol	C$_3$H$_6$O$_2$	2	–	–	–	[556-52-5] 발암성 1B, 생식세포 변이원성 2, 생식독성 1B
417	에피클로로히드린	Epichlorohydrin	C$_3$H$_5$OCl	0.5	–	–	–	[106-89-8] 발암성 1B, Skin
418	엔도설판	Endosulfan (Inhalable fraction and vapor)	C$_9$H$_6$Cl$_6$O$_3$S	–	0.1	–	–	[115-29-7] Skin, 흡입성 및 증기
419	엔드린	Endrin	C$_{12}$H$_8$Cl$_6$O	–	0.1	–	–	[72-20-8] Skin
420	염소	Chlorine	Cl$_2$	0.5	–	1	–	[7782-50-5]
421	염소화 비닐리덴	Vinylidene chloride	CH$_2$CCl$_2$	1,1-디클로로에틸렌 참조				

일련번호	유해물질의 명칭		화학식	노출기준				비고 (CAS번호 등)
	국문표기	영문표기		TWA		STEL		
				ppm	mg/m^3	ppm	mg/m^3	
422	염소화 산화디페닐	Chlorinated diphenyloxide	$C_{12}H_4Cl_6O$	−	0.5	−	2	[55720−99−5]
423	염소화 캄펜	Chlorinated camphene	$C_{10}H_{10}Cl_8$	−	0.5	−	1	[8001−35−2] 발암성 2, Skin
424	염화 메틸렌	Methylene chloride	CH_2Cl_2	디클로로메탄 참조				
425	염화 벤질	Benzyl chloride	$C_6H_5CH_2Cl$	1	−	−	−	[100−44−7] 발암성 1B
426	염화 비닐	Vinyl chloride	CH_2CHCl	클로로에틸렌 참조				
427	염화 수소	Hydrogen chloride	HCl	1	−	2	−	[7647−01−0]
428	염화 시아노겐	Cyanogen chloride	CClN	−	−	C 0.3	−	[506−77−4]
429	염화 아연 흄	Zinc chloride fume	$ZnCl_2$	−	1	−	2	[7646−85−7]
430	염화 알릴	Allyl chloride	CH_2CHCH_2Cl	1	−	2	−	[107−05−1] 발암성 2, 생식세포 변이원성 2, Skin
431	염화 암모늄 흄	Ammonium chloride fume	NH_4Cl	−	10	−	20	[12125−02−9]
432	염화 에틸	Ethyl chloride	C_2H_5Cl	1,000	−	−	−	[75−00−3] 발암성 2, Skin
433	염화 에틸리덴	Ethylidene chloride	CH_3CHCl_2	10	−	−	−	[107−06−2] 발암성 1B
434	염화 티오닐	Thionyl chloride	$SOCl_2$	−	−	C 0.2	−	[7719−09−7]
435	오쏘−이차 −부틸페놀	o−sec −Butylphenol	$C_2H_5(CH_3)CHC_6H_4OH$	5	−	−	−	[89−72−5] Skin
436	오쏘−디클로로벤젠	o−Dichlorobenzene	$C_6H_4Cl_2$	25	−	50	−	[95−50−1]
437	오쏘 −메틸시클로헥사논	o−Methylcyclo hexanone	$C_7H_{12}O$	50	−	75	−	[583−60−8] Skin
438	오쏘−클로로벤질 리덴 말로노니트릴	o−Chlorobenzylide ne malononitrile	$ClC_6H_4CHC(CN)_2$	−	−	C 0.05	−	[2698−41−1] Skin
439	오쏘−클로로스티렌	o−Chlorostyrene	C_8H_7Cl	50	−	75	−	[2039−87−4]
440	오쏘−클로로톨루엔	o−Chlorotoluene	$C_6H_4CH_3Cl$	50	−	75	−	[95−49−8]
441	오쏘−톨루이딘	o−Toluidine	$CH_3C_6H_4NH_2$	2	−	−	−	[95−53−4] 발암성 1A, Skin

| 일련번호 | 유해물질의 명칭 | | 화학식 | 노출기준 | | | | 비고 (CAS번호 등) |
| | 국문표기 | 영문표기 | | TWA | | STEL | | |
				ppm	mg/m³	ppm	mg/m³	
442	오쏘-톨리딘	o-Tolidine	(CH₃C₆H₃NH₂)₂	–	–	–	–	[119-93-7] 발암성 1B, Skin
443	오쏘-프탈로디니트릴	o-Phthalodinitrile (Inhalable fraction and vapor)	C₆H₄(NH₂)₂	–	1	–	–	[91-15-6] 흡입성 및 증기
444	오불화 브롬	Bromine pentafluoride	BrF₅	0.1	–	–	–	[7789-30-2]
445	오산화바나듐	Vanadium pentoxide (Inhalable fraction)	V₂O₅	–	0.05	–	–	[1314-62-1] 발암성 2, 생식세포 변이원성 2, 생식독성 2, 흡입성
446	오카르보닐 철 (펜타카르보닐철)	Iron pentacarbonyl, as Fe	Fe(CO)₅	0.1	–	0.2	–	[13463-40-6]
447	오존	Ozone	O₃	0.08	–	0.2	–	[10028-15-6]
448	옥살산	Oxalic acid	HOOCCOOH · 2H₂O	–	1	–	2	[144-62-7]
449	옥타클로로나프탈렌	Octachloro naphthalene	C₁₀Cl₈	–	0.1	–	0.3	[2234-13-1] Skin
450	옥탄	Octane	C₈H₁₈	300	–	375	–	[111-65-9]
451	와파린	Warfarin	C₁₉H₁₆O₄	–	0.1	–	–	[81-81-2] 생식독성 1A, Skin
452	요오드 및 요오드화물	Iodine and iodides(Inhalable fraction and vapor)	I₂	0.01	–	0.1	–	[7553-56-2] 흡입성 및 증기
453	요오드포름	Iodoform	CHI₃	0.6	–	–	–	[75-47-8]
454	요오드화 메틸	Methyl iodide	CH₃I	2	–	–	–	[74-88-4] 발암성 2, Skin
455	용접 흄 및 분진	Welding fumes and dust	–	–	5	–	–	발암성 2
456	우라늄 (가용성 및 불용성 화합물)	Uranium(Soluble & insoluble compounds, as U)	U/U₃O₈/UF₄/ UH₃/UF₆ /UO₂(NO₃)₂ · 6H₂O /UO₂SO₄ · 3H₂O	–	0.2	–	0.6	[7440-61-1] 발암성 1A
457	운모	Mica(Respirable fraction)	–	–	3	–	–	[12001-26-2] 호흡성

일련번호	유해물질의 명칭		화학식	노출기준				비고 (CAS번호 등)
	국문표기	영문표기		TWA		STEL		
				ppm	mg/m³	ppm	mg/m³	
458	유리 섬유 분진	Fibrous glass dust	–	–	5	–	–	–
459	육불화 셀레늄	Selenium hexafluoride, as Se	SeF₆	0.05	–	–	–	[7783-79-1]
460	육불화 텔레늄	Tellurium hexafluoride, as Te	TeF₆	0.02	–	–	–	[7783-80-4]
461	육불화 황	Sulfur hexafluoride	SF₆	1,000	–	–	–	[2551-62-4]
462	은(가용성 화합물)	Silver(Soluble compounds, as Ag)	AgNO₃/AgF	–	0.01	–	–	[7440-22-4]
463	은(금속, 분진 및 흄)	Silver(Metal, dust and fume)	Ag	–	0.1	–	–	[7440-22-4]
464	이불화산소	Oxygen difluoride	OF₂	–	–	C 0.05	–	[7783-41-7]
465	이브롬화 에틸렌	Etylene dibromide	NH₂CH₂CH₂NH₂	1,2-디브로모에탄 참조				
466	이산화염소	Chlorine dioxide	ClO₂	0.1	–	0.3	–	[10049-04-4]
467	이산화질소	Nitrogen dioxide	NO₂/N₂O₄	3	–	5	–	[10102-44-0]
468	이산화탄소	Carbon dioxide	CO₂	5,000	–	30,000	–	[124-38-9]
469	이산화티타늄	Titanium dioxide	TiO₂	–	10	–	–	[13463-67-7] 발암성 2
470	이산화 황	Sulfur dioxide	SO₂	2	–	5	–	[7446-09-5]
471	이소부틸 알코올	Isobutyl alcohol	(CH₃)₂CHCH₂OH	50	–	–	–	[78-83-1]
472	이소아밀 알코올	Isoamyl alcohol	(CH₃)₂CHCH₂OH	100	–	125	–	[123-51-3]
473	이소옥틸 알코올	Isooctyl alcohol	C₇H₁₅CH₂OH	50	–	–	–	[26952-21-6] Skin
474	이소포론	Isophorone	C₉H₁₄O	–	–	C 5	–	[78-59-1] 발암성 2
475	이소포론 디이소시아네이트	Isophorone diisocyanate	C₁₂H₁₈N₂O₂	0.005	–	–	–	[4098-71-9] Skin
476	이소프로폭시에탄올	Isopropoxyethanol	(CH₃)₂CHOCH₂CH₂OH	25	–	–	–	[109-59-1] Skin
477	이소프로필 글리시딜 에테르	Isopropyl glycidyl ether(IGE)	C₆H₁₂O₂	50	–	75	–	[4016-14-2]
478	이소프로필아민	Isopropylamine	(CH₃)₂CHNH₃	5	–	10	–	[75-31-0]

일련번호	유해물질의 명칭		화학식	노출기준				비고 (CAS번호 등)
	국문표기	영문표기		TWA		STEL		
				ppm	mg/m³	ppm	mg/m³	
479	이소프로필 알코올	Isopropyl alcohol	CH₃CHOHCH₃	200	–	400	–	[67-63-0]
480	이소프로필 에테르	Isopropyl ether	[(CH₃)₂CH]₂O	250	–	310	–	[108-20-3]
481	이염화아세틸렌	Acetylene dichloride	CHClCHCl	1,2-디클로로에틸렌 참조				
482	이염화 에틸렌	Ethylene dichloride	ClCHCHCl	10	–	–	–	[107-06-2] 발암성 1B
483	이트리움 (금속 및 화합물)	Yttrium(Metal & compounds, as Y)	Y/Y(NO₃)₃ · 6H₂O/ YCl₃/Y₂O₃	–	1	–	–	[7440-65-5]
484	이피엔	EPN(Inhalable fraction)	C₁₄H₁₄NO₄PS	–	0.1	–	–	[2104-64-5] Skin, 흡입성
485	이황화탄소	Carbon disulfide	CS₂	1	–	–	–	[75-15-0] 생식독성 2, Skin
486	인(황색)	Phosphorus(yellow)	P₄	–	0.1	–	–	[12185-10-3]
487	인덴	Indene	C₉H₈	10	–	–	–	[95-13-6]
488	인듐 및 그 화합물	Indium & compounds, as In(Indium & compounds as Fume) (Respirable fraction)	In	–	0.01	–	–	[7440-74-6] 호흡성
489	인산	Phosphoric acid	H₃PO₄	–	1	–	3	[7664-38-2]
490	일산화질소	Nitric monoxide	NO	25	–	–	–	[10102-43-9]
491	일산화탄소	Carbon monoxide	CO	30	–	200	–	[630-08-0] 생식독성 1A
492	자당	Sucrose	C₁₂H₂₂O₁₁	–	10	–	–	[57-50-1]
493	자철광	Magnesite	MgCO₃	–	10	–	–	[546-93-0]
494	전분	Starch	(C₆H₁₀O₅)n	–	10	–	–	[9005-25-8]
495	주석(금속)	Tin(Metal)	Sn	–	2	–	–	[7440-31-5]
496	주석(유기화합물)	Tin(Organic compounds, as Sn)	(C₄H₉)₂Sn(C₈H₁₅O₂)/ [(C₄H₉)₃Sn]₂O/ (C₆H₅)SnCl/ (C₄H₉)₂SnCl₂/ (C₄H₉)₄Sn	–	0.1	–	–	[7440-31-5] Skin

일련번호	유해물질의 명칭		화학식	노출기준				비고 (CAS번호 등)
	국문표기	영문표기		TWA		STEL		
				ppm	mg/m³	ppm	mg/m³	
497	지르코늄 및 그 화합물	Zirconium and compounds, as Zr	$ZrO_2/ZrOCl_2 \cdot 8H_2O/$ $ZrCl_4/ZrH_2/$ $H_2ZrO_2(C_2H_3O_2)_2$	–	5	–	10	[7440 – 67 – 7]
498	질산	Nitric acid	HNO_3	2	–	4	–	[7697 – 37 – 2]
499	철바나듐 분진	Ferrovanadium dust	FeV	–	1	–	3	[12604 – 58 – 9]
500	철염(가용성)	Iron salts (Soluble, as Fe)	Fe	–	1	–	–	[7439 – 89 – 6]
501	초산	Acetic acid	CH_3COOH	10	–	15	–	[64 – 19 – 7]
502	초산 이차–부틸	sec–Butyl acetate	$CH_3COOHCHCH_3CH_2$ CH_3	200	–	–	–	[105 – 46 – 4]
503	초산 삼차–부틸	tert–Butyl acetate	$CH_3COOC(CH_3)_3$	200	–	–	–	[540 – 88 – 5]
504	초산 이차–아밀	sec–Amyl acetate	$CH_3COOCH(CH_3)$ $(CH_2)CH_3$	50	–	100	–	[626 – 38 – 0]
505	초산 이차–헥실	sec–Hexyl acetate	$CH_3COOCH(CH_3)$ $CH_2CH(CH_3)_2$	50	–	–	–	[108 – 84 – 9]
506	초산 메틸	Methyl acetate	CH_3COOCH_3	200	–	250	–	[79 – 20 – 9]
507	초산 에틸	Ethyl acetate	$CH_3COOC_2H_5$	400	–	–	–	[141 – 78 – 6]
508	초산 이소부틸	Isobutyl acetate	$CH_3COOCH_2CH(CH_3)_2$	150	–	187	–	[110 – 19 – 0]
509	초산 이소아밀	Isoamyl acetate	$CH_3COOCH_2CH_2CH$ $(CH_3)_2$	50	–	100	–	[123 – 92 – 2]
510	초산 이소프로필	Isopropyl acetate	$CH_3COOCH(CH_3)_2$	100	–	200	–	[108 – 21 – 4]
511	초산 프로필	n–Propyl acetate	$CH_3COOCH_2CH_2CH_3$	200	–	250	–	[109 – 60 – 4]
512	카드뮴 및 그 화합물	Cadmium and compounds, as Cd (Respirable fraction)	Cd/CdO	–	0.01 (0.002)	–	–	[7440 – 43 – 9] 발암성 1A, 생식세포 변이원성 2, 생식독성 2, 호흡성
513	카르보닐 클로라이드	Carbonyl chloride	$COCl_2$	포스겐 참조				
514	카바릴	Carbaryl	$C_{12}H_{11}NO_2$	–	5	–	–	[63 – 25 – 2] 발암성 2, Skin
515	카보푸란	Carbofuran (Inhalable fraction and vapor)	$C_{12}H_{15}NO_3$	–	0.1	–	–	[1563 – 66 – 2] 흡입성 및 증기

일련번호	유해물질의 명칭		화학식	노출기준				비고 (CAS번호 등)
	국문표기	영문표기		TWA		STEL		
				ppm	mg/m^3	ppm	mg/m^3	
516	카보닐 플루오라이드	Carbonyl fluoride	COF_2	2	—	5	—	[353-50-4]
517	카본블랙	Carbon black(Inhalable fraction)	C	—	3.5	—	—	[1333-86-4] 발암성 2, 흡입성
518	카올린	Kaoline(Respirable fraction)	$H_2Al_2Si_2O_8 \cdot H_2O$	—	2	—	—	[1332-58-7] 호흡성
519	카프로락탐(분진)	Caprolactum(Dust) (Inhalable fraction)	$CH_2CH_2CH_2NHCH_2CH_2CO$	—	1	—	3	[105-60-2] 흡입성
520	카프로락탐(증기)	Caprolactum (Vapor)	$CH_2CH_2CH_2NHCH_2CH_2CO$	—	20	—	40	[105-60-2]
521	카테콜	Catechol	$C_6H_4(OH)_2$	5	—	—	—	[120-80-9] 발암성 2, Skin
522	칼슘 시안아미드	Calcium cyanamide	CaCN	—	0.5	—	—	[156-62-7]
523	칼슘 크로메이트	Calcium chromate	$CaCrO_4$	—	0.001	—	—	[13765-19-0]
524	캄파(인조)	Camphor (Synthetic)	$C_{10}H_{16}O$	2	—	3	—	[76-22-2]
525	캡타폴	Captafol(Inhalable fraction and vapor)	$C_{10}H_9Cl_4NO_2S$	—	0.1	—	—	[2425-06-1] 발암성 1B, Skin, 흡입성 및 증기
526	캡탄	Captan (Inhalable fraction)	$C_9H_8Cl_3NO_2S$	—	5	—	—	[133-06-2] 발암성 2, 흡입성
527	케로젠	Kerosene	—	—	200	—	—	[8008-20-6] 발암성 2, Skin
528	케텐	Ketene	CH_2CO	0.5	—	1.5	—	[463-51-4]
529	코발트 및그 무기화합물	Cobalt and inorganic compounds	$Co/CoO/Co_2O_3/Co_3O_4$	—	0.02	—	—	[7440-48-4] 발암성 2
530	코발트 하이드로카르보닐	Cobalt hydrocarbonyl, as Co	$HCO(Co)_4$	—	0.1	—	—	[16842-03-8]
531	퀴논	Quinone	OC_6H_4O	파라-벤조퀴논 참조				
532	큐멘	Cumene	$C_6H_5C_3H_7$	50	—	—	—	[98-82-8] 발암성 2, Skin

일련번호	유해물질의 명칭 국문표기	유해물질의 명칭 영문표기	화학식	노출기준 TWA ppm	노출기준 TWA mg/m³	노출기준 STEL ppm	노출기준 STEL mg/m³	비고 (CAS번호 등)
533	코발트 카르보닐	Cobalt carbonyl, as Co	$CO_2(Co)_4$	–	0.1	–	–	[10210-68-1]
534	크레졸(모든 이성체)	Cresol(all isomers) (Inhalable fraction and vapor)	$CH_3C_6H_4OH$	–	22	–	–	[95-48-7] [106-44-5] [108-39-4] [1319-77-3] Skin, 흡입성 및 증기
535	크로밀 클로라이드	Chromyl chloride	CrO_2Cl	0.025	–	–	–	[14977-61-8] 발암성 1A, 생식세포 변이원성 1B
536	크로톤알데히드	Crotonaldehyde	$CH_3CHCHCHO$	2	–	–	–	[4170-30-3] 발암성 2, 생식세포 변이원성 2, Skin
537	크롬광 가공(크롬산)	Chromite ore processing (Chromate), as Cr	Cr	–	0.05	–	–	[7440-47-3] 발암성 1A
538	크롬(금속)	Chromium(Metal)	Cr	–	0.5	–	–	[7440-47-3]
539	크롬(6가)화합물 (불용성무기화합물)	Chromium(Ⅵ)compounds(Water insoluble inorganic compounds)	Cr	–	0.01	–	–	[18540-29-9] 발암성 1A
540	크롬(6가)화합물 (수용성)	Chromium(Ⅵ) compounds (Water soluble)	Cr	–	0.05	–	–	[18540-29-9] 발암성 1A
541	크롬산 연	Lead chromate, as Cr	$PbCrO_4$	–	0.012	–	–	[7758-97-6] 발암성 1A, 생식독성 1A
542	크롬산 연	Lead chromate, as Pb	$PbCrO_4$	–	0.05	–	–	[7758-97-6] 발암성 1A, 생식독성 1A
543	크롬산 아연	Zinc chromates, as Cr	$ZnCrO_4/ZnCr_2O_4/ZnCr_2O_7$	–	0.01	–	–	[13530-65-9] [11103-86-9] [37300-23-5] 발암성 1A
544	크롬(2가)화합물	Chromium(Ⅱ) compounds, as Cr	Cr	–	0.5	–	–	[7440-47-3]

일련번호	유해물질의 명칭		화학식	노출기준				비고 (CAS번호 등)
	국문표기	영문표기		TWA		STEL		
				ppm	mg/m^3	ppm	mg/m^3	
545	크롬(3가)화합물	Chromium(Ⅲ) compounds, as Cr	Cr	−	0.5	−	−	[7440−47−3]
546	크루포메이트	Crufomate	C$_{12}$H$_{19}$ClNO$_3$P	−	5	−	20	[299−86−5]
547	크리센	Chrysene	C$_{18}$H$_{12}$	−	−	−	−	[218−01−9] 발암성 1B, 생식세포 변이원성 2
548	크실렌(모든 이성체)	Xylene(all isomers)	C$_6$H$_4$(CH$_3$)$_2$	100	−	150	−	[1330−20−7] [95−47−6] [108−38−3] [106−42−3]
549	크실리딘	Xylidine	(CH$_3$)$_2$C$_6$H$_3$NH$_2$	디메틸아미노벤젠 참조				
550	1−클로로−1 −니트로프로판	1−Chloro−1 −nitropropane	C$_2$H$_5$ClNO$_2$	2	−	−	−	[600−25−9]
551	클로로디페닐 (42% 염소)	Chlorodiphenyl (42% Chlorine)	C$_{12}$H$_7$Cl$_3$	−	1	−	−	[53469−21−9] Skin
552	클로로디페닐 (54% 염소)	Chlorodiphenyl (54% Chlorine)	C$_{12}$H$_5$Cl$_5$	−	0.5	−	−	[11097−69−1] 발암성 2, Skin
553	클로로디플루오로 메탄	Chlorodifluoro methane	CHClF$_2$	1,000	−	1,250	−	[75−45−6]
554	클로로메틸 메틸에테르	Chloromethyl methylether	C$_2$H$_5$ClO	−	−	−	−	[107−30−2] 발암성 1A
555	2−메틸−3(2H)− 이소시아졸론과 5−클로로−2−메틸 −3(2H)−이소시아 졸론의 혼합물	5−Chloro−2−met hyl−3(2H)−isothi azolone, mixt. with 2−methyl−3(2H) −isothiazolone (Inhalable fraction)	C$_4$H$_4$ClNOS · C$_4$H$_5$NOS	−	0.1	−	−	[55965−84−9] 흡입성
556	클로로벤젠	Chlorobenzene	C$_6$H$_5$Cl	10	−	20	−	[108−90−7] 발암성 2
557	2−클로로−1,3 −부타디엔	2−Chloro−1,3 −butadiene	CH$_2$CClCHCH$_2$	10	−	−	−	[126−99−8] 발암성 1B, Skin
558	클로로브로모메탄	Chlorobromo methane	CH$_2$BrCl	브로모클로로메탄 참조				
559	클로로아세트알데히드	Chloroacetaldehyde	ClCH$_2$CHO	−	−	C 1	−	[107−20−0] 발암성 2

일련번호	유해물질의 명칭 국문표기	유해물질의 명칭 영문표기	화학식	TWA ppm	TWA mg/m³	STEL ppm	STEL mg/m³	비고 (CAS번호 등)
560	클로로아세틱액시드	Chloroacetic acid (Inhalable fraction and vapor)	$CH_2ClCOOH$	–	2	–	4	[79-11-8] 흡입성 및 증기
561	클로로아세틸 클로라이드	Chloroacetyl chloride	$ClCH_2COCl$	0.05	–	–	–	[79-04-9] Skin
562	2-클로로에탄올	2-Chloroethanol	CH_2ClCH_2OH	에틸렌 클로로하이드린 참조				
563	클로로에틸렌	Chloroethylene	CH_2CHCl	1	–	–	–	[75-01-4] 발암성 1A
564	1-클로로-2,3-에폭시 프로판	1-Chloro-2,3-epoxy propane	C_3H_5OCl	에피클로로히드린 참조				
565	2-클로로-6-(트리클로로메틸)피리딘	2-Chloro-6-(trichloromethyl) pyridine	$C_6H_3Cl_4N$	–	10	–	20	[1929-82-4]
566	클로로펜타플루오로에탄	Chloropentafluoro ethane	$ClCF_2CF_3$	1,000	–	–	–	[76-15-3]
567	클로로포름	Chloroform	$CHCl_3$	트리클로로메탄 참조				
568	클로로피크린	Chloropicrin	CCl_3NO_2	0.1	–	0.3	–	[76-06-2]
569	클로르단	Chlordane	$C_{10}H_6Cl_8$	–	0.5	–	–	[57-74-9] 발암성 2, Skin
570	클로르피리포스	Chlorpyrifos (Inhalable fraction and vapor)	$C_9H_{11}Cl_3NO_3PS$	–	0.1	–	–	[2921-88-2] Skin, 흡입성 및 증기
571	클로피돌	Clopidol	$C_7H_7Cl_2NO$	–	10	–	–	[2971-90-6]
572	탄산칼슘	Calcium carbonate	$CaCO_3$	–	10	–	–	[471-34-1]
573	탄탈륨 (금속 및 산화흄)	Tantalum(Metal & oxide fume)	Ta/Ta_2O_5	–	5	–	–	[1314-61-0]
574	탈륨(가용성화합물)	Thallium (Soluble compounds, as Tl)	$Tl_2SO_4/TlC_2H_3O_2/TlNO_3$	–	0.1	–	–	[7440-28-0] Skin
575	터페닐 (오쏘, 메타, 파라 이성체)	Terphenyls (o, m, p-isomers)	$C_{18}H_{14}$	–	–	–	C 5	[26140-60-3]
576	테레빈유	Turpentine	$C_{10}H_{16}$	20	–	–	–	[8006-64-2]

일련번호	유해물질의 명칭		화학식	노출기준				비고 (CAS번호 등)
	국문표기	영문표기		TWA		STEL		
				ppm	mg/m³	ppm	mg/m³	
577	텅스텐 (가용성화합물)	Tungsten(Soluble compounds)(Respirable fraction)	W	—	1	—	3	[7440-33-7] 호흡성
578	텅스텐 및 불용성화합물	Tungsten metal and Insoluble compounds(Respirable fraction)	W	—	5	—	10	[7440-33-7] 호흡성
579	테트라니트로메탄	Tetranitromethane	C(NO₂)₄	1	—	—	—	[509-14-8] 발암성 2
580	테트라메틸 숙시노니트릴	Tetramethyl succinonitrile	C₈H₁₂N₂	0.5	—	—	—	[3333-52-6] Skin
581	테트라메틸 연	Tetramethyl lead, as Pb	(CH₃)₄Pb	—	0.075	—	—	[75-74-1] 발암성 2, Skin
582	테트라소디움 피로포스페이트	Tetrasodium pyrophosphate	Na₄P₂O₇	—	5	—	—	[7722-88-5]
583	테트라에틸 연	Tetraethyl lead, as Pb	Pb(C₂H₅)₄	—	0.075	—	—	[78-00-2] 발암성 2, Skin
584	테트라클로로나프탈렌	Tetrachloro naphthalene	C₁₀H₄Cl₄	—	2	—	—	[1335-88-2]
585	1,1,1,2-테트라클로로-2,2-디플로로에탄	1,1,1,2-Tetrachloro-2,2-difluoroethane	CCl₃·CClF₂	500	—	—	—	[76-11-9]
586	1,1,2,2-테트라클로로-1,2-디플로로에탄	1,1,2,2-Tetrachloro-1,2-difluoroethane	CCl₂F·CCl₂F	500	—	—	—	[76-12-0]
587	테트라클로로메탄	Tetrachloromethane	CCl₄	사염화탄소 참조				
588	1,1,2,2-테트라클로로에탄	1,1,2,2-Tetrachloroethane	CHCl₂CHCl₂	1	—	—	—	[79-34-5] 발암성 2, Skin
589	테트라클로로에틸렌	Tetrachloroethylene	CCl₂CCl₂	퍼클로로에틸렌 참조				
590	테트라하이드로퓨란	Tetrahydrofuran	C₄H₈O	50	—	100	—	[109-99-9] 발암성 2, Skin
591	테트릴	Tetryl	(NO₂)₃C₆H₂N(NO₂)CH₃	—	1.5	—	—	[479-45-8]
592	텔레늄과 그 화합물	Tellurium & compounds, as Te	Te/H₂Te/K₂TeO₃/Na₂H₄TeO₆	—	0.1	—	—	[13494-80-9]

일련번호	유해물질의 명칭 국문표기	유해물질의 명칭 영문표기	화학식	노출기준 TWA ppm	노출기준 TWA mg/m³	노출기준 STEL ppm	노출기준 STEL mg/m³	비고 (CAS번호 등)
593	텔루르화 비스무스	Bismuth telluride	Bi_2Te_2	-	10	-	-	[1304-82-1]
594	템포스	Temephos	$S[C_6H_4OP(S)(OCH_3)_2]_2$	-	10	-	-	[3383-96-8] Skin
595	독사펜	Toxaphene	$C_{10}H_{10}Cl_8$	염소화 캄펜 참조				
596	톨루엔	Toluene	$C_6H_5CH_3$	50	-	150	-	[108-88-3] 생식독성 2
597	톨루엔-2,4 -디이소시아네이트	Toluene-2,4 -diisocyanate(TDI)	$CH_3C_6H_3(NCO)_2$	0.005	-	0.02	-	[584-84-9] 발암성 2
598	톨루엔-2,6 -디이소시아네이트	Toluene-2,6 -diisocyanate(TDI)	$CH_3C_6H_3(NCO)_2$	0.005	-	0.02	-	[91-08-7] 발암성 2
599	톨루올	Toluol	$C_6H_5CH_3$	톨루엔 참조				
600	트리글리시딜 이소시아누레이트	Triglycidyl isocyanurate	$C_{12}H15N_3O_6$	-	0.1	-	-	[2451-62-9]
601	2,4,6 -트리니트로 톨루엔	2,4,6-Trinitro toluene(TNT)	$CH_3C_6H_2(NO_2)_3$	-	0.1	-	-	[118-96-7] Skin
602	2,4,6 -트리니트로페놀	2,4,6 -Trinitrophenol	$HOC_6H_{12}(NO_2)_3$	피크린산 참조				
603	트리메틸 벤젠 (혼합 이성체)	Trimethyl benzene (mixed isomers)	$(CH_3)_3C_6H_3$	25	-	-	-	[25551-13-7]
604	트리메틸아민	Trimethylamine	$(CH_3)_3N$	5	-	15	-	[75-50-3]
605	트리메틸 포스파이트	Trimethyl phosphite	$(CH_3O)_3P$	2	-	-	-	[121-45-9]
606	트리멜리틱 안하이드리드	Trimellitic anhydride (Inhalable fraction and vapor)	$C_9H_4O_5$	-	0.0005	-	0.002	[552-30-7] Skin, 흡입성 및 증기
607	트리부틸 포스페이트	Tributyl phosphatee (Inhalable fraction and vapor)	$(C_4H_9O)_3PO$	-	2.5	-	-	[126-73-8] 발암성 2, 흡입성 및 증기
608	트리에틸아민	Triethylamine	$(C_2H_5)_3N$	2	-	4	-	[121-44-8] Skin
609	트리오르토크레실 포스페이트	Triorthocresyl phosphate	$(CH_3C_6H_4O)_3PO$	-	0.1	-	-	[78-30-8] Skin

일련번호	유해물질의 명칭		화학식	노출기준				비고 (CAS번호 등)
	국문표기	영문표기		TWA		STEL		
				ppm	mg/m^3	ppm	mg/m^3	
610	트리클로로나프탈렌	Trichloronaphthalene	$C_{10}H_5Cl_6$	−	5	−	−	[1321−65−9] Skin
611	트리클로로니트로메탄	Trichloronitro methane	CCl_3NO_2	클로피크린 참조				
612	트리클로로메탄	Trichloromethane	$CHCl_3$	10	−	−	−	[67−66−3] 발암성 2, 생식독성 2
613	1,2,4 −트리클로로벤젠	1,2,4 −Trichlorobenzene	$C_6H_3Cl_3$	−	−	C 5	−	[120−82−1]
614	트리클로로아세트산	Trichloroacetic acid	CCl_3COOH	1				[76−03−9] 발암성 2
615	1,1,1 −트리클로로에탄	1,1,1 −Trichloroethane	CH_3CCl_3	메틸 클로로포름 참조				
616	1,1,2 −트리클로로에탄	1,1,2 −Trichloroethane	$CHCl_2CH_2Cl$	10	−	−	−	[79−00−5] 발암성 2, Skin
617	트리클로로에틸렌	Trichloroethylene	CCl_2CHCl	10	−	25	−	[79−01−6] 발암성 1A, 생식세포 변이원성 2
618	1,1,2−트리클로로 −1,2,2 −트리플루오로에탄	1,1,2−Trichloro −1,2,2 −trifluoroethane	$CCl_2F \cdot CClF_2$	1,000	−	1,250	−	[76−13−1]
619	1,2,3 −트리클로로프로판	1,2,3 −Trichloropropane	$CH_2ClCHClCH_2Cl$	10	−	−	−	[96−18−4] 발암성 1B, 생식독성 1B, Skin
620	트리클로로플루오로메탄	Trichlorofluoromet hane	CCl_3F	플루오로트리클로로메탄 참조				
621	트리클로로헥실틴 하이드록사이드	Trichlorohexyltin hydroxide	$C_{18}H_{34}OSn$	시헥사틴 참조				
622	트리클로로폰	Trichlorfon (Inhalable fraction)	$C_4H_8Cl_3O_4P$	−	0.3	−	−	[52−68−6] 흡입성
623	트리페닐 아민	Triphenyl amine	$(C_6H_5)_3N$	−	5	−	−	[603−34−9]
624	트리페닐 포스페이트	Triphenyl phosphate	$(C_6H_5O)_3PO$	−	3	−	−	[115−86−6]

일련번호	유해물질의 명칭 국문표기	유해물질의 명칭 영문표기	화학식	노출기준 TWA ppm	노출기준 TWA mg/m³	노출기준 STEL ppm	노출기준 STEL mg/m³	비고 (CAS번호 등)
625	트리플루오로 브로모메탄	Trifluoro bromomethane	$CBrF_3$	1,000	–	–	–	[75-63-8]
626	입자상다환식방향족 탄화수소 (벤젠에 가용성)	Particulate polycyclicaromatic hydrocarbons(as benzene solubles)	$C_{14}H_{10}/C_{16}H_{10}/$ $C_{12}H_9N/C_{20}H_{12}$	–	0.2	–	–	발암성 1A~2 (물질의 종류에 따라 발암성 등급 차이가 있음)
627	2,4,5-티	2,4,5-T (2,4,5-Trichlorop henoxy acetic acid)	$C_{13}C_6H_2OCH_2COOH$	–	10	–	–	[93-76-5]
628	티오글리콜산	Thioglicolic acid	$C_2H_4O_2S$	1	–	–	–	[68-11-1] Skin
629	티람	Thiram	$C_6H_{12}N_2S_4$	–	1	–	–	[137-26-8] Skin
630	4,4'-티오비스 (6-삼차-부틸 -메타-크레졸)	4,4'-Thiobis (6-tert-butyl -m-cresol)	$C_{22}H_{30}O_2S$	–	10	–	–	[96-69-5]
631	티이디피	TEDP	$(C_2H_5)_4P_2S_2O_5$	설포텝 참조				
632	티이피피	Tetraethyl pyrophosphate (TEPP) (Inhalable fraction and vapor)	$(C_2H_5)_4P_2O_7$	–	0.01	–	–	[107-49-3] Skin, 흡입성 및 증기
633	파라-니트로아닐린	p-Nitroaniline	$C_6H_6N_2O_2$	–	3	–	–	[100-01-6] Skin
634	파라 -니트로클로로벤젠	p -Nitrochlorobenzene	$ClC_6H_4NO_2$	0.1	–	–	–	[100-00-5] 발암성 2, 생식세포 변이원성 2, Skin
635	파라-디클로로벤젠	p -Dichlorobenzene	$C_6H_4Cl_2$	10	–	20	–	[106-46-7] 발암성 2
636	파라-벤조퀴논	p-Benzoquinone	OC_6H_4O	0.1	–	–	–	[106-51-4]
637	파라-삼차 -부틸톨루엔	p-tert -Butyltoluene	$CH_3C_6H_4C(CH_3)_3$	10	–	15	–	[98-51-1]
638	파라치온	Parathion (Inhalable fraction and vapor)	$(C_2H_5O)_2PSOC_6H_4NO_2$	–	0.05	–	–	[56-38-2] 발암성 2, Skin, 흡입성 및 증기
639	파라쿼트	Paraquat (Respirable fraction)	$C_{12}H_{14}Cl_2/C_{12}H_{14}N_2$ $(CH_3SO_4)_2$	–	0.1	–	–	[4685-14-7] 호흡성

일련번호	유해물질의 명칭		화학식	노출기준				비고 (CAS번호 등)
	국문표기	영문표기		TWA		STEL		
				ppm	mg/m³	ppm	mg/m³	
640	파라-페닐렌디아민	p-Phenylene diamine	$C_6H_8N_2$	−	0.1	−	−	[106-50-3] Skin
641	파라-톨루이딘	p-Toluidine	$CH_3C_6H_3NH_2$	2	−	−	−	[106-49-0] 발암성 2, Skin
642	퍼라이트	Perlite	−	−	10	−	−	[93763-70-3]
643	퍼밤	Ferbam(Respirable fraction)	$[(CCH_3)_2NCS_2]_3Fe$	−	10	−	−	[14484-64-1] 흡입성
644	퍼클로로메틸 멀캡탄	Perchloromethyl mercaptan	CCl_3SCl	0.1	−	−	−	[594-42-3]
645	퍼클로로에틸렌	Perchloroethylene	CCl_2CCl_2	25	−	100	−	[127-18-4] 발암성 1B
646	퍼클로릴 플루오라이드	Perchloryl fluoride	ClO_3F	3	−	6	−	[7616-94-6]
647	페나미포스	Fenamiphos (Inhalable fraction and vapor)	−	−	0.1	−	−	[22224-92-6] Skin, 흡입성 및 증기
648	페노티아진	Phenothiazine	$S(C_6H_{14})_2NH$	−	5	−	−	[92-84-2] Skin
649	페놀	Phenol	C_6H_5OH	5	−	−	−	[108-95-2] 생식세포 변이원성 2, Skin
650	페닐 글리시딜 에테르	Phenyl glycidyl ether(PGE)	$C_6H_5OCH_2CHOCH_2$	0.8	−	−	−	[122-60-1] 발암성 1B, 생식세포 변이원성 2, Skin
651	페닐 멀캡탄	Phenyl mercaptan	C_6H_5SH	0.1	−	−	−	[108-98-5] Skin
652	페닐 에테르(증기)	Phenyl ether(Vapor)	$(C_6H_5)_2O$	1	−	2	−	[101-84-8]
653	페닐 에틸렌	Phenyl ethylene	$C_6H_5CHCH_2$	스티렌 참조				
654	페닐 포스핀	Phenyl phosphine	$C_6H_5PH_2$	−	−	C 0.05	−	[638-21-1]
655	페닐 하이드라진	Phenyl hydrazine	$C_6H_5NHNH_2$	5	−	10	−	[100-63-0] 발암성 1B, 생식세포 변이원성 2, Skin

일련번호	유해물질의 명칭 국문표기	유해물질의 명칭 영문표기	화학식	노출기준 TWA ppm	노출기준 TWA mg/m³	노출기준 STEL ppm	노출기준 STEL mg/m³	비고 (CAS번호 등)
656	펜설포티온	Fensulfothion (Inhalable fraction and vapor)	$C_4H_{17}O_4PS$	–	0.1	–	–	[115-90-2] Skin, 흡입성 및 증기
657	펜아실 클로라이드	Phenacyl chloride	$C_6H_5COCH_2Cl$	알파-클로로아세토페논 참조				
658	2-펜타논	2-Pentanone	$CH_3COC_3H_7$	메틸 프로필 케톤 참조				
659	펜타보레인	Pentaborane	B_5H_9	0.005	–	0.015	–	[19624-22-7]
660	펜타에리트리톨	Pentaerythritol	$C(CH_2OH)_4$	–	10	–	–	[115-77-5]
661	펜타클로로나프탈렌	Pentachloro naphthalene	$C_{10}H_3Cl_5$	–	0.5	–	–	[1321-64-8]
662	펜타클로로페놀	Pentachlorophenol (Inhalable fraction and vapor)	C_6Cl_5OH	–	0.5	–	–	[87-86-5] 발암성 1B, Skin, 흡입성 및 증기
663	펜탄(모든 이성체)	Pentane, all isomers	C_5H_{12}	600	–	750	–	[109-66-0] [78-78-4] [463-82-1]
664	펜티온	Fenthion	$C_{10}H_{15}O_3PS$	–	0.2	–	–	[55-38-9] 생식세포 변이원성 2, Skin
665	포노포스	Fonofos(Inhalable fraction and vapor)	$C_{10}H_{15}OPS_2$	–	0.1	–	–	[944-22-9] Skin, 흡입성 및 증기
666	포레이트	Phorate (Inhalable fraction and vapor)	$C_7H_{17}O_2PS_3$	–	0.05	–	–	[298-02-2] Skin, 흡입성 및 증기
667	포름산 에틸	Ethyl formate	$HCOOC_2H_5$	100	–	–	–	[109-94-4]
668	포름아미드	Formamide	$HCONH_2$	10	–	–	–	[75-12-7] 생식독성 1B, Skin
669	포름알데히드	Formaldehyde	$HCHO$	0.3	–	–	–	[50-00-0] 발암성 1A, 생식세포 변이원성 2
670	포스겐	Phosgene	$COCl_2$	0.1	–	–	–	[75-44-5]
671	포스드린	Phosdrin	$(CH_3O)_2PO_2C(CH_3)$	메빈포스 참조				
672	포스포러스 옥시클로라이드	Phosphorus oxychloride	$POCl_3$	0.1	–	0.5	–	[10025-87-3]

일련번호	유해물질의 명칭		화학식	노출기준				비고 (CAS번호 등)
	국문표기	영문표기		TWA		STEL		
				ppm	mg/m³	ppm	mg/m³	
673	포스포러스 트리클로라이드	Phosphorus trichloride	PCl_3	0.2	–	0.5	–	[7719−12−2]
674	포스포러스 펜타설파이드	Phosphorus pentasulfide	P_2S_5/P_4S_{10}	–	1	–	3	[1314−80−3]
675	포스포러스 펜타클로라이드	Phosphorus pentachloride	PCl_5	0.1	–	–	–	[10026−13−8]
676	포스핀	Phosphine	PH_3	0.3	–	1	–	[7803−51−2]
677	포틀랜드 시멘트	Portland cement	–	–	10	–	–	[65997−15−1]
678	푸르푸랄	Furfural	C_4H_3OCHO	2	–	–	–	[98−01−1] 발암성 2, Skin
679	푸르푸릴 알코올	Furfuryl alcohol	$C_4H_3OCH_2OH$	10	–	15	–	[98−00−0] 발암성 2, Skin
680	프로파르길 알코올	Propargyl alcohol	$HCCCH_2OH$	1	–	–	–	[107−19−7] Skin
681	프로판 설톤	Propane sultone	$C_3H_6O_3S$	–	–	–	–	[1120−71−4] 발암성 1B
682	프로폭서	Propoxur(Inhalable fraction and vapor)	$C_{11}H_{15}NO_3$	–	0.5	–	–	[114−26−1] 발암성 2, 흡입성 및 증기
683	프로피온산	Propionic acid	CH_3CH_2COOH	10	–	15	–	[79−09−4]
684	프로핀	Propyne	C_3H_4	메틸 아세틸렌 참조				
685	프로필렌 글리콜 디니트레이트	Propylene glycol dinitrate	$C_3H_6N_2O_6$	0.05	–	–	–	[6423−43−4] Skin
686	프로필렌 글리콜 모노메틸 에테르	Propylene glycol monomethyl ether	$CH_3OCH_2CHOHCH_3$	100	–	150	–	[107−98−2]
687	프로필렌 디클로라이드	Propylene dichloride	$CH_3CHClCH_2Cl$	1,2−디클로로프로판 참조				
688	프로필렌 이민	Propylene imine	C_6H_7N	2	–	–	–	[75−55−8] 발암성 1B, Skin
689	플루오로트리클로로 메탄	Fluorotrichloro methane	CCl_3F	–	–	C 1,000	–	[75−69−4]
690	플루오라이드	Fluorides, as F	–	–	2.5	–	–	[7681−49−4]
691	피레트럼	Pyrethrum	$C_{21}H_{28}O_3/C_{22}H_{28}O_5/C_{20}H_{28}O_3$	–	5	–	–	[8003−34−7]

| 일련번호 | 유해물질의 명칭 | | 화학식 | 노출기준 | | | | 비고 (CAS번호 등) |
| | 국문표기 | 영문표기 | | TWA | | STEL | | |
				ppm	mg/m³	ppm	mg/m³	
692	피로카테콜	Pyrocatechol	$C_6H_4(OH)_2$	카테콜 참조				
693	피리딘	Pyridine	C_5H_5N	2	–	–	–	[110-86-1] 발암성 2
694	피크린산	Picric acid	$HOC_6H_{12}(NO_2)_3$	–	0.1	–	–	[88-89-1] Skin
695	피클로람	Picloram	$C_6H_3Cl_3N_2O_2$	–	10	–	–	[1918-02-1]
696	피페라진 디하이드로클로라이드	Piperazine dihydrochloride	$C_4H_{10}N_2 \cdot 2HCl$	–	5	–	–	[142-64-3] 생식독성 2
697	핀돈	Pindone(Pival)	$C_{14}H_{14}O_3$	–	0.1	–	–	[83-26-1]
698	하이드라진	Hydrazine	$(NH_2)_2$	0.05	–	–	–	[302-01-2] 발암성 1B, Skin
699	하이드로겐 셀레늄	Hydrogen selenide, as Se	H_2Se	0.05	–	–	–	[7783-07-5]
700	하이드로게네이티드 터페닐	Hydrogenated terphenyls	$C_6H_5C_6H_4C_6H_5$	0.5	–	–	–	[61788-32-7]
701	하이드로퀴논	Hydroquinone	$C_6H_4(OH)_2$	디하이드록시 벤젠 참조				
702	4-하이드록시-4-메틸-2-펜타논	4-Hydroxy-4-methyl-2-pentanone	$C_6H_{12}O_2$	디아세톤 알코올 참조				
703	2-하이드록시 프로필 아크릴레이트	2-Hydroxypropyl acrylate	$CH_2CHCOOCH_2CHOHCH_3$	0.5	–	–	–	[999-61-1] Skin
704	하프니움	Hafnium	Hf	–	0.5	–	–	[7440-58-6]
705	2-헥사논	2-Hexanone	$CH_3COCH_2CH_2CH_2CH_3$	메틸 노말 부틸케톤 참조				
706	헥사메틸 포스포르아미드	Hexamethyl phosphoramide	$[(CH_3)_2N]_3PO$	–	–	–	–	[680-31-9] 발암성 1B, 생식세포 변이원성 1B, Skin
707	헥사메틸렌 디이소시아네이트	Hexamethylene diisocyanate	$C_{15}H_{22}N_2O_2$	0.005	–	–	–	[822-06-0]
708	헥사클로로나프탈렌	Hexachloro naphthalene	$C_{10}H_2Cl_6$	–	0.2	–	–	[1335-87-1] Skin

| 일련번호 | 유해물질의 명칭 | | 화학식 | 노출기준 | | | | 비고 (CAS번호 등) |
| | 국문표기 | 영문표기 | | TWA | | STEL | | |
				ppm	mg/m^3	ppm	mg/m^3	
709	헥사클로로부타디엔	Hexachloro butadiene	$CCl_2CClCClCCl_2$	0.02	–	–	–	[87－68－3] 발암성 2, Skin
710	헥사클로로 시클로펜타디엔	Hexachloro cyclopentadiene	C_5Cl_6	0.01	–	–	–	[77－47－4]
711	헥사클로로에탄	Hexachloroethane	CCl_3CCl_3	1	–	–	–	[67－72－1] 발암성 2
712	헥사플루오로아세톤	Hexafluoroacetone	F_3CCOCF_3	0.1	–	–	–	[684－16－2] Skin
713	헥산(다른 이성체)	Hexane(other isomer)	$(CH_3)_3C_3H_5/$ $n(CH_3)_4C_2H_2$	500	–	1,000	–	[75－83－2] [79－29－8] [96－14－0] [107－83－5]
714	헥손	Hexone	$CH_3COCH_2CH(CH_3)_2$	50	–	75	–	[108－10－1] 발암성 2
715	헥실렌글리콜	Hexylene glycol	$(CH_3)_2COHCH_2CHO$ HCH_3	–	–	C 25	–	[107－41－5]
716	2－헵타논	2－Heptanone	$CH_3(CH_2)_4COCH_3$	메틸 노말 아밀케톤 참조				
717	3－헵타논	3－Heptanone	$C_2H_5COC_4H_9$	에틸 부틸 케톤 참조				
718	헵타클로르	Heptachlor & Heptachlor epoxide	$C_{10}H_5Cl_7/C_{10}H_5Cl_7O$	–	0.05	–	–	[76－44－8], [1024－57－3] 발암성 2, Skin
719	헵탄	Heptane	$CH_3(CH_2)_5CH_3$	400	–	500	–	[142－82－5]
720	활석(석면 불포함)	Talc(Containing no asbestos fibers)	–	–	2	–	–	[14807－96－6] 호흡성
721	활석(석면 포함)	Talc(Containing asbestos fibers)	–	석면 참조				
722	활성탄	Activated carbon	–	–	5	–	–	
723	황산	Sulfuric acid (Thoracic fraction)	H_2SO_4	–	0.2	–	0.6	[7664－93－9] 발암성 1A(강산 Mist에 한정함), 흉곽성
724	황산 디메틸	Dimethyl sulfate	$(CH_3)_2SO_4$	0.1	–	–	–	[77－78－1] 발암성 1B, 생식세포 변이원성 2, Skin

일련번호	유해물질의 명칭		화학식	노출기준				비고 (CAS번호 등)
	국문표기	영문표기		TWA		STEL		
				ppm	mg/m^3	ppm	mg/m^3	
725	황산암모늄	Ammonium Sulfate	$NH_4SO_4NH_4$	−	10	−	20	[7783−20−2]
726	황화광	Sulfide ore	−	−	2	−	−	
727	황화니켈 (흄 및 분진)	Nickel sulfide roasting (Fume & dust, as Ni)	NiS	−	1	−	−	[16812−54−7] 발암성 1A, 생식세포 변이원성 2
728	황화수소	Hydrogen sulfide	H_2S	10	−	15	−	[7783−06−4]
729	휘발성 콜타르피치 (벤젠에 가용물)	Coal tar pitch volatiles (Benzene solubles)	$C_{14}H_{10}/C_{16}H_{10}/C_{12}H_9N/C_{20}H_{12}$	−	0.2	−	−	[65996−93−2] 발암성 1A, 생식독성 1B
730	흑연 (천연 및 합성, Graphite 섬유 제외)	Graphite (Natural & Synthetic, Except Graphite fibers, Respirable fraction)	C	−	2	−	−	[7782−42−5] 호흡성
731	기타 분진 (산화규소 결정체 1% 이하)	Particulates not otherwise regulated (no more than 1% crystalline silica)		−	10	−	−	발암성 1A (산화규소 결정체 0.1% 이상에 한함)

주 : 1. Skin 표시 물질은 점막과 눈 그리고 경피로 흡수되어 전신 영향을 일으킬 수 있는 물질을 말함(피부자극성을 뜻하는 것이 아님)

2. 발암성 정보물질의 표기는 「화학물질의 분류·표시 및 물질안전보건자료에 관한 기준」에 따라 다음과 같이 표기함

가. 1A : 사람에게 충분한 발암성 증거가 있는 물질

나. 1B : 시험동물에서 발암성 증거가 충분히 있거나, 시험동물과 사람 모두에서 제한된 발암성 증거가 있는 물질

다. 2 : 사람이나 동물에서 제한된 증거가 있지만, 구분 1로 분류하기에는 증거가 충분하지 않은 물질

3. 생식세포 변이원성 정보물질의 표기는 「화학물질의 분류·표시 및 물질안전보건자료에 관한 기준」에 따라 다음과 같이 표기함

가. 1A : 사람에게서의 역학조사 연구결과 양성의 증거가 있는 물질

나. 1B : 다음 어느 하나에 해당하는 물질

① 포유류를 이용한 생체 내(in vivo) 유전성 생식세포 변이원성 시험에서 양성

② 포유류를 이용한 생체 내(in vivo) 체세포 변이원성 시험에서 양성이고, 생식세포에 돌연변이를 일으킬 수 있다는 증거가 있음

③ 노출된 사람의 정자 세포에서 이수체 발생빈도의 증가와 같이 사람의 생식세포 변이원성 시험에서 양성

다. 2 : 다음 어느 하나에 해당되어 생식세포에 유전성 돌연변이를 일으킬 가능성이 있는 물질

① 포유류를 이용한 생체 내(in vivo) 체세포 변이원성 시험에서 양성

② 기타 시험동물을 이용한 생체 내(in vivo) 체세포 유전독성 시험에서 양성이고, 시험관 내(in vitro) 변이원성 시험에서 추가로 입증된 경우

③ 포유류 세포를 이용한 변이원성 시험에서 양성이며, 알려진 생식세포 변이원성 물질과 화학적 구조활성 관계를 가지는 경우

4. 생식독성 정보물질의 표기는 「화학물질의 분류 · 표시 및 물질안전보건자료에 관한 기준」에 따라 다음과 같이 표기함

가. 1A : 사람에게 성적기능, 생식능력이나 발육에 악영향을 주는 것으로 판단할 정도의 사람에서의 증거가 있는 물질

나. 1B : 사람에게 성적기능, 생식능력이나 발육에 악영향을 주는 것으로 추정할 정도의 동물시험 증거가 있는 물질

다. 2 : 사람에게 성적기능, 생식능력이나 발육에 악영향을 주는 것으로 의심할 정도의 사람 또는 동물시험 증거가 있는 물질

라. 수유독성 : 다음 어느 하나에 해당하는 물질

① 흡수, 대사, 분포 및 배설에 대한 연구에서, 해당 물질이 잠재적으로 유독한 수준으로 모유에 존재할 가능성을 보임

② 동물에 대한 1세대 또는 2세대 연구결과에서, 모유를 통해 전이되어 자손에게 유해영향을 주거나, 모유의 질에 유해영향을 준다는 명확한 증거가 있음

③ 수유기간 동안 아기에게 유해성을 유발한다는 사람에 대한 증거가 있음

5. 발암성, 생식세포 변이원성 및 생식독성 물질의 정의는 「산업안전보건법」 시행규칙 [별표 11의 2] 유해인자의 분류기준 제1호나목 6) 발암성 물질, 7) 생식세포 변이원성 물질, 8) 생식독성 물질 참조

6. 화학물질이 IARC 등의 발암성 등급과 NTP의 R등급을 모두 갖는 경우에는 NTP의 R등급은 고려하지 아니함

7. 혼합용매추출은 에텔에테르, 톨루엔, 메탄올을 부피비 1 : 1 : 1로 혼합한 용매나 이외 동등 이상의 용매로 추출한 물질을 말함

8. 노출기준이 설정되지 않은 물질의 경우 이에 대한 노출이 가능한 한 낮은 수준이 되도록 관리하여야 함

003 전리방사선

1 정의

물질의 원자, 분자에 작용해서 전리를 일으킬 수 있는 방사선을 전리방사선이라고 한다. 전리(電離)란 전기적으로 중성인 원자에 밖으로부터 에너지가 주어져서 원자가 양이온과 자유전자로 분리되는 것을 말한다.

2 분류

(1) 직접전리방사선

전하(電荷)를 가지는 입자선(예 α선, β선 등)으로서 원자의 궤도전자 및 분자에 속박된 전자에 전기적인 힘을 미치게 해서 전리를 일으킨다.

(2) 간접전리방사선

X선, γ선 등의 전자파(X선이나 γ선은 입자성(粒子性)을 가지고 있으므로 이것들을 입자로 보는 경우는 광자라고 한다) 및 중성자선, 비하전중간자선 등의 전하를 가지지 않는 입자선은 원자와 상호 작용해서 그때 하전입자를 물질로부터 방출시킨다. 광자는 전자를, 중성자는 양자를 방출시킨다. 뉴트리노(중성미자)는 β붕괴 시 전자와 쌍을 이루어 방출된다. 이들 입자선의 질량은 극히 작으며 전하를 가지지 않기 때문에 물질과의 상호 작용은 일어나기 어렵지만 전리를 일으키므로 간접전리성방사선이라고도 한다.

3 유의사항

(1) 뢴트겐은 조사선량 단위이다.
(2) 라드(rad)는 흡수선량 단위이다.
(3) 이온화 방사선은 방사선이 통과할 때 주변의 물질에 전기를 일으키기 때문에 붙여진 이름으로, 이 전리방사선이 어떤 원자와 충돌할 때 그 원자의 원자핵 주위에서 궤도를 그리며 돌고 있는 전자와 부딪치게 되면 궤도 전자를 밀어내게 되고 결국 음전기를 띠고 있는 전자를 뺏긴 원자는 전기적으로 중성에서 양전기를 띤 상태가 된다. 이렇게 되는 것을 이온(ion)화되었다고 하며, 이온화된 원자가 세포의 DNA 분자 가까이 있게 되면 DNA 분자를 변화시켜 세포조직 내에서 종양을 형성할 수도 있다.

4 전리 유무에 따른 분류

분류	구분	종류
전리방사선	직접전리방사선	알파(α)선, 베타(β)선, 중양자선
	간접전리방사선	광자, 중성자선, 중성미자
비전리방사선	라디오파	적외선, 가시광선, 자외선

5 라돈의 작업장 농도기준

작업장 농도(Bq/m³)
600

주 : 1. 단위환산(농도) : 600Bq/m³=16pCi/L (※ 1pCi/L=37.46Bq/m³)
　　　2. 단위환산(노출량) : 600Bq/m³인 작업장에서 연 2,000시간 근무하고, 방사평형인자(F_{eq})
　　　　　값을 0.4로 할 경우 9.2mSv/y 또는 0.77WLM/y에 해당
　　　　　(※ 800Bq/m³(2,000시간 근무, F_{eq}=0.4)=1WLM=12mSv)

004

생물학적 노출지표물질 시료채취

1 개요

생물학적 노출지표검사란 혈액, 소변, 호기가스 등 생체시료로부터 유해물질 그 자체나 유해물질의 대사산물 또는 생화학적 변화산물 등 생물학적 노출지표를 분석하여 유해물질 노출에 의한 체내 흡수 정도 또는 건강 영향 가능성 등을 평가하는 것을 말한다.

2 1차 생물학적 노출지표물질 시료채취 방법 및 채취량

유해물질명	시료채취		지표물질명	채취량	채취용기 및 요령	이동 및 보관	분석 기한
	종류	시기					
d-니트로아닐린	혈액	수시	메트헤모글로빈	3mL 이상	EDTA 또는 Heparin 튜브	4℃ (2~8℃) 냉동금지	5일 이내
d-니트로클로로 벤젠							
디니트로톨루엔							
N, N-디메틸 아닐린							
N, N-디메틸 아세트아미드	소변	당일	N-메틸아세트 아미드	10mL 이상	플라스틱 소변용기	4℃ (2~8℃)	5일 이내
디메틸포름 아미드	소변	당일	N-메틸포름 아미드	10mL 이상	플라스틱 소변용기	4℃ (2~8℃)	5일 이내
1,2-디클로로 프로판	소변	당일	1,2-디클로로 프로판	10mL 이상	플라스틱 소변용기에 가득 채취 후 밀봉	4℃ (2~8℃)	5일 이내
메틸클로로포름	소변	주말	삼염화초산	10mL 이상	플라스틱 소변용기	4℃ (2~8℃)	5일 이내
			총삼염화에탄올				
아닐린 및 그 동족체	혈액	수시	메트헤모글로빈	3mL 이상	EDTA 또는 Heparin 튜브	4℃ (2~8℃) 냉동금지	5일 이내
에틸렌글리콜 디니트레이트	혈액	수시	메트헤모글로빈	3mL 이상	EDTA 또는 Heparin 튜브	4℃ (2~8℃) 냉동금지	5일 이내
크실렌	소변	당일	메틸마뇨산	10mL 이상	플라스틱 소변용기	4℃ (2~8℃)	5일 이내

유해물질명	시료채취		지표물질명	채취량	채취용기 및 요령	이동 및 보관	분석 기한
	종류	시기					
톨루엔	소변	당일	o-크레졸	10mL 이상	플라스틱 소변용기	4℃ (2~8℃)	5일 이내
트리클로로에틸렌	소변	주말	총삼염화물 삼염화초산	10mL 이상	플라스틱 소변용기	4℃ (2~8℃)	5일 이내
퍼클로로에틸렌	소변	주말	삼염화초산	10mL 이상	플라스틱 소변용기	4℃ (2~8℃)	5일 이내
n-헥산	소변	당일	2,5-헥산디온	10mL 이상	플라스틱 소변용기	4℃ (2~8℃)	5일 이내
납 및 그 무기화합물	혈액	수시	납	3mL 이상	EDTA 또는 Heparin 튜브	4℃ (2~8℃)	5일 이내
사알킬납	혈액	수시	납	3mL 이상	EDTA 또는 Heparin 튜브	4℃ (2~8℃)	5일 이내
수은 및 그 화합물	소변	작업 전	수은	10mL 이상	플라스틱 소변용기	4℃ (2~8℃)	5일 이내
인듐	혈청	수시	인듐	3mL 이상	Serum Separator Tube(SST)	4℃ (2~8℃)	5일 이내
카드뮴과 그 화합물	혈액	수시	카드뮴	3mL 이상	EDTA 또는 Heparin 튜브	4℃ (2~8℃)	5일 이내
일산화탄소	혈액	당일	카복시 헤모글로빈	3mL 이상	EDTA 또는 Heparin 튜브	4℃ (2~8℃) 냉동금지	5일 이내

고용노동부 고시 「화학물질 및 물리적 인자의 노출기준」 중 발암성 물질(187종)

연번	물질명		카스번호	발암성	노출기준			
	국문	영문			TWA (ppm)	TWA (mg/m³)	STEL (ppm)	STEL (mg/m³)
1	1,3-부타디엔	1,3-Butadiene	106-99-0	1A	2	4.4	10	22
2	4,4'-메틸렌비스 (2-클로로아닐린)	4,4'-Methylenebis	101-14-4	1A	0.01	0.11	-	-
3	4-아미노디페닐	4-Aminodiphenyl	92-67-1	1A	-	-	-	-
4	기타 분진 (산화규소 결정체 1% 이하)	Particulates not otherwise regulated(no more than 1% crystalline silica)		1A	-	10	-	-
5	기타 분진 (산화규소 결정체 1% 이하)	Particulates not otherwise regulated(no more than 1% crystalline silica)		1A	-	10	-	-
6	니켈 카르보닐	Nickel carbonyl, as Ni	13463-39-3	1A	0.001	0.007	-	-
7	니켈(가용성 화합물)	Nickel (Soluble compounds, as Ni)	7440-02-0	1A	-	0.1	-	-
8	니켈(불용성 무기화합물)	Nickel(Insoluble inorganic compounds, as Ni)	7440-02-0	1A	-	0.5	-	-
9	목재분진(적삼목)	Wood dust(Western red cedar, Inhalable fraction)		1A	-	0.5	-	-
10	목재분진 (적삼목 외 기타 모든 종)	Wood dust (All other species, Inhalable fraction)		1A	-	1	-	-
11	베릴륨 및 그 화합물	Beryllium & Compounds	7440-41-7	1A	-	0.002	-	0.01
12	베타-나프틸아민	β-Naphthylamine	91-59-8	1A	-	-	-	-
13	벤젠	Benzene	71-43-2	1A	1	3	5	16
14	벤조 피렌	Benzo(a) pyrene	50-32-8	1A	-	-	-	-
15	벤지딘	Benzidine	92-87-5	1A	-	-	-	-
16	부탄	Butane	106-97-8	1A	800	1,900	-	-
17	비소 및 가용성 화합물	Arsenic & Soluble compounds	7440-38-2	1A	-	0.01	-	-
18	비스-(클로로메틸) 에테르	bis-(Chloromethyl)ether	542-88-1	1A	0.001	0.005	-	-
19	산화에틸렌	Ethylene oxide	75-21-8	1A	1	2	-	-
20	산화규소 (결정체 석영)	Silica (Crystalline quartz)	14808-60-7	1A	-	0.05	-	-

연번	물질명		카스번호	발암성	노출기준			
	국문	영문			TWA (ppm)	TWA (mg/m³)	STEL (ppm)	STEL (mg/m³)
21	산화규소 (결정체 크리스토바라이트)	Silica (Crystalline cristobalite)	14464-46-1	1A	-	0.05	-	-
22	산화규소 (결정체 트리디마이트)	Silica (Crystalline tridymite)	15468-32-3	1A	-	0.05	-	-
23	산화규소 (결정체 트리폴리)	Silica (Crystalline tripoli)	1317-95-9	1A	-	0.1	-	-
24	산화카드뮴(제품)	Cadmium ide(Production)	1306-19-0	1A	-	0.05	-	-
25	산화카드뮴(흄)	Cadmium oxide (Fume, as Cd)	1306-19-0	1A	-	C 0.05	-	-
26	삼산화 비소(제품)	Arsenic trioxide (Production)	1327-53-3	1A	-	-	-	-
27	삼수소화 비소	Arsine	7784-42-1	1A	0.005	0.016	-	-
28	석면(모든 형태)	Asbestos(All forms)		1A	-	0.1개/cm³	-	-
29	스트론티움크로메이트	Strontium chromate	7789-06-2	1A	-	0.0005	-	-
30	아세네이트 연	Lead arsenate, as Pb(AsO₄)₂	7784-40-9	1A	-	0.05	-	-
31	아황화니켈	Nickel subsulfide	12035-72-2	1A	-	0.1	-	-
32	액화 석유가스	L.P.G (Liquified petroleum gas)	68476-85-7	1A	1,000	1,800	-	-
33	에탄올	Ethanol	64-17-5	1A	1,000	1,900	-	-
34	오르토-톨루이딘	o-Toluidine	95-53-4	1A	2	9	-	-
35	우라늄 (가용성 및 불용성 화합물)	Uranium (Soluble & insoluble compounds, as U)	7440-61-1	1A	-	0.2	-	0.6
36	카드뮴 및 그 화합물	Cadmium and compounds, as Cd	7440-43-9	1A	-	0.03	-	-
37	크로밀 클로라이드	Chromyl chloride	14977-61-8	1A	0.025	0.15	-	-
38	크롬(6가)화합물 (불용성 무기화합물)	Chromium(Ⅵ) compounds (Water insoluble inorganic compounds)	18540-29-9	1A	-	0.01	-	-
39	크롬(6가)화합물(수용성)	Chromium(Ⅵ) compounds (Water soluble)	18540-29-9	1A	-	0.05	-	-
40	크롬광 가공품(크롬산)	Chromite ore processing (Chromate), as Cr	7440-47-3	1A	-	0.05	-	-
41	크롬산 아연	Zinc chromate, as Cr	13530-65-9	1A	-	0.01	-	-
42	크롬산 연	Lead chromate, as Cr	7758-97-6	1A	-	0.012	-	-
43	크롬산 연	Lead chromate, as Pb	7758-97-6	1A	-	0.05	-	-
44	클로로메틸 메틸에테르	Chloromethyl methylether	107-30-2	1A	-	-	-	-
45	클로로에틸렌	Chloroethylene	75-01-4	1A	1	-	-	-
46	포름알데히드	Formaldehyde	50-00-0	1A	0.5	0.75	1	1.5

연번	물질명 국문	물질명 영문	카스번호	발암성	노출기준 TWA (ppm)	노출기준 TWA (mg/m³)	노출기준 STEL (ppm)	노출기준 STEL (mg/m³)
47	황산	Sulfuric acid	7664-93-9	1A	-	0.2	-	0.6
48	황화니켈 (흄 및 분진)	Nickel sulfide roasting (Fume & dust, as Ni)	16812-54-7	1A	-	1	-	-
49	휘발성 콜타르피치 (벤젠에 가용물)	Coal tar pitch volatiles (Benzene solubles)	65996-93-2	1A	-	0.2	-	-
50	특수다환식방향족 탄화수소(벤젠에 가용성)	Particulate polycyclicaromatic hydrocarbons (as benzene solubles)		1A~2	-	0.2	-	-
51	1,1-디메틸하이드라진	1,1-Dimethylhydrazine	57-14-7	1B	0.01	0.025	-	-
52	1,2,3-트리클로로프로판	1,2,3-Trichloropropane	96-18-4	1B	10	60	-	-
53	1,2-디브로모에탄	1,2-Dibromoethane	106-93-4	1B	-	-	-	-
54	1,2-디클로로에탄	1,2-Dichloroethane	107-06-2	1B	10	40	-	-
55	1,2-에폭시프로판	1,2-Epoxypropane	75-56-9	1B	2	5	-	-
56	1-클로로-2,3-에폭시 프로판	1-Chloro-2,3-epoxypropane	106-89-8	1B	0.5	1.9	-	-
57	2,3-에폭시-1-프로판올	2,3-Epoxy-1-propanol	556-52-5	1B	2	6.1	-	-
58	2-니트로프로판	2-Nitropropane	79-46-9	1B	C 10	C 35	-	-
59	2-클로로-1,3-부타디엔	2-Chloro-1,3-butadiene	126-99-8	1B	10	35	-	-
60	3,3-디클로로벤지딘	3,3-Dichlorobenzidine	91-94-1	1B	-	-	-	-
61	4,4'-메틸렌디아닐린	4,4'-Methylenedianiline	101-77-9	1B	0.1	0.8	-	-
62	4-니트로디페닐	4-Nitrodiphenyl	92-93-3	1B	-	-	-	-
63	가솔린	Gasoline	8006-61-9	1B	300	900	500	1,500
64	내화성세라믹섬유	Refractory ceramic fibers		1B	-	0.2개/cm³	-	-
65	니트로톨루엔 (오르토, 메타, 파라-이성체)	Nitrotoluene (o, m, p-isomers)	88-72-2	1B	2	11	-	-
66	디니트로톨루엔	Dinitrotoluene	25321-14-6	1B	-	0.2	-	-
67	디메틸니트로소아민	Dimethylnitrosoamine	62-75-9	1B	-	-	-	-
68	디메틸카르바모일 클로라이드	Dimethyl carbamoylchloride	79-44-7	1B	-	-	-	-
69	디아니시딘	Dianisidine	119-90-4	1B	-	0.01	-	-
70	디아조메탄	Diazomethane	334-88-3	1B	0.2	0.4	-	-
71	러버 솔벤트	Rubber solvent(Naphtha)	8030-30-6	1B	400	1,600	-	-
72	베타-프로피오락톤	β-Propiolactone	57-57-8	1B	0.5	1.5	-	-
73	벤조일클로라이드	Benzoyl chloride	98-88-4	1B	-	-	C 0.5	C 2.8
74	벤조트리클로라이드	Benzotrichloride	98-07-7	1B	-	-	C 0.1	
75	브롬화 비닐	Vinyl bromide	593-60-2	1B	0.5	2.2	-	-
76	브이엠 및 피 나프타	VM & P Naphtha	8032-32-4	1B	300	1,350	-	-

연번	물질명 국문	물질명 영문	카스번호	발암성	TWA (ppm)	TWA (mg/m³)	STEL (ppm)	STEL (mg/m³)
77	사염화탄소	Carbon tetrachloride	56-23-5	1B	5	30	−	−
78	삼산화 안티몬(제품)	Antimony trioxide (Production)	1309-64-4	1B	−	−	−	−
79	삼산화 안티몬 (취급 및 사용물)	Antimony trioxide (Handling & use, as Sb)	1309-64-4	1B	−	0.5	−	−
80	스토다드 용제	Stoddard solvent	8052-41-3	1B	100	525	−	−
81	실리콘 카바이드	Silicon carbide	409-21-2	1B	−	10	−	−
82	아크릴로니트릴	Acrylonitrile	107-13-1	1B	2	4.5	−	−
83	아크릴아미드	Acrylamide	79-06-1	1B	−	0.03	−	−
84	에틸렌이민	Ethylenimine	151-56-4	1B	0.5	1	−	−
85	염화 벤질	Benzyl chloride	100-44-7	1B	1	5	−	−
86	오르토-톨리딘	o-Tolidine	119-93-7	1B	−	−	−	−
87	캡타폴	Captafol	2425-06-1	1B	−	0.1	−	−
88	크리센	Chrysene	218-01-9	1B	−	−	−	−
89	트리클로로에틸렌	Trichloroethylene	79-01-6	1B	50	270	200	1,080
90	퍼클로로에틸렌	Perchloroethylene	127-18-4	1B	25	170	100	680
91	페닐 글리시딜 에테르	Phenyl glycidyl ether(PGE)	122-60-1	1B	0.8	5	−	−
92	페닐 하이드라진	Phenyl hydrazine	100-63-0	1B	5	20	10	45
93	프로판 설톤	Propane sultone	1120-71-4	1B	−	−	−	−
94	프로필렌 이민	Propylene imine	75-55-8	1B	2	5	−	−
95	하이드라진	Hydrazine	302-01-2	1B	0.05	0.06	−	−
96	헥사메틸 포스포르아미드	Hexamethyl phosphoramide	680-31-9	1B	−	−	−	−
97	황산 디메틸	Dimethyl sulfate	77-78-1	1B	0.1	0.5	−	−
98	1,1,2,2-테트라클로로 에탄	1,1,2,2-Tetrachloroethane	79-34-5	2	1	7	−	−
99	1,1,2-트리클로로에탄	1,1,2-Trichloroethane	79-00-5	2	10	55	−	−
100	1,1-디클로로에틸렌	1,1-Dichloroethylene	75-35-4	2	5	20	20	80
101	2-부톡시에탄올	2-Butoxyethanol	111-76-2	2	20	97	−	−
102	3-아미노-1,2,4-트리아졸(또는 아미트롤)	3-Amino-1,2,4-triazole	61-82-5	2	−	0.2	−	−
103	과산화수소	Hydrogen peroxide	7722-84-1	2	1	1.5	−	−
104	광물털 섬유	Mineral wool fiber		2	−	10	−	−
105	나프탈렌	Naphthalene	91-20-3	2	10	50	15	75
106	납(무기분진 및 흄)	Lead(Inorganic dust & fumes, as Pb)	7439-92-1	2	−	0.05	−	−
107	노말-부틸 글리시딜에테르	n-Butyl glycidyl ether(BGE)	2426-08-6	2	10	53	−	−
108	노말-비닐-2-피롤리돈	N-Vinyl-2-pyrrolidone(NVP)	88-12-0	2	0.05	−	−	−

연번	물질명		카스번호	발암성	노출기준			
	국문	영문			TWA (ppm)	TWA (mg/m³)	STEL (ppm)	STEL (mg/m³)
109	노말-페닐-베타-나프틸 아민	n-Phenyl-β-naphthyl amine	135-88-6	2	–	–	–	–
110	니켈(금속)	Nickel(Metal)	7440-02-0	2	–	1	–	–
111	니트로메탄	Nitromethane	75-52-5	2	20	50	–	–
112	니트로벤젠	Nitrobenzene	98-95-3	2	1	5	–	–
113	디(2-에틸헥실)프탈레이트	Di(2-ethylhexyl) phthalate	117-81-7	2	–	5	–	10
114	디메틸아닐린	Dimethylaniline	121-69-7	2	5	25	10	50
115	디메틸아미노벤젠	Dimethylaminobenzene	1300-73-8	2	0.5	2.5	2	10
116	디에탄올아민	Diethanolamine	111-42-2	2	0.46	2	–	–
117	디엘드린	Dieldrin	60-57-1	2	–	0.25	–	–
118	디옥산	Dioxane(Diethyl dioxide)	123-91-1	2	20	72	–	–
119	디우론	Diuron	330-54-1	2	–	10	–	–
120	디클로로디페닐트리클로로에탄	Dichlorodiphenyl trichloroethane(D.D.T)	50-29-3	2	–	1	–	–
121	디클로로메탄	Dichloromethane	75-09-2	2	50	175	–	–
122	디클로로아세트산	Dichloro acetic acid	79-43-6	2	0.5	2.6	–	–
123	디클로로아세틸렌	Dichloroacetylene	7572-29-4	2	C 0.1	C 0.4	–	–
124	디클로로에틸에테르	Dichloroethylether	111-44-4	2	5	30	10	60
125	디클로로프로펜	Dichloropropene	542-75-6	2	1	5	–	–
126	디하이드록시벤젠	Dihydroxybenzene	123-31-9	2	–	2	–	–
127	린데인	Lindane	58-89-9	2	–	0.5	–	–
128	메틸 클로라이드	Methyl chloride	74-87-3	2	50	105	100	205
129	메틸 하이드라진	Methyl hydrazine	60-34-4	2	0.01	0.025	–	–
130	메틸삼차 부틸에테르	Methyl tert-butyl ether(MTBE)	1634-04-4	2	50	180	–	–
131	배노밀	Benomyl	17804-35-2	2	0.8	10	–	–
132	브로마실	Bromacil	314-40-9	2	1	10	–	–
133	브로모포롬	Bromoform	75-25-2	2	0.5	5	–	–
134	브롬화 에틸	Ethyl bromide	74-96-4	2	5	22	–	–
135	비닐 시클로헥센디옥사이드	Vinyl cyclohexenedioxide	106-87-6	2	0.1	0.57	–	–
136	비닐 아세테이트	Vinyl acetate	108-05-4	2	10	–	15	–
137	시클로헥사논	Cyclohexanone	108-94-1	2	25	100	50	200
138	아닐린과 아닐린 동족체	Aniline & homologues	62-53-3	2	2	10	–	–
139	아세트알데히드	Acetaldehyde	75-07-0	2	50	90	150	270
140	아스팔트 흄(벤젠 추출물, 흡입성)	Asphalt(Petroleum)fumes	8052-42-4	2	–	0.5	–	–
141	알릴글리시딜에테르	Allyl glycidyl ether(AGE)	106-92-3	2	1	4.7	–	–
142	알파나프틸아민	α-Naphthyl amine	134-32-7	2	–	0.006	–	–

연번	물질명		카스번호	발암성	노출기준			
	국문	영문			TWA (ppm)	TWA (mg/ m³)	STEL (ppm)	STEL (mg/ m³)
143	알파-나프틸티오우레아	α-Naphthylthiourea (ANTU)	86-88-4	2	—	0.3	—	—
144	에틸 벤젠	Ethyl benzene	100-41-4	2	100	435	125	545
145	에틸 아크릴레이트	Ethyl acrylate	140-88-5	2	5	20	—	—
146	에틸렌글리콜모노부틸 에테르아세테이트	Ethyleneglycol monobutyl etheracetate	112-07-2	2	20	131		
147	염소화 캄펜	Chlorinated camphene	8001-35-2	2	—	0.5	—	1
148	염화 알릴	Allyl chloride	107-05-1	2	1	3	2	6
149	염화 에틸	Ethyl chloride	75-00-3	2	1,000	2,600	—	—
150	오산화바나듐	Vanadium pentoxide	1314-62-1	2	—	0.05	—	—
151	요오드화 메틸	Methyl iodide	74-88-4	2	2	10	—	—
152	용접 흄 및 분진	Welding fumes and dust		2	—	5	—	—
153	이산화티타늄	Titanium dioxide	13463-67-7	2		10		
154	이소포론	Isophorone	78-59-1	2	C 5	C 25	—	—
155	카바릴	Carbaryl	63-25-2	2	—	5	—	—
156	카본블랙	Carbon black	1333-86-4	2	—	3.5	—	—
157	카테콜	Catechol	120-80-9	2	5	20	—	—
158	캡탄	Captan	133-06-2	2	—	5	—	—
159	케로젠	Kerosene	8008-20-6	2	—	200	—	—
160	코발트(금속 분진 및 흄)	Cobalt(Metal dust & fume)	7440-48-4	2	—	0.02	—	—
161	큐멘	Cumene	98-82-8	2	50	245	—	—
162	크로톤알데히드	Crotonaldehyde	4170-30-3	2	2	6	—	—
163	클로로디페닐(54% 염소)	Chlorodiphenyl (54% Chlorine)	11097-69-1	2	—	0.5	—	1
164	클로로벤젠	Chlorobenzene	108-90-7	2	10	46	20	94
165	클로로아세트알데히드	Chloroacetaldehyde	107-20-0	2	C 1	C 3	—	—
166	클로로포름	Chloroform	67-66-3	2	10	50	—	—
167	클로르단	Chlordane	57-74-9	2	—	0.5	—	2
168	테트라니트로메탄	Tetranitromethane	509-14-8	2	1	8	—	—
169	테트라메틸 연	Tetramethyl lead, as Pb	75-74-1	2	—	0.075	—	—
170	테트라에틸 연	Tetraethyl lead, as Pb	78-00-2	2	—	0.075	—	—
171	테트라하이드로퓨란	Tetrahydrofuran	109-99-9	2	50	140	100	280
172	톨루엔-2,4-디이소시아네이트	Toluene-2,4 -diisocyanate(TDI)	584-84-9	2	0.005	0.04	0.02	0.15
173	톨루엔-2,6-디이소시아네이트	Toluene-2,6 -diisocyanate(TDI)	91-08-7	2	0.005	0.04	0.02	0.15
174	트리부틸 포스페이트	Tributyl phosphate	126-73-8	2	0.2	2.5	—	—
175	트리클로로아세트산	Trichloroacetic acid	76-03-9	2	1	7	—	—
176	파라-니트로클로로벤젠	p-Nitrochlorobenzene	100-00-5	2	0.1	0.6	—	—
177	파라-디클로로벤젠	p-Dichlorobenzene	106-46-7	2	10	60	20	110

연번	물질명		카스번호	발암성	노출기준			
	국문	영문			TWA (ppm)	TWA (mg/m³)	STEL (ppm)	STEL (mg/m³)
178	파라-톨루이딘	p-Toluidine	106-49-0	2	2	9	-	-
179	페닐 에틸렌	Phenyl ethylene	100-42-5	2	20	85	40	170
180	펜타클로로페놀	Pentachlorophenol	87-86-5	2	-	0.5	-	-
181	푸르푸랄	Furfural	98-01-1	2	2	8	-	-
182	프로폭서	Propoxur	114-26-1	2	-	0.5	-	-
183	피리딘	Pyridine	110-86-1	2	2	6	-	-
184	헥사클로로부타디엔	Hexachlorobutadiene	87-68-3	2	0.02	0.24	-	-
185	헥사클로로에탄	Hexachloroethane	67-72-1	2	1	10	-	-
186	헥손	Hexone	108-10-1	2	50	205	75	300
187	헵타클로르	Heptachlor	76-44-8	2	-	0.5	-	-

❸ 작업환경측정 및 평가

001 작업환경측정

① 개요

작업환경 실태를 파악하기 위하여 해당 근로자 또는 작업장에 대하여 사업주가 유해인자에 대한 측정계획을 수립한 후 시료를 채취하고 분석·평가하는 것을 말한다.

② 작업환경측정의 목적

근로자가 호흡하는 공기 중의 유해물질 종류 및 농도를 파악하고 해당 작업장에서 일하는 동안 건강장해가 유발될 가능성 여부를 평가하며 작업환경 개선의 필요성 여부를 판단하는 기준이 된다.

③ 작업환경 측정방법

(1) 측정 전 예비조사 실시
(2) 작업이 정상적으로 이루어져 작업시간과 유해인자에 대한 근로자의 노출 정도를 정확히 평가할 수 있을 때 실시
(3) 모든 측정은 개인시료채취방법으로 하되, 개인시료채취방법이 곤란한 경우에는 지역시료채취방법으로 실시

④ 작업환경측정 절차

(1) 작업환경측정유해인자 확인(취급공정 파악)
(2) 작업환경측정기관에 의뢰
(3) 작업환경측정 실시(유해인자별 측정)
(4) 지방고용노동관서에 결과 보고(측정기관에서 전산 송부)
(5) 측정결과에 따른 대책 수립 및 서류 보존(5년간 보존. 단, 고용노동부 고시물질 측정결과는 30년간 보존)

⑤ 작업환경측정대상

상시근로자 1인 이상 사업장으로서 측정대상 유해인자 192종에 노출되는 근로자

[측정대상물질(192종)]

구분	대상물질	종류	비고
화학적 인자	유기화합물	114	중량비율 1% 이상 함유한 혼합물
	금속류	24	중량비율 1% 이상 함유한 혼합물
	산 및 알칼리류	17	중량비율 1% 이상 함유한 혼합물
	가스상태 물질류	15	중량비율 1% 이상 함유한 혼합물
	허가대상 유해물질	12	• 1)~4) 및 6)부터 12)까지 중량비율 1% 이상 함유한 혼합물 • 5)의 물질을 중량비율 0.5% 이상 함유한 혼합물
	금속가공유	1	
물리적 인자	소음, 고열	2	• 8시간 시간가중평균 80dB 이상의 소음 • 안전보건규칙 제558조에 따른 고열
분진	광물성, 곡물, 면, 나무, 용접흄, 유리섬유, 석면	7	
합계		192	

※ 「산업안전보건법 시행규칙」 별표 21 참고

⑥ 면제대상

(1) 임시작업

일시적으로 행하는 작업 중 월 24시간 미만인 작업. 단, 월 10시간 이상 24시간 미만이라도 매월 행하여지는 경우는 측정대상임

(2) 단시간 작업

관리대상 유해물질 취급에 소요되는 시간이 1일 1시간 미만인 작업. 단, 1일 1시간 미만인 작업이 매일 행하여지는 경우는 측정대상임

(3) 다음에 해당되는 사업장

관리대상 유해물질의 허용소비량을 초과하지 않는 작업장(보건규칙 제421조)

(4) 적용 제외대상

관리대상 유해물질의 허용소비량을 초과하지 않는 작업장(보건규칙 제421조)

① 사업주가 관리대상 유해물질의 취급업무에 근로자를 종사하도록 하는 경우로서 작업시간 1시간을 소비하는 관리대상유해물질의 양이 작업장 공기의 부피를 15로 나눈 양 이하인 경우에는 이 장의 규정을 적용하지 아니한다. 다만, 유기화합물 취급 특별장소, 특별

관리물질 취급장소, 지하실 내부, 그 밖에 환기가 불충분한 실내작업장인 경우에는 그러하지 아니한다.

② 제1항 본문에 따른 작업장 공기의 부피는 바닥에서 4미터가 넘는 높이에 있는 공간을 제외한 세제곱미터를 단위로 하는 실내작업장의 공간부피를 말한다. 다만, 공기의 부피가 150세제곱미터를 초과하는 경우에는 150세제곱미터를 그 공기의 부피로 한다.

7 측정방법

(1) 시료채취의 위치

구분	내용
개인시료 채취방법	측정기기의 공기유입부위가 작업근로자의 호흡기 위치에 오도록 한다.
지역시료 채취방법	유해물질 발생원에 근접한 위치 또는 작업근로자의 주 작업행동 범위 내의 작업근로자 호흡기 높이에 오도록 한다.
검지관 방식	작업근로자의 호흡기 및 발생원에 근접한 위치 또는 근로자 작업행동 범위의 주 작업위치에서의 근로자 호흡기 높이에서 측정한다.

(2) 시료채취 근로자수

① 단위작업장소에서 최고 노출근로자 2명 이상에 대하여 동시에 측정하되, 단위작업장소에 근로자가 1명인 경우에는 그러하지 아니하며, 동일 작업근로자 수가 10명을 초과하는 경우에는 매 5명당 1명(1개 지점) 이상 추가하여 측정한다. 다만, 동일 작업근로자 수가 100명을 초과하는 경우에는 최대 시료채취 근로자 수를 20명으로 조정할 수 있다.

② 지역시료채취방법에 따른 측정시료의 개수는 단위작업장소에서 2개 이상에 대하여 동시에 측정한다. 다만, 단위작업장소의 넓이가 50평방미터 이상인 경우에는 매 30평방미터마다 1개 지점 이상을 추가로 측정한다.

(3) 측정 후 조치사항

① 사업주는 측정을 완료한 날로부터 30일 이내에 측정결과보고서를 해당 관할 지방노동청에 제출한다.(측정대행 시 해당 기관에서 제출)

② 사업주는 측정, 평가 결과에 따라 시설·설비 개선 등 적절한 조치를 취한다.

③ 작업환경측정결과를 해당 작업장 근로자에게 알려야 한다.(게시판 게시 등)

(4) 근로자 입회 및 설명회

① 작업환경측정 시 근로자 대표의 요구가 있을 경우 입회

② 산업안전보건위원회 또는 근로자 대표의 요구가 있는 경우 직접 또는 작업환경측정을 실시한 기관으로 하여금 작업환경측정결과에 대한 설명회 개최

③ 작업환경측정결과에 따라 근로자의 건강을 보호하기 위하여 당해 시설 및 설비의 설치 또는 개선 등 적절히 조치

④ 작업환경측정결과는 사업장 내 게시판 부착, 사보 게재, 자체 정례 조회 시 집합교육, 기타 근로자들이 알 수 있는 방법으로 근로자들에게 통보

⑤ 산업안전보건위원회 또는 근로자 대표의 요구 시에는 측정결과를 통보받은 날로부터 10일 이내에 설명회를 개최

8 측정주기

구분	측정주기
신규공정 가동 시	30일 이내 실시 후 매 6개월에 1회 이상
정기적 측정주기	6개월에 1회 이상
발암성 물질, 화학물질 노출기준 2배 이상 초과 시	3개월에 1회 이상
1년간 공정변경이 없고 최근 2회 측정결과가 노출기준 미만인 경우(발암성 물질 제외)	1년 1회 이상

※ 작업장 또는 작업환경이 신규로 가동되거나 변경되는 등 작업환경측정대상이 된 경우에 반드시 작업환경측정을 실시하여야 한다.

9 서류보존기간

5년(발암성 물질은 30년)

※ 발암성 확인물질 : 허가대상유해물질, 관리대상유해물질 중 특별관리물질

10 측정자의 자격

(1) 산업위생관리기사 이상 자격소지자

(2) 고용노동부 지정 측정기관

11 기타사항

법적 노출기준이 초과된 경우에는 60일 이내에 작업공정의 개선을 증명할 수 있는 서류 또는 개선계획을 관할 지방노동관서에 제출하여야 한다.

1 개요

Gas Chromatography는 1950년대 석유산업을 중심으로 사용되었으며 현재는 식품 및 환경, 화학, 제약, 법의학 등에서 폭넓게 사용되는 방식으로 주로 기체 또는 액체 시료 측정에 적합하다.

2 기체 크로마토그래피의 특징

(1) 단 한번의 분석에서 용질이나 가스성분을 동시에 정성적, 정량적 측정이 가능하다.

(2) 분석의 민감도는 장치의 구성 및 분석 조건 설정에 따라 %에서 ppt 단위까지 폭이 넓다.

(3) 대상이 되는 분석물은 저분자량 화합물이며 높은 열의 안정성이 요구된다.

    ※ 저분자량 화합물 : 분자량 1,000 이하, 비점 500℃ 이하

(4) 시료가 기화할 필요가 있기 때문에 대상이 되는 분석물은 기본적으로 휘발성 성분이어야 한다.

(5) 저분자에도 이온성 성분이면 HPLC의 일종인 이온 크로마토그래피(IC)가 사용된다.

3 GC와 HPLC의 비교

GC(가스 크로마토그래피)	HPLC(고성능 액체 크로마토그래피)
• 분석물과 시료 용매가 안정된 기화를 요구한다. • 탄소 수가 적은 헥산같은 탄화수소 검출이 가능하다.	• 단백질과 같이 분자량이 큰 화합물과 분자에 적합하다. • 소금처럼 분자량이 작아도 측정 가능하다.

4 원리 및 구성

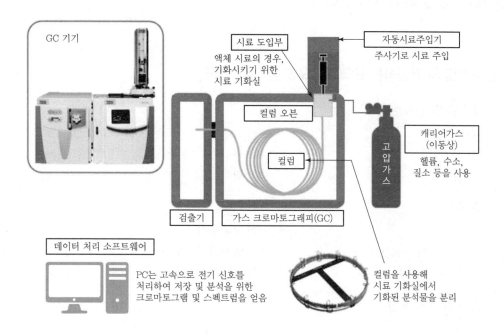

5 분석방법 분류

(1) 정성분석 : 분석물의 피크 용출 시간
(2) 정량분석 : 분석물의 피크 크기(면적값, 적분값)

6 불꽃이온화검출기

(1) 개요

가스 크로마토그래피 검출기로서 큰 범위의 직선성을 띤 물질을 대상으로 하며 수소로 시료를 태워 전하를 띤 이온을 생성시켜 검출한다.

(2) 특징

(1) 유기용제 분석에 사용하는 검출기이다.
(2) 운반기체로 질소, 헬륨을 사용한다.
(3) 할로겐 함유 화합물에 대해 민감도가 낮다.
(4) 안정적인 수소-공기의 기체흐름이 요구된다.

1 용접작업 시 발생하는 유해위험요인 및 인체 영향

(1) 금속흄 및 금속분진

① 카드뮴   ② 크롬

③ 철   ④ 망간

⑤ 납   ⑥ 아연

(2) 유해가스

① 가스   ② 오존(O_3)

③ 질소산화물(NOx)   ④ 일산화탄소(CO)

⑤ 포스겐($COCl_2$)   ⑥ 포스핀(PH_3)

(3) 소음 및 기타 요인

① 소음   ② 고열 · 화상

③ 감전 · 화상   ④ 화재 · 폭발

2 작업환경 관리 및 건강보호

(1) 환기대책

① 환기대책은 용접 흄의 관리 중 공학적인 대책의 일부이나 용접작업장의 형태가 다양하므로 「작업형태별 작업환경 관리 대책」에 맞추어 활용한다.

② 환기장치의 설치 및 가동에 관한 사항은 안전보건규칙 제1편 총칙 제8장(환기장치) 등에 따른다.

③ 전체 환기장치작업 특성상 국소배기장치의 설치가 곤란하여 전체 환기장치를 설치하여야 할 경우에는 다음 사항을 고려한다.

㉠ 필요 환기량(작업장 환기횟수 : 15~20회/시간)을 충족시킬 것

㉡ 유입공기가 오염장소를 통과하되 작업자 쪽으로 오지 않도록 위치를 선정할 것

㉢ 공기 공급은 청정공기로 할 것

㉣ 기류가 한편으로만 흐르지 않도록 공기를 공급할 것

㉤ 오염원 주위에 다른 공정이 있으면 공기 배출량을 공급량보다 크게 하고, 주위에 다른 공정이 없을 시에는 청정공기 공급량을 배출량보다 크게 할 것

㉥ 배출된 공기가 재유입되지 않도록 배출구 위치를 선정할 것

㉦ 난방 및 냉방, 창문 등의 영향을 충분히 고려해서 설치할 것

(2) 밀폐공간에서의 용접작업

    ① 급기 및 배기용 팬을 가동하면서 작업한다.

    ② 작업 전 산소농도를 측정하여 18% 이상 시에만 작업한다. 작업 중에 산소농도가 떨어질 수 있으므로 수시로 점검한다.

    ③ 흄용 방진마스크 또는 송기마스크를 착용하고 작업한다.

    ④ 소음이 85dB(A) 이상 시에는 귀마개 등 보호구를 착용한다.

    ⑤ 탱크맨홀 및 피트 등 통풍이 불충분한 곳에서 작업 시에는 긴급사태에 대비할 수 있는 조치(외부와의 연락장치, 비상용 사다리, 로프 등을 준비)를 취한 후 작업한다.

③ 작업계획 수립 및 표준작업관리지침

(1) 용접 흄 발생 억제조치 설비의 설치

(2) 작업공정에 사용되는 환기장치의 적절한 가동요령 등에 관한 사항

(3) 보호구의 착용방법 및 관리방법

(4) 용접봉, 피복재 및 피용제 등의 MSDS를 활용한 합금성분 등의 함유량에 대한 사항

(5) 기타 용접 흄 및 가스, 유해광선 등에 의한 근로자 노출방지를 위한 사항 등

④ 근로자의 유해인자 노출 정도의 측정

(1) 측정 전 준비 및 주의사항

    ① 사전에 작업환경측정에 관련된 예비조사 및 장비 등을 점검하여 이상이 없을 시 현장에 나가 측정을 개시할 수 있도록 준비한다.

    ② 작업자는 평소와 같은 방법으로 작업에 임하도록 하며 측정자가 주지하는 내용 및 협조사항에 대해서 꼭 지키도록 하여 올바른 측정이 이루어지도록 한다.

(2) 노출 정도의 측정

    근로자의 노출 정도에 대한 작업환경측정은 KOSHA Guide 작업환경측정·분석방법 지침에 따른다.

(3) 설명회 개최

    작업환경측정 후 산업안전보건위원회 또는 근로자 대표로부터 작업환경측정결과에 대한 설명회 개최 요구가 있을 때에는 측정기관 또는 사업주가 설명회를 실시한다.

(4) 사업주는 근로자를 용접작업에 종사하도록 하는 경우에는 고용노동부 고시 제2013－38호 (화학물질 및 물리적 인자의 노출기준)의 기준을 참고하여 필요한 조치를 취한다.

(5) 용접작업자에 대한 특별교육 실시

    용접작업에 근로자를 종사하게 하는 경우에는 특별안전보건 교육을 실시한다.

5 보호구 등

(1) 작업장에서 발생하는 유해인자에 대한 가장 바람직한 대책은 작업설비의 설치단계에서 유해요인을 제거할 수 있도록 하는 것이 가장 바람직하나 이 방법이 불가능할 때 차선책으로 보호구를 지급 착용하게 한다.
(2) 보호구는 성능한계성, 검정합격품 여부 등을 사전에 검토하여 구입한다.
(3) 근로자가 용접 흄 등에 노출될 우려가 있는 작업장에서 작업하는 근로자는 흄용 방진마스크 또는 송기마스크를 착용한다.
(4) 호흡용 보호구는 해당 근로자수 이상의 보호구를 지급하고 보호구의 공동사용으로 인한 질병감염을 방지하기 위하여 개인 전용의 것을 지급한다.
(5) 지급된 보호구는 수시로 점검하여 양호한 상태로 유지·관리하고 호흡용 보호구는 여과재의 사용한계에 따른 교체시기를 명확히 하여 정해진 날짜에 교체한다.

6 근로자의 준수사항

(1) 용접작업 중 가동 중인 국소배기장치 등은 작업자 임의로 정지시키지 않도록 하고 감독자의 지시에 따른다.
(2) 용접 흄이 최대한 작업장 주변으로 비산되지 않는 방법으로 작업한다.
(3) 용접 흄에 노출되지 않도록 주의하면서 작업한다.
(4) 작업 시 지급된 보호구는 사업주 및 안전·보건관계자 등의 지시에 따라 반드시 착용한다.
(5) 용접 흄, 가스, 유해광선에 의한 건강장해의 예방을 위하여 사업주 및 안전·보건관계자 등의 지시에 따른다.

7 관리감독자의 의무

(1) 작업량·작업속도 등을 필요 이상으로 올리지 않도록 지도한다.
(2) 통풍이 불충분한 장소에서의 용접작업 시에는 환기장치를 가동하고 송기마스크, 흄용 방진마스크 등을 착용토록 지도·감독한다.
(3) 가급적 통풍이 충분한 장소에서 작업토록 하여 용접 흄의 흡입이 최소화되도록 작업방법을 정해준다.
(4) 응급조치요령을 주지시킨다.
　　① 호흡곤란 시 노출지역에서 벗어나 신선한 공기가 있는 곳으로 옮길 것
　　② 필요하다면 인공호흡을 시킬 것
　　③ 상황이 발생하면 즉시 보건관리자 등과 연계하며 의학적 조치가 되도록 할 것
　　④ 구토 시에는 기도의 막힘을 방지하기 위하여 머리를 옆으로 하여 둔부보다 낮게 누이도록 할 것
　　⑤ 환자를 따뜻하게 하고 안정시킬 것

8 건강진단의 실시

(1) 용접작업 근로자에게는 소음(85dB(A) 이상 시)에 대한 특수건강진단을 2년에 1회 실시한다.

(2) 피용접물 또는 용접봉에 망간(크롬산, 카드뮴) 등이 1% 이상 함유된 물질과 용접 흄 등에 노출되는 근로자는 1년에 1회 이상 특수건강진단을 실시한다.

(3) 사업주는 법령에 의한 건강진단을 실시하고 건강진단 개인표를 송부받은 때에는 그 결과를 지체 없이 근로자에게 통보하고, 근로자의 건강을 유지하기 위하여 필요하다고 인정할 때에는 작업장소의 변경, 작업의 전환, 근로시간의 단축 및 작업환경 개선 등 기타 적절한 조치를 한다.

(4) 사업주는 산업안전보건위원회 또는 근로자대표의 요구가 있을 때에는 직접 또는 건강진단을 실시한 기관으로 하여금 건강진단 결과에 대한 설명을 실시한다.

(5) 건강상담 및 건강진단 실시에 따른 자각증상 호소자에 대하여 질병의 이환 여부 또는 질병의 원인 등을 발견하기 위하여 임시건강진단을 실시한다.

9 근로자 개인위생관리

(1) 용접작업 근로자는 용접에 의한 직업성 질병의 발생을 예방하기 위하여 다음 사항을 준수한다.
  ① 용접이 실시되고 있는 작업장 내에서는 음식물을 먹지 않는다.
  ② 용접작업 후 식사를 하는 경우에는 손이나 얼굴을 깨끗이 씻고, 별도의 장소에서 식사한다.
  ③ 용접작업장에서는 보호구를 착용한 후 작업에 임하도록 하고 사용한 보호구는 불순물 및 감염물을 제거한 후 청결한 장소에 보관한다.
  ④ 비상시 사용한 호흡용 보호구는 적어도 1개월 또는 사용 후마다 소독하여 보관한다.
  ⑤ 작업을 종료한 경우에는 샤워시설 등을 이용하여 손, 얼굴 등을 씻거나 목욕을 한다.
  ⑥ 퇴근 시에는 작업복을 벗고 평상복으로 갈아입는다.

(2) 용접작업장소와 격리된 장소에 근로자가 이용할 수 있는 휴게시설을 설치한다.

(3) 용접작업장 근로자의 건강보호를 위하여 세안, 세면, 목욕, 탈의, 세탁 및 건조시설 등을 설치하고 옷장, 보호구 보관함 등 필요한 용품 및 용구를 비치한다.

(4) 오염된 피부를 세척하는 경우에는 피부에 영향을 주지 않는 비누 등을 사용한다.

004 밀폐공간의 범위

1. 다음의 지층에 접하거나 통하는 우물·수직갱·터널·잠함·피트 또는 그 밖에 이와 유사한 것의 내부
   가. 상층에 물이 통과하지 않는 지층이 있는 역암층 중 함수 또는 용수가 없거나 적은 부분
   나. 제1철 염류 또는 제1망간 염류를 함유하는 지층
   다. 메탄·에탄 또는 부탄을 함유하는 지층
   라. 탄산수를 용출하고 있거나 용출할 우려가 있는 지층
2. 장기간 사용하지 않은 우물 등의 내부
3. 케이블·가스관 또는 지하에 부설되어 있는 매설물을 수용하기 위하여 지하에 부설한 암거·맨홀 또는 피트의 내부
4. 빗물·하천의 유수 또는 용수가 있거나 있었던 통·암거·맨홀 또는 피트의 내부
5. 바닷물이 있거나 있었던 열교환기·관·암거·맨홀·둑 또는 피트의 내부
6. 장기간 밀폐된 강재(鋼材)의 보일러·탱크·반응탑이나 그 밖에 그 내벽이 산화하기 쉬운 시설(그 내벽이 스테인리스강으로 된 것 또는 그 내벽의 산화를 방지하기 위하여 필요한 조치가 되어 있는 것은 제외한다)의 내부
7. 석탄·아탄·황화광·강재·원목·건성유(乾性油)·어유(魚油) 또는 그 밖의 공기 중의 산소를 흡수하는 물질이 들어 있는 탱크 또는 호퍼(Hopper) 등의 저장시설이나 선창의 내부
8. 천장·바닥 또는 벽이 건성유를 함유하는 페인트로 도장되어 그 페인트가 건조되기 전에 밀폐된 지하실·창고 또는 탱크 등 통풍이 불충분한 시설의 내부
9. 곡물 또는 사료의 저장용 창고 또는 피트의 내부, 과일의 숙성용 창고 또는 피트의 내부, 종자의 발아용 창고 또는 피트의 내부, 버섯류의 재배를 위하여 사용하고 있는 사일로(Silo), 그 밖에 곡물 또는 사료종자를 적재한 선창의 내부
10. 간장·주류·효모 그 밖에 발효하는 물품이 들어 있거나 들어 있었던 탱크·창고 또는 양조주의 내부
11. 분뇨, 오염된 흙, 썩은 물, 폐수, 오수, 그 밖에 부패하거나 분해되기 쉬운 물질이 들어 있는 정화조·침전조·집수조·탱크·암거·맨홀·관 또는 피트의 내부
12. 드라이아이스를 사용하는 냉장고·냉동고·냉동화물자동차 또는 냉동컨테이너의 내부
13. 헬륨·아르곤·질소·프레온·탄산가스 또는 그 밖의 불활성 기체가 들어 있거나 있었던 보일러·탱크 또는 반응탑 등 시설의 내부
14. 산소농도가 18퍼센트 미만 또는 23.5퍼센트 이상, 탄산가스농도가 1.5퍼센트 이상, 일산화탄소농도가 30피피엠 이상 또는 황화수소농도가 10피피엠 이상인 장소의 내부
15. 갈탄·목탄·연탄난로를 사용하는 콘크리트 양생장소(養生場所) 및 가설숙소 내부

16. 화학물질이 들어 있던 반응기 및 탱크의 내부
17. 유해가스가 들어 있던 배관이나 집진기의 내부
18. 근로자가 상주(常住)하지 않는 공간으로서 출입이 제한되어 있는 장소의 내부

005 미세먼지

1 개요

미세먼지는 자연적으로 발생되는 경우 이외에도 분진 발생 사업장의 경우 작업환경측정결과를 토대로 미세먼지 또는 초미세먼지의 분류에 따라 주의보 또는 경보 단계로 구분해 건강장해 예방을 위한 사업주의 적극적인 관리가 필요하다.

2 미세먼지 경보 단계

구분	미세먼지(PM-10)	초미세먼지(PM-2.5)
미세먼지 주의보	$150\mu g/m^3$ 이상	$75\mu g/m^3$ 이상
미세먼지 경보	$300\mu g/m^3$ 이상	$150\mu g/m^3$ 이상

3 미세먼지에 의한 건강장해

(1) 호흡기질환 유발
(2) 피부염 및 피부질환 유발
(3) 결막염 또는 시력장애 유발
(4) 심혈관질환 유발

4 단계별 예방조치

사전준비단계 → 미세먼지 주의보 → 미세먼지 경보

(1) 사전준비단계
　　① 민감군 확인 : 폐질환, 심장질환, 고령자, 임산부
　　② 비상연락망 구축
　　③ 교육 및 훈련 : 방진마스크 착용법, 개인위생관리
　　④ 미세먼지 농도 확인
　　⑤ 마스크 비치
　　　　• 방진마스크 2급 이상
　　　　• 식약청 인증 KF 80 이상

(2) 미세먼지 주의보

    ① 미세먼지 정보 제공 : '주의보' 발령 통보

    ② 마스크 지급 및 착용

    ③ 민감군 추가 조치 : 중작업 줄이기, 휴식시간 추가

(3) 미세먼지 경보

    ① 미세먼지 정보 제공 : '경보' 발령 통보

    ② 마스크 지급 및 착용

    ③ 민감군 추가 조치 : 작업량 줄이기, 휴식시간 추가

    ④ 중작업 일정 조정 : 다른 날로 작업 조정

(4) 이상징후자 조치

    ① 작업전환 또는 작업중단

    ② 의사의 진료를 받는다.

    ③ 스스로 작업을 중단, 쉴 수 있게 한다.

5 사업주 의무

옥외작업자에게 호흡용 보호구를 지급한다.

구분	특급	1급	2급
용도	독성 물질	금속 Fume 등	특급, 1급 외
분진포집률(%)	0.4마이크로입자 99%	0.4마이크로입자 94%	0.6마이크로입자 80%
약사법	KF 99	KF 94	KF 80

4 물리적 유해인자의 관리

001 물리적 유해인자

1 소음, 진동 등

구분	영향	예방대책
소음	• 불쾌감, 정신피로, 청력장해 • 영구적 난청	• 소음발생기계·기구의 격리 • 발생원 방음, 흡음시설 설치 • 귀마개, 귀덮개 등 보호구 착용
진동	• 국소진동이 가해지면 혈관 및 관절에 공진현상을 일으켜 말초장해 유발 • 손가락 감각이상 • 두통 유발	• 진동흡수장갑 착용 • 공구 보수 철저 • 작업시간 단축
자외선	• 피부 홍반현상, 색소침착, 피부암 • 용접 시 자외선은 각막 결막염 유발 • 아크용접 시 눈 및 피부화상	• 방사선 발생원의 격리 • 포켓선량계로 피폭량 측정 • 피부보호의, 보호안경, 보호장갑, 안전모 착용
이상기압	• 질소가 고압에서 혈액에 용해되었다가 감압 시 혈관과 조직에 기포 형성 • 반신불수, 시력장해, 호흡곤란	• 수심에 따른 체재시간 한도 엄수 • 고령자, 결핵, 천식 질환자 작업 배제

2 야간작업

(1) 인체 영향

　① 뇌심혈관질환의 위험 증가

　② 생체리듬 불균형으로 수면장애 유발

　③ 소화성 궤양, 유장 관련 질환 유발

　④ 유방암과의 관련성으로 국제암연구소 지정 2A 등급

(2) 예방

　① 교대근무일정의 재설계

　② 야간작업 중 수면시간 제공

　③ 심혈관질환자, 중추신경장해자 업무적합성 평가 실시

③ 소음노출기준

구분	소음		충격소음	
노출기준	1일 노출시간(hr)	소음강도 dB(A)	1일 노출횟수	소음강도 dB(A)
	8	90	100	140
	4	95	1,000	130
	2	100	10,000	120
	1	105	※ 최대 음압수준이 140dB(A)를 초과하는 충격소음에 노출되어서는 안 됨 충격소음이란 최대음압수준이 120dB(A) 이상인 소음이 1초 이상의 간격으로 발생되는 것을 말한다.	
	1/2	110		
	1/4	115		
	※ 115dB(A)를 초과하는 소음수준에 노출되어서는 안 됨			
특수건강검진	• 강렬한 소음 : 배치 후 6개월 이내, 이후 12개월 주기마다 실시 • 소음 및 충격소음 : 배치 후 12개월 이내, 이후 24개월 주기마다 실시			
	1차 검사항목 • 직업력 및 노출력 조사 • 주요 표적기관과 관련된 병력조사 • 임상검사 및 진찰 　이비인후 : 순음 청력검사(양측 기도), 　정밀 진찰(이경검사)		2차 검사항목 • 임상검사 및 진찰 　이비인후 : 순음 청력검사(양측 기도 및 골도), 중이검사(고막운동성검사)	
작업환경측정	8시간 시간가중평균 80dB 이상의 소음에 대해 작업환경측정 실시(6개월마다 1회, 과거 최근 2회 연속 85dB 이하 시 연 1회)			

002 석면해체작업

1 개요

(1) 석면은 인체에 유해하여 2009년 1월 1일부로 석면자재의 생산과 판매가 금지되었다.

(2) 석면노출기준은 TWA 0.1개/cm³이다.

2 석면조사 대상 자재의 종류

(1) 지붕재

(2) 단열재, 보온재

(3) 천장재, 바닥재, 벽재

(4) 내화피복재

(5) 개스킷, 패킹재, 실링재

3 기관석면조사 대상

(1) 석면조사 대상(시행령 제89조)

건축물		• 연면적 50m² 이상 • 철거 · 해체하려는 부분의 면적 합계가 50m² 이상
주택		• 연면적 200m² 이상 • 철거 · 해체하려는 부분의 면적 합계가 200m² 이상
설비	단열재 보온재 분무재 내화피복재 개스킷(누설방지재) 패킹재(틈막이재) 실링재(액상메움재)	• 자재면적 15m² 이상 • 부피 1m³ 이상
	파이프보온재	• 파이프 길이합 80m 이상 • 그 파이프의 철거 · 해체하려는 부분의 보온재로 사용된 길이의 합이 80m 이상인 경우

(2) 석면조사 제외대상(석면함유 여부가 명백한 경우 등 대통령령으로 정하는 사유)

① 설계도서, 자재이력 등에 석면 미함유가 인정되는 경우

② 해체, 제거대상 전체에 석면 1% 초과가 인정되는 경우

※ 일반석면조사 방법(규칙 제488조)

　맨눈, 설계도서, 자재이력, 석면 성분분석

4 석면해체신고 Flow

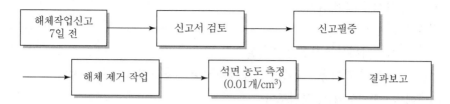

5 석면해체작업 시 문제점

(1) 석면 함유물질 사전조사 미비

(2) 석면해체 · 제거 계획 미수립

(3) 경고표지판 미설치

(4) 개인보호구 미지급

(5) 위생설비 미설치

(6) 석면 함유 잔재물 처리 미흡

(7) 잔재물의 흩날림

(8) 근로자 출입통제 미비

6 석면해체 · 제거 시 안전대책

(1) 석면해체 · 제거작업 계획 수립

　① 석면해체 · 제거작업의 절차와 방법

　② 석면 흩날림 방지 및 폐기방법

　③ 근로자 보호조치

(2) 특별교육 실시, 특수건강진단 실시(12개월 주기)

(3) 개인보호구 착용

방진마스크(특등급), 송기마스크, 전동식 호흡용 보호구, 고글형 보호안경, 보호복, 보호장갑, 보호신발

(4) 경고표지 설치

```
관계자외 출입금지
석면 취급/해체 중

보호구/보호복 착용
흡연 및 음식물
섭취 금지
```

(5) 출입 금지

(6) 흡연 및 음식물 섭취 금지

(7) 위생설비 설치

　① 탈의실 – 샤워실 – 작업복 갱의실

　② 고성능 필터 부착용 진공청소기를 사용하여 보호구의 석면분진 제거

(8) 석면해체 · 제거작업 시 안전조치

석면함유 대상	안전조치
보온재, 내화피복재	• 밀폐구조, 음압유지, 습식작업 • 고성능 필터가 장착된 석면분진 포집장치 가동 • 위생설비 설치 • 송기마스크, 전동식 호흡보호구 지급
벽체, 바닥타일, 천장재	밀폐구조, 음압유지, 습식작업
지붕재	• 습식작업, 통풍구 밀폐, 환기설비 가동 중단 • 해체 후 땅으로 떨어뜨리거나 던지지 말 것
그 밖의 자재	밀폐구조, 석면분진 포집장치, 습식작업

(9) 잔재물의 흩날림 방지 : 습식청소, 고성능 필터가 장착된 진공청소기

※ 석면해체 제거작업 기준의 적용 특례

　석면의 함유율이 1% 이하인 경우 → 안전기준 미적용

7 석면해체 · 제거업자를 통한 석면해체 제거 대상

제거대상	석면 비율	자재면적
벽체, 바닥재, 천장재, 지붕재	1% 초과	50m^2 이상
분무재, 내화피복	1% 초과	
단열재, 보온재, 개스킷, 패킹재, 실링재	1% 초과	면적 15m^2 이상, 부피합 1m^3 이상
파이프의 보온재	1% 초과	길이합 80m 이상

003 석면조사 방법

1 석면조사 방법

(1) 기관석면조사 방법
　　① 석면 함유 여부에 대한 예비조사 : 건축도면, 설비제작도면 또는 사용자재
　　② 성질과 상태가 다른 부분들을 각각 구분
　　③ 시료채취는 그 크기를 고려하여 채취 수를 달리하여 조사

(2) 일반석면조사 방법
　　① 맨눈
　　② 설계도서
　　③ 자재이력
　　④ 석면 성분분석

2 석면농도의 측정방법

(1) 해체작업장 작업이 완료된 후 공기가 건조한 상태에서 측정
(2) 작업장 내에 침전된 분진을 비산시킨 후 측정
(3) 지역시료채취방법으로 측정

1 석면해체 · 제거업자의 인력 · 시설 및 장비 기준(시행령 별표 28)

  (1) 인력기준

    자격을 취득 후 "석면해체 · 제거 관리자과정 교육"을 이수한 전담자 1명 이상

    ① 토목 · 건축 분야의 기술자

    ② 산업안전산업기사, 건설안전산업기사, 산업위생관리산업기사, 대기환경산업기사 또는 폐기물처리산업기사 이상의 자격

  (2) 시설기준 : 사무실

  (3) 장비기준

    ① 고성능 필터(HEPA 필터)가 장착된 음압기

    ② 음압기록장치

    ③ 고성능 필터(HEPA 필터)가 장착된 진공청소기

    ④ 위생설비(평상복 탈의실, 샤워실 및 작업복 탈의실이 설치된 설비)

    ⑤ 송기마스크 또는 전동식 호흡보호구, 전동식 후드 또는 전동식 보안면(특등급)

    ⑥ 습윤장치

2 석면해체기관의 평가

평가항목		등급	판정기준	판정주기
• 작업기준 준수	⇨	S	90점 이상	1회 / 3년
• 장비 성능		A	80~90	
• 보유인력 능력		B	70~80	1회 / 2년
• 관리시스템		C	60~70	
• 그 밖의 사항		D	60점 미만	1회 / 년

  (1) 평가 거부, 평가 부정, 사회적 물의를 일으킨 업체 → D등급

  (2) 조치

    ① S등급 : 지도 · 감독 면제

    ② D등급 : 특별 지도 · 감독

■ 입자상 물질의 정의

입자상 물질이란, 공기 중 부유하고 있는 고체나 액체 미립자로서 먼지, Fume, Mist, 섬유, 스모그, 바이오에어로졸 등을 말한다.

② 발암성 물질 구분 정보

고용노동부 고시 제2011-13호	
구분 1A	사람에게 충분한 발암성 증거가 있는 물질
구분 1B	시험 동물에서 발암성 증거가 충분히 있거나, 시험 동물과 사람 모두에서 제한된 발암성 증거가 있는 물질
구분 2	사람이나 동물에서 제한된 증거가 있지만, 구분 1로 분류하기에는 증거가 충분하지 않은 물질

IARC(국제발암성연구소) : International Agency for Research on Cancer	
Group 1	Carcinogenic to humans : 인체에 대한 발암성 확인 물질
Group 2A	Probably carcinogenic to humans : 인체에 대한 발암 가능성이 높은 화학물질
Group 2B	Possibly carcinogenic to humans : 인체에 대한 발암 가능성이 있는 화학물질
Group 3	Not classifiable as to is carcinogenicity to humans : 자료의 불충분으로 인체 발암물질로 분류되지 않은 화학물질
Group 4	Probably not carcinogenic to humans : 인체에 발암성이 없는 화학물질

③ 용접작업자의 직업병

(1) 철판에 들어 있는 망간으로 인한 망간 중독
(2) 철판이 카드뮴으로 도금되어 있는 경우 카드뮴 중독(급성 폐렴, 신장장애)
(3) 일산화탄소 발생으로 인한 중독
(4) 용접자세로 인한 근골격계 질환
(5) 자외선에 의한 급성 결막염
(6) 장기간 작업 시 직업성 백내장

4 입자상 물질의 모니터링

(1) 입자상 물질의 특징

    ① 호흡성 분진은 가스교환으로 침착 시 독성을 유발하는 물질이다.

    ② 산화규소 결정체로 4종을 노출기준으로 지정하였으며 1A이다.

    ③ 대표적 입자상 유해물질인 석면은 대식세포에서 방출하는 효소로도 용해되지 않는다.

    ④ 침강속도는 입자의 밀도에 비례하며 입경의 제곱에 비례한다.

(2) 채취원리

    ① 공기를 여과지에 통과시켜 공기 중 입자상 물질의 여과분을 채취한다.

    ② 용접보안면을 착용한 경우에는 그 내부에서 채취한다.

(3) 입자상 물질 여과기전

    ① 충돌, 확산, 차단시켜 여과지에 채취한다.

    ② 직경분립충돌기

        • 흡입, 흉곽, 호흡성 크기의 채취가 가능하다.

        • 충돌기 노즐을 통과한 공기가 충돌에 의해 여과지에 채취된다.

(4) 여과지 종류

    ① Mice

        • 산에 용해되며 표면에 침착되어 수분을 흡수한다.

        • 금속이나 석면 채취에 적합한 반면 무게 분석에는 부적합하다.

        • 입자상 물질의 무게 측정에는 부적합하다.

        • 공기 중 수분흡수 특성으로 인해 무게의 변화가 심하다.

    ② PVC

        • 흡습성이 적고 가볍다.

        • 수분의 영향을 받지 않는다.

        • 무게의 변화가 없어 무게분석에 유리하다.

    (3) 기타

        PTFE, 은막 여과지, 유리섬유 여과지 등이 있다.

5 호흡기 계통의 방어기전

(1) 호흡기 계통에는 스스로를 청소하고 보호하는 방어기전이 있어 직경이 3~5미크론(0.000118 ~0.000196인치)보다 작은 초미립자만이 깊은 폐로 침투한다.

(2) 기도 내부를 에워싸는 세포에 존재하는 미세한 머리카락과 같은 근육 돌기인 섬모는 호흡계 방어기전 중 하나이다. 섬모는 기도를 덮고 있는 점액 수분층을 밀어낸다.

⑶ 점액층은 병원균(잠재적으로 감염성 미생물)과 다른 입자를 포획하여 폐에 도달하지 못하게 한다.

⑷ 섬모는 분당 1,000번 이상 박동하여, 기관을 에워싸고 있는 점액을 분당 약 0.5~1센티미터 (분당 0.197~0.4인치)씩 위로 이동시킨다. 점액층에 갇힌 병원균과 입자는 기침으로 내뱉어지거나 구강으로 이동하여 삼켜지게 된다.

구분	내용
여과포집 기전(메커니즘)	• 직접차단 • 중력침강 • 정전기침강 • 확산 • 관성충돌 • 체질
기하학적(물리적) 직경	• 마틴직경 : 먼지의 면적을 2등분하는 선의 길이로 선의 방향은 항상 일정하여야 하며, 과소평가할 수 있는 단점이 있다. • 페렛직경 : 먼지의 한쪽 끝 가장자리와 다른 쪽 가장자리 사이의 거리로 과대평가될 가능성이 있다. • 등면적직경 : 먼지의 면적과 동일한 면적을 가진 원의 직경으로 가장 정확한 직경이다.
ACGHI에서 정하는 분진입경에 따른 구분	• 호흡성 입자상 물질 : 평균입경 $4\mu m$, 가스교환부위 • 흉곽성 입자상 물질 : 평균입경 $10\mu m$, 기도나 하기도(가스교환부위) • 흡입성 입자상 물질 : 평균입경 $100\mu m$, 전 부위
공기역학적 직경	대상 먼지와 침강속도가 같고 밀도가 $1g/cm^3$이며, 구형인 먼지의 직경으로 환산된 직경

5 유해화학물질의 종류, 발생, 성질 및 인체 영향

001 물질안전보건자료(MSDS)

1 개요

화학물질 및 화학물질을 함유한 제제 중 고용노동부령으로 정하는 분류기준에 해당하는 화학물질 및 화학물질을 함유한 제제를 양도하거나 제공하는 자는 이를 양도받거나 제공받는 자에게 물질안전보건자료를 고용노동부령으로 정하는 방법에 따라 작성하여 제공하여야 한다.

2 물질안전보건자료 작성 시 포함될 내용

(1) 화학제품과 회사에 관한 정보

(2) 유해성 · 위험성

(3) 구성성분의 명칭 및 함유량

(4) 응급조치 요령

(5) 폭발 화재 시 대처방법

(6) 누출 사고 시 대처방법

(7) 취급 및 저장방법

(8) 누출방지 및 개인보호구

(9) 물리화학적 특성

(10) 안정성 및 반응성

(11) 독성에 관한 정보

(12) 환경에 미치는 영향

(13) 폐기 시 주의사항

(14) 운송에 필요한 정보

(15) 법적 규제 현황

(16) 그 밖에 참고사항

3 적용대상 화학물질

(1) 물리적 위험물질

(2) 건강유해물질

(3) 환경유해성 물질

4 물질안전보건자료 작성방법

(1) 물질안전보건자료의 신뢰성이 확보될 수 있도록 인용된 자료의 출처를 함께 적어야 한다.

(2) 물질안전보건자료의 세부작성방법, 용어 등 필요한 사항은 고용노동부장관이 정하여 고시한다.

5 MSDS 구성항목

(1) 화학제품, 회사정보

(2) 건강유해성, 물리적 위험성

(3) 유해 · 위험 화학물질 명칭, 함유량

(4) 응급조치 요령

(5) 폭발 화재 시 대처방법

(6) 누출 사고 시 대처방법

(7) 취급 및 저장방법

(8) 개인보호구

(9) 물리화학적 특성

(10) 안정성 및 반응성

(11) 독성 정보

(12) 환경에 미치는 영향

(13) 폐기 시 주의사항

(14) 운송에 필요한 정보

(15) 법적 규제 현황

(16) 기타 참고사항

6 기재 및 게시 · 비치방법 등 고용노동부령으로 정하는 사항

(1) 물리 · 화학적 특성

(2) 독성에 관한 정보

(3) 폭발 · 화재 시의 대피 방법

(4) 응급조치 요령

(5) 그 밖에 고용노동부장관이 정하는 사항

7 물질안전보건자료 교육의 시기 · 방법

(1) 사업주는 다음 중 어느 하나에 해당하는 경우에는 해당되는 내용을 근로자에게 교육하여야 한다.

  ① 대상화학물질을 제조 · 사용 · 운반 또는 저장하는 작업에 근로자를 배치하게 된 경우
  ② 새로운 대상화학물질이 도입된 경우
  ③ 유해성 · 위험성 정보가 변경된 경우

(2) 유해성 · 위험성이 유사한 대상화학물질을 그룹별로 분류하여 교육할 수 있다.
(3) 교육시간 및 내용 등을 기록하여 보존하여야 한다.

8 물질안전보건자료 교육내용

(1) MSDS 제도의 개요
(2) 유해화학물질의 종류와 유해성
(3) MSDS의 경고표시에 관한 사항
(4) 응급처치 · 긴급대피요령
(5) 보호구 착용방법

9 물질안전보건자료 작업공정별 게시사항

작업공정별 관리요령에 포함되어야 할 사항
(1) 대상화학물질의 명칭
(2) 유해성 · 위험성
(3) 취급상의 주의사항
(4) 적절한 보호구
(5) 응급조치 요령 및 사고 시 대처방법

10 비상구의 설치기준

(1) 사업주는 위험물질을 취급 · 제조하는 작업장과 그 작업장이 있는 건축물에 출입구 외에 안전한 장소로 대피할 수 있는 비상구 1개 이상을 설치하여야 한다.

(2) 설치기준
  ① 출입구와 같은 방향에 있지 아니하고, 출입구로부터 3미터 이상 떨어져 있을 것
  ② 작업장의 각 부분으로부터 하나의 비상구 또는 출입구까지의 수평거리가 50미터 이하가 되도록 할 것
  ③ 비상구의 너비는 0.75미터 이상으로 하고, 높이는 1.5미터 이상으로 할 것
  ④ 비상구의 문은 피난 방향으로 열리도록 하고, 실내에서 항상 열 수 있는 구조로 할 것

11 산업안전보건법령상 화학물질의 유해성 · 위험성 조사 제외대상

(1) 일반 소비자의 생활용으로 제공하기 위하여 신규화학물질을 수입하는 경우로 고용노동부장 관령으로 정하는 경우

(2) 신규화학물질의 수입량이 소량이거나 그 밖에 유해 정도가 적다고 인정되는 경우로 고용노 동부령으로 정하는 경우

　　① 소량 신규화학물질의 유해성 · 위험성 조사 제외대상

　　　　㉠ 신규화학물질의 연간 수입량이 100킬로그램 미만인 경우

　　　　㉡ 위 항에 따른 수입량이 100킬로그램 이상인 경우 사유발생일로부터 30일 이내에 유 해성 · 위험성 조사보고서를 고용노동부장관에게 제출한 경우

　　② 일반소비자 생활용 신규화학물질의 유해성 · 위험성 조사 제외대상

　　　　㉠ 완성된 제품으로서 국내에서 가공하지 아니하는 경우

　　　　㉡ 포장 또는 용기를 국내에서 변경하지 아니하거나 국내에서 포장하거나 용기에 담지 아니하는 경우

　　③ 그 밖의 신규화학물질의 유해성 · 위험성 조사 제외대상

　　　　㉠ 시험 · 연구를 위하여 사용되는 경우

　　　　㉡ 전량 수출하기 위하여 연간 10톤 이하로 제조하거나 수입하는 경우

　　　　㉢ 신규화학물질이 아닌 화학물질로만 구성된 고분자화합물로서 고용노동부장관이 정 하여 고시하는 경우

12 산업안전보건법령상 허가대상 유해물질

(1) 디클로로벤지딘과 그 염

(2) 알파-나프틸아민과 그 염

(3) 크롬산 아연

(4) 오르토-톨리딘과 그 염

(5) 디아니시딘과 그 염

(6) 베릴륨

(7) 비소 및 그 무기화합물

(8) 크롬광(열을 가하여 소성처리하는 경우만 해당)

(9) 휘발성 콜타르피치

(10) 황화니켈

(11) 염화비닐

(12) 벤조트리클로리드

(13) 제1호부터 제11호까지 및 제13호의 어느 하나에 해당하는 물질을 함유한 제제(함유된 중량 의 비율이 1% 이하인 것은 제외)

⒁ 제12호의 물질을 함유한 제제(함유된 중량의 비율이 0.5% 이하인 것은 제외)

⒂ 그 밖에 보건상 해로운 물질로서 고용노동부장관이 산업재해보상보험 및 예방심의위원회의 심의를 거쳐 정하는 유해물질

⑬ 유해인자별 노출농도의 허용기준

유해인자		허용기준			
		시간가중평균값(TWA)		단시간 노출값(STEL)	
		ppm	mg/m³	ppm	mg/m³
1. 납 및 그 무기화합물			0.05		
2. 니켈(불용성 무기화합물)			0.2		
3. 디메틸포름아미드		10			
4. 벤젠		0.5		2.5	
5. 2-브로모프로판		1			
6. 석면			0.1개/cm³		
7. 6가크롬 화합물	불용성		0.01		
	수용성		0.05		
8. 이황화탄소		1			
9. 카드뮴 및 그 화합물			0.01 (호흡성 분진인 경우 0.002)		
10. 톨루엔-2,4-디이소시아네이트 또는 톨루엔-2,6-디이소시아네이트		0.005		0.02	
11. 트리클로로에틸렌		10		25	
12. 포름알데히드		0.3			
13. 노말헥산		50			

※ 비고

1. "시간가중평균값(TWA ; Time-Weighted Average)"이란 1일 8시간 작업을 기준으로 한 평균노출농도로서 산출공식은 다음과 같다.

$$TWA = \frac{C_1 \cdot T_1 + C_2 \cdot T_2 + \cdots + C_n \cdot T_n}{8}$$

여기서, C : 유해인자의 측정농도(단위 : ppm, mg/m³ 또는 개/cm³)

T : 유해인자의 발생시간(단위 : 시간)

2. "단시간 노출값(STEL ; Short-Term Exposure Limit)"이란 15분간의 시간가중평균값으로서 노출농도가 시간가중평균값을 초과하고 단시간 노출값 이하인 경우에는 ① 1회 노출 지속시간이 15분 미만이어야 하고, ② 이러한 상태가 1일 4회 이하로 발생해야 하며, ③ 각 회의 간격은 60분 이상이어야 한다.

14 작성 · 제출 제외 대상 화학물질

1. 「건강기능식품에 관한 법률」 제3조제1호에 따른 건강기능식품
2. 「농약관리법」 제2조제1호에 따른 농약
3. 「마약류 관리에 관한 법률」 제2조제2호 및 제3호에 따른 마약 및 향정신성의약품
4. 「비료관리법」 제2조제1호에 따른 비료
5. 「사료관리법」 제2조제1호에 따른 사료
6. 「생활주변방사선 안전관리법」 제2조제2호에 따른 원료물질
7. 「생활화학제품 및 살생물제의 안전관리에 관한 법률」 제3조제4호 및 제8호에 따른 안전확인 대상생활화학제품 및 살생물제품 중 일반소비자의 생활용으로 제공되는 제품
8. 「식품위생법」 제2조제1호 및 제2호에 따른 식품 및 식품첨가물
9. 「약사법」 제2조제4호 및 제7호에 따른 의약품 및 의약외품
10. 「원자력안전법」 제2조제5호에 따른 방사성 물질
11. 「위생용품 관리법」 제2조제1호에 따른 위생용품
12. 「의료기기법」 제2조제1항에 따른 의료기기
13. 「총포 · 도검 · 화약류 등의 안전관리에 관한 법률」 제2조제3항에 따른 화약류
14. 「폐기물관리법」 제2조제1호에 따른 폐기물
15. 「화장품법」 제2조제1호에 따른 화장품
16. 제1호부터 제15호까지의 규정 외의 화학물질 또는 혼합물로서 일반소비자의 생활용으로 제공되는 것(일반소비자의 생활용으로 제공되는 화학물질 또는 혼합물이 사업장 내에서 취급되는 경우를 포함한다.)
17. 고용노동부장관이 정하여 고시하는 연구 · 개발용 화학물질 또는 화학제품인 경우 법 제110조 제1항부터 제3항까지의 규정에 따른 자료의 제출만 제외된다.
18. 그 밖에 고용노동부장관이 독성 · 폭발성 등으로 인한 위해의 정도가 적다고 인정하여 고시하는 화학물질

15 유의사항

구성성분의 명칭과 함유량을 비공개하려는 경우 고용노동부 장관의 승인을 받고, 승인 시 대체 명칭 · 대체함유량을 기재해야 한다.

002 유기용제 사용장소의 보건대책

1 유기용제류의 특성

(1) 휘발성이 강하다.
(2) 기름과 지방을 잘 녹인다.
(3) 독소의 침투경로 : 피부, 호흡기

2 방수공사 유기용제

방수공사 공법	방수재료	유기용제
AP 방수	아스팔트 프라이머	톨루엔
FRP 방수	불포화 폴리에스테르수지	스티렌

※ 인화성 물질로 화재, 폭발 위험이 있다.

3 유기용제에 노출 시 나타나는 증상

(1) 술에 취한 효과
(2) 현기증, 두통, 구역질
(3) 균형감각 상실
(4) 사망

4 사고원인

(1) 유기용제 혼합비율 부적정 : 불안전행동
(2) 환기 미실시
(3) 공기호흡기, 송기마스크 미착용
(4) MSDS 교육 미실시
(5) 건설현장에 유기용제에 대한 전문가 부재

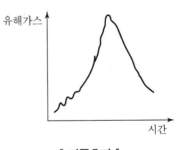

| 거품효과 |

5 안전대책

(1) 국소배기장치 가동

(2) 공기호흡기, 송기마스크 착용

(3) 유기용제 등 증기의 비산 금지

(4) 유기용제 등의 증기에 폭로되지 않도록 주의

(5) 유기용제 감지센서 설치

(6) 유기용제 제거 집진기 설치

(7) 유기용제 운반 시 떨어뜨리지 않도록 주의

(8) 화재방지 조치 : 소화기 배치, 흡연 금지, 주변 용접용단작업 금지 등

6 건설현장 방수공사 밀폐공간

(1) 지하층 방수공사

(2) 기계실, 전기실 방수공사

(3) 흙막이 외벽 방수공사 : 터널 정거장 등

(4) 집수정 방수공사

7 밀폐공간작업 시 안전준수사항

(1) 산소, 유해가스 농도 측정 : 관리감독자, 안전관리자, 보건관리자, 안전관리전문기관, 보건
관리전문기관, 건설재해예방전문지도기관

(2) 환기 실시 : 작업 전, 작업 중

(3) 인원 점검

(4) 출입 금지 : 표지판 설치

(5) 감시인 배치

(6) 안전대, 구명밧줄 설치, 공기호흡기 또는 송기마스크 착용

(7) 대피용 기구 배치 : 사다리, 섬유로프, 공기호흡기 또는 송기마스크 등

(8) 작업허가제

003 발암성 물질 구분 정보

고용노동부 고시 제2011-13호	
구분 1A	사람에게 충분한 발암성 증거가 있는 물질
구분 1B	시험 동물에서 발암성 증거가 충분히 있거나, 시험 동물과 사람 모두에서 제한된 발암성 증거가 있는 물질
구분 2	사람이나 동물에서 제한된 증거가 있지만, 구분 1로 분류하기에는 증거가 충분하지 않는 물질

IARC(국제발암성연구소) : International Agency for Research on Cancer	
Group 1	Carcinogenic to humans : 인체에 대한 발암성 확인 물질
Group 2A	Probably carcinogenic to humans : 인체에 대한 발암 가능성이 높은 화학물질
Group 2B	Possibly carcinogenic to humans : 인체에 대한 발암 가능성이 있는 화학물질
Group 3	Not classifiable as to is carcinogenicity to humans : 자료의 불충분으로 인체 발암물질로 분류되지 않은 화학물질
Group 4	Probably not carcinogenic to humans : 인체에 발암성이 없는 화학물질

1 대표적인 1A 물질

(1) 비소 및 그 무기화합물(TWA $0.01mg/m^3$)
(2) 니켈[가용성 화합물(TWA $0.1mg/m^3$)]
(3) 니켈[불용성 무기화합물(TWA $0.2mg/m^3$)]
(4) 카드뮴 및 그 화합물(TWA $0.01mg/m^3$)

2 대표적인 1B 물질

수은 및 무기형태(아릴 및 알킬 화합물 제외)(TWA $0.025mg/m^3$)

OSHA(미국산업안전보건청) : Occupational Safety and Health Administration (29 CFR part 1910 Subpart Z)	
Z	Carcinogen

ACGIH(미국산업위생전문가협의회) American Conference of Govemmental Indeustrial Hygienists	
A1	Confirmed Human Carcinogen : 인체에 대한 발암성 확인 물질
A2	Suspected Human Carcinogen : 인체에 대한 발암성 의심물질
A3	Confirmed Animal Carcinogen with Unknown Relevance to Humans : 동물에서는 발암성이 있으나 인체에서는 발암성이 확인되지 않은 물질
A4	Not Classifiable as a Human Carcinogen : 자료 불충분으로 인체 발암물질로 분류되지 않음
A5	Not Suspected as a Human Carcinogen : 인체에 발암성이 있다고 의심되지 않음

NTP(미국국립독성프로그램) : National Toxicology Program(12th RoC)	
K	Known to be Human Carcinogens : 인체에 대한 발암성 물질로 알려진 물질
R	Reasonably Anticipated to be a Human Carcinogen : 인체에 대한 발암물질로 예상되는 물질

EU CLP : Regulation (EC) No. 1272/2008(2008.12.16). + 1st, 2nd Adaptation	
Category 1A	Known to Have Carcinogenic Potential for Humans
Category 1B	Presumed to Have Carcinogenic Potential for Humans
Category 2	Suspected Human Carcinogens

6 중금속의 종류, 발생, 성질 및 인체 영향

001 금속류 유해인자

1 금속류의 구분

구분	영향	예방대책
유기화합물	• 눈, 피부, 호흡기 점막 자극 • 어지러움, 두통, 피로, 졸음, 가슴통증 • 만성 시 감각기능 이상, 기억력 저하, 신경계 장해	• 사용 시 이외에 밀봉 • 작업종료 시 작업복 탈의 및 세안 • 방독마스크, 보호장갑, 보호복 착용
수은	• 식욕부진, 두통, 정신장애 • 기억상실, 우울증	• 사용 시 이외에 밀봉 • 송기마스크, 방독마스크, 보호의, 불침투성 앞치마, 보호장갑, 보호장화 착용
4알킬연	• 중추신경계에 작용 • 간과 골수, 신장, 뇌 장해 유발 • 노출 수일 후 근육연축, 망상, 환상, 혈압 저하, 맥박수 감소	• 누설유무 매일 점검 • 교대작업으로 노출시간 단축 • 송기마스크, 유기가스용 방독면, 보호장갑, 보호장화, 보호의 착용
카드뮴	• 만성적 노출 시 폐쇄성 호흡기 질환, 골격계 장해, 심혈관 장해 • 기침, 가래, 콧물, 체중 감소	• 작업복을 자주 교환 • 방진마스크, 보호장갑 착용
망간	수면장해, 행동이상, 발음 부정확	호흡기질환자의 망간성분 노출작업장 업무배제
니켈	폐암, 발한, 어지러움	• 환기 • 호흡기질환자, 신경질환자 업무배제

2 산 및 알칼리류

(1) 인체 영향

① 심한 호흡기 자극으로 숨이 막히고 기침 유발

② 장기 노출 시 치아부식증 및 기관지 만성염증 유발

(2) 예방

① 방수처리 보호복, 고무장갑, 보호면 착용

② 보안경 착용

③ 마스크 착용

3 가스상 물질류

(1) 인체 영향

　① 호흡기 이외에도 피부, 경구적으로 침입해 신경장해, 피부염 유발

　② 단기간 많은 양에 노출 시 눈, 코, 목, 피부 자극

(2) 예방

　① 화기 주의

　② 방독마스크, 보호의, 보호장갑 착용

　③ 작업 후 샤워 실시

4 허가대상물질

구분	영향	예방대책
석면	• 석면폐, 기침, 담 등 기관지염 • 폐암, 중피종	방진마스크, 보안경 착용
베릴륨	기관지염, 폐염, 접촉성 피부염	• 환기 • 호흡기질환, 신장염 환자는 업무배제
비소	접촉성 피부염, 다발성 신경염	호흡기질환, 신장염 환자는 업무배제

※ 유의사항

　(1) 3가크롬 : 자연계에서 발생되며 비교적 안정하고 인체에 무해하다.

　(2) 6가크롬 : 산업공정에서 발생되며 자극성이 강하고 부식성 · 인체 독성을 나타낸다.

1 관리대상 유해물질 중 유기화합물, 중금속 종류

유기화합물(117종)	중금속(24종)
메탄올, 에탄올 벤젠, 아세톤 톨루엔, 페놀 등	구리, 납 망간, 백금, 수은, 아연 철, 카드뮴 등

※ "유기화합물"이란 상온·상압에서 휘발성이 있는 액체로서 다른 물질을 녹이는 성질이 있는 유기용제를 포함한다.

2 유기용제와 중금속에 의한 건강장애

시행규칙 [별표 18] 건강 및 환경유해성 분류

(1) 급성 독성

(2) 피부 부식성, 자극성

(3) 눈, 시력 손상

(4) 호흡기 손상

(5) 발암 유발

(6) 생식세포 돌연변이

(7) 생식기능, 생식능력 등 태아 발생, 발육에 유해

(8) 표적장기 또는 전신 독성

(9) 입, 코로 흡입하여 구토, 폐렴, 폐손상 → 사망

3 유기용제와 중금속 취급 근로자에 대한 보건상 조치

(1) 제450조(호흡용 보호구의 지급 등) : 송기마스크, 방독마스크

(2) 제451조(보호복 등의 비치 등) : 불침투성 보호복·보호장갑·보호장화 및 피부 보호용 바르는 약품 → 피부 보호

(3) 보안경 : 흩날리는 물질로부터 눈 예방

(4) 제445조(청소) : 오염 제거

(5) 제446조(출입의 금지 등) : 관계근로자 이외 출입 금지

(6) 제447조(흡연 등의 금지) : 담배, 음식물 취급 금지, 내용 게시

(7) 제448조(세척시설 등) : 피부, 눈 세척

(8) 제449조(유해성 등의 주지) : 근로자에게 주지

　　① 관리대상 유해물질의 명칭 및 물리적 · 화학적 특성

　　② 인체에 미치는 영향과 증상

　　③ 취급상의 주의사항

　　④ 착용하여야 할 보호구와 착용방법

　　⑤ 위급상황 시의 대처방법과 응급조치 요령

　　⑥ 그 밖에 근로자의 건강장해 예방에 관한 사항

④ 유해물질 취급 시 사업주의 조치사항

(1) 제442조(명칭 등의 게시) : MSDS

　　① 관리대상 유해물질의 명칭

　　② 인체에 미치는 영향

　　③ 취급상 주의사항

　　④ 착용하여야 할 보호구

　　⑤ 응급조치와 긴급 방재 요령

003 카드뮴

1 특징

(1) 주기율표의 12족에 속하는 전이금속으로 산화수는 +2이며 밀도는 20℃에서 $8.65g/cm^3$ 이다.

(2) 녹는점, 끓는점이 낮다.

(3) 연성(길게 늘어나는 성질)과 전성(얇게 펴지는 성질)이 풍부한 청백색의 무른 금속(모스 굳기 2.0)이다. 전성, 연성이 풍부하기 때문에 가공성이 좋고 내식성(부식에 잘 견딤)이 강하다. 또한 합금을 하면 세기가 뛰어나기 때문에 여러 가지 용도로 사용할 수 있다.

(4) 녹는점이 낮아 쉽게 주조할 수 있고, 비스무트, 납, 주석과의 합금인 우드메탈은 매우 낮은 온도에서 녹는다. 그러나 독성이 강하여 체내에 잘 축적되고 잘 배출되지 않으며 증기는 인체에 매우 유독하여 중독 증상을 나타낸다. 이타이이타이 병은 대표적인 카드뮴 중독 증상이다.

2 이타이이타이병

일본의 도야마 현의 진즈 강 하류에서 발생한 카드뮴 공해병으로 초기에는 뚜렷한 증상이 없기 때문에 위험을 느끼지 못할 수 있다. 주요 증상으로 칼슘 대신 뼈에 쌓이면서 뼈가 물러진다. 또한 호흡곤란, 흉부 압박감, 심폐기능 부진이 나타나며 계속될 경우 죽을 수도 있다. 아연은 유해 중금속인 납을 빼내는 효과가 있는데, 카드뮴이 쌓이면 아연이 신경계에서 제 역할을 할 수 없게 되기 때문에, 이타이이타이병을 일으킨다.

3 카드뮴 화합물

(1) 가장 중요한 카드뮴 화합물은 산화 카드뮴(CdO)으로 공기 중에서 카드뮴을 연소시켰을 때 발생하는 갈색 분말이다.

(2) 물에 녹지 않으며 대부분의 다른 카드뮴염을 생산하는 데 편리한 출발 물질로 사용된다. 어느 정도 경제성이 있는 카드뮴 화합물인 황화 카드뮴(CdS)은 카드뮴 옐로라고 하는 노란색의 안료나 빛이 많이 들어오면 저항이 작아지고 적게 들어오면 저항이 커지는 성질을 이용하여 빛의 유무를 파악하는 데 이용된다.

(3) 주목할 만한 다른 화합물로는 셀레늄화 카드뮴($CdSe$)이 있는데, 이는 흔히 카드뮴염 용액으로부터 셀레늄화 수소나 알칼리 셀레늄화물에 의해 침전된다. 침전조건을 변화시킴으로써 노란색에서 밝은 붉은색에 해당하는 안정한 색을 얻을 수 있다.

004 인듐 취급 근로자의 보건관리지침

1 목적

이 지침은 산업안전보건기준에 관한 규칙(이하 "안전보건규칙"이라 한다)에 의거하여, 인듐 및 인듐주석산화물을 제조하거나 취급하는 근로자의 건강장해를 방지하기 위한 보건관리적 사항을 정하는 것을 목적으로 한다.

2 인듐 및 인듐주석산화물의 물리화학적 위험성

구분	인듐주석산화물	인듐
폭발 위험	없음	공기 입자가 미세 확산하고 폭발성 혼합 기체를 발생한다.
화재 위험	불연성	불연성
물리적 위험	1,500℃ 이상의 고온에서 흄과 가스를 발생할 수 있다(환원 감압하에서는 낮은 온도에서 발생).	분말이나 과립 형태로 공기와 혼합분진 폭발의 가능성이 있다.
화학적 위험	정보 없음	강산, 강산화제, 유황과 반응하여 화재나 폭발의 위험을 초래한다.

3 발암성

(1) IARC에서는 인화(燐化) 인듐으로서 발암성 물질 그룹 2A로 분류했다. 인화 인듐 이외의 인듐 화합물의 발암성은 불분명하나, 발암은 인듐에 기인하는 것으로 추정하고 있다.

(2) 일본 바이오분석연구센터의 장기 발암성 시험에서 암수 쥐에 104주 동안 0.01, 0.03, 0.1mg/m³ 농도로 인듐 연삭가루를 노출시킨 결과, 최소 농도 0.01mg/m³에서 폐 세기관지의 폐포상피암 및 세기관지의 폐포상피선종 발생이 증가되었으며, 수컷은 폐동맥편평세포암종, 암컷은 폐동맥편평세포암과 편평세포암종도 확인되었다.

▲ 작업환경관리 및 작업관리

시설에 관한 조치로서 다음 중 하나의 조치를 취해야 한다.

(1) 원격 조작의 도입 또는 공정의 자동화
   ① 작업장에 들어가지 않고 작업을 할 수 있도록 한다.
   ② 수작업을 기계화한다.

(2) 분진 발생원 밀폐 및 격리 시설의 설치
   ① 발생원 시설과 장비 전체를 밀폐한다.
   ② 지그(Jig)를 이용하는 등 발생원이 되는 시설·장비의 개구부(창문 등)의 크기를 최소화한다.
   ③ 분진이 비산하지 않도록 호퍼(Hopper), 슈터(Chute)의 형태를 변경한다.
   ④ 모든 용기를 밀폐화한다.
   ⑤ 발생원의 주위에 비닐커튼을 설치하여 작업 주변과 최대한 격리시킨다.
   ⑥ 발생원을 포함한 작업장소의 공간을 최대한 좁힌다.
   ⑦ 발생 원인이 되는 장치를 격리하여 필요시에만 출입한다.

(3) 국소배기장치 설치
   작업 장소의 실태 및 작업 형태에 따라 국소배기장치를 선정하고 그 효과를 아래의 사항 등에 의해 확인한다.
   ① 흡입구의 개구 면적을 최소화하여 흡입효율을 높인다.
   ② 집진용 헤파필터를 활용하여 집진 능력이 확보되도록 한다.
   ③ 국소배기장치의 제어 풍속이 적절히 유지되어야 한다.
   ④ 국소배기장치의 이상 유무, 흡입 풍속에 대하여 일상적으로 점검해야 한다.

(4) 푸시 풀형 환기 장치의 설치

(5) 습윤 상태로 유지하기 위한 설비의 설치
   ① 가능한 한 습식 작업 방법을 변경한다.
   ② 비품, 걸레 등을 물로 습윤화하여 수분이 증발한 후에도 확산하지 않도록 덮개가 있는 용기에 보관한다.

(6) 기타 발생 억제 조치
   ① 분진이 작업장 외부로 배출되지 않도록 작업실 출구에 끈끈한 매트(점착 시트)를 설치하고 주기적으로 교체한다.
   ② 작업 장소의 출구에 발바닥 세척 브러시 매트를 설치한다.
   ③ 작업실의 출구에 에어 샤워를 설치한다.

5 호흡 보호구 사용

(1) 작업환경측정 결과가 허용농도를 초과하는 경우, ITOc 취급 작업에 종사하는 근로자는 효과적인 호흡용 보호구를 선택하여 작업 중 반드시 착용한다. 방진 마스크는 국가 검정에 합격한 것을 사용한다.

(2) 호흡용 보호구의 선정은 「인듐 취급 작업에 대한 호흡 보호구의 선정」에 의해, 각 작업장의 상황에 맞는 적절한 지정 보호 계수의 호흡 보호 재료를 선정한다.

(3) 비상시 사용하기 위해 ITOc의 노출을 방지하는 적절한 호흡 보호구를 필요한 수량으로 마련해 두고 항상 청결을 유지하도록 한다.

(4) 방진 마스크를 사용할 경우 적절한 검사기를 이용하여 면체와 안면 밀착성을 확인하여 적합한 것을 선택하고, 장착할 때마다 확인한다.

5 정기 건강진단

(1) 1차 건강진단 : 사업자는 ITOc 등 취급 작업에 상시 종사하는 근로자에 대하여 6개월에 1회 정기적으로 다음의 항목에 대해 건강진단을 실시한다.
   ① 업무 경력 조사
   ② 작업 조건 조사
   ③ 흡연력
   ④ 병력의 유무의 검사
   ⑤ 인듐 또는 그 화합물에 의한 기침, 가래, 호흡 곤란 등의 자각 증상 또는 청색증, 발가락형 손가락 등 증상의 기왕력 유무 검사
   ⑥ 기침, 가래, 호흡 곤란 등의 자각 증상 유무의 검사
   ⑦ 혈청 인듐 농도 측정
   ⑧ 혈청 KL-6 값의 측정

(2) 2차 건강진단 : 사업주는 건강진단 결과 이상소견자 또는 의사가 필요하다고 인정하는 자에 대해서는 다음의 항목에 대해 건강진단을 실시한다.
   ① 작업 조건 조사
   ② 의사가 필요하다고 인정하는 경우 흉부 X선 검사, 흉부 CT 검사, 설펙턴트프로테인 D(Ssurfactant Protein D ; 혈청 SP-D) 검사 등의 혈액 화학 검사, 폐기능 검사, 가래세포 또는 기관지경 검사
   ③ 전환 배치 후의 근로자에 대한 건강 진단

(3) 사업주는 과거에 ITOc 등의 취급 작업에 상시 종사하였으며 현재 취업 중인 근로자에 대하여 상기 (2)에 규정하는 건강 진단 항목에 대해 건강진단을 실시한다.

SECTION 02 작업관리

1 업무적합성 평가 방법

001 안전관리

1 개요

'안전관리'란 모든 과정에 내포되어 있는 위험한 요소의 조기 발견 및 예측으로 재해를 예방하려는 안전활동을 말하며 안전관리의 근본이념은 인명존중에 있다.

2 안전관리의 목적

(1) 인도주의가 바탕이 된 인간존중(안전제일 이념)
(2) 기업의 경제적 손실예방(재해로 인한 인적 · 재산 손실 예방)
(3) 생산성 향상 및 품질 향상(안전태도 개선 및 안전동기 부여)
(4) 대외 여론 개선으로 신뢰성 향상(노사협력의 경영태세 완성)
(5) 사회복지의 증진(경제성의 향상)

｜안전관리의 목표｜

3 안전관리의 대상 4M

(1) Man(인적 요인) : 인간의 과오, 망각, 무의식, 피로 등
(2) Machine(설비적 요인) : 기계설비의 결함, 기계설비의 안전장치 미설치 등
(3) Media(작업적 요인) : 작업순서, 작업동작, 작업방법, 작업환경, 정리정돈 등
(4) Management(관리적 요인) : 안전관리조직 · 안전관리규정 · 안전교육 및 훈련 미흡 등

4 안전관리 순서

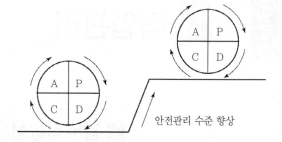

대상(4M)
Man(인적 요인)
Machine(설비적 요인)
Media(작업적 요인)
Management(관리적 요인)

안전관리 수준 향상

(1) 제1단계(Plan : 계획)

① 안전관리 계획의 수립

② 현장 실정에 맞는 적합한 안전관리방법 결정

(2) 제2단계(Do : 실시)

① 안전관리 활동의 실시

② 안전관리 계획에 대해 교육 · 훈련 및 실행

(3) 제3단계(Check : 검토)

① 안전관리 활동에 대한 검사 및 확인

② 실행된 안전관리 활동에 대한 결과 검토

(4) 제4단계(Action : 조치)

① 검토된 안전관리 활동에 대한 수정 조치

② 더욱 향상된 안전관리 활동을 고안하여 다음 계획에 진입

(5) P → D → C → A 과정을 Cycle화

① 단계적으로 목표를 향해 진보, 개선, 유지해 나감

② Cycle 반복에 의하여 안전관리 수준을 향상시켜 나가면서 안전을 확보

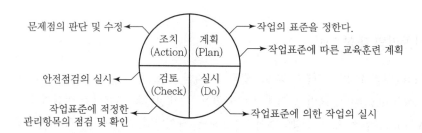

‖ 안전관리의 순서 ‖

002 안전업무의 순서

① 개요

'안전업무'란 인적·물적 모든 재해의 예방 및 재해의 처리대책을 행하는 작업을 말하며, 크게 5단계로 분류할 수 있다.

② 안전업무의 5단계 Flow Chart

예방대책 → 재해의 국한 → 재해의 처리대책 → 비상대책 → 개선을 위한 Feed Back 대책

③ 안전업무의 5단계 분류

(1) 제1단계[예방대책]
인적 재해나 물적 재해를 일으키지 않도록 사전대책을 행하는 작업

(2) 제2단계[재해를 국한(Localization)하는 대책]
예방대책으로 막을 수 없었던 부분에 대해 재해 발생 시 그것의 정도나 규모 등을 국한시켜 피해를 최소한으로 하는 대책작업

(3) 제3단계[재해의 처리대책]
제2단계의 대책 적용 후에도 재해가 발생할 시 신속하게 재해를 처리하는 작업

(4) 제4단계[비상대책]
상기의 대책으로 재해를 진압할 수 없을 때 사람의 피난이나 2, 3차의 큰 재해를 막기 위해 시설의 비상처리를 하는 작업

(5) 제5단계[개선을 위한 Feedback 대책]
재해 발생 시 직접·간접 원인의 분석 및 그 발생과 경과를 분명히 하여 재차 유사재해가 일어나지 않도록 대책을 수립하는 작업

1 안전(Safety)

(1) 정의
① '안전'이란 사람의 사망, 상해 또는 설비나 재산의 손실 등 상실의 요인이 전혀 없는 상태, 즉 재해, 질병, 위험 및 손실(Loss)로부터 자유로운 상태를 말한다.
② '안전'이란 재해 발생이 없는 동시에 위험 또한 없어야 한다는 것으로, 사업장에서 위험 요인을 없애려는 노력 속에서 얻어진 무재해 상태를 말한다.
③ '무재해'란 위험이 존재하고 있어도 재해가 일어나지 않으면 되는 것이 아니라 위험요인이 없는 상태를 말한다.

(2) 안전개념의 전개
① 정신주의적 안전의 시대 : 안전의 초기 개념으로 인간적 대책만 있던 시대
② 의학적 · 심리학적 안전대책과 기술분야의 대책이 상호 진전된 시대 : 재해예방의 물적 · 인적 안전대책의 기초를 마련하게 된 시대
③ 인간－기계 System적 관점에 의한 안전대책의 시대 : 인적 요인과 물적 요인의 상호관계를 중시한 시대
④ System 안전으로서 결합된 종합적 안전을 구하는 관리기술적 안전의 시대 : 인간－기계 System의 결합을 더욱 발전시켜 System 안전기술로서의 신뢰성 공학, System 공학 등을 결합한 시대

2 재해(Calamity, Disaster)

(1) 정의
'재해'란 안전사고의 결과로 일어난 인명과 재산의 손실을 말하며, '산업재해'란 근로자가 업무에 관계되는 건설물 · 설비 · 원재료 · Gas · 증기 · 분진 등이나 기타 업무에 기인한 사망, 부상, 질병에 이환되는 것을 말한다.

(2) 재해의 종류
① 자연적 재해(천재) : 전체 재해의 2%
  ㉠ 천재지변에 의한 불가항력적인 재해
  ㉡ 천재 발생을 미연에 방지한다는 것은 불가능하므로, 예측을 통해 피해경감대책 수립

ⓒ 종류
- 지진
- 태풍
- 홍수
- 번개
- 기타 : 이상기온, 가뭄, 적설, 동결 등

② 인위적 재해(인재) : 전체 재해의 98%
  ㉠ 인위적인 사고에 의한 재해
  ㉡ 예방이 가능한 재해
  ㉢ 종류
    - 건설재해
    - 공장재해
    - 광산재해
    - 교통재해
    - 항공재해
    - 선박재해(해난)
    - 학교재해
    - 도시재해(화재, 공해 등)
    - 가정재해
    - 공공재해(군중재해)

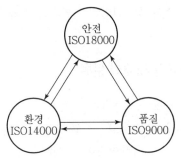

‖ 안전 · 품질 · 환경 ‖

③ 재해발생의 기본 메커니즘

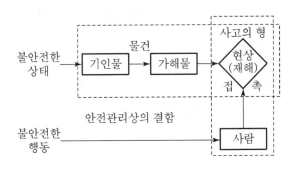

① 정의

(1) '사고'란 고의성이 없는 불안전한 행동이나 상태가 선행되어 직접 또는 간접적으로 인명이나 재산의 손실을 유발하게 되는 상태를 말한다.

(2) '재해'란 안전사고의 결과로 나타난 인명과 재산의 손실을 말하며, '산업재해'란 근로자가 업무에 관계되는 건설물·설비·원재료·Gas·증기·분진 등이 작업 기타 업무에 기인한 사망, 부상, 질병에 이환되는 것을 말한다.

② 사고와 재해의 분류

(1) 사고

① 인적 사고 : 사고 발생이 직접 사람에게 상해를 주는 것

㉠ 사람의 동작에 의한 사고 : 추락, 충돌, 협착, 전도, 무리한 동작 등

㉡ 물체의 운동에 의한 사고 : 낙하·비래, 붕괴·도괴 등

㉢ 접촉·흡수에 의한 사고 : 감전, 이상온도 접촉, 유해물 접촉 등

(2) 재해

① 자연적 재해(천재) : 전체 재해의 2%

㉠ 천재지변에 의한 불가항력적인 재해

㉡ 천재 발생은 미연에 방지가 불가능하므로, 예측을 통해 피해경감대책 수립

㉢ 종류 : 지진, 태풍, 홍수, 번개, 이상기온, 가뭄, 적설, 동결 등

② 인위적 재해(인재) : 전체 재해의 98%

㉠ 인위적인 사고에 의한 재해

㉡ 예방이 가능한 재해

㉢ 종류 : 건설재해, 공장재해, 광산재해, 교통재해, 항공재해, 선박재해, 공공재해 등

1 개요

'안전관리조직'이란 원활한 안전활동, 안전관리 및 안전조직의 확립을 위해 필요한 조직으로 사업장의 규모 및 목적에 따라 Line형, Staff형, Line·Staff형의 3가지 형태로 분류할 수 있다.

2 안전관리조직의 목적

(1) 기업의 손실을 근본적으로 방지
(2) 조직적인 사고 예방 활동
(3) 모든 위험의 제거
(4) 위험 제거 기술의 수준 향상
(5) 재해예방률 상승

3 안전관리조직의 3형태

(1) Line형 조직(직계식 조직)
　① 안전관리에 관한 계획에서 실시·평가에 이르기까지 안전의 모든 것을 Line을 통하여 이행하는 관리방식
　② 생산조직 전체에 안전관리 기능 부여
　③ 안전을 전문으로 분담하는 조직이 없음
　④ 근로자수 100명 이하의 소규모 사업장에 적합

(2) Staff형 조직(참모식 조직)
　① 안전관리를 담당하는 Staff(안전관리자)를 통해 안전관리에 대한 계획, 조사, 검토, 권고, 보고 등을 하도록 하는 안전조직
　② 안전과 생산을 분리된 개념으로 취급할 우려가 있음
　③ Staff의 성격상 계획안의 작성, 조사, 점검 결과에 따른 조언 및 보고 수준에 머물 수 있음
　④ 근로자수 100명 이상~500명 미만의 중규모 사업장에 적합

(3) Line·Staff형 조직(직계·참모식 조직)
　① Line형과 Staff형의 장점을 취한 조직 형태
　② 안전업무를 전담하는 Staff 부분을 두는 한편, 생산 Line의 각 층에도 겸임 또는 전임의

안전담당자를 배치해 기획은 Staff에서, 실무는 Line에서 담당하도록 한 조직 형태
③ 안전관리ㆍ계획 수립 및 추진이 용이
④ 근로자수 1,000명 이상의 대규모 사업장에 적합

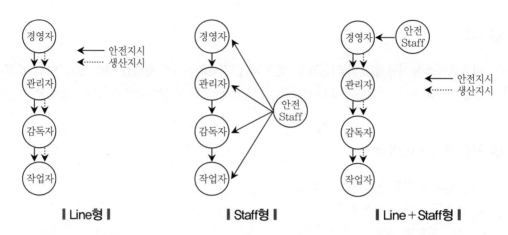

| Line형 | | Staff형 | | Line＋Staff형 |

4 안전관리조직의 특징 비교표

Line형(직계형)	Staff형(참모형)	Line · Staff형(혼합형)
• 100명 이하 소규모 사업장에 적합 • 명령ㆍ지시의 신속ㆍ정확 전달 가능 • 안전 관련 지식 및 기술 축적이 어렵다.(안전정보 불충분, 내용 빈약) • 안전정보의 전문성 부족	• 100명 이상~1,000명 미만 중규모 사업장에 적합 • 전문가에 의한 조치 및 경영자 조언과 자문 역할 가능 • 안전관리와 생산활동이 독립된 영역으로 생산부문은 안전관리에 관한 책임과 권한이 없다. • 안전정보 수집이 신속ㆍ용이하며, 안전관리기술 축적이 가능하다.	• 1,000명 이상 대규모 사업장에 적합 • Line형과 Staff형의 단점을 보완한 형태 • 계획수립, 평가는 Staff, 실질적 활동은 Line에서 실시하는 형태 • 명령계통과 조언ㆍ권고적 참여가 혼돈되며, Staff의 월권이 발생될 수 있다.

006 안전관리와 품질관리의 비교

1 개요

(1) '안전관리'란 생산활동과정에 따른 위험 요소의 조기 발견 및 예측으로 재해를 예방하려는 안전 활동을 말하며, '품질관리'는 목적물을 경제적으로 만들기 위해 실시하는 관리수단을 말한다.

(2) 완벽한 품질관리는 완벽한 안전관리가 전제되지 않고서는 불가능하다는 인식하에 계획을 세우고 시행하여야 한다.

2 안전관리와 품질관리의 순서

(1) 제1단계(Plan : 계획) : 계획의 수립

(2) 제2단계(Do : 실시) : 계획에 대해 교육·훈련 및 실행

(3) 제3단계(Check : 검토) : 실행에 대한 검사 및 확인

(4) 제4단계(Action : 조치) : 검토된 사항에 대한 수정 조치

(5) P → D → C → A 과정을 Cycle화 : 단계적으로 목표를 향해 진보, 개선, 유지해 나감

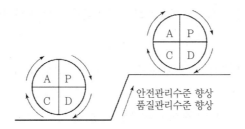

3 안전관리와 품질관리의 비교

구분	안전관리	품질관리
관련 법규	산업안전보건법(고용노동부)	건설기술 진흥법(국토교통부)
목적	재해방지 수단(4M)	품질확보 수단(5M)
대상	• Man(인적 요인) • Machine(설비적 요인) • Media(작업적 요인) • Management(관리적 요인)	• Man(노무) • Material(자재) • Machine(설비) • Money(자금) • Method(공법)

❶ 개요

적응은 주어진 환경에 자신을 맞추는 순응과정과 자신의 욕구를 충족시키기 위해 환경을 변화시키는 동화과정을 통해 개인이 생존하고 발전하며 성숙해가는 과정임에 비해, 부적응은 주관적 불편함, 인간관계의 역기능, 사회문화적 규범의 일탈 등으로 자신을 고립시키는 것과 같은 형태로 나타난다.

❷ 부적응의 3형태

(1) 인간관계에서의 주관적 불편함
   인간관계에서 느끼는 불안, 분노, 우울, 고독감으로 그 정도가 과도하면 부적응 상태라 할 수 있다.

(2) 사회문화적 규범의 일탈
   사회와 구성원 간 행동규범에는 암묵적으로 정해져 있는 선이 있으며 행동양식이 있으나 이를 무시하고 각 상황에 부적절한 행동으로 상대방을 불편하게 하거나 무례한 행동을 하는 유형

(3) 인간관계의 역기능
   상급자가 지나치게 권위적이거나 공격적인 경우 반발심을 야기해 구성원의 사기를 저하시키는 행위 등을 말하며, 스스로는 불편함이 없으나 타인으로부터 외면당하고 조직의 효율성을 저하시켜 결과적으로는 자신도 피해를 보는 유형

❸ 부적응으로 나타나는 인간관계 유형

인간관계 회피형	인간관계 피상형	인간관계 미숙형	인간관계 탐닉형
• 인간관계 경시형 • 인간관계 불안형	• 인간관계 실리형 • 인간관계 유희형	• 인간관계 소외형 • 인간관계 반목형	• 인간관계 의존형 • 인간관계 지배형

❹ 행동주의 학습이론

(1) Watson의 행동주의
   ① Watson은 파블로프의 고전적 조건형성 이론 원리를 인간행동에 적용한 대표적인 행동

주의 심리학자로 인간의 적응행동, 부적응행동 모두가 학습된 것이라고 주장하였다.

② 환경결정론 : 환경과 경험의 산물이라고 강조

③ 정서의 조건형성 실험 : 정서적 반응은 조건 형성 과정으로 학습

④ 탈조건 형성 : 조건 형성이 된 정서에 대해 반대적 형성을 시키려 한다는 주장

(2) Thorndike의 조건형성이론

① 도구적 조건형성 이론

- 시행착오학습 : 다양한 경험을 해보며 문제를 성공적으로 해결한 반응을 학습하게 된다는 이론
- 도구적 조건 형성 : 성공적인 반응이 성공을 가져온 도구가 되었기 때문에 학습이 조금씩 체계적인 단계를 밟으며 이루어진다는 이론

② 학습의 법칙

- 준비성의 법칙 : 학습할 준비가 갖추어져야만 학습이 이루어진다.
- 연습의 법칙 : 행동은 반복 결과 습득된다.
- 효과의 법칙 : 학습시간을 단축시키기 위해서는 행동 결과에 대한 보상이 이루어져야 한다.

2 근로자의 적정배치 및 교대제 등 작업시간 관리

001 직무스트레스

1 개요

할당된 작업의 조건에 따라 정신적, 심리적 압박으로 인해 재해의 기본요인이 됨을 직무스트레스라 하며, 무리한 스트레스가 가해지지 않도록 사전에 예방하는 것이 중요하다.

2 발생요인

(1) 환경요인(물리적 요인)

작업환경, 소음, 진동, 온열조건, 조도기준, 환기조건 등

(2) 배정된 작업요인

작업량, 작업속도 등

(3) 개인적 요인

기술축적 정도, 성격, 의사결정 범위, 역할, 동기부여 정도

(4) 조직적 요인

조직구조, 리더십, 평가받음의 적정성

(5) 기타 요인

사회적 인식, 경제력, 가족관계

3 직무로 인한 스트레스의 반응 결과

(1) 조직적 반응 결과

① 회피반응의 증가

② 작업량의 감소

③ 직무 불만족의 표출

(2) 개인적 반응 결과

① 행동반응

㉠ 약물남용, 흡연, 음주

ⓛ 돌발적 행동

ⓒ 불편한 대인관계

ⓐ 식욕감퇴

② 심리반응

㉠ 불면증에 의한 수면의 질 저하

ⓛ 집중력 저하

ⓒ 성욕감퇴 및 이성에 관한 관심 저하 또는 급증

③ 의학적 결과

㉠ 심혈관계질환이나 호흡장애

ⓛ 암 또는 우울증 이환

ⓒ 위장질환 등 내과적 손상

4 직무스트레스의 관리

(1) 조직적 관리기법

① 작업계획 수립 시 근로자의 적극적 참여로 근로환경 개선

② 적절한 휴식시간의 제공 및 휴게시설 제공

③ 작업환경, 근로시간 등 스트레스 요인에 대한 적극적 평가

④ 직무재설계에 의한 작업 스케줄 반영

⑤ 조직구조와 기능의 적절한 설계

(2) 개인적 관리기법

① Hellriegel의 관리기법

㉠ 적절한 휴식시간 및 자신감 개발

ⓛ 긍정적 사고방식

ⓒ 규칙적인 운동

ⓐ 문제의 심각화 방지

② Greenberg의 신체적 관리

㉠ 체중조절과 영양섭취

ⓛ 적절한 운동 및 휴식

ⓒ 교육 및 명상

ⓐ 자발적 건강관리 유도

③ 일반적 스트레스 관리

㉠ 건강검진에 의한 스트레스성 질환의 평가

ⓛ 근로자 자신의 한계를 인식시키고 해결방안을 도출시킬 수 있도록 함

5 직무스트레스 모델의 분류

(1) 인간-환경 모델

　동기부여 상태와 작업의 수준과 근로자 능력의 차이에 의한 스트레스 발생 모델

(2) NIOSH 모델

　스트레스 요인과 근로자 개인의 상호작용하는 조건으로 나타나는 급성 심리적 파괴나 행동적 반응이 나타나는 상황으로 급성 반응으로 나타남에 따라 다양한 질병을 유발한다는 모델

(3) 직무요구-통제모델

　직무요구와 직무통제가 상호작용한다는 이론으로 직무요구가 스트레스를 유발하는 것에 비해, 직무통제는 정신적인 해소를 불러일으킨다는 모델

(4) 노력-보상 불균형 모델

　애덤스의 동기부여 이론에 기반을 두고 있는 모델로 본인의 노력과 성과가 타인과 비교된다는 모델

6 직무스트레스로 인한 건강장해 예방방안

(1) 작업계획 수립 시 근로자 의견 반영
(2) 건강진단 결과를 참고하여 근로자 배치
(3) 작업량과 휴식시간의 적절한 배분
(4) 작업환경, 작업내용, 작업시간 등 직무스트레스 요인의 정확한 평가와 개선대책 수립·시행
(5) 뇌혈관 및 심장질환 발병위험도를 평가해 건강증진 프로그램 시행
(6) 근로시간 외 복지차원의 적극적 지원

7 적성검사 분류

(1) 신체검사 : 체격검사, 신체적 적성검사
(2) 생리적 기능검사 : 감각기능, 심폐기능, 체력검정
(3) 심리학적 검사
　① 지능검사
　② 지각동작검사 : 수족협조, 운동속도, 형태지각 검사
　③ 인성검사 : 성격, 태도, 정신상태 검사
　④ 기능검사 : 숙련도, 전문지식, 사고력에 대한 직무평가

002 NIOSH 제시 직무스트레스 모형

1 정의

어떤 작업조건(직무스트레스 요인)과 개인 간의 상호작용으로부터 나온 심리적 파괴, 행동적 반응이 일어나는 현상

2 직무스트레스 요인

(1) 작업요인 : 작업부하, 작업속도, 교대근무 등
(2) 조직요인 : 역할갈등, 관리 유형, 고용 불확실성, 의사결정 참여 등
(3) 환경요인 : 소음, 온도, 조명, 환기 불량 등

3 중재요인

(1) 개인적 요인 : 성격경향(대처능력), 경력개발 단계, 건강 등
(2) 조직 외 요인 : 재정 상태, 가족 상황, 교육 수준 등
(3) 완충작용 요인 : 사회적 지위, 대처 능력 등

4 반응

(1) 심리적 반응 : 정서불안, 우울, 직무 불만족
(2) 생리적 반응 : 혈압, 두통, 심박수 증가
(3) 행동적 반응 : 수면장애, 약물남용, 흡연, 음주

5 질병

(1) 근골격계질환   (2) 고혈압
(3) 관상동맥질환   (4) 알콜중독
(5) 정신질환 등

6 직무스트레스 발생 과정

직무스트레스 요인 + 중재요인 = 반응 → 질병으로 이어진다.

003 피로

1 개요

피로의 발생은 과소평가되는 경향이 있으나 모든 질병의 원인으로 발전될 수 있는 개연성이 있으므로 발생원인이 무엇인지 정확하게 파악할 필요가 있으며, 그 예방을 위해서는 좀 더 과학적인 접근이 필요하다.

2 피로현상의 분류

전신피로	국소피로
• 혈중 포도당 농도 저하가 가장 큰 원인 • 산소공급의 부족으로 작업부담이 증가된다.	단순반복작업에 의한 피로

3 발생 3단계

보통피로 → 과로 → 곤비

(1) 보통피로 : 일시적 휴식으로 완전하게 회복되는 단계
(2) 과로 : 피로현상 발생 다음 날까지 피로상태가 지속되는 단계로 단기간 휴식으로 회복 불가능한 단계
(3) 곤비 : 질병에 이환된 단계

4 발생요인

내적 요인	외적 요인
• 신체적 조건 • 영양상태 • 적응능력 • 숙련도	• 작업환경 • 작업자세, 긴장도 • 작업량 • 생활패턴

5 예방대책

(1) 교육

(2) 적성검사

　　① 생리적 기능검사 : 감각기능검사, 심폐기능검사, 체력검사

　　② 심리학적 검사 : 지능검사, 지각동작검사, 인성검사, 기능검사

(3) 직무스트레스 관리

　　① 작업계획 수립 시 근로자 의견 반영

　　② 건강진단 결과에 의한 근로자 배치

　　③ 직무스트레스 요인에 대한 평가

(4) 작업환경 개선

(5) 직업성 질환의 예방

　　① 1차 예방 : 새로운 유해인자의 통제 및 노출관리에 의한 예방

　　② 2차 예방 : 발병 초기에 질병을 발견함으로써 만성질환의 예방이 가능

　　③ 3차 예방 : 치료와 재활로 의학적 치료가 필요한 단계

(6) 작업환경측정

　　① 작업공정 신규가동 또는 변경 시 30일 이내에 최초 측정

　　② 이후 반기에 1회 이상 정기측정

　　③ 화학적 인자의 노출치가 노출기준을 초과하거나(고용노동부 고시물질) 화학적 인자의 노출치가 노출기준을 2배 이상 초과(고용노동부 고시물질 제외)하는 경우

　　④ ①~③에 해당되었으나 작업방법의 변경 등 작업환경측정 결과에 변화가 없는 경우로서 아래의 범위에 해당될 경우 유해인자에 대한 작업환경측정을 연 1회 이상 할 수 있다.

　　　　㉠ 소음측정 결과 2회 연속 85dB 미만

　　　　㉡ 소음 외 모든 인자의 측정 결과가 2회 연속 노출기준 미만

(7) 질병자 근로 금지

6 직무스트레스 모델의 분류

(1) 인간-환경 모델

　　동기부여 상태와 작업의 수준과 근로자 능력의 차이에 의한 스트레스 발생 모델

(2) NIOSH 모델

　　스트레스 요인과 근로자 개인의 상호작용하는 조건으로 나타나는 급성 심리적 파괴나 행동적 반응이 나타나는 상황으로 급성 반응으로 나타남에 따라 다양한 질병을 유발한다는 모델

(3) 직무요구 – 통제모델

직무요구와 직무통제가 상호작용한다는 이론으로 직무요구가 스트레스를 유발하는 것에 비해, 직무통제는 정신적인 해소를 불러일으킨다는 모델

(4) 노력 – 보상 불균형 모델

애덤스의 동기부여 이론에 기반을 두고 있는 모델로 본인의 노력과 성과가 타인과 비교된다는 모델

1 개요

직무스트레스 요인은 물리적 환경, 직무 요구, 직무 자율, 관계 갈등, 직무 불안정, 조직 체계, 보상 부적절, 직장 문화 등 8개 영역으로 나누어 평가한다.

2 직무스트레스 요인 측정항목

(1) 물리적 환경 영역 : 근로자가 노출되는 직무스트레스를 야기할 수 있는 환경요인 중 사회심리적 요인이 아닌 환경 요인을 측정하며, 공기오염, 작업방식의 위험성, 신체부담 등이 이 영역에 포함된다.

(2) 직무 요구 영역 : 직무에 대한 부담 정도를 측정하며, 시간적 압박, 중단 상황, 업무량 증가, 책임감, 과도한 직무부담, 직장 가정 양립, 업무 다기능이 이 영역에 포함된다.

(3) 직무 자율 영역 : 직무에 대한 의사결정의 권한과 자신의 직무에 대한 재량활용성의 수준을 측정하며, 기술적 재량, 업무예측 불가능성, 기술적 자율성, 직무수행권한이 이 영역에 포함된다.

(4) 관계 갈등 영역 : 회사 내에서의 상사 및 동료 간의 도움 또는 지지 부족 등의 대인관계를 측정하며, 동료의 지지, 상사의 지지, 전반적 지지가 이 영역에 포함된다.

(5) 직무 불안정 영역 : 자신의 직업 또는 직무에 대한 안정성을 측정하며, 구직기회, 전반적 고용불안정성이 이 영역에 포함된다.

(6) 조직 체계 영역 : 조직의 전략 및 운영체계, 조직의 자원, 조직 내 갈등, 합리적 의사소통 결여, 승진가능성, 직위 부적합을 측정한다.

(7) 보상 부적절 영역 : 업무에 대하여 기대하고 있는 보상의 정도가 적절한지를 측정하며, 기대 부적합, 금전적 보상, 존중, 내적 동기, 기대 보상, 기술개발 기회가 이 영역에 포함된다.

(8) 직장 문화 영역 : 서양의 형식적 합리주의 직장문화와는 다른 한국적 집단주의 문화(회식, 음주문화), 직무갈등, 합리적 의사소통체계 결여, 성적 차별 등을 측정한다.

❸ 근골격계질환 예방관리

001 신체부위별 동작 유형

1. 굴곡(굽힘)(Flexion) : 관절을 형성하는 두 분절 사이의 각이 감소할 때 발생하는 굽힘 정도
2. 신전(폄)(Extension) : 굴곡의 반대운동으로 두 분절의 각이 증가할 때 발생하는 운동
3. 과신전(Hyperextension) : 해부학적 자세 이상으로 과도하게 신전되는 동작
4. 회선(Circumduction) : 팔을 뻗어 중심축을 만들고 원뿔을 그리듯 회전하는 동작
5. 회내(내회전)(Pronation) : 전완과 손의 내측회전
6. 회외(외회전)(Supination) : 전완과 손의 외측회전
7. 외전(Abduction) : 중심선으로부터 인체분절이 멀어지는 동작
8. 내전(Adduction) : 인체분절이 중심선에 가까워지는 동작
9. 전인(Protraction) : 앞쪽으로 내미는 운동
10. 후인(Retraction) : 뒤쪽으로 끌어당기는 운동
11. 거상(Elevation) : 견갑대를 좌우면상에서 위로 들어올리는 운동
12. 하강(Depression) : 견갑대를 좌우면상에서 아래로 내리는 운동
13. 수평외전(Horizontal Abduction) : 좌우면이 아닌 수평면에서 이루어지는 외전
14. 수평내전(Horizontal Adduction) : 좌우면이 아닌 수평면에서 이루어지는 내전
15. 회전(돌림)(Rotation) : 인체분절을 하나의 축으로 돌리는 동작
16. 내선(Medial Rotation) : 몸의 중심으로 운동
17. 외선(Lateral Rotation) : 몸의 중심선으로부터 운동
18. 배측굴곡(발등굽힘, 손등굽힘)(Dorsiflextion) : 손과 발이 등쪽으로 접히는 동작
19. 저측굴곡(발바닥굽힘)(Plantarflexion) : 발을 발바닥 쪽으로 접는 동작
20. 장측굴곡(손바닥굽힘)(Palmarflexion) : 손을 손바닥 쪽으로 접는 동작
21. 내번(안쪽번짐)(Inversion) : 발바닥을 안쪽으로 돌리는 동작

002 근골격계부담작업

■ 근골격계부담작업

(1) 하루에 4시간 이상 키보드 또는 마우스를 조작하는 작업

(2) 하루에 총 2시간 이상 목, 어깨, 팔꿈치, 손목 또는 손을 사용하여 같은 동작을 반복하는 작업

(3) 하루에 총 2시간 이상 머리 위에 손이 있거나, 팔꿈치가 어깨 위에 있거나, 팔꿈치를 몸통으로부터 들거나, 팔꿈치를 몸통 뒤쪽에 위치하도록 하는 상태에서 이루어지는 작업

(4) 지지되지 않은 상태이거나 임의로 자세를 바꿀 수 없는 조건에서, 하루에 총 2시간 이상 목이나 허리를 구부리거나 트는 상태에서 이루어지는 작업

(5) 하루에 총 2시간 이상 쪼그리고 앉거나 무릎을 굽힌 자세에서 이루어지는 작업

(6) 하루에 총 2시간 이상 지지되지 않은 상태에서 1kg 이상의 물건을 한 손의 손가락으로 집어 옮기거나, 2kg 이상에 상응하는 힘을 가하여 한 손의 손가락으로 물건을 쥐는 작업

(7) 하루에 총 2시간 이상 지지되지 않은 상태에서 4.5kg 이상의 물건을 한 손으로 들거나 동일한 힘으로 쥐는 작업

(8) 하루에 10회 이상 25kg 이상의 물체를 드는 작업

(9) 하루에 25회 이상 10kg 이상의 물체를 무릎 아래에서 들거나, 어깨 위에서 들거나, 팔을 뻗은 상태에서 드는 작업

(10) 하루에 총 2시간 이상, 분당 2회 이상 4.5kg 이상의 물체를 드는 작업

(11) 하루에 총 2시간 이상 시간당 10회 이상 손 또는 무릎을 사용하여 반복적으로 충격을 가하는 작업

■ 근골격계부담작업의 유해요인 조사 – 3년 주기(제657조)

(1) 작업장 상황 : 설비, 공정, 작업량, 작업속도 등

(2) 작업조건 : 작업시간, 작업자세, 작업방법 등

(3) 작업과 관련된 근골격계질환 징후와 증상 유무 등

※ 조사방법 : 근로자와의 면담, 증상 설문조사, 인간공학적 측면을 고려한 조사

③ 대표적인 근골격계질환

(1) 경견완증후군

(2) 요통

(3) 손목뼈터널증후군

(4) 레이노병

④ 근골격계질환 원인

상지에서의 유발원인	요통 유발원인
• 반복성, 손힘, 자세 • 정적인 작업자세에서의 부하 • 기계적인 스트레스 • 저온작업, 진동	• 자세 • 빈도와 반복적인 취급 • 정적인 작업 • 손잡이나 커플링 • 균형이 잡히지 않은 상태에서 중량물 취급 • 충분하지 못한 작업장

※ 디스크 L5(요추 5번)/S1(천추 1번) 6400N을 초과하면 대부분의 근로자에서 장애

⑤ 근골격계질환 예방대책

(1) 제663조(중량물의 제한)

(2) 제664조(작업조건) : 작업시간, 휴식시간 배분

(3) 제665조(중량의 표시 등)

   ① 5kg 이상 중량물은 중량, 무게중심을 표시

   ② 취급하기 곤란한 물품 : 손잡이, 갈고리 등 운반 보조기구 사용

(4) 제666조(작업자세 등) : 신체 부담을 줄이는 작업자세

(5) 제662조(근골격계질환 예방관리 프로그램 시행)

(6) 제659조(작업환경 개선) : 인간공학적으로 설계된 보조설비, 편의설비 설치

(7) 제661조(유해성 등의 주지)

   ① 근골격계부담작업의 유해요인

   ② 근골격계질환의 징후와 증상

   ③ 근골격계질환 발생 시의 대처요령

   ④ 올바른 작업자세와 작업도구, 작업시설의 올바른 사용방법

   ⑤ 그 밖에 근골격계질환 예방에 필요한 사항

6 근골격계질환 예방관리 프로그램 시행(제662조)

(1) 수립 대상 사업장

업무상 질병	연간 10명 이상 발생	
	연간 5명 이상 발생	사업장 근로자 수의 10퍼센트 이상

(2) 노사협의 실시
(3) 전문가의 지도 · 조언 : 인간공학 · 산업의학 · 산업위생 · 산업간호 전문가

7 근골격계부담작업 평가도구

(1) NLE(NIOSH Lifting Equation)
(2) RULA(Rapid Upper Limb Assessment)
(3) OWAS(Ovako Working—posture Analysis System)
(4) REBA(Rapid Entire Body Assessment)
(5) QEC(Quick Exposure Checklist)

003 근골격계질환

■ 개요

무리한 힘의 사용, 반복적인 동작, 부적절한 작업자세, 날카로운 면과의 신체접촉, 진동 및 온도 등의 요인으로 인해 근육과 신경, 힘줄, 인대, 관절 등의 조직이 손상되어 신체에 나타나는 건강장해를 총칭하는 근골격계질환은 요통, 수근관증후군, 건염, 흉곽출구증후군, 경추자세증후군 등으로도 표현된다.

■ 발생단계 구분

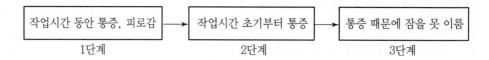

작업시간 동안 통증, 피로감	→	작업시간 초기부터 통증	→	통증 때문에 잠을 못 이룸
1단계		2단계		3단계

■ 특징

(1) 자각증상으로 시작되며 질환자 발생이 집단적이다.
(2) 질환 정도의 측정이 난해하다.
(3) 생산공정의 자동화와 무관할 수 있다.
(4) 회복과 질환의 이환이 반복적으로 발생된다.
(5) 최근 급격히 증가된 서비스업의 발생 정도가 매우 심각하다.

■ 발생원인별 증상

유형	발생원인	증상
근육통 증후군	목 또는 어깨의 과다 사용	근육의 통증 및 움직임 둔화
수완진동 증후군	진동기구 및 장비 사용	감각마비, 혈관수축
요통	중량물의 무리한 육체작업	추간판 탈출로 통증 및 마비
내·외상과염	과다한 손의 사항	팔꿈치 통증
손목뼈터널증후군	반복적인 손목굽힘과 압박	손가락 저림

⑤ 부담작업 범위

번호	내용
1	하루에 4시간 이상 집중적으로 자료 입력 등을 위해 키보드 또는 마우스를 조작하는 작업
2	하루에 총 2시간 이상 목, 어깨, 팔꿈치, 손목 또는 손을 사용하여 같은 동작을 반복하는 작업
3	하루에 총 2시간 이상 머리 위에 손이 있거나, 팔꿈치가 어깨 위에 있거나, 팔꿈치를 몸통으로부터 들거나, 팔꿈치를 몸통 뒤쪽에 위치하도록 하는 상태에서 이루어지는 작업
4	지지되지 않은 상태이거나 임의로 자세를 바꿀 수 없는 조건에서, 하루에 총 2시간 이상 목이나 허리를 구부리거나 트는 상태에서 이루어지는 작업
5	하루에 총 2시간 이상 쪼그리고 앉거나 무릎을 굽힌 자세에서 이루어지는 작업
6	하루에 총 2시간 이상 지지되지 않은 상태에서 1kg 이상의 물건을 한 손의 손가락으로 집어 옮기거나, 2kg 이상에 상응하는 힘을 가하여 한 손의 손가락으로 물건을 쥐는 작업
7	하루에 총 2시간 이상 지지되지 않은 상태에서 4.5kg 이상의 물건을 한 손으로 들거나 동일한 힘으로 쥐는 작업
8	하루에 10회 이상 25kg 이상의 물체를 드는 작업
9	하루에 25회 이상 10kg 이상의 물체를 무릎 아래에서 들거나, 어깨 위에서 들거나, 팔을 뻗은 상태에서 드는 작업
10	하루에 총 2시간 이상, 분당 2회 이상 4.5kg 이상의 물체를 드는 작업
11	하루에 총 2시간 이상 시간당 10회 이상 손 또는 무릎을 사용하여 반복적으로 충격을 가하는 작업

⑥ 예방프로그램 시행대상

(1) 근골격계질환으로 업무상 질병으로 인정받은 근로자가 연간 10명 이상 발생한 사업장
(2) 근골격계질환으로 업무상 질병으로 인정받은 근로자가 5명 이상 발생한 사업장으로서 발생 비율이 그 사업장 근로자 수의 10퍼센트 이상인 경우
(3) 근골격계질환 예방과 관련하여 노사 간 이견이 지속되는 사업장으로서 고용노동부장관이 필요하다고 인정하여 근골격계질환 예방관리 프로그램을 수립하여 시행할 것을 명령한 경우
(4) 근골격계질환 예방관리 프로그램을 작성·시행할 경우에 노사협의를 거쳐야 한다.
(5) 사업주는 프로그램 작성·시행 시 노사협의를 거쳐야 하며, 인간공학·산업의학·산업위생·산업간호 등 분야별 전문가로부터 필요한 지도·조언을 받을 수 있다.

⑦ 평가도구

(1) NLE(NIOSH Lifting Equation)
(2) RULA(Rapid Upper Limb Assessment)
(3) OWAS(Ovako Working－posture Analysis System)
(4) REBA(Rapid Entire Body Assessment)
(5) QEC(Quick Exposure Checklist)

1 목적

근골격계질환 발생을 예방하기 위해 안전보건규칙에 따라 근골격계질환 유해요인을 제거하거나 감소시키는 데 그 목적이 있다. 따라서, 유해요인조사의 결과를 근골격계질환의 이환을 부정 또는 입증하는 근거나 반증자료로 사용할 수 없다.

2 유해요인조사 시기

(1) 정기조사

사업주는 근골격계부담작업을 보유하는 경우에 다음의 사항에 대해 최초의 유해요인조사를 실시한 이후 매 3년마다 정기적으로 실시한다.

① 설비작업 · 공정 · 작업량 · 작업속도 등 작업장 상황

② 작업시간 · 작업자세 · 작업방법 등 작업조건

③ 작업과 관련된 근골격계질환 징후와 증상 유무 등

(3) 수시조사

① 법에 따른 임시건강진단 등에서 근골격계질환자가 발생하였거나 근로자가 근골격계질환으로 산재보상법 시행령상 업무상 질병으로 인정받은 경우

② 근골격계부담작업에 해당하는 업무의 양과 작업공정 등 작업환경을 변경한 경우

(3) 신설사업장은 신설일로부터 1년 이내에 최초의 유해요인조사를 하여야 한다.

(4) 근골격계부담작업에 해당하는 새로운 작업, 설비를 도입한 경우 지체 없이 유해요인조사를 하여야 한다.

(5) 유해요인조사 결과 근골격계질환이 발생할 우려가 있는 경우에는 인간공학적으로 설계된 인력작업 보조설비 및 편의설비를 설치하는 등 작업환경 개선에 필요한 조치를 하여야 한다.

4 작업개선 및 작업환경관리

001 밀폐공간작업 프로그램

1 필요성

(1) 밀폐공간작업 프로그램은 사유 발생 시 즉시 시행하여야 하며 매 작업마다 수시로 적정한 공기상태 확인을 위한 측정·평가내용 등을 추가·보완하고 밀폐공간작업이 완전 종료되면 프로그램의 시행을 종료한다.

(2) 밀폐공간에서의 작업 전 산소농도 측정, 호흡용 보호구의 착용, 긴급구조훈련, 안전한 작업방법의 주지 등 근로자 교육 및 훈련 등에 대한 사전규제를 통하여 재해를 예방하는 것이 요구된다.

2 주요 내용

(1) 밀폐공간에서 근로자를 작업하게 할 경우 사업주는 다음 내용을 포함하여 밀폐공간작업 프로그램을 수립·시행하여야 한다.
  ① 사업장 내 밀폐공간의 위치파악 및 관리방안
  ② 밀폐공간 내 질식·중독 등을 일으킬 수 있는 위험요인의 파악 및 관리방안
  ③ ②항에 따라 밀폐공간작업 시 사전확인이 필요한 사항에 대한 확인절차
  ④ 산소·유해가스농도의 측정·평가 및 그 결과에 따른 환기 등 후속조치 방법
  ⑤ 송기마스크 또는 공기호흡기의 착용과 관리
  ⑥ 비상연락망, 사고 발생 시 응급조치 및 구조체계 구축
  ⑦ 안전보건 교육 및 훈련
  ⑧ 그 밖에 밀폐공간 작업근로자의 건강장해 예방에 관한 사항

(2) 밀폐공간 작업허가 등
  ① 사업주는 근로자가 밀폐공간에서 작업을 하는 경우 사전에 허가절차를 수립하는 경우 포함사항을 확인하고, 근로자의 밀폐공간작업에 대한 사업주의 사전허가 절차에 따라 작업하도록 하여야 한다.
    ㉠ 작업일시, 기간, 장소 및 내용 등 작업 정보
    ㉡ 관리감독자, 근로자, 감시인 등 작업자 정보
    ㉢ 산소 및 유해가스농도의 측정결과 및 후속조치 사항
    ㉣ 작업 중 불활성 가스 또는 유해가스의 누출·유입·발생 가능성 검토 및 후속조치 사항
    ㉤ 작업 시 착용하여야 할 보호구의 종류

ⓗ 비상연락체계
② 사업주는 해당 작업이 종료될 때까지 ①에 따른 확인 내용을 작업장 출입구에 게시하여
야 한다.

(3) 사전허가절차를 수립하는 경우 포함사항
① 작업 정보(작업 일시 및 기간, 작업 장소, 작업 내용 등)
② 작업자 정보(관리감독자, 근로자, 감시인)
③ 산소농도 등의 측정결과 및 그 결과에 따른 환기 등 후속조치 사항
④ 작업 중 불활성 가스 또는 유해가스의 누출 · 유입 · 발생 가능성 검토 및 조치사항
⑤ 작업 시 착용하여야 할 보호구
⑥ 비상연락체계

(4) 출입의 금지
사업주는 사업장 내 밀폐공간을 사전에 파악하고, 밀폐공간에는 관계 근로자가 아닌 사람의
출입을 금지하고, 출입금지 표지를 보기 쉬운 장소에 게시하여야 한다.

밀폐공간 출입금지 표지
(제619조 관련)

1. 양식

2. 규격
- 밀폐공간의 크기에 따라 적당한 규격으로 하되, 최소 가로 21cm×세로 29.7cm 이상으
로 한다.
- 표지 전체 바탕은 흰색으로, 글씨는 검정색, 전체 테두리 및 위험 글자 테두리는 빨간색, 위
험 글씨는 노란색으로 하여야 하며 채도는 별도로 정하지 않는다.

---

(5) 사고 시의 대피 등

사업주는 근로자가 밀폐공간에서 작업을 하는 때에 산소 결핍이 우려되거나 유해가스 등의 농도가 높아서 질식·화재·폭발 등의 우려가 있는 경우에 즉시 작업을 중단시키고 해당 근로자를 대피하도록 하여야 한다.

(6) 대피용 기구의 비치

사업주는 근로자가 밀폐공간에서 작업을 하는 경우 비상시에 근로자를 피난시키거나 구출하기 위하여 공기호흡기 또는 송기마스크, 사다리 및 섬유로프 등 필요한 기구를 갖추어 두어야 한다.

(7) 구출 시 공기호흡기 또는 송기마스크 등의 사용

사업주는 밀폐공간에서 위급한 근로자를 구출하는 작업을 하는 경우에 그 구출작업에 종사하는 근로자에게 공기호흡기 또는 송기마스크를 지급하여 착용하도록 하여야 한다.

(8) 긴급상황에 대처할 수 있도록 종사근로자에 대하여 응급조치 등을 6월에 1회 이상 주기적으로 훈련시키고 그 결과를 기록·보존하여야 함

긴급구조훈련 내용 : 비상연락체계 운영, 구조용 장비의 사용, 공기호흡기 또는 송기마스크의 착용, 응급처치 등

(9) 작업시작 전 근로자에게 안전한 작업방법 등을 알려야 함

알려야 할 사항 : 산소 및 유해가스농도 측정에 관한 사항, 사고 시의 응급조치 요령, 환기설비 등 안전한 작업방법에 관한 사항, 보호구 착용 및 사용방법에 관한 사항, 구조용 장비 사용 등 비상시 구출에 관한 사항

(10) 근로자가 밀폐공간에 종사하는 경우 사전에 관리감독자, 안전관리자 등 해당자로 하여금 산소농도 등을 측정하고 적정한 공기 기준과 적합 여부를 평가하도록 함

산소농도 등을 측정할 수 있는 자 : 관리감독자, 안전·보건관리자, 안전관리대행기관, 지정측정기관

③ 산소농도별 증상

산소농도(%)	증상
14~19	업무능력 감소, 신체기능조절 손상
12~14	호흡수 증가, 맥박 증가
10~12	판단력 저하, 청색 입술
8~10	어지럼증, 의식 상실
6~8	8분 내 100% 치명적, 6분 내 50% 치명적
4~6	40초 내 혼수상태, 경련, 호흡정지, 사망

4 산소결핍 발생 가능 장소

전기 · 통신 · 상하수도 맨홀, 오 · 폐수처리시설 내부(정화조, 집수조), 장기간 밀폐된 탱크, 반응탑, 선박(선창) 등의 내부, 밀폐공간 내 CO_2가스 용접작업, 분뇨 집수조, 저수조(물탱크) 내 도장작업, 집진기 내부(수리작업 시), 화학장치 배관 내부, 곡물 사일로 내 작업 등

※ 산소결핍 위험 작업 시 산소 및 가스농도 측정기, 공급호흡기, 공기치환용 환기팬 등의 예방 장비 없이 작업을 수행하여 대형사고 발생

5 산소결핍 위험 작업 안전수칙(산업안전보건법 제24조, 같은 법 산업보건기준에 관한 규칙 제7편)

(1) 작업시작 전 작업장 환기 및 산소농도 측정
(2) 송기마스크 등 외부공기 공급 가능한 호흡용 보호구 착용
(3) 산소결핍 위험 작업장 입장, 퇴장 시 인원 점검
(4) 관계자 외 출입금지 표지판 설치
(5) 산소결핍 위험 작업 시 외부 관리감독자와의 상시 연락
(6) 사고 발생 시 신속한 대피, 사고 발생에 대비하여 공기호흡기, 사다리 및 섬유로프 등 비치
(7) 특수한 작업(용접, 가스배관공사 등) 또는 장소(지하실 등)에 대한 안전보건조치

6 산소 및 유해가스 농도의 측정

사업주는 밀폐공간에서 근로자에게 작업을 하도록 하는 경우 작업을 시작(작업을 일시 중단하였다가 다시 시작하는 경우를 포함한다.)하기 전 다음 각 호의 어느 하나에 해당하는 자로 하여금 해당 밀폐공간의 산소 및 유해가스 농도를 측정하여 적정공기가 유지되고 있는지를 평가하도록 해야 한다.

(1) 관리감독자
(2) 안전관리자 또는 보건관리자
(3) 안전관리전문기관 또는 보건관리전문기관
(4) 건설재해예방전문지도기관
(5) 작업환경측정기관
(6) 한국산업안전보건공단법에 따른 한국산업안전보건공단이 정하는 산소 및 유해가스 농도의 측정평가에 관한 교육을 이수한 사람
(7) 사업주는 산소 및 유해가스 농도를 측정한 결과 적정공기가 유지되고 있지 아니하다고 평가된 경우에는 작업장을 환기시키거나, 근로자에게 공기호흡기 또는 송기마스크를 지급하여 착용하도록 하는 등 근로자의 건강장해 예방을 위하여 필요한 조치를 하여야 한다.

002　밀폐공간작업 시 안전대책

1 밀폐공간 출입 전 확인사항

(1) 작업허가서에 기록된 내용을 충족하고 있는지 여부
(2) 출입자가 안전한 작업방법 등에 대한 사전교육을 이수하였는지 여부
(3) 감시인으로 하여금 각 단계의 안전을 확인, 작업 중 상주
(4) 입구의 크기는 응급상황 시 쉽게 접근 가능하고, 빠져나올 수 있는 충분한 크기인지 확인
(5) 밀폐공간 내 유해공기가 없는지 사전에 측정하여 확인
(6) 화재 및 폭발의 우려가 있는 장소에서는 방폭형 구조의 장비 등을 사용
(7) 보호구, 응급구조체계, 구조장비, 연락 및 통신장비, 경보설비의 정상 여부 점검

2 밀폐공간 보건작업 프로그램의 기록 및 보관

(1) 밀폐공간 작업허가서
(2) 유해공기 측정결과
(3) 환기대책 수립의 세부내용
(4) 보호구 지급 및 착용실태
(5) 밀폐공간 보건작업 프로그램 평가 자료 등

3 상시 가동 환기시설을 갖춘 밀폐공간에 대한 특례규정

(1) 사업주가 밀폐공간에 상시 가동되는 급배기 환기장치를 설치하여 질식·화재·폭발 등의 위험이 없도록 한 경우
　① 밀폐공간작업 전 작업에 관한 주요 사항 확인 및 작업장 출입구 게시의무 미적용
　② 환기, 인원점검, 감시인 배치, 6개월마다 하는 긴급구조훈련 미적용
(2) 사업주는 환기장치 및 적정공기 유지상태를 월 1회 이상 정기적으로 점검하고 이상 발견 시 필요한 조치를 취한다.
(3) 사업주는 점검결과(점검일, 점검자, 환기설비 가동상태, 적정공기 유지상태, 조치사항 등)를 해당 밀폐공간 출입구에 상시 게시한다.
(4) 밀폐공간 중 아래 장소는 특례규정에서 제외된다.
　① 간장·주류·효모 그 밖에 발효하는 물품이 들어 있거나 들어 있었던 탱크·창고 또는 양조주의 내부
　② 분뇨, 오염된 흙, 썩은 물, 폐수, 오수, 그 밖에 부패하거나 분해되기 쉬운 물질이 들어 있는 정화조·침전조·집수조·탱크·암거·맨홀·관 또는 피트의 내부

1 밀폐공간 작업장

(1) 근로자가 상주하지 않고 출입이 제한된 장소의 내부

(2) 우물, 수직갱, 터널, 잠함, 피트의 내부

(3) 페인트 건조 전 지하실, 탱크 내부

(4) 갈탄, 연탄으로 콘크리트 양생 장소 – 일산화탄소 중독

(5) 드라이아이스 사용 냉동고, 냉동 컨테이너 내부

(6) 적정공기 허용치를 벗어나는 장소의 내부

▐ 적정공기 기준 ▐

구분	기준치
산소	18% 이상 ~ 23.5% 미만
일산화탄소(CO)	30ppm 미만
황화수소(H_2S)	10ppm 미만
탄산가스	1.5% 미만

(7) 질식 3대 위험장소

① 맨홀, 하수처리시설 : 산소결핍, CO_2

② 콘크리트 양생 : CO

③ 양돈, 축산 : H_2S

2 질식 원인(산소결핍 발생 이유)

(1) 불활성 가스의 사용

CO	헤모글로빈의 산소 운반기능을 빼앗음 → 뇌에 산소 전달이 안 됨
H_2S	• 세포호흡을 방해 → 세포에 산소 전달이 안 됨 • 거품효과

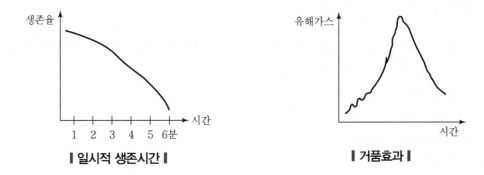

∎ 일시적 생존시간 ∎　　　　　　　∎ 거품효과 ∎

(2) 미생물의 호흡작용

　① 용제류 사용 시 질식메커니즘

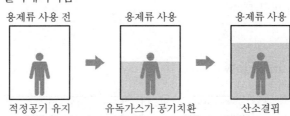

∎ 질식메커니즘(유독가스 > 공기질) ∎

❸ 산소농도별 인체영향 및 증상(산소결핍의 인체장해)

산소농도	인체 증상
18% 이상	안전한계
16%	호흡 · 맥박증가, 두통, 메스꺼움
12%	어지러움, 구토, 근력저하, 추락
10%	의식불명, 기도폐쇄
8%	실신, 혼절 (8분 이내 사망)
6%	실신, 호흡정지, 경련 (5분 이내 사망)

❹ 밀폐공간 재해유형 및 원인

재해유형	원인
질식	• 콘크리트 양생 시 송기마스크 미착용 • 재해자 구조를 위해 구조자가 송기마스크 미착용
화재, 폭발	• 유독가스가 유출되는 장소에서 용접작업 • 흡연 작업

5 밀폐공간작업 시 안전준수사항

(1) 산소, 유해가스 농도 측정 : 관리감독자, 안전관리자, 보건관리자, 안전관리전문기관, 보건
　　관리전문기관, 건설재해예방전문지도기관
(2) 환기 실시 : 작업 전, 작업 중
(3) 인원 점검
(4) 출입 금지 : 표지판 설치
(5) 감시인 배치
(6) 안전대, 구명밧줄, 공기호흡기 또는 송기마스크 착용
(7) 대피용 기구 배치 : 사다리, 섬유로프, 공기호흡기 또는 송기마스크 등
(8) 작업허가서 발급(PTW)

6 질식 재해자 구조 Flow

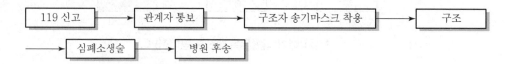

7 밀폐공간작업 시 근로자에게 알릴 사항

(1) 산소, 유해가스 농도 측정사항
(2) 환기설비 가동 등 안전한 작업방법에 관한 사항
(3) 보호구 착용과 사용방법
(4) 사고 시 응급조치
(5) 비상연락처, 구조장비 사용 등 비상시 구출에 관한 사항

1 밀폐공간 보건작업 프로그램 추진 절차

2 밀폐공간 작업장 선정(건설업)

(1) 근로자가 상주하지 않고 출입이 제한된 장소의 내부
(2) 우물, 수직갱, 터널, 잠함, 피트의 내부
(3) 페인트 건조 전 지하실, 탱크 내부
(4) 갈탄, 연탄으로 콘크리트 양생 장소
(5) 드라이아이스 사용 냉동고, 냉동 컨테이너 내부
(6) 적정공기 허용치를 벗어나는 장소의 내부

▌ 적정공기 기준 ▐

구분	기준치
산소	18% 이상 ～ 23.5% 미만
일산화탄소(CO)	30ppm 미만
황화수소(H_2S)	10ppm 미만
탄산가스	1.5% 미만

(7) 질식 3대 위험장소
　① 맨홀, 하수처리시설 : 산소결핍, CO_2
　② 콘크리트 양생 : CO
　③ 양돈, 축산 : H_2S

3 밀폐공간작업 프로그램 포함 내용

(1) 밀폐공간의 위치 파악 및 관리방안
(2) 질식,중독 등 유해위험요인의 파악 및 관리방안
(3) 사전 확인이 필요한 사항에 대한 확인 절차
(4) 안전보건교육 및 훈련
(5) 근로자의 건강장해 예방에 관한 사항

4 밀폐공간작업 시 안전준수사항

(1) 산소, 유해가스 농도 측정 : 관리감독자, 안전관리자, 보건관리자, 안전관리전문기관, 보건관리전문기관, 건설재해예방전문지도기관

(2) 환기 실시 : 작업 전, 작업 중

(3) 인원 점검

(4) 출입 금지 : 표지판 설치

(5) 감시인 배치

(6) 안전대, 구명밧줄, 공기호흡기 또는 송기마스크 착용

(7) 대피용 기구 배치 : 사다리, 섬유로프, 공기호흡기 또는 송기마스크 등

(8) 작업허가서 발급(PTW)

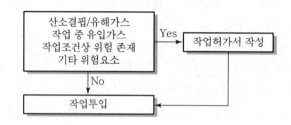

5 교육 및 훈련

(1) 교육

① 특별안전보건교육

② 산소, 유해가스 농도 측정사항

③ 환기설비 가동 등 안전한 작업방법에 관한 사항

④ 보호구 착용과 사용방법 : 송기마스크, 공기호흡기 사용법

⑤ 사고 시 응급조치

⑥ 비상연락처, 구조장비 사용 등 비상시 구출에 관한 사항

(2) 훈련

① 비상훈련 실시 : 6개월에 1회 이상

② 대상 : 밀폐공간작업 근로자, 관리감독자

③ 재해자 발생 시 비상훈련

관리대상 유해물질

■ 산업안전보건기준에 관한 규칙 제420조(정의)

1. "관리대상 유해물질"이란 근로자에게 상당한 건강장해를 일으킬 우려가 있어 법 제24조에 따라 건강장해를 예방하기 위한 보건상의 조치가 필요한 원재료 · 가스 · 증기 · 분진 · 흄(fume), 미스트(mist)로서 별표 12에서 정한 유기화합물, 금속류, 산 · 알칼리류, 가스상태 물질류를 말한다.

■ 제421조(적용 제외)

① 사업주가 관리대상 유해물질의 취급업무에 근로자를 종사하도록 하는 경우로서 작업시간 1시간당 소비하는 관리대상 유해물질의 양(그램)이 작업장 공기의 부피(세제곱미터)를 15로 나눈 양(이하 "허용소비량"이라 한다) 이하인 경우에는 이 장의 규정을 적용하지 아니한다. 다만, 유기화합물 취급 특별장소, 특별관리물질 취급 장소, 지하실 내부, 그 밖에 환기가 불충분한 실내작업장인 경우에는 그러하지 아니하다.

② 제1항 본문에 따른 작업장 공기의 부피는 바닥에서 4미터가 넘는 높이에 있는 공간을 제외한 세제곱미터를 단위로 하는 실내작업장의 공간부피를 말한다. 다만, 공기의 부피가 150세제곱미터를 초과하는 경우에는 150세제곱미터를 그 공기의 부피로 한다.

■ 제422조(관리대상 유해물질과 관계되는 설비)

사업주는 근로자가 실내작업장에서 관리대상 유해물질을 취급하는 업무에 종사하는 경우에 그 작업장에 관리대상 유해물질의 가스 · 증기 또는 분진의 발산원을 밀폐하는 설비 또는 국소배기장치를 설치하여야 한다. 다만, 분말상태의 관리대상 유해물질을 습기가 있는 상태에서 취급하는 경우에는 그러하지 아니하다.

4 제423조(임시작업인 경우의 설비 특례)

① 사업주는 실내작업장에서 관리대상 유해물질 취급업무를 임시로 하는 경우에 제422조에 따른 밀폐설비나 국소배기장치를 설치하지 아니할 수 있다.

② 사업주는 유기화합물 취급 특별장소에서 근로자가 유기화합물 취급업무를 임시로 하는 경우로서 전체환기장치를 설치한 경우에 제422조에 따른 밀폐설비나 국소배기장치를 설치하지 아니할 수 있다.

③ 제1항 및 제2항에도 불구하고 관리대상 유해물질 중 별표 12에 따른 특별관리물질을 취급하는 작업장에는 제422조에 따른 밀폐설비나 국소배기장치를 설치하여야 한다.

5 제424조(단시간작업인 경우의 설비 특례)

① 사업주는 근로자가 전체환기장치가 설치되어 있는 실내작업장에서 단시간 동안 관리대상 유해물질을 취급하는 작업에 종사하는 경우에 제422조에 따른 밀폐설비나 국소배기장치를 설치하지 아니할 수 있다.

② 사업주는 유기화합물 취급 특별장소에서 단시간 동안 유기화합물을 취급하는 작업에 종사하는 근로자에게 송기마스크를 지급하고 착용하도록 하는 경우에 제422조에 따른 밀폐설비나 국소배기장치를 설치하지 아니할 수 있다.

③ 제1항 및 제2항에도 불구하고 관리대상 유해물질 중 별표 12에 따른 특별관리물질을 취급하는 작업장에는 제422조에 따른 밀폐설비나 국소배기장치를 설치하여야 한다.

6 제425조(국소배기장치의 설비 특례)

사업주는 다음 각 호의 어느 하나에 해당하는 경우로서 급기(給氣)·배기(排氣) 환기장치를 설치한 경우에 제422조에 따른 밀폐설비나 국소배기장치를 설치하지 아니할 수 있다.

1. 실내작업장의 벽·바닥 또는 천장에 대하여 관리대상 유해물질 취급업무를 수행할 때 관리대상 유해물질의 발산 면적이 넓어 제422조에 따른 설비를 설치하기 곤란한 경우

2. 자동차의 차체, 항공기의 기체, 선체(船體) 블록(block) 등 표면적이 넓은 물체의 표면에 대하여 관리대상 유해물질 취급업무를 수행할 때 관리대상 유해물질의 증기 발산 면적이 넓어 제422조에 따른 설비를 설치하기 곤란한 경우

7 제426조(다른 실내 작업장과 격리되어 있는 작업장에 대한 설비 특례)

사업주는 다른 실내작업장과 격리되어 근로자가 상시 출입할 필요가 없는 작업장으로서 관리대상 유해물질 취급업무를 하는 실내작업장에 전체환기장치를 설치한 경우에 제422조에 따른 밀폐설비나 국소배기장치를 설치하지 아니할 수 있다.

⑧ 제427조(대체설비의 설치에 따른 특례)

사업주는 발산원 밀폐설비, 국소배기장치 또는 전체환기장치 외의 방법으로 적정 처리를 할 수 있는 설비(이하 이 조에서 "대체설비"라 한다)를 설치하고 고용노동부장관이 해당 대체설비가 적정하다고 인정하는 경우에 제422조에 따른 밀폐설비나 국소배기장치 또는 전체환기장치를 설치하지 아니할 수 있다.

⑨ 제428조(유기화합물의 설비 특례)

사업주는 전체환기장치가 설치된 유기화합물 취급작업장으로서 다음 각 호의 요건을 모두 갖춘 경우에 제422조에 따른 밀폐설비나 국소배기장치를 설치하지 아니할 수 있다.
1. 유기화합물의 노출기준이 100피피엠(ppm) 이상인 경우
2. 유기화합물의 발생량이 대체로 균일한 경우
3. 동일한 작업장에 다수의 오염원이 분산되어 있는 경우
4. 오염원이 이동성(移動性)이 있는 경우

① 제429조(국소배기장치의 성능)

사업주는 국소배기장치를 설치하는 경우에 별표 13에 따른 제어풍속을 낼 수 있는 성능을 갖춘 것을 설치하여야 한다.

② 제430조(전체환기장치의 성능 등)

① 사업주는 단일 성분의 유기화합물이 발생하는 작업장에 전체환기장치를 설치하려는 경우에 다음 계산식에 따라 계산한 환기량(이하 이 조에서 "필요환기량"이라 한다) 이상으로 설치하여야 한다.

> 작업시간 1시간당 필요환기량 = $24.1 \times$ 비중 $\times$ 유해물질의 시간당 사용량
> $\times K/($분자량 $\times$ 유해물질의 노출기준$) \times 10^6$

주) 1. 시간당 필요환기량 단위 : m^2/hr
   2. 유해물질의 시간당 사용량 단위 : L/hr
   3. K : 안전계수로서
      가. $K=1$: 작업장 내의 공기 혼합이 원활한 경우
      나. $K=2$: 작업장 내의 공기 혼합이 보통인 경우
      다. $K=3$: 작업장 내의 공기 혼합이 불완전한 경우

② 제1항에도 불구하고 유기화합물의 발생이 혼합물질인 경우에는 각각의 환기량을 모두 합한 값을 필요환기량으로 적용한다. 다만, 상가작용(相加作用)이 없을 경우에는 필요환기량이 가장 큰 물질의 값을 적용한다.

③ 사업주는 전체환기장치를 설치하려는 경우에 전체환기장치의 배풍기(덕트를 사용하는 전체환기장치의 경우에는 해당 덕트의 개구부를 말한다)를 관리대상 유해물질의 발산원에 가장 가까운 위치에 설치하여야 한다.

③ 제431조(작업장의 바닥)

사업주는 관리대상 유해물질을 취급하는 실내작업장의 바닥에 불침투성의 재료를 사용하고 청소하기 쉬운 구조로 하여야 한다.

4 **제432조(부식의 방지조치)**

사업주는 관리대상 유해물질의 접촉설비를 녹슬지 않는 재료로 만드는 등 부식을 방지하기 위하여 필요한 조치를 하여야 한다.

5 **제433조(누출의 방지조치)**

사업주는 관리대상 유해물질 취급설비의 뚜껑·플랜지(flange)·밸브 및 콕(cock) 등의 접합부에 대하여 관리대상 유해물질이 새지 않도록 개스킷(gasket)을 사용하는 등 누출을 방지하기 위하여 필요한 조치를 하여야 한다.

6 **제434조(경보설비 등)**

① 사업주는 관리대상 유해물질 중 금속류, 산·알칼리류, 가스상태 물질류를 1일 평균 합계 100리터(기체인 경우에는 해당 기체의 용적 1세제곱미터를 2리터로 환산한다) 이상 취급하는 사업장에서 해당 물질이 샐 우려가 있는 경우에 경보설비를 설치하거나 경보용 기구를 갖추어 두어야 한다.

② 사업주는 제1항에 따른 사업장에 관리대상 유해물질 등이 새는 경우에 대비하여 그 물질을 제거하기 위한 약제·기구 또는 설비를 갖추거나 설치하여야 한다.

7 **제435조(긴급 차단장치의 설치 등)**

① 사업주는 관리대상 유해물질 취급설비 중 발열반응 등 이상화학반응에 의하여 관리대상 유해물질이 샐 우려가 있는 설비에 대하여 원재료의 공급을 막거나 불활성 가스와 냉각용수 등을 공급하기 위한 장치를 설치하는 등 필요한 조치를 하여야 한다.

② 사업주는 제1항에 따른 장치에 설치한 밸브나 콕을 정상적인 기능을 발휘할 수 있는 상태로 유지하여야 하며, 관계 근로자가 이를 안전하고 정확하게 조작할 수 있도록 색깔로 구분하는 등 필요한 조치를 하여야 한다.

③ 사업주는 관리대상 유해물질을 내보내기 위한 장치는 밀폐식 구조로 하거나 내보내지는 관리대상 유해물질을 안전하게 처리할 수 있는 구조로 하여야 한다.

007 작업환경 개선대책

1 유해요인

(1) 화학적 요인

유기용제, 유해물질, 중금속 등에서 발생되는 가스, 증기, Fume, Mist, 분진

(2) 물리적 요인

소음, 진동, 방사선, 이상기압, 극한온도

(3) 생물학적 요인

박테리아, 바이러스, 진균 미생물

(4) 인간공학적 요인

불량한 작업환경, 부적합한 공법, 근골격계질환, 밀폐공간 등

2 개선대책

(1) 공학적 대책

오염발생원을 직접 제거하는 것으로, 사고요인과 오염원을 근본적으로 제거하는 적극적 개선대책이다.

① Elimination : 위험원의 제거

② Substitution : 위험성이 낮은 물질로 대체

예 연삭숫돌의 사암 유리규산을 진폐위험이 없는 페놀수지로 대체

③ Technical Measure

㉠ 공정의 변경 : Fail Safe, Fool Proof

㉡ 공정의 밀폐 : 소음, 분진 차단

㉢ 공정의 격리 : 복사열, 고에너지의 격리

㉣ 습식공법 : 분진발생부의 살수에 의한 비산 방지

㉤ 국소배기 : 작업환경 개선

④ Organizational Measure

⑤ Personal Protective Equipment, Training

(2) 통과 과정의 개선대책

① 정리정돈 및 청소

㉠ 작업장 퇴적분진의 비산 방지를 위한 제거

ⓛ 작업장 주변과 사용공구의 정리정돈

② 희석식 환기(Dilution Ventilation)

국소배기장치의 적용이 불가능한 장소의 신선한 외기 흡입장치

③ 오염발생원과 근로자의 이격

근로자와 유해환경과의 노출에너지 저감

④ 모니터링의 지속 실시

㉠ 전문적 지식을 갖춘 자를 배치해 위험성 정도를 수시로 측정 분석(AI 기술로 대체 시 더욱 효과적)

ⓛ 유해위험성의 기준 초과 시 자동경보장치 작동체계 구축

(3) 근로자 보호대책

① 교육훈련

㉠ 유해위험물질에 대한 정확한 정보 전달

ⓛ 작위, 부작위에 의한 불안전한 행동의 통제

※ 작위 : 의무사항을 이행하지 않는 행위, 부작위 : 금지사항을 실행하는 행위

② 교대근무

㉠ 근로자의 건강을 저해하는 유해성은 유해물질의 농도와 노출시간에 비례하므로 작업 상태가 노출기준 초과기준에 도달하지 않은 경우에도 유해인자의 접촉시간을 최소화 한다.

ⓛ Harber의 법칙 : $H = C \times T$

여기서, H : Harber's Theory, C : 농도, T : 노출시간

③ 개인 보호구의 적절한 공급 및 착용상태 관리감독

㉠ 보호구의 착용이 재해의 발생을 억제시키는 것이 아닌 저감시키기 위한 것임을 주지시킬 것

ⓛ 안전인증대상 여부의 필수 확인

④ 작업환경의 주기적 측정

㉠ 측정주기

구분	측정주기
신규공정 가동 시	30일 이내 실시 후 매 6개월당 1회 이상
정기적 측정	6개월당 1회 이상
발암성 물질, 화학물질 노출기준 2배 이상 초과	3개월당 1회 이상
1년간 공정변경이 없고 최근 2회 측정결과가 노출기준 미만 시(발암성 물질 제외)	1년 1회 이상

ⓛ 측정대상물질 : 192종
　⑤ 적성검사
　　　㉠ 신체검사 : 체격검사, 신체적 적성검사
　　　ⓛ 생리적 기능검사 : 감각기능, 심폐기능, 체력검정
　　　ⓒ 심리학적 검사
　　　　　• 지능검사
　　　　　• 지각동작검사 : 수족협조, 운동속도, 형태지각 검사
　　　　　• 인성검사 : 성격, 태도, 정신상태 검사
　　　　　• 기능검사 : 숙련도, 전문지식, 사고력에 대한 직무평가

008 유해환경에서의 관리기준

1 제436조(작업수칙)

사업주는 관리대상 유해물질 취급설비나 그 부속설비를 사용하는 작업을 하는 경우에 관리대상 유해물질이 새지 않도록 다음 각 호의 사항에 관한 작업수칙을 정하여 이에 따라 작업하도록 하여야 한다.

1. 밸브·콕 등의 조작(관리대상 유해물질을 내보내는 경우에만 해당한다)
2. 냉각장치, 가열장치, 교반장치 및 압축장치의 조작
3. 계측장치와 제어장치의 감시·조정
4. 안전밸브, 긴급 차단장치, 자동경보장치 및 그 밖의 안전장치의 조정
5. 뚜껑·플랜지·밸브 및 콕 등 접합부가 새는지 점검
6. 시료(試料)의 채취
7. 관리대상 유해물질 취급설비의 재가동 시 작업방법
8. 이상사태가 발생한 경우의 응급조치
9. 그 밖에 관리대상 유해물질이 새지 않도록 하는 조치

2 제437조(탱크 내 작업)

① 사업주는 근로자가 관리대상 유해물질이 들어 있던 탱크 등을 개조·수리 또는 청소를 하거나 해당 설비나 탱크 등의 내부에 들어가서 작업하는 경우에 다음 각 호의 조치를 하여야 한다.
  1. 관리대상 유해물질에 관하여 필요한 지식을 가진 사람이 해당 작업을 지휘하도록 할 것
  2. 관리대상 유해물질이 들어올 우려가 없는 경우에는 작업을 하는 설비의 개구부를 모두 개방할 것
  3. 근로자의 신체가 관리대상 유해물질에 의하여 오염된 경우나 작업이 끝난 경우에는 즉시 몸을 씻게 할 것
  4. 비상시에 작업설비 내부의 근로자를 즉시 대피시키거나 구조하기 위한 기구와 그 밖의 설비를 갖추어 둘 것
  5. 작업을 하는 설비의 내부에 대하여 작업 전에 관리대상 유해물질의 농도를 측정하거나 그 밖의 방법에 따라 근로자가 건강에 장해를 입을 우려가 있는지를 확인할 것
  6. 제5호에 따른 설비 내부에 관리대상 유해물질이 있는 경우에는 설비 내부를 환기장치로 충분히 환기시킬 것
  7. 유기화합물을 넣었던 탱크에 대하여 제1호부터 제6호까지의 규정에 따른 조치 외에 작업

PART 02. 산업위생일반 • **399**

시작 전에 다음 각 목의 조치를 할 것

　　가. 유기화합물이 탱크로부터 배출된 후 탱크 내부에 재유입되지 않도록 할 것

　　나. 물이나 수증기 등으로 탱크 내부를 씻은 후 그 씻은 물이나 수증기 등을 탱크로부터 배출시킬 것

　　다. 탱크 용적의 3배 이상의 공기를 채웠다가 내보내거나 탱크에 물을 가득 채웠다가 배출시킬 것

② 사업주는 제1항제7호에 따른 조치를 확인할 수 없는 설비에 대하여 근로자가 그 설비의 내부에 머리를 넣고 작업하지 않도록 하고 작업하는 근로자에게 주의하도록 미리 알려야 한다.

③ 제438조(사고 시의 대피 등)

① 사업주는 관리대상 유해물질을 취급하는 근로자에게 다음 각 호의 어느 하나에 해당하는 상황이 발생하여 관리대상 유해물질에 의한 중독이 발생할 우려가 있을 경우에 즉시 작업을 중지하고 근로자를 그 장소에서 대피시켜야 한다.

　1. 해당 관리대상 유해물질을 취급하는 장소의 환기를 위하여 설치한 환기장치의 고장으로 그 기능이 저하되거나 상실된 경우

　2. 해당 관리대상 유해물질을 취급하는 장소의 내부가 관리대상 유해물질에 의하여 오염되거나 관리대상 유해물질이 새는 경우

② 사업주는 제1항 각 호에 따른 상황이 발생하여 작업을 중지한 경우에 관리대상 유해물질에 의하여 오염되거나 새어 나온 것이 제거될 때까지 관계자가 아닌 사람의 출입을 금지하고, 그 내용을 보기 쉬운 장소에 게시하여야 한다. 다만, 안전한 방법에 따라 인명구조 또는 유해방지에 관한 작업을 하도록 하는 경우에는 그러하지 아니하다.

③ 근로자는 제2항에 따라 출입이 금지된 장소에 사업주의 허락 없이 출입해서는 아니 된다.

④ 제442조(명칭 등의 게시)

① 사업주는 관리대상 유해물질을 취급하는 작업장의 보기 쉬운 장소에 다음 각 호의 사항을 게시하여야 한다. 다만, 법 제114조제2항에 따른 작업공정별 관리요령을 게시한 경우에는 그러하지 아니하다.

　1. 관리대상 유해물질의 명칭

　2. 인체에 미치는 영향

　3. 취급상 주의사항

　4. 착용하여야 할 보호구

　5. 응급조치와 긴급 방재 요령

② 제1항 각 호의 사항을 게시하는 경우에는 「산업안전보건법 시행규칙」 별표 18 제1호나목에 따른 건강 및 환경 유해성 분류기준에 따라 인체에 미치는 영향이 유사한 관리대상 유해물질별로 분류하여 게시할 수 있다.

5 제443조(관리대상 유해물질의 저장)

① 사업주는 관리대상 유해물질을 운반하거나 저장하는 경우에 그 물질이 새거나 발산될 우려가 없는 뚜껑 또는 마개가 있는 튼튼한 용기를 사용하거나 단단하게 포장을 하여야 하며, 그 저장장소에는 다음 각 호의 조치를 하여야 한다.
   1. 관계 근로자가 아닌 사람의 출입을 금지하는 표시를 할 것
   2. 관리대상 유해물질의 증기를 실외로 배출시키는 설비를 설치할 것
② 사업주는 관리대상 유해물질을 저장할 경우에 일정한 장소를 지정하여 저장하여야 한다.

6 제444조(빈 용기 등의 관리)

사업주는 관리대상 유해물질의 운반 · 저장 등을 위하여 사용한 용기 또는 포장을 밀폐하거나 실외의 일정한 장소를 지정하여 보관하여야 한다.

7 제445조(청소)

사업주는 관리대상 유해물질을 취급하는 실내작업장, 휴게실 또는 식당 등에 관리대상 유해물질로 인한 오염을 제거하기 위하여 청소 등을 하여야 한다.

8 제446조(출입의 금지 등)

① 사업주는 관리대상 유해물질을 취급하는 실내작업장에 관계 근로자가 아닌 사람의 출입을 금지하고, 그 내용을 보기 쉬운 장소에 게시하여야 한다. 다만, 관리대상 유해물질 중 금속류, 산 · 알칼리류, 가스상태 물질류를 1일 평균 합계 100리터(기체인 경우에는 그 기체의 부피 1세제곱미터를 2리터로 환산한다) 미만을 취급하는 작업장은 그러하지 아니하다.
② 사업주는 관리대상 유해물질이나 이에 따라 오염된 물질은 일정한 장소를 정하여 폐기 · 저장 등을 하여야 하며, 그 장소에는 관계 근로자가 아닌 사람의 출입을 금지하고, 그 내용을 보기 쉬운 장소에 게시하여야 한다.
③ 근로자는 제1항 또는 제2항에 따라 출입이 금지된 장소에 사업주의 허락 없이 출입해서는 아니 된다.

9 제447조(흡연 등의 금지)

① 사업주는 관리대상 유해물질을 취급하는 실내작업장에서 근로자가 담배를 피우거나 음식물을 먹지 않도록 하여야 하며, 그 내용을 보기 쉬운 장소에 게시하여야 한다.

② 근로자는 제1항에 따라 흡연 또는 음식물의 섭취가 금지된 장소에서 흡연 또는 음식물 섭취를 해서는 아니 된다.

10 제448조(세척시설 등)

① 사업주는 근로자가 관리대상 유해물질을 취급하는 작업을 하는 경우에 세면·목욕·세탁 및 건조를 위한 시설을 설치하고 필요한 용품과 용구를 갖추어 두어야 한다.

② 사업주는 제1항에 따라 시설을 설치할 경우에 오염된 작업복과 평상복을 구분하여 보관할 수 있는 구조로 하여야 한다.

009 유해성의 주지 및 보호구 관리기준

1 제449조(유해성 등의 주지)

① 사업주는 관리대상 유해물질을 취급하는 작업에 근로자를 종사하도록 하는 경우에 근로자를 작업에 배치하기 전에 다음 각 호의 사항을 근로자에게 알려야 한다.

1. 관리대상 유해물질의 명칭 및 물리적 · 화학적 특성
2. 인체에 미치는 영향과 증상
3. 취급상의 주의사항
4. 착용하여야 할 보호구와 착용방법
5. 위급상황 시의 대처방법과 응급조치 요령
6. 그 밖에 근로자의 건강장해 예방에 관한 사항

② 사업주는 근로자가 별표 12 제1호13) · 46) · 59) · 71) · 101) · 111)의 물질을 취급하는 경우에 근로자가 작업을 시작하기 전에 해당 물질이 급성 독성을 일으키는 물질임을 근로자에게 알려야 한다.

2 제451조(보호복 등의 비치 등)

① 사업주는 근로자가 피부 자극성 또는 부식성 관리대상 유해물질을 취급하는 경우에 불침투성 보호복 · 보호장갑 · 보호장화 및 피부보호용 바르는 약품을 갖추어 두고, 이를 사용하도록 하여야 한다.

② 사업주는 근로자가 관리대상 유해물질이 흩날리는 업무를 하는 경우에 보안경을 지급하고 착용하도록 하여야 한다.

③ 사업주는 관리대상 유해물질이 근로자의 피부나 눈에 직접 닿을 우려가 있는 경우에 즉시 물로 씻어낼 수 있도록 세면 · 목욕 등에 필요한 세척시설을 설치하여야 한다.

④ 근로자는 제1항 및 제2항에 따라 지급된 보호구를 사업주의 지시에 따라 착용하여야 한다.

1 정의

(1) 한파주의보
  ① 아침 최저기온이 전날보다 10℃ 이상 하강하여 3℃ 이하이고 평년값보다 3℃가 낮을 것
    으로 예상될 때
  ② 아침 최저기온이 영하 12℃ 이하가 2일 이상 지속될 것이 예상될 때
  ③ 급격한 저온현상으로 중대한 피해가 예상될 때

(2) 한파경보
  ① 아침 최저기온이 영하 15℃ 이하가 2일 지속될 것이 예상될 때
  ② 아침 최저기온이 전날보다 15℃ 이상 하강하여 3℃ 이하이고 평년값보다 3℃가 낮을 것
    으로 예상될 때
  ③ 급격한 저온현상으로 광범위한 지역에서 중대한 피해가 예상될 때

2 한랭질환 증상

(1) 저체온증
  ① 체온이 35℃ 미만일 때로 우리 몸이 열을 잃어버리는 속도가 열을 만드는 속도보다 빠를
    때 발생하는데 열 손실은 물과 바람 부는 환경에서 증가하므로 눈, 비, 바람, 물에 젖은
    상황은 더 위험하다. 또한 두뇌에 영향을 끼쳐 명확한 의사 결정 및 움직임에 악영향을
    끼치고 약물이나 음주를 하였을 때 더욱 악화될 수 있다.
  ② 가장 먼저 온몸, 특히 팔다리의 심한 떨림 증상이 발생하고 35℃ 미만으로 체온이 떨어지
    면 기억력과 판단력이 떨어지며 말이 어눌해지다가 지속되면 점점 의식이 흐려지며 결국
    의식을 잃게 된다.

(2) 동상
  추위에 신체 부위가 얼게 되어서 조직이 손상되는 것으로 주로 코, 귀, 뺨, 턱, 손가락, 발가
  락에 걸리게 되고, 최악의 경우 절단이 필요할 수도 있는 겨울철 대표 질환이다.

(3) 참호족
  물(10℃ 이하 냉수)에 손과 발을 오래 노출시키면 생기는 질환으로 주로 발에 잘 생긴다.
  예 축축하고 차가운 신발을 오래 신고 있을 때

(4) 동창

영상의 온도인 가벼운 추위에서 혈관 손상으로 염증이 발생하는 것으로 동상처럼 피부가 얼지는 않지만 손상부위에 세균 침범 시 심한 경우 궤양이 발생할 수 있다.

③ 한랭질환 예방을 위한 건강수칙

(1) 실내에서의 수칙

   ① 생활습관 : 가벼운 실내운동, 적절한 수분 섭취와 고른 영양분을 가진 식사를 한다.

   ② 실내환경 : 실내 적정온도(18~20℃)를 유지하고 건조해지지 않도록 한다.

(2) 실외에서의 수칙

   ① 따뜻한 옷 착용

   ② 장갑, 목도리, 모자, 마스크 착용

   ③ 무리한 운동 자제

   ④ 외출 전 체감온도 확인

④ 한랭에 대한 순화

한랭순화는 열 생산의 증가, 체열보존능력의 증대 등 내성 증가로 인해 고온순화보다 느린 것이 특징이다.

① 보호구의 개념 이해 및 구조

001 호흡보호구

① 위험요인

(1) 산소농도 18% 미만 작업환경에서 방진마스크 및 방독마스크를 착용하고 작업 시 산소결핍에 의한 사망위험이 있다.

(2) 산소결핍, 분진 및 유독가스 발생 작업에 적합한 호흡용 보호구를 선택하여 사용하지 않을 경우 사망 또는 직업병에 이환될 위험이 있다.

② 종류

(1) 여과식 호흡용 보호구

방진마스크	분진, 미스트 및 Fume이 호흡기를 통해 인체에 유입되는 것을 방지하기 위해 사용
방독마스크	유해가스, 증기 등이 호흡기를 통해 인체에 유입되는 것을 방지하기 위해 사용

(2) 공기공급식 호흡용 보호구

송기마스크	신선한 공기를 사용해 공기를 호스로 송기함으로써 산소결핍으로 인한 위험 방지
공기호흡기	압축공기를 충전시킨 소형 고압공기용기를 사용해 공기를 공급함으로써 산소결핍 위험 방지
산소호흡기	압축공기를 충전시킨 소형 고압공기용기를 사용해 산소를 공급함으로써 산소결핍 위험 방지

002 정성적 밀착도 검사(QLFT)

1 개요

밀착형 호흡보호구가 기대 성능을 발휘하기 위해서는 착용자 얼굴에 밀착되어야 한다. 따라서 미국 산업안전보건청에 따르면 매년 최소 1회 호흡보호구 밀착검사를 받아야 한다.

2 밀착검사 대상

(1) 크기, 형태, 모델 또는 제조원이 다른 호흡보호구 사용 시마다
(2) 상당한 체중 변동이나 치아 교정 같은 밀착에 영향을 줄 수 있는 안면변화가 있을 때

3 밀착도검사 분류

정성밀착검사(QLFT)	정량밀착검사(QNFT)
• 음압식, 공기정화식 호흡보호구(단, 유해인자가 개인노출한도의 10배 미만인 대기에서만 사용) • 전동식 및 송기식 호흡보호구와 함께 사용되는 밀착식 호흡보호구	모든 종류의 밀착형 호흡보호구에 대한 밀착 검사용 적용 가능

4 세부검사방법

(1) 정성밀착검사(QLFT)
　① 아세트산 이소아밀(바나나 향) : 유기증기 정화통이 장착되는 호흡보호구만 검사
　② 사카린(달콤한 맛) : 어떠한 방진 등급의 미립자 방진 필터가 장착된 호흡보호구도 검사 가능
　③ Bitrex(쓴 맛) : 어떠한 등급의 미립자 방진 필터가 장착된 호흡보호구도 검사 가능
　④ 자극적인 연기(비자발적 기침반사) : 미국 기준 수준 100(또는 한국방진 특급) 미립자 방진 필터가 장착된 호흡보호구만 검사
　⑤ 초산 이소아밀법 : 톨루엔 노출 작업자의 호흡보호구 검사

(2) 정량밀착검사(QNFT)
　① Generated Aerosoluses : 검사 체임버에서 발생된 옥수수 기름 같은 위험하지 않은 에어로졸 사용

② Condensation Nuclei Counter(CNC) : 주변 에어로졸을 사용하며 검사 체임버가 필요 없음

③ Controlled Negative Pressure(CNP) : 일시적으로 공기를 차단해 진공 상태를 만드는 검사

⑤ 정성밀착검사 요령(각 동작을 1분간 수행)

(1) 정상 호흡

(2) 깊은 호흡

(3) 머리 좌우로 움직이기

(4) 머리 상하로 움직이기

(5) 허리 굽히기

(6) 말하기

(7) 다시 정상 호흡

② 보호구의 종류 및 선정방법

001 안전화의 종류

① 개요

'안전화'란 물체의 낙하, 충격 또는 날카로운 물체로 인한 위험이나 화학약품 등으로부터 발 또는 발등을 보호하거나 감전 또는 인체대전을 방지하기 위하여 착용하는 보호구를 말하며, 성능에 따라 분류할 수 있다.

② 보호구의 구비조건

(1) 착용이 간편할 것
(2) 작업에 방해가 되지 않도록 할 것
(3) 유해 위험요소에 대한 방호성능이 충분할 것
(4) 품질이 양호할 것
(5) 구조와 끝마무리가 양호할 것
(6) 겉모양과 표면이 섬세하고 외관상 좋을 것

③ 안전화의 종류

종류	성능 구분
가죽제 안전화	물체의 낙하, 충격 및 바닥의 날카로운 물체에 의해 찔릴 위험으로부터 발 보호
고무제 안전화	물체의 낙하, 충격 및 바닥으로부터 찔릴 경우 발 보호 · 방수 · 내화학성을 겸한 것
정전기 안전화	물체의 낙하, 충격 및 바닥으로부터 찔릴 경우 발 보호 및 정전기의 인체 대전을 방지
발등 안전화	물체의 낙하, 충격 및 바닥으로부터 찔릴 경우 발 보호 및 발등 보호
절연화	물체의 낙하, 충격 및 바닥으로부터 찔릴 경우 발 보호 및 저압 전기에 의한 감전 방지
절연 장화	고압에 의한 감전 방지 및 방수를 겸한 것

4 안전화의 명칭

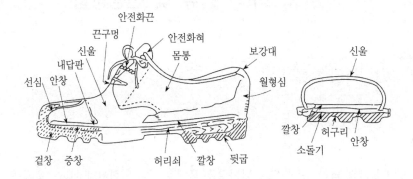

002 안전화의 성능시험

1 개요

안전화는 물체의 낙하·충격·찔림·감전 등으로부터 근로자를 보호하기 위한 보호구이므로 내압박성, 내충격성, 박리저항성, 내압발생 등의 성능을 갖추어야 한다.

2 가죽제 안전화의 시험

(1) 가죽의 두께 측정
  ① 지름 5mm의 원형 가압면이 있고 0.01mm의 눈금을 가진 평활한 두께 측정기를 사용하여 측정
  ② 두께 측정 시 가압하중은 393±10g

(2) 가죽의 결렬시험
  ① 강구파열 시험장치를 이용하여 15kgf/cm^{2}의 압박하중을 가한 후 가죽의 결렬 판정
  ② 결렬의 판정 시에는 직사광선을 피하고 광선 또는 반사광을 이용하여 육안 판정

(3) 가죽의 인열시험
  ① 100±20mm/min의 인장속도로 시험편이 절단될 때까지 인장하여 강도를 구함
  ② 가죽의 인열강도 값은 3개 시험편의 산술평균값

(4) 강재선심의 부식시험
  강재선심을 8%의 끓는 식염수에 15분간 담근 후 미지근한 물로 세척하여 실온 중에 48시간 방치 후 육안에 의해 부식의 유무 조사

(5) 겉창의 시험
  ① 인장강도 시험
    인장시험기를 사용하여 시험편이 끊어질 때까지 인장강도 측정
  ② 인열시험
    인장시험기를 사용하여 시험편이 절단될 때까지 인장하고 인열강도를 계산
  ③ 노화시험
    시험편을 70±3℃가 유지되는 항온조 속에 연속 120시간 촉진 후 인장강도 측정
  ④ 내유시험
    시험편을 시험용 기름에 담근 후 공기 중과 실온의 증류수 중에서 각각 질량을 달아 체적변화율 산출

(6) 봉합사의 인장시험

　① 내외 봉합사를 약 330mm 길이로 채취하여 실인장 시험기를 이용하여 인장시험

　② 인장속도는 300±15mm/min, 인장강도는 kgf/본으로 함

③ 안전화의 성능시험

(1) 내압박성 시험

　① 시험방법

　　시료를 선심의 가장 높은 부분의 압박시험장치의 하중축과 일직선이 되도록 놓고, 안창
　　과 선심의 가장 높은 곡선부의 중간에 원주형의 왁스 또는 유점토를 넣은 후 규정 압박
　　하중을 서서히 가하여 유점토의 최저부 높이를 측정

　② 성능기준

　　㉠ 중작업용, 보통작업용 및 경작업용 : 15mm 이상

　　㉡ 시험 후 선심의 높이 : 22mm 이상

(2) 내충격성 시험

　① 시험방법

　　안창과 선심의 중간에 유점토를 넣은 후, 무게 23±0.2kgf의 강재추를 소정의 높이에서
　　자유낙하시킨 후 유점토의 변형된 높이를 측정

　② 성능기준

　　㉠ 중작업용, 보통 작업용 및 경작업용 : 15mm 이상

　　㉡ 시험 후 선심의 높이 : 22mm 이상

(3) 박리저항시험

　① 시험방법

　　시험편을 안전화 선심 후단부로부터 절단하여 안창 또는 헝겊 등을 제거 후 겉창과 가죽
　　의 길이를 15±5mm로 하여 그 가장자리를 인장시험기의 그립으로 고정시킨 후 서로 반
　　대방향으로 잡아당겨 박리 측정

　② 성능기준

　　㉠ 중작업용 및 보통작업용 : 0.41kgf/mm 이상

　　㉡ 경작업용 : 0.3kgf/mm 이상

(4) 내답발성 시험

　① 시험방법

　　압박시험장치를 이용하여 규정 철못을 겉창의 허구리 부분에 수직으로 세우고 50kgf의
　　정하중을 걸어서 관통 여부 조사

　② 성능기준

　　중작업용 및 보통작업용 : 철못에 관통되지 않을 것

003 보안경

1 개요

차광보안경은 유해광선을 차단하는 원형의 필터렌즈(플레이트)와 분진, 칩, 액체약품 등 비산물로부터 눈을 보호하기 위한 커버렌즈로 구성되어 있다.

2 보안경의 분류

(1) 자외선 발생장소에서 착용하는 자외선용
(2) 적외선 발생장소에서 착용하는 적외선용
(3) 자외선 및 적외선 발생장소에서 착용하는 복합용
(4) 용접작업 시 착용하는 용접용

3 보안경의 안전기준

(1) 모양에 따라 특정한 위험에 대해서 적절한 보호를 할 수 있을 것
(2) 착용했을 때 편안할 것
(3) 견고하게 고정되어 쉽게 탈착 또는 움직이지 않을 것
(4) 내구성이 있을 것
(5) 충분히 소독되어 있을 것
(6) 세척이 쉬울 것
(7) 깨끗하고 잘 정비된 상태로 보관되어 있을 것
(8) 비산물로 인한 위험, 직접 또는 반사에 의한 유해광선과 복합적인 위험이 있는 작업장에서는 적절한 보안경 착용
(9) 시력교정용 안경을 착용한 근로자 중 보호구를 착용할 경우 고글(Goggles)이나 스펙터클(Spectacles) 사용

4 보안경의 종류와 기능

종류	기능
스펙터클형(Spectacle)	• 분진, 칩(Chip), 유해광선을 차단하여 눈을 보호 • 쉴드(Shield)가 있는 것은 눈 양옆으로 비산하는 물질 방호
프론트형(Front)	스펙터클형의 일반 안경에 차광능력이 있는 프론트형 안경 부착 사용
고글형(Goggle)	액체 약품 취급 시 비산물로부터 눈을 보호

5 보안경 사용 시 유의사항

(1) 정기적으로 점검할 것

(2) 작업에 적절한 보호구 선정

(3) 작업장에 필요한 수량의 보호구 비치

(4) 작업자에게 올바른 사용법을 지도할 것

(5) 사용 시 불편이 없도록 철저히 관리할 것

(6) 작업 시 필요 보호구 반드시 사용

(7) 검정 합격 보호구 사용

004 내전압용 절연장갑

1 일반구조

절연장갑은 고무로 제조하여야 하며 핀 홀(Pin Hole), 균열, 기포 등의 물리적인 변형이 없어야한다. 여러 색상의 층들로 제조된 합성 절연장갑이 마모되는 경우에는 그 아래의 다른 색상의 층이 나타나야 한다.

2 절연장갑의 등급 및 색상

등급	최대사용전압		비고
	교류(V, 실효값)	직류(V)	
00	500	750	갈색
0	1,000	1,500	빨간색
1	7,500	11,250	흰색
2	17,000	25,500	노란색
3	26,500	39,750	녹색
4	36,000	54,000	등색

3 고무의 최대 두께

등급	두께(mm)	비고
00	0.50 이하	• 두께가 균일해야 할 것
0	1.00 이하	• 기포 등 변형이 없을 것
1	1.50 이하	
2	2.30 이하	
3	2.90 이하	
4	3.60 이하	

4 절연내력

		최소내전압 시험 (실효치, kV)	00등급	0등급	1등급	2등급	3등급	4등급
			5	10	20	30	30	40
절연 내력	누설전류 시험 (실효값 mA)	시험전압(실효치, kV)	2.5	5	10	20	30	40
		460	미적용	18 이하	18 이하	18 이하	18 이하	18 이하
		표준길이 410	미적용	16 이하	16 이하	16 이하	16 이하	16 이하
		mm 360	14 이하	14 이하	14 이하	14 이하	14 이하	미적용
		270	12 이하	12 이하	미적용	미적용	미적용	미적용

005 보안면

1 개요

용접용 보안면은 용접작업 시 머리와 안면을 보호하기 위한 보호구로 의무안전 인증대상이며 지지대를 이용해 고정하여 필터로 눈과 안면부를 보호하는 구조로 되어 있다.

2 보안면의 분류

분류	구조
헬멧형	안전모 또는 착용자 머리에 지지대, 헤드밴드 등으로 고정해 사용하는 형으로 자동용접필터형과 일반용접필터형이 있다.
핸드실드형	손으로 들고 사용하는 보안면으로 필터를 장착해 눈과 안면부를 보호한다.

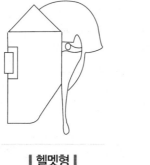

‖ 헬멧형 ‖

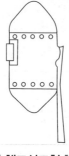

‖ 핸드실드형 ‖

3 투과율 기준

(1) 커버플레이트 : 89% 이상
(2) 자동용접필터 : 낮은 수준의 최소시감투과율기준 0.16% 이상

4 보안면 사용 시 유의사항

(1) 정기적으로 점검할 것
(2) 작업에 적절한 보호구 선정
(3) 작업장에 필요한 수량의 보호구 비치
(4) 작업자에게 올바른 사용법을 지도할 것
(5) 사용 시 불편이 없도록 철저히 관리할 것
(6) 작업 시 필요 보호구 반드시 사용
(7) 검정 합격 보호구 사용

006 방진마스크

1 방진마스크의 등급 및 사용장소

등급	특급	1급	2급
사용 장소	• 베릴륨 등과 같이 독성이 강한 물질들을 함유한 분진 등 발생장소 • 석면 취급장소	• 특급마스크 착용장소를 제외한 분진 등 발생장소 • 금속흄 등과 같이 열적으로 생기는 분진 등 발생장소 • 기계적으로 생기는 분진 등 발생장소(규소 등과 같이 2급 방진마스크를 착용하여도 무방한 경우는 제외한다)	• 특급 및 1급 마스크 착용장소를 제외한 분진 등 발생장소
	배기밸브가 없는 안면부 여과식 마스크는 특급 및 1급 장소에 사용해서는 안 된다.		

┃ 여과재 분진 등 포집효율 ┃

형태 및 등급		염화나트륨(NaCl) 및 파라핀 오일(Paraffin Oil) 시험(%)
분리식	특급	99.95 이상
	1급	94.0 이상
	2급	80.0 이상
안면부 여과식	특급	99.0 이상
	1급	94.0 이상
	2급	80.0 이상

2 안면부 누설률

형태 및 등급		누설률(%)
분리식	전면형	0.05 이하
	반면형	5 이하
안면부 여과식	특급	5 이하
	1급	11 이하
	2급	25 이하

③ 전면형 방진마스크의 항목별 유효시야

형태		시야(%)	
		유효시야	겹침시야
전동식 전면형	1안식	70 이상	80 이상
	2안식	70 이상	20 이상

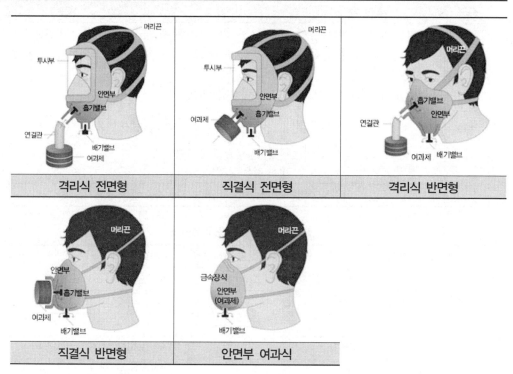

격리식 전면형	직결식 전면형	격리식 반면형

직결식 반면형	안면부 여과식

④ 방진마스크의 형태별 구조분류

형태	분리식		안면부 여과식
	격리식	직결식	
구조 분류	여과재에 의해 분진 등이 제거된 깨끗한 공기를 연결관으로 통하여 흡기밸브로 흡입되고 체내의 공기는 배기밸브를 통하여 외기 중으로 배출하게 되는 것으로 자유롭게 부품을 교환할 수 있는 것을 말한다.	여과재에 의해 분진 등이 제거된 깨끗한 공기가 흡기밸브를 통하여 흡입되고 체내의 공기는 배기밸브를 통하여 외기 중으로 배출하게 되는 것으로 자유롭게 부품을 교환할 수 있는 것을 말한다.	여과재인 안면부에 의해 분진 등을 여과한 깨끗한 공기가 흡입되고 체내의 공기는 여과재인 안면부를 통해 외기 중으로 배기되는 것으로(배기밸브가 있는 것은 배기밸브를 통하여 배출) 부품이 교환 가능한 것을 말한다.

5 방진마스크의 일반구조 조건

(1) 착용 시 이상한 압박감이나 고통을 주지 않을 것
(2) 전면형은 호흡 시에 투시부가 흐려지지 않을 것
(3) 분리식 마스크에 있어서는 여과재, 흡기밸브, 배기밸브 및 머리끈을 쉽게 교환할 수 있고 착용자 자신이 안면과 분리식 마스크의 안면부와의 밀착성 여부를 수시로 확인할 수 있어야 할 것
(4) 안면부 여과식 마스크는 여과재로 된 안면부가 사용기간 동안 변형되지 않을 것
(5) 안면부 여과식 마스크는 여과재를 안면에 밀착시킬 수 있어야 할 것

6 방진마스크의 재료 조건

(1) 안면에 밀착하는 부분은 피부에 장해를 주지 않을 것
(2) 여과재는 여과성능이 우수하고 인체에 장해를 주지 않을 것
(3) 방진마스크에 사용하는 금속부품은 내식성이나 부식방지를 위한 조치가 되어 있을 것
(4) 전면형의 경우 사용할 때 충격을 받을 수 있는 부품은 충격 시에 마찰 스파크가 발생되어 가연성의 가스혼합물을 점화시킬 수 있는 알루미늄, 마그네슘, 티타늄 또는 이의 합금을 사용하지 않을 것
(5) 반면형의 경우 사용할 때 충격을 받을 수 있는 부품은 충격 시에 마찰 스파크가 발생되어 가연성의 가스혼합물을 점화시킬 수 있는 알루미늄, 마그네슘, 티타늄 또는 이의 합금을 최소한 사용할 것

7 방진마스크 선정기준(구비조건)

(1) 분진포집효율(여과효율)이 좋을 것
(2) 흡기·배기저항이 낮을 것
(3) 사용적이 적을 것
(4) 중량이 가벼울 것
(5) 시야가 넓을 것
(6) 안면밀착성이 좋을 것

007 방연마스크

1 방연마스크의 종류별 특징

기준	공기정화식	자급식
사용제한	산소농도 17~19.5% 장소	작업용, 구조용, 다이빙장비
정량제한	최대 1.0kg	최대 7.5kg
착용성능	30초 이내 착용 (착용 후 바로 사용)	30초 이내 착용 및 작동 (착용 후 별도 조작)
유독가스 보호성능	최소 15분간 6종 가스 차단	최소 5~6분간 산소 직접 공급
호흡	흡기저항 최대 1.1kPa 외부공기 여과하여 호흡 편함	흡기저항 최대 1.6kPa 폐쇄순환구조로 호흡 난해
열적 보호성능	공통적으로 가연성 및 난연성 시험항목 존재	
	복사열 차단 시험 기준존재	복사열 시험기준 불명확

2 선정 시 고려사항

(1) 어두운 곳에서도 개봉이 가능하도록 포장
(2) 연기 외 화염으로부터 눈을 보호하는 후드형 사용
(3) 난연제품 사용(두건 재질 시험성적서 구비)
(4) 필터의 제독성능 확인
(5) 방연마스크에 필터 밀착 후 호흡 편리성 확인

3 사용 시 지도사항

(1) 매월 또는 100시간 사용 후 점검
(2) 사용 후에는 반드시 필터 교체
(3) 방연마스크 착용장소에서 방독 또는 방진 마스크 착용 금지

008 방독마스크

① 방독마스크의 종류

종류	시험가스
유기화합물용	시클로헥산(C_6H_{12})
할로겐용	염소가스 또는 증기(Cl_2)
황화수소용	황화수소가스(H_2S)
시안화수소용	시안화수소가스(HCN)
아황산용	아황산가스(SO_2)
암모니아용	암모니아가스(NH_3)

② 방독마스크의 등급

등급	사용 장소
고농도	가스 또는 증기의 농도가 100분의 2(암모니아에 있어서는 100분의 3) 이하의 대기 중에서 사용하는 것
중농도	가스 또는 증기의 농도가 100분의 1(암모니아에 있어서는 100분의 1.5) 이하의 대기 중에서 사용하는 것
저농도 및 최저농도	가스 또는 증기의 농도가 100분의 0.1 이하의 대기 중에서 사용하는 것으로서 긴급용이 아닌 것

※ 방독마스크는 산소농도가 18% 이상인 장소에서 사용하여야 하고, 고농도와 중농도에서 사용하는 방독마스크는 전면형(격리식, 직결식)을 사용해야 한다.

③ 방독마스크의 형태 및 구조

형태		구조
격리식	전면형	정화통, 연결관, 흡기밸브, 안면부, 배기밸브 및 머리끈으로 구성되고, 정화통에 의해 가스 또는 증기를 여과한 청정공기를 연결관을 통하여 흡입하고 배기는 배기밸브를 통하여 외기 중으로 배출하는 것으로 안면부 전체를 덮는 구조
	반면형	정화통, 연결관, 흡기밸브, 안면부, 배기밸브 및 머리끈으로 구성되고, 정화통에 의해 가스 또는 증기를 여과한 청정공기를 연결관을 통하여 흡입하고 배기는 배기밸브를 통하여 외기 중으로 배출하는 것으로 코 및 입 부분을 덮는 구조

형태		구조
직결식	전면형	정화통, 흡기밸브, 안면부, 배기밸브 및 머리끈으로 구성되고, 정화통에 의해 가스 또는 증기를 여과한 청정공기를 흡기밸브를 통하여 흡입하고 배기는 배기밸브를 통하여 외기 중으로 배출하는 것으로 정화통이 직접 연결된 상태로 안면부 전체를 덮는 구조
	반면형	정화통, 흡기밸브, 안면부, 배기밸브 및 머리끈으로 구성되고, 정화통에 의해 가스 또는 증기를 여과한 청정공기를 흡기밸브를 통하여 흡입하고 배기는 배기밸브를 통하여 외기 중으로 배출하는 것으로 안면부와 정화통이 직접 연결된 상태로 코 및 입 부분을 덮는 구조

4 방독마스크의 일반구조 조건

(1) 착용 시 이상한 압박감이나 고통을 주지 않을 것
(2) 착용자의 얼굴과 방독마스크의 내면 사이의 공간이 너무 크지 않을 것
(3) 전면형은 호흡 시에 투시부가 흐려지지 않을 것
(4) 격리식 및 직결식 방독마스크에 있어서는 정화통 · 흡기밸브 · 배기밸브 및 머리끈을 쉽게 교환할 수 있고, 착용자 자신이 스스로 안면과 방독마스크 안면부와의 밀착성 여부를 수시로 확인할 수 있을 것

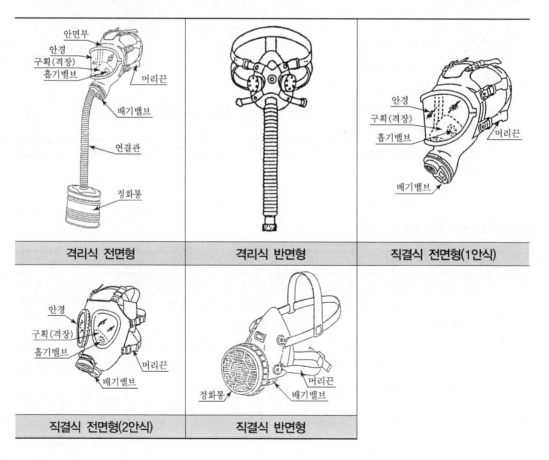

⑤ 방독마스크의 재료조건

(1) 안면에 밀착하는 부분은 피부에 장해를 주지 않을 것
(2) 흡착제는 흡착성능이 우수하고 인체에 장해를 주지 않을 것
(3) 방독마스크에 사용하는 금속부품은 부식되지 않을 것
(4) 충격 시에 마찰 스파크가 발생되어 가연성의 가스혼합물을 점화시킬 수 있는 알루미늄, 마그네슘, 티타늄 또는 이의 합금으로 만들지 말 것

⑥ 방독마스크 표시사항

▮ 정화통의 외부 측면의 표시 색 ▮

종류	표시 색
유기화합물용 정화통	갈색
할로겐용 정화통	회색
황화수소용 정화통	
시안화수소용 정화통	
아황산용 정화통	노란색
암모니아용(유기가스) 정화통	녹색
복합용 및 겸용의 정화통	• 복합용의 경우 : 해당 가스 모두 표시(2층 분리) • 겸용의 경우 : 백색과 해당 가스 모두 표시(2층 분리)

⑦ 방독마스크 성능시험 방법

(1) 기밀시험

(2) 안면부 흡기저항시험

형태 및 등급		유량(l/min)	차압(Pa)
격리식 및 직결식	전면형	160	250 이하
		30	50 이하
		95	150 이하
	반면형	160	200 이하
		30	50 이하
		95	130 이하

(3) 안면부 배기저항시험

형태	유량(l/min)	차압(Pa)
격리식 및 직결식	160	300 이하

8 안전인증 방독마스크의 정화통 외부 측면의 표기 및 색상기준

표기	종류	색상	정화통흡수제 (주요 성분)	시험가스의 조건		파과농도 (ppm, ±20%)	파과시간 (분)	농도 (ppm)	시간 (분)
				시험가스	농도(%)				
A	할로겐 가스용	회색	소다라임	염소가스	1.0	0.5	30 이상	1	60
			활성탄		0.5		20 이상		15
					0.1		20 이상		40
C	유기 화합물용	갈색	활성탄	시클로헥산	0.8	10.0	65 이상	5	100
					0.5		35 이상		30
					0.1		70 이상		50
I	아황산 가스용	노란색	산화금속	아황산 가스	1.0	5.0	30 이상	5	50
			알칼리제재		0.5		20 이상		15
					0.1		20 이상		35
H	암모니아용	녹색	큐프라마이트	암모니아 가스	1.0	25.0	60 이상	50	40
					0.5		40 이상		10
					0.1		50 이상		40
K	황화 수소용	회색	금속염류	황화수소 가스	1.0	10.0	60 이상		
			알칼리제재		0.5		40 이상		
					0.1		40 이상		
J	시안화 수소용	회색	산화금속	시안화수소 가스	1.0	10.0	35 이상		
			알칼리제재		0.5		25 이상		
					0.1		25 이상		
E	일산화 탄소용	적색	호프카라이트	일산화탄소				50	180
			방습제						

1 개요

'방음보호구'란 소음이 발생되는 사업장에서 근로자의 청각 기능을 보호하기 위하여 사용하는 귀마개와 귀덮개를 말하며, 사용 목적에 적합한 종류를 선정해 지급하고 올바른 사용법 등에 대한 교육이 이루어져야 한다.

2 방음보호구의 종류

(1) 귀마개 : 외이도에 삽입하여 차음

　① 1종

　　저음부터 고음까지 차음하는 것

　② 2종

　　주로 고음을 차음하며 회화음의 영역인 저음은 차음하지 않는 것

(2) 귀덮개 : 귀 전체를 덮어 차음(遮音)

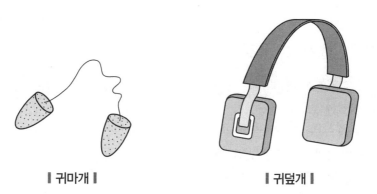

| 귀마개 |　　　| 귀덮개 |

3 방음보호구의 구조

(1) 귀마개
① 귀(외이도)에 잘 맞을 것
② 사용 중 심한 불쾌감이 없을 것
③ 사용 중에 쉽게 빠지지 않을 것

(2) 귀덮개
① 덮개는 귀 전체를 덮을 수 있는 크기로 하고, 발포 플라스틱 등의 흡음재료로 감쌀 것
② 귀 주위를 덮는 덮개의 안쪽 부위는 발포 플라스틱이나 공기, 혹은 액체를 봉입한 플라스틱 튜브 등에 의해 귀 주위에 완전하게 밀착되는 구조로 할 것
③ 머리띠 또는 걸고리 등은 길이를 조절할 수 있는 것으로, 철재인 경우에는 적당한 탄성을 가져 착용자에게 압박감 또는 불쾌감을 주지 않을 것

4 방음보호구의 재료

(1) 강도, 경도, 탄성 등이 각 부위별 용도에 적합할 것
(2) 인체에 접촉되는 부위에 사용하는 재료는 해로운 영향을 주지 않는 것으로 간이소독이 용이한 것으로 할 것
(3) 금속으로 된 재료는 녹 방지처리가 되고, 간이 소독이 용이한 것으로 할 것

5 방음보호구 사용 시 유의사항

(1) 정기적으로 점검할 것
(2) 작업에 적절한 보호구 선정
(3) 작업장에 필요한 수량의 보호구 비치
(4) 작업자에게 올바른 사용법을 지도할 것
(5) 사용 시 불편이 없도록 철저히 관리할 것
(6) 작업 시 필요 보호구 반드시 사용
(7) 검정 합격 보호구 사용

▌방음보호구 착용 시 차음효과▐

소음의 크기	차음효과
2,000Hz(일반소음)	20dB 차음효과
4,000Hz(공장소음)	25dB 차음효과

010 송기마스크

1 송기마스크의 종류 및 등급

종류	등급		구분
호스 마스크	폐력흡인형		안면부
	송풍기형	전동	안면부, 페이스실드, 후드
		수동	안면부
에어라인마스크	일정유량형		안면부, 페이스실드, 후드
	디맨드형		안면부
	압력디맨드형		안면부
복합식 에어라인마스크	디맨드형		안면부
	압력디맨드형		안면부

2 송기마스크의 종류에 따른 형태 및 사용범위

종류	등급	형태 및 사용범위
호스 마스크	폐력 흡인형	호스의 끝을 신선한 공기 중에 고정시키고 호스, 안면부를 통하여 착용자가 자신의 폐력으로 공기를 흡입하는 구조로서, 호스는 원칙적으로 안지름 19mm 이상, 길이 10m 이하이어야 한다.
	송풍기형	전동 또는 수동의 송풍기를 신선한 공기 중에 고정시키고 호스, 안면부 등을 통하여 송기하는 구조로서, 송기 풍량의 조절을 위한 유량조절장치(수동 송풍기를 사용하는 경우는 공기조절 주머니도 가능) 및 송풍기에는 교환이 가능한 필터를 구비하여야 하며, 안면부를 통해 송기하는 것은 송풍기가 사고로 정지된 경우에도 착용자가 자신의 폐력으로 호흡할 수 있는 것이어야 한다.
에어라인 마스크	일정 유량형	압축공기관, 고압공기용기 및 공기압축기 등으로부터 중압호스, 안면부 등을 통하여 압축공기를 착용자에게 송기하는 구조로서, 중간에 송기 풍량을 조절하기 위한 유량조절장치를 갖추고 압축공기 중의 분진, 기름미스트 등을 여과하기 위한 여과장치를 구비한 것이어야 한다.
	디맨드형 및 압력디맨드형	일정 유량형과 같은 구조로서 공급밸브를 갖추고 착용자의 호흡량에 따라 안면부 내로 송기하는 것이어야 한다.
복합식 에어라인 마스크	디맨드형 및 압력디맨드형	보통의 상태에서는 디맨드형 또는 압력디맨드형으로 사용할 수 있으며, 급기의 중단 등 긴급 시 또는 작업상 필요시에는 보유한 고압공기용기에서 급기를 받아 공기호흡기로서 사용할 수 있는 구조로서, 고압공기용기 및 폐지밸브는 KS P 8155(공기 호흡기)의 규정에 의한 것이어야 한다.

011 | 전동식 호흡보호구

① 전동식 호흡보호구의 분류

분류	사용 구분
전동식 방진마스크	분진 등이 호흡기를 통하여 체내에 유입되는 것을 방지하기 위하여 고효율 여과재를 전동장치에 부착하여 사용하는 것
전동식 방독마스크	유해물질 및 분진 등이 호흡기를 통하여 체내에 유입되는 것을 방지하기 위하여 고효율 정화통 및 여과재를 전동장치에 부착하여 사용하는 것
전동식 후드 및 전동식 보안면	유해물질 및 분진 등이 호흡기를 통하여 체내에 유입되는 것을 방지하기 위하여 고효율 정화통 및 여과재를 전동장치에 부착하여 사용함과 동시에 머리, 안면부, 목, 어깨 부분까지 보호하기 위해 사용하는 것

② 전동식 방진마스크의 형태 및 구조

형태	구조
전동식 전면형	전동기, 여과재, 호흡호스, 안면부, 흡기밸브, 배기밸브 및 머리끈으로 구성되며 허리 또는 어깨에 부착한 전동기의 구동에 의해 분진 등이 여과된 깨끗한 공기가 호흡호스를 통하여 흡기밸브로 공급하고 호흡에 의한 공기 및 여분의 공기는 배기밸브를 통하여 외기 중으로 배출하게 되는 것으로 안면부 전체를 덮는 구조
전동식 반면형	전동기, 여과재, 호흡호스, 안면부, 흡기밸브, 배기밸브 및 머리끈으로 구성되며 허리 또는 어깨에 부착한 전동기의 구동에 의해 분진 등이 여과된 깨끗한 공기가 호흡호스를 통하여 흡기밸브로 공급하고 호흡에 의한 공기 및 여분의 공기는 배기밸브를 통하여 외기 중으로 배출하게 되는 것으로 코 및 입 부분을 덮는 구조
사용 조건	산소농도 18% 이상인 장소에서 사용해야 한다.

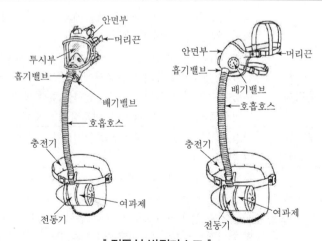

❙ 전동식 방진마스크 ❙

012 보호복

1 방열복의 종류 및 질량

종류	착용 부위	질량(kg)
방열상의	상체	3.0 이하
방열하의	하체	2.0 이하
방열일체복	몸체(상·하체)	4.3 이하
방열장갑	손	0.5 이하
방열두건	머리	2.0 이하

| 방열상의 | 방열하의 | 방열일체복 | 방열장갑 | 방열두건 |

❚ 방열복의 종류 ❚

2 부품별 용도 및 성능기준

부품별	용도	성능 기준	적용대상
내열 원단	겉감용 및 방열장갑의 등감용	• 질량 : 500g/m² 이하 • 두께 : 0.70mm 이하	방열상의·방열하의·방열일 체복·방열장갑·방열두건
	안감	• 질량 : 330g/m² 이하	〃
내열 펠트	누빔 중간층용	• 두께 : 0.1mm 이하 • 질량 : 300g/m² 이하	〃
면포	안감용	• 고급면	〃
안면 렌즈	안면보호용	• 재질 : 폴리카보네이트 또는 이와 동등 이상의 성능이 있는 것에 산화 동이나 알루미늄 또는 이와 동등 이 상의 것을 증착하거나 도금필름을 접착한 것 • 두께 : 3.0mm 이상	방열두건

1 개요

화학물질용 보호복은 6가지 형식으로 구분되며, 1, 2형식은 가스상 물질로부터, 3, 4형식은 액체의 분사나 분무로부터, 그리고 5, 6형식은 분진 등의 에어로졸 및 미스트로부터 인체를 보호하는 기능을 갖추어야 한다.

2 형식 분류

1, 2형식	가스상 물질로부터 인체를 보호하기 위한 것이다.
3, 4형식	액체의 분사나 분무로부터 인체를 보호하기 위한 것이다.
5, 6형식	분진 등의 에어로졸 및 미스트로부터 인체를 보호하기 위한 것이다.

(1) 1형식

1a 형식	1b 형식	1c 형식
보호복 내부에 개방형 공기호흡기와 같은 대기와 독립적인 호흡용 공기공급이 있는 가스 차단 보호복	보호복 외부에 개방형 공기 호흡기와 같은 호흡용 공기공급이 있는 가스 차단 보호복	공기라인과 같은 양압의 호흡용 공기가 공급되는 가스 차단 보호복

(2) 2형식

공기라인과 같은 양압의 호흡용 공기가 공급되는 가스 비차단 보호복

(3) 3형식

액체 차단 성능을 갖는 보호복으로 후드, 장갑, 부츠, 안면창 및 호흡용 보호구가 연결되는 경우에도 액체 차단 성능을 유지해야 한다.

(4) 4형식

분무 차단 성능을 갖는 보호복으로 후드, 장갑, 부츠, 안면창 및 호흡용 보호구가 연결되는 경우에도 액체 차단 성능을 유지해야 한다.

(5) 5형식

분진 등과 같은 에어로졸에 대한 차단 성능을 갖는 보호복

(6) 6형식

미스트에 대한 차단 성능을 갖는 보호복

① 개요

유해물질 발생원에서 이탈해 작업장 내 비오염지역으로 확산되거나 근로자에게 노출되기 전에 포집·제거·배출하는 장치를 말하며 후드, 덕트, 공기정화장치, 배풍기, 배출구로 구성된다.

② 물질의 상태 구분

(1) 가스상태 : 유해물질의 상태가 가스 혹은 증기인 경우
(2) 입자상태 : Fume, 분진, 미스트인 상태

③ 국소배기장치의 주요 구성부

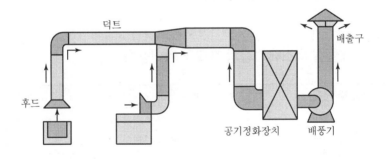

④ 점검용 기기

(1) 발연관(스모그 테스터) : 후드 성능을 좌우하는 부위
(2) 마노미터 : 송풍기 회전속도 측정계기
(3) 피토관 : 덕트 내 기류속도 측정부위
(4) 회전날개풍속계 : 개구부 주위 난류현상 확인계기
(5) 타코미터 : 송풍기 회전속도 측정계기
(6) 풍속계 : 그네날개풍속계, 열선풍속계, 풍향풍속계, 회전날개풍속계, 피토관

⑤ 종류

(1) 포위식 포위형

오염원을 가능한 한 최대로 포위해 오염물질이 후드 밖으로 투출되는 것을 방지하고 필요한
공기량을 최소한으로 줄일 수 있는 후드

(2) 외부식

발생원과 후드가 일정거리 떨어져 있는 경우 후드의 위치에 따라 측방흡인형, 상방흡인형,
하방흡인형으로 구분된다.

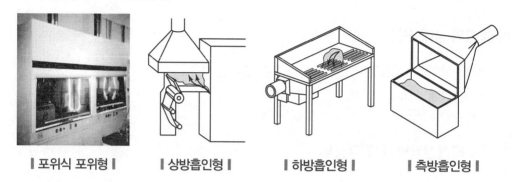

| 포위식 포위형 |　| 상방흡인형 |　| 하방흡인형 |　| 측방흡인형 |

⑥ 관리대상 유해물질 국소배기장치 후드의 제어풍속

물질의 상태	후드형식	제어풍속(m/sec)
가스상태	포위식 포위형	0.4
	외부식 측방흡인형	0.5
	외부식 하방흡인형	0.5
	외부식 상방흡인형	1.0
입자상태	포위식 포위형	0.7
	외부식 측방흡인형	1.0
	외부식 하방흡인형	1.0
	외부식 상방흡인형	1.2

⑦ 설계기준

(1) 송풍기에서 가장 먼 쪽의 후드부터 설계한다.
(2) 설계 시 먼저 후드의 형식과 송풍량을 결정한다.
(3) 1차 계산된 덕트 직경의 이론치보다 작은 것(시판용 덕트)을 선택하고 선정된 시판용 덕트의
단면적을 산출해 덕트의 직경을 구한 후 실제 덕트 속도를 구한다.

(4) 합류관 연결부에서 정합은 가능한 한 같아지게 한다.

(5) 합류관 연결부 정압비가 1.05 이내이면 정압차를 무시하고 다음 단계 설계를 진행한다.

8 국소배기장치의 환기효율을 위한 기준

(1) 사각형관 덕트보다는 원형관 덕트를 사용한다.

(2) 공정에 방해를 주지 않는 한 포위형 후드로 설치한다.

(3) 푸시−풀 후드의 배기량은 급기량보다 많아야 한다.

(4) 공기보다 증기밀도가 큰 유기화합물 증기에 대한 후드는 발생원보다 높은 위치에 설치한다.

(5) 유기화합물 증기가 발생하는 개방처리조 후드는 일반적인 사각형 후드 대신 슬롯형 후드를 사용한다.

9 배기장치의 설치 시 고려사항

(1) 국소배기장치 덕트 크기는 후드 유입공기량과 반송속도를 근거로 결정한다.

(2) 공조시설의 공기유입구와 국소배기장치 배기구는 서로 이격시키는 것이 좋다.

(3) 공조시설에서 신선한 공기의 공급량은 배기량의 10%가 넘도록 해야 한다.

(4) 국소배기장치에서 송풍기는 공기정화장치와 떨어진 곳에 설치한다.

015 덕트

1 설치기준

(1) 가능한 한 길이는 짧게 하고 굴곡부 수는 적게 할 것
(2) 접속부 내면은 돌출된 부분이 없도록 할 것
(3) 청소구를 설치하는 등 청소하기 쉬운 구조로 할 것
(4) 덕트 내 오염물질이 쌓이지 않도록 이송속도를 유지할 것
(5) 연결부위 등은 외부 공기가 들어오지 못하도록 할 것

2 압력손실의 계산

(1) 정압조절평형법
   ① 유속조절평형법 또는 정압균형유지법이 있으며, 저항이 큰 쪽의 덕트 직경을 약간 크게 하거나 덕트 직경을 감소시켜 저항을 줄이거나 증가시켜 합류점의 정압이 같아지도록 하는 방법
   ② 최소정압과 최대정압을 나누어 그 값이 0.8보다 크도록 설계한다.
(2) 저항조절평형법
   댐퍼조절평형법과 덕트균형유지법이 있으며, 각 덕트에 댐퍼를 부착해 압력을 조정하고 평형을 유지하는 방법

3 송풍기가 설치된 덕트 내 공기압력

(1) 송풍기 앞 덕트 내 정압은 음압을 유지한다.
(2) 송풍기 뒤 덕트 내 정압은 양압을 유지한다.
(3) 송풍기 앞 덕트 내 동압(속도압)은 정압을 유지한다.
(4) 송풍기 뒤 덕트 내 동압(속도압)은 양압을 유지한다.
(5) 송풍기 앞과 뒤의 덕트 내 전압은 정압과 동압(속도압)의 합으로 나타낸다.

4 정압조절 · 저항조절평형법의 특징 비교

구분	정압조절평형법	저항조절평형법
장점	• 분진퇴적이 없다. • 설계오류의 발견이 쉽다. • 정확한 설계가 이루어진 경우 효율적이다.	• 설치 후 변경이 용이하다. • 설치 후 송풍량 조절이 용이하다. • 최소 설계풍량으로 평형유지가 가능하다.
단점	• 설계가 복잡하다. • 설치 후 변경이 어렵다. • 설계오류 유량의 조정이 어렵다.	• 설계오류의 발견이 어렵다. • 댐퍼가 노출되어 변형의 우려가 높다. • 폐쇄댐퍼는 분진퇴적 우려가 높다.

016 보안경

1 사용구분에 따른 차광보안경의 종류

종류	사용구분
자외선용	자외선이 발생하는 장소
적외선용	적외선이 발생하는 장소
복합용	자외선 및 적외선이 발생하는 장소
용접용	산소용접작업 등과 같이 자외선, 적외선 및 강렬한 가시광선이 발생하는 장소

2 보안경의 종류

(1) 차광안경 : 고글형, 스펙터클형, 프론트형

(2) 유리보호안경

(3) 플라스틱 보호안경

(4) 도수렌즈 보호안경

017 용접용 보안면

형태	구조
헬멧형	안전모나 착용자의 머리에 지지대나 헤드밴드 등을 이용하여 적정위치에 고정, 사용하는 형태(자동용접필터형, 일반용접필터형)
핸드실드형	손에 들고 이용하는 보안면으로 적절한 필터를 장착하여 눈 및 안면을 보호하는 형태

018 방음용 귀마개 또는 귀덮개

1 방음용 귀마개 또는 귀덮개의 종류 · 등급

종류	등급	기호	성능	비고
귀마개	1종	EP-1	저음부터 고음까지 차음하는 것	귀마개의 경우 재사용 여부를 제조특성으로 표기
귀마개	2종	EP-2	주로 고음을 차음하고 저음(회화음영역)은 차음하지 않는 것	귀마개의 경우 재사용 여부를 제조특성으로 표기
귀덮개	–	EM	–	–

‖ 귀덮개의 종류 ‖

2 귀마개 또는 귀덮개의 차음성능기준

	중심주파수(Hz)	차음치(dB)		
		EP-1	EP-2	EM
차음성능	125	10 이상	10 미만	5 이상
차음성능	250	15 이상	10 미만	10 이상
차음성능	500	15 이상	10 미만	20 이상
차음성능	1,000	20 이상	20 미만	25 이상
차음성능	2,000	25 이상	20 이상	30 이상
차음성능	4,000	25 이상	25 이상	35 이상
차음성능	8,000	20 이상	20 이상	20 이상

SECTION 04 건강관리

1 인체의 해부학적 구조와 기능

001 신체부위별 동작 유형

1 동작 유형 분류

1. 굴곡(굽힘)(Flexion) : 관절을 형성하는 두 분절 사이의 각이 감소할 때 발생하는 굽힘 정도
2. 신전(폄)(Extension) : 굴곡의 반대운동으로 두 분절의 각이 증가할 때 발생하는 운동
3. 과신전(Hyperextension) : 해부학적 자세 이상으로 과도하게 신전되는 동작
4. 회선(Circumduction) : 팔을 뻗어 중심축을 만들고 원뿔을 그리듯 회전하는 동작
5. 회내(내회전)(Pronation) : 전완과 손의 내측회전
6. 회외(외회전)(Supination) : 전완과 손의 외측회전
7. 외전(Abduction) : 중심선으로부터 인체분절이 멀어지는 동작
8. 내전(Adduction) : 인체분절이 중심선에 가까워지는 동작
9. 전인(Protraction) : 앞쪽으로 내미는 운동
10. 후인(Retraction) : 뒤쪽으로 끌어당기는 운동
11. 거상(Elevation) : 견갑대를 좌우면상에서 위로 들어올리는 운동
12. 하강(Depression) : 견갑대를 좌우면상에서 아래로 내리는 운동
13. 수평외전(Horizontal Abduction) : 좌우면이 아닌 수평면에서 이루어지는 외전
14. 수평내전(Horizontal Adduction) : 좌우면이 아닌 수평면에서 이루어지는 내전
15. 회전(돌림)(Rotation) : 인체분절을 하나의 축으로 돌리는 동작
16. 내선(Medial Rotation) : 몸의 중심으로 운동
17. 외선(Lateral Rotation) : 몸의 중심선으로부터 운동
18. 배측굴곡(발등굽힘, 손등굽힘)(Dorsiflextion) : 손과 발이 등쪽으로 접히는 동작
19. 저측굴곡(발바닥굽힘)(Plantarflexion) : 발을 발바닥 쪽으로 접는 동작
20. 장측굴곡(손바닥굽힘)(Palmarflexion) : 손을 손바닥 쪽으로 접는 동작
21. 내번(안쪽번짐)(Inversion) : 발바닥을 안쪽으로 돌리는 동작

2 NIOSH 들기지침

(1) 부하요인

　① 척추의 운동 중심에 관련된 물체의 위치

　② 물체의 크기, 모양, 무게, 밀도

　③ 척추의 굴곡 또는 회전 정도

　④ 부하의 비율

(2) 작업변수

　① 작업물의 무게, 수평위치, 수직거리, 이동거리, 비대칭각도, 들기 빈도, 커플링 조건

　② 들기지수(LI ; Lifting Index) $= \dfrac{\text{실제작업무게}}{\text{권장무게한계}(RWL)}$

　　1.0보다 크면 작업부하가 권장치보다 크다.(상대적인 양)

　③ RWL(kg)$=23\times$수평계수$\times$수직계수$\times$거리계수$\times$비대칭계수$\times$빈도계수$\times$Coupling 계수

　　㉠ 수평계수$=25/H$(cm), 수평거리$(25<H<63)$가 25보다 작으면 1, 63보다 크면 0

　　㉡ 수직계수$=1-0.003(V-75)$, 수직거리$(75<V<175)$는 바닥에서 손까지의 거리이며 75 미만이면 1, 175를 초과하면 0

　　㉢ 거리계수$=0.82+(4.5/D)$, 수직이동거리(D)가 25 미만일 때는 1, 175 초과일 경우는 0

　　㉣ 비대칭계수$=1-0.0032A$, 정면에서 중량물 중심까지의 비틀린각도(A)가 135도를 초과하면 0

　　㉤ 빈도계수 : 작업시간과 수직거리에 따른 값

　　㉥ Coupling 계수 : 물체를 들 때 미끄러지거나 떨어지지 않도록 손잡이 등이 좋은지를 RWL에 반영한 것

3 근골격계질환의 종류

종류		원인	증상
수근관 증후군 (손목터널 증후군)		• 빠른 손동작을 계속 반복할 때 • 엄지와 검지를 자주 움질일 때 • 빈번하게 손목이 꺾일 때	• 1, 2, 3번째 손가락 전체와 4번째 손가락 안쪽에 증상 • 손의 저림 또는 찌릿한 느낌 • 물건을 쥐기 어려움
건초염		• 반복 작업, 힘든 작업을 할 때 • 오랫동안 손을 사용할 때	• 인대나 인대를 둘러싼 건초(건막) 부위가 부음 • 손이나 팔이 붓고 누르면 아픔

종류		원인	증상
드쿼르병 건초염		• 물건을 자주 집는 작업을 할 때 • 손목을 자주 비틀 때 • 반복 작업, 힘든 작업을 할 때	• 엄지손가락 부분에 통증 • 손목과 엄지손가락이 붓거나 움직임이 힘듦
방아쇠 손가락		• 수공구의 방아쇠를 자주 사용할 때 • 반복 작업, 힘든 작업을 할 때 • 충격, 진동이 심한 작업을 할 때	• 손가락이 굽어져 움직이기가 어려움 • 손가락 첫째 마디에 통증
백지병		진동이 심한 공구를 사용할 때	• 손가락, 손의 일부가 하얗게 창백함 • 손가락, 손의 마비

002 피부

1 개요

피부는 몸무게의 약 15%를 차지하는 인체에서 가장 큰 기관이다. 주요 기능인 외부의 자극으로부터 신체를 보호해주는 역할을 알기 위해 구조의 이해가 중요하다.

2 역할

(1) 신체의 보호
(2) 조절 기능
(3) 감각기능 주관

3 주요 구조

(1) 표피
  ① 피부의 가장 바깥층을 구성하는 조직
  ② 표피의 가장 바깥부분을 구성하는 각질층은 평평한 모양의 세포층으로 되어 있으며 매우 얇다.
  ③ 표피 아래는 기저층으로 기둥과 같은 배열의 단백질로 구성되어 있고 유사분열은 이 층에서만 일어난다.
  ④ 노후화된 피부 세포는 바깥에서 떨어져 나가고 새로운 세포가 기저층에서 해당 위치로 올라오게 된다.

(2) 진피
  ① 표피 아래를 구성하는 피부
  ② 모근, 신경말단, 혈관 및 땀샘으로 구성된다.
  ③ 체온 조절, 노폐물 제거에 도움을 준다.
  ④ 기름샘을 포함하고 있어 피부를 매끄럽게 유지하는 동시에 수분 유지에 도움을 준다.

(3) 하피 또는 피하조직
  ① 피부계통의 가장 아랫부분을 차지한다.
  ② 주로 지방의 저장을 위해 사용된다.
  ③ 결합조직이 포함되어 있어 진피와 근육 및 뼈를 서로 부착시켜 준다.
  ④ 진피에 있는 혈관, 신경, 땀샘의 기능을 지원한다.

４ 피부조직의 핵심

(1) 엘라스틴 : 진피를 구성하는 결합조직의 단백질

(2) 케라틴 : 피부의 가장 외측을 구성하는 핵심구조 단백질

(3) 콜라겐 : 피부에 존재하는 대부분의 단백질을 구성하는 긴 사슬구조의 아미노산

(4) 지질 : 수분을 지켜주고 세포결합을 촉진하는 천연 접착제

(5) 펩타이드 : 세포가 기능할 수 있게 통신하는 역할을 하는 사슬구조의 아미노산

2 순환계, 호흡계 및 청각기관의 구조와 기능

001 호흡기계의 구조

1 개요

호흡기계는 상부기도와 하부기도로 나뉘며 조직에 산소를 공급하고, 대사산물의 노폐물인 이산화탄소 제거와 산과 염기 균형, 발성, 후각, 체액균형, 체온조절 등의 역할을 한다.

2 상부기도(코, 부비동, 인두, 후두)

(1) 비강과 부비동
   ① 비강 상부에는 후각신경이 분포되어 있어 냄새를 맡는다.
   ② 코충격과 코 안의 아래쪽 벽은 혈액이 풍부한 점막으로 덮여 있다.
   ③ 비강의 내측 벽에는 3개의 코선반이 있으며, 흡인된 공기는 코털로 여과되고 점막으로 습화되며, 풍부한 혈관망으로 데워진다.

(2) 인두
   ① 인두는 구강과 비강 뒤쪽에 있으며, 코인두, 구인두, 후인두로 구분된다.
   ② 코인두에는 아데노이드와 유스타키오관의 개구부가 있다.
   ③ 아데노이드는 비강 혹은 구강을 통해 침입하는 미생물을 포획하는 중요한 방어작용을 한다.

(3) 후두
   ① 인두와 기관 사이에 위치하며, 상하 후두동맥으로부터 혈액을 공급받고 미주신경의 지배를 받는다.
   ② 후두 안쪽에는 거짓성대와 진성대가 있으며, 진성대 사이의 개구부를 성대문이라 한다.
   ③ 후두의 성대는 발성 기능뿐 아니라 호흡기도 안에 축적된 분비물 및 이물질을 배출하기 위한 기침반사에도 관여한다.
   ④ 후두덮개는 지렛대 역할을 하는 나뭇잎 모양의 탄력성 있는 구조로 후두 위쪽에 위치해 음식물을 삼키는 동안 성대문을 덮어 음식물이 기도로 들어가지 못하게 하고 호흡과 기침을 하는 동안에는 열려 있다.

③ 하부기도(기관, 기관지, 세기관지, 허파)

(1) 기관

① 기관은 식도 앞에 있으며, 후두의 반지연골 하부에서 시작하여 가슴 앞쪽에서는 복장뼈각에서, 뒤쪽에서는 제4~5등뼈에서 좌우 기관지로 갈라진다.

② 이 지점을 기관지 분기점이라고 한다.

③ 기관은 6~20개의 C 모양 연골로 구성되어 있다.

(2) 허파

① 흉곽 내에서 가장 큰 기관으로, 가볍고 스펀지 모양의 탄력성 있는 원추형 기관이다.

② 허파 아래에 있는 가로막은 복강과 흉곽을 분리하며, 갈비사이근과 함께 중요한 호흡근 역할을 한다.

③ 가슴막은 허파와 흉곽을 싸고 있는 두 겹의 장막으로 가슴막 내면을 덮고 있는 벽측 가슴막과 허파 표면을 싸고 있는 장측 가슴막이 있다.

④ 가스교환

(1) 허파꽈리 내 공기는 분압차에 의한 확산원리로 이동한다.

(2) 허파꽈리 내 공기와 허파꽈리벽의 모세혈관 사이에서 확산에 의해 가스교환이 이뤄진다.

(3) 효율적인 가스교환이 이루어지기 위한 조건

① 흡입된 공기는 반드시 많은 모세혈관과 접촉해야 한다.

② 허파꽈리벽이 질병으로 파괴되면 모세혈관과 접촉하는 면적이 줄어든다.

③ 허파꽈리막이 섬유화되고 흉터로 두꺼워지면 확산은 방해를 받는다.

⑤ 환기

(1) 환기란 대기와 허파꽈리 사이의 공기교환을 말한다.

(2) 흡기 동안 가로막근육과 갈비사이근육의 수축으로 가로막이 내려가고 흉관이 확장된다.

(3) 이로 인해 흉곽 용적이 커져 가슴막강내압은 더욱 음압이 되고, 폐조직이 팽창되어 허파꽈리압이 감소됨에 따라 흡기가 이루어진다.

⑥ 기침의 기전

(1) 심호흡

폐용량기관 지름을 증가시키며, 점액을 위로 끌어올려 기도로 배출할 수 있을 만큼 흡기량이 충분해야 한다.

(2) 흡기 중단

허파 내로 공기가 잘 퍼지고 원위부의 점액에 압력을 가하게 된다.

(3) 성대문 폐쇄

① 후두신경과 근육이 정상적으로 기능하여 성대문이 닫히면 가슴막강내압이 상승한다.

② 그 결과 공기유통속도가 빨라져 점액을 기도 밖으로 배출할 수 있게 된다.

(4) 복근

복근이 복강내압을 상승시켜 가로막을 위로 끌어올리면 가슴막강내압이 상승하여 성문이 열린다.

(5) 성대문 개방

가슴막강내압이 증가된 상태에서 성대문이 갑작스럽게 열리면 허파 내의 공기가 300L/분의 빠른 속도로 빠져나간다.

(6) 점액 배출

빠른 속도로 공기가 빠져나오면서 점액이 함께 배출된다.

☑ 내호흡과 외호흡

(1) 내호흡 : 조직에서 일어나며 산소는 조직 쪽으로 이동하고 이산화탄소는 조직으로부터 혈액 쪽으로 이동한다.

(2) 외호흡 : 폐호흡으로 폐포공기와 폐의 모세혈관 사이에서의 이산화탄소와 산소의 교환작용이 발생하는 것을 말한다.

002 청각 특성

1 귀의 구조

(1) 바깥귀(외이) : 소리를 모으는 부위

(2) 가운데귀(중이) : 고막진동을 속귀로 전달하는 부위

(3) 속귀(내이) : 청세포 달팽이관으로 소리자극을 신경으로 전달하는 부위

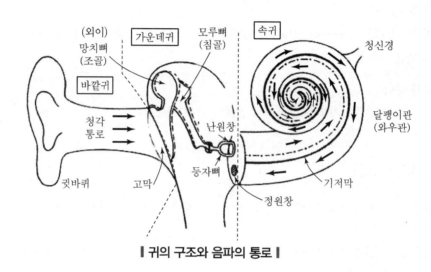

▌ 귀의 구조와 음파의 통로 ▌

2 음의 특성

(1) 진동수 : 음의 높낮이에 따른 초당 사이클 수를 주파수라 하며 Hz 혹은 CPS(Cycle/sec)로 표시한다.

(2) 강도 : 음압수준(SPL ; Sound Pressure Level)으로 음의 강도는 단위면적당 와트(Watt/m²) 로 정의된다.

$$\text{SPL(dB)} = 10\log(\frac{P_1{}^2}{P_0{}^2}) = 20\log(\frac{P_1}{P_0})$$

여기서, P_1 : 측정대상 음압, P_0 : 기준음압

(3) 음력수준(Sound Power Level)

$$PWL(dB) = 10\log(\frac{P_1}{P_0})$$

❸ 소음의 단위

(1) 정의
　① 일상생활을 방해하며 청력을 저해하는 음
　② 불쾌감을 주며 작업능률을 저해하는 음
　③ 산업안전보건법상 8hr/일 기준 85dB 이상 시 소음작업에 해당

(2) dB(decibel)
　① 음압수준의 표시 단위
　② 가청 음압은 $0.00002 \sim 20N/m^2$(dB로 표시하면 $0 \sim 100dB$)
　③ 소음의 크기 등을 나타내는 데 사용되는 단위로 Weber – Fechner의 법칙에 의해 사람의 감각량이 자극량에 대수적으로 변하는 것을 이용

(3) phon(L_L)
　① 감각적인 음의 크기를 나타내는 양
　② 음을 귀로 들어 1,000Hz 순음의 크기와 평균적으로 같은 크기로 느껴지는 음의 세기 레벨

(4) sone(Loudness : S)
　① 음의 감각량으로서 음의 대소를 표현하는 단위
　② 1,000Hz 순음이 40dB일 때 1sone
　③ $S = 2^{(L_L - 40)/10}$(sone), $L_L = 33.3\log S + 40$(phon)
　④ S의 값이 2배, 3배, 4배로 증가하면, 감각량의 크기도 2배, 3배, 4배로 증가

(5) 인식소음
　① PNdB : $910 \sim 1,090Hz$대 소음음압 기준
　② PLdB : 3,150Hz 1/3 옥타브대 음압 기준

(6) 은폐효과
　음의 효과가 귀의 감수성을 감소시키는 현상

003   시각장치와 청각장치

1 청각표시장치가 시각표시장치보다 유리한 경우

(1) 즉각적 행동을 요구하는 정보의 처리
(2) 연속적인 정보의 변화를 알려줄 경우
(3) 조명의 간섭을 받을 경우

2 청각장치와 시각장치의 비교

(1) 청각장치의 장점
   ① 메시지가 간단하다.
   ② 메시지가 시간적 사상을 제공한다.
   ③ 즉각적 행동을 요구할 때 유리하다.
   ④ 장소가 밝거나 어두울 때 사용 가능하다.
   ⑤ 대상자가 움직이고 있을 때 사용 가능하다.

(2) 시각장치의 장점
   ① 메시지가 복잡한 경우 편리하다.
   ② 메시지가 긴 경우 편리하다.
   ③ 소음 유발 장소인 경우 편리하다.
   ④ 대상자가 한 곳에 머무를 경우 편리하다.
   ⑤ 즉각적인 행동을 요구하지 않을 때 사용 가능하다.

3 경계, 경보신호 선택지침

(1) 경계, 경보신호는 500~3,000Hz대가 가장 효과적이다.
(2) 300m 이상 신호에는 1,000Hz 이하 진동수가 효과적이다.
(3) 효과를 높이려면 개시시간이 짧고 고강도 신호가 좋아야 한다.
(4) 주의집중을 위해서는 변조신호가 좋다.
(5) 칸막이 너머에 신호를 전달하기 위해서는 500Hz 이하의 진동수가 효과적이다.
(6) 배경소음과 진동수를 다르게 하고 신호는 1초간 지속한다.

004 입자상 물질

1 입자직경과 침강속도

(1) 공기역학적 직경

구형인 먼지의 직경으로 대상 먼지와 침강속도가 같고 단위밀도가 1g/cm³이다.

(2) 기하학적(물리적) 직경

① 마틴직경 : 먼지의 면적을 2등분하는 선의 길이(방향은 항상 일정)이며, 과소평가될 수 있다.

② 페렛직경 : 먼지의 한쪽 끝 가장자리와 다른 쪽 가장자리 사이의 거리이며, 과대평가될 수 있다.

③ 등면적직경 : 먼지 면적과 동일면적 원의 직경으로 가장 정확하다. 현미경 접안경에 Porton Reticle을 삽입하여 측정한다.

(3) 침강속도(Lippman식 – 입자 크기가 1~50μg인 경우)

$$V(\text{cm/sec}) = 0.003\rho d^2$$

여기서, V : 침강속도(cm/sec)

ρ : 입자밀도, 비중(g/cm³)

d : 입자직경(μg)

2 입자 크기별 기준(ACGIH, TLV)

(1) 흡입성 입자상 물질(IPM) : 비강, 인후두, 기관 등 호흡기에 침착 시 독성을 유발하는 분진으로 평균입경은 100μm(폐침착의 50%에 해당하는 입자 크기)

(2) 흉곽성 입자상 물질(TPM) : 기도, 하기도에 침착하여 독성을 유발하는 물질로 평균입경은 10μm

(3) 호흡성 입자상 물질(RPM) : 가스교환 부위인 폐포에 침착 시 독성유발물질로 평균입경은 4μm

3 여과 포집

(1) 여과 포집 원리(6가지) : 직접차단(간섭), 관성충돌, 확산, 중력침강, 정전기 침강, 체질

① 관성충돌 : 시료 기체를 충돌판에 뿜어 붙여 관성력에 의하여 입자를 침착시킨다.

② 체질 : 시료를 체에 담아 입자의 크기에 따라 체눈을 통하는 것과 통하지 않는 것으로 나누는 조작

(2) 입자 크기별 포집효율(기전에 따름)

 ① 입경 $0.1\mu m$ 미만 : 확산

 ② 입경 $0.1\sim0.5\mu m$: 확산, 직접차단(간섭)

 ③ 입경 $0.5\mu m$ 이상 : 관성충돌, 직접차단(간섭)

 ※ 입경 $0.3\mu m$일 때 포집 효율이 가장 낮다.

4 입자상 물질의 채취기구

(1) 입경(직경)분립충돌기 : 흡입성, 흉곽성, 호흡성 입자상 물질을 크기별로 측정하는 기구로서 공기흐름이 층류일 경우 입자가 관성력에 의해 시료채취 표면에 충돌하여 채취

 ① 장점 : 입자 질량 크기 분포 파악, 호흡기 부분별 침착된 입자 크기의 자료 추정, 흡입성, 흉곽성, 호흡성 입자의 크기별로 분포와 농도를 계산

 ② 단점 : 시료채취가 어려움, 고비용, 준비시간이 오래 걸림, 시료 손실(되튐)이 일어나 과소분석결과 초래 가능성(유량을 2L/min 이하로 채취)

(2) 10mm Nylon Cyclone : 호흡성 입자상 물질을 측정하는 기구로서 원심력에 의한다.

 ① 여과지가 연결된 개인시료채취펌프 유량은 1.7L/min이 최적 → 해당 유량만 호흡성 입자상 물질에 대한 침착률 평가가 가능

 ② 장점 : 사용이 간편, 경제적, 호흡성 먼지에 대한 파악 용이, 입자 되튐으로 인한 손실 없음, 특별처리 불필요

5 여과지

(1) 여과지(여과재) 선정 시 고려사항

 ① 포집대상 입자의 입도분포에 대해 포집효율이 높을 것

 ② 포집 시 흡인저항이 낮을 것

 ③ 접거나 구부러져도 파손되지 않을 것

 ④ 가볍고 1매당 무게 불균형이 적을 것

 ⑤ 흡습률이 낮을 것

 ⑥ 측정대상 분석상 방해가 되지 않게 불순물을 함유하지 않을 것

(2) 막여과지 종류

 ① MCE막 여과지 : 산에 쉽게 용해, 가수분해, 습식 · 회화 → 입자상 물질 중 금속을 채취하여 원자흡광법으로 분석하며, 흡습성(원료인 셀룰로오스가 수분 흡수)이 높은 MCE막 여과지는 오차를 유발할 수 있다.

 ② PVC막 여과지 : 가볍고 흡습성이 낮아 분진 중량분석에 사용한다. 수분 영향이 낮아 공

해성 먼지, 총먼지 등의 중량분석을 위한 측정에 사용하며, 6가 크롬 채취에도 적용된다.

③ PTEE막 여과지(테프론) : 열, 화학물질, 압력 등에 강한 특성. 석탄건류, 증류 등의 고열 공정에서 발생하는 다핵방향족탄화수소를 채취하는 데 이용한다.

④ 은막 여과지 : 균일한 금속은을 소결하여 만들며 열적, 화학적 안정성이 있다.

6 계통오차와 누적오차

(1) 계통오차의 종류

① 외계(환경)오차 : 보정값을 구하여 수정함으로써 오차 제거

② 기계(기기)오차 : 기계의 교정을 통해 제거

③ 개인오차(습관, 선입견) : 두 사람 이상의 측정자를 두어 제거

(2) 누적오차(총 측정오차)

$$누적오차 = \sqrt{E_1{}^2 + E_2{}^2 + E_3{}^2 + \cdots + E_n{}^2}$$

3 유해물질의 대사 및 생물학적 모니터링

001 메탄올

1 정의

메탄올은 에탄올에 비해 탄소와 수소를 적게 포함하고 있기 때문에 끓는점이 에탄올보다 낮다. 메탄올은 가장 간단한 알코올 화합물로 혐기성 생물의 대사 과정에서 자연적으로 만들어지기도 하며 조금 마시면 눈이 멀고, 많이 마시면 사망에 이르는 경우도 있다.

2 독성

메탄올은 인체 내 흡수 시, 폼알데하이드라는 물질로 변환되어 인체에 치명적이다. 만일 실수로 메탄올을 섭취했고 포메피졸이라는 해독제를 구할 수 없는 경우 응급 처치로 다량의 에탄올을 투여하면 된다. 에탄올과 메탄올이 신체 내부로 동시에 유입되면 에탄올이 먼저 분해되며 섭취된 메탄올은 에탄올이 분해될 때까지 분해되지 않고 유지되다 신체 외부로 배출된다.

3 용도

(1) 전자제품 칩 제조
(2) 폐수처리용
(3) 바이오디젤 생산
(4) 석유, 화학, 식품공업에 사용

4 유의사항

(1) 대사과정 : 메탄올 → 폼알데하이드 → 포름산 → 이산화탄소
(2) 포름산이 생체 내에서 에너지 생산에 관여하는 미토콘드리아효소 작용을 억제함에 따라 에너지를 만들 수 없어 세포가 죽어가는 현상이 발생한다. 따라서 시신경 세포가 타격을 받고 실명에 이르며 다량의 메탄올은 사망에 이르게 한다.
(3) 차량 워셔액에도 포함되어 있는 메탄올은 에탄올 가격의 1/3 정도로 저렴해 흔히 유통되고 있으므로 메탄올이 아닌 에탄올인지 반드시 확인할 필요가 있다.

002 건강 유해성 물질

1 급성 독성 물질

급성 독성 물질은 입 또는 피부를 통하여 1회 또는 24시간 이내에 수회로 나누어 투여되거나 호흡기를 통하여 4시간 동안 노출 시 나타나는 유해한 영향을 주는 물질이다.

2 피부 부식성 또는 자극성 물질

피부 부식성은 피부에 비자극적인 손상, 즉 피부의 표피부터 진피까지 육안으로 식별 가능한 괴사를 일으키는 것을 말하며(전형적으로 궤양, 출혈, 혈가피가 나타난다), 피부 자극성은 회복 가능한 피부 손상을 말한다.

3 심한 눈 손상 또는 자극성 물질

심한 눈 손상성이란 눈 전방 표면에 접촉하면 눈 조직 손상 또는 시력저하 등이 나타나 21일 이내에 완전히 회복되지 않는 것을 말하며, 눈 자극성이란 눈 전방 표면에 접촉하여 눈에 생긴 변화가 21일 이내에 완전히 회복되는 것을 말한다.

4 호흡기 과민성 물질

호흡기 과민성 물질은 호흡기를 통해 흡입되어 기도에 과민반응을 일으키는 물질이다.

5 피부 과민성 물질

피부 과민성 물질은 피부에 접촉되어 피부 알레르기 반응을 일으키는 물질이다.

6 발암성 물질

발암성 물질은 암을 일으키거나 그 발생을 증가시키는 물질이다.

7 생식세포 변이원성 물질

생식세포 변이원성 물질은 자손에게 유전될 수 있는 사람의 생식세포에서 유전물질의 양 또는 구조에 영구적인 변화를 일으키는 물질이다. 눈으로 확인 가능한 유전학적인 변화와 DNA 수준에서의 변화 모두를 포함한다.

8 생식독성 물질

생식기능 및 생식능력에 대한 유해영향을 일으키거나 태아의 발생 · 발육에 유해한 영향을 주는 물질이다. 생식기능 및 생식능력에 대한 유해영향이란 생식기능 및 생식능력에 대한 모든 영향, 즉 생식기관의 변화, 생식 가능 시기의 변화, 생식체의 생성 및 이동, 생식주기, 성적 행동, 수태나 분만, 수태 결과, 생식기능의 조기 노화, 생식계에 영향을 받는 기타 기능들의 변화 등을 포함한다. 태아의 발생 · 발육에 유해한 영향은 출생 전 또는 출생 후에 태아의 정상적인 발생을 방해하는 모든 영향, 즉 수태 전 부모의 노출로부터 발생 중인 태아의 노출, 출생 후 성숙기까지의 노출에 의한 영향을 포함한다.

9 특정표적장기 독성 물질(반복 노출)

반복 노출에 의하여 급성 독성,피부 부식성/피부 자극성, 심한 눈 손상성/눈 자극성, 호흡기 과민성, 피부 과민성, 생식세포 변이원성, 발암성, 생식독성, 흡인 유해성 이외의 특이적이며 비치사적으로 나타나는 특정표적장기의 독성을 일으키는 물질이다.

10 흡인유해성 물질

흡인유해성 물질은 액체나 고체 화학물질이 직접적으로 구강이나 비강을 통하거나 간접적으로 구토에 의하여 기관 및 하부호흡기계로 들어가 나타나는 화학적 폐렴, 다양한 단계의 폐손상 또는 사망과 같은 심각한 급성 영향을 일으키는 물질이다.

11 생물학적 결정인자 선택기준

(1) 충분한 특징이 있을 것
(2) 적절한 민감도가 있는 결정인자일 것
(3) 검사에 대한 분석적 · 생물학적 변치 타당성이 있을 것
(4) 검체 채취 시 대상자에게 불편함이 없을 것
(5) 타 노출인자에 의해서는 나타나지 않는 인자일 것
(6) 건강위험성을 평가하는 데 유용할 것

구분	소음		충격소음	
노출기준	**1일 노출시간(hr)**	**소음강도 dB(A)**	**1일 노출횟수**	**소음강도 dB(A)**
	8	90	100	140
	4	95	1,000	130
	2	100	10,000	120
	1	105	※ 최대 음압수준이 140dB(A)를 초과하는 충격소음에 노출되어서는 안 됨 충격소음이란 최대음압수준이 120dB(A) 이상인 소음이 1초 이상의 간격으로 발생되는 것을 말한다.	
	1/2	110		
	1/4	115		
	※ 115dB(A)를 초과하는 소음수준에 노출되어서는 안 됨			
특수건강검진	• 강렬한 소음 : 배치 후 6개월 이내, 이후 12개월 주기마다 실시 • 소음 및 충격소음 : 배치 후 12개월 이내, 이후 24개월 주기마다 실시			
	1차 검사항목 • 직업력 및 노출력 조사 • 주요 표적기관과 관련된 병력조사 • 임상검사 및 진찰 이비인후 : 순음 청력검사(양측 기도), 정밀 진찰(이경검사)		2차 검사항목 • 임상검사 및 진찰 이비인후 : 순음 청력검사(양측 기도 및 골도), 중이검사(고막운동성검사)	
작업환경측정	8시간 시간가중평균 80dB 이상의 소음에 대해 작업환경측정 실시(6개월마다 1회, 과거 최근 2회 연속 85dB 이하 시 연 1회)			

1 정의

(1) 고기압 : 압력이 제곱센티미터당 1kg 이상인 기압
(2) 고압작업 : 고기압에서 잠함공법이나 그 외의 압기공법으로 하는 작업
(3) 잠수작업
　　① 표면공급식 잠수작업 : 수면 위의 공기압축기 또는 호흡용 기체통에서 압축된 호흡용 기체를 공급받으면서 하는 작업
　　② 스쿠버 잠수작업 : 호흡용 기체통을 휴대하고 하는 작업

2 이상기압에 의한 건강장해

(1) 압착증 : 폐, 귀, 부비강, 치아 등 기체가 있는 신체부위나 물안경 등 장비 속 압력이 주위와 다를 때 발생한다.
(2) 폐압착증 : 깊은 수심까지 호흡정지 잠수를 할 때 발생되며, 너무 깊게 호흡을 멈추고 잠수를 하면 폐가 압착되고, 심하면 갈비뼈가 부러지기도 한다.
(3) 중이압착증 : 외부수압에 의해 고막이 중이 쪽으로 밀려들어 가면서 통증이 유발된다.
(4) 부비동압착증 : 눈 주위에 날카로운 통증을 느끼며 수면으로 복귀한 후 코에서 피가 섞인 콧물이 나오기도 한다.
(5) 외이압착증 : 귓속에 물이 들어가는 것을 피하기 위해 귀마개를 사용할 때 자주 발생하며 통증과 함께 귓속에 무엇이 가득 찬 것과 같은 충만감이 느껴진다.
(6) 치아압착증 : 치수 또는 치아의 연부조직에 압력을 받으면 작은 기포가 생겨 통증을 일으킨다.
(7) 산소 독성 : 잠수자는 폐압착증을 예방하기 위해 수압과 같은 압력의 압축기체를 호흡해야 하는데, 그 결과 산소의 부분압이 증가하여 중추신경계 및 폐에 산소 독성을 일으키게 된다.(초기 증상으로 시야가 좁아지고, 입술이나 눈 주위 근육떨림이 생기며, 심해지면 근육이 경련을 일으킴)

3 수심별 증상

수심(m)	증상
30~60	황홀감
60~90	판단력 감퇴, 자만감, 반사기능 감퇴
90~120	환청, 환시, 조울증, 기억력 감퇴
120 이상	의식 상실

005 공기매개 감염병

1 공기매개 감염병 위기경보 수준

수준	내용	비고
관심	• 해외의 신종감염병 발생 • 국내의 원인불명 감염환자 발생	• 징후활동 감시, 대비계획 점검 • 질병관리본부 신종감염병 대책반 선제적 구성 운영
주의	• 해외 신종감염병의 국내 유입 • 국내에서 신종, 재출현 감염병 발생	• 협조체제 가동 • 보건복지부 중앙방역대책본부 신설
경계	• 해외 신종감염병의 국내 유입 후 타 지역으로 전파 • 국내 신종, 재출현 감염병의 타지역으로 전파	• 대응체제 가동 • 복지부 중앙방역대책본부 강화
심각	• 해외 신종감염병의 전국적 확산 징후 • 국내 신종감염병의 전국적 확산 징후 • 재출현 감염병의 전국적 확산 징후	• 대응역량 총동원 • 보건복지부 중앙사고수습본부 설치 운영, 강화

2 예방 및 확산 방지를 위한 조치사항

(1) 개인위생 관련 인프라 강화

① 손씻기와 관련하여 개수대를 충분히 확보하고 손 세척제(비누 등) 또는 손 소독제, 일회용 수건이나 휴지 등 위생 관련 물품을 충분히 비치하여 직원들의 개인위생 실천을 유도한다.

② 기침예절과 관련하여 시설 내 휴지를 비치하여 즉시 사용할 수 있도록 하고, 사용한 휴지를 바로 처리하는 쓰레기통을 곳곳에 비치한다.

③ 보호구 및 위생 관련 물품의 부족 또는 공급혼선에 대비하여 사전에 물품이 원활하게 공급될 수 있도록 관리한다.

(2) 직원 및 고객(방문객)을 대상으로 개인위생 실천방안 홍보

① 사업장 내 전파 방지를 위해 직원 및 고객(방문객) 대상으로 기본적인 개인위생 실천방안(손 씻기, 기침 에티켓 등)을 홍보한다.

② 사업장, 영업소 등의 샤워실 세면대 등에 홍보 안내문이나 포스터 등을 부착한다.

③ 사업장 내 청결을 유지한다.

(3) 사업장 내 감염유입 및 확산 방지

① 해외 출장을 계획 중인 직원에 대해서는 감염 예방수칙, 여행국가 환자 발생상황, 해외에서의 주의사항, 귀국 후 유의사항 등을 충분히 숙지할 수 있도록 적극 교육한다.

② 직원으로 하여금 입국 시, 이상 증상이 있을 경우에는 반드시 검역설문서에 사실 그대로 정확하게 기술하고, 검역관에게 설명토록 한다.

③ 해외 출장 후 복귀한 직원에 대해서는, 국내 입국 후 14일째 되는 날까지, 사내 의무 상담실이나 기타 발열감시자를 지정하고 이를 통해서 자체 발열모니터링을 실시한다.

(4) 대응 전담체계 사전 구축

① 기업 차원에서 대응 대비계획을 수립하여 업무를 수행할 책임부서 및 담당자를 지정한다.

② 유행 확산 시 주요 업무 지속을 위해 인력 기술 등 현황을 파악한 후 비상시에 대비한 업무 지속계획을 수립하고 이를 점검하여 만약의 상황에서도 기업 경영 지속에 만전을 기하도록 준비한다.

(5) 결근 대비 사업계획 수립

① 대규모 결근 사태에 따른 피해를 줄이기 위해 사전에 근로자들의 신상정보를 파악하고, 직원 관리대책을 마련한다.

② 결근으로 인한 업무공백을 최소화하기 위한 업무 재편성 계획을 수립(대체 근무조 편성, 대체근무지 지정, 근무시간 조정, 재택근무 등)하고, 감염자에 대한 보수 휴가 규정 및 회복 후 업무 복귀 절차를 마련한다.

3 감염 예방을 위한 위생수칙

(1) 평상시 손 씻기 등 개인위생 수칙을 준수하여, 비누와 물 또는 손 세정제를 사용하여 손을 자주 씻는다.

(2) 기침이나 재채기를 할 경우에는 화장지나 손수건으로 입과 코를 가리고 하며, 손으로 눈, 코, 입 만지기를 피해야 한다.

(3) 발열 및 기침, 호흡곤란 등 호흡기 증상이 있는 경우에는 마스크를 써야 하며, 즉시 의료기관에서 진료받아야 한다.(주요 증상 및 최근 방문 지역을 진술)

(4) 발열이나 호흡기 증상 등 의심증상이 있는 사람과 밀접한 접촉을 피해야 한다.

(5) 다른 지역으로 출장 후 14일 이내에 발열이나 호흡기 증상이 있는 경우, 의료기관에서 진료를 받아야 한다.

006 자연발화성 액체

1 정의

고체 또는 액체로서 공기 중에서 발화의 위험성이 있거나 물과 접촉하여 발화하거나 가연성 가스를 발생하는 위험성이 있는 것으로 적은 양으로도 공기와 접촉하여 5분 안에 발화할 수 있는 액체를 자연발화성 액체라 한다.

2 특징

(1) 일반적 성질 : 대부분 무기화합물이며 고체이고 일부는 액체이다. K, Na, 알킬알루미늄, 알킬리튬은 물보다 가볍고 나머지는 물보다 무겁다.

(2) 연소성 : 칼륨, 나트륨, 황린, 알킬알루미늄은 연소하고 나머지는 연소하지 않는다.

(3) 위험성 황린을 제외한 금수성 물질은 물과 반응하여 가연성 가스인 수소, 아세틸렌, 포스핀을 발생하고 발열한다.

(4) 자연 발화성 물질은 물 또는 공기와 접촉하면 연소하여 가연성 가스를 발생시킨다.

3 경고표시

구분	고용노동부		환경부			행정안전부		
정의	적은 양으로도 공기와 접촉하여 5분 안에 발화할 수 있는 액체							
분류	구분 1							
그림문자	구분 1		구분 1			구분 1		

구분	고용노동부		환경부			행정안전부		
정의	적은 양으로도 공기와 접촉하여 5분 안에 발화할 수 있는 고체							
분류	구분 1							
그림문자	구분 1		구분 1			구분 1		

유해요인		인체에 미치는 영향	예방
유기화합물		• 눈, 피부, 호흡기 점막의 자극 증상 • 농도에 따라 다양한 정도의 마취되기 전 증상이 나타난다. 즉, 어지러움증, 두통, 도취감(흥분), 피로, 졸음, 구역, 지남력 상실, 가슴통증에 이어 흡수농도가 증가되면 점차적으로 의식을 잃을 수 있다. • 만성 피로 시에는 감각 혹은 운동기능 이상, 기억력 저하, 피로, 신경질, 불안 등의 신경계통의 장해를 유발하기도 한다.	• 유기용제가 들어 있는 통은 필요할 때 이외에는 반드시 마개 혹은 뚜껑으로 막아 놓는다. • 작업장에서는 흡연이나 음식물의 섭취를 금하고 작업이 끝난 후에는 작업복으로 갈아 입고 세면을 한다. • 인체에 유기용제 증기가 흡입되지 않도록 유의하며, 유기용제용 방독마스크, 보호장갑 및 작업복 등 개인보호구를 반드시 착용한다.
금속류	수은	식욕부진, 두통, 전신권태, 경미한 몸 떨림, 불안, 호흡곤란, 화학성 폐렴, 입술부위의 창백, 메스꺼움, 설사, 정신장애 증세를 보이고 피부의 알레르기화, 기억상실, 우울증 세를 나타낼 수 있다. 그리고 피부흡수를 통해 전신독성을 나타낼 수 있다.	• 용기는 반드시 밀폐해 둔다. • 송기마스크 또는 방독마스크, 보호의, 불침투성 보호앞치마, 보호장갑, 보호장화를 착용하고 작업한다.
	연 · 4알킬연	• 연이 체내에 흡수되면 초기에는 피로를 느끼고, 잠이 잘 안 오며 팔다리의 통증, 식욕감퇴 등의 증세가 나타날 수 있으며 계속하여 체내에 흡수되는 납이 증가하면 갑자기 배가 아프거나 관절에 통증이 느껴질 수 있으며, 어지럽고 손발에 힘이 약해지는 증세가 올 수 있다. • 4알킬연은 무기연화합물보다 독성이 강하며, 호흡기로 흡수되어 주로 중추신경계통에 작용하고 간과 골수, 신장, 뇌 등에 장해를 준다. • 급성증상 : 무기연과는 달리 중추신경계의 증상이 강하게 나타나는데 노출 수일 후엔 불안, 흥분, 근육연축, 망상, 환상이 일어나고 혈압저하, 체질저하, 맥박수가 감소한다.	• 음식물을 골고루 섭취하고 흡연, 과음을 삼가며 적당한 운동으로 체력을 유지한다. • 개인위생(식사 전 세수, 방독마스크 착용, 작업복 세탁 등)을 철저히 지키고 근본적으로 납이 체내에 들어오는 것을 예방하는 것이 바람직하다. • 화기접근을 금한다. • 누설의 유무를 매일 1회 이상 점검한다. • 작업은 교대로 실시(1일 노출시간을 가급적 단축)한다. • 송기마스크 또는 유기가스용 방독면, 보호장갑, 보호장화, 보호의 등을 착용하고 작업한다.

유해요인		인체에 미치는 영향	예방
금속류	카드뮴	• 만성적으로 노출되면 신장장해, 만성 폐쇄성 호흡기 질환 및 폐기종을 일으키며 골격계 장해와 심혈관계 장해도 일으키는 것으로 알려져 있다. • 기침, 가래, 콧물, 후각이상, 식욕부진, 구토, 설사, 체중감소 등이 나타나고 앞니나 송곳니, 치은부에 연한 황색의 환상 색소침착을 볼 수 있다.	• 작업장의 공기 중 카드뮴 농도를 낮게 유지하고 작업장을 청결하게 한다. • 작업장 내에서 식사나 흡연은 절대 금물이며 작업복은 자주 갈아입는다. • 적절한 보호구(방진마스크, 보호장갑 등)를 착용하고 작업한다.
	망간	수면방해, 행동이상, 신경증상, 발음 부정확 등	• 보호구 착용을 철저히 한다. • 환기를 철저히 한다. • 작업수칙을 철저히 지킨다. • 호흡기 질환, 신경질환, 간염, 신장염이 있는 근로자는 해당 업무에 종사하지 않도록 한다.
	오산화바나듐	눈물이 나옴, 비염, 인두염, 기관지염, 천식, 흉통, 폐렴, 폐부종, 피부습진 등	
	니켈	폐암, 비강암, 눈의 자극증상, 발한, 메스꺼움, 어지러움, 경련, 정신착란 등	
산 및 일칼리류		• 심한 호흡기 자극으로 일시적으로 숨이 막히고 기침이 난다. • 피부를 바늘로 찌르는 듯한 통증이 생긴다. • 화상을 입을 수 있다. • 장기 노출 시에는 치아부식증 및 기관지 등에 만성적인 염증이 생길 수 있다.	• 마스크를 착용한다. • 방수된 보호의, 고무장갑, 보호면을 착용하여 피부접촉을 방지한다. • 보호용 안경을 착용한다.
가스상 물질류		• 대부분 가스상으로 호흡기를 통하여 인체에 들어와 건강장해를 일으키며 이 외에도 피부나 경구적으로도 침입될 수 있는 물질이 많고 일반적으로 신경 장해(마취작용), 피부염 등이 일어날 수 있다. • 짧은 기간 동안 많은 양에 노출되면 눈, 코, 목, 피부 및 점막 등을 자극한다.	• 화기에 주의한다. • 작업환경에서 발생한 가스, 흄, 분진 등은 유해가스용 방독마스크, 보호의, 장갑 등을 착용하고 필요시 세수, 샤워 등 개인위생을 잘 지킨다. • 유해물 등이 저장장소에서 유출되지 않도록 철저히 보관, 관리한다.
영 제88조에 의한 허가 대상 물질	석면	만성장해로서는 석면폐 등을 일으킬 수 있고 기침, 담 등 기관지염 증상을 수반하고 호흡곤란, 심계항진 등을 호소하며, 폐암 및 중피종이 발생할 수 있으므로 발암물질로 규정하고 있다.	• 방진마스크, 보안경을 착용한다. • 작업 후 목욕을 실시한다. • 작업복은 작업 시에만 착용하고 작업 후에는 반드시 갈아 입는다. • 석면취급 근로자는 반드시 금연하여야 한다.
	베릴륨	기관지염, 폐렴, 접촉성 피부염, 기침, 호흡곤란, 폐의 육아종 형성	• 보호구 착용을 철처히 한다. • 환기를 철저히 한다. • 작업수칙을 철저히 지킨다. • 호흡기 질환, 신경질환, 간염, 신장염이 있는 근로자는 해당 업무에 종사하지 않도록 한다.
	비소	접촉성 피부염, 비중격 점막의 괴사, 다발성 신경염 등	

고열장해

① 개요

고온환경에 폭로되어 체온조절 기능의 생리적 변조 또는 장해를 초래해 자각적으로나 임상적으로 증상을 나타내는 현상

② 고열장애의 유형

(1) 열사병

땀을 많이 흘려 수분과 염분손실이 많을 때 발생하며, 고온다습한 작업환경에 격렬한 육체노동을 하거나 옥외에서 고열을 직접 받는 경우 뇌의 온도가 상승해 체온조절 중추의 기능에 영향을 주는 현상

주요 증상	응급처치
전조증상 : 무력감, 어지러움, 근육떨림, 손발 떨림, 의식저하, 혼수상태	즉각적인 냉각요법 후 병원에서 집중적인 치료가 필요하다. 즉각적 냉각요법 : 냉수섭취, 의복제거 등

(2) 열경련

고온환경에 심한 육체적 노동을 할 때 지나친 발한에 의한 탈수와 염분손실로 발생

주요 증상	응급처치
근육경련, 현기증, 이명, 두통	0.1% 식염수를 먹이고 시원한 곳에서 휴식조치

(3) 열탈진 : 일사병

고온환경에 폭로된 결과 말초혈관, 운동신경의 조절장애로 탈수와 나트륨 전해질의 결핍이 이루어질 때 발생

주요 증상	응급처치
어지러움, 피로, 무기력함, 근육경련, 탈수, 구토	0.1% 식염수를 먹이고 시원한 곳에서 휴식조치

(4) 열성발진

땀띠로 불리우는 것으로 땀에 젖은 피부 각질층이 염증성 반응을 일으켜 붉은 발진 형태로 나타나는 증상

주요 증상	응급처치
작은 수포, 즉 피부의 염증 발생	피부온도를 낮추고 청결하게 유지하며 건조시킨다.

(5) 열쇠약

고열에 의한 만성 체력소모를 말하며 특히 고온에서 일하는 근로자에게 가장 흔히 나타나는 증상

주요 증상	응급처치
권태감, 식욕부진, 위장장해, 불면증	0.1% 식염수를 먹이고 시원한 곳에서 휴식조치

(6) 열허탈

고열에 계속적인 노출이 이루어지면 심박수가 증가되어 일정 한도를 넘을 때 염분이 소실되어 경련이 일어나는 등 순환장해를 일으키는 것

주요 증상	응급처치
혈압저하, 전신권태, 탈진, 현기증	시원한 곳에서 휴식을 취해야 한다.

(7) 열피로

고열환경에서 정적인 작업을 할 때 발생하며, 대량의 발한으로 혈액이 농축되어 혈류분포 이상으로 발생되는 현상

주요 증상	응급처치
심한 갈증, 소변량 감소, 실신	0.1% 식염수를 먹이고 시원한 곳에서 휴식조치

❸ WBGT지수 계산식 및 노출기준

(1) WBGT지수 계산 방법

① 옥외(태양광선이 내리쬐는 장소)

WBGT(℃)=0.7×자연습구온도 + 0.2×흑구온도+0.1×건구온도

② 옥내 또는 옥외(태양광선이 내리쬐지 않는 장소)

WBGT(℃)=0.7×자연습구온도 + 0.3×흑구온도

③ 평균 WBGT $= (WBGT_1 \times t_1 + \cdots + WBGT_n \times t_n)/(t_1 + \cdots + t_n)$

㉠ $WBGT_n$: 각 습구흑구온도지수의 측정치(℃)

㉡ T_n : 각 습구흑구온도지수치의 발생시간(분)

(2) 작업장 온도에 따른 작업시간과 휴식시간

작업시간 및 휴식시간	경작업	중등작업	중작업
계속 작업	30.0℃	26.7℃	25.0℃
45분 작업에 15분 휴식	30.6℃	28.0℃	25.9℃
30분 작업에 30분 휴식	31.4℃	29.4℃	27.9℃
15분 작업에 45분 휴식	32.2℃	31.1℃	30.0℃

🔢 정의

화학 원소로 기호는 As(라틴어 Arsenicum, 아르세니쿰)이고 원자 번호는 33이다. 독성으로 유명한 준금속 원소로 회색, 황색, 흑색의 세 가지 동소체로 존재한다. 농약 · 제초제 · 살충제 등의 재료이며, 여러 합금에도 사용된다.

🔢 독성

(1) 별명이 비상(砒霜)인 삼산화비소(As_2O_3)는 옛날부터 사람을 죽이는 수단이었다. 농약이나 제초제, 살충제, 살서제 등으로 많이 썼지만, 지금은 더더욱 안전한 물질로 대신한다.

(2) 순수한 비소와 모든 비소화합물은 동물에게 무척 유독하다.

🔢 3가와 5가 비소

비소는 3가와 5가로 나뉘는데, 5가 비소는 거의 독이 없지만, 3가 비소는 독성이 강하다. 그런데 민물새우나 바닷새우 등에는 환경오염으로 농도가 매우 높은 5가 비소화합물이 포함되어 있다. 5가 비소는 비록 독은 없지만, 비타민 C를 대량 복용할 때 함께 섭취하게 되면 비타민 C의 환원 작용으로 새우 체내에 있는 5가 비소가 3가 비소로 환원되면서 인체의 건강을 해치게 된다.

010   1-부틸알코올(1-부탄올, n-butyl alcohol)

1 동의어

부틸알코올(butyl alcohol), 1-부탄올(1-butanol), n-부탄올(n-butanol), 부탄올(butanol), 1-부틸알코올(1-butyl alcohol), 부틸 수산화물(butyl hydroxide), 메틸올프로판(methylolpropane), 프로필카빈올(propyl carbinol)

2 물리·화학적 성질

(1) 모양 및 냄새 : 무색의 가연성 액체, 옅은 포도주 비슷한 냄새
(2) 인화점 : 28.89℃(밀폐공간)
(3) 폭발한계 : 상한 11.2%, 하한 1.4%(vol in air)
(4) 기타

열, 불똥, 또는 불꽃이 있는 조건에서 불안정해지며 29℃ 이상에서 폭발성인 공기와 혼합 증기를 형성한다. 강한 산화제 및 알칼리 금속과 접촉하면 가연성 가스(수소)를 형성하여 불이 나고 폭발한다. 연소 시에는 일산화탄소와 같은 유독 가스와 증기가 발생한다.

3 발생원 및 용도

페인트, 코팅, 자연산 수지, 왁스, 접착제, 합성수지, 염료, 알칼로이드, 장뇌의 용매로 쓰이고 항생제, 호르몬제, 비타민, 호프, 식물성 기름의 추출제, 제초제의 중간체, 제동액의 구성성분, 그리스 제거제, 방수제, 부양액, 유리물체의 보호코팅에 사용된다.

4 주로 노출되는 공정

(1) 취급 사업장 : 페인트, 수지, 왁스, 접착제, 합성수지 등의 생산 사업장, 추출제, 제초제, 방수제 등의 제조업장
(2) 주요 취급공정 : 인공가죽, 부틸 에스터(butyl esters), 고무시멘트, 염료, 향수, 라커, 동영상 필름, 우비, 피록실린 플라스틱(pyroxylin plastics), 레이온, 보호안경, 니스의 생산 공정

5 흡수 및 대사

(1) 흡수

폐, 피부, 위장관을 통해서 쉽게 흡수가 일어난다. 12명의 자원자들을 대상으로 한 실험에서 1,592시간 동안 600mg/m³에 노출시킨 결과 47%의 흡수가 일어난 것이 확인되었다. 실험실에서 피부를 통한 1-부틸알코올의 흡수 속도는 0.048mg/cm²/hr였다.

(2) 대사

알코올 탈수소화 효소(alcohol dehydrogenase)의 기질) 되는 반면, 카탈레이즈(catalase) 효소계는 사용하지 않는다. 1-부틸알코올은 연속적으로 산화되어 노르말-부틸알데히드(n-butyraldehyde), 노르말-부틸산(n-butyric acid), 그리고 이산화탄소와 물로 분해된다. 1-부틸알코올은 쉽게 산화되지만 또한 글루쿠로나이드(glucuronide)와 설페이트(sulfate)와 포합반응을 하여 소변으로 배설되기도 한다.

(3) 배설 및 반감기

랫트에게 경구로 [14C] 1-부틸알코올 투여 3일 후, 14C의 95%가 배설되었다. 랫트에게 450mg/kg을 경구로 투여한 24시간 후, 투여용량의 83.3%가 이산화탄소로 배출되었고 1% 미만이 대변으로 배설되었으며 4.4%는 소변으로 배설되었고 12.3%가 잔류하였다.

6 표적 장기별 건강장해

(1) 급성 건강영향

25ppm에 3~5분간 노출된 대상자들에서 코와 인후의 경미한 자극 증상이 있었다. 50ppm 노출 시는 모든 대상자들에서 눈, 코, 인후의 자극 증상을 나타내었고, 일부에서는 경한 두통을 경험하였다. 1-부틸알코올의 작업장 농도가 5~115ppm 범위인 6개의 공장에서 1-부틸알코올 단독, 또는 다른 유기용제와 혼합 노출되는 근로자들을 대상으로 한 연구가 진행되었다. 노출농도가 60~115ppm일 때 눈의 자극, 구역질 나는 냄새(sickening odor), 두통과 어지럼증이 흔하였다. 보호구를 착용하지 않은 군에서 손톱과 손가락의 피부염이 흔하게 보고되었다.

(2) 만성 건강영향

① 눈·피부·비강·인두 : 산업장에서 1-부틸알코올에 노출되는 근로자들을 대상으로 한 10년간의 연구를 수행하였다. 연구의 시작 단계에서는 1-부틸알코올의 농도는 200ppm 이상이었고 각막의 염증이 때때로 관찰되었다. 안 증상은 작열감, 시야흐림, 눈물, 수명 증상 등이 나타났다. 작업 주간의 주말로 갈수록 증상은 더욱 심해졌다. 연구의 후반기에 1-부틸알코올의 평균농도는 100ppm으로 줄었고 전신 증상은 관찰되지 않았으며 눈 자극 증상은 드물었다.

② 이비인후계 : 1－부틸알코올에 노출된 근로자들에서 청각 장해가 보고되었다. 3~11년 간 80ppm의 1－부틸알코올과 소음에 함께 노출된 11명의 근로자들 중 9명이, 같은 기간 90~100dB의 소음에만 노출된 47명의 대조군에 비해서 훨씬 더 큰 청각 장해가 발견되었다. 이환된 근로자들의 연령은 20~39세였다. 18~24개월 동안 노출된 근로자에서 7명 중 5명이 전정기관 이상 소견으로 한시적인 오심, 구토, 두통을 동반한 현훈이 발생하였다.

(3) 발암성

발암성을 분류할 만한 충분한 데이터가 없다.(IARC : － , ACGIH : －)

７ 노출기준

한국(고용노동부, 2013) TWA : 20ppm(60mg/m³), STEL : －

4 건강진단 및 사후관리

001 근로자 건강진단

1 건강진단 종류 및 제출기한

건강진단	사업주 제출	지방고용노동부 제출
일반건강진단	30일	–
특수, 배치 전, 수시, 임시 건강진단	30일	30일

2 일반건강진단 대상 및 주기

(1) 사무직 : 2년에 1회 이상

(2) 그 외 기타 : 1년에 1회 이상

3 건강진단 판정

판정	내용
A	건강
C1	직업병 요 관찰자
C2	일반질병 요 관찰자
D1	직업병 유 소견자
D2	일반질병 유 소견자
R	2차 건강검진 대상자

4 근로자 건강진단 종류 및 실시시기

종류	대상	시기
일반건강진단	상시 근로자	• 사무직 : 2년에 1회 • 그 외 : 1년에 1회
특수건강진단	• 특수건강진단 대상업무 종사 근로자 • 건강진단 결과 직업병 유소견자 판정 후 의사 소견	유해인자별 정해진 주기
배치 전 건강진단	특수건강진단 대상업무 배치 전	특수건강진단 대상업무 배치 전
수시 건강진단		
임시 건강진단	지방고용노동관서의 장이 필요하다고 인정하는 자	지체 없이 실시

002 특수건강진단

■ 건강진단 종류 및 제출기한

건강진단	사업주 제출	지방고용노동부 제출
일반건강진단	30일	–
특수, 배치 전, 수시, 임시 건강진단	30일	30일

② 특수건강진단 유해인자

화학적 인자(113)	벤젠 등 113종 : 유기화합물, 허가 대상 유해물질
물리적 인자(8)	소음, 진동, 방사선, 고기압, 저기압, 유해광선
분진(7)	곡물, 광물성, 나무, 면분진, 용접흄, 유리섬유, 석면분진
야간작업(2)	• 6개월간, 0~5시 포함, 8시간 작업, 월평균 4회 이상 • 6개월간, 22~6시 포함, 월평균 60시간 이상

③ 특수건강진단 시기 및 주기

유해인자	첫 번째 특수건강검진	주기
벤젠	2개월 이내	6개월
석면	12개월 이내	12개월
분진(광물성), 소음, 충격소음	12개월 이내	24개월
용접흄, 진동 등	6개월 이내	12개월

④ 사업주 조치사항

(1) 작업장소 변경
(2) 작업 전환
(3) 근로시간 단축
(4) 야간근로 제한
(5) 작업환경측정

⑤ 건강진단 결과 보존

(1) 5년 보관
(2) 30년 보존 : 발암성 확인물질 취급 근로자 검진

003 야간작업 특수건강진단

1 야간작업의 건강장애

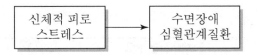

```
신체적 피로          수면장애
스트레스    →      심혈관계질환
```

2 야간작업

(1) 6개월간, 0~5시 포함, 8시간 작업, 월평균 4회 이상
(2) 6개월간, 22~6시 포함, 월평균 60시간 이상

3 특수건강진단 시기 및 주기

유해인자	첫 번째 특수건강검진	주기
벤젠	2개월 이내	6개월
석면 · 면분진	12개월 이내	12개월
광물성, 나무분진, 소음, 충격	12개월 이내	24개월
기타 : 야간작업 등	6개월 이내	12개월

(1) 검사기관
    ① 특수건강진단 기관
    ② 일반건강검진 기관 : 특수건강진단 기관이 없는 시, 군

1. 유해인자별 특수건강진단ㆍ배치 전 건강진단ㆍ수시건강진단의 검사항목

🔳 화학적 인자

(1) 유기화합물(109종)

번호	유해인자	제1차 검사항목	제2차 검사항목
1	가솔린 (Gasoline ; 8006-61-9)	(1) 직업력 및 노출력 조사 (2) 주요 표적기관과 관련된 병력조사 (3) 임상검사 및 진찰 　① 간담도계 : AST(SGOT), ALT(SGPT), γ-GTP 　② 비뇨기계 : 요검사 10종 　③ 신경계 : 신경계 증상 문진, 신경증상에 유의하여 진찰	임상검사 및 진찰 ① 간담도계 : AST(SGOT), ALT(SGPT), γ-GTP, 총단백, 알부민, 총빌리루빈, 직접빌리루빈, 알카리포스파타아제, 알파피토단백, B형간염 표면항원, B형간염 표면항체, C형간염 항체, A형간염 항체, 초음파 검사 ② 비뇨기계 : 단백뇨정량, 혈청 크레아티닌, 요소질소 ③ 신경계 : 신경행동검사, 임상심리검사, 신경학적 검사
2	글루타르알데히드 (Glutaraldehyde ; 111-30-8)	(1) 직업력 및 노출력 조사 (2) 주요 표적기관과 관련된 병력조사 (3) 임상검사 및 진찰 　① 호흡기계 : 청진, 폐활량검사 　② 눈, 피부, 비강(鼻腔), 인두(咽頭) : 점막 자극증상 문진	임상검사 및 진찰 ① 호흡기계 : 흉부방사선(측면), 흉부방사선(후전면), 작업 중 최대날숨유량 연속측정, 비특이 기도과민검사 ② 눈, 피부, 비강, 인두: 세극 등현미경검사, 비강 및 인두 검사, 면역글로불린 정량(IgE), 피부첩포시험(皮膚貼布試驗), 피부단자시험, KOH검사
3	β-나프틸아민 (β-Naphthylamine ; 91-59-8)	(1) 직업력 및 노출력 조사 (2) 주요 표적기관과 관련된 병력조사 (3) 임상검사 및 진찰 　① 비뇨기계 : 요검사 10종, 소변세포병리검사(아침 첫 소변 채취) 　② 눈, 피부 : 관련 증상 문진	임상검사 및 진찰 ① 비뇨기계 : 단백뇨정량, 혈청 크레아티닌, 요소질소, 비뇨기과 진료 ② 눈, 피부 : 면역글로불린 정량(IgE), 피부첩포시험, 피부단자시험, KOH검사
4	니트로글리세린 (Nitroglycerin ; 55-63-0)	(1) 직업력 및 노출력 조사 (2) 주요 표적기관과 관련된 병력조사 (3) 임상검사 및 진찰 　① 조혈기계 : 혈색소량, 혈구용적치, 적혈구 수, 백혈구 수, 혈소판 수, 백혈구 백분율 　② 심혈관계 : 흉부방사선 검사, 심전도 검사, 총콜레스테롤, HDL콜레스테롤, 트리글리세라이드	

번호	유해인자	제1차 검사항목	제2차 검사항목
5	니트로메탄 (Nitromethane ; 75−52−5)	(1) 직업력 및 노출력 조사 (2) 주요 표적기관과 관련된 병력조사 (3) 임상검사 및 진찰 　간담도계 : AST(SGOT), ALT(SGPT), γ 　−GTP	임상검사 및 진찰 간담도계 : AST(SGOT), ALT(SGPT), γ− GTP, 총단백, 알부민, 총빌리루빈, 직접빌리 루빈, 알칼리포스파타아제, 알파피토단백, B 형간염 표면항원, B형간염 표면항체, C형간 염 항체, A형간염 항체, 초음파 검사
6	니트로벤젠 (Nitrobenzene ; 98−95−3)	(1) 직업력 및 노출력 조사 (2) 주요 표적기관과 관련된 병력조사 (3) 임상검사 및 진찰 　① 조혈기계 : 혈색소량, 혈구용적치, 적혈 　　구 수, 백혈구 수, 혈소판 수, 백혈구 백 　　분율, 망상적혈구 수 　② 간담도계 : AST(SGOT), ALT(SGPT), γ 　　−GTP 　③ 눈, 피부 : 점막자극증상 문진	임상검사 및 진찰 ① 조혈기계 : 혈액도말검사 ② 간담도계 : AST(SGOT), ALT(SGPT), γ 　−GTP, 총단백, 알부민, 총빌리루빈, 직접 　빌리루빈, 알칼리포스파타아제, 알파피토 　단백, B형간염 표면항원, B형간염 표면항 　체, C형간염 항체, A형간염 항체, 초음파 　검사 ③ 눈, 피부 : 세극등현미경검사, 면역글로불 　린 정량(IgE), 피부첩포시험, 피부단자시 　험, KOH검사
7	p−니트로아닐린 (p−Nitroaniline ; 100−01−6)	(1) 직업력 및 노출력 조사 (2) 주요 표적기관과 관련된 병력조사 (3) 임상검사 및 진찰 　① 조혈기계 : 혈색소량, 혈구용적치 　② 간담도계 : AST(SGOT), ALT(SGPT), γ 　　−GTP (4) 생물학적 노출지표 검사 : 혈중 메트헤모글 　로빈(작업 중 또는 작업 종료 시)	임상검사 및 진찰 간담도계 : AST(SGOT), ALT(SGPT), γ− GTP, 총단백, 알부민, 총빌리루빈, 직접빌리 루빈, 알칼리포스파타아제, 알파피토단백, B 형간염 표면항원, B형간염 표면항체, C형간 염 항체, A형간염 항체, 초음파 검사
8	p−니트로클로로벤젠 (p−Nitrochloroben zene ; 100−00−5)	(1) 직업력 및 노출력 조사 (2) 주요 표적기관과 관련된 병력조사 (3) 임상검사 및 진찰 　① 조혈기계 : 혈색소량, 혈구용적치 　② 간담도계 : AST(SGOT), ALT(SGPT), 　　γ−GTP 　③ 비뇨기계 : 요검사 10종 (4) 생물학적 노출지표 검사 : 혈중 메트헤모글 　로빈(작업 중 또는 작업종료 시)	임상검사 및 진찰 ① 간담도계 : AST(SGOT), ALT(SGPT), γ 　−GTP, 총단백, 알부민, 총빌리루빈, 직접 　빌리루빈, 알칼리포스파타아제, 알파피토 　단백, B형간염 표면항원, B형간염 표면항 　체, C형간염 항체, A형간염 항체, 초음파 　검사 ② 비뇨기계 : 단백뇨정량, 혈청 크레아티닌, 　요소질소
9	디니트로톨루엔 (Dinitrotoluene ; 25321−14−6 등)	(1) 직업력 및 노출력 조사 (2) 주요 표적기관과 관련된 병력조사 (3) 임상검사 및 진찰 　① 조혈기계: 혈색소량, 혈구용적치 　② 간담도계: AST(SGOT), ALT(SGPT), 　　γ−GTP 　③ 생식계: 생식계 증상 문진 (4) 생물학적 노출지표 검사: 혈중 메트헤모글 　로빈(작업 중 또는 작업 종료 시)	임상검사 및 진찰 ① 간담도계 : AST(SGOT), ALT(SGPT), γ 　−GTP, 총단백, 알부민, 총빌리루빈, 직접 　빌리루빈, 알칼리포스파타아제, 알파피토 　단백, B형간염 표면항원, B형간염 표면항 　체, C형간염 항체, A형간염 항체, 초음파 　검사 ② 생식계 : 에스트로겐(여), 황체형성호르몬, 　난포자극호르몬, 테스토스테론(남)

번호	유해인자	제1차 검사항목	제2차 검사항목
10	N, N−디메틸아닐린 (N, N−Dimethyl aniline ; 121−69−7)	(1) 직업력 및 노출력 조사 (2) 주요 표적기관과 관련된 병력조사 (3) 임상검사 및 진찰 　① 조혈기계 : 혈색소량, 혈구용적치 　② 간담도계 : AST(SGOT), ALT(SGPT), 　　γ−GTP (4) 생물학적 노출지표 검사 : 혈중 메트헤모글 로빈(작업 중 또는 작업종료 시)	임상검사 및 진찰 간담도계 : AST(SGOT), ALT(SGPT), γ− GTP, 총단백, 알부민, 총빌리루빈, 직접빌리 루빈, 알칼리포스파타아제, 알파피토단백, B 형간염 표면항원, B형간염 표면항체, C형간 염 항체, A형간염 항체, 초음파 검사
11	p−디메틸아미노아조 벤젠 (p−Dimethylamin oazobenzene ; 60−11−7)	(1) 직업력 및 노출력 조사 (2) 주요 표적기관과 관련된 병력조사 (3) 임상검사 및 진찰 　① 간담도계 : AST(SGOT), ALT(SGPT), 　　γ−GTP 　② 비뇨기계 : 요검사 10종 　③ 피부 · 비강 · 인두 : 점막자극증상 문진	(1) 임상검사 및 진찰 　① 간담도계 : AST(SGOT), ALT(SGPT), 　　γ−GTP, 총단백, 알부민, 총빌리루 　　빈, 직접빌리루빈, 알칼리포스파타아 　　제, 알파피토단백, B형간염 표면항원, 　　B형간염 표면항체, C형간염 항체, A형 　　간염 항체, 초음파 검사 　② 비뇨기계 : 단백뇨정량, 혈청 크레아티 　　닌, 요소질소 　③ 피부 · 비강 · 인두 : 면역글로불린 정 　　량(IgE), 피부첩포시험, 피부단자시험, 　　KOH검사 (2) 생물학적 노출지표 검사 : 혈중 메트헤모 　　글로빈
12	N, N−디메틸아세트 아미드 (N, N−Dimethyl acetamide ; 127−19−5)	(1) 직업력 및 노출력 조사 (2) 주요 표적기관과 관련된 병력조사 (3) 임상검사 및 진찰 　① 간담도계 : AST(SGOT), ALT(SGPT), 　　γ−GTP 　② 신경계 : 신경계 증상 문진, 신경증상에 　　유의하여 진찰 (4) 생물학적 노출지표 검사 : 소변 중 N−메틸 아세트아미드(작업 종료 시)	임상검사 및 진찰 ① 간담도계 : AST(SGOT), ALT(SGPT), γ 　−GTP, 총단백, 알부민, 총빌리루빈, 직접 　빌리루빈, 알칼리포스파타아제, 알파피토 　단백, B형간염 표면항원, B형간염 표면항 　체, C형간염 항체, A형간염 항체, 초음파 　검사 ② 신경계 : 신경행동검사, 임상심리검사, 신 　경학적 검사
13	디메틸포름아미드 (Dimethylformami de ; 68−12−2)	(1) 직업력 및 노출력 조사 (2) 주요 표적기관과 관련된 병력조사 (3) 임상검사 및 진찰 　① 간담도계 : AST(SGOT), ALT(SGPT), 　　γ−GTP 　② 눈, 피부, 비강, 인두 : 점막자극증상 문진 (4) 생물학적 노출지표 검사 : 소변 중 N−메틸 포름아미드(NMF)(작업 종료 시 채취)	임상검사 및 진찰 ① 간담도계 : AST(SGOT), ALT(SGPT), γ− 　GTP, 총단백, 알부민, 총빌리루빈, 직접빌 　리루빈, 알칼리포스파타아제, 알파피토단 　백, B형간염 표면항원, B형간염 표면항체, 　C형간염 항체, A형간염 항체, 초음파 검사 ② 눈, 피부, 비강, 인두 : 세극등현미경검사, 　비강 및 인두 검사, 면역글로불린 정량 　(IgE), 피부첩포시험, 피부단자시험, KOH 　검사
14	디에틸에테르 (Diethylether ; 60−29−7)	(1) 직업력 및 노출력 조사 (2) 주요 표적기관과 관련된 병력조사 (3) 임상검사 및 진찰 신경계 : 신경계 증상 문진, 신경증상에 유 의하여 진찰	임상검사 및 진찰 신경계 : 신경행동검사, 임상심리검사, 신경 학적 검사

번호	유해인자	제1차 검사항목	제2차 검사항목
15	디에틸렌트리아민 (Diethylenetriamine ; 111－40－0)	(1) 직업력 및 노출력 조사 (2) 주요 표적기관과 관련된 병력조사 (3) 임상검사 및 진찰 ① 호흡기계 : 청진, 폐활량검사 ② 눈, 피부 : 점막자극증상 문진	임상검사 및 진찰 ① 호흡기계 : 흉부방사선(측면), 흉부방사선 (후전면), 작업 중 최대날숨유량 연속측 정, 비특이 기도과민검사 ② 눈, 피부 : 세극등현미경검사, 면역글로불 린 정량(IgE), 피부첩포시험, 피부단자시험, KOH검사
16	1, 4－디옥산 (1, 4－Dioxane ; 123－91－1)	(1) 직업력 및 노출력 조사 (2) 주요 표적기관과 관련된 병력조사 (3) 임상검사 및 진찰 ① 간담도계 : AST(SGOT), ALT(SGPT), γ－GTP ② 비뇨기계 : 요검사 10종 ③ 눈, 피부, 비강, 인두 : 점막자극증상 문진	임상검사 및 진찰 ① 간담도계 : AST(SGOT), ALT(SGPT), γ －GTP, 총단백, 알부민, 총빌리루빈, 직접 빌리루빈, 알칼리포스파타아제, 알파피토단 백, B형간염 표면항원, B형간염 표면항체, C형간염 항체, A형간염 항체, 초음파 검사 ② 비뇨기계 : 단백뇨정량, 혈청 크레아티닌, 요소질소 ③ 눈, 피부, 비강, 인두 : 세극등현미경검사, KOH검사, 피부단자시험, 비강 및 인두 검 사
17	디이소부틸케톤 (Diisobutylketone ; 108－83－8)	(1) 직업력 및 노출력 조사 (2) 주요 표적기관과 관련된 병력조사 (3) 임상검사 및 진찰 신경계 : 신경계 증상 문진, 신경증상에 유 의하여 진찰	임상검사 및 진찰 신경계 : 신경행동검사, 임상심리검사, 신경 학적 검사
18	디클로로메탄 (Dichloromethane ; 75－09－2)	(1) 직업력 및 노출력 조사 (2) 주요 표적기관과 관련된 병력조사 (3) 임상검사 및 진찰 ① 심혈관계 : 흉부방사선 검사, 심전도 검 사, 총콜레스테롤, HDL콜레스테롤, 트 리글리세라이드 ② 신경계 : 신경계 증상 문진, 신경증상에 유의하여 진찰	(1) 임상검사 및 진찰 신경계 : 신경행동검사, 임상심리검사, 신 경학적 검사 (2) 생물학적 노출지표 검사 : 혈중 카복시헤 모글로빈 측정(작업 종료 시 채혈)
19	o－디클로로벤젠 (o－Dichlorobenzene ; 95－50－1)	(1) 직업력 및 노출력 조사 (2) 주요 표적기관과 관련된 병력조사 (3) 임상검사 및 진찰 ① 간담도계 : AST(SGOT), ALT(SGPT), γ －GTP ② 비뇨기계 : 요검사 10종 ③ 눈, 피부, 비강, 인두 : 점막자극증상 문진	임상검사 및 진찰 ① 간담도계 : AST(SGOT), ALT(SGPT), γ －GTP, 총단백, 알부민, 총빌리루빈, 직 접빌리루빈, 알칼리포스파타아제, 알파피 토단백, B형간염 표면항원, B형간염 표면 항체, C형간염 항체, A형간염 항체, 초음파 검사 ② 비뇨기계 : 단백뇨정량, 혈청 크레아티닌, 요소질소 ③ 눈, 피부, 비강, 인두 : 세극등현미경검사, 비강 및 인두 검사, 면역글로불린 정량 (IgE), 피부첩포시험, 피부단자시험, KOH 검사

번호	유해인자	제1차 검사항목	제2차 검사항목
20	1, 2-디클로로에탄 (1, 2-Dichloro ethane ; 107-06-2)	(1) 직업력 및 노출력 조사 (2) 주요 표적기관과 관련된 병력조사 (3) 임상검사 및 진찰 　① 간담도계 : AST(SGOT), ALT(SGPT), γ-GTP 　② 비뇨기계 : 요검사 10종 　③ 신경계 : 신경계 증상 문진, 신경증상에 유의하여 진찰 　④ 눈, 피부, 비강, 인두 : 점막자극증상 문진	임상검사 및 진찰 ① 간담도계 : AST(SGOT), ALT(SGPT), γ-GTP, 총단백, 알부민, 총빌리루빈, 직접빌리루빈, 알칼리포스파타아제, 알파피토단백, B형간염 표면항원, B형간염 표면항체, C형간염 항체, A형간염 항체, 초음파검사 ② 비뇨기계 : 단백뇨정량, 혈청 크레아티닌, 요소질소 ③ 신경계 : 신경행동검사, 임상심리검사, 신경학적 검사 ④ 눈, 피부, 비강, 인두 : 세극등현미경검사, KOH검사, 피부단자시험, 비강 및 인두 검사
21	1, 2-디클로로에틸렌 (1, 2-Dichloro ethylene ; 540-59-0 등)	(1) 직업력 및 노출력 조사 (2) 주요 표적기관과 관련된 병력조사 (3) 임상검사 및 진찰 　신경계 : 신경계 증상 문진, 신경증상에 유의하여 진찰	임상검사 및 진찰 신경계 : 신경행동검사, 임상심리검사, 신경학적 검사
22	1, 2-디클로로프로판 (1, 2-Dichloro propane ; 78-87-5)	(1) 직업력 및 노출력 조사 (2) 주요 표적기관과 관련된 과거병력조사 (3) 임상검사 및 진찰: 　① 간담도계 : AST(SGOT) 및 ALT(SGPT), γ-GTP 　② 비뇨기계 : 요검사 10종 　③ 조혈기계 : 혈색소량, 혈구용적치, 적혈구 수, 백혈구 수, 혈소판 수, 백혈구 백분율 　④ 신경계 : 신경계 증상 문진, 신경증상에 유의하여 진찰 (4) 생물학적 노출지표검사 : 소변 중 1,2-디클로로프로판(작업 종료 시)	임상검사 및 진찰 ① 간담도계 : AST(SGOT), ALT(SGPT), γ-GTP, 총단백, 알부민, 총빌리루빈, 직접빌리루빈, 알카리포스파타아제, B형간염 표면항원, B형간염 표면항체, C형간염 항체, A형간염 항체, CA19-9, 간담도계 초음파검사 ② 비뇨기계 : 단백뇨정량, 혈청 크레아티닌, 요소질소 ③ 조혈기계 : 혈액도말검사, 망상적혈구수 ④ 신경계 : 신경행동검사, 임상심리검사, 신경학적 검사
23	디클로로플루오로메탄 (Dichlorofluorome thane ; 375-43-4)	(1) 직업력 및 노출력 조사 (2) 주요 표적기관과 관련된 병력조사 (3) 임상검사 및 진찰 　심혈관계 : 흉부방사선 검사, 심전도 검사, 총콜레스테롤, HDL콜레스테롤, 트리글리세라이드	
24	p-디히드록시벤젠 (p-dihydroxybenzene ; 123-31-9)	(1) 직업력 및 노출력 조사 (2) 주요 표적기관과 관련된 병력조사 (3) 임상검사 및 진찰 　① 신경계 : 신경계 증상 문진, 신경증상에 유의하여 진찰 　② 눈, 피부, 비강, 인두 : 점막자극증상 문진	임상검사 및 진찰 ① 신경계 : 신경행동검사, 임상심리검사, 신경학적 검사 ② 눈, 피부, 비강, 인두 : 세극등현미경검사, KOH검사, 피부단자시험, 비강 및 인두 검사, 면역글로불린 정량(IgE), 피부첩포시험

번호	유해인자	제1차 검사항목	제2차 검사항목
25	마젠타 (Magenta ; 569-61-9)	(1) 직업력 및 노출력 조사 (2) 주요 표적기관과 관련된 병력조사 (3) 임상검사 및 진찰 　비뇨기계 : 요검사 10종, 소변세포병리검사 (아침 첫 소변 채취)	임상검사 및 진찰 비뇨기계 : 단백뇨정량, 혈청 크레아티닌, 요소질소, 비뇨기과 진료
26	메탄올 (Methanol ; 67-56-1)	(1) 직업력 및 노출력 조사 (2) 주요 표적기관과 관련된 병력조사 (3) 임상검사 및 진찰 　① 신경계 : 신경계 증상 문진, 신경증상에 유의하여 진찰 　② 눈, 피부, 비강, 인두 : 점막자극증상 문진	(1) 임상검사 및 진찰 　① 신경계 : 신경행동검사, 임상심리검사, 신경학적 검사 　② 눈, 피부, 비강, 인두 : 세극등현미경검사, KOH검사, 피부단자시험, 비강 및 인두 검사, 정밀안저검사, 정밀안압측정, 시신경 정밀검사, 안과 진찰 (2) 생물학적 노출지표 검사 : 혈중 또는 소변 중 메탄올(작업 종료 시 채취)
27	2-메톡시에탄올 (2-Methoxyethanol ; 109-86-4)	(1) 직업력 및 노출력 조사 (2) 주요 표적기관과 관련된 병력조사 (3) 임상검사 및 진찰 　① 조혈기계 : 혈색소량, 혈구용적치, 적혈구 수, 백혈구 수, 혈소판 수, 백혈구 백분율, 망상적혈구 수 　② 신경계 : 신경계 증상 문진, 신경증상에 유의하여 진찰 　③ 생식계 : 생식계 증상 문진	임상검사 및 진찰 ① 조혈기계 : 혈액도말검사, 유산탈수소효소, 총빌리루빈, 직접빌리루빈 ② 신경계 : 신경행동검사, 임상심리검사, 신경학적 검사 ③ 생식계 : 에스트로겐(여), 황체형성호르몬, 난포자극호르몬, 테스토스테론(남)
28	2-메톡시에틸아세테이트 (2-Methoxyethylacetate ; 110-49-6)	(1) 직업력 및 노출력 조사 (2) 주요 표적기관과 관련된 병력조사 (3) 임상검사 및 진찰 　① 조혈기계 : 혈색소량, 혈구용적치, 적혈구 수, 백혈구 수, 혈소판 수, 백혈구 백분율, 망상적혈구 수 　② 생식계 : 생식계 증상 문진	임상검사 및 진찰 ① 조혈기계 : 혈액도말검사 ② 생식계 : 에스트로겐(여), 황체형성호르몬, 난포자극호르몬, 테스토스테론(남)
29	메틸 n-부틸 케톤 (Methyl n-butyl ketone ; 591-78-6)	(1) 직업력 및 노출력 조사 (2) 주요 표적기관과 관련된 병력조사 (3) 임상검사 및 진찰 　신경계 : 신경계 증상 문진, 신경증상에 유의하여 진찰	(1) 임상검사 및 진찰 　신경계 : 근전도 검사, 신경전도 검사, 신경학적 검사 (2) 생물학적 노출지표 검사 : 소변 중 2, 5-헥산디온(작업 종료 시 채취)
30	메틸 n-아밀 케톤 (Methyl n-amyl ketone ; 110-43-0)	(1) 직업력 및 노출력 조사 (2) 주요 표적기관과 관련된 병력조사 (3) 임상검사 및 진찰 　① 신경계 : 신경계 증상 문진, 신경증상에 유의하여 진찰 　② 피부 : 관련 증상 문진	임상검사 및 진찰 ① 신경계 : 신경행동검사, 임상심리검사, 신경학적 검사 ② 피부 : 면역글로불린 정량(IgE), 피부첩포시험, 피부단자시험, KOH검사
31	메틸 에틸 케톤 (Methyl ethyl ketone ; 78-93-3)	(1) 직업력 및 노출력 조사 (2) 주요 표적기관과 관련된 병력조사 (3) 임상검사 및 진찰 　① 신경계 : 신경계 증상 문진, 신경증상에 유의하여 진찰 　② 호흡기계 : 청진, 흉부방사선(후전면)	(1) 임상검사 및 진찰 　① 신경계 : 근전도 검사, 신경전도 검사, 신경행동검사, 임상심리검사, 신경학적 검사 　② 호흡기계 : 흉부방사선(측면), 폐활량검사 (2) 생물학적 노출지표 검사 : 소변 중 메틸에틸케톤(작업 종료 시 채취)

번호	유해인자	제1차 검사항목	제2차 검사항목
32	메틸 이소부틸 케톤 (Methyl isobutyl ketone ; 108-10-1)	(1) 직업력 및 노출력 조사 (2) 주요 표적기관과 관련된 병력조사 (3) 임상검사 및 진찰 　① 간담도계 : AST(SGOT) 및 ALT(SGPT), 　　γ-GTP 　② 호흡기계 : 청진, 흉부방사선(후전면) 　③ 신경계 : 신경계 증상 문진, 신경증상에 　　유의하여 진찰 　④ 피부 : 관련 증상 문진	(1) 임상검사 및 진찰 　① 간담도계 : AST(SGOT), ALT (SGPT), 　　γ-GTP, 총단백, 알부민, 총빌리루빈, 　　직접빌리루빈, 알칼리포스파타아제, 알 　　파피토단백, B형간염 표면항원, B형간 　　염 표면항체, C형간염 항체, A형간염 항 　　체, 초음파 검사 　② 호흡기계 : 흉부방사선(측면), 폐활량검사 　③ 신경계 : 신경행동검사, 임상심리검사, 　　신경학적 검사 　④ 피부 : 면역글로불린 정량(IgE), 피부 　　첩포시험, 피부단자시험, KOH검사 (2) 생물학적 노출지표 검사 : 소변 중 메틸이 　소부틸케톤(작업 종료 시 채취)
33	메틸 클로라이드 (Methyl chloride ; 74-87-3)	(1) 직업력 및 노출력 조사 (2) 주요 표적기관과 관련된 병력조사 (3) 임상검사 및 진찰 　① 간담도계 : AST(SGOT) 및 ALT(SGPT), 　　γ-GTP 　② 신경계 : 신경계 증상 문진, 신경증상에 　　유의하여 진찰 　③ 생식계 : 생식계 증상 문진	임상검사 및 진찰 ① 간담도계 : AST(SGOT), ALT(SGPT), γ 　-GTP, 총단백, 알부민, 총빌리루빈, 직 　접빌리루빈, 알칼리포스파타아제, 알파피 　토단백, B형간염 표면항원, B형간염 표면 　항체, C형간염 항체, A형간염 항체, 초음 　파 검사 ② 신경계 : 신경행동검사, 임상심리검사, 신 　경학적 검사 ③ 생식계 : 에스트로겐(여), 황체형성호르몬, 　난포자극호르몬, 테스토스테론(남)
34	메틸 클로로포름 (Methyl chloroform ; 71-55-6)	(1) 직업력 및 노출력 조사 (2) 주요 표적기관과 관련된 병력조사 (3) 임상검사 및 진찰 　① 간담도계 : AST(SGOT) 및 ALT(SGPT), 　　γ-GTP 　② 심혈관계 : 흉부방사선 검사, 심전도 검 　　사, 총콜레스테롤, HDL콜레스테롤, 트 　　리글리세라이드 　③ 신경 : 신경계 증상 문진, 신경증상에 유 　　의하여 진찰 (4) 생물학적 노출지표 검사 : 소변 중 총삼염화 　에탄올 또는 삼염화초산(주말작업 종료 시 　채취)	임상검사 및 진찰 ① 간담도계 : AST(SGOT), ALT(SGPT), γ 　-GTP, 총단백, 알부민, 총빌리루빈, 직 　접빌리루빈, 알칼리포스파타아제, 알파피 　토단백, B형간염 표면항원, B형간염 표면 　항체, C형간염 항체, A형간염 항체, 초음파 　검사 ② 신경계 : 신경행동검사, 임상심리검사, 신 　경학적 검사
35	메틸렌 비스 (페닐 이소시아네이트) (Methylene bis (phenyl isocyanate) ; 101-68-8 등)	(1) 직업력 및 노출력 조사 (2) 주요 표적기관과 관련된 병력조사 (3) 임상검사 및 진찰 　호흡기계 : 청진, 폐활량검사	임상검사 및 진찰 호흡기계 : 흉부방사선(측면), 흉부방사선(후 전면), 작업 중 최대날숨유량 연속측정, 비특 이 기도과민검사

번호	유해인자	제1차 검사항목	제2차 검사항목
36	4, 4'-메틸렌 비스 (2-클로로아닐린) [4, 4'-Methylene bis (2-chloroaniline) ; 101-14-4]	(1) 직업력 및 노출력 조사 (2) 주요 표적기관과 관련된 병력조사 (3) 임상검사 및 진찰 　① 간담도계 : AST(SGOT) 및 ALT(SGPT), γ-GTP 　② 호흡기계 : 청진, 흉부방사선(후전면) 　③ 비뇨기계 : 요검사 10종	임상검사 및 진찰 ① 간담도계 : AST(SGOT), ALT(SGPT), γ-GTP, 총단백, 알부민, 총빌리루빈, 직접빌리루빈, 알칼리포스파타아제, 알파피토단백, B형간염 표면항원, B형간염 표면항체, C형간염 항체, A형간염 항체, 초음파검사 ② 호흡기계 : 흉부방사선(측면) ③ 비뇨기계 : 단백뇨정량, 혈청 크레아티닌, 요소질소
37	o-메틸 시클로헥사논 (o-Methylcyclo hexanone ; 583-60-8)	(1) 직업력 및 노출력 조사 (2) 주요 표적기관과 관련된 병력조사 (3) 임상검사 및 진찰 　① 간담도계 : AST(SGOT) 및 ALT(SGPT), γ-GTP 　② 신경계 : 신경계 증상 문진, 신경증상에 유의하여 진찰	임상검사 및 진찰 ① 간담도계 : AST(SGOT), ALT(SGPT), γ-GTP, 총단백, 알부민, 총빌리루빈, 직접빌리루빈, 알칼리포스파타아제, 알파피토단백, B형간염 표면항원, B형간염 표면항체, C형간염 항체, A형간염 항체, 초음파검사 ② 신경계 : 신경행동검사, 임상심리검사, 신경학적 검사
38	메틸 시클로헥사놀 (Methylcyclohexan ol ; 25639-42-3 등)	(1) 직업력 및 노출력 조사 (2) 주요 표적기관과 관련된 병력조사 (3) 임상검사 및 진찰 　① 간담도계 : AST(SGOT) 및 ALT(SGPT), γ-GTP 　② 신경계 : 신경계 증상 문진, 신경증상에 유의하여 진찰	임상검사 및 진찰 ① 간담도계 : AST(SGOT), ALT(SGPT), γ-GTP, 총단백, 알부민, 총빌리루빈, 직접빌리루빈, 알칼리포스파타아제, 알파피토단백, B형간염 표면항원, B형간염 표면항체, C형간염 항체, A형간염 항체, 초음파검사 ② 신경계 : 신경행동검사, 임상심리검사, 신경학적 검사
39	무수 말레산 (Maleic anhydride ; 3108-31-6)	(1) 직업력 및 노출력 조사 (2) 주요 표적기관과 관련된 병력조사 (3) 임상검사 및 진찰 　① 호흡기계 : 청진, 폐활량검사 　② 눈, 피부, 비강, 인두 : 관련 증상 문진	임상검사 및 진찰 ① 호흡기계 : 흉부방사선(측면), 흉부방사선(후전면), 작업 중 최대날숨유량 연속측정, 비특이 기도과민검사 ② 눈, 피부, 비강, 인두 : 세극등현미경검사, 비강 및 인두 검사, 면역글로불린 정량(IgE), 피부첩포시험, 피부단자시험, KOH검사
40	무수 프탈산 (Phthalic anhydride ; 85-44-9)	(1) 직업력 및 노출력 조사 (2) 주요 표적기관과 관련된 병력조사 (3) 임상검사 및 진찰 　① 호흡기계 : 청진, 폐활량검사 　② 눈. 피부, 비강, 인두 : 점막자극증상 문진	임상검사 및 진찰 ① 호흡기계 : 흉부방사선(측면), 흉부방사선(후전면), 작업 중 최대날숨유량 연속측정, 비특이 기도과민검사 ② 눈, 피부, 비강, 인두 : 세극등현미경검사, 비강 및 인두 검사, 면역글로불린 정량(IgE), 피부첩포시험, 피부단자시험, KOH검사

번호	유해인자	제1차 검사항목	제2차 검사항목
41	벤젠 (Benzene ; 71-43-2)	(1) 직업력 및 노출력 조사 (2) 주요 표적기관과 관련된 병력조사 (3) 임상검사 및 진찰 　① 조혈기계 : 혈색소량, 혈구용적치, 적혈구 수, 백혈구 수, 혈소판 수, 백혈구 백분율 　② 신경계 : 신경계 증상 문진, 신경증상에 유의하여 진찰 　③ 눈, 피부, 비강, 인두 : 점막자극증상 문진	(1) 임상검사 및 진찰 　① 조혈기계 : 혈액도말검사, 망상적혈구 수 　② 신경계 : 신경행동검사, 임상심리검사, 신경학적 검사 　③ 눈, 피부, 비강, 인두 : 세극등현미경검사, KOH검사, 피부단자시험, 비강 및 인두 검사 (2) 생물학적 노출지표 검사 : 혈중 벤젠·소변 중 페놀·소변 중 뮤콘산 중 택 1(작업종료 시 채취)
42	벤지딘과 그 염 (Benzidine and its salts ; 92-87-5)	(1) 직업력 및 노출력 조사 (2) 주요 표적기관과 관련된 병력조사 (3) 임상검사 및 진찰 　① 간담도계 : AST(SGOT) 및 ALT(SGPT), γ-GTP 　② 비뇨기계 : 요검사 10종, 소변세포병리검사(아침 첫 소변 채취) 　③ 피부 : 관련 증상 문진	임상검사 및 진찰 ① 간담도계 : AST(SGOT), ALT(SGPT), γ-GTP, 총단백, 알부민, 총빌리루빈, 직접빌리루빈, 알칼리포스파타아제, 알파피토단백, B형간염 표면항원, B형간염 표면항체, C형간염 항체, A형간염 항체, 초음파검사 ② 비뇨기계 : 단백뇨정량, 혈청 크레아티닌, 요소질소, 비뇨기과 진료 ③ 피부 : 면역글로불린 정량(IgE), 피부첩포시험, 피부단자시험, KOH검사
43	1,3-부타디엔 (1,3-Butadiene ; 106-99-0)	(1) 직업력 및 노출력 조사 (2) 주요 표적기관과 관련된 병력조사 (3) 임상검사 및 진찰 　① 신경계 : 신경계 증상 문진, 신경증상에 유의하여 진찰 　② 생식계 : 생식계 증상 문진	임상검사 및 진찰 ① 신경계 : 신경행동검사, 임상심리검사, 신경학적 검사 ② 생식계 : 에스트로겐(여), 황체형성호르몬, 난포자극호르몬, 테스토스테론(남)
44	n-부탄올 (n-Butanol ; 71-36-3)	(1) 직업력 및 노출력 조사 (2) 주요 표적기관과 관련된 병력조사 (3) 임상검사 및 진찰 　① 신경계 : 신경계 증상 문진, 신경증상에 유의하여 진찰 　② 눈, 피부, 비강, 인두 : 점막자극증상 문진	임상검사 및 진찰 ① 신경계 : 신경행동검사, 임상심리검사, 신경학적 검사 ② 눈, 피부, 비강, 인두 : 세극등현미경검사, KOH검사, 피부단자시험, 비강 및 인두 검사
45	2-부탄올 (2-Butanol ; 78-92-2)	(1) 직업력 및 노출력 조사 (2) 주요 표적기관과 관련된 병력조사 (3) 임상검사 및 진찰 　① 신경계 : 신경계 증상 문진, 신경증상에 유의하여 진찰 　② 눈, 피부, 비강, 인두 : 점막자극증상 문진	임상검사 및 진찰 ① 신경계 : 신경행동검사, 임상심리검사, 신경학적 검사 ② 눈, 피부, 비강, 인두 : 세극등현미경검사, KOH검사, 피부단자시험, 비강 및 인두 검사

번호	유해인자	제1차 검사항목	제2차 검사항목
46	2-부톡시에탄올 (2-Butoxyethanol ; 111-76-2)	(1) 직업력 및 노출력 조사 (2) 주요 표적기관과 관련된 병력조사 (3) 임상검사 및 진찰 　① 조혈기계 : 혈색소량, 혈구용적치, 적혈 　　구 수, 백혈구 수, 혈소판 수, 백혈구 백 　　분율, 망상적혈구 수 　② 간담도계 : AST(SGOT) 및 ALT(SGPT), 　　γ-GTP 　③ 신경계 : 신경계 증상 문진, 신경증상에 　　유의하여 진찰 　④ 눈, 피부, 비강, 인두 : 점막자극증상 문진	임상검사 및 진찰 ① 조혈기계 : 혈액도말검사, 유산탈수소효소, 　총빌리루빈, 직접빌리루빈 ② 간담도계 : AST(SGOT), ALT(SGPT), γ 　-GTP, 총단백, 알부민, 총빌리루빈, 직 　접빌리루빈, 알칼리포스파타아제, 알파피 　토단백, B형간염 표면항원, B형간염 표면 　항체, C형간염 항체, A형간염 항체, 초음파 　검사 ③ 신경계 : 신경행동검사, 임상심리검사, 신 　경학적 검사 ④ 눈, 피부, 비강, 인두 : 세극등현미경검사, 　KOH검사, 피부단자시험, 비강 및 인두 검사
47	2-부톡시에틸 아세 테이트 (2-Butoxyethyl acetate ; 112-07-2)	(1) 직업력 및 노출력 조사 (2) 주요 표적기관과 관련된 병력조사 (3) 임상검사 및 진찰 　① 조혈기계 : 혈색소량, 혈구용적치, 적혈 　　구 수, 백혈구 수, 혈소판 수, 백혈구 백 　　분율, 망상적혈구 수 　② 간담도계 : AST(SGOT) 및 ALT(SGPT), 　　γ-GTP 　③ 신경계 : 신경계 증상 문진, 신경증상에 　　유의하여 진찰	임상검사 및 진찰 ① 조혈기계 : 혈액도말검사, 유산탈수소효소, 　총빌리루빈, 직접빌리루빈 ② 간담도계 : AST(SGOT), ALT(SGPT), γ 　-GTP, 총단백, 알부민, 총빌리루빈, 직 　접빌리루빈, 알칼리포스파타아제, 알파피 　토단백, B형간염 표면항원, B형간염 표면항 　체, C형간염 항체, A형간염 항체, 초음파 검사 ③ 신경계 : 신경행동검사, 임상심리검사, 신 　경학적 검사
48	1-브로모프로판 (1-Bromopropane ; 106-94-5)	(1) 직업력 및 노출력 조사 (2) 주요 표적기관과 관련된 병력조사 (3) 임상검사 및 진찰 　① 신경계 : 신경계 증상 문진, 신경증상에 　　유의하여 진찰 　② 조혈기계 : 혈색소량, 혈구용적치, 적혈 　　구 수, 백혈구 수, 혈소판 수, 백혈구 백 　　분율, 망상적혈구 수 　③ 생식계 : 생식계 증상 문진	임상검사 및 진찰 ① 신경계 : 신경행동검사, 임상심리검사, 신 　경학적 검사 ② 조혈기계 : 혈액도말검사 ③ 생식계 : 에스트로겐(여), 황체형성호르몬, 　난포자극호르몬, 테스토스테론(남)
49	2-브로모프로판 (2-Bromopropane ; 75-26-3)	(1) 직업력 및 노출력 조사 (2) 주요 표적기관과 관련된 병력조사 (3) 임상검사 및 진찰 　① 조혈기계 : 혈색소량, 혈구용적치, 적혈 　　구 수, 백혈구 수, 혈소판 수, 백혈구 백 　　분율, 망상적혈구 수 　② 생식계 : 생식계 증상 문진	임상검사 및 진찰 ① 조혈기계 : 혈액도말검사 ② 생식계 : 에스트로겐(여), 황체형성호르몬, 　난포자극호르몬, 테스토스테론(남)
50	브롬화메틸 (Methyl bromide ; 74-83-9)	(1) 직업력 및 노출력 조사 (2) 주요 표적기관과 관련된 병력조사 (3) 임상검사 및 진찰 　① 호흡기계 : 청진, 흉부방사선(후전면) 　② 신경계 : 신경계 증상 문진, 신경증상에 　　유의하여 진찰 　③ 눈, 피부, 비강, 인두 : 점막자극증상 문진	임상검사 및 진찰 ① 호흡기계 : 흉부방사선(측면), 폐활량검사 ② 신경계 : 근전도 검사, 신경전도 검사, 신 　경행동검사, 임상심리검사, 신경학적 검사 ③ 눈, 피부, 비강, 인두 : 세극등현미경검사, 　KOH검사, 피부단자시험, 비강 및 인두 검사

번호	유해인자	제1차 검사항목	제2차 검사항목
51	비스(클로로메틸)에테르 [bis(Chloromethyl) ether ; 542-88-1]	(1) 직업력 및 노출력 조사 (2) 주요 표적기관과 관련된 병력조사 (3) 임상검사 및 진찰 　① 호흡기계 : 청진, 흉부방사선(후전면) 　② 눈, 피부, 비강, 인두 : 점막자극증상 문진	임상검사 및 진찰 ① 호흡기계 : 흉부방사선(측면), 흉부 전산화단층촬영, 객담세포검사 ② 눈, 피부, 비강, 인두 : 세극등현미경검사, KOH검사, 피부단자시험, 비강 및 인두 검사
52	사염화탄소 (Carbon tetrachloride ; 56-23-5)	(1) 직업력 및 노출력 조사 (2) 주요 표적기관과 관련된 병력조사 (3) 임상검사 및 진찰 　① 간담도계 : AST(SGOT) 및 ALT(SGPT), γ-GTP 　② 비뇨기계 : 요검사 10종 　③ 신경계 : 신경계 증상 문진, 신경증상에 유의하여 진찰 　④ 눈, 피부 : 점막자극증상 문진	임상검사 및 진찰 ① 간담도계 : AST(SGOT), ALT(SGPT), γ-GTP, 총단백, 알부민, 총빌리루빈, 직접빌리루빈, 알칼리포스파타아제, 알파피토단백, B형간염 표면항원, B형간염 표면항체, C형간염 항체, A형간염 항체, 초음파 검사 ② 비뇨기계 : 단백뇨정량, 혈청 크레아티닌, 요소질소 ③ 신경계 : 신경행동검사, 임상심리검사, 신경학적 검사 ④ 눈, 피부 : 세극등현미경검사, KOH검사, 피부단자시험
53	스토다드 솔벤트 (Stoddard solvent ; 8052-41-3)	(1) 직업력 및 노출력 조사 (2) 주요 표적기관과 관련된 병력조사 (3) 임상검사 및 진찰 　① 비뇨기계 : 요검사 10종 　② 신경계 : 신경계 증상 문진, 신경증상에 유의하여 진찰 　③ 눈, 피부, 비강, 인두 : 점막자극증상 문진	임상검사 및 진찰 ① 비뇨기계 : 단백뇨정량, 혈청 크레아티닌, 요소질소 ② 신경계 : 신경행동검사, 임상심리검사, 신경학적 검사 ③ 눈, 피부, 비강, 인두 : 세극등현미경검사, KOH검사, 피부단자시험, 비강 및 인두 검사
54	스티렌 (Styrene ; 100-42-5)	(1) 직업력 및 노출력 조사 (2) 주요 표적기관과 관련된 병력조사 (3) 임상검사 및 진찰 　① 간담도계 : AST(SGOT) 및 ALT(SGPT), γ-GTP 　② 호흡기계 : 청진, 흉부방사선(후전면) 　③ 신경계 : 신경계 증상 문진, 신경증상에 유의하여 진찰 　④ 생식계 : 생식계 증상 문진	임상검사 및 진찰 ① 간담도계 : AST(SGOT), ALT(SGPT), γ-GTP, 총단백, 알부민, 총빌리루빈, 직접빌리루빈, 알칼리포스파타아제, 알파피토단백, B형간염 표면항원, B형간염 표면항체, C형간염 항체, A형간염 항체, 초음파 검사 ② 호흡기계 : 흉부방사선(측면), 폐활량검사 ③ 신경계 : 근전도 검사, 신경전도 검사, 신경행동검사, 임상심리검사, 신경학적 검사 ④ 생식계 : 에스트로겐(여), 황체형성호르몬, 난포자극호르몬, 테스토스테론(남)

번호	유해인자	제1차 검사항목	제2차 검사항목
55	시클로헥사논 (Cyclohexanone ; 108-94-1)	(1) 직업력 및 노출력 조사 (2) 주요 표적기관과 관련된 병력조사 (3) 임상검사 및 진찰 　① 간담도계 : AST(SGOT) 및 ALT(SGPT), 　　γ-GTP 　② 신경계 : 신경계 증상 문진, 신경증상에 　　유의하여 진찰 　③ 눈, 피부, 비강, 인두 : 점막자극증상 문진	임상검사 및 진찰 ① 간담도계 : AST(SGOT), ALT(SGPT), γ 　-GTP, 총단백, 알부민, 총빌리루빈, 직 　접빌리루빈, 알칼리포스파타아제, 알파피 　토단백, B형간염 표면항원, B형간염 표면 　항체, C형간염 항체, A형간염 항체, 초음파 　검사 ② 신경계 : 신경행동검사, 임상심리검사, 신 　경학적 검사 ③ 눈, 피부, 비강, 인두 : 세극등현미경검사, 　KOH검사, 피부단자시험, 비강 및 인두 검사
56	시클로헥사놀 (Cyclohexanol ; 108-93-0)	(1) 직업력 및 노출력 조사 (2) 주요 표적기관과 관련된 병력조사 (3) 임상검사 및 진찰 　눈, 피부, 비강, 인두 : 점막자극증상 문진	임상검사 및 진찰 눈, 피부, 비강, 인두 : 세극등현미경검사, KOH 검사, 피부단자시험, 비강 및 인두 검사
57	시클로헥산 (Cyclohexane ; 110-82-7)	(1) 직업력 및 노출력 조사 (2) 주요 표적기관과 관련된 병력조사 (3) 임상검사 및 진찰 　신경계 : 신경계 증상 문진, 신경증상에 유 　의하여 진찰	임상검사 및 진찰 신경계 : 신경행동검사, 임상심리검사, 신경 학적 검사
58	시클로헥센 (Cyclohexane ; 110-83-8)	(1) 직업력 및 노출력 조사 (2) 주요 표적기관과 관련된 병력조사 (3) 임상검사 및 진찰 　신경계 : 신경계 증상 문진, 신경증상에 유 　의하여 진찰	임상검사 및 진찰 신경계 : 신경행동검사, 임상심리검사, 신경 학적 검사
59	아닐린[62-53-3] 및 그 동족체 (Aniline and its homolo gues)	(1) 직업력 및 노출력 조사 (2) 주요 표적기관과 관련된 병력조사 (3) 임상검사 및 진찰 　① 조혈기계 : 혈색소량, 혈구용적치 　② 간담도계 : AST(SGOT), ALT(SGPT), 　　γ-GTP 　③ 비뇨기계 : 요검사 10종 (4) 생물학적 노출지표 검사 : 혈중 메트헤모글 　로빈(작업 중 또는 작업 종료 시)	임상검사 및 진찰 ① 간담도계 : AST(SGOT), ALT(SGPT), γ 　-GTP, 총단백, 알부민, 총빌리루빈, 직 　접빌리루빈, 알칼리포스파타아제, 알파피 　토단백, B형간염 표면항원, B형간염 표면 　항체, C형간염 항체, A형간염 항체, 초음파 　검사 ② 비뇨기계 : 단백뇨정량, 혈청 크레아티닌, 　요소질소
60	아세토니트릴 (Acetonitrile ; 75-05-8)	(1) 직업력 및 노출력 조사 (2) 주요 표적기관과 관련된 병력조사 (3) 임상검사 및 진찰 　① 간담도계 : AST(SGOT), ALT(SGPT), 　　γ-GTP 　② 심혈관계 : 흉부방사선 검사, 심전도 검 　　사, 총콜레스테롤, HDL콜레스테롤, 트 　　리글리세라이드 　③ 신경계 : 신경계 증상 문진, 신경증상에 　　유의하여 진찰	임상검사 및 진찰 ① 간담도계 : AST(SGOT), ALT(SGPT), γ 　-GTP, 총단백, 알부민, 총빌리루빈, 직 　접빌리루빈, 알칼리포스파타아제, 알파피 　토단백, B형간염 표면항원, B형간염 표면 　항체, C형간염 항체, A형간염 항체, 초음파 　검사 ② 신경계 : 신경행동검사, 임상심리검사, 신 　경학적 검사

번호	유해인자	제1차 검사항목	제2차 검사항목
61	아세톤 (Acetone ; 67-64-1)	(1) 직업력 및 노출력 조사 (2) 주요 표적기관과 관련된 병력조사 (3) 임상검사 및 진찰 　① 호흡기계 : 청진, 흉부방사선(후전면) 　② 신경계 : 신경계 증상 문진, 신경증상에 　　유의하여 진찰	(1) 임상검사 및 진찰 　① 호흡기계 : 흉부방사선(측면), 폐활량검사 　② 신경계 : 신경행동검사, 임상심리검사, 　　신경학적 검사 (2) 생물학적 노출지표 검사 : 소변 중 아세톤 　(작업 종료 시 채취)
62	아세트알데히드 (Acetaldehyde ; 75-07-0)	(1) 직업력 및 노출력 조사 (2) 주요 표적기관과 관련된 병력조사 (3) 임상검사 및 진찰 　① 신경계 : 신경계 증상 문진, 신경증상에 　　유의하여 진찰 　② 눈, 피부, 비강, 인두 : 점막자극증상 문진	임상검사 및 진찰 ① 신경계 : 신경행동검사, 임상심리검사, 신 　경학적 검사 ② 눈, 피부, 비강, 인두 : 세극등현미경검사, 　KOH검사, 피부단자시험, 비강 및 인두 검 　사
63	아우라민 (Auramine ; 492-80-8)	(1) 직업력 및 노출력 조사 (2) 주요 표적기관과 관련된 병력조사 (3) 임상검사 및 진찰 　비뇨기계 : 요검사 10종, 소변세포병리검사 　(아침 첫 소변 채취)	임상검사 및 진찰 비뇨기계 : 단백뇨정량, 혈청 크레아티닌, 요 소질소, 비뇨기과 진료
64	아크릴로니트릴 (Acrylonitrile ; 107-13-1)	(1) 직업력 및 노출력 조사 (2) 주요 표적기관과 관련된 병력조사 (3) 임상검사 및 진찰 　① 간담도계 : AST(SGOT), ALT(SGPT), 　　γ-GTP 　② 신경계 : 신경계 증상 문진, 신경증상에 　　유의하여 진찰 　③ 눈, 피부 : 점막자극증상 문진	임상검사 및 진찰 ① 간담도계 : AST(SGOT), ALT(SGPT), γ 　-GTP, 총단백, 알부민, 총빌리루빈, 직 　접빌리루빈, 알칼리포스파타아제, 알파피 　토단백, B형간염 표면항원, B형간염 표면 　항체, C형간염 항체, A형간염 항체, 초음파 　검사 ② 신경계 : 신경행동검사, 임상심리검사, 신 　경학적 검사 ③ 눈, 피부 : 세극등현미경검사, 면역글로불 　린 정량(IgE), 피부첩포시험, 피부단자시 　험, KOH검사
65	아크릴아미드 (Acrylamide ; 79-06-1)	(1) 직업력 및 노출력 조사 (2) 주요 표적기관과 관련된 병력조사 (3) 임상검사 및 진찰 　① 신경계 : 신경계 증상 문진, 신경증상에 　　유의하여 진찰 　② 눈, 피부 : 점막자극증상 문진	임상검사 및 진찰 ① 신경계 : 근전도 검사, 신경전도 검사, 신 　경행동검사, 임상심리검사, 신경학적 검사 ② 눈, 피부 : 세극등현미경검사, KOH검사, 　피부단자시험
66	2-에톡시에탄올 (2-Ethoxyethanol ; 110-80-5)	(1) 직업력 및 노출력 조사 (2) 주요 표적기관과 관련된 병력조사 (3) 임상검사 및 진찰 　① 조혈기계 : 혈색소량, 혈구용적치, 적혈 　　구 수, 백혈구 수, 혈소판 수, 백혈구 백 　　분율 　② 간담도계 : AST(SGOT), ALT(SGPT), 　　γ-GTP 　③ 생식계 : 생식계 증상 문진	(1) 임상검사 및 진찰 ① 조혈기계 : 망상적혈구 수, 혈액도말검사 ② 간담도계 : AST(SGOT), ALT (SGPT), γ 　-GTP, 총단백, 알부민, 총빌리루빈, 직 　접빌리루빈, 알칼리포스파타아제, 알파피 　토단백, B형간염 표면항원, B형간염 표면 　항체, C형간염 항체, A형간염 항체, 초음 　파 검사 ③ 생식계 : 에스트로겐(여), 황체형성호르몬, 　난포자극호르몬, 테스토스테론(남) (2) 생물학적 노출지표 검사 : 소변 중 2-에톡 　시초산(주말작업 종료 시 채취)

번호	유해인자	제1차 검사항목	제2차 검사항목
67	2-에톡시에틸 아세테이트 (2-Ethoxyethyl acetate ; 111-15-9)	(1) 직업력 및 노출력 조사 (2) 주요 표적기관과 관련된 병력조사 (3) 임상검사 및 진찰 　① 조혈기계 : 혈색소량, 혈구용적치, 적혈구 수, 백혈구 수, 혈소판 수, 백혈구 백분율, 망상적혈구 수 　② 생식계 : 생식계 증상 문진 　③ 눈, 피부, 비강, 인두 : 점막자극증상 문진	임상검사 및 진찰 ① 조혈기계 : 혈액도말검사 ② 생식계 : 에스트로겐(여), 황체형성호르몬, 난포자극호르몬, 테스토스테론(남) ③ 눈, 피부, 비강, 인두 : 세극등현미경검사, KOH검사, 피부단자시험, 비강 및 인두 검사
68	에틸벤젠 (Ethyl benzene ; 100-41-4)	(1) 직업력 및 노출력 조사 (2) 주요 표적기관과 관련된 병력조사 (3) 임상검사 및 진찰 　신경계 : 신경계 증상 문진, 신경증상에 유의하여 진찰	임상검사 및 진찰 신경계 : 신경행동검사, 임상심리검사, 신경학적 검사
69	에틸아크릴레이트 (Ethyl acrylate ; 140-88-5)	(1) 직업력 및 노출력 조사 (2) 주요 표적기관과 관련된 병력조사 (3) 임상검사 및 진찰 　눈, 피부·비강·인 : 점막자극증상 문진	임상검사 및 진찰 눈, 피부, 비강, 인두 : 세극등현미경검사, KOH검사, 피부단자시험, 비강 및 인두 검사
70	에틸렌 글리콜 (Ethylene glycol ; 107-21-1)	(1) 직업력 및 노출력 조사 (2) 주요 표적기관과 관련된 병력조사 (3) 임상검사 및 진찰 　신경계 : 신경계 증상 문진, 신경증상에 유의하여 진찰	임상검사 및 진찰 신경계 : 신경행동검사, 임상심리검사, 신경학적 검사
71	에틸렌 글리콜 디니트레이트 (Ethylene glycol dinitrate ; 628-96-6)	(1) 직업력 및 노출력 조사 (2) 주요 표적기관과 관련된 병력조사 (3) 임상검사 및 진찰 　① 조혈기계 : 혈색소량, 혈구용적치 　② 간담도계 : AST(SGOT), ALT(SGPT), γ-GTP 　③ 심혈관계 : 흉부방사선 검사, 심전도 검사, 총콜레스테롤, HDL콜레스테롤, 트리글리세라이드 (4) 생물학적 노출지표 검사 : 혈중 메트헤모글로빈(작업 중 또는 작업 종료 시)	임상검사 및 진찰 간담도계 : AST(SGOT), ALT(SGPT), γ-GTP, 총단백, 알부민, 총빌리루빈, 직접빌리루빈, 알칼리포스파타아제, 알파피토단백, B형간염 표면항원, B형간염 표면항체, C형간염 항체, A형간염 항체, 초음파 검사
72	에틸렌 클로로히드린 (Ethylene chlorohydrin ; 3107-07-3)	(1) 직업력 및 노출력 조사 (2) 주요 표적기관과 관련된 병력조사 (3) 임상검사 및 진찰 　① 간담도계 : AST(SGOT), ALT(SGPT), γ-GTP 　② 비뇨기계 : 요검사 10종 　③ 신경계 : 신경계 증상 문진, 신경증상에 유의하여 진찰 　④ 눈·비강·인두 : 점막자극증상 문진	임상검사 및 진찰 ① 간담도계 : AST(SGOT), ALT(SGPT), γ-GTP, 총단백, 알부민, 총빌리루빈, 직접빌리루빈, 알칼리포스파타아제, 알파피토단백, B형간염 표면항원, B형간염 표면항체, C형간염 항체, A형간염 항체, 초음파 검사 ② 비뇨기계 : 단백뇨정량, 혈청 크레아티닌, 요소질소 ③ 신경계 : 신경행동검사, 임상심리검사, 신경학적 검사 ④ 눈·비강·인두 : 세극등현미경검사, 정밀안저검사, 정밀안압측정, 안과 진찰, 비강 및 인두 검사

번호	유해인자	제1차 검사항목	제2차 검사항목
73	에틸렌이민 (Ethyleneimine ; 151－56－4)	(1) 직업력 및 노출력 조사 (2) 주요 표적기관과 관련된 병력조사 (3) 임상검사 및 진찰 ① 간담도계 : AST(SGOT), ALT(SGPT), γ－GTP ② 비뇨기계 : 요검사 10종 ③ 눈, 피부, 비강, 인두 : 점막자극증상 문진	임상검사 및 진찰 ① 간담도계 : AST(SGOT), ALT (SGPT), γ－GTP, 총단백, 알부민, 총빌리루빈, 직접빌리루빈, 알칼리포스파타아제, 알파피토단백, B형간염 표면항원, B형간염 표면항체, C형간염 항체, A형간염 항체, 초음파검사 ② 비뇨기계 : 단백뇨정량, 혈청 크레아티닌, 요소질소 ③ 눈, 피부, 비강, 인두 : 세극등현미경검사, 비강 및 인두 검사, 면역글로불린 정량(IgE), 피부첩포시험, 피부단자시험, KOH검사
74	2,3－에폭시－1－프로판올 (2, 3－Epoxy－1－propanol ; 556－52－5 등)	(1) 직업력 및 노출력 조사 (2) 주요 표적기관과 관련된 병력조사 (3) 임상검사 및 진찰 신경계 : 신경계 증상 문진, 신경증상에 유의하여 진찰	임상검사 및 진찰 신경계 : 신경행동검사, 임상심리검사, 신경학적 검사
75	에피클로로히드린 (Epichlorohydrin ; 106－89－8 등)	(1) 직업력 및 노출력 조사 (2) 주요 표적기관과 관련된 병력조사 (3) 임상검사 및 진찰 ① 간담도계 : AST(SGOT), ALT(SGPT), γ－GTP ② 비뇨기계 : 요검사 10종 ③ 생식계 : 생식계 증상 문진 ④ 눈, 피부, 비강, 인두 : 점막자극증상 문진	임상검사 및 진찰 ① 간담도계 : AST(SGOT), ALT(SGPT), γ－GTP, 총단백, 알부민, 총빌리루빈, 직접빌리루빈, 알칼리포스파타아제, 알파피토단백, B형간염 표면항원, B형간염 표면항체, C형간염 항체, A형간염 항체, 초음파검사 ② 비뇨기계 : 단백뇨정량, 혈청 크레아티닌, 요소질소 ③ 생식계 : 에스트로겐(여), 황체형성호르몬, 난포자극호르몬, 테스토스테론(남) ④ 눈, 피부, 비강, 인두 : 세극등현미경검사, 비강 및 인두 검사, 면역글로불린 정량(IgE), 피부첩포시험, 피부단자시험, KOH검사
76	염소화비페닐 (Polychlorobiphenyls ; 53469－21－9, 11097－69－1)	(1) 직업력 및 노출력 조사 (2) 주요 표적기관과 관련된 병력조사 (3) 임상검사 및 진찰 ① 간담도계 : AST(SGOT), ALT(SGPT), γ－GTP ② 생식계 : 생식계 증상 문진 ③ 눈, 피부 : 점막자극증상 문진	임상검사 및 진찰 ① 간담도계 : AST(SGOT), ALT(SGPT), γ－GTP, 총단백, 알부민, 총빌리루빈, 직접빌리루빈, 알칼리포스파타아제, 알파피토단백, B형간염 표면항원, B형간염 표면항체, C형간염 항체, A형간염 항체, 초음파검사 ② 생식계 : 에스트로겐(여), 황체형성호르몬, 난포자극호르몬, 테스토스테론(남) ③ 눈, 피부 : 세극등현미경검사, KOH검사, 피부단자시험

번호	유해인자	제1차 검사항목	제2차 검사항목
77	요오드화 메틸 (Methyl iodide ; 74-88-4)	(1) 직업력 및 노출력 조사 (2) 주요 표적기관과 관련된 병력조사 (3) 임상검사 및 진찰 　① 신경계 : 신경계 증상 문진, 신경증상에 　　유의하여 진찰 　② 눈, 피부, 비강, 인두 : 점막자극증상 문진	임상검사 및 진찰 ① 신경계 : 근전도 검사, 신경전도 검사, 신 　경행동검사, 임상심리검사, 신경학적 검사 ② 눈, 피부, 비강, 인두 : 세극등현미경검사, 　KOH검사, 피부단자시험, 비강 및 인두 검 　사
78	이소부틸 알코올 (Isobutyl alcohol ; 78-83-1)	(1) 직업력 및 노출력 조사 (2) 주요 표적기관과 관련된 병력조사 (3) 임상검사 및 진찰 　① 신경계 : 신경계 증상 문진, 신경증상에 　　유의하여 진찰 　② 눈, 피부, 비강, 인두 : 점막자극증상 문진	임상검사 및 진찰 ① 신경계 : 신경행동검사, 임상심리검사, 신 　경학적 검사 ② 눈, 피부, 비강, 인두 : 세극등현미경검사, 　KOH검사, 피부단자시험, 비강 및 인두 검 　사
79	이소아밀 아세테이트 (Isoamyl acetate ; 123-92-2)	(1) 직업력 및 노출력 조사 (2) 주요 표적기관과 관련된 병력조사 (3) 임상검사 및 진찰 　① 신경계 : 신경계 증상 문진, 신경증상에 　　유의하여 진찰 　② 눈, 피부, 비강, 인두 : 점막자극증상 문진	임상검사 및 진찰 ① 신경계 : 신경행동검사, 임상심리검사, 신 　경학적 검사 ② 눈, 피부, 비강, 인두 : 세극등현미경검사, 　KOH검사, 피부단자시험, 비강 및 인두 　검사
80	이소아밀 알코올 (Isoamyl alcohol ; 123-51-3)	(1) 직업력 및 노출력 조사 (2) 주요 표적기관과 관련된 병력조사 (3) 임상검사 및 진찰 　신경계 : 신경계 증상 문진, 신경증상에 유 　의하여 진찰	임상검사 및 진찰 신경계 : 신경행동검사, 임상심리검사, 신경 학적 검사
81	이소프로필 알코올 (Isopropyl alcohol ; 67-63-0)	(1) 직업력 및 노출력 조사 (2) 주요 표적기관과 관련된 병력조사 (3) 임상검사 및 진찰 　눈, 피부, 비강, 인두 : 점막자극증상 문진	(1) 임상검사 및 진찰 　눈, 피부, 비강, 인두 : 세극등현미경검사, 　KOH검사, 피부단자시험, 비강 및 인두 검사 (2) 생물학적 노출지표 검사 : 혈중 또는 소변 　중 아세톤(작업 종료 시 채취)
82	이황화탄소 (Carbon disulfide ; 75-15-0)	(1) 직업력 및 노출력 조사 (2) 주요 표적기관과 관련된 병력조사 (3) 임상검사 및 진찰 　① 간담도계 : AST(SGOT), ALT(SGPT), 　　γ-GTP 　② 심혈관계 : 흉부방사선 검사, 심전도 검 　　사, 총콜레스테롤, HDL콜레스테롤, 트 　　리글리세라이드 　③ 비뇨기계 : 요검사 10종 　④ 신경계 : 신경계 증상 문진, 신경증상에 　　유의하여 진찰 　⑤ 생식계 : 생식계 증상 문진 　⑥ 눈 : 관련 증상 문진, 진찰 　⑦ 귀 : 순음(純音) 청력검사(양측 기도), 정 　　밀 진찰[이경검사(耳鏡檢査)]	임상검사 및 진찰 ① 간담도계 : AST(SGOT), ALT(SGPT), γ 　-GTP, 총단백, 알부민, 총빌리루빈, 직 　접빌리루빈, 알칼리포스파타아제, 알파피 　토단백, B형간염 표면항원, B형간염 표면 　항체, C형간염 항체, A형간염 항체, 초음 　파 검사 ② 비뇨기계 : 단백뇨정량, 혈청 크레아티닌, 　요소질소 ③ 신경계 : 근전도 검사, 신경전도 검사, 신 　경행동검사, 임상심리검사, 신경학적 검사 ④ 생식계 : 에스트로겐(여), 황체형성호르몬, 　난포자극호르몬, 테스토스테론(남) ⑤ 눈 : 세극등현미경검사, 정밀안저검사, 정 　밀안압측정, 시신경정밀검사, 안과 진찰 ⑥ 귀 : 순음 청력검사[양측 기도 및 골도(骨 　導)], 중이검사(고막운동성검사)

번호	유해인자	제1차 검사항목	제2차 검사항목

83	콜타르
	(Coal tar
	; 8007－45－2)
		(1) 직업력 및 노출력 조사
		(2) 주요 표적기관과 관련된 병력조사
		(3) 임상검사 및 진찰
		  ① 호흡기계 : 청진, 흉부방사선(후전면)
		  ② 비뇨기계 : 요검사 10종, 소변세포병리
		    검사(아침 첫 소변 채취)
		  ③ 피부 · 비강 · 인두 : 관련 증상 문진
			(1) 임상검사 및 진찰
			  ① 호흡기계 : 흉부방사선(측면), 흉부 전
			    산화 단층촬영 객담세포검사
			  ② 비뇨기계 : 단백뇨정량, 혈청 크레아티
			    닌, 요소질소, 비뇨기과 진료
			  ③ 피부 · 비강 · 인두 : 면역글로불린 정량
			    (IgE), 피부첩포시험, 피부단자시험,
			    KOH검사, 비강 및 인두 검사
			(2) 생물학적 노출지표 검사 : 소변 중 1－하이
			    드록시파이렌

84	크레졸
	(Cresol ;
	1319－77－3 등)
		(1) 직업력 및 노출력 조사
		(2) 주요 표적기관과 관련된 병력조사
		(3) 임상검사 및 진찰
		  ① 간담도계 : AST(SGOT), ALT(SGPT),
		    γ－GTP
		  ② 비뇨기계 : 요검사 10종
		  ③ 신경계 : 신경계 증상 문진, 신경증상에
		    유의하여 진찰
		  ④ 눈, 피부, 비강, 인두 : 점막자극증상 문진
			임상검사 및 진찰
			① 간담도계 : AST(SGOT), ALT(SGPT), γ
			  －GTP, 총단백, 알부민, 총빌리루빈, 직
			  접빌리루빈, 알칼리포스파타아제, 알파피
			  토단백, B형간염 표면항원, B형간염 표면
			  항체, C형간염 항체, A형간염 항체, 초음
			  파 검사
			② 비뇨기계 : 단백뇨정량, 혈청 크레아티닌,
			  요소질소
			③ 신경계 : 신경행동검사, 임상심리검사, 신
			  경학적 검사
			④ 눈, 피부, 비강, 인두 : 세극등현미경검사,
			  KOH검사, 피부단자시험, 비강 및 인두 검사

85	크실렌
	(Xylene ;
	1330－20－7 등)
		(1) 직업력 및 노출력 조사
		(2) 주요 표적기관과 관련된 병력조사
		(3) 임상검사 및 진찰
		  ① 간담도계 : AST(SGOT), ALT(SGPT),
		    γ－GTP
		  ② 신경계 : 신경계 증상 문진, 신경증상에
		    유의하여 진찰
		  ③ 눈, 피부, 비강, 인두 : 점막자극증상 문진
		(4) 생물학적 노출지표 검사 : 소변 중 메틸마뇨
		    산(작업 종료 시 채취)
			임상검사 및 진찰
			① 간담도계 : AST(SGOT), ALT(SGPT), γ
			  －GTP, 총단백, 알부민, 총빌리루빈, 직
			  접빌리루빈, 알칼리포스파타아제, 알파피
			  토단백, B형간염 표면항원, B형간염 표면
			  항체, C형간염 항체, A형간염 항체, 초음
			  파 검사
			② 신경계 : 신경행동검사, 임상심리검사, 신
			  경학적 검사
			③ 눈, 피부, 비강, 인두 : 세극등현미경검사,
			  KOH검사, 피부단자시험, 비강 및 인두 검사

86	클로로메틸 메틸 에테르 (Chloromethyl methyl ether ; 107－30－2)	(1) 직업력 및 노출력 조사 (2) 주요 표적기관과 관련된 병력조사 (3) 임상검사 및 진찰 호흡기계 : 청진, 흉부방사선(후전면)	임상검사 및 진찰 호흡기계 : 흉부방사선(측면), 흉부 전산화 단 층촬영, 객담세포검사

번호	유해인자	제1차 검사항목	제2차 검사항목
87	클로로벤젠 (Chlorobenzene ; 108−90−7)	(1) 직업력 및 노출력 조사 (2) 주요 표적기관과 관련된 병력조사 (3) 임상검사 및 진찰 　① 간담도계 : AST(SGOT), ALT(SGPT), 　　γ−GTP 　② 신경계 : 신경계 증상 문진, 신경증상에 　　유의하여 진찰 　③ 눈, 피부, 비강, 인두 : 점막자극증상 문진	(1) 임상검사 및 진찰 　① 간담도계 : AST(SGOT), ALT(SGPT), γ 　　−GTP, 총단백, 알부민, 총빌리루빈, 직 　　접빌리루빈, 알칼리포스파타아제, 알파피 　　토단백, B형간염 표면항원, B형간염 표면 　　항체, C형간염 항체, A형간염 항체, 초음 　　파 검사 　② 신경계 : 신경행동검사, 임상심리검사, 신 　　경학적 검사 　③ 눈, 피부, 비강, 인두 : 세극등현미경검사, 　　KOH검사, 피부단자시험, 비강 및 인두 검사 (2) 생물학적 노출지표 검사 : 소변 중 총 클로 　로카테콜(작업 종료 시 채취)
88	테레핀유 (Turpentine oil ; 8006−64−2)	(1) 직업력 및 노출력 조사 (2) 주요 표적기관과 관련된 병력조사 (3) 임상검사 및 진찰 　① 신경계 : 신경계 증상 문진, 신경증상에 　　유의하여 진찰 　② 눈, 피부 : 관련 증상 문진	임상검사 및 진찰 　① 신경계 : 신경행동검사, 임상심리검사, 신 　　경학적 검사 　② 눈, 피부 : 세극등현미경검사, 면역글로불 　　린 정량(IgE), 피부첩포시험, 피부단자시 　　험, KOH검사
89	1, 1, 2, 2−테트라클 로로에탄 (1, 1, 2, 2− Tetrachloroethane ; 79−34 −5)	(1) 직업력 및 노출력 조사 (2) 주요 표적기관과 관련된 병력조사 (3) 임상검사 및 진찰 　① 간담도계 : AST(SGOT), ALT(SGPT), 　　γ−GTP 　② 비뇨기계 : 요검사 10종 　③ 신경계 : 신경계 증상 문진, 신경증상에 　　유의하여 진찰 　④ 피부 : 점막자극증상 문진	임상검사 및 진찰 　① 간담도계 : AST(SGOT), ALT(SGPT), γ 　　−GTP, 총단백, 알부민, 총빌리루빈, 직 　　접빌리루빈, 알칼리포스파타아제, 알파피 　　토단백, B형간염 표면항원, B형간염 표면 　　항체, C형간염 항체, A형간염 항체, 초음 　　파 검사 　② 비뇨기계 : 단백뇨정량, 혈청 크레아티닌, 　　요소질소 　③ 신경계 : 신경행동검사, 임상심리검사, 신 　　경학적 검사 　④ 피부 : KOH검사, 피부단자시험
90	테트라하이드로퓨란 (Tetrahydrofuran ; 109−99−9)	(1) 직업력 및 노출력 조사 (2) 주요 표적기관과 관련된 병력조사 (3) 임상검사 및 진찰 　신경계 : 신경계 증상 문진, 신경증상에 유 　의하여 진찰	임상검사 및 진찰 　신경계 : 신경행동검사, 임상심리검사, 신경 　학적 검사
91	톨루엔 (Toluene ; 108−88−3)	(1) 직업력 및 노출력 조사 (2) 주요 표적기관과 관련된 병력조사 (3) 임상검사 및 진찰 　① 간담도계 : AST(SGOT), ALT(SGPT), 　　γ−GTP 　② 비뇨기계 : 요검사 10종 　③ 신경계 : 신경계 증상 문진, 신경증상에 　　유의하여 진찰 　④ 눈, 피부, 비강, 인두 : 점막자극증상 문진, 　　진찰 (4) 생물학적 노출지표 검사 : 소변 중 o−크레 　졸(작업 종료 시 채취)	임상검사 및 진찰 　① 간담도계 : AST(SGOT), ALT(SGPT), γ 　　−GTP, 총단백, 알부민, 총빌리루빈, 직접 　　빌리루빈, 알칼리포스파타아제, 알파피토단 　　백, B형간염 표면항원, B형간염 표면항체, 　　C형간염 항체, A형간염 항체, 초음파 검사 　② 비뇨기계 : 단백뇨정량, 혈청 크레아티닌, 　　요소질소 　③ 신경계 : 근전도 검사, 신경전도 검사, 신 　　경행동검사, 임상심리검사, 신경학적 검사 　④ 눈, 피부, 비강, 인두 : 세극등현미경검사, 　　KOH검사, 피부단자시험, 비강 및 인두 검사

번호	유해인자	제1차 검사항목	제2차 검사항목
92	톨루엔-2,4-디이소시아네이트 (Toluene-2,4-diisocyanate; 584-84-9 등)	(1) 직업력 및 노출력 조사 (2) 주요 표적기관과 관련된 병력조사 (3) 임상검사 및 진찰 　① 호흡기계 : 청진, 폐활량검사 　② 피부 : 관련 증상 문진	임상검사 및 진찰 ① 호흡기계 : 흉부방사선(후전면, 측면), 작업 중 최대날숨유량 연속측정, 비특이 기도과민검사 ② 피부 : 면역글로불린 정량(IgE), 피부첩포시험, 피부단자시험, KOH검사
93	톨루엔-2,6-디이소시아네이트 (Toluene-2,6-diisocyanate; 91-08-7 등)	(1) 직업력 및 노출력 조사 (2) 주요 표적기관과 관련된 병력조사 (3) 임상검사 및 진찰 　① 호흡기계 : 청진, 폐활량검사 　② 피부 : 관련 증상 문진	임상검사 및 진찰 ① 호흡기계 : 흉부방사선(후전면, 측면), 작업 중 최대날숨유량 연속측정, 비특이 기도과민검사 ② 피부 : 면역글로불린 정량(IgE), 피부첩포시험, 피부단자시험, KOH검사
94	트리클로로메탄 (Trichloromethane; 67-66-3)	(1) 직업력 및 노출력 조사 (2) 주요 표적기관과 관련된 병력조사 (3) 임상검사 및 진찰 　① 간담도계 : AST(SGOT), ALT(SGPT), γ-GTP 　② 비뇨기계 : 요검사 10종 　③ 신경계 : 신경계 증상 문진, 신경증상에 유의하여 진찰 　④ 눈, 피부, 비강, 인두 : 점막자극증상 문진	임상검사 및 진찰 ① 간담도계 : AST(SGOT), ALT(SGPT), γ-GTP, 총단백, 알부민, 총빌리루빈, 직접빌리루빈, 알칼리포스파타아제, 알파피토단백, B형간염 표면항원, B형간염 표면항체, C형간염 항체, A형간염 항체, 초음파 검사 ② 비뇨기계 : 단백뇨정량, 혈청 크레아티닌, 요소질소 ③ 신경계 : 신경행동검사, 임상심리검사, 신경학적 검사 ④ 눈, 피부, 비강, 인두 : 세극등현미경검사, KOH검사, 피부단자시험, 비강 및 인두 검사
95	1,1,2-트리클로로에탄 (1,1,2-Trichloroethane; 79-00-5)	(1) 직업력 및 노출력 조사 (2) 주요 표적기관과 관련된 병력조사 (3) 임상검사 및 진찰 　① 간담도계 : AST(SGOT), ALT(SGPT), γ-GTP 　② 비뇨기계 : 요검사 10종 　③ 신경계 : 신경계 증상 문진, 신경증상에 유의하여 진찰	임상검사 및 진찰 ① 간담도계 : AST(SGOT), ALT(SGPT), γ-GTP, 총단백, 알부민, 총빌리루빈, 직접빌리루빈, 알칼리포스파타아제, 알파피토단백, B형간염 표면항원, B형간염 표면항체, C형간염 항체, A형간염 항체, 초음파 검사 ② 비뇨기계 : 단백뇨정량, 혈청 크레아티닌, 요소질소 ③ 신경계 : 신경행동검사, 임상심리검사, 신경학적 검사
96	트리클로로에틸렌 (Trichloroethylene; 79-01-6)	(1) 직업력 및 노출력 조사 (2) 주요 표적기관과 관련된 병력조사 (3) 임상검사 및 진찰 　① 간담도계 : AST(SGOT), ALT(SGPT), γ-GTP 　② 심혈관계 : 흉부방사선 검사, 심전도 검사, 총콜레스테롤, HDL콜레스테롤, 트리글리세라이드 　③ 비뇨기계 : 요검사 10종 　④ 신경계 : 신경계 증상 문진, 신경증상에 유의하여 진찰 　⑤ 눈, 피부, 비강, 인두 : 점막자극증상 문진 (4) 생물학적 노출지표 검사 : 소변 중 총삼염화물 또는 삼염화초산(주말작업 종료 시 채취)	임상검사 및 진찰 ① 간담도계 : AST(SGOT), ALT(SGPT), γ-GTP, 총단백, 알부민, 총빌리루빈, 직접빌리루빈, 알칼리포스파타아제, 알파피토단백, B형간염 표면항원, B형간염 표면항체, C형간염 항체, A형간염 항체, 초음파 검사 ② 비뇨기계 : 단백뇨정량, 혈청 크레아티닌, 요소질소 ③ 신경계 : 신경행동검사, 임상심리검사, 신경학적 검사 ④ 눈, 피부, 비강, 인두 : 세극등현미경검사, KOH검사, 피부단자시험, 비강 및 인두 검사

번호	유해인자	제1차 검사항목	제2차 검사항목
97	1, 2, 3-트리클로로프로판 (1, 2, 3-Trichloropropane ; 96-18-4)	(1) 직업력 및 노출력 조사 (2) 주요 표적기관과 관련된 병력조사 (3) 임상검사 및 진찰 　① 간담도계 : AST(SGOT), ALT(SGPT), γ-GTP 　② 비뇨기계 : 요검사 10종 　③ 신경계 : 신경계 증상 문진, 신경증상에 유의하여 진찰	임상검사 및 진찰 ① 간담도계 : AST(SGOT), ALT(SGPT), γ-GTP, 총단백, 알부민, 총빌리루빈, 직접빌리루빈, 알칼리포스파타아제, 알파피토단백, B형간염 표면항원, B형간염 표면항체, C형간염 항체, A형간염 항체, 초음파 검사 ② 비뇨기계 : 단백뇨정량, 혈청 크레아티닌, 요소질소 ③ 신경계 : 신경행동검사, 임상심리검사, 신경학적 검사
98	퍼클로로에틸렌 (Perchloroethylene ; 127-18-4)	(1) 직업력 및 노출력 조사 (2) 주요 표적기관과 관련된 병력조사 (3) 임상검사 및 진찰 　① 간담도계 : AST(SGOT), ALT(SGPT), γ-GTP 　② 비뇨기계 : 요검사 10종 　③ 신경계 : 신경계 증상 문진, 신경증상에 유의하여 진찰 　④ 눈, 피부, 비강, 인두 : 점막자극증상 문진, 진찰 (4) 생물학적 노출지표 검사 : 소변 중 총삼염화물 또는 삼염화초산(주말작업 종료 시 채취)	임상검사 및 진찰 ① 간담도계 : AST(SGOT), ALT(SGPT), γ-GTP, 총단백, 알부민, 총빌리루빈, 직접빌리루빈, 알칼리포스파타아제, 알파피토단백, B형간염 표면항원, B형간염 표면항체, C형간염 항체, A형간염 항체, 초음파 검사 ② 비뇨기계 : 단백뇨정량, 혈청 크레아티닌, 요소질소 ③ 신경계 : 근전도 검사, 신경전도 검사, 신경행동검사, 임상심리검사, 신경학적 검사 ④ 눈, 피부, 비강, 인두 : 세극등현미경검사, KOH검사, 피부단자시험, 비강 및 인두 검사
99	페놀 (Phenol ; 108-95-2)	(1) 직업력 및 노출력 조사 (2) 주요 표적기관과 관련된 병력조사 (3) 임상검사 및 진찰 　① 간담도계 : AST(SGOT), ALT(SGPT), γ-GTP 　② 비뇨기계 : 요검사 10종 　③ 눈, 피부, 비강, 인두 : 점막자극증상 문진	(1) 임상검사 및 진찰 　① 간담도계 : AST(SGOT), ALT(SGPT), γ-GTP, 총단백, 알부민, 총빌리루빈, 직접빌리루빈, 알칼리포스파타아제, 알파피토단백, B형간염 표면항원, B형간염 표면항체, C형간염 항체, A형간염 항체, 초음파 검사 　② 비뇨기계 : 단백뇨정량, 혈청 크레아티닌, 요소질소 　③ 눈, 피부, 비강, 인두 : 세극등현미경검사, KOH검사, 피부단자시험, 비강 및 인두 검사 (2) 생물학적 노출지표 검사 : 소변 중 총페놀(작업 종료 시)

번호	유해인자	제1차 검사항목	제2차 검사항목
100	펜타클로로페놀 (Pentachlorophenol ; 87-86-5)	(1) 직업력 및 노출력 조사 (2) 주요 표적기관과 관련된 병력조사 (3) 임상검사 및 진찰 　① 간담도계 : AST(SGOT), ALT(SGPT), γ-GTP 　② 비뇨기계 : 요검사 10종 　③ 신경계 : 신경계 증상 문진, 신경증상에 유의하여 진찰 　④ 눈, 피부, 비강, 인두 : 점막자극증상 문진	(1) 임상검사 및 진찰 　① 간담도계 : AST(SGOT), ALT(SGPT), γ-GTP, 총단백, 알부민, 총빌리루빈, 직접빌리루빈, 알칼리포스파타아제, 알파피토단백, B형간염 표면항원, B형간염 표면항체, C형간염 항체, A형간염 항체, 초음파 검사 　② 비뇨기계 : 단백뇨정량, 혈청 크레아티닌, 요소질소 　③ 신경계 : 신경행동검사, 임상심리검사, 신경학적 검사 　④ 눈, 피부, 비강, 인두 : 세극등현미경검사, KOH검사, 피부단자시험, 비강 및 인두 검사 (2) 생물학적 노출지표 검사 : 소변 중 펜타클로로페놀(주말작업 종료 시), 혈중 유리펜타클로로페놀(작업 종료 시)
101	포름알데히드 (Formaldehyde ; 50-00-0)	(1) 직업력 및 노출력 조사 (2) 주요 표적기관과 관련된 병력조사 (3) 임상검사 및 진찰 　① 호흡기계 : 청진, 흉부방사선(후전면) 　② 눈, 피부, 비강, 인두 : 점막자극증상 문진	임상검사 및 진찰 ① 호흡기계 : 흉부방사선(측면), 폐활량검사 ② 눈, 피부, 비강, 인두 : 세극등현미경검사, 면역글로불린 정량(IgE), 피부첩포시험, 피부단자시험, KOH검사, 비강 및 인두 검사
102	β-프로피오락톤 (β-Propiolac tone ; 57-57-8)	(1) 직업력 및 노출력 조사 (2) 주요 표적기관과 관련된 병력조사 (3) 임상검사 및 진찰 　눈, 피부 : 점막자극증상 문진	임상검사 및 진찰 눈, 피부 : 세극등현미경검사, KOH검사, 피부단자시험
103	o-프탈로디니트릴 (o-Phthalodinitrile ; 91-15-6)	(1) 직업력 및 노출력 조사 (2) 주요 표적기관과 관련된 병력조사 (3) 임상검사 및 진찰 　① 조혈기계 : 혈색소량, 혈구용적치, 적혈구 수, 백혈구 수, 혈소판 수, 백혈구 백분율, 망상적혈구 수 　② 신경계 : 신경계 증상 문진, 신경증상에 유의하여 진찰	임상검사 및 진찰 ① 조혈기계 : 혈액도말검사 ② 신경계 : 신경행동검사, 임상심리검사, 신경학적 검사
104	피리딘 (Pyridine ; 110-86-1)	(1) 직업력 및 노출력 조사 (2) 주요 표적기관과 관련된 병력조사 (3) 임상검사 및 진찰 　① 간담도계 : AST(SGOT), ALT(SGPT), γ-GTP 　② 비뇨기계 : 요검사 10종 　③ 신경계 : 신경계 증상 문진, 신경증상에 유의하여 진찰	임상검사 및 진찰 ① 간담도계 : AST(SGOT), ALT(SGPT), γ-GTP, 총단백, 알부민, 총빌리루빈, 직접빌리루빈, 알카리포스파타아제, 알파피토단백, B형간염 표면항원, B형간염 표면항체, C형간염 항체, A형간염 항체, 초음파 검사 ② 비뇨기계 : 단백뇨정량, 혈청 크레아티닌, 요소질소 ③ 신경계 : 신경행동검사, 임상심리검사, 신경학적 검사

번호	유해인자	제1차 검사항목	제2차 검사항목
105	헥사메틸렌 디이소시아네이트 (Hexamethylene diiso cyanate ; 822-06-0)	(1) 직업력 및 노출력 조사 (2) 주요 표적기관과 관련된 병력조사 (3) 임상검사 및 진찰 　호흡기계 : 청진, 폐활량검사	임상검사 및 진찰 호흡기계 : 흉부방사선(측면), 흉부방사선(후전면), 작업 중 최대날숨유량 연속측정, 비특이 기도과민검사
106	n-헥산 (n-Hexane ; 110-54-3)	(1) 직업력 및 노출력 조사 (2) 주요 표적기관과 관련된 병력조사 (3) 임상검사 및 진찰 　① 신경계 : 신경계 증상 문진, 신경증상에 　　유의하여 진찰 　② 눈, 피부, 비강, 인두 : 점막자극증상 문진 (4) 생물학적 노출지표 검사 : 소변 중 2, 5-헥산 　디온(작업 종료 시 채취)	임상검사 및 진찰 ① 신경계 : 근전도 검사, 신경전도 검사, 신경행동검사, 임상심리검사, 신경학적 검사 ② 눈, 피부, 비강, 인두 : 세극등현미경검사, 정밀안저검사, 정밀안압측정, 안과 진찰, KOH검사, 피부단자시험, 비강 및 인두 검사
107	n-헵탄 (n-Heptane ; 142-82-5)	(1) 직업력 및 노출력 조사 (2) 주요 표적기관과 관련된 병력조사 (3) 임상검사 및 진찰 　신경계 : 신경계 증상 문진, 신경증상에 유 　의하여 진찰	임상검사 및 진찰 신경계 : 근전도 검사, 신경전도 검사, 신경행동검사, 임상심리검사, 신경학적 검사
108	황산디메틸 (Dimethyl sulfate ; 77-78-1)	(1) 직업력 및 노출력 조사 (2) 주요 표적기관과 관련된 병력조사 (3) 임상검사 및 진찰 　① 간담도계 : AST(SGOT), ALT(SGPT), 　　γ-GTP 　② 비뇨기계 : 요검사 10종 　③ 신경계 : 신경계 증상 문진, 신경증상에 　　유의하여 진찰 　④ 눈, 피부, 비강, 인두 : 점막자극증상 문진	임상검사 및 진찰 ① 간담도계 : AST(SGOT), ALT(SGPT), γ-GTP, 총단백, 알부민, 총빌리루빈, 직접빌리루빈, 알칼리포스파타아제, 알파피토단백, B형간염 표면항원, B형간염 표면항체, C형간염 항체, A형간염 항체, 초음파 검사 ② 비뇨기계 : 단백뇨정량, 혈청 크레아티닌, 요소질소 ③ 신경계 : 근전도 검사, 신경전도 검사, 신경행동검사, 임상심리검사, 신경학적 검사 ④ 눈, 피부, 비강, 인두 : 세극등현미경검사, KOH검사, 피부단자시험, 비강 및 인두 검사
109	히드라진 (Hydrazine ; 302-01-2)	(1) 직업력 및 노출력 조사 (2) 주요 표적기관과 관련된 병력조사 (3) 임상검사 및 진찰 　① 간담도계 : AST(SGOT), ALT(SGPT), 　　γ-GTP 　② 신경계 : 신경계 증상 문진, 신경증상에 　　유의하여 진찰 　③ 눈, 피부, 비강, 인두 : 점막자극증상 문진	임상검사 및 진찰 ① 간담도계 : AST(SGOT), ALT(SGPT), γ-GTP, 총단백, 알부민, 총빌리루빈, 직접빌리루빈, 알칼리포스파타아제, 알파피토단백, B형간염 표면항원, B형간염 표면항체, C형간염 항체, A형간염 항체, 초음파 검사 ② 신경계 : 신경행동검사, 임상심리검사, 신경학적 검사 ③ 눈, 피부, 비강, 인두 : 세극등현미경검사, 비강 및 인두 검사, 면역글로불린 정량(IgE), 피부첩포시험, 피부단자시험, KOH검사

※ 검사항목 중 "생물학적 노출지표 검사"는 해당 작업에 처음 배치되는 근로자에 대해서는 실시하지 않는다.

(2) 금속류(20종)

번호	유해인자	제1차 검사항목	제2차 검사항목
1	구리(Copper ; 7440-50-8) (분진, 흄, 미스트)	(1) 직업력 및 노출력 조사 (2) 주요 표적기관과 관련된 병력조사 (3) 임상검사 및 진찰 　① 간담도계 : AST(SGOT), ALT(SGPT), γ-GTP 　② 눈, 피부, 비강, 인두 : 점막자극증상 문진	임상검사 및 진찰 ① 간담도계 : AST(SGOT), ALT(SGPT), γ-GTP, 총단백, 알부민, 총빌리루빈, 직접 빌리루빈, 알칼리포스파타아제, 알파피토단백, B형간염 표면항원, B형간염 표면항체, C형간염 항체, A형간염 항체, 초음파 검사 ② 눈, 피부, 비강, 인두 : 세극등현미경검사, KOH검사, 피부단자시험, 비강 및 인두 검사
2	납[7439-92-1] 및 그 무기 화 합물 (Lead and its inorganic compounds)	(1) 직업력 및 노출력 조사 (2) 주요 표적기관과 관련된 병력조사 (3) 임상검사 및 진찰 　① 조혈기계 : 혈색소량, 혈구용적치, 적혈구 수, 백혈구 수, 혈소판 수, 백혈구 백분율 　② 비뇨기계 : 요검사 10종, 혈압측정 　③ 신경계 및 위장관계 : 관련 증상 문진, 진찰 (4) 생물학적 노출지표 검사 : 혈중납	(1) 임상검사 및 진찰 　① 조혈기계 : 혈액도말검사, 철, 총철결합능력, 혈청페리틴 　② 비뇨기계 : 단백뇨정량, 혈청 크레아티닌, 요소질소, 베타 2 마이크로글로불린 　③ 신경계 : 근전도검사, 신경전도검사, 신경행동검사, 임상심리검사, 신경학적 검사 (2) 생물학적 노출지표 검사 　① 혈중 징크프로토포피린 　② 소변 중 델타아미노레뷸린산 　③ 소변 중 납
3	니켈[7440-02-0] 및 그 무기화합물, 니켈 카르보닐 (Nickel and its inorganic compounds, Nickel carbonyl)	(1) 직업력 및 노출력 조사 (2) 주요 표적기관과 관련된 병력조사 (3) 임상검사 및 진찰 　① 호흡기계 : 청진, 흉부방사선(후전면), 폐활량검사 　② 피부, 비강, 인두: 관련 증상 문진	(1) 임상검사 및 진찰 　① 호흡기계 : 흉부방사선(측면), 작업 중 최대날숨유량 연속측정, 비특이 기도과민검사, 흉부 전산화 단층촬영, 객담세포검사 　② 피부, 비강, 인두 : 면역글로불린정량 (IgE), 피부첩포시험, 피부단자시험, KOH검사, 비강 및 인두 검사 (2) 생물학적 노출지표 검사 : 소변 중 니켈
4	망간[7439-96-5] 및 그 무기화합물 (Manganese and its inorganic compounds)	(1) 직업력 및 노출력 조사 (2) 주요 표적기관과 관련된 병력조사 (3) 임상검사 및 진찰 　① 호흡기계 : 청진, 흉부방사선(후전면) 　② 신경계 : 신경계 증상 문진, 신경증상에 유의하여 진찰	임상검사 및 진찰 ① 호흡기계 : 흉부방사선(측면), 폐활량검사 ② 신경계 : 신경행동검사, 임상심리검사, 신경학적 검사
5	사알킬납 (Tetraalkyl lead ; 78-00-2 등)	(1) 직업력 및 노출력 조사 (2) 주요 표적기관과 관련된 병력조사 (3) 임상검사 및 진찰 　① 비뇨기계 : 요검사 10종, 혈압 측정 　② 신경계 : 신경계 증상 문진, 신경증상에 유의하여 진찰 (4) 생물학적 노출지표 검사 : 혈중 납	(1) 임상검사 및 진찰 　① 비뇨기계 : 단백뇨정량, 혈청 크레아티닌, 요소질소, 베타 2 마이크로글로불린 　② 신경계 : 신경행동검사, 임상심리검사, 신경학적 검사 (2) 생물학적 노출지표 검사 　① 혈중 징크프로토포피린 　② 소변 중 델타아미노레뷸린산 　③ 소변 중 납

번호	유해인자	제1차 검사항목	제2차 검사항목
6	산화아연 (Zinc oxide : 1314 −13−2)(분진, 흄)	(1) 직업력 및 노출력 조사 (2) 주요 표적기관과 관련된 병력조사 (3) 임상검사 및 진찰 　　호흡기계 : 금속열 증상 문진, 청진, 흉부방 　　사선(후전면)	임상검사 및 진찰 호흡기계 : 흉부방사선(측면)
7	산화철 (Iron oxide : 1309−37−1등) (분진, 흄)	(1) 직업력 및 노출력 조사 (2) 주요 표적기관과 관련된 병력조사 (3) 임상검사 및 진찰 　　호흡기계 : 청진, 흉부방사선(후전면), 폐활 　　량검사	임상검사 및 진찰 호흡기계 : 흉부방사선(측면), 결핵도말검사
8	삼산화비소 (Arsenictrioxide : 1327−53−3)	(1) 직업력 및 노출력 조사 (2) 주요 표적기관과 관련된 병력조사 (3) 임상검사 및 진찰 　① 조혈기계 : 혈색소량, 혈구용적치, 적혈 　　구 수, 백혈구 수, 혈소판 수, 백혈구 백 　　분율, 망상적혈구 수 　② 간담도계 : AST(SGOT), ALT(SGPT), 　　γ−GTP 　③ 호흡기계 : 청진 　④ 비뇨기계 : 요검사 10종 　⑤ 눈, 피부, 비강, 인두 : 점막자극 증상 문진	(1) 임상검사 및 진찰 　① 조혈기계 : 혈액도말검사, 총철결합능 　　력, 혈청페리틴, 유산탈수소효소, 총 　　빌리루빈, 직접빌리루빈 　② 간담도계 : AST(SGOT), ALT(SGPT), 　　γ−GTP, 총단백, 알부민, 총빌리루 　　빈, 직접빌리루빈, 알칼리포스파타아 　　제, 알파피토단백, B형간염 표면항원, 　　B형간염 표면항체, C형간염 항체, A형 　　간염 항체, 초음파 검사 　③ 호흡기계 : 흉부방사선(후전면), 폐활량 　　검사, 흉부 전산화 단층촬영 　④ 비뇨기계 : 단백뇨정량, 혈청 크레아티 　　닌, 요소질소 　⑤ 눈, 피부, 비강, 인두 : 세극등현미경검 　　사, 비강 및 인두 검사, 면역글로불린 정 　　량(IgE), 피부첩포시험, 피부단자시험, 　　KOH검사 (2) 생물학적 노출지표 검사 : 소변 중 또는 혈 　중 비소
9	수은[7439−97−6] 및 그 화합물 (Mercury and its compounds)	(1) 직업력 및 노출력 조사 (2) 주요 표적기관과 관련된 병력조사 (3) 임상검사 및 진찰 　① 비뇨기계 : 요검사 10종, 혈압측정 　② 신경계 : 신경계 증상 문진, 신경증상에 　　유의하여 진찰 　③ 눈, 피부, 비강, 인두 : 점막자극증상 문진 (4) 생물학적 노출지표 검사 : 소변 중 수은	(1) 임상검사 및 진찰 　① 비뇨기계 : 단백뇨정량, 혈청 크레아티 　　닌, 요소질소, 베타 2 마이크로글로불린 　② 신경계 : 신경행동검사, 임상심리검사, 　　신경학적 검사 　③ 눈, 피부, 비강, 인두 : 세극등현미경검 　　사, KOH검사, 피부단자시험, 비강 및 　　인두 검사 (2) 생물학적 노출지표 검사 : 혈중수은
10	안티몬[7440−36−0] 및 그 화합물 (Antimony and its compounds)	(1) 직업력 및 노출력 조사 (2) 주요 표적기관과 관련된 병력조사 (3) 임상검사 및 진찰 　① 심혈관계 : 흉부방사선 검사, 심전도 검 　　사, 총콜레스테롤, HDL 콜레스테롤, 트 　　리글리세라이드 　② 호흡기계 : 청진, 흉부방사선(후전면), 폐 　　활량검사 　③ 눈, 피부, 비강, 인두 : 점막자극증상 문진	(1) 임상검사 및 진찰 　① 호흡기계 : 흉부방사선(측면), 결핵도 　　말검사 　② 눈, 피부, 비강, 인두 : 세극등현미경검 　　사, KOH검사, 피부단자시험, 비강 및 　　인두 검사 (2) 생물학적 노출지표 검사 : 소변 중 안티몬

번호	유해인자		제1차 검사항목	제2차 검사항목
11	알루미늄[7429-90-5] 및 그 화합물 (Aluminum and its compounds)		(1) 직업력 및 노출력 조사 (2) 주요 표적기관과 관련된 병력조사 (3) 임상검사 및 진찰 　　호흡기계 : 청진, 흉부방사선(후전면), 폐활량검사	임상검사 및 진찰 호흡기계 : 흉부방사선(측면), 작업 중 최대날숨유량 연속측정, 비특이 기도과민검사
12	오산화바나듐 (Vanadium pentoxide ; 1314-62-1) (분진, 흄)		(1) 직업력 및 노출력 조사 (2) 주요 표적기관과 관련된 병력조사 (3) 임상검사 및 진찰 　① 호흡기계 : 청진, 흉부방사선(후전면) 　② 눈, 피부, 비강, 인두 : 점막자극증상 문진	(1) 임상검사 및 진찰 　① 호흡기계 : 흉부방사선(측면), 폐활량검사 　② 눈, 피부, 비강, 인두 : 세극등현미경검사, 비강 및 인두 검사, 면역글로불린 정량(IgE), 피부첩포시험, 피부단자시험, KOH검사 (2) 생물학적 노출지표 검사 : 소변 중 바나듐
13	요오드[7553-56-2] 및 요오드화물 (Iodine and iodides)		(1) 직업력 및 노출력 조사 (2) 주요 표적기관과 관련된 병력조사 (3) 임상검사 및 진찰 　① 호흡기계 : 청진 　② 신경계 : 신경계 증상 문진, 신경증상에 유의하여 진찰 　③ 눈, 피부, 비강, 인두 : 점막자극 증상 문진	임상검사 및 진찰 ① 호흡기계 : 흉부방사선(후전면), 폐활량검사 ② 신경계 : 신경행동검사, 임상심리검사, 신경학적 검사 ③ 눈, 피부, 비강, 인두 : 세극등현미경검사, KOH검사, 피부단자시험, 비강 및 인두 검사
14	인듐[7440-74-6] 및 그 화합물 (Indium and its compounds)		(1) 직업력 및 노출력 조사 (2) 주요 표적기관과 관련된 병력조사 (3) 임상검사 및 진찰 호흡기계 : 청진, 흉부방사선(후전면, 측면), (4) 생물학적 노출 지표검사 : 혈청 중 인듐	임상검사 및 진찰 호흡기계 : 폐활량검사, 흉부 고해상도 전산화 단층촬영
15	주석 및 그 화합물 [7440-31-5] 및 그 화합물 (Tin and its compounds)	주석과 그 무기 화합물	(1) 직업력 및 노출력 조사 (2) 주요 표적기관과 관련된 병력조사 (3) 임상검사 및 진찰 　① 호흡기계 : 청진, 흉부방사선(후전면), 폐활량검사 　② 눈, 피부, 비강, 인두 : 점막자극증상 문진	임상검사 및 진찰 ① 호흡기계 : 흉부방사선(측면), 결핵도말검사 ② 눈, 피부, 비강, 인두 : 세극등현미경검사, KOH검사, 피부단자시험, 비강 및 인두 검사
		유기주석	(1) 직업력 및 노출력 조사 (2) 주요 표적기관과 관련된 병력조사 (3) 임상검사 및 진찰 　① 신경계 : 신경계 증상 문진, 신경증상에 유의하여 진찰 　② 눈 : 관련 증상 문진	임상검사 및 진찰 ① 신경계 : 신경행동검사, 임상심리검사, 신경학적 검사 ② 눈 : 세극등현미경검사, 정밀안저검사, 정밀안압측정, 안과 진찰
16	지르코늄[7440-67-7] 및 그 화합물 (Zirconium and its compounds)		(1) 직업력 및 노출력 조사 (2) 주요 표적기관과 관련된 병력조사 (3) 임상검사 및 진찰 　① 호흡기계 : 청진, 흉부방사선(후전면) 　② 피부, 비강, 인두 : 관련 증상 문진	임상검사 및 진찰 ① 호흡기계 : 흉부방사선(측면), 폐활량검사 ② 피부, 비강, 인두 : KOH검사, 피부단자시험, 비강 및 인두 검사

번호	유해인자	제1차 검사항목	제2차 검사항목
17	카드뮴[7440-43-9] 및 그 화합물 (Cadmium and its compounds)	(1) 직업력 및 노출력 조사 (2) 주요 표적기관과 관련된 병력조사 (3) 임상검사 및 진찰 　① 비뇨기계 : 요검사 10종, 혈압 측정, 전립선 증상 문진 　② 호흡기계 : 청진, 흉부방사선(후전면), 폐활량검사 (4) 생물학적 노출지표 검사 : 혈중 카드뮴	(1) 임상검사 및 진찰 　① 비뇨기계 : 단백뇨정량, 혈청 크레아티닌, 요소질소, 전립선특이항원(남), 베타 2 마이크로글로불린 　② 호흡기계 : 흉부방사선(측면), 흉부 전산화 단층촬영, 객담세포검사 (2) 생물학적 노출지표 검사 : 소변 중 카드뮴
18	코발트(Cobalt ; 7440-48-4)(분진 및 흄만 해당한다)	(1) 직업력 및 노출력 조사 (2) 주요 표적기관과 관련된 병력조사 (3) 임상검사 및 진찰 　① 호흡기계 : 청진, 흉부방사선(후전면), 폐활량검사 　② 피부, 비강, 인두 : 관련 증상 문진	임상검사 및 진찰 ① 호흡기계 : 흉부방사선(측면), 작업 중 최대날숨유량 연속측정, 비특이 기도과민검사, 결핵도말검사 ② 피부·비강·인두 : 면역글로불린 정량(IgE), 피부첩포시험, 피부단자시험, KOH검사, 비강 및 인두 검사
19	크롬[7440-47-3] 및 그 화합물 (Chromium and its compounds)	(1) 직업력 및 노출력 조사 (2) 주요 표적기관과 관련된 병력조사 (3) 임상검사 및 진찰 　① 호흡기계 : 청진, 흉부방사선(후전면), 폐활량검사 　② 눈, 피부, 비강, 인두 : 관련 증상 문진	(1) 임상검사 및 진찰 ① 호흡기계(천식, 폐암) : 흉부방사선(측면), 작업 중 최대날숨유량연속측정, 비특이 기도과민검사, 흉부 전산화 단층촬영, 객담세포검사 ② 눈, 피부, 비강, 인두 : 세극등현미경검사, 면역글로불린 정량(IgE), 피부첩포시험, 피부단자시험, KOH검사, 비강 및 인두검사 (2) 생물학적 노출지표 검사 : 소변 중 또는 혈중 크롬
20	텅스텐[7440-33-7] 및 그 화합물 (Tungsten and its compounds)	(1) 직업력 및 노출력 조사 (2) 주요 표적기관과 관련된 병력조사 (3) 임상검사 및 진찰 　호흡기계 : 청진, 흉부방사선(후전면), 폐활량검사	임상검사 및 진찰 호흡기계 : 흉부방사선(측면), 결핵도말검사

※ 검사항목 중 "생물학적 노출지표 검사"는 해당 작업에 처음 배치되는 근로자에 대해서는 실시하지 않는다.

(3) 산 및 알칼리류(8종)

번호	유해인자	제1차 검사항목	제2차 검사항목
1	무수초산 (Acetic anhydride ; 108-24-7)	(1) 직업력 및 노출력 조사 (2) 주요 표적기관과 관련된 병력조사 (3) 임상검사 및 진찰 　　눈, 피부, 비강, 인두 : 점막자극증상 문진	임상검사 및 진찰 눈, 피부, 비강, 인두 : 세극등현미경검사, KOH 검사, 피부단자시험, 비강 및 인두 검사
2	불화수소 (Hydrogen fluoride ; 7664-39-3)	(1) 직업력 및 노출력 조사 (2) 주요 표적기관과 관련된 병력조사 (3) 임상검사 및 진찰 　　① 눈, 피부, 비강, 인두 : 점막자극증상 문진 　　② 악구강계 : 치과의사에 의한 치아부식증 　　　검사	(1) 임상검사 및 진찰 　　눈, 피부, 비강, 인두 : 세극등현미경검사, 　　KOH검사, 피부단자시험, 비강 및 인두 검사 (2) 생물학적 노출지표 검사 : 소변 중 불화물 　　(작업 전후를 측정하여 그 차이를 비교)
3	시안화 나트륨 (Sodium cyanide ; 143-33-9)	(1) 직업력 및 노출력 조사 (2) 주요 표적기관과 관련된 병력조사 (3) 임상검사 및 진찰 　　① 심혈관계 : 흉부방사선 검사, 심전도 검 　　　사, 총콜레스테롤, HDL콜레스테롤, 트 　　　리글리세라이드 　　② 신경계 : 신경계 증상 문진, 신경증상에 　　　유의하여 진찰 　　③ 눈, 피부, 비강, 인두 : 점막자극증상 문진	임상검사 및 진찰 ① 신경계 : 신경행동검사, 임상심리검사, 신 　경학적 검사 ② 눈, 피부, 비강, 인두 : 세극등현미경검사, 　KOH검사, 피부단자시험, 비강 및 인두 검사
4	시안화칼륨 (Potassium cyanide ; 151-50-8)	(1) 직업력 및 노출력 조사 (2) 주요 표적기관과 관련된 병력조사 (3) 임상검사 및 진찰 　　① 심혈관계 : 흉부방사선 검사, 심전도검 　　　사, 총콜레스테롤, HDL콜레스테롤, 트 　　　리글리세라이드 　　② 신경계 : 신경계 증상 문진, 신경증상에 　　　유의하여 진찰 　　③ 눈, 피부, 비강, 인두 : 점막자극증상 문진	임상검사 및 진찰 ① 신경계 : 신경행동검사, 임상심리검사, 신 　경학적 검사 ② 눈, 피부, 비강, 인두 : 세극등현미경검사, 　KOH검사, 피부단자시험, 비강 및 인두 검사
5	염화수소 (Hydrogen chloride ; 7647-01-0)	(1) 직업력 및 노출력 조사 (2) 주요 표적기관과 관련된 병력조사 (3) 임상검사 및 진찰 　　① 호흡기계 : 청진, 흉부방사선(후전면) 　　② 눈, 피부, 비강, 인두 : 점막자극증상 문진 　　③ 악구강계 : 치과의사에 의한 치아부식증 　　　검사	임상검사 및 진찰 ① 호흡기계 : 흉부방사선(측면), 폐활량검사 ② 눈, 피부, 비강, 인두 : 세극등현미경검사, 　KOH검사, 피부단자시험, 비강 및 인두 　검사
6	질산(Nitric acid ; 7697-37-2)	(1) 직업력 및 노출력 조사 (2) 주요 표적기관과 관련된 병력조사 (3) 임상검사 및 진찰 　　① 호흡기계 : 청진, 흉부방사선(후전면) 　　② 눈, 피부, 비강, 인두 : 점막자극증상 문진 　　③ 악구강계 : 치과의사에 의한 치아부식증 　　　검사	임상검사 및 진찰 ① 호흡기계 : 흉부방사선(측면), 폐활량검사 ② 눈, 피부, 비강, 인두 : 세극등현미경검사, 　KOH검사, 피부단자시험, 비강 및 인두 검사
7	트리클로로아세트산 (Trichloroacetic acid ; 76-03-9)	(1) 직업력 및 노출력 조사 (2) 주요 표적기관과 관련된 병력조사 (3) 임상검사 및 진찰 　　눈, 피부, 비강, 인두 : 점막자극증상 문진	임상검사 및 진찰 눈, 피부, 비강, 인두 : 세극등현미경검사, KOH 검사, 피부단자시험, 비강 및 인두 검사

번호	유해인자	제1차 검사항목	제2차 검사항목
8	황산(Sulfuric acid ; 7664-93-9)	(1) 직업력 및 노출력 조사 (2) 주요 표적기관과 관련된 병력조사 (3) 임상검사 및 진찰 　① 호흡기계 : 청진, 흉부방사선(후전면) 　② 눈, 피부, 비강, 인두·후두 : 점막자극 증상 문진 　③ 악구강계 : 치과의사에 의한 치아부식증 검사	임상검사 및 진찰 ① 호흡기계 : 흉부방사선(측면), 폐활량검사 ② 눈, 피부, 비강, 인두 : 세극등현미경검사, KOH검사, 피부단자시험, 비강 및 인두 검사, 후두경검사

※ 검사항목 중 "생물학적 노출지표 검사"는 해당 작업에 처음 배치되는 근로자에 대해서는 실시하지 않는다.

(4) 가스 상태 물질류(14종)

번호	유해인자	제1차 검사항목	제2차 검사항목
1	불소(Fluorine ; 7782-41-4)	(1) 직업력 및 노출력 조사 (2) 주요 표적기관과 관련된 병력조사 (3) 임상검사 및 진찰 　① 간담도계 : AST(SGOT), ALT(SGPT), γ-GTP 　② 호흡기계 : 청진, 흉부방사선(후전면) 　③ 눈, 피부, 비강, 인두 : 점막자극증상 문진	임상검사 및 진찰 ① 간담도계 : AST(SGOT), ALT(SGPT), γ-GTP, 총단백, 알부민, 총빌리루빈, 직접빌리루빈, 알카리포스파타아제, 유산탈수소효소, 알파피토단백, B형간염 표면항원, B형간염 표면항체, C형간염 항체, A형간염 항체, 초음파 검사 ② 호흡기계 : 흉부방사선(측면), 폐활량검사 ③ 눈, 피부, 비강, 인두 : 세극등현미경검사, KOH검사, 피부단자시험, 비강 및 인두 검사
2	브롬(Bromine ; 7726-95-6)	(1) 직업력 및 노출력 조사 (2) 주요 표적기관과 관련된 병력조사 (3) 임상검사 및 진찰 　① 호흡기계 : 청진 　② 신경계 : 신경계 증상 문진, 신경증상에 유의하여 진찰	(1) 임상검사 및 진찰 　① 호흡기계 : 흉부방사선(후전면), 폐활량검사 　② 신경계 : 신경행동검사, 임상심리검사, 신경학적 검사 (2) 생물학적 노출지표 검사 : 혈중 브롬이온 검사
3	산화에틸렌 (Ethylene oxide ; 75-21-8)	(1) 직업력 및 노출력 조사 (2) 주요 표적기관과 관련된 병력조사 (3) 임상검사 및 진찰 　① 조혈기계 : 혈색소량, 혈구용적치, 적혈구 수, 백혈구 수, 혈소판 수, 백혈구 백분율, 망상적혈구 수 　② 간담도계 : AST(SGOT), ALT(SGPT), γ-GTP 　③ 호흡기계 : 청진 　④ 신경계 : 신경계 증상 문진, 신경증상에 유의하여 진찰 　⑤ 생식계 : 생식계 증상 문진 　⑥ 눈, 피부, 비강, 인두 : 점막자극증상 문진	임상검사 및 진찰 ① 조혈기계 : 혈액도말검사 ② 간담도계 : AST(SGOT), ALT(SGPT), γ-GTP, 총단백, 알부민, 총빌리루빈, 직접빌리루빈, 알카리포스파타아제, 알파피토단백, B형간염 표면항원, B형간염 표면항체, C형간염 항체, A형간염 항체, 초음파 검사 ③ 호흡기계 : 흉부방사선(후전면), 폐활량검사 ④ 신경계 : 신경행동검사, 임상심리검사, 신경학적 검사 ⑤ 생식계 : 에스트로겐(여), 황체형성호르몬, 난포자극호르몬, 테스토스테론(남) ⑥ 눈, 피부, 비강, 인두 : 세극등현미경검사, 비강 및 인두 검사, 면역글로불린 정량(IgE), 피부첩포시험, 피부단자시험, KOH검사

번호	유해인자	제1차 검사항목	제2차 검사항목
4	삼수소화비소 (Arsine ; 7784-42-1)	(1) 직업력 및 노출력 조사 (2) 주요 표적기관과 관련된 병력조사 (3) 임상검사 및 진찰 　① 조혈기계 : 혈색소량, 혈구용적치, 적혈구 수, 백혈구 수, 혈소판 수, 백혈구 백분율, 망상적혈구 수 　② 간담도계 : AST(SGOT), ALT(SGPT), γ-GTP 　③ 호흡기계 : 청진 　④ 비뇨기계 : 요검사 10종 　⑤ 눈, 피부, 비강, 인두 : 점막자극증상 문진	(1) 임상검사 및 진찰 　① 조혈기계 : 혈액도말검사, 유산탈수소효소, 총빌리루빈, 직접빌리루빈 　② 간담도계 : AST(SGOT), ALT(SGPT), γ-GTP, 총단백, 알부민, 총빌리루빈, 직접빌리루빈, 알카리포스파타아제, 알파피토단백, B형간염 표면항원, B형간염 표면항체, C형간염 항체, A형간염 항체, 초음파 검사 　③ 호흡기계 : 흉부방사선(후전면), 폐활량검사, 흉부 전산화 단층촬영 　④ 비뇨기계 : 단백뇨정량, 혈청 크레아티닌, 요소질소 　⑤ 눈, 피부, 비강, 인두 : 세극등현미경검사, KOH검사, 피부단자시험, 비강 및 인두 검사 (2) 생물학적 노출지표 검사 : 소변 중 비소(주말작업 종료 시)
5	시안화수소 (Hydrogen cyanide ; 74-90-8)	(1) 직업력 및 노출력 조사 (2) 주요 표적기관과 관련된 병력조사 (3) 임상검사 및 진찰 　① 심혈관계 : 흉부방사선 검사, 심전도검사, 총콜레스테롤, HDL콜레스테롤, 트리글리세라이드 　② 신경계 : 신경계 증상 문진, 신경증상에 유의하여 진찰	임상검사 및 진찰 신경계 : 신경행동검사, 임상심리검사, 신경학적 검사
6	염소(Chlorine ; 7782-50-5)	(1) 직업력 및 노출력 조사 (2) 주요 표적기관과 관련된 병력조사 (3) 임상검사 및 진찰 　① 호흡기계 : 청진, 흉부방사선(후전면) 　② 눈, 피부, 비강, 인두 : 점막자극증상 문진 　③ 악구강계 : 치과의사에 의한 치아부식증 검사	임상검사 및 진찰 ① 호흡기계 : 흉부방사선(측면), 폐활량검사 ② 눈, 피부, 비강, 인두 : 세극등현미경검사, KOH검사, 피부단자시험, 비강 및 인두 검사
7	오존(Ozone ; 10028-15-6)	(1) 직업력 및 노출력 조사 (2) 과거병력조사 : 주요 표적기관과 관련된 질병력조사 (3) 임상검사 및 진찰 　호흡기계 : 청진, 흉부방사선(후전면)	임상검사 및 진찰 호흡기계 : 흉부방사선(측면), 폐활량검사
8	이산화질소 (nitrogen dioxide ; 10102-44-0)	(1) 직업력 및 노출력 조사 (2) 주요 표적기관과 관련된 병력조사 (3) 임상검사 및 진찰 　① 심혈관 : 흉부방사선 검사, 심전도검사, 총콜레스테롤, HDL콜레스테롤, 트리글리세라이드 　② 호흡기계 : 청진, 흉부방사선(후전면)	임상검사 및 진찰 호흡기계 : 흉부방사선(측면), 폐활량검사
9	이산화황 (Sulfur dioxide ; 7446-09-5)	(1) 직업력 및 노출력 조사 (2) 주요 표적기관과 관련된 병력조사 (3) 임상검사 및 진찰 　호흡기계 : 청진, 흉부방사선(후전면)	임상검사 및 진찰 ① 호흡기계 : 흉부방사선(측면), 폐활량검사 ② 악구강계 : 치과의사에 의한 치아부식증 검사

번호	유해인자	제1차 검사항목	제2차 검사항목
10	일산화질소 (Nitric oxide ; 10102 – 43 – 9)	(1) 직업력 및 노출력 조사 (2) 주요 표적기관과 관련된 병력조사 (3) 임상검사 및 진찰 　호흡기계 : 청진, 흉부방사선(후전면)	임상검사 및 진찰 호흡기계 : 흉부방사선(측면), 폐활량검사
11	일산화탄소 (Carbon monoxide ; 630 – 08 – 0)	(1) 직업력 및 노출력 조사 (2) 주요 표적기관과 관련된 병력조사 (3) 임상검사 및 진찰 　① 심혈관계 : 흉부방사선 검사, 심전도검 　　사, 총콜레스테롤, HDL콜레스테롤, 트 　　리글리세라이드 　② 신경계 : 신경계 증상 문진, 신경증상에 　　유의하여 진찰 (4) 생물학적 노출지표 검사 : 혈중 카복시헤모 　글로빈(작업 종료 후 10~15분 이내에 채 　취) 또는 호기 중 일산화탄소 농도(작업 종료 　후 10~15분 이내, 마지막 호기 채취)	임상검사 및 진찰 신경계 : 신경행동검사, 임상심리검사, 신경 학적 검사
12	포스겐(Phosgene ; 75 – 44 – 5)	(1) 직업력 및 노출력 조사 (2) 주요 표적기관과 관련된 병력조사 (3) 임상검사 및 진찰 　호흡기계 : 청진, 흉부방사선(후전면)	임상검사 및 진찰 호흡기계 : 흉부방사선(측면), 폐활량검사
13	포스핀(Phosphine ; 7803 – 51 – 2)	(1) 직업력 및 노출력 조사 (2) 주요 표적기관과 관련된 병력조사 (3) 임상검사 및 진찰 　호흡기계 : 청진, 흉부방사선(후전면)	임상검사 및 진찰 호흡기계 : 흉부방사선(측면), 폐활량검사
14	황화수소 (Hydrogen sulfide ; 7783 – 06 – 4)	(1) 직업력 및 노출력 조사 (2) 주요 표적기관과 관련된 병력조사 (3) 임상검사 및 진찰 　① 호흡기계 : 청진, 흉부방사선(후전면) 　② 신경계 : 신경계 증상 문진, 신경증상에 　　유의하여 진찰	임상검사 및 진찰 ① 호흡기계 : 흉부방사선(측면), 폐활량검사 ② 신경계 : 신경행동검사, 임상심리검사, 신 　경학적 검사 ③ 악구강계 : 치과의사에 의한 치아부식증 　검사

※ 검사항목 중 "생물학적 노출지표 검사"는 해당 작업에 처음 배치되는 근로자에 대해서는 실시하지 않는다.

(5) 영 제88조에 따른 허가 대상 유해물질(12종)

번호	유해인자	제1차 검사항목	제2차 검사항목
1	α–나프틸아민[134 –32–7] 및 그 염 (α–naphthyl amine and its salts)	(1) 직업력 및 노출력 조사 (2) 주요 표적기관과 관련된 병력조사 (3) 임상검사 및 진찰 　① 비뇨기계 : 요검사 10종, 소변세포병리 　　검사(아침 첫 소변 채취) 　② 피부 : 관련 증상 문진	임상검사 및 진찰 ① 비뇨기계 : 단백뇨정량, 혈청 크레아티닌, 　요소질소, 비뇨기과 진료 ② 피부 : 면역글로불린 정량(IgE), 피부첩포 　시험, 피부단자시험, KOH검사
2	디아니시딘[119– 90–4] 및 그 염 (Dianisidine and its salts)	(1) 직업력 및 노출력 조사 (2) 주요 표적기관과 관련된 병력조사 (3) 임상검사 및 진찰 　① 간담도계 : AST(SGOT), ALT(SGPT), 　　γ–GTP 　② 비뇨기계 : 요검사 10종, 소변세포병리 　　검사(아침 첫 소변 채취)	임상검사 및 진찰 ① 간담도계 : AST(SGOT), ALT(SGPT), γ 　–GTP, 총단백, 알부민, 총빌리루빈, 직접 　빌리루빈, 알카리포스파타아제, 알파피토단 　백, B형간염 표면항원, B형간염 표면항체, 　C형간염 항체, A형간염 항체, 초음파 검사 ② 비뇨기계 : 단백뇨정량, 혈청 크레아티닌, 　요소질소, 비뇨기과 진료

번호	유해인자	제1차 검사항목	제2차 검사항목
3	디클로로벤지딘[91 −94−1] 및 그 염 (Dichlorobenzidine and its salts)	(1) 직업력 및 노출력 조사 (2) 주요 표적기관과 관련된 병력조사 (3) 임상검사 및 진찰 　① 간담도계 : AST(SGOT), ALT(SGPT), γ−GTP 　② 비뇨기계 : 요검사 10종, 소변세포병리 검사(아침 첫 소변 채취) 　③ 피부 : 관련 증상 문진	임상검사 및 진찰 ① 간담도계 : AST(SGOT), ALT(SGPT), γ−GTP, 총단백, 알부민, 총빌리루빈, 직접빌리루빈, 알카리포스파타아제, 알파피토단백, B형간염 표면항원, B형간염 표면항체, C형간염 항체, A형간염 항체, 초음파 검사 ② 비뇨기계 : 단백뇨정량, 혈청 크레아티닌, 요소질소, 비뇨기과 진료 ③ 피부 : 면역글로불린 정량(IgE), 피부첩포시험, 피부단자시험, KOH검사
4	베릴륨[7440−41−7] 및 그 화합물 (Beryllium and its compounds)	(1) 직업력 및 노출력 조사 (2) 주요 표적기관과 관련된 병력조사 (3) 임상검사 및 진찰 　① 호흡기계 : 청진, 흉부방사선(후전면), 폐 활량검사 　② 눈, 피부, 비강, 인두 : 점막자극증상 문진	임상검사 및 진찰 ① 호흡기계 : 흉부방사선(측면), 결핵도말검 사, 흉부 전산화 단층촬영, 객담세포검사 ② 눈, 피부, 비강, 인두 : 세극등현미경검사, 비강 및 인두 검사, 면역글로불린 정량(IgE), 피부첩포시험, 피부단자시험, KOH검사
5	벤조트리클로라이드 (Benzotrichloride ; 98−07−7)	(1) 직업력 및 노출력 조사 (2) 주요 표적기관과 관련된 병력조사 (3) 임상검사 및 진찰 　① 호흡기계 : 청진, 흉부방사선(후전면) 　② 신경계 : 신경계 증상 문진, 신경증상에 유의하여 진찰	임상검사 및 진찰 ① 호흡기계 : 흉부방사선(측면), 흉부 전산화 단층촬영, 객담세포검사 ② 신경계 : 신경행동검사, 임상심리검사, 신 경학적 검사
6	비소[7440−38−2] 및 그 무기화합물 (Arsenic and its inorganic compounds)	(1) 직업력 및 노출력 조사 (2) 주요 표적기관과 관련된 병력조사 (3) 임상검사 및 진찰 　① 조혈기계 : 혈색소량, 혈구용적치, 적혈 구 수, 백혈구 수, 혈소판 수, 백혈구 백 분율, 망상적혈구 수 　② 간담도계 : AST(SGOT), ALT(SGPT), γ−GTP 　③ 호흡기계 : 청진, 흉부방사선(후전면) 　④ 비뇨기계 : 요검사 10종 　⑤ 눈, 피부, 비강, 인두 : 점막자극증상 문진	(1) 임상검사 및 진찰 ① 조혈기계 : 혈액도말검사, 유산탈수소 효소, 총빌리루빈, 직접빌리루빈 ② 간담도계 : AST(SGOT), ALT(SGPT), γ−GTP, 총단백, 알부민, 총빌리루빈, 직접빌리루빈, 알카리포스파타아제, 알 파피토단백, B형간염 표면항원, B형간 염 표면항체, C형간염 항체, A형간염 항체, 초음파 검사 ③ 호흡기계 : 흉부방사선(후전면), 폐활량 검사, 흉부 전산화 단층촬영, 객담세포 검사 ④ 비뇨기계 : 단백뇨정량, 혈청 크레아티 닌, 요소질소 ⑤ 눈, 피부, 비강, 인두 : 세극등현미경검 사, 비강 및 인두 검사, 면역글로불린 정 량(IgE), 피부첩포시험, 피부단자시험, KOH검사 (2) 생물학적 노출지표 검사 : 소변 중 비소(주 말 작업 종료 시)

번호	유해인자	제1차 검사항목	제2차 검사항목
7	염화비닐 (Vinyl chloride ; 75−01−4)	(1) 직업력 및 노출력 조사 (2) 주요 표적기관과 관련된 병력조사 (3) 임상검사 및 진찰 　① 간담도계 : AST(SGOT), ALT(SGPT), 　　γ−GTP 　② 신경계 : 신경계 증상 문진, 신경증상에 　　유의하여 진찰, 레이노현상 진찰 　③ 눈, 피부, 비강, 인두 : 점막자극증상 문진	임상검사 및 진찰 ① 간담도계 : AST(SGOT), ALT(SGPT), γ 　−GTP, 총단백, 알부민, 총빌리루빈, 직접 　빌리루빈, 알카리포스파타아제, 알파피토 　단백, B형간염 표면항원, B형간염 표면항 　체, C형간염 항체, A형간염 항체, 초음파 　검사 ② 신경계 : 신경행동검사, 임상심리검사, 신 　경학적 검사 ③ 눈, 피부, 비강, 인두 : 세극등현미경검사, 　KOH검사, 피부단자시험, 비강 및 인두 검사
8	콜타르피치 [65996−93−2] 휘발물(코크스 제조 또는 취급업무)(Coal tar pitch volatiles)	(1) 직업력 및 노출력 조사 (2) 주요 표적기관과 관련된 병력조사 (3) 임상검사 및 진찰 　① 호흡기계 : 청진, 흉부방사선(후전면) 　② 비뇨기계 : 요검사 10종, 소변세포병리 　　검사(아침 첫 소변 채취) 　③ 눈, 피부, 비강, 인두 : 점막자극증상 문진	(1) 임상검사 및 진찰 　① 호흡기계 : 흉부방사선(측면), 흉부 전 　　산화 단층촬영, 객담세포검사 　② 비뇨기계 : 단백뇨정량, 혈청 크레아티 　　닌, 요소질소, 비뇨기과 진료 　③ 눈, 피부, 비강, 인두 : 세극등현미경검 　　사, 비강 및 인두 검사, 면역글로불린 　　정량(IgE), 피부첩포시험, 피부단자시 　　험, KOH검사 (2) 생물학적 노출지표 검사 : 소변 중 방향족 　탄화수소의 대사산물(1−하이드록시파이 　렌 또는 1−하이드록시파이렌 글루크로나 　이드)(작업 종료 후 채취)
9	크롬광 가공[열을 가 하여 소성(변형된 형 태 유지) 처리하는 경 우만 해당한다] (Chromite ore processing)	(1) 직업력 및 노출력 조사 (2) 주요 표적기관과 관련된 병력조사 (3) 임상검사 및 진찰 　① 간담도계 : AST(SGOT), ALT(SGPT), 　　γ−GTP 　② 호흡기계 : 청진, 흉부방사선(후전면), 　③ 눈, 피부, 비강, 인두 : 점막자극증상 문진	임상검사 및 진찰 ① 간담도계 : AST(SGOT), ALT(SGPT), γ 　−GTP, 총단백, 알부민, 총빌리루빈, 직 　접빌리루빈, 알카리포스파타아제, 알파피 　토단백, B형간염 표면항원, B형간염 표면 　항체, C형간염 항체, A형간염 항체, 초음파 　검사 ② 호흡기계 : 흉부방사선(측면), 흉부 전산화 　단층촬영, 객담세포검사 ③ 눈, 피부, 비강, 인두 : 세극등현미경검사, 　비강 및 인두 검사, 면역글로불린 정량(IgE), 　피부첩포시험, 피부단자시험, KOH검사
10	크롬산아연 (Zinc chromates ; 13530−65−9 등)	(1) 직업력 및 노출력 조사 (2) 주요 표적기관과 관련된 병력조사 (3) 임상검사 및 진찰 　① 간담도계 : AST(SGOT), ALT(SGPT), 　　γ−GTP 　② 호흡기계 : 청진, 흉부방사선(후전면) 　③ 눈, 피부, 비강, 인두 : 점막자극증상 문진	임상검사 및 진찰 ① 간담도계 : AST(SGOT), ALT(SGPT), γ 　−GTP, 총단백, 알부민, 총빌리루빈, 직 　접빌리루빈, 알카리포스파타아제, 알파피 　토단백, B형간염 표면항원, B형간염 표면 　항체, C형간염 항체, A형간염 항체, 초음파 　검사 ② 호흡기계 : 흉부방사선(측면), 흉부 전산화 　단층촬영, 객담세포검사 ③ 눈, 피부, 비강, 인두 : 세극등현미경검사, 　비강 및 인두 검사, 면역글로불린 정량(IgE), 　피부첩포시험, 피부단자시험, KOH검사

번호	유해인자	제1차 검사항목	제2차 검사항목
11	o-톨리딘 [119-93-7] 및 그 염 (o-Tolidine and its salts)	(1) 직업력 및 노출력 조사 (2) 주요 표적기관과 관련된 병력조사 (3) 임상검사 및 진찰 　① 간담도계 : AST(SGOT), ALT(SGPT), 　　γ-GTP 　② 비뇨기계 : 요검사 10종, 소변세포병리 　　검사(아침 첫 소변 채취)	임상검사 및 진찰 ① 간담도계 : AST(SGOT), ALT(SGPT), γ 　-GTP, 총단백, 알부민, 총빌리루빈, 직 　접빌리루빈, 알카리포스파타아제, 알파피 　토단백, B형간염 표면항원, B형간염 표면 　항체, C형간염 항체, A형간염 항체, 초음파 　검사 ② 비뇨기계 : 단백뇨정량, 혈청 크레아티닌, 　요소질소, 비뇨기과 진료
12	황화니켈류 (Nickel sulfides ; 12035-72-2, 16812-54-7)	(1) 직업력 및 노출력 조사 (2) 주요 표적기관과 관련된 병력조사 (3) 임상검사 및 진찰 　① 호흡기계 : 청진, 흉부방사선(후전면), 폐 　　활량검사 　② 피부, 비강, 인두 : 관련 증상 문진	(1) 임상검사 및 진찰 　① 호흡기계 : 흉부방사선(측면), 작업 중 　　최대날숨유량 연속측정, 비특이 기도 　　과민검사, 흉부 전산화 단층촬영, 객담 　　세포검사 　② 피부, 비강, 인두 : 면역글로불린 정량 　　(IgE), 피부첩포시험, 피부단자시험, 　　KOH검사, 비강 및 인두 검사 (2) 생물학적 노출지표 검사 : 소변 중 니켈

※ 휘발성 콜타르피치의 검사항목 중 "생물학적 노출지표 검사"는 해당 작업에 처음 배치되는 근로자에 대해서는 실시하지 않는다.

(6) 금속가공유 : 미네랄 오일미스트(광물성 오일)

번호	유해인자	제1차 검사항목	제2차 검사항목
1	금속가공유 : 미네랄 오일미스트(광물성 오일, Oil mist, mineral)	(1) 직업력 및 노출력 조사 (2) 과거병력조사 : 주요 표적기관과 관련된 질 　병력조사 (3) 임상검사 및 진찰 　① 호흡기계 : 청진, 폐활량검사 　② 눈, 피부, 비강, 인두 : 점막자극증상 문진	임상검사 및 진찰 ① 호흡기계 : 흉부방사선(후전면, 측면), 작 　업 중 최대날숨유량 연속측정, 비특이 기 　도과민검사 ② 눈, 피부, 비강, 인두 : 세극등현미경검사, 　비강 및 인두 검사, 면역글로불린 정량(IgE), 　피부첩포시험, 피부단자시험, KOH검사

2 분진(7종)

번호	유해인자	제1차 검사항목	제2차 검사항목
1	곡물 분진 (Grain dusts)	(1) 직업력 및 노출력 조사 (2) 주요 표적기관과 관련된 병력조사 (3) 임상검사 및 진찰 　　호흡기계 : 청진, 폐활량검사	임상검사 및 진찰 호흡기계 : 흉부방사선(후전면, 측면), 작업 중 최대날숨유량 연속측정, 비특이 기도과민검사
2	광물성 분진 (Mineral dusts)	(1) 직업력 및 노출력 조사 (2) 주요 표적기관과 관련된 병력조사 (3) 임상검사 및 진찰 　　① 호흡기계 : 청진, 흉부방사선(후전면), 폐활량검사 　　② 눈, 피부, 비강, 인두 : 점막자극증상 문진	임상검사 및 진찰 ① 호흡기계 : 흉부방사선(측면), 결핵도말검사, 흉부 전산화 단층촬영, 객담세포검사 ② 눈, 피부, 비강, 인두 : 세극등현미경검사, KOH검사, 피부단자시험, 비강 및 인두 검사
3	면 분진 (Cotton dusts)	(1) 직업력 및 노출력 조사 (2) 주요 표적기관과 관련된 병력조사 (3) 임상검사 및 진찰 　　호흡기계 : 청진, 폐활량검사	임상검사 및 진찰 호흡기계 : 흉부방사선(측면), 흉부방사선(후전면), 작업 중 최대날숨유량 연속측정, 비특이 기도과민검사
4	목재 분진 (Wood dusts)	(1) 직업력 및 노출력 조사 (2) 과거병력조사 : 주요 표적기관과 관련된 질병력조사 (3) 임상검사 및 진찰 　　① 호흡기계 : 청진, 흉부방사선(후전면), 폐활량검사 　　② 눈, 피부, 비강, 인두 : 점막자극증상 문진	임상검사 및 진찰 ① 호흡기계 : 흉부방사선(측면), 작업 중 최대날숨유량 연속측정, 비특이 기도과민검사, 결핵도말검사 ② 눈, 피부, 비강, 인두 : 세극등현미경검사, 비강 및 인두 검사, 면역글로불린 정량(IgE), 피부첩포시험, 피부단자시험, KOH검사
5	용접 흄 (Welding fume)	(1) 직업력 및 노출력 조사 (2) 주요 표적기관과 관련된 병력조사 (3) 임상검사 및 진찰 　　① 호흡기계 : 청진, 흉부방사선(후전면), 폐활량검사 　　② 신경계 : 신경계 증상 문진, 신경증상에 유의하여 진찰 　　③ 피부 : 관련 증상 문진	임상검사 및 진찰 ① 호흡기계 : 흉부방사선(측면), 작업 중 최대날숨유량 연속측정, 비특이 기도과민검사, 결핵도말검사 ② 신경계 : 신경행동검사, 임상심리검사, 신경학적 검사 ③ 피부 : 면역글로불린 정량(IgE), 피부첩포시험, 피부단자시험, KOH검사
6	유리 섬유 (Glass fiber dusts)	(1) 직업력 및 노출력 조사 (2) 주요 표적기관과 관련된 병력조사 (3) 임상검사 및 진찰 　　① 호흡기계 : 청진, 흉부방사선(후전면), 폐활량검사 　　② 눈, 피부, 비강, 인두 : 점막자극증상 문진	임상검사 및 진찰 ① 호흡기계 : 흉부방사선(측면), 폐활량검사, 결핵도말검사 ② 눈, 피부, 비강, 인두 : 세극등현미경검사, KOH검사, 피부단자시험, 비강 및 인두 검사
7	석면분진 (Asbestos dusts ; 1332-21-4 등)	(1) 직업력 및 노출력 조사 (2) 주요 표적기관과 관련된 병력조사 (3) 임상검사 및 진찰 　　호흡기계 : 청진, 흉부방사선(후전면), 폐활량검사	임상검사 및 진찰 호흡기계 : 흉부방사선(측면), 결핵도말검사, 흉부 전산화 단층촬영, 객담세포검사

❸ 물리적 인자(8종)

번호	유해인자	제1차 검사항목	제2차 검사항목
1	안전보건규칙 제512 조제1호부터 제3호까지의 규정에 따른 소음작업, 강렬한 소음작업 및 충격소음작업에서 발생하는 소음	(1) 직업력 및 노출력 조사 (2) 주요 표적기관과 관련된 병력조사 (3) 임상검사 및 진찰 　이비인후 : 순음 청력검사(양측 기도), 정밀 진찰(이경검사)	임상검사 및 진찰 이비인후 : 순음 청력검사(양측 기도 및 골도), 중이검사(고막운동성검사)
2	안전보건규칙 제512 조제4호에 따른 진동 작업에서 발생하는 진동	(1) 직업력 및 노출력 조사 (2) 주요 표적기관과 관련된 병력조사 (3) 임상검사 및 진찰 　① 신경계 : 신경계 증상 문진, 신경증상에 유의하여 진찰, 사지의 말초순환기능(손톱압박)·신경기능(통각, 진동각)·운동기능(악력) 등에 유의하여 진찰 　② 심혈관계 : 관련 증상 문진	임상검사 및 진찰 ① 신경계 : 근전도검사, 신경전도검사, 신경행동검사, 임상심리검사, 신경학적 검사, 냉각부하검사, 운동기능검사 ② 심혈관계 : 심전도검사, 정밀안저검사
3	안전보건규칙 제573 조제1호에 따른 방사선	(1) 직업력 및 노출력 조사 (2) 주요 표적기관과 관련된 병력조사 (3) 임상검사 및 진찰 　① 조혈기계 : 혈색소량, 혈구용적치, 적혈구 수, 백혈구 수, 혈소판 수, 백혈구 백분율 　② 눈, 피부, 신경계, 조혈기계 : 관련 증상 문진	임상검사 및 진찰 ① 조혈기계 : 혈액도말검사, 망상적혈구 수 ② 눈 : 세극등현미경검사
4	고기압	(1) 직업력 및 노출력 조사 (2) 주요 표적기관과 관련된 병력조사 (3) 임상검사 및 진찰 　① 이비인후 : 순음 청력검사(양측 기도), 정밀 진찰(이경검사) 　② 눈, 이비인후, 피부, 호흡기계, 근골격계, 심혈관계, 치과 : 관련 증상 문진	임상검사 및 진찰 ① 이비인후 : 순음 청력검사(양측 기도 및 골도), 중이검사(고막운동성검사) ② 호흡기계 : 폐활량검사 ③ 근골격계 : 골 및 관절 방사선검사 ④ 심혈관계 : 심전도검사 ⑤ 치과 : 치과의사에 의한 치은염 검사, 치주염 검사
5	저기압	(1) 직업력 및 노출력 조사 (2) 주요 표적기관과 관련된 병력조사 (3) 임상검사 및 진찰 　① 눈, 심혈관계, 호흡기계 : 관련 증상 문진 　② 이비인후 : 순음 청력검사(양측 기도), 정밀 진찰(이경검사)	임상검사 및 진찰 ① 눈 : 정밀안저검사 ② 호흡기계 : 흉부 방사선검사, 폐활량검사 ③ 심혈관계 : 심전도검사 ④ 이비인후 : 순음 청력검사(양측 기도 및 골도), 중이검사(고막운동성검사)
6	자외선	(1) 직업력 및 노출력 조사 (2) 주요 표적기관과 관련된 병력조사 (3) 임상검사 및 진찰 　① 피부 : 관련 증상 문진 　② 눈 : 관련 증상 문진	임상검사 및 진찰 ① 피부 : 면역글로불린 정량(IgE), 피부첩포시험, 피부단자시험, KOH검사 ② 눈 : 세극등현미경검사, 정밀안저검사, 정밀안압측정, 안과 진찰

번호	유해인자	제1차 검사항목	제2차 검사항목
7	적외선	(1) 직업력 및 노출력 조사 (2) 주요 표적기관과 관련된 병력조사 (3) 임상검사 및 진찰 　① 피부 : 관련 증상 문진 　② 눈 : 관련 증상 문진	임상검사 및 진찰 ① 피부 : 면역글로불린 정량(IgE), 피부첩포 시험, 피부단자시험, KOH검사 ② 눈 : 세극등현미경검사, 정밀안저검사, 정밀안압측정, 안과 진찰
8	마이크로파 및 라디오파	(1) 직업력 및 노출력 조사 (2) 주요 표적기관과 관련된 병력조사 (3) 임상검사 및 진찰 　① 신경계 : 신경계 증상 문진, 신경증상에 유의하여 진찰 　② 생식계 : 생식계 증상 문진 　③ 눈 : 관련 증상 문진	임상검사 및 진찰 ① 신경계 : 신경행동검사, 임상심리검사, 신경학적 검사 ② 생식계 : 에스트로겐(여), 황체형성호르몬, 난포자극호르몬, 테스토스테론(남) ③ 눈 : 세극등현미경검사, 정밀안저검사, 정밀안압측정, 안과 진찰

4 야간작업

번호	제1차 검사항목	제2차 검사항목
야간 작업	(1) 직업력 및 노출력 조사 (2) 주요 표적기관과 관련된 병력조사 (3) 임상검사 및 진찰 　① 신경계 : 불면증 증상 문진 　② 심혈관계 : 복부둘레, 혈압, 공복혈당, 총콜레스테롤, 트리글리세라이드, HDL 콜레스테롤 　③ 위장관계 : 관련 증상 문진 　④ 내분비계 : 관련 증상 문진	임상검사 및 진찰 ① 신경계 : 심층면담 및 문진 ② 심혈관계 : 혈압, 공복혈당, 당화혈색소, 총콜레스테롤, 트리글리세라이드, HDL콜레스테롤, LDL콜레스테롤, 24시간 심전도, 24시간 혈압 ③ 위장관계 : 위내시경 ④ 내분비계 : 유방촬영, 유방초음파

2. 직업성 천식 및 직업성 피부염이 의심되는 근로자에 대한 수시건강진단의 검사항목

번호	유해인자	제1차 검사항목	제2차 검사항목
1	천식 유발물질	(1) 직업력 및 노출력 조사 (2) 주요 표적기관과 관련된 병력조사 (3) 임상검사 및 진찰 　호흡기계 : 천식에 유의하여 진찰	임상검사 및 진찰 호흡기계 : 작업 중 최대날숨유량 연속측정, 폐활량검사, 흉부 방사선(후전면, 측면), 비특이 기도과민검사
2	피부장해 유발물질	(1) 직업력 및 노출력 조사 (2) 주요 표적기관과 관련된 병력조사 (3) 임상검사 및 진찰 　피부 : 피부 병변의 종류, 발병 모양, 분포 상태, 피부묘기증, 니콜스키 증후 등에 유의하여 진찰	임상검사 및 진찰 피부 : 피부첩포시험

특수건강진단 대상 유해인자 중 치과검사 물질

① 개요

특수건강진단 대상 유해인자 중 법령에서 정하는 유해인자에 대한 치과검사는 치과의사가 실시하여야 한다.

② 치과검사 물질

(1) 불화수소
(2) 염소
(3) 염화수소
(4) 질산
(5) 황산
(6) 인산화황
(7) 황화수소
(8) 고기압

③ 검사 후 조치

검사 결과 직업별 유소견자에 대해서는 치과검사 및 치주조직 검사표를 작성하여 특수 · 배치전 · 수시 · 임시건강진단 개인표에 첨부하여야 한다.

■ 건강관리구분 판정

건강관리구분		내용
A		건강관리상 사후관리가 필요 없는 근로자(건강한 근로자)
C	C_1	직업성 질병으로 진전될 우려가 있어 추적검사 등 관찰이 필요한 근로자(직업병 요관찰자)
	C_2	일반질병으로 진전될 우려가 있어 추적관찰이 필요한 근로자(일반질병 요관찰자)
D_1		직업성 질병의 소견을 보여 사후관리가 필요한 근로자(직업병 유소견자)
D_2		일반질병의 소견을 보여 사후관리가 필요한 근로자(일반질병 유소견자)
R		건강진단 1차 검사결과 건강수준의 평가가 곤란하거나 질병이 의심되는 근로자(제2차 건강진단 대상자)

※ "U"는 2차 건강진단 대상임을 통보하고 30일을 경과하여 해당 검사가 이루어지지 않아 건강관리구분을 판정할 수 없는 근로자를 말한다. "U"로 분류한 경우에는 해당 근로자의 퇴직, 기한 내 미실시 등 2차 건강진단 해당 검사가 이루어지지 않은 사유를 시행규칙 제209조제3항에 따른 건강진단결과표의 사후관리소견서 검진소견란에 기재하여야 한다.

■ 야간작업 특수건강진단 건강관리구분 판정

건강관리구분	내용
A	건강관리상 사후관리가 필요 없는 근로자(건강한 근로자)
CN	질병으로 진전될 우려가 있어 야간 작업 시 추적관찰이 필요한 근로자(질병 요관찰자)
DN	질병의 소견을 보여 야간작업 시 사후 관리가 필요한 근로자(질병 유소견자)
R	건강진단 1차 검사결과 건강수준의 평가가 곤란하거나 질병이 의심되는 근로자(제2차 건강진단 대상자)

※ "U"는 2차 건강진단 대상임을 통보하고 30일을 경과하여 해당 검사가 이루어지지 않아 건강관리구분을 판정할 수 없는 근로자를 말한다. "U"로 분류한 경우에는 해당 근로자의 퇴직, 기한 내 미실시 등 2차 건강진단 해당 검사가 이루어지지 않은 사유를 시행규칙 제209조제3항에 따른 건강진단결과표의 사후관리소견서 검진소견란에 기재하여야 한다.

③ 사후관리조치 판정

구분	내용
0	필요 없음
1	건강상담
2	보호구 지급 및 착용 지도
3	추적검사
4	근무 중 치료
5	근로시간 단축
6	작업전환
7	근로제한 및 금지
8	산재요양신청서 직접 작성 등 해당 근로자에 대한 직업병 확진의뢰 안내
9	기타

(1) 사후관리조치 내용은 한 근로자에 대하여 중복하여 판정할 수 있음
(2) 건강상담 : 생활습관 관리 등 구체적으로 내용 기술
(3) 추적검사 : 건강진단의사가 직업병 요관찰자(C_1), 직업병 유소견자(D_1) 또는 "야간작업" 요관찰자(CN), "야간작업" 유소견자(DN)에 대하여 추적검사 판정을 하는 경우에는 사업주는 반드시 건강진단의사가 지정한 검사항목에 대하여 지정한 시기에 추적검사를 실시하여야 함
(4) 직업병 유소견자(D_1) 중 요양 또는 보상이 필요하다고 판단되는 근로자에 대하여는 건강진단을 한 의사가 반드시 직접 산재요양신청서를 작성하여 해당 근로자로 하여금 근로복지공단 관할지사에 산재요양신청을 할 수 있도록 안내하여야 함
(5) 교대근무일정 조정, 야간작업 중 사이잠 제공, 정밀업무적합성평가 의뢰 등 구체적으로 내용 기술

④ 업무수행 적합여부 판정

구분	내용
가	건강관리상 현재의 조건하에서 작업이 가능한 경우
나	일정한 조건(환경개선, 보호구 착용, 건강진단주기의 단축 등)하에서 현재의 작업이 가능한 경우
다	건강장해가 우려되어 한시적으로 현재의 작업을 할 수 없는 경우(건강상 또는 근로조건상의 문제가 해결된 후 작업복귀 가능)
라	건강장해의 악화 또는 영구적인 장해의 발생이 우려되어 현재의 작업을 해서는 안 되는 경우

007 특수건강진단 결과 사후관리조치

1 특수건강진단 결과 사후관리조치에 대한 조치결과 보고(사업주 의무사항)

(1) 조치결과서(관련 자료 포함)를 제출하지 않거나 거짓으로 제출하는 경우는 300만 원 이하의 과태료를 부과한다.
(2) 사업주가 반드시 사후관리조치서를 제출해야 할 사후관리대상은 근로 금지 및 제한(야간근로 포함), 작업전환, 근로시간의 단축, 작업장소의 변경, 직업병 확진 의뢰 안내 조치이다.
(3) 2020년 6월 30일까지 실시한 건강진단은 60일 이내, 7월 1일 이후 실시한 경우는 30일 이내 제출해야 한다.

2 검사항목 개정

(1) 객담세포검사를 제1차 검사항목에서 제2차 검사항목으로 변경(2020년 1월 16일부터 시행)
(2) 톨루엔의 제1차 검사항목 중 소변 중 마뇨산을 소변 중 o−크레졸로 변경(2020년 7월 1일부터 시행)

3 특수건강진단 대상 유해인자 추가

1, 2−디클로로프로판, 인듐 및 그 화합물 (2021년 1월 1일부터 시행)

4 야간작업 특수건강진단기관 소멸

야간작업 특수건강진단기관은 산안법 시행령 부칙 제3조의 규정에 의하여 2021년 1월 18일 이후 소멸되었다.

5 사전조사, 사후관리조치 및 업무적합성평가에 필요한 정보 제공 협조

(1) 사업주 협조사항이나 위반할 경우에 벌금이나 과태료 조항은 없다.
(2) 고용노동부 고시 근로자건강진단 실시기준에 일부 조항이 있었으나 산안법 시행규칙에 문구를 수정하여 규정되었다.

6 특수건강진단기관의 정도관리에 관한 고시

(1) 「특수건강진단기관의 정도관리 및 기관평가에 관한 고시」에서 「특수건강진단기관의 정도관리에 관한 고시」로 변경되었다.

(2) 산안법 제165조 등에 따라 안전보건공단에 특수건강진단 정도관리, 기관평가 업무를 위탁하였다.

(3) 평가는 공단이 시행하고, 결과 공표는 고용노동부가 시행한다.

(4) 기관평가 실시방법, 절차, 평가방법은 공단이 고용노동부 승인을 받아 지침으로 제정할 예정이다.(근로자 건강진단 실무지침도 고용노동부의 승인을 받아 공단에서 시행되고 있으며, 동일한 절차임)

SECTION 05 산업재해 조사 및 원인분석

1 재해조사

001 재해발생 시 조치

1 개요

재해가 발생하였을 때에는 재해의 유형과 인적 · 물적 피해상황에 따라 조치하여야 하며, 2차 재해의 예방을 위한 조치를 행함과 동시에 재해원인조사를 위해 재해발생 현장을 보존하여야 한다.

2 재해조사방법 3단계

(1) 제1단계(현장 보존)
　① 재해발생 시 즉각적인 조치
　② 현장보존에 유의

(2) 제2단계(사실의 수집)
　① 현장의 물리적 흔적(물적 증거)을 수집
　② 재해 현장은 다각도로 촬영하여 기록

(3) 제3단계(목격자, 감독자, 피해자 등의 진술)
　① 목격자, 현장책임자 등 많은 사람들로부터 사고 시의 상황을 청취
　② 재해 피해자로부터 재해 직전의 상황 청취
　③ 판단이 어려운 특수재해 · 중대재해는 전문가에게 조사 의뢰

3 사고조사의 순서

(1) 긴급사태에 신속하고 또한 적극적으로 대응
(2) 발생한 사건의 관련 정보를 수집
(3) 중요한 원인을 철저히 분석

(4) 시정조치 실시

(5) 조사결과 및 의견서 검토

(6) 시정조치의 유효성에 대해 사후관리 조치

4 재해발생 시 조치순서(7단계) 및 조치사항

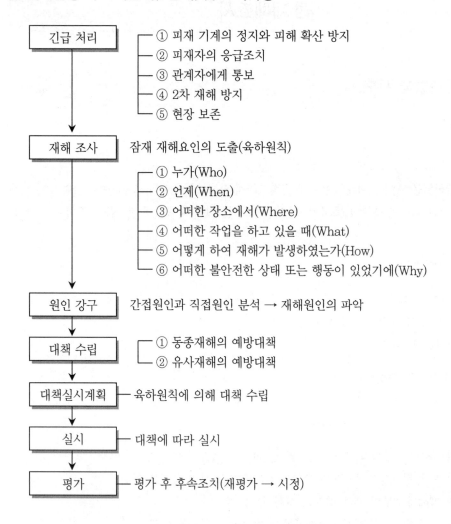

5 재해발생 시 기록보존사항

(1) 사업장의 개요 및 근로자 인적사항

(2) 재해발생 일시 및 장소

(3) 재해발생 원인 및 과정

(4) 재해 재발방지계획

002 재해사례연구법

1 개요

'재해사례연구법'이란 산업재해의 사례를 과제로 하여 그 사실과 배경을 체계적으로 파악하여, 문제점과 재해원인을 규명하고 관리·감독자의 입장에서 향후 재해예방대책을 세우기 위한 기법을 말한다.

2 재해사례연구의 목적

(1) 재해요인을 체계적으로 규명하여 이에 대한 대책 수립
(2) 재해방지의 원칙을 습득하여 이것을 일상의 안전보건활동에 실천
(3) 참가자의 안전보건활동에 관한 사고력 제고

3 재해사례연구의 참고기준

(1) 법규   (2) 기술지침   (3) 사내규정
(4) 작업명령   (5) 작업표준   (6) 설비기준
(7) 작업의 상식   (8) 직장의 관습 등

4 재해사례연구법의 Flow Chart

재해상황의 파악	→	재해사례연구의 4단계	→	실시계획

• 재해발생일시, 장소
• 상해, 물적 피해 상황
• 재해유형 및 기인물
• 재해현장도 등
		• 제1단계(사실의 확인)
		• 제2단계(문제점의 발견)
		• 제3단계(근본적 문제점의 결정)
		• 제4단계(대책의 수립)
				• 수립대책에 따라
				  실시계획 수립
				• 육하원칙에 의한
				  실시계획 수립

5 재해사례연구의 진행방법

(1) 개별 연구
    ① 사례 해결에 대한 자문자답 또는 사실에 대한 스스로의 조건보충과 비판을 통한 판단 및 결정
    ② 집단으로 연구하는 경우에도 같은 과정을 거침

(2) 반별 토의

    ① 기인사고와 집단토의의 결과를 대비

    ② 참가자의 자기계발 또는 상호계발을 촉진

(3) 전체 토의

    ① 반별 토의결과를 상호 발표 및 의견 교환

    ② 반별 토의에서 해결하지 못했던 현안 사항 또는 관련 사항에 대하여 토의

    ③ 참가자의 경험 및 정보의 교환

6 재해사례 연구순서

(1) 1단계

    사실의 확인(① 사람 ② 물건 ③ 관리 ④ 재해발생까지의 경과)

(2) 2단계

    직접 원인과 문제점의 확인

(3) 3단계

    근본 문제점의 결정

(4) 4단계

    대책의 수립

    ① 동종재해의 재발 방지

    ② 유사재해의 재발 방지

    ③ 재해원인의 규명 및 예방자료 수집

7 사례연구 시 파악하여야 할 상해의 종류

(1) 상해의 부위

(2) 상해의 종류

(3) 상해의 성질

003 재해통계 산출방법의 분류

1 제도를 이용한 통계

(1) 산업안전보건법이나 산업재해보상보험법 등 법적 규정에 의하여 실시되는 각종 제도의 결과를 이용한 통계
(2) 산업재해 현황분석 통계, 근로자건강진단 실시결과 통계, 작업환경 측정결과 통계 등이 있다.

2 조사자료를 이용한 통계

(1) 설문지, 조사표 등의 도구를 활용하여 다양한 방법으로 수집한 자료를 바탕으로 필요로 하는 정보를 산출하는 통계
(2) 통계자료 해석 시 표본조사와 센서스조사, 면접조사와 우편조사, 자기기입방법과 조사원 기입방법 등의 조사방법에 따라 다양한 고유 특성을 인지하는 등 세심한 주의가 요구된다.
(3) 사업장에서 주로 활용되는 조사자료를 이용한 통계에는 산업재해원인조사, 취업자 근로환경조사, 산업안전보건 동향조사, 근로자건강실태조사 등이 있다.

3 원시자료의 종류에 따른 통계

(1) 통계를 작성하기 위한 원시적 자료는 산출 방법에 따라 검사자료, 기록자료, 면접(설문)조사 자료 등으로 구분된다.
(2) 일반적으로 검사(측정)자료의 신뢰성이 면접(설문)조사 자료보다 높을 것으로 예상되나, 산출방법의 특성에 따른 한계(시료, 분석기기, 분석자, 설문지, 조사원, 응답자 등) 등이 포함되어 있어 절대적이라 할 수는 없다.
(3) 수집되는 자료의 신뢰성을 절대적으로 믿을 수 없다.

004 산업재해의 기본원인 4M

1 4M에 의한 재해발생 Mechanism

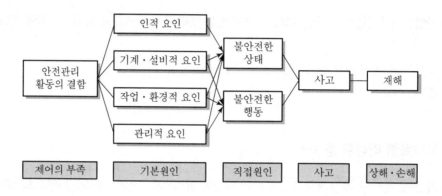

2 재해발생의 원인

(1) Man

착오, 피로, 망각, 착시 등의 심리적 · 생리적 요인

(2) Machine

기계설비의 결함, 방호장치 오류 또는 제거 · 미설치, 점검정비의 불량

(3) Media

작업자세 · 작업환경 · 작업공간 · 작업정보의 불량

(4) Management

관리조직, 안전관리규정, 교육훈련, 적정한 배치, 적절한 지도 · 감독의 부족 또는 결여

3 재해발생 시 대책수립 절차

(1) 재해와 사고내용의 가장 중요한 사항 파악
(2) 파악한 내용의 안전관리 4M과의 연관기준에 따른 분류
(3) 4M을 기반으로 한 안전대책 수립

② 산재분류 및 통계분석

001 재해통계 산출방법

■ 근로자 1인의 1년간 총근로시간수

1일 근로시간 × 1년간 근로일수 = 8시간 × 300일 = 2,400시간

② 근로자 1인의 평생 근로시간수

일평생 근로연수 × 1년간 총근로시간수 + 일평생 잔업시간
= 40년 × 2,400시간 + 4,000시간 = 100,000시간

③ 사망 및 1, 2, 3급의 근로손실일수

25년 × 300일 = 7,500일

④ 강도율

(1) 연근로시간 2,000시간에 대한 근로손실일수의 비율

(2) 강도율 $= \dfrac{\text{근로손실일수}}{\text{연근로시간수}} \times 1,000$

 ※ 근로손실일수 = (휴업일수 + 요양일수 + 입원일수) × $\dfrac{300}{365}$

⑤ 환산강도율

(1) 한 근로자가 한 작업장에서의 평생 근로시간에 대한 근로손실일수

(2) 환산강도율 $= \dfrac{\text{근로손실일수}}{\text{연근로시간수}} \times \text{평생근로시간}$

6 도수율

(1) 연근로시간 1백만 시간에 대한 재해건수의 비율

(2) 도수율 $= \dfrac{\text{재해발생건수}}{\text{연근로시간수}} \div 10^6 = \dfrac{\text{연천인율}}{2.4}$

7 환산도수율

(1) 한 근로자가 한 작업장에서 평생 동안 작업할 때 당할 수 있는 재해건수

(2) 환산도수율 = 도수율 × 0.12

　※ 평생근로시간이 12만인 경우 × 0.12, 10만이면 × 0.10, 15만이면 × 0.15

8 연천인율

(1) 연평균 근로자 1천 명에 대한 재해자수의 비율

(2) 연천인율 $= \dfrac{\text{연간 재해자수}}{\text{연평균 근로자수}} \times 1{,}000$

002 산업재해통계(2022년 12월 말 기준)

1 사망만인율 및 사망자수

(1) 사망만인율 : 1.10‰(전년 동기 대비 0.03‰p 증가)
  ① 사고사망만인율 : 0.43‰(전년 동기 대비 동일)
  ② 질병사망만인율 : 0.67‰(전년 동기 대비 0.02‰p 증가)

(2) 사망자수 : 2,223명(전년 동기 대비 143명(6.9%) 증가)
  ① 사고사망자수 : 874명(전년 동기 대비 46명(5.6%) 증가)
  ② 질병사망자수 : 1,349명(전년 동기 대비 97명(7.7%) 증가)

2 재해율 및 재해자수

(1) 재해율 : 0.65%(전년 동기 대비 0.02%p 증가)
  ① 사고재해율 : 0.53%(전년 동기 대비 동일)
  ② 질병재해율 : 0.11%(전년 동기 대비 동일)

(2) 재해자수 : 130,348명(전년 동기 대비 7,635명(6.2%) 증가)
  ① 사고재해자수 : 107,214명(전년 동기 대비 4,936명(4.8%) 증가)
  ② 질병재해자수 : 23,134명(전년 동기 대비 2,699명(13.2%) 증가)

3 주요 특징

(1) 사고사망자
  ① 건설업(402명, 46.0%), 5인~49인 사업장(365명, 41.8%), 60세 이상 근로자(380명, 43.5%), 떨어짐(322명, 36.8%)이 가장 많이 발생
  ② 업종
    ㉠ 감소 : 건설업(-15명), 농업(-2명), 임업(-1명), 어업(-1명)
    ㉡ 증가 : 운수 · 창고 및 통신업(+32명), 기타의 사업(+27명), 광업(+3명), 전기 · 가스 · 증기 및 수도사업(+2명), 금융 및 보험업(+1명)
    ㉢ 동일 : 제조업
  ③ 규모
    ㉠ 감소 : 50인~99인(-5명), 300인~999인(-2명)

ⓒ 증가 : 5인 미만(+24명), 5인~49인(+13명), 100인~299인(+15명), 1,000인 이상(+1명)

④ 재해유형

㉠ 떨어짐(322명, 36.8%), 부딪힘(92명, 10.5%), 끼임(90명, 10.3%), 교통사고(79명, 9.0%), 물체에 맞음(57명, 6.5%) 순으로 많이 발생

㉡ 감소 : 떨어짐(−29명), 끼임(−5명), 절단 · 베임 · 찔림(−3명), 깔림 · 뒤집힘(−1명)

㉢ 증가 : 부딪힘(+20명), 교통사고(+18명), 넘어짐(+14명), 무너짐(+10명), 물체에 맞음(+5명), 화재 · 폭발 · 파열(+1명), 무리한 동작(+1명)

(2) 질병사망자

① 광업(441명, 32.7%), 5인~49인 사업장(435명, 32.2%), 60세 이상 근로자(709명, 52.6%), 뇌심질환(486명, 36.0%)이 가장 많이 발생

② 업종

㉠ 감소 : 제조업(−6명), 기타의 사업(−6명), 전기 · 가스 · 증기 및 수도사업(−3명), 금융 및 보험업(−3명), 어업(−1명)

㉡ 증가 : 광업(+101명), 운수 · 창고 및 통신업(+8명), 건설업(+3명), 농업(+3명), 임업(+1명)

③ 규모

㉠ 감소 : 5인 미만(−19명), 5인~49인(−5명)

㉡ 증가 : 50인~99인(+15명), 100인~299인(+31명), 300인~999인(+59명), 1,000인 이상(+16명)

④ 질병종류

㉠ 뇌심질환(486명, 36.0%), 진폐(472명, 35.0%), 직업성 암(205명, 15.2%) 순으로 많이 발생

㉡ 감소 : 뇌심질환(−23명), 유기화합물중독(−2명)

㉢ 증가 : 직업성 암(+98명), 진폐(+48명), 기타 화학물질 중독(+9명), 금속 · 중금속 중독(+4명)

㉣ 동일 : 난청, 신체부담작업, 요통

⑤ 재해유형

㉠ 넘어짐(25,084명, 23.4%), 떨어짐(14,387명, 13.4%), 끼임(13,368명, 12.5%), 절단 · 베임 · 찔림(10,514명, 9.8%), 부딪힘(9,283명, 8.7%) 순으로 많이 발생

㉡ 감소 : 절단 · 베임 · 찔림(−571명), 떨어짐(−388명), 끼임(−300명), 물체에 맞음(−108명), 무너짐(−44명)

㉢ 증가 : 무리한 동작(+1,536명), 넘어짐(+1,127명), 교통사고(+1,068명), 부딪힘(+1,064명), 깔림 · 뒤집힘(+365명), 화재 · 폭발 · 파열(+34명)

(3) 질병재해자

① 제조업(7,790명, 33.7%), 5인~49인 사업장(7,459명, 32.2%), 60세 이상 근로자 (12,441명, 53.8%), 신체부담작업(6,629명, 28.7%)이 가장 많이 발생

② 업종

　㉠ 감소 : 운수·창고 및 통신업(-66명), 어업(-4명), 전기·가스·증기 및 수도사업(-4명)

　㉡ 증가 : 기타의 사업(+1,040명), 건설업(+758명), 광업(+521명), 제조업(+346명), 금융 및 보험업(+90명), 임업(+9명), 농업(+9명)

③ 규모

　㉠ 감소 : 없음

　㉡ 증가 : 5인 미만(+542명), 5인~49인(+332명), 50인~99인(+130명), 100인~299인 (+603명), 300인~999인(+995명), 1,000인 이상(+97명)

④ 질병종류

　㉠ 신체부담작업(6,629명, 28.7%), 난청(5,376명, 23.2%), 요통(5,091명, 22.0%) 순으로 많이 발생

　㉡ 감소 : 뇌심질환(-202명), 기타 화학물질 중독(-41명)

　㉢ 증가 : 난청(+1,208명), 직업성 암(+256명), 진폐(+173명), 신체부담작업(+80명), 요통(+33명), 유기화합물 중독(+29명), 금속·중금속 중독(+16명)

① 기하평균

곱의 평균이다. a와 b의 곱의 중간수, 즉 a와 b를 곱해서 1/2 제곱해주는 것이다. 산술평균은 1차원적인 평균, 기하평균은 2차원적인 평균으로 이해할 수 있다. 산술평균은 등차수열적인 증가를 한다는 뜻이고, 기하평균은 등비수열적인 증가를 한다는 뜻이며, 그래프 법에서는 누적빈도 50%에 해당하는 값을 기하평균으로 한다.

② 대수정규분포

(1) 정규분포는 수집된 자료의 분포를 근사하는 데에 자주 사용되며, 이것은 중심극한정리에 의하여 독립적인 확률변수들의 평균은 정규분포에 가까워지는 성질이 있기 때문이다.

(2) 정규분포는 2개의 매개변수 평균과 표준편차에 대해 모양이 결정되고, 이때의 분포를 N으로 표기한다. 특히, 평균이 0이고 표준편차가 1인 정규분포 $N(0, 1)$을 표준정규분포(Standard Normal Distribution)라고 한다.

③ 기하표준편차

데이터가 기하평균에서 얼마나 분산되어 있는가를 나타내는 값으로 기하평균을 사용하는 것이 적합한 데이터에서 기하표준편차를 사용한다. 계산하는 대표적인 방법으로는 대수변환법이 있다.

④ 평균과 표준편차의 범위

정규분포는 좌우 대칭이며 하나의 꼭지를 가진 분포로 절대근사하며 평균과 표준편차가 주어져 있을 때 엔트로피를 최대화하는 분포이다. 특히, 중앙치에 사례 수가 모여 있고, 양극단으로 갈수록 X축에 무한이 접근하지만 X축에 닿지는 않는다. 따라서 평균과 표준편차의 범위 면적은 전체 면적의 대부분을 차지한다.

5 분산과 표준편차

$$표준편차 = \sqrt{\frac{(x_1-m)^2+(x_2-m)^2+(x_3-m)^2+\cdots+(x_n-m)^2}{n}}$$

(1) 분산은 개별 데이터 값과 평균의 차이를 제곱한 값들을 모두 더한 후 이를 데이터 개수로 나누어 계산하기 때문에 원래 데이터의 척도가 과대하게 계산되는 문제가 발생한다. 예를 들어, 원래 데이터가 cm로 기록된 것이라면 분산은 cm^2이 되어 버린다. 이처럼 척도가 과대하게 계산되는 문제는 분산에 루트를 씌워 주면 해결되는데, 분산에 루트를 씌운 것이 바로 표준편차이다.

(2) 데이터 특징을 파악하기 위한 통계량으로 분산 대신 표준편차를 쓰는 이유는 표준편차를 계산하기 위해서는 분산이 필요하지만, 분산 자체는 원래 데이터의 척도를 제곱함으로써 데이터의 특징을 제대로 설명해 주지 못하기 때문이다. 표준편차 계산기를 통해 볼 수 있는 결과는 입력한 자료가 모집단에 대한 자료라고 가정하여 계산한 분산과 표준편차이기에 계산 과정에 쓰이는 분모는 입력한 자료의 개수(n)가 된다. 표준편차를 계산하기 위해서는 누적빈도별 값이 아닌 분모의 개수가 필요하다.

004 산업재해 중 업무상 재해의 범위

❶ 업무상 사고로 인한 재해가 발생할 것

근로자가 다음의 어느 하나에 해당하는 업무상 사고로 부상 또는 장해가 발생하거나 사망하면 업무상 재해로 본다.

(1) 근로자가 근로계약에 따른 업무나 그에 따르는 행위를 하던 중 발생한 사고
(2) 사업주가 제공한 시설물 등을 이용하던 중 그 시설물 등의 결함이나 관리소홀로 발생한 사고
(3) 사업주가 주관하거나 사업주의 지시에 따라 참여한 행사나 행사준비 중에 발생한 사고
(4) 휴게시간 중 사업주의 지배관리하에 있다고 볼 수 있는 행위로 발생한 사고
(5) 그 밖에 업무와 관련하여 발생한 사고

❷ 업무와 사고로 인한 재해 사이에 상당인과관계가 있을 것

위의 업무상 재해 인정기준에도 불구하고 업무와 업무상 사고로 인한 재해(부상·장해·사망) 사이에 상당인과관계(相當因果關係)가 없는 경우에는 업무상 재해로 보지 않는다.

❸ 상당인과관계의 의의

"상당인과관계"란 일반적인 경험과 지식에 비추어 그러한 사고가 있으면 그러한 재해가 발생할 것이라고 인정되는 범위에서 인과관계를 인정해야 한다는 것을 말한다.

(1) 인과관계의 입증책임
   인과관계의 존재에 대한 입증책임은 보험급여를 받으려는 자(근로자 또는 유족)가 부담한다.(대법원 2005. 11. 10. 선고 2005두8009 판결).

(2) 인과관계의 판단기준
   업무와 재해 사이의 인과관계의 상당인과관계는 보통평균인이 아니라 해당 근로자의 건강과 신체조건을 기준으로 해서 판단해야 한다(대법원 2008. 1. 31. 선고 2006두8204 판결, 대법원 2005. 11. 10. 선고 2005두8009 판결).

(3) 인과관계의 입증 정도
   인과관계는 반드시 의학적, 과학적으로 명백하게 입증되어야 하는 것은 아니고, 근로자의 취업 당시의 건강상태, 발병 경위, 질병의 내용, 치료의 경과 등 제반 사정을 고려할 때 업무와 재해 사이에 상당인과관계가 있다고 추단되는 경우에도 인정된다(대법원 2007. 4. 12. 선고 2006두4912 판결).

3 역학조사의 종류 및 방법

001 역학조사

1 정의

역학조사(疫學調査, Public Health Surveillance, Epidemiological Surveillance, Clinical Surveillance, Syndromic Surveillance)는 인구집단을 대상으로 특정한 질병이나 전염병의 발생 양상, 전파경로, 원인 등 역학적 특성을 조사하는 것을 의미한다.

2 유병률과 발병률

(1) 유병률(有病率, Prevalence)
   어떤 시점에 일정한 지역에서 나타나는 그 지역 인구에 대한 환자 수의 비율이다. 특히 기간 유병률(期間有病率)은 1년이나 2년 또는 6개월 등 일정 기간 동안 병이 있었던 전체 환자 수 이다.

(2) 발병률(發病率, Incidence)
   인구 수에 대한 새로 생긴 질병 수의 비율이다. 한 해에 새로 생긴 질병을 인구 1,000명을 기준하여 계산한다.

(3) 위험요인(Risk Factor)
   유병률과 직접적으로 관련 있는 요인으로, 유병률과 발병률의 역학조사는 위험요인의 영향 에 대한 상호적인 정보를 제공할 수 있다.

(4) 소인(素因)
   병에 걸리기 쉬운 내적 요인을 가지고 있는 신체상의 상태를 가리킨다.

3 심리적 유병률

2001년 심리적 장애 유병률은 25.8%로 알코올의존(15.9), 니코틴의존(10.3), 우울(4), 불안 (8.8), 양극성 장애(0.2), 조현병(0.2), 약물장애(0.1)의 순으로 조사된 바 있다.

1 오즈비(OR ; Odds Ratio)

(1) 정의

두 가지 경우의 사건이 발생할 확률을 비율로 나타내는 방법으로 환자군의 오즈는 환자군 중 노출력이 있는 사람 / 환자군 중 노출력이 없는 사람을 의미하며, 위험요인을 갖지 않은 사람 대비 위험요인을 가진 사람의 비율을 의미한다. 즉, 환자군의 오즈가 대조군 오즈의 몇 배인지를 비교하는 것이 오즈비이다.

(2) 산출방법

구분	환자군	대조군
과거 위험 인자 노출자	a	b
과거 위험 인자 미노출자	c	d

$$오즈비 = \frac{환자군의\ 오즈}{대조군의\ 오즈} = \frac{\dfrac{환자군\ 위험인자\ 노출자}{환자군\ 위험인자미\ 노출자}}{\dfrac{대조군\ 위험인자\ 노출자}{대조군\ 위험인자\ 미노출자}} = \frac{\dfrac{a}{c}}{\dfrac{b}{d}} = \frac{ad}{bc}$$

2 상대위험도

노출군에서의 발병률 대비 미노출군 발병률의 비율

구분	추후 병 ○	추후 병 ×	총계
과거 위험 인자 노출자	a	b	$a+b$
과거 위험 인자 미노출자	c	d	$c+d$

(1) 위험인자 노출군의 발병률 $= \dfrac{a}{(a+b)} \times 100(\%)$

(2) 대조군(미노출군)의 발병률 $= \dfrac{c}{(c+d)} \times 100(\%)$

3 기여위험도

노출군의 발병률이 미노출군보다 높은 정도의 비율

$$상대위험도(RR) = \frac{노출군의\ 발병률}{대조군의\ 발병률} = \frac{\dfrac{a}{(a+b)}}{\dfrac{c}{(c+d)}}$$

003 화학적 인자와 시료채취 매체

1 화학적 인자와 시료채취 매체

(1) 2-브로모프로판 : 활성탄관

(2) 디메틸포름아미드 : 실리카겔관

(3) 시클로헥산 : 활성탄관

(4) 트리클로로에틸렌 : 활성탄관

(5) 니켈 : 막여과지와 패드가 장착된 3단 카세트

(6) 6가 크롬화합물 : PVC 여과지

(7) 2, 4-TDI : 1-2PP 코팅 유리섬유 여과지

2 시료채취 매체의 특징

(1) 실리카겔관(Sillca Gel Tube)

　① 특징

　　㉠ 실리카겔은 규산나트륨과 황산과의 반응에서 유도된 무정형 물질이다.

　　㉡ 극성을 띠고 흡수성이 강하며 습도가 높을수록 파괴되기 쉽다.(통상 사용 시 굽기 작업을 함 : 열을 가해서 탈수)

　　㉢ 탄소의 불포화 결합을 가진 분자를 선택적으로 흡수한다.(표면에 물과 같은 극성 분자를 선택 흡수)

　② 실리카겔관을 사용하여 채취하기 쉬운 시료

　　㉠ 극성류의 유기용제, 산(무기산 : 불산, 염산)

　　㉡ 방향족 아민류

　　㉢ 아미노에탄올, 아마이드류

　　㉣ 니트로벤젠류, 페놀류

　③ 장점

　　㉠ 극성이 강하여 극성물질을 채취한 경우 물, 메탄올 등 다양한 용매로 쉽게 탈착한다.

　　㉡ 탈착용매가 화학분석이나 기기분석에 방해물질로 작용하는 경우가 많지 않다.(안정적이다)

　　㉢ 활성탄으로 채취가 어려운 아닐린, 오르토-툴로이딘 등 아민류나 몇몇 무기물질의 채취가 가능하다.

④ 단점

    ⊙ 친수성이기 때문에 우선적으로 물분자와 결합을 이루어 습도의 증가에 따른 흡착용량의 감소를 초래한다. 따라서 실험 전(사용 중)에 탈수를 위한 가열작업을 한다.

    ⓒ 습도가 높은 작업장에서는 다른 오염물질의 파과(破過) 용량이 작아져 파과를 일으키기 쉽다.

(2) 활성탄관(Charcoal Tube)

① 특징

    ⊙ 활성탄은 탄소함유물질을 탄화 및 활성화하여 만든 흡착능력이 큰 무정형 탄소의 종류로 다른 흡착제에 비하여 큰 비표면적을 갖는다.

    ⓒ 비교적 높은 습도는 활성탄의 흡착용량을 저하시킨다.

    ⓒ 공기 중 가스상 물질의 고체 포집법으로 이용되는 활성탄관은 유리관에 활성탄 100mg과 50mg을 두 개 층으로 충전하여 양 끝을 봉인한 것이다.

    ⓔ 공시료의 처리는 현장에서 관 끝을 깨고 그 끝을 폴리에틸렌 마개로 막아 현장시료와 동일한 방법으로 운반, 보관한다.

② 활성탄관을 사용하여 채취하기 쉬운 시료

    ⊙ 비극성류의 유기용제

    ⓒ 각종 방향족 유기용제(방향족 탄화수소류)

    ⓒ 할로겐화 지방족 유기용제(할로겐화 탄화수소류)

    ⓔ 에스테르류, 알코올, 에테르류, 케톤류

1 막여과지(Membrane Filter)

(1) 작업환경측정 시 공기 중에 부유하고 있는 입자상 물질을 포집하기 위하여 사용되는 여과지
(2) 섬유상 여과지에 비하여 공기저항이 심하다.
(3) 여과지 표면에 채취된 입자들이 이탈되는 경향이 있다.
(4) 셀룰로오스에스테르, PVC, 니트로아크릴 같은 중합체를 일정한 조건에서 침착시켜 만든 다공성의 얇은 막 형태이다.
(5) 섬유상 여과지에 비하여 채취입자상 물질이 작다.

2 막여과지의 종류

(1) MCE 막여과지(Mixed Cellulose Ester Membrane Filter)
  ① 산업위생에서는 거의 대부분이 직경 37mm, 구멍의 크기는 $0.45 \sim 0.8\,\mu m$ 의 MCE 막여과지를 사용하고 있다. 작은 입자의 금속과 Fume 채취가 가능하여 금속측정 시 사용된다.
  ② 산에 쉽게 용해, 가수분해되고 습식 회화되기 때문에 공기 중 입자상 물질 중의 금속을 채취하여 원자흡광법으로 분석하는 데 적당하다.
  ③ 시료가 여과지의 표면 또는 가까운 곳에 침착되므로 석면, 유리섬유 등 현미경 분석을 위한 사료채취에도 이용된다.
  ④ 흡습성(원료인 셀룰로오스가 수분 흡수)이 높은 MCE 막여과지는 오차를 유발할 수 있어 중량분석에 적합하지 않다.
  ⑤ NIOSH에서는 금속, 석면, 살충제, 불소화합물 및 기타 무기물질에 추천하고 있다.

(2) PVC 막여과지(Polyvinyl Chloride Membrane Filter)
  ① 흡습성이 낮기 때문에 분진의 중량분석에 사용된다.
  ② 유리규산을 채취하여 X선 회절법으로 분석하는 데 적절하고 6가크롬 및 아연화합물의 채취에 이용하며 수분의 영향이 크지 않아 공해성 먼지, 총 먼지 등의 중량분석을 위한 측정에 사용한다.
  ③ 석탄먼지, 결정형 유리규산, 무정형 유리규산, 별도로 분리하지 않은 먼지 등을 대상으로 무게농도를 구하고자 할 때 PVC 막여과지로 채취한다.
  ④ 습기의 영향을 적게 받으려 전기적인 전하를 가지고 있어 채취 시 입자를 반발하여 채취효율을 떨어뜨리는 단점이 있으며, 채취 전에 이 필터를 세정용액으로 처리함으로써 이러한 오차를 줄일 수 있다.

⑤ 가공 직경이 $5.0\mu m$인 것을 일반적으로 사용하나 실제적으로 이보다 직경이 작은 호흡성 분진이 포집되는데 이의 포집원리는 확산, 간섭, 관성충돌이다.

(3) PTFE 막여과지(테프론, Polytetrafluoroethylene Membrane Filter)
① 열, 화학물질, 압력 등에 강한 특성을 가지고 있어 석탄건류나 증류 등의 고열 공정에서 발생하는 다핵방향족 탄화수소를 채취하는 데 이용된다.
② 농약, 알칼리성 먼지, 콜타르피치 등을 채취하는데 $1\mu m$, $2\mu m$, $3\mu m$의 여러 가지 구멍 크기를 가지고 있다.

(4) 은막 여과지(Silver Membrane Filter)
① 균일한 금속은을 소결하여 만들며 열적, 화학적 안정성이 있다.
② 코크스 제조공정에서 발생되는 코크스오븐 배출물질 또는 다핵방향족 탄화수소 등을 채취하는 데 사용하고, 결합제나 섬유가 포함되어 있지 않다.

(5) Nucleopore 여과지
① 폴리카보네이트 재질에 레이저빔을 쏘아 공극을 일직선으로 만든 막여과지이다.
② 화학물질과 열에 안정적이고 TEM(전자현미경) 분석을 위한 석면채취에 이용된다.

직접 표준화법과 간접 표준화법

🔳 개요

정확한 기준이 없는 상황에서 서로 비교할 만한 기준을 가져와 정확한 비교목적으로 사용하는 계측치를 표준화율이라 하며, 연령구조를 동일하게 하는 방법이 표준화 방법의 핵심 내용이다. 연령표준화 방법은 직접법과 간접법으로 구분된다.

🔳 직접 표준화법의 산정방법(연령별 측도는 있으나 표준집단이 없을 때)

(1) 연령구조가 정해진 가상적 표준집단을 상정해 연령별 인구수를 파악한다.
(2) 비교하고자 하는 인구집단의 연령별 비율을 표준인구에 적용해 인구집단별로 표준인구에서의 연령별 기대빈도 수를 계산한다.
(3) 인구집단별로 연령별 기대빈도 수를 합산한 후 표준집단의 총 인구수로 나누어 표준화율을 구한다.

🔳 간접 표준화법의 산정방법(특정 인구집단의 사망률이 전체 인구집단의 사망률보다 높은지 비교하는 방법)

(1) 각 연령군에 적용할 기준을 정한다.
(2) 연령별 기준율을 비교하고자 하는 집단의 각 연령군에 적용해 기대사건 수를 산출한다.
(3) 실제 관찰된 사건의 총수를 기대사건 수로 나누어 표준화 발생비를 얻는다.
(4) 기준율에서 정한 전체율에 표준화비를 곱해 표준화율을 계산한다.

1 개요

전처리한 시료를 원자화장치를 통해 중성원자로 증기화시킨 후 바닥상태의 원자가 이 원자 증기층을 통과하는 특정 파장의 빛을 흡수하는 현상을 이용하는 방법으로 각 원자의 특정 파장에 대한 흡광도를 측정함으로써 검체 중의 원소 농도를 확인 또는 정량에 쓸 수 있으며 주로 무기원소 분석에 사용된다. 특히, 주석 성분의 시료분석은 외부 작업환경전문연구기관 등에 시료분석을 위탁할 수 있다.

2 원리

원자흡광광도법에서는 열에너지를 가함으로써 해당 검체를 원자 형태로 만든다. 적당한 열에너지를 가할 경우, 원자는 안정한 상태로 존재하게 되고, 분석 파장의 에너지를 흡수할 수 있다. 이러한 과정을 통해 원자흡광광도법을 정량분석에 사용할 수 있으며, 원자흡광광도계(원자흡수분광광도계, AAS ; Atomic Absorption Spectrometer)를 이용하여 분석한다.

3 기기 구성

(1) 원자흡광광도계

광원부, 시료도입부, 원자화장치, 광학부, 검출부로 구성되어 있다. 분석방법에 따라 불꽃에 의해 대상 원소를 원자화시키는 화염방식(Flame 방식), 흑연로에 전기가열을 하여 발생하는 전열에 의해 대상 원소를 원자화시키는 전기가열방식(Graphite 방식), 환원기화법을 이용한 냉증기방식이 있으며, 화염방식 및 전기가열방식이 가장 일반적이다.

(2) 구성

① 광원부(Lamp) : 분석하고자 하는 목적 원소에 맞는 빛을 발생하는 램프

② 시료 도입부(Sample Introduction)

㉠ 화염방식 : 용액상태의 시료를 미세한 에어로졸로 만들어 운반기체와 함께 원자화 장치로 도입시키는 장치

㉡ 전기가열방식 : 용액상태의 시료를 자동시료도입장치를 사용하여 원자화 장치로 도입시키는 장치

③ 원자화 장치(Atomizer)

㉠ 화염방식 : 아세틸렌과 공기 또는 아세틸렌과 아산화질소 가스를 사용하여 불꽃(2,300~2,700℃)을 만들고, 에어로졸 상태의 시료는 불꽃에 의해 원자화된다.

ⓛ 전기가열방식 : 흑연로(Graphite Furnace) 내부의 탄소튜브에 전류를 통하여 발생하는 전열(1,600~3,000℃)을 이용하여 튜브에 도입된 시료를 원자화시킨다.

④ 광학부(Optic) : 원자화된 시료가 흡수하고 남은 빛을 단색화 장치를 사용하여 분광시켜 검출기로 보내는 장치

⑤ 검출부(Detector) : 광학부를 거치며 분광된 신호를 전기적으로 변화시켜 흡광도 및 농도 계산이 가능하게 하는 장치

4 시험법

(1) 검량선법

① 검량선법은 대상원소의 표준액을 사용하여 농도를 구하는 가장 일반적인 측정법이다. 농도가 다른 3가지 이상의 표준액에 대하여 흡광도를 측정하여 얻은 값으로 검량선을 작성한 다음 측정 가능한 농도범위에 들도록 만든 검액의 흡광도를 측정하여 검량선을 통해 대상원소의 농도를 구하는 방법이다.

② 대상원소에 따라 검량선이 포물선을 그리는 경우도 있다. 이 경우에는 표준액 농도를 낮추어 다시 검량선을 작성하는 등의 조치가 필요하다.

(2) 표준첨가법

① 의약품 각조에서 규정하는 방법에 따라 만든 같은 양의 검액 3개 이상을 취하여 각각의 대상 원소가 단계적 농도가 되도록 대상원소의 표준액을 첨가하고 다시 용매를 넣어 동일 용량으로 한다. 각 용액을 가지고 흡광도를 측정하여 첨가한 대상 원소의 양을 가로축, 흡광도를 세로축으로 하여 검량선을 작성한다. 여기에서 얻은 회귀선을 연장하여 가로축과 만나는 점과 원점과의 거리를 계산하여 대상 원소의 농도를 구한다.

② 이 방법은 검량선법에 의한 검량선이 원점을 지나는 직선일 경우에만 적용한다.

(3) 내부표준법

① 내부표준원소의 양을 일정하게 하고 표준대상원소의 농도를 단계적으로 하여 표준액을 만든다. 각 표준액을 가지고 각 원소의 분석파장에서 흡광도를 측정하여 표준대상원소에 의한 흡광도와 내부표준원소에 의한 흡광도와의 비를 구한다. 표준대상원소의 농도를 가로축으로, 흡광도비를 세로축으로 하여 검량선을 작성한다. 따로 의약품 각조에서 규정하는 방법에 따라 검액을 만들고 표준액에 넣은 내부표준원소와 같은 농도가 되도록 내부표준원소를 넣는다. 검액에서 얻은 대상원에 의한 흡광도와 내부표준원소에 의한 흡광도 비를 검량선에 적용하여 대상원소의 농도를 구한다.

② 내부표준법은 액체크로마토그래프 분석법의 내부표준물질을 넣어 대상 물질과의 비를 구하여 농도를 산출하는 방식과 같다.

③ 내부표준법에 사용되는 내부표준원소는 분석하고자 하는 대상원소와 비슷한 흡광도를 가지는 원소를 선정한다.

1 실내공기질 유지기준

다중이용시설 관리책임자(소유자, 점유자 또는 관리자 등 관리책임이 있는 자)는 항상 유지기준을 지켜야 한다. 위반 시 1천만 원 이하의 과태료가 부과되며, 개선명령을 받을 수 있다.

다중이용시설	오염물질항목				
	$PM(\mu g/m^2)$	$CO_2(ppm)$	$HCHO$ $(\mu g/m^2)$	총부유세균 (CFU/m^2)	$CO(ppm)$
지하역사, 지하도 상가, 여객자동차터미널의 대합실, 철도 역사의 대합실, 공항시설 중 여객터미널, 항만시설 중 대합실, 도서관, 박물관, 미술관, 장례식장, 찜질방, 대규모 점포, 영화상영관, 학원, 전시시설, 인터넷컴퓨터게임시설제공업 영업시설	150 이하	1,000 이하	100 이하	–	10 이하
				800 이하	
의료기관, 보육시설, 노인 의료시설, 산후조리원	100 이하			–	25 이하
실내주차장	200 이하				

2 실내공기질 권고기준

유지기준과는 달리 권고기준을 위반하더라도 과태료가 부과되지는 않는다. 그러나 이용객의 건강과 쾌적한 공기질을 유지하기 위하여 다중이용시설의 특성에 따라 권고기준에 맞게 관리하여야 한다.

다중이용시설	오염물질항목				
	이산화질소 (ppm)	라돈 (Bq/m^2)	총휘발성 유기화합물 $(\mu g/m^2)$	미세먼지 $(\mu g/m^2)$	곰팡이 (CFU/m^2)
지하역사, 지하도 상가, 철도 역사의 대합실, 여객자동차터미널의 대합실, 항만시설 중 대합실, 공항시설 중 여객터미널, 도서관·박물관 및 미술관, 대규모 점포, 장례식장, 영화상영관, 학원, 전시시설, 인터넷컴퓨터게임시설제공업 영업시설, 목욕장업의 영업시설	0.05 이하	148 이하	500 이하	–	–
의료기관, 보육시설, 노인 의료시설, 산후조리원			400 이하	70 이하	500 이하
실내주차장	0.30 이하		1,000 이하	–	–

비고 : 총휘발성유기화합물의 정의는 「환경분야 시험·검사등에 관한 법률」 제6조제1항제3호에 따른 환경오염공정시험기준에서 정한다.

008 시료채취시기 및 유의사항

1 시료채취시기

시료채취시기는 해당 물질의 생물학적 반감기를 고려하여 '수시', '당일', '주말', '작업 전'으로 구분한다.

(1) '수시'는 하루 중 아무 때나 시료를 채취하여도 된다는 의미이다.

(2) '당일'이란 당일 노출 작업 종료 2시간 전부터 직후까지를 말한다.

　※ 일산화탄소및 불화수소의 경우 별도의 시간기준을 두고 있다. 일산화탄소는 작업종료 이후 15분 이내에 시료를 채취하고, 불화수소의 경우 작업 전–후의 시료를 측정하여 그 차이를 비교한다.

(3) '주말'이란 4~5일간의 연속작업의 작업 종료 2시간 전부터 직후까지를 말한다.

　예 소변 중 삼염화초산, 총삼염화에탄올, 총 삼염화물(메틸클로로포름, 트리클로로에틸렌, 퍼클로로에틸렌), 소변 중 펜타클로로페놀, 소변 중 2–에톡시초산, 소변 중 니켈, 혈액 중 비소(삼산화비소, 삼수소화비소, 비소), 혈액 중 수은, 소변 중 바나듐, 소변 중 크롬, 소변 중 1–하이드록시파이렌, 소변 중 니켈

(4) '작업 전'이란 작업을 시작하기 전(노출 중단 16시간 이후)에 채취하는 것이다.

　예 소변 중 수은

2 유의사항

특수건강진단은 근로자가 기관에 방문하여 실시하거나(원내 건강진단), 기관이 사업장을 방문하여 실시하는데(출장 건강진단), 금식을 한 상태에서 실시해야 하므로 오전에 실시하는 경우가 대부분이다. 이로 인해 작업 종료 후 채취해야 하는 항목은 건강진단일과 별도로 채취 및 수거가 이루어지는 근로자 자가 채취 형태가 있을 수 있다.

(1) 근로자 자가 채취 시 사업장에 전달하는 안내서에는 근로자가 충분히 채취 과정을 이해할 수 있도록 정확한 시료채취시기와 시료보관방법을 제시해야 한다. 또한 정확한 시료채취를 위해 특검기관 담당자가 사업장을 직접 방문하여 채취 방법에 대한 교육이 필요하다.

(2) 사업장에 많은 검체를 보관 후 검진기관으로 이송할 경우에는 검진기관에서 냉장상태가 유지될 수 있도록 온도 체크가 가능한 검체박스를 제공하는 것도 필요하다.

PART

03

기업진단 ·
지도

안전심리의 5대 요소

1 개요

(1) 안전심리의 5대 요소는 인간의 행동 · 특성에 영향을 미치는 중요한 요인으로 작용하고 있다.
(2) 안전사고의 예방을 위해서는 안전심리 5대 요소의 파악과 통제가 매우 중요하다.

2 인간의 행동

(1) 인간 행동은 내적 · 외적 요인에 의해 발생되며 환경과의 상호관계에 의해 결정된다.
(2) K. Lewin의 행동 방정식

$$B = f(P \cdot E)$$

- B(Behavior) : 인간의 행동
- f(Function) : 함수관계
- P(Person) : 인적 요인
- E(Environment) : 외적 요인

① P(Person : 인적 요인)을 구성하는 요인
지능, 시각기능, 성격, 감각운동기능, 연령, 경험, 심신상태 등
② E(Environment : 외적 요인)를 구성하는 요인
가정 · 직장 등의 인간관계, 온습도 · 조명 · 먼지 · 소음 등의 물리적 환경조건

3 인간의 심리 특성

(1) 간결성
최소의 Energy로 목표에 도달하려는 심리적 특성

(2) 주의의 일점집중
돌발사태 직면 시 주의가 일점에 집중되어 정확한 판단을 방해하는 현상

(3) 리스크 테이킹(Risk Taking)

　① 안전태도가 양호한 자는 Risk Taking의 정도가 적음

　② Risk Taking : 객관적인 위험을 자기 나름대로 판단하여 행동에 옮기는 것

4 안전심리의 5대 요소

(1) 동기(Motive)

　① 능동적인 감각에 의한 자극에서 일어나는 사고의 결과를 동기라 함

　② 사람의 마음을 움직이는 원동력을 말함

(2) 기질(Temper)

　① 인간의 성격, 능력 등 개인적인 특성

　② 성장 시 생활환경에서 영향을 받으며 주위환경에 따라 달라짐

(3) 감정(Feeling)

　① 지각, 사고와 같이 대상의 성질 파악이 아닌, 희로애락 등의 의식

　② 인간의 감정은 안전과 밀접한 관계를 갖는다.

(4) 습성(Habit)

　동기, 기질, 감정 등과 밀접한 관계를 형성하여 인간의 행동에 영향을 미칠 수 있는 요인

(5) 습관(Custom)

　성장 과정을 통해 형성된 특성 등이 자신도 모르게 습관화된 현상

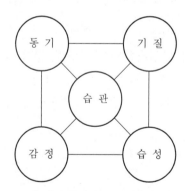

‖ 안전심리의 5대 요소 ‖

002 불안전행동의 배후요인

1 개요

(1) 불안전행동에 의한 재해의 발생률은 전체 재해의 대부분을 차지하고 있으며, K. Lewin은 불안전행동을 일으키는 배후요인을 인적 요인과 외적 요인으로 구분하고 있다.

(2) 불안전행동은 안전수준이 직무의 요구수준보다 떨어지지 않도록 인적 요인과 외적 요인을 제어함으로써 가능하므로, 인적 요인 및 외적 요인의 관리가 중요하다.

2 불안전행동의 종류

(1) 지식의 부족

(2) 기능의 미숙

(3) 태도의 불량 · 의욕의 결여

(4) 인간의 Error

3 K. Lewin의 인간행동방정식

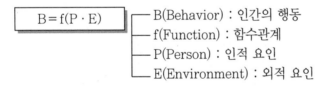

$$B = f(P \cdot E)$$

- B(Behavior) : 인간의 행동
- f(Function) : 함수관계
- P(Person) : 인적 요인
- E(Environment) : 외적 요인

(1) P와 E를 구성하는 요인

① P(인적 요인)를 구성하는 요인 : 지능, 시각기능, 성격, 감각운동기능, 연령, 경험, 심신 상태(피로) 등

② E(외적 요인)를 구성하는 요인 : 가정 · 직장 등의 인간관계, 온습도 · 조명 · 먼지 · 소음 등의 물리적 환경조건, 설비 등

4 불안전행동의 배후요인

(1) 인적 요인

　① 심리적 요인

　　㉠ 소질적 결함

　　　신체적 결함의 소유자를 말하며, 적성에 따른 작업배치 필요

　　㉡ 의식의 우회

　　　의식의 우회로 부적응 상태 유발

　　㉢ 무의식 행동

　　　동작에 의해 발생되는 행동으로 무의식 동작 수반

　　㉣ 착오

　　　불안전행동을 유발하여 사고와 가장 밀접한 요인

　　㉤ 억측 판단

　　　이 정도면 되겠지 하는 억측 판단은 사고와 매우 밀접

　　㉥ 망각

　② 생리적 요인

　　㉠ 피로 : 육체적 · 정신적 노동에 의해 작업능률이 저하되는 상태

　　㉡ 피로의 분류

　　　• 정신피로

　　　• 육체피로

　　　• 급성피로

　　　• 만성피로

(2) 외적 요인

　① 인간관계 요인

　　각 작업자의 지식, 기능, 노력, 작업결과, 상호협조, 협력 등은 인간관계를 형성하는 중요한 요소

　② 설비적 요인

　　㉠ 기계 설비의 위험성과 취급상의 문제

　　㉡ 유지관리 시의 문제

　③ 작업적 요인

　　㉠ 작업방법적 요인 : 작업방법의 잘못으로 발생되는 위험 요인

　　　작업자세, 작업속도, 작업강도, 근로시간, 휴식시간, 작업동작, 작업순서 등

　　㉡ 작업환경적 요인 : 작업환경에서 발생되는 위험 요인

　　　정리정돈 불량, 무리한 작업공간, 조명, 색채, 소음, 분진, 유해 Gas 등

④ 관리적 요인
　　㉠ 교육훈련의 부족
　　　　작업자의 지식 부족, 기능 미숙 등에 의한 불안전행동 유발
　　㉡ 감독지도 불충분
　　　　작업자의 작업행동, 안전확인 등 지시 · 지도 불충분으로 불안전행동 유발
　　㉢ 적정배치 불충분
　　　　업무에 필요한 지능, 지식, 기능, 체력 등이 없는 자의 부적절한 배치로 불안전행동
　　　　유발

5 안전대책

(1) 기술적(Engineering) 대책
　　① 미숙련자의 어렵고 복잡한 작업 투입 배제
　　② 미숙련자의 위험성이 큰 작업 배치 배제

(2) 교육적(Education) 대책
　　① 교육 및 훈련 실시
　　② 재해 빈발자에 대한 개인 특성 파악 후 교육계획 수립

(3) 규제적(Enforcement) 대책
　　① 사고 우려자에 대한 별도의 집중관리
　　② 적성검사를 통한 적정 작업 배치

(4) 심리적 대책
　　① 개별면담
　　② 모럴서베이(Morale Survey) 기법 사용

(5) 기타
　　① 동기 부여를 통한 안전활성화의 추진
　　② 피로의 회복으로 심신의 건강상태를 정상적으로 유지

003 불안전행동의 분류

1 개요

'불안전행동'이란 재해사고를 일으킬 수 있는 또는 그 요인을 만들어낸 근로자의 행동을 말하며 재해발생의 대부분을 차지한다.

2 K. Lewin의 인간행동방정식

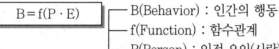

$$B = f(P \cdot E)$$

— B(Behavior) : 인간의 행동
— f(Function) : 함수관계
— P(Person) : 인적 요인(사람) – 지능, 시각기능, 경험 등
— E(Environment) : 외적 요인(환경) – 인간관계, 온습도 · 조명

3 불안전행동의 분류

(1) 지식의 부족
　① 작업상의 위험에 대한 지식 부족으로 인한 불안전 행동
　② 지식의 종류
　　㉠ 작업을 수행하는 데 필요한 기술적인 지식
　　㉡ 작업과 관련이 있는 위험과 그 방호방법에 관한 지식
　③ 대책 : 기술지식 및 안전지식 교육

(2) 기능의 미숙
　① 안전하게 작업을 수행할 수 있는 기능의 미숙으로 인한 불안전행동
　② 기능이 미숙하거나 경험이 없는 자에게서 불안전행동 재해 빈발
　③ 대책 : 경험과 숙련으로 안전작업

(3) 태도의 불량 · 의욕의 결여
　① 안전에 대한 의식 부족으로 인한 불안전행동
　② 위험이 존재하고 있으며 안전기준이 정해져 있음을 알고 있으면서도 지키지 않음
　③ 대책 : 동기부여(Motivation)로 안전의식의 활성화 추진

(4) 인간의 Error

   ① 인간의 특성으로서 Error에 의한 불안전행동

   ② 인간 Error의 배후요인 4요소

      ㉠ Man(인적 요인) : 인간의 과오, 망각, 무의식, 피로 등

      ㉡ Machine(설비적 요인) : 기계설비의 결함, 기계설비의 안전장치 미설치 등

      ㉢ Media(작업적 요인) : 작업순서, 작업동작, 작업방법, 작업환경, 정리정돈 등

      ㉣ Management(관리적 요인) : 안전관리조직 · 안전관리규정 · 안전교육 · 훈련 미흡

   ③ 대책

      ㉠ 사태를 올바르게 파악하는 데 필요한 지식을 위한 안전교육

      ㉡ 착각이나 오인 요소 제거

      ㉢ 동작의 장해가 되는 요인 제거

      ㉣ 심신의 건강상태를 정상적으로 유지

      ㉤ 건강하지 못한 심신의 상태로 작업금지

      ㉥ 능력을 초과하는 업무 부여 금지

      ㉦ 신뢰성이 낮은 수준에서는 작업금지

      ㉧ 작업환경 개선 및 개별면담 실시

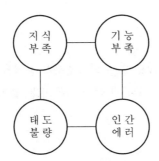

‖ 불안전한 행동 종류 ‖

1 개요

(1) '모럴서베이(Morale survey : 사기조사)'는 인간관계관리의 일환으로 보급된 관리기법의 하나이다.

(2) 직장이나 집단에서의 근로자 심리·욕구를 파악하여 그들의 자발적인 협력을 얻거나 또는 구성원 자신의 직장적응이라는 효과가 있는 것으로 평가되고 있다.

2 모럴서베이의 목적

(1) 구성원의 불만을 해소하고 노동의욕 고취

(2) 경영관리 개선자료로 활용

(3) 구성원의 카타르시스 촉진

3 모럴서베이의 방법

(1) 주로 질문지나 면접에 의한 태도 또는 의견조사가 중심을 이룸

(2) 모럴의 요인을 이루는 갖가지 항목에 대해 만족 또는 불만족을 통계적으로 처리해서 판단

4 모럴서베이의 주요 기법

(1) 통계에 의한 방법

① 생산고, 사고상해율, 결근, 이직 등을 분석하여 통계

② 다른 조사법의 보조 자료로 이용하는 것이 적절

(2) 관찰법

① 구성원의 근무 실태를 계속적으로 관찰하여 사기(士氣)의 정황, 기타 문제점을 찾아내는 방법

② 관찰 시 다소간 주관에 치우칠 가능성이 있으므로, 이 조사만으로는 정확한 자료를 얻기 어려움

(3) 사례연구법

　① 제안제도, 고충처리제도, 카운슬링 등의 사례에 대하여 사기와 불만 등의 현상을 파악하는 방법

　② 자료의 조사결과가 부분적이거나 우연적인 것이 되기 쉬운 것이 결함

(4) 태도조사법

　① 모럴서베이에서 현재 가장 널리 이용되고 있는 방법

　② 실시방법

　　㉠ 질문지법

　　　용지에 질문항목을 인쇄하고 거기에 응답을 기입하도록 하는 방법

　　㉡ 면접법

　　　• 일문일답법 : 질문지나 조사표를 가지고 실시하는 방법

　　　• 자유질문법 : 개별적으로 자유롭게 실시하는 방법

　　㉢ 집단토의법

　　　집단토의 시 구성원들의 의견을 조사 · 분석하는 방법

1 동기부여 이론의 분류

(1) Maslow의 욕구단계 이론(5단계)

  ① 생리적 욕구 : 갈증, 호흡 또는 급여, 시급 등 인간의 가장 기초적인 욕구

  ② 안전 욕구 : 안정적인 욕구로서 정규직으로의 갈망 욕구 등

  ③ 사회적 욕구 : 애정, 소속에 대한 욕구 등 사회관계 욕구

  ④ 인정받으려는 욕구 : 자존심, 명예, 성취, 지위에 대한 욕구

  ⑤ 자아실현의 욕구 : 잠재적인 능력을 실현하고자 하는 성취 욕구

(2) Alderfer의 ERG 이론

  ① 생존(Existence) 욕구 : 신체적인 차원에서 생존과 유지에 관련된 욕구

  ② 관계(Relatedness) 욕구 : 타인과의 상호작용을 통해 만족되는 대인 욕구

  ③ 성장(Growth) 욕구 : 개인적인 발전과 증진에 관한 욕구

(3) McGregor의 X, Y 이론

  ① 환경 개선보다는 업무의 자유화 추구 및 불필요한 통제 등에 대한 배제 욕구

  ② X 이론 : 인간불신감, 물질욕구(저차원적 욕구), 명령·통제에 의한 관리, 저개발국형

  ③ Y 이론 : 상호신뢰감, 정신욕구(고차원적 욕구), 자율관리, 선진국형

(4) Herzberg의 위생－동기 이론

  ① 위생 요인(유지 욕구) : 인간의 동물적인 욕구를 반영(생리, 감정, 비합리)

  ② 동기 요인(만족 욕구) : 자아실현 경향을 반영(경험, 지식, 합리)

  ③ 위생 요인은 불만족 요인이며, 동기부여 요인은 만족 요인에 해당됨

2 동기부여 이론의 비교

Maslow (욕구의 5단계)	Alderfer (ERG 이론)	McGregor (X, Y 이론)	Herzberg (위생－동기 이론)
1단계 : 생리적 욕구 2단계 : 안전욕구	생존(Existence)욕구	X 이론	위생 요인
3단계 : 사회적 욕구(친화욕구)	관계(Relatedness)욕구		
4단계 : 인정받으려는 욕구(존경욕구) 5단계 : 자아실현의 욕구(성취욕구)	성장(Growth)욕구	Y 이론	동기 요인

③ Maslow의 5단계 욕구

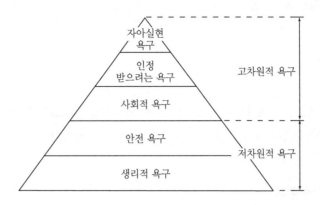

④ Maslow의 7단계 욕구

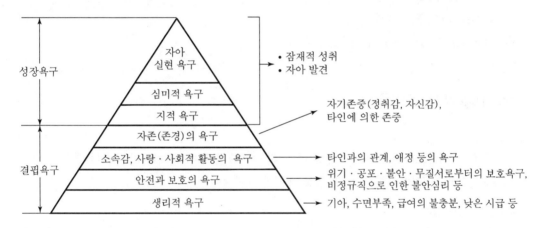

⑤ 동기부여 이론 정리

(1) 앨더퍼(C. Alderfer)의 ERG 이론은 내용이론이다.

(2) 맥클리랜드(D. McClelland)의 성취동기이론에서 성취욕구를 측정하기에 가장 적합한 것은 TAT(주제통각검사)이다.

(3) 허츠버그(F. Herzberg)의 위생–동기이론에 따르면 동기유발이 되기 위해서는 위생요인이 충족되어야 동기요인을 추구할 수 있다.

(4) 브룸(V. Vroom)의 기대이론은 기대감, 수단성, 유의성에 의해 노력의 강도가 결정되며 이들 중 하나라도 0이면 동기부여가 안 된다.

(5) 애덤스(J. Adams)는 페스팅거(L. Festinger)의 인지부조화 이론을 동기유발과 연관시켜 공정성이론을 체계화하였다.

006 McGregor 이론

1 개요

'McGregor'는 근무환경 개선보다는 업무의 자율화 추구 및 불필요한 통제 배제로 창의적인 작업 기회를 부여하는 것이 효과적이라는 'X, Y 이론'을 제시하였다.

2 동기부여 이론의 분류

(1) Maslow의 욕구 5단계 이론
(2) Alderfer의 ERG 이론
(3) McGregor의 X, Y 이론
(4) Herzberg의 위생 – 동기 이론

3 McGregor의 X, Y 이론

(1) 특징
  ① 환경 개선보다는 업무의 자율화 추구 및 불필요한 통제 배제가 더 중요하다.
  ② 창의적인 작업 기회 부여 및 정보 제공이 효과적이다.

(2) X, Y 이론 비교

X 이론	Y 이론
인간 불신감	상호 신뢰감
성악설	성선설
인간은 원래 게으르고 태만하여 남의 지배를 받아야만 움직인다.	인간은 부지런하고 근면하고, 적극적이며, 자주적이다.
물질 욕구(저차원적 욕구)	정신 욕구(고차원적 욕구)
명령, 통제에 의한 관리	목표 통합과 자기 통제에 의한 자율 관리
저개발국형	선진국형

007 Maslow 이론

1 개요

'A.H. Maslow'는 인간의 기초적 욕구인 생리적 욕구 단계에서는 안전동기가 부여될 수 없으며, 고차원적인 단계에 이르러야만 안전동기가 부여된다는 인간의 욕구 5단계 이론을 제시했다.

2 매슬로(A.H. Maslow)의 욕구 5단계

생리적 욕구 (1단계)	• 기아, 갈증, 현대적 해석으로는 급여액, 시급 등 인간의 가장 기본적인 욕구 • 모든 욕구 중 가장 기초적인 욕구
안전의 욕구 (2단계)	• 안전에 대한 욕구 • 보호 · 불안으로부터의 해방
사회적 욕구 (3단계)	• 소속에 대한 욕구 • 단순한 성적 욕구와 다른 애정과 관련된 욕구
인정을 받으려는 욕구 (4단계)	• 자기 존경의 욕구로 자존심, 명예, 성취, 지위에 대한 욕구 • 자기 일에 대한 자부심 및 타인으로부터 존경받고자 하는 욕구
자아실현의 욕구 (5단계)	• 잠재적인 능력을 실현하고자 하는 욕구 • 자기 완성에 대한 갈망의 욕구

3 안전에 대한 동기 유발방법

(1) 안전의 근본이념을 인식시킨다.

(2) 상과 벌을 준다.

(3) 동기 유발의 최적수준을 유지한다.

(4) 목표를 설정한다.

(5) 결과를 알려준다.

008 기타 이론

1 Davis의 동기부여 이론

(1) K. Davis의 동기부여 이론

① 지식(Knowledge) × 기능(Skill) = 능력(Ability)

② 상황(Situation) × 태도(Attitude) = 동기유발(Motivation)

③ 능력(Ability) × 동기유발(Motivation) = 인간의 성과(Human Performance)

④ 인간의 성과 × 물질적 성과 = 경영의 성과

(2) 작업동기와 직무수행의 관계 및 수행과정에서 느끼는 직무 만족의 내용을 중심으로 하는 이론

① 콜맨의 일관성 이론 : 자기존중을 높이는 사람은 더 높은 성과를 올리며 일관성을 유지하여 사회적으로 존경받는 직업을 선택한다는 이론

② 브룸의 기대이론(VIE) : 기대(Expectancy), 도구성(Instrumentality), 유인도(Valence)의 3가지 요소의 값이 각각 최댓값이 되면 최대의 동기부여가 된다는 이론

③ 로크의 목표설정 이론 : 인간은 이성적이며 의식적으로 행동한다는 가정에 근거한 동기이론

2 Adams의 공정성 이론

인간은 자신과 타인의 투입된 노력과 산출을 비교하여 그 비가 서로 공정해지는 방향으로 동기부여가 되고 행동한다는 것이다.

$$
\text{자신}\left(\frac{\text{산출}(\text{Output})}{\text{입력}(\text{Input})}\right) = \text{타인}\left(\frac{\text{산출}(\text{Output})}{\text{입력}(\text{Input})}\right)
$$

(1) 입력(Input) : 일반적인 자격, 교육수준, 노력 등을 의미한다.

(2) 산출(Output) : 급여, 지위, 기타 부가급부 등을 의미한다.

(3) 공정성이나 불공정성은 자신이 일에 투입하는 것과 그로부터 얻어지는 결과의 비율을 타인이나 타 집단의 투입에 대한 결과의 비율과 비교할 때 발생하는 개념이다.

❸ 브룸(Victor H. Vroom)의 기대이론

(1) 정의

개인의 동기는 자신의 노력이 성과를 가져올 것이라는 기대와 성과는 보상을 주리라는 수단성에 대한 기대감이 복합적으로 결정된다는 동기부여 이론이다.

(2) 동기유발 요인

① 가치 : 행위의 결과로 얻게 되는 보상에 부여되는 가치

② 수단성 : 행위의 1차적 결과가 2차적 결과를 유발해 보상으로 돌아올 가능성

③ 기대 : 자신의 행동을 통해 1차적 결과물을 획득할 수 있으리라는 자신감

(3) 브룸의 개인목표 달성 메커니즘

개인의 노력 > 개인의 성과 > 조직의 보상 > 개인의 목표달성

(4) 구성 3요소

① 기대 : 노력대비 성과의 관계

② 도구성 : 성과대비 보상의 관계

③ 유인가(Valence) : 보상대비 개인목표의 관계

(5) 조직구성에서의 의의

조직을 구성하는 조직 내 구성원이 어떠한 업무를 수행할 것인가의 여부를 결정하는 데에는 그 업무가 가져다 줄 가치와 그 업무를 함으로써 기대하는 가치가 달성될 가능성과 자신의 일처리능력에 대한 평가가 복합적(동기부여＝기대감×도구성×유인성)으로 작용한다고 주장하였다.

009 착오 발생 3요소

1 개요

착오란 사물의 사실과 관념이 서로 다른 상태를 말하는 것으로 이러한 착오는 불안전한 행동을 일으키는 주요 요인으로 작용한다.

2 착오 발생 과정

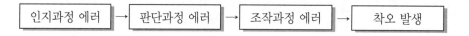

인지과정 에러 → 판단과정 에러 → 조작과정 에러 → 착오 발생

3 착오의 종류

위치, 순서, 패턴, 모양

4 착오의 원인

(1) 심리적 능력한계
(2) 정보량 저장한계
(3) 감각기능 차단한계

5 착오 발생 3요소

(1) 인지과정 착오
　① 외부정보가 감각기능으로 인지되기까지의 에러
　② 심리 불안정, 감각 차단

(2) 판단과정 착오
　① 의사결정 후 동작명령까지의 에러
　② 정보 부족, 자기 합리화

(3) 조작과정 착오

    ① 동작을 나타내기까지의 조작 실수에 의한 에러

    ② 작업자 기능 부족, 경험 부족

6 착오 발생에 의한 재해 Flow Chart

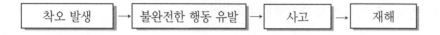

| 착오 발생 | → | 불완전한 행동 유발 | → | 사고 | → | 재해 |

010 자신과잉

1 개요

'자신과잉'이란 작업에 익숙해짐에 따라 안전수단을 생략하는 사고유발행위로 안전하고 옳은 방법을 알고 있으면서도 하지 않는 불안전 행동의 유형이다.

2 자신과잉에 관련된 사항

(1) 작업과 안전수단

간단한 작업, 짧은 시간으로 끝나는 작업, 작업이 끝날 무렵에는 실제작업에 비하여 안전수단이 생략되기 쉽다.

(2) 주위의 영향

안전수단을 생략하는 주위의 영향에 동화되어 안전수단을 생략하기 쉬우며, 미경험자에게 많이 발생된다.

(3) 피로하였을 때

심신의 피로가 쌓였을 때 안전수단을 생략하기 쉽다.

(4) 직장의 분위기

직장의 정리·정돈불량, 조명불량, 감독의 사각지대에서는 안이한 마음으로 안전수단을 생략하기 쉽다.

3 자신과잉에 대한 대책

(1) 작업규율 확립

작업에 관한 각종 규준 및 수칙의 준수

(2) 환경정비 및 개선

직장의 정리·정돈 및 청소, 조명의 개선, 통풍 및 환기 등

(3) 안전교육 강화

태도 교육에 중점을 두어 교육 및 훈련실시

(4) 동기부여

동기부여를 통한 안전활성화의 추진

(5) 피로회복

피로의 회복으로 심신의 건강 상태를 정상적으로 유지

011 가현운동

1 개요

'가현운동'이란 실제로는 움직이지 않는 물체가 착각현상에 의해 마치 움직이고 있는 것처럼 보이는 현상으로 재해발생의 한 원인으로 작용할 수 있다.

2 착각현상의 분류

(1) 자동운동
① 광점 및 광의 강도가 작거나 대상이 단조로울 때, 또는 시야의 다른 부분이 어두울 때 나타나는 착각현상
② 암실 내에서 정지된 소광점을 응시하고 있으면 그 광점이 움직이는 것처럼 보이는 현상

(2) 유도운동
① 실제로는 움직이지 않는 것이 어느 기준의 이동에 유도되어 움직이는 것처럼 느껴지는 현상
② 예시
㉠ 구름에 둘러싸인 달이 반대 방향으로 움직이는 것처럼 보이는 현상
㉡ 플랫폼의 출발열차 등

(3) 가현운동
① 일정한 위치에 있는 물체가 착시에 의해 움직이는 것처럼 보이는 현상
② 종류
α운동, β운동, γ운동, δ운동, ε운동

3 가현운동

(1) α 운동
① 화살표 방향이 다른 두 도형을 제시할 때, 화살표의 운동으로 인해 선이 신축되는 것처럼 보이는 현상
② Müller Lyer의 착시현상

(2) β 운동
① 시각적 자극을 제시할 때, 마치 물체가 처음 장소에서 다른 장소로 움직이는 것처럼 보이는 현상

② 대상물이 영화의 영상과 같이 운동하는 것처럼 인식되는 현상

(3) γ 운동

하나의 자극을 순간적으로 제시할 경우 그것이 나타날 때는 팽창하는 것처럼 보이고 없어질 때는 수축하는 것처럼 보이는 현상

(4) δ 운동

강도가 다른 두 개의 자극을 순간적으로 가할 때, 자극 제시 순서와는 반대로 강한 자극에서 약한 자극으로 거슬러 올라가는 것처럼 보이는 현상

(5) ε 운동

한쪽에는 흰 바탕에 검은 자극을, 다른 쪽에는 검은 바탕에 백색 자극을 순간적으로 가할 때, 흑에서 백으로 또는 백에서 흑으로 색이 변하는 것처럼 보이는 현상

012

착시(Optical Illusion)

1 개요

'착시(Optical Illusion)'란 어떤 대상의 실제와 보이는 것이 일치하지 않는 시각의 착각현상으로 가현운동과 더불어 재해발생의 한 원인으로 작용한다.

2 착시현상의 분류

학설	그림	현상
Müller-Lyer의 착시	(a) (b)	(a)가 (b)보다 길어 보임 실제 (a)=(b)
Helmholtz의 착시	(a) (b)	(a)는 세로로 길어보이고, (b)는 가로로 길어보인다.
Hering의 착시		가운데 두 직선이 곡선으로 보인다.
Köhler의 착시		우선 평행의 호(弧)를 본 경우에 직선은 호의 반대 방향으로 굽어보인다.
Poggendorf의 착시	(a) (c) (b)	(a)와 (c)가 일직선상으로 보인다. 실제는 (a)와 (b)가 일직선이다.
Zöller의 착시		세로의 선이 굽어보인다.
Orbigon의 착시		안쪽 원이 찌그러져 보인다.
Sander의 착시		두 점선의 길이가 다르게 보인다.
Ponzo의 착시		두 수평선부의 길이가 다르게 보인다.

013 정보처리 및 의식수준 5단계

1 개요

'정보처리'란 감지한 정보로 수행하는 조작을 말하며, 정보처리의 단계는 업무의 난이도에 따라 5단계로 구분할 수 있다.

2 정보처리 5단계

(1) 수면상태 또는 가수면상태 : Phase 0

(2) 반사작업(무의식) : Phase 1
    반사작용으로 해결되는 단계

(3) 루틴(Routine)작업 : Phase 2
    동시에 다른 정보처리가 될 수 없으며,
    미리 순서가 결정된 정상적인 정보처리

(4) 동적 의지결정 작업 : Phase 3
    ① 조작하여 그 결과를 보지 않으면 다음 조작을 결정할 수 없는 정보처리
    ② 처리할 정보의 순서를 미리 알지 못하는 경우

(5) 문제해결 : Phase 4
    ① 창의력 및 경험하지 못한 업무를 시작하는 단계
    ② 미지의 분야로 진입하는 데 따른 두려움이 존재하는 단계

┃ 정보처리 5단계 ┃

3 의식수준 5단계

의식수준	주의 상태	신뢰도	비고
Phase 0	수면 중	Zero	의식의 단절, 의식의 우회
Phase 1	졸음 상태	0.9 이하	의식수준의 저하
Phase 2	일상생활	0.99~0.99999	정상상태
Phase 3	적극 활동 시	0.99999 이상	주의집중상태
Phase 4	과긴장 시	0.9 이하	주의의 일점집중, 의식의 과잉

014 안전동기 유발방법

☑ 개요

'동기(Motive)'란 어떠한 목표를 추구하는 행동을 일으키게 하는 상태 또는 행동을 일으키게 하는 요인을 말하며, 안전에 대한 동기유발로 불안전한 행동을 방지해 안전사고를 예방할 수 있도록 해야 한다.

☑ 안전동기의 유발방법

(1) 안전의 근본이념을 주지시킬 것
(2) 안전목표를 명확히 설정할 것
(3) 결과를 알려 줄 것
(4) 상과 벌을 줄 것
(5) 경쟁과 협동을 유도할 것
(6) 동기유발을 위한 최적 수준을 유지할 것

☑ 안전동기 유발을 위한 안전활동

(1) 책임과 권한의 명확화
(2) 작업환경의 정비
(3) 고용 시 안전의식 고취
(4) 안전조회
(5) 안전모임(TBM ; Tool Box Meeting) 실시
(6) 안전순찰 실시
(7) 안전당번제도 운영
(8) 작업표준 게시
(9) 안전제안제도 실시
(10) 안전표창 실시
(11) 현장 안전위원회 개최
(12) 안전강습, 연수, 견학 등의 실시

015 무사고자의 특징

■ 개요

대부분의 사고는 소수의 근로자에 의해서 발생되며 순간적 착각, 실수, 판단, 착오 등에 의해 불안전한 행동을 나타내는 근로자의 재해발생빈도가 높은 반면 무사고자는 위험한 환경에서도 이를 잘 극복하고 불안전한 행동을 보이지 않는다.

② 안전사고의 특징

(1) 대부분의 사고는 소수 근로자에 의해 발생된다.
(2) 소심한 사람은 오히려 사고 유발 가능성이 높다.
(3) 침착, 숙고형은 사고 유발 가능성이 낮다.

③ 소질적인 사고 요인

(1) 지능
(2) 시각기능
(3) 성격

④ 무사고자의 특성

(1) 본질적으로 온화하며, 감정을 적당히 통제할 수 있다.
(2) 몸과 마음이 건강하고, 개인적 욕구를 적절히 절제할 수 있고, 타인의 잘못에 관용적이며, 친절하고 책임감이 강하다.
(3) 자신의 개성, 특히 능력의 한계와 단점을 잘 파악하고, 이를 극복하기 위하여 항상 자제ㆍ주의하면서 스스로의 자질을 효과적으로 활용한다.
(4) 상황판단이 명확하며, 추진력이 있다.
(5) 의욕과 집념이 강하며, 같은 내용의 실수ㆍ사고를 반복하지 않도록 노력한다.
(6) 자신의 능력을 과시하지 않으면서, 상급자의 지도에 잘 순응하고 법규와 규정을 잘 지키며, 개인의 이익보다는 전체의 이해를 우선 생각한다.
(7) 어려운 처지를 당하여도 실망하지 않고 슬기롭게 극복한다.
(8) 겸손하다.

016 주의와 부주의

1 개요

(1) '주의'란 행동의 목적에 의식수준이 집중되는 심리 상태를 말한다.

(2) '부주의'란 목적 수행을 위한 행동 전개 과정 중 목적에서 벗어나는 심리적, 신체적 변화의 현상을 말한다.

2 주의

(1) 주의의 특징

① 선택성

㉠ 여러 종류의 자극을 자각할 때 소수의 특정한 것에 한하여 선택하는 기능

㉡ 주의는 동시에 2개 방향에 집중하지 못한다(주의력의 중복 집중 불가).

② 방향성

㉠ 주시점만 인지하는 기능

㉡ 한 지점에 주의를 집중하면 다른 것에 대한 주의는 약해진다(주의력의 방향성).

③ 변동성

㉠ 주의에는 주기적으로 부주의의 리듬이 존재한다.

㉡ 고도의 주의는 장시간 지속할 수 없다(주의력의 지속 한계성).

(2) 주의력과 동작

① 인간의 동작은 주의력에 의해 좌우된다.

② 비정상적인 동작은 재해를 유발한다.

3 부주의 특징

(1) 대부분의 재해는 불안전 상태에서 불안전 행동이 이루어졌을 때 발생한다.

(2) 부주의는 결과적으로 부주의 동작을 하였을 때의 정신 상태를 말한다.

(3) 부주의 발생에는 각각의 원인이 존재한다.

1 개요

사고와 재해는 우연히 발생되는 것이 아니며 어떤 행동을 전개하고 있는 과정에서 발생하므로 작업환경, 근로조건의 개선과 적정 작업배치, 철저한 안전교육 등으로 부주의를 방지함으로써 재해의 예방이 가능하다.

2 의식수준

(1) 의식의 단절 : 의식수준 Phase 0
(2) 의식수준의 저하 : 의식수준 Phase 1
(3) 정상상태 : Phase 2
(4) 주의집중상태 : Phase 3
(5) 의식의 과잉 : 의식수준 Phase 4

3 부주의에 의해 재해발생 Mechanism

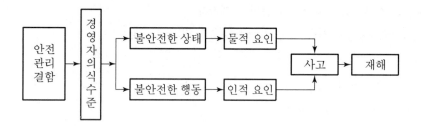

4 부주의의 발생원인

(1) 외적 요인(불안전 상태)
　① 작업, 환경조건 불량
　　불쾌감이나 신체적 기능 저하가 발생하여 주의력 지속 곤란
　② 작업순서의 부적당
　　판단의 오차 및 조작 실수 발생

(2) 내적 요인(불안전 행동)

① 소질적 조건

질병 등의 재해 요소를 갖고 있는 자

② 의식의 우회

걱정, 고민, 불만 등으로 인한 부주의

③ 경험부족, 미숙련

억측 및 경험부족으로 인한 대처방법의 실수

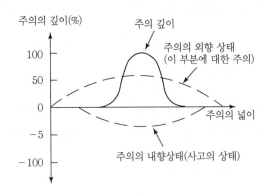

▎ 주의의 집중과 배분 ▎

※ 감시하는 대상이 많을수록 주의의 넓이는
좁아지고 깊이는 깊어진다.

5 부주의에 의한 재해방지대책

(1) 외적 요인

① 작업환경 조건의 개선

② 근로조건의 개선

③ 신체 피로 해소

④ 작업순서 정비

⑤ 인간의 능력 · 특성에 부합되는 설비 기계류 제공

⑥ 안전작업방법 습득

(2) 내적 요인

① 적정 작업 배치   ② 정기적인 건강진단

③ 안전 카운슬링   ④ 안전교육의 정기적 실시

⑤ 주의력 집중훈련   ⑥ 스트레스 해소대책수립 및 실시

018 **K. Lewin의 갈등형태 3분류로 해석되는 적응과 부적응**

1 개요

(1) '적응(Adjustment)'이란 자신의 환경과 만족스러운 관계를 맺고 있음을 말하며, 환경과의 조화 여부에 따라 각 개인의 소질이 결정된다.

(2) 부적응(Malajustment)이란 욕구불만이나 갈등상태에 놓이는 것을 말하며, 작업능률과 생산성이 저하된다.

2 적응의 조건

(1) 개인이 능력을 발휘할 수 있으며 직무를 통해 만족을 얻을 수 있는 조건

(2) 직무가 당사자의 소속 사회를 위하여 유익한 것이라는 확신이 있을 것

3 부적응의 요인

(1) 욕구불만 : 욕구가 충족되지 않는 데서 발생되는 정서적 긴장상태

(2) 갈등 : 서로 대립되는 2개 이상의 욕구를 만족시킬 수 없는 심리적 상태

4 K. Lewin의 갈등형태 3분류

(1) 접근-접근 갈등형(+, + 유의성)

① 2개의 긍정적 욕구가 동시에 나타나 어느 것을 선택해야 할지 곤란한 상태의 갈등

② 예 집에서 공부도 하고 싶고 영화 보러 극장도 가고 싶을 때 경험하는 갈등

(2) 회피-회피 갈등형(-, -유의성)

① 2개의 부정적 유의성이 동시에 일어날 때 생기는 심리적 갈등

② 예 몸도 불편한 상태인데 학교에 가지 않을 수 없을 때의 갈등

(3) 접근-회피 갈등형(+, - 유의성)

① 긍정적 욕구와 부정적 욕구가 동시에 발생될 때의 심리적 갈등

② 예 대학은 가고 싶은데 공부는 하기 싫은 경우의 갈등

| 접근-접근 갈등형 | | 회피-회피 갈등형 | | 접근-회피 갈등형 |

019 적응기제(Adjustment Mechanism)

1 개요

(1) '적응기제(Adjustment Mechanism)'란 욕구불만, 갈등을 합리적으로 해결해 나갈 수 없을 때 욕구충족을 위하여 비합리적인 방법을 취하는 것을 말한다.

(2) 욕구불만 및 갈등은 부적응에 관계되며, 비합리적인 적응기제의 유형에는 방어기제 · 도피 기제 · 공격기제가 있다.

2 부적응(Malajustment)의 요인

(1) 욕구불만

어떤 장애 때문에 욕구가 충족되지 않는 데서 일어나는 정서적 긴장상태

(2) 갈등

① 서로 대립되는 2개 이상의 욕구가 동시에 만족될 수 없는 심리적 상태

② K. Lewin에 의한 3가지 갈등형

   ⊙ 접근−접근 갈등형(+, + 유의성)

     2개의 긍정적 욕구가 동시에 나타나서 어느 것을 선택해야 될지 곤란한 상태의 갈등

   ⓒ 회피−회피(−, − 유의성)

     2개의 부정적 욕구가 동시에 일어날 때 생기는 심리적 갈등

   ⓒ 접근−회피(+, − 유의성)

     긍정적 욕구와 부정적 욕구가 동시에 발생되는 심리적 갈등

3 적응기제 유형

(1) 방어기제

① 보상 : 자신의 약점을 위장시켜 유리하게 보이게 함으로써 자신을 보호하려는 기제

② 합리화 : 자신의 과오를 인정하는 대신에 그럴듯한 이유를 댐으로써 보호하려는 기제

③ 승화 : 억압된 욕구를 사회적으로 가치가 있는 방향으로 향하도록 노력함으로써 욕구를 충족시키는 기제

④ 동일시 : 자신의 이상적 인물을 찾아내 동일시함으로써 만족하는 기제

(2) 도피기제

　①고립 : 자신감 부족으로 인한 자신의 열등감을 의식해 타인과의 접촉을 기피함으로써 현실을 회피하려는 기제

　②퇴행 : 생애 중 만족스러웠던 과거로의 회귀를 꾸준히 시도함으로써 현실적 역경이나 불안요소로부터 도피하려는 기제

　③억압 : 현실적 욕망을 묵살시켜 나감으로써 안정을 취하려는 도피기제

　④백일몽(Day Dream) : 이루어질 수 없는 상상을 펼쳐나감으로써 현실의 불만족을 대체해 나가려는 도피기제

(3) 공격기제

　①직접적 공격기제 : 힘에 의존한 폭행이나 싸움, 기물파손 등의 행위를 함으로써 욕구불만이나 압박에서 이탈하려는 기제

　②간접적 공격기제 : 욕설, 조소, 비난, 폭언 등과 같이 간접적인 폭력을 행사함으로써 욕구불만을 해소하려는 기제

4 합리적인 적응기제 활용방안

(1) 조화를 이룰 수 있는 합리적 사고를 육성한다.

(2) 현실과 이상과의 관계를 관찰하고 적절한 통제를 한다.

(3) 문제해결에 필요한 적절한 지식, 기능, 태도의 개선을 유도한다.

(4) 문제해결을 위한 자신감을 부여한다.

020 학습곡선

1 개요

학습이란 유기체 내에서 발생되는 내제적 변화과정으로 직접 관찰 가능하지는 못하고 수행으로 표현된다. 따라서 수행과 선행조건으로 추리할 수 있다.

2 학습의 3단계 Flow Chart

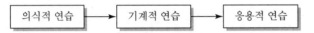

의식적 연습 → 기계적 연습 → 응용적 연습

3 학습곡선

(1) 학습곡선

목표를 설정하고 학습을 반복할 때 도달 추이 파악을 위해 그래프로 나타낸 것

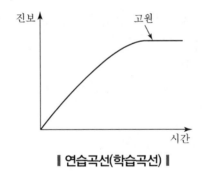

┃ 연습곡선(학습곡선) ┃

(2) 고원현상

① 고원(Plateau)현상

시간 경과에 따라 일정하게 상승하다 정체상태로 머무는 현상

② 고원현상의 원인

㉠ 피로

㉡ 학습방법의 불량

㉢ 행동의 단조성 등

1 개요

재해는 소수의 특정 근로자에 의해 발생되며, 피해규모는 우연의 원칙으로 결정된다. 사고 발생 가능성이 높은 근로자의 경우 적정한 작업배치 및 교육 · 훈련을 실시하고 불안전 행동을 제거함으로써 재해를 예방해야 한다.

2 재해빈발자의 유형

(1) 상황성 빈발자
　① 작업이 어렵기 때문
　② 기계 · 설비에 결함이 있기 때문
　③ 환경상 주의집중이 잘 안 되기 때문
　④ 근심이 있기 때문

(2) 습관성 빈발자
　① 재해 경험에 의한 두려움이나 신경과민
　② 슬럼프(Slump)에 빠짐

(3) 미숙성 빈발자
　① 기능 미숙
　② 환경에 적응 못함

(4) 소질성 빈발자
　① 재해 원인의 요인을 갖고 있는 자
　② 돌출행동의 소유자

3 재해빈발자의 특징

(1) 주의력이 산만하며, 집중력이 부족하다.
(2) 성격이 괴팍하고 성급하다.
(3) 심한 좌절에 빠져 불만이 많으며, 피해망상에 사로잡혀 있다.
(4) 긴장되어 있고, 근심 · 걱정한다.
(5) 눈치를 보며, 무기력해 보인다.

(6) 자신의 행동을 정당한 것으로 주장하며 책임을 회피한다.

(7) 약물에 중독되어 있다.

(8) 무모하고 격렬하며, 통찰력이 부족하다.

(9) 잘못된 인생관과 가치관을 갖고 있다.

(10) 충동적이고 공격적이며 본능적 욕구로 행동한다.

(11) 자신이 어떻게 평가될 것인가에 대하여 지나치게 신경을 쓰며, 다른 사람의 과오는 과다하게
비판한다.

4 재해빈발자 발생 방지대책

(1) 기술적 대책
  ① 어려운 작업 투입 배제
  ② 위험성이 큰 작업의 투입 배제

(2) 교육적 대책
  ① 교육 및 훈련 실시
  ② 재해빈발자의 특성 파악 후 교육계획 수립

(3) 관리적 대책
  ① 사고 빈발자에 대한 집중관리
  ② 적성검사를 통한 작업 배치

(4) 심리적 대책
  ① 개별면담 실시
  ② 모럴서베이(Morale Survey) 통계에 의한 방법, 관찰법, 사례연구법, 태도조사법 등의
    활용

SECTION 02 피로와 대책

001 RMR

1 개요

(1) 'RMR(에너지대사율, Relative Metabolic Rate)'이란 작업강도의 단위로서 산소호흡량을 측정하여 Energy의 소모량을 결정하는 방식을 말한다.

(2) 작업강도란 작업을 수행하는 데 소모되는 Energy의 양을 말하며 RMR이 클수록 중작업이다.

2 RMR 산정식

$$R.MR = \frac{작업대사량}{기초대사량} = \frac{작업 \ 시 \ 산소소모량 - 안정 \ 시 \ 산소소모량}{기초대사량}$$

3 RMR과 작업강도

RMR	작업강도	해당 작업
0~1	초경작업	서류 찾기, 느린 속도 보행
1~2	경작업	데이터 입력, 신호수의 신호작업
2~4	보통작업	장비운전, 콘크리트 다짐작업
4~7	중작업	철골 볼트 조임, 주름관 사용 콘크리트 타설작업
7 이상	초중작업	해머 사용 해체작업, 거푸집 인력 운반 작업

4 작업강도 영향 요소

(1) Energy의 소모량

(2) 해당 작업의 속도

(3) 해당 작업의 자세

(4) 해당 작업의 대상(다 · 소)

(5) 해당 작업의 범위

(6) 해당 작업의 위험도

(7) 해당 작업의 정밀도

(8) 해당 작업의 복잡성

(9) 해당 작업의 소요시간

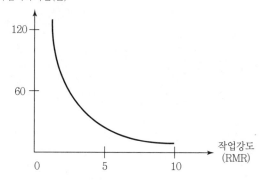

┃ 작업강도와 작업지속시간의 상관관계 곡선 ┃

※ RMR이 클수록 작업지속시간이 짧아진다.

1 개요

'피로(Fatigue)'란 지속하게 되면 발생되는 작업능률의 감퇴·저하 및 주의력 감소·흥미의 상실·권태 등 심리적 불쾌감을 일으키는 현상을 말하는 것으로 안전사고의 원인이 되므로 사전에 해소시켜 재해를 예방하는 것이 중요하다.

2 피로의 분류

(1) 정신피로와 육체피로
   ① 정신피로 : 정신적 긴장에 의해 발생되는 피로
   ② 육체피로 : 육체적으로 근육에서 발생되는 피로

(2) 급성피로와 만성피로
   ① 급성피로 : 보통의 휴식에 의해서 회복되는 피로
   ② 만성피로 : 오랜 기간 축적되어 발생되는 피로로 휴식에 의한 회복이 불가능한 피로

3 피로 정도에 의한 분류

(1) 당일 회복하고 다음 날로 넘기지 않는 수준
(2) 다음 날로 넘기지만, 정기적 휴일에 회복하는 수준
(3) 정기휴일의 휴무를 통해 회복하는 수준
(4) 사고, 착각, 노이로제 등의 상태를 유발하는 수준

4 피로의 증상

(1) 신체적 증상
   ① 작업에 대한 몸 자세가 흐트러지고 지침
   ② 작업에 대한 무감각, 무표정, 경련 등이 발생
   ③ 작업효과나 작업량 감퇴 및 저하

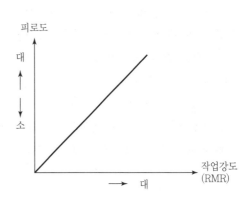

(2) 정신적 증상

    ① 주의력의 감소

    ② 불쾌감의 증가

    ③ 긴장감의 해이

    ④ 권태 · 태만 및 관심 · 흥미의 상실

5 능률저하로 나타내는 유형

(1) 정밀도 저하   (2) 올바른 판단불가

(3) 작업량 감소   (4) 착각

(5) 숙련도 감소   (6) 창의력 저하

(7) 작업량 혼란

6 피로발생 원인

(1) 수면부족   (2) 출 · 퇴근 시간이 길 때

(3) 작업조건이 부적절할 때   (4) 약물 부작용

(5) 질병에 의한 체력저하   (6) 작업강도가 지나칠 때

(7) 잔업량 과다   (8) 휴식시간 부족

7 피로의 예방 및 회복대책

(1) 휴식과 수면을 취할 것

(2) 충분한 영양 섭취

(3) 산책 및 가벼운 체조를 할 것

(4) 음악 감상, 오락 등으로 기분을 전환할 것

(5) 목욕, 마사지 등 물리적 요법을 시행할 것

(6) 작업부하를 적게 할 것

(7) 정적 동작을 피할 것

(8) 작업속도를 적절하게 할 것

(9) 작업 이외의 시간을 적절하게 사용할 것

(10) 온도, 습도, 조명, 통풍, 소음, 진동, 분진 등 작업환경의 요소를 정비할 것

1 개요

허쉬(R.B. Hersey)는 피로를 신체활동, 정신적 노력, 신체적 긴장, 정신적 긴장, 질병에 의한 피로 등 9가지로 분류하였으며 피로(Fatigue)는 안전사고발생의 원인이 되므로 근로자의 피로를 사전에 해소시킴으로써 재해를 예방하는 것이 가능하다고 하였다.

2 피로의 3대 특징

(1) 능률 저하
(2) 의식수준 저하
(3) 창의성 저하

3 허쉬(R.B. Hersey)의 피로분류법과 대책

(1) 신체활동에 의한 피로
    ① 목적 이외의 동작 배제
    ② 기계력의 사용
    ③ 작업교대
    ④ 작업 중의 휴식

(2) 정신적 노력에 의한 피로
    ① 휴식
    ② 양성훈련

(3) 신체적 긴장에 의한 피로
    ① 운동
    ② 휴식

(4) 정신적 긴장에 의한 피로
    ① 철저한 작업계획 수립
    ② 불필요한 마찰 배제

$$R = \frac{60(E-5)}{E-1.5}$$

여기서, R : 휴식시간(분)
           E : 작업 시 평균 Energy소비량 (kcal/분)
총작업시간 : 60분
작업 시 분당 평균 Energy 소비량 : 5kcal/분(2,500kcal/day ÷ 480분)
휴식시간 중의 Energy 소비량 : 1.5kcal/분(750kcal ÷ 480분)

▮ 휴식시간 산출식(남성기준) ▮

(5) 환경과의 관계에 의한 피로
    ① 작업장에서의 부적절한 제 관계 배제
    ② 가정 및 직장의 위생관리

(6) 영양 불충분
    ① 건강식품 준비
    ② 신체위생에 관한 교육
    ③ 운동의 필요성 계몽

(7) 단조감 · 권태감에 의한 피로
    ① 일의 가치에 대한 자부심 고취
    ② 휴식

004 휴식시간

1 개요

피로는 작업강도에 직접적인 영향을 주며 안전사고 발생의 원인이 되므로, 작업에 대한 평균 Energy 값이 한계를 넘는다면 휴식시간을 두어 피로의 해소를 통한 재해 예방에 힘써야 한다.

2 휴식시간 산출식

$$R = \frac{60(E-5)}{E-1.5}$$

여기서, R : 휴식시간(분)

E : 작업 시 평균 Energy 소비량(kcal/분)

총작업시간 : 60분

작업 시 분당 평균 Energy 소비량 : 5kcal/분(2,500kcal/day÷480분)

휴식시간 중의 Energy 소비량 : 1.5kcal/분(750kcal÷480분)

예제) 1분당 4.5kcal의 열량을 소모하는 작업 시의 시간당 휴식시간은?

$$휴식시간(R) = \frac{60(5.5-4)}{4.5-1.5} = 5.5분$$

3 Energy 소비량

(1) 1일 일반인의 작업 시 소비 Energy : 약 4,300kcal/day

(2) 기초대사와 여가에 필요한 Energy : 약 2,300kcal/day

(3) 작업 시 소비 Energy : 4,300kcal/day－2,300kcal/day＝2,000kcal/day

(4) 분당 소비 Energy(작업 시 분당 평균 Energy 소비량) : 2,000kcal/day÷480분(8시간)＝ 약 4kcal/분

4 에너지 소요량

(1) 20~29세 남 : 2,600kcal/일, 여 : 2,100kcal/일

(2) 30~49세 남 : 2,400kcal/일, 여 : 1,900kcal/일

(3) 50~64세 남 : 2,000kcal/일, 여 : 1,800kcal/일

※ 2,500kcal/일÷480분=5kcal/분(남성근로자)

　　2,000kcal/일÷480분=4kcal/분(여성근로자)

005 생체리듬(Biorhythm)

1 개요

'생체리듬'이란 육체적 리듬, 감성적 리듬, 지성적 리듬이 주기적으로 변화를 일으켜 인간의 활동에 영향을 주는 리듬으로, 각 종류별 주기 변화 및 위험일을 검토하여 활용해야 할 것이다.

2 생체리듬(Biorhythm)의 종류와 특징

(1) 육체적 리듬(Physical Rhythm) : 23일 주기
 ① 육체적으로 건전한 활동기(11.5일)와 그렇지 못한 휴식기(11.5일) 주기로 반복
 ② 안정기에는 원기왕성하게 일을 할 수 있고, 불안정기에는 피로와 싫증을 느낌
 ③ 식욕, 소화력, 활동력, 스태미나, 지구력 등과 밀접한 관계
 ④ 운동선수, 운전자 등 신체를 이용하여 업무를 하는 사람들에게 중요한 리듬

(2) 감성적 리듬(Sensitivity Rhythm) : 28일 주기
 ① 감성적으로 예민한 기간(14일)과 그렇지 못한 기간(14일) 주기로 반복
 ② 안정기에는 감정을 순조롭게 발산하며, 불안정기에는 짜증 · 자극을 받기 쉬움
 ③ 정서적 희로애락, 주의심, 창조력, 예감, 통찰력 등을 좌우
 ④ 대인관계가 중요한 서비스업자, 비즈니스맨 등에게 중요한 리듬

(3) 지성적 리듬(Intellectual Rhythm) : 33일 주기
 ① 지성적 사고능력 고조인 시기(16.5일)와 그렇지 못한 시기(16.5일) 주기로 반복
 ② 안정기에는 머리가 맑게 정리되고, 불안정기에는 산만해지고 자주 망각
 ③ 상상력, 사고력, 기억력, 의지, 판단, 비판력 등과 깊은 관련
 ④ 지성과 능력에 지배되는 경영자, 정치가, 학자, 학생 등에게 중요한 리듬

3 Biorhythm의 Cycle

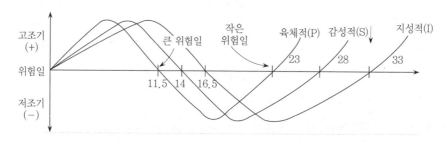

4 위험일(Critical Day)

(1) 큰 위험일 : 각 종류별 Rhythm이 고조기(+)에서 저조기(−)로 변하는 기간

(2) 작은 위험일 : 각 종류별 Rhythm이 저조기(−)에서 고조기(+)로 변하는 기간

(3) 위험일의 발생 : 위험일은 한 달에 6일 정도이며, P.S.I Rhythm의 위험일이 겹치는 날은 1년에 1~3회 정도이며 사고발생확률이 높으므로 적극적인 주의가 필요함

5 Biorhythm의 활용

(1) 위험일은 작업조정, 휴무 등의 조치로 사고를 예방

(2) 위험일에는 안전모나 작업복 등의 착용과 안전관리사항에 더욱 주의를 기울일 것

6 건설현장에서의 활용

(1) 건설현장 근로자의 바이오리듬을 파악하여 위험일에는 휴식을 취하는 등 적절한 안전조치가 필요하다.

(2) 육체적, 정신적, 지성적 리듬의 활동기에 적절한 근무가 가능하도록 근로자의 바이오리듬을 파악하는 것이 필요하다.

001 학습

🔳 개요

학습은 지식, 기능, 태도교육의 필요성에 의해 실시하는 것으로 의도한 학습효과를 거두기 위해서는 학습지도의 원리에 의한 단계별 학습을 통해 최대의 학습효과를 거둘 수 있도록 하는 것이 중요하다.

② 학습의 필요성

(1) 지식의 교육
(2) 기능의 교육
(3) 태도의 교육

③ 학습지도 5원칙

자발성의 원칙	학습참여자 자신의 자발적 참여가 이루어지도록 한다.
개별화의 원칙	학습참여자 개개인의 능력에 맞는 학습기회의 제공 원칙
사회성 향상의 원칙	학습을 통해 습득한 지식의 상호 교류를 위한 원칙
통합의 원칙	부분적 지식의 통합을 위한 원칙
목적의 원칙	학습목표가 분명하게 인식될 때 자발적이며 적극적으로 학습에 임하게 되는 원칙

④ 학습정도 4단계

인지단계	새로운 사실을 인지하는 단계
지각단계	새로운 사실을 깨닫는 단계
이해단계	학습내용을 이해하는 단계
적용단계	학습내용을 적절한 요소에 적용할 수 있는 단계

5 5감의 효과 정도와 신체활용별 이해도

(1) 5감의 효과 정도

5감	시각	청각	촉각	미각	후각
효과	60%	20%	15%	3%	2%

(2) 신체활용별 이해도

신체 구분	귀	눈	귀와 눈	귀, 눈, 입의 활용	머리, 손, 발의 활용
이해도	20%	40%	60%	80%	90%

002 학습이론

1 개요

학습은 자극(S)으로 인해 유기체가 나타내는 특정한 반응(R)의 결합으로 이루어진다는 Thorndike의 이론을 시초로 파블로프, 스키너 등의 학자에 의해 제시되었다.

2 학습이론의 분류

(1) Thorndike의 학습법칙(시행착오설)

학습은 맹목적인 시행을 되풀이하는 가운데 생성되는 자극과 반응의 결합과정이다.
① 준비성의 법칙
② 반복연습의 법칙
③ 효과의 법칙

(2) 파블로프의 조건반사설(S–R이론)

유기체에 자극을 주면 반응하게 됨으로써 새로운 행동이 발달된다.
① 일관성의 원리
② 계속성의 원리
③ 시간의 원리
④ 강도의 원리

(3) 스키너의 조작적 조건화설
① 간헐적으로 강도를 높이는 것이 반응할 때마다 강도를 높이는 것보다 효과적이다.
② 벌칙보다 칭찬, 격려 등의 긍정적 행동이 학습에 효과적이다.
③ 반응을 보였을 때 즉시 강도를 높이는 것이 효과적이다.

(4) Bandura의 사회학습이론
① 사람은 관찰을 통해서 학습할 수 있으며, 대부분의 학습이 타인의 행동을 관찰함에 따른 모방의 결과로 나타난다.
② 타인이 보상 또는 벌을 받는 것을 관찰함으로써 간접적인 강도 상승의 영향을 받는다.

(5) Tolman의 기호형태설

    ① 학습은 환경에 대한 인지 지도를 신경조직 속에 형성시키는 과정이다.

    ② 학습은 자극과 자극 사이에 형성되는 결속이다(Sign – Signification 이론).

    ③ Tolman은 문제에 대한 인지가 학습에 있어서 가장 필요한 조건이라고 하였다.

(6) 하버드학파의 교수법

    ① 1단계 : 준비시킨다.

    ② 2단계 : 교시시킨다.

    ③ 3단계 : 연합한다.

    ④ 4단계 : 총괄한다.

    ⑤ 5단계 : 응용시킨다.

003 학습의 전이

1 개요

학습의 전이란 앞서 실시한 학습의 결과가 이후 실시되는 학습효과에 긍정적이거나 부정적인 효과를 유발하는 현상을 말한다. 선행학습이 올바르지 못할 경우 목표달성을 위한 학습효과에 방해가 될 수 있다는 점에 유의해야 한다.

2 학습전이의 분류

(1) 긍정적 효과(적극적 효과)
(2) 부정적 효과(소극적 효과)

3 선행학습이 이후 실시하는 학습을 방해하는 조건

(1) 학습 정도
(2) 학습의 유사성
(3) 학습의 시간적 간격
(4) 학습자의 태도
(5) 학습자의 지능수준

4 전이이론

분류	내용
동일요소설 (E. L. Thorndike)	선행학습과 이후 학습에 동일한 요소가 있을 때 연결현상이 발생된다는 이론
일반화설 (C. H. Judd)	학습자가 어떤 경험을 하면 이후 비슷한 상황에서 유사한 태도를 취하려는 경향을 보이는 전이현상이 발생된다는 이론
형태 이조(移調)설 (K. Koffka)	학습경험의 심리적 상태가 유사한 경우 선행학습 시 형성된 심리상태가 그대로 옮겨가는 전이현상이 발생된다는 이론

004 교육의 3요소와 3단계, 교육진행의 4단계, 교육지도 8원칙

1 개요

교육목표 달성을 위해서는 교육의 주체와 객체, 매개체가 상호 유기적으로 연결될 때 그 효과가 극대화될 수 있으며 교육 참여자가 최대의 효과를 달성할 수 있도록 단계별 교육내용의 요소를 이해하는 것이 중요하다.

2 교육의 3요소

구분	형식적 교육	비형식적 교육
교육 주체	교수(강사)	부모, 형, 선배, 사회인사
교육의 객체	학생(수강자)	자녀, 미성숙자
매개체	교재(학습내용)	환경, 인간관계

3 교육의 3단계

(1) 제1단계 : 지식의 교육
(2) 제2단계 : 기능교육
(3) 제3단계 : 태도교육

4 교육진행의 4단계

교육진행 단계		교육내용
제1단계	도입	학습할 준비를 시키는 단계
제2단계	제시	작업의 설명단계
제3단계	적용	작업을 시켜보는 단계
제4단계	확인	작업상태를 살펴보는 점검단계

5 교육지도 8원칙

(1) 상대방 입장에서 교육한다.

(2) 동기부여를 유발시킨다.

(3) 쉬운 단계에서 시작해 점차 어려운 단계로 진행한다.

(4) 반복해서 교육한다.

(5) 한 번에 하나씩 교육한다.

(6) 인상을 강화한다(각종 교보재, 견학, 사례 제시).

(7) 5감을 활용한다.

(8) 기능적인 이해가 되도록 한다.

1 개요

안전교육이란 안전 유지를 위한 지식 · 기능 부여 · 안전태도 형성을 위한 것으로 지식 → 기능 → 태도의 3단계를 활용하여 지식과 기능의 습득 및 안전태도를 습관화시켜 안전사고를 예방할 수 있는 산교육이 되어야 한다.

2 안전교육의 3단계

(1) 제1단계(지식교육)
   ① 교육목표
      ㉠ 안전의식 향상
      ㉡ 기능 지식의 주입
   ② 교육내용
      ㉠ 재해발생의 원리 이해
      ㉡ 작업에 필요한 안전법규, 안전규정, 안전기준을 습득
      ㉢ 작업 속에 잠재한 위험요소를 이해
   ③ 교육방식
      ㉠ 제시방식
      ㉡ 강의, 시청각 교육 등을 통한 지식의 전달과 이해

(2) 제2단계(기능교육)
   ① 교육목표
      ㉠ 안전작업의 기능 향상
      ㉡ 표준작업의 기능 향상
      ㉢ 위험예측 및 응급처치 기능 향상
   ② 교육내용
      ㉠ 전문적 기술 및 안전기술기능
      ㉡ 안전장치(방호장치) 관리기능
      ㉢ 작업방법, 취급, 조작행위 숙달
   ③ 교육방식
      ㉠ 실습방식
      ㉡ 시범, 견학, 실습, 현장실습교육 등을 통한 체험과 이해

(3) 3단계(태도교육)

① 교육목표

㉠ 작업동작의 정확성 함양

㉡ 공구, 보호구 취급 태도의 안전화

㉢ 점검 태도의 정확성 함양

② 교육내용

㉠ 작업동작 및 표준작업방법의 습관화

㉡ 점검 및 작업 전·후 검사 요령의 습관화

㉢ 지시, 전달, 확인 등 태도의 습관화

③ 교육방식

㉠ 참가방식

㉡ 작업동작지도, 생활지도 등을 통한 안전의 습관화

④ 안전태도교육의 원칙(기본과정)

㉠ 청취한다.

㉡ 이해하고 납득한다.

㉢ 항상 모범을 보여준다.

㉣ 권장한다.

㉤ 처벌한다.

㉥ 좋은 지도자를 얻도록 힘쓴다.

㉦ 적정 배치한다.

㉧ 평가한다.

3대 기본 교육훈련 방식

(1) 기능훈련(Skill training) → 실습방식(Practice mode)
(2) 태도개발(Attitude development) → 참가방식(Participating mode)
(3) 지식형성(Knowledge building) → 제시방식(Presentation mode)

---

006 교육지도의 8원칙

1 개요

'안전교육'이란 인간 측면에 대한 사고예방 수단의 하나로서 교육지도의 8원칙을 활용하여 학습자가 교육목적을 효과적으로 달성할 수 있도록 하여야 하며 위험에 직면할 경우 대응할 수 있는 산교육이 되어야 한다.

2 안전교육의 기본방향

(1) 사고 · 사례 중심의 안전교육
(2) 안전작업(표준작업)을 위한 안전교육
(3) 안전의식 향상을 위한 안전교육

3 교육지도의 8원칙

(1) 상대방의 입장에서 교육
　① 피교육자 중심의 교육
　② 교육대상자의 지식이나 기능 정도에 맞게 교육

(2) 동기부여
　① 관심과 흥미를 갖도록 동기 부여
　② 동기유발(동기부여) 방법
　　㉠ 안전의 근본이념을 인식시킬 것
　　㉡ 안전목표를 명확히 설정할 것
　　㉢ 결과를 알려 줄 것
　　㉣ 상과 벌을 줄 것
　　㉤ 경쟁과 협동 유발
　　㉥ 동기유발의 최적 수준 유지

(3) 쉬운 부분에서 어려운 부분으로 진행
　① 피교육자의 능력을 교육 전에 파악
　② 쉬운 수준에서 점차 어렵고 전문적인 수준으로 진행

(4) 반복 교육

(5) 한 번에 하나씩 교육
　　① 순서에 따라 한 번에 한 가지씩 교육
　　② 교육에 대한 이해의 폭을 넓힘

(6) 인상의 강화
　　① 교보재의 활용
　　② 견학 및 현장사진 제시
　　③ 사고 사례의 제시
　　④ 중요사항 재강조
　　⑤ 토의과제 제시 및 의견 청취
　　⑥ 속담, 격언, 암시 등의 방법 선택

(7) 5감의 활용(시각, 청각, 촉각, 미각, 후각)

구분	시각효과	청각효과	촉각효과	미각효과	후각효과
감지효과	60%	20%	15%	3%	2%

(8) 기능적인 이해
　　① 교육을 기능적으로 이해시켜 기억에 남게 한다.
　　② 효과
　　　　㉠ 안전작업의 기능 향상
　　　　㉡ 표준작업의 기능 향상
　　　　㉢ 위험예측 및 응급처치 기능 향상

④ 교육의 4단계

도입 → 제시 → 적용 → 확인

007 안전교육법 4단계

1 개요

안전교육이란 인간 측면에 대한 사고예방 수단의 하나로서, 안전교육을 효과적으로 시행하기 위해서는 사전에 철저한 준비와 적합한 교육내용 및 교육방법이 선행되어야 한다. 안전교육법의 4단계는 도입 → 제시 → 적용 → 확인으로 진행된다.

2 안전교육의 기본방향

(1) 사고 · 사례 중심의 안전교육
(2) 안전작업(표준작업)을 위한 안전교육
(3) 안전의식 향상을 위한 안전의식

3 안전교육진행 4단계

(1) 제1단계(도입) : 교육해야 할 주제와 목적 또는 중요성을 설명
  ① 피교육자의 마음을 안정
  ② 학습의 목적 및 취지와 배경 설명
  ③ 관심과 흥미를 갖도록 동기 부여

(2) 제2단계(제시) : 피교육자의 능력에 맞는 교육실시 및 내용 이해와 기능 습득
  ① 교육 체계와 중점 명시
  ② 주요 단계의 설명 및 시범
  ③ 시청각 교재의 적극적 활용

(3) 제3단계(적용) : 이해시킨 내용을 구체적으로 활용하거나 응용할 수 있도록 지도
  ① 교육내용에 대한 활용 및 응용
  ② 사례연구, 재해사례 등을 연구 발표
  ③ 교육내용 복습

(4) 제4단계(확인) : 교육내용의 올바른 이해 여부를 확인
  ① 교육 이해도 확인
  ② 시험 또는 과제 부과
  ③ 향후 피교육자의 실천사항 명시

008 파지와 망각

1 개요

(1) '파지'란 획득된 행동이나 내용이 지속되는 현상으로, 간직한 인상이 보존되는 것을 말한다.

(2) '망각'이란 획득된 행동이나 내용이 지속되지 않고 소실되는 현상으로, 재생이나 재인이 안 되는 것을 말한다.

2 파지의 유지방법

(1) 적절한 지도계획을 수립하여 연습을 할 것

(2) 연습은 학습한 직후에 시키는 것이 효과적임

(3) 학습자료는 의미를 알 수 있도록 질서 있게 학습시킬 것

3 기억의 과정

(1) 기억의 과정 순서 Flow Chart

기명 → 파지 → 재생 → 재인 → 기억

(2) 기억 과정

① 기명 : 사물의 인상을 보존하는 단계

② 파지 : 간직한 인상이 보존되는 단계

③ 재생 : 보존된 인상이 다시 의식으로 떠오르는 단계

④ 재인 : 과거에 경험하였던 것과 같은 비슷한 상태에 부딪쳤을 때 떠오르는 것

⑤ 기억 : 과거의 경험이 미래의 행동에 영향을 주는 단계

(3) 기억률(H. Ebbinghaus)

$$기억률(\%)(절약점수) = \frac{최초에\ 기억하는\ 데\ 소요된\ 시간\ -\ 그\ 후에\ 기억에\ 소요된\ 시간}{최초에\ 기억하는\ 데\ 소요된\ 시간} \times 100$$

4 에빙하우스(H. Ebbinghaus)의 망각곡선

(1) 망각곡선(Curve of Forgetting)

파지율과 시간의 경과에 따른 망각률을 나타내는 결과를 도표로 나타낸 것

(2) 경과시간에 따른 파지율과 망각률

경과시간	파지율	망각률
0.33시간	58.2%	41.8%
1	44.2%	55.8%
24	33.7%	66.3%
48	27.8%	72.2%
6일×24	25.4%	74.6%
31일×24	21.2%	78.9%

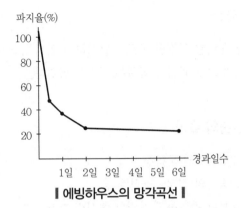

❚ 에빙하우스의 망각곡선 ❚

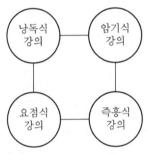

❚ 강의식 교수법의 형태 ❚

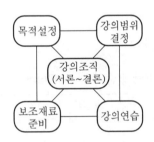

❚ 강의의 준비단계 ❚

5 파지능력 향상방안

(1) 반복효과
(2) 간격효과

009 연습

1 개요

'연습'이란 일정한 목표를 달성하기 위해 능력을 향상시키기 위한 학습이나 작업을 되풀이하는 것과 그 효과를 포함하는 과정을 말한다.

2 연습의 효과

(1) 학습효과의 향상

(2) 작업의 질적 · 양적 향상

(3) 보다 정밀하고 강력한 정신력 향상

(4) 세련되고 신속한 행동

3 연습의 3단계

(1) 연습의 3단계 순서 Flow Chart

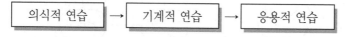

(2) 연습의 3단계

① 제1단계(의식적 연습)

작업을 진행하는 과정에서 의식하고 모든 힘과 정성을 다하여 연습하는 단계

② 제2단계(기계적 연습)

반복적인 연습으로 신속하고 정확한 행동을 갖추는 단계

③ 제3단계(응용적 연습)

이전 단계의 연습에서 얻은 것을 종합적으로 이용해 하나의 종합된 작업을 완성시키는 단계

4 연습의 방법

(1) 전습법(Whole Method)

학습 재료를 하나의 전체로 묶어서 학습하는 방법

(2) 분습법(Part Method)

학습 재료를 작게 나누어서 조금씩 학습해 가는 방법

5 연습곡선(학습곡선)

(1) 연습곡선(학습곡선)

일정한 목적에 따라 학습이나 작업을 반복하여 연습할 때, 학습이나 작업의 진보경향(진보량)이 어떻게 달라지는가를 알기 위하여 Graph로 나타낸 것

(2) 고원(Plateau) 현상

① 고원(Plateau)

연습곡선은 시간의 경과에 따라 점차 능률이 상승되다가 일정한 시간이 경과되면 오르지도 않고 내려가지도 않고 정체가 지속되는 상태

② 고원(Plateau) 현상의 원인

㉠ 피로, 행동의 고정화 및 단조로움

㉡ 학습방법의 불량

㉢ 곤란한 문제의 직면

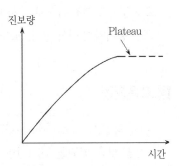

‖ 연습곡선(학습곡선) ‖

6 연습곡선의 유형

(1) 진보의 정도가 일정한 속도로 상승하는 것

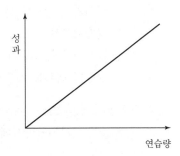

(2) 학습의 초기 단계에는 급속한 진보를 보이다가 점차 진보의 수준이 감소되는 유형으로서, 작업자의 능력이 작업의 난이도에 비해 큰 경우 또는 학습의욕이 높은 경우에 나타남

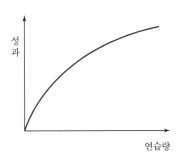

010 교육기법

① 개요

교육훈련을 효과적으로 실시하기 위해서는 경영자 및 피교육자 양측 모두에게 교육이 필요하고, 또한 동기가 있어야 한다. 교육훈련의 실시를 위한 기법은 크게 강의법과 토의법으로 나눌 수 있다.

② 교육기법

(1) 강의법(Lecture Method) : 최적 인원 40~50명
  ① 많은 인원을 단기간에 교육하기 위한 방법
  ② 강의법의 종류
    ㉠ 강의식
      한 사람 또는 몇 사람의 강사가 교육 내용을 강의
    ㉡ 문답식
      강사와 수강자가 문답을 함으로써 강의를 진행
    ㉢ 문제제시식
      문제제시 방식에 따라 문제에 당면시켜서 문제해결을 시도하는 방법과 이미 강의에서 전달된 내용을 재생시켜 보기 위한 방법으로 분류

(2) 토의법(Group Discussion Method) : 최적 인원 10~20명
  ① 쌍방적 의사전달방식에 의한 교육으로 적극성·지도성·협동성을 기르는 데 유효
  ② 토의법의 종류
    ㉠ 문제법(Problem Method)
      문제의 인식 → 해결방법의 연구계획 → 자료의 수집 → 해결방법의 실시 → 정리와 결과 검토의 5단계를 거치면서 토의하는 방법
    ㉡ 자유토의법(Free Discussion Method)
      참가자가 자유로이 과제에 대해 토의함으로써 각자가 가진 지식, 경험 및 의견을 교환하는 방법
    ㉢ 포럼(Forum)
      새로운 자료나 교재를 제시하고 피교육자로 하여금 문제 제기 또는 의견을 발표케 한 후 토의하는 방법
    ㉣ 심포지엄(Symposium)
      몇 사람의 전문가가 과제에 대한 견해를 발표한 뒤 참가자로 하여금 의견·질문을 하

게 하여 토의하는 방법

◎ 패널 디스커션(Panel Discussion)

Panel Member(교육과제에 정통한 전문가 4~5명)가 피교육자 앞에서 자유로이 토의를 한 후 피교육자 전원이 사회자의 사회에 따라 토의하는 방법

ⓗ 버즈 세션(Buzz Session, 분임토의)

먼저 사회자와 기록계 선출 후 나머지 사람을 6명씩 소집단으로 구분하고 소집단별로 각각 사회자를 선발하여 6분간씩 자유토의를 행하여 의견을 종합하는 방법으로 '6-6 회의'라고도 함

ⓢ 사례 토의(Case Method)

먼저 사례를 제시하고 문제적 사실들과 상호관계에 대해서 검토하고 대책을 토의하는 방법

ⓞ 역할 연기법(Role Playing)

참가자에게 일정한 역할을 주어서 실제로 연기를 시켜봄으로써 자기 역할을 보다 확실히 인식시키는 방법

❸ OJT와 OFF JT

(1) OJT

① 직속상사가 부하직원에게 일상업무를 통해 지식, 기능, 문제해결방법 등을 교육하는 개별적 교육방법

② 특징

㉠ 개개인의 수준에 맞는 적절한 교육이 가능하다.

㉡ 교육효과가 업무와 직결된다.

㉢ 업무와의 연속성이 가능하다.

㉣ 이해도가 높다.

(2) OFF JT

① 외부강사를 초청해 근로자를 집합시켜 교육하는 집합교육

② 특징

㉠ 다수근로자에 대한 교육이 가능하다.

㉡ 교육에 전념할 수 있다.

㉢ 단기간에 많은 지식과 경험을 교류할 수 있다.

㉣ 특별한 기구의 활용이 가능하다.

011 역할연기법(Role Playing)

1 개요

'역할연기법(Role playing)'이란 심리극(Psychodrama)이라고 하는 정신병 치료법에서 발달한 것으로, 하나의 역할을 상정하고 이를 피교육자로 하여금 실제로 체험케 하여 체험학습을 시키는 안전교육과 관련되는 교육의 일종이다.

2 역할연기법의 장단점

(1) 장점
  ① 하나의 문제에 대하여 관찰능력과 수감성이 동시에 향상됨
  ② 자기 태도에 대한 반성과 창조성이 싹트기 시작함
  ③ 적극적인 참가와 흥미로 다른 사람의 장단점을 파악함
  ④ 사람에 대해 신중해지고 관용을 베풀게 되며 스스로의 능력을 자각함
  ⑤ 의견발표에 자신이 생기고 관찰력이 풍부해짐

(2) 단점
  ① 목적을 명확하게 하고 계획적으로 실시하지 않으면 학습으로 연결되지 않음
  ② 정도가 높은 의지결정의 훈련으로서의 성과는 기대할 수 없다.

3 진행순서 Flow Chart

준비(Warming up) → 리허설(시나리오 읽기) → 본 연기

→ 확인(지적 확인 및 Touch & Call)

4 진행방법

(1) 준비
  ① 간단한 상황이나 역할을 일러 주어 자유로이 예비적인 거동을 취함
  ② 훈련의 주제에 따른 역할분담

(2) 리허설(시나리오 읽기)

    ① 자신의 대사 확인

    ② 선 채로 원진을 만들어 시나리오를 읽으면서 역할 연기 리허설

(3) 본 연기

    ① 각자에게 부여된 역할에 따라 사실적으로 절도 있게 연기

    ② 단시간 Meeting의 느낌을 체험학습, 서로의 역할 교환

    ③ 서로의 역할을 교환하거나 즉석 연기를 실시하여도 됨

(4) 확인

    ① 역할 연기가 끝난 뒤 연기자와 청중이 함께 토의

    ② 지적 확인 항목 설정 및 Touch & Call로 마무리

5 교육 시 유의사항

(1) 피교육자의 지식이나 수준에 맞게 교육 실시

(2) 체계적이고 반복적인 안전교육 실시

(3) 사례 중심의 안전교육 실시

(4) 인상의 강화

(5) 교육 후 평가 실시

012 Project Method

1 개요

Project Method란 교육참가자 스스로가 계획과 행동을 통해 학습하게 하는 교육방법으로 목표의식을 갖고 교육에 참여하게 되므로 동기부여에 의한 책임감과 창의성이 향상되는 장점이 있다.

2 Project Method의 장단점

(1) 장점

　　① 동기 부여가 된다.

　　② 자발적인 계획 및 실천이 가능하다.

　　③ 책임감, 창의력, 인내심이 함양된다.

(2) 단점

　　① 시간과 노력의 투입이 요구된다.

　　② 충분한 능력을 가진 지도자가 필요하다.

　　③ 목표가 불명확할 때에는 일관성이 떨어진다.

3 진행순서 및 방법

(1) 진행순서 Flow Chart

목표 결정 → 계획 수립 → 활 동 → 평 가

(2) 진행방법

　　① 목표 결정(목표 선정)

　　　　㉠ 참가자에게 흥미를 주는 과제 제시

　　　　㉡ 좋은 자료를 주게 하여 동기부여

　　② 계획 수립

　　　　㉠ 담당 그룹이 협력하여 계획을 수립

　　　　㉡ 필요한 조언을 잊지 않도록 지도

　　③ 활동(실행)

　　　　㉠ 목표를 향해 모두가 노력하며 적극적으로 행동하도록 지도, 조언

　　　　㉡ 실행 시 중간 Check 필요

　　④ 평가

　　　　㉠ 그룹 전체 상호 평가하면 효과적

　　　　㉡ 평가 시 직장에도 응용될 수 있도록 강조

013

교육의 종류

■ 개요

(1) 안전교육이란 인간 측면에 대한 사고예방 수단의 하나로서 기업의 규모나 특성에 따라 안전 교육 방향을 설정하는 데는 차이가 있다.

(2) 기업에서의 교육은 기업 내 교육과 기업 외 교육으로 분류할 수 있으며, 기업 내 교육은 다시 비정형교육과 정형교육으로 나눌 수 있다.

② 안전교육의 목적

(1) 인간정신의 안전화

(2) 행동의 안전화

(3) 환경의 안전화

(4) 설비와 물자의 안전화

③ 교육의 종류

(1) 사외 교육
① 피교육자가 기업 외부로 나가서 교육을 받는 형태
② 종류
㉠ 각종 세미나(Seminar)
㉡ 외부 단체가 주최하는 강습회
㉢ 관계 회사에 파견
㉣ 국내에서의 위탁교육 등

(2) 사내 정형교육
① 기업 내에서 실시하는 교육으로 지도의 방법이나 교재의 표준이 예비되어 행하는 교육
② 종류
㉠ ATP(Administration Training Program)
㉡ ATT(American Telephone & Telegraph Company)
㉢ MTP(Management Training Program)
㉣ TWI(Training Within Industry)

014 사내 비정형교육

1 개요

기업 내의 교육은 정형교육과 비정형교육으로 나누어지며, '비정형교육'이란 교육지도의 방식이 정형화되어 있지 않은 것을 말한다.

2 안전교육의 목적

(1) 인간정신의 안전화
(2) 행동의 안전화
(3) 환경의 안전화
(4) 설비와 물자의 안전화

3 기업의 교육방법

(1) 기업 외 교육
   피교육자가 기업 외부에 나가서 교육을 받는 형태

(2) 기업 내 교육
   ① 기업 내 비정형교육
      기업 내에서 실시하는 교육으로 지도의 방식이 정형화되어 있지 않은 교육
   ② 기업 내 정형교육
      기업 내에서 실시하는 교육으로 지도의 방법이나 교재의 표준이 예비되어 행하는 교육

4 기업 내 비정형교육

(1) 사례토의(Case Method)
   먼저 사례를 제시하고 문제적 사실들과 상호관계에 대해서 검토하고 대책을 토의하는 방법

(2) 강습회 또는 강연회
   여러 가지 문제를 폭넓게 다룰 수 있으며 교육 대상도 어느 계층에 국한되지 않음

(3) 역할연기법(Role Playing)

참가자에게 일정한 역할을 주고 실제로 연기를 하게 함으로써 자기의 역할을 보다 확실히 인식케 하는 방법

(4) 직무교대(Job Rotation)

서로의 직무를 교대해 보는 것으로 실효성은 떨어짐

(5) 기업 내의 통신교육

사내에서 방송, 컴퓨터 등을 이용하여 교육

(6) 사내보(직장신문)를 통한 교육 등

교육내용을 직장신문에 게재하여 간접적으로 교육

(7) 기타

① 연구회 또는 독서회(관리 Staff에서 많이 이용)

② 협의회, 회의 등에 의한 교육

③ 업무개선위원회 등에 참가

1 개요

기업 내의 교육은 정형교육과 비정형교육으로 나누어지며, '정형교육'이란 지도의 방법이나 교재의 표준이 예비되어 행하는 교육을 말하며, 계층(담당자)에 따른 기업 내의 정형교육에는 ATP · ATT · MPT · TWI가 있다.

2 기업 내 정형교육

(1) ATP(Administration Training Program)
　① 대상 : Top Management(최고 경영자)
　② 교육내용
　　㉠ 정책의 수립
　　㉡ 조직 : 경영, 조직형태, 구조 등
　　㉢ 통제 : 조직통제, 품질관리, 원가통제
　　㉣ 운영 : 운영조직, 협조에 의한 회사 운영

(2) ATT(American Telephone & Telegraph Company)
　① 대상 : 대상 계층이 한정되어 있지 않다. 한 번 교육을 이수한 자는 부하 감독자에 대한 지도 가능(예 안전관리자 양성교육 등)
　② 교육내용
　　㉠ 계획적 감독
　　㉡ 작업의 계획 및 인원배치
　　㉢ 작업의 감독
　　㉣ 공구 및 자료 보고 및 기록
　　㉤ 개인 작업의 개선 및 인사관계
　③ 전체 교육시간 : 1차 훈련은 1일 8시간씩 2주간 → 2차 과정은 문제발생 시 실시
　④ 진행방법 : 토의법

(3) MTP(Management Training Program)
　① 대상 : TWI보다 약간 높은 계층(관리자 교육)
　② 교육내용
　　㉠ 관리의 기능
　　㉡ 조직의 운영
　　㉢ 회의의 주관

　　　　ⓔ 시간 관리학습의 원칙과 부하지도법

　　　　ⓜ 작업의 개선 및 안전한 작업

　　③ 전체 교육시간

　　　　㉠ 1차 : 8hr/일×2주

　　　　㉡ 2차 : 문제발생 시

　　④ 진행방법 : 강의법에 토의법 가미

(4) TWI(Training Within Industry)

　　① 대상 : 일선 감독자

　　② 일선 감독자의 구비요건

　　　　㉠ 직무 지식

　　　　㉡ 직책 지식

　　　　㉢ 작업을 가르치는 능력

　　　　㉣ 작업방향을 개선하는 기능

　　　　㉤ 사람을 다루는 기량

　　③ 교육내용

　　　　㉠ JIT(Job Instruction Training) : 작업지도훈련(작업지도기법)

　　　　㉡ JMT(Job Method Training) : 작업방법훈련(작업개선기법)

　　　　㉢ JRT(Job Relation Training) : 인간관계훈련(인간관계 관리기법)

　　　　㉣ JST(Job Safety Training) : 작업안전훈련(작업안전기법)

　　④ 전체 교육시간 : 10시간으로 1일 2시간씩 5일간

　　⑤ 진행방법 : 토의법

　　⑥ 개선 4단계 : 작업분해 → 세부내용 검토 → 작업분석 → 새로운 방법 적용

(5) OJT(On the Job Training)

　　① 직장 중심의 교육 훈련

　　② 관리 · 감독자 등 직속상사가 부하직원에 대해서 일상업무를 통해서 지식, 기능, 문제해
　　　결능력, 태도 등을 교육 훈련하는 방법

　　③ 개별교육 및 추가지도에 적합

　　④ 상사의 지도, 조회 시의 교육, 재직자의 개인지도 등

(6) Off JT(Off the Job Training)

　　① 직장 외 교육훈련

　　② 다수의 근로자에게 조직적인 훈련 시행이 가능하며 각 직장의 근로자가 많은 지식이나 경
　　　험을 교류할 수 있다.

　　③ 초빙강사교육, 사례교육, 관리 · 감독자의 집합교육, 신입자의 집합기초교육

SECTION
04 인간공학

001 인간공학의 개념

1 개요

(1) '인간공학'이란 인간과 기계를 하나의 계(Man-Machine System)로 취급하여 인간의 능력이나 한계에 일치하도록 기계기구, 작업방법, 작업환경을 개선하는 방법에 관한 공학이라고 할 수 있다.

(2) '인간공학'은 기계와 그 조작 및 환경조건을 인간의 특성, 능력과 한계에 목적한 대로 조화할 수 있도록 설계하기 위한 기법을 연구하는 학문으로, 인간과 기계를 조화시켜 일체 관계로 연결시키는 것이 인간공학의 최대 목적이다.

2 인간공학의 목표

(1) 안전성의 향상과 사고 방지
(2) 기계조작의 능률성과 생산성 향상
(3) 쾌적성

3 인간과 기계의 장단점

구분	인간(Man)	기계(Machine)
장점	① 상황의 예측, 판단, 유연한 적응처리 ② 질적 처리에 우수 ③ 숙련에 의한 능력 함양 ④ 저에너지 자극 감지 ⑤ 복잡 다양한 자극 식별 ⑥ 원칙 적용으로 다양한 문제해결 ⑦ 독창력 발휘기능 ⑧ 관찰을 통한 귀납적 추정기능	① 획일적 정상처리, 고속, 고에너지 출력 ② 양적 처리에 우수 ③ X선, 레이더, 초음파 등에 무관 ④ 장기간 중량작업 ⑤ 반복작업 수행기능 ⑥ 연역적 추정기능

구분	인간(Man)	기계(Machine)
단점	① 처리능력에 한계 ② 특성이 시간적으로 변동(피로 · 졸음 · 과긴 장 · 감정에 좌우되기 쉽다.) ③ 실수를 범하기 쉽다.(막대한 정보처리의 과 정에서 부적절한 혼란을 일으킨다.) ④ 주위환경(소음 · 공해 등)에 영향을 받음	① 고장에 대한 적응 곤란 ② 경직성, 단순성, 자기회복 능력이 없음 ③ 위험성에 대한 우선순위 적용 곤란 ④ 주관적 추정기능 미흡

4 인간공학의 연구과정 4단계

(1) 제1단계 : 인간의 외부로부터의 자극에 대한 반응 및 반응 방법에 어떠한 원리나 법칙이 있 는가를 연구

(2) 제2단계 : 기계 · 기구 장치를 어떤 방법으로 인간에게 적합하도록 할 것인가에 대한 연구

(3) 제3단계 : 기구부속품, 기계, 환경을 포함한 모든 System을 어떠한 방법으로 인간에게 적합 하도록 할 것인가에 대한 연구

(4) 제4단계 : 기계장치와 그것을 사용하는 인간의 System의 기능에 대한 연구

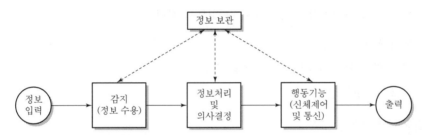

‖ 인간 – 기계 통합 시스템의 인간 또는 기계에 의해서 수행되는 기본 기능의 유형 ‖

5 인간 – 기계 System 안전의 4M

구분	사고	주요 현상과 원인	안전의 4M
기계 사용 시 불안전한 현상(사고)	공학적 사고	설계 · 제작 착오, 재료 피로 · 열화, 고장, 오조작, 배 치 · 공사 착오	기계 (Machine)
	인간 – 기계 계의 사고	잘못 사용, 오조작, 착오, 실수, 논리 착오, 협조 미흡, 불안 심리	인간 (Man)
		작업정보 부족 · 부적절, 협조 미흡, 작업환경 불량, 불안전한 접촉	작업매체 (Media)
		안전조직 미비, 교육 · 훈련 부족, 오판단, 계획 불량, 잘못된 지시	관리 (Management)

1 개요

작업설계를 할 때 작업 확대 및 작업 강화를 통해 인간공학적인 면을 고려하면 더 높은 수준의 작업만족도 실현이 가능하며, 작업자에게 책임을 부여하거나 작업자 자신이 작업방법을 선택할 수 있도록 하는 등의 방법을 고려할 수 있다.

2 작업설계에 의한 방법

(1) 작업설계 시 인간공학 차원의 고려대상
  ① 작업자 자신에게 작업물에 대한 검사책임을 준다.
  ② 수행할 활동 수를 증가시킨다.
  ③ 부품보다 Unit에 대한 책임을 부여한다.
  ④ 작업자 자신이 작업방법을 선택할 수 있도록 한다.

(2) 직무분석에 의한 방법
  ① 인간능력 특성과 모순되는 설계오류 발견
  ② 설계요소 기준 설정

(3) 인간요소의 평가
  ① 인간이 수행하는 것이 적절한지 여부 판단
  ② 신체기능 중 어느 부분을 사용할 것인가의 판단

(4) 체계분석
  ① 낭비요소 배제로 손실 감소
  ② 사용자 적응성 향상
  ③ 최적 설계로 교육 및 훈련비용 절감
  ④ 대중화된 기술 적용으로 인력효율 향상
  ⑤ 적절한 장비 및 환경 제공으로 성능 향상
  ⑥ 설계 단순화로 경제성 증대

❸ 인간공학에 의한 인간특성을 고려한 설계

(1) 신체적 특성

　① 사용자의 손 크기를 고려한 박스의 손잡이 설계

　② 오금 높이를 기준으로 책상용 의자의 높이를 설계

　③ 작업자의 팔 행동반경을 고려하여 조종 장치를 배치

(2) 인지적 특성

　① 전자레인지가 작동 중에 문이 열리면 작동을 멈추도록 하는 인터락(inter lock) 설계

　② 전화기 버튼을 누르면, 눌릴 때마다 청각적 피드백(feed back)을 제공하는 설계

003 인간과 기계의 체계(Man – Machine System)

1 개요

(1) 'Man – Machine System'이란 인간과 기계를 하나의 계로 취급하여 둘을 조화로운 일체 관계로 연결시키는 것을 말한다.

(2) 인간과 기계의 관계에서는 인간이 기계로부터 정보를 얻어 판단하고 필요한 지시를 주어 기능을 제어하는 것으로서, 이와 같이 어느 목적 때문에 편성된 인간과 기계의 결합체를 Man – Machine System이라 한다.

2 Man – Machine System의 기본기능

(1) 정보 보관 기능(Information Storage)
　① 인간의 정보 보관 : 기억(대뇌)
　② 기계적 정보 보관 : Punch Card, 자기테이프, 형판(Template), 기록, 자료표 등

(2) 감지(Sensing)
　① 인간의 감지기능 : 시각, 청각, 촉각, 후각, 미각 등의 감각기관 사용
　② 기계적인 감지장치 : 전자, 사진, 기계적인 여러 종류

(3) 정보처리 및 의사결정(Information Processing & Decision)
　① 인간 : 관찰을 통한 귀납적 처리, 다양한 정보를 토대로 의사결정
　② 기계 : 연역적 처리, 명시된 Program에 따라 정보처리

(4) 행동 기능(Acting Function)
　① 의사결정의 결과로 발생하는 조작행위
　② 구분
　　㉠ 물리적 조작행위 : 조정장치의 작동, 이동, 변경, 개조 등
　　㉡ 통신행위 : 음성, 신호, 기록 등의 방법 사용

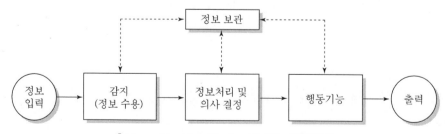

┃ Man – Machine System의 기능 계통도 ┃

③ 인간 – 기계 통합체계의 유형

(1) 수동체계(Manual System)

수공구나 기타 보조물로 구성

(2) 기계화 체계(Mechanical System)

① 반자동(Semiautomatic)체계라고도 하며 동력제어장치가 고도로 통합된 부품들로 구성

② 동력은 전형적으로 기계가 제공하고 운전기능은 조정장치를 사용하여 통제

(3) 자동체계(Automatic System)

신뢰성이 완전한 자동체계란 불가능하므로 인간은 주로 감시, Program 정비 · 유지 등의 기능을 수행

┃ 인간 – 기계 통합체계 ┃

체계 종류 및 운용방식	부품	부품 간의 연결장치	예
수동체계	수공구 및 보조물	인간	장인과 공구, 가수와 앰프
반자동체계	상호 관련도가 대단히 높은 여러 부속품들이 명확히 구분할 수 없는 부품 및 연결 장치를 이루고 있다.		자동차, 공작기계
자동체계	기계화 체계	전선, 도관, 지레 등이 제어 회로를 이룬다.	처리공장, 자동교환대 컴퓨터

④ 제어의 체계

(1) 시퀀스 제어(sequence control, 순차제어) : 미리 정하여진 순서에 따라 제어의 각 단계를 차례로 진행시키는 제어를 말한다.

(2) 서보 기구(servo mechanism) : 물체의 위치, 방향, 힘, 속도 등의 역학적인 물리량을 제어하는 기구이다(레이더의 방향제어, 선박, 항공기 등의 속도조절기구, 공작기계의 제어 등).

(3) 공정제어(process control) : 제조공업에서 공정의 상태량(온도, 압력, 유량, 점도 등)을 제어량으로 하는 제어이다.

(4) 자동조정(automatic regulation) : 자동조작으로 항상 일정한 값을 유지하도록 해 주는 방식이다. 전압, 전류, 전력, 주파수, 전동기나 공작기계의 속도 등의 제어에 사용된다.

(5) 개방루프 제어(open loop control)방식 : 항공기의 방향조정의 경우, 항공기의 진로를 유지하기 위하여 기체의 역학적 특성, 진로상의 공기의 밀도와 바람 등을 사전에 충분히 알고 조정방향을 시간적으로 프로그램함으로써 항공기가 소정의 비행로를 따라 비행하게 되는데 이와 같은 제어방식을 말한다.

(6) 피드백 제어(feedback control)방식 : 제어결과를 측정하여 목표로 하는 동작이나 상태와 비교하여 잘못된 점을 수정해 나가는 제어방식으로 피드백 제어에서는 제어의 결과를 목표와 비교하기 위하여 출력이 피드백 측으로 피드백되어 전체가 하나의 폐루프를 구성하기 때문에 일명 폐쇄루프 제어(closed control)라고도 한다.

004 인간과 기계의 특징

1 개요

'Man−Machine System(인간−기계 체계)'이란 인간과 기계를 하나의 계로 취급하여 인간과 기계를 조화로운 일체 관계로 연결시키는 것을 말하며, 좋은 System을 만들기 위해서는 인간과 기계가 가지고 있는 장단점을 잘 이해하여 Man−Machine System이 목적한 대로 작동하도록 하여야 한다.

2 인간이 기계보다 우수한 기능

(1) 정보 보관 기능(정보 저장)
　　① 중요도에 따른 정보를 장시간 보관
　　② 방대한 양의 상세 정보보다는 원칙이나 전략을 더 잘 기억

(2) 감지(정보 수용)
　　① 시각, 청각, 촉각, 후각, 미각 등의 자극을 감지
　　② 잡음이 심한 경우에도 신호를 인지
　　③ 복잡 다양한 자극의 형태를 식별
　　④ 미래의 잠재적 상황을 예견

(3) 정보처리 및 의사결정
　　① 보관되어 있는 적절한 정보를 회수(상기)
　　② 다양한 경험을 토대로 의사결정
　　③ 어떤 운용방법이 실패할 경우 다른 방법 선택
　　④ 원칙을 적용하여 다양한 문제를 해결
　　⑤ 관찰을 통해서 일반화하여 귀납적으로 추리
　　⑥ 주관적으로 추산하고 평가
　　⑦ 문제 해결에 있어서 독창력 발휘

(4) 행동 기능
　　① 과부하 상황에서 중요한 일에만 전념
　　② 무리 없는 한도 내에서 신체적인 반응에 적응

3 기계가 인간보다 우수한 기능

(1) 정보 보관 기능(정보 저장)
    ① 암호화된 정보를 신속하게 대량으로 보관
    ② 수많은 수치 등을 신속하게 기억시켜 보관

(2) 감지(정보 수용)
    ① 인간의 정상적인 감지 범위 밖에 있는 초음파, X선, 레이더파 등의 자극을 감지하는 기능
    ② 수많은 수치 등을 신속하게 기억시켜 보관

(3) 정보처리 및 의사결정
    ① 암호화된 정보를 신속 · 정확하게 회수
    ② 연역적으로 추리
    ③ 입력신호에 대해 신속하고 일관성 있는 반응
    ④ 명시된 Program에 따라 정량적인 정보처리
    ⑤ 물리적인 양을 계수하거나 측정

(4) 행동 기능
    ① 과부하 시에도 효율적으로 작동
    ② 상당히 큰 물리적 힘을 규율 있게 발휘
    ③ 장시간에 걸쳐 작업 수행(인간처럼 피로를 느끼지 않음)
    ④ 반복적인 작업을 신뢰성 있게 수행
    ⑤ 여러 개의 Program된 활동을 동시에 수행
    ⑥ 주위가 소란하여도 효율적으로 작동

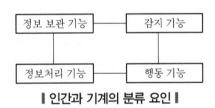

▐ 인간과 기계의 분류 요인 ▐

① 개요

(1) '동작경제'란 작업자의 불필요한 동작으로 인한 위험요인을 찾아내고 작업자의 동작을 세밀하게 분석하여, 가장 경제적이고 적합한 표준 동작을 설정하는 것을 말한다.

(2) 작업 시 동작의 실패는 사고 및 재해로 연결되므로 작업자의 동작을 세밀하게 관찰 · 분석하여 동작 실패의 요인을 찾아내고 이를 개선시켜 위험요인으로부터 작업자를 보호하여야 한다.

② 동작분석의 방법

(1) 관찰법 : 작업자의 동작을 육안으로 현지 관찰하면서 분석하는 방법

(2) Film 분석법 : 작업자의 동작을 카메라 촬영에 의해 분석하는 방법

③ 동작경제의 3원칙

(1) 동작능력 활용의 원칙

① 발 또는 왼손으로 할 수 있는 것은 오른손을 사용하지 않는다.

② 양손으로 동시에 작업을 시작하고 동시에 끝낸다.

③ 양손이 동시에 쉬지 않도록 함이 좋다.

(2) 작업량 절약의 원칙

① 적게 움직인다.

② 재료나 공구는 취급하는 부근에 정돈한다.

③ 동작의 수를 줄인다.

④ 동작의 양을 줄인다.

⑤ 물건을 장시간 취급할 경우에는 장구를 사용한다.

(3) 동작 개선의 원칙

① 동작이 자동적으로 이루어지는 순서로 한다.

② 양손은 동시에 반대의 방향으로, 좌우 대칭적으로 운동한다.

③ 관성, 중력, 기계력 등을 이용한다.

④ 작업장의 높이를 적당히 하여 피로를 줄인다.

4 동작 실패의 요인

(1) 물건을 잘못 잡는 오동작
(2) 물건을 잘못 보는 오동작
(3) 판단을 잘못하는 오동작
(4) 의식적 태만
(5) 작업 기피 및 생략 행위

5 동작 실패에 대한 대책

(1) 착각을 일으킬 수 있는 외부조건이 없을 것
(2) 감각기의 기능이 정상일 것
(3) 올바른 판단을 내리기 위한 필요한 지식을 가지고 있을 것
(4) 대뇌의 명령으로부터 근육의 활동이 일어나기까지의 신경계의 저항이 작을 것
(5) 시간적 · 수량적 및 정도적으로 능력을 발휘할 수 있는 체력이 있을 것
(6) 의식동작을 필요로 할 때에는 무의식 동작을 행하지 않을 것

1 개요

'Labor Science(노동과학)'란 근로자에 대한 악영향을 제거하고 노동력을 유지 · 보전하기 위하여 적정한 근로조건을 실현하여, 근로자의 육체적 · 정신적 영향을 최소화하기 위한 것을 말한다.

2 노동과학의 목적

(1) 근로자에 대한 위험요인 제거로 노동력의 유지 및 보전
(2) 근로자의 육체적 · 정신적 스트레스 저감
(3) 물적 · 인적 불필요 요인 제거로 작업효율 극대화

3 노동환경(작업환경)의 요인

(1) 화학적 요인 : 有해물질이 근로자의 건강에 영향을 준다.
(2) 물리적 요인 : 유해 Energy가 근로자의 건강에 영향을 준다.
(3) 생물적 요인 : 병원균이 근로자의 건강에 영향을 준다.
(4) 사회적 요인 : 주위환경이 근로자의 건강에 영향을 준다.

4 노동과학을 위한 노동환경(작업환경)의 개선

(1) 작업장의 정리정돈 및 청소
  ① 근로자가 차분한 마음으로 작업할 수 있도록 작업장을 미화 · 정리
  ② 정리정돈 시 작업공간 및 작업통로 확보

(2) 채광
  ① 자연광선에 의하여 작업공간을 밝게 하여 작업분위기 조성
  ② 유리창의 크기는 바닥면적의 1/5 이상

(3) 조명
  ① 조명이 불충분한 장소에서는 작업자의 피로 증대 및 근로의욕 저하
  ② 조명은 적당히 밝게, 눈이 부시지 않게, 명암의 차이가 심하지 않게 함

(4) 소음
  ① 청각 피로에 의한 불안전 행동 유발 또는 발생
  ② 소음원 제거 및 방음보호구 착용(귀마개 · 귀덮개)

(5) 통풍
인화성이나 폭발성의 Gas · 증기 등의 위험성이 적은 경우에는 자연환기로 무방하나 때때로 유리창이나 문을 열어 통풍

(6) 환기
인체에 해로운 물질을 함유하는 기체를 배출하는 장치 또는 설비에 대하여 적절한 배기장치를 설치하여 작업자의 건강장해 방지

(7) 색채 조절
  ① 색채는 시각과 밀접한 관계로 색채에 의한 심리적인 효과로 안전행동과 작업 능률 향상
  ② 설비나 작업장소에 재해 방지 필요정보 및 안전에 필요한 식별을 위해 사용

(8) 온열 조건
  ① 작업 시 온열 조건의 영향은 피로에 관계하는 큰 요인
  ② 작업장에 냉방 · 난방 또는 통풍 등 적절한 온 · 습도 조절

(9) 행동장해 요인 제거
  ① 정상적인 자세로 작업을 하고 안전하게 행동하기 위해 작업장소의 넓이 확보
  ② 필요한 폭과 높이의 작업 통로를 확보하고 통로 바닥은 장해가 되는 요소를 제거
  ③ 작업 시 경쾌한 동작을 할 수 있도록 근로자는 복장을 단정히 착용

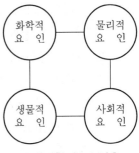

‖ 작업환경 4요인 ‖

007 인간 - 기계체계의 제어방식

1 서보 기구(servo mechanism)

물체의 위치, 방향, 힘, 속도 등의 역학적인 물리량을 제어하는 기구이다(레이더의 방향제어, 선박 및 항공기 등의 속도조절기구, 공작기계의 제어 등).

2 공정제어(process control)

제조공업에서 공정(process)의 상태량(온도, 압력, 유량, 점도 등)을 제어량으로 하는 제어

3 자동조정(automatic regulation)

자동조작으로 항상 일정한 값을 유지하도록 해주는 방식이다. 전압, 전류, 전력, 주파수, 전동기나 공작기계의 속도 등의 제어에 사용된다.

(1) 제어의 체계
  ① 시퀀스 제어(sequence control, 순차제어) : 미리 정하여진 순서에 따라 제어의 각 단계를 차례로 진행시키는 제어를 말한다.
  ② 서보 기구(servo mechanism) : 물체의 위치, 방향, 힘, 속도 등의 역학적인 물리량을 제어하는 기구이다(레이더의 방향제어, 선박, 항공기 등의 속도조절기구, 공작기계의 제어 등).
  ③ 공정제어(process control) : 제조공업에서 공정의 상태량(온도, 압력, 유량, 점도 등)을 제어량으로 하는 제어이다.
  ④ 자동조정(automatic regulation) : 자동조작으로 항상 일정한 값을 유지하도록 해 주는 방식이다. 전압, 전류, 전력, 주파수, 전동기나 공작기계의 속도 등의 제어에 사용된다.
  ⑤ 개방루프 제어(open loop control)방식 : 항공기의 방향조정의 경우, 항공기의 진로를 유지하기 위하여 기체의 역학적 특성, 진로상의 공기의 밀도와 바람 등을 사전에 충분히 알고 조정방향을 시간적으로 프로그램함으로써 항공기가 소정의 비행로를 따라 비행하게 되는데 이와 같은 제어방식을 말한다.
  ⑥ 피드백 제어(feedback control)방식 : 제어결과를 측정하여 목표로 하는 동작이나 상태와 비교하여 잘못된 점을 수정해 나가는 제어방식으로 피드백 제어에서는 제어의 결과를 목표와 비교하기 위하여 출력이 피드백 측으로 피드백되어 전체가 하나의 폐루프를 구성하기 때문에 일명 폐쇄루프 제어(closed control)라고도 한다.

008 확률사상의 적과 화

1 n개의 독립사상일 경우

(1) 논리곱의 확률 : $q(A \cdot B \cdot C \cdots N) = qA \cdot qB \cdot qC \cdots qN$

(2) 논리합의 확률 : $q(A+B+C \cdots N) = 1-(1-qA)(1-qB)(1-qC) \cdots (1-qN)$

2 배타적 사상일 경우

논리곱의 확률 : $q(A+B+C \cdots N) = qA + qB + qC \cdots qN$

3 불대수의 법칙(영국의 수학자 G. Bool이 만든 논리수학)

(1) 동정법칙 : $A + A = A, \ AA = A$

(2) 교환법칙 : $AB = BA, \ A + B = B + A$

(3) 흡수법칙 : $A(AB) = (AA)B = AB$

$A + AB = A \cup (A \cap B) = (A \cup A) \cap (A \cup B) = A \cap (A \cup B) = A$

$\overline{A \cdot B} = \overline{A} + \overline{B}$

(4) 분배법칙 : $A(B+C) = AB + AC, \ A + (BC) = (A+B) \cdot (A+C)$

(5) 결합법칙 : $A(BC) = (AB)C, \ A + (B+C) = (A+B) + C$

(6) 기타 : $A \cdot 0 = 0, \ A + 1 = 1, \ A \cdot 1 = A, \ A + \overline{A} = 1, \ A \cdot \overline{A} = 0$

4 Cut Set, Path Set, Minimal Cut Set, Minimal Path Set

(1) Cut Set : 정상사상을 발생시키는 Cut(기본사상)의 Set(집합)을 말하는 것으로 Cut(기본사상)들이 발생함으로써 정상사상을 발생시키는 Cut(기본사상)의 Set(집합)을 말한다.

(2) Path Set : 모든 Cut(기본사상)이 일어나지 않음으로 인해 정상사상이 발생되지 않는 Cut(기본사상)의 Set(집합)을 말한다.

(3) Minimal Cut Set : 정상사상을 일으키는 데 필요한 Minimal(최소한)의 Set(집합)을 말하며, 시스템 기능을 마비시키는 데 필요한 고장요인의 최소집합이다.

(4) Minimal Path Set : Path Set으로 인해 정상사상이 발생되지 않는 최소한의 Set으로서 정상적 시스템이 되기 위해 필요한 최소한의 Set을 말한다.

5 Minimal Cut 계산방법

(1) AND Gate : 가로방향으로 컷의 크기를 증가시켜 나열

(2) OR Gate : 세로방향으로 컷의 수를 증가시켜 나열

(3) 구한 Cut에서 중복사상이나 컷을 제거해 Minimal Cut Set을 구한다.

$$T = A_1 \cdot A_2 = (X_1 \cdot X_2) \cdot A_2 = \begin{matrix} X_1 \, X_2 \, X_3 \\ X_1 \, X_2 \, X_4 \end{matrix}$$

즉, 컷셋은 $(X_1 \, X_2 \, X_3)$ 또는 $(X_1 \, X_2 \, X_4)$ 중 1개이다.

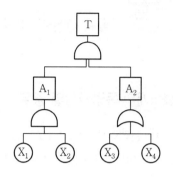

$$T = A \cdot B = \begin{matrix} X_1 \\ X_2 \end{matrix} \cdot B = \begin{matrix} X_1 \, X_1 \, X_3 \\ X_1 \, X_2 \, X_3 \end{matrix}$$

즉, 컷셋은 $(X_1 \, X_3)(X_1 \, X_2 \, X_3)$, 미니멀 컷셋은 $(X_1 \, X_3)$ 또는 $(X_1 \, X_2 \, X_3)$ 중 1개이다.

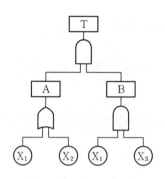

$$T = A \cdot B = \begin{matrix} X_1 \\ X_2 \end{matrix} \cdot B = \begin{matrix} X_1 \, X_1 \, X_2 \\ X_2 \, X_1 \, X_2 \end{matrix}$$

즉, 컷셋은 $(X_1 \, X_2)$, 미니멀 컷셋은 $(X_1 \, X_2)$이다.

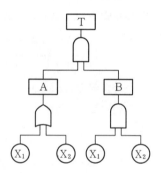

$$T = A \cdot B = \begin{matrix} X_1 \\ X_2 \end{matrix} \cdot B = \begin{matrix} X_1 \, X_3 \, X_4 \\ X_2 \, X_3 \, X_4 \end{matrix}$$

즉, 컷셋은 $(X_1 \, X_3 \, X_4)(X_2 \, X_3 \, X_4)$, 미니멀 컷셋은 $(X_1 \, X_3 \, X_4)$ 또는 $(X_2 \, X_3 \, X_4)$ 중 1개이다.

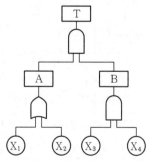

‖ AND Gate와 OR Gate 조합
미니멀 컷셋의 계산 ‖

6 기본공식

(1) $A + 0 = 0 + A = A$

(2) $A + A = A$

(3) $A + 1 = 1 + A = 1$

(4) $A + \overline{A} = \overline{A} + A = 1$

(5) $\overline{\overline{A}} = A$

(6) $A + \overline{A}B = A + B$

(7) $A \cdot 0 = 0 \cdot A = 0$

(8) $A \cdot A = A$

(9) $A \cdot \overline{A} = \overline{A} \cdot A = 0$

(10) $A + AB = A$

(11) $(A + B)(A + C) = A + B \cdot C$

001 시각 표시장치인 눈의 구조

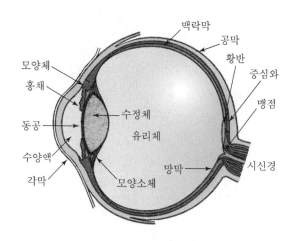

| 눈의 구조 |

(1) 모양체 : 수정체 두께 조절을 담당하는 근육

(2) 수정체 : 카메라의 렌즈에 해당하며 빛을 굴절해 상이 맺히도록 하는 역할

(3) 각막 : 빛이 통과하는 부위

(4) 홍채 : 카메라의 조리개에 해당하는 역할로 들어오는 빛의 양을 조절

(5) 망막 : 상이 맺히는 곳

(6) 시신경 : 망막으로 들어온 정보를 뇌로 전달하는 신경

(7) 맥락막 : 망막을 둘러싸고 있는 검은 막

002 눈의 이상

1 암순응

갑자기 어두운 곳에 들어가거나 밝은 곳에 들어갈 경우 보이지 않는 현상이 지속되다가 일정 시간이 경과하면 점차 보이게 되는 현상으로 이러한 적응상태를 순응이라고 함
메커니즘 : 원추세포의 순응단계(5분) → 간상세포의 순응단계(35분)

2 명순응

어두운 곳에 있는 동안 민감해진 시각계통의 감도가 순응단계(2분 이내)를 거치며 적응하게 되는 현상

3 시성능

색채 식별범위는 70도이며, 정상적 시계는 200도로 알려져 있다. 또한 연령에 따라 20세의 시성능을 1.0으로 한다면, 40세 1.17배, 50세 1.58배, 65세에는 2.66배의 조명 수준이 필요하게 된다.

4 조명단위

(1) 조도 : 물체 표면에 도달하는 빛의 밀도
  ① 1lux : 1촉광 광원으로부터 1m 떨어진 빛의 밀도
  ② 조도 $= \dfrac{\text{광도}}{\text{거리}^2}$

(2) 광도 : 단위면적당 비추는 빛의 양
(3) 휘도 : 반사되어 나오는 빛의 양

1 개요

변수나 계량치와 같이 동적으로 변화하는 정보를 제공하는 장치로 기계식 · 전자식으로 구분되며, 정확한 정량적 값을 읽기에 적합한 장치이다.

2 기계적 분류

(1) 아날로그형

　　① 원형　　　　　　　② 수평형　　　　　　　③ 수직형

　　　(a) 원형 눈금　　　(b) 수평형 눈금　　　(c) 수직형 눈금

▌아날로그 눈금 ▌

(2) 디지털 카운터형

　　① 기계식 표시장치의 장점 : 정확하게 읽을 수 있다.
　　② 아날로그 표시장치의 장점 : 표시값의 변화방향이나 속도를 관찰하기가 용이하다.

❸ 표시방식에 의한 분류

(1) 동침형

고정된 눈금 위로 지침이 움직이며 값을 나타내는 것으로 자동차 계기판 등이 이에 해당된다.

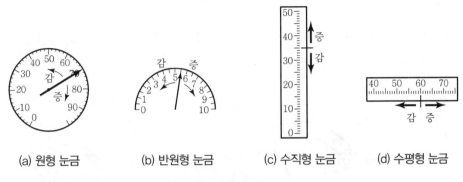

(a) 원형 눈금   (b) 반원형 눈금   (c) 수직형 눈금   (d) 수평형 눈금

‖ 동침형 눈금 ‖

(2) 동목형

고정된 지침을 중심으로 표시된 값이 움직이는 형태로 값의 범위가 클 경우 표시하기가 유리하나 인식에 속도가 요구되는 경우 사용에 제약을 받는다.

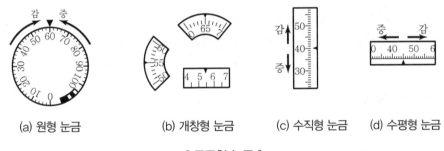

(a) 원형 눈금   (b) 개창형 눈금   (c) 수직형 눈금   (d) 수평형 눈금

‖ 동목형 눈금 ‖

(3) 계수형

주유기 표시장치와 같이 정확한 수치를 읽을 필요가 있을 경우 사용되는 표시장치로 시각적으로 피로가 유발되며, 수치가 빨리 변화되는 경우 읽기가 곤란한 단점이 있다.

0	0	2	5	3

‖ 계수형 눈금 ‖

1 개요

연속적으로 변하는 대략적인 값 또는 추이를 관찰할 때 유용한 장치로 정상, 비정상 정도를 판정하는 데 유리하다.

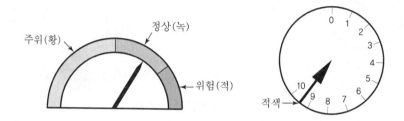

2 상태 지시계

정성적 표시장치를 별도의 독립된 형태로 사용한 것

(1) 정적 표시장치 : 도표, 그래프와 같이 시간이 경과해도 변하지 않는 표시장치

(2) 동적 표시장치 : 온도계, 속도계, 기압계 등과 같이 변수를 표시하기 위한 장치

3 기타 신호체계

(1) 배경광

   ① 배경광이 신호표시등과 유사하게 되면 신호를 파악하기 난해하다.

   ② 배경광이 지속광이 아닐 경우 점멸신호의 기능을 할 수 없다.

(2) 색광(색광에 따라 주의집중 정도가 다름)

   반응시간 순서 : 적색 > 녹색 > 황색 > 백색(명도가 높으면 빠르고 낮으면 둔함)

(3) 점멸 속도

   ① 주의집중을 위해서는 3~10/sec회 점멸속도와 지속시간 0.05sec 이상일 것

   ② 점멸 융합주파수 30Hz보다 작을 것

(4) 광원 크기

   광원 크기가 작을수록 광속발산도가 커야 하며, 광원이 작으면 시각도 작아진다.

005 묘사적 표시장치

1 항공기 이동표시의 분류

(1) 외견형(항공기 이동형) : 항공기가 이동하며, 지평선이 고정된 형태
(2) 내견형(지평선 이동형) : 지평선이 이동하며, 항공기가 고정된 형태
(3) 빈도 분리형 : 외견형과 내견형 복합형

항공기 이동형		지평선 이동형	
지평선 고정, 항공기가 움직이는 형태, Outside-in(외견형), Bird's Eye		항공기 고정, 지평선이 움직이는 형태, Inside-out(내견형), Pilot's Eye, 대부분의 항공기가 채택한 표시장치	

2 항공기 표시장치 설계원칙

(1) 현실성 : 묘사 이미지는 상대적 위치가 현실화되어야 쉽게 알 수 있다.
(2) 양립성 : 항공기는 이동부분 영상을 눈금 또는 좌표계에 나타내 주는 것이 좋다.
(3) 추종표시 : 원하는 방향과 실제 지표가 눈금이나 좌표계에서 이동하도록 해야 한다.
(4) 통합 : 관련 정보를 통합해 상호관계를 즉시 인식하도록 해야 한다.

3 획폭비(숫자 높이 대비 획 굵기 비율)

(1) 검은 바탕, 흰 숫자의 획폭비 : 최적비 1 : 13.3
(2) 흰 바탕, 검은 숫자의 획폭비 : 최적비 1 : 8

4 횡비(숫자폭 대비 높이 비율)

(1) 문자 종횡비 1 : 1   (2) 숫자 종횡비 3 : 5

5 광삼현상

검은 바탕의 흰 글자가 쓰여 있을 때 글자가 바탕으로 번져 보이는 현상이다. 이 경우 검은 바탕의 흰 글자를 더 가늘게 표시해야 한다.

A B C D 검은 바탕의 흰 글씨(음각)
A B C D 흰 바탕에 검은 글씨(양각)

006 작업장 색채

1 개요

작업장 색채는 근로자 작업환경 중 하나로 안전 · 보건수준과 생산능률 향상에 매우 밀접한 관계가 있다.

2 외부색채

(1) 벽면 : 주변 명도 대비 2배 이상
(2) 창틀 : 주변 벽보다 명도, 채도가 1~2배 높을 것

3 내부

(1) 바닥 : 반사가 되지 않도록 명도 4~5, 반사율 20~40%
(2) 천장 : 반사율 75% 이상 백색
(3) 위벽 : 회색이나 녹색 계열로 명도 8 이상
(4) 정밀작업 : 명도 7.5~8, 회색, 녹색

4 기계배색

청록색(7.5BG 6/14), 녹색과 회색의 혼합(10G 6/2)

5 색의 심리작용

(1) 사물의 크기 : 명도가 높을수록 크게 보임
(2) 원근감 : 명도가 높을수록 가깝게 보임
(3) 안정감 : 명도가 높은 부분을 위로 할수록 안정감이 있음
(4) 속도감 : 명도가 높을수록 빠르게 느껴짐

SECTION 06 청각 및 기타 표시장치

001 청각 특성

1 귀의 구조

(1) 바깥귀(외이) : 소리를 모으는 부위

(2) 가운데귀(중이) : 고막진동을 속귀로 전달하는 부위

(3) 속귀(내이) : 청세포 달팽이관으로 소리자극을 신경으로 전달하는 부위

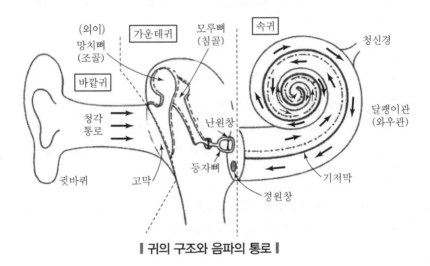

▌귀의 구조와 음파의 통로 ▌

2 음의 특성

(1) 진동수 : 음의 높낮이에 따른 초당 사이클 수를 주파수라 하며 Hz 혹은 CPS(Cycle/sec)로 표시

(2) 강도 : 음압수준(SPL ; Sound Pressure Level)으로 음의 강도는 단위면적당 와트(Watt/m^2)로 정의된다. SPL(dB) = $10\log(P_1^2/P_0^2)$

여기서, P_1 : 측정대상 음압, P_0 : 기준음압, SPL(dB) = $20\log(P_1/P_0)$

(3) 음력수준(Sound Power Level) : PWL = $10\log(P/P_0)$dB

❸ 소음의 단위

(1) 정의

    ① 일상생활을 방해하며, 청력을 저해하는 음

    ② 불쾌감과 작업능률을 저해하는 음

    ③ 산업안전보건법상 8hr/일 기준 85dB 이상 시 소음작업에 해당됨

(2) dB(decibel)

    ① 음압수준의 표시 단위

    ② 가청 음압은 $0.00002 \sim 20 N/m^2$, dB로 표시하면 $0 \sim 100 dB$

    ③ 소음의 크기 등을 나타내는 데 사용되는 단위로 Weber – Fechner의 법칙에 의해 사람의 감각량이 자극량에 대수적으로 변하는 것을 이용

(3) phon(L_L)

    ① 감각적인 음의 크기를 나타내는 양

    ② Phon : 음을 귀로 들어 1,000Hz 순음의 크기와 평균적으로 같은 크기로 느껴지는 음의 세기 레벨

(4) sone(Loudness : S)

    ① 음의 감각량으로서 음의 대소를 표현하는 단위

    ② 1,000Hz 순음이 40dB일 때 : 1sone

    ③ $S = 2^{(L_L - 40)/10}$(sone), $L_L = 33.3 \log S + 40$(phon)

    ④ S의 값이 2배, 3배, 4배로 증가하면, 감각량의 크기도 2배, 3배, 4배 증가

(5) 인식소음

    ① PNdB : 910~1,090Hz대 소음음압 기준

    ② PLdB : 3,150Hz 1/3 옥타브대 음압 기준

(6) 은폐효과

    음의 효과가 귀의 감수성을 감소시키는 현상

002 시각장치와 청각장치

1 청각표시장치가 시각표시장치보다 유리한 경우

(1) 즉각적 행동을 요구하는 정보의 처리
(2) 연속적인 정보의 변화를 알려줄 경우
(3) 조명의 간섭을 받을 경우

2 청각장치와 시각장치의 비교

(1) 청각장치의 장점
① 메시지가 간단하다.
② 메시지가 시간적 사상을 제공한다.
③ 즉각적 행동을 요구할 때 유리하다.
④ 장소가 밝거나 어두울 때 사용 가능하다.
⑤ 대상자가 움직이고 있을 때 사용 가능하다.

(2) 시각장치의 장점
① 메시지가 복잡한 경우 편리하다.
② 메시지가 긴 경우 편리하다.
③ 소음유발장소인 경우 편리하다.
④ 대상자가 한곳에 머무를 경우 편리하다.
⑤ 즉각적인 행동을 요구하지 않을 때 사용 가능하다.

3 경계, 경보신호 선택지침

(1) 경계, 경보신호는 500~3,000Hz대가 가장 효과적
(2) 300m 이상 신호에는 1,000Hz 이하 진동수가 효과적
(3) 효과를 높이려면 개시시간이 짧고 고강도 신호가 좋아야 함
(4) 주의집중을 위해서는 변조신호가 좋음
(5) 칸막이 너머에 신호를 전달하기 위해서는 500Hz 이하 진동수가 효과적
(6) 배경소음과 진동수를 다르게 하고 신호는 1초간 지속

003 촉각 및 후각 표시장치

1 피부감각점 분포량

통점 > 압점 > 냉점 > 온점

2 Weber의 법칙

감각의 변화감지역은 표준자극에 비례한다는 법칙

$$웨버\ 비 = \frac{\Delta I}{I}$$

여기서, I : 기준자극 크기
ΔI : 변화감지역

(1) Weber의 비(작을수록 분별력이 향상됨)

감각	시각	무게	청각	후각	미각
Weber 비	1/60	1/50	1/10	1/4	1/3

(2) 감각기관 반응속도
청각 > 촉각 > 시각 > 미각 > 통각

3 촉각적 표시장치의 분류

(1) 기계적 진동 장치 : 진동장치 위치, 주파수, 진동세기 등에 의한 진동매개를 변수로 하는 장치
(2) 전기적 펄스 표시장치 : 전류자극으로 피부에 전달되는 펄스 속도, 펄스 지속시간, 강도 등을 변수로 하는 촉각적 표시장치

004   휴먼에러의 분류

1 오류에 의한 분류

(1) 착오   (2) 실수   (3) 건망증   (4) 위반

2 원인별 단계에 의한 분류

(1) Primary Error(초기단계 에러) : 자신의 문제에 기인한 에러

(2) Secondary Error(2차 단계 에러) : 작업조건에 의해 발생된 에러

(3) Command Error(수행단계 에러) : 필요한 정보나 동력 등이 공급되지 않음으로써 발생된 에러

3 심리적 행위에 의한 분류

(1) Omission Error(생략에러) : 생략에 기인한 에러

(2) Commission Error(착오에러) : 착오에 의한 에러

(3) Sequential Error(순서에러) : 순서 착오에 의한 에러

(4) Extraneous Error(과잉행동에러) : 과잉행동에 의한 에러

(5) Timing Error(시간에러) : 정해진 시간에 완료하지 못한 에러

4 행동과정에 의한 분류

(1) 입력 에러 : 감각, 지각의 에러

(2) 정보처리 에러

(3) 의사결정 에러

(4) 출력 에러 : 신체의 반응에 나타난 에러

(5) Feed Back 에러

5 정보처리 과정에 의한 분류

(1) 인지확인 오류 : 정보를 대뇌 감각중추가 인지할 때까지의 과정에서 발생되는 오류

(2) 판단, 기억오류 : 상황 판단 후 수행하기 위한 의사결정을 통해 운동중추로부터 명령을 내릴 때까지의 대뇌과정에서 일어나는 오류

(3) 동작 및 조작오류 : 중추에서 명령을 했으나 조작 잘못으로 발생된 오류

1 정의

실수확률기법 : 특정한 직무에서 에러가 발생될 확률

$$\text{HEP} = \frac{인간\ 실수의\ 수}{실수\ 발생의\ 전체\ 기회수}$$

인간의 신뢰도(R) = (1 − HEP) = 1 − P

2 THERP(Technique for Human Error Rate Prediction)

분석하고자 하는 작업을 기본행위로 행위의 성공과 실패확률을 분석하는 기법

3 FTA(Fault Tree Analysis, 결함수 분석법)

고장이나 재해요인이 정성적 분석뿐 아니라 개개의 재해요인이 발생되는 확률을 얻을 수도 있는 기법으로 활용가치가 높은 방법

(1) FTA 작성시기

　① 기계 설비를 설치·가동할 시

　② 위험 또는 고장의 우려가 있거나 그러한 사유가 발생할 시

　③ 재해 발생 시

(2) FTA 작성방법

　① 분석 대상이 되는 System의 공정과 작업내용 파악

　② 재해에 관계되는 원인과 영향을 상세하게 조사하여 정보 수집

　③ FT 작성

　④ 작성된 FT를 수식화하여 수학적 처리에 의하여 간소화

　⑤ FT에 재해의 원인이 되는 발생확률을 대입

　⑥ 분석대상의 재해 발생확률을 계산

　⑦ 과거의 재해 또는 재해에 이르는 중간사고의 발생률과 비교하여 그 결과가 떨어져 있으면 재검토

　⑧ 완성된 FT를 분석하여 가장 효과적인 재해 방지대책 수립

(3) FTA 작성순서

   ① 정상사상의 선정

       ㉠ System의 안전 · 보건 문제점 파악

       ㉡ 사고, 재해의 모델화

       ㉢ 문제점의 중요도, 우선순위 결정

       ㉣ 해석할 정상사상 결정

   ② 사상마다의 재해원인 · 요인 규명

       ㉠ Level 1 : 기본사상의 재해원인 결정

       ㉡ Level 2 : 중간사상의 재해요인 결정

       ㉢ Level 3~n : 기본사상까지의 전개

   ③ FT도의 작성

       ㉠ 부분적 FT도를 다시 봄

       ㉡ 중간사상의 발생조건 재검토

       ㉢ 전체의 FT도 완성

   ④ 개선계획의 작성

       ㉠ 안전성이 있는 개선안의 검토

       ㉡ 제약의 검토와 타협

       ㉢ 개선안의 결정

       ㉣ 개선안의 실시계획

1 개요

(1) 실수란 인간의 정보 감지 → 정보처리 → 판단 → 결심 → 조작의 흐름상에 있어서 발생되는 옳지 않은 상태를 뜻하며, 특히 판단, 결심 단계에서 큰 비중을 차지하고 있다.

(2) 실수는 대부분이 판단 → 결심 단계에서 많이 발생하므로 적정량의 작업배분, 작업자의 적절한 배치 및 체계적인 관리로 실수를 사전에 예방하여 안전사고를 감소시켜야 한다.

2 실수의 분류

(1) 열성에서 오는 실수

작업자가 조직에 대한 귀속성이 높아 어떤 목적을 달성하고자 지나치게 열성적이어서 발생하는 실수

(2) 확신에서 오는 실수

고도 숙련자 및 장기간의 반복 작업으로 습관화된 행동에 따라 생각, 점검기능이 생략되어 발생하는 실수

(3) 초조에서 오는 실수

Time 스트레스가 인간의 냉정과 심중을 무너뜨려 발생하는 실수

(4) 방심에서 오는 실수

단조로움, 지루함, 개인적 걱정, 의식수준 저하 등에서 기인하는 실수

(5) 바쁜 데서 오는 실수

판단·결심의 질적 저하, 조작 생략, 회복 여유 감소, 공황상태 증대 등에 의해 발생되는 실수

(6) 무지에서 오는 실수

교육훈련 부족, 이해도 불충분 등에 의해 발생되는 실수

3 실수의 원인

(1) 자기의 습관에 의한 받아들임

(2) 주의가 다른 방향으로 향하고 있어 정확하게 받아들일 수 없음

(3) 자기의 의도대로 받아들임

(4) 판단, 결심 단계에서의 심리적 구조

④ 실수에 대한 대책

(1) 근로자의 심리적 압박 및 과잉된 책임감의 경감

(2) 충분한 휴식과 수면

(3) 적정량의 작업 배분

(4) 적재적소에 작업자 배치

(5) 체계적인 관리체제 확립 및 실시

001 신체반응 측정

1 작업종류별 측정방법

(1) 정적 근력작업 : 에너지 대사량과 심박수, 근전도 등
(2) 동적 근력작업 : 에너지 대사량과 산소소비량, CO_2 배출량, 호흡량, 심박수 등
(3) 심리적 작업 : 플리커 값
(4) 신경성 작업 : 평균호흡진폭, 맥박수, 전기피부반사 등

2 심장활동 측정방법

(1) 심박수 : 분당 심장 박동수 측정에 의한 방법
(2) 심전도(ECG) : 심장근육 수축에 따른 전기적 변화 측정
(3) 심장주기 : 수축기와 확장기 주기로 측정하는 방법

3 산소 소비량 측정방법

(1) 호흡 시 배기 성분 분석과 배출량에 의한 측정방법
(2) Douglas Bag에 의한 배기가스 수집 · 측정방법

002 제어장치의 유형

1 개폐제어(ON/OFF에 의한 제어)

(1) 종류
　① 수동식 Push Button : 중심으로부터 30도 이하를 원칙으로 함(작동시간은 25도가 가장 짧다.)
　② Foot Push
　③ Toggle Switch : 중심으로부터 30도 이하를 원칙으로 함
　④ Rotary Switch

(2) 양 조절에 의한 제어
　연료공급량, 전기량 등에 의한 통제장치
　① Knob　　　　　　② Hand Wheel(핸들 방식)
　③ Pedal　　　　　　④ Crank

(3) 반응에 의한 제어
　신고, 계기, 감곡 등에 의한 제어방식

2 제어장치의 코드화

시스템 제어를 효과적으로 하기 위한 형상, 크기, 위치, 색깔 등을 코드화해 제어행동을 수행하기 위한 장치
(1) 위치 코드화 : 수직면을 따라 배치되는 것이 수평면 배열보다 효과적
　① 수직배열 간격 : 6.3cm 이상
　② 수평배열 간격 : 102cm 이상
(2) 컬러 코드화 : 5가지 이하의 색으로 코드화
　① 오염되지 않을 조건
　② 양호한 조명 필요
(3) 라벨 코드화 : 적절한 학습과정으로 라벨코드 숙지 필요
(4) 형상 코드화 : 촉각기능을 활용한 코드화
(5) 기타 방식 : 조작방법 코드화, 촉감 코드화, 크기 코드화

1 통제표시비의 3요소

(1) 조절시간

(2) 통제기기 주행시간

(3) 시각 감지시간

2 $\dfrac{C}{D}$ 비율

$\dfrac{C}{D}$ 비가 증가하면 조정시간은 급격히 감소하다 안정되며, $\dfrac{C}{D}$ 비가 적을수록 이동시간이 짧고 조정이 어려우며 민감해진다.

3 통제표시비

$$\frac{X}{Y} = \frac{C}{D} = \frac{\text{통제기기의 변위량}}{\text{표시계기지침의 변위량}}$$

4 조종구 통제비

$$\frac{C}{D}\text{비} = \frac{\left(\dfrac{a}{360}\right) \times 2\pi L}{\text{표시계기지침의 이동거리}}$$

여기서, a : 조종장치가 움직인 각도

L : 반경(지레의 길이)

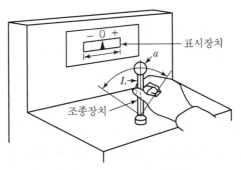

▌조종장치의 반경과 표시장치 ▌

5 통제표시비의 영향요소

(1) 방향성 : 안전성과 능률에 영향을 줌

(2) 조작시간 : 조작시간 지연 시 통제비가 크게 작용

(3) 계기의 크기 : 너무 작으면 오차가 크게 발생되므로 조절시간이 단축되는 크기로 선정

(4) 공차 : 짧은 주행시간 내에 공차 인정범위를 초과하지 않는 계기로 선정

(5) 목시거리 : 눈과 계기판의 거리가 길수록 정확도가 떨어지고 시간이 지연됨

6 기타 제어장치

(1) 음성제어장치

(2) 원격제어장치

1 개요

외부 자극과 인간의 기대가 서로 양립하는 조건, 즉 기대가 서로 상반되거나 모순되지 않아야
하며 제어장치와 표시장치에 있어서도 양립성이 일치해야 안전을 확보할 수 있다.

2 개념적 양립성

인간이 갖고 있는 개념적 양립성을 말하는 것으로 수도꼭지에서 파란색은 차가운 물, 빨간색은
뜨거운 물이라고 연상하는 것과 같은 현상을 말한다.

∥ 개념 양립성 ∥

3 운동 양립성

운동방향 양립성으로 표시장치, 조정장치 등의 조작기 운동방향과 표시장치 운동방향 간의 일
치성을 말한다.

∥ 운동 양립성 ∥

4 공간 양립성

표시장치와 조정장치의 공간적 배치상 양립성을 말한다.

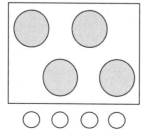

∥ 공간 양립성이 고려된 조작기 ∥

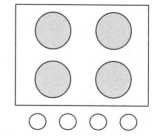

∥ 공간 양립성이 고려되지 못한 조작기 ∥

005 휴식시간

1 Energy 소비량

(1) 1일 보통 사람의 소비 Energy : 약 4,300kcal/day

(2) 기초대사와 여가에 필요한 Energy : 약 2,300kcal/day

(3) 작업 시 소비 Energy : 4,300kcal/day−2,300kcal/day=2,000kcal/day

(4) 분당 소비 Energy(작업 시 분당 평균 Energy 소비량) : 2,000kcal/day÷480분(8시간)
= 약 4kcal/분

2 휴식시간 산출식

$$R = \frac{60(E-5)}{E-1.5} \text{(남성 근로자)} \qquad R = \frac{60(E-4)}{E-1.5} \text{(여성 근로자)}$$

여기서, R : 휴식시간(분)
E : 작업 시 평균 Energy 소비량(kcal/분)
총작업시간 : 60분
작업 시 분당 평균 Energy 소비량 : 5kcal/분(2,500kcal/day÷480분)
휴식시간 중의 Energy 소비량 : 1.5kcal/분(750kcal÷480분)

3 에너지 필요량

(1) 20~29세 남 : 2,600kcal/일
여 : 2,100kcal/일

(2) 30~49세 남 : 2,400kcal/일
여 : 1,900kcal/일

(3) 50~64세 남 : 2,000kcal/일
여 : 1,800kcal/일

※ 2,500kcal/일÷480분=5kcal/분(남성 근로자)
2,000kcal/일÷480분=4kcal/분(여성 근로자)

■ 부품 배치의 원칙

(1) 중요성의 원칙
(2) 사용빈도의 원칙
(3) 사용순서의 원칙
(4) 기능별 배치의 원칙

② 활동분석

(1) 인간에 대한 자료 : 인체 측정 자료, 생체역학 자료 등 인간특성 자료
(2) 작업활동 자료 : 작업내용 등 활동에 대한 자료
(3) 작업환경 자료 : 소음, 진동, 조명 등 환경에 대한 자료

③ 수평작업대의 작업영역 분류

(1) 작업공간 포락면(Envelope) : 앉아서 작업하는 작업자가 수작업을 원활하게 수행할 수 있는 전체 공간 한계
(2) 최대 작업역 : 위팔(팔꿈치 윗부분, 상완)과 아래팔을 곧게 펴서 작업할 수 있는 영역(55~65cm)
(3) 정상 작업역 : 위팔을 수직으로 내린 상태에서 아래팔을 편하게 뻗어 작업할 수 있는 영역(34~45cm)

④ 작업대 높이

(1) 최적높이
    상완은 자연스럽게 늘어뜨리고 전완은 수평 또는 아래로 편안하게 유지할 수 있는 높이

(2) 착석식 작업대의 높이
    ① 높이 조절이 가능한 의자 설계가 좋음
    ② 섬세작업은 작업대를 약간 높게
    ③ 거친 작업은 작업대를 약간 낮게
    ④ 작업대 하부공간은 대퇴부가 큰 사람도 자유롭게 움직일 수 있을 정도

(3) 입식 작업대의 높이
  ① 일반작업 : 팔꿈치 높이보다 5~10cm 낮게
  ② 중작업 : 팔꿈치 높이보다 10~20cm 낮게
  ③ 정밀작업 : 팔꿈치 높이보다 5~10cm 높게

5 의자 설계 원칙

(1) 의자 좌판 높이 : 좌판 앞부분 오금 높이보다 높지 않아야 한다(5% 되는 사람까지 수용 가능하도록 한다).
(2) 좌판 깊이와 폭 : 폭은 큰 사람에게, 길이는 대퇴를 압박하지 않게 작은 사람에게 맞도록 해야 한다.
(3) 체중분포 : 착석 시 체중이 골반뼈에 실려야 함
(4) 몸통의 안정 : 좌판 각도는 3도, 좌판 등판 간의 각도는 100도가 안정적임

6 작업장 배치 우선순위

(1) 1순위 : 주시각적 임무
(2) 2순위 : 주시각 임무와 교환되는 주조종장치
(3) 3순위 : 조정장치와 표시장치 간 관계
(4) 4순위 : 사용순서에 다른 부품의 배치
(5) 5순위 : 사용빈도가 높은 부품은 사용이 편리한 위치에 배치
(6) 6순위 : 체계 내외 배치와 일관성 있는 배치

1 개요

'Man－Machine System(인간－기계 체계)'의 신뢰도(Reliability)는 인간과 기계의 특성에 따라 다르며, 인간의 신뢰도와 기계의 신뢰도가 상승적 작용을 할 때 신뢰도는 높아진다.

2 인간 및 기계의 신뢰도 요인

(1) 인간의 신뢰도 요인 : 주의력, 긴장수준, 의식수준 등
(2) 기계의 신뢰도 요인 : 재질, 기능, 작동방법 등

3 Man－Machine System(인간－기계 체계)에서의 신뢰도

(1) Man－Machine System에서의 신뢰도
Man－Machine System에서의 신뢰도는 인간의 신뢰도와 기계의 신뢰도의 상승작용에 의해 나타남

$$R_s = R_H \cdot R_E$$

R_s : 신뢰도
R_H : 인간의 신뢰도
R_E : 기계의 신뢰도

(2) 직렬연결과 병렬연결 시의 신뢰도
① 직렬배치(Series System) : 직접운전작업

$$R_s(\text{신뢰도}) = \gamma_1 \times \gamma_2 \qquad (\gamma_1 < \gamma_2 \text{일 경우 } R_s \leq \gamma_1)$$

예제) 인간(γ_1)=0.5, 기계(γ_2)=0.9일 때 신뢰도는?
- R_s(신뢰도)=$0.5 \times 0.9 = 0.45$
- 인간과 기계가 직렬작업, 즉 사람이 자동차를 운전하는 것 같은 경우 전체 신뢰도 (R_s)는 인간의 신뢰도보다 떨어진다.

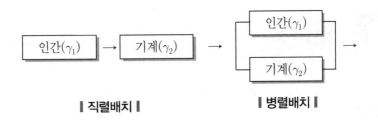

| **직렬배치** | | **병렬배치** |

② 병렬배치(Parallel System) : 계기감시작업, 열차, 항공기

$$R_s(신뢰도) = \gamma_1 + \gamma_2(1 - \gamma_1) \quad (\gamma_1 < \gamma_2 일 \ 경우 \ R_s \geq \gamma_2)$$

예제) 인간(γ_1)=0.5, 기계(γ_2)=0.9일 때 신뢰도는?

- R_s(신뢰도)=0.5+0.9(1−0.5)=0.95
- 인간과 기계를 병렬작업, 즉 방적기계 여러 대를 작업자 1명이 감시하는 경우에는 기계단독이나 직렬작업보다 높아진다.

④ 인간과 기계의 신뢰도 유지방안

(1) 기계보다 인간의 측면을 중시
(2) Fail Safe : 안전사고를 발생시키지 않도록 2중 또는 3중으로 보완한 시스템
(3) Lock System(제어 System) : 불안전한 요소를 보완한 시스템

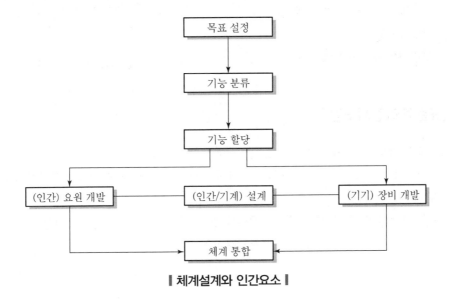

체계설계와 인간요소

008 작업표준

🔟 정의

(1) '작업표준(Operation Standard / Work Standard)'이란 작업조건 · 방법, 관리방식, 사용재료, 설비 등에 관한 취급상의 표준작업 기준 및 작업의 표준화를 말한다.

(2) 재해의 원인 중 불안전 행동은 작업행동에서 일어난 잘못된 형태로서, 이것은 작업표준을 철저히 주지시킴으로써 최소화할 수 있으며, 작업표준은 불안전 행동을 적게 하기 위한 기초라 할 수 있다.

2️⃣ 작업표준의 목적 및 필요성

(1) 작업표준의 목적
    ① 작업의 효율성(작업의 비효율성 제거)
    ② 위험요인의 제거
    ③ 손실요인의 제거

(2) 작업표준의 필요성
    ① 재래형 · 반복형 재해의 예방
    ② 작업능률과 품질 향상
    ③ 합리적인 작업계획의 실시

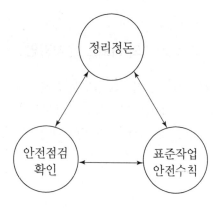

❙ 안전작업의 3원칙 ❙

3️⃣ 작업표준화의 전제조건

(1) 경영자의 이해 : 경영수뇌부가 작업표준을 중요한 정책으로 책정
(2) 안전규정의 시행 : 안전에 대한 최소한도의 준수사항으로 작업표준화를 권장하기 위한 기초 조성
(3) 설비의 적정화 및 정리정돈 : 작업표준화에 앞서 설비의 안전화 및 환경 개선
(4) 작업방식의 검토 : 표준화하기 쉬운 작업방식을 선택

④ 작업표준의 종류

(1) 기술표준
(2) 작업지도서
(3) 작업순서
(4) 동작표준
(5) 작업지시서
(6) 작업요령 등

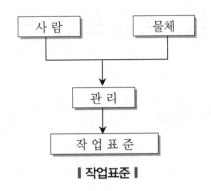

‖ 작업표준 ‖

⑤ 작업표준의 작성순서(5단계)

(1) 제1단계 : 작업의 분류 및 정리
(2) 제2단계 : 작업 분석
(3) 제3단계 : 토론에 의해 동작 순서 및 요소 결정
(4) 제4단계 : 작업표준안 작성
(5) 제5단계 : 작업표준의 제정 및 교육 실시

⑥ 작업표준의 운용

(1) 작업표준은 도시화하여 관계 작업자에게 배부
(2) 작업표준의 중요 항목은 발췌 후 현장에 게시
(3) 작업표준을 기초로 훈련 실시
(4) 작업 중 지속적으로 지도감독 실시
(5) 작업방법 변경 시 기존 작업표준을 실정에 맞게 조정
(6) 작업표준 변경 시 유의사항
　　① 현재의 작업방법 검토 후 위험 및 유해요인 파악
　　② 작업방법 개선 시 작업자의 의견 및 협조하에 진행
　　③ 작업방법의 개선기법 이해 및 숙련
　　④ 개선된 작업방법의 지속적인 지도

SECTION 08 작업환경 관리

001 작업조건

1 소요 조명

$$소요\ 조명(fC) = \frac{소요\ 광속발산도(fL)}{반사율(\%)} \times 100$$

2 반사율(%)

$$반사율(\%) = \frac{광도(fL)}{조도(fC)} \times 100 = \frac{\mathrm{cd/m^2} \times \pi}{\mathrm{lux}} = \frac{광속발산도}{소요\ 조명} \times 100$$

3 옥내 추천 반사율

1. 천장 : 80~90%
2. 벽 : 40~60%
3. 가구 : 25~45%
4. 바닥 : 20~40%

4 휘광(눈부심)

(1) 휘광의 발생원인
① 광원을 장시간 바라볼 경우
② 광원과 배경의 휘도 대비가 클 경우
③ 광속이 많을 경우

(2) 휘광대책

　① 휘도를 줄이는 대신 광원 수를 늘린다.

　② 휘광원 주위를 밝게 해 광도비를 감소시킨다.

　③ 광원을 멀리 이격시킨다.

　④ 차광막 등의 설치로 광원을 차단한다.

5 조도

물체 표면에 도달하는 빛의 밀도

$$조도(lux) = \frac{광도(lumen)}{(거리(m))^2}$$

6 대비

$$대비 = 100 \times \frac{L_b - L_t}{L_b}$$

여기서, L_b : 배경의 광속 발산도

L_t : 표적의 광속 발산도

7 광도

단위면적당 표면에서 반사되는 광량

8 진동에 의한 영향

(1) 진동 시 진폭에 비례해 시력이 손상되며 10~25Hz에서 심하게 나타남

(2) 진동 시 진폭에 비례해 추적능력이 손상되며 5Hz 이하의 저진동수에서 가장 크게 나타남

(3) 안정을 요하는 작업은 진동에 의해 안정성이 저하됨

002　소음

1 음의 기본요소

(1) 음의 고저
(2) 음의 강약
(3) 음조

2 소음

(1) 가청주파수 : 20~20,000Hz
(2) 유해주파수 : 4,000Hz

3 은폐현상

높은 음과 낮은 음이 공존할 경우 낮은 음이 들리지 않는 현상

4 복합소음

수준이 같은 소음 2 이상이 합쳐질 경우 3dB 정도 증가하는 현상

5 소음 허용한계

(1) 가청주파수 : 20~20,000Hz
    ① 20~500Hz : 저진동 범위　　② 500~2,000Hz : 회화 범위
    ③ 2,000~20,000Hz : 가청범위　　④ 20,000Hz 이상 : 불가청 범위

(2) 가청한계 : $2 \times 10^{-4} dyne/cm^3(0dB) \sim 10^{-3} dyne/cm^2(134dB)$
    ① 심리적 불쾌감 : 40dB 이상
    ② 생리적 현상 : 60dB(안락한계 45~65dB, 불쾌한계 65~120dB)
    ③ 난청 : 90dB(8시간)
    ④ 음압과 허용노출한계

dB	90	95	100	105	110	115	120
허용노출시간	8시간	4시간	2시간	1시간	30분	15분	5~8분

6 소음대책

(1) 소음원의 통제 : 차량의 소음기 부착, 기계의 고무받침대 부착
(2) 차폐 및 흡음재료 사용
(3) 음향처리제 사용
(4) 방음보호구 사용 : 귀마개 사용 시 2,000Hz인 경우 20dB, 4,000Hz에서 25dB 차음 가능
(5) 배경음악(BGM) 사용 : 60dB
(6) 소음의 격리 : 장벽, 창문 등(창문으로 10dB 차음 가능)

7 청력 손실 요인

(1) 진동수가 높아질수록 심해진다.
(2) 노출소음 수준에 따라 증가한다.
(3) 4,000Hz에서 크게 나타난다.
(4) 강한 소음은 노출기간에 따라 청력 손실이 증가한다.
(5) 기타 : Stress, 고연령화, 비직업적 소음의 노출

8 Coriolis Effect(코리올리 효과)

비행기에 탑승해 선회 중인 조종사가 머리를 선회면 밖으로 내밀면 평형감각을 상실하게 되는 현상

9 소음기준(산업안전보건법령 기준)

(1) 소음작업
    1일 8시간 작업기준으로 85dB 이상의 소음이 발생하는 작업

(2) 강렬한 소음작업
    ① 90dB 이상의 소음이 1일 8시간 이상 발생되는 작업
    ② 95dB 이상의 소음이 1일 4시간 이상 발생되는 작업
    ③ 100dB 이상의 소음이 1일 2시간 이상 발생되는 작업
    ④ 105dB 이상의 소음이 1일 1시간 이상 발생되는 작업
    ⑤ 110dB 이상의 소음이 1일 30분 이상 발생되는 작업
    ⑥ 115dB 이상의 소음이 1일 15분 이상 발생되는 작업

(3) 충격 소음작업

　　① 120dB을 초과하는 소음이 1일 1만 회 이상 발생되는 작업

　　② 130dB을 초과하는 소음이 1일 1천 회 이상 발생되는 작업

　　③ 140dB을 초과하는 소음이 1일 1백 회 이상 발생되는 작업

🔟 음량크기

(1) phon은 특정 음과 같은 크기로 들리는 1,000Hz 순음의 음압수준 값으로 정의

(2) 40phon

　　① 1kHz의 음압레벨이 1dB SPL일 때의 값

　　② 10phon이 증가할 때마다 음량은 두 배로 증가

(3) sone

　　1sone은 1,000Hz, 40dB인 음의 크기

11 소음 특수건강검진 기준

(1) 특수검진 시행기준

　　1일 8시간 작업 기준, 85dB 이상 소음이 발생하는 공정

(2) 건강진단 주기

　　① 대상자 및 기본 주기 : 소음에 노출되는 작업부서 전체 근로자, 특수건강진단 주기 2년
　　　에 1회 이상

　　② 집단적 주기단축 조건 : 다음의 어느 하나 해당하는 경우 소음에 노출되는 모든 근로자
　　　에 대하여 특검 기본주기를 다음 회에 한해 1/2로 단축(1회/1년)

　　　• 당해 건강진단 직전 작업환경측정 결과 소음 노출기준(90dB) 이상인 경우

　　　• 소음에 의한 직업병 유소견자(D1)가 발견된 경우

　　　• 주기 단축에 관한 의사의 판정을 받은 근로자

　　③ 배치 전 건강진단 후 첫 번째 특수건강진단

　　　• 1년 이내 해당 근로자 실시

　　　• 배치 전 건강진단 실시 후 1년 이내에 사업장 특수건강진단 실시예정 시 그것으로 대신함

003 시각, 색각

1 시각의 특징

(1) 노화 진행이 가장 빠른 감각기관으로 진동에 따른 영향도 가장 빠르게 받는다.
　① 시각 최소감지범위 : 6~10mL
　② 시각 최대허용강도 : 104mL

(2) 시계범위
　① 정상범위 : 200도
　② 색채인식범위 : 70도

2 색광의 특징

(1) 주파장 : 혼합광 색상 결정 파장
(2) 포화도 : 여러 가지 파장이 혼합광에 비해 좁은 범위의 파장이 우세한 정도
(3) 광속발산도 : 단위면적당 반사되는 빛의 양

3 완전 암조응에 소요되는 시간 : 30~40분

4 색채에 따른 심리적 반응

(1) 적색 : 열정, 용기, 애정, 공포　　　(2) 녹색 : 평화, 안전, 안심
(3) 황색 : 주의, 경계, 조심　　　　　　(4) 청색 : 소극, 진정, 침착

5 색채별 속도반응

(1) 명도 : 명도가 높을수록 빠르고, 경쾌하게 느껴진다.
(2) 반응이 느린 색의 순서 : 백 > 황 > 녹 > 적

6 생물학적 반응작용

(1) 적색 : 흥분작용을 하며, 조직호흡 면에서는 환원작용을 촉진시킨다.
(2) 청색 : 진정작용을 하며, 조직호흡 면에서는 산화작용을 촉진시킨다.

004 작업환경에 따른 조명과 산업보건

1 작업별 조도기준(산업안전보건법에 의한 기준)

(1) 기타 작업 : 75lux 이상

(2) 보통작업 : 150lux 이상

(3) 정밀작업 : 300lux 이상

(4) 초정밀작업 : 750lux 이상

2 조명 설계 시 고려사항

(1) 전반조명

(2) 주광색

(3) 작업에 충분한 조도 확보

(4) 작업 진행의 속도 및 정확성이 유지될 것

3 VDT(영상표시단말기) 조명

(1) 단말기 작업이 많을수록 단말기 화면과 주변의 밝기 차이를 줄일 것

(2) 광도비

    ① 화면과 인접주변 간에는 1 : 3

    ② 화면과 먼 주변(배경) 간에는 1 : 10을 유지할 것

(3) 조명수준 : 300~500lux(밝을 경우 단말기 화면의 내용을 파악하기 곤란함)

(4) 화면반사 : 반사로 인해 단말기 화면의 정보를 읽기 곤란하므로 반사원의 위치를 바꾸거나 산란조명, 간접조명, 광도 감소 등이 필요함

4 조명의 적절성 판단요소

(1) 작업 종류

(2) 작업속도

(3) 작업시간

(4) 작업위험도

5 야간작업 특수건강진단 건강관리구분

구분	내용
A	건강관리상 사후관리가 필요 없는 근로자(건강한 근로자)
C_N	질병으로 진전될 우려가 있어 야간작업 시 추적관찰이 필요한 근로자(질병 요관찰자)
D_N	질병의 소견을 보여 야간작업 시 사후관리가 필요한 근로자(질병 유소견자)
R	1차 검사결과 건강수준의 평가가 곤란하거나 질병이 의심되는 근로자(제2차 건강진단 대상자)

6 산업보건의 역사

(1) 영국에서 음낭암 발견 : 1900년 이전

(2) 독일 뮌헨대학에 위생학 개설 : 1900년 이전

(3) 영국에서 공장법 제정 : 1900년 이전

(4) 영국에서 황린 사용금지 : 1900년 이후

(5) 독일에서 노동자질병보호법 제정 : 1900년 이전

7 산업위생의 목적 달성을 위한 활동

(1) 메탄올은 메틸알코올 또는 목정으로 불리는 가장 간단한 형태의 알코올 화합물로 노출지표 검사에 의한 방법으로 분석한다.

(2) 노출기준과 작업환경 측정결과를 이용해 평가한다.

(3) 피토관을 이용해 국소배기장치 덕트의 속도압과 정압을 주기적으로 측정한다.

(4) 금속 흄(Fume) 등과 같이 열적으로 생기는 분진 등이 발생하는 작업장에서는 1급 이상의 방진마스크를 착용하게 한다.

(5) 인간공학적 평가도구인 OWAS를 활용해 작업자들의 작업 자세를 평가한다.

005 열균형

① 실효온도

습도, 기류 등의 조건에 의해 느껴지는 온도를 말하며, 상대습도 100%를 기준으로 느껴지는 온도감을 말함

② 실효온도(열교환) 영향요소 : 온도, 습도, 기류, 복사온도

(1) 감각온도 허용한계

사무작업(60~64°F, 15~17℃), 경작업(55~60°F, 12~15℃), 중작업(50~55°F, 10~12℃)

(2) 옥스퍼드(Oxford) 지수

① WD(습건지수) : 습구, 건구온도의 가중 평균치

② WD=0.85W(습구온도)+0.15D (건구온도)

③ 증발에 의한 열손실

37℃ 물 1g의 증발열=2,410Joule/g(575.7cal/g)

④ 열균형 방정식(열축적)

$$S(열축적)=M(대사율)-E(증발)\pm R(복사)\pm C(대류)-W(한 \ 일)$$

⑤ 열손실률(watt)=2,410J/g×증발량(g)/증발시간(sec)

37℃ 물 1g 증발 시 필요에너지 2,410J/g(575.5cal/g)

$$R=\frac{Q}{t}$$

여기서, R : 열손실률, Q : 증발에너지, t : 증발시간(sec)

⑥ 열압박지수(Heat Stress Index) : 열평형을 위한 발한량

$$\text{HSI} = \frac{E_{req}(\text{요구되는 증발량})}{E_{max}(\text{최대증발량})} \times 100$$

⑦ 보온율

$$\text{보온율} = 0.18 \times \text{온도/kcal/m}^2 \cdot \text{hr(clo)}$$

⑧ 온도조건

(1) 안전활동 최적온도 : 18~21℃

(2) 갱내 작업장 기온 : 37℃ 이하

(3) 손가락에 영향을 주는 한계온도 : 13~15.5℃

(4) 체온 안전한계와 최고한계온도 : 38℃, 41℃

⑨ 불쾌지수

(1) 산정방법 : (건구온도+습구온도)×0.72±40.6℃

(2) 70 이하 : 모든 사람이 불쾌감을 느끼지 않음

(3) 70~75 : 10명 중 2~3명이 불쾌감을 느낌

(4) 76~80 : 10명 중 5명 이상이 불쾌감을 느낌

(5) 80 이상 : 모든 사람이 불쾌감을 느낌

⑩ 공기의 온열조건 4요소

온도, 습도, 공기유동, 복사열(이상적 습도조건 : 25~50%)

⑪ Heme 합성 장해

외형으로 나타나는 증상으로 빈혈증상, 적혈구 생존기간 단축

(1) 혈청 중 β-ALA 증가

(2) β-ALA 작용 억제

(3) 적혈구 내 프로토포르피린 증가

(4) heme 합성효소 작용 억제

12 레이놀즈수

(1) 레이놀즈수

유체흐름의 관성력과 점성력의 비를 무차원 수로 나타낸 것

(2) 관계식

$$Re = \frac{\rho V d}{\mu} = \frac{V d}{\nu} = \frac{관성력}{점성력}$$

여기서, Re : 레이놀즈수(무차원)

ρ : 유체밀도(kg/m^3)

d : 유체가 흐르는 직경(m)

V : 유체의 평균유속(m/sec)

μ : 유체의 점성계수$[kg/m \cdot s(Poise)]$

ν : 유체의 동점성계수(m^2/sec)

006 고열의 측정

1 고열의 측정방법

(1) 측정은 단위작업장소에서 측정대상이 되는 근로자의 작업행동 범위에서 주 작업 위치의 바닥면으로부터 50cm 이상, 150cm 이하의 위치에서 한다.

(2) 측정구분 및 측정기기에 따른 측정시간

구분	측정기기	측정시간
습구온도	0.5℃ 간격의 눈금이 있는 아스만통풍건습계, 자연습구온도를 측정할 수 있는 기기 또는 이와 동등 이상의 성능이 있는 측정기기	• 아스만통풍건습계 : 25분 이상 • 자연습구온도계 : 5분 이상
흑구 및 습구흑구 온도	직경이 5cm 이상 되는 흑구온도계 또는 습구흑구온도(WBGT)를 동시에 측정할 수 있는 기기	• 직경이 15cm일 경우 25분 이상 • 직경이 7.5cm 또는 5cm일 경우 5분 이상

2 습구흑구온도지수

습구흑구온도지수(WBGT)는 다음 계산식에 따라 산출한다.

(1) 옥외(태양광선이 내리쬐는 장소)

$WBGT(℃) = 0.7 \times$ 자연습구온도$+ 0.2 \times$ 흑구온도$+ 0.1 \times$ 건구온도

(2) 옥내 또는 옥외(태양광선이 내리쬐지 않는 장소)

$WBGT(℃) = 0.7 \times$ 자연습구온도$+ 0.3 \times$ 흑구온도

(3) 평균 $WBGT(℃) = \dfrac{WBGT_1 \times t_1 + \cdots + WBGT_n \times t_n}{t_1 + \cdots + t_n}$

여기서, $WBGT_n$: 각 습구흑구온도지수의 측정치(℃)

T_n : 각 습구흑구온도지수치의 발생시간(분)

3 가연성 가스의 연소범위

종류	폭발하한(%)
아세틸렌	2.5
에탄	3
메탄	5
암모니아	13.5

SECTION 09 시스템 위험분석

001 System 안전과 Program 5단계

1 정의

'System 안전'이란 어떤 System의 기능, 시간, Cost 등의 제약조건에서 인원이나 설비가 받는 상해나 손상을 가장 적게 하는 것을 말한다.

2 신뢰성의 개념

(1) 신뢰도 : 시스템, 기기 및 부품 등이 정해진 사용조건에서 의도하는 기간에 정해진 기능을 수행할 확률
(2) 누적고장률함수 : 처음부터 임의의 시점까지 고장이 발생할 확률을 나타내는 함수
(3) 고장밀도함수 : 시간당 어떤 비율로 고장이 발생하고 있는가를 나타내는 함수
(4) 고장률 : 현재 고장이 발생하지 않은 제품 중 단위시간 동안 고장이 발생할 제품의 비율
(5) 신뢰도함수 : 단위시간당 고장 발생비율 체계의 비율

3 System 안전 Program 5단계

| 구상 단계 | → | 사양 결정 단계 | → | 설계 단계 | → | 제작 단계 | → | 조업 단계 |

❚ System 안전을 위한 Program의 5단계 ❚

제1단계(구상)	당해 설비의 사용조건과 해당 설비에 요구되는 기능의 검토
제2단계(사양 결정)	• 1단계에서의 검토 결과, 설비가 구비하여야 할 기능 결정 • 달성해야 할 목표(당해 설비의 안전도, 신뢰도 등) 결정
제3단계(설계)	• System 안전 Program의 중심이 되는 단계로 Fail Safe 도입 • 기본설계와 세부설계로 분류 • 설계에 의해 안전성과 신뢰성의 목표 달성
제4단계(제작)	• 설비를 제작하는 단계로, 이 단계에서 설계가 구현 • 사용조건의 검토 및 작업표준, 보전의 방식, 안전점검기준 등의 검토
제5단계(조업)	• 1~4단계 후 설비는 수요자 측으로 옮겨져 조업 개시 및 시운전 실시 • 조업을 통하여 당해 설비의 안전성, 신뢰성 등을 확보함과 동시에 System 안전 Program에 대한 평가 실시

002 System 안전 프로그램

1 개요

'System 안전 Program'이란 System 안전을 확보하기 위한 기본지침으로, System의 전 수명 단계를 통하여 적시적이고 최소의 비용이라는 효과적인 방법으로 System 안전 요건에 부합되어야 한다.

2 System 안전 프로그램

(1) Flow Chart

구상 단계 → 사양 결정 단계 → 설계 단계 → 제작 단계 → 조업 단계

(2) 단계별 내용
① 제1단계(구상 단계) : 당해 설비에 요구되는 기능의 검토
② 제2단계(사양 결정 단계) : 1단계에서의 검토결과에 의거하여 당해 설비가 구비하여야 할 기능 결정
③ 제3단계(설계 단계) : System 안전 프로그램의 중심이 되는 단계 구현
④ 제4단계(제작 단계) : 설비 제작 단계에서의 안전프로그램 구현
⑤ 제5단계(조업 단계) : 시운전 및 작업 개시 단계

3 System 안전 Program의 내용

(1) 계획의 개요
(2) 안전조직
(3) 계약조건
(4) 관련 부문과의 조정
(5) 안전기준
(6) 안전해석
(7) 안전성의 평가
(8) 안전 Data의 수집 및 분석
(9) 경과 및 결과의 분석

4 System 안전을 달성하기 위한 안전수단

(1) 위험의 소멸 : 불연성 재료의 사용 및 모퉁이의 각 제거
(2) 위험 Level의 제한 : 본질적인 안전 확보 및 System의 연속감시 · 자동제어
(3) 잠금, 조임, Interlock : 운동하는 기계의 잠금 및 조임, 전기설비 Pannel의 Interlock
(4) Fail Safe 설계 : 설계 시 Fail Safe의 도입으로 위험상태 최소화
(5) 고장의 최소화 : 안전율에 여유 부여를 통한 고장률 저감

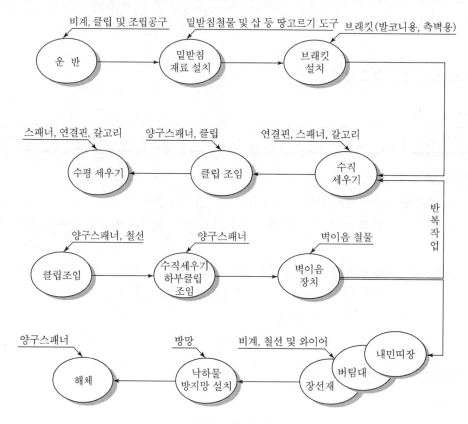

┃ 비계 설치 안전작업 System ┃

① 위험성 강도의 분류

(1) Category 1(파국적 : Catastrophic) : 인원의 사망·중상 또는 System의 손상을 일으킴
(2) Category 2(위험 : Critical) : 인원의 상해 또는 주요 System에 손해가 생겨, 즉각적인 시정조치가 필요함
(3) Category 3(한계적 : Mariginal) : 인원, System의 상해를 배제할 수 있음
(4) Category 4(무시 : Negligible) : 인원, System의 손상에는 이르지 않음

② System 안전 해석기법

(1) FMEA(Failure Mode and Effects Analysis / FM & E : 고장의 유형과 영향 분석)
(2) FTA(Fault Tree Analysis : 결함수 분석법)
(3) ETA(Event Tree Analysis : 사고수 분석법)
(4) PHA(Preliminary Hazards Analysis : 예비사고 분석)
(5) DA(Criticality Analysis : 위험도 분석)
　　고장이 직접 System의 손실과 인원의 사상에 연결되는 높은 위험도를 가진 요소나 고장의 형태에 따른 분석법
(6) DT(Decision Tree : 의사결정 나무)
　　요소의 신뢰도를 이용하여 System의 신뢰도를 나타내는 System Model의 하나로서 귀납적이고 정량적인 분석방법
(7) MORT(Management Oversight and Risk Tree)
　　Tree를 중심으로 FTA와 같은 논리기법을 이용하여 관리, 설계, 생산, 보존 등의 광범위한 안전을 도모하는 것으로 원자력 산업에 이용
(8) THERP(Technique of Human Error Rate Prediction)
　　인간의 Error를 정량적으로 평가하기 위해 개발된 기법으로 사고의 원인 가운데 인간의 Error에 기인한 근원에 대한 분석 및 안전공학적 대책 수립에 사용

1 PHA(Preliminary Hazards Analysis : 예비위험분석)

(1) 정의

최초 단계 분석으로 시스템 내의 위험요소가 어느 정도의 위험상태에 있는지를 평가하는 방법이며 정성적 평가방법이다.

(2) PHA의 목적

① 시스템에 대한 주요 사고 분류

② 사고 유발 요인 도출

③ 사고를 가정하고 시스템에 발생되는 결과를 명시하고 평가

④ 분류된 사고유형을 Category로 분류

(3) Category의 분류

① Class 1 : 파국적   ② Class 2 : 중대

③ Class 3 : 한계적   ④ Class 4 : 무시 가능

2 FHA(Fault Hazard Analysis : 결함위험분석)

(1) 정의

분업에 의해 각각의 Sub System을 분담하고 분담한 Sub System 간의 인터페이스를 조정해 각각의 Sub System과 전체 시스템 간의 오류가 발생되지 않도록 하기 위한 방법을 분석한다.

(2) 기재사항

① 서브시스템 해석에 사용되는 요소

② 서브시스템에서의 요소의 고장형

③ 서브시스템의 고장형에 대한 고장률

④ 서브시스템요소 고장의 운용 형식

⑤ 서브시스템고장 영향

⑥ 서브시스템의 2차고장 등

3 FMEA(Failure Mode and Effect Analysis : 고장형태와 영향분석법)

(1) 정의

전형적인 정성적 · 귀납적 분석방법으로 시스템에 영향을 미치는 전체 요소의 고장을 형태별로 분석해 고장이 미치는 영향을 분석하는 방법

(2) 특징

① 장점

㉠ 서식이 간단하다.

㉡ 적은 노력으로 특별한 교육 없이 분석이 가능하다.

② 단점

㉠ 논리성이 부족하다.

㉡ 요소 간 영향분석이 안 되기 때문에 둘 이상의 요소가 고장 날 경우 분석할 수 없다.

㉢ 물적 원인에 대한 영향분석으로 국한되기 때문에 인적 원인에 대한 분석은 할 수 없다.

(3) 분석 순서

① 1단계 : 대상시스템 분석

㉠ 기본방침 결정

㉡ 시스템 및 기능 확인

㉢ 분석수준 결정

㉣ 기능별 신뢰성 블록도 작성

② 2단계 : 고장형태와 영향 해석

㉠ 고장형태 예측

㉡ 고장형태에 대한 원인 도출

㉢ 상위차원의 고장영향 검토

㉣ 고장등급 평가

③ 3단계 : 중요성(치명도) 해석과 개선책 검토

㉠ 중요도(치명도) 해석

㉡ 해석결과 정리, 개선사항 제안

(4) 고장등급 결정

① 고장 평점 산출

$$C = (C_1 \times C_2 \times C_3 \times C_4 \times C_5)^{\frac{1}{5}}$$

여기서, C_1 : 기능적 고장의 영향의 중요도 C_2 : 영향을 미치는 시스템의 범위

C_3 : 고장 발생의 빈도 C_4 : 고장 방지의 가능성

C_5 : 신규 설계의 정도

② 고장등급 결정
- ㉠ Ⅰ등급(치명적)
- ㉡ Ⅱ등급(중대)
- ㉢ Ⅲ등급(경미)
- ㉣ Ⅳ등급(미소)

③ 고장 영향별 발생확률

영향	발생확률(β)
실제 손실	$\beta = 1.0$
예상 손실	$0.1 \leq \beta < 1.0$
가능한 손실	$0 < \beta < 0.1$
영향 없음	$\beta = 0$

④ 위험성 분류

구분		내용
Category – Ⅰ	파국적(Catastrophic)	인원의 사망, 중상 혹은 시스템의 손상을 일으킨다.
Category – Ⅱ	위험(Critical)	인원의 상해 또는 주요 시스템의 손상을 일으키고 혹은 인원 및 시스템의 생존을 위해 직접 시정조치를 필요로 한다.
Category – Ⅲ	한계적(Marginal)	인원의 상해 또는 주요 시스템의 손상을 일으키지 않고 배제나 억제할 수 있다.
Category – Ⅳ	무시(Negligible)	인원의 상해 또는 시스템의 손상에는 이르지 않는다.

⑤ 서식

항목	기능	고장형태	운용단계	고장영향	고장발견 방법	시정활동	위험성 분류 소견

4 CA(Criticality Analysis : 위험도 분석)

(1) 정의

정량적·귀납적 분석방법으로 고장이 직접적으로 시스템의 손실과 인적인 재해와 연결되는 높은 위험도를 갖는 경우 위험성을 연관 짓는 요소나 고장의 형태에 따른 분류방법

(2) 고장형태별 위험도 분류

① Category Ⅰ : 생명 상실로 이어질 우려가 있는 고장

② Category Ⅱ : 작업 실패로 이어질 우려가 있는 고장

③ Category Ⅲ : 운용 지연이나 손실로 이어질 고장

④ Category Ⅳ : 극단적 계획의 관리로 이어질 고장

(3) 활용

항공기와 같이 각 중요 부품의 고장률과 운용형태, 사용시간비율 등을 고려해 부품의 위험
도를 평가하는 데 활용하고 있다.

5 기타 기법

(1) ETA(Event Tree Analysis) : 사건수 분석기법
  ① 정의
    시스템 위험분석기법 중 하나이며, Decision Tree에 의한 귀납적 · 정량적인 분석에 의
    해 재해 발생요인에 대한 분석을 위해 사용된다. 특히, 재해 확대요인을 분석하는 데 적
    합한 기법으로 알려져 있다.

  ② 작성방법
    도식적 모델인 Decision Tree를 작성해 초기 사건으로부터 후속 사건까지의 순서 및 상
    관 관계를 작성한다.

  ③ 작성순서
    ㉠ 초기 사건 확인
    ㉡ 초기 사건 대처를 위한 안전기능 확인
    ㉢ Event Tree 작성
    ㉣ 사고사건 경로의 결과를 기술

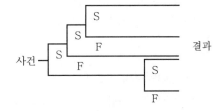

  ④ 특징
    ㉠ 발생 가능한 고장형태에 관한 시나리오 작성에 유리
    ㉡ 정량적 자료가 있을 경우 고장빈도 예측 가능
    ㉢ 개선을 위한 설계 변경 시 유용
    ㉣ 작성 시 소요시간 장기간 소요

(2) THERP(Technique of Human Error Rate Prediction : 인간 과오율 추정법)
    인간의 기본 과오율을 평가하는 기법으로 인간 과오에 기인해 사고를 유발하는 사고원인을
    분석하기 위해 100만 운전시간당 과오도 수를 기본 과오율로 정량적 방법으로 평가하는 기법

(3) MORT(Management Oversight and Risk Tree)
    FTA와 같은 유형으로 Tree를 중심으로 논리기법을 사용해 관리, 설계, 생산, 보전 등 광범
    위한 안전성을 확보하는 데 사용되는 기법으로 원자력산업 등에 사용된다.

1 정의

시스템 오류를 논리기호를 사용해 분석함으로써 시스템 오류를 발생시키는 원인과 결과 관계를
Tree 모양의 계통도로 작성하고 이를 토대로 고장확률을 구하는 기법으로, 1962년 벨연구소의
H.A. Watson에 의해 개발된 연역적 · 정성적 · 정량적 분석기법

2 FTA의 특징

(1) 장점
　　① 연역적 · 정량적 분석
　　② 논리기호를 사용한 해석
　　③ 컴퓨터로 처리도 가능
　　④ 단기간 훈련으로 사용 가능

(2) 단점
　　① 휴먼에러의 검출 난이함
　　② 논리기호 사용으로 대중성 부족

3 FTA 활용 시 기대효과

(1) 사고원인 규명의 간편화
(2) 사고원인 분석의 일반화
(3) 노력과 시간 절감
(4) 사고원인 분석의 정량화

④ FTA 논리기호

명칭	기호	내용
결함사항		'장방형' 기호로 표시하고 결함이 재해로 연결되는 현상 또는 사실상황 등을 나타내며, 논리 Gate의 입력과 출력이 된다. FT 도표의 정상에 선정되는 사상, 즉 이제부터 해석하고자 하는 사상인 정상사상(Top 사상)과 중간사상에 사용한다.
기본사항		'원' 기호로 표시하며, 더 이상 해석할 필요가 없는 기본적인 기계의 결함 또는 작업자의 오동작을 나타낸다(말단사상). 항상 논리 Gate의 입력이며, 출력은 되지 않는다(스위치 점검 불량, 스파크, 타이어의 펑크, 조작 미스나 착오 등의 휴먼 에러는 기본사상으로 취급된다).
이하 생략의 결함사상 (추적 불가능한 최후사상)		'다이아몬드' 기호로 표시하며, 사상과 원인의 관계를 충분히 알 수 없거나 또는 필요한 정보를 얻을 수 없기 때문에 이것 이상 전개할 수 없는 회후적 사상을 나타낼 때 사용한다(말단사상).
통상사상 (家形事象)		'지붕형(家形)'은 통상의 작업이나 기계의 상태에 재해의 발생원인이 되는 요소가 있는 것을 나타낸다. 즉, 결함사상이 아닌 발생이 예상되는 사상을 나타낸다(말단사상).
전이기호 (이행기호)	(in) (out)	'삼각형'으로 표시하며, FT도상에서 다른 부분에 관한 이행 또는 연결을 나타내는 기호로 사용한다. 좌측은 전입, 우측은 전출을 뜻한다.
AND Gate	출력 / 입력	출력 X의 사상이 일어나기 위해서는 모든 입력 A, B, C의 사상이 동시에 일어나지 않으면 안 된다는 논리조작을 나타낸다. 즉, 모든 입력사상이 공존할 때만이 출력사상이 발생한다. 이 기호는 ⟨•⟩와 같이 표시될 때도 있다.
OR Gate	출력 / 입력	입력사상 A, B 중 어느 하나가 일어나도 출력 X의 사상이 일어난다고 하는 논리조작을 나타낸다. 즉, 입력사상 중 어느 것이나 하나 이상이 존재할 때 출력사상이 발생한다. 이 기호는 ⟨⟩와 같이 표시되기도 한다.
수정기호	출력 / 조건 / 입력	제약 Gate 또는 제지 Gate라고도 하며, 이 Gate는 입력사상이 생김과 동시에 어떤 조건을 나타내는 사상이 발생할 때만 출력사상이 생기는 것을 나타내고 또한 AND Gate와 OR Gate에 여러 가지 조건부 Gate를 나타낼 경우에 이 수정기호를 사용한다.
우선적 AND 게이트	Ai Aj Ak 순으로	입력사상 중 어떤 현상이 다른 현상보다 먼저 일어날 경우에만 출력사상이 발생한다.

명칭	기호	내용
조합 AND 게이트	Ai, Aj, Ak	3개 이상의 입력현상 중 2개가 일어나면 출력현상이 발생한다.
배타적 OR 게이트	동시 발생 안 한다.	OR 게이트로 2개 이상의 입력이 동시에 존재할 때는 출력사상이 생기지 않는다.
위험 지속 AND 게이트	위험 지속시간	입력현상이 생겨서 어떤 일정한 기간이 지속될 때에 출력이 생긴다.
부정 게이트 (Not 게이트)	$\overline{A}$	부정 모디파이어(Not Modifier)라고도 하며 입력현상의 반대현상이 출력된다.
억제 게이트 (논리기호)	출력 조건 입력	입력사상 중 어느 것이나 이 게이트로 나타내는 조건이 만족하는 경우에만 출력사상이 발생한다(조건부 확률).

5 FTA 순서

시스템 파악 > 정상사상 선정 > FT도 작성 > 평가(정량적) > 평가 > 개선

6 단계별 내용

(1) 시스템 파악

분석대상이 되는 System의 공정 및 작업내용 파악과 예상재해 조사

(2) 정상사상 선정

① System의 문제점 파악

② 문제점의 중요도와 우선순위 결정

③ 해석할 정상사상 결정

(3) FT도 작성

① 부분적 FT도의 확인

② 중간사상의 발생조건 검토

③ 전체 FT도의 완성

(4) 정량적 평가

　　① 재해발생확률 산정

　　② 실패 대수 표시

　　③ 고장발생활률 산정

　　④ 재해로 연관될 확률 산정

　　⑤ 최종 검토

(5) 평가

완성된 FT도 분석으로 효과적 대책에 대한 평가

(6) 개선

최종 평가결과가 도출된 대책방안의 적용

⑦ D. R. Cheriton에 의한 재해사례 연구순서

Top 사상의 선정 → 사상의 재해원인 규명 → FT도 작성 → 개선계획 작성

006 위험도 관리(Risk Management)

1 개요

프로젝트의 시간, 비용, 품질 등에 영향을 미치는 위험도는 불확실한 사건이나 조건에 영향을 미치는 요소들로 위험요소의 적절한 관리는 프로젝트에 관계된 모든 당사자들이 주목해야 할 관리사항이다.

2 위험도 관리의 목적

(1) 위험 요소들의 예측 · 관리를 통해 해결책을 제시
(2) 시스템적으로 수행되는 활동

3 효과

(1) 각종 위험 요소들의 조기발견　　　(2) 위험의 대응
(3) 피해 최소화　　　　　　　　　　(4) 피해의 회피

4 수행절차

인지 → 평가/분석 → 회피 및 대응 → 감시 및 관리

> **용어 해설**
> (1) 인지 : 프로젝트에 영향을 줄 수 있는 위험요소들의 식별 및 분류와 기록
> (2) 평가 : 식별된 위험 요소들의 정성적 · 정량적 평가
> (3) 분석 : 다양한 위험도를 고려한 정량적인 위험도 분석
> (4) 회피 및 대응 : 정성적인 평가와 정량적인 평가를 통해 식별된 고위험도 요소들에 대한 대응계획 수립
> (5) 배분 : 각종 계약 등을 통해 위험 요인을 관련 있는 당사자들에게 배분
> (6) 감시 및 관리 : 식별된 위험 요소들의 모니터링, 새로운 위험 요소들의 식별, 효율적인 대응계획의 운영

007 Risk Management의 위험처리기술

■ 개요

Risk Management란 Risk의 확인, 측정, 제어를 통해 최소의 비용으로 Risk의 불이익 영향을 최소화하는 것을 말하며, 위험의 처리기술에는 위험의 회피 · 제거 · 보유, 보험의 전가가 있다.

② Risk의 종류(위험의 성질에 의한 분류)

(1) 순수 위험(정태적 위험)
  ① 손해만을 발생시키는 위험(Loss Only Risk)
  ② 보험관리적 위험으로 천재, 인간의 착오가 주된 요인

(2) 투기적 위험(동태적 위험)
  ① 이익 또는 손해를 발생시키는 위험(Loss or Gain Risk)
  ② 경영관리적 위험으로 인간의 욕구, 사회환경의 변화가 주된 요인

③ Risk Management의 순서 Flow Chart

Risk의 발굴 · 확인 → Risk의 측정 · 분석 → Risk의 처리기술 → Risk 처리기술의 선택

④ 위험의 처리기술

(1) 위험의 회피
  ① 위험의 회피로서 Risk가 있는 특정 사업에 손을 대지 않는 것
  ② 예상되는 위험을 차단하기 위해 그 위험에 관계되는 활동 자체를 행하지 않는 것

(2) 위험의 제거
  ① 위험을 적극적으로 예방하고 경감하려고 하는 수단
  ② 위험의 제거 포함 사항
    ㉠ 위험의 방지 : 위험예방과 위험경감으로 나누어짐
    ㉡ 위험의 분산 : 위험을 분산시켜 위험 단위를 증대하는 것으로, 위험의 이전도 포함
    ㉢ 위험의 결합 : 기업이 동일한 위험에 대해 무엇인가의 협정을 맺고 그 위험을 제거
    ㉣ 위험의 제한 : 기업이 지닌 위험 부담의 경계를 확정

(3) 위험의 보유

　　① 소극적 보유 : 위험에 대한 무지에서 결과적으로 보유

　　② 적극적 보유 : 위험을 충분히 확인한 다음에 이것을 보유

(4) 보험의 전가

　　① 기업은 회피 또는 제거할 수 없는 Risk는 제3자에게 전가하려 하고, 전가할 수 없는 Risk
　　　는 부득이 보유

　　② 위험 전가의 전형적인 것은 보험으로 이와 유사한 것은 보증, 공제, 기금제도

⑤ 위험의 보유(예시)

(1) 작업자가 안전모를 쓰고도 턱끈을 매지 않는 습성은 위험에 대한 무지에서 오는 소극적 위험
　　보유로 특히 직원이나 작업반장부터 솔선수범하도록 해야 함

(2) 용접작업 시 전격방지기 미부착 및 산소 LPG 호스 불량, 전선피복 손상, 역화방지기 미설치
　　는 위험에 대한 소극적 보유에서 비롯된다.

⑥ Risk Management의 개념 Graph

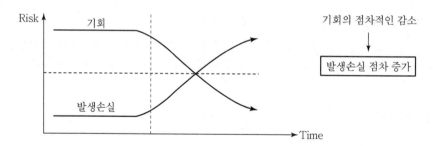

⑦ Risk Management 프로세스

008 System 안전의 위험 분류

1 개요

(1) 'System 안전'이란 어떤 System에서 기능, 시간, Cost 등의 계약 조건에 따라 인원이나 설비가 받는 상해나 손상을 가장 적게 하는 것을 말한다.

(2) System 안전에서 위험이란 여러 가지 의미가 있으며, 최소한 Risk · Peril · Hazard의 3가지 의미로 나눌 수 있다.

2 위험의 분류

(1) Risk(위험의 발생 가능성)

(2) Peril(위기)

(3) Hazard(위험의 근원)

3 위험의 분류

(1) Hazard(위험의 근원)
  ① '위험이 증가하였다.'라는 경우의 위험
  ② 위험의 근원으로 위험요소 존재
  ③ 사고발생조건, 상황, 요인, 환경 등 사고발생의 잠재요인
  ④ 예 화재라고 하는 사고를 전제로 할 때, 건물의 구조, 용도, 보관물품, 입지, 주위의 상황, 소유자의 주의능력, 기상조건 등

(2) Risk(위험의 발생 가능성)
  ① '위험을 부담한다.'라는 경우의 위험
  ② 사고발생의 가능성 또는 사고발생의 개연성
  ③ 손해 또는 피해의 가능성
  ④ 예 화재 가능성을 위험이라고 인식하는 경우

(3) Peril(위기)
  ① '위험이 발생하였다.'라는 경우의 위험
  ② 사고 자체
  ③ 예 화재, 폭발, 충돌, 사망 등의 우발적인 재해나 사건

009 Layout의 주요 사항

■ 개요

(1) Layout이란 기계설비, 취급재료 · 제품의 장소, 기계의 운동범위 등의 유효한 이용을 고려하여 배치하는 것을 말한다.

(2) Layout은 공장 등 생산현장에서 환경정비의 기본이 되는 것으로, 기계 · 설비의 Layout이 잘못될 경우 생산 능률의 저하와 재해로 연결될 수 있으므로 Layout의 개선으로 안전을 확보하는 것은 매우 중요하다.

■ 환경정비의 기본요건

(1) 적절한 Layout

(2) 정리 · 정돈, 청소, 청결 유지

(3) 안전표지의 부착

■ Layout의 주요 사항

(1) 작업의 흐름에 따른 기계설비의 배치
   ① 작업 전반의 무리한 요인을 없애기 위해 불필요한 공정을 개선하는 배치
   ② 교차되는 동선을 배제시키는 배치

(2) 기계설비 주변의 충분한 공간 유지
   기계설비 배치 시 취급재료, 가공품 크기, 기계의 운동범위 등을 고려하여 충분한 공간 확보

(3) 보수, 점검을 용이하게 할 수 있는 배치

(4) 조작성을 고려한 배치

(5) 안전한 통로의 설정

(6) 재료 및 제품의 보관장소 확보

(7) 위험도 높은 설비의 설치 시 이상상태 고려

10 안전성 평가

001 안전성 평가의 종류

1 정의

안전성 평가란 건설공사의 시공에 앞서 재해예방을 위한 대책을 수립하기 위해 안전성 저해요인을 발굴하고 평가함으로써 근로자 안전보건을 유지ㆍ증진시키기 위해 실시하는 행위이다.

2 안전성 평가의 종류

(1) Technology Assessment (2) Safety Assessment
(3) Risk Assessment (4) Human Assessment

3 평가기법

(1) 위험예측평가 (2) Check List 평가
(3) FMEA에 의한 분석 (4) FTA에 의한 분석

4 평가 Flow Chart

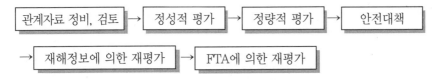

(1) 관계자료 정비, 검토
  ① 입지 ② 공사설계도
  ③ 설비 배치도 ④ 안전시설의 종류

(2) 정성적 평가
  ① 소방설비, 안전설비 ② 원재료 운반, 저장 등

(3) 정량적 평가

　① 평가 5항목

　　㉠ 품질　　　　㉡ 용량　　　　㉢ 온도

　　㉣ 압력　　　　㉤ 조작

　② 평점

　　A(10점), B(5점), C(2점), D(0점)

　③ 화학설비 평가등급 기준

　　㉠ 위험 I 등급 : 합산점수 16점 이상

　　㉡ 위험 II 등급 : 합산점수 11~15점

　　㉢ 위험 III 등급 : 합산점수 10점 이하

(4) 안전대책

　① 관리 : 작업자 배치, 교육 대책

　② 설비 : 10종의 안전장치 및 방재장치 대책

(5) 재해정보에 의한 재평가

　각종 Data Base에 의한 정보를 바탕으로 파악된 자료와의 비교 · 분석을 통한 평가

(6) FTA에 의한 재평가

　위험 I등급에 해당되는 화학설비에 대한 재평가

5 기계장치 Lay Out 원칙

(1) 이동거리 단축과 배치의 집중화

(2) 운반작업 기계화

(3) 중복부분 제거

(4) 인간과 기계의 라인화

002   고장률

1 신뢰도 계산 방법

(1) 기계의 신뢰도

> $$R = e^{-\lambda t} = e^{-t/t_0}$$
>
>   여기서, λ : 고장률, t : 가동시간, t_0 : 평균수명

(2) 우발고장 신뢰도

> 신뢰도 : $R(t) = e^{-\lambda t}$
>
> (평균 고장시간 t_0인 요소가 t시간 동안 고장을 일으키지 않을 확률)

2 고장률

(1) 욕조곡선

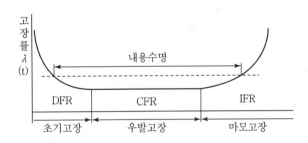

(2) 고장의 유형
  ① 초기고장 : 시운전이나 작업 시작 전 점검으로 예방이 가능한 유형의 고장으로 제조 불량, 생산품질관리 불량으로 발생되는 고장
    ㉠ Debugging : 결함을 발굴해 고장률을 안정시키는 기간
    ㉡ Burn-in : 장시간 시운전으로 고장요소를 제거하는 기간
  ② 우발고장 : 예측 불가능한 고장으로 실제 사용하는 상태에서의 고장유형
  ③ 마모고장 : 수명을 다해 발생되는 고장유형(마모, 한계수명 도달 등)

③ 고장률 관계공식

(1) 고장 확률 밀도함수

$$f(t) = \frac{dF(t)}{dt} = \frac{\text{시간 } t\text{와 } (t+\Delta t) \text{ 간의 고장개수}}{N \cdot \Delta t}$$

(2) 고장률 함수

$$평균고장률(\lambda) = \frac{r(\text{일정기간 중 총고장 수})}{T(\text{총 동작시간})}$$

$$\lambda(t) = \frac{f(t)}{R(t)} = \frac{\text{시간 } t\text{와 } (t+\Delta t) \text{ 간의 고장개수}}{(t\text{시점 생존개수}) \cdot \Delta t}$$

(3) 고장률이 사용시간에 관계없이 일정한 경우

$$R(t) = \exp(-\lambda t) = e^{-\lambda t}$$

④ 평균수명과 신뢰도

(1) 평균고장시간 t_0 요소가 t시간 동안 고장을 일으키지 않을 신뢰도

$$R(t) = e^{-\lambda t} = e^{-t/to}$$

여기서, λ : 고장률
t : 가동시간
t_0 : 평균수명

(2) 평균수명은 평균고장률 λ와 역수의 관계

$$\lambda = 1/MTBF$$

$$R(t = MTBF) = e^{\lambda t} = e^{-MTBF/MTBF}$$

⑤ 용어정리

(1) MTBF(Meantime Between Failure) : 수리하며 사용하는 경우
(2) MTTF(Meantime to Failure) : 수리할 수 없는 경우
(3) MTTR(Meantime to Repair) : 평균 수리 시간
(4) MDT(Mean Down Time) : 평균 정지 시간

003　인간과 기계 통제장치 유형

1 통제시스템 4유형

(1) Fail Safe　　(2) Lock System　　(3) 작업자 제어장치　　(4) 비상 제어장치

2 Fail Safe

(1) 인간이나 기계의 과오로 인해 고장이 발생될 경우에도 다른 부분의 고장이 발생되는 것을 방지하거나 사고를 방지하기 위해 안전한 방향으로 작동하도록 설계하는 방법

(2) Fail　Safe 기능 3단계
  ① Fail Passive : 부품에 고장이 발생될 경우 정지시키는 기능
  ② Fail Active : 부품에 고장이 발생될 경우 경보장치를 가동하며 단시간만 운전하는 기능
  ③ Fail Operational : 부품에 고장이 발생되어도 보수가 이루어질 때까지 기능을 유지(병렬구조)

3 Fool Proof

잘못된 조작을 해도 전체의 고장이 발생되지 않도록 한 설계방식
(1) 주요 기구 : Guard,　조작기구, Lock 제어기구, Trip 기구, Over Run 기구, 밀어내기 기구, 기동 방지 기구
(2) 3형식 : 정지식, 규제식, 경보식

4 Lock System의 분류

(1) Interlock System : 인간과 기계에 설치하는 안전장치
(2) Intralock System : 인간 내면의 통제장치(불안전 요소에 대한 통제장치)
(3) Translock System : Interlock System과 Intralock System의 중간단계 통제

5 Redundancy

중복설계를 도입해 시스템 일부에 고장이 발생되어도 전체의 고장으로 이어지지 않도록 한 시스템(병렬, 스페어의 구비 등)

004   Fail Safe(페일 세이프)

1 개요

(1) 'Fail Safe'란 사용자가 잘못된 조작을 할 경우에도 전체적 고장이 발생되지 않도록 하는 설계를 말한다.

(2) 'Fail Safe'란 기계나 그 부품에 고장이나 기능불량이 생겨도 항상 안전하게 작동하는 구조와 그 기능을 말하며, 기계설비의 안전성 향상을 위한 설계기법이다.

2 안전설계기법의 종류

(1) Fail Safe

(2) Fool Proof

(3) Back Up

(4) Fail Soft

(5) 다중계화

(6) Redundancy(중복설계)

3 Fail Safe 기능의 3단계

(1) Fail Passive(자동감지)

    ① 부품에 고장 발생 시 기계장치는 정지

    ② 고장 시에 Energy 소비도 정지됨

    ③ 일반적으로 기계장치에 적용되는 기능

(2) Fail Active(자동제어)

    ① 부품의 고장 발생 시 경보장치가 가동되며 단기간의 운전 지속

    ② 대책을 취할 시 안전상태로 환원

(3) Fail Operational(차단 및 조정)

    ① 부품에 고장이 있더라도 기계는 다음 보수가 이루어질 때까지 안전한 기능 유지

    ② 고장 시에 시정조치를 취할 때까지 안전하게 기능을 유지

    ③ 기계의 운전에 가장 바람직한 방법

4 Fail Safe 기구

(1) 구조적 Fail Safe
   ① 강도와 안전성의 유지를 목적으로 설치
   ② 예 항공기의 구조상 대책
      항공기의 엔진에 고장 발생 시 엔진이 멈추면 추락으로 이어지므로 나머지 엔진으로 비행
      이 가능하도록 한 설계기법

(2) 기능적 Fail Safe
   ① 기능의 유지를 목적으로 설치
   ② 기능적 Fail Safe 분류
      ㉠ 기계적 Fail Safe
      ㉡ 전기적 Fail Safe
   ③ 예 철도신호 System의 신호용 전자 릴레이
      철도신호에서 고장 났을 때 적색이어야 할 신호가 파란색이면 중대한 재해를 초래할 우
      려가 있으므로 고장 시 항상 적색이 되도록 한 설계기법

5 Fail Safe의 적용사례

(1) 승강기 정전 시 마그네틱 브레이크가 작동하여 운전을 정지시키는 경우와 정격 속도 이상의
   주행 시 조속기가 작동하여 긴급 정지시키는 경우
(2) 석유난로가 일정 각도 이상 기울어지면 자동적으로 불이 꺼지도록 소화기구를 내장
(3) 한쪽 밸브 고장 시 다른 쪽 브레이크의 압축공기를 배출시켜 급정지시킴

┃ 안전설계기법의 종류 ┃

005   Fool Proof(풀 프루프)

🔟 개요

Fool Proof는 인간의 착오·실수 등 Human Error(인간과오)를 방지하기 위한 것으로, 인간이 기계 등의 취급을 잘못해도 그것이 사고나 재해와 연결되는 일이 없도록 설계한 기능을 말한다.

2️⃣ Fool Proof의 주요 기구

(1) Guard

Guard가 열려 있는 동안 기계가 작동하지 않으며 기계 작동 중 Guard를 열 수 없다.

(2) 조작기구

양손을 동시에 조작하지 않으면 기계가 작동하지 않고 손을 떼면 정지 또는 역전복귀하는 기구

(3) Lock(제어) 기구

수동 또는 자동에 의해 어떤 조건을 충족한 후 기계가 다음 동작을 하는 기구

(4) Trip 기구

브레이크 장치와 짝을 지어 위험한 기계의 급정지 장치 등에 사용되는 기구

(5) Over Run 기구

전원 스위치를 끈 후 위험이 있는 동안은 Guard가 열리지 않는 기구

(6) 밀어내기 기구(Push & Pull 기구)

위험 상태가 되기 전 위험지역으로부터 보호하는 기구

(7) 기동 방지 기구

제어회로 등으로 설계된 접점을 차단하는 기구

006

Safety Assessment(안전성 평가)

1 개요

(1) 'Safety Assessment(안전성 평가)'란 설비 · 공법 등에 대해서 이동 중 또는 시공 중에 나타 날 위험을 고려해 설계 또는 계획의 단계에서 정성적 또는 정량적인 평가에 따른 대책을 강구 하는 것을 말한다.

(2) 'Assessment'란 설비나 제품의 설계, 제조, 사용에 있어서 기술적 · 관리적 측면에 대하여 종합적인 안전성을 사전에 평가하여 개선책을 시정하는 것을 말한다.

2 안전성 평가의 종류

(1) Safety Assessment(사전 안정성 평가)

(2) Technology Assessment(기술개발의 종합 평가)

(3) Risk Assessment(위험성 평가)

(4) Human Assessment(인간과 사고상의 평가)

▌안전성 평가의 5단계 ▌

3 Safety Assessment의 기본방향

(1) 재해 예방은 가능하다.

(2) 재해에 의한 손실은 본인, 가족, 기업의 공통적 손실이다.

(3) 관리자는 작업자의 상해 방지에 대한 책임을 진다.

(4) 위험 부분에는 방호장치를 설치한다.

(5) 안전에 대한 책임을 질 수 있도록 교육 · 훈련을 의무화한다.

4 안전성 평가의 5단계

(1) 제1단계(기본자료의 수집)

안전성을 평가하기 위한 기본자료의 수집 및 분석

(2) 제2단계(정성적 평가)

안전 확보를 위한 기본적 자료의 검토

(3) 제3단계(정량적 평가)

기본적인 자료에 대한 대책 확인 후, 재해 중복 또는 가능성이 높은 것에 대한 위험도 평가

(4) 제4단계(안전대책)

위험도 평가에 의한 안전대책 검토

(5) 제5단계(재평가)

재해정보에 의한 재평가 및 FMEA 또는 FTA에 의한 재평가

⑤ 안전성 평가의 4기법

(1) Check List에 의한 평가
(2) 위험의 예측평가(Lay Out의 검토)
(3) FMEA(Failure Mode and Effects Analysis : 고장의 유형과 영향분석)
(4) FTA(Falut Tree Analysis : 결함수 분석)

007

Technology Assessment(기술개발의 종합평가)

☑ 개요

(1) 'Technology Assessment'란 새로운 기술개발을 하는 경우에 그 개발과정 및 결과가 사회나 환경에 미치는 위험성 및 악영향을 사전에 충분히 검토 · 평가하여 기술개발로 인해 사회 · 환경에 미치는 영향을 최소화하기 위한 것을 말한다.

(2) 'Assessment'란 설비나 제품의 설계, 제조, 사용에 있어서 기술적 · 관리적 측면에 대하여 종합적인 안전성을 사전에 평가하여 개선책을 시정하는 것을 말한다.

☑ TA(Technology Assessment)의 5단계

(1) 제1단계(사회적 복리 기여도)
기술개발이 사회 및 환경에 미치는 영향 검토

(2) 제2단계(실현 가능성)
기술의 잠재능력을 명확히 하여 실용화를 촉진

(3) 제3단계(안전성과 위험성의 비교 평가)
합리성과 비합리성의 비교 평가에 의한 대체 계획

(4) 제4단계(경제성 검토)
신제품 개발에 따른 경제적 허용성 및 경제성 검토

(5) 제5단계(종합 평가 및 조정)
대안으로서 가장 바람직한 것을 선택하고 그것을 실시

❸ 기술개발의 긍정적인 면과 부정적인 면

(1) 긍정적인 면

    ① 재해의 감소

    ② 생활 수준의 향상

    ③ 생산성 향상

    ④ 자원 활용의 극대화

    ⑤ 상품의 국제화

    ⑥ 기술 수준의 향상

(2) 부정적인 면

    ① 인체에 대한 영향 : 보건성 장해, 정신적 Stress 가중, 재해 위험성 증가 등

    ② 자연환경에 대한 영향 : 대기오염, 수질오염 등

    ③ 사회기능에 대한 영향 : 도시과밀화, 교통정체, 전력부족 등

    ④ 자원낭비의 증대 여부 : 자원 고갈, 지하수 고갈 등

    ⑤ 산업, 직업, 문화 측면에 대한 영향 : 산업구조의 변화에 따른 실직 · 이직, 문화의 획일화 등

❹ TA(Technology Assessment)의 실행방법

(1) Assessment의 대상이 되는 기술을 정확히 인식

(2) Assessment 작업의 전모를 명확히 하고 필요한 기초 Data 수집

(3) 대상기술에 의해 발생되는 문제 해결을 위해 방법 제시

(4) 대상기술에 의해 발생되는 문제 Group의 파악

(5) Group에 미치는 영향을 명확히 파악하여 영향의 크기를 평가 또는 측정

(6) 대안을 상호 비교하여 선택 및 실행

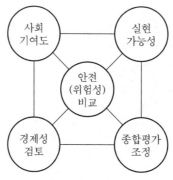

┃ TA의 5단계 ┃

008 건설공사의 안전성 평가

◼ 유해위험방지계획서 제출대상 사업장

(1) 다음 각 목의 어느 하나에 해당하는 건축물 또는 시설 등의 건설 · 개조 또는 해체(이하 "건설 등"이라 한다) 공사
  ① 지상높이가 31미터 이상인 건축물 또는 인공구조물
  ② 연면적 3만 제곱미터 이상인 건축물
  ③ 연면적 5천 제곱미터 이상인 시설로서 다음의 어느 하나에 해당하는 시설 : 문화 및 집회 시설(전시장 및 동물원 · 식물원은 제외한다), 판매시설 · 운수시설(고속철도의 역사 및 집배송시설은 제외한다), 종교시설, 의료시설 중 종합병원, 숙박시설 중 관광숙박시설, 지하도상가, 냉동 · 냉장 창고시설
(2) 연면적 5천 제곱미터 이상인 냉동 · 냉장 창고시설의 설비공사 및 단열공사
(3) 최대 지간(支間)길이(다리의 기둥과 기둥의 중심 사이의 거리)가 50미터 이상인 다리의 건설 등 공사
(4) 터널의 건설 등 공사
(5) 다목적댐, 발전용댐, 저수용량 2천만 톤 이상의 용수 전용 댐 및 지방상수도 전용 댐의 건설 등 공사
(6) 깊이 10미터 이상인 굴착공사

◼ 안전성 평가순서 Flow Chart

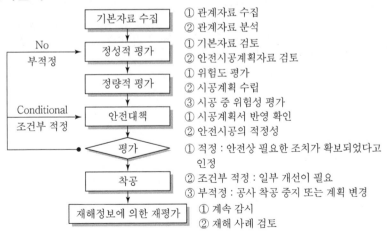

3 심사결과 조치(평가결과 조치)

(1) 적정 판정 또는 조건부 적정 판정

유해 · 위험방지계획서 심사결과 통지서에 보완사항을 포함하여 해당 사업주에게 발급

(2) 부적정 판정

① 공사 착공 중지

② 계획 변경 명령

1 개요

재해위험이 높은 건설공사 등을 실시할 경우 근로자의 안전과 보건을 해칠 우려가 있는 점을 감안해 유해 · 위험요인을 사전에 평가하기 위해 유해 · 위험방지계획서 제출제도를 도입하였다. 사업주에게 사전에 유해 · 위험 방지계획을 수립 · 제출하도록 해 정부가 이를 심사 · 확인함으로써 유해 · 위험요인으로부터 근로자를 보호하고자 하는 데 의의가 있다.

2 유해 · 위험방지계획서 제출대상 사업장

(1) 다음 각 목의 어느 하나에 해당하는 건축물 또는 시설 등의 건설 · 개조 또는 해체(이하 "건설 등"이라 한다) 공사
  ① 지상높이가 31미터 이상인 건축물 또는 인공구조물
  ② 연면적 3만 제곱미터 이상인 건축물
  ③ 연면적 5천 제곱미터 이상인 시설로서 다음의 어느 하나에 해당하는 시설 : 문화 및 집회시설(전시장 및 동물원 · 식물원은 제외한다), 판매시설 · 운수시설(고속철도의 역사 및 집배송시설은 제외한다), 종교시설, 의료시설 중 종합병원, 숙박시설 중 관광숙박시설, 지하도상가, 냉동 · 냉장 창고시설
(2) 연면적 5천 제곱미터 이상인 냉동 · 냉장 창고시설의 설비공사 및 단열공사
(3) 최대 지간(支間)길이(다리의 기둥과 기둥의 중심사이의 거리)가 50미터 이상인 다리의 건설 등 공사
(4) 터널의 건설 등 공사
(5) 다목적댐, 발전용댐, 저수용량 2천만 톤 이상의 용수 전용 댐 및 지방상수도 전용 댐의 건설 등 공사
(6) 깊이 10미터 이상인 굴착공사

3 제출서류 및 절차 등

(1) 유해 · 위험방지계획서를 제출하려면 고용노동부령이 정하는 자격을 갖춘 자의 의견을 들어야 한다.
  ※ 고용노동부령에 의한 자격을 갖춘 자
    ㉠ 건설안전 분야 산업안전지도사
    ㉡ 건설안전기술사 또는 토목 · 건축 분야 기술사

ⓒ 건설안전산업기사 이상의 자격을 취득한 후 건설안전 관련 실무경력이 건설안전기사 이상의 자격은 5년, 건설안전산업기사 자격은 7년 이상인 사람

(2) 시행규칙 별표 10의 서류를 첨부해 해당 공사 착공 전날까지 공단에 2부를 제출

　※ 착공의 기준 : 유해 · 위험방지계획서 작성대상 시설물 또는 구조물의 공사를 시작하는 것을 말하는 것으로 이 경우 대지정리 및 가설사무소 설치 등의 공사 준비기간은 착공으로 보지 않는다.

(3) 제출서류

　① 공사개요서
　② 공사현장의 주변 상황 및 주변과의 관계를 나타내는 도면(매설물 현황 포함)
　③ 전체 공정표
　④ 산업안전보건관리비 사용계획
　⑤ 안전관리 조직표
　⑥ 재해 발생 위험 시 연락 및 대피방법

(4) 단, 고용노동부장관이 산업재해 발생률 등을 고려하여 자율안전관리능력이 있다고 인정하여 지정하는 업체(자체심사 및 확인업체)의 경우에는 자체 심사 및 확인방법에 따라 유해 · 위험방지계획서를 스스로 심사하여 해당 공사의 착공 전날까지 유해 · 위험방지계획서 자체 심사서를 공단에 제출

　※ 해당 공사가 「건설기술관리법」에 따른 안전관리계획을 수립해야 하는 건설공사에 해당하는 경우에는 유해 · 위험방지계획서와 안전관리계획서를 통합하여 작성한 서류를 제출할 수 있다.

(5) 같은 사업장 내에서 공사의 착공시기를 달리하여 행하는 사업의 사업주는 해당 사업별 또는 해당 사업의 작업공종별로 유해 · 위험방지계획서를 분리하여 제출할 수 있으며, 이 경우 이미 제출한 유해 · 위험방지계획서의 첨부서류와 중복되는 서류는 제출하지 않을 수 있다.

4 유해 · 위험방지계획서의 심사

(1) 심사 기간
　산업안전공단은 접수일로부터 15일 이내에 심사하여 사업주에게 그 결과를 통지

(2) 심사결과 구분 및 조치
　① 적정 : 근로자의 안전과 보건상 필요한 조치가 구체적으로 확보되었다고 인정되는 경우
　② 조건부 적정 : 근로자의 안전과 보건을 확보하기 위하여 일부 개선이 필요하다고 인정되는 경우

③ 부적정
　　㉠ 기계·설비 또는 건설물이 심사기준에 위반되어 공사 착공 시 중대한 위험 발생의 우려가 있는 경우
　　㉡ 계획에 근본적 결함이 있다고 인정되는 경우

(3) 공단은 부적정 판정을 한 경우에 심사결과에 이유를 기재하여 지방고용노동관서의 장에게 통보하고 사업장 소재지의 특별자치시장·특별자치도지사·시장·군수·구청장에게 그 사실을 통보

(4) 통보를 받은 지방고용노동관서의 장은 사실 여부를 확인한 후 공사착공·중지명령, 계획변경명령 등 필요한 조치를 취함

(5) 지방고용노동관서의 장으로부터 공사착공·중지명령 또는 계획변경명령을 받은 사업주는 계획서를 보완 또는 변경하여 공단에 제출

⑤ 이행확인 및 조치(위반 시 300만 원 이하의 과태료)

(1) 확인내용 및 주기
　① 해당 건설물의 기계·기구 및 설비의 시운전단계, 건설공사 중 6개월 이내마다 공단으로부터 계획서의 이행실태를 확인받아야 한다.
　　㉠ 유해·위험방지계획서의 내용과 실제 공사내용의 부합 여부
　　㉡ 유해·위험방지계획서의 변경사유가 발생해 이를 보완한 경우 변경내용의 적정성
　　㉢ 추가적인 유해·위험요인의 존재 여부

　② 자체심사 및 확인업체의 사업주는 해당 공사 준공 시까지 6개월 이내마다 자체 확인을 하여야 하며, 사망재해 등의 재해가 발생한 경우에는 공단의 확인을 받아야 한다.

(2) 확인결과 조치
　공단은 확인 실시 결과 적정하다고 판단되는 경우 5일 이내에 확인결과통지서를 사업주에게 발급하여야 하며, 보고를 받은 지방고용노동관서의 장은 사실 여부를 확인한 후 필요한 조치를 하여야 한다.

⑥ 유해·위험방지계획서 Flow-chart

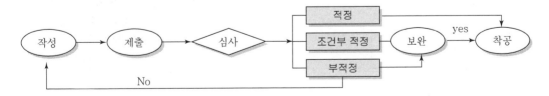

대상공사	작업공사 종류	주요 작성대상	첨부서류
건축물, 인공구조물 건설 등의 공사	1. 가설공사 2. 구조물공사 3. 마감공사 4. 기계 설비공사 5. 해체공사	가. 비계 조립 및 해체작업(외부비계 및 높이 3미터 이상의 내부비계) 나. 높이 4미터를 초과하는 거푸집동바리 조립 및 해체작업 또는 비탈면 슬래브의 거푸집동바리 조립 및 해체작업 다. 작업발판 일체형 거푸집 조립 및 해체작업 라. 철골 및 PC 조립작업 마. 양중기 설치연장 해체작업 및 천공 · 항타작업 바. 밀폐공간 내 작업 사. 해체작업 아. 우레탄폼 등 단열재 작업(취급장소와 인접한 장소에서 화기작업 포함) 자. 같은 장소(출입구를 공동으로 이용하는 장소)에서 둘 이상의 공정이 동시에 진행되는 작업	1. 해당 작업공사 종류별 작업 개요 및 재해예방계획 2. 위험물질의 종류별 사용량과 저장 · 보관 및 사용 시의 안전작업계획 〈비고〉 1. 바목의 작업에 대한 유해 · 위험방지계획에는 질식화재 및 폭발예방계획이 포함되어야 한다. 2. 각 목의 작업과정에서 통풍이나 환기가 충분하지 않거나 가연성 물질이 있는 건축물 내부나 설비 내부에서 단열재 취급 · 용접 · 용단 등과 같은 화기작업이 포함되어 있는 경우는 세부계획이 포함되어야 한다.
냉동 · 냉장 창고시설의 설비공사 및 단열공사	1. 가설공사 2. 단열공사 3. 기계 설비공사	가. 밀폐공간 내 작업 나. 우레탄폼 등 단열재 작업(취급장소와 인접한 곳에서 이루어지는 화기작업 포함) 다. 설비공사 라. 같은 장소(출입구를 공동으로 이용하는 장소)에서 둘 이상의 공정이 동시에 진행되는 작업	1. 해당 작업공사 종류별 작업개요 및 재해예방계획 2. 위험물질의 종류별 사용량과 저장 · 보관 및 사용 시의 안전작업계획 〈비고〉 1. 가목의 작업에 대한 유해 · 위험방지계획에는 질식화재 및 폭발예방계획이 포함되어야 한다. 2. 각 목의 작업과정에서 통풍이나 환기가 충분하지 않거나 가연성 물질이 있는 건축물 내부나 설비 내부에서 단열재 취급 · 용접 · 용단 등과 같은 화기작업이 포함되어 있는 경우는 세부계획이 포함되어야 한다.

대상공사	작업공사 종류	주요 작성대상	첨부서류
교량 건설 등의 공사	1. 가설공사 2. 하부공 공사 3. 상부공 공사	가. 하부공 작업 　　1) 작업발판 일체형 거푸집 조립 및 해체작업 　　2) 양중기 설치·연장·해체작업 및 천공·항타작업 　　3) 교대·교각·기초 및 벽체 철근 조립작업 　　4) 해상·하상 굴착 및 기초 작업 나. 상부공 작업 　　1) 상부공 가설작업(ILM, FCM, FSM, MSS, PSM 등을 포함) 　　2) 양중기 설치·연장·해체작업 　　3) 상부 슬래브 거푸집동바리 조립 및 해체(특수작업대를 호함)작업	1. 해당 작업공사 종류별 작업 개요 및 재해예방계획 2. 위험물질의 종류별 사용량과 저장·보관 및 사용 시의 안전작업계획
터널건설 등의 공사	1. 가설공사 2. 굴착 및 발파 공사 3. 구조물공사	가. 터널굴진공법(NATM) 　　1) 굴진(갱구부, 본선, 수직갱, 수직구 등) 및 막장 내 붕괴·낙석 방지계획 　　2) 화약 취급 및 발파 작업 　　3) 환기 작업 　　4) 작업대(굴진, 방수, 철근, 콘크리트 타설 포함) 사용작업 나. 기타 터널공법(TBM 공법, Shield 공법, Front Jacking 공법, 침매 공법 등을 포함) 　　1) 환기작업 　　2) 막장 내 기계·설비 유지·보수 작업	1. 해당 작업공사 종류별 작업개요 및 재해예방계획 2. 위험물질의 종류별 사용량과 저장·보관 및 사용 시의 안전 작업계획 〈비고〉 1. 나목의 작업에 대한 유해·위험방지계획에는 굴진 및 막장 내 붕괴·낙석방지계획이 포함되어야 한다.
댐 건설 등의 공사	1. 가설공사 2. 굴착 및 발파 공사 3. 댐 축조공사	가. 굴착 및 발파작업 나. 댐 축조(가체절 작업포함)작업 　　1) 기초처리 작업 　　2) 둑 비탈면 처리작업 　　3) 본체 축조 관련 장비작업(흙쌓기 및 다짐만 해당) 　　4) 작업발판 일체형 거푸집 조립 및 해체작업(콘크리트 댐만 해당)	1. 해당 작업공사 종류별 작업 개요 및 재해예방계획 2. 위험물질의 종류별 사용량과 저장·보관 및 사용 시의 안전 작업계획
굴착공사	1. 가설공사 2. 굴착 및 발파 공사 3. 흙막이 지보공 공사	가. 흙막이 가시설 조립 및 해체 작업(복공작업 포함) 나. 굴착 및 발파작업 다. 양중기 설치·연장·해체작업 및 천공·항타작업	1. 해당 작업공사 종류별 작업 개요 및 재해예방계획 2. 위험물질의 종류별 사용량과 저장·보관 및 사용 시의 안전 작업계획

SECTION 11 조직구조

001 조직구조

1 개요

(1) 조직설계는 환경, 기술, 규모 등의 상황요인이 고려되어야 하며, 구성원들의 개인적 행동이나 집단적 상호작용을 억제하거나 촉진할 필요가 있다.

(2) 조직이 클수록 행동은 반복적으로 되므로 경영자들은 표준화를 통해 이에 효율적으로 대처하게 된다.

2 조직구조이론 제안자별 특징

이론 제안자	특징
우드워드(J. Woodward)	• 기술의 구분은 단위생산기술, 대량생산기술, 연속공정기술 • 대량생산에는 기계적 조직구조가 적합 • 연속공정에는 유기적 조직구소가 적합
번스(T. Burns), 스탈커(G. Stalker)	• 안정적 환경 : 기계적인 조직 • 불확실한 환경 : 유기적인 조직이 효과적
톰슨(J. Thompson)	• 단위작업 간의 상호의존성에 따라 기술을 구분 • 중개형, 장치형, 집약형으로 유형화
페로(C. Perrow)	• 기술구분을 다양성 차원과 분석가능성 차원으로 구분 • 일상적 기술, 공학적 기술, 장인기술, 비일상적 기술로 유형화
블라우(P. Blau)	사회학적 이론 연구
차일드(J. Child)	전략적 선택이론 연구

3 터크먼의 팀 발달단계

조직심리학자인 브루스 터크먼(Bruce Tuckman)은 모든 팀이 경험하는 팀의 발달단계를 다음의 4단계로 제시하였다.

```
┌──────────┐   ┌──────────┐   ┌──────────┐   ┌──────────┐
│  형성기   │ → │  혼돈기   │ → │  규범기   │ → │  성취기   │
└──────────┘   └──────────┘   └──────────┘   └──────────┘
```

(1) 형성기

　① 일명 "탐색기"라고도 한다.

　② 많은 것이 생소하고, 불명확하다.

　③ 팀의 미션, 목표에 대한 명확한 공감대가 형성되어 있지 않다.

　④ 일하는 방법, 프로세스도 정립되어 있지 않다.

　⑤ 팀원 간에 서로 조심스럽게 대한다.

　⑥ 성과가 낮다.

(2) 혼돈기

　① 일명 "갈등기"라고도 한다.

　② 팀원 간 상호작용이 본격화되어 생각, 생활방식 차이로 갈등과 혼란이 발생한다.

　③ 의사결정이 오래 걸려 일이 지연된다.

　④ 팀원 간 갈등이 심화되거나 팀장의 리더십에 불만을 갖는 팀원이 생긴다.

　⑤ 개인이 하는 것보다 오히려 성과가 낮게 나온다

(3) 규범기

　① 혼돈기를 극복한 팀은 규범기로 들어간다.

　② 팀원 간에 서로 친해지고 결속력이 강화된다.

　③ 목표에 대한 공감대가 형성된다.

　④ 의견차이를 존중하며, 세련되게 해결하여 보다 나은 팀 시너지를 창출하기 위해 새롭게
　　 일하는 방법을 논의한다.

　⑤ 성과가 본격적으로 나오기 시작한다.

(4) 성취기

　① 기존 성과에 만족하지 않고 더 높은 성과를 내기 위해 움직인다.

　② 스스로 알아서 일하고, 문제도 스스로 해결한다.

　③ 소통이 매우 활발하며, 서로에 대한 신뢰도 강하다.

　④ 고성과를 내는 팀이 된다.

002 프렌치(J. French)와 레이븐(B. Raven)의 권력의 원천

① 공식적 권력

조직의 직위를 근거로 한다. 보상과 처벌을 할 수 있는 것은 공식적 권한이며 이를 능력으로 보는 관점이다.

(1) 보상과 처벌의 수준을 결정하는 것은 공식적 권력의 지각 정도에 따라 다를 수 있다.

(2) 강압적 권력, 보상적 권력, 합법적 권력으로 세분화한다.

② 개인적 권력

조직의 공식적 직위를 가질 필요는 없다.

(1) 개인적 권력은 전문지식과 존경과 호감이다.

(2) 예를 들어, 인텔의 가장 유능한 칩 디자이너는 전문지식이라는 개인적 권력을 가지고 있지만, 그는 경영자도 아니고 공식적 권력도 갖고 있지 않다.

③ 강압적 권력

기반은 두려움이다.

(1) 순응하지 않을 경우 자신에게 발생할 수 있는 부정적인 결과에 대한 두려움을 말한다. 부정적 결과는 신체적 고통, 이동 제한을 통한 좌절감, 생리적 욕구나 안전욕구를 통제하는 방식의 물리적 제재로 위협하는 경우이다.

(2) 강압적 권력의 대표적인 예가 바로 성희롱이다. 연구에 따르면 권력 차이가 클 수록 성희롱이 자주 발생한다.

④ 보상적 권력

기반은 이익이다.

(1) 지시에 순응했을 때 자신이 받게 될 보상의 크기를 결정할 수 있는 이가 권력을 가지고 있다고 지각하는 것이다.

(2) 대표적인 보상은 임금인상 · 보너스를 결정하는 재무적 보상과 인정 · 승진 · 작업할당 · 중요부서로 발령을 결정하는 비재무적 보상이 있다.

003 협상과 교섭

1 협상의 정의

협상이란 타결의사를 가진 둘 또는 그 이상의 당사자가 양방향 의사소통(communication)을 통해 상호 만족할 만한 수준의 합의에 이르는 과정이다.

2 협상 방법

(1) 당사자의 입장에서 보면 상대방과의 결합적 의사결정행위(jointly decided action)를 통한 자신의 본질적 이해를 증진시킬 수 있는 수단이라고 이해된다.

(2) 흥정(bargaining)과 구분된다. 흥정은 개인과 개인 사이의 매매 등과 같은 상호작용을 가리키는 반면, 협상은 기업, 국가 등 복합적인 사회 작위 간의 다수 의제에 대한 상호작용이다. 그러나 실제로는 구분 없이 사용하고 있다

(3) 상호이익은 상쇄될 수 있으며, 일시적인 균형상태가 이루어진다.

(4) 협상이 이루어질 동안 행위자는 상대방에 의해 나타나는 입장을 고려함으로써 자신의 입장을 다시 수정한다.

3 교섭

(1) 분배적 교섭

한정된 양의 자원을 나눠 가지려고 하는 협상으로 제로섬 상황에서 내가 이득을 보면 상대는 손해를 보는 교섭이다.

(2) 통합적 교섭

서로 이득이 될 수 있는 해결책을 창출해 타결점을 찾으려는 협상. 분배적 교섭과의 차이점으로 장기적 관계를 형성하는 특징이 있다.

004 노동쟁의

1 노동쟁의

(1) 정의

노동쟁의란 임금 · 근로시간 · 복지 · 해고 기타 대우 등 근로조건의 결정에 관한 노동관계 당사자 간의 주장의 불일치로 일어나는 분쟁상태(노동조합 및 노동관계조정법 2조)를 말한다.

(2) 내용

① 파업 · 태업 · 직장폐쇄 기타 노동관계 당사자가 주장을 관철할 목적으로 행하는 행위와 이에 대항하는 행위로서

② 업무의 정상적인 운영을 저해하는 행위인 쟁의행위와 구별되며, 일과시간 후의 농성과 같은 근로자의 집단행위인 '단체행동'과도 구별된다.

2 철회(withdrawal)

아직 발생하지 않은 효력의 발생 가능성을 소멸시키는 행위로서 철회는 일방적 의사표시로 효력이 발생하지만 당사자 사이에 일단 권리관계가 성립되면 철회하지 못한다. 예를 들면, 제한능력자의 계약은 추인이 있을 때까지 상대방이 그 의사표시를 철회할 수 있다(민법 16조 1항). 대리권이 없는 자가 한 계약은 본인의 추인이 있을 때까지 상대방은 본인이나 그 대리인에 대하여 계약을 철회할 수 있다(134조). 채권자나 채무자가 선택하는 경우에 그 선택은 상대방에 대한 의사표시로 하되, 그 의사표시는 상대방의 동의가 없으면 철회하지 못한다(382조). 유언자는 언제든지 유언 또는 생전행위로 유언의 전부나 일부를 철회할 수 있다.

3 사보타주(sabotage)

(1) 정의

제2차 세계대전 중 점령군의 기재(器材)에 대한 파괴활동에 대해 붙여진 명칭으로 일반적으로는 전선(戰線)의 배후 또는 점령지역에서 적의 군사기재, 통신선과 군사시설에 피해를 주거나 그것들을 파괴하는 것을 목적으로 하거나 그 효과를 갖는 행위를 가리킨다. 스파이와는 달리 정보수집이 목적이 아니며 작전지대 내에 한정되지 않고 적의 지배지역 전반에서 일어난다.

(2) 특징

사보타주는 적의 비군사물에 대해 이루어지면 이른바 테러행위로서 위법이 되고, 군사목표에 대해서 이루어지면 그것 자체는 위법은 아니다. 후자의 경우 사보타주를 하는 자가 군인

인지 민간인인지에 따라 체포되었을 때의 조치가 달라진다. 군인의 경우 제복착용 등의 조건을 갖추고 있으면 체포되어도 포로의 대우를 받는다.

한편, 1949년 제네바 제4(민간인보호) 협약에 의하면 사보타주의 명백한 협의가 있는 민간인은 통신의 권리를 상실하고(5조) 또한 민간인이 점령군의 군사시설에 대해 실행한 중대한 사보타주의 경우에만 점령국은 그 형벌규정에 의해 사형을 내리는 것이 인정되어 있다(68조). 또한 '민간항공의 안전에 대한 불법적 행위의 억제를 위한 협약(몬트리올협약, 1971.9.23)을 사보타주 조약이라고도 한다.

005 품질경영

① 정의

품질경영(QM)은 품질관리(QC)보다 폭넓고 발전적인 개념으로 최고경영자의 리더십 아래 품질을 경영의 최우선 과제로 하는 것이 원칙이다. 즉, 품질경영은 고객만족을 통한 기업의 장기적인 성공은 물론 경영활동 전반에 걸쳐 모든 구성원의 참가와 총체적 수단을 활용하는 전사적·종합적인 경영관리체계이다.

② 기법

품질경영은 최고경영자의 품질방침을 비롯하여 고객을 만족시키는 모든 부문의 전사적 활동으로서 품질방침 및 계획(QP ; Quality Policy & Planning), 품질관리를 위한 실시 기법과 활동(QC ; Quality Control), 품질보증(QA ; Quality Assurance), 활동과 공정의 유효성을 증가시키는 활동(QI ; Quality Improvement) 등을 포함하는 넓은 의미로 생각해야 한다.

③ 6시그마

(1) 모토로라에서 창안되었다.
(2) 임직원들의 자발적 참여로 기업 스스로 추진해 나가는 방식의 품질개선운동이다.
(3) 과거의 품질경영 방침결정이 하의상달 방식이었다면 6시그마 경영은 상의하달 방식으로 이루어진다.
(4) 사업 전체의 전사적 품질경영혁신운동으로 과거의 품질관리와는 차별화된 기법이다.
(5) 제조부문을 비롯한 제품개발, 영업, 경영 등 전 요소를 계량화하여 품질영향요소의 오차범위를 6시그마 범위 내에 설정하는 기법이다.

④ 수율관리

수율관리(Yield Management)는 재료비의 원가를 계산하는 과정에서의 손실을 파악하고 개선할 목적으로 산출한다.

(1) 산출공식

$$수율 = 실제수익/잠재수익$$

여기서, 실제수익 = 실제사용량 × 실제가격평균
잠재수익 = 가용능력 × 최대가격

(2) 수율관리의 의의
  ① 여행업의 경우 빈 좌석이 발생되어도 출발해야 하는 버스나 전세기의 경우 채워지지 않은 좌석만큼의 손실이 발생된다고 볼 수 있다.
  ② 수율관리가 적정하지 못한 경우 좌석이 모두 매진된 경우에는 다음 버스나 전세기에 초과된 승객을 채워야 하는 상황이 발생된다.

(3) 수율관리가 도입되어야 하는 경우
  ① 수요의 변동
  ② 세분화가 가능한 시장인 경우
  ③ 재고 소멸
  ④ 사전 판매가 가능한 경우
  ⑤ 가용능력 변경비용은 높고 한계판매비용은 낮은 상황

(4) 수율관리의 효과를 향상시키기 위한 조건
  ① 변동성에 대처할 수 있는 능력 : 여행 서비스업의 경우 체류기간, 도착시간, 고객 간의 시간간격 등
  ② 서비스과정의 관리능력
  ③ 수요관리능력

006 직무분석

1 직무분석에서 직무정보를 제공하는 자원

(1) 협업 전문가

직무분석에서 직무에 대한 정보를 제공하는 가장 중요한 자원은 현업 전문가(SME ; Subject Matter Expert)이다. 현업 전문가의 자격 요건이 명확하게 정해져 있는 것은 아니지만, 최소 요건으로서 직무가 수행하는 모든 과제를 잘 알고 있을 만큼 충분히 오랜 경험을 갖고 최근에 종사한 사람이어야 한다(Thompson & Thompson, 1982). 따라서 직무를 분석할 때 가장 적절한 정보를 제공할 수 있는 사람은 현재 직무와 관련된 일을 하고 있는 현업 전문가이며, 특히 현재 직무에 종사하고 있는 현직자(job incumbent)이다. 현직자는 자신들의 직무에 관해 가장 상세하게 알고 있기 때문이다. 하지만 모든 현직자들이 자신의 직무를 잘 표현할 수 있는 것은 아니므로 직무분석을 위해 정보를 잘 전달할 만한 사람을 선택해야 한다.

(2) 경험 많은 현직자

랜디와 베이시(Landy & Vasey, 1991)는 어떤 현직자가 직무를 분석하는지가 중요하다는 것을 발견했다. 그리고 경험 많은 현직자들이 가장 가치 있는 정보를 제공한다는 것을 알아냈다. 현직자들의 언어 능력, 기억력, 협조성과 같은 개인적 특성도 그들이 제공하는 정보의 질을 좌우한다. 또한 만일 현직자가 직무분석을 하는 이유에 관해 의심한다면 그들이 자기방어 전략으로서 자신의 능력이나 일의 문제점을 과장하여 말하는 경향이 있다.

(3) 직무 관리자

직무의 관리자 또한 정보의 중요한 출처이다. 관리자들은 해당 직무에 종사하며 승진한 경우가 많기 때문에 직무에서 요구하는 것이 무엇인지 정확하게 알려줄 수 있다. 그러나 관리자들은 현직자들에 비해 좀 더 객관적인 직무 정보를 제공할 수 있지만 현직자들과 의견 차이가 있을 수 있다. 이러한 의견 차이는 해당 직무에서 요구하는 중요한 능력을 현직자와 관리자들이 서로 다르게 판단할 수 있기 때문에 발생한다. 직무에서 요구되는 중요한 능력과 상사들이 언급하는 중요한 능력이 다를 수 있다.

(4) 문헌자료

마지막으로 직무 분석에 필요한 정보의 중요한 출처는 문헌자료이다. 기존 문헌자료를 통해 사람들에게서 얻을 수 없는 정보를 얻을 수 있다. 예를 들어, 기존의 업무 편람이나 작업 일지, 국가에서 발행되는 직업사전과 같은 기록물로부터 직무에 관한 기초 정보를 얻을 수 있다.

❷ 직무분석 단계

(1) 직무분석을 위한 행정적 준비
(2) 직무분석의 설계
(3) 직무에 관한 자료 수집과 분석
(4) 직무기술서와 작업자 명세서 작성 및 결과 정리
(5) 각 관련 부서에서 직무분석의 결과 제공
(6) 시간 경과에 따른 직무 변화 발생 시 직무기술서나 작업자 명세서에 최신 직무 정보를 반영하여 수정

❸ 직무분석의 용도

직무분석의 결과로부터 얻은 정보는 여러 용도로 사용된다. 애시(Ash, 1988)는 직무 분석과 관련된 여러 문헌을 토대로 직무분석의 용도를 다음과 같이 정리하였다.

(1) 직무에서 이루어지는 과제나 활동과 작업 환경을 알아내어 조직 내 직무들의 상대적 가치를 결정하는 직무 평가(job evaluation)의 기초 자료를 제공한다.
(2) 모집 공고와 인사 선발에 활용된다. 직무분석을 통해 각 직무에서 일할 사람에게 요구되는 지식, 기술, 능력 등을 알 수 있기 때문에 직무 종사자의 모집 공고에서 자격 조건을 명시할 수 있고 선발에 사용할 방법이나 검사를 결정할 수 있다.
(3) 종업원의 교육 및 훈련에 활용된다. 각 직무에서 이루어지는 활동이 무엇이고 요구되는 지식, 기술, 능력이 무엇인지를 알아야 교육 내용과 목표를 결정할 수 있다.
(4) 인사 평가에 활용된다. 직무 분석을 통해 직무를 구성하고 있는 요소들을 알아내고 실제 종업원들이 각 요소에서 어떤 수준의 수행을 나타내는지 평가한다. 평가의 결과는 승인, 임금 결정 및 인상, 상여금 지급, 전직 등의 인사 결정에 활용된다.
(5) 직무에 소요되는 시간을 추정해 해당 직무에 필요한 적정 인원을 산출할 수 있기 때문에 조직 내 부서별 적정 인원 산정이나 향후의 인력수급 계획을 수립할 수 있다.
(6) 선발된 사람의 배치와 경력 개발 및 진로 상담에 활용된다. 선발된 사람들을 적합한 직무에 배치하고 경력 개발에 관한 기초 자료를 제공한다.

❹ 효과

기업에서 필요로 하는 업무의 특성과 근로자의 자질 파악이 가능하며, 근로자들에게 필요한 교육훈련을 계획하고 실시할 수 있게 되어 결과적으로 근로자에게 유용하고 공정한 수행평가를 실시하기 위한 준거를 획득할 수 있다.

(1) 직무분석

직무의 내용을 체계적으로 분석해 인사관리에 필요한 직무정보를 제공하는 과정

(2) 직무설계

직무설계 시에는 직무담당자의 만족감 · 성취감 · 업무동기 및 생산성 향상을 목표로 이루어져야 한다.

(3) 직무충실화

직무설계 시에 직무담당자의 만족감 · 성취감 · 업무동기 및 생산성 향상을 목표로 설계하는 방법 중 작업자의 권한과 책임을 확대하는 직무설계방법이다.

(4) 과업중요성

직무수행이 고객에게 영향을 주는 정도를 말하는 것으로 조직 내 · 외에서 과업이 미치는 영향력의 크기이다.

(5) 직무평가

직무의 상대적 가치를 평가하는 활동이며, 직무평가 결과는 직무급의 상정에 활용된다.

🚺 직업 스트레스 모델

(1) 직무요구 – 통제모형

이 모형에 의하면 적절한 대응수단이 제공되지 않은 상태에서 직무담당자가 과도한 수준의 직무요구에 직면하게 되면 이는 곧 업무추진 동기의 상실은 물론, 직무긴장과 스트레스, 심지어 불안과 소진 등 매우 부정적인 생리적, 심리적 경험을 초래할 수 있게 된다. 그 결과, 이러한 부정적인 직무경험은 직무만족과 조직몰입의 저하는 물론, 이직의도의 증대 등 해당 조식에 대해서도 여러 면에서 심각한 부정적 영향을 줄 수가 있다.

(2) 직무요구 – 자원모형

기존의 직무통제 요인 이외에 직무요구와 상호작용하여 부정적인 내용을 경감·완화시켜줄 수 있는 다양한 조절요인을 규명해 보고자 하는 시도에서 비롯되었다고 볼 수 있다.

이러한 지원모형의 기본가정에 따르면, 비록 많은 조직이 처한 구체적인 직무조건이나 상황이 조금씩 다르긴 하지만, 이들 조직의 직무특성들은 크게 직무요구(Job Demands)와 직무자원(Job Resources)이라는 두 가지 일반적 요인들로 구분할 수 있다는 것이다.

직무요구	직무자원
• 직무담당자로 하여금 직무수행이나 완수를 위해 지속적으로 육체적, 정신적 노력을 기울이도록 요구하는 형태 • 해당 직무수행자에게 상당한 생리적·심리적 희생을 감내하게 만드는 직무특성	• 직무담당자가 자신의 과업목표를 달성해 가는 데 기능적 역할을 담당 • 직무요구의 부정적인 심리적·생리적 영향을 감소시키는 데 기여할 뿐만 아니라, 개인적 성장과 학습개발을 촉진

🚺 직무스트레스에 의한 건강장해 예방조치

사업주는 근로자가 장시간 근로, 야간작업을 포함한 교대작업, 차량운전[전업(專業)으로 하는 경우에만 해당한다] 및 정밀기계 조작작업 등 신체적 피로와 정신적 스트레스 등(이하 "직무스트레스라" 한다.)이 높은 작업을 하는 경우 직무스트레스로 인한 건강장해 예방을 위하여 다음 각 호의 조치를 하여야 한다.

(1) 작업환경·작업내용·근로시간 등 직무스트레스 요인에 대하여 평가하고 근로시간 단축, 장·단기 순환작업 등의 개선 대책을 마련하여 시행할 것

(2) 작업량·작업일정 등 작업계획 수립 시 해당 근로자의 의견을 반영할 것

(3) 작업과 휴식을 적절하게 배분하는 등 근로시간과 관련된 근로조건을 개선할 것

(4) 근로시간 외의 근로자 활동에 대한 복지 차원의 지원에 최선을 다할 것

(5) 건강진단 결과, 상담자료 등을 참고하여 적절하게 근로자를 배치하고 직무스트레스 요인, 건강문제 발생가능성 및 대비책 등에 대하여 해당 근로자에게 충분히 설명할 것

(6) 뇌혈관 및 심장질환 발병위험도를 평가하여 금연, 고혈압 관리 등 건강증진 프로그램을 시행할 것

008 자기결정이론

◘ 개요

(1) 에드워드 데시와 리처드 라이언이 발표했으며 총 네 개의 미니이론(mini-theory)들로 구성된 거시이론(macrotheory)이다. 자기결정이론은 사람들의 타고난 성장경향과 심리적 욕구에 대한 사람들의 동기부여와 성격에 대해 설명해 주는 이론으로 사람들이 외부의 영향과 간섭 없이 선택하는 것에 대한 동기부여와 관련되어 있는 것으로 본다. 자기결정이론은 개인의 행동이 스스로 동기부여되고 스스로 결정된다는 것에 초점을 둔다.

(2) 1970년대에 자기결정이론은 내재적 및 외재적 동기를 비교한 연구 그리고 개인의 행동에서 지배적인 역할을하는 주체적 동기 부여에 대한 이해 증진으로부터 발전했다.

◘ 인지평가이론

(1) 인지평가이론은 내재 동기를 촉진하거나 저해하는 환경에 관심을 두고 개인은 적절한 사회·환경적 조건에 처할 때 내재 동기가 촉발되고 유능성, 자율성, 관계성에 대한 기본 심리욕구가 만족될 때 내재 동기가 증진된다고 본다.

(2) 유기적 통합 이론은 외적인 이유 때문에 어떤 행동을 해야 하는 상황에 대한 개인의 태도는 전혀 동기가 없는 무동기에서부터 수동적인 복종 적극적인 개입까지 다양하다.

(3) 인과 지향성 이론은 사회적 환경에 대한 지향성에서의 개인차 즉 무동기적 통제적 자율적 동기 지향성을 기술하기 위해 도입되었으며 개인의 비교적 지속적인 지향성으로부터 경험과 행동을 예측할 수 있게 한다.

(4) 기본 욕구 이론은 개인의 가치 형태와 조절 양식을 심리적 건강과 연결시켜 기술함으로써 개인의 건강이나 심리적 안녕과 동기와 목표 간의 관련성을 시대와 성별, 상황, 문화적 다양성을 넘어서기 위해 도입되었다.

◘ 유기적 통합이론

내재동기 이론가들은 동기를 내재, 외재동기로 구분하고 두 유형 간 상호 대립적인 관계에 있음을 주장한다. 그러나 행동 강화 이론가들은 내적 흥미와 함께 외적보상이 주어지면 동기가 증가된다는 증대원리를 제시하고 또 다른 집단의 연구자들 역시 내재, 외재동기에 대해 상호 보완적인 견해를 제시하였다. 이는 동기를 단순히 내재, 외재적 동기로 나누어 영향을 개별 평가하는 것이 아닌 각 동기가 복합적으로 상호작용 하고 있음을 나타내는 것이었고 기존의 이분법적 관점의 변화를 필요로 하였다. 이러한 관점에서 내재 동기는 인지평가이론의 주장같이 바람직한 동기유형이기는 하지만 모든 외적보상이 부정의 기능을 하는 것은 아니라고 판단하였으며 이에 따라 내, 외재의 이분법적 동기가 아닌 행동의 원인을 다양한 관점에서 접근하고자 하였고 이것이 유기적 통합이론이다.

4 기본적 심리욕구

자기결정이론에서 사람들은 생존을 위한 기본적인 삶의 생리적 욕구와 마찬가지로 생존을 위해 필요한 심리적욕구를 가지고있다. 자기결정이론에 따르면, 기본적이고 보편적인 심리적 욕구 세 가지는 자율성(autonomy), 유능성(competence), 관계성(social relatedness)이다. 헨리 머레이(Henry Murray ,1938)와 에이브러햄 매슬로(Abraham Maslow,1954)와 같은 심리학자들은 자기실현경향성(Maslow, 1954), 안정성, 돈, 영향력, 자기존경과 기쁨 등을 포함해 모든 심리적 욕구에 대해 연구해왔는데 자기결정이론에서 나타난 보편적 3가지 욕구는 해당 사회의 문화가 집단주의, 개인주의문화 혹은 전통주의, 평등주의가치 등에 상관 없이 모든 문화의 사람에게 중요하다고 나타났다

(1) 자기실현경향성

자기결정이론은, 책임과 실현화, 성장을 강조하는 인본주의적 전통에 그 기반을 두고 있다. 또한 인본주의가 개인을 성장과 발전을 위해 최선의 방법을 추구하는 유기체로서 성장을 실현하기 위해, 긍정적 변화를 가져오도록 하는 동기를 자기실현경향성(actualizing tendency)이라고 주장하였다.

(2) 자율성

자율성은 개인들이 외부의 환경으로부터 압박 혹은 강요받지 않으며 개인의 선택을 통해 자신의 행동이나 조절을 할 수 있는 상태에서 자신들이 추구하는 것이 무엇인지에 대하여 개인들이 자유롭게 선택할 수 있는 감정을 말한다. 자율성은 개인의 행동과 자기조절을 선택할 수 있으며 타인의 의지가 아닌 본인의 선택으로 자신의 행동이나 향후 계획을 결정할 수 있는 감정을 의미한다. 자기결정이론에서는 자율성을 외부의 영향력에 의존하지 않는 개념인 독립성과는 다른 개념으로 보고 있다. 자율성과 의존성을 대립관계에 있는 것이 아닌 수직적 관계, 즉 일부 겹치는 부분이 있으나 전혀 다른 방향을 보는 것으로 인식하는 것이다. 독립성은 타인과의 관계에서 나타나는 개인 대 개인 간의 문제이지만 자율성은 내적인 것이며 이는 해당 개인의 의지와 선택이 반영되는 것이다. 따라서 자율성의 반대 개념은 타인에 대한 의존성이 아니라 통제되거나 조종당한다고 느끼는 타율성이 옳다는 것이다. 즉, 자율성은 타인에 의존하거나 관계를 분리하는 개념이 아니며 자율성과 독립성은 서로 많은 부분에서 상관이 없는 개념이라고 볼 수 있다. 이 개념에 따라 자율성과 타율성의 4가지 조합이 나오는데 타율적 의존성, 타율적 독립성, 자율적 의존성, 자율적 독립성이 그것이며 자기결정이론에서는 타인에 대한 의존 역시 자유로운 선택에 의한 것으로 판단하여 그 선택이 자율성에 기반한 것으로 보고 있다. 때문에 이러한 시각에 따라서 자율성과 선택을 동일하게 평가하지 않는다.

(3) 유능성

사람은 누구나 자신이 능력 있는 존재이기를 원하고 기회가 될 때마다 자신의 능력을 향상시키기를 원한다. 또한 이러한 과정에서 너무 어렵거나 쉬운 과제가 아닌 자신의 수준에 맞는 과제를 수행함으로써 본인이 유능함을 지각하고 싶어 하며 이것을 유능성욕구라고 한다. 행위 과정을 통해 개인이 자신이 유능하다고 느끼는 지각에 의한 것이다. 이러한 자신이 유능한 존재임을 인식하는 지각은 유능감으로 표현되기도 하며 이러한 유능성에 대한 욕구는 개인 혼자서는 획득하기는 어려우며 사회적 환경과 서로 상호 작용할 기회가 주어질 때 충족된다고 볼 수 있다. 유능함을 표현하기 위해서는 사회와의 상호작용이 필요하기 때문에 타인 혹은 집단과의 상호 작용이 필요하며 긍정적인 피드백과 자율성의 지지는 개인이 받는 유능성의 욕구를 충족시키며 결과적으로 내재 동기를 증진시키는 효과를 가져온다.

(4) 관계성

관계성욕구는 타인과 안정적 교제나 관계에서의 조화를 이루는 것에서 느끼는 안정성을 의미한다. 관계성욕구는 타인에게 무언가를 얻거나 사회적인 지위 등을 획득하기 위한 것이 아니며 그 관계에서 나타나는 안정성 그 자체를 지각하는 것이다. 즉 주위 사람에 대한 의미 있는 관계를 맺고자 하는 것으로 안정된 관계를 획득하고자 하는 것이며 이를 관계성의 욕구라고 한다.

관계성에 대한 욕구 충족은 유능성이나 자율성 욕구 충족에 비해 내재동기를 확보하는 부분에서 타 조건을 보조하는 역할을 한다. 그러나 외적 원인을 내재화시키는 데 있어서는 핵심적인 역할을 수행하며 타인과의 관계성을 유지하고자 하는 욕구는 개인 간 활동에서 내재동기를 유지하게 하는 데 중요한 것으로 인식되고 있다. 일반적으로 타인에 의해 외재적 동기화된 행동은 개인이 흥미를 가지고 행동하는 것이 아니므로 행동 그 자체로는 흥미롭지 못해 개인이 쉽게 행동을 하려고 하지 않는 경향을 보이나 동기부여를 하는 타인이 자신에게 의미 있는 경우에는 타인과의 관계의 안정성을 획득할 수 있는 수단으로 판단하여 오히려 더 쉽게 시작이 가능한 것을 의미한다. 이는 관계성이 타인과 연결되어 있다고 느끼는 감정에 기반하기 때문이며 공동체의 소속감 등으로부터 기반하기 때문이다.

(5) 내재적 동기

자기결정이론은 개인들이 욕구를 행동화하고 선택함으로써 행동을 즐길 수 있으며 이 과정에서 심리적인 안정감을 가지게 된다고 한다. 무엇을 하는가보다 왜 하는지가 더 중요한 선택의 이유가 되는 것이다. 개인들이 어떤 활동을 함에 있어 내재적으로 동기화된 경우에는 활동을 하는 데 추가적인 보상이나 유인하거나 강제하는 것이 필요하지 않는데 이는 그 활동 자체가 개인들에게 보상이기에 스스로 행동하게 되는 것이다.

(6) 외재적 동기

내재적 동기에 반대되는 개념으로 행동을 하는 개인이 아닌 외부의 사람으로 인하여 외부인의 만족을 위한 것으로 칭찬, 유인요건, 처벌 등이 있으며 외재적 동기를 통한 유인은 개인이 본인의 활동에 낮은 관심과 결과지향적인 태도를 보이게 할 수 있다

009 팀 발달의 단계

1 터크만의 팀 발달단계

조직심리학자인 브루스 터크만(Bruce Tuckman)은 모든 팀이 경험하는 팀의 발달단계를 자신의 이름을 딴 '터크만 모델'로 소개했으며 팀의 발달단계를 형성기 → 혼돈기 → 규범기 → 성취기 4단계로 제시했다.

(1) 형성기
① 일명 탐색기
② 많은 것이 생소하고, 불명확
③ 팀의 미션, 목표에 대한 명확한 공감대가 형성되어 있지 않음
④ 일하는 방법 프로세스도 정립되어 있지 않음
⑤ 팀원 간 서로 조심
⑥ 성과 낮음

(2) 혼돈기
① 일명 갈등기
② 팀원 간 상호작용 본격화 → 생각, 생활방식 차이로 갈등과 혼란 발생
③ 의사결정이 오래 걸려 일 지연
④ 팀원들 간 갈등 심화 또는 팀장의 리더십에 불만 갖는 팀원 발생
⑤ 개인이 하는 것보다 오히려 성과가 낮게 나옴
예 히딩크 감독 별명 5 : 0

(3) 규범기
① 혼돈기를 극복한 팀은 규범기로 들어감
② 팀원 간 서로 친하고 결속력 강화
③ 목표에 대한 공감대 형성
④ 의견 차이 존중, 세련되게 해결
⑤ 보다 나은 팀 시너지 창출 위해 새롭게 일하는 방법 논의
⑥ 성과가 본격적으로 나오기 시작

(4) 성취기
① 기존 성과에 만족하지 않고 더 높은 성과를 내기 위해 움직임
② 일에서의 문제도 스스로 알아서 해결
③ 소통 매우 활발, 서로에 대한 신뢰도 강함
④ 고성과팀

팀 발달단계	증상
형성기 **(Forming)**	• 팀원들이 서로를 경계하듯 조심스럽게 대한다. • 때때로 서로 다른 차이점을 발견하고 혼란스러워 하지만 갈등으로 번지지는 않는다. • 팀이 어떤 일을 수행하고 그 속에서 자신의 역할과 책임이 무엇인지 궁금해 한다. • 팀원들의 리더에 대한 의존도가 높으며 리더가 어떤 생각을 가지고 있는지 궁금해 한다. • 팀의 생산성이 낮다.
혼돈기 **(Storming)**	• 의사결정과정에서 다양한 갈등과 분열이 일어난다. • 팀원 간의 경쟁이 심화되고 사이가 안 좋아지는 경우도 많다. • 의사결정이 늦어져 일 처리가 지연된다. • 리더의 리더십이나 팀 운영 방식에 대해 불만을 갖는 팀원이 생긴다. • 팀의 생산성이 (매우) 낮다.
규범기 **(Norming)**	• 의견 차이가 발생했을 때 서로 존중하고 더 나은 대안을 찾기 위해 노력한다. • 지속적으로 보다 생산적인 일 수행 방법이나 절차를 찾는다. • 팀의 성과를 본격적으로 기대할 수 있다.
성취기 **(Performing)**	• 기존의 성과에 만족하지 않고 더 높은 성과 창출을 목표로 한다. • 누군가의 지시가 없어도 팀원들이 각자 해야 할 일을 찾아 움직인다. • 팀원들이 서로 조화롭게 일을 수행한다. • 개방된 소통을 즐기며 서로에 대한 신뢰가 높다.

010 인간오류(Human Error)의 유형

1 심리적 원인에 의한 분류

Omisson Error	필요작업이나 절차를 수행하지 않아서 발생되는 에러
Timing Error	필요작업이나 절차의 수행 지연으로 발생되는 에러
Commisson Error	필요작업이나 절차의 불확실한 수행으로 발생되는 에러
Sequencial Error	필요작업이나 절차상 순서착오로 발생되는 에러
Extraneous Error	불필요한 작업 또는 절차를 수행하여 발생되는 에러

2 레벨에 의한 분류

Primary Error	작업자 자신의 잘못으로 발생된 에러
Secondary Error	작업조건의 문제로 발생된 에러로 적절한 실행을 하지 못해 발생된 에러
Command Error	필요한 자재, 정보, 에너지 등의 공급이 이루어지지 못해 발생된 에러

SECTION 12 작업환경 측정

001 산업위생

1 산업위생의 목적 달성을 위한 활동

(1) 메탄올은 메틸알코올 또는 목정으로 불리는 가장 간단한 형태의 알코올 화합물로 노출지표 검사로 분석한다.

(2) 노출기준과 작업환경 측정결과를 이용해 평가한다.

(3) 피토관을 이용해 국소배기장치 덕트의 속도압과 정압을 주기적으로 측정한다.

(4) 금속 흄(Fume) 등과 같이 열적으로 생기는 분진 등이 발생하는 작업장에서는 1급 이상의 방진마스크를 착용하게 한다.

(5) 인간공학적 평가도구인 OWAS를 활용해 작업자들에 대한 작업 자세를 평가한다

2 노출기준 산정기준

(1) TWA(Time Weighted Average) : 시간가중 평균농도

(2) STEL(Short Term Exposure Limits) : 단시간 노출농도

(3) Ceiling : 최고허용농도

(4) TLV : 천장값 노출기준 – 노출기준 상한치

1 소음, 진동 등

구분	미치는 영향	예방대책
소음	• 불쾌감, 정신피로, 청력장해 • 영구적 난청	• 소음발생기계, 기구의 격리 • 발생원 방음흡음시설 설치 • 귀마개, 귀덮개 등 보호구 착용
진동	• 국소진동이 가해지면 혈관 및 관절에 공진 형상을 일으켜 말초장해 유발 • 손가락 감각이상 • 두통 유발	• 진동흡수 장갑착용 • 공구 보수철저 • 작업시간 단축
자외선	• 피부 홍반현상, 색소침착, 피부암 • 용접 시 자외선은 각막결막염 유발 • 아크 용접 시 눈 및 피부 화상	• 방사선 발생원의 격리 • 포켓선량계로 피폭량 측정 • 피부보호의, 보호안경, 보호장갑, 안전모 착용
이상기압	• 질소가 고압에서 혈액에서 용해되었다가 감압 시 혈관과 조직에 기포형성 • 반신불수, 시력장해, 호흡곤란	• 수심에 따른 체재시간 한도 엄수 • 고령자, 결핵, 천식 질환자 작업배제

2 야간작업

(1) 인체영향

　① 뇌심혈관질환의 위험 증가

　② 생체리듬 불균형으로 수면장애 유발

　③ 소화성궤양, 유장관련질환 유발

　④ 유방암과의 관련으로 국제암연구소 지정 2A등급

(2) 예방

　① 교대근무일정의 재설계

　② 야간작업 중 수면시간 제공

　③ 심혈관질환자, 중추신경장해자 업무적합성 평가 실시

3 소음노출기준

	소음		충격소음	
노출기준	**1일 노출시간(hr)**	**소음강도 dB(A)**	**1일 노출회수**	**충격소음강도 dB(A)**
	8	90	100	140
	4	95	1,000	130
	2	100	10,000	120
	1	105	※ 최대 음압수준이 140dB(A)를 초과하는 충격소음에 노출되어서는 안 됨 ※ 충격소음이란 최대음압수준이 120dB(A) 이상인 소음이 1초 이상의 간격으로 발생되는 것을 말한다.	
	1/2	110		
	1/4	115		
	※ 115dB(A)를 초과하는 소음수준에 노출되어서는 안 됨			
특수건강 검진	• 강렬한 소음 : 배치 후 6개월 이내, 이후 12개월 주기마다 실시 • 소음 및 충격소음 : 배치 후 12개월 이내, 이후 24개월 주기마다 실시			
	1차 검사항목 • 직업력 및 노출력 조사 • 주요 표적기관과 관련된 병력조사 • 임상검사 및 진찰 이비인후 : 순음 청력검사(양측 기도), 정밀진찰(이경검사)		**2차 검사항목** • 임상검사 및 진찰 이비인후 : 순음 청력검사(양측 기도 및 골도), 중이검사(고막운동성검사)	
작업환경 측정	8시간 시간가중 평균 80dB 이상의 소음에 대해 작업환경측정 실시 (6개월마다 1회, 과거 최근 2회 연속 85dB 이하 시 연 1회)			

003 금속류 유해인자

1 금속류 구분

구분	미치는 영향	예방대책
유기 화합물	• 눈, 피부, 호흡기 점막 자극 • 어지러움, 두통, 피로, 졸음, 가슴통증 • 만성 시 감각기능 이상, 기억력저하, 신경계 장해	• 사용 이외에 밀봉 • 작업 종료 시 작업복 탈의 및 세안 • 방독마스크, 보호장갑, 보호복 착용
수은	• 식용부진, 두통, 정신장애 • 기억상실, 우울증	• 사용 이외에 밀봉 • 송기마스크, 방독마스크, 보호의, 불침투성 앞치마, 보호장갑, 보호장화 착용
4알킬연	• 중추신경계에 작용 • 간과 골수, 신장, 뇌 장해 유발 • 노출 수일 후 근육연축, 망상, 환상, 혈압저하, 맥박수 감소	• 누설유무 매일 점검 • 교대작업으로 노출시간 단축 • 송기마스크, 유기가스용 방독면, 보호장갑, 보호장화, 보호의 착용
카드뮴	• 만성적 노출 시 폐쇄성 호흡기 질환, 골격계, 심혈관 장해 • 기침, 가래, 콧물, 체중감소	• 작업복을 자주 교환 • 방진마스크, 보호장갑 착용
망간	수면장해, 행동이상, 발음부정확	호흡기질한자의 망간성분 노출직입장 업무 배제
니켈	폐암, 발한, 어지러움	환기, 호흡기질환자, 신경질환자 당해업무 배제

2 산 및 알칼리류

(1) 인체영향

   ① 심한 호흡기 자극으로 숨이 막히고 기침 유발

   ② 장기 노출 시 치아부식증 및 기관지 만성염증 유발

(2) 예방

   ① 방수처리 보호복, 고무장갑, 보호면 착용

   ② 보안경 착용

   ③ 마스크 착용

3 가스상 물질류

(1) 인체영향

① 호흡기 이외에도 피부, 경구적으로 침입해 신경장해, 피부염 유발
② 단기간 많은 양 노출 시 눈, 코, 목, 피부 자극

(2) 예방

① 화기 주의
② 방독마스크, 보호의, 보호장갑 착용
③ 작업 후 샤워 실시

4 허가대상물질

구분	미치는 영향	예방대책
석면	• 석면폐, 기침, 담 등 기관지염 • 폐암, 중피종	방진마스크, 보안경 착용
베릴륨	기관지염, 폐염, 접촉성 피부염	• 환기 • 호흡기질환, 신장염 환자는 업무 배제
비소	접촉성 피부염, 다발성 신경염	호흡기질환, 신장염 환자는 업무 배제

이 기준은 지방고용노동관서의 장이 산업안전보건법 제107조(유해인자 허용기준의 준수)에 따라 작업장 내 허용기준 대상 유해인자의 노출 농도가 허용기준 이하로 유지되고 있는지를 확인하여 행정처분의 근거로 사용하고자 할 때 적용한다.

1 분석기기

(1) 고성능 액체크로마토그래피

고성능 액체크로마토그래피(HPLC)는 끓는점이 높아 가스크로마토그래피를 적용하기 곤란한 고분자화합물이나 열에 불안정한 물질, 극성이 강한 물질들을 고정상과 액체이동상 사이의 물리화학적 반응성의 차이를 이용하여 서로 분리하는 분석기기로서, 허용기준 대상 유해인자 중 포름알데히드, 2,4-톨루엔디이소시아네이트 등의 정성 및 정량분석 방법에 작용한다.

① 검출기

HPLC에 사용되는 검출기로는 자외선-가시광선검출기(ultraviolet-visible detector), 굴절률검출기(refractive index detector), 전기화학검출기(electrochemical detector), 형광검출기(fluorescence detector), 전기전도도검출기(electrical conductivity detector), 질량분석계(mass spectrometer) 등 여러 종류가 있으나, 노출 농도 측정시료에 주로 사용하는 검출기는 자외선-가시광선검출기와 형광검출기이다.

㉠ 자외선-가시광선검출기

HPLC 검출기 중에서 가장 많이 사용되는 검출기로서 분석대상물질이 자외선-가시광선영역에서 흡수하는 에너지의 양을 측정하는 검출기이다. 광원에서 특정파장의 빛이 광로를 거쳐 검출기 셀 내의 시료에 투사되면 특정파장의 빛이 시료에 의해 흡수된다. 검출기에서는 이러한 빛의 흡수량을 전기적 신호로 나타내어 이 신호의 크기로써 시료의 정량분석이 이루어진다.

㉡ 형광검출기

분자는 외부로부터 에너지를 흡수하면 들뜬 상태(exciting state)로 되었다가 안정화되기 위해 에너지를 방출하면서 기저상태(ground state)로 돌아가려는 성질을 가지고 있는데, 이러한 과정에서 빛이나 열 또는 소리 등을 발생시킨다. 형광검출기는 이러한 에너지평형상태 중 형광을 발생하는 화합물을 특이적으로 검출하는 검출기로서 자외선-가시광선검출기와 같은 흡광도검출기에 비해 10~100배 이상의 좋은 감도를 가진다.

(2) 분광광도계

일반적으로 빛(백색광)이 물질에 닿으면 그 빛은 물질이 표면에서 반사, 물질의 표면에서 조금 들어간 후 반사, 물질에 흡수 또는 물질을 통과하는 빛으로 나누어지는데, 물질에 흡수되는 빛의 양(흡광도)은 그 물질의 농도에 따라 다르다. 분광광도계는 이와 같은 빛의 원리를 이용하여 일정한 파장에서 시료용액의 흡광도를 측정하여 그 파장에서 빛을 흡수하는 물질의 양을 정량하는 원리를 갖는 분석기기이다.

(3) 위상차현미경

위상차현미경은 표본에서 입자를 투과한 빛과 투과하지 않은 빛 사이에서 발생하는 미세한 위상의 차이를 진폭의 차이로 바꾸어 현미경 표본 내의 얇고 투명한 입자를 높은 명암비로 또렷하게 관찰할 수 있도록 고안된 광학현미경의 한 종류인 분석기기이다. 허용기준 대상 유해인자 가운데서도 석면의 공기 중 섬유농도 정량분석에 적용한다.

② 노출 농도 측정 및 분석 방법

(1) 니켈(불용성 무기화합물)

① 산업안전보건법 제107조에 따라 작업장 내 니켈[Ni, CAS No. 7440−02−0](불용성 무기화합물) 노출 농도의 허용기준 초과여부를 확인하기 위해 적용한다.

국문명	영문명	화학식	CAS No.
탄산니켈	Nickel carbonate	$NiCO_3$	235−715−9
수산화니켈	Nickel hydroxide	$Ni(OH)_2$	−
니켈(II)산화물	Nickel monoxide	NiO	−
황화니켈	Nickel sulphide	NiS	−
니켈황화물	Nickel subsulphide	Ni_3S_2	12035−72−2

② 막여과지(직경 : 37mm, 공극 : $0.8\mu m$, cellulose ester membrane)와 패드(backup pad)가 장착된 3단 카세트를 사용한다.

(2) 디메틸포름아미드

① 산업안전보건법 제107조에 따라 작업장 내 디메틸포름아미드[NHCO(CH3)2, CAS No. 68−12−2] 노출 농도의 허용기준 초과여부를 확인하기 위해 적용한다.

② 실리카겔관(silica gel 150mg/75mg, 또는 동등 이상의 흡착성능을 갖는 흡착튜브)을 사용한다.

(3) 벤젠

활성탄관(coconut shell charcoal, 길이 : 7cm, 외경 : 6mm, 내경 : 4mm, 앞층 : 100mg, 뒤층 : 50mg, 20/40mesh 또는 이와 동등성능 이상의 흡착성능을 갖는 흡착관)을 사용한다.

(4) 2 - 브로모프로판

활성탄관(coconut shell charcoal, 길이 : 7cm, 외경 : 6mm, 내경 : 4mm, 앞층 : 100mg, 뒤층 : 50mg, 20/40mesh 또는 이와 동등성능 이상의 흡착성능을 갖는 흡착관)을 사용한다.

(5) 석면

셀룰로오스 에스테르 막여과지(공극 : $0.45 \sim 1.2\mu m$, 직경 : 25mm)와 패드가 장착된 길이가 약 50mm의 전도성 카울(extension cowl)이 있는 3단 카세트(직경 25mm)를 사용한다.

(6) 6가 크롬화합물

PVC 여과지(직경 : 37mm, 공극 : $5.0\mu m$, polyvinyl chloride membrane)와 패드(backup pad)가 장착된 3단 카세트를 사용한다.

(7) 이황화탄소

건조관(길이 7cm, 외경 : 6mm. 내경 : 4mm, 270mg의 황산나트륨, 22℃의 상대습도 100%인 공기 6L를 완전 제습할 수 있는 성능을 가질 것)과 활성탄관(coconut shell charcoal, 길이 : 7cm, 외경 : 6mm, 내경 : 4mm, 앞층 : 100mg, 뒤층 : 50mg, 20/40mesh 또는 이와 동등성능 이상의 흡착성능을 갖는 흡착관)을 직렬로 연결하여 사용한다.

(8) 카드뮴 및 그 화합물

막여과지(직경 : 37mm, 공극 : $0.8\mu m$, cellulose ester membrane)와 패드(backup pad)가 장착된 3단 카세트를 사용한다.

(9) 2,4 - 톨루엔디이소시아네이트

1 - 2PP(1 - (2 - pryridyl)piperazine))이 코팅된 유리섬유여과지가 장착된 37mm 3단 카세트 홀더를 사용한다.

(10) 트리클로로에틸렌

활성탄관(coconut shell charcoal, 길이 : 7cm, 외경 : 6mm, 내경 : 4mm, 앞층 : 100mg, 뒤층 : 50mg, 20/40mesh 또는 이와 동등성능 이상의 흡착성능을 갖는 흡착관)을 사용한다.

(11) 포름알데히드

2,4 - 디니트로페닐히드라진(2,4 - DNPH, 2,4 - dinitrophenylhydrazine)이 코팅된 실리카겔관(60/100mesh) 또는 카트리지를 사용한다.

(12) 노말헥산

활성탄관(coconut shell charcoal, 길이 : 7cm, 외경 : 6mm, 내경 : 4mm, 앞층 : 100mg, 뒤층 : 50mg, 20/40mesh 또는 이와 동등성능 이상의 흡착성능을 갖는 흡착관)을 사용한다.

005 건강진단결과표 작성 항목

1 작성 항목

(1) 일반건강진단의 경우

　① 시행규칙 별지 제84호의 서식 중 "근로자 건강진단 사후관리 소견서"에서 '사업장명', '실시기간', '공정(부서)', '성명', '성별', '나이', '근속연수', '건강구분', '검진소견', '사후관리소견', '업무수행 적합여부'를 작성한다.

　② '검진소견', '사후관리소견', '업무수행 적합여부'는 C 판정자 이상에 대하여 기재하며, U 판정자는 작성 가능한 항목만 기재한다.

(2) 특수 · 배치 전 · 수시 · 임시건강진단의 경우

　① 시행규칙 별지 제85호의 서식 중 "근로자 건강 · 진단 사후관리 소견서"에서 '사업장명', '실시기간', '공정(부서)', '성명', '성별', '나이', '근속연수', '유해인자', '생물학적 노출지표(참고치)', '건강구분', '검진소견', '사후관리소견', '업무수행 적합여부'를 작성한다.

　② '검진소견', '사후관리소견', '업무수행 적합여부'는 C 판정자 이상에 대하여 기재하며, U 판정자는 작성 가능한 항목만 기재한다.

　③ '생물학적 노출지표(참고치)'는 해당 근로자만 기재한다.

(3) 일반건강진단을 「국민건강보험법」에 의한 건강검진으로 갈음하는 경우 및 그 외 규칙 제196조제1항에서 제6항에 해당하는 건강진단으로 갈음하는 경우

　일반건강진단의 경우와 동일하다.

(4) 특수건강진단을 「원자력법」에 따른 건강진단(방사선), 「진폐의 예방과 진폐근로의 보호 등에 관한 법률」에 따른 정기 건강진단(광물성 분진), 「진단용 방사선 발생장치의 안전관리 규칙」에 따른 건강진단(방사선) 및 그 외 규칙 제200조제1항에서 제4항에 해당하는 건강진단으로 갈음하는 경우

　특수 · 배치 전 · 수시 · 임시건강진단의 경우와 동일하다.

006 호흡용 보호구의 분류

1 분류

호흡용 보호구는 크게 공기정화식과 공기공급식으로 구분된다.

(1) 공기정화식

① 오염공기가 여과재 또는 정화통을 통과한 뒤 호흡기로 흡입되기 전에 오염물질을 제거하는 방식

② 가격이 저렴하며 사용이 간편하여 널리 사용되지만 산소농도가 18% 미만인 장소나 유해비(공기 중 오염물질의 농도/노출기준)가 높은 경우에는 사용할 수 없으며, 또한 단기간(30분) 노출되었을 시 사망 또는 회복 불가능한 상태를 초래할 수 있는 농도 이상에서는 사용할 수 없다.

(2) 공기공급식

① 공기공급관, 공기 호스 또는 자급식 공기원을 가진 호흡용 보호구로부터 유해공기를 분리하여 신선한 호흡용 공기만을 공급하는 방식이다.

② 외부로부터 신선한 공기를 공급받은 경우이므로 가격이 비싸지만 산소농도가 18% 미만인 장소나 유해비가 높은 경우에 사용이 권장된다.

2 공기정화식 보호구의 종류

공기정화식 보호구는 호흡을 위하여 착용자 본인의 폐력을 이용한 방식(수동식)과 전동기를 이용한 방식으로 구분된다.

(1) 수동식

가격이 저렴하기 때문에 방진마스크 및 방독마스크의 대다수를 차지하고 있다. 하지만 폐력의 힘을 이용하므로 호흡이 힘들어지고 안면부 내에 음압이 형성되므로 얼굴과 안면부 내 누설이 되지 않도록 꽉 조여야 함에 따라 착용성 불편을 호소하는 경우가 있다.

(2) 전동식

가격이 비싸지만 본인의 폐력을 이용하지 않으므로 호흡이 용이하고 수동식보다 높은 농도의 오염공기 상태에서도 사용이 가능하며 안면부 내에 양압이 형성되어 후드 등 다양한 형태의 안면부를 사용할 수 있어 착용감이 좋다.

③ 사용 및 관리방법

(1) 방진마스크

  ① 선정기준

      ㉠ 분진포집효율이 높고 흡기 · 배기저항은 낮은 것

      ㉡ 가볍고 시야가 넓은 것

      ㉢ 안면 밀착성이 좋아 기밀이 잘 유지되는 것

      ㉣ 마스크 내부에 호흡에 의한 습기가 발생하지 않는 것

      ㉤ 안면 접촉부위가 땀을 흡수할 수 있는 재질을 사용한 것

      ㉥ 작업내용에 적합한 방진마스크의 종류를 선정

  ② 사용 및 관리방법

      ㉠ 작업 시 항상 착용토록 하고 사용 전에 배기밸브, 흡기밸브의 기능과 공기누설 여부 등을 점검한다.

      ㉡ 안면부를 얼굴에 밀착한다.

      ㉢ 여과재는 건조한 상태에서 사용한다.

      ㉣ 필터는 수시로 분진을 제거하여 사용하고 필터가 습하거나 흡 · 배기저항이 클 때는 교체한다.

      ㉤ 알레르기성 습진 발생 시 세안 후 붕산수를 도포한다.

      ㉥ 흡기밸브, 배기밸브는 청결하게 유지, 안면부를 손질 시에는 중성세제를 사용한다.

      ㉦ 용접 흄이나 미스트가 발생하는 장소에서는 분진포집효율이 높은 흄용 방진마스크를 사용한다.

      ㉧ 고무 등의 부분은 기름이나 유기용제에 약하므로 접촉을 피하고 자외선에도 약하므로 직사광선을 피한다.

      ㉨ 사업주는 방진마스크 사용 전 근로자에게 충분한 교육 · 훈련을 실시한다.

      ㉩ 방진마스크는 밀착성이 요구되므로 다음과 같이 착용하면 안 된다(다만, 방진마스크의 착용으로 피부에 습진 등을 일으킬 우려가 있는 경우는 예외).

        • 수건 등을 대고 그 위에 방진마스크를 착용하는 경우

        • 면체의 접안부에 접안용 헝겊을 사용하는 경우

      ㉪ 다음의 경우에는 방진마스크의 부품을 교환하거나 마스크를 폐기한다.

        • 여과재의 뒷면이 변색되거나, 근로자가 호흡 시 이상한 냄새를 느끼는 경우

        • 여과재의 수축, 파손, 현저한 변형이 발생한 경우와 흡기저항의 현저한 상승 또는 분진포집효율의 저하가 인정된 경우

        • 면체, 흡기밸브, 배기밸브 등의 파손, 균열 또는 현저한 변형 등이 있는 경우

        • 머리끈의 탄력력이 떨어지는 등 신축성의 상태가 불량하다고 인정된 경우

        • 기타 방진마스크를 사용하기 곤란한 경우

(2) 방독마스크

① 선정기준

㉠ 사용대상 유해물질을 제독할 수 있는 정화통을 선정한다.

㉡ 산소농도 18% 미만인 산소결핍 장소에서의 사용을 금지한다.

㉢ 파과시간이 긴 것을 선정한다.

㉣ 그 외의 것은 방진마스크 선정기준을 따른다.

② 사용 및 관리방법

㉠ 정화통의 파과시간을 준수한다.

※ 파과시간 : 정화통 내의 정화제가 제독능력을 상실하여 유해가스를 그대로 통과시키기까지의 시간을 말한다. 파과시간은 제조회사마다 정화통에 표시되어 있으므로 사용 시마다 사용기간 기록카드에 기록하여 남은 유효시간이 작업시간에 맞게 충분히 남아 있는 시점에 확인한다.

㉡ 대상물질의 농도에 적합한 형식을 선택한다.

㉢ 다음의 경우에는 송기마스크를 사용한다.

• 유해물질의 종류, 농도 불분명한 장소

• 작업강도가 매우 큰 작업

• 산소결핍의 우려가 있는 장소

㉣ 사용 전에 흡·배기 상태, 유효시간, 가스종류와 농도, 정화통의 적합성 등을 점검한다.

㉤ 정화통의 유효시간이 불분명시에는 새로운 정화통으로 교체한다.

㉥ 정화통은 여유 있게 확보한다.

㉦ 그 외의 것은 방진마스크 사용방법을 따른다.

(3) 송기마스크

(1) 선정기준

㉠ 격리된 장소, 행동반경이 크거나 공기의 공급장소가 멀리 떨어진 경우에는 공기호흡기를 지급하며 이때는 기능을 확실히 체크해야 한다.

㉡ 인근에 오염된 공기가 있거나 위험도가 높은 장소에서는 폐력흡인형이나 수동형은 적합하지 않다.

㉢ 화재폭발이 발생할 우려가 있는 위험지역 내에서 사용해야 할 경우에 전기 기기는 방폭형을 사용한다.

(2) 사용 및 관리방법

㉠ 신선한 공기의 공급

압축공기관 내 기름 제거용으로 활성탄을 사용하고 그 밖에 분진, 유독가스를 제거하기 위한 여과장치를 설치한다. 송풍기는 산소농도가 18% 이상이고 유해가스나 악취 등이 없는 장소에 설치한다.

ⓛ 폐력흡인형 호스마스크는 안면부 내에 음압되어 흡기, 배기밸브를 통해 누설되어 유해물질이 침입할 우려가 있으므로 위험도가 높은 장소에서의 사용을 피한다.

ⓒ 수동 송풍기형은 장시간 작업 시 2명 이상 교대하면서 작업한다.

ⓔ 공급되는 공기의 압력을 $1.75kg/cm^2$ 이하로 조절하며, 여러 사람이 동시에 사용할 경우에는 압력조절에 유의한다.

ⓜ 전동송풍기형 호스마스크는 장시간 사용할 때 여과재의 통기저항이 증가하므로 여과재를 정기적으로 점검하여 청소 또는 교환해 준다.

ⓑ 동력을 이용하여 공기를 공급하는 경우에는 전원이 차단될 것을 대비하여 비상전원에서 연결하고 그것을 제3자가 손대지 못하도록 표시한다.

ⓢ 공기호흡기 또는 개방식인 경우에는 실린더 내의 공기 잔량을 점검하여 그에 맞게 대처한다.

ⓞ 작업 중 다음과 같은 이상상태가 감지될 경우에는 즉시 대피한다.
  • 송풍량의 감소
  • 가스냄새 또는 기름냄새 발생
  • 기타 이상상태라고 감지할 때

ⓩ 송기마스크의 보수 및 유지관리 방법은 다음과 같다.
  • 안면부, 연결관 등의 부품이 열화된 경우에는 새것으로 교환
  • 호스에 변형, 파열, 비틀림 등이 있는 경우에는 새것으로 교환
  • 산소통 또는 공기통 사용 시에는 잔량을 확인하여 사용시간을 기록·관리
  • 사용 전에 관리감독자가 점검하고 1개월에 1회 이상 정기점검 및 정비를 하여 항상 사용할 수 있도록 한다.

④ 가연성 기체 연소범위

가연성 기체	하한계	상한계	가연성 기체	하한계	상한계
수소(H_2)	4	75	메탄(CH_4)	5	15
일산화탄소(CO)	12.5	74	에탄(C_2H_6)	3	12.4
아세틸렌(C_2H_2)	2.5	81	프로판(C_3H_8)	2.1	9.5
에틸렌(C_2H_4)	2.7	36	부탄(C_4H_{10})	1.86	8.41
벤젠(C_6H_6)	1.3	7.9	헵탄(C_7H_{16})	1.05	6.7

007 작업환경측정

1 개요

작업환경 실태를 파악하기 위하여 해당 근로자 또는 작업장에 대하여 사업주가 유해인자에 대한 측정계획을 수립한 후 시료를 채취하고 분석 · 평가하는 것을 말한다.

2 작업환경측정의 목적

근로자가 호흡하는 공기 중의 유해물질 종류 및 농도를 파악하고 해당 작업장에서 일하는 동안 건강장해가 유발될 가능성 여부를 평가하며 작업환경 개선의 필요성 여부를 판단하는 기준이 된다.

3 작업환경 측정방법

(1) 측정 전 예비조사 실시
(2) 작업이 정상적으로 이루어져 작업시간과 유해인자에 대한 근로자의 노출 정도를 정확히 평가할 수 있을 때 실시
(3) 모든 측정은 개인시료채취방법으로 하되, 개인시료채취방법이 곤란한 경우에는 지역시료채취방법으로 실시

4 작업환경측정 절차

(1) 작업환경측정유해인자 확인(취급공정 파악)
(2) 작업환경측정 기관에 의뢰
(3) 작업환경측정 실시(유해인자별 측정)
(4) 지방고용노동관서에 결과보고(측정기관에서 전산송부)
(5) 측정결과에 따른 대책수립 및 서류 보존(5년간 보존. 단, 고용노동부 고시물질 측정결과는 30년간 보존)

5 작업환경측정대상

상시근로자 1인 이상 사업장으로서 측정대상 유해인자 192종에 노출되는 근로자

[측정대상물질(192종)]

구분	대상물질	종류	비고
화학적 인자	유기화합물	114	중량비율 1% 이상 함유한 혼합물
	금속류	24	중량비율 1% 이상 함유한 혼합물
	산 및 알칼리류	17	중량비율 1% 이상 함유한 혼합물
	가스상태 물질류	15	중량비율 1% 이상 함유한 혼합물
	허가대상 유해물질	12	• 1)~4) 및 6)부터 12)까지 중량비율 1% 이상 함유한 혼합물 • 5)의 물질을 중량비율 0.5% 이상 함유한 혼합물
	금속가공유	1	
물리적 인자	소음, 고열	2	• 8시간 시간가중평균 80dB 이상의 소음 • 안전보건규칙 제558조에 따른 고열
분진	광물성, 곡물, 면, 나무, 용접흄, 유리섬유, 석면	7	
합계		192	

※ 「산업안전보건법 시행규칙」 별표 21 참고

6 면제대상

(1) 임시작업

일시적으로 행하는 작업 중 월 24시간 미만인 작업. 단, 월 10시간 이상 24시간 미만이라도 매월 행하여지는 경우는 측정대상임

(2) 단시간 작업

관리대상 유해물질 취급에 소요되는 시간이 1일 1시간 미만인 작업. 단, 1일 1시간 미만인 작업이 매일 행하여지는 경우는 측정대상임

(3) 다음에 해당되는 사업장

관리대상 유해물질의 허용소비량을 초과하지 않는 작업장(보건규칙 제421조)

(4) 적용제외대상

관리대상 유해물질의 허용소비량을 초과하지 않는 작업장(보건규칙 제421조)

① 사업주가 관리대상 유해물질의 취급업무에 근로자를 종사하도록 하는 경우로서 작업시간 1시간을 소비하는 관리대상유해물질의 양이 작업장 공기의 부피를 15로 나눈 양 이하인 경우에는 이 장의 규정을 적용하지 아니한다. 다만, 유기화합물 취급 특별장소, 특별관리물질 취급장소, 지하실 내부, 그 밖에 환기가 불충분한 실내작업장인 경우에는 그러하지 아니한다.

② 제1항 본문에 따른 작업장 공기의 부피는 바닥에서 4미터가 넘는 높이에 있는 공간을 제외한 세제곱미터를 단위로 하는 실내작업장의 공간부피를 말한다. 다만, 공기의 부피가 150세제곱미터를 초과하는 경우에는 150세제곱미터를 그 공기의 부피로 한다.

７ 측정방법

(1) 시료채취의 위치

구분	내용
개인시료 채취방법	측정기기의 공기유입부위가 작업근로자의 호흡기 위치에 오도록 한다.
지역시료 채취방법	유해물질 발생원에 근접한 위치 또는 작업근로자의 주 작업행동 범위 내의 작업근로자 호흡기 높이에 오도록 한다.
검지관 방식	작업근로자의 호흡기 및 발생원에 근접한 위치 또는 근로자 작업행동 범위의 주 작업위치에서의 근로자 호흡기 높이에서 측정한다.

(2) 시료채취 근로자수

① 단위작업장소에서 최고 노출근로자 2명 이상에 대하여 동시에 측정하되, 단위작업장소에 근로자가 1명인 경우에는 그러하지 아니하며, 동일 작업근로자 수가 10명을 초과하는 경우에는 매 5명당 1명(1개 지점) 이상 추가하여 측정한다. 다만, 동일 작업근로자 수가 100명을 초과하는 경우에는 최대 시료채취 근로자 수를 20명으로 조정할 수 있다.

② 지역시료채취방법에 따른 측정시료의 개수는 단위작업장소에서 2개 이상에 대하여 동시에 측정한나. 다만, 단위작업장소의 넓이가 50평방미터 이상인 경우에는 매 30평방미터마다 1개 지점 이상을 추가로 측정한다.

(3) 측정 후 조치사항

① 사업주는 측정을 완료한 날로부터 30일 이내에 측정결과보고서를 해당 관할 지방노동청에 제출한다.(측정대행 시 해당 기관에서 제출)

② 사업주는 측정, 평가 결과에 따라 시설·설비 개선 등 적절한 조치를 취한다.

③ 작업환경측정결과를 해당 작업장 근로자에게 알려야 한다.(게시판 게시 등)

(4) 근로자 입회 및 설명회

① 작업환경측정 시 근로자 대표의 요구가 있을 경우 입회

② 산업안전보건위원회 또는 근로자 대표의 요구가 있는 경우 직접 또는 작업환경측정을 실시한 기관으로 하여금 작업환경측정결과에 대한 설명회 개최

③ 작업환경측정결과에 따라 근로자의 건강을 보호하기 위하여 당해 시설 및 설비의 설치 또는 개선 등 적절히 조치

④ 작업환경측정결과는 사업장 내 게시판 부착, 사보 게재, 자체 정례 조회 시 집합교육, 기타 근로자들이 알 수 있는 방법으로 근로자들에게 통보
⑤ 산업안전보건위원회 또는 근로자 대표의 요구 시에는 측정결과를 통보받은 날로부터 10일 이내에 설명회를 개최

⑧ 측정주기

구분	측정주기
신규공정 가동 시	30일 이내 실시 후 매 6개월에 1회 이상
정기적 측정주기	6개월에 1회 이상
발암성물질, 화학물질 노출기준 2배 이상 초과	3개월에 1회 이상
1년간 공정변경이 없고 최근 2회 측정결과가 노출기준 미만인 경우(발암성물질 제외)	1년 1회 이상

※ 작업장 또는 작업환경이 신규로 가동되거나 변경되는 등 작업환경측정대상이 된 경우에 반드시 작업환경측정을 실시하여야 한다.

⑨ 서류보존기간

5년(발암성물질은 30년)
※ 발암성 확인물질 : 허가대상유해물질, 관리대상유해물질 중 특별관리물질

⑩ 측정자의 자격

(1) 산업위생관리기사 이상 자격소지자
(2) 고용노동부 지정 측정기관

⑪ 기타사항

법적 노출기준이 초과된 경우에는 60일 이내에 작업공정이 개선을 증명할 수 있는 서류 또는 개선계획을 관할 지방노동관서에 제출하여야 한다.

PART

04

과년도
기출문제

1과목 산업안전보건법령

01 산업안전보건법령상 산업재해발생건수 등의 공표대상 사업장에 해당하지 않는 것은?

① 산업재해로 인한 사망자가 연간 2명 이상 발생한 사업장
② 사망만인율(死亡萬人率)이 규모별 같은 업종의 평균 사망만인율 이상인 사업장
③ 중대산업사고가 발생한 사업장
④ 사업주가 산업재해 발생 사실을 은폐한 사업장
⑤ 사업주가 산업재해 발생에 관한 보고를 최근 3년 이내 1회 이상 하지 않은 사업장

●해설

공표대상 사업장
1. 중대재해가 발생한 사업장으로서 해당 중대재해 발생 연도의 연간 산업재해율이 규모별 같은 업종의 평균 재해율 이상인 사업장
2. 산업재해로 인한 사망자가 연간 2명 이상 발생한 사업장
3. 사망만인율이 규모별 같은 업종의 평균 사망만인율 이상인 사업장
4. 산업재해의 발생에 관한 보고를 최근 3년 이내 2회 이상 하지 않은 사업장
5. 중대산업사고가 발생한 사업장

02 산업안전보건법령상 상시근로자 100명인 사업장에 안전보건관리책임자를 두어야 하는 사업을 모두 고른 것은?

> ㄱ. 식료품 제조업, 음료 제조업
> ㄴ. 1차 금속 제조업
> ㄷ. 농업
> ㄹ. 금융 및 보험업

① ㄱ, ㄴ
② ㄴ, ㄷ
③ ㄷ, ㄹ
④ ㄱ, ㄴ, ㄹ
⑤ ㄱ, ㄴ, ㄷ, ㄹ

◉ ANSWER | 01 ⑤ 02 ①

안전보건관리책임자를 두어야 하는 기준

사업의 종류	규모
1. 토사석 광업 2. 식료품 제조업, 음료 제조업 3. 목재 및 나무제품 제조업 : 가구 제외 4. 펄프, 종이 및 종이제품 제조업 5. 코크스, 연탄 및 석유정제품 제조업 6. 화학물질 및 화학제품 제조업 : 의약품 제외 7. 의료용 물질 및 의약품 제조업 8. 고무제품 및 플라스틱제품 제조업 9. 비금속 광물제품 제조업 10. 1차 금속 제조업 11. 금속가공제품 제조업 : 기계 및 가구 제외 12. 전자부품, 컴퓨터, 영상, 음향 및 통신장비 제조업 13. 의료, 정밀, 광학기기 및 시계 제조업 14. 전기장비제조업 15. 기타 기계 및 장비 제조업 16. 자동차 및 트레일러 제조업 17. 기타 운송장비 제조업 18. 가구 제조업 19. 기타 제품 제조업 20. 서적, 잡지 및 기타 인쇄물 출판업 21. 금속 및 비금속 원료 재생업 22. 자동차 종합 수리업, 자동차 전문 수리업	상시근로자 50명 이상
23. 농협 24. 어업 25. 소프트웨어 개발 및 공급업 26. 컴퓨터프로그래밍, 시스템 통합 및 관리업 27. 정보서비스업 28. 금융 및 보험업 29. 임대업 : 부동산 제외 30. 전문, 과학 및 기술 서비스업(연구개발업은 제외한다) 31. 사업지원 서비스업 32. 사회복지 서비스업	상시근로자 300명 이상
33. 건설업	공사금액 20억 원 이상
34. 제1호부터 제33호까지의 사업을 제외한 사업	상시근로자 100명 이상

03 산업안전보건법령상 사업주가 소속 근로자에게 정기적인 안전보건교육을 실시하여야 하는 사업에 해당하는 것은?(단, 다른 감면조건은 고려하지 않음)

① 소프트웨어 개발 및 공급업
② 금융 및 보험업
③ 사업지원 서비스업
④ 사회복지 서비스업
⑤ 사진처리업

해설

산업안전보건교육 관련 법의 일부를 적용하지 아니하는 사업 및 규정

대상 사업	적용 제외 규정
1. 다음 각 목의 어느 하나에 해당하는 사업 가. 「광산안전법」 적용 사업(광업 중 광물의 채광 · 채굴 · 선광 또는 제련 등의 공정으로 한정하며, 제조공정은 제외한다) 나. 「원자력안전법」 적용 사업(발전업 중 원자력 발전설비를 이용하여 전기를 생산하는 사업장으로 한정한다) 다. 「항공안전법」 적용 사업(항공기, 우주선 및 부품 제조업과 창고 및 운송관련 서비스업, 여행사 및 기타 여행보조 서비스업 중 항공 관련 산업은 각각 제외한다) 라. 「선박안전법」 적용 사업(선박 및 보트 건조업은 제외한다)	법 제13조, 제14조, 제15조, 제15조의2, 제15조의3, 제16조의2, 제18조, 제19조, 제3장, 제23조, 제26조(보건에 관한 사항은 제외한다), 제28조, 제29조제1항부터 제8항까지, 제29조제10항, 제29조의2, 제30조, 제31조(보건에 관한 사항은 제외한다), 제31조의2, 제34조의5, 제36조의4, 제39조, 제39조의2
2. 다음 각 목의 어느 하나에 해당하는 사업 가. 소프트웨어 개발 및 공급업 나. 컴퓨터 프로그래밍, 시스템 통합 및 관리업 다. 정보서비스업 라. 금융 및 보험업 마. 전문서비스업 바. 건축기술, 엔지니어링 및 기타 과학기술 서비스업 사. 기타전문, 과학 및 기술 서비스업(사진 처리업은 제외한다) 아. 사업지원 서비스업 자. 사회복지 서비스업	법 제31조(같은 조 제3항에 따른 특별교육은 제외한다)
3. 다음 각 목의 어느 하나에 해당하는 사업으로서 상시 근로자 50명 미만을 사용하는 사업장 가. 농업 나. 어업 다. 환경 정화 및 복원업 라. 소매업 : 자동차 제외 마. 영화, 비디오물, 방송프로그램 제작 및 배급업 바. 녹음시설운영업 사. 방송업 아. 부동산업(부동산 관리업은 제외한다) 자. 임대업 : 부동산 제외 차. 연구개발업 카. 보건업(병원은 제외한다) 타. 예술, 스포츠 및 여가관련 서비스업 파. 협외 및 단체 하. 기타 개인 서비스업(세탁업은 제외한다)	
4. 다음 각 목의 어느 하나에 해당하는 사업 가. 공공행정, 국방 및 사회보장 행정 나. 교육 서비스업(청소년 수련시설 운영업은 제외한다) 다. 국제 및 외국기관	법 제2장, 제3장, 제29조제1항부터 제8항까지, 제29조제10항, 제31조, 제31조의2, 제32조, 제32조의2, 제32조의3
5. 사무직에 종사하는 근로자만을 사용하는 사업장(사업장이 분리된 경우로서 사무직에 종사하는 근로자만을 사용하는 사업장을 포함한다)	
6. 상시근로자 5명 미만을 사용하는 사업장	법 제2장, 제3장, 제31조(같은 조 제3항에 따른 특별교육은 제외한다), 제31조의2, 제32조, 제32조의2, 제32조의3, 제49조, 제50조, 제51조의2

비고 : 제1호부터 제6호까지의 사업에 둘 이상 해당하는 사업의 경우에는 각각의 호에 따라 적용이 제외되는 규정은 모두 적용하지 아니한다.

⊙ **ANSWER** | 03 ⑤

04 산업안전보건법령상 안전관리전문기관에 대하여 6개월 이내의 기간을 정하여 업무정지명령을 할 수 있는 사유에 해당하지 않는 것은?

① 지정받은 사항을 위반하여 업무를 수행한 경우
② 거짓이나 그 밖의 부정한 방법으로 지정을 받은 경우
③ 정당한 사유 없이 안전관리 또는 보건관리 업무의 수락을 거부한 경우
④ 안전관리 또는 보건관리 업무와 관련된 비치서류를 보존하지 않은 경우
⑤ 안전관리 또는 보건관리 업무 수행과 관련한 대가 외에 금품을 받은 경우

● 해설

고용노동부장관은 안전관리전문기관 또는 보건관리전문기관이 다음 각 호의 하나에 해당할 때에는 그 지정을 취소하거나 6개월 이내의 기간을 정하여 그 업무의 정지를 명할 수 있다. 다만, 제1호 또는 제2호에 해당할 때에는 그 지정을 취소하여야 한다.
1. 거짓이나 그 밖의 부정한 방법으로 지정받은 경우
2. 업무정지 기간 중 업무를 수행한 경우
3. 지정 요건을 충족하지 못한 경우
4. 지정받은 사항을 위반하여 업무를 수행한 경우
5. 그 밖에 대통령령으로 정하는 사유에 해당하는 경우

05 산업안전보건법령상 건설업체의 산업재해발생률 산출 계산식상 사업주의 법 위반으로 인한 것이 아니라고 인정되는 재해에 의한 사고사망자로서 '사고사망자 수' 산정에서 제외되는 경우를 모두 고른 것은?

ㄱ. 방화, 근로자 간 또는 타인 간의 폭행에 의한 경우
ㄴ. 태풍 등 천재지변에 의한 불가항력적인 재해의 경우
ㄷ. 「도로교통법」에 따라 도로에서 발생한 교통사고로서 해당 공사의 공사용 차량·정비에 의한 사고에 의한 경우
ㄹ. 야유회 중의 사고 등 건설작업과 직접 관련이 없는 경우

① ㄱ, ㄷ
② ㄴ, ㄹ
③ ㄱ, ㄴ, ㄷ
④ ㄱ, ㄴ, ㄹ
⑤ ㄱ, ㄴ, ㄷ, ㄹ

● 해설

사고사망자 수 산정 제외대상
1. 방화, 근로자 간 또는 타인 간의 폭행에 의한 경우
2. 「도로교통법」에 따라 도로에서 발생한 교통사고에 의한 경우(해당 공사의 공사용 차량, 장비에 의한 사고는 제외한다)
3. 태풍, 홍수, 지진, 눈사태 등 천재지변에 의한 불가항력적인 재해의 경우
4. 야유회 중의 사고 등 건설작업과 직접 관련이 없는 경우

⊙ ANSWER | 04 ② 05 ④

06 산업안전보건법령상 도급인의 안전조치 및 보건조치에 관한 설명으로 옳은 것은?

① 건설업의 도급인은 작업장의 정기 안전·보건점검을 분기에 1회 이상 실시하여야 한다.

② 토사석 광업의 도급인은 3일에 1회 이상 작업장 순회점검을 실시하여야 한다.

③ 안전 및 보건에 관한 협의체는 도급인 및 그의 수급인 전원으로 구성해야 한다.

④ 안전 및 보건에 관한 협의체는 분기별 1회 이상 정기적으로 회의를 개최하고 그 결과를 기록·보존해야 한다.

⑤ 관계수급인의 공사금액을 포함한 해당 공사의 총공사금액이 10억 원 이상인 건설업은 안전보건총괄책임자 지정 대상사업에 해당한다.

해설

1. 도급사업 안전보건 협의체
   1) 구성 및 운영
      - 구성인원 : 도급인 및 수급인 전원
      - 운영 : 매월 1회 이상 정기적으로 회의를 개최하고 그 결과를 기록, 보존
   2) 협의사항
      - 작업의 시작시간
      - 작업 또는 작업장 간의 연락방법
      - 재해발생 위험이 있는 경우 대피방법
      - 위험성평가의 실시에 관한 사항
      - 사업주와 수급인 또는 수급인 상호 간의 연락방법 및 작업공정의 조정
2. 작업장 순회점검
   1) 2일에 1회 이상 실시사업
      - 건설업
      - 제조업
      - 토사석 광업
      - 서적, 잡지 및 기타 인쇄물 출판업
      - 음악 및 기타 오디오물 출판업
      - 금속 및 비금속 원료 재생업
   2) 1주일에 1회 이상 실시사업
      1)의 사업을 제외한 사업

07 산업안전보건법령상 안전보건관리규정의 세부 내용 중 작업장 안전관리에 관한 사항에 해당하지 않는 것은?

① 안전·보건관리에 관한 계획의 수립 및 시행에 관한 사항

② 기계·기구 및 설비의 방호조치에 관한 사항

③ 보호구의 지급 등에 관한 사항

④ 위험물질의 보관 및 출입 제한에 관한 사항

⑤ 안전표시·안전수칙의 종류 및 게시에 관한 사항

⊙ **ANSWER** | 06 ③ 07 ④

1. 안전 · 보건관리규정 중 작업장 안전관리에 관한 사항
2. 안전 · 보건관리에 관한 계획의 수립 및 시행에 관한 사항
3. 기계 · 기구 및 설비의 방호조치에 관한 사항
4. 보호구의 지급 등에 관한 사항
5. 안전표시 · 안전수칙의 종류 및 게시에 관한 사항

08 산업안전보건법 제58조(유해한 작업의 도급금지) 규정의 일부이다. (   )에 들어갈 숫자로 옳은 것은?

> 제58조(유해한 작업의 도급금지) ①~④ 〈생략〉
> ⑤ 고용노동부장관은 제4항에 따른 유효기간이 만료되는 경우에 사업주가 유효기간의 연장을 신청하면 승인의 유효기간이 만료되는 날의 다음날부터 (   )년의 범위에서 고용노동부령으로 정하는 바에 따라 그 기간의 연장을 승인할 수 있다. 〈이하 생략〉

① 1   ② 2
③ 3   ④ 4
⑤ 5

유해한 작업의 도급에 따른 유효기간이 만료되는 경우에 사업주가 유효기간의 연장을 신청하면 승인의 유효기간이 만료되는 날의 다음날부터 3년의 범위에서 고용노동부령으로 정하는 바에 따라 그 기간의 연장을 승인할 수 있다.

09 산업안전보건법령상 타워크레인 설치 · 해체업의 등록 등에 관한 설명으로 옳지 않은 것은?

① 타워크레인 설치 · 해체업을 등록한 자가 등록한 사항 중 업체의 소재지를 변경할 때에는 변경등록을 하여야 한다.
② 타워크레인을 설치하거나 해체하려는 자가 「국가기술자격법」에 따른 비계기능사의 자격을 가진 사람 3명을 보유하였다면, 타워크레인 설치 · 해체업을 등록할 수 있다.
③ 송수신기는 타워크레인 설치 · 해체업의 장비기준에 포함된다.
④ 타워크레인 설치 · 해체업을 등록하려는 자는 설치 · 해체업 등록신청서에 관련 서류를 첨부하여 주된 사무소의 소재지를 관할하는 지방고용노동관서의 장에게 제출해야 한다.
⑤ 타워크레인 설치 · 해체업의 등록이 취소된 자는 등록이 취소된 날부터 2년 이내에는 타워크레인 설치 · 해체업으로 등록받을 수 없다.

타워크레인 설치 · 해체업 인력기준
다음 각 목의 어느 하나에 해당하는 사람 4명 이상을 보유할 것
가. 「국가기술자격법」에 따른 판금제관기능사 또는 비계기능사의 자격을 가진 사람
나. 법에 따라 지정된 타워크레인 설치 · 해체작업 교육기관에서 지정된 교육을 이수하고 수료시험에 합격한 사람으

로서 합격 후 5년이 지나지 않은 사람

다. 법에 따라 지정된 타워크레인 설치·해체작업 교육기관에서 보수교육을 이수한 후 5년이 지나지 않은 사람

10 산업안전보건법령상 안전검사를 면제할 수 있는 경우에 해당하지 않는 것은?

① 「방위사업법」 제28조제1항에 따른 품질보증을 받은 경우
② 「선박안전법」 제8조부터 제12조까지의 규정에 따른 검사를 받은 경우
③ 「에너지이용 합리화법」 제39조제4항에 따른 검사를 받은 경우
④ 「항만법」 제26조제1항제3호에 따른 검사를 받은 경우
⑤ 「화학물질관리법」 제24조제3항 본문에 따른 정기검사를 받은 경우

해설

안전검사 면제대상

- 「건설기계 관리법」 제13조제1항제1호, 제2호 및 제4호에 따른 검사를 받은 경우(안전검사 주기에 해당하는 시기의 검사로 한정)
- 「고압가스 안전관리법」 제17조제2항에 따른 검사를 받은 경우
- 「광산안전법」 제9조에 따른 검사 중 광업시설의 설치, 변경 공사 완료 후 일정한 기간이 지날 때마다 받는 검사를 받은 경우
- 「선박안전법」 제8조부터 제12조까지의 규정에 따른 검사를 받은 경우
- 「에너지이용 합리화법」 제39조제4항에 따른 검사를 받은 경우
- 「원자력안전법」 제22조제1항에 따른 검사를 받은 경우
- 「위험물 안전관리법」 제18조에 따른 정기점검 또는 정기검사를 받은 경우
- 「전기사업법」 제65조에 따른 검사를 받은 경우
- 「항만법」 제26조제1항제3호에 따른 검사를 받은 경우
- 「화재예방, 소방시설설치·유지 및 안전관리에 관한 법률」 제25조제1항에 따른 자체점검 등을 받은 경우
- 「화학물질관리법」 제24조제3항 본문에 따른 정기검사를 받은 경우

11 산업안전보건법령상 유해하거나 위험한 기계·기구에 대한 방호조치에 관한 설명으로 옳지 않은 것은?

① 동력으로 작동하는 금속절단기에 날접촉 예방장치를 설치하여야 사용에 제공할 수 있다.
② 동력으로 작동하는 기계·기구로서 속도조절 부분이 있는 것은 속도조절 부분에 덮개를 부착하거나 방호망을 설치하여야 양도할 수 있다.
③ 사업주는 방호조치가 정상적인 기능을 발휘할 수 있도록 방호조치와 관련되는 장치를 상시적으로 점검하고 정비하여야 한다.
④ 동력으로 작동하는 기계·기구의 방호조치를 해체하려는 경우 사업주의 허가를 받아야 한다.
⑤ 동력으로 작동하는 진공포장기에 구동부 방호 연동장치를 설치하지 않고 대여의 목적으로 진열한 자는 3년 이하의 징역 또는 3천만 원 이하 벌금에 처한다.

해설

동력으로 작동하는 진공포장기에 구동부 방호 연동장치를 설치하지 않고 대여의 목적으로 진열한 자는 1년 이하의 징역 또는 1천만 원 이하의 벌금에 처한다.

◎ ANSWER | 10 ① 11 ⑤

12 산업안전보건법령상 주요 구조 부분을 변경하는 경우 안전인증을 받아야 하는 기계 및 설비에 해당하지 않는 것은?

① 컨베이어   ② 프레스
③ 전단기 및 절곡기   ④ 사출성형기
⑤ 롤러기

● 해설

산업안전보건법렵상 주요 구조부 변경 시 안전인증을 받아야 하는 기계 및 설비
- 프레스
- 리프트
- 사출성형기
- 전단기 및 절곡기
- 압력용기
- 고소작업대
- 크레인
- 롤러기
- 곤돌라

13 산업안전보건법령상 상시근로자 30명인 도매업의 사업주가 일용근로자를 제외한 근로자에게 실시해야 하는 안전보건교육 교육과정별 교육시간 중 채용 시 교육의 교육시간으로 옳은 것은?(단, 다른 감면조건은 고려하지 않음)

① 30분 이상   ② 1시간 이상
③ 2시간 이상   ④ 3시간 이상
⑤ 4시간 이상

● 해설

1. **안전보건교육(2024년 1월 시행)**
   (1) 안전보건관리책임자 보수교육
      보수교육 이수기간을 신규교육 이수한 날을 기준으로 전후 3개월(총 6개월)에서 전후 6개월(총 1년)로 확대
   (2) 근로자 안전보건교육 시간 정비
      ① 근로자 정기안전보건교육 추가 확대
      ② 일용근로자 및 기간제 근로자의 채용 시 교육시간 개선
      ③ 타법에 따른 안전교육 이수대상자의 교육시간 감면
         • 보건에 관한 사항만 교육하는 사업은 해당 교육과정별(채용 시 · 정기 · 작업내용 변경 시 특별)교육시간 2분의 1 이상 이수하도록 완화
      ④ 관리감독자 교육을 근로자 안전보건교육에서 분리하여 규정
   (3) 근로자 안전보건교육 내용 정비
      ① 일반 근로자와 구분하여 관리감독자의 교육과정별 교육내용을 별도 규정
         • 정기교육, 채용 시 교육, 작업내용 변경 시 교육, 특별교육
      ② 근로자관리감독자의 정기교육 및 채용 시 교육내용 보완
         • 위험성 평가, 사업장 내 안전보건관리체제 및 안전보건조치 현황에 관한 사항 등
2. **관리감독자 안전보건교육**

교육과정	교육시간
가. 정기교육	연간 16시간 이상
나. 채용 시 교육	8시간 이상
다. 작업내용 변경 시 교육	2시간 이상
라. 특별교육	16시간 이상(최초 작업에 종사하기 전 4시간 이상 실시하고 12시간은 3개월 이내에서 분할하여 실시 가능)
	단기간 작업 또는 간헐적 작업인 경우에는 2시간 이상

3. 검사원 성능검사교육

교육과정	교육대상	교육시간
성능검사교육	–	28시간 이상

4. 근로자 안전보건교육

교육과정	교육대상			교육시간
가. 정기교육	1) 사무직 종사 근로자			매 반기 6시간 이상
	2) 그 밖의 근로자	가) 판매업무에 직접 종사하는 근로자		매 반기 6시간 이상
		나) 판매업무에 직접 종사하는 근로자 외의 근로자		매 반기 12시간 이상
나. 채용 시 교육	1) 일용근로자 및 근로계약기간이 1주일 이하인 기간제 근로자			1시간 이상
	2) 근로계약기간이 1주일 초과 1개월 이하인 기간제 근로자			4시간 이상
	3) 그 밖의 근로자			8시간 이상
다. 작업내용 변경 시 교육	1) 일용근로자 및 근로계약기간이 1주일 이하인 기간제 근로자			1시간 이상
	2) 그 밖의 근로자			2시간 이상
라. 특별교육	1) 일용근로자 및 근로계약기간이 1주일 이하인 기간제 근로자(특별교육 대상 작업 중 아래 2)에 해당하는 작업 외에 종사하는 근로자에 한정)			2시간 이상
	2) 일용근로자 및 근로계약기간이 1주일 이하인 기간제 근로자(타워크레인을 사용하는 작업 시 신호업무를 하는 작업에 종사하는 근로자에 한정)			8시간 이상
	3) 일용근로자 및 근로계약기간이 1주일 이하인 기간제 근로자를 제외한 근로자(특별교육 대상 작업에 한정)			가) 16시간 이상(최초 작업에 종사하기 전 4시간 이상 실시하고 12시간은 3개월 이내에서 분할하여 실시 가능) 나) 단기간 작업 또는 간헐적 작업인 경우에는 2시간 이상
마. 건설업 기초안전 보건교육	건설 일용근로자			4시간 이상

5. 안전보건관리책임자 등에 대한 교육

교육과정	교육시간	
	신규교육	보수교육
가. 안전보건관리책임자	6시간 이상	6시간 이상
나. 안전관리자, 안전관리전문기관의 종사자	34시간 이상	24시간 이상
다. 보건관리자, 보건관리전문기관의 종사자	34시간 이상	24시간 이상
라. 건설재해예방전문지도기관의 종사자	34시간 이상	24시간 이상
마. 석면조사기관의 종사자	34시간 이상	24시간 이상
바. 안전보건관리담당자	–	8시간 이상
사. 안전검사기관, 자율안전검사기관의 종사자	34시간 이상	24시간 이상

6. 특수형태근로종사자에 대한 안전보건교육

교육과정	교육시간
가. 최초 노무 제공 시 교육	2시간 이상(단기간 작업 또는 간헐적 작업에 노무를 제공하는 경우에는 1시간 이상 실시하고, 특별교육을 실시한 경우는 면제)
나. 특별교육	16시간 이상(최초 작업에 종사하기 전 4시간 이상 실시하고 12시간은 3개월 이내에서 분할하여 실시 가능)
	단기간 작업 또는 간헐적 작업인 경우에는 2시간 이상

7. 기초안전·보건 교육 내용 및 시간

교육내용	시간
건설공사의 종류 및 시공절차	1시간
산업재해 유형별 위험요인 및 안전보건 조치	2시간
안전보건 관리체제 현황 및 산업안전보건관련 근로자 권리·의무	1시간

◉ ANSWER |

14 산업안전보건법령상 유해성·위험성 조사 제외 화학물질에 해당하는 것을 모두 고른 것은?(단, 고용노동부장관이 공표하거나 고시하는 물질은 고려하지 않음)

> ㄱ. 「농약관리법」 제2조제1호 및 제3호에 따른 농약 및 원재
> ㄴ. 「마약류 관리에 관한 법률」 제2조제1호에 따른 마약류
> ㄷ. 「사료관리법」 제2조제1호에 따른 사료
> ㄹ. 「생활주변방사선 안전관리법」 제2조제2호에 따른 원료물질

① ㄱ, ㄴ   ② ㄷ, ㄹ
③ ㄱ, ㄴ, ㄷ   ④ ㄴ, ㄷ, ㄹ
⑤ ㄱ, ㄴ, ㄷ, ㄹ

● 해설

유해성·위험성조사 제외대상물질

구분	법령
원소	–
천연으로 산출된 화학물질	–
건강기능식품	건강기능식품에 관한 법률
군수품	군수품관리법 및 방위사업법 (군수품관리법 제3조에 따른 통상품은 제외)
농약 및 원제	농약관리법
마약류	마약류 관리에 관한 법률
비료	비료관리법
사료	사료관리법
살생물물질 및 살생물제품	생활화학제품 및 살생물제의 안전관리에 관한 법률
식품 및 식품첨가물	식품위생법
의약품 및 의약외품	약사법
방사성물질	원자력안전법
위생용품	위생용품 관리법
의료기기	의료기기법
화약류	총포·도검·화약류 등의 안전관리에 관한 법률
사료	사료관리법
화장품과 화장품에 사용하는 원료	화장품법
연간 제조량·수입량 이하로 제조하거나 수입한 물질	법 제108조제3항에 따라 고용노동부장관이 명칭, 유해성·위험성, 근로자의 건강장해 예방을 위한 조치 사항 및 연간 제조량·수입량을 공표한 물질로서 공표된 연간 제조량·수입량 이하로 제조하거나 수입한 물질
화학물질 목록에 기록되어 있는 물질	고용노동부장관이 환경부장관과 협의하여 고시하는 화학물질 목록에 기록되어 있는 물질

15 산업안전보건법령상 자율안전확인의 신고에 관한 설명으로 옳지 않은 것은?

① 「산업표준화법」 제15조에 따른 인증을 받은 경우에는 자율안전확인의 신고를 면제할 수 있다.

② 롤러기 급정지장치는 자율안전확인대상기계 등에 해당한다.

③ 자율안전확인의표시는 「국가표준기본법 시행령」 제15조의7제1항에 따른 표시기준 및 방법에 따른다.

④ 자율안전확인표시와 사용 금지 공고내용에 사업장 소재지가 포함되어야 한다.

⑤ 고용노동부장관은 자율안전확인표시의 사용을 금지한 날부터 20일 이내에 그 사실을 관보 등에 공고하여야 한다.

> **해설**
> 고용노동부장관은 자율안전확인표시의 사용을 금지한 날부터 30일 이내에 그 사실을 관보 등에 공고하여야 한다.

16 산업안전보건법령상 안전보건관리책임자 등에 대한 직무교육 중 신규교육이 면제되는 사람에 관한 내용이다. ( )에 들어갈 숫자로 옳은 것은?

> 「고등교육법」에 따른 이공계 전문대학 또는 이와 같은 수준 이상의 학교에서 학위를 취득하고, 해당 사업의 관리감독자로서의 업무를 (ㄱ)년(4년제 이공계 대학 학위 취득자는 1년) 이상 담당한 후 고용노동부장관이 지정하는 기관이 실시하는 교육(1998년 12월 31일 까지의 교육만 해당한다)을 받고 정해진 시험에 합격한 사람. 다만, 관리감독자로 종사한 사업과 같은 업종(한국표준산업분류에 따른 대분류를 기준으로 한다)의 사업장이면서, 건설업의 경우를 제외하고는 상시근로자 (ㄴ)명 미만인 사업장에서만 안전관리자가 될 수 있다.

① ㄱ : 2, ㄴ : 200   ② ㄱ : 2, ㄴ : 300

③ ㄱ : 3, ㄴ : 200   ④ ㄱ : 3, ㄴ : 300

⑤ ㄱ : 5, ㄴ : 200

> **해설**
> **안전보건관리책임자 등에 대한 신규교육 면제대상**
> 1. 고등교육법에 따른 이공계 전문대학 또는 이와 같은 수준 이상의 학교에서 학위를 취득하고 해당 사업의 관리감독자로서의 업무를 3년 이상 담당한 후 고용노동부장관이 지정하는 기관이 실시하는 교육을 받고 정해진 시험에 합격한 사람
> 2. 관리감독자로 종사한 사업과 같은 업종의 사업장이면서, 건설업의 경우를 제외하고는 상시근로자 300명 미만인 사업장에서만 안전관리자가 될 수 있다.

17. 산업안전보건법령상 서류의 보존기간이 3년인 것을 모두 고른 것은?

> ㄱ. 산업보건의의 선임에 관한 서류   ㄴ. 산업재해의 발생원인 등 기록
> ㄷ. 산업안전보건위원회의 회의록   ㄹ. 신규화학물질의 유해성 · 위험성 조사에 관한 서류

① ㄱ, ㄷ   ② ㄴ, ㄹ
③ ㄱ, ㄴ, ㄹ   ④ ㄴ, ㄷ, ㄹ
⑤ ㄱ, ㄴ, ㄷ, ㄹ

●해설

산업안전보건법령상 서류의 보존기간이 3년인 것

• 산업보건의 선임에 관한 서류
• 산업재해의 발생원인 등 기록
• 신규화학물질의 유해성 · 위험성 조사에 관한 서류

18 산업안전보건법령상 유해인자의 유해성 · 위험성 분류기준에 관한 설명으로 옳은 것을 모두 고른 것은?

> ㄱ. 소음은 소음성 난청을 유발할 수 있는 90데시벨(A) 이상의 시끄러운 소리이다.
> ㄴ. 물과 상호작용을 하여 인화성 가스를 발생시키는 고체 · 액체 또는 혼합물은 물반응성 물질에 해당한다.
> ㄷ. 20℃, 표준압력(101.3kPa)에서 공기와 혼합하여 인화되는 범위에 있는 가스를 인화성 가스에 해당한다.
> ㄹ. 이상기압은 게이지 압력이 제곱센티미터당 1킬로그램 초과 또는 미만인 기압이다.

① ㄱ, ㄴ   ② ㄷ, ㄹ
③ ㄱ, ㄴ, ㄷ   ④ ㄴ, ㄷ, ㄹ
⑤ ㄱ, ㄴ, ㄷ, ㄹ

●해설

산업안전보건법령상 유해성 · 위험성 분류기준

1. 화학물질의 분류기준

　가. 물리적 위험성 분류기준

　　1) 폭발성 물질 : 자체의 화학반응에 따라 주위환경에 손상을 줄 수 있는 정도의 온도 · 압력 및 속도를 가진 가스를 발생시키는 고체 · 액체 또는 혼합물

　　2) 인화성 가스 : 20℃, 표준압력(101.3KPa)에서 공기와 혼합하여 인화되는 범위에 있는 가스와 54℃ 이하 공기 중에서 자연발화하는 가스를 말한다.(혼합물을 포함한다)

　　3) 인화성 액체 : 표준압력(101.3KPa)에서 인화점이 93℃ 이하인 액체

　　4) 인화성 고체 : 쉽게 연소되거나 마찰에 의하여 화재를 일으키거나 촉진할 수 있는 물질

　　5) 에어로졸 : 재충전이 불가능한 금속 · 유리 또는 플라스틱 용기에 압축가스 · 액화가스 또는 용해가스를 충전하고 내용물을 가스에 현탁시킨 고체나 액상입자로, 액상 또는 가스상에서 폼 · 페이스트 · 분말상으로 배출되는 분사장치를 갖춘 것

　　6) 물반응성 물질 : 물과 상호작용을 하여 자연발화되거나 인화성 가스를 발생시키는 고체 · 액체 또는 혼합물

　　7) 산화성 가스 : 일반적으로 산소를 공급함으로써 공기보다 다른 물질의 연소를 더 잘 일으키거나 촉진하는 가스

　　8) 산화성 액체 : 그 자체로는 연소하지 않더라도, 일반적으로 산소를 발생시켜 다른 물질을 연소시키거나 연소를 촉진하는 액체

　　9) 산화성 고체 : 그 자체로는 연소하지 않더라도, 일반적으로 산소를 발생시켜 다른 물질을 연소시키거나 연소를 촉진하는 고체

　　10) 고압가스 : 20℃, 200킬로파스칼(kPa) 이상의 압력 하에서 용기에 충전되어 있는 가스 또는 냉동액화가스 형태로 용기에 충전되어 있는 가스(압축가스, 액화가스, 냉동액화가스, 용해가스로 구분한다)

◉ ANSWER | 18 ④

11) 자기반응성 물질 : 열적(熱的)인 면에서 불안정하여 산소가 공급되지 않아도 강렬하게 발열·분해하기 쉬운 액체·고체 또는 혼합물

12) 자연발화성 액체 : 적은 양으로도 공기와 접촉하여 5분 안에 발화할 수 있는 액체

13) 자연발화성 고체 : 적은 양으로도 공기와 접촉하여 5분 안에 발화할 수 있는 고체

14) 자기발열성 물질 : 주위의 에너지 공급 없이 공기와 반응하여 스스로 발열하는 물질(자기발화성 물질은 제외한다)

15) 유기과산화물 : 2가의 -O-O-구조를 가지고 1개 또는 2개의 수소 원자가 유기라디칼에 의하여 치환된 과산화수소의 유도체를 포함한 액체 또는 고체 유기물질

16) 금속 부식성 물질 : 화학적인 작용으로 금속에 손상 또는 부식을 일으키는 물질

나. 건강 및 환경 유해성 분류기준

1) 급성 독성 물질 : 입 또는 피부를 통하여 1회 투여 또는 24시간 이내에 여러 차례로 나누어 투여하거나 호흡기를 통하여 4시간 동안 흡입하는 경우 유해한 영향을 일으키는 물질

2) 피부 부식성 또는 자극성 물질 : 접촉 시 피부조직을 파괴하거나 자극을 일으키는 물질(피부 부식성 물질 및 피부 자극성 물질로 구분한다)

3) 심한 눈 손상성 또는 자극성 물질 : 접촉 시 눈 조직의 손상 또는 시력의 저하 등을 일으키는 물질(눈 손상성 물질 및 눈 자극성 물질로 구분한다)

4) 호흡기 과민성 물질 : 호흡기를 통하여 흡입되는 경우 기도에 과민반응을 일으키는 물질

5) 피부 과민성 물질 : 피부에 접촉되는 경우 피부 알레르기 반응을 일으키는 물질

6) 발암성 물질 : 암을 일으키거나 그 발생을 증가시키는 물질

7) 생식세포 변이원성 물질 : 자손에게 유전될 수 있는 사람의 생식세포에 돌연변이를 일으킬 수 있는 물질

8) 생식독성 물질 : 생식기능, 생식능력 또는 태아의 발생·발육에 유해한 영향을 주는 물질

9) 특정 표적장기 독성 물질(1회 노출) : 1회 노출로 특정 표적장기 또는 전신에 독성을 일으키는 물질

10) 특정 표적장기 독성 물질(반복 노출) : 반복적인 노출로 특정 표적장기 또는 전신에 독성을 일으키는 물질

11) 흡인 유해성 물질 : 액체 또는 고체 화학물질이 입이나 코를 통하여 직접적으로 또는 구토로 인하여 간접적으로, 기관 및 더 깊은 호흡기관으로 유입되어 화학적 폐렴, 다양한 폐 손상이나 사망과 같은 심각한 급성 영향을 일으키는 물질

12) 수생 환경 유해성 물질 : 단기간 또는 장기간의 노출로 수생생물에 유해한 영향을 일으키는 물질

13) 오존층 유해성 물질 : 「오존층 보호를 위한 특정물질의 제조규제 등에 관한 법률」 제2조제1호에 따른 특정물질

2. 물리적 인자의 분류기준

가. 소음 : 소음성 난청을 유발할 수 있는 85데시벨(A) 이상의 시끄러운 소리

나. 진동 : 착암기, 손망치 등의 공구를 사용함으로써 발생되는 백랍병·레이노 현상·말초순환장애 등의 국소진동 및 차량 등을 이용함으로써 발생되는 관절통·디스크·소화장애 등의 전신 진동

다. 방사선 : 직접·간접으로 공기 또는 세포를 전리하는 능력을 가진 알파선·베타선·감마선·엑스선·중성자선 등의 전자선

라. 이상기압 : 게이지 압력이 제곱센티미터당 1킬로그램 초과 또는 미만인 기압

마. 이상기온 : 고열·한랭·다습으로 인하여 열사병·동상·피부질환 등을 일으킬 수 있는 기온

3. 생물학적 인자의 분류기준

가. 혈액매개 감염인자 : 인간면역결핍바이러스, B형·C형간염바이러스, 매독바이러스 등 혈액을 매개로 다른 사람에게 전염되어 질병을 유발하는 인자

나. 공기매개 감염인자 : 결핵·수두·홍역 등 공기 또는 비말감염 등을 매개로 호흡기를 통하여 전염되는 인자

다. 곤충 및 동물매개 감염인자 : 쯔쯔가무시증, 렙토스피라증, 유행성출혈열 등 동물의 배설물 등에 의하여 전염되는 인자 및 탄저병, 브루셀라병 등 가축 또는 야생동물로부터 사람에게 감염되는 인자

※ 비고
제1호에 따른 화학물질의 분류기준 중 가목에 따른 물리적 위험성 분류기준별 세부 구분기준과 나목에 따른 건강 및 환경 유해성 분류기준의 단일물질 분류기준별 세부 구분기준 및 혼합물질의 분류기준은 고용노동부장관이 정하여 고시한다.

19 산업안전보건법령상 근로환경의 개선에 관한 설명으로 옳지 않은 것은?

① 도급인의 사업장에서 관계수급인 또는 관계수급인의 근로자가 작업을 하는 경우에는 도급인은 그 사업장에 소속된 사람 중 산업위생관리산업기사 이상의 자격을 가진 사람으로 하여금 작업환경측정을 하도록 하여야 한다.

② 사업주는 근로자대표가 요구하면 작업환경측정 시 근로자대표를 참석시켜야 한다.

③ 「의료법」에 따른 의원 또는 한의원은 작업환경측정기관으로 고용노동부장관의 승인을 받을 수 있다.

④ 한국산업안전보건공단은 작업환경측정 결과가 노출기준 미만인데도 직업병 유소견자가 발생한 경우에는 작업환경측정 신뢰성평가를 할 수 있다.

⑤ 사업주는 산업안전보건위원회 또는 근로자대표가 요구하면 작업환경측정 결과에 대한 설명회 등을 개최하여야 한다.

●해설

산업안전보건법령상 근로환경의 개선에 관해 의료법에 따른 한의원은 작업환경측정기관으로 고용노동부장관의 승인을 받을 수 없다.

20 산업안전보건법령상 공정안전보고서에 관한 설명으로 옳지 않은 것은?

① 원유 정제처리업의 보유설비가 있는 사업장의 사업주는 공정안전보고서를 작성하여야 한다.

② 사업주가 공정안전보고서를 작성할 때, 산업안전보건위원회가 설치되어 있지 아니한 사업장의 경우에는 근로자대표의 의견을 들어야 한다.

③ 공정안전보고서에는 비상조치계획이 포함되어야 하고, 그 세부 내용에는 주민 홍보계획을 포함해야 한다.

④ 원자력 설비는 공정안전보고서의 제출대상인 유해하거나 위험한 설비에 해당한다.

⑤ 공정안전보고서 이행상태평가의 방법 등 이행상태평가에 필요한 세부적인 사항은 고용노동부장관이 정한다.

●해설

원자력 설비는 공정안전보고서의 제출대상이 아니다.

공정안전보고서 제출대상 업종

업종	업종
원유 정제처리업	질소 화합물, 질소·인산 및 칼리질 화학비료 제조업
기타 석유정제물 재처리업	복합비료 및 기타 화학비료 제조업
석유화학계 기초화학물질 제조업	화학 살균, 살충제 및 농업용 약제 제조업
합성수지 및 기타 플라스틱 물질 제조업	화약 및 불꽃제품 제조업

◉ **ANSWER** | 19 ③ 20 ④

21 산업안전보건법령상 유해위험방지계획서 제출대상인 건설공사에 해당하지 않는 것은?(단, 자체심사 및 확인업체의 사업주가 착공하려는 건설공사는 제외함)

① 연면적 3천 제곱미터 이상인 냉동 · 냉장 창고시설의 설비공사

② 최대 지간(支間)길이(다리의 기둥과 기둥의 중심사이의 거리)가 50미터 이상인 다리의 건설 등 공사

③ 지상높이가 31미터 이상인 건축물의 건설 등 공사

④ 저수용량 2천만 톤 이상의 용수 전용 댐의 건설 등 공사

⑤ 길이 10미터 이상인 굴착공사

● **해설**

유해위험방지계획서 제출대상 건설공사

1. 지상높이가 31m 이상인 건축물 또는 인공구조물
2. 연면적 30,000㎡ 이상인 건축물 또는 연면적 5,000㎡ 이상의 문화 및 집회시설(전시장 및 동물원 · 식물원은 제외), 판매시설, 운수시설(고속철도의 역사 및 집배송시설 제외), 종교시설, 의료시설 중 종합병원, 숙박시설 중 관광숙박시설, 지하도 상가 또는 냉동 · 냉장창고시설의 건설 · 개조 또는 해체 공사
3. 연면적 5,000㎡ 이상의 냉동 · 냉장창고시설의 설비공사 및 단열공사
4. 최대 지간길이 50m 이상인 교량건설 등의 공사
5. 터널 건설 등의 공사
6. 다목적댐, 발전용 댐 및 저수용량 2천만 톤 이상의 용수 전용 댐, 지방상수도 전용 댐 건설 등의 공사
7. 깊이 10m 이상인 굴착공사

22 산업안전보건법령상 건강진단 및 건강관리에 관한 설명으로 옳지 않은 것은?

① 사업주가 「선원법」에 따른 건강진단을 실시한 경우에는 그 건강진단을 받은 근로자에 대하여 일반 건강진단을 실시한 것으로 본다.

② 일반건강진단의 제1차 검사항목에 흉부방사선 촬영은 포함되지 않는다.

③ 사업주는 특수건강진단의 결과를 근로자의 건강 보호 및 유지 외의 목적으로 사용해서는 아니 된다.

④ 일반건강진단, 특수건강진단, 배치전건강진단, 수시건강진단, 임시건강진단의 비용은 「국민건강보험법」에서 정한 기준에 따른다.

⑤ 사업주는 배치건강진단을 실시하는 경우 근로자대표가 요구하면 근로자대표를 참석시켜야 한다.

● **해설**

일반건강진단의 제1차 검사항목

• 과거병력, 작업경력 및 자각 · 타각증상
• 혈압 · 혈당 · 요당 · 요단백 및 빈혈검사
• 체중 · 시력 · 청력 검사
• 흉부방사선 촬영
• 간기능 검사 및 총콜레스테롤 검사

23 산업안전보건법령상 지도사 보수교육에 관한 설명이다. (   )에 들어갈 숫자로 옳은 것은?

> 고용노동부령으로 정하는 보수교육의 시간은 업무교육 및 직업윤리교육의 교육시간을 합산하여 총
> (ㄱ)시간 이상으로 한다. 다만, 법 제145조제4항에 따른 지도사 등록의 갱신기간 동안 시행규칙 제
> 230조제1항에 따른 지도실적이 (ㄴ)년 이상인 지도사의 교육시간은 (ㄷ)시간 이상으로 한다.

① ㄱ : 10, ㄴ : 1, ㄷ : 5　　　　　　　② ㄱ : 10, ㄴ : 2, ㄷ : 10
③ ㄱ : 20, ㄴ : 1, ㄷ : 5　　　　　　　④ ㄱ : 20, ㄴ : 2, ㄷ : 10
⑤ ㄱ : 20, ㄴ : 2, ㄷ : 15

해설

고용노동부령으로 정하는 보수교육의 시간은 업무교육 및 직업윤리교육의 교육시간을 합산하여 총 20시간 이상으
로 한다. 다만, 법 제145조 제4항에 따른 지도사 등록의 갱신기간 동안 시행규칙 제230조 제1항에 따른 지도실적이
2년 이상인 지도사의 교육시간은 10시간 이상으로 한다.

24 산업안전보건법령상 안전보건진단을 받아 안전보건개선계획을 수립할 대상으로 옳은 것을 모두
고른 것은?

> ㄱ. 유해인자의 노출기준을 초과한 사업장
> ㄴ. 산업재해율이 같은 업종의 규모별 평균 산업재해율보다 높은 사업장
> ㄷ. 사업주가 필요한 안전조치 또는 보건조치를 이행하지 아니하여 중대재해가 발생한 사업장
> ㄹ. 상시근로자 1천 명 이상 사업장으로서 직업성 질병자가 연간 3명 이상 발생한 사업장

① ㄱ, ㄴ　　　　　　　　　　　　　② ㄷ, ㄹ
③ ㄱ, ㄴ, ㄷ　　　　　　　　　　　④ ㄴ, ㄷ, ㄹ
⑤ ㄱ, ㄴ, ㄷ, ㄹ

해설

1. **안전보건개선계획 수립대상**
   1) 산업재해율이 같은 업종의 규모별 평균 산업재해율보다 높은 사업장
   2) 사업주가 필요한 안전조치 또는 보건조치를 이행하지 아니하여 중대재해가 발생한 사업장
   3) 직업성 질병자가 연간 2명 이상 발생한 사업장
   4) 유해인자의 노출기준을 초과한 사업장

2. **안전보건진단을 받아 안전보건개선계획 수립해야 하는 대상**
   1) 산업재해율이 같은 업종 평균 산업재해율의 2배 이상인 사업장
   2) 사업주가 필요한 안전조치 또는 보건조치를 이행하지 아니하여 중대재해가 발생한 사업장
   3) 직업성 질병자가 연간 2명 이상(상시근로자 1천 명 이상 사업장의 경우 3명 이상) 발생한 사업장
   4) 그 밖에 작업환경 불량, 화재 · 폭발 또는 누출 사고 등으로 사업장 주변까지 피해가 확산된 사업장

25 산업안전보건법령상 산업안전지도사와 산업보건지도사의 직무에 공통적으로 해당되는 것은?

① 유해 · 위험의 방지대책에 관한 평가 · 지도
② 근로자 건강진단에 따른 사후관리 지도
③ 작업환경의 평가 및 개선 지도
④ 공정상의 안전에 관한 평가 · 지도
⑤ 안전보건개선계획서의 작성

해설

1. **산업안전지도사의 직무**
   - 공정상의 안전에 관한 평가 및 지도
   - 유해 · 위험의 방지대책에 관한 평가 및 지도
   - 위 사항과 관련된 계획서 및 보고서의 작성
   - 위험성평가의 지도
   - 안전보건개선계획의 작성
   - 산업안전에 관한 사항의 자문에 대한 응답 및 조언

2. **산업보건지도사의 직무**
   - 작업환경의 평가 및 개선 지도
   - 작업환경 개선과 관련된 계획서 및 보고서의 작성
   - 근로자 건강진단에 따른 사후관리 지도
   - 직업성 질병 진단 및 예방지도
   - 산업보건에 관한 조사연구
   - 위험성평가의 지도
   - 안전보건개선계획의 작성
   - 산업안전에 관한 사항의 자문에 대한 응답 및 조언

1과목 산업안전보건법령

01 산업안전보건법령상 관계수급인 근로자가 도급인의 사업장에서 작업을 하는 경우 도급인의 안전조치 및 보건조치에 관한 설명으로 옳지 않은 것은?

① 도급인은 같은 장소에서 이루어지는 도급인과 관계수급인의 작업에 있어서 관계수급인의 작업시기 · 내용, 안전조치 및 보건조치 등을 확인하여야 한다.
② 건설업의 경우에는 도급사업의 정기 안전 · 보건 점검을 분기에 1회 이상 실시하여야 한다.
③ 관계수급인의 공사금액을 포함한 해당 공사의 총공사금액이 20억 원 이상인 건설업의 경우 도급인은 그 사업장의 안전보건관리책임자를 안전보건총괄책임자로 지정하여야 한다.
④ 도급인은 도급인과 수급인을 구성원으로 하는 안전 및 보건에 관한 협의체를 도급인 및 그의 수급인 전원으로 구성하여야 한다.
⑤ 도급인은 제조업 작업장의 순회점검을 2일에 1회 이상 실시하여야 한다.

● 해설

건설업은 도급사업 정기안전보건점검을 2개월에 1회 이상 실시한다.

02 산업안전보건법령상 '대여자 등이 안전조치 등을 해야 하는 기계 · 기구 · 설비 및 건축물 등'에 규정되어 있는 것을 모두 고른 것은?(단, 고용노동부장관이 징하여 고시하는 기계 · 기구 · 설비 및 건축물 등은 고려하지 않음)

ㄱ. 어스오거	ㄴ. 산업용 로봇
ㄷ. 클램셸	ㄹ. 압력용기

① ㄱ, ㄴ
② ㄱ, ㄷ
③ ㄴ, ㄹ
④ ㄱ, ㄷ, ㄹ
⑤ ㄴ, ㄷ, ㄹ

● 해설

대여자 등이 안전조치 등을 해야 하는 기계 · 기구 · 설비 및 건축물 등

1. 사무실 및 공장용 건축물
2. 이동식 크레인
3. 타워크레인
4. 불도저
5. 모터그레이더
6. 로더
7. 스크레이퍼
8. 스크레이퍼도저
9. 파워셔블
10. 드래그라인
11. 클램셸
12. 버킷굴삭기

◉ **ANSWER** | 01 ② 02 ②

13. 트렌치
14. 항타기
15. 항발기
16. 어스드릴
17. 천공기
18. 어스오거
19. 페이퍼드레인머신
20. 리프트
21. 지게차
22. 롤러기
23. 콘크리트펌프
24. 고소작업대
25. 그 밖에 산업재해보상보험 및 예방심의위원회 심의를 거쳐 고용노동부장관이 정하여 고시하는 기계, 기구, 설비 및 건축물 등

03 산업안전보건법령상 유해하거나 위험한 기계·기구에 대한 방호조치 등에 관한 설명으로 옳은 것을 모두 고른 것은?

> ㄱ. 래핑기에는 구동부 방호 연동장치를 설치하여야 한다.
> ㄴ. 원심기에는 압력방출장치를 설치하여야 한다.
> ㄷ. 작동 부분에 돌기 부분이 있는 기계는 그 돌기 부분에 방호망을 설치하여야 한다.
> ㄹ. 동력전달 부분이 있는 기계는 동력전달 부분을 묻힘형으로 하여야 한다.

① ㄱ
② ㄱ, ㄴ
③ ㄴ, ㄷ
④ ㄷ, ㄹ
⑤ ㄱ, ㄷ, ㄹ

해설

ㄴ. 원심기에는 회전체 접촉 예방장치를 설치하여야 한다.
ㄷ. 작동 부분에 돌기 부분이 있는 기계는 그 돌기 부분을 묻힘형으로 하거나 덮개를 부착하여야 한다.
ㄹ. 동력전달 부분이 있는 기계는 동력전달하여 부분에 덮개를 부착하거나 방호망을 설치하여야 한다.

04 산업안전보건법령상 사업주가 근로자의 작업내용을 변경할 때에 그 근로자에게 하여야 하는 안전보건교육의 내용으로 규정되어 있지 않은 것은?

① 사고 발생 시 긴급조치에 관한 사항
② 기계·기구의 위험성과 작업의 순서 및 동선에 관한 사항
③ 표준안전작업방법에 관한 사항
④ 직장 내 괴롭힘, 고객의 폭언 등으로 인한 건강장해 예방 및 관리에 관한 사항
⑤ 작업 개시 전 점검에 관한 사항

해설

사업주가 근로자의 작업내용을 변경할 때에 그 근로자에게 하여야 하는 안전보건교육의 내용
1. 사고 발생 시 긴급조치에 관한 사항
2. 기계·기구의 위험성과 작업의 순서 및 동선에 관한 사항
3. 작업 개시 전 점검에 관한 사항
4. 직장 내 괴롭힘, 고객의 폭언 등으로 인한 건강장해 예방 및 관리에 관한 사항

⊙ ANSWER | 03 ① 04 ③

05 산업안전보건법령상 안전검사에 관한 설명으로 옳지 않은 것은?

① 형 체결력(型締結力) 294킬로뉴턴(KN) 이상의 사출성형기는 안전검사대상기계 등에 해당한다.

② 사업주는 자율안전검사를 받은 경우에는 그 결과를 기록하여 보존하여야 한다.

③ 안전검사기관이 안전검사 업무를 게을리하거나 업무에 차질을 일으킨 경우 고용노동부장관은 안전검사기관 지정을 취소하거나 6개월 이내의 기간을 정하여 그 업무의 정지를 명할 수 있다.

④ 곤돌라를 건설현장에서 사용하는 경우 사업장에 최초로 설치한 날부터 6개월마다 안전검사를 하여야 한다.

⑤ 안전검사대상기계 등을 사용하는 사업주와 소유자가 다른 경우에는 사업주가 안전검사를 받아야 한다.

●해설

⑤ 안전검사대상기계 등을 사용하는 사업주와 소유자가 다른 경우에는 소유주가 안전검사를 받아야 한다.

06 산업안전보건법령상 제조 또는 사용허가를 받아야 하는 유해물질을 모두 고른 것은?(단, 고용노동부장관의 승인을 받은 경우는 제외함)

ㄱ. 크롬산 아연
ㄴ. β－나프틸아민과 그 염
ㄷ. o－톨리딘 및 그 염
ㄹ. 폴리클로리네이티드 터페닐
ㅁ. 콜타르피치 휘발물

① ㄱ, ㄴ, ㄷ   ② ㄱ, ㄷ, ㅁ

③ ㄱ, ㄹ, ㅁ   ④ ㄴ, ㄷ, ㄹ

⑤ ㄴ, ㄹ, ㅁ

●해설

산업안전보건법령상 제조 또는 사용허가를 받아야 하는 유해물질

1. 크롬산 아연
2. o－톨리딘 및 그 염
3. 콜타르피치 휘발물
4. α－나프틸아민과 그 염

07 산업안전보건법령상 중대재해에 속하는 경우를 모두 고른 것은?

ㄱ. 사망자가 1명 발생한 재해
ㄴ. 3개월 이상의 요양이 필요한 부상자가 동시에 2명 발생한 재해
ㄷ. 부상자가 동시에 5명 발생한 재해
ㄹ. 직업성 질병자가 동시에 10명 발생한 재해

◉ ANSWER | 05 ⑤ 06 ② 07 ④

① ㄱ

② ㄴ, ㄷ

③ ㄷ, ㄹ

④ ㄱ, ㄴ, ㄹ

⑤ ㄱ, ㄴ, ㄷ, ㄹ

해설

산업안전보건법령상 중대재해

1. 사망자가 1명 발생한 재해
2. 3개월 이상의 요양이 필요한 부상자가 동시에 2명 발생한 재해
3. 직업성 질병자가 동시에 10명 발생한 재해

08 산업안전보건법령상 안전인증에 관한 설명으로 옳은 것은?

① 안전인증 심사 중 유해·위험기계 등이 서면심사 내용과 일치하는지와 유해·위험기계 등의 안전에 관한 성능이 안전인증기준에 적합한지에 대한 심사는 기술능력 및 생산체계 심사에 해당한다.

② 거짓이나 그 밖의 부정한 방법으로 안전인증을 받은 사유로 안전인증이 취소된 자는 안전인증이 취소된 날부터 3년 이내에는 취소된 유해·위험기계 등에 대하여 안전인증을 신청할 수 없다.

③ 크레인, 리프트, 곤돌라는 설치·이전하는 경우뿐만 아니라 주요 구조 부분을 변경하는 경우에도 안전인증을 받아야 한다.

④ 안전인증기관은 안전인증을 받은 자가 최근 2년 동안 안전인증표시의 사용금지를 받은 사실이 없는 경우에는 안전인증기준을 지키고 있는지를 3년에 1회 이상 확인해야 한다.

⑤ 안전인증대상기계 등이 아닌 유해·위험기계 등을 제조하는 자는 그 유해·위험 기계 등의 안전에 관한 성능을 평가받기 위하여 고용노동부장관에게 안전인증을 신청할 수 없다.

해설

① 기술능력 및 생산체계 심사 : 유해·위험기계 등의 안전성능을 지속적으로 유지·보증하기 위해 사업장에서 갖추어야 할 기술능력과 생산체계가 안전인증기준에 적합한지에 대한 심사를 말한다.

② 안전인증이 취소된 자는 안전인증이 취소된 날부터 1년 이내에는 안전인증을 재신청할 수 없다.

④ 안전인증을 받은 자가 기준을 지키고 있는지 2년에 1회 이상 확인해야 한다.

안전인증 심사 및 방법

1. 안전인증 심사의 종류 및 방법
   1) 안전인증기관이 하는 심사
      (1) 예비심사 : 기계 및 방호장치, 보호구가 유해위험기계에 해당하는지를 확인하는 심사
      (2) 서면심사 : 종류별, 형식별로 설계도면 등 제품기술과 관련된 문서가 인증기준에 적합한지에 대한 심사
      (3) 기술능력 및 생산체계 심사 : 안전성능을 지속적으로 유지보증하기 위해 갖추어야 할 기술능력, 생산체계에 대한 심사
   2) 제품심사
      (1) 개별 제품심사 : 서면심사 결과가 인증기준에 적합할 경우 실시하는 심사
      (2) 형식별 제품심사 : 서면심사, 기술능력 및 생산체계 심사 결과가 인증기준에 적합할 경우 형식별로 표본을 추출해 하는 심사
2. 안전인증의 취소
   1) 거짓이나 그 밖의 부정한 방법으로 안전인증을 받은 경우
   2) 안전인증을 받은 유해위험기계 등의 안전에 관한 성능 등이 기준에 맞지 아니하게 된 경우

3) 적당한 사유업이 인증확인을 거부, 방해, 기피하는 경우 : 인증이 취소된 자는 취소된 날부터 1년 이내에는 안전인증을 신청할 수 없다.
3. 인증의 확인방법 및 주기
1) 2년에 1회 이상 확인을 원칙으로 함
2) 3년에 1회 이상 확인하는 경우
(1) 최근 3년간 취소되거나 사용금지, 시정명령을 받지 않은 경우
(2) 최근 2회의 결과 기술능력 및 생산체계가 기준 이상인 경우

09 산업안전보건법령상 상시근로자 1,000명인 A회사(「상법」제170조에 따른 주식회사)의 대표이사 甲이 수립해야 하는 회사의 안전 및 보건에 관한 계획에 포함되어야 하는 내용이 아닌 것은?

① 안전 및 보건에 관한 경영방침
② 안전 · 보건관리 업무 위탁에 관한 사항
③ 안전 · 보건관리 조직의 구성 · 인원 및 역할
④ 안전 · 보건 관련 예산 및 시설 현황
⑤ 안전 및 보건에 관한 전년도 활동실적 및 다음 연도 활동계획

● 해설

상시근로자 500명 이상이거나 건설산업기본법에 따라 공시된 시공능력 상위 1천위 이내의 건설회사는 안전 및 보건에 관한 계획을 수립한다. 수립 시 포함사항은 다음과 같다.
1. 안전 및 보건에 관한 경영방침
2. 안전 및 보건에 관한 전년도 활동실적 및 다음 연도 활동계획
3. 안전 · 보건관리 조직의 구성 · 인원 및 역할
4. 안전 · 보건 관련 예산 및 시설 현황

10 산업안전보건법령상 안전관리전문기관에 대해 그 지정을 취소하여야 하는 경우는?

① 업무정지기간 중에 업무를 수행한 경우
② 안전관리 업무 관련 서류를 거짓으로 작성한 경우
③ 정당한 사유 없이 안전관리 업무의 수탁을 거부한 경우
④ 안전관리 업무 수행과 관련한 대가 외에 금품을 받은 경우
⑤ 법에 따른 관계 공무원의 지도 · 감독을 거부 · 방해 또는 기피한 경우

● 해설

산업안전보건법령상 안전관리전문기관의 지정을 취소하여야 하는 경우
1. 거짓이나 그 밖의 부정한 방법으로 지정받은 경우
2. 업무정지기간 중 업무를 수행한 경우
3. 지정 요건을 충족하지 못한 경우
4. 지정받은 사항을 위반하여 업무를 수행한 경우
5. 기타 사유는 따로 정한다.

11 산업안전보건법령상 통합공표 대상 사업장 등에 관한 내용이다. (   )에 들어갈 사업으로 옳지 않은 것은?

> 고용노동부장관이 도급인의 사업장에서 관계수급인 근로자가 작업을 하는 경우에 도급인의 산업재해 발생건수 등에 관계수급인의 산업재해발생건수 등을 포함하여 공표하여야 하는 사업장이란 (   )에 해당하는 사업이 이루어지는 사업장으로서 도급인이 사용하는 상시근로자 수가 500명 이상이고 도급인 사업장의 사고사망만인율보다 관계수급인의 근로자를 포함하여 산출한 사고사망만인율이 높은 사업장을 말한다. 단, 여기서 사고사망만인율은 질병으로 인한 사망재해자를 제외하고 산출한 사망만인율을 말한다.

① 제조업
② 철도운송업
③ 도시철도운송업
④ 도시가스업
⑤ 전기업

해설

도급인이 사용하는 상시근로자 수가 500명 이상이고 도급인 사업장 사고사망만인율보다 관계수급인의 근로자를 포함하여 산출한 사고사망만인율이 높은 경우 도시가스업은 산업재해발생건수 등에 관계수급인의 산업재해발생건수 등을 포함하여 공표하여야 한다.

12 산업안전보건법령상 자율안전확인의 신고에 관한 설명으로 옳지 않은 것은?

① 자율안전확인대상기계 등을 제조하는 자가 「산업표준화법」 제15조에 따른 인증을 받은 경우 고용노동부장관은 자율안전확인신고를 면제할 수 있다.
② 산업용 로봇, 혼합기, 파쇄기, 컨베이어는 자율안전확인대상기계 등에 해당한다.
③ 자율안전확인대상기계 등을 수입하는 자로서 자율안전확인신고를 하여야 하는 자는 수입하기 전에 신고서에 제품의 설명서, 자율안전확인대상기계 등의 자율안전기준을 충족함을 증명하는 서류를 첨부하여 한국산업안전보건공단에 제출해야 한다.
④ 자율안전확인의 표시를 하는 경우 인체에 상해를 입힐 우려가 있는 재질이나 표면이 거친 재질을 사용해서는 안 된다.
⑤ 고용노동부장관은 신고된 자율안전확인대상기계 등의 안전에 관한 성능이 자율안전기준에 맞지 아니하게 된 경우 신고한 자에게 1년 이내의 기간을 정하여 자율안전기준에 맞게 시정하도록 명할 수 있다.

해설

산업안전보건법령상 자율안전확인의 신고

1. 자율안전확인대상기계 등을 제조하는 자가 「산업표준화법」 제15조에 따른 인증을 받은 경우 고용노동부장관은 자율안전확인신고를 면제할 수 있다.
2. 산업용 로봇, 혼합기, 파쇄기, 컨베이어는 자율안전확인대상기계 등에 해당한다.
3. 자율안전확인대상기계 등을 수입하는 자로서 자율안전확인신고를 하여야 하는 자는 수입하기 전에 신고서에 제품의 설명서, 자율안전확인대상기계 등의 자율안전기준을 충족함을 증명하는 서류를 첨부하여 한국산업안전보건공단에 제출해야 한다.

◉ ANSWER | 11 ④ 12 ⑤

4. 자율안전확인의 표시를 하는 경우 인체에 상해를 입힐 우려가 있는 재질이나 표면이 거친 재질을 사용해서는 안 된다.
5. 고용노동부장관은 신고된 자율안전확인 대상 기계·기구 등의 성능이 맞지 아니하게 된 경우 6개월 이내의 기간을 정하여 사용금지, 개선명령을 할 수 있다.

13 산업안전보건법령상 공정안전보고서에 포함되어야 하는 사항을 모두 고른 것은?

| ㄱ. 공정위험성평가서 | ㄴ. 안전운전계획 |
| ㄷ. 비상조치계획 | ㄹ. 공정안전자료 |

① ㄱ
② ㄴ, ㄹ
③ ㄷ, ㄹ
④ ㄱ, ㄴ, ㄷ
⑤ ㄱ, ㄴ, ㄷ, ㄹ

● 해설

산업안전보건법령상 공정안전보고서에 포함되어야 하는 사항
1. 공정위험성평가서
2. 안전운전계획
3. 비상조치계획
4. 공정안전자료

14 산업안전보건법령상 사업장의 상시근로자 수가 50명인 경우에 산업안전보건위원회를 구성해야 할 사업은?

① 컴퓨터 프로그래밍, 시스템 통합 및 관리업
② 소프트웨어 개발 및 공급업
③ 비금속 광물제품 제조업
④ 정보서비스업
⑤ 금융 및 보험업

● 해설

산업안전보건위원회를 구성해야 할 사업의 종류

사업의 종류	사업장의 근로자의 수
1. 토사석 광업 2. 목재 및 나무제품 제조업 : 가구 제외 3. 화학물질 및 화학제품 제조업 : 의약품 제외(세제, 화장품 및 고아택제 제조업과 화학섬유 제조업은 제외한다.) 4. 비금속 광물제품 제조업 5. 1차 금속 제조업 6. 금속가공제품 제조업 : 기계 및 가구 제외 7. 자동차 및 트레일러 제조업 8. 기타 기계 및 장비 제조업(사무용 기계 및 장비 제조업은 제외한다.) 9. 기타 운송장비 제조업(전투용 차량 제조업은 제외한다.)	상시근로자 50명 이상

15 산업안전보건법령상 사업주가 관리감독자에게 수행하게 하여야 하는 산업안전 및 보건에 관한 업무로 명시되지 않은 것은?

① 산업재해에 관한 통계의 기록 및 유지에 관한 사항
② 사업장 내 관리감독자가 지휘·감독하는 작업과 관련된 기계·기구 또는 설비의 안전·보건 점검 및 이상 유무의 확인
③ 관리감독자에게 소속된 근로자의 작업복·보호구 및 방호장치의 점검과 그 착용·사용에 관한 교육·지도
④ 해당작업에서 발생한 산업재해에 관한 보고 및 이에 대한 응급조치
⑤ 해당작업의 작업장 정리·정돈 및 통로 확보에 대한 확인·감독

●해설

산업안전보건법령상 사업주가 관리감독자에게 수행하게 하여야 하는 산업안전 및 보건에 관한 업무
1. 사업장 내 관리감독자가 지휘·감독하는 작업과 관련된 기계·기구 또는 설비의 안전·보건 점검 및 이상 유무의 확인
2. 관리감독자에게 소속된 근로자의 작업복·보호구 및 방호장치의 점검과 그 착용·사용에 관한 교육·지도
3. 해당작업에서 발생한 산업재해에 관한 보고 및 이에 대한 응급조치
4. 해당작업의 작업장 정리·정돈 및 통로 확보에 대한 확인·감독

16 산업안전보건법령상 도급승인 대상 작업에 관한 것으로 "급성 독성, 피부부식성 등이 있는 물질의 취급 등 대통령령으로 정하는 작업"에 관한 내용이다. (　)에 들어갈 내용을 순서대로 옳게 나열한 것은?

> • 중량비율 (ㄱ)퍼센트 이상의 황산, 불화수소, 질산 또는 염화수소를 취급하는 설비를 개조·분해·해체·철거하는 작업 또는 해당 설비의 내부에서 이루어지는 작업. 다만, 도급인이 해당 화학물질을 모두 제거한 후 증명자료를 첨부하여 (ㄴ)에게 신고한 경우는 제외한다.
> • 그 밖에 「산업재해보상보험법」 제8조제1항에 따른 (ㄷ)의 심의를 거쳐 고용노동부장관이 정하는 작업

① ㄱ : 1, ㄴ : 고용노동부장관, ㄷ : 산업재해보상보험 및 예방심의위원회
② ㄱ : 1, ㄴ : 한국산업안전보건공단 이사장, ㄷ : 산업재해보상보험 및 예방심의위원회
③ ㄱ : 2, ㄴ : 고용노동부장관, ㄷ : 산업재해보상보험 및 예방심의위원회
④ ㄱ : 2, ㄴ : 지방고용노동관서의 장, ㄷ : 산업안전보건심의위원회
⑤ ㄱ : 3, ㄴ : 고용노동부장관, ㄷ : 산업안전보건심의위원회

●해설

도급승인 대상 작업에 관한 것으로 "급성 독성, 피부부식성 등이 있는 물질의 취급 등 대통령령으로 정하는 작업"
1. 중량비율 1퍼센트 이상의 황산, 불화수소, 질산 또는 염화수소를 취급하는 설비를 개조·분해·해체·철거하는 작업 또는 해당 설비의 내부에서 이루어지는 작업. 다만, 도급인이 해당 화학물질을 모두 제거한 후 증명자료를 첨부하여 고용노동부장관에게 신고한 경우는 제외한다.
2. 그 밖에 「산업재해보상보험법」 제8조제1항에 따른 산업재해보상보험 및 예방심의위원회의 심의를 거쳐 고용노동부장관이 정하는 작업

⦿ ANSWER | 15 ① 16 ①

17 산업안전보건법령상 보건관리자에 관한 설명으로 옳지 않은 것은?

① 상시근로자 300명 이상을 사용하는 사업장의 사업주는 보건관리자에게 그 업무만을 전담하도록 하여야 한다.

② 안전인증대상기계 등과 자율안전확인대상기계 등 중 보건과 관련된 보호구(保護具) 구입 시 적격품 선정에 관한 보좌 및 지도·조언은 보건관리자의 업무에 해당한다.

③ 외딴곳으로서 고용노동부장관이 정하는 지역에 있는 사업장의 사업주는 보건관리전문기관에 보건 관리자의 업무를 위탁할 수 있다.

④ 보건관리자의 업무를 위탁할 수 있는 보건관리전문기관은 지역별 보건관리전문기관과 업종별·유 해인자별 보건관리전문기관으로 구분한다.

⑤ 「의료법」에 따른 간호사는 보건관리자가 될 수 없다.

◗해설

「의료법」에 따른 간호사도 보건관리자가 될 수 있다.

18 산업안전보건법령상 안전보건관리규정(이하 "규정"이라 함)에 관한 설명으로 옳은 것은?

① 안전 및 보건에 관한 관리조직은 규정에 포함되어야 하는 사항이 아니다.

② 규정 중 취업규칙에 반하는 부분에 관하여는 규정으로 정한 기준이 취업규칙에 우선하여 적용된다.

③ 산업안전보건위원회가 설치되어 있지 아니한 사업장의 사업주가 규정을 작성할 때에는 지방고용노 동관서의 장의 승인을 받아야 한다.

④ 사업주가 규정을 작성할 때에는 산업안전보건위원회의 심의·의결을 거쳐야 하나, 변경할 때에는 심의만 거치면 된다.

⑤ 규정을 작성해야 하는 사업의 사업주는 규정을 작성해야 할 시유가 발생한 날부터 30일 이내에 작성 해야 한다.

◗해설

① 안전 및 보건에 관한 관리조직은 규정에 포함되어야 하는 사항이다.

② 규정 중 취업규칙에 반하는 부분에 관하여는 규정으로 정한 기준이 우선하여 적용된다.

③ 산업안전보건위원회가 설치되어 있지 아니한 사업장의 사업주가 규정을 작성할 때에는 근로자대표의 동의를 받 아야 한다.

④ 사업주가 규정을 작성할 때에는 산업안전보건위원회의 심의·의결을 거쳐야 하나, 변경할 때에도 동일하다.

19 산업안전보건법령상 고용노동부장관이 안전관리전문기관 또는 보건관리전문기관의 지정을 취소 하거나 6개월 이내의 기간을 정하여 그 업무의 정지를 명할 수 있도록 하는 규정이 준용되는 기관 이 아닌 것은?

① 안전보건교육기관   ② 안전보건진단기관

③ 건설재해예방전문지도기관   ④ 역학조사 실시 업무를 위탁받은 기관

⑤ 석면조사기관

◉ ANSWER | 17 ⑤ 18 ⑤ 19 ④

산업안전보건법령상 고용노동부장관이 안전관리전문기관 또는 보건관리전문기관의 지정을 취소하거나 6개월 이내의 기간을 정하여 그 업무의 정지를 명할 수 있도록 하는 규정이 준용되는 기관
1. 안전보건교육기관
2. 안전보건진단기관
3. 건설재해예방전문지도기관
4. 석면조사기관

20 산업안전보건법령상 사업주가 작업환경측정을 할 때 지켜야 할 사항으로 옳은 것을 모두 고른 것은?

> ㄱ. 작업환경측정을 하기 전에 예비조사를 할 것
> ㄴ. 일출 후, 일몰 전에 실시할 것
> ㄷ. 모든 측정은 지역시료채취방법으로 하되, 지역시료채취방법이 곤란한 경우에는 개인시료채취방법으로 실시할 것
> ㄹ. 작업환경측정기관에 위탁하여 실시하는 경우에는 해당 작업환경측정기관에 공정별 작업내용, 화학물질의 사용실태 및 물질안전보건자료 등 작업환경측정에 필요한 정보를 제공할 것

① ㄱ, ㄹ
② ㄴ, ㄷ
③ ㄷ, ㄹ
④ ㄱ, ㄴ, ㄹ
⑤ ㄱ, ㄴ, ㄷ, ㄹ

작업환경측정 원칙
1. 작업환경측정 실시 전 예비조사 실시
2. 작업이 정상적으로 이루어져 작업시간과 유해인자에 대한 근로자의 노출 정도를 정확히 평가할 수 있을 때 실시
3. 모든 측정은 개인시료채취방법으로 실시하되 개인시료채취방법이 곤란한 경우 지역시료채취방법으로 실시
4. 작업환경측정기관에 위탁하여 실시하는 경우에는 해당 작업환경측정기관에 공정별 작업내용, 화학물질의 사용실태 및 물질안전보건자료 등 작업환경측정에 필요한 정보를 제공할 것

21 산업안전보건법령상 같은 유해인자에 노출되는 근로자들에게 유사한 질병의 증상이 발생한 경우에 고용노동부장관은 근로자의 건강을 보호하기 위하여 사업주에게 특정 근로자에 대해 건강진단을 실시할 것을 명할 수 있다. 이에 해당하는 건강진단은?

① 일반건강진단
② 특수건강진단
③ 배치 전 건강진단
④ 임시건강진단
⑤ 수시건강진단

건강진단의 종류
1. 임시건강진단 : 산업안전보건법령상 같은 유해인자에 노출되는 근로자들에게 유사한 질병의 증상이 발생한 경우에 고용노동부장관은 근로자의 건강을 보호하기 위하여 사업주에게 특정 근로자에 대해 건강진단을 실시할 것을 명하는 건강진단

⊙ **ANSWER** | **20** ① **21** ④

2. 특수건강진단 : 특수건강진단 대상유해인자에 노출되는 업무에 종사하는 근로자의 건강관리를 위해 실시하는
   건강진단
3. 배치 전 건강진단 : 특수건강진단 대상업무에 종사할 근로자에 대하여 배치 예정업무에 대한 적합성 평가를 위해
   실시하는 건강진단
4. 수시건강진단 : 특수건강진단 대상업무로 인해 해당 유해인자에 의한 직업성천식, 직업성피부염, 기타 건강장해
   를 위심하게 하는 증상을 보이거나 의학적 소견이 있는 근로자에 대해 실시하는 건강진단

22 산업안전보건법령상 유해성 · 위험성 조사 제외 화학물질로 규정되어 있지 않은 것은?(단, 고용노동부장관이 공표하거나 고시하는 물질은 고려하지 않음)

① 「의료기기법」제2조제1항에 따른 의료기기
② 「약사법」제2조제4호 및 제7호에 따른 의약품 및 의약외품(醫藥外品)
③ 「건강기능식품에 관한 법률」제3조제1호에 따른 건강기능식품
④ 「첨단재생의료 및 첨단바이오의약품 안전 및 지원에 관한 법률」제2조제5호에 따른 첨단바이오의약품
⑤ 천연으로 산출된 화학물질

해설

유해성 · 위험성조사 제외대상물질

구분	법령
원소	–
천연으로 산출된 화학물질	–
건강기능식품	건강기능식품에 관한 법률
군수품	군수품관리법 및 방위사업법 (군수품관리법 제3조에 따른 통상품은 제외)
농약 및 원제	농약관리법
마약류	마약류 관리에 관한 법률
비료	비료관리법
사료	사료관리법
살생물질 및 살생물제품	생활화학제품 및 살생물제의 안전관리에 관한 법률
식품 및 식품첨가물	식품위생법
의약품 및 의약외품	약사법
방사성물질	원자력안전법
위생용품	위생용품 관리법
의료기기	의료기기법
화약류	총포 · 도검 · 화약류 등의 안전관리에 관한 법률
사료	사료관리법
화장품과 화장품에 사용하는 원료	화장품법
연간 제조량 · 수입량 이하로 제조하거나 수입한 물질	법 제108조제3항에 따라 고용노동부장관이 명칭, 유해성 · 위험성, 근로자의 건강장해 예방을 위한 조치 사항 및 연간 제조량 · 수입량을 공표한 물질로서 공표된 연간 제조량 · 수입량 이하로 제조하거나 수입한 물질
화학물질 목록에 기록되어 있는 물질	고용노동부장관이 환경부장관과 협의하여 고시하는 화학물질 목록에 기록되어 있는 물질

◉ ANSWER | 22 ④

23 산업안전보건법령상 작업환경측정 또는 건강진단의 실시 결과만으로 직업성 질환에 걸렸는지를 판단하기 곤란한 근로자의 질병에 대하여 한국산업안전보건공단에 역학조사를 요청할 수 있는 자로 규정되어 있지 않은 자는?

① 사업주
② 근로자대표
③ 보건관리자
④ 건강진단기관의 의사
⑤ 산업안전보건위원회의 위원장

해설

산업안전보건법령상 작업환경측정 또는 건강진단의 실시 결과만으로 직업성질환에 걸렸는지를 판단하기 곤란한 근로자의 질병에 대하여 한국산업안전보건공단에 역학조사를 요청할 수 있는 자는 다음과 같다.
1. 사업주
2. 근로자대표
3. 보건관리자
4. 건강진단기관의 의사

24 산업안전보건법령상 징역 또는 벌금에 처해질 수 있는 자는?

① 작업환경측정 결과를 해당 작업장 근로자에게 알리지 아니한 사업주
② 등록하지 아니하고 타워크레인을 설치 · 해체한 자
③ 석면이 포함된 건축물이나 설비를 철거하거나 해체하면서 고용노동부령으로 정하는 석면해체 · 제거의 작업기준을 준수하지 아니한 자
④ 역학조사 참석이 허용된 사람의 역학조사 참석을 방해한 자
⑤ 물질안전보건자료대상물질을 양도하면서 이를 양도받는 자에게 물질안전보건자료를 제공하지 아니한 자

해설

석면이 포함된 건축물이나 설비를 철거하거나 해체하면서 고용노동부령으로 정하는 석면해체 · 제거의 작업기준을 준수하지 아니한 자는 벌금에 처할 수 있다.

25 산업안전보건법령상 근로의 금지 및 제한에 관한 설명으로 옳은 것은?

① 사업주가 잠수 작업에 종사하는 근로자에게 1일 6시간, 1주 36시간 근로하게 하는 것은 허용된다.
② 사업주는 알코올중독의 질병이 있는 근로자를 고기압 업무에 종사하도록 해서는 안 된다.
③ 사업주가 조현병에 걸린 사람에 대해 근로를 금지하는 경우에는 미리 보건관리자(의사가 아닌 보건관리자 포함), 산업보건의 또는 건강검진을 실시한 의사의 의견을 들어야 한다.
④ 사업주는 마비성 치매에 걸릴 우려가 있는 사람에 대해 근로를 금지해야 한다.
⑤ 사업주는 전염될 우려가 있는 질병에 걸린 사람이 있는 경우 전염을 예방하기 위한 조치를 한 후에도 그 사람의 근로를 금지해야 한다.

근로의 금지

1. 고압실 내 작업에 근로자를 종사하게 하는 때 : 고압시간은 1일 6시간, 1주 34시간을 초과하지 아니한다.

2. 보건관리자(의사가 아닌 보건관리자 포함), 산업보건의 또는 건강검진을 실시한 의사의 의견을 들어야 하는 대상 : 전염병 우려가 있는 질병에 걸린 사람, 조현병, 마비성 치매에 걸린 사람, 심장신장 · 폐질환이 있는 사람으로 병세가 악화될 우려가 있는 사람

3. 건강진단 결과 유해물질에 중독된 사람, 중독 우려가 있다고 의사가 인정한 사람, 진료소견, 방사선에 피폭된 사람을 해당 물질이나 방사선 취급 업무 또는 해당업무로 건강악화 우려가 있는 업무에 종사하도록 해서는 안 된다.

4. 다음의 질병자는 고기압 업무에 종사하도록 해서는 안 된다.
   ① 감압증, 그 밖의 고기압장해 또는 그 후유증
   ② 결핵, 급성상기도감염, 진폐, 폐기종, 호흡기계 질병
   ③ 빈혈증, 심장판막증, 관상동맥경화증, 고혈압, 혈액순환기계의 질병
   ④ 정신신경증, 알코올중독, 신경통, 그 밖의 정신신경계 질병
   ⑤ 메니에르씨병, 중이염, 그 밖의 이관협착수반 귀질환
   ⑥ 관절염, 류마티스, 그 밖의 운동기계 질병
   ⑦ 천식, 비만증, 바세도우씨병, 그 밖의 알레르기성 · 내분비계 · 물질대사 · 영양장해 관련 질병

1과목 산업안전보건법령

01 산업안전보건법령상 안전보건관리체제에 관한 설명으로 옳지 않은 것은?

① 안전보건관리책임자는 안전관리자와 보건관리자를 지휘 · 감독한다.

② 사업주는 사업장을 실질적으로 총괄하여 관리하는 사람에게 해당 사업장의 작업환경측정 등 작업 환경의 점검 및 개선에 관한 업무를 총괄하여 관리하도록 하여야 한다.

③ 사업주는 안전관리자에게 산업안전 및 보건에 관한 업무로서 해당 작업에서 발생한 산업재해에 관 한 보고 및 이에 대한 응급조치에 관한 업무를 수행하도록 하여야 한다.

④ 사업주는 안전보건관리책임자가 산업안전보건법에 따른 업무를 원활하게 수행할 수 있도록 권한 · 시설 · 장비 · 예산, 그 밖에 필요한 지원을 해야 한다.

⑤ 사업주는 안전보건관리책임자를 선임했을 때에는 그 선임 사실 및 산업안전보건법에 따른 업무의 수행내용을 증명할 수 있는 서류를 갖추어 두어야 한다.

●**해설**

1. 안전관리자의 업무
   1) 산업안전보건위원회 또는 노사협의체에서 심의 · 의결한 업무와 해당 사업장의 안전보건관리규정 및 취업규 칙에서 정한 업무
      ① 안전인증대상 기계 · 기구 등과 자율안전확인대상 기계 · 기구 등의 구입 시 적격품의 선정에 관한 보좌 및 조언 · 지도
      ② 위험성평가에 관한 보좌 및 조언 · 지도
   2) 해당 사업장 안전교육계획의 수립 및 안전교육 실시에 관한 보좌 및 조언 · 지도
   3) 사업장 순회점검 · 지도 및 조치의 건의
   4) 산업재해 발생의 원인 조사 · 분석 및 재발 방지를 위한 기술적 보좌 및 조언 · 지도
   5) 산업재해에 관한 통계의 유지 · 관리 · 분석을 위한 보좌 및 조언 · 지도
   6) 법 또는 법에 따른 명령으로 정한 안전에 관한 사항의 이행에 관한 보좌 및 조언 · 지도
   7) 업무수행 내용의 기록 · 유지
   8) 그 밖에 안전에 관한 사항으로서 고용노동부장관이 정하는 사항

2. 안전보건관리책임자의 업무
   1) 산업재해예방계획의 수립에 관한 사항
   2) 안전보건관리규정의 작성 및 변경에 관한 사항
   3) 근로자의 안전 · 보건교육에 관한 사항
   4) 작업환경측정 등 작업환경의 점검 및 개선에 관한 사항
   5) 근로자의 건강진단 등 건강관리에 관한 사항
   6) 산업재해의 원인 조사 및 재발 방지대책 수립에 관한 사항
   7) 산업재해에 관한 통계의 기록 및 유지에 관한 사항
   8) 안전 · 보건과 관련된 안전장치 및 보호구 구입 시의 적격품 여부 확인에 관한 사항
   9) 그 밖에 근로자의 유해 · 위험 예방조치에 관한 사항으로서 고용노동부령으로 정하는 사항

◉ **ANSWER** | 01 ③

02 산업안전보건법령상 협조 요청 등에 관한 설명으로 옳지 않은 것은?

① 고용노동부장관은 산업재해 예방에 관한 기본계획을 효율적으로 시행하기 위하여 필요하다고 인정할 때에는 공공기관의 운영에 관한 법률에 따른 공공기관의 장에게 필요한 협조를 요청할 수 있다.

② 고용노동부를 제외한 행정기관의 장은 사업장의 안전 및 보건에 관하여 규제를 하려면 미리 고용노동부장관과 협의하여야 한다.

③ 고용노동부장관은 산업재해 예방을 위하여 필요하다고 인정할 때에는 사업주단체에 필요한 사항을 권고하거나 협조를 요청할 수 있다.

④ 고용노동부장관은 산업재해 예방을 위하여 중앙행정기관의 장과 지방자치단체의 장에게 소득세법에 따른 납세실적에 관한 정보의 제공을 요청할 수 있다.

⑤ 고용노동부장관은 산업재해 예방을 위하여 중앙행정기관의 장과 지방자치단체의 장 또는 공단 등 관련 기관 · 단체의 장에게 고용보험법에 따른 근로자의 피보험자격의 취득 및 상실 등에 관한 정보의 제공을 요청할 수 있다.

● **해설**

산업안전보건법령상 고용노동부장관의 협조 · 요청 범위
1. 산업재해 예방에 관한 기본계획을 효율적으로 시행하기 위해 공공기관의 장에게 협조를 요청할 수 있다.
2. 산업재해 예방을 위해 사업주단체에 필요 사항을 권고하거나 협조를 요청할 수 있다.
3. 산업재해 예방을 위해 관련기관 · 단체의 장에게 근로자의 피보험자격 취득 및 상실 등에 관한 정보제공을 요청할 수 있다.
4. 고용노동부장관을 제외한 행정기관의 장은 사업장 안전 및 보건에 관한 규제를 하려면 사전에 고용노동부장관과 협의해야 한다.

정부의 책무
1. 산업안전보건정책의 수립 · 집행 · 조정 · 통제
2. 사업장에 대한 재해예방지원 · 지도
3. 유해하거나 위험한 기계 · 기구 · 설비 및 방호장치 · 보호구 등의 안전성평가 및 개선
4. 유해하거나 위험한 기계 · 기구 · 설비 · 물질에 대한 안전 · 보건상의 조치기준 작성 및 지도 · 감독
5. 사업의 자율적인 안전 · 보건 경영체제 확립을 위한 지원
6. 안전 · 보건의식을 북돋우기 위한 홍보 · 교육 및 무재해운동 등 안전문화 추진
7. 안전 · 보건을 위한 기술의 연구 · 개발 및 시설의 설치 · 운영
8. 산업재해에 관한 조사 및 통계의 유지 · 관리
9. 안전 · 보건 관련 단체 등에 대한 지원 및 지도 · 감독
10. 그 밖에 근로자의 안전 및 건강의 보호 · 증진

03 산업안전보건법령상 산업재해발생건수 등 공표 대상 사업장에 해당하는 것은?

① 사망재해자가 연간 1명 이상 발생한 사업장

② 사망만인율(연간 상시근로자 1만 명당 발생하는 사망재해자 수의 비율)이 규모별 같은 업종의 평균 사망만인율 이상인 사업장

③ 산업안전보건법에 따른 중대재해가 발생한 사업장

④ 산업재해 발생 사실을 은폐했거나 은폐할 우려가 있는 사업장

⑤ 산업안전보건법에 따른 산업재해의 발생에 관한 보고를 최근 3년 이내 1회 이상 하지 않은 사업장

공표 대상 사업장
1. 중대재해가 발생한 사업장으로서 해당 중대재해 발생 연도의 연간 산업재해율이 규모별 같은 업종의 평균 재해율 이상인 사업장
2. 산업재해로 인한 사망자가 연간 2명 이상 발생한 사업장
3. 사망만인율이 규모별 같은 업종의 평균 사망만인율 이상인 사업장
4. 산업재해의 발생에 관한 보고를 최근 3년 이내 2회 이상 하지 않은 사업장
5. 중대산업사고가 발생한 사업장

04 산업안전보건법령상 사업주가 산업안전보건위원회의 심의 · 의결을 거쳐야 하는 사항을 모두 고른 것은?

> ㄱ. 안전장치 및 보호구 구입 시 적격품 여부 확인에 관한 사항
> ㄴ. 작업환경측정 등 작업환경의 점검 및 개선에 관한 사항
> ㄷ. 산업재해의 원인 조사 및 재발 방지대책 수립에 관한 사항 중 중대재해에 관한 사항
> ㄹ. 유해하거나 위험한 기계 · 기구 · 설비를 도입한 경우 안전 및 보건 관련 조치에 관한 사항

① ㄱ
② ㄱ, ㄴ
③ ㄷ, ㄹ
④ ㄴ, ㄷ, ㄹ
⑤ ㄱ, ㄴ, ㄷ, ㄹ

심의 · 의결 사항
1. 산업재해 예방계획의 수립에 관한 사항
2. 안전보건관리규정의 작성 및 변경에 관한 사항
3. 근로자의 안전 · 보건교육에 관한 사항
4. 작업환경측정 등 작업환경의 점검 및 개선에 관한 사항
5. 근로자의 건강진단 등 건강관리에 관한 사항
6. 중대재해의 원인 조사 및 재발 방지대책 수립에 관한 사항
7. 산업재해에 관한 통계의 기록 및 유지에 관한 사항
8. 유해하거나 위험한 기계 · 기구와 그 밖의 설비를 도입한 경우 안전 · 보건조치에 관한 사항

05 산업안전보건법령상 안전보건관리규정에 관한 설명으로 옳은 것은?

① 사업주는 안전보건관리규정을 작성해야 할 사유가 발생한 날부터 30일 이내에, 이를 변경할 사유가 발생한 경우에 15일 이내에 안전보건관리규정을 작성해야 한다
② 사업주가 안전보건관리규정을 작성할 때에는 소방 · 가스 · 전기 · 교통 분야 등의 다른 법령에서 정하는 안전관리에 관한 규정과 통합하여 작성해서는 안 된다.
③ 안전보건관리규정이 단체협약에 반하는 경우 안전보건관리규정으로 정한 기준에 따른다.
④ 산업안전보건위원회가 설치되어 있지 아니한 사업장의 경우에는 사업주가 안전보건관리규정을 작성하거나 변경할 때에는 근로자 대표의 동의를 받아야 한다.
⑤ 안전보건관리규정에는 안전 및 보건에 관한 관리조직에 관한 사항은 포함되지 않는다.

●해설

1. 안전보건관리규정 작성 및 변경시기
   1) 최초 작성사유 발생일 기준 30일 이내 작성
   2) 변경사유 발생일로부터 30일 이내
2. 안전보건관리규정 작성 시 유의사항
   1) 실제현장의 재해예방 차원에서 작성할 것
   2) 법적 기준을 최저수준으로 법 기준을 상회할 것
   3) 책임자의 작업 내용을 중심으로 작성할 것
   4) 활용이 용이한 규정이 되도록 할 것
   5) 현장의 의견을 충분히 반영할 것
   6) 정상작업 및 사고 · 재해 조사 시 조치에 관해서도 작성할 것

06 산업안전보건법령상 사업주의 의무 사항에 해당하는 것은?

① 산업안전 및 보건정책의 수립 및 집행
② 해당 사업장의 안전 및 보건에 관한 정보를 근로자에게 제공
③ 산업재해에 관한 조사 및 통계의 유지 · 관리
④ 산업안전 및 보건 관련 단체 등에 대한 지원 및 지도 · 감독
⑤ 산업안전 및 보건에 관한 의식을 북돋우기 위한 홍보 · 교육 등 안전문화 확산 추진

●해설

사업주의 의무

1. 산업재해 예방을 위한 기준을 지킬 것
2. 근로자의 신체적 피로와 정신적 스트레스 등을 줄일 수 있는 쾌적한 작업환경을 조성하고 근로조건을 개선할 것
3. 해당 사업장의 안전 · 보건에 관한 정보를 근로자에게 제공할 것

07 산업안전보건법령상 용어에 관한 설명으로 옳지 않은 것은?

① 건설공사발주자는 도급인에 해당한다.
② 근로자의 과반수로 조직된 노동조합이 없는 경우에는 근로자의 과반수를 대표하는 자를 근로자대표로 한다.
③ 노무를 제공하는 사람이 업무에 관계되는 설비에 의하여 질병에 걸리는 것은 산업재해에 해당한다.
④ 명칭에 관계없이 물건의 제조 · 건설 · 수리 또는 서비스의 제공, 그 밖의 업무를 타인에게 맡기는 계약은 도급이다.
⑤ 산업재해 중 3개월 이상의 요양이 필요한 부상자가 동시에 2명 이상 발생한 재해는 중대재해에 해당한다.

●해설

산업안전보건법 제2조(정의)

1. 도급인이란 물건의 제조 · 건설 · 수리 또는 서비스의 제공, 그 밖의 업무를 도급하는 사업주를 말한다. 다만, 건설공사발주자는 제외한다.

◉ ANSWER | 06 ② 07 ①

2. 건설공사발주자란 건설공사를 도급하는 자로서 건설공사의 시공을 주도하여 총괄 · 관리하지 아니하는 자를 말한다. 다만, 도급받은 건설공사를 다시 도급하는 자는 제외한다.
3. 도급인은 관계수급인 근로자가 도급인의 사업장에서 작업을 하는 경우에 자신의 근로자와 관계수급인 근로자의 산업재해를 예방하기 위하여 안전 및 보건 시설의 설치 등 필요한 안전조치 및 보건조치의무를 부담하고 이를 위반할 경우 3년 이하의 징역 또는 3천만 원 이하의 벌금에 처해진다.
4. 건설공사발주자는 각 건설공사 단계에 있어 안전보건대장 작성 등 산업재해 예방조치를 위할 의무를 부담하고, 이를 위반할 경우 1천만 원 이하의 과태료에 처해진다.

08 산업안전보건법령상 자율검사프로그램에 따른 안전검사를 할 수 있는 검사원의 자격을 갖추지 못한 사람은?

① 국가기술자격법에 따른 기계 · 전기 · 전자 · 화공 또는 산업안전 분야에서 기사 이상의 자격을 취득 후 해당 분야의 실무경력이 4년인 사람
② 국가기술자격법에 따른 기계 · 전기 · 전자 · 화공 또는 산업안전 분야에서 산업기사 이상의 자격을 취득 후 해당 분야의 실무경력이 6년인 사람
③ 초 · 중등교육법에 따른 고등학교 · 고등기술학교에서 기계 · 전기 또는 전자 · 화공 관련 학과를 졸업한 후 해당 분야의 실무경력이 6년인 사람
④ 고등교육법에 따른 학교 중 수업연한이 4년인 학교에서 기계 · 전기 · 전자 · 화공 또는 산업안전 분야의 관련 학과를 졸업한 후 해당 분야의 실무경력이 4년인 사람
⑤ 국가기술자격법에 따른 기계 · 전기 · 전자 · 화공 또는 산업안전 분야에서 기능사 이상의 자격을 취득 후 해당 분야의 실무경력이 8년인 사람

해설

검사원의 자격
1. 기사 이상의 자격을 취득한 사람으로서 해당 분야의 실무경력이 3년 이상인 사람
2. 산업기사 이상의 자격을 취득한 사람으로서 해당 분야의 실무경력이 5년 이상인 사람
3. 기능사 이상의 자격을 취득한 사람으로서 해당 분야의 실무경력이 7년 이상인 사람
4. 수업연한이 4년인 학교에서 관련 학과를 졸업한 사람으로서 해당 분야의 실무경력이 3년 이상인 사람
5. 수업연한이 4년인 학교 외의 학교에서 관련 학과를 졸업한 사람으로서 해당 분야의 실무경력이 5년 이상인 사람
6. 고등학교 · 고등기술학교에서 관련 학과를 졸업한 사람으로서 해당 분야의 실무경력이 7년 이상인 사람

09 산업안전보건법령상 안전보건관리책임자에 대한 신규교육 및 보수교육의 교육시간이 옳게 연결된 것은?(단, 다른 면제조건이나 감면조건을 고려하지 않음)

① 신규교육 : 6시간 이상, 보수교육 : 6시간 이상
② 신규교육 : 10시간 이상, 보수교육 : 6시간 이상
③ 신규교육 : 10시간 이상, 보수교육 : 10시간 이상
④ 신규교육 : 24시간 이상, 보수교육 : 10시간 이상
⑤ 신규교육 : 24시간 이상, 보수교육 : 24시간 이상

◉ ANSWER | 08 ③ 09 ①

안전보건교육의 대상자별 교육시간

1. 사업장 내 안전 · 보건교육

교육과정	교육대상		교육시간	5인 이상 50인 미만의 도매업과 숙박 및 음식점업의 교육시간
가. 정기교육	사무직 종사 근로자		매 분기 3시간 이상	매 분기 1.5시간 이상
	사무직 종사 근로자 외의 근로자	판매업무에 직접 종사하는 근로자	매 분기 3시간 이상	매 분기 1.5시간 이상
		판매업무에 직접 종사하는 근로자 외의 근로자	매 분기 6시간 이상	매 분기 3시간 이상
	관리감독자의 지위에 있는 사람		연간 16시간 이상	연간 8시간 이상
나. 채용 시의 교육	일용근로자		1시간 이상	0.5시간 이상
	일용근로자를 제외한 근로자		8시간 이상	4시간 이상
다. 작업내용 변경 시 교육	일용근로자		1시간 이상	0.5시간 이상
	일용근로자를 제외한 근로자		2시간 이상	1시간 이상
라. 특별교육	일용근로자		2시간 이상	
	타워크레인 신호작업에 종사하는 일용근로자		8시간 이상	
	일용근로자를 제외한 근로자		• 16시간 이상(최초 작업에 종사하기 전 4시간 이상 실시하고 12시간은 3개월 이내에서 분할하여 실시 가능) • 단기간 작업 또는 간헐적 작업인 경우 2시간 이상	
마. 건설업 기초안전 · 보건 교육	건설 일용근로자		4시간	

2. 안전보건관리자 등에 대한 교육

교육대상	교육시간	
	신규교육	보수교육
안전보건관리책임자	6시간 이상	6시간 이상
안전관리자, 안전관리전문기관 종사자	34시간 이상	24시간 이상
보건관리자, 보건관리전문기관 종사자	34시간 이상	24시간 이상
건설재해예방전문지도기관 종사자	34시간 이상	24시간 이상
석면조사기관 종사자	34시간 이상	24시간 이상
안전보건관리담당자	−	8시간 이상
안전검사기관 · 자율안전검사기관 종사자	34시간 이상	24시간 이상

10 산업안전보건법령상 안전인증대상기계 등이 아닌 유해·위험기계 등으로서 자율안전확인대상기계 등에 해당하는 것이 아닌 것은?

① 휴대형이 아닌 연삭기
② 파쇄기 또는 분쇄기
③ 용접용 보안면
④ 자동차정비용 리프트
⑤ 식품가공용 제면기

해설

자율안전확인대상 기계·기구 등

기계·기구 및 설비	방호장치	보호구
가. 연삭기 또는 연마기(휴대형 제외) 나. 산업용 로봇 다. 혼합기 라. 파쇄기 또는 분쇄기 마. 식품가공용 기계(파쇄, 절단, 혼합, 제면기) 바. 컨베이어 사. 자동차정비용 리프트 아. 공작기계(선반, 드릴, 평삭, 형삭기, 밀링) 자. 고정형 목재가공용 기계 차. 인쇄기	가. 아세틸렌 용접장치 또는 가스집합용접장치용 안전기 나. 교류아크 용접용 자동전격방지기 다. 롤러기 급정지장치 라. 연삭기 덮개 마. 목재가공용 둥근톱 반발 예방장치 및 날 접촉 예방장치 바. 동력식 수동대패용 칼날 접촉 방지장치 사. 추락·낙하 및 붕괴 등의 위험방지 및 보호에 필요한 가설기자재(고소작업대의 가설기자재는 제외)	가. 안전모(추락 및 감전방지용 안전모 제외) 나. 보안경(차광 및 비산물위험방지용 보안경 제외) 다. 보안면(용접용 보안면 제외) 라. 잠수기(잠수헬멧 및 잠수마스크 포함)

11 산업안전보건법령상 물질안전보건자료의 작성·제출 제외 대상 화학물질 등에 해당하지 않는 것은?

① 마약류 관리에 관한 법률에 따른 마약 및 향정신성의약품
② 사료관리법에 따른 사료
③ 생활주변방사선 안전관리법에 따른 원료물질
④ 약사법에 따른 의약품 및 의약외품
⑤ 방위사업법에 따른 군수품

해설

물질안전보건자료의 작성·제출 제외 대상 화학물질
1. 「건강기능식품에 관한 법률」 제3조제1호에 따른 건강기능식품
2. 「농약관리법」 제2조제1호에 따른 농약
3. 「마약류 관리에 관한 법률」 제2조제2호 및 제3호에 따른 마약 및 향정신성의약품
4. 「비료관리법」 제2조제1호에 따른 비료
5. 「사료관리법」 제2조제1호에 따른 사료
6. 「생활주변방사선 안전관리법」 제2조제2호에 따른 원료물질
7. 「생활화학제품 및 살생물제의 안전관리에 관한 법률」 제3조제4호 및 제8호에 따른 안전확인대상생활화학제품 및 살생물제품 중 일반소비자의 생활용으로 제공되는 제품
8. 「식품위생법」 제2조제1호 및 제2호에 따른 식품 및 식품첨가물
9. 「약사법」 제2조제4호 및 제7호에 따른 의약품 및 의약외품
10. 「원자력안전법」 제2조제5호에 따른 방사성물질

◉ ANSWER | 10 ③ 11 ⑤

11. 「위생용품 관리법」 제2조제1호에 따른 위생용품
12. 「의료기기법」 제2조제1항에 따른 의료기기
13. 「총포 · 도검 · 화약류 등의 안전관리에 관한 법률」 제2조제3항에 따른 화약류
14. 「폐기물관리법」 제2조제1호에 따른 폐기물
15. 「화장품법」 제2조제1호에 따른 화장품
16. 제1호부터 제15호까지의 규정 외의 화학물질 또는 혼합물로서 일반소비자의 생활용으로 제공되는 것(일반소비자의 생활용으로 제공되는 화학물질 또는 혼합물이 사업장 내에서 취급되는 경우를 포함한다.)
17. 고용노동부장관이 정하여 굇하는 연구 · 개발용 화학물질 또는 화학제품. 이 경우 법 제110조제1항부터 제3항까지의 규정에 따른 자료의 제출만 제외된다.
18. 그 밖에 고용노동부장관이 독성 · 폭발성 등으로 인한 위해의 정도가 적다고 인정하여 고시하는 화학물질

12 산업안전보건법령상 안전보건교육 교육대상별 교육내용 중 근로자 정기교육에 해당하지 않는 것은?

① 관리감독자의 역할과 임무에 관한 사항
② 산업보건 및 직업병 예방에 관한 사항
③ 산업안전보건법령 및 산업재해보상보험 제도에 관한 사항
④ 직무스트레스 예방 및 관리에 관한 사항
⑤ 산업안전 및 사고 예방에 관한 사항

● 해설

근로자 정기안전 · 보건교육

1. 산업안전 및 사고 예방에 관한 사항
2. 산업보건 및 직업병 예방에 관한 사항
3. 건강증진 및 질병 예방에 관한 사항
4. 유해위험작업 환경관리에 관한 사항
5. 산업안전보건법 및 일반관리에 관한 사항
6. 직무스트레스 예방 및 관리에 관한 사항
7. 산업재해보상보험 제도에 관한 사항

13 산업안전보건법령상 유해하거나 위험한 기계 · 기구 · 설비로서 안전검사대상기계 등에 해당하는 것은?

① 정격하중 1톤인 크레인
② 이동식 국소배기장치
③ 밀폐형 구조의 롤러기
④ 가정용 원심기
⑤ 산업용 로봇

● 해설

안전검사대상 유해 · 위험기계 등

1. 프레스
2. 전단기
3. 크레인(이동식 및 정격하중 2톤 미만 제외)
4. 리프트
5. 압력용기
6. 곤돌라
7. 국소배기장치(이동식은 제외)
8. 원심기(산업용에 한정)
9. 롤러기(밀폐형 구조는 제외)
10. 사출성형기(형 체결력 294kN 미만은 제외)
11. 차량탑재형 고소작업대
12. 컨베이어
13. 산업용 로봇

● ANSWER | 12 ① 13 ⑤

14 산업안전보건법령상 도급인 및 그의 수급인 전원으로 구성된 안전 및 보건에 관한 협의체에서 협의해야 하는 사항이 아닌 것은?

① 작업의 시작 시간
② 작업의 종료 시간
③ 작업 또는 작업장 간의 연락방법
④ 재해발생 위험이 있는 경우 대피방법
⑤ 사업주와 수급인 또는 수급인 상호 간의 연락방법 및 작업공정의 조정

해설

협의체의 협의사항

1. 작업의 시작 시간
2. 작업 또는 작업장 간의 연락방법
3. 재해발생 위험이 있는 경우 대피방법
4. 작업장에서의 위험성평가의 실시에 관한 사항
5. 사업주와 수급인 또는 수급인 상호 간의 연락방법 및 작업공정의 조정

15 산업안전보건법령상 유해성 · 위험성 조사 제외 화학물질에 해당하는 것을 모두 고른 것은?

ㄱ. 원소
ㄴ. 천연으로 산출되는 화학물질
ㄷ. 총포 · 도검 · 화약류 등의 안전관리에 관한 법률에 따른 화약류
ㄹ. 생활화학제품 및 살생물질의 안전관리에 관한 법률에 따른 살생물물질 및 살생물제품
ㅁ. 폐기물관리법에 따른 폐기물

① ㄴ
② ㄱ, ㅁ
③ ㄷ, ㄹ, ㅁ
④ ㄱ, ㄴ, ㄷ, ㄹ
⑤ ㄱ, ㄴ, ㄷ, ㄹ, A

해설

유해성 · 위험성 조사 제외 화학물질

1. 원소
2. 천연으로 산출된 화학물질
3. 「건강기능식품에 관한 법률」 제3조제1호에 따른 건강기능식품
4. 「군수품관리법」 제2조 및 「방위사업법」 제3조제2호에 따른 군수품[「군수품관리법」 제3조에 따른 통상품(痛常品)은 제외한다.]
5. 「농약관리법」 제2조제1호 및 제3호에 따른 농약 및 원제
6. 「마약류 관리에 관한 법률」 제2조제1호에 따른 마약류
7. 「비료관리법」 제2조제1호에 따른 비료
8. 「사료관리법」 제2조제1호에 따른 사료
9. 「생활화학제품 및 살생물제의 안전관리에 관한 법률」 제3조제7호 및 제8호에 따른 살생물물질 및 살생물제품
10. 「식품위생법」 제2조제1호 및 제2호에 따른 식품 및 식품첨가물
11. 「약사법」 제2조제4호 및 제7호에 따른 의약품 및 의약외품(醫藥外品)
12. 「원자력안전법」 제2조제5호에 따른 방사성물질

◉ ANSWER | 14 ② 15 ④

13. 「위생용품 관리법」 제2조제1호에 따른 위생용품
14. 「의료기기법」 제2조제1항에 따른 의료기기
15. 「총포·도검·화약류 등의 안전관리에 관한 법률」 제2조제3항에 따른 화약류
16. 「화장품법」 제2조제1호에 따른 화장품과 화장품에 사용하는 원료
17. 법 제108조제3항에 따라 고용노동부장관이 명칭, 유해성·위험성, 근로자의 건강장해 예방을 위한 조치 사항 및 연간 제조량·수입량을 공표한 물질로서 공표된 연간 제조량·수입량 이하로 제조하거나 수입한 물질
18. 고용노동부장관이 환경부장관과 협의하여 고시하는 화학물질 목록에 기록되어 있는 물질

16 산업안전보건법령상 기계 등 대여자의 유해·위험 방지 조치로서 타인에게 기계 등을 대여하는 자가 해당 기계 등을 대여받은 자에게 서면으로 발급해야 할 사항을 모두 고른 것은?

> ㄱ. 해당 기계 등의 성능 및 방호조치의 내용
> ㄴ. 해당 기계 등의 특징 및 사용 시의 주의사항
> ㄷ. 해당 기계 등의 수리·보수 및 점검 내역과 주요 부품의 제조업
> ㄹ. 해당 기계 등의 정밀진단 및 수리 후 안전점검 내역, 주요 안전부품의 교환이력 및 제조일

① ㄱ, ㄹ   ② ㄴ, ㄷ
③ ㄷ, ㄹ   ④ ㄱ, ㄴ, ㄷ
⑤ ㄱ, ㄴ, ㄷ, ㄹ

● 해설

기계 등의 대여자가 서면으로 발급해야 할 사항
1. 해당 기계 등의 성능 및 방호조치의 내용
2. 해당 기계 등의 특징 및 사용 시의 주의사항
3. 해당 기계 등의 수리·보수 및 점검 내역과 주요 부품의 제조업
4. 해당 기계 등의 정밀진단 및 수리 후 안전점검 내역, 주요 안전부품의 교환이력 및 제조일

17 산업안전보건기준에 관한 규칙상 사업주가 작업장에 비상구가 아닌 출입구를 설치하는 경우 준수해야 하는 사항으로 옳지 않은 것은?

① 출입구의 위치, 수 및 크기가 작업장의 용도와 특성에 맞도록 할 것
② 출입구에 문을 설치하는 경우에는 근로자가 쉽게 열고 닫을 수 있도록 할 것
③ 주된 목적이 하역운반기계용인 출입구에는 인접하여 보행자용 출입구를 따로 설치할 것
④ 하역운반기계의 통로와 인접하여 있는 출입구에서 접촉에 의하여 근로자에게 위험을 미칠 우려가 있는 경우에는 비상등·비상벨 등 경보장치를 할 것
⑤ 출입구에 문을 설치하지 아니한 경우로서 계단이 출입구와 바로 연결된 경우, 작업자의 안전한 통행을 위하여 그 사이에 1.5미터 이상 거리를 둘 것

● 해설

사업주가 작업장에 비상구가 아닌 출입구를 설치하는 경우 준수해야 하는 사항
1. 출입구의 위치, 수 및 크기가 작업장의 용도와 특성에 맞도록 할 것
2. 출입구에 문을 설치하는 경우에는 근로자가 쉽게 열고 닫을 수 있도록 할 것

◎ **ANSWER** | 16 ⑤ 17 ⑤

3. 주된 목적이 하역운반기계용인 출입구에는 인접하여 보행자용 출입구를 따로 설치할 것
4. 하역운반기계의 통로와 인접하여 있는 출입구에서 접촉에 의하여 근로자에게 위험을 미칠 우려가 있는 경우에는 비상등·비상벨 등 경보장치를 할 것
5. 출입구에 문을 설치하지 아니한 경우로서 계단이 출입구와 바로 연결된 경우, 작업자의 안전한 통행을 위하여 그 사이에 1.8미터 이상 거리를 둘 것

18 산업안전보건기준에 관한 규칙상 사업주가 사다리식 통로 등을 설치하는 경우 준수해야 하는 사항으로 옳지 않은 것은?(단, 잠함 및 건조·수리 중인 선박의 경우는 아님)

① 발판과 벽과의 사이는 15센티미터 이상의 간격을 유지할 것
② 폭은 30센티미터 이상으로 할 것
③ 사다리식 통로의 길이가 10미터 이상인 경우에는 5미터 이내마다 계단참을 설치할 것
④ 고정식 사다리식 통로의 기울기는 75도 이하로 하고 그 높이가 5미터 이상인 경우에는 바닥으로부터 높이가 2미터 되는 지점부터 등받이울을 설치할 것
⑤ 사다리의 상단은 걸쳐 놓은 지점으로부터 60센티미터 이상 올라가도록 할 것

해설

사다리식 통로 설치 시 준수사항
1. 발판과 벽 사이는 15cm 이상의 간격을 유지할 것
2. 폭은 30cm 이상으로 할 것
3. 사다리 상단은 걸쳐 놓은 지점부터 60cm 이상 올라가도록 할 것
4. 통로 길이가 10미터 이상 시 5미터 이내마다 계단참을 설치할 것
5. 기울기는 75° 이하로 할 것. 다만, 고정식 사다리식 통로의 기울기는 90° 이하로 하고, 그 높이가 7m 이상인 경우에는 바닥으로부터 높이가 2.5m 되는 지점부터 등받이울을 설치할 것

19 산업안전보건법령상 사업주가 보존해야 할 서류의 보존기간이 2년인 것은?

① 노사협의체의 회의록
② 안전보건관리책임자의 선임에 관한 서류
③ 화학물질의 유해성·위험성 조사에 관한 서류
④ 산업재해의 발생 원인 등 기록
⑤ 작업환경측정에 관한 서류

해설

사업주가 보존해야 할 서류의 보존기간
1. 노사협의체 회의록 : 2년
2. 안전보건관리책임자의 선임에 관한 서류 : 3년
3. 화학물질의 유해성·위험성 조사에 관한 서류 : 3년
4. 산업재해의 발생 원인 등 기록 : 3년
5. 작업환경측정에 관한 서류 : 5년

1. 30년
    1) 석면해체·제거업 등 석면 관련 업무에 종사하는 사람과 관련된 서류
    2) 허가대상 유해물질 14종과 특별관리물질 37종 사용 하업장
2. 5년
    1) 작업환경측정결과 기록서류
    2) 건강진단 개인표, 건강진단 결과표 등 건강진단 결과의 증빙서류
    3) 산업안전보건지도사 업무에 관한 사항을 기재한 서류
    4) 과태료 대상 중 법에서 보존기한을 정하고 있지 않은 서류
3. 3년
    1) 안전보건관리책임자, 안전관리자, 보건관리자 등의 선임에 관한 서류
    2) 안전조치 및 보건조치에 관한 사항으로서 고용노동부령으로 정하는 사항을 기재한 서류
    3) 산업재해의 발생원인 등의 기록
    4) 작업환경측정에 관한 서류
    5) 규정에 따른 건강진단에 관한 서류
    6) 안전인증기관 또는 안전검사기관은 안전인증이나 안전검사에 관한 서류
    7) 안전인증대상 기계 등에 대해 기록한 서류
    8) 석면조사기관, 건축물 설비, 소유주 등이 일반 석면조사를 한 건축물이나 설비에 관한 서류
4. 2년
    1) 산업안전보건위원회 회의록
    2) 안전 및 보건에 관한 협의체 회의록
    3) 자율안전기준에 맞는 것임을 증명하는 서류
    4) 자율검사프로그램에 따라 실시한 검사결과에 대한 서류

20 산업안전보건법령상 작업환경측정기관에 관한 지정 요건을 갖추면 작업환경측정기관으로 지정받을 수 있는 자를 모두 고른 것은?

> ㄱ. 국가 또는 지방자치단체의 소속기관
> ㄴ. 의료법에 따른 종합병원 또는 병원
> ㄷ. 고등교육법에 따른 대학 또는 그 부속기관
> ㄹ. 작업환경측정 업무를 하려는 법인

① ㄱ, ㄴ
② ㄷ, ㄹ
③ ㄱ, ㄴ, ㄷ
④ ㄴ, ㄷ, ㄹ
⑤ ㄱ, ㄴ, ㄷ, ㄹ

●해설

작업환경측정기관으로 지정받을 수 있는 자
1. 국가 또는 지방자치단체의 소속기관
2. 의료법에 따른 종합병원 또는 병원
3. 고등교육법 규정에 따른 대학 또는 그 부속기관
4. 작업환경측정 업무를 하려는 법인
5. 작업환경측정 대상 사업장의 부속기관

◉ ANSWER | 20 ⑤

21 산업안전보건법령상 일반건강진단을 실시한 것으로 인정되는 건강진단에 해당하지 않는 것은?

① 국민건강보험법에 따른 건강검진
② 선원법에 따른 건강검진
③ 진폐의 예방과 진폐근로자의 보호 등에 따른 건강검진
④ 병역법에 따른 건강검진
⑤ 항공안전법에 따른 건강검진

해설

일반건강진단을 실시한 것으로 인정되는 건강진단

국민건강보험법, 항공안전법, 학교보건법, 선원법, 진폐의 예방과 진폐근로자의 보호 등에 관한 법률에 의한 건강진단도 「근로자 건강진단 실시기준」에서 정한 일반건강진단 검사항목을 모두 포함하고 있다면 일반건강진단으로 인정한다.

22 산업안전보건법령상 사업주가 작성하여야 할 공정안전보고서에 포함되어야 할 내용으로 옳지 않은 것은?

① 공정안전자료　　　　　　　　　　② 산업재해 예방에 관한 기본계획
③ 안전운전계획　　　　　　　　　　④ 비상조치계획
⑤ 공정위험성 평가서

해설

공정안전보고서 포함사항

1. 공정안전자료　　　　　　　　　　2. 안전운전계획
3. 비상조치계획　　　　　　　　　　4. 공정위험성 평가서

23 산업안전보건법령상 역학조사 및 자격 등에 의한 취업제한 등에 관한 설명으로 옳지 않은 것은?

① 사업주는 유해하거나 위험한 작업으로 상당한 지식이나 숙련도가 요구되는 고용노동부령으로 정하는 작업의 경우 그 작업에 필요한 자격·면허·경험 또는 기능을 가진 근로자가 아닌 사람에게 그 작업을 하게 해서는 아니 된다.
② 사업주 및 근로자는 고용노동부장관이 역학조사를 실시하는 경우 적극 협조하여야 하며, 정당한 사유 없이 역학조사를 거부·방해하거나 기피해서는 아니 된다.
③ 한국산업안전보건공단이 업무상 질병 여부의 결정을 위하여 역학조사를 요청하는 경우 근로복지공단은 역학조사를 실시하여야 한다.
④ 고용노동부장관은 역학조사를 위하여 필요하면 산업안전보건법에 따른 근로자의 건강진단결과, 국민건강보험법에 따른 요양급여기록 및 건강검진 결과, 고용보험법에 따른 고용정보, 암관리법에 따른 질병정보 및 사망원인 정보 등을 관련 기관에 요청할 수 있다.
⑤ 유해하거나 위험한 작업으로 상당한 지식이나 숙련도가 요구되는 고용노동부령으로 정하는 작업의 경우 고용노동부장관은 자격·면허의 취득 또는 근로자의 기능 습득을 위하여 교육기관을 지정할 수 있다.

ANSWER | 21 ④　22 ②　23 ③

역학조사 및 자격 등에 의한 취업제한

1. 사업주는 유해하거나 위험한 작업으로 상당한 지식이나 숙련도가 요구되는 고용노동부령으로 정하는 작업의 경우 그 작업에 필요한 자격 · 면허 · 경험 또는 기능을 가진 근로자가 아닌 사람에게 그 작업을 하게 해서는 아니 된다.
2. 사업주 및 근로자는 고용노동부장관이 역학조사를 실시하는 경우 적극 협조하여야 하며, 정당한 사유 없이 역학조사를 거부 · 방해하거나 기피해서는 아니 된다.
3. 고용노동부장관은 역학조사를 위하여 필요하면 산업안전보건법에 따른 근로자의 건강진단결과, 국민건강보험법에 따른 요양급여기록 및 건강검진 결과, 고용보험법에 따른 고용정보, 암관리법에 따른 질병정보 및 사망원인 정보 등을 관련 기관에 요청할 수 있다.
4. 유해하거나 위험한 작업으로 상당한 지식이나 숙련도가 요구되는 고용노동부령으로 정하는 작업의 경우 고용노동부장관은 자격 · 면허의 취득 또는 근로자의 기능 습득을 위하여 교육기관을 지정할 수 있다.

24 산업안전보건법령상 산업안전지도사에 관한 설명으로 옳지 않은 것은?

① 산업안전지도사는 산업보건에 관한 조사 · 연구의 직무를 수행한다.
② 산업안전지도사는 유해 · 위험의 방지대책에 관한 평가 · 지도의 직무를 수행한다.
③ 산업안전지도사의 업무 영역은 기계안전 · 전기안전 · 화공안전 · 건설안전 분야로 구분한다.
④ 산업안전지도사가 직무를 수행하려는 경우에는 고용노동부령으로 정하는 바에 따라 고용노동부장관에게 등록하여야 한다.
⑤ 산업안전보건법을 위반하여 벌금형을 선고받고 1년이 지나지 아니한 사람은 산업안전지도사 직무수행을 위해 고용노동부장관에게 등록을 할 수 없다.

산업안전지도사의 직무

산업안전지도사는 사업장 내 근본적인 안전보건상의 문제점을 개선하기 위해 외부전문가의 도움을 받을 수 있도록 한 제도로서
1. 산업안전지도사는 유해 · 위험의 방지대책에 관한 평가 · 지도의 직무를 수행한다.
2. 산업안전지도사의 업무 영역은 기계안전 · 전기안전 · 화공안전 · 건설안전 분야로 구분한다.
3. 산업안전지도사가 직무를 수행하려는 경우에는 고용노동부령으로 정하는 바에 따라 고용노동부장관에게 등록하여야 한다.
4. 산업안전보건법을 위반하여 벌금형을 선고받고 1년이 지나지 아니한 사람은 산업안전지도사 직무수행을 위해 고용노동부장관에게 등록을 할 수 없다.

25 산업안전보건법령상 유해하거나 위험한 작업에 해당하여 근로조건의 개선을 통하여 근로자의 건강보호를 위한 조치를 하여야 하는 작업을 모두 고른 것은?

> ㄱ. 동력으로 작동하는 기계를 이용하여 중량물을 취급하는 작업
> ㄴ. 갱(坑) 내에서 하는 작업
> ㄷ. 강렬한 소음이 발생하는 장소에서 하는 작업

① ㄱ   ② ㄴ

③ ㄷ   ④ ㄱ, ㄷ

⑤ ㄴ, ㄷ

◆해설

근로조건의 개선을 통하여 근로자의 건강보호를 위한 조치를 하여야 하는 작업

1. 갱(坑) 내에서 하는 작업
2. 강렬한 소음이 발생하는 장소에서 하는 작업

1과목 　　　**산업안전보건법령**

01 산업안전보건법령상 협조 요청 등에 관한 설명으로 옳지 않은 것은?

① 고용노동부장관은 산업재해 예방에 관한 기본계획을 효율적으로 시행하기 위하여 필요하다고 인정할 때에는 관계 행정기관의 장에게 필요한 협조를 요청할 수 있다.

② 고용노동부를 제외한 행정기관의 장은 사업장의 안전에 관하여 규제를 하려면 미리 고용노동부장관과 협의하여야 한다.

③ 고용노동부를 제외한 행정기관의 장은 고용노동부장관이 협의과정에서 해당 규제에 대한 변경을 요구하면 이에 따라야 하며, 고용노동부장관은 필요한 경우 국무총리에게 협의·조정 사항을 보고하여 확정할 수 있다.

④ 고용노동부장관은 산업재해 예방을 위하여 필요하다고 인정할 때에는 사업주에게 필요한 사항을 권고할 수 있다.

⑤ 고용노동부장관이 산정·통보한 산업재해발생률에 불복하는 건설업체는 통보를 받은 날부터 15일 이내에 고용노동부장관에게 이의를 제기하여야 한다.

해설

고용노동부장관이 산정, 통보한 산업재해발생률에 불복하는 건설업체는 통보를 받은 날로부터 10일 이내에 고용노동부장관에게 이의를 제기하여야 한다.

산업재해 발생기록 및 보고

1. 사업주는 중대재해가 발생한 사실을 알게 된 경우에는 지체 없이 발생 개요 및 피해상황 등을 관할 지방고용노동관서의 장에게 전화·팩스 또는 그 밖에 적절한 방법으로 보고하여야 한다.
2. 사업주는 산업재해로 사망자가 발생하거나 3일 이상의 휴업이 필요한 부상을 입거나 질병에 걸린 사람이 발생한 경우에는 해당 산업재해가 발생한 날부터 1개월 이내에 산업재해조사표를 작성하여 관할 지방고용노동관서의 장에게 제출하여야 한다.
3. 사업주는 근로자대표의 이견이 있는 경우에는 그 내용을 첨부해야 한다.
4. 사업주는 산업재해 발생기록에 관한 서류를 3년간 보존하여야 한다.

02 산업안전보건법령상 산업재해발생건수 등의 공표에 관한 설명으로 옳지 않은 것은?

① 고용노동부장관은 산업재해를 예방하기 위하여 사망재해자가 연간 2명 이상 발생한 사업장의 산업재해발생건수 등을 공표하여야 한다.

② 고용노동부장관은 산업재해를 예방하기 위하여 중대산업사고가 발생한 사업장의 산업재해발생건수 등을 공표하여야 한다.

◉ ANSWER | 01 ⑤　02 ④

③ 고용노동부장관은 도급인의 사업장 중 대통령령으로 정하는 사업장에서 관계수급인 근로자가 작업을 하는 경우에 도급인의 산업재해발생건수 등에 관계 수급인의 산업재해발생건수 등을 포함하여 공표하여야 한다.

④ 산업재해발생건수 등의 공표의 절차 및 방법에 관한 사항은 대통령령으로 정한다.

⑤ 고용노동부장관은 산업재해발생건수 등을 공표하기 위하여 도급인에게 관계 수급인에 관한 자료의 제출을 요청할 수 있다.

해설

산업재해발생건수 등의 공표의 절차 및 방법에 관한 사항을 고용노동부령으로 정한다.

산재공표대상 사업장

1. 중대재해가 발생한 사업장으로서 해당 중대재해 발생 연도의 연간 산업재해율이 규모별 같은 업종의 평균 재해율 이상인 사업장
2. 산업재해로 인한 사망자가 연간 2명 이상 발생한 사업장
3. 사망만인율이 규모별 같은 업종의 평균 사망만인율 이상인 사업장
4. 산업재해의 발생에 관한 보고를 최근 3년 이내 2회 이상 하지 않은 사업장
5. 중대산업사고가 발생한 사업장

03 산업안전보건법령상 안전보건표지에 관한 설명으로 옳지 않은 것은?

① 안전보건표지의 표시를 명확히 하기 위하여 필요한 경우에는 그 안전보건표지의 주위에 표시사항을 흰색 바탕에 검은색 한글고딕체로 표기한 글자로 덧붙여 적을 수 있다.

② 사업주는 사업장에 설치한 안전보건표지의 색도기준이 유지되도록 관리해야 한다.

③ 안전보건표지의 성질상 부착하는 것이 곤란한 경우에도 해당 물체에 직접 도색할 수 없다.

④ 안전보건표지 속의 그림의 크기는 안전보건표지 전체 규격의 30퍼센트 이상이 되어야 한다.

⑤ 안전보건표지는 쉽게 변형되지 않는 재료로 제작해야 한다.

해설

안전보건표지의 성질상 부착하는 것이 곤란한 경우에는 해당 물체에 직접 도색할 수 있다.

안전보건표지

1. 야간에 필요한 안전보건표지는 야광물질을 사용하는 등 쉽게 알아볼 수 있도록 제작하여야 한다.
2. 안전보건표지의 표시를 명백히 하기 위하여 필요한 경우에는 그 안전보건표지의 주위에 표시사항을 글자로 덧붙여 적을 수 있다. 이 경우 글자는 흰색 바탕에 검은색 한글 고딕체로 표기해야 한다.
3. 안전보건표지의 성질상 설치하거나 부착하는 것이 곤란한 경우에는 해당 물체에 직접 도장할 수 있다.
4. 사업주는 산업안전보건법과 산업안전보건법에 따른 명령의 요지를 상시 각 작업장 내에 근로자가 쉽게 볼 수 있는 장소에 게시하거나 갖추어 두어 근로자로 하여금 알게 하여야 한다.

04 산업안전보건법령상 안전보건관리책임자의 업무에 해당하는 것을 모두 고른 것은?

> ㄱ. 사업장의 산업재해 예방계획의 수립에 관한 사항
> ㄴ. 산업재해에 관한 통계의 기록에 관한 사항
> ㄷ. 작업환경측정 등 작업환경의 점검에 관한 사항
> ㄹ. 산업재해의 재발 방지대책 수립에 관한 사항

① ㄱ, ㄴ, ㄷ   ② ㄱ, ㄴ, ㄹ

③ ㄱ, ㄷ, ㄹ   ④ ㄴ, ㄷ, ㄹ

⑤ ㄱ, ㄴ, ㄷ, ㄹ

● **해설**

안전보건관리책임자의 업무
1. 산업재해 예방계획의 수립에 관한 사항
2. 안전보건관리규정의 작성 및 변경에 관한 사항
3. 근로자의 안전보건교육에 관한 사항
4. 작업환경측정 등 작업환경의 점검 및 개선에 관한 사항
5. 근로자의 건강진단 등 건강관리에 관한 사항
6. 산업재해의 원인 조사 및 재발 방지대책 수립에 관한 사항
7. 산업재해에 관한 통계의 기록 및 유지에 관한 사항
8. 안전보건과 관련된 안전장치 및 보호구 구입 시의 적격품 여부 확인에 관한 사항
9. 그 밖에 근로자의 유해 · 위험 예방조치에 관한 사항으로서 고용노동부령으로 정하는 사항

05 산업안전보건법령상 안전관리자에 관한 설명으로 옳지 않은 것은?

① 사업의 종류가 건설업(공사금액 150억 원)인 경우, 그 사업주는 사업장에 안전관리자를 두어야 한다.
② 대통령령으로 정하는 사업의 종류 및 사업장의 상시근로자 수에 해당하는 사업장의 사업주는 안전관리전문기관에 안전관리자의 업무를 위탁할 수 있다.
③ 사업주가 안전관리자를 배치할 때에는 연장근로 · 야간근로 등 해당 사업장의 작업 형태를 고려해야 한다.
④ 사업주는 안전관리자를 선임한 경우에는 고용노동부령으로 정하는 바에 따라 선임한 날부터 7일 이내에 고용노동부장관에게 그 사실을 증명할 수 있는 서류를 제출해야 한다.
⑤ 고용노동부장관은 산업재해 예방을 위하여 필요한 경우로서 고용노동부령으로 정하는 사유에 해당하는 경우에는 사업주에게 안전관리자를 대통령령으로 정하는 수 이상으로 늘릴 것을 명할 수 있다.

● **해설**

사업주는 안전관리자를 선임한 경우에는 고용노동부령으로 정하는 바에 따라 선임한 날부터 14일 이내에 고용노동부장관에게 그 사실을 증명할 수 있는 서류를 제출해야 한다.

안전관리자 등의 증원 · 교체임명 명령
1. 해당 사업장의 연간재해율이 같은 업종의 평균재해율의 2배 이상인 경우
2. 중대재해가 연간 3건 이상 발생한 경우
3. 관리자가 질병이나 그 밖의 사유로 3개월 이상 직무를 수행할 수 없게 된 경우

◉ **ANSWER** | 04 ⑤   05 ④

06 산업안전보건법령상 산업안전보건위원회에 관한 설명으로 옳지 않은 것은?

① 산업안전보건위원회는 근로자위원과 사용자위원을 같은 수로 구성 · 운영하여야 한다.

② 산업안전보건위원회의 위원장은 위원 중에서 고용노동부장관이 정한다.

③ 산업안전보건위원회는 단체협약, 취업규칙에 반하는 내용으로 심의 · 의결해서는 아니 된다.

④ 사업주는 산업안전보건위원회의 위원에게 직무 수행과 관련한 사유로 불리한 처우를 해서는 아니 된다.

⑤ 산업안전보건위원회의 회의는 근로자위원 및 사용자위원 각 과반수의 출석으로 개의(開議)하고 출석위원 과반수의 찬성으로 의결한다.

◉해설

산업안전보건위원회의 위원장은 근로자위원과 사용자위원 중 호선한다.

산업안전보건위원회의 심의 · 의결사항

1. 유해 · 위험 기계 · 기구와 그 밖의 설비를 도입한 경우 안전보건조치에 관한 사항
2. 산업재해에 관한 통계의 기록 및 유지에 관한 사항
3. 산업재해 예방계획의 수립에 관한 사항
4. 근로자의 안전보건교육에 관한 사항

07 산업안전보건법령상 안전보건관리규정에 관한 설명으로 옳은 것은?

① '안전보건교육에 관한 사항'은 안전보건관리규정에 포함되지 않는다.

② 상시근로자 수가 100명인 금융업의 경우 안전보건관리규정을 작성해야 한다.

③ 사업주가 안전보건관리규정을 작성할 때에는 소방 · 가스 · 전기 · 교통 분야 등의 다른 법령에서 정하는 안전관리에 관한 규정과 통합하여 작성할 수 있다.

④ 산업안전보건위원회가 설치되어 있지 아니한 사업장의 사업주가 안전보건관리 규정을 변경할 경우 근로자대표의 동의를 받지 않아도 된다.

⑤ 사업주는 안전보건관리규정을 작성해야 할 사유가 발생한 날부터 15일 이내에 이를 작성해야 한다.

◉해설

안전보건관리규정 작성대상

사업의 종류	규모
1. 농업 2. 어업 3. 소프트웨어 개발 및 공급업 4. 컴퓨터 프로그래밍, 시스템 통합 및 관리업 5. 정보서비스업 6. 금융 및 보험업 7. 임대업(부동산 제외) 8. 전문, 과학 및 기술 서비스업(연구개발업은 제외한다) 9. 사업지원 서비스업 10. 사회복지 서비스업	상시 근로자 300명 이상을 사용하는 사업장
11. 제1호부터 제10호까지의 사업을 제외한 사업	상시 근로자 100명 이상을 사용하는 사업장

◉ ANSWER | 06 ② 07 ③

08 산업안전보건법령상 도급의 승인 등에 관한 설명으로 옳은 것을 모두 고른 것은?

> ㄱ. 고용노동부장관은 사업주가 유해한 작업의 도급금지 의무위반에 해당하는 경우에는 10억 원 이하의 과징금을 부과·징수할 수 있다.
> ㄴ. 도급승인 신청을 받은 지방고용노동관서의 장은 도급승인 기준을 충족한 경우 신청서가 접수된 날부터 30일 이내에 승인서를 신청인에게 발급해야 한다.
> ㄷ. 도급에 대한 변경승인을 받으려는 자는 안전 및 보건에 관한 평가결과의 서류를 첨부하여 관할 지방고용노동관서의 장에게 제출해야 한다.

① ㄱ
② ㄴ
③ ㄷ
④ ㄱ, ㄷ
⑤ ㄴ, ㄷ

● 해설

1. 도급승인 신청을 받은 지방고용노동관서의 장은 도급승인 기준을 충족한 경우 신청서가 접수된 날부터 14일 이내에 승인서를 신청인에게 발급해야 한다.
2. 도급에 대한 변경승인을 받으려는 자는 안전 및 보건에 관한 공정 관련 서류와 안전보건관리계획서를 첨부하여 관할 지방고용노동청의 장에게 제출해야 한다.
3. 고용노동부장관은 사업주가 유해한 작업의 도급금지 의무위반에 해당하는 경우에는 10억 원 이하의 과징금을 부과·징수할 수 있다.

09 산업안전보건법령상 도급인의 안전조치 및 보건조치 등에 관한 설명으로 옳은 것은?

① 관계수급인 근로자가 도급인의 토사석 광업 사업장에서 작업을 하는 경우 도급인은 1주일에 1회 작업장 순회점검을 실시하여야 한다.
② 도급인은 관계수급인 근로자의 산업재해 예방을 위해 보호구 착용 지시 등 관계 수급인 근로자의 작업행동에 관한 직접적인 조치도 포함하여 필요한 안전조치를 하여야 한다.
③ 안전 및 보건에 관한 협의체는 회의를 분기별 1회 정기적으로 개최하여야 한다.
④ 관계수급인 근로자가 도급인의 사업장에서 작업하는 경우 도급인은 위생시설 등 고용노동부령으로 정하는 시설의 설치 등을 위하여 필요한 장소의 제공 또는 도급인이 설치한 위생시설 이용의 협조를 이행하여야 한다.
⑤ 도급에 따른 산업재해 예방조치의무에 따라 도급인이 작업장의 안전 및 보건에 관한 합동점검을 할 때에는 도급인, 관계수급인, 도급인 및 관계수급인의 근로자 각 2명으로 점검반을 구성하여야 한다.

● 해설

관계수급인 근로자가 도급인의 사업장에서 작업하는 경우 도급인은 위생시설 등 고용노동부령으로 정하는 시설의 설치 등을 위하여 필요한 장소의 제공 또는 도급인이 설치한 위생시설 이용의 협조를 이행하여야 한다.

● ANSWER | 08 ① 09 ④

10 산업안전보건법령상 안전보건관리담당자는 고용노동부장관이 실시하는 안전보건에 관한 보수교육을 최소 몇 시간 이상 받아야 하는가?(단, 보수교육의 면제사유 등은 고려하지 않음)

① 4시간
② 6시간
③ 8시간
④ 24시간
⑤ 34시간

해설

안전보건관리자 등에 대한 교육

교육대상	교육시간	
	신규교육	보수교육
안전보건관리책임자	6시간 이상	6시간 이상
안전관리자, 안전관리전문기관 종사자	34시간 이상	24시간 이상
보건관리자, 보건관리전문기관 종사자	34시간 이상	24시간 이상
건설재해예방전문지도기관 종사자	34시간 이상	24시간 이상
석면조사기관 종사자	34시간 이상	24시간 이상
안전보건관리담당자	-	8시간 이상
안전검사기관, 자율안전검사기관 종사자	34시간 이상	24시간 이상

11 산업안전보건법령상 관리감독자의 지위에 있는 근로자 A에 대하여 근로자 정기교육시간을 면제할 수 있는 경우를 모두 고른 것은?

> ㄱ. A가 직무교육기관에서 실시한 전문화교육을 이수한 경우
> ㄴ. A가 직무교육기관에서 실시한 인터넷 원격교육을 이수한 경우
> ㄷ. A가 한국산업안전보건공단에서 실시한 안전보건관리담당자 양성교육을 이수한 경우

① ㄱ
② ㄱ, ㄴ
③ ㄱ, ㄷ
④ ㄴ, ㄷ
⑤ ㄱ, ㄴ, ㄷ

해설

관리감독자의 정기교육 면제사유

1. 직무교육기관에서 실시한 전문화교육을 이수한 경우
2. 직무교육기관에서 실시한 인터넷 원격교육을 이수한 경우
3. 한국산업안전보건공단에서 실시한 안전보건관리담당자 양성교육을 이수한 경우

◉ **ANSWER** | 10 ③ 11 ⑤

12 산업안전보건법령상 유해·위험 기계 등에 대한 방호조치 등에 관한 설명으로 옳지 않은 것은?

① 금속절단기와 예초기에 설치해야 할 방호장치는 날접촉 예방장치이다.

② 작동부분에 돌기부분이 있는 기계는 작동부분의 돌기부분을 묻힘형으로 하거나 덮개를 부착하여야 한다.

③ 회전기계에 물체 등이 말려 들어 갈 부분이 있는 기계는 회전기계의 물림점에 덮개 또는 방호망을 설치하여야 한다.

④ 동력전달 부분이 있는 기계는 동력전달부분에 덮개를 부착하거나 방호망을 설치하여야 한다.

⑤ 지게차에 설치해야 할 방호장치는 헤드 가드, 백레스트(Backrest), 전조등, 후미등, 안전벨트이다.

● 해설

회전기계 위험요인과 예방조치

1. 조인트, 커플링이 풀리면서 주위로 튀어오름(덮개 설치)
2. 벨트 구동 부위에 근로자가 말려 들어 감(벨트폴리 위에 벨트덮개를 설치하거나 기계 전체에 덮개 설치)
3. 비스듬하게 지지되었거나 유격이 있는 회전체에 과도한 축방향힘으로 축이 이탈(축밀림방지장치 설치)
4. 개방베어링으로 지지된 회전체가 과도한 내부 불균형 또는 회전 중 큰질량의 분리 혹은 이동으로인하여 튀어오름 (해당 부위에 가드레일, 울, 덮개 설치)
5. 회전날이나 돌출부분 등이 있는 회전 부위에 근로자가 접촉(덮개 설치. 단, 작은 물체일 때에는 근로자에게 보안경이나 보안면 착용)
6. 작은 회전부분이나 회전체부품 등이 회전 중에 회전체로부터 이탈(덮개 설치. 단, 작은 물체일 때에는 근로자에게 보안경이나 보안면 착용)
7. 회전체 혹은 주요 부분이 고속회전이나 과속시험 중에 파손(파손을 방호할 수 있는 견고한 덮개를 설치하거나 피트나 벙커 등 견고한 시설의 내부 혹은 견고한 장벽으로 격리된 장소에 회전체를 설치)
8. 가공물, 절삭편, 회전체 내부의 원료 등이 비산(덮개 설치. 단, 작은 물체일 때에는 근로자에게 보안경이나 보안면 착용)

13 산업안전보건법령상 대여 공장건축물에 대한 조치의 내용이다. ( )에 들어갈 내용이 옳은 것은?

> 공용으로 사용하는 공장건축물로서 다음 각 호의 어느 하나의 장치가 설치된 것을 대여하는 자는 해당 건축물을 대여받은 자가 2명 이상인 경우로서 다음 각 호의 어느 하나의 장치의 전부 또는 일부를 공용으로 사용하는 경우에는 그 공용부분의 기능이 유효하게 작동되도록 하기 위하여 점검·보수 등 필요한 조치를 해야 한다.
>
> 1. (ㄱ)
> 2. (ㄴ)
> 3. (ㄷ)

① ㄱ : 국소 배기장치, ㄴ : 국소 환기장치, ㄷ : 배기처리장치

② ㄱ : 국소 배기장치, ㄴ : 전체 환기장치, ㄷ : 배기처리장치

③ ㄱ : 국소 환기장치, ㄴ : 전체 환기장치, ㄷ : 국소 배기장치

④ ㄱ : 국소 환기장치, ㄴ : 환기처리장치, ㄷ : 전체 환기장치

⑤ ㄱ : 환기처리장치, ㄴ : 배기처리장치, ㄷ : 국소 환기장치

⊙ **ANSWER** | 12 ③ 13 ②

14 산업안전보건법령상 안전인증과 안전검사에 관한 설명으로 옳지 않은 것은?

① 「화학물질관리법」에 따른 수시검사를 받은 경우 안전검사를 면제한다.

② 산업용 원심기는 안전검사대상기계 등에 해당된다.

③ 프레스와 압력용기는 고용노동부장관이 실시하는 안전인증과 안전검사를 모두 받아야 한다.

④ 고용노동부장관은 안전인증을 받은 자가 안전인증기준을 지키고 있는지를 3년 이하의 범위에서 고용노동부령으로 정하는 주기마다 확인하여야 한다.

⑤ 안전검사 신청을 받은 안전검사기관은 검사 주기 만료일 전후 각각 30일 이내에 해당 기계 · 기구 및 설비별로 안전검사를 하여야 한다.

해설

수시검사는 화학사고 발생 혹은 화학사고 발생 우려 시 검사로 안전검사면제 사유에 해당되지 않는다.

구분		시기/주기
설치검사		유해화학물질 취급시설 설치 완료 후 해당시설 가동 전
정기검사	영업허가 대상인 경우	1년마다 (최초 정기검사일 전후 30일 이내)
	영업허가 대상이 아닌 경우	2년마다 (최초 정기검사일 전후 30일 이내)
수시검사	화학사고 발생	화학사고가 발생한 후 7일 이내
	화학사고 발생 우려	지방환경관서의 장이 통지 시
	설치/정기 검사결과 안전상의 위해가 우려	검사결과를 받은 날부터 20일 이내
안전진단	장외영향평가 위험도 판정등급	결과 없는 경우	4년마다
		고위험도	4년마다
		중위험도	8년마다
		저위험도	12년마다

15 산업안전보건기준에 관한 규칙 제662조(근골격계질환 예방관리 프로그램 시행) 제1항 규정의 일부이다. (   )에 들어갈 숫자가 옳은 것은?

> 사업주는 다음 각 호의 어느 하나에 해당하는 경우에 근골격계질환 예방관리 프로그램을 수립하여 시행하여야 한다.
> 1. 근골격계질환으로 「산업재해보상보험법 시행령」 별표 3 제2호가목 · 마목 및 제12호라목에 따라 업무상 질병으로 인정받은 근로자가 연간 10명 이상 발생한 사업장 또는 5명 이상 발생한 사업장으로서 발생 비율이 그 사업장 근로자 수의 (   )퍼센트 이상인 경우
> 2. 〈이하 생략〉

① 5

② 10

③ 20

④ 30

⑤ 50

16 산업안전보건기준에 관한 규칙의 내용으로 옳지 않은 것은?

① 사업주는 순간풍속이 초당 10미터를 초과하는 바람이 불어올 우려가 있는 경우 옥외에 설치된 주행 크레인에 대하여 이탈방지를 위한 조치를 하여야 한다.

② 사업주는 순간풍속이 초당 15미터를 초과하는 경우에는 타워크레인의 운전작업을 중지하여야 한다.

③ 사업주는 높이가 3미터를 초과하는 계단에 높이 3미터 이내마다 너비 1.2미터 이상의 계단참을 설치하여야 한다.

④ 사업주는 높이 1미터 이상인 계단의 개방된 측면에 안전난간을 설치하여야 한다.

⑤ 사업주는 연면적이 400제곱미터 이상이거나 상시 50명 이상의 근로자가 작업하는 옥내작업장에는 비상시에 근로자에게 신속하게 알리기 위한 경보용 설비 또는 기구를 설치하여야 한다.

●해설

사업주는 순간풍속이 초당 30미터를 초과하는 바람이 불어올 우려가 있는 경우 옥외에 설치되어 있는 주행 크레인에 대하여 이탈방지장치를 작동시키는 조치를 하여야 한다.

17 산업안전보건법령상 유해인자의 유해성·위험성 분류기준에 관한 설명으로 옳지 않은 것은?

① 인화성 액체는 표준압력(101.3kPa)에서 인화점이 93℃ 이하인 액체이다.

② 54℃ 이하 공기 중에서 자연발화하는 가스는 인화성 가스에 해당한다.

③ 20℃, 200킬로파스칼(kPa) 이상의 압력하에서 용기에 충전되어 있는 가스는 고압가스에 해당한다.

④ 유기과산화물은 2가의 − O − O − 구조를 가지고 3개의 수소원자가 유기라디칼에 의하여 치환된 과산화수소의 유도체를 포함한 액체 유기물질이다.

⑤ 자연발화성 액체는 적은 양으로도 공기와 접촉하여 5분 안에 발화할 수 있는 액체이다.

●해설

1. 유기과산화물 : Organic Peroxide는 과산화수소(HOOH)의 수소원자 1개 또는 2개를 알킬그룹으로 치환시킨 과산화수소 유도체로 분자 내 1개 이상의 − O − O − 결합을 가지고 있는 유기화합물이다.

$$R - O - O - R'$$
$$\uparrow \quad\quad\quad \uparrow$$
$$H - O - O - H$$

2. 특성
   1) 빛, 열, 강산, 환원성물질 등에 의해 라디칼 분해하여 자유라디칼(− O ·)을 생성한다.
   $$R - OO - R \rightarrow R - O\bullet + \bullet O - R$$
   2) 분해할 때 다량의 열과 가연성 증기를 방출하여 자연발화될 수 있다.
   3) 열과 오염에 민감하다.
   4) 종류에 따라 충격/마찰에 민감할 수 있다.(예 Dibenzoyl Peroxide)
3. 분류 : 위험물안전관리법 위험물 제5류 유기과산화물
   국제해상위험물운송규칙(MDG Code) Class 5.2

18 산업안전보건법령상 유해인자별 노출 농도의 허용기준과 관련하여 단시간 노출값의 내용이다. ( )에 들어갈 숫자가 순서대로 옳은 것은?

> "단시간 노출값(STEL)"이란 15분간의 시간가중평균값으로서 노출 농도가 시간가중평균값을 초과하고 단시간 노출값 이하인 경우에는 1회 노출 지속시간이 15분 미만이어야 하고, 이러한 상태가 1일 ( )회 이하로 발생해야 하며, 각 회의 간격은 ( )분 이상이어야 한다.

① 4, 30
② 4, 60
③ 5, 30
④ 5, 60
⑤ 6, 60

● 해설

작업환경측정 실시 근거

산업안전보건법 제125조에 의거하여 작업환경 중 존재하는 소음, 분진, 유해화학물질 등의 유해인자에 근로자가 얼마나 노출되고 있는지를 측정 · 평가하여 문제점에 대한 적절한 개선을 통해 쾌적한 작업 환경을 조성함으로써 근로자의 건강과 생산성의 증진에 기여

1. 대상 사업장[산업안전보건법 시행규칙 제186조제1항]
   1) 상시 근로자 1인 이상 고용사업장
   2) 소음, 분진, 화학물질 등 작업환경측정 대상 유해인자에 노출되는 근로자가 있는 옥내외 작업장
2. 측정대상 제외 사업장[산업안전보건법 시행규칙 제186조제1항]
   1) 임시(월 24시간 미만) 및 단시간(1일 1시간 미만) 작업
   2) 관리대상 유해물질 허용소비량을 초과하지 않는 사업장
   3) 분진 적용 제외 작업장
3. 측정시기[산업안전보건법 시행규칙 제190조]
   • 작업공정이 신규 또는 변경된 경우에는 그 날부터 30일 이내 실시
   • 주기조정
   1) 측정일부터 1년에 1회 이상 측정
      ① 측정시기 : 전회 측정일로부터 6개월 이상 경과
      ② 측정대상
         가. 작업공정 내 소음 측정결과가 최근 2회 연속 85dB 미만
         나. 모든 인자의 작업환경측정 결과가 최근 2회 연속 노출기준 미만
   2) 측정일부터 6개월에 1회 이상 측정
      ① 측정시기 : 전회 측정일로부터 3개월 이상 경과
      ② 측정대상
         가. 작업공정 내 소음의 작업환경측정 결과가 노출 초과
         나. 한 종류의 유해인자라도 작업환경측정 결과가 노출 초과
   3) 측정일부터 3개월에 1회 이상 측정
      ① 측정시기 : 전회 측정일로부터 45일 이상 경과
      ② 측정대상
         가. 발암성 물질의 측정치가 노출기준을 초과
         나. 비발암성 물질의 측정치가 노출기준을 2배 이상 초과
4. 측정 내용 및 절차
   1) 1단계 : 예비조사
      유해인자 조사(MSDS, 현장점검) 및 측정계획 수립

---

2) 2단계 : 작업환경측정
   ① 개인시료 포집(근로자 호흡기 위치에 기기 착용)
   ② 6시간 이상 연속 혹은 등간격으로 나누어 연속분리 측정
3) 3단계 : 시료분석
   시료물질별 분석방법에 따라 기기를 이용하여 분석
4) 4단계 : 결과보고서 제출
   측정 완료일로부터 30일 이내 제출

19 산업안전보건법령상 고용노동부장관이 작업환경측정기관에 대하여 그 지정을 취소하거나 6개월 이내의 기간을 정하여 그 업무의 정지를 명할 수 있는 경우가 아닌 것은?

① 작업환경측정 관련 서류를 거짓으로 작성한 경우
② 정당한 사유 없이 작업환경측정업무를 거부한 경우
③ 위탁받은 작업환경측정업무에 차질을 일으킨 경우
④ 작업환경측정업무와 관련된 비치서류를 보존하지 않은 경우
⑤ 고용노동부장관이 실시하는 작업환경측정기관의 측정·분석능력 확인을 6개월 동안 받지 않은 경우

● 해설

지정측정기관의 지정 취소 등의 사유
법 제42조제10항에 따라 준용되는 법 제15조의2 제1항제5호에서 "대통령령으로 정하는 사유에 해당하는 경우"란 다음 각 호의 어느 하나에 해당하는 경우를 말한다. 〈개정 2010.7.12, 2012.1.26〉
1. 정당한 사유 없이 작업환경측정업무를 거부한 경우
2. 작업환경측정 관련 서류를 거짓으로 작성한 경우
3. 법 제42조제2항에 따라 고용노동부령으로 정하는 작업환경 측정방법 등을 위반한 경우
4. 위탁받은 작업환경측정업무에 차질을 일으킨 경우
5. 법 제42조제8항에 따라 고용노동부장관이 실시하는 지정측정기관의 작업환경측정·분석 능력 평가에서 부적합 판정을 받은 경우
6. 그 밖에 법 또는 법에 따른 명령에 위반한 경우

20 산업안전보건법령상 일반건강진단의 주기에 관한 내용이다. ( )에 들어갈 숫자가 순서대로 옳은 것은?

> 사업주는 상시 사용하는 근로자 중 사무직에 종사하는 근로자(공장 또는 공사현장과 같은 구역에 있지 않은 사무실에서 서무·인사·경리·판매·설계 등의 사무업무에 종사하는 근로자를 말하며, 판매업무 등에 직접 종사하는 근로자는 제외한다)에 대해서 ( )년에 ( )회 이상 일반건강진단을 실시해야 한다.

① 1, 1   ② 1, 2
③ 2, 1   ④ 2, 2
⑤ 3, 2

21 산업안전보건법령상 사업주가 질병자의 근로를 금지해야 하는 대상에 해당하지 않는 사람은?

① 조현병에 걸린 사람

② 마비성 치매에 걸릴 우려가 있는 사람

③ 신장 질환이 있는 사람으로서 근로에 의하여 병세가 악화될 우려가 있는 사람

④ 심장 질환이 있는 사람으로서 근로에 의하여 병세가 악화될 우려가 있는 사람

⑤ 폐 질환이 있는 사람으로서 근로에 의하여 병세가 악화될 우려가 있는 사람

해설

1. 질병자의 취업제한
   1) 전염될 우려가 있는 질병에 걸린 사람. 다만, 전염을 예방하기 위한 조치를 한 경우에는 그러하지 아니하다.
   2) 정신분열증, 마비성 치매에 걸린 사람
   3) 심장, 신장, 폐 등의 질환이 있는 사람으로서 근로에 의하여 병세가 악화될 우려가 있는 사람
   4) 2), 3)에 준하는 질병으로서 고용노동부장관이 정하는 질병에 걸린 사람
2. 질병자의 근로제한
   1) 감압증이나 그 밖에 고기압에 의한 장해 또는 그 후유증
   2) 결핵, 급성상기도감염, 진폐, 폐기종, 그 밖의 호흡기계의 질병
   3) 빈혈증, 심장판막증, 관상동맥경화증, 고혈압증, 그 밖의 혈액 또는 순환기계의 질병
   4) 정신신경증, 알코올중독, 신경통, 그 밖의 정신신경계의 질병
   5) 메니에르병, 중이염, 그 밖의 이관협착을 수반하는 귀 질환
   6) 관절염, 류마티스, 그 밖의 운동기계의 질병
   7) 천식, 비만증, 바세도우씨병, 그 밖에 알레르기성 내분비계 물질대사 또는 영양장해 등과 관련된 질병

22 산업안전보건법령상 교육기관의 지정 등에 관한 설명으로 옳지 않은 것은?

① 고용노동부장관은 유해하거나 위험한 작업으로서 상당한 지식이나 숙련도가 요구되는 고용노동부령으로 정하는 작업의 경우, 그 작업에 필요한 자격·면허의 취득 또는 근로자의 기능 습득을 위하여 교육기관을 지정할 수 있다.

② 교육기관의 지정 요건 및 지정 절차는 고용노동부령으로 정한다.

③ 고용노동부장관은 지정받은 교육기관이 거짓으로 지정을 받은 경우에는 그 지정을 취소하여야 한다.

④ 고용노동부장관은 지정받은 교육기관이 업무정지 기간 중에 업무를 수행한 경우에는 그 지정을 취소하여야 한다.

⑤ 교육기관의 지정이 취소된 자는 지정이 취소된 날부터 3년 이내에는 해당 교육기관으로 지정받을 수 없다.

해설

안전관리전문기관 지정의 취소 등

1. 관련 규정
   1) 고용노동부장관은 안전관리전문기관이 지정 요건을 충족하지 못한 경우에 해당할 때에는 그 지정을 취소하거나 6개월 이내의 기간을 정하여 그 업무의 정지를 명할 수 있다.
   2) 지정이 취소된 자는 지정이 취소된 날부터 2년 이내에는 안전관리전문기관으로 지정받을 수 없다.

◉ ANSWER | 21 ② 22 ⑤

2. 취소 사유
    1) 거짓이나 그 밖의 부정한 방법으로 지정을 받은 경우
    2) 업무정지 기간 중에 업무를 수행한 경우
    3) 지정 요건을 충족하지 못한 경우
    4) 지정받은 사항을 위반하여 업무를 수행한 경우
    5) 그 밖에 대통령령으로 정하는 사유에 해당되는 경우

23 산업안전보건법령상 근로감독관 등에 관한 설명으로 옳지 않은 것은?

① 근로감독관은 이 법을 시행하기 위하여 필요한 경우 석면해체 · 제거업자의 사무소에 출입하여 관계인에게 관계 서류의 제출을 요구할 수 있다.

② 근로감독관은 산업재해 발생의 급박한 위험이 있는 경우 사업장에 출입하여 관계인에게 관계 서류의 제출을 요구할 수 있다.

③ 근로감독관은 기계 · 설비 등에 대한 검사에 필요한 한도에서 무상으로 제품 · 원재료 또는 기구를 수거할 수 있다.

④ 지방고용노동관서의 장은 근로감독관이 이 법에 따른 명령의 시행을 위하여 관계인에게 출석명령을 하려는 경우, 긴급하지 않은 한 14일 이상의 기간을 주어야 한다.

⑤ 근로감독관은 이 법을 시행하기 위하여 사업장에 출입하는 경우에 그 신분을 나타내는 증표를 지니고 관계인에게 보여 주어야 한다.

해설

근로감독관의 업무

1. 노동관계법령과 그 하위규정의 집행을 위한 다음 각 목의 업무
    가. 제11조에 따른 사업장 근로감독
    나. 제33조에 따른 신고사건의 접수 및 처리
    다. 각종 인 · 허가 및 승인
    라. 취업규칙 등 각종 신고의 접수 · 심사 및 처리
    마. 과태료 부과
2. 노동관계법령 위반의 죄에 대한 수사 등 사법경찰관의 직무
3. 노동조합의 설립 · 운영 등과 관련한 업무
4. 노사협의회의 설치 · 운영 등과 관련한 업무
5. 노동동향의 파악, 노사분규 및 집단체불의 예방과 그 수습지도에 관한 업무
6. 「근로복지기본법」에 따른 우리사주조합의 설립 · 운영 및 사내근로복지기금의 설립 · 운영 등과 관련한 업무
7. 「임금채권보장법」에 따른 근로자의 임금채권보장에 관한 업무
8. 「건설근로자의 고용개선 등에 관한 법률」에 따른 건설근로자퇴직공제사업의 운영 등과 관련한 업무
9. 「파견근로자보호 등에 관한 법률」(이하 '파견법'이라 한다)에 따른 파견사업의 적정한 운영과 파견근로자의 근로조건 보호 · 차별시정 등과 관련한 업무
10. 「근로자퇴직급여 보장법」에 따른 퇴직급여제도의 설정 및 운영에 관한 업무
11. 「남녀고용평등과 일 · 가정 양립 지원에 관한 법률」에 따른 고용에서의 남녀평등, 성별에 따른 근로조건 차별시정 등과 관련한 업무
12. 「기간제 및 단시간근로자 보호 등에 관한 법률」(이하 "기간제법"이라 한다)에 따른 기간제 및 단시간근로자의 근로조건 보호 · 차별시정 등과 관련한 업무
13. 「고용상 연령차별금지 및 고령자고용촉진에 관한 법률」 제1장의2(고용상연령차별금지)의 적용과 위반사항 조

치에 관한 업무

14. 「임금채권보장법」에 따른 근로자의 임금채권보장에 관한 업무

15. 그 밖에 노동관계법령의 운영과 관련하여 고용노동부장관(이하 "장관"이라 한다)이 지시하는 업무

24 산업안전보건법령상 산업안전지도사로 등록한 A가 손해배상의 책임을 보장하기 위하여 보증보험에 가입해야 하는 경우, 최저 보험금액이 얼마 이상인 보증보험에 가입해야 하는가?(단, A는 법인이 아님)

① 1천만 원

② 2천만 원

③ 3천만 원

④ 4천만 원

⑤ 5천만 원

해설

산업안전지도사는 손해배상의 책임을 보장하기 위해 2천만 원 이상의 보증보험에 가입하여야 한다.

25 산업안전보건법령상 산업재해 예방활동의 보조·지원을 받은 자의 폐업으로 인해 고용노동부장관이 그 보조·지원의 전부를 취소한 경우, 그 취소한 날부터 보조·지원을 제한할 수 있는 기간은?

① 1년

② 2년

③ 3년

④ 4년

⑤ 5년

해설

산업재해 예방활동의 보조지원을 받은 자의 폐업으로 인해 고용노동부장관이 그 보조지원의 전부를 취소한 경우, 그 취소한 날부터 보조지원을 1년간 제한할 수 있다.

1과목 산업안전보건법령

01 산업안전보건법령상 용어에 관한 설명으로 옳은 것을 모두 고른 것은?

> ㄱ. 근로자란 직업의 종류와 관계없이 임금, 급료 기타 이에 준하는 수입에 의하여 생활하는 자를 말한다.
> ㄴ. 작업환경측정이란 작업환경 실태를 파악하기 위하여 해당 근로자 또는 작업장에 대하여 사업주가 측정계획을 수립한 후 시료(試料)를 채취하고 분석 · 평가하는 것을 말한다.
> ㄷ. 안전 · 보건진단이란 산업재해를 예방하기 위하여 잠재적 위험성을 발견하고 그 개선대책을 수립할 목적으로 고용노동부장관이 지정하는 자가 하는 조사 · 평가를 말한다.
> ㄹ. 중대재해는 3개월 이상의 요양이 필요한 부상자가 동시에 2명 이상 발생한 재해를 포함한다.

① ㄱ, ㄴ
② ㄱ, ㄹ
③ ㄴ, ㄷ
④ ㄷ, ㄹ
⑤ ㄴ, ㄷ, ㄹ

◉해설

1. 근로자 : 직업의 종류와 관계없이 임금을 목적으로 사업 또는 사업장에서 근로를 제공하는 자
2. 작업환경측정 : 작업환경 실태를 파악하기 위하여 해당 근로자 또는 작업장에 대하여 사업주가 측정계획을 수립한 후 시료를 채취하고 분석 · 평가하는 것
3. 안전 · 보건진단 : 산업재해를 예방하기 위하여 잠재적 위험성을 발견하고 그 개선대책을 수립할 목적으로 고용노동부장관이 지정하는 자가하는 조사 · 평가하는 것
4. 중대재해
5. 고용노동부령으로 정하는 재해
   1) 사망자가 1명 이상 발생한 재해
   2) 3개월 이상의 요양이 필요한 부상자가 동시에 2명 이상 발생한 재해
   3) 부상자 또는 직업성 질병자가 동시에 10명 이상 발생한 재해

02 산업안전보건법령상 법령 요지의 게시 등과 안전 · 보건표지의 부착 등에 관한 설명으로 옳지 않은 것은?

① 근로자대표는 작업환경측정의 결과를 통지할 것을 사업주에게 요청할 수 있고, 사업주는 이에 성실히 응하여야 한다.
② 야간에 필요한 안전 · 보건표지는 야광물질을 사용하는 등 쉽게 알아볼 수 있도록 제작하여야 한다.
③ 안전 · 보건표지의 표시를 명백히 하기 위하여 필요한 경우에는 안전 · 보건표지의 주위에 표시사항을 글자로 덧붙여 적을 수 있으며, 이 경우 글자는 노란색 바탕에 검은색 한글 고딕체로 표기하여야 한다.

◉ ANSWER | 01 ⑤ 02 ③

④ 안전·보건표지의 성질상 설치하거나 부착하는 것이 곤란한 경우에는 해당 물체에 직접 도장(塗裝)할 수 있다.

⑤ 사업주는 산업안전보건법과 산업안전보건법에 따른 명령의 요지를 상시 각 작업장 내에 근로자가 쉽게 볼 수 있는 장소에 게시하거나 갖추어 두어 근로자로 하여금 알게 하여야 한다.

해설

안전보건표지
1. 야간에 필요한 안전보건표지는 야광물질을 사용하는 등 쉽게 알아볼 수 있도록 제작하여야 한다.
2. 안전보건표지의 표시를 명백히 하기 위하여 필요한 경우에는 그 안전보건표지의 주위에 표시사항을 글자로 덧붙여 적을 수 있다. 이 경우 글자는 흰색 바탕에 검은색 한글 고딕체로 표기해야 한다.
3. 안전보건표지의 성질상 설치하거나 부착하는 것이 곤란한 경우에는 해당 물체에 직접 도장할 수 있다.
4. 사업주는 산업안전보건법과 산업안전보건법에 따른 명령의 요지를 상시 각 작업장 내에 근로자가 쉽게 볼 수 있는 장소에 게시하거나 갖추어 두어 근로자로 하여금 알게 하여야 한다.

03 산업안전보건법령상 안전보건관리규정에 관한 설명으로 옳지 않은 것은?

① 소프트웨어 개발 및 공급업에서 상시근로자 100명을 사용하는 사업장은 안전보건관리규정을 작성하여야 한다.
② 안전보건관리규정의 내용에는 작업지휘자 배치 등에 관한 사항이 포함되어야 한다.
③ 안전보건관리규정은 해당 사업장에 적용되는 단체협약 및 취업규칙에 반할 수 없다.
④ 안전보건관리규정에 관하여는 산업안전보건법에서 규정한 것을 제외하고는 그 성질에 반하지 아니하는 범위에서 「근로기준법」의 취업규칙에 관한 규정을 준용한다.
⑤ 사업주가 법령에 따라 안전보건관리규정을 작성하거나 변경할 때에는 산업안전보건위원회가 설치되어 있지 아니한 사업장의 경우에는 근로자대표의 동의를 받아야 한다.

해설

1. 안전보건관리규정 작성을 해야 하는 상시근로자 300명 이상을 사용하는 사업장
    1) 농업
    2) 어업
    3) 소프트웨어 개발 및 공급업
    4) 컴퓨터 프로그래밍, 시스템 통합 및 관리업
    5) 정보서비스업
    6) 금융 및 보험업
    7) 임대업 : 부동산 제외
    8) 전문, 과학 및 기술서비스업
    9) 사업지원 서비스업
    10) 사회복지 서비스업
2. 제1호부터 제10호까지의 사업을 제외한 사업 : 상시근로자 100명 이상을 사용하는 사업장

⊚ ANSWER | 03 ①

04 산업안전보건법령상 안전 · 보건 관리체제에 관한 설명으로 옳지 않은 것은?

① 사업주는 안전보건관리책임자를 선임하였을 때에는 그 선임 사실 및 법령에 따른 업무의 수행내용을 증명할 수 있는 서류를 갖춰 둬야 한다.

② 안전보건관리책임자는 안전관리자와 보건관리자를 지휘 · 감독한다.

③ 사업주는 안전보건조정자로 하여금 근로자의 건강진단 등 건강관리에 관한 업무를 총괄관리하도록 하여야 한다.

④ 사업주는 관리감독자에게 법령에 따른 업무 수행에 필요한 권한을 부여하고 시설 · 장비 · 예산, 그 밖의 업무수행에 필요한 지원을 하여야 한다.

⑤ 사업주는 안전보건관리책임자에게 법령에 따른 업무를 수행하는 데 필요한 권한을 주어야 한다.

해설

안전 · 보건 관리체제

1. 사업주는 안전보건관리책임자를 선임하였을 때에는 그 선임 사실 및 법령에 따른 업무의 수행내용을 증명할 수 있는 서류를 갖춰 두어야 한다.
2. 안전보건관리책임자는 안전관리자와 보건관리자를 지휘 · 감독한다.
3. 사업주는 관리감독자에게 법령에 따른 업무 수행에 필요한 권한을 부여하고 시설 · 장비 · 예산, 그 밖의 업무수행에 필요한 지원을 하여야 한다.
4. 사업주는 안전보건관리책임자에게 법령에 따른 업무를 수행하는 데 필요한 권한을 주어야 한다.
5. 안전보건조정자
   1) 선임기준
      ① 공사감독자
      ② 해당 건설공사 중 주된 공사의 책임감리자
         가. 건축법에 따라 지정된 공사감독자
         나. 건설기술 진흥법에 따른 감리 업무를 수행하는 자
         다. 주택법에 따라 지정된 감리자
         라. 전력기술관리법에 따라 배치된 감리원
         마. 정보통신공사업에 따라 해당 건설공사에 대하여 감리업무를 수행하는 자
      ③ 건설산업기본법에 따른 종합공사에 해당하는 건설현장에서 관리책임자로서 3년 이상 재직한 사람
      ④ 산업안전지도사
      ⑤ 건설안전기술사
      ⑥ 건설안전기사 취득 후 건설안전 분야에서 5년 이상의 실무경력이 있는 사람
      ⑦ 건설안전산업기사를 취득한 후 건설안전 분야에서 7년 이상의 실무경력이 있는 사람

   2) 선임 후 조치 : 안전보건조정자를 두어야 하는 발주자는 분리 발주되는 공사의 착공일 전날까지 안전보건조정자를 지정하거나 선임하여 각각의 공사 도급인에게 그 사실을 알려야 한다.

   3) 업무
      ① 같은 장소에서 행하여지는 각각의 공사 간에 혼재된 작업의 파악
      ② 혼재된 작업으로 인한 산업재해 발생의 위험성 파악
      ③ 혼재된 작업으로 인한 산업재해를 예방하기 위한 작업의 시기 · 내용 및 안전보건 조치 등의 조정
      ④ 각각의 공사 도급인의 관리책임자 간 작업 내용에 관한 정보 공유의 확인

⊙ ANSWER | 04 ③

05 사업주 갑(甲)의 사업장에 산업재해가 발생하였다. 이 경우 갑(甲)이 기록·보존해야 할 사항으로 산업안전보건법령상 명시되지 않은 것은?(다만, 법령에 따른 산업재해조사표 사본을 보존하거나 요양신청서의 사본에 재해재발방지 계획을 첨부하여 보존한 경우에는 해당하지 아니 한다.)

① 사업장의 개요
② 근로자의 인적 사항 및 재산 보유현황
③ 재해 발생의 일시 및 장소
④ 재해 발생의 원인 및 과정
⑤ 재해 재발방지 계획

해설

산재발생 시 기록·보존해야 할 사항
1. 사업장 개요
2. 재해발생 일시 및 장소
3. 재해발생 원인 및 과정
4. 재발방지 계획

06 산업안전보건법령상 산업안전보건위원회의 심의·의결을 거쳐야 하는 사항에 해당하지 않는 것은?

① 유해하거나 위험한 기계·기구와 그 밖의 설비를 도입한 경우 안전·보건조치에 관한 사항
② 안전·보건과 관련된 안전장치 구입 시의 적격품 여부 확인에 관한 사항
③ 산업재해에 관한 통계의 기록 및 유지에 관한 사항
④ 산업재해 예방계획의 수립에 관한 사항
⑤ 근로자의 안전·보건교육에 관한 사항

해설

산업안전보건위원회의 심의·의결사항
1. 유해·위험 기계·기구와 그 밖의 설비를 도입한 경우 안전·보건조치에 관한 사항
2. 산업재해에 관한 통계의 기록 및 유지에 관한 사항
3. 산업재해 예방계획의 수립에 관한 사항
4. 근로자의 안전·보건교육에 관한 사항

07 산업안전보건법령상 도급 금지 및 도급사업의 안전·보건에 관한 설명으로 옳지 않은 것은?

① 유해하거나 위험한 작업을 도급 줄 때 지켜야 할 안전·보건조치의 기준은 고용노동부령으로 정한다.
② 도급작업은 하도급인 경우를 제외하고는 고용노동부장관의 인가를 받지 아니하면 그 작업만을 분리하여 도급을 줄 수 없다.
③ 법령상 구성 및 운영되어야 하는 안전·보건에 관한 협의체는 도급인인 사업주 및 그의 수급인인 사업주 전원으로 구성하여야 한다.
④ 법령상 작업장의 순회점검 등 안전·보건관리를 하여야 하는 도급인인 사업주는 토사석 광업의 경

우 2일에 1회 이상 작업장을 순회점검하여야 한다.

⑤ 건설공사를 타인에게 도급하는 자는 자신의 책임으로 시공이 중단된 사유로 공사가 지연되어 그의 수급인이 산업재해 예방을 위하여 공사기간 연장을 요청하는 경우 특별한 사유가 없으면 그 연장 조치를 하여야 한다.

해설

1. 도금작업은 고용노동부장관의 인가를 받지 아니한 경우에도 그 작업만을 분할하여 도급을 줄 수 있다.
2. 2020년 1월 16일부터 도금작업 등 유해 · 위험성이 매우 높은 작업은 원칙적으로 도급이 금지된다.(대상 : 도금 · 수은 · 카드뮴 사용 작업장)

08 산업안전보건법령상 안전관리자 및 보건관리자 등에 관한 설명으로 옳지 않은 것은?

① 사업주가 안전관리자를 배치할 때에는 연장근로 · 야간근로 또는 휴일근로 등 해당 사업장의 작업 형태를 고려하여야 한다.

② 건설업을 제외한 사업으로서 상시근로자 300명 미만을 사용하는 사업의 사업주는 안전관리자의 업무를 안전관리전문기관에 위탁할 수 있다.

③ 안전관리전문기관은 고용노동부장관이 정하는 바에 따라 안전관리 업무의 수행 내용, 점검 결과 및 조치 사항 등을 기록한 사업장관리카드를 작성하여 갖추어 두어야 한다.

④ 지방고용노동관서의 장은 중대재해가 연간 2건 이상 발생한 경우에는 사업주에게 안전관리자 · 보건관리자를 교체하여 임명할 것을 명할 수 있다.

⑤ 고용노동부장관은 안전관리전문기관이 업무정지 기간 중에 업무를 수행한 경우 그 지정을 취소하여야 한다.

해설

2020년 법 개정으로 지방고용노동관서의 장은 중대재해가 연간 2건 이상 발생한 경우에는 사업주에게 안전관리자 · 보건관리자를 교체하여 임명할 것을 명할 수 있다.

09 산업안전보건법령상 고객의 폭언 등으로 인한 건강장해를 예방하기 위하여 사업주가 조치하여야 하는 것으로 명시된 것은?

① 업무의 일시적 중단 또는 전환
② 고객과의 문제 상황 발생 시 대처방법 등을 포함하는 고객응대업무 매뉴얼 마련
③ 근로기준법에 따른 휴게시간의 연장
④ 폭언 등으로 인한 건강장해 관련 치료
⑤ 관할 수사기관에 증거물을 제출하는 등 고객응대근로자가 폭언 등으로 인하여 고소, 고발 등을 하는 데 필요한 지원

해설

고객의 폭언 등으로 인한 건강장해 예방을 위해 사업주가 조치해야 하는 것으로 명시된 것
고객과의 문제 상황 발생 시 대처방법 등을 포함하는 고객응대업무 매뉴얼 마련

◉ ANSWER | 08 정답없음 09 ②

10 산업안전보건법령상 안전보건관리책임자 등에 대한 직무교육에 관한 설명으로 옳은 것은?

① 법령에 따른 안전보건관리책임자에 해당하는 사람이 해당 직위에 위촉된 경우에는 직무교육을 이수한 것으로 본다.

② 법령에 따른 보건관리자가 의사인 경우에는 채용된 후 6개월 이내에 직무를 수행하는 데 필요한 신규교육을 받아야 한다.

③ 법령에 따른 안전보건관리담당자에 해당하는 사람은 선임된 후 매 2년이 되는 날을 기준으로 전후 3개월 사이에 고용노동부장관이 실시하는 안전 · 보건에 관한 보수교육을 받아야 한다.

④ 직무교육기관의 장은 직무교육을 실시하기 30일 전까지 교육 일시 및 장소 등을 직무교육 대상자에게 알려야 한다.

⑤ 직무교육을 이수한 사람이 다른 사업장으로 전직하여 신규로 선임된 경우로서 선임신고 시 전직 전에 받은 교육이수증명서를 제출하면 해당 교육의 2분의 1을 이수한 것으로 본다.

◉ 해설

① 법령에 따른 안전보건관리책임자에 해당하는 사람이 해당 직위에 위촉된 경우에는 직무 교육을 이수해야 한다.
② 법령에 따른 보건관리자가 의사인 경우에는 채용된 후 1년 이내에 직무를 수행하는 데 필요한 신규교육을 받아야 한다.
③ 법령에 따른 안전보건관리담당자에 해당하는 사람은 선임된 후 매 2년이 되는 날을 기준으로 전후 3개월 사이에 고용노동부장관이 실시하는 안전보건에 관한 보수교육을 받아야 한다.
④ 직무교육기관의 장은 직무교육을 실시하기 15일 전까지 교육 일시 및 장소 등을 직무교육 대상자에게 알려야 한다.
⑤ 직무교육을 이수한 사람이 다른 사업장으로 전직하여 신규로 선임되어 선임신고를 하는 경우에는 전직 전에 받은 교육이수증명서를 제출하면 해당 교육을 이수한 것으로 본다.

안전보건관리책임자의 직무교육
1. 채용된 후 3개월 이내에 직무를 수행하는 데 필요한 신규교육을 받아야 한다.
2. 신규교육을 이수한 후 매 2년이 되는 날을 기준으로 전후 3개월 사이에 보수교육을 받아야 한다.

11 산업안전보건법령상 사업주가 근로자에 대하여 실시하여야 하는 근로자 안전 · 교육의 내용 중 관리감독자 정기안전 · 보건교육의 내용에 해당하지 않는 것은?

① 산업재해보상보험 제도에 관한 사항
② 산업보건 및 직업병 예방에 관한 사항
③ 유해 · 위험 작업환경 관리에 관한 사항
④ 「산업안전보건법」 및 일반관리에 관한 사항
⑤ 표준안전작업방법 및 지도 요령에 관한 사항

◉ 해설

관리감독자 정기안전 · 보건교육의 내용
1. 작업공정의 유해 · 위험과 재해 예방대책에 관한 사항
2. 표준안전작업방법 및 지도 요령에 관한 사항
3. 관리감독자의 역할과 임무에 관한 사항
4. 산업보건 및 직업병 예방에 관한 사항
5. 유해 · 위험 작업환경 관리에 관한 사항
6. 산업안전보건법 및 일반관리에 관한 사항

◉ ANSWER | 10 ③ 11 ①

12 산업안전보건법령상 안전검사대상 유해 · 위험기계 등의 검사 주기가 공정안전보고서를 제출하여 확인을 받은 경우 최초 안전검사를 실시한 후 4년마다인 것은?

① 이삿짐 운반용 리프트
② 고소작업대
③ 이동식 크레인
④ 압력용기
⑤ 원심기

안전검사의 주기

대상 기계 · 기구	최초검사	최초 이후 검사
크레인(이동식은 제외), 리프트(이삿짐 운반용은 제외)	설치가 끝난 날부터 3년 이내	2년마다 (건설현장에 설치된 것은 최초로 설치한 날부터 6개월마다)
이동식 크레인, 이삿짐 운반용 리프트 및 고소작업대	신규등록 이후 3년 이내	2년마다
프레스, 전단기, 압력용기, 국소배기장치, 원심기, 화학설비 및 그 부속설비, 건조설비 및 그 부속설비, 롤러기, 사출성형기, 컨베이어, 산업용 로봇	설치가 끝난 날부터 3년 이내	2년마다
원심기	설치가 끝난 날부터 3년 이내	4년마다

13 산업안전보건법령상 설치 · 이전하는 경우 안전인증을 받아야 하는 기계 · 기구에 해당하는 것은?

① 프레스
② 곤돌라
③ 롤러기
④ 사출성형기(射出成形機)
⑤ 기계톱

설치 · 이전 시 안전인증대상 기계 · 기구

크레인, 리프트, 곤돌라

14 산업안전보건법령상 불도저를 대여 받는 자가 그가 사용하는 근로자가 아닌 사람에게 불도저를 조작하도록 하는 경우 조작하는 사람에게 주지시켜야 할 사항으로 명시되지 않은 것은?

① 작업의 내용
② 지휘계통
③ 연락 · 신호 등의 방법
④ 제한속도
⑤ 면허의 갱신

불도저 작업 시 사업주가 고용한 근로자가 아닌 사람에게 조작하도록 하는 경우 주지사항

1. 작업의 내용
2. 지휘계통
3. 연락 · 신호 등의 방법
4. 제한속도

◉ ANSWER | 12 ④ 13 ② 14 ⑤

15 산업안전보건법령상 지게차에 설치하여야 할 방호장치에 해당하지 않는 것은?

① 헤드가드
② 백레스트(backrest)
③ 전조등
④ 후미등
⑤ 구동부 방호 연동장치

16 산업안전보건법령상 자율안전확인의 신고 및 자율안전확인대상 기계·기구 등에 관한 설명으로 옳지 않은 것은?

① 휴대형 연마기는 자율안전확인대상 기계·기구 등에 해당한다.
② 연구·개발을 목적으로 산업용 로봇을 제조하는 경우에는 신고를 면제할 수 있다.
③ 파쇄·절단·혼합·제면기가 아닌 식품가공용 기계는 자율안전확인대상 기계·기구 등에 해당하지 않는다.
④ 자동차정비용 리프트에 대하여 안전인증을 받은 경우에는 그 안전인증이 취소되거나 안전인증표시의 사용 금지 명령을 받은 경우가 아니라면 신고를 면제할 수 있다.
⑤ 인쇄기에 대하여 고용노동부령으로 정하는 다른 법령에서 안전성에 관한 검사나 인증을 받은 경우에는 신고를 면제할 수 있다.

17 산업안전보건기준에 관한 규칙상 근로자가 주사 및 채혈 작업을 하는 경우 사업주가 하여야 할 조치에 해당하지 않는 것은?

① 안정되고 편안한 자세로 주사 및 채혈을 할 수 있는 장소를 제공할 것
② 채취한 혈액을 검사 용기에 옮기는 경우에는 주사침 사용을 금지하도록 할 것
③ 사용한 주사침의 바늘을 구부리는 행위를 금지할 것
④ 사용한 주사침의 뚜껑을 부득이하게 다시 씌워야 하는 경우에는 두 손으로 씌우도록 할 것
⑤ 사용한 주사침은 안전한 전용 수거용기에 모아 튼튼한 용기를 사용하여 폐기할 것

◉ ANSWER | 15 ⑤ 16 ① 17 ④

근로자가 주사 및 채혈 작업을 하는 경우 사업주가 하여야 할 조치
1. 안정되고 편안한 자세로 주사 및 채혈을 할 수 있는 장소 제공
2. 채취 혈액을 검사용기에 옮기는 경우 조사침 사용 금지
3. 사용한 주사침의 바늘을 구부리는 행위 금지
4. 사용한 주사침은 안전한 전용 수거용기에 모아 튼튼한 용기를 사용하여 폐기

18 산업안전보건법령상 건강 및 환경 유해성 분류기준에 관한 설명으로 옳지 않은 것은?

① 입 또는 피부를 통하여 1회 투여 또는 8시간 이내에 여러 차례로 나누어 투여하거나 호흡기를 통하여 8시간 동안 흡입하는 경우 유해한 영향을 일으키는 물질은 급성 독성 물질이다.

② 접촉 시 피부조직을 파괴하거나 자극을 일으키는 물질은 피부 부식성 또는 자극성 물질이다.

③ 호흡기를 통하여 흡입되는 경우 기도에 과민반응을 일으키는 물질은 호흡기 과민성 물질이다.

④ 자손에게 유전될 수 있는 사람의 생식세포에 돌연변이를 일으킬 수 있는 물질은 생식세포 변이원성 물질이다.

⑤ 단기간 또는 장기간의 노출로 수생생물에 유해한 영향을 일으키는 물질은 수생 환경 유해성 물질이다.

건강 및 환경 유해성 분류기준
1. 화학물질의 분류기준(물리적 위험성 분류기준)
   1) 폭발성 물질 : 자체의 화학반응에 따라 주위환경에 손상을 줄 수 있는 정도의 온도·압력 및 속도를 가진 가스를 발생시키는 고체·액체 또는 혼합물
   2) 인화성 가스 : 20℃, 표준압력(101.3kPa)에서 공기와 혼합하여 인화되는 범위에 있는 가스(혼합물을 포함한다.)
   3) 인화성 액체 : 표준압력(101.3kPa)에서 인화점이 60℃ 이하인 액체
   4) 인화성 고체 : 쉽게 연소되거나 마찰에 의하여 화재를 일으키거나 촉진할 수 있는 물질
   5) 인화성 에어로졸 : 인화성 가스, 인화성 액체 및 인화성 고체 등 인화성 성분을 포함하는 에어로졸(자연발화성 물질, 자기발열성 물질 또는 물반응성 물질은 제외한다.)
   6) 물반응성 물질 : 물과 상호작용을 하여 자연발화되거나 인화성 가스를 발생시키는 고체·액체 또는 혼합물
   7) 산화성 가스 : 일반적으로 산소를 공급함으로써 공기보다 다른 물질의 연소를 더 잘 일으키거나 촉진하는 가스
   8) 산화성 액체 : 그 자체로는 연소하지 않더라도 일반적으로 산소를 발생시켜 다른 물질을 연소시키거나 연소를 촉진하는 액체
   9) 산화성 고체 : 그 자체로는 연소하지 않더라도 일반적으로 산소를 발생시켜 다른 물질을 연소시키거나 연소를 촉진하는 고체
   10) 고압가스 : 20℃, 200킬로파스칼(kPa) 이상의 압력하에서 용기에 충전되어 있는 가스 또는 냉동액화가스 형태로 용기에 충전되어 있는 가스(압축가스, 액화가스, 냉동액화가스, 용해가스로 구분한다.)
   11) 자기반응식 물질 : 열적(熱的)인 면에서 불안정하여 산소가 공급되지 않아도 강렬하게 발열·분해하기 쉬운 액체·고체 또는 혼합물
   12) 자연발화성 액체 : 적은 양으로도 공기와 접촉하여 5분 안에 발화할 수 있는 액체
   13) 자연발화성 고체 : 적은 양으로도 공기와 접촉하여 5분 안에 발화할 수 있는 고체
   14) 자기발열성 물질 : 주위의 에너지 공급 없이 공기와 반응하여 스스로 발열하는 물질(자기발화성 물질은 제외한다.)
   15) 유기과산화물 : 2가의 −O−O−구조를 가지고 1개 또는 2개의 수소 원자가 유기라디칼에 의하여 치환된 과산화수소의 유도체를 포함한 액체 또는 고체 유기물질
   16) 금속 부식성 물질 : 화학적인 작용으로 금속에 손상 또는 부식을 일으키는 물질

◉ ANSWER | 18 ①

2. 건강 및 환경 유해성 분류기준
   1) 급성 독성 물질 : 입 또는 피부를 통하여 1회 투여 또는 24시간 이내에 여러 차례로 나누어 투여하거나 호흡기를 통해 4시간 동안 흡입하는 경우 유해한 영향을 일으키는 물질
   2) 자극성 물질 : 접촉 시 피부조직을 파괴하거나 자극을 일으키는 물질
   3) 호흡기과민성 물질 : 호흡기를 통해 흡입되는 경우 기도에 과민반응을 일으키는 물질
   4) 생식세포 변이원성 물질 : 자손에게 유전될 수 있는 사람의 생식세포에 돌연변이를 일으킬 수 있는 물질
   5) 수생 환경 유해성 물질 : 단기간 또는 장기간의 노출로 수생생물에 유해한 영향을 일으키는 물질
   6) 피부 부식성 또는 자극성 물질 : 접촉 시 피부조직을 파괴하거나 자극을 일으키는 물질
   7) 심한 눈 손상성 또는 자극성 물질 : 접촉 시 눈 조직의 손상 또는 시력의 저하 등을 일으키는 물질
   8) 발암성 물질 : 암을 일으키거나 그 발생을 증가시키는 물질
   9) 생식세포 변이원성 물질 : 자손에게 유전될 수 있는 사람의 생식세포에 돌연변이를 일으킬 수 있는 물질
   10) 생식독성 물질 : 생식기능, 생식능력 또는 태아의 발생·발육에 유해한 영향을 주는 물질
   11) 특정 표적장기 독성 물질(1회 노출) : 1회 노출로 특정 표적장기 또는 전신에 독성을 일으키는 물질
   12) 특정 표적장기 독성 물질(반복 노출) : 반복적인 노출로 특정 표적장기 또는 전신에 독성을 일으키는 물질
   13) 오존층 유해성 물질 : 오존층 보호를 위한 특정물질의 제조규제 등에 관한 법률에 따른 특정물질

3. 물리적 인자의 분류기준
   1) 소음 : 소음성 난청을 유발할 수 있는 85데시벨(A) 이상의 시끄러운 소리
   2) 진동 : 착암기, 핸드 해머 등의 공구를 사용함으로써 발생되는 백립병·레이노 현상·말초순환장애 등의 국소 진동 및 차량 등을 이용함으로써 발생되는 관절통·디스크·소화장애 등의 전신 진동
   3) 방사선 : 직접·간접으로 공기 또는 세포를 전리하는 능력을 가진 알파선·베타선·감마선·엑스선·중성자선 등의 전자선
   4) 이상기압 : 게이지 압력이 제곱센티미터당 1킬로그램 초과 또는 미만인 기압
   5) 이상기온 : 고열·한랭·다습으로 인하여 열사병·동상·피부질환 등을 일으킬 수 있는 기온

4. 생물학적 인자의 분류기준
   1) 혈액매개 감염인자 : 인간면역결핍바이러스, B형·C형간염바이러스, 매독바이러스 등 혈액을 매개로 다른 사람에게 전염되어 질병을 유발하는 인자
   2) 공기매개 감염인자 : 결핵·수두·홍역 등 공기 또는 비말감염 등을 매개로 호흡기를 통하여 전염되는 인자
   3) 곤충 및 동물매개 감염인자 : 쯔쯔가무시증, 렙토스피라증, 유행성 출혈열 등 동물의 배설물 등에 의하여 전염되는 인자 및 탄저병, 브루셀라병 등 가축 또는 야생동물로부터 사람에게 감염되는 인자

19 산업안전보건법령상 건강진단에 관한 내용으로 ( )에 들어갈 내용을 순서대로 옳게 나열한 것은?

> • 사업주는 사업장의 작업환경측정 결과 노출기준 이상인 작업공정에서 해당 유해인자에 노출되는 모든 근로자에 대해서는 다음 회에 한정하여 관련 유해인자별로 특수건강진단 주기를 (ㄱ)분의 1로 단축하여야 한다.
> • 건강진단기관이 건강진단을 실시하였을 때에는 그 결과를 고용노동부장관이 정하는 건강진단개인표에 기록하고, 건강진단 실시일부터 (ㄴ)일 이내에 근로자에게 송부하여야 한다.
> • 사업주가 특수건강진단대상업무에 근로자를 배치하려는 경우 해당 작업에 배치하기 전에 배치전건강진단을 실시하여야 하나, 해당 사업장에서 해당 유해인자에 대하여 배치전건강진단을 받고 (ㄷ)개월이 지나지 아니한 근로자에 대해서는 배치전건강진단을 실시하지 아니할 수 있다.

① ㄱ : 2, ㄴ : 15, ㄷ : 3
② ㄱ : 2, ㄴ : 30, ㄷ : 3
③ ㄱ : 2, ㄴ : 30, ㄷ : 6
④ ㄱ : 3, ㄴ : 30, ㄷ : 6
⑤ ㄱ : 3, ㄴ : 60, ㄷ : 9

⊙ **ANSWER** | 19 ③

건강진단
1. 사업주는 사업장의 작업환경측정 결과 노출기준 이상인 작업공정에서 해당 유해인자에 노출되는 모든 근로자에 대해서는 다음 회에 한정하여 관련 유해인자별로 특수건강진단 주기를 2분의 1로 단축하여야 한다.
2. 건강진단기관이 건강진단을 실시하였을 때에는 그 결과를 고용노동부장관이 정하는 건강진단개인표에 기록하고, 건강진단 실시일부터 30일 이내에 근로자에게 송부하여야 한다.
3. 사업주가 특수건강진단대상업무에 근로자를 배치하려는 경우 해당 작업에 배치하기 전에 배치전건강진단을 실시하여야 하나, 해당 사업장에서 해당 유해인자에 대하여 배치전건강진단을 받고 6개월이 지나지 아니한 근로자에 대해서는 배치전건강진단을 실시하지 아니할 수 있다.

20 산업안전보건법령상 근로의 금지 및 제한에 관한 설명으로 옳은 것은?

① 사업주는 신장 질환이 있는 근로자가 근로에 의하여 병세가 악화될 우려가 있는 경우에 근로자의 동의가 없으면 근로를 금지할 수 없다.

② 사업주는 질병자의 근로를 다시 시작하도록 하는 경우에는 미리 보건관리자(의사가 아닌 보건관리자도 포함한다.), 산업보건의 또는 건강진단을 실시한 의사의 의견을 들어야 한다.

③ 사업주는 관절염에 해당하는 질병이 있는 근로자를 고기압 업무에 종사시킬 수 있다.

④ 사업주는 갱내에서 하는 작업에 종사하는 근로자에게는 1일 6시간, 1주 34시간을 초과하여 근로하게 하여서는 아니 된다.

⑤ 사업주는 인력으로 중량물을 취급하는 작업에서 유해·위험 예방조치 외에 작업과 휴식의 적정한 배분, 그 밖에 근로시간과 관련된 근로조건의 개선을 통하여 근로자의 건강 보호를 위한 조치를 하여야 한다.

1. 근로의 금지 및 제한
   사업주는 인력으로 중량물을 취급하는 작업에서 유해·위험 예방조치 외에 작업과 휴식의 적정한 배분, 그 밖에 근로시간과 관련된 근로조건의 개선을 통하여 근로자의 건강 보호를 위한 조치를 하여야 한다.
2. 질병자의 근로금지
   1) 전염될 우려가 있는 질병에 걸린 사람
   2) 정신분열증, 마비성 치매에 걸린 사람
   3) 심장·신장·폐 등의 질환이 있는 사람으로서 근로에 의하여 병세가 악화될 우려가 있는 사람
   4) 사업주는 근로를 금지하거나 근로를 다시 시작하도록 하는 경우에는 미리 보건관리자(의사인 보건관리자만 해당), 산업보건의 또는 건강진단을 실시한 의사의 의견을 들어야 한다.

21 산업안전보건법령상 산업재해 발생 사실을 은폐하도록 교사(敎唆)하거나 공모(共謀)한 자에게 적용되는 벌칙은?

① 500만 원 이하의 벌금
② 1년 이하의 징역 또는 1천만 원 이하의 벌금
③ 3년 이하의 징역 또는 3천만 원 이하의 벌금
④ 5년 이하의 징역 또는 5천만 원 이하의 벌금
⑤ 7년 이하의 징역 또는 1억 원 이하의 벌금

◉ ANSWER | 20 ⑤ 21 ②

산업안전보건법령상 산재 은폐를 교사하거나 공모한 자의 벌칙
1년 이하의 징역 또는 1천만 원 이하의 벌금

22 산업안전보건법령상 안전보건개선계획 등에 관한 설명으로 옳지 않은 것은?

① 사업주는 안전보건개선계획을 수립할 때에는 산업안전보건위원회가 설치되어 있지 아니한 사업장의 경우에는 근로자대표의 의견을 들어야 한다.

② 사업주와 근로자는 안전보건개선계획을 준수하여야 한다.

③ 안전보건개선계획의 수립·시행명령을 받은 사업주는 고용노동부장관이 정하는 바에 따라 안전보건개선계획서를 작성하여 그 명령을 받은 날부터 60일 이내에 관할 지방고용노동관서의 장에게 제출하여야 한다.

④ 직업병에 걸린 사람이 연간 1명 발생한 사업장은 안전·보건진단을 받아 안전보건개선계획을 수립·제출하도록 지방고용노동관서의 장이 명할 수 있는 사업장에 해당한다.

⑤ 안전보건개선계획서에는 시설, 안전·보건관리체제, 안전·보건교육, 산업재해예방 작업환경의 개선을 위하여 필요한 사항이 포함되어야 한다.

1. 안전보건개선계획
   1) 사업주는 안전보건개선계획을 수립할 때에는 산업안전보건위원회가 설치되어 있지 아니한 사업장의 경우에는 근로자대표의 의견을 들어야 한다.
   2) 사업주와 근로자는 안전보건개선계획을 준수하여야 한다.
   3) 안전보건개선계획의 수립·시행명령을 받은 사업주는 고용노동부장관이 정하는 바에 따라 안전보건개선계획서를 작성하여 그 명령을 받은 날부터 60일 이내에 관할 지방고용노동관서의 장에게 제출하여야 한다.
   4) 안전보건개선계획서에는 시설, 안전·보건관리체제, 안전·보건교육, 산업재해 예방 및 작업환경의 개선을 위하여 필요한 사항이 포함되어야 한다.

2. 안전보건개선계획 수립대상 사업장
   1) 산재율이 동종규모 평균 산재율보다 높은 사업장
   2) 중대재해 발생 사업장
   3) 유해인자 노출기준 초과 사업장

3. 안전보건진단 후 개선계획 수립대상 사업장
   1) 중대재해 발생 사업장
   2) 산재율이 동종 평균 산재율의 2배 이상인 사업장
   3) 직업병 이환자가 연간 2명 이상 발생된 사업장
   4) 작업환경불량, 화재, 폭발, 누출사고 등으로 사회적 물의를 일으킨 사업장
   5) 고용노동부장관이 정하는 사업장

23 산업안전보건법령상 작업환경측정 등에 관한 설명으로 옳지 않은 것은?

① 사업주는 작업환경측정의 결과를 해당 작업장 근로자에게 알려야 하며 그 결과에 따라 근로자의 건강을 보호하기 위하여 해당 시설·설비의 설치·개선 또는 건강진단의 실시 등 적절한 조치를 하여야 한다.

② 사업주는 산업안전보건위원회 또는 근로자대표가 요구하면 작업환경측정 결과에 대한 설명회를 직접 개최하거나 작업환경측정을 한 기관으로 하여금 개최하도록 하여야 한다.

③ 고용노동부장관은 작업환경측정의 수준을 향상시키기 위하여 매년 지정측정기관을 평가한 후 그 결과를 공표하여야 한다.

④ 고용노동부장관은 작업환경측정 결과의 정확성과 정밀성을 평가하기 위하여 필요하다고 인정하는 경우에는 신뢰성 평가를 할 수 있다.

⑤ 시설·장비의 성능은 고용노동부장관이 지정측정기관의 작업환경측정 수준을 평가하는 기준에 해당한다.

● 해설

작업환경측정

1. 작업환경 측정방법
   1) 측정 전 예비조사 실시
   2) 작업이 정상적으로 이루어져 작업시간과 유해인자에 대한 근로자의 노출 정도를 정확히 평가할 수 있을 때 실시
   3) 모든 측정은 개인시료채취방법으로 하되, 개인시료채취방법이 곤란한 경우에는 지역시료채취방법으로 실시

2. 측정 횟수
   1) 최초측정 : 신규로 가동되거나 변경되는 등 작업환경측정 대상 작업장이 된 경우 : 그날부터 30일 이내에 측정
   2) 정기측정 : 최초 측정 이후 6개월에 1회 이상
   3) 1년에 1회 이상 측정대상
      ① 작업공정 내 소음의 작업환경측정 결과가 최근 2회 연속 85dB 미만인 경우
      ② 작업공정 내 소음 외의 다른 모든 인자의 작업환경측정 결과가 최근 2회 연속 노출 기준 미만인 경우

3. 결과의 보고
   1) 시료 채취를 마친 날부터 30일 이내에 지방고용노동관서의 장에게 제출
   2) 시료분석 및 평가에 상당한 시간이 걸려 시료채취를 마친 날부터 30일 이내에 보고하는 것이 어려운 사업장은 그 사실을 증명하여 지방고용노동관서의 장에게 신고하면 30일의 범위에서 제출기간 연장 가능
   3) 노출기준 초과 작업공정이 있는 경우 : 해당시설, 설비의 설치·개선 또는 건강진단의 실시 등 적절한 조치를 하고 시료채취를 마친 날부터 60일 이내에 해당 작업공정의 개선을 증명할 수 있는 서류 또는 개선계획을 관할 지방고용노동관서의 장에게 제출

4. 작업환경측정자의 자격
   그 사업장에 소속된 사람으로서 산업위생관리산업기사 이상의 자격을 가진 사람

5. 건설현장의 작업환경측정 대상 유해인자
   1) 유기화학물 : 벤젠, 아세톤, 이황화탄소, 톨루엔, 페놀, 헥산
   2) 금속류
      ① 구리 : fume, 분진과 미스트
      ② 납 및 그 무기화합물
      ③ 알루미늄 및 그 화학물 : 금속분진, fume, 가용성 염, 알킬

◎ ANSWER | 23 ③

④ 산화철 분진과 흄
⑤ 가스 상태 물질류 : 일산화탄소, 황화수소
3) 물리적 인자
① 8시간 시간가중평균 80dB 이상의 소음
② 고열환경
4) 분진
① 광물성 분진 : 규산
② 규산염 : 운모, 흑연
③ 면 분진
④ 나무분진
⑤ 용접 흄
⑥ 유리섬유
⑦ 석면분진

24 갑(甲)은 전국 규모의 사업주단체에 소속된 임직원으로서 해당 단체가 추천하여 법령에 따라 위촉된 명예감독관이다. 산업안전보건법령상 갑(甲)의 업무가 아닌 것을 모두 고른 것은?

> ㄱ. 법령 및 산업재해 예방정책 개선 건의
> ㄴ. 안전 · 보건 의식을 북돋우기 위한 활동과 무재해운동 등에 대한 참여와 지원
> ㄷ. 사업장에서 하는 자체점검 참여 및 근로감독관이 하는 사업장 감독 참여
> ㄹ. 법령을 위반한 사실이 있는 경우 사업주에 대한 개선 요청 및 감독기관에의 신고
> ㅁ. 산업재해 발생의 급박한 위험이 있는 경우 사업주에 대한 작업중지 요청

① ㄱ, ㄴ, ㄷ   ② ㄱ, ㄴ, ㅁ
③ ㄱ, ㄷ, ㄹ   ④ ㄴ, ㄹ, ㅁ
⑤ ㄷ, ㄹ, ㅁ

◀ 해설 ▶

명예산업안전감독관의 위촉

① 고용노동부장관은 다음 각 호의 어느 하나에 해당하는 사람 중에서 법 제23조제1항에 따른 명예산업안전감독관(이하 "명예산업안전감독관"이라 한다)을 위촉할 수 있다.
1. 산업안전보건위원회 구성 대상 사업의 근로자 또는 노사협의체 구성·운영 대상 건설공사의 근로자 중에서 근로자대표(해당 사업장에 단위 노동조합의 산하 노동단체가 그 사업장 근로자의 과반수로 조직되어있는 경우에는 지부·분회 등 명칭이 무엇이든 관계없이 해당 노동단체의 대표자를 말한다. 이하 같다)가 사업주의 의견을 들어 추천하는 사람.
2. 노동조합 및 노동관계조정법 제10조에 따른 연합단체인 노동조합 또는 그 지역대표기구에 소속된 임직원 중에서 해당 연합단체인 노동조합 또는 그 지역 대표기구가 추천하는 사람.
3. 전국 규모의 사업주단체 또는 그 산하조직에 소속된 임직원 중에서 해당 단체 또는 그 산하조직이 추천하는 사람.
4. 산업재해 예방 관련 업무를 하는 단체 또는 그 산하조직에 소속된 임직원 중에서 해당 단체 또는 그 산하조직이 추천하는 사람.
② 명예산업안전감독관의 업무는 다음 각 호와 같다. 이 경우 제1항제1호에 따라 위촉된 명예산업안전감독관의 업무 범위는 해당 사업장에서의 업무(제8호는 제외한다)로 한정하며, 제1항제2호부터 제4호까지의 규정에 따라 위촉된 명예산업안전감독관의 업무 범위는 제8호부터 제10호까지의 규정에 따른 업무로 한정한다.
(1) 사업장에서 하는 자체점검 참여 및 근로기준법 제10조에 따른 근로감독관이 하는 사업장 감독 참여

⑵ 사업장 산업재해 예방계획 수립 참여 및 사업장에서 하는 기계·기구 자체검사 참석

⑶ 법령을 위반한 사실이 있는 경우 사업주에 대한 개선 요청 및 감독기관에의 신고

⑷ 산업재해 발생의 급박한 위험이 있는 경우 사업주에 대한 작업중지 요청

⑸ 작업환경측정, 근로자 건강진단 시의 참석 및 그 결과에 대한 설명회 참여

⑹ 직업성 질환의 증상이 있거나 질병이 걸린 근로자가 여러 명 발생한 경우 사업주에 대한 임시건강진단 실시 요청

⑺ 근로자에 대한 안전수칙 준수 지도

⑻ 법령 및 산업재해 예방정책 개선 건의

⑼ 안전보건 의식을 북돋우기 위한 활동 등에 대한 참여와 지원

⑽ 그 밖에 산업재해 예방에 대한 홍보 등 산업재해 예방업무와 관련하여 고용노동부장관이 정하는 업무

25 산업안전보건법령상 산업재해 예방사업 보조 · 지원의 취소에 관한 설명으로 옳지 않은 것은?

① 거짓으로 보조 · 지원을 받은 경우 보조 · 지원의 전부를 취소하여야 한다.

② 보조 · 지원 대상을 임의매각 · 훼손 · 분실하는 등 지원 목적에 적합하게 유지 · 관리 · 사용하지 아니한 경우 보조 · 지원의 전부 또는 일부를 취소하여야 한다.

③ 보조 · 지원이 산업재해 예방사업의 목적에 맞게 사용되지 아니한 경우 보조 · 지원의 전부 또는 일부를 취소하여야 한다.

④ 보조 · 지원 대상 기간이 끝나기 전에 보조 · 지원 대상 시설 및 장비를 국외로 이전 설치한 경우 보조 · 지원의 전부 또는 일부를 취소하여야 한다.

⑤ 사업주가 보조 · 지원을 받은 후 5년 이내에 해당 시설 및 장비의 중대한 결함이 나 관리상 중대한 과실로 인하여 근로자가 사망한 경우 보조 · 지원의 전부를 취소하여야 한다.

해설

산업재해 예방사업 보조 · 지원의 취소 등

1. 거짓으로 보조 · 지원을 받은 경우 보조 · 지원의 전부를 취소

2. 보조 · 지원 대상을 임의매각 · 훼손 · 분실하는 등 지원 목적에 적합하게 유지 · 관리 · 사용하지 아니한 경우 보조 · 지원의 전부 또는 일부 취소

3. 보조 · 지원이 산업재해 예방사업의 목적에 맞게 사용되지 아니한 경우 보조 · 지원의 전부 또는 일부를 취소

4. 보조 · 지원 대상 기간이 끝나기 전에 보조 · 지원 대상 시설 및 장비를 국외로 이전 설치한 경우 보조 · 지원의 전부 또는 일부 취소

2과목 **산업위생일반**

01 우리나라 산업보건 역사에 관한 설명으로 옳은 것을 모두 고른 것은?

> ㄱ. 1982년 : 산업안전보건법 시행규칙 제정
> ㄴ. 1986년 : 문송면 군 수은중독 사망
> ㄷ. 1990년 : 한국산업위생학회 창립
> ㄹ. 1999년 : 화학물질 및 물리적 인자의 노출기준 시행

① ㄱ, ㄴ　　　　　　　　　　　　　② ㄱ, ㄷ
③ ㄴ, ㄷ　　　　　　　　　　　　　④ ㄴ, ㄹ
⑤ ㄷ, ㄹ

●해설

국내 산업보건 역사
1. 1982년 : 산업안전보건법 시행규칙 제정
2. 1988년 : 온도계 공장에서 근무하였다가 요양 중이던 문송면 군 수은중독으로 사망
3. 1990년 : 한국산업위생학회 창립
4. 2007년 3월 6일 : 삼성전자 반도체 기흥공장 노동자 황유미 씨 급성 골수성 백혈병으로 사망
5. 2009년 5월 15일 : 근로복지공단, 황상기 씨에게 유족 보상 및 장의비 부지급 처분
6. 2011년 6월 23일 : 서울행정법원 고 황유미, 고 이숙영 씨의 산재 인정
7. 2020년 1월 16일 : 화학물질 및 물리적 인자의 노출기준 시행

02 고용노동부의 2021년 산업보건통계 현황에 관한 내용으로 옳지 않은 것은?

① 직업병 유소견자는 소음성 난청이 가장 많았다.
② 유기화합물중독으로 인한 직업병 유소견자는 전년 대비 감소하였다.
③ 직업병 유소견자에 대한 사후관리조치는 보호구 착용이 가장 많았다.
④ 일반질병 유소견자의 질병종류는 소화기질환이 가장 많았다.
⑤ 일반질병 유소견자에 대한 사후관리조치는 근무 중 치료가 가장 많았고, 보호구 착용, 추적 검사 순이었다.

●해설

2021년 산업보건통계 현황
업무상 질병자수는 20,435명으로 전년도 15,996명에 비해 4,439명(27.75%) 증가하였다.
업무상 질병자수＝업무상 질병 요양자 수＋업무상 질병 사망자수

◉ **ANSWER** | 01 ② 02 ②

- 이 중에서 소음성 난청, 진폐 등 직업병은 6,857명으로 전년도 4,784명보다 2,073명(43.33%) 증가하였고, 작업관련성 질병은 13,578명으로 전년도 11,212명보다 2,366명(21.10%) 증가하였다.
- 작업관련성 질병 중 뇌·심혈관 질환자는 1,168명으로 전년도 1,167명보다 1명(0.09%) 증가하였으며, 신체부담 작업으로 인한 질환(경견완장해 등)은 6,549명으로 전년도 5,252명보다 1,297명(24.70%) 증가하였다.

<업무상 질병 요양자 비교표>

구분	총계	직업병							직업관련성 질병				
		소계	진폐	난청	금속 및 중금속 중독	유기화합물 중독	기타 화학물질 중독	기타	소계	뇌·심혈관 질환	신체부담 작업	요통	기타
2020년(명)	14,816	4,135	876	2,711	12	6	65	465	10,681	704	5,252	4,177	548
2021년(명)	19,183	6,212	1,082	4,168	11	17	113	821	12,971	659	6,549	5,058	705
증감(명)	4,367	2,077	206	1,457	−1	11	48	356	2,290	−45	1,297	881	157
증감률(%)	29.47	50.23	23.52	53.74	−8.33	183.33	73.85	76.56	21.44	−6.39	24.70	21.09	28.65

<참고 : 2022년 질병 종류별 산업보건통계>

구분		총계	직업병							직업관련성 질병						
			소계	진폐	난청	금속 중금속 중독	유기 화합물 중독	기타 화학 물질 중독	기타	소계	뇌심 질환	근골격계질환				기타
												신체 부담 작업	요통	사고성 요통	기타	
2022년(명)	계	23,134	9,762	1,679	5,376	32	59	122	2,494	13,372	966	6,629	2,001	3,090	225	461
	질병 요양자	21,785	8,953	1,207	5,376	23	48	63	2,236	12,832	480	6,629	2,001	3,090	225	407
	질병 사망자	1,349	809	472	0	9	11	59	258	540	486	0	0	0	0	54
전년 동기(명)	계	20,435	6,857	1,506	4,168	16	30	163	974	13,578	1,168	6,549	2,158	2,900	261	542
	질병 요양자	19,183	6,212	1,082	4,168	11	17	113	821	12,971	659	6,549	2,158	2,900	261	444
	질병 사망자	1,252	645	424	0	5	13	50	153	607	509	0	0	0	0	98
증감(명)	계	2,699	2,905	173	1,208	16	29	−41	1,520	−206	−202	80	−157	190	−36	−81
	질병 요양자	2,602	2,741	125	1,208	12	31	−50	1,415	−139	−179	80	−157	190	−36	−37
	질병 사망자	97	164	48	0	4	−2	9	105	−67	−23	0	0	0	0	−44
증감률(%)	계	13.2	42.4	11.5	29.0	100.0	96.7	−25.2	156.1	−1.5	−17.3	1.2	−7.3	6.6	−13.8	−14.9
	질병 요양자	13.6	44.1	11.6	29.0	109.1	182.4	−44.2	172.4	−1.1	−27.2	1.2	−7.3	6.6	−13.8	−8.3
	질병 사망자	7.7	25.4	11.3	0.0	80.0	−15.4	18.0	68.6	−11	−4.5	0.0	0.0	0.0	0.0	−44.9

◉ ANSWER

03 고용노동부 고시에 따라 원자흡광광도법(AAS)으로 분석할 수 있는 유해인자 중 외부 작업환경전문연구기관 등에 시료분석을 위탁할 수 있는 유해인자로 옳은 것은?

① 구리
② 수산화나트륨
③ 산화마그네슘
④ 산화아연
⑤ 주석

04 산업보건통계에 관한 설명으로 옳지 않은 것은?

① 기하평균을 계산하는 방법 중 그래프 법에서는 누적빈도 50%에 해당하는 값을 기하평균으로 한다.
② 대수정규분포의 특성은 좌측이나 우측 방향으로 비대칭꼴을 이루며 주로 우측으로 무한히 뻗어 있는 형태이다.
③ 기하표준편차를 계산하는 방법에는 대수변환법이 있다.
④ 자료가 정규분포를 이루는 경우 평균과 표준편차의 범위에 대한 면적은 정규분포 곡선에서 전체 면적의 95.0%를 차지한다.
⑤ 기하평균을 계산하는 방법 중 그래프 법에서는 누적빈도 84.1%에 해당하는 값이 2.4이고 누적빈도 50%에 해당하는 값이 1.2이면 기하표준편차는 2이다.

5. 기하평균

$$\text{표준편차} = \sqrt{\frac{(x_1-m)^2+(x_2-m)^2+(x_3-m)^2+\cdots+(x_n-m)^2}{n}}$$

분산은 개별 데이터 값과 평균의 차이를 제곱한 값들을 모두 더한 후 이를 데이터 개수로 나누어 계산하기 때문에 원래 데이터의 척도가 과대하게 계산되는 문제가 발생한다. 예를 들어, 원래 데이터가 cm로 기록된 것이라면 분산은 cm² 이 되어 버린다. 이처럼 척도가 과대하게 계산되는 문제는 분산에 루트를 씌워 주면 해결되는데, 분산에 루트를 씌운 것이 바로 표준편차이다.

따라서 데이터 특징을 파악하기 위한 통계량으로 분산 대신 표준편차를 쓰는 이유는 표준편차를 계산하기 위해서는 분산이 필요하지만, 분산 자체는 원래 데이터의 척도를 제곱함으로써 데이터의 특징을 제대로 설명해 주지 못하기 때문이다. 표준편차 계산기를 통해 볼 수 있는 결과는 입력한 자료가 모집단에 대한 자료라고 가정하여 계산한 분산과 표준편차이기에 계산 과정에 쓰이는 분모는 입력한 자료의 개수(n)가 된다. 표준편차를 계산하기 위해서는 누적빈도별 값이 아닌 분모의 개수가 필요하다.

05 산업환기설비에 관한 기술지침에서 국소배기장치에 관한 설명으로 옳지 않은 것은?

① 반송속도라 함은 덕트를 이동하는 유해물질이 덕트 내에서 퇴적이 일어나지 않은 상태로 이동하기 위해 필요한 최소 속도를 말한다.

② 후드는 내마모성, 내부식성 등의 재료 또는 도포한 재질을 사용하고, 변형 등이 발생하지 않는 충분한 강도를 지닌 재질로 하여야 한다.

③ 송풍기 전후에 진동전달을 방지하기 위하여 충만실을 설치한다.

④ 주덕트와 가지덕트의 접속은 30° 이내가 되도록 한다.

⑤ 포위식 및 부스식 후드에서의 제어풍속은 후드의 개구면에서 흡입되는 기류의 풍속을 말한다.

해설

국소배기장치

1. 주요 구조

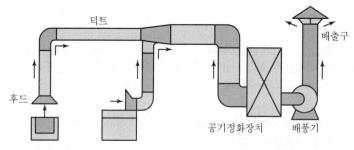

2. 설계기준

1) 송풍기에서 가장 먼 쪽의 후드부터 설계한다.

2) 설계 시 먼저 후드의 형식과 송풍량을 결정한다.

3) 1차 계산된 덕트 직경의 이론치보다 작은 것(시판용 덕트)을 선택하고 선정된 시판용 덕트의 단면적을 산출해 덕트의 직경을 구한 후 실제 덕트 속도를 구한다.

4) 합류관 연결부에서 정합은 가능한 한 같아지게 한다.

5) 합류관 연결부 정압비가 1.05 이내이면 정압차를 무시하고 다음 단계 설계를 진행한다.

⊙ ANSWER | 05 ③

3. 점검용 기기

1) 발연관(스모그 테스터) : 후드 성능을 좌우하는 부위
2) 마노미터 : 송풍기 회전속도 측정계기
3) 피토관 : 덕트 내 기류속도 측정부위
4) 회전날개풍속계 : 개구부 주위 난류현상 확인계기
5) 타코미터 : 송풍기 회전속도 측정계기
6) 풍속계 : 그네날개풍속계, 열선풍속계, 풍향풍속계, 회전날개풍속계, 피토관

4. 종류

1) 포위식 포위형
오염원을 가능한 한 최대로 포위해 오염물질이 후드 밖으로 투출되는 것을 방지하고 필요한 공기량을 최소한으로 줄일 수 있는 후드

2) 외부식
발생원과 후드가 일정거리 떨어져 있는 경우 후드의 위치에 따라 측방흡인형, 상방흡인형, 하방흡인형으로 구분된다.

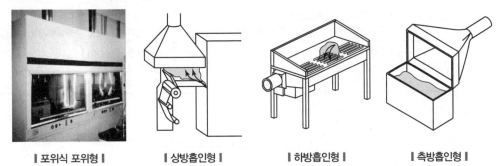

‖ 포위식 포위형 ‖   ‖ 상방흡인형 ‖   ‖ 하방흡인형 ‖   ‖ 측방흡인형 ‖

06 송풍기가 설치된 덕트 내에서의 공기 압력에 관한 설명으로 옳지 않은 것은?

① 송풍기 앞 덕트 내 정압은 음압을 유지한다.
② 송풍기 뒤 덕트 내 정압은 양압을 유지한다.
③ 송풍기 앞 덕트 내 동압(속도압)은 음압을 유지한다.
④ 송풍기 뒤 덕트 내 동압(속도압)은 양압을 유지한다.
⑤ 송풍기 앞과 뒤의 덕트 내 전압은 정압과 동압(속도압)의 합으로 나타낸다.

해설

덕트

1. 설치기준
1) 가능한 한 길이는 짧게 하고 굴곡부 수는 적게 할 것
2) 접속부 내면은 돌출된 부분이 없도록 할 것
3) 청소구를 설치하는 등 청소하기 쉬운 구조로 할 것
4) 덕트 내 오염물질이 쌓이지 않도록 이송속도를 유지할 것
5) 연결부위 등은 외부 공기가 들어오지 못하도록 할 것

2. 압력손실의 계산
1) 정압조절평형법

① 유속조절평형법 또는 정압균형유지법이 있으며, 저항이 큰 쪽의 덕트 직경을 약간 크게 하거나 덕트 직경을 감소시켜 저항을 줄이거나 증가시켜 합류점의 정압이 같아지도록 하는 방법

② 최소정압과 최대정압을 나누어 그 값이 0.8보다 크도록 설계한다.

2) 저항조절평형법

댐퍼조절평형법과 덕트균형유지법이 있으며, 각 덕트에 댐퍼를 부착해 압력을 조정하고 평형을 유지하는 방법

3. 송풍기가 설치된 덕트 내 공기 압력

1) 송풍기 앞 덕트 내 정압은 음압을 유지한다.

2) 송풍기 뒤 덕트 내 정압은 양압을 유지한다.

3) 송풍기 앞 덕트 내 동압(속도압)은 정압을 유지한다.

4) 송풍기 뒤 덕트 내 동압(속도압)은 양압을 유지한다.

5) 송풍기 앞과 뒤의 덕트 내 전압은 정압과 동압(속도압)의 합으로 나타낸다.

4. 정압조절 · 저항조절평형법의 특징

구분	정압조절평형법	저항조절평형법
장점	• 분진퇴적이 없다. • 설계오류의 발견이 쉽다. • 정확한 설계가 이루어진 경우 효율적이다.	• 설치 후 변경이 용이하다. • 설치 후 송풍량 조절이 용이하다. • 최소 설계풍량으로 평형유지가 가능하다.
단점	• 설계가 복잡하다. • 설치 후 변경이 어렵다. • 설계오류 유량의 조정이 어렵다.	• 설계오류의 발견이 어렵다. • 댐퍼가 노출되어 변형의 우려가 높다. • 폐쇄댐퍼는 분진퇴적 우려가 높다.

07 고온 노출에 따른 건강장해 유형과 그 설명이 옳은 것은?

① 열경련 : 지나친 발한에 의한 당분 소실이 원인이다.

② 열사병 : 조기에 적절한 조치가 없어도 사망까지는 이르지 않는다.

③ 열피로 : 심박출량의 증가가 그 원인이다.

④ 열발진 : 고온다습한 대기에 오랫동안 노출 시 발생한다.

⑤ 열쇠약 : 고온에 의한 급성 건강장해이다.

해설

고열장해

고온환경에 폭로되어 체온조절 기능의 생리적 변조 또는 장해를 초래해 자각적으로나 임상적으로 증상을 나타내는 현상

1. 열사병

땀을 많이 흘려 수분과 염분손실이 많을 때 발생하며, 고온다습한 작업환경에 격렬한 육체노동을 하거나 옥외에서 고열을 직접 받는 경우 뇌의 온도가 상승해 체온조절 중추의 기능에 영향을 주는 현상

주요 증상	응급처치
전조증상 : 무력감, 어지러움, 근육떨림, 손발떨림, 의식저하, 혼수상태	즉각적인 냉각요법 후 병원에서 집중적인 치료가 필요하다. 즉각적 냉각요법 : 냉수섭취, 의복제거 등

2. 열경련

고온환경에 심한 육체적 노동을 할 때 지나친 발한에 의한 탈수와 염분손실로 발생

주요 증상	응급처치
근육경련, 현기증, 이명, 두통	0.1% 식염수를 먹이고 시원한 곳에서 휴식조치

⊙ ANSWER | 07 ④

3. 열탈진 : 일사병
   고온환경에 폭로된 결과 말초혈관, 운동신경의 조절장애로 탈수와 나트륨 전해질의 결핍이 이루어질 때 발생

주요 증상	응급처치
어지러움, 피로, 무기력함, 근육경련, 탈수, 구토	0.1% 식염수를 먹이고 시원한 곳에서 휴식조치

4. 열성발진
   땀띠로 불리우는 것으로 땀에 젖은 피부 각질층이 염증성 반응을 일으켜 붉은 발진 형태로 나타나는 증상

주요 증상	응급처치
작은 수포, 즉 피부의 염증 발생	피부온도를 낮추고 청결하게 유지하며 건조시킨다.

5. 열쇠약
   고열에 의한 만성 체력소모를 말하며 특히 고온에서 일하는 근로자에게 가장 흔히 나타나는 증상

주요 증상	응급처치
권태감, 식욕부진, 위장장해, 불면증	0.1% 식염수를 먹이고 시원한 곳에서 휴식조치

6. 열허탈
   고열에 계속적인 노출이 이루어지면 심박수가 증가되어 일정 한도를 넘을 때 염분이 소실되어 경련이 일어나는 등 순환장해를 일으키는 것

주요 증상	응급처치
혈압저하, 전신권태, 탈진, 현기증	시원한 곳에서 휴식을 취해야 한다.

7. 열피로
   고열환경에서 정적인 작업을 할 때 발생하며, 대량의 발한으로 혈액이 농축되어 혈류분포 이상으로 발생되는 현상

주요 증상	응급처치
심한 갈증, 소변량 감소, 실신	0.1% 식염수를 먹이고 시원한 곳에서 휴식조치

08 전리방사선에 해당하는 것은?

① 알파(α)선
② 자외선
③ 극저주파
④ 레이저(Laser)
⑤ 마이크로파(Microwave)

해설

전리방사선

1. 정의
   물질의 원자, 분자에 작용해서 전리를 일으킬 수 있는 방사선을 전리방사선이라고 한다. 전리(電離)란 전기적으로 중성인 원자에 밖으로부터 에너지가 주어져서 원자가 양이온과 자유전자로 분리되는 것을 말한다.

2. 분류
   1) 직접전리방사선
      전하(電荷)를 가지는 입자선(예를 들면 α선, β선 등)으로서 원자의 궤도전자 및 분자에 속박된 전자에 전기적인 힘을 미치게 해서 전리를 일으킨다.
   2) 간접전리방사선
      X선, γ선 등의 전자파(X선이나 γ선은 입자성(粒子性)을 가지고 있으므로 이것들을 입자로 보는 경우는 광자

라고 한다) 및 중성자선, 비하전중간자선 등의 전하를 가지지 않는 입자선은 원자와 상호 작용해서 그때 하전입자를 물질로부터 방출시킨다. 광자는 전자를, 중성자는 양자를 방출시킨다. 뉴트리노(중성미자)는 β붕괴 시 전자와 쌍을 이루어 방출된다. 이들 입자선의 질량은 극히 작으며 전하를 가지지 않기 때문에 물질과의 상호 작용은 일어나기 어렵지만 전리를 일으키므로 간접전리성방사선이라고도 한다.

3. 전리 유무에 따른 분류

분류	구분	종류
전리방사선	직접전리방사선	알파(α)선, 베타선, 중양자선
	간접전리방사선	광자, 중성자선, 중성미자
비전리방사선	라디오파	적외선, 가시광선, 자외선

09 입자상 물질에 관한 설명으로 옳지 않은 것은?

① 흡입성 입자상 물질은 호흡기계 어느 부위에 침착하더라도 독성을 나타내는 물질이다.
② 흡입성 입자상 물질의 입경 범위는 $0 \sim 100 \mu m$이다.
③ 흉곽성 입자상 물질의 평균 입경(D_{50})은 $10 \mu m$이다.
④ 호흡성 입자상 물질은 폐포에 침착할 때 독성을 유발하는 물질을 말한다.
⑤ 호흡성 입자상 물질의 포집은 IOM Sampler를 사용하여 포집한다.

● 해설

입자상 물질
1. 공기역학적 직경 : 구형인 먼지의 직경으로 대상 먼지와 침강속도가 같고 단위밀도가 1g/cm³이다.
2. 기하학적(물리적) 직경
   1) 마틴직경 : 먼지의 면적을 2등분하는 선의 길이(방향은 항상 일정)로, 과소평가될 수 있다.
   2) 페렛직경 : 먼지의 한쪽 끝 가장자리와 다른 쪽 가장자리 사이의 거리로, 과대평가될 수 있다.
   3) 등면적직경 : 먼지 면적과 동일면적 원의 직경으로 가장 정확하다. 현미경 접안경에 Porton Reticle을 삽입하여 측정한다.

3. 침강속도(Lippman식 – 입자 크기가 1~50 μg인 경우)
   $V = 0.003 \rho d^2$
      여기서, V : 침강속도(cm/sec), ρ : 입자밀도, 비중(g/cm³), d : 입자직경(μg)

4. 입자 크기별 기준(ACGIH, TLV)
   1) 흡입성 입자상 물질(IPM) : 비강, 인후두, 기관 등 호흡기에 침착 시 독성을 유발하는 분진으로 평균입경은 100 μm(폐침착의 50%에 해당하는 입자 크기)
   2) 흉곽성 입자상 물질(TPM) : 기도, 하기도에 침착하여 독성을 유발하는 물질로 평균입경은 10 μm
   3) 호흡성 입자상 물질(RPM) : 가스교환 부위인 폐포에 침착 시 독성유발물질로 평균입경은 4 μm

5. 여과 포집 원리(6가지) : 직접차단(간섭), 관성충돌, 확산, 중력침강, 정전기 침강, 체질
   1) 관성충돌 : 시료 기체를 충돌판에 뿜어 붙여 관성력에 의하여 입자를 침착시킨다.
   2) 체질 : 시료를 체에 담아 입자의 크기에 따라 체눈을 통하는 것과 통하지 않는 것으로 나누는 조작

6. 입자 크기별 포집효율(기전에 따름)
   1) 입경 0.1 μm 미만 : 확산
   2) 입경 0.1~0.5 μm : 확산, 직접차단(간섭)
   3) 입경 0.5 μm 이상 : 관성충돌, 직접차단(간섭)
   ※ 입경 0.3 μm 일 때 포집 효율이 가장 낮다.

◎ ANSWER | 09 ⑤

7. 입자상 물질의 채취기구
   1) 입경(직경)분립충돌기 : 흡입성, 흉곽성, 호흡성 입자상 물질을 크기별로 측정하는 기구로서, 공기흐름이 층류일 경우 입자가 관성력에 의해 시료채취 표면에 충돌하여 채취한다.
      ① 장점 : 입자 질량 크기 분포 파악, 호흡기 부분별 침착된 입자 크기의 자료 추정, 흡입성, 흉곽성, 호흡성 입자의 크기별로 분포와 농도를 계산
      ② 단점 : 시료채취가 어려움, 고비용, 준비시간이 오래 걸림, 시료 손실(되튐)이 일어나 과소분석결과 초래 가능성(유량을 2L/min 이하로 채취)
   2) 10mm Nylon Cyclone : 호흡성 입자상 물질을 측정하는 기구로서, 원심력에 의한다. 여과지가 연결된 개인시료채취펌프 유량은 1.7L/min이 최적 → 해당 유량만 호흡성 입자상 물질에 대한 침착률 평가가 가능
      ① 장점 : 사용이 간편, 경제적, 호흡성 먼지에 대한 파악이 용이, 입자 되튐으로 인한 손실 없음, 특별처리 불필요

8. 여과지(여과재) 선정 시 고려사항
   1) 포집대상 입자의 입도분포에 대해 포집효율이 높을 것
   2) 포집 시 흡인저항이 낮을 것
   3) 접거나 구부러져도 파손되지 않을 것
   4) 가볍고 1매당 무게 불균형이 적을 것
   5) 흡습률이 낮을 것
   6) 측정대상 분석상 방해가 되지 않게 불순물을 함유하지 않을 것

9. 막여과지 종류
   1) MCE막 여과지 : 산에 쉽게 용해, 가수분해, 습식·회화 → 입자상 물질 중 금속을 채취하여 원자흡광법으로 분석하며, 흡습성(원료인 셀룰로오스가 수분 흡수)이 높은 MCE막 여과지는 오차를 유발할 수 있다.
   2) PVC막 여과지 : 가볍고 흡습성이 낮아 분진 중량분석에 사용한다. 수분 영향이 낮아 공해성 먼지, 총먼지 등의 중량분석을 위한 측정에 사용하며, 6가 크롬 채취에도 적용된다.
   3) PTEE막 여과지(테프론) : 열, 화학물질, 압력 등에 강한 특성을 보이며, 석탄건류, 증류 등의 고열공정에서 발생하는 다핵방향족탄화수소를 채취하는 데 이용한다.
   4) 은막 여과지 : 균일한 금속은을 소결하여 만들며 열적, 화학적, 안정성이 있다.

10. 계통오차의 종류
    1) 외계(환경)오차 : 보정값을 구하여 수정함으로써 오차 제거
    2) 기계(기기)오차 : 기계의 교정을 통해 제거
    3) 개인오차(습관, 선입견) : 두 사람 이상의 측정자를 두어 제거

11. 누적오차(총 측정오차)
    누적오차 = $\sqrt{E_1{}^2 + E_2{}^2 + E_3{}^2 + \cdots + E_n{}^2}$

10 입자의 가장자리를 이등분할 때의 직경으로 과대평가의 위험성이 있는 입경(입자의 크기)은?
① 마틴(Martin) 직경
② 페렛(Feret) 직경
③ 등면적(Projected Area) 직경
④ 공기역학적(Aerodynamic) 직경
⑤ 질량 중위(Mass Median) 직경

해설

입자상 물질의 직경
1. 마틴직경 : 먼지의 면적을 2등분하는 선의 길이로 선의 방향은 항상 일정하여야 하며, 과소평가할 수 있는 단점이 있다.
2. 페렛직경 : 먼지의 한쪽 끝 가장자리와 다른 쪽 가장자리 사이의 거리로 과대평가될 가능성이 있다.
3. 등면적직경 : 먼지의 면적과 동일한 면적을 가진 원의 직경으로 가장 정확하다.

◎ ANSWER | 10 ②

11 자극제에 관한 설명으로 옳은 것은?

① 피부 또는 눈과 접촉 시에만 자극을 유발하는 물질이다.
② 상기도 점막을 자극하는 물질들은 대부분이 비수용성을 나타낸다.
③ 산화에틸렌은 상기도 점막을 자극하는 물질에 해당된다.
④ 염화수소는 중기도(폐조직)를 자극하는 물질에 해당된다.
⑤ 오존은 종말기관지 및 폐포점막을 자극하는 물질에 해당된다.

◉해설

산화에틸렌

1. 성질 : 상온에서 무색의 기체 상태로 존재한다. 녹는점은 −111.3℃, 끓는점은 13.5℃이다. 액체 상태에서의 비중은 0.887이며, 물 또는 알코올과는 임의의 비율로 섞일 수 있고 에테르에도 잘 녹는다. 물이 혼합되어 있을 경우 분해하여 에틸렌글리콜이 된다.

2. 용도 : 다른 물질을 합성하는 데에 사용되며 합성되는 물질은 다음과 같다.
   1) 부동액이나 폴리에틸렌테레프탈레이트 등의 원료로 사용되는 에틸렌글리콜 합성의 재료
   2) 계면활성제의 합성 원료
   3) 에탄올아민의 합성 원료
   4) 항공유의 첨가물 글리콜에테르의 합성 원료
   5) 잠수함, 로켓의 추진제로 사용
   6) 비누 제조에 사용
   7) 살균제, 살충제 제조에 사용

3. 특징 : 피부에 자극을 주며, 기체에 노출될 경우 동상을 입을 수 있다. 또한, 산화에틸렌 용액은 피부에 화상을 입힐 수 있으며, 상기도 점막을 자극하는 물질에 해당된다.

12 고용노동부 고시의 생식독성 정보물질에 관한 설명으로 옳지 않은 것은?

① 생식독성 정보물질은 성적 기능, 생식능력 또는 태아의 발생·발육에 유해한 영향을 주는 물질이다.
② 흡수, 대사, 분포 및 배설에 대한 연구에서 해당물질이 잠재적으로 유독한 수준으로 모유에 존재할 가능성을 보이는 물질은 "수유독성"으로 표기한다.
③ 동물에 대한 1세대 또는 2세대 연구결과에서 모유를 통해 전이되어 자손에게 유해영향을 주는 물질은 "생식독성 1B"로 표기한다.
④ 납 및 그 무기화합물, 2−브로모프로판은 모두 "생식독성 1A" 표기물질이다.
⑤ 이황화탄소는 "생식독성 2" 표기물질이다.

◉해설

고용노동부 고시 생식독성 정보물질

1. 생식독성 1A : 사람에게 성적 기능, 생식능력이나 발육에 악영향을 주는 것으로 판단할 정도의 사람에게서의 증거가 있는 물질
2. 생식독성 1B : 사람에게 성적 기능, 생식능력이나 발육에 악영향을 주는 것으로 추정할 정도의 동물시험 증거가 있는 물질
3. 생식독성 2 : 사람에게 성적 기능, 생식능력이나 발육에 악영향을 주는 것으로 의심할 정도의 사람 또는 동물시험 증거가 있는 물질

13 비소(As)에 관한 설명으로 옳지 않은 것은?

① 비금속으로서 가열하면 녹지 않고 승화된다.

② 독성 작용은 3가보다 5가의 비소화합물이 강하다.

③ 체내에서 3가 비소는 5가 상태로 산화되며 그 반대 현상도 가능하다.

④ 피부 장해가 나타날 수 있다.

⑤ 노출 시 체내 저감 대책으로 설사약을 투여한다.

●해설

비소

1. 정의

화학 원소로 기호는 As(라틴어 Arsenicum, 아르세니쿰)이고 원자 번호는 33이다. 독성으로 유명한 준금속 원소로 회색, 황색, 흑색의 세 가지 동소체로 존재한다. 농약·제초제·살충제 등의 재료이며, 여러 합금에도 사용된다.

2. 독성

1) 별명이 비상(砒霜)인 삼산화비소(As_2O_3)는 옛날부터 사람을 죽이는 수단이었다. 농약이나 제초제, 살충제, 살서제 등으로 많이 썼지만, 지금은 더더욱 안전한 물질로 대신한다.

2) 순수한 비소와 모든 비소화합물은 동물에게 매우 유독하다.

3. 3가와 5가

비소는 3가와 5가로 나뉘는데, 5가 비소는 거의 독이 없지만, 3가 비소는 독성이 강하다. 그런데 민물새우나 바닷새우 등에는 환경오염으로 농도가 매우 높은 5가 비소화합물이 포함되어 있다. 5가 비소는 비록 독은 없지만, 비타민 C를 대량 복용할 때 함께 섭취하게 되면 비타민 C의 환원 작용으로 새우 체내에 있는 5가 비소가 3가 비소로 환원되면서 인체의 건강을 해치게 된다.

14 교대근무자의 보건관리지침에서 교대근무작업에 관한 설명으로 옳지 않은 것은?

① 야간작업이란 오후 10시부터 익일 오전 6시까지 사이의 시간이 포함된 교대작업을 말한다.

② 야간작업자란 야간작업시간마다 적어도 2시간 이상 정상적 업무를 하는 근로자를 말한다.

③ 야간작업은 연속하여 3일을 넘기지 않도록 한다.

④ 교대작업일정을 계획할 때 가급적 근로자 개인이 원하는 바를 고려하도록 한다.

⑤ 근무반 교대방향은 아침반 → 저녁반 → 야간반으로 바뀌도록 정방향으로 순환하도록 한다.

●해설

"야간작업"이라 함은 오후 10시부터 익일 오전 6시까지 사이의 시간이 포함된 교대작업을 말한다. "야간 작업자"라 함은 야간 작업시간마다 적어도 3시간 이상 정상적 업무를 하는 근로자를 말한다.

15 충돌기(Impactor)를 이용하여 사무실 내 총부유세균을 포집하여 배양한 결과, 배지에 100개의 집락(Colony)이 계수(Counting)되었다. 충돌기의 유량을 20L/min으로 가정하고 5분간 공기 시료 채취 시 농도(CFU/m³)와 사무실 실내공기질 관리기준 초과 여부로 옳은 것은?(단, 공시료는 고려하지 않는다.)

① 500 – 초과되지 않음

② 500 – 초과됨

③ 1,000 – 초과되지 않음

④ 1,000 – 초과됨

⑤ 1,500 – 초과되지 않음

●해설

1. **실내공기질 유지기준(실내공기질 관리법 제5조)**

   다중이용시설 관리책임자(소유자, 점유자 또는 관리자 등 관리책임이 있는 자)는 항상 유지기준을 지켜야 한다. 위반 시 1천만 원 이하의 과태료가 부과되며, 개선명령을 받을 수 있다.

다중이용시설	오염물질항목				
	PM(μg/m²)	CO₂(ppm)	HCHO (μg/m²)	총부유세균 (CFU/m²)	CO(ppm)
지하역사, 지하도 상가, 여객자동차터미널의 대합실, 철도 역사의 대합실, 공항시설 중 여객터미널, 항만시설 중 대합실, 도서관, 박물관, 미술관, 장례식장, 찜질방, 대규모 점포, 영화상영관, 학원, 전시시설, 인터넷컴퓨터게임시설제공업 영업시설	150 이하	1,000 이하	100 이하	– / 800 이하	10 이하
의료기관, 보육시설, 노인 의료시설, 산후조리원	100 이하				
실내주차장	200 이하			–	25 이하

2. **실내공기질 권고기준**

   유지기준과는 달리 권고기준을 위반하더라도 과태료가 부과되지는 않는다. 그러나 이용객의 건강과 쾌적한 공기질을 유지하기 위하여 다중이용시설의 특성에 따라 권고기준에 맞게 관리하여야 한다.

다중이용시설	오염물질항목				
	이산화질소 (ppm)	라돈 (Bq/m²)	총휘발성 유기화합물 (μg/m²)	미세먼지 (μg/m²)	곰팡이 (CFU/m²)
지하역사, 지하도 상가, 철도 역사의 대합실, 여객자동차터미널의 대합실, 항만시설 중 대합실, 공항시설 중 여객터미널, 도서관 · 박물관 및 미술관, 대규모 점포, 장례식장, 영화상영관, 학원, 전시시설, 인터넷컴퓨터게임시설제공업 영업시설, 목욕장업의 영업시설	0.05 이하	148 이하	500 이하	–	–
의료기관, 보육시설, 노인 의료시설, 산후조리원			400 이하	70 이하	500 이하
실내주차장	0.30 이하		1,000 이하	–	–

비고 : 총휘발성유기화합물의 정의는 「환경분야 시험 · 검사등에 관한 법률」 제6조제1항제3호에 따른 환경오염공정시험기준에서 정한다.

16 고용노동부 고시에 따른 물질안전보건자료에 관한 설명이다. ( )에 들어갈 내용으로 옳은 것은?

> 물질안전보건자료대상물질을 ( )·( )하는 자는 해당 물질안전보건자료대상물질의 용기 및 포장에
> 한글로 작성한 경고표지를 부착하거나 인쇄하는 등 유해·위험 정보가 명확히 나타나도록 하여야 한다.

① 양도, 제공
② 수입, 제공
③ 가공, 수입
④ 제조, 양도
⑤ 제조, 가공

해설

물질안전보건자료대상물질을 양도·제공하는 자는 해당 물질안전보건자료대상물질의 용기 및 포장에 한글로 작성한 경고표지를 부착하거나 인쇄하는 등 유해·위험 정보가 명확히 나타나도록 하여야 한다.

17 산업안전보건기준에 관한 규칙상 유해인자 취급 작업별 보호구에 관한 설명으로 옳지 않은 것은?

구분	유해인자	작업명	보호구
ㄱ	관리대상 유해물질	관리대상 유해물질이 흩날리는 업무	보안경
ㄴ	허가대상 유해물질	허가대상 유해물질을 제조·사용하는 작업	방진마스크 또는 방독마스크
ㄷ	관리대상 유해물질	금속류, 가스상태 물질류를 취급하는 작업	호흡용 보호구
ㄹ	혈액매개 감염	혈액 또는 혈액오염물을 취급하는 작업	보호앞치마
ㅁ	소음	소음작업, 강렬한 소음작업 또는 충격 소음 작업	청력보호구

① ㄱ
② ㄴ
③ ㄷ
④ ㄹ
⑤ ㅁ

해설

혈액매개 감염예방 개인보호구

작업명	보호구
혈액분출/분무 가능성	보안경, 보호마스크
혈액/혈액오염물 취급	보호장갑
다량의 혈액이 의복을 적시고 피부에 노출	보호앞치마

18 고용노동부 고시에 따른 안전인증 방독마스크의 정화통 외부 측면에 표시하는 종류별 표시색으로 옳지 않은 것은?

① 유기화합물용 : 갈색

② 할로겐용 : 회색

③ 아황산용 : 노란색

④ 암모니아용 : 녹색

⑤ 복합용 및 겸용 : 흑색

해설

안전인증 방독마스크의 정화통 외부 측면에 표기 및 색상기준

표기	종류	색상	정화통흡착제 (주요 성분)	시험가스의 조건		파과농도 (ppm, ±20%)	파과시간 (분)	농도 (ppm)	시간 (분)
				시험가스	농도(%)				
A	할로겐가스용	회색	소다라임	염소가스	1.0	0.5	30 이상	1	60
			활성탄		0.5		20 이상		15
					0.1		20 이상		40
C	유기화합물용	갈색	활성탄	시클로헥산	0.8	10.0	65 이상	5	100
					0.5		35 이상		30
					0.1		70 이상		50
I	아황산가스용	노란색	산화금속	아황산가스	1.0	5.0	30 이상	5	50
			알칼리제재		0.5		20 이상		15
					0.1		20 이상		35
H	암모니아용	녹색	큐프라마이트	암모니아가스	1.0	25.0	60 이상	50	40
					0.5		40 이상		10
					0.1		50 이상		40
K	황화수소용	회색	금속염류	황화수소가스	1.0	10.0	60 이상		
			알칼리제재		0.5		40 이상		
					0.1		40 이상		
J	시안화수소용	회색	산화금속	시안화수소가스	1.0	10.0	35 이상		
			알칼리제재		0.5		25 이상		
					0.1		25 이상		
E	일산화탄소용	적색	호프카라이트 방습제	일산화탄소				50	180

19 특수건강진단 시 유해인자별 제2차 검사항목 생물학적 노출지표의 시료채취시기로 옳은 것은?

구분	유해인자	제2차 검사항목 생물학적 노출지표	시료채취시기
ㄱ	디클로로메탄	혈중 카복시헤모글로빈	주말 작업종료 시
ㄴ	메탄올	혈중 또는 소변 중 메탄올	주말 작업종료 시
ㄷ	2-에톡시에탄올	소변 중 2-에톡시초산	주말 작업종료 시
ㄹ	이소프로필알코올	혈중 또는 소변 중 아세톤	주말 작업종료 시
ㅁ	클로로벤젠	소변 중 총클로로카테콜	주말 작업종료 시

① ㄱ ② ㄴ
③ ㄷ ④ ㄹ
⑤ ㅁ

해설

시료채취시기 및 유의점

1. 시료채취시기는 해당 물질의 생물학적 반감기를 고려하여 '수시', '당일', '주말', '작업 전'으로 구분한다.
   1) '수시'는 하루 중 아무 때나 시료를 채취하여도 된다는 의미이다.
   2) '당일'이란 당일 노출 작업 종료 2시간 전부터 직후까지를 말한다.
      일산화탄소및 불화수소의 경우 별도의 시간기준을 두고 있다. 일산화탄소는 작업종료 이후 15분 이내에 시료를 채취하고, 불화수소의 경우 작업 전-후의 시료를 측정하여 그 차이를 비교한다.
   3) '주말'이란 4~5일간의 연속작업의 작업 종료 2시간 전부터 직후까지를 말한다.
      예) 소변 중 삼염화초산, 총삼염화에탄올, 총삼염화물(메틸클로로포름, 트리클로로에틸렌, 퍼클로로에틸렌), 소변 중 펜타클로로페놀, 소변 중 2-에톡시초산, 소변 중 니켈, 혈액 중 비소(삼산화비소, 삼수소화비소, 비소), 혈액 중 수은, 소변 중 바나듐, 소변 중 크롬, 소변 중 1-하이드록시파이렌
   4) '작업 전'이란 작업을 시작하기 전(노출 중단 16시간 이후)에 채취하는 것이다.
      예) 소변 중 수은

2. 특수건강진단은 근로자가 기관에 방문하여 실시하거나(원내 건강진단), 기관이 사업장을 방문하여 실시하는데(출장 건강진단), 금식을 한 상태에서 실시해야 하므로 오전에 실시를 하는 경우가 대부분이다. 이로 인해 작업 종료 후 채취해야 하는 항목은 건강진단일과 별도로 채취 및 수거가 이뤄지는 근로자 자가 채취형태가 있을 수 있다.
   1) 근로자 자가 채취 시 사업장에 전달하는 안내서에는 근로자가 충분히 채취 과정을 이해할 수 있도록 정확한 시료채취시기와 시료보관방법을 제시해야 한다. 또한 정확한 시료채취를 위해 특검기관 담당자가 사업장을 직접 방문하여 채취 방법에 대한 교육이 필요하다.
   2) 사업장에 많은 검체를 보관 후 검진기관으로 이송할 경우에는 검진기관에서 냉장상태가 유지될 수 있도록 온도 체크가 가능한 검체박스를 제공하는 것도 필요하다.

20 직무스트레스 평가에 관한 지침에서 직무스트레스 요인의 영역 중 직무자율에 속하는 것은?

① 책임감 ② 업무 다기능
③ 시간적 압박 ④ 기술적 재량
⑤ 조직 내 갈등

직무스트레스 요인 측정항목

직무스트레스 요인은 물리적 환경, 직무 요구, 직무 자율, 관계 갈등, 직무 불안정, 조직 체계, 보상 부적절, 직장 문화 등 8개 영역으로 나누어 평가한다.

1. 물리적 환경 영역

    근로자가 노출되고 있는 직무스트레스를 야기할 수 있는 환경 요인 중 사회심리적 요인이 아닌 환경 요인을 측정하며, 공기오염, 작업방식의 위험성, 신체부담 등이 이 영역에 포함된다.

2. 직무 요구 영역

    직무에 대한 부담 정도를 측정하며, 시간적 압박, 중단 상황, 업무량 증가, 책임감, 과도한 직무부담, 직장 가정 양립, 업무 다기능이 이 영역에 포함된다.

3. 직무 자율 영역

    직무에 대한 의사결정의 권한과 자신의 직무에 대한 재량활용성의 수준을 측정하며, 기술적 재량, 업무예측 불가능성, 기술적 자율성, 직무수행권한이 이 영역에 포함된다.

4. 관계 갈등 영역

    회사 내에서의 상사 및 동료 간의 도움 또는 지지 부족 등의 대인관계를 측정하며, 동료의 지지, 상사의 지지, 전반적 지지가 이 영역에 포함된다.

5. 직무 불안정 영역

    자신의 직업 또는 직무에 대한 안정성을 측정하며, 구직기회, 전반적 고용불안정성이 이 영역에 포함된다.

6. 조직 체계 영역

    조직의 전략 및 운영체계, 조직의 자원, 조직 내 갈등, 합리적 의사소통 결여, 승진가능성, 직위 부적합을 측정한다.

7. 보상 부적절 영역

    업무에 대하여 기대하고 있는 보상의 정도가 적절한지를 측정하며, 기대 부적합, 금전적 보상, 존중, 내적 동기, 기대 보상, 기술 개발 기회가 이 영역에 포함된다.

8. 직장 문화 영역

    서양의 형식적 합리주의 직장문화와는 다른 한국적 집단주의 문화(회식, 음주문화), 직무갈등, 합리적 의사소통 체계 결여, 성적 차별 등을 측정한다.

---

21 인듐 및 그 화합물에 대한 특수건강진단 시 제2차 검사항목에 해당하는 것은?(단, 근로자는 해당 작업에 처음 배치되는 것은 아니다.)

① 호흡기계 : 폐활량 검사

② 주요 표적장기와 관련된 질병력 조사

③ 임상진찰 및 검사 : 흉부방사선(측면)

④ 생물학적 노출 지표검사 : 혈청 중 인듐

⑤ 직업력 · 노출력 조사

인듐 및 그 화합물에 대한 특수건강진단 시 제2차 검사항목

1. 인듐 취급 근로자의 정기 건강진단

    1) 1차 건강진단 : 사업자는 ITOc 등 취급 작업에 상시 종사하는 근로자에 대하여 6개월에 1회 정기적으로 다음의 항목에 대해 건강진단을 실시한다.

① 업무 경력 조사
② 작업 조건 조사
③ 흡연력
④ 병력 유무의 검사
⑤ 인듐 또는 그 화합물에 의한 기침, 가래, 호흡 곤란 등의 자각 증상 또는 청색증, 발가락형 손가락 등 증상의 기왕력 유무 검사
⑥ 기침, 가래, 호흡 곤란 등의 자각 증상 유무의 검사
⑦ 혈청 인듐 농도 측정
⑧ 혈청 KL-6 값의 측정

2) 2차 건강진단 : 사업주는 건강진단 결과 이상소견자 또는 의사가 필요하다고 인정하는 자에 대해서는 다음의 항목에 대해 건강진단을 실시한다.
① 작업 조건 조사
② 의사가 필요하다고 인정하는 경우 흉부 X선 검사, 흉부 CT 검사, 설펙턴트프로테인 D(Surfactant Protein D : 혈청 SP-D) 검사 등의 혈액 화학 검사, 폐기능 검사, 가래세포 또는 기관지경 검사

3) 전환 배치 후의 근로자에 대한 건강진단 : 사업주는 과거에 ITOc 등의 취급 작업에 상시 종사하였으며 현재 취업 중인 근로자에 대하여 상기 2)에 규정하는 건강진단 항목에 대해 건강진단을 실시한다.

22 산업재해 중 업무상 부상에 해당하지 않는 것은?

① 출장 중 발생한 교통사고
② 사업장 시설에 의해 발생한 손 베임
③ 회사 행사 중 발생한 발목 골절
④ 분진 노출에 의해 발생한 비염
⑤ 출퇴근 중 넘어져 발생한 손목 염좌

해설

산업재해 중 업무상 재해의 범위

1. 업무상 사고로 인한 재해가 발생할 것
   근로자가 다음의 어느 하나에 해당하는 업무상 사고로 부상 또는 장해가 발생하거나 사망하면 업무상 재해로 본다.
   1) 근로자가 근로계약에 따른 업무나 그에 따르는 행위를 하던 중 발생한 사고
   2) 사업주가 제공한 시설물 등을 이용하던 중 그 시설물 등의 결함이나 관리소홀로 발생한 사고
   3) 사업주가 주관하거나 사업주의 지시에 따라 참여한 행사나 행사준비 중에 발생한 사고
   4) 휴게시간 중 사업주의 지배관리하에 있다고 볼 수 있는 행위로 발생한 사고
   5) 그 밖에 업무와 관련하여 발생한 사고

2. 업무와 사고로 인한 재해 사이에 상당인과관계가 있을 것
   위의 업무상 재해 인정기준에도 불구하고 업무와 업무상 사고로 인한 재해(부상·장해·사망) 사이에 상당인과관계(相當因果關係)가 없는 경우에는 업무상 재해로 보지 않는다.

3. 상당인과관계의 의의
   "상당인과관계"란 일반적인 경험과 지식에 비추어 그러한 사고가 있으면 그러한 재해가 발생할 것이라고 인정되는 범위에서 인과관계를 인정해야 한다는 것을 말한다.
   1) 인과관계의 입증책임
      인과관계의 존재에 대한 입증책임은 보험급여를 받으려는 자(근로자 또는 유족)가 부담한다(대법원 2005. 11. 10. 선고 2005두8009 판결).
   2) 인과관계의 판단기준
      업무와 재해 사이의 인과관계의 상당인과관계는 보통평균인이 아니라 해당 근로자의 건강과 신체조건을 기준으로 해서 판단해야 한다(대법원 2008. 1. 31. 선고 2006두8204 판결, 대법원 2005. 11. 10. 선고 2005두8009 판결).

◉ ANSWER | 22 ④

3) 인과관계의 입증 정도

인과관계는 반드시 의학적, 과학적으로 명백하게 입증되어야 하는 것은 아니고, 근로자의 취업 당시의 건강상태, 발병 경위, 질병의 내용, 치료의 경과 등 제반 사정을 고려할 때 업무와 재해 사이에 상당인과관계가 있다고 추단되는 경우에도 인정된다(대법원 2007. 4. 12. 선고 2006두4912 판결).

23 역학에 관한 설명으로 옳은 것을 모두 고른 것은?

> ㄱ. 지역사회의 건강인과 환자를 포함한 인구집단이 대상이다.
> ㄴ. 질병과 요인 간의 연관성을 이론적 근거로 한다.
> ㄷ. 진단결과는 정상 혹은 이상 여부로 한다.
> ㄹ. 개인의 건강수준 향상을 목적으로 한다.

① ㄱ, ㄴ
② ㄱ, ㄷ
③ ㄴ, ㄷ
④ ㄱ, ㄷ, ㄹ
⑤ ㄴ, ㄷ, ㄹ

●해설

역학조사

1. 정의

역학조사(疫學調査, Public Health Surveillance, Epidemiological Surveillance, Clinical Surveillance, Syndromic Surveillance)는 인구집단을 대상으로 특정한 질병이나 전염병의 발생 양상, 전파경로, 원인 등 역학적 특성을 조사하는 것을 의미한다.

2. 유병률과 발병률

1) 유병률(有病率, Prevalence) : 어떤 시점에 일정한 지역에서 나타나는 그 지역 인구에 대한 환자 수의 비율, 특히 기간유병률(期間有病率)은 1년이나 2년 또는 6개월 등 일정 기간 동안 병이 있었던 전체 환자 수이다.

2) 발병률(發病率, Incidence) : 인구 수에 대한 새로 생긴 질병 수의 비율. 한 해에 새로 생긴 질병을 인구 1,000명을 기준하여 계산한다.

3) 위험요인(Risk Factor) : 유병률과 직접적으로 관련 있는 요인으로, 유병률과 발병률의 역학조사는 위험요인의 영향에 대한 상호적인 정보를 제공할 수 있다.

4) 소인(素因) : 병에 걸리기 쉬운 내적 요인을 가지고 있는 신체상의 상태를 가리킨다.

3. 심리적 유병률

2001년 심리적 장애 유병률은 25.8%로 알코올의존(15.9), 니코틴의존(10.3), 우울(4), 불안(8.8), 양극성 장애(0.2), 조현병(0.2), 약물장애(0.1)의 순으로 조사된 바 있다.

24 근로자건강진단 실무지침에서 "n – 부탄올(1 – 부틸알코올)" 노출근로자에 대한 업무수행 적합 여부 평가 시 고려해야 할 건강상태에 해당되지 않는 것은?

① 중추 및 말초신경장해가 중한 자
② 피부질환이 중한 자
③ 심한 회화음역의 청력저하로 청력보호가 필요한 자
④ 알코올 중독
⑤ 위장질환자

1-부틸알코올(1-부탄올, n-butyl alcohol)

1. 동의어

부틸알코올(butyl alcohol), 1-부탄올(1-butanol), n-부탄올(n-butanol), 부탄올(butanol), 1-부틸알코올(1-butyl alcohol), 부틸 수산화물(butyl hydroxide), 메틸올프로판(methylolpropane), 프로필카빈올(propyl carbinol)

2. 물리·화학적 성질

1) 모양 및 냄새 : 무색의 가연성 액체, 옅은 포도주 비슷한 냄새
2) 인화점 : 28.89℃(밀폐공간)
3) 폭발한계 : 상한 11.2%, 하한 1.4%(vol in air)
4) 기타

열, 불똥, 또는 불꽃이 있는 조건에서 불안정해지며 29℃ 이상에서 폭발성인 공기와 혼합 증기를 형성한다. 강한 산화제 및 알칼리 금속과 접촉하면 가연성 가스(수소)를 형성하여 불이 나고 폭발한다. 연소 시에는 일산화탄소와 같은 유독 가스와 증기가 발생한다.

3. 흡수 및 대사

1) 흡수 : 폐, 피부, 위장관을 통해서 쉽게 흡수가 일어난다. 12명의 자원자들을 대상으로 한 실험에서 1592시간 동안 $600mg/m^3$에 노출시킨 결과 47%의 흡수가 일어난 것이 확인되었다. 실험실에서 피부를 통한 1-부틸알코올의 흡수 속도는 $0.048mg/m^3/hr$였다.
2) 대사 : 알코올 탈수소화 효소(alcohol dehydrogenase)의 기질이 되는 반면, 카탈레이즈(catalase) 효소계는 사용하지 않는다. 1-부틸알코올은 연속적으로 산화되어 노르말-부틸알데히드(n-butyraldehyde), 노르말-부틸산(n-butyric acid), 그리고 이산화탄소와 물로 분해된다. 1-부틸알코올은 쉽게 산화되지만 또한 글루쿠로나이드(glucuronide)와 설페이트(sulfate)와 포합반응을 하여 소변으로 배설되기도 한다.
3) 배설 및 반감기 : 랫트에게 경구로 [14C] 1-부틸알코올 투여 3일 후, 14C의 95%가 배설되었다. 랫트에게 450mg/kg을 경구로 투여한 24시간 후, 투여용량의 83.3%가 이산화탄소로 배출되었고 1% 미만이 대변으로 배설되었으며 4.4%는 소변으로 배설되었고 12.3%가 잔류하였다.

4. 표적 장기별 건강장해

1) 급성 건강영향

25ppm에 3~5분간 노출된 대상자들에서 코와 인후의 경미한 자극 증상이 있었다. 50ppm 노출 시는 모든 대상자들에서 눈, 코, 인후의 자극 증상을 나타내었고, 일부에서는 경한 두통을 경험하였다. 1-부틸알코올의 작업장 농도가 5~115ppm 범위인 6개의 공장에서 1-부틸알코올 단독, 또는 다른 유기용제와 혼합 노출되는 근로자들을 대상으로 한 연구가 진행되었다. 노출농도가 60~115ppm일 때 눈의 자극, 구역질 나는 냄새(sickening odor), 두통과 어지럼증이 흔하였다. 보호구를 착용하지 않은 군에서 손톱과 손가락의 피부염이 흔하게 보고되었다.

2) 만성 건강영향

① 눈·피부·비강·인두 : 산업장에서 1-부틸알코올에 노출되는 근로자들을 대상으로 한 10년간의 연구를 수행하였다. 연구의 시작 단계에서는 1-부틸알코올의 농도는 200ppm 이상이었고 각막의 염증이 때때로 관찰되었다. 안 증상은 작열감, 시야흐림, 눈물, 수명 증상 등이 나타났다. 작업 주간의 주말로 갈수록 증상은 더욱 심해졌다. 연구의 후반기에 1-부틸알코올의 평균농도는 100ppm으로 줄었고 전신 증상은 관찰되지 않았으며 눈 자극 증상은 드물었다.

② 이비인후계 : 1-부틸알코올에 노출된 근로자들에서 청각 장해가 보고되었다. 3~11년간 80ppm의 1-부틸알코올과 소음에 함께 노출된 11명의 근로자들 중 9명이, 같은 기간 90~100dB의 소음에만 노출된 47명의 대조군에 비해서 훨씬 더 큰 청각 장해가 발견되었다. 이환된 근로자들의 연령은 20~39세였다. 18~24개월 동안 노출된 근로자에서 7명 중 5명이 전정기관 이상 소견으로 한시적인 오심, 구토, 두통을 동반한 현훈이 발생하였다.

● ANSWER |

3) 발암성

발암성을 분류할 만한 충분한 데이터가 없다.(IARC : −, ACGIH : −)

5. 노출기준

한국(고용노동부, 2013) TWA : 20ppm(60mg/m³), STEL : −

25 여성화를 제조하는 A사업장에서 작업환경을 측정하였더니 노말−헥산 10ppm, 크실렌 15ppm, 톨루엔 20ppm, 메틸에틸케톤 40ppm이 검출되었다. 이 물질들이 상가작용을 한다고 할 때, 노출지수로 옳은 것은?

① 0.90 ② 0.95

③ 1.00 ④ 1.05

⑤ 1.15

● 해설

$$노출지수(EI) = \frac{C_1}{TLV_1} + \frac{C_2}{TLV_2} + \cdots + \frac{C_n}{TLV_n} = 0.95$$

2가지 이상의 화학물질에 동시에 노출되는 경우 건강에 미치는 영향은 각 화학물질 간 상호 작용에 따라 다르게 나타난다.

1. 상가작용(Additive Effect)

1) 두 물질을 동시에 투여할 때 각각의 독성의 합으로 작용한다.

2) 상대적 독성수치로 표현하면 2+3=5이다.

3) 노출지수(EI : Exposure Index)를 구하여 평가한다.

2. 상승작용(Synergism Effect)

1) 두 물질을 동시에 투여할 때 각각의 독성의 합보다 훨씬 큰 독성이 되는 작용이다.

2) 상대적 독성수치로 표현하면 2+3=10이다.

예) 흡연자가 석면에 노출 시, 사염화탄소와 에탄올

3. 가승작용(잠재작용, Potentiation Effect)

1) 단독으로 투여할 경우 전혀 독성이 없거나 거의 없는 물질이 다른 독성물질과 함께 투여하면 독성물질의 독성을 현저히 증가시키는 경우를 말한다.

2) 상대적 독성수치로 표현하면 0+2=7이다.

예) 무독성인 이소프로테놀을 간장독성물질인 사염화탄소와 함께 투여하면 사염화탄소의 간장독성이 현저히 증가한다.

4. 길항작용(Antagonism Effect)

1) 두 물질을 동시에 투여할 때 서로 독성을 방해하여 독성이 합보다 작아지는 작용이다.

2) 상대적 독성수치로 표현하면 4+2=1이다.

2과목 산업위생일반

01 산업위생 활동에 관한 내용으로 옳은 것은?

① 관리의 최우선순위는 보호구 착용이다.

② 인지(인식)란 현재 상황에서 존재 또는 잠재하고 있는 유해인자의 파악이다.

③ 유해인자에 대한 평가는 특수건강진단의 결과만을 사용한다.

④ 처음으로 요구되는 것은 근로자 건강진단이다.

⑤ 사업장 근로자만의 건강을 보호하는 것이다.

● 해설

산업위생 활동의 목적

1. 작업환경 개선 및 직업병의 근원적 예방
2. 작업환경 및 작업조건의 인간공학적 개선
3. 작업자의 건강 보호 및 생산성 향상
4. 유해인자 예측 및 관리

02 다음에서 설명하고 있는 가스크로마토그래피 검출기는?

- 원리 : 수소/공기로 시료를 태워 전하를 띤 이온 생성
- 감도 : 대부분의 화합물에 대해 높은 감도
- 특징 : 큰 범위의 직선성

① 질소인검출기(NPD)

② 전자포획검출기(ECD)

③ 열전도도검출기(TCD)

④ 불꽃광도검출기(FPD)

⑤ 불꽃이온화검출기(FID)

● 해설

불꽃이온화검출기

1. 유기용제 분석에 사용하는 검출기
2. 운반기체로 질소, 헬륨을 사용한다.
3. 할로겐 함유 화합물에 대해 민감도가 낮다.
4. 안정적인 수소−공기의 기체흐름이 요구된다.

◉ ANSWER | 01 ② 02 ⑤

03 다음은 도장 작업자들을 대상으로 한 벤젠(노출기준 0.5ppm)의 작업환경측정 결과이다. 노출기준을 초과할 확률은 약 얼마인가?(단, 정규분포곡선의 z값에 따른 확률은 다음 표와 같다.)

구분	z값			
	-0.42	-0.38	0.32	1.25
확률	0.337	0.352	0.626	0.894

〈 작업환경측정 결과(ppm) 〉
0.03, 0.22, 1.85, 0.04, 0.1, 0.22, 7.5, 0.05, 2, 0.3

① 0.663 ② 0.374 ③ 0.337 ④ 0.147 ⑤ 0.106

작업환경 측정결과가 10개이므로

1. 평균을 구한다.

$$평균(m) = \frac{0.03 + 0.22 + 1.85 + 0.04 + 0.1 + 0.22 + 7.5 + 0.05 + 2 + 0.3}{10} = 1.231ppm$$

2. 표준편차를 산정한다.

$$표준편차(SD) = \left(\frac{\begin{array}{c}(0.03-1.231)^2 + (0.22-1.231)^2 + (1.85-1.231)^2 + (0.04-1.231)^2 + (0.1-1.231)^2 \\ + (0.22-1.231)^2 + (7.5-1.231)^2 + (0.05-1.231)^2 + (2-1.231)^2 + (0.3-1.231)^2 \end{array}}{10-1} \right)^{0.5}$$
$$= 2.327ppm$$

3. 확률을 산정한다.

노출기준$(X_1) = 0.5ppm$

$$z = \frac{노출기준 - 평균}{표준편차} = \frac{0.5 - 1.231}{2.327} = -0.315(0.32)$$

z-table에서 $z = 0.32$일 때 확률 $\rho = 0.626$이므로, 노출기준 0.5ppm을 초과할 확률 $= 1 - 0.626 = 0.374$

04 ACGIH에서 권고하고 있는 유해물질과 기준(TLV) 설정 근거가 된 건강영향의 연결로 옳지 않은 것은?

① 벤젠(TWA 0.5ppm, STEL 2.5ppm) : 백혈병
② 카본블랙(TWA 3mg/m³) : 기관지염
③ 톨루엔(TWA 20ppm) : 혈액학적 악영향
④ 이산화탄소(TWA 5,000ppm, STEL 30,000ppm) : 질식
⑤ 노말 - 헥산(TWA 50ppm) : 중추신경계 손상, 말초신경염, 눈 염증

1. ACGIH 권고 유해물질 관리기준
   1) TLV - TWA(시간가중평균치) : 1일 8시간, 1주일 40시간의 평균농도

$$TWA = \frac{C_1 T_1 + C_2 T_2 + \cdots + C_n T_n}{8}$$

   여기서, C : 유해인자 측정치(ppm, mg/m³, 개/cm³)
   T : 유해인자 발생시간(hour)
   시간가중평균노출기준(TWA) : 1일 8시간 측정치×발생시간/8시간

◎ ANSWER | 03 ② 04 ③

2) TLV－STEL(단시간 노출허용농도)

　　15분간 노출될 수 있는 농도로 고농도에서 급성 중독을 초래하는 유해물질에 적용

3) TLV－C(천정값 허용농도)

　　작업시간 중 잠시라도 초과금지 농도로 자극성 가스, 독작용이 빠른 물질에 적용(보통 15분 측정)

4) Excursion Limits(허용농도 상한치)

　　TLV－TWA(시간가중평균치)가 설정되어 있는 유해물질에서 독성자료가 부족해 제대로 설정되지 않은 경우 ACCIH의 권고는 TLV－TWA 3배 농도 30분 이하 노출, TLV－TWA 5배 농도 절대 노출금지

2. 유해물질별 건강영향 유형

1) 벤젠(TWA 0.5ppm, STEL 2.5ppm) : 백혈병

2) 카본블랙(TWA 3mg/m³) : 기관지염(빨간색 3지수로 표시)

3) 이산화탄소(TWA 5,000ppm, STEL 30,000ppm) : 질식

4) 노말－헥산(TWA 50ppm) : 중추신경계 손상, 말초신경염, 눈 염증

05 화학물질 및 물리적 인자의 노출기준에 관한 설명으로 옳지 않은 것은?

① 발암성, 생식세포 변이원성 및 생식독성 정보는 산업안전보건법상 규제 목적으로 표시한다.

② 내화성세라믹섬유의 노출기준 표시단위는 세제곱센티미터당 개수(개/cm³)를 사용한다.

③ 노출기준은 작업장의 유해인자에 대한 작업환경개선기준과 작업환경측정결과의 평가기준으로 사용할 수 있다.

④ "최고노출기준(C)"이란 근로자가 1일 작업시간 동안 잠시라도 노출되어서는 아니 되는 기준을 말하며, 노출기준 앞에 "C"를 붙여 표시한다.

⑤ 혼재하는 물질 간에 유해성이 인체의 서로 다른 부위에 유해작용을 하는 경우, 혼재하는 물질 중 어느 한 가지라도 노출기준을 넘을 때는 노출기준을 초과하는 것으로 한다.

● 해설

1. 물리적 노출기준

구분	소음		충격소음	
노출기준	1일 노출시간(hr)	소음강도 dB(A)	1일 노출횟수	소음강도 dB(A)
	8	90	100	140
	4	95	1,000	130
	2	100	10,000	120
	1	105	※ 최대 음압수준이 140dB(A)를 초과하는 충격소음에 노출되어서는 안 됨 충격소음이란 최대음압수준이 120dB(A) 이상인 소음이 1초 이상의 간격으로 발생되는 것을 말한다.	
	1/2	110		
	1/4	115		
	※ 115dB(A)를 초과하는 소음수준에 노출되어서는 안 됨			
특수건강검진	• 강렬한 소음 : 배치 후 6개월 이내, 이후 12개월 주기마다 실시 • 소음 및 충격소음 : 배치 후 12개월 이내, 이후 24개월 주기마다 실시			
	1차 검사항목 • 직업력 및 노출력 조사 • 주요 표적기관과 관련된 병력조사 • 임상검사 및 진찰 　이비인후 : 순음 청력검사(양측 기도), 정밀 진찰 　(이경검사)		2차 검사항목 • 임상검사 및 진찰 　이비인후 : 순음 청력검사(양측 기도 및 골도), 중이검사(고막운동성검사)	
작업환경측정	8시간 시간가중평균 80dB 이상의 소음에 대해 작업환경측정 실시(6개월마다 1회, 과거 최근 2회 연속 85dB 이하 시 연 1회)			

◉ ANSWER | 05 ①

2. 화학적 유해인자 허용기준

유해인자		허용기준			
		시간가중평균값(TWA)		단시간 노출값(STEL)	
		ppm	mg/m^3	ppm	mg/m^3
1. 납 및 그 무기화합물			0.05		
2. 니켈(불용성 무기화합물)			0.2		
3. 디메틸포름아미드		10			
4. 벤젠		0.5		2.5	
5. 2-브로모프로판		1			
6. 석면			0.1개/cm^3		
7. 6가크롬 화합물	불용성		0.01		
	수용성		0.05		
8. 이황화탄소		1			
9. 카드뮴 및 그 화합물			0.01 (호흡성 분진인 경우 0.002)		
10. 톨루엔-2,4-디이소시아네이트 또는 톨루엔-2,6-디이소시아네이트		0.005		0.02	
11. 트리클로로에틸렌		10		25	
12. 포름알데히드		0.3			

3. 고용노동부 고시의 노출기준 정보는 용어의 의미상 정보제공을 목적으로 하고 있다.

06 작업환경측정에 관한 내용으로 옳지 않은 것은?

① 단위작업 장소에서 11명이 작업할 때 시료 채취 수는 3개 이상이다.
② 산화아연 분진은 호흡성 분진을 채취할 수 있는 여과채취방법으로 측정한다.
③ 시료채취 시에는 예상되는 측정대상물질의 농도, 방해물, 시료채취 시간 등을 종합적으로 고려한다.
④ 불화수소의 경우 최고노출기준(Ceiling)과 시간가중평균노출기준(TWA)에 대하여 병행 측정한다.
⑤ 관리대상 유해물질의 취급 장소가 실내인 경우 공기의 최대부피를 120세제곱미터로 하여 허용소비량 초과여부를 판단한다.

해설

산업안전보건기준에 관한 규칙

제420조(정의)

1. "관리대상 유해물질"이란 근로자에게 상당한 건강장해를 일으킬 우려가 있어 법 제24조에 따라 건강장해를 예방하기 위한 보건상의 조치가 필요한 원재료·가스·증기·분진·흄(fume), 미스트(mist)로서 별표 12에서 정한 유기화합물, 금속류, 산·알칼리류, 가스상태 물질류를 말한다.

제421조(적용 제외)

① 사업주가 관리대상 유해물질의 취급업무에 근로자를 종사하도록 하는 경우로서 작업시간 1시간당 소비하는 관리대상 유해물질의 양(그램)이 작업장 공기의 부피(세제곱미터)를 15로 나눈 양(이하 "허용소비량"이라 한다) 이하인 경우에는 이 장의 규정을 적용하지 아니한다. 다만, 유기화합물 취급 특별장소, 특별관리물질 취급 장소, 지하실 내부, 그 밖에 환기가 불충분한 실내작업장인 경우에는 그러하지 아니하다.
② 제1항 본문에 따른 작업장 공기의 부피는 바닥에서 4미터가 넘는 높이에 있는 공간을 제외한 세제곱미터를 단위로 하는 실내작업장의 공간부피를 말한다. 다만, 공기의 부피가 150세제곱미터를 초과하는 경우에는 150세제곱미터를 그 공기의 부피로 한다.

◉ ANSWER | 06 ⑤

07 60℃, 1기압인 탈지조에서 TCE(분자량 131.4, 비중 1.466) 2L를 사용하였다. 공기 중으로 모두 증발하였다고 가정할 때, 발생한 증기량(m^3)은 약 얼마인가?

① 0.34

② 0.50

③ 0.54

④ 0.61

⑤ 0.82

◉ 해설

1. 작업조건 체적을 구한다.

   60℃, 1기압에서 부피 $= 22.4L \times \dfrac{273+60}{273} = 27.32L$

2. 사용량을 구한다.

   사용량(g) $= 2L \times 1.466g/mL \times 1,000mL/L = 2,932g$

3. 분자량 : 작업조건 체적 = 사용량 : 발생 증기량

   131.4g : 27.32L = 2,932g : 발생 증기량

4. 문제에서는 발생 증기량을 구하라고 하였으므로 대입해서 구한다.

   발생 증기량(m^3) $= \dfrac{27.32L \times 2,932g \times m^3/1,000L}{131.4g} = 0.61m^3$

08 입자상 물질에 관한 설명으로 옳은 것을 모두 고른 것은?

> ㄱ. 호흡성 분진(RPM)은 가스 교환 부위에 침착될 때 독성을 일으키는 물질이다.
>
> ㄴ. 석면이나 유리규산은 대식세포의 용해효소로 쉽게 제거된다.
>
> ㄷ. 우리나라 노출기준에는 산화규소 결정체 4종이 있으며, 모두 발암성 1A이다.
>
> ㄹ. 입자상 물질의 침강속도는 스토크 법칙(Stokes' Law)을 따르며, 입자의 밀도와 입경에 반비례한다.

① ㄱ, ㄴ

② ㄱ, ㄷ

③ ㄴ, ㄹ

④ ㄴ, ㄷ, ㄹ

⑤ ㄱ, ㄴ, ㄷ, ㄹ

◉ 해설

1. 발암성 물질의 구분 정보

고용노동부 고시 제2011-13호	
구분 1A	사람에게 충분한 발암성 증거가 있는 물질
구분 1B	시험 동물에서 발암성 증거가 충분히 있거나, 시험 동물과 사람 모두에서 제한된 발암성 증거가 있는 물질
구분 2	사람이나 동물에서 제한된 증거가 있지만, 구분 1로 분류하기에는 증거가 충분하지 않은 물질

IARC(국제발암성연구소) : International Agency for Research on Cancer		
Group 1	Carcinogenic to humans : 인체에 대한 발암성 확인 물질	
Group 2A	Probably carcinogenic to humans : 인체에 대한 발암 가능성이 높은 화학물질	
Group 2B	Possibly carcinogenic to humans : 인체에 대한 발암 가능성이 있는 화학물질	
Group 3	Not classifiable as to is carcinogenicity to humans : 자료의 불충분으로 인체 발암물질로 분류되지 않은 화학물질	
Group 4	Probably not carcinogenic to humans : 인체에 발암성이 없는 화학물질	

2. 입자상 물질의 모니터링

공기 중 부유하고 있는 고체나 액체 미립자로서 먼지, Fume, Mist, 섬유, 스모그, 바이오에어로졸 등을 말한다.

1) 입자상 물질의 특징

① 호흡성 분진은 가스교환으로 침착 시 독성을 유발하는 물질이다.

② 산화규소 결정체로 4종을 노출기준으로 지정하였으며 1A이다.

③ 대표적 입자상 유해물질인 석면은 대식세포에서 방출하는 효소로도 용해되지 않는다.

④ 침강속도는 입자의 밀도에 비례하며 입경의 제곱에 비례한다.

2) 채취원리

공기를 여과지에 통과시켜 공기 중 입자상 물질의 여과분을 채취한다.

3) 입자상 물질 여과기전

① 충돌, 확산, 차단시켜 여과지에 채취한다.

② 직경분립충돌기

• 흡입, 흉곽, 호흡성 크기의 채취가 가능하다.

• 충돌기 노즐을 통과한 공기가 충돌에 의해 여과지에 채취된다.

4) 여과지 종류

① Mice

• 산에 용해되며 표면에 침착되어 수분을 흡수한다.

• 금속이나 석면 채취에 적합한 반면 무게 분석에는 부적합하다.

• 입자상 물질의 무게 측정에는 부적합하다.

• 공기 중 수분흡수 특성으로 인해 무게의 변화가 심하다.

② PVC

• 흡습성이 적고 가볍다.

• 수분의 영향을 받지 않는다.

• 무게의 변화가 없어 무게분석에 유리하다.

③ 기타

PTFE, 은막 여과지, 유리섬유 여과지 등이 있다.

09 물리적 유해인자의 관리방법으로 옳지 않은 것은?

① 고압환경에서는 질소 대신 헬륨으로 대치한 공기를 흡입한다.

② 고온순화(순응)는 노출 후 4~7일부터 시작하여 12~14일에 완성된다.

③ 자유공간(점음원)에서 거리가 2배 증가하면 소음은 6dB 감소한다.

④ 진동공구 작업자는 금연하는 것이 바람직하다.

⑤ 전리방사선의 강도는 거리의 제곱근에 반비례한다.

◉ ANSWER | 09 ⑤

■ 해설

1. 유해물질의 강도는 당연히 거리가 멀수록 유해성이 저하된다. 특히, 전리방사선의 강도는 거리의 제곱에 반비례한다.
2. 이러한 유형의 출제 문제는 유해인자 관리방법에 관한 문제라기보다 제곱과 제곱근의 개념을 묻는 문제로 보아야하며, 제곱근은 $\sqrt{}$(루트)이므로 주의할 필요가 있다.

10 국소배기장치 설계에 관한 설명으로 옳지 않은 것은?

① 송풍기에서 가장 먼 쪽의 후드부터 설계한다.
② 설계 시 먼저 후드의 형식과 송풍량을 결정한다.
③ 1차 계산된 덕트 직경의 이론치보다 더 큰 크기의 시판 덕트를 선정한다.
④ 합류관 연결부에서 정압은 가능한 한 같아지게 한다.
⑤ 합류관 연결부의 정압비($SP_{\text{high}} / SP_{\text{low}}$)가 1.05 이내이면 정압 차를 무시하고 다음 단계 설계를 계속한다.

■ 해설

국소배기장치

1. 주요 구조

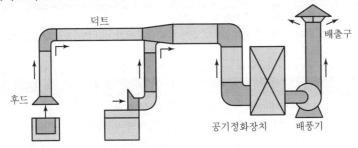

2. 종류

1) 포위식 포위형
오염원을 가능한 한 최대로 포위해 오염물질이 후드 밖으로 투출되는 것을 방지하고 필요한 공기량을 최소한으로 줄일 수 있는 후드

2) 외부식
발생원과 후드가 일정거리 떨어져 있는 경우 후드의 위치에 따라 측방흡인형, 상방흡인형, 하방흡인형으로 구분된다.

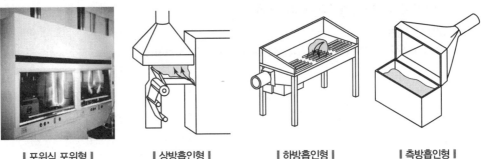

‖ 포위식 포위형 ‖ 　 ‖ 상방흡인형 ‖ 　 ‖ 하방흡인형 ‖ 　 ‖ 측방흡인형 ‖

3. 설계기준

    1) 송풍기에서 가장 먼 쪽의 후드부터 설계한다.

    2) 설계 시 먼저 후드의 형식과 송풍량을 결정한다.

    3) 1차 계산된 덕트 직경의 이론치보다 작은 것(시판용 덕트)을 선택하고 선정된 시판용 덕트의 단면적을 산출해 덕트의 직경을 구한 후 실제 덕트 속도를 구한다.

    4) 합류관 연결부에서 정합은 가능한 한 같아지게 한다.

    5) 합류관 연결부 정압비가 1.05 이내이면 정압차를 무시하고 다음 단계 설계를 진행한다.

11 화학물질 및 물리적 인자의 노출기준에서 "발암성 1A"가 아닌 중금속은?

  ① 비소 및 그 무기화합물

  ② 니켈(가용성 화합물)

  ③ 니켈(불용성 무기화합물)

  ④ 수은 및 무기형태(아릴 및 알킬 화합물 제외)

  ⑤ 카드뮴 및 그 화합물

● 해설

1. 유해물질 구분

고용노동부 고시 제2011-13호	
구분 1A	사람에게 충분한 발암성 증거가 있는 물질
구분 1B	시험 동물에서 발암성 증거가 충분히 있거나, 시험 동물과 사람 모두에서 제한된 발암성 증거가 있는 물질
구분 2	사람이나 동물에서 제한된 증거가 있지만, 구분 1로 분류하기에는 증거가 충분하지 않은 물질
IARC(국제발암성연구소) : International Agency for Research on Cancer	
Group 1	Carcinogenic to humans : 인체에 대한 발암성 확인 물질
Group 2A	Probably carcinogenic to humans : 인체에 대한 발암 가능성이 높은 화학물질
Group 2B	Possibly carcinogenic to humans : 인체에 대한 발암 가능성이 있는 화학물질
Group 3	Not classifiable as to is carcinogenicity to humans : 자료의 불충분으로 인체 발암물질로 분류되지 않은 화학물질
Group 4	Probably not carcinogenic to humans : 인체에 발암성이 없는 화학물질

2. 대표적인 1A 물질

    1) 비소 및 그 무기화합물(TWA 0.01mg/m³)

    2) 니켈[가용성 화합물(TWA 0.1mg/m³)]

    3) 니켈[불용성 무기화합물(TWA 0.2mg/m³)]

    4) 카드뮴 및 그 화합물(TWA 0.01mg/m³)

3. 대표적인 1B 물질

    수은 및 무기형태(아릴 및 알킬 화합물 제외)(TWA 0.025mg/m³)

12 실험실로 I−131(반감기 8.04일)이 들어 있는 보관함이 배달되었으며, 방사능을 측정한 결과 500 pCi 였다. 30일 후 방사능(pCi)은 약 얼마인가?

① 37.6　　　　② 32.6　　　　③ 27.6　　　　④ 22.6　　　　⑤ 17.6

● 해설

1. 반감기로 1차 반응을 산정한다.

$$\ln\frac{C_o}{C_i} = -kt$$

$$\ln 0.5 = -k \times 8.04\text{day}$$

2. 1차 반응값으로 상수 k를 산정한다.

$$k = \frac{\ln 0.5}{8.04\text{day}} = 0.0862\text{day}^{-1}$$

3. 상수 k값에 경과일을 곱한다.

$$\ln\frac{x}{500} = -0.0862\text{day}^{-1} \times 30\text{day}$$

4. 지수를 사용해 방사능값을 구한다.

$$x = 500 \times e^{-(0.0862 \times 30)}$$

$$= 37.66\text{pCi}$$

여기서, x : 30일 후 방사능

13 다음 조건을 고려하여 공기 중 섬유상 물질의 농도(개/cm³)를 구하면 약 얼마인가?

- 직경 25mm 여과지(유효직경 22.1mm)
- 시료채취시간 : 1시간 30분
- 공기시료 채취기의 유량 보정: 뷰렛의 용량 0.90L
  채취 전(초) : 15.2, 15.35, 15.6
  채취 후(초) : 16.3, 16.35, 16.45
- 위상차현미경을 이용하여 섬유상 물질을 계수한 결과
  공시료 : 0.02개/시야
  시료 : 150개/30시야
  (단, Walton−Beckett Field(시야)의 직경은 100μm)

① 0.2　　　　② 0.4　　　　③ 0.6　　　　④ 0.8　　　　⑤ 1.0

● 해설

물질의 농도를 구하기 위해서는 공기채취량 대비 채취석면개수를 산정해야 하므로

1. 공기채취량을 구한다.

　공기채취량 = 펌프용량 × 시료채취시간

　• 채취 전 펌프용량 $= \dfrac{0.90\text{L}}{\left(\dfrac{15.2 + 15.35 + 15.6}{3}\right)\text{sec}} = 0.0585\text{L/sec} \times 60\text{sec/min} = 3.51\text{L/min}$

● ANSWER | **12** ① **13** ④

- 채취 후 펌프용량 = $\dfrac{0.90\text{L}}{\left(\dfrac{16.3+16.35+16.45}{3}\right)\text{sec}}$ = 0.0549L/sec×60sec/min = 3.3L/min

- 펌프용량 = $\dfrac{3.51\text{L/min}+3.3\text{L/min}}{2}$ = 3.4L/min

∴ 공기채취량 = 3.4L/min×90min = 306L

2. 여과지 유효면적을 산정한다.

여과지 유효면적 = $\left(\dfrac{3.14\times22.1^2}{4}\right)\text{mm}^2$ = 383.4mm²

3. 채취된 총석면개수를 구한다.

1시야당 실제 석면개수 = 5개/시야 − 0.02개/시야 = 4.98개/시야

4. 시야당 석면개수를 구한다.

직경 $100\mu m$ 의 시야의 면적은 0.0785mm² 이므로

383.4mm² 에 채취된 총석면개수 = $\dfrac{4.98\text{개}}{0.00785\text{mm}^2}\times383.4\text{mm}^2$ = 243,227개

5. 농도를 구한다.(채취된 총석면개수/공기채취량)

공기 중 석면농도 = $\dfrac{243.227\text{개}}{306\text{L}}\times\dfrac{1\text{L}}{1,000\text{cc}}$ = 0.8개/cc = 0.8개/cm²

14 개인보호구에 관한 설명으로 옳은 것을 모두 고른 것은?

> ㄱ. 유기화합물용 정화통은 습도가 높을수록 수명은 길어진다.
> ㄴ. 산소결핍장소에서는 전동식 호흡보호구를 착용한다.
> ㄷ. 보호구 안전인증 고시에서 액체 차단 보호복은 3형식, 분진 차단 보호복은 5형식이다.
> ㄹ. 보호구 안전인증 고시에서 귀마개 등급은 1종과 2종으로 구분한다.

① ㄱ, ㄴ
② ㄷ, ㄹ
③ ㄱ, ㄷ, ㄹ
④ ㄴ, ㄷ, ㄹ
⑤ ㄱ, ㄴ, ㄷ, ㄹ

●해설

1. 화학물질용 보호복

화학물질용 보호복은 6가지 형식으로 구분되며, 1 · 2형식은 가스상 물질로부터, 3 · 4형식은 액체의 분사나 분무로부터, 그리고 5 · 6형식은 분진 등의 에어로졸 및 미스트로부터 인체를 보호하는 기능을 갖추어야 한다.

2. 형식 분류

1) 1형식

1a 형식	1b 형식	1c 형식
보호복 내부에 개방형 공기호흡기와 같은 대기와 독립적인 호흡용 공기공급이 있는 가스 차단 보호복	보호복 외부에 개방형 공기호흡기와 같은 호흡용 공기공급이 있는 가스 차단 보호복	공기라인과 같은 양압의 호흡용 공기가 공급되는 가스 차단 보호복

2) 2형식
공기라인과 같은 양압의 호흡용 공기가 공급되는 가스 비차단 보호복
3) 3형식
액체 차단 성능을 갖는 보호복으로 후드, 장갑, 부츠, 안면창 및 호흡용 보호구가 연결되는 경우에도 액체 차단
성능을 유지해야 한다.
4) 4형식
분무 차단 성능을 갖는 보호복으로 후드, 장갑, 부츠, 안면창 및 호흡용 보호구가 연결되는 경우에도 액체 차단
성능을 유지해야 한다.
5) 5형식
분진 등과 같은 에어로졸에 대한 차단 성능을 갖는 보호복
6) 6형식
미스트에 대한 차단 성능을 갖는 보호복

3. 귀마개 등급
1) 1종 : 저음부터 고음까지의 차음
2) 2종 : 주로 고음을 차음하며 회화음의 영역인 저음은 차음하지 않음

15 톨루엔 노출 작업자의 호흡보호구에 적합한 정성적 밀착도 검사(QLFT) 방법은?

① 초산이소아밀법
② 사카린법
③ 자극성 스모그법
④ 공기 중 에어로졸법(Condensation Nucleus Counter)
⑤ 통제음압모니터법(Controlled Negative—Pressure Monitor)

해설

1. 정성밀착검사(QLFT)
1) 아세트산 이소아밀(바나나 향) : 유기증기 정화통이 장착되는 호흡보호구만 검사
2) 사카린(달콤한 맛) : 어떠한 방진 등급의 미립자 방진 필터가 장착된 호흡보호구도 검사 가능
3) Bitrex(쓴 맛) : 어떠한 등급의 미립자 방진 필터가 장착된 호흡보호구도 검사 가능
4) 자극적인 연기(비자발적 기침반사) : 미국 기준 수준 100(또는 한국방진 특급) 미립자 방진 필터가 장착된 호
흡보호구만 검사
5) 초산 이소아밀법 : 톨루엔 노출 작업자의 호흡보호구 검사

2. 정량밀착검사(QNFT)
1) Generated Aerosoluses : 검사 체임버에서 발생된 옥수수 기름 같은 위험하지 않은 에어로졸 사용
2) Condensation Nuclei Counter(CNC) : 주변 에어로졸을 사용하며 검사 체임버가 필요 없음
3) Controlled Negative Pressure(CNC) : 일시적으로 공기를 차단해 진공 상태를 만드는 검사

16 산업안전보건기준에 관한 규칙에서 밀폐공간과 관련된 용어의 정의로 옳지 않은 것은?

① "밀폐공간"이란 산소결핍, 유해가스로 인한 질식·화재·폭발 등의 위험이 있는 장소이다.
② "유해가스"란 탄산가스·일산화탄소·황화수소 등의 기체로서 인체에 유해한 영향을 미치는 물질을 말한다.
③ "적정공기"란 산소농도의 범위가 18퍼센트 이상 23.5퍼센트 미만, 탄산가스의 농도가 1.5퍼센트 미만, 일산화탄소의 농도가 30피피엠 미만, 황화수소의 농도가 10피피엠 미만인 수준의 공기를 말한다.
④ "산소결핍"이란 공기 중의 산소농도가 18퍼센트 이하인 상태를 말한다.
⑤ "산소결핍증"이란 산소가 결핍된 공기를 들이마심으로써 생기는 증상을 말한다.

해설

밀폐공간 적정공기

산소농도 범위	탄산가스 농도	일산화탄소 농도	황화수소 농도
18~23.5% 미만	1.5% 미만	30ppm 미만	10ppm 미만

17 유해화학물질 또는 공정에 적합한 호흡보호구의 연결이 옳지 않은 것은?

① 석면 : 특급 방진마스크
② 스프레이 도장작업 : 방진방독 겸용 마스크
③ 베릴륨 : 1급 방진마스크
④ 포스겐 : 송기마스크
⑤ 금속흄 : 배기밸브가 있는 안면부 여과식 마스크

해설

등급	특급	1급	2급
사용 장소	• 베릴륨 등과 같이 독성이 강한 물질들을 함유한 분진 등 발생장소 • 석면 취급장소	• 특급마스크 착용장소를 제외한 분진 등 발생장소 • 금속흄 등과 같이 열적으로 생기는 분진 등 발생장소 • 기계적으로 생기는 분진 등 발생장소 (규소 등과 같이 2급 방진마스크를 착용하여도 무방한 경우는 제외한다)	특급 및 1급 마스크 착용장소를 제외한 분진 등 발생장소
	배기밸브가 없는 안면부 여과식 마스크는 특급 및 1급 장소에 사용해서는 안 된다.		

18 고용노동부가 발표한 2020년 산업재해 현황 분석에서, 2020년에 발생한 직업병 중 발생자 수가 가장 많은 것은?

① 진폐
② 난청
③ 금속 및 중금속 중독
④ 유기화합물 중독
⑤ 기타 화학물질 중독

◉ ANSWER | 16 ④ 17 ③ 18 ②

2020년 산업재해 현황 중 업무상 질병 통계

업무상 질병자수는 15,996명으로 전년도 15,195명에 비해 801명(5.27%) 증가하였다.
업무상 질병자수 = 업무상 질병 요양자수 + 업무상 질병 사망자수

- 이 중에서 소음성 난청, 진폐 등 직업병은 4,784명으로 전년도 4,035명보다 749명(18.56%) 증가하였고, 작업관련성 질병은 11,212명으로 전년도 11,160명보다 52명(0.47%) 증가하였다.
- 작업관련성 질병 중 뇌·심혈관 질환자는 1,167명으로 전년도 1,460명보다 293명(20.07%) 감소하였으며, 신체부담작업으로 인한 질환(경견완장해 등)은 5,252명으로 전년도 4,988명보다 264명(5.29%) 증가하였다.

<업무상 질병 요양자 비교표>

구분	총계	직업병							직업관련성 질병				
		소계	진폐	난청	금속 및 중금속 중독	유기화합물 중독	기타 화학물질 중독	기타	소계	뇌·심혈관 질환	신체부담작업	요통	기타
2019년(명)	15,195	4,035	1,467	1,986	9	19	128	426	11,160	1,460	4,988	4,276	436
2020년(명)	15,996	4,784	1,288	2,711	16	15	104	650	11,212	1,167	5,252	4,177	616
증감(명)	801	749	−179	725	7	−4	−24	224	52	−293	264	−99	180
증감률(%)	5.27	18.56	−12.20	36.51	77.78	−21.05	−18.75	52.58	0.47	−20.07	5.29	−2.32	41.28

19 호흡기계의 구조와 기능에 관한 설명으로 옳지 않은 것은?

① 폐포는 가스교환 작용이 일어나는 곳이다.
② 해부학적으로 상부와 하부 호흡기계로 구분한다.
③ 내호흡은 폐포와 혈액 사이에서 발생하는 산소와 이산화탄소의 교환작용을 말한다.
④ 비강(Nasal Cavity)은 호흡공기의 온·습도를 조절하고 오염물질을 제거하는 등의 기능을 한다.
⑤ 기관지는 세기관지(Bronchiole)에 가까울수록 섬모세포의 수는 줄어들고 섬모가 없는 클라라세포(Clara Cell)가 주종을 이룬다.

호흡기계는 상부기도와 하부기도로 나뉘며 조직에 산소를 공급하고, 대사산물의 노폐물인 이산화탄소 제거와 산과 염기 균형, 발성, 후각, 체액균형, 체온조절 등의 역할을 한다.

1. 내호흡과 외호흡
   1) 내호흡 : 조직에서 일어나며 산소는 조직 쪽으로 이동하고 이산화탄소는 조직으로부터 혈액 쪽으로 이동한다.
   2) 외호흡 : 폐호흡으로 폐포공기와 폐의 모세혈관 사이에서의 이산화탄소와 산소의 교환작용이 발생하는 것을 말한다.

2. 가스교환
   1) 허파꽈리 내 공기는 분압차에 의한 확산원리로 이동한다.
   2) 허파꽈리 내 공기와 허파꽈리벽의 모세혈관 사이에서 확산에 의해 가스교환이 이뤄진다.
   3) 효율적인 가스교환이 이루어지기 위한 조건
      ① 흡입된 공기는 반드시 많은 모세혈관과 접촉해야 한다.
      ② 허파꽈리벽이 질병으로 파괴되면 모세혈관과 접촉하는 면적이 줄어든다.
      ③ 허파꽈리막이 섬유화되고 흉터로 두꺼워지면 확산은 방해를 받는다.

◉ ANSWER | 19 ③

20 재해의 직접원인 중 불안전한 행동에 해당하지 않는 것은?

① 안전장치의 부적합
② 위험장소 접근
③ 개인보호구의 잘못 착용
④ 불안전한 속도 조작
⑤ 감독 및 연락 불충분

● 해설

1. 불안전한 상태와 불안전한 행동의 차이점

불안전한 상태	불안전한 행동
사고 및 재해를 유발시키는 요인을 만들어내는 물리적 상태 또는 환경	사고 및 재해를 유발시키는 요인을 만들어내는 근로자의 행동

2. 불안전한 상태의 사례
   1) 물적 요소 자체의 결함
   2) 방호장치의 결함
   3) 재료 및 부재의 배치방법 또는 작업장소의 결함
   4) 보호구나 근무복의 결함
   5) 작업환경의 불량
   6) 작업방법의 결함

3. 불안전한 행동의 사례
   1) 안전장치 기능의 제거
   2) 안전규칙의 불이행
   3) 기계기구의 목적 외 사용
   4) 운전 중인 기계장치의 점검 · 청소 · 주유 · 수리 등
   5) 보호구, 근무복의 착용기준 무시상태에서의 작업
   6) 위험장소의 접근
   7) 운전 · 조작의 실수
   8) 취급 물품의 정보 확인절차 생략

21 메탄올의 생체 내 대사과정 중 (   )에 들어갈 내용으로 옳은 것은?

메탄올 → (ㄱ) → (ㄴ) → 이산화탄소

① ㄱ : 포름산, ㄴ : 산화아렌
② ㄱ : 포름알데히드, ㄴ : 아세트산
③ ㄱ : 포름알데히드, ㄴ : 포름산
④ ㄱ : 아세트알데히드, ㄴ : 포름산
⑤ ㄱ : 아세트알데히드, ㄴ : 아세트산

● 해설

1. 메탄올의 위험성
   에탄올에 비해 탄소와 수소를 적게 포함하고 있기 때문에 메탄올의 끓는점이 에탄올보다 낮다. 메탄올은 가장 간단한 알코올 화합물로 혐기성 생물의 대사 과정에서 자연적으로 만들어지기도 하며 조금 마시면 눈이 멀고, 많이 마시면 사망에 이르는 경우도 있다.

◉ ANSWER | 20 ① 21 ③

2. 대사과정
   1) 메탄올 → 포름알데히드 → 포름산 → 이산화탄소
   2) 포름산 : 생체 내에서 에너지 생산에 관여하는 미토콘드리아 효소 작용을 억제함에 따라 에너지를 만들 수 없기에 세포가 죽어가는 현상이 발생한다. 따라서 시신경 세포가 타격을 받고 실명에 이르며 다량의 메탄올은 사망에 이르게 한다.

22 신체부위별 동작 유형에 관한 내용으로 옳은 것을 모두 고른 것은?

> ㄱ. 굴곡(Flexion) : 관절에서의 각도가 증가하는 동작
> ㄴ. 신전(Extension) : 관절에서의 각도가 감소하는 동작
> ㄷ. 내전(Adduction) : 몸의 중심선으로 향하는 이동 동작
> ㄹ. 외전(Abduction) : 몸의 중심선에서 멀어지는 이동 동작
> ㅁ. 내선(Medial Rotation) : 몸의 중심선을 향하여 안쪽으로 회전하는 동작

① ㄱ, ㄴ
② ㄴ, ㄷ
③ ㄴ, ㄷ, ㅁ
④ ㄷ, ㄹ, ㅁ
⑤ ㄱ, ㄴ, ㄷ, ㄹ, ㅁ

◆ 해설

신체부위별 동작 유형

1. 굴곡(굽힘)(Flexion) : 관절을 형성하는 두 분절 사이의 각이 감소할 때 발생하는 굽힘 정도
2. 신전(폄)(Extension) : 굴곡의 반대운동으로 두 분절의 각이 증가할 때 발생하는 운동
3. 과신전(Hyperextension) : 해부학적 자세 이상으로 과도하게 신전되는 동작
4. 회선(Circumduction) : 팔을 뻗어 중심축을 만들고 원뿔을 그리듯 회전하는 동작
5. 회내(내회전)(Pronation) : 전완과 손의 내측회전
6. 회외(외회전)(Supination) : 전완과 손의 외측회전
7. 외전(Abduction) : 중심선으로부터 인체분절이 멀어지는 동작
8. 내전(Adduction) : 인체분절이 중심선에 가까워지는 동작
9. 전인(Protraction) : 앞쪽으로 내미는 운동
10. 후인(Retracrton) : 뒤쪽으로 끌어당기는 운동
11. 거상(Elevation) : 견갑대를 좌우면상에서 위로 들어올리는 운동
12. 하강(Depression) : 견갑대를 좌우면상에서 아래로 내리는 운동
13. 수평외전(Horizontal Abduction) : 좌우면이 아닌 수평면에서 이루어지는 외전
14. 수평내전(Horizontal Adduction) : 좌우면이 아닌 수평면에서 이루어지는 내전
15. 회전(돌림)(Rotation) : 인체분절을 하나의 축으로 돌리는 동작
16. 내선(Medial Rotation) : 몸의 중심으로 운동
17. 외선(Lateral Rotation) : 몸의 중심선으로부터 운동
18. 배측굴곡(발등굽힘, 손등굽힘)(Dorsiflextion) : 손과 발이 등쪽으로 접히는 동작
19. 저측굴곡(발바닥굽힘)(Plantarflexion) : 발을 발바닥 쪽으로 접는 동작
20. 장측굴곡(손바닥굽힘)(Palmarflexion) : 손을 손바닥 쪽으로 접는 동작
21. 내번(안쪽번짐)(Inversion) : 발바닥을 안쪽으로 돌리는 동작

23 힐(A. Hill)이 주장한 인과관계를 결정하는 기준에 관한 설명으로 옳지 않은 것은?

① 어떤 원인에 대한 노출과 특정 질병 발생 간에 관련성이 보이지만, 다른 질병과의 연관성도 함께 관찰된다면 인과관계의 가능성은 작아진다.

② 원인에 대한 노출이 질병 발생시점보다 시간적으로 앞설 때 인과관계의 가능성이 커진다.

③ 의심되는 원인에 노출되어 질병이 발생하는 기전에 대해 기존 지식이 아닌 새로운 이론으로 해석될 때 인과관계의 가능성이 커진다.

④ 원인에 대한 노출 정도가 커질수록 질병 발생확률도 높아지는 용량-반응 관계가 나타날 경우에 인과관계의 가능성이 커진다.

⑤ 연관성의 강도가 클수록 인과관계의 가능성이 커진다.

● 해설

인과관계 구성(9가지)

1. 관련성의 강도 : Relative Risk, Odds Ratio 등 연관성이 클수록 인과관계의 가능성이 커진다.
2. 관련성의 일관성 : 어떤 원인에 대한 노출과 특정 질병 발생 간에 관련성이 보이지만, 다른 질병과의 연관성도 함께 관찰된다면 인과관계의 가능성은 작아진다.
3. 관련성의 특이성 : 1대 1의 관계, 요인과 질병이 1:1로 특이하게 발생하는 경우
4. 시간적 선후관계 : 인과관계 판정에 가장 중요한 요인으로 요인이 질병 발생보다 선행하는 선후관계
5. 양-반응 관계 : 요인에 노출되는 정도가 증가할수록 질병의 발생도 증가한다.
6. 생물학적 설명력 : 요인에 노출되는 정도가 증가할수록 질병의 발생도 증가한다.
7. 기존 학설과의 일치
8. 실험적 입증
9. 기존의 다른 인과관계와의 유사성 : 의심되는 원인에 노출되어 질병이 발생하는 기전에 대해 기존 지식이 아닌 새로운 이론으로 해석될 때 인과관계의 가능성은 적어진다.

24 유해인자별 건강관리에 관한 설명으로 옳지 않은 것은?

① 도장작업자는 유기화합물에 의한 급성 중독, 접촉성 피부염 등에 대해 관리하여야 한다.

② 진동작업자의 경우 정기적인 특수건강진단이 필요하다.

③ 금속가공유 취급자는 폐기능의 변화, 피부질환 등에 대해 관리하여야 한다.

④ "사후관리 조치"란 사업주가 건강관리 실시결과에 따른 작업장소 변경, 작업전환, 건강상담, 근무 중 치료 등 근로자의 건강관리를 위하여 실시하는 조치를 말한다.

⑤ 전(前) 사업장에서 황산에 대한 건강진단을 받고 6개월이 지난 작업자의 경우 배치전건강진단 실시를 면제할 수 있다.

● 해설

배치전건강진단

1. 실시시기
   사업주는 특수건강진단 대상업무에 근로자를 배치하려는 경우에는 해당 작업에 배치하기 전 배치전건강진단을 실시해야 한다.

2. 면제대상
   1) 다른 사업장 또는 해당 사업장에서 해당 유해인자에 대한 건강진단을 받고 6개월이 지나지 않은 근로자
   2) 해당 유해인자에 대한 건강진단 범위

⊙ **ANSWER** | 23 ③ 24 ⑤

면제대상
① 배치전건강진단
② 배치전건강진단의 제1차 항목을 포함하는 특수건강진단, 수시건강진단, 임시건강진단
③ 배치전건강진단의 제1차 검사항목 및 제2차 검사항목을 포함하는 건강진단

3. 특수건강진단 실시 시기 및 주기

구분	대상 유해인자	시기 (배치 후 첫 번째 특수건강진단)	주기
1	N, N-디메틸아세트아미드 디메틸포름아미드	1개월 이내	6개월
2	벤젠	2개월 이내	6개월
3	1,1,2,2-테트라클로로에탄 사염화탄소 아크릴로니트릴 염화비닐	3개월 이내	6개월
4	석면, 면 분진	12개월 이내	12개월
5	광물성 분진 목재 분진 소음 및 충격소음	12개월 이내	24개월
6	제1호부터 제5호까지의 대상 유해인자 를 제외한 별표 22의 모든 대상 유해인자	6개월 이내	12개월

배치전건강진단은 반드시
배치 전에 실시해야 함

배치 후 특성건강진단 "0개월 이내" :
1/2주기 경과~0개월 이내에
실시해야 함

특수건강진단은 주기에서 ±1개월
범위 이내에 실시해야 함

25 산업안전보건법 시행규칙 중 납에 대한 특수건강진단 시 제2차 검사항목에 해당하는 생물학적 노출지표를 모두 고른 것은?

ㄱ. 혈중 납	ㄴ. 소변 중 납
ㄷ. 혈중 징크프로토포피린	ㄹ. 소변 중 델타아미노레불린산

① ㄱ
② ㄴ
③ ㄱ, ㄷ
④ ㄴ, ㄷ, ㄹ
⑤ ㄱ, ㄴ, ㄷ, ㄹ

● 해설

납에 대한 특수건강진단 검사항목
1. 제1차 검사항목
  1) 직업력 및 노출력 조사
  2) 주요 표적기관과 관련된 병력조사
  3) 임상검사 및 진찰
    ① 조혈기계 : 혈액도말검사, 철·총철결합능력, 혈청페리틴
    ② 비뇨기계 : 요검사 10종, 혈압 측정
    ③ 신경계 및 위장관계 : 관련 증상 문진, 진찰
  4) 생물학적 노출지표 검사 : 혈중 납

◉ **ANSWER** | 25 ④

2. 제2차 검사항목
　　1) 임상검사 및 진찰
　　　① 조혈기계 : 혈액도말검사, 철 · 총철결합능력, 혈청페리틴
　　　② 비뇨기계 : 단백뇨 정량, 혈청 크레아티닌, 요소질소, 베타2 – 마이크로글로불린
　　　③ 신경계 : 근전도검사, 신경전도검사, 신경행동검사, 임상심리검사, 신경학적 검사
　　2) 생물학적 노출지표 검사
　　　① 혈중 징크프로토포피린
　　　② 소변 중 델타아미노레불린산
　　　③ 소변 중 납

2과목 **산업위생일반**

01 국내 · 외 산업위생의 역사에 관한 설명으로 옳지 않은 것은?

① 미국의 산업위생학자 Hamilton은 유해물질 노출과 질병과의 관계를 규명하였다.

② 1981년 우리나라는 노동청이 노동부로 승격되었고 산업안전보건법이 공포되었다.

③ 원진레이온에서 이황화탄소(CS_2) 중독이 집단적으로 발생하였다.

④ Agricola는 음낭암의 원인물질이 검댕(Soot)이라고 규명하였다.

⑤ Ramazzini는 직업병의 원인을 작업장에서 사용하는 유해물질과 불안전한 작업자세나 과격한 동작으로 구분하였다.

◆**해설**

산업위생 역사의 주요 인물

1. 히포크라테스(Hippocrates) : 광산의 납중독에 관하여 기록하였다.
2. 파라셀서스(Philippus Paracelsus) : 독성학의 아버지로 불리며 모든 물질은 그 양에 따라 독이 될 수도 치료약이 될 수도 있다고 말하였다.
3. 라마치니(B. Ramazzini) : 산업의학의 아버지로 불리며 직업병의 원인을 유해물질, 불완전/과격한 동작으로 구분하였다.
4. 퍼시벌 포트(Percival Pott) : 영국의 외과의사로 직업성 암 보고를 최초로 하였으며, 어린이 굴뚝청소부에게 음낭암이 많이 발생됨을 발견했다.
5. 해밀턴(Alice Hamilton) : 여의사로서 20세기 초 미국의 산업보건 분야에 공헌한 것으로 인정받고 있으며 1910년 납 공장에 대한 조사를 하였다.
6. 로리가(Loriga) : 진동공구에 의한 레이노드(Raynaud) 증상을 보고하였다.
7. 아그리콜라(Agricola) : 광부들의 질병에 관한 「광물에 대하여」를 저술하였고 먼지에 의한 규폐증을 증명하였다.

02 직경 200mm의 원형 덕트에서 측정한 후드정압(SP_h)은 100mmH₂O, 유입계수(C_e)는 0.5이었다. 후드의 필요 환기량(m³/min)은 약 얼마인가?(단, 현재의 공기는 표준공기 상태이다.)

① 18.10   ② 23.10

③ 28.10   ④ 33.10

⑤ 38.10

◆**해설**

1. 개구면적을 구한다.

$$A = \frac{3.14 \times 0.2^2}{4} = 0.0314 \text{m}^2$$

◉ **ANSWER** | 01 ④ 02 ⑤

2. 체적을 구한다.

$$SP_h = VP(1+F)$$

$$F = \frac{1}{C_e^{\,2}} - 1 = \frac{1}{0.5^2} - 1 = 3$$

$$100 = VP(1+3)$$

$$VP = \frac{100}{4} = 25\text{mmH}_2\text{O}$$

$$\therefore \ V = 4.043 \times \sqrt{VP} = 4.043\sqrt{25} = 20.215\text{m/sec}$$

3. 필요환기량을 구한다.

$$\begin{aligned}
Q(\text{m}^3/\text{min}) &= A \times V \\
&= 0.0314\text{m}^2 \times 20.215\text{m/sec} \times 60\text{sec/min} \\
&= 38.085 \fallingdotseq 38.10\text{m}^3/\text{min}
\end{aligned}$$

03 작업환경측정 및 정도관리 등에 관한 고시에서 입자상 물질의 측정, 분석방법의 내용으로 옳지 않은 것은?

① 석면의 농도는 여과채취방법으로 측정하고 계수방법 또는 이와 동등 이상의 분석방법으로 분석한다.

② 광물성 분진은 여과채취방법으로 측정한다.

③ 흡입성 분진은 흡입성 분진용 분립장치 또는 흡입성 분진을 채취할 수 있는 기기를 이용한 여과채취방법으로 측정한다.

④ 용접흄은 여과채취방법으로 측정하되 용접보안면을 착용한 경우에는 그 외부에서 시료를 채취한다.

⑤ 규산염은 중량분석방법으로 분석한다.

⊙해설

입자상 물질의 모니터링

1. 입자상 물질의 특징
   1) 호흡성 분진은 가스교환으로 침착 시 독성을 유발하는 물질이다.
   2) 산화규소 결정체로 4종을 노출기준으로 지정하였으며 1A이다.
   3) 대표적 입자상 유해물질인 석면은 대식세포에서 방출하는 효소로도 용해되지 않는다.
   4) 침강속도는 입자의 밀도에 비례하며 입경의 제곱에 비례한다.

2. 채취원리
   1) 공기를 여과지에 통과시켜 공기 중 입자상 물질의 여과분을 채취한다.
   2) 용접보안면을 착용한 경우에는 그 내부에서 채취한다.

3. 입자상 물질 여과기전
   1) 충돌, 확산, 차단시켜 여과지에 채취한다.
   2) 직경분립충돌기
      ① 흡입, 흉곽, 호흡성 크기의 채취가 가능하다.
      ② 충돌기 노즐을 통과한 공기가 충돌에 의해 여과지에 채취된다.

04 망간(Mn)의 인체에 대한 실험결과 안전한 체내 흡수량은 0.1mg/kg이었다. 1일 작업시간이 8시간인 경우 허용농도(mg/m³)는 약 얼마인가?(단, 폐에 의한 흡수율은 1, 호흡률은 1.2m³/hr, 근로자의 체중은 80kg으로 계산한다.)

① 0.83   ② 0.88   ③ 0.93   ④ 0.98   ⑤ 1.03

◉ 해설

1. 체내 흡수량 $= C \times T \times V \times R$

2. C(농도) $= \dfrac{체내\ 흡수량}{T \times V \times R} = \dfrac{0.1\mathrm{mg/kg} \times 80\mathrm{kg}}{8\mathrm{hr} \times 1.2\mathrm{m^3/hr} \times 1.0} \fallingdotseq 0.83\mathrm{mg/m^3}$

05 산업안전보건법 시행규칙과 산업안전보건기준에 관한 규칙상 소음 발생으로 인한 건강장해 예방에 관한 설명으로 옳지 않은 것은?

① 8시간 시간가중평균 80dB 이상의 소음은 작업환경측정 대상이다.
② 1일 8시간 작업을 기준으로 소음측정 결과 85dB인 경우 청력보존 프로그램 수립대상이다.
③ 1일 8시간 작업을 기준으로 소음측정 결과 90dB인 경우 특수건강진단 대상이다.
④ 사업주는 근로자가 강렬한 소음작업에 종사하는 경우 인체에 미치는 영향과 증상을 근로자에게 알려야 한다.
⑤ 사업주는 근로자가 충격소음작업에 종사하는 경우 근로자에게 청력보호구를 지급하고 착용하도록 하여야 한다.

◉ 해설

1. 물리적 노출기준

구분	소음		충격소음	
노출기준	1일 노출시간(hr)	소음강도 dB(A)	1일 노출횟수	소음강도 dB(A)
	8	90	100	140
	4	95	1,000	130
	2	100	10,000	120
	1	105	※ 최대 음압수준이 140dB(A)를 초과하는 충격소음에 노출되어서는 안 됨 충격소음이란 최대음압수준이 120dB(A) 이상인 소음이 1초 이상의 간격으로 발생되는 것을 말한다.	
	1/2	110		
	1/4	115		
	※ 115dB(A)를 초과하는 소음수준에 노출되어서는 안 됨			
특수건강검진	• 강렬한 소음 : 배치 후 6개월 이내, 이후 12개월 주기마다 실시 • 소음 및 충격소음 : 배치 후 12개월 이내, 이후 24개월 주기마다 실시			

	1차 검사항목
	• 직업력 및 노출력 조사
	• 주요 표적기관과 관련된 병력조사
	• 임상검사 및 진찰
	  이비인후 : 순음 청력검사(양측 기도), 정밀 진찰(이경검사)
			2차 검사항목
			• 임상검사 및 진찰
			  이비인후 : 순음 청력검사(양측 기도 및 골도), 중이검사(고막운동성검사)	

작업환경측정	8시간 시간가중평균 80dB 이상의 소음에 대해 작업환경측정 실시(6개월마다 1회, 과거 최근 2회 연속 85dB 이하 시 연 1회)			

---

2. 화학적 유해인자 허용기준

유해인자		허용기준			
		시간가중평균값(TWA)		단시간 노출값(STEL)	
		ppm	mg/m³	ppm	mg/m³
1. 납 및 그 무기화합물			0.05		
2. 니켈(불용성 무기화합물)			0.2		
3. 디메틸포름아미드		10			
4. 벤젠		0.5		2.5	
5. 2-브로모프로판		1			
6. 석면			0.1개/cm³		
7. 6가크롬 화합물	불용성		0.01		
	수용성		0.05		
8. 이황화탄소		1			
9. 카드뮴 및 그 화합물			0.01 (호흡성 분진인 경우 0.002)		
10. 톨루엔-2,4-디이소시아네이트 또는 톨루엔-2,6-디이소시아네이트		0.005		0.02	
11. 트리클로로에틸렌		10		25	
12. 포름알데히드		0.3			

3. 고용노동부 고시의 노출기준 정보는 용어의 의미상 정보제공을 목적으로 하고 있다.

06 전리방사선에 관한 설명으로 옳은 것은?

① β입자는 그 자체가 전리적 성질을 가지고 있다.
② γ선이 인체에 흡수되면 α입자가 생성되면서 전리작용을 일으킨다.
③ 중성자는 하전되어 있어 1차적인 방사선을 생성한다.
④ 렌트겐(R)은 방사능 단위에 해당된다.
⑤ 라드(rad)는 조사선량 단위에 해당된다.

● 해설

전리방사선

1. 정의 : 물질의 원자, 분자에 작용해서 전리를 일으킬 수 있는 방사선을 전리방사선이라고 한다. 전리(電離)란 전기적으로 중성인 원자에 밖으로부터 에너지가 주어져서 원자가 양이온과 자유전자로 분리되는 것을 말한다.

2. 분류
   1) 직접전리방사선
      전하(電荷)를 가지는 입자선(예를 들면 α선, β선 등)으로서 원자의 궤도전자 및 분자에 속박된 전자에 전기적인 힘을 미치게 해서 전리를 일으킨다.
   2) 간접전리방사선
      X선, γ선 등의 전자파(X선이나 γ선은 입자성(粒子性)을 가지고 있으므로 이것들을 입자로 보는 경우는 광자라고 한다) 및 중성자선, 비하전중간자선 등의 전하를 가지지 않는 입자선은 원자와 상호 작용해서 그때 하전입자를 물질로부터 방출시킨다. 광자는 전자를, 중성자는 양자를 방출시킨다. 뉴트리노(중성미자)는 β붕괴 시 전자와 쌍을 이루어 방출된다. 이들 입자선의 질량은 극히 작으며 전하를 가지지 않기 때문에 물질과의 상호 작용은 일어나기 어렵지만 전리를 일으키므로 간접전리성방사선이라고도 한다.

07 입자상 물질의 호흡기 내 침착 및 인체 방어기전에 관한 설명으로 옳지 않은 것은?

① 입자상 물질이 호흡기 내에 침착하는 데는 충돌, 중력침강, 확산, 간섭 및 정전기 침강이 관여한다.

② 호흡성 분진(RPM)은 주로 폐포에 침착되어 독성을 나타내며 평균입자의 크기(D_{50})는 $10 \mu m$ 이다.

③ 흡입된 공기는 기도를 거쳐 기관지와 미세기관지를 통하여 폐로 들어간다.

④ 기도와 기관지에 침착된 먼지는 점액 섬모운동에 의해 상승하고 상기도로 이동되어 제거된다.

⑤ 흡입성 분진(IPM)은 주로 호흡기계의 상기도 부위에 독성을 나타낸다.

해설

1. 입자상 물질의 특징
   1) 호흡성 분진은 가스교환으로 침착 시 독성을 유발하는 물질이다.
   2) 산화규소 결정체로 4종을 노출기준으로 지정하였으며 1A이다.
   3) 대표적 입자상 유해물질인 석면은 대식세포에서 방출하는 효소로도 용해되지 않는다.
   4) 침강속도는 입자의 밀도에 비례하며 입경의 제곱에 비례한다.

2. 채취원리
   1) 공기를 여과지에 통과시켜 공기 중 입자상 물질의 여과분을 채취한다.
   2) 용접보안면을 착용한 경우에는 그 내부에서 채취한다.

3. 입자상 물질 여과기전
   1) 충돌, 확산, 차단시켜 여과지에 채취한다.
   2) 직경분립충돌기
      ① 흡입, 흉곽, 호흡성 크기의 채취가 가능하다.
      ② 충돌기 노즐을 통과한 공기가 충돌에 의해 여과지에 채취된다.

4. 호흡기 계통의 방어기전
   1) 호흡기 계통에는 스스로를 청소하고 보호하는 방어기전이 있어 직경이 3~5미크론(0.000118~0.000196인치)보다 작은 초미립자만이 깊은 폐로 침투한다.
   2) 기도 내부를 에워싸는 세포에 존재하는 미세한 머리카락과 같은 근육 돌기인 섬모는 호흡계 방어기전 중 하나이다. 섬모는 기도를 덮고 있는 점액 수분층을 밀어낸다.
   3) 점액층은 병원균(잠재적으로 감염성 미생물)과 다른 입자를 포획하여 폐에 도달하지 못하게 한다.
   4) 섬모는 분당 1,000번 이상 박동하여, 기관을 에워싸고 있는 점액을 분당 약 0.5~1센티미터(분당 0.197~0.4인치)씩 위로 이동시킵니다. 점액층에 갇힌 병원균과 입자는 기침으로 내뱉어지거나 구강으로 이동하여 삼켜지게 된다.

08 산업안전보건법 시행규칙상 유해인자의 유해성·위험성 분류기준으로 옳은 것은?

① 급성 독성 물질 : 호흡기를 통하여 2시간 동안 흡입하는 경우 유해한 영향을 일으키는 물질

② 소음 : 소음성 난청을 유발할 수 있는 80데시벨(A) 이상의 시끄러운 소리

③ 이상기압 : 게이지 압력이 제곱미터당 1킬로그램 초과 또는 미만인 기압

④ 공기매개 감염인자 : 결핵·수두·홍역 등 공기 또는 비말감염 등을 매개로 호흡기를 통하여 전염되는 인자

⑤ 자연발화성 액체 : 적은 양으로도 공기와 접촉하여 10분 안에 발화할 수 있는 액체

1. 급성 독성 물질

    입 또는 피부를 통하여 1회 또는 24시간 이내에 수회로 나누어 투여되거나 호흡기를 통하여 4시간 동안 노출 시 나타나는 유해한 영향을 주는 물질

2. 소음 노출기준

구분	소음		충격소음	
노출기준	1일 노출시간(hr)	소음강도 dB(A)	1일 노출횟수	소음강도 dB(A)
	8	90	100	140
	4	95	1,000	130
	2	100	10,000	120
	1	105	※ 최대 음압수준이 140dB(A)를 초과하는 충격소음에 노출되어서는 안 됨 충격소음이란 최대음압수준이 120dB(A) 이상인 소음이 1초 이상의 간격으로 발생되는 것을 말한다.	
	1/2	110		
	1/4	115		
	※ 115dB(A)를 초과하는 소음수준에 노출되어서는 안 됨			
특수건강검진	• 강렬한 소음 : 배치 후 6개월 이내, 이후 12개월 주기마다 실시 • 소음 및 충격소음 : 배치 후 12개월 이내, 이후 24개월 주기마다 실시			
	1차 검사항목 • 직업력 및 노출력 조사 • 주요 표적기관과 관련된 병력조사 • 임상검사 및 진찰 　이비인후 : 순음 청력검사(양측 기도), 정밀 진찰 　(이경검사)		2차 검사항목 • 임상검사 및 진찰 　이비인후 : 순음 청력검사(양측 기도 및 골도), 중이검사(고막운동성검사)	
작업환경측정	8시간 시간가중평균 80dB 이상의 소음에 대해 작업환경측정 실시(6개월마다 1회, 과거 최근 2회 연속 85dB 이하 시 연 1회)			

3. 이상기압

    1) 고기압 : 압력이 제곱센티미터당 1kg 이상인 기압
    2) 고압작업 : 고기압에서 잠함공법이나 그 외의 압기공법으로 하는 작업
    3) 잠수작업
        ① 표면공급식 잠수작업 : 수면 위의 공기압축기 또는 호흡용 기체통에서 압축된 호흡용 기체를 공급받으면서 하는 작업
        ② 스쿠버 잠수작업 : 호흡용 기체통을 휴대하고 하는 작업

4. 자연발화성 액체, 고체 경고표시 분류

구분	고용노동부		환경부			행정안전부		
정의	적은 양으로도 공기와 접촉하여 5분 안에 발화할 수 있는 액체							
분류	구분 1							
그림문자	구분 1	🔥	구분 1	🔥	🔥	구분 1	🔥	🔥

구분	고용노동부		환경부			행정안전부		
정의	적은 양으로도 공기와 접촉하여 5분 안에 발화할 수 있는 고체							
분류	구분 1							
그림문자	구분 1	🔥	구분 1	🔥	🔥	구분 1	🔥	🔥

◉ ANSWER

09 근로자 건강진단 실시기준에서 인체에 미치는 영향이 "수면방해, 행동이상, 신경증상, 발음부정확 등"으로 기술된 유해요인은?

① 망간
② 오산화바나듐
③ 수은
④ 카드뮴
⑤ 니켈

● 해설

망간, 오산화바나듐, 니켈의 유해요인

망간	수면방해, 행동이상, 신경증상, 발음부정확 등	• 보호구 착용을 철처히 한다.
오산화바나듐	눈물이 나옴, 비염, 인두염, 기관지염, 천식, 흉통, 폐렴, 폐부종, 피부습진 등	• 환기를 철처히 한다. • 작업수칙을 철저히 지킨다.
니켈	폐암, 비강암, 눈의 자극증상, 발한, 메스꺼움, 어지러움, 경련, 정신착란 등	• 호흡기 질환, 신경질환, 간염, 신장염이 있는 근로자는 해당 업무에 종사하지 않도록 한다.

10 산업안전보건기준에 관한 규칙상 사업주의 근골격계질환 유해요인조사에 관한 내용으로 옳은 것은?

① 신설 사업장은 신설일부터 6개월 이내에 최초 유해요인조사를 하여야 한다.
② 근골격계부담작업 여부와 상관없이 3년마다 유해요인조사를 하여야 한다.
③ 법에 따른 임시건강진단 등에서 근골격계질환자가 발생하였을 경우, 근골격계부담작업이 아닌 작업에서 발생한 경우라도 지체 없이 유해요인조사를 하여야 한다.
④ 근골격계부담작업에 해당하는 새로운 작업·설비를 도입한 경우 반드시 고용노동부장관이 정하여 고시하는 방법에 따라 유해요인조사를 하여야 한다.
⑤ 유해요인조사 결과 근골격계질환 발생 우려가 없더라도 인간공학적으로 설계된 인력작업 보조설비 설치 등 반드시 작업환경 개선에 필요한 조치를 하여야 한다.

● 해설

근골격계질환 유해요인조사 시기

1. 정기조사

사업주는 근골격계부담작업을 보유하는 경우에 다음의 사항에 대해 최초의 유해요인조사를 실시한 이후 매 3년마다 정기적으로 실시한다.
1) 설비작업·공정·작업량·작업속도 등 작업장 상황
2) 작업시간·작업자세·작업방법 등 작업조건
3) 작업과 관련된 근골격계질환 징후와 증상 유무 등

2. 수시조사
1) 법에 따른 임시건강진단 등에서 근골격계질환자가 발생하였거나 근로자가 근골격계질환으로 산재보상법 시행령상 업무상 질병으로 인정받은 경우
2) 근골격계부담작업에 해당하는 업무의 양과 작업공정 등 작업환경을 변경한 경우
3) 신설 사업장은 신설일로부터 1년 이내에 최초의 유해요인조사를 하여야 한다.
4) 근골격계부담작업에 해당하는 새로운 작업, 설비를 도입한 경우 지체 없이 유해요인조사를 하여야 한다.
5) 유해요인조사 결과 근골격계질환이 발생할 우려가 있는 경우에는 인간공학적으로 설계된 인력작업 보조설비 및 편의설비를 설치하는 등 작업환경 개선에 필요한 조치를 하여야 한다.

◉ ANSWER | 09 ① 10 ③

11 작업환경 개선을 위한 공학적 관리 방안이 아닌 것은?

① 대체(Substitution)
② 호흡보호구(Respirator)
③ 포위(Enclosure)
④ 환기(Ventilation)
⑤ 격리(Isolation)

해설

작업환경 개선의 공학적 대책

1. 오염발생원의 직접 제거
2. 사고요인과 오염원을 근본적으로 제거하는 적극적 개선대책
   1) Elimination : 위험원의 제거
   2) Substitution : 위험성이 낮은 물질로 대체
      (예 : 연삭숫돌의 사암 유리규산을 진폐위험이 없는 페놀수지로 대체)
   3) Technical Measure
      ① 공정의 변경 : Fail Safe, Fool Proof
      ② 공정의 밀폐 : 소음, 분진 차단
      ③ 공정의 격리 : 복사열, 고에너지의 격리
      ④ 습식공법 : 분진발생부의 살수에 의한 비산 방지
      ⑤ 국소배기 : 작업환경 개선
   4) Organizational Measure
   5) Personal Protective Equipment, Training

12 산업안전보건기준에 관한 규칙상 근로자 건강장해 예방을 위한 사업주의 조치에 관한 설명으로 옳지 않은 것은?

① 고열작업에 근로자를 새로 배치할 경우 고열에 순응할 때까지 고열작업시간을 매일 단계적으로 증가시키는 등 필요한 조치를 해야 한다.
② 근로자가 한랭작업을 하는 경우 적절한 지방과 비타민 섭취를 위한 영양지도를 해야 한다.
③ 근로자 신체 등에 방사성 물질이 부착될 우려가 있을 경우 판 또는 막 등의 방지설비를 제거해야 한다.
④ 근로자가 주사 및 채혈 작업 시 채취한 혈액을 검사 용기에 옮기는 경우에는 주사침 사용을 금지하도록 해야 한다.
⑤ 근로자가 공기매개 감염병이 있는 환자와 접촉하는 경우 면역이 저하되는 등 감염의 위험이 높은 근로자는 전염성이 있는 환자와의 접촉을 제한하도록 해야 한다.

해설

사업주의 건강장해 예방을 위한 보건조치 범위

1. 원재료 · 가스 · 증기 · 분진 · 흄(Fume, 열이나 화학반응에 의하여 형성된 고체증기가 응축되어 생긴 미세입자를 말한다) · 미스트(Mist, 공기 중에 떠다니는 작은 액체방울을 말한다) · 산소결핍 · 병원체 등에 의한 건강장해
2. 방사선 · 유해광선 · 고온 · 저온 · 초음파 · 소음 · 진동 · 이상기압 등에 의한 건강장해
3. 사업장에서 배출되는 기체 · 액체 또는 찌꺼기 등에 의한 건강장해
4. 계측감시(計測監視), 컴퓨터 단말기 조작, 정밀공작(精密工作) 등의 작업에 의한 건강장해
5. 단순반복작업 또는 인체에 과도한 부담을 주는 작업에 의한 건강장해
6. 환기 · 채광 · 조명 · 보온 · 방습 · 청결 등의 적정기준을 유지하지 아니하여 발생하는 건강장해

◉ ANSWER | 11 ② 12 ③

13 호흡보호구에 관한 설명으로 옳지 않은 것은?

① 대기에 대한 압력상태에 따라 음압식과 양압식 호흡보호구로 분류된다.

② 음압 밀착도 자가점검은 흡입구를 막고 숨을 들이마신다.

③ 양압 밀착도 자가점검은 배출구를 막고 숨을 내쉰다.

④ NIOSH는 발암물질에 대하여 음압식 호흡보호구를 사용하지 않도록 권고한다.

⑤ 산소가 결핍된 밀폐공간 내에서는 방독마스크를 착용하여야 한다.

해설

호흡보호구

1. 위험요인
   1) 산소농도 18% 미만 작업환경에서 방진마스크 및 방독마스크를 착용하고 작업 시 산소결핍에 의한 사망 위험이 있다.
   2) 산소결핍, 분진 및 유독가스 발생 작업에 적합한 호흡용 보호구를 선택하여 사용하지 않을 경우 사망 또는 직업병에 이환될 위험이 있다.

2. 종류
   1) 여과식 호흡용 보호구

방진마스크	분진, 미스트 및 Fume이 호흡기를 통해 인체에 유입되는 것을 방지하기 위해 사용
방독마스크	유해가스, 증기 등이 호흡기를 통해 인체에 유입되는 것을 방지하기 위해 사용

   2) 공기공급식 호흡용 보호구

송기마스크	신선한 공기를 사용해 공기를 호스로 송기함으로써 산소결핍으로 인한 위험 방지
공기호흡기	압축공기를 충전시킨 소형 고압공기용기를 사용해 공기를 공급함으로써 산소결핍 위험 방지
산소호흡기	압축공기를 충전시킨 소형 고압공기용기를 사용해 산소를 공급함으로써 산소결핍 위험 방지

14 물질안전보건자료(MSDS) 작성 시 포함되어야 할 항목에 해당하는 것을 모두 고른 것은?

> ㄱ. 안정성 및 반응성
> ㄴ. 폐기 시 주의사항
> ㄷ. 환경에 미치는 영향
> ㄹ. 운송에 필요한 정보
> ㅁ. 누출사고 시 대처방법

① ㄱ, ㄷ, ㄹ

② ㄱ, ㄷ, ㅁ

③ ㄴ, ㄹ, ㅁ

④ ㄱ, ㄴ, ㄷ, ㅁ

⑤ ㄱ, ㄴ, ㄷ, ㄹ, ㅁ

해설

물질안전보건자료 작성 시 포함되어야 할 항목

1. 화학제품과 회사에 관한 정보
2. 유해성 · 위험성
3. 구성성분의 명칭 및 함유량
4. 응급조치 요령
5. 폭발 · 화재 시 대처방법

◉ ANSWER | 13 ⑤ 14 ⑤

6. 누출사고 시 대처방법
7. 취급 및 저장방법
8. 노출방지 및 개인보호구
9. 물리화학적 특성
10. 안정성 및 반응성
11. 독성에 관한 정보
12. 환경에 미치는 영향
13. 폐기 시 주의사항
14. 운송에 필요한 정보
15. 법적 규제현황
16. 그 밖에 참고사항

15 인체 부위 중 피부에 관한 설명으로 옳지 않은 것은?

① 피부는 표피와 진피로 구분된다.
② 표피의 각질층은 전체 피부에 비하여 매우 두꺼워서 피부를 통한 화학물질의 흡수속도를 제한한다.
③ 피부의 땀샘과 모낭은 피부에 노출된 화학물질을 직접 혈관으로 흡수할 수 있는 경로를 제공한다.
④ 대부분의 화학물질이 피부를 투과하는 과정은 단순확산이다.
⑤ 피부 수화도가 크면 클수록 투과도가 증대되어 흡수가 촉진된다.

● 해설

피부의 주요 구조

1. 표피
   1) 피부의 가장 바깥층을 구성하는 조직
   2) 표피의 가장 바깥부분을 구성하는 각질층은 평평한 모양의 세포층으로 되어 있으며 매우 얇다.
   3) 표피 아래는 기저층으로 기둥과 같은 배열의 단백질로 구성되어 있고 유사분열은 이 층에서만 일어난다.
   4) 노후화된 피부 세포는 바깥에서 떨어져 나가고 새로운 세포가 기저층에서 해당 위치로 올라오게 된다.

2. 진피
   1) 표피 아래를 구성하는 피부
   2) 모근, 신경말단, 혈관 및 땀샘으로 구성된다.
   3) 체온조절, 노폐물 제거에 도움을 준다.
   4) 기름샘을 포함하고 있어 피부를 매끄럽게 유지하는 동시에 수분 유지에 도움을 준다.

3. 하피 또는 피하조직
   1) 피부계통의 가장 아랫부분을 차지
   2) 주로 지방의 저장을 위해 사용된다.
   3) 결합조직이 포함되어 있어 진피와 근육 및 뼈를 서로 부착시켜 준다.
   4) 진피에 있는 혈관, 신경, 땀샘의 기능을 지원한다.

4. 피부조직의 핵심
   1) 엘라스틴 : 진피를 구성하는 결합조직의 단백질
   2) 케라틴 : 피부의 가장 외측을 구성하는 핵심구조 단백질
   3) 콜라겐 : 피부에 존재하는 대부분의 단백질을 구성하는 긴 사슬구조의 아미노산
   4) 지질 : 수분을 지켜주고 세포결합을 촉진하는 천연 접착제
   5) 펩타이드 : 세포가 기능할 수 있게 통신하는 역할을 하는 사슬구조의 아미노산

◉ ANSWER | 15 ②

16 특수건강진단 대상 유해인자 중 치과검사를 치과의사가 실시해야 하는 것에 해당하지 않는 것은?

① 염소

② 과산화수소

③ 고기압

④ 이산화황

⑤ 질산

특수건강진단 대상 유해인자 중 치과검사 물질

1. 개요

   특수건강진단 대상 유해인자 중 다음 각 호의 어느 하나에 해당되는 유해인자에 대한 치과검사는 치과의사가 실시하여야 한다.

2. 치과검사 물질
   1) 불화수소
   2) 염소
   3) 염화수소
   4) 질산
   5) 황산
   6) 인산화황
   7) 황화수소
   8) 고기압

3. 검사 후 조치

   검사결과 직업별 유소견자에 대해서는 치과검사 및 치주조직 검사표를 작성하여 특수 · 배치 전 · 수시 · 임시 건강진단 개인표에 첨부하여야 한다.

17 산업안전보건법 시행규칙상 유해인자별 제1차 검사항목의 생물학적 노출지표 및 시료 채취시기가 옳지 않은 것은?

구분	유해인자	제1차 검사항목의 생물학적 노출지표	시료 채취시기
ㄱ	납 및 그 무기화합물	혈중 납	제한 없음
ㄴ	크실렌	소변 중 메틸마뇨산	작업 종료 시
ㄷ	1,2 – 디클로로프로판	소변 중 페닐글리옥실산	주말작업 종료 시
ㄹ	카드뮴	혈중 카드뮴	제한 없음
ㅁ	디메틸포름아미드	소변 중 N – 메틸포름아미드(NMF)	작업 종료 시

① ㄱ

② ㄴ

③ ㄷ

④ ㄹ

⑤ ㅁ

1차 생물학적 노출지표물질 시료채취 방법 및 채취량

유해물질명	시료채취		지표물질명	채취량	채취용기 및 요령	이동 및 보관	분석기한
	종류	시기					
p-니트로아닐린	혈액	수시	메트헤모글로빈	3mL 이상	EDTA 또는 Heparin 튜브	4℃(2~8℃) 냉동금지	5일 이내
p-니트로클로로 벤젠							
디니트로톨루엔							
N, N-디메틸 아닐린							
N, N-디메틸 아세트아미드	소변	당일	N-메틸아세트 아미드	10mL 이상	플라스틱 소변용기	4℃(2~8℃)	5일 이내
디메틸포름 아미드	소변	당일	N-메틸포름 아미드	10mL 이상	플라스틱 소변용기	4℃(2~8℃)	5일 이내
1,2-디클로로 프로판	소변	당일	1,2-디클로로 프로판	10mL 이상	플라스틱 소변용기에 가득 채취 후 밀봉	4℃(2~8℃)	5일 이내
메틸클로로포름	소변	주말	삼염화초산	10mL 이상	플라스틱 소변용기	4℃(2~8℃)	5일 이내
			총삼염화에탄올				
아닐린 및 그 동족체	혈액	수시	메트헤모글로빈	3mL 이상	EDTA 또는 Heparin 튜브	4℃(2~8℃) 냉동금지	5일 이내
에틸렌글리콜 디니트레이트	혈액	수시	메트헤모글로빈	3mL 이상	EDTA 또는 Heparin 튜브	4℃(2~8℃) 냉동금지	5일 이내
크실렌	소변	당일	메틸마뇨산	10mL 이상	플라스틱 소변용기	4℃(2~8℃)	5일 이내
톨루엔	소변	당일	o-크레졸	10mL 이상	플라스틱 소변용기	4℃(2~8℃)	5일 이내
트리크로로 에틸렌	소변	주말	총삼염화물	10mL 이상	플라스틱 소변용기	4℃(2~8℃)	5일 이내
			삼염화초산				

18 직장에서의 부적응 현상으로 보기 어려운 것은?

① 타협(Compromise)

② 퇴행(Degeneration)

③ 고집(Fixation)

④ 체념(Resignation)

⑤ 구실(Pretext)

1. 적응과 부적응

   적응이 주어진 환경에 자신을 맞추는 순응과정과 자신의 욕구를 충족시키기 위해 환경을 변화시키는 동화과정을 통해 개인은 생존하고 발전하며 성숙해가는 과정임에 비해 부적응은 주관적 불편함, 인간관계의 역기능, 사회문화적 규범의 일탈 등으로 자신을 고립시키는 것과 같은 형태로 나타난다.

2. 부적응으로 나타나는 인간관계 유형

인간관계 회피형	인간관계 피상형	인간관계 미숙형	인간관계 탐닉형
• 인간관계 경시형 • 인간관계 불안형	• 인간관계 실리형 • 인간관계 유희형	• 인간관계 소외형 • 인간관계 반목형	• 인간관계 의존형 • 인간관계 지배형

19 직무스트레스의 반응에 따른 행동적 결과로 나타날 수 있는 것을 모두 고른 것은?

ㄱ. 흡연	ㄴ. 약물 남용
ㄷ. 폭력 현상	ㄹ. 식욕 부진

① ㄱ, ㄹ   ② ㄴ, ㄷ
③ ㄱ, ㄴ, ㄹ   ④ ㄴ, ㄷ, ㄹ
⑤ ㄱ, ㄴ, ㄷ, ㄹ

직무로 인한 스트레스의 반응결과

1. 조직적 반응결과
   1) 회피반응의 증가
   2) 작업량의 감소
   3) 직무 불만족의 표출

2. 개인적 반응결과
   1) 행동반응
      ① 약물 남용, 흡연, 음주
      ② 돌발적 행동
      ③ 불편한 대인관계
      ④ 식욕 감퇴
      ⑤ 폭력 현상
   2) 심리반응
      ① 불면증에 의한 수면의 질 저하
      ② 집중력 저하
      ③ 성욕 감퇴 및 이성에 관한 관심 저하 또는 급증
   3) 의학적 결과
      ① 심혈관계질환이나 호흡장애
      ② 암 또는 우울증 이환
      ③ 위장질환 등 내과적 손상

20 건강진단 판정에서 건강관리구분과 그 의미의 연결이 옳은 것은?

① A－질환 의심자로 2차 진단 필요
② C_1－일반질병 유소견자로 사후관리가 필요
③ D_2－직업병 요관찰자로 추적관찰이 필요
④ R－건강진단 시기 부적정으로 1차 재검 필요
⑤ U－2차 건강진단 미실시로 건강관리구분을 판정할 수 없음

● 해설

건강관리구분 판정

건강관리구분		내용
A		건강관리상 사후관리가 필요 없는 근로자(건강한 근로자)
C	C_1	직업성 질병으로 진전될 우려가 있어 추적검사 등 관찰이 필요한 근로자(직업병 요관찰자)
	C_2	일반질병으로 진전될 우려가 있어 추적관찰이 필요한 근로자(일반질병 요관찰자)
D_1		직업성 질병의 소견을 보여 사후관리가 필요한 근로자(직업병 유소견자)
D_2		일반질병의 소견을 보여 사후관리가 필요한 근로자(일반질병 유소견자)
R		건강진단 1차 검사결과 건강수준의 평가가 곤란하거나 질병이 의심되는 근로자(제2차 건강진단 대상자)

※ "U"는 2차 건강진단 대상임을 통보하고 30일을 경과하여 해당 검사가 이루어지지 않아 건강관리구분을 판정할 수 없는 근로자를 말한다. "U"로 분류한 경우에는 해당 근로자의 퇴직, 기한 내 미실시 등 2차 건강진단 해당 검사가 이루어지지 않은 사유를 시행규칙 제209조제3항에 따른 건강진단결과표의 사후관리소견서 검진소견란에 기재하여야 한다.

21 산업재해의 4개 기본원인(4M) 중 Media(매체 – 작업)에 해당하지 않는 것은?

① 위험 방호장치의 불량
② 작업정보의 부적절
③ 작업자세의 결함
④ 작업환경조건의 불량
⑤ 작업공간의 불량

● 해설

4M에 의한 재해발생의 원인

1. Man
   착오, 피로, 망각, 착시 등의 심리적 · 생리적 요인

2. Machine
   기계설비의 결함, 방호장치 오류 또는 제거 · 미설치, 점검정비의 불량

3. Media
   작업자세 · 작업환경 · 작업공간 · 작업정보의 불량

4. Management
   관리조직, 안전관리규정, 교육훈련, 적정한 배치, 적절한 지도 · 감독의 부족 또는 결여

◉ **ANSWER** | 20 ⑤ 21 ①

22 재해사고 원인 분석을 위한 버드(F. Bird)의 이론에 관한 설명으로 옳지 않은 것은?

① 하인리히(H. Heinrich)의 사고연쇄 이론을 새로운 도미노 이론으로 개선하였다.

② 새로운 도미노 이론의 시간적 계열은 제어의 부족 → 기본원인 → 직접원인 → 사고 → 상해(재해) 이다.

③ 불안전한 행동 등 직접원인만 제거하면 재해사고가 발생하지 않는다.

④ 기본원인은 개인적 요인과 작업상의 요인으로 분류된다.

⑤ 부적절한 프로그램은 '제어의 부족'의 예에 해당한다.

버드(F. E. Bird)의 이론에 의한 재해발생의 과정

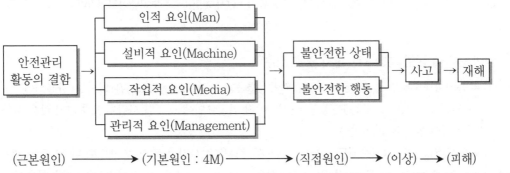

(근본원인) ──────→ (기본원인 : 4M)──────────→ (직접원인)──→ (이상)──→ (피해)

버드는 이론상 재해를 예방하기 위해서는 근본원인, 기본원인(4M), 직접원인을 모두 제거해야 가능하다고 하였다.

23 재해통계에 관한 설명으로 옳지 않은 것은?

① "재해율"은 근로자 100명당 발생한 재해자수를 의미한다.

② "연천인율"은 1년간 평균 1,000명당 발생한 재해자수를 의미한다.

③ "도수율"은 연 근로시간 10,000시간당 발생한 재해건수를 의미한다.

④ "강도율"은 연 근로시간 1,000시간당 재해로 인하여 근로를 하지 못하게 된 일수를 의미한다.

⑤ "환산도수율"과 "환산강도율"은 연 근로시간을 100,000시간으로 하여 계산한 것이다.

재해통계기준(2023년 변경)

1. 재해율 $= \dfrac{\text{재해자수}}{\text{산재보험적용근로자수}} \times 100$

2. 사망만인율 $= \dfrac{\text{사망자수}}{\text{산재보험적용근로자수}} \times 10,000$

3. 휴업재해율 $= \dfrac{\text{휴업재해자수}}{\text{임금근로자수}} \times 100$

4. 도수율(빈도율) $= \dfrac{\text{재해건수}}{\text{연근로시간수}} \times 1,000,000$

5. 강도율 $= \dfrac{\text{총요양근로손실일수}}{\text{연근로시간수}} \times 1,000$

24 A사업장 소속 근로자 중 산업재해로 사망 1명, 3일의 휴업이 필요한 부상자 3명, 4일의 휴업이 필요한 부상자 4명이 발생하였다. 산업안전보건법 시행규칙에 따라 A사업장의 사업주가 산업재해 발생 보고를 하여야 하는 인원(명)은?

① 1   ② 4
③ 5   ④ 7
⑤ 8

해설

산업재해 발생보고 대상

1. 사망자   2. 3일 이상의 휴업이 필요한 부상자 및 질병에 걸린 사람 발생 시
따라서 사망 1명, 3일 이상 휴업부상자 3명, 4일 휴업부상자 4명이므로 보고대상은 8명이다.

25 역학 용어에 관한 설명으로 옳지 않은 것은?

① 위음성률(False Negative Rate)과 위양성률(False Positive Rate)은 타당도 지표이다.
② 기여위험도(Attributable Risk Ratio)는 어떤 위험요인에 노출된 사람과 노출되지 않은 사람 사이의 발병률 차이를 의미한다.
③ 특이도(Specificity)는 해당 질병이 없는 사람들을 검사한 결과가 음성으로 나타나는 확률이다.
④ 유병률(Prevalence Rate)은 일정기간 동안 질병이 없던 인구에서 질병이 발생한 비율이다.
⑤ 비교위험도(Relative Risk Ratio)가 1보다 큰 경우는 해당 요인에 노출되면 질병의 위험도가 증가함을 의미한다.

해설

1. 역학의 범위
   인구에 관한 학문, 인간의 질병에 관한 학문으로 해석되어 왔으며 점차 면역학, 세균학의 발달로 감염성 질환은 감소되는 반면 비감염성이며 다수 발생되는 질병에까지 범위가 확대되어 현재는 암, 심장질환, 당뇨병 등의 만성 퇴행성 질환뿐 아니라 자살, 교통사고, 보건사업의 효과 평가까지 역학의 영역에서 다루고 있다.

2. 역학의 분류
   1) 분석역학 : 제2단계 역학으로 기술 역학의 결정인자를 토대로 질병 발생요인들에 대하여 가설을 설정하고, 실제 얻은 관측자료를 분석하여 그 해답을 구한다.
   2) 실험역학 : 실험군과 대조군을 같은 조건하에서 가설검정을 하여 비교 관찰한다.
   3) 이론역학 : 질병 발생 양상에 관한 모델을 설정하고 그에 따른 수리적 분석을 토대로 유행하는 법칙을 비교하여 타당성 있게 상호관계를 수리적으로 규명한다.
   4) 임상역학 : 한 개인 환자를 대상으로 그 증상과 질병의 양상을 기초로 인간 집단이나 지역사회를 조사대상으로 확대 비교하여 역학적 제요인을 규명한다.
   5) 작전역학 : 보건서비스를 포함하는 지역사회서비스의 운영에 관한 계통적 연구를 통해 서비스를 향상시킨다.

3. 주요 용어
   1) 유병률 : 어떤 시점에서 이미 존재하는 질병의 비율로 발생률에서 기간을 제거한 것을 말한다. 환자의 비례적 분율 개념이므로 시간의 개념은 없으며 지역사회 이환 정도를 평가한다.
   2) 기여위험도 : 어떤 위험요인에 노출된 사람과 노출되지 않은 사람 사이의 발병률 차이를 의미한다.
   3) 비교위험도 : 1보다 큰 경우에는 해당 요인에 노출되면 질병의 위험도가 증가됨을 의미한다.

◉ ANSWER | 24 ⑤ 25 ④

2과목 **산업위생일반**

01 산업보건위생의 역사에 관한 설명으로 옳지 않은 것은?

① 영국의 Thomas Percival은 세계 최초로 직업성 암을 보고하였다.
② 1833년 영국에서 공장법이 제정되었다.
③ 이탈리아 Ramazzini가 「직업인의 질병」을 저술하였다.
④ 스위스 Paracelsus가 물질 독성의 양－반응 관계에 대해 언급하였다.
⑤ 그리스의 Galen이 납중독의 증세를 관찰하였다.

◉해설

산업위생 역사의 주요 인물

1. 히포크라테스(Hippocrates) : 광산의 납중독에 관하여 기록하였다.
2. 파라셀서스(Philippus Paracelsus) : 독성학의 아버지로 불리며 모든 물질은 그 양에 따라 독이 될 수도 치료약이 될 수도 있다고 말하였다.
3. 라마치니(B. Ramazzini) : 산업의학의 아버지로 불리며 직업병의 원인을 유해물질, 불완전/과격한 동작으로 구분하였다.
4. 퍼시벌 포트(Percival Pott) : 영국의 외과의사로 직업성 암 보고를 최초로 하였으며, 어린이 굴뚝청소부에게 음낭암이 많이 발생됨을 발견했다.
5. 해밀턴(Alice Hamilton) : 여의사로서 20세기 초 미국의 산업보건 분야에 공헌한 것으로 인정받고 있으며 1910년 납 공장에 대한 조사를 하였다.
6. 로리가(Loriga) : 진동공구에 의한 레이노드(Raynaud) 증상을 보고하였다.
7. 아그리콜라(Agricola) : 광부들의 질병에 관한 「광물에 대하여」를 저술하였고 먼지에 의한 규폐증을 증명하였다.
8. 갈렌(Galen) : 그리스인으로 납중독의 증세를 관찰하였다.

02 '페인트가 칠해진 철제 교량을 용접을 통해 보수하는 작업'에 대한 측정 및 분석 계획에 관한 설명으로 옳지 않은 것은?

① 철 이외에 다른 금속에 노출될 수 있다.
② 금속의 성분 분석을 위해서 셀룰로오스에스테르 막여과지를 사용해 측정한다.
③ 유도결합플라스마－원자발광분석기를 이용하면 동시에 많은 금속을 분석할 수 있다.
④ 페인트가 녹아 발생하는 유기용제의 농도가 높기 때문에 이를 측정대상에 포함한다.
⑤ 발생하는 자외선량은 전류량에 비례한다.

◉해설

근로자의 유해인자 노출 정도의 측정

1. 측정 전 준비 및 주의사항
    1) 사전에 작업환경측정에 관련된 예비조사 및 장비 등을 점검하여 이상이 없을 시 현장에 나가 측정을 개시할

◉ ANSWER | 01 ① 02 ④

수 있도록 준비한다.

2) 작업자는 평소와 같은 방법으로 작업에 임하도록 하며 측정자가 주지하는 내용 및 협조사항에 대해서 꼭 지키
도록 하여 올바른 측정이 이루어지도록 한다.

2. 노출 정도의 측정 : 근로자의 노출 정도에 대한 작업환경측정은 KOSHA GUIDE 작업환경 측정·분석방법 지침에
따른다.

3. 설명회 개최 : 작업환경측정 후 산업안전보건위원회 또는 근로자 대표로부터 작업환경 측정결과에 대한 설명회
개최 요구가 있을 때에는 측정기관 또는 사업주가 설명회를 실시한다.

4. 사업주는 근로자를 용접작업에 종사하도록 하는 경우에는 고용노동부 고시 제2013-38호(화학물질 및 물리적
인자의 노출기준)의 기준을 참고하여 필요한 조치를 취한다.

5. 용접작업자에 대한 특별교육 실시 : 용접작업에 근로자를 종사하게 하는 경우에는 특별안전보건교육을 실시한다.

6. 페인트 융해에 따른 유기용제 노출은 측정 및 분석계획에서 제외된다.

03 국소배기장치의 점검에 사용되는 기기와 그 사용 목적의 연결이 옳은 것은?

① 발연관(스모그 테스터) – 덕트 내 유량 측정
② 마노미터(Manometer) – 유체 흐름에 대한 압력 측정
③ 피토관 – 송풍기의 회전속도 측정
④ 회전날개풍속계 – 개구부 주위의 난류현상 확인
⑤ 타코미터(Tachometer) – 송풍기의 전류 측정

● 해설

1. 국소배기장치의 주요 구성

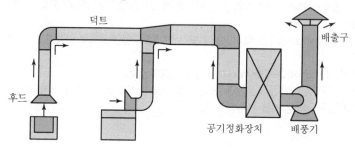

2. 점검용 기기
   1) 발연관(스모그 테스터) : 유량의 방향 확인
   2) 마노미터 : 송풍기 회전속도 측정계기(유체압력 측정)
   3) 피토관 : 덕트 내 기류속도 측정부위
   4) 회전날개풍속계 : 개구부 주위 난류현상 확인계기
   5) 타코미터 : 송풍기 회전속도 측정계기

04 화학물질 및 물리적 인자의 노출기준에 제시된 라돈의 작업장 농도기준은?

① 4pCi/L
② 2.58×10^{-4}C/kg
③ 20mSv/yr
④ 1eV
⑤ 600Bq/m³

◉ ANSWER | 03 ② 04 ⑤

라돈의 작업장 농도기준

작업장 농도(Bq/m^3)
600

주 : 1. 단위환산(농도) : $600Bq/m^3 = 16pCi/L$ (※ $1pCi/L = 37.46Bq/m^3$)

    2. 단위환산(노출량) : $600Bq/m^3$인 작업장에서 연 2,000시간 근무하고, 방사평형인자(F_{eq}) 값을 0.4로 할 경우 9.2mSv/y 또는 0.77WLM/y에 해당 (※ $800Bq/m^3$(2,000시간 근무, $F_{eq} = 0.4$) = 1WLM = 12mSv)

05 공기역학적 직경에 따라 입자의 크기를 구분하는 기기가 아닌 것은?

  ① 사이클론(Cyclone)

  ② 미젯임핀저(Midget Impinger)

  ③ 다단직경분립충돌기(Cascade Impactor)

  ④ 명목상충돌기(Virtual Impactor)

  ⑤ 마플 개인용 직경분립충돌기(Marple Personal Cascade Impactor)

Midget Impinger

가스상 물질 채취 시 사용하는 채취기구로 유리관에 담아 충돌 · 반응시킴을 통해 채취하는 기구

06 고용노동부 고시에서 정하는 발암성 물질이 아닌 것은?

  ① 석면   ② 베릴륨

  ③ 휘발성 콜타르피치   ④ 비소

  ⑤ 산화철

고용노동부 고시 「화학물질 및 물리적 인자의 노출기준」 중 발암성 물질(187종)

연번	물질명		카스번호	발암성	노출기준			
	국문	영문			TWA (ppm)	TWA (mg/m^3)	STEL (ppm)	STEL (mg/m^3)
1	1,3-부타디엔	1,3-Butadiene	106-99-0	1A	2	4.4	10	22
2	4,4'-메틸렌비스 (2-클로로아닐린)	4,4'-Methylenebis	101-14-4	1A	0.01	0.11	-	-
3	4-아미노디페닐	4-Aminodiphenyl	92-67-1	1A	-	-	-	-
4	기타 분진 (산화규소 결정체 1% 이하)	Particulates not otherwise regulated(no more than 1% crystalline silica)		1A	-	10	-	-

연번	물질명		카스번호	발암성	노출기준			
	국문	영문			TWA (ppm)	TWA (mg/m³)	STEL (ppm)	STEL (mg/m³)
5	기타 분진 (산화규소 결정체 1% 이하)	Particulates not otherwise regulated(no more than 1% crystalline silica)		1A	–	10	–	–
6	니켈 카르보닐	Nickel carbonyl, as Ni	13463–39–3	1A	0.001	0.007	–	–
7	니켈(가용성 화합물)	Nickel (Soluble compounds, as Ni)	7440–02–0	1A	–	0.1	–	–
8	니켈(불용성 무기화합물)	Nickel(Insoluble inorganic compounds, as Ni)	7440–02–0	1A	–	0.5	–	–
9	목재분진(적삼목)	Wood dust(Western red cedar, Inhalable fraction)		1A	–	0.5	–	–
10	목재분진 (적삼목 외 기타 모든 종)	Wood dust(All other species, Inhalable fraction)		1A	–	1	–	–
11	베릴륨 및 그 화합물	Beryllium & Compounds	7440–41–7	1A	–	0.002	–	0.01
12	베타–나프틸아민	β–Naphthylamine	91–59–8	1A	–	–	–	–
13	벤젠	Benzene	71–43–2	1A	1	3	5	16
14	벤조 피렌	Benzo(a) pyrene	50–32–8	1A	–	–	–	–
15	벤지딘	Benzidine	92–87–5	1A	–	–	–	–
16	부탄	Butane	106–97–8	1A	800	1,900	–	–
17	비소 및 가용성 화합물	Arsenic & Soluble compounds	7440–38–2	1A	–	0.01	–	–
18	비스–(클로로메틸)에테르	bis–(Chloromethyl)ether	542–88–1	1A	0.001	0.005	–	–
19	산화에틸렌	Ethylene oxide	75–21–8	1A	1	2	–	–
20	산화규소(결정체 석영)	Silica(Crystalline quartz)	14808–60–7	1A	–	0.05	–	–
21	산화규소 (결정체 크리스도비리이트)	Silica(Crystalline cristobalite)	14464–46–1	1A	–	0.05	–	–
22	산화규소(결정체 트리디마이트)	Silica(Crystalline tridymite)	15468–32–3	1A	–	0.05	–	–
23	산화규소(결정체 트리폴리)	Silica(Crystalline tripoli)	1317–95–9	1A	–	0.1	–	–
24	산화카드뮴(제품)	Cadmium oxide(Production)	1306–19–0	1A	–	0.05	–	–
25	산화카드뮴(흄)	Cadmium oxide(Fume, as Cd)	1306–19–0	1A	–	C 0.05	–	–
26	삼산화 비소(제품)	Arsenic trioxide(Production)	1327–53–3	1A	–	–	–	–
27	삼수소화 비소	Arsine	7784–42–1	1A	0.005	0.016	–	–
28	석면(모든 형태)	Asbestos(All forms)		1A	–	0.1개/cm³	–	–
29	스트론티움크로메이트	Strontium chromate	7789–06–2	1A	–	0.0005	–	–
30	아세네이트 연	Lead arsenate, as Pb(AsO₄)₂	7784–40–9	1A	–	0.05	–	–
31	아황화니켈	Nickel subsulfide	12035–72–2	1A	–	0.1	–	–
32	액화 석유가스	L.P.G(Liquified petroleum gas)	68476–85–7	1A	1,000	1,800	–	–
33	에탄올	Ethanol	64–17–5	1A	1,000	1,900	–	–
34	오르토–톨루이딘	o–Toluidine	95–53–4	1A	2	9	–	–
35	우라늄 (가용성 및 불용성 화합물)	Uranium(Soluble & insoluble compounds, as U)	7440–61–1	1A	–	0.2	–	0.6

◉ ANSWER

연번	물질명 국문	물질명 영문	카스번호	발암성	TWA (ppm)	TWA (mg/m³)	STEL (ppm)	STEL (mg/m³)
36	카드뮴 및 그 화합물	Cadmium and compounds, as Cd	7440-43-9	1A	—	0.03	—	—
37	크로밀 클로라이드	Chromyl chloride	14977-61-8	1A	0.025	0.15	—	—
38	크롬(6가)화합물 (불용성 무기화합물)	Chromium(VI) compounds (Water insoluble inorganic compounds)	18540-29-9	1A	—	0.01	—	—
39	크롬(6가)화합물(수용성)	Chromium(VI) compounds (Water soluble)	18540-29-9	1A	—	0.05	—	—
40	크롬광 가공품(크롬산)	Chromite ore processing (Chromate), as Cr	7440-47-3	1A	—	0.05	—	—
41	크롬산 아연	Zinc chromate, as Cr	13530-65-9	1A	—	0.01	—	—
42	크롬산 연	Lead chromate, as Cr	7758-97-6	1A	—	0.012	—	—
43	크롬산 연	Lead chromate, as Pb	7758-97-6	1A	—	0.05	—	—
44	클로로메틸 메틸에테르	Chloromethyl methylether	107-30-2	1A	—	—	—	—
45	클로로에틸렌	Chloroethylene	75-01-4	1A	1	—	—	—
46	포름알데히드	Formaldehyde	50-00-0	1A	0.5	0.75	1	1.5
47	황산	Sulfuric acid	7664-93-9	1A	—	0.2	—	0.6
48	황화니켈 (흄 및 분진)	Nickel sulfide roasting (Fume & dust, as Ni)	16812-54-7	1A	—	1	—	—
49	휘발성 콜타르피치 (벤젠에 가용물)	Coal tar pitch volatiles(Benzene solubles)	65996-93-2	1A	—	0.2	—	—
50	특수다환식방향족 탄화수소(벤젠에 가용성)	Particulate polycyclicaromatic hydrocarbons (as benzene solubles)		1A~2	—	0.2	—	—
51	1,1-디메틸하이드라진	1,1-Dimethylhydrazine	57-14-7	1B	0.01	0.025	—	—
52	1,2,3-트리클로로프로판	1,2,3-Trichloropropane	96-18-4	1B	10	60	—	—
53	1,2-디브로모에탄	1,2-Dibromoethane	106-93-4	1B	—	—	—	—
54	1,2-디클로로에탄	1,2-Dichloroethane	107-06-2	1B	10	40	—	—
55	1,2-에폭시프로판	1,2-Epoxypropane	75-56-9	1B	2	5	—	—
56	1-클로로-2,3-에폭시 프로판	1-Chloro-2,3-epoxy propane	106-89-8	1B	0.5	1.9	—	—
57	2,3-에폭시-1-프로판올	2,3-Epoxy-1-propanol	556-52-5	1B	2	6.1	—	—
58	2-니트로프로판	2-Nitropropane	79-46-9	1B	C 10	C 35	—	—
59	2-클로로-1,3-부타디엔	2-Chloro-1,3-butadiene	126-99-8	1B	10	35	—	—
60	3,3-디클로로벤지딘	3,3-Dichlorobenzidine	91-94-1	1B	—	—	—	—
61	4,4'-메틸렌디아닐린	4,4'-Methylenedianiline	101-77-9	1B	0.1	0.8	—	—
62	4-니트로디페닐	4-Nitrodiphenyl	92-93-3	1B	—	—	—	—
63	가솔린	Gasoline	8006-61-9	1B	300	900	500	1,500
64	내화성세라믹섬유	Refractory ceramic fibers		1B	—	0.2개/cm³	—	—

⊙ ANSWER |

연번	물질명		카스번호	발암성	노출기준			
	국문	영문			TWA (ppm)	TWA (mg/m³)	STEL (ppm)	STEL (mg/m³)
65	니트로톨루엔 (오르토, 메타, 파라-이성체)	Nitrotoluene (o, m, p-isomers)	88-72-2	1B	2	11	–	–
66	디니트로톨루엔	Dinitrotoluene	25321-14-6	1B	–	0.2	–	–
67	디메틸니트로소아민	Dimethylnitrosoamine	62-75-9	1B	–	–	–	–
68	디메틸카르바모일클로라이드	Dimethyl carbamoylchloride	79-44-7	1B	–	–	–	–
69	디아니시딘	Dianisidine	119-90-4	1B	–	0.01	–	–
70	디아조메탄	Diazomethane	334-88-3	1B	0.2	0.4	–	–
71	러버 솔벤트	Rubber solvent(Naphtha)	8030-30-6	1B	400	1,600	–	–
72	베타-프로피오락톤	β-Propiolactone	57-57-8	1B	0.5	1.5	–	–
73	벤조일클로라이드	Benzoyl chloride	98-88-4	1B	–	–	C 0.5	C 2.8
74	벤조트리클로라이드	Benzotrichloride	98-07-7	1B	–	–	C 0.1	–
75	브롬화 비닐	Vinyl bromide	593-60-2	1B	0.5	2.2	–	–
76	브이엠 및 피 나프타	VM & P Naphtha	8032-32-4	1B	300	1,350	–	–
77	사염화탄소	Carbon tetrachloride	56-23-5	1B	5	30	–	–
78	삼산화 안티몬(제품)	Antimony trioxide(Production)	1309-64-4	1B	–	–	–	–
79	삼산화 안티몬(취급 및 사용물)	Antimony trioxide (Handling & use, as Sb)	1309-64-4	1B	–	0.5	–	–
80	스토다드 용제	Stoddard solvent	8052-41-3	1B	100	525	–	–
81	실리콘 카바이드	Silicon carbide	409-21-2	1B	–	10	–	–
82	아크릴로니트릴	Acrylonitrile	107-13-1	1B	2	4.5	–	–
83	아크릴아미드	Acrylamide	79-06-1	1B	–	0.03	–	–
84	에틸렌이민	Ethylenimine	151-56-4	1B	0.5	1	–	–
85	염화 벤질	Benzyl chloride	100-44-7	1B	1	5	–	–
86	오르토-톨리딘	o-Tolidine	119-93-7	1B	–	–	–	–
87	캡타폴	Captafol	2425-06-1	1B	–	0.1	–	–
88	크리센	Chrysene	218-01-9	1B	–	–	–	–
89	트리클로로에틸렌	Trichloroethylene	79-01-6	1B	50	270	200	1,080
90	퍼클로로에틸렌	Perchloroethylene	127-18-4	1B	25	170	100	680
91	페닐 글리시딜 에테르	Phenyl glycidyl ether(PGE)	122-60-1	1B	0.8	5	–	–
92	페닐 하이드라진	Phenyl hydrazine	100-63-0	1B	5	20	10	45
93	프로판 설톤	Propane sultone	1120-71-4	1B	–	–	–	–
94	프로필렌 이민	Propylene imine	75-55-8	1B	2	5	–	–
95	하이드라진	Hydrazine	302-01-2	1B	0.05	0.06	–	–
96	헥사메틸 포스포라미드	Hexamethyl phosphoramide	680-31-9	1B	–	–	–	–
97	황산 디메틸	Dimethyl sulfate	77-78-1	1B	0.1	0.5	–	–
98	1,1,2,2-테트라클로로에탄	1,1,2,2-Tetrachloroethane	79-34-5	2	1	7	–	–
99	1,1,2-트리클로로에탄	1,1,2-Trichloroethane	79-00-5	2	10	55	–	–
100	1,1-디클로로에틸렌	1,1-Dichloroethylene	75-35-4	2	5	20	20	80
101	2-부톡시에탄올	2-Butoxyethanol	111-76-2	2	20	97	–	–

⊙ ANSWER

연번	물질명		카스번호	발암성	노출기준			
	국문	영문			TWA (ppm)	TWA (mg/m³)	STEL (ppm)	STEL (mg/m³)
102	3-아미노-1,2,4-트리아졸 (또는 아미트롤)	3-Amino-1,2,4-triazole	61-82-5	2	-	0.2	-	-
103	과산화수소	Hydrogen peroxide	7722-84-1	2	1	1.5	-	-
104	광물털 섬유	Mineral wool fiber		2	-	10	-	-
105	나프탈렌	Naphthalene	91-20-3	2	10	50	15	75
106	납(무기분진 및 흄)	Lead(Inorganic dust & fumes, as Pb)	7439-92-1	2	-	0.05	-	-
107	노말-부틸 글리시딜에테르	n-Butyl glycidyl ether(BGE)	2426-08-6	2	10	53	-	-
108	노말-비닐-2-피롤리돈	N-Vinyl-2-pyrrolidone(NVP)	88-12-0	2	0.05	-	-	-
109	노말-페닐-베타-나프틸아민	n-Phenyl-β-naphthyl amine	135-88-6	2	-	-	-	-
110	니켈(금속)	Nickel(Metal)	7440-02-0	2	-	1	-	-
111	니트로메탄	Nitromethane	75-52-5	2	20	50	-	-
112	니트로벤젠	Nitrobenzene	98-95-3	2	1	5	-	-
113	디(2-에틸헥실)프탈레이트	Di(2-ethylhexyl)phthalate	117-81-7	2	-	5	-	10
114	디메틸아닐린	Dimethylaniline	121-69-7	2	5	25	10	50
115	디메틸아미노벤젠	Dimethylaminobenzene	1300-73-8	2	0.5	2.5	2	10
116	디에탄올아민	Diethanolamine	111-42-2	2	0.46	2	-	-
117	디엘드린	Dieldrin	60-57-1	2	-	0.25	-	-
118	디옥산	Dioxane(Diethyl dioxide)	123-91-1	2	20	72	-	-
119	디우론	Diuron	330-54-1	2	-	10	-	-
120	디클로로디페닐트리클로로에탄	Dichlorodiphenyl trichloroethane(D.D.T)	50-29-3	2	-	1	-	-
121	디클로로메탄	Dichloromethane	75-09-2	2	50	175	-	-
122	디클로로아세트산	Dichloro acetic acid	79-43-6	2	0.5	2.6	-	-
123	디클로로아세틸렌	Dichloroacetylene	7572-29-4	2	C 0.1	C 0.4	-	-
124	디클로로에틸에테르	Dichloroethylether	111-44-4	2	5	30	10	60
125	디클로로프로펜	Dichloropropene	542-75-6	2	1	5	-	-
126	디하이드록시벤젠	Dihydroxybenzene	123-31-9	2	-	2	-	-
127	린데인	Lindane	58-89-9	2	-	0.5	-	-
128	메틸 클로라이드	Methyl chloride	74-87-3	2	50	105	100	205
129	메틸 하이드라진	Methyl hydrazine	60-34-4	2	0.01	0.025	-	-
130	메틸삼차 부틸에테르	Methyl tert-butyl ether(MTBE)	1634-04-4	2	50	180	-	-
131	배노밀	Benomyl	17804-35-2	2	0.8	10	-	-
132	브로마실	Bromacil	314-40-9	2	1	10	-	-
133	브로모포롬	Bromoform	75-25-2	2	0.5	5	-	-
134	브롬화 에틸	Ethyl bromide	74-96-4	2	5	22	-	-
135	비닐 시클로헥센디옥사이드	Vinyl cyclohexenedioxide	106-87-6	2	0.1	0.57	-	-

◉ ANSWER |

연번	물질명		카스번호	발암성	노출기준			
	국문	영문			TWA (ppm)	TWA (mg/m³)	STEL (ppm)	STEL (mg/m³)
136	비닐 아세테이트	Vinyl acetate	108 – 05 – 4	2	10	–	15	–
137	시클로헥사논	Cyclohexanone	108 – 94 – 1	2	25	100	50	200
138	아닐린과 아닐린 동족체	Aniline & homologues	62 – 53 – 3	2	2	10	–	–
139	아세트알데히드	Acetaldehyde	75 – 07 – 0	2	50	90	150	270
140	아스팔트 흄 (벤젠 추출물, 흡입성)	Asphalt(Petroleum)fumes	8052 – 42 – 4	2	–	0.5	–	–
141	알릴글리시딜에테르	Allyl glycidyl ether(AGE)	106 – 92 – 3	2	1	4.7	–	–
142	알파나프틸아민	α – Naphthyl amine	134 – 32 – 7	2	–	0.006	–	–
143	알파 – 나프틸티오우레아	α – Naphthylthiourea(ANTU)	86 – 88 – 4	2	–	0.3	–	–
144	에틸 벤젠	Ethyl benzene	100 – 41 – 4	2	100	435	125	545
145	에틸 아크릴레이트	Ethyl acrylate	140 – 88 – 5	2	5	20	–	–
146	에틸렌글리콜모노부틸 에테르아세테이트	Ethyleneglycol monobutyl etheracetate	112 – 07 – 2	2	20	131	–	–
147	염소화 캄펜	Chlorinated camphene	8001 – 35 – 2	2	–	0.5	–	1
148	염화 알릴	Allyl chloride	107 – 05 – 1	2	1	3	2	6
149	염화 에틸	Ethyl chloride	75 – 00 – 3	2	1,000	2,600	–	–
150	오산화바나듐	Vanadium pentoxide	1314 – 62 – 1	2	–	0.05	–	–
151	요오드화 메틸	Methyl iodide	74 – 88 – 4	2	2	10	–	–
152	용접 흄 및 분진	Welding fumes and dust		2	–	5	–	–
153	이산화티타늄	Titanium dioxide	13463 – 67 – 7	2	–	10	–	–
154	이소포론	Isophorone	78 – 59 – 1	2	C 5	C 25	–	–
155	카바릴	Carbaryl	63 – 25 – 2	2	–	5	–	–
156	카본블랙	Carbon black	1333 – 86 – 4	2	–	3.5	–	–
157	카테콜	Catechol	120 – 80 – 9	2	5	20	–	–
158	캡탄	Captan	133 – 06 – 2	2	–	5	–	–
159	케로젠	Kerosene	8008 – 20 – 6	2	–	200	–	–
160	코발트(금속 분진 및 흄)	Cobalt(Metal dust & fume)	7440 – 48 – 4	2	–	0.02	–	–
161	큐멘	Cumene	98 – 82 – 8	2	50	245	–	–
162	크로톤알데히드	Crotonaldehyde	4170 – 30 – 3	2	2	6	–	–
163	클로로디페닐(54% 염소)	Chlorodiphenyl(54% Chlorine)	11097 – 69 – 1	2	–	0.5	–	1
164	클로로벤젠	Chlorobenzene	108 – 90 – 7	2	10	46	20	94
165	클로로아세트알데히드	Chloroacetaldehyde	107 – 20 – 0	2	C 1	C 3	–	–
166	클로로포름	Chloroform	67 – 66 – 3	2	10	50	–	–
167	클로르단	Chlordane	57 – 74 – 9	2	–	0.5	–	2
168	테트라니트로메탄	Tetranitromethane	509 – 14 – 8	2	1	8	–	–
169	테트라메틸 연	Tetramethyl lead, as Pb	75 – 74 – 1	2	–	0.075	–	–
170	테트라에틸 연	Tetraethyl lead, as Pb	78 – 00 – 2	2	–	0.075	–	–
171	테트라하이드로퓨란	Tetrahydrofuran	109 – 99 – 9	2	50	140	100	280
172	톨루엔 – 2,4 – 디이소시아네이트	Toluene – 2,4 – diisocyanate (TDI)	584 – 84 – 9	2	0.005	0.04	0.02	0.15

◉ ANSWER

연번	물질명		카스번호	발암성	노출기준			
	국문	영문			TWA (ppm)	TWA (mg/m³)	STEL (ppm)	STEL (mg/m³)
173	톨루엔-2,6-디이소시아네이트	Toluene-2,6-diisocyanate (TDI)	91-08-7	2	0.005	0.04	0.02	0.15
174	트리부틸 포스페이트	Tributyl phosphate	126-73-8	2	0.2	2.5	-	-
175	트리클로로아세트산	Trichloroacetic acid	76-03-9	2	1	7	-	-
176	파라-니트로클로로벤젠	p-Nitrochlorobenzene	100-00-5	2	0.1	0.6	-	-
177	파라-디클로로벤젠	p-Dichlorobenzene	106-46-7	2	10	60	20	110
178	파라-톨루이딘	p-Toluidine	106-49-0	2	2	9	-	-
179	페닐 에틸렌	Phenyl ethylene	100-42-5	2	20	85	40	170
180	펜타클로로페놀	Pentachlorophenol	87-86-5	2	-	0.5	-	-
181	푸르푸랄	Furfural	98-01-1	2	2	8	-	-
182	프로폭서	Propoxur	114-26-1	2	-	0.5	-	-
183	피리딘	Pyridine	110-86-1	2	2	6	-	-
184	헥사클로로부타디엔	Hexachlorobutadiene	87-68-3	2	0.02	0.24	-	-
185	헥사클로로에탄	Hexachloroethane	67-72-1	2	1	10	-	-
186	헥손	Hexone	108-10-1	2	50	205	75	300
187	헵타클로르	Heptachlor	76-44-8	2	-	0.5	-	-

07 사업장에서 사용하는 금속의 독성에 관한 설명으로 옳은 것은?

① 니켈, 망간은 생식독성이 있다.
② 무기수은이 유기수은보다 모든 경로에서 흡수율이 높다.
③ 5가 비소가 3가 비소에 비해 독성이 강하다.
④ 3가 크롬은 발암성이 없고, 6가 크롬은 발암성이 있다.
⑤ 6가 크롬에 노출되면 파킨슨증후군의 소견이 나타난다.

● 해설
3가 크롬, 6가 크롬의 차이
1. 3가 크롬 : 자연계에서 발생되며 비교적 안정하고 인체에 무해하다.
2. 6가 크롬 : 산업공정에서 발생되며 자극성이 강하고 부식성·인체 독성을 나타낸다.

08 산업안전보건법령상 허용기준이 설정된 물질에 해당하지 않는 것은?

① 1-브로모프로판
② 1,3-부타디엔
③ 암모니아
④ 코발트 및 그 무기화합물
⑤ 톨루엔

● 해설
① 1B 생식독성물질
② 1A 발암성물질
③ STEL 35ppm
④ TWA 0.02mg/m³
⑤ STEL 1,500ppm

◉ ANSWER | 07 ④ 08 답 없음

09 근로자 건강진단 결과 판정에 따른 사후관리조치 판정에 해당하지 않는 것은?

① 건강상담　　　　　　　　　　② 추적검사
③ 작업전환　　　　　　　　　　④ 근로제한 금지
⑤ 역학조사

● 해설

구분	사후관리조치 내용
0	필요 없음
1	건강상담
2	보호구 지급 및 착용 지도
3	추적검사
4	근무 중 치료
5	근로시간 단축
6	작업전환
7	근로제한 및 금지
8	산재요양신청서 직접 작성 등 해당 근로자에 대한 직업병 확진의뢰 안내
9	기타

※ 1. 사후관리조치 내용은 한 근로자에 대하여 중복하여 판정할 수 있음
2. 건강상담 : 생활습관 관리 등 구체적으로 내용 기술
3. 추적검사 : 건강진단의사가 직업병 요관찰자(C1), 직업병 유소견자(D1) 또는 "야간작업" 요관찰자(CN), "야간작업" 유소견자(DN)에 대하여 추적검사 판정을 하는 경우에는 사업주는 반드시 건강진단의사가 지정한 검사항목에 대하여 지정한 시기에 추적검사를 실시하여야 함
4. 직업병 유소견자(D1) 중 요양 또는 보상이 필요하다고 판단되는 근로자에 대하여는 건강진단을 한 의사가 반드시 직접 산재요양신청서를 작성하여 해당 근로자로 하여금 근로복지공단 관할지사에 산재요양신청을 할 수 있도록 안내하여야 함

10 피로의 발생원인으로만 묶인 것이 아닌 것은?

① 작업자세, 작업강도, 긴장도
② 환기, 소음과 진동, 온열조건
③ 엄격한 작업관리, 1일 노동시간, 야간근무
④ 숙련도, 영양상태, 신체적인 조건
⑤ 혈압변화, 졸음, 체온조절 장애

● 해설

피로의 발생요인

내적요인	외적요인
• 신체적 조건 • 영양상태 • 적응능력 • 숙련도	• 작업환경 • 작업자세, 긴장도 • 작업량 • 생활패턴

● **ANSWER** | 09 ④　10 ⑤

11 근로자 건강장해 예방에 관한 설명으로 옳지 않은 것은?

① 톨루엔 특수건강진단의 제1차 검사 시 소변 중 o-크레졸(작업 종료 시)을 채취하여 검사한다.

② 잠함(潛函) 또는 잠수작업 등 높은 기압에서 작업하는 근로자는 1일 6시간, 1주 34시간 초과하여 근로하지 않는다.

③ 한랭에 대한 순화는 고온순화보다 빠르다.

④ NIOSH 들기지수(LI)는 작업조건을 인간공학적으로 개선하기 위한 우선순위를 결정하는 데 이용된다.

⑤ 청력장해 정도는 정상적인 귀로 들을 수 있는 최소 가청치를 0dB이라 하고 그것에 대한 청력변화를 청력계로 측정하여 평가한다.

해설

1. 한랭질환증상
   1) 저체온증
      ① 체온이 35℃ 미만일 때로 우리 몸이 열을 잃어버리는 속도가 열을 만드는 속도보다 빠를 때 발생하는데 열 손실은 물과 바람 부는 환경에서 증가하므로 눈, 비, 바람, 물에 젖은 상황은 더 위험하다. 또한 두뇌에 영향을 끼쳐 명확한 의사 결정 및 움직임에 악영향을 끼치고 약물이나 음주를 하였을 때 더욱 악화될 수 있다.
      ② 가장 먼저 온몸, 특히 팔다리의 심한 떨림 증상이 발생하고 35℃ 미만으로 체온이 떨어지면 기억력과 판단력이 떨어지며 말이 어눌해지다가 지속되면 점점 의식이 흐려지며 결국 의식을 잃게 된다.
   2) 동상
      추위에 신체 부위가 얼게 되어서 조직이 손상되는 것으로 주로 코, 귀, 뺨, 턱, 손가락, 발가락에 걸리게 되고, 최악의 경우 절단이 필요할 수도 있는 겨울철 대표 질환이다.
   3) 참호족
      물(10℃ 이하 냉수)에 손과 발을 오래 노출시키면 생기는 질환으로 주로 발에 잘 생긴다. (예: 축축하고 차가운 신발을 오래 신고 있을 때)
   4) 동창
      영상의 온도인 가벼운 추위에서 혈관 손상으로 염증이 발생하는 것으로 동상처럼 피부가 얼지는 않지만 손상 부위에 세균 침범 시 심한 경우 궤양이 발생할 수 있다.

2. 한랭에 대한 순화
   한랭순화는 열 생산의 증가, 체열보존능력의 증대 등 내성 증가로 인해 고온순화보다 느린 것이 특징이다.

12 산업안전보건법령상 밀폐공간 작업으로 인한 건강장해 예방조치로 옳지 않은 것은?

① 분뇨 · 오수 · 펄프액 및 부패하기 쉬운 장소 등에서의 황화수소 중독 방지에 필요한 지식을 가진 자를 작업 지휘자로 지정 배치한다.

② "적정공기"란 산소농도 18퍼센트 이상 23.5퍼센트 미만, 탄산가스 농도 1.5피피엠 미만, 황화수소 농도 25피피엠 미만 수준의 공기를 말한다.

③ 긴급 구조훈련은 6개월에 1회 이상 주기적으로 실시한다.

④ 작업 시작(작업 일시중단 후 다시 시작하는 경우를 포함)하기 전 밀폐공간의 산소 및 유해가스 농도를 측정한다.

⑤ 근로자에게 공기호흡기 또는 송기마스크를 지급하여 착용하도록 한다.

밀폐공간 적정공기 농도

산소	탄산가스	황화수소	일산화탄소
19% 이상 23.5% 미만	1.5% 미만	10ppm 미만	30ppm 미만

13 개인보호구의 선택 및 착용 등에 관한 설명으로 옳지 않은 것은?

① 순간적으로 건강이나 생명에 위험을 줄 수 있는 유해물질의 고농도 상태(IDLH)에서는 반드시 공기공급식 송기마스크를 착용해야 한다.
② 입자상 물질과 가스, 증기가 동시에 발생하는 용접작업 시 방진방독 겸용마스크를 착용한다.
③ 산소결핍장소에서는 방독마스크를 착용토록 한다.
④ 국내 귀마개 1등급 EP-1은 저음부터 고음까지 차음하는 성능을 말한다.
⑤ 방독마스크 정화통의 수명은 흡착제의 질과 양, 온도, 상대습도, 오염물질의 농도 등에 영향을 받는다.

위험요인

1. 산소농도 18% 미만 작업환경에서 방진마스크 및 방독마스크를 착용하고 작업 시 산소결핍에 의한 사망 위험이 있다.
2. 산소결핍, 분진 및 유독가스 발생 작업에 적합한 호흡용 보호구를 선택하여 사용하지 않을 경우 사망 또는 직업병에 이환될 위험이 있다.

14 직무스트레스 관리를 위한 집단차원에서의 관리방법은?

① 지아인식의 증대
② 신체단련
③ 긴장 이완훈련
④ 사회적 지원 시스템 가동
⑤ 작업의 변경

집단적 차원의 직무스트레스 관리방법

1. 조직구조와 기능의 변화 모색
2. 사회적인 지원 시스템의 가동
3. 상호 협조적인 직장 분위기의 조성
4. 개인 특성을 고려한 작업근로환경 조성
5. 작업계획 수립 시 근로자 의견 반영

⊚ **ANSWER** | 13 ③ 14 ④

15 석면의 측정, 분석 등에 관한 설명으로 옳지 않은 것은?

① 석면은 폐암, 중피종을 일으키며 흡연은 석면노출에 의한 암 발생을 촉진하는 인자로 알려져 있다.

② 고형시료 분석에 있어 위상차현미경법이 간편하여 가장 많이 사용된다.

③ 공기 중 석면섬유계수 A규정은 길이가 $5\mu m$ 보다 크고 길이 대 너비의 비가 3 : 1 이상인 섬유만 계수한다.

④ 석면 취급장소에서는 특급 방진마스크를 착용하여야 한다.

⑤ 위상차현미경으로는 $0.25\mu m$ 이하의 섬유는 관찰이 잘 되지 않는다.

●해설

1. 위상차현미경
   물질을 통과한 빛이 물질의 굴절률 차이에 의해 위상차를 갖게 되었을 때 이를 명암으로 바꾸어 관찰하는 현미경으로 시료의 염색이 필요 없어 살아 있는 시료의 관찰에 사용된다.
2. 편광현미경
   여러 물질이 혼합된 상태의 시료에 각 물질마다 빛의 진동하는 방향이 다른 점을 이용해 특정 어떤 각도에서 한 가지 물질만을 관찰하거나 어떤 물질이 혼합되어 있는가를 알아내는 데 사용된다.

16 생물학적 유해인자에 관한 설명으로 옳지 않은 것은?

① 생물학적 유해인자는 생물학적 특성이 있는 유기체가 근원이 되어 발생된다.

② 유기체가 방출하는 독소로는 그람음성박테리아가 내놓는 마이코톡신(Mycotoxin) 등이 있다.

③ 곰팡이의 세포벽인 글루칸(Glucan)은 호흡기 점막을 자극하여 새집증후군을 초래한다.

④ 박테리아에 의한 대표적인 감염성 질환은 탄저병, 레지오넬라병, 결핵, 콜레라 등이 있다.

⑤ 공기 중의 박테리아와 곰팡이에 대한 측정 및 분석은 곰팡이와 박테리아를 살아 있는 상태로 채취, 배양한 다음, 집락수를 세어 CFU로 나타낸다.

●해설

1. 그람음성박테리아
   보호 캡슐로 쌓여 있는 박테리아로서 캡슐은 백혈구가 박테리아를 먹어버릴 수 없도록 보호하는 역할을 한다. 그람음성박테리아는 캡슐 아래에 외부 막이 있으며 페니실린과 같은 일부 항생제로부터 박테리아를 보호해준다.
2. 엔도톡신(Endotoxin)
   세균의 내부에 있는 독소로서 인체 내에서 발열을 일으키는 물질을 Pyrogen이라 통칭하는데 주사제에서 가장 많은 비중을 차지하는 것이 Endotoxin이며 유기체가 방출하는 독소로 그람음성박테리아가 내놓은 독소이다.

17 산업안전보건법령상 특수건강진단 유해인자와 생물학적 노출지표의 연결이 옳은 것은?

① 일산화탄소 : 혈중 카복시헤모글로빈

② 2-에톡시에탄올 : 소변 중 o-크레졸

③ 디클로로메탄 : 소변 중 2,5-헥산디온

④ 트리클로로에틸렌 : 소변 중 메틸에틸케톤

⑤ 메틸 n-부틸 케톤 : 혈중 메트헤모글로빈

◉ **ANSWER** | 15 ② 16 ② 17 ①

특수건강진단 유해인자의 생물학적 노출지표

유해물질명	시료채취		지표물질명	채취량	채취용기 및 요령	이동 및 보관	분석기한
	종류	시기					
p-니트로아닐린	혈액	수시	메트헤모글로빈	3mL 이상	EDTA 또는 Heparin 튜브	4℃ (2~8℃) 냉동금지	5일 이내
p-니트로클로로 벤젠							
디니트로톨루엔							
N, N-디메틸 아닐린							
N, N-디메틸 아세트아미드	소변	당일	N-메틸아세트 아미드	10mL 이상	플라스틱 소변용기	4℃ (2~8℃)	5일 이내
디메틸포름 아미드	소변	당일	N-메틸포름 아미드	10mL 이상	플라스틱 소변용기	4℃ (2~8℃)	5일 이내
1,2-디클로로 프로판	소변	당일	1,2-디클로로 프로판	10mL 이상	플라스틱 소변용기에 가득 채취 후 밀봉	4℃ (2~8℃)	5일 이내
메틸클로로포름	소변	주말	삼염화초산	10mL 이상	플라스틱 소변용기	4℃ (2~8℃)	5일 이내
			총삼염화에탄올				
아닐린 및 그 동족체	혈액	수시	메트헤모글로빈	3mL 이상	EDTA 또는 Heparin 튜브	4℃ (2~8℃) 냉동금지	5일 이내
에틸렌글리콜 디니트레이트	혈액	수시	메트헤모글로빈	3mL 이상	EDTA 또는 Heparin 튜브	4℃ (2~8℃) 냉동금지	5일 이내
크실렌	소변	당일	메틸마뇨산	10mL 이상	플라스틱 소변용기	4℃ (2~8℃)	5일 이내
톨루엔	소변	당일	o-크레졸	10mL 이상	플라스틱 소변용기	4℃ (2~8℃)	5일 이내
트리크로로 에틸렌	소변	주말	총삼염화물	10mL 이상	플라스틱 소변용기	4℃ (2~8℃)	5일 이내
			삼염화초산				
퍼클로로에틸렌	소변	주말	삼염화초산	10mL 이상	플라스틱 소변용기	4℃ (2~8℃)	5일 이내
n-헥산	소변	당일	2,5-헥산디온	10mL 이상	플라스틱 소변용기	4℃ (2~8℃)	5일 이내
납 및 그 무기화합물	혈액	수시	납	3mL 이상	EDTA 또는 Heparin 튜브	4℃ (2~8℃)	5일 이내
사알킬납	혈액	수시	납	3mL 이상	EDTA 또는 Heparin 튜브	4℃ (2~8℃)	5일 이내
수은 및 그 화합물	소변	작업전	수은	10mL 이상	플라스틱 소변용기	4℃ (2~8℃)	5일 이내
인듐	혈청	수시	인듐	3mL 이상	Serum Separator Tube(SST)	4℃ (2~8℃)	5일 이내

◉ ANSWER |

유해물질명	시료채취 종류	시료채취 시기	지표물질명	채취량	채취용기 및 요령	이동 및 보관	분석기한
카드뮴과 그 화합물	혈액	수시	카드뮴	3mL 이상	EDTA 또는 Heparin 튜브	4℃ (2~8℃)	5일 이내
일산화탄소	혈액	당일	카복시 헤모글로빈	3mL 이상	EDTA 또는 Heparin 튜브	4℃ (2~8℃) 냉동금지	5일 이내

18 직무스트레스 요인 중 조직적 요인에 해당하지 않는 것은?

① 작업속도
② 관리유형
③ 역할모호성 및 갈등
④ 경력 및 직무안전성
⑤ 직무요구

해설

NIOSH 제시 직무스트레스 모형

1. 정의
   어떤 작업조건(직무스트레스 요인)과 개인 간의 상호작용으로부터 나온 심리적 파괴, 행동적 반응이 일어나는 현상

2. 직무스트레스 요인
   1) 작업요인 : 작업부하, 작업속도, 교대근무 등
   2) 조직요인 : 역할갈등, 관리 유형, 고용 불확실성, 의사결정 참여 등
   3) 환경요인 : 소음, 온도, 조명, 환기 불량 등

3. 중재요인
   1) 개인적 요인 : 성격경향(대처능력), 경력개발 단계, 건강 등
   2) 조직 외 요인 : 재정 상태, 가족 상황, 교육 수준 등
   3) 완충작용 요인 : 사회적 지위, 대처 능력 등

19 생물학적 결정인자의 선택기준에 관한 설명으로 옳지 않은 것은?

① 생물학적 검사를 선택할 때는 여러 가지 방법 중 건강위험을 평가하는 유용성을 고려하지 말아야 한다.
② 적절한 민감도가 있는 결정인자여야 한다.
③ 검사에 대한 분석적, 생물학적 변이가 타당해야 한다.
④ 검체의 채취나 검사과정에서 대상자에게 거의 불편을 주지 않아야 한다.
⑤ 다른 노출인자에 의해서도 나타나는 인자가 아니어야 한다.

해설

생물학적 결정인자 선택기준

1. 충분한 특징이 있을 것
2. 적절한 민감도가 있는 결정인자일 것
3. 검사에 대한 분석적 · 생물학적 변이가 타당성이 있을 것
4. 검체 채취 시 대상자에게 불편함이 없을 것
5. 타 노출인자에 의해서는 나타나지 않는 인자일 것
6. 건강위험성을 평가하는 데 유용할 것

⊙ **ANSWER** | 18 ① 19 ①

20 청각기관과 소음의 전달경로에 해당하지 않는 것은?

① 고막

② 달팽이관

③ 수근관

④ 외이도

⑤ 이소골

●해설

소음 전달경로

이개 → 외이도 → 고막 → 이소골 → 달팽이관 → 청각세포 → 청각신경경로

21 산업안전보건기준에 관한 규칙에서 정한 장시간 야간작업을 할 때 발생할 수 있는 직무스트레스에 의한 건강장해 예방조치가 아닌 것은?

① 뇌혈관 및 심장질환 발병위험도를 평가하여 금연, 고혈압 관리 등 건강증진 프로그램을 시행한다.

② 건강진단 결과, 상담자료 등을 참고하여 적절하게 근로자를 배치하고 직무스트레스 요인, 건강문제 발생가능성 및 대비책 등에 대하여 해당 근로자에게 충분히 설명한다.

③ 근로시간 외의 근로자 활동에 대한 복지 차원의 지원에 최선을 다한다.

④ 작업량 · 작업일정 등 작업계획 수립 시 해당 근로자의 의견을 반드시 노사협의회를 거쳐서 반영한다.

⑤ 작업환경 · 작업내용 · 근로시간 등 직무스트레스 요인에 대하여 평가하고 근로시간 단축, 장 · 단기 순환작업 등의 개선대책을 마련하여 시행한다.

●해설

직무스트레스의 관리

1. 조직적 관리기법
   1) 작업계획 수립 시 근로자의 적극적 참여로 근로환경 개선
   2) 적절한 휴식시간의 제공 및 휴게시설 제공
   3) 작업환경, 근로시간 등 스트레스 요인에 대한 적극적 평가
   4) 직무재설계에 의한 작업 스케줄 반영
   5) 조직구조와 기능의 적절한 설계

2. 개인적 관리기법
   1) Hellriegel의 관리기법
      ① 적절한 휴식시간 및 자신감 개발
      ② 긍정적 사고방식
      ③ 규칙적인 운동
      ④ 문제의 심각화 방지
   2) Greenberg의 신체적 관리
      ① 체중조절과 영양섭취
      ② 적절한 운동 및 휴식
      ③ 교육 및 명상
      ④ 자발적 건강관리 유도
   3) 일반적 스트레스 관리
      ① 건강검진에 의한 스트레스성 질환의 평가
      ② 근로자 자신의 한계를 인식시키고 해결방안을 도출시킬 수 있도록 함

◉ ANSWER | 20 ③ 21 ④

22 산업재해 중 중대재해에 관한 설명으로 옳지 않은 것은?

① 3개월 이상의 요양이 필요한 부상자가 동시에 2명 이상 발생한 산업재해는 중대재해에 속한다.

② 사망자가 1명 이상 발생한 산업재해는 중대재해에 속한다.

③ 부상자 또는 직업성 질병자가 동시에 10명 이상 발생한 산업재해는 중대재해에 속하지 않는다.

④ 중대재해가 발생한 때에는 지체 없이 발생 개요 및 피해상황을 관할하는 지방고용노동관서의 장에게 전화, 팩스, 그 밖의 적절한 방법으로 보고하여야 한다.

⑤ 중대재해가 발생했을 때에는 산업재해 조사표 사본을 보존하거나 요양신청서 사본에 재발방지대책을 첨부해서 보존한다.

●해설

중대재해 발생보고

사업주는 중대재해가 발생한 사실을 알게 된 경우 지체 없이 지방고용노동관서의 장에게 전화 팩스 또는 그 밖의 적절한 방법으로 이를 보고해야 한다.

1. 보고사항
   1) 발생 개요 및 피해상황
   2) 조치 및 전망
   3) 그 밖의 중요한 사항

2. 중대재해의 범위
   1) 사망자가 1명 이상 발생한 재해
   2) 3개월 이상의 요양이 필요한 부상자가 동시에 2명 이상 발생한 재해
   3) 부상자 또는 직업성 질병자가 동시에 10명 이상 발생한 재해

3. 과태료
   1) 1차 과태료 : 3,000만 원
   2) 2차 과태료 : 3,000만 원
   3) 3차 과태료 : 3,000만 원

23 역학의 정의에 관한 설명으로 옳지 않은 것은?

① 인간집단 내 발생하는 모든 생리적 이상 상태의 빈도와 분포는 기술하지 않는다.

② 빈도와 분포를 결정하는 요인은 원인적 관련성 여부에 근거를 둔다.

③ 발생원인을 밝혀 상태 개선을 위하여 투입된 사업의 작동기전을 규명한다.

④ 예방법을 개발하는 학문이다.

⑤ 직업역학은 일하는 사람이 대상이다.

●해설

역학의 정의

인구에 관한 학문, 인간의 질병에 관한 학문으로 해석되어 왔으며 점차 면역학, 세균학의 발달로 감염성 질환은 감소되는 반면 비감염성이며 다수 발생되는 질병에까지 범위가 확대되어 현재는 암, 심장질환, 당뇨병 등의 만성 퇴행성 질환뿐 아니라 자살, 교통사고, 보건사업의 효과 평가까지 역학의 영역에서 다루고 있다.

⊚ ANSWER | 22 ③ 23 ①

24 산업재해 통계 목적과 작성방법에 관한 설명으로 옳지 않은 것은?

① 재해통계는 주로 대상으로 하는 조직의 안전관리수준을 평가하고 차후의 재해방지에 기본이 되는 정보를 파악하기 위해 작성하는 것이다.

② 재해통계에 의해 대상집단의 경향과 특성 등을 수량적, 총괄적으로 해명할 수 있다.

③ 정보에 근거해서 조직의 대상집단에 대해 미리 효과적인 대책을 강구한다.

④ 동종재해 또는 유사재해의 재발방지를 도모한다.

⑤ 재해통계는 도형이나 숫자에 의한 표시법이 있지만, 숫자에 의한 표시법이 이해하기 쉽다.

◉해설

재해원인 분석방법

1. 개별적 원인분석
    1) 개개의 재해를 하나하나 분석하는 것으로 상세 원인을 규명할 수 있다.
    2) 간혹 발생하는 특수재해나 중대재해, 건수가 적은 중소기업분석에 적합하다.

2. 통계적 원인분석
    1) 파레토도(Pareto Diagram)
        ① 사고의 유형, 기인물 등 분류 항목을 크기 순으로 도표화
        ② 중점관리대상 선정에 유리하며 재해원인의 크기 · 비중 확인이 가능
    2) 특성 요인도(Causes and Effects Diagram)
        재해특성과 이에 영향을 주는 원인과의 관계를 생선뼈 형태로 세분화
    3) 크로스도(Cross Diagram)
        재해발생 위험도가 큰 조합을 발견하는 것이 가능
    4) 관리도(Control Chart)
        월별 재해 발생 수를 그래프화한 뒤 관리선을 설정하여 관리하는 방법
    5) 기타
        파이도표, 오일러도표 등

3. 문답방식에 의한 원인분석
    Flow Chart를 이용한 재해원인 분석

25 업무상 질병의 특성이 아닌 것은?

① 임상적, 병리적 소견이 일반 질병과 구분이 어렵다.

② 개인적 요인 또는 비직업적 요인은 상승작용을 하지 않는다.

③ 직업력을 소홀히 할 경우 판정이 어렵다.

④ 건강영향에 대한 미확인 신물질이 많아 정확한 판정이 어려운 경우가 많다.

⑤ 보상에 실익이 없을 수도 있다.

◉해설

업무상 질병은 사고가 매개가 되어 발생하는 사고성 질병과 작업환경이나 유해요인에 의해 발생하는 직업성 질병으로 구분되며 개인적 요인이나 비직업적 요인의 영향을 받는다.

2과목 **산업위생일반**

01 산업보건의 역사에 관한 설명으로 옳지 않은 것은?

① 그리스의 갈레노스(Galenos, Galen, Galenus)는 구리 광산에서 광부들에 대한 산(Acid) 증기의 위험성을 보고하였다.

② 독일의 아그리콜라(G. Agricola)는 「광물에 대하여(De Re Metallica)」를 통해 광업 관련 유해성을 언급하였으며, 이는 후에 Hoover 부부에 의해 번역되었다.

③ 영국의 필(R. Peel) 경은 자신의 면방직공장에서 진폐증이 집단적으로 발병하자, 그 원인에 대해 조사하였으며, 「도제 건강 및 도덕법」 제정에 주도적인 역할을 하였다.

④ 1825년 「공장법」은 대부분 어린이 노동과 관련한 내용이었으며, 1833년에 감독권과 행정명령에 관한 내용이 첨가되어 실질적인 효과를 거두게 되었다.

⑤ 하버드 의대 최초의 여교수인 해밀턴(A. Hamilton)은 「미국의 산업중독」을 발간하여 납중독, 황린에 의한 직업병, 일산화탄소 중독 등을 기술하였다.

해설

산업위생 역사의 주요 인물

1. 히포크라테스(Hippocrates) : 광산의 납중독에 관하여 기록하였다.
2. 파라셀서스(Philippus Paracelsus) : 독성학의 아버지로 불리며 모든 물질은 그 양에 따라 독이 될 수도 치료약이 될 수도 있다고 말하였다.
3. 라마치니(B. Ramazzini) : 산업의학의 아버지로 불리며 직업병의 원인을 유해물질, 불완전/과격한 동작으로 구분하였다.
4. 필(R. Peel) : 영국의 귀족으로 자신이 소유한 면방직공장에서 진폐증이 집단발병하자 그 원인을 조사하였으며 「도제건강 및 도덕법」 제정에 주도적 역할을 하였다.
5. 해밀턴(Alice Hamilton) : 여의사로서 20세기 초 미국의 산업보건 분야에 공헌한 것으로 인정받고 있으며 1910년 납 공장에 대한 조사를 하였다.
6. 로리가(Loriga) : 진동공구에 의한 레이노드(Raynaud) 증상을 보고하였다.
7. 아그리콜라(Agricola) : 광부들의 질병에 관한 「광물에 대하여」를 저술하였고 먼지에 의한 규폐증을 증명하였다.
8. 갈렌(Galen) : 그리스인으로 납중독의 증세를 관찰하였다.
9. 퍼시벌 포트(Percival Pott) : 영국의 외과의사로 직업성 암 보고를 최초로 하였으며, 어린이 굴뚝청소부에게 음낭암이 많이 발생됨을 발견하였다.

02 화학물질 및 물리적 인자의 노출기준에서 "Skin" 표시가 된 화학물질로만 나열한 것은?

① 메탄올, 사염화탄소
② 트리클로로에틸렌, 아세톤
③ 트리클로로에틸렌, 사염화탄소
④ 1,1,1-트리클로로에탄, 메탄올
⑤ 1,1,1-트리클로로에탄, 아세톤

◉ ANSWER | 01 ③ 02 ①

03 작업환경측정 자료들의 분포(Distribution)는 주로 우측으로 무한히 뻗어 있는 형태(Positively Skewed)이다. 이에 관한 설명으로 옳은 것은?

① 평균, 중위수, 최빈수가 같은 값이다.　　② 평균이 중위수보다 더 크다.

③ 이를 표준정규분포라고 한다.　　④ 기하표준편차는 1 미만이다.

⑤ 최빈수가 평균보다 더 크다.

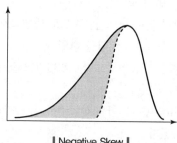

04 작업환경측정 시 관련 절차별로 다음과 같이 오차 값이 추정될 때, 누적오차(Cumulative Error) 값은 약 얼마인가?

• 유량측정 : ±13.5%	• 시료채취시간 : ±3.6%
• 탈착효율 : ±8.5%	• 포집효율 : ±4.1%
• 시료분석 : ±16.2%	

① 3.6%　　　　　　　　　　② 12.6%

③ 23.4%　　　　　　　　　④ 29.7%

⑤ 45.9%

2) 오차의 원인이 분명하여 소거방법도 분명하다.
3) 정오차는 측정횟수에 비례한다.
4) 정오차 $M = e \cdot n$

2. 우연오차(부정오차, 상차, 우차)
1) 오차의 크기와 방향(부호)이 불규칙적으로 발생하고 확률론에 의해 추정할 수 있는 오차
2) 최소제곱법의 원리로 배분하여 오차론에서 다루는 오차
3) 우연오차는 측정횟수의 제곱근에 비례한다.
4) 우연오차 $E = \pm \delta \sqrt{n}$

3. 누적오차
측정 절차별 오차 값의 누적치 제곱근으로 오차율을 산정한다.
예) 절차별 오차가 x_1, x_2, x_3, x_4, x_5라고 하면, 누적오차율 = $\sqrt{x_1^2 + x_2^2 + x_3^2 + x_{4,}^2 + x_5^2}$

05 산업환기시스템 설계 중 덕트의 합류점에서 시스템의 효율을 극대화하기 위한 정압(SP)균형유지법에 관한 설명으로 옳지 않은 것은?

① 저항 조절을 위하여 설계 시 덕트의 직경을 조절하거나 유량을 재조정하는 방법이다.

② 최대 저항경로 선정이 잘못되어도 설계 시 쉽게 발견할 수 있다.

③ 균형이 유지되려면 설계도면에 있는 대로 덕트가 설치되어야 한다.

④ $\dfrac{SP_{\text{lower}}}{SP_{\text{higher}}}$ 를 계산하여 그 값이 0.8보다 작다면 정압이 낮은 덕트의 직경을 다시 설계해야 한다.

⑤ $\dfrac{SP_{\text{lower}}}{SP_{\text{higher}}}$ 를 계산하여 그 값이 0.8 이상일 때는 그 차를 무시하고, 높은 정압을 지배정압으로 한다.

해설

1. 정압조절 · 저항조절평형법의 특징

구분	정압조절평형법	저항조절평형법
장점	• 분진퇴적이 없다. • 설계오류의 발견이 쉽다. • 정확한 설계가 이루어진 경우 효율적이다.	• 설치 후 변경이 용이하다. • 설치 후 송풍량 조절이 용이하다. • 최소 설계풍량으로 평형유지가 가능하다.
단점	• 설계가 복잡하다. • 설치 후 변경이 어렵다. • 설계오류 유량의 조정이 어렵다.	• 설계오류의 발견이 어렵다. • 댐퍼가 노출되어 변형의 우려가 높다. • 폐쇄댐퍼는 분진퇴적 우려가 높다.

2. 압력손실의 계산
1) 정압조절평형법
① 유속조절평형법 또는 정압균형유지법이 있으며, 저항이 큰 쪽의 덕트 직경을 약간 크게 하거나 덕트 직경을 감소시켜 저항을 줄이거나 증가시켜 합류점의 정압이 같아지도록 하는 방법
② 최소정압과 최대정압을 나누어 그 값이 0.8보다 크도록 설계한다.
2) 저항조절평형법
댐퍼조절평형법과 덕트균형유지법이 있으며, 각 덕트에 댐퍼를 부착해 압력을 조정하고 평형을 유지하는 방법

ANSWER | 05 ⑤

06 방사능 측정값 600pCi를 표준화(SI) 단위 값으로 옳게 표현한 것은?(단, $1Ci = 3.7 \times 10^{10}Bq$)

① 16Bq

② 22.2Bq

③ 16dps

④ 22.2dpm

⑤ $6 \times 10^{-10}Ci$

◆해설

방사선 세기단위

$$600pCi \times \frac{Ci}{10^{12}pCi} \times \frac{3.7 \times 10^{10}Bq}{Ci} = 22.2Bq$$

07 화학물질 및 물리적 인자의 노출기준 중 발암성에 대한 분류 기준이 아닌 것은?

① 미국 국립산업안전보건연구원(NIOSH)의 분류

② 미국 독성프로그램(NTP)의 분류

③ 「유럽연합의 분류·표시에 관한 규칙(EU CLP)」의 분류

④ 국제암연구소(IARC)의 분류

⑤ 미국 산업안전보건청(OSHA)의 분류

◆해설

미국 국립 직업안전위생연구소(National Institute for Occupational Safety and Health, NIOSH)는 작업 그리고 업무 관련 부상 및 질병 예방을 위한 연구를 수행하고 권장하는 미국 연방기관이다. 또한 미국 산업안전보건연구소(NIOSH) 는 미국 보건복지부 내의 질병통제 및 예방센터(CDC)의 일부이다.

08 생물학적 유해인자인 독소(Toxin)에 관한 설명으로 옳은 것은?

① 마이코톡신(Mycotoxins)은 세균이 유기물을 분해할 때 내놓는 분해산물로 종에 따라 다르다.

② 아플라톡신 B1(Aflatoxin B1)은 폐암을 초래한다.

③ 글루칸(Glucan)은 바이러스의 세포벽 성분으로 호흡기 점막을 자극하여 건물증후군(SBS)을 초래 하는 원인으로 추정되고 있다.

④ 엔도톡신(Endotoxins)은 그람양성세균이 죽을 때나 번식할 때 내놓는 독소이다.

⑤ 낮은 농도의 엔도톡신은 호흡기계 점막의 자극, 발열, 오한 등을 일으키나, 높은 농도에서는 기도와 폐포 염증, 폐기능 장해까지 초래한다.

◆해설

엔도톡신은 세균 내부에 있는 독소로 세균이 죽을 때 노출되는 물질로 인해 사람 인체 내에서 독소로 작용하게 된다. 낮은 농도의 엔도톡신은 호흡기계 점막자극, 발열, 오한 정도를 일으키나, 농도가 높아지면 기도와 폐포에 염증을 유발하고 폐기능 장해를 초래한다.

09 다음에 해당하는 중금속은?

- 연성이 있으며, 아연광물 등을 제련할 때 부산물로 얻어지며, 합금과 전기도금 등에 이용된다.
- 경구 또는 흡입을 통한 만성 노출 시 표적 장기는 신장이며, 가장 흔한 증상은 효소뇨와 단백뇨이다.
- 화학물질 및 물리적 인자의 노출기준에 따르면 발암성 1A, 생식세포변이원성 2, 생식독성 2, 호흡성으로 표기하고 있다.

① 납   ② 크롬
③ 카드뮴   ④ 수은
⑤ 망간

카드뮴
1. 주기율표의 12족에 속하는 전이금속으로 산화수는 +2이며 밀도는 20℃에서 8.65g/cm³이다. 녹는점, 끓는점이 낮다.
2. 카드뮴은 연성(길게 늘어나는 성질)과 전성(얇게 펴지는 성질)이 풍부한 청백색의 무른 금속(모스 굳기 2.0)이다. 전성, 연성이 풍부하기 때문에 가공성이 좋고 내식성(부식에 잘 견딤)이 강하다. 또한 합금을 하면 세기가 뛰어나기 때문에 여러 가지 용도로 사용할 수 있다.
3. 녹는점이 낮아 쉽게 주조할 수 있고, 비스무트, 납, 주석과의 합금인 우드메탈은 매우 낮은 온도에서 녹는다. 그러나 독성이 강하여 체내에 잘 축적되고 잘 배출되지 않으며 증기는 인체에 매우 유독하여 중독 증상을 나타낸다. 이타이이타이 병은 대표적인 카드뮴 중독 증상이다.

10 산업안전보건기준에 관한 규칙에서 정하고 있는 "밀폐공간"에 해당하지 않는 것은?

① 장기간 사용하지 않은 우물 등의 내부
② 화학물질이 들어 있던 반응기 및 탱크의 내부
③ 간장 · 주류 · 효모 그 밖에 발효하는 물품이 들어 있거나 들어 있었던 탱크 · 창고 또는 양조주의 내부
④ 천장 · 바닥 또는 벽이 건성유를 함유하는 페인트로 도장되어 그 페인트가 건조된 후의 지하실 내부
⑤ 드라이아이스를 사용하는 냉장고 · 냉동고 · 냉동화물자동차 또는 냉동컨테이너의 내부

밀폐공간의 범위
1. 다음의 지층에 접하거나 통하는 우물 · 수직갱 · 터널 · 잠함 · 피트 또는 그 밖에 이와 유사한 것의 내부
    1) 상층에 물이 통과하지 않는 지층이 있는 역암층 중 함수 또는 용수가 없거나 적은 부분
    2) 제1철 염류 또는 제1망간 염류를 함유하는 지층
    3) 메탄 · 에탄 또는 부탄을 함유하는 지층
    4) 탄산수를 용출하고 있거나 용출할 우려가 있는 지층
2. 장기간 사용하지 않은 우물 등의 내부
3. 케이블 · 가스관 또는 지하에 부설되어 있는 매설물을 수용하기 위하여 지하에 부설한 암거 · 맨홀 또는 피트의 내부
4. 빗물 · 하천의 유수 또는 용수가 있거나 있었던 통 · 암거 · 맨홀 또는 피트 내부
5. 바닷물이 있거나 있었던 열교환기 · 관 · 암거 · 맨홀 · 둑 또는 피트의 내부

◎ ANSWER | 09 ③ 10 ④

6. 장기간 밀폐된 강재(鋼材)의 보일러 · 탱크 · 반응탑이나 그 밖에 그 내벽이 산화하기 쉬운 시설(그 내벽이 스테인리스강으로 된 것 또는 그 내벽의 산화를 방지하기 위하여 필요한 조치가 되어 있는 것은 제외한다)의 내부

7. 석탄 · 아탄 · 황화광 · 강재 · 원목 · 건성유(乾性油) · 어유(魚油) 또는 그 밖의 공기 중의 산소를 흡수하는 물질이 들어 있는 탱크 또는 호퍼(Hopper) 등의 저장시설이나 선창의 내부

8. 천장 · 바닥 또는 벽이 건성유를 함유하는 페인트로 도장되어 그 페인트가 건조되기 전에 밀폐된 지하실 · 창고 또는 탱크 등 통풍이 불충분한 시설의 내부

9. 곡물 또는 사료의 저장용 창고 또는 피트의 내부, 과일의 숙성용 창고 또는 피트의 내부, 종자의 발아용 창고 또는 피트의 내부, 버섯류의 재배를 위하여 사용하고 있는 사일로(Silo), 그 밖에 곡물 또는 사료종자를 적재한 선창의 내부

10. 간장 · 주류 · 효모 그 밖에 발효하는 물품이 들어 있거나 들어 있었던 탱크 · 창고 또는 양조주의 내부

11. 분뇨, 오염된 흙, 썩은 물, 폐수, 오수, 그 밖에 부패하거나 분해되기 쉬운 물질이 들어 있는 정화조 · 침전조 · 집수조 · 탱크 · 암거 · 맨홀 · 관 또는 피트의 내부

12. 드라이아이스를 사용하는 냉장고 · 냉동고 · 냉동화물자동차 또는 냉동컨테이너의 내부

13. 헬륨 · 아르곤 · 질소 · 프레온 · 탄산가스 또는 그 밖의 불활성 기체가 들어 있거나 있었던 보일러 · 탱크 또는 반응탑 등 시설의 내부

14. 산소농도가 18퍼센트 미만 또는 23.5퍼센트 이상, 탄산가스농도가 1.5퍼센트 이상, 일산화탄소농도가 30피피엠 이상 또는 황화수소농도가 10피피엠 이상인 장소의 내부

15. 갈탄 · 목탄 · 연탄난로를 사용하는 콘크리트 양생장소(養生場所) 및 가설숙소 내부

16. 화학물질이 들어 있던 반응기 및 탱크의 내부

17. 유해가스가 들어 있던 배관이나 집진기의 내부

18. 근로자가 상주(常住)하지 않는 공간으로서 출입이 제한되어 있는 장소의 내부

11 근골격계부담작업의 범위 및 유해요인조사 방법에 관한 고시의 내용으로 옳지 않은 것은?

① 유해요인조사는 고시에서 정한 유해요인조사표 및 근골격계질환 증상조사표를 활용하여야 한다.

② 작업장 상황조사 내용에는 작업설비, 작업량, 작업속도, 업무변화가 포함된다.

③ 하루에 총 2시간 이상, 분당 2회 이상 4.5kg 이상의 물체를 드는 작업은 근골격계부담작업에 해당된다.

④ "단기간 작업"이란 2개월 이내에 종료되는 1회성 작업을 말한다.

⑤ "간헐적인 작업"이란 연간 총 작업일수가 30일을 초과하지 않는 작업을 말한다.

─ 해설 ─

근골격계부담작업 범위 및 유해요인조사 방법

1. 근골격계유해요인 조사시기
   1) 최초의 유해요인조사 실시 후 매 3년마다 정기적 실시 대상
      ① 작업설비, 작업공정, 작업량, 작업속도 등 작업장 상황
      ② 작업시간, 작업자세, 작업방법 등 작업조건
      ③ 작업과 관련된 근골격계질환 징후와 증상 유무 등
   2) 수시 유해요인조사 실시 대상
      ① 법에 따른 임시건강진단 등에서 근골격계질환자가 발생하였거나 근로자가 근골격계질환으로 「산업재해보상보험법 시행령」 별표 3 제2호가목 · 마목 및 제12호 라목에 따라 업무상 질병으로 인정받은 경우
      ② 근골격계부담작업에 해당하는 새로운 작업 · 설비를 도입한 경우
      ③ 근골격계부담작업에 해당하는 업무의 양과 작업공정 등 작업환경을 변경한 경우

◎ ANSWER | 11 ⑤

2. 유해요인조사 내용
 1) 작업장 상황조사 항목은 다음 내용을 포함한다.
  ① 작업공정
  ② 작업설비
  ③ 작업량
  ④ 작업속도 및 최근 업무의 변화 등
 2) 작업조건조사 항목은 다음 내용을 포함한다.
  ① 반복동작
  ② 부적절한 자세
  ③ 과도한 힘
  ④ 접촉스트레스
  ⑤ 진동
  ⑥ 기타 요인(예 : 극저온, 직무스트레스)
 3) 증상 설문조사 항목은 다음 내용을 포함한다.
  ① 증상과 징후
  ② 직업력(근무력)
  ③ 근무형태(교대제 여부 등)
  ④ 취미활동
  ⑤ 과거 질병력 등

3. 유해요인조사 방법
 1) 고용노동부 고시에서 정한 유해요인조사표 및 근골격계질환 증상표를 활용한다.
 2) 단기간 작업이란 2개월 이내에 종료되는 1회성 작업을 말한다.
 3) 간헐적인 작업이란 연간 총 작업일수가 30일을 초과하지 않는 작업을 말한다.

12 1기압, 25℃에서 수은(분자량 : 200)의 증기압이 0.00152mmHg라고 할 때, 이 조건의 밀폐된 작업장에서 공기 중 수은의 포화농도(mg/m^3)는 약 얼마인가?

① 2.0   ② 16.4

③ 27.9   ④ 35.9

⑤ 156.3

● 해설

농도단위 계산방법 : 백분율, 부피백분율, 몰분율, 몰농도, 포화농도 등으로 나타낼 수 있다.

1. 질량에 의한 퍼센트
 용질의 질량을 용액의 질량으로 나눈 값에 100을 곱한다.(단, 용액의 질량＝용질의 질량 + 용매의 질량)

2. 체적 퍼센트
 (용질의 부피/ 용액의 부피) x 100(%)

3. 몰분율
 화합물 몰수를 용액에 있는 화합물 총 몰수로 나눈 값(용액의 모든 몰분율 합은 어떤 경우에도 1이다)

4. 몰농도
 용액 1리터당 용질의 몰수

5. 몰랄농도
 용매 kg당 용질의 몰수

◉ **ANSWER** | 12 ②

6. 포화농도(최고농도)

   공기 중 농도는 일정한 온도와 기압에서는 최고포화농도를 갖는다.

   최고포화농도 = $\dfrac{P}{760} \times 10^6$ 여기서, P : 물질의 증기압

   포화농도(ppm) = $\dfrac{증기량}{760} \times 10^6 = \dfrac{0.00152}{760} \times 10^6 = 2\text{ppm}$

   포화농도(mg/m³) = $2\text{ppm}\,(\text{mL/m}^3) \times \dfrac{200\text{mg}}{24.45\text{mL}} = 16.40\text{mg/m}^3$

13 화학물질 및 물리적 인자의 노출기준에서 "호흡성"으로 표시되지 않은 화학물질은?

① 카본블랙   ② 산화아연 분진
③ 인듐 및 그 화합물   ④ 산화규소(결정체 석영)
⑤ 텅스텐(가용성 화합물)

해설

화학물질 및 물리적 인자의 노출기준에서 카본블랙은 TWA 표시대상이다.

14 다음 정의에 해당하는 역학 지표는?

> 유해인자에 노출된 집단과 노출되지 않은 집단을 전향적(Prospectively)으로 추적하여 각 집단에서
> 발생하는 질병 발생률의 비

① 교차비(Odd Ratio)   ② 기여위험도(Attributable Risk)
③ 상대위험도(Relative Risk)   ④ 치명률(Fatality Rate)
⑤ 발병률(Attack Rate)

해설

상대위험도

노출군에서의 발병률 대비 미노출군 발병률의 비율

구분	추후 병 ○	추후 병 ×	총계
위험인자 노출군	a	b	$a+b$
위험인자 미노출군	c	d	$c+d$

위험인자 노출군의 발병률 = $\dfrac{a}{(a+b)} \times 100\%$

대조군(미노출군)의 발병률 = $\dfrac{c}{(c+d)} \times 100\%$

상대위험도(RR) = $\dfrac{노출군의\ 발병률}{대조군의\ 발병률} = \dfrac{\dfrac{a}{(a+b)}}{\dfrac{c}{(c+d)}}$

15 유해물질의 생물학적 노출지표 및 시료채취시기에 관한 내용으로 옳지 않은 것은?

① 크실렌은 소변 중 메틸마뇨산을 작업 종료 시 채취하여 분석한다.

② 반감기가 길어서 수년간 인체에 축적되는 물질에 대해서는 채취시기가 중요하지 않다.

③ 유해물질의 공기 중 농도로는 호흡기를 통한 흡수 정도를 예측할 수 있으나, 피부와 소화기를 통한 흡수는 평가할 수 없다.

④ 일산화탄소는 호기 중 카복시헤모글로빈을 작업 종료 후 10~15분 이내에 채취하여 분석한다.

⑤ 배출이 빠르고 반감기가 5분 이내인 물질에 대해서는 작업 전, 작업 중 또는 작업 종료 시 시료를 채취한다.

● 해설

생물학적 노출지표

유해물질명	시료채취 종류	시료채취 시기	지표물질명	채취량	채취용기 및 요령	이동 및 보관	분석기한
p-니트로아닐린 p-니트로클로로벤젠 디니트로톨루엔 N, N-디메틸아닐린	혈액	수시	메트헤모글로빈	3mL 이상	EDTA 또는 Heparin 튜브	4℃ (2~8℃) 냉동금지	5일 이내
N, N-디메틸아세트아미드	소변	당일	N-메틸아세트아미드	10mL 이상	플라스틱 소변용기	4℃ (2~8℃)	5일 이내
디메틸포름아미드	소변	당일	N-메틸포름아미드	10mL 이상	플라스틱 소변용기	4℃ (2~8℃)	5일 이내
1,2-디클로로프로판	소변	당일	1,2-디클로로프로판	10mL 이상	플라스틱 소변용기에 가득 채취 후 밀봉	4℃ (2~8℃)	5일 이내
메틸클로로포름	소변	주말	삼염화초산 총삼염화에탄올	10mL 이상	플라스틱 소변용기	4℃ (2~8℃)	5일 이내
아닐린 및 그 동족체	혈액	수시	메트헤모글로빈	3mL 이상	EDTA 또는 Heparin 튜브	4℃ (2~8℃) 냉동금지	5일 이내
에틸렌글리콜 디니트레이트	혈액	수시	메트헤모글로빈	3mL 이상	EDTA 또는 Heparin 튜브	4℃ (2~8℃) 냉동금지	5일 이내
크실렌	소변	당일	메틸마뇨산	10mL 이상	플라스틱 소변용기	4℃ (2~8℃)	5일 이내
톨루엔	소변	당일	o-크레졸	10mL 이상	플라스틱 소변용기	4℃ (2~8℃)	5일 이내
트리크로로에틸렌	소변	주말	총삼염화물 삼염화초산	10mL 이상	플라스틱 소변용기	4℃ (2~8℃)	5일 이내
퍼클로로에틸렌	소변	주말	삼염화초산	10mL 이상	플라스틱 소변용기	4℃ (2~8℃)	5일 이내

◉ ANSWER | 15 ④

유해물질명	시료채취 종류	시료채취 시기	지표물질명	채취량	채취용기 및 요령	이동 및 보관	분석기한
n-헥산	소변	당일	2,5-헥산디온	10mL 이상	플라스틱 소변용기	4℃ (2~8℃)	5일 이내
납 및 그 무기화합물	혈액	수시	납	3mL 이상	EDTA 또는 Heparin 튜브	4℃ (2~8℃)	5일 이내
사알킬납	혈액	수시	납	3mL 이상	EDTA 또는 Heparin 튜브	4℃ (2~8℃)	5일 이내
수은 및 그 화합물	소변	작업전	수은	10mL 이상	플라스틱 소변용기	4℃ (2~8℃)	5일 이내
인듐	혈청	수시	인듐	3mL 이상	Serum Separator Tube(SST)	4℃ (2~8℃)	5일 이내
카드뮴과 그 화합물	혈액	수시	카드뮴	3mL 이상	EDTA 또는 Heparin 튜브	4℃ (2~8℃)	5일 이내
일산화탄소	혈액	당일	카복시 헤모글로빈	3mL 이상	EDTA 또는 Heparin 튜브	4℃ (2~8℃) 냉동금지	5일 이내

16 다음 역학연구의 설계를 인과관계의 근거(Evidence) 수준이 높은 것에서 낮은 것의 순서대로 옳게 나열한 것은?

> ㄱ. 사례군 연구 ㄴ. 코호트 연구
> ㄷ. 환자-대조군 연구 ㄹ. 생태학적 연구

① ㄴ → ㄱ → ㄷ → ㄹ ② ㄴ → ㄷ → ㄹ → ㄱ
③ ㄷ → ㄴ → ㄱ → ㄹ ④ ㄷ → ㄴ → ㄹ → ㄱ
⑤ ㄹ → ㄴ → ㄱ → ㄷ

해설

역학연구 설계의 인과관계 순서

코호트 연구 → 환자-대조군 연구 → 생태학적 연구 → 사례군 연구

17 청각기관의 구조와 소리의 전달에 관한 설명으로 옳지 않은 것은?

① 음압은 외이의 외청도(Ear Canal)를 거쳐 고막에 전달되어 이를 진동시킨다.
② 중이는 추골, 침골, 등골의 세 개 뼈로 구성되어 있다.
③ 고막을 통하여 들어온 음압은 중이를 거쳐 난형창을 통해 달팽이관으로 전달된다.
④ 내이액에 전달된 음압은 고막관(Tympanic Canal)을 거쳐 전정관(Vestibular Canal)으로 이동한다.
⑤ 귀는 외이, 중이, 내이로 구분할 수 있다.

소리의 전달체계 : 난형창 → 전정관 → 고실계 → 원형창

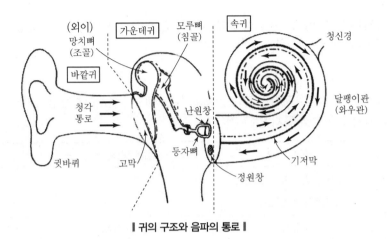

┃ 귀의 구조와 음파의 통로 ┃

18 산업안전보건법상 유해인자와 특수 · 배치 전 · 수시 건강진단의 1차 임상검사 및 진찰에 해당하는 기관/조직을 연결한 것으로 옳지 않은 것은?

	유해인자	1차 임상검사 및 진찰의 기관/조직
①	마이크로파 및 라디오파	신경계, 생식계, 눈
②	시클로헥산	피부, 호흡기계
③	황산	호흡기계, 눈, 피부, 비강, 인두 · 후두, 악구강계
④	망간과 그 화합물	호흡기계, 신경계
⑤	야간작업	신경계, 심혈관계, 위장관계, 내분비계

유해인자별 유해성

1. 사이클로헥세인(시클로헥산)
   1) 장기간 노출되면 피부염 등의 질병을 일으킬 수 있다.
   2) 흡입하면 저농도에서는 두통을, 고농도에서는 의식 장애를 일으킨다.
   3) 낮은 농도에서는 냄새가 거의 없기 때문에 취급 시 주의가 필요하다.
   4) 눈에 접촉 시 심한 자극을 주며 각막혼탁증을 유발한다.

2. 황산
   1) 눈과 피부에 심한 손상을 일으키고, 흡입 시 치명적이며 암을 유발한다.
   2) 금속을 부식시켜 수소가스를 발생시키고 고온에 분해되어 독성가스를 생성한다.
   3) 증기, 분진, 접촉은 심각한 상해, 화상을 초래한다.

3. 마이크로파
   특히 방광이나 창자, 위장 등의 생식계와 눈, 신경계에 장해를 초래한다.

◉ **ANSWER** │ 18 ②

4. 망간 화합물

고농도 망간 또는 화합물은 흡입 시 폐에 염증을 유발하고 중독 시 파킨슨병과 유사해 초기에는 두통이 일어나고 불안감, 무력증이 나타난다.

5. 야간작업

뇌심혈관질환의 위험을 증가시키며, 생체리듬의 불균형으로 인해 수면장애가 발생할 수 있고 소화성 궤양과 같은 위장 관련 질환을 유발할 수 있다.

19 작업환경측정 및 지정측정기관 평가 등에 관한 고시에서 명시하고 있는 화학적 인자와 시료채취 매체, 분석기기의 연결로 옳지 않은 것은?

	화학적 인자	시료채취 매체	분석기기
①	니켈(불용성 무기화합물)	막여과지	ICP, AAS
②	디메틸포름아미드	활성탄관	GC – FID
③	6가 크롬화합물	PVC 여과지	IC – 분광검출기
④	벤젠	활성탄관	GC – FID
⑤	2,4 – TDI	1 – 2PP 코팅 유리섬유 여과지	HPLC – 형광검출기

● **해설**

화학적 인자별 시료채취 매체

1. 2 – 브로모프로판 : 활성탄관
2. 디메틸포름아미드 : 실리카겔관
3. 시클로헥산 : 활성탄관
4. 트리클로로에틸렌 : 활성탄관
5. 니켈 : 막여과지와 패드가 장착된 3단 카세트
6. 6가 크롬화합물 : PVC 여과지
7. 2,4 – TDI : 1 – 2PP 코팅 유리섬유 여과지

20 CNC 공정에서 메탄올을 사용할 때, 작업자가 착용해야 하는 호흡보호구는?

① 유기화합물용 방독마스크 　　② 산가스용 방독마스크
③ 방진방독겸용 마스크 　　④ 전동식 방독마스크
⑤ 송기마스크

● **해설**

1. 메탄올의 위험성

메탄올은 에탄올에 비해 탄소와 수소를 적게 포함하고 있기 때문에 메탄올의 끓는점이 에탄올보다 낮다. 메탄올은 가장 간단한 알코올 화합물로 혐기성 생물의 대사 과정에서 자연적으로 만들어지기도 하며 조금 마시면 눈이 멀고, 많이 마시면 사망에 이르는 경우도 있다.

◉ **ANSWER** | 19 ② 20 ⑤

2. 대사과정
   1) 메탄올 → 포름알데히드 → 포름산 → 이산화탄소
   2) 포름산 : 생체 내에서 에너지 생산에 관여하는 미토콘드리아 효소 작용을 억제함에 따라 에너지를 만들 수 없기에 세포가 죽어가는 현상이 발생한다. 따라서 시신경 세포가 타격을 받고 실명에 이르며 다량의 메탄올은 사망에 이르게 한다.(작업 시 송기마스크 착용)

21 다음에서 설명하는 여과지의 종류는?

> • Polycarbonate로 만들어진 것으로 강도가 우수하고 화학물질과 열에 안정적이다.
> • 체(Sieve)처럼 구멍이 일직선(Straight – Through Holes)으로 되어 있다.
> • TEM 분석에 사용할 수 있다.

① MCE 막여과지
② Nuclepore 여과지
③ PTFE 막여과지
④ 섬유상 여과지
⑤ PVC 막여과지

● 해설

막여과지(Membrane Filter)

1. 작업환경측정 시 공기 중에 부유하고 있는 입자상 물질을 포집하기 위하여 사용되는 여과지
2. 섬유상 여과지에 비하여 공기저항이 심하다.
3. 여과지 표면에 채취된 입자들이 이탈되는 경향이 있다.
4. 셀룰로오스에스테르, PVC, 니트로아크릴 같은 중합체를 일정한 조건에서 침착시켜 만든 다공성의 얇은 막 형태이다.
5. 섬유상 여과지에 비하여 채취입자상 물질이 작다.
6. 종류
   1) MCE 막여과지(Mixed Cellulose Ester Membrane Filter)
      ① 산업위생에서는 거의 대부분이 직경 37mm, 구멍의 크기는 $0.45{\sim}0.8\mu m$ 의 MCE 막여과지를 사용하고 있다(작은 입자의 금속과 Fume 채취 가능). → 금속측정 시 사용된다.
      ② 산에 쉽게 용해, 가수분해되고 습식 회화되기 때문에 공기 중 입자상 물질 중의 금속을 채취하여 원자흡광법으로 분석하는 데 적당하다.
      ③ 시료가 여과지의 표면 또는 가까운 곳에 침착되므로 석면, 유리섬유 등 현미경 분석을 위한 시료채취에도 이용된다.
      ④ 흡습성(원료인 셀룰로오스가 수분 흡수)이 높은 MCE 막여과지는 오차를 유발할 수 있어 중량분석에 적합하지 않다.
      ⑤ NIOSH에서는 금속, 석면, 살충제, 불소화합물 및 기타 무기물질에 추천하고 있다.
   2) PVC 막여과지(Polyvinyl Chloride Membrane Filter)
      ① 흡습성이 낮기 때문에 분진의 중량분석에 사용된다.
      ② 유리규산을 채취하여 X선 회절법으로 분석하는 데 적절하고 6가크롬 및 아연화합물의 채취에 이용하며 수분의 영향이 크지 않아 공해성 먼지, 총 먼지 등의 중량분석을 위한 측정에 사용한다.
      ③ 석탄먼지, 결정형 유리규산, 무정형 유리규산, 별도로 분리하지 않은 먼지 등을 대상으로 무게농도를 구하고자 할 때 PVC 막여과지로 채취한다.
      ④ 습기의 영향을 적게 받으려 전기적인 전하를 가지고 있어 채취 시 입자를 반발하여 채취효율을 떨어뜨리는 단점이 있으며, 채취 전에 이 필터를 세정용액으로 처리함으로써 이러한 오차를 줄일 수 있다.
      ⑤ 기공 직경이 $5.0\mu m$ 인 것을 일반적으로 사용하나 실제적으로는 이보다 직경이 작은 호흡성 분진이 포집되는데 이의 포집원리는 확산, 간섭, 관성충돌이다.

● ANSWER | 21 ②

3) PTFE 막여과지(테프론, Polytetrafluoroethylene Membrane Filter)
① 열, 화학물질, 압력 등에 강한 특성을 가지고 있어 석탄건류나 증류 등의 고열 공정에서 발생하는 다핵방향족 탄화수소를 채취하는 데 이용된다.
② 농약, 알칼리성 먼지, 콜타르피치 등을 채취하는데 $1\mu m$, $2\mu m$, $3\mu m$의 여러 가지 구멍 크기를 가지고 있다.
4) 은막 여과지(Silver Membrane Filter)
① 균일한 금속은을 소결하여 만들며 열적, 화학적 안정성이 있다.
② 코크스 제조공정에서 발생되는 코크스오븐 배출물질 또는 다핵방향족 탄화수소 등을 채취하는 데 사용하고, 결합제나 섬유가 포함되어 있지 않다.
5) Nucleopore 여과지
① 폴리카보네이트 재질에 레이저빔을 쏘아 공극을 일직선으로 만든 막여과지이다.
② 화학물질과 열에 안정적이고 TEM(전자현미경) 분석을 위한 석면채취에 이용된다.

22 보호구 안전인증 고시에서 화학물질용 보호복의 구분 기준 중 "분진 등과 같은 에어로졸에 대한 차단 성능을 갖는 보호복"은?

① 1형식
② 2형식
③ 3형식
④ 4형식
⑤ 5형식

─● 해설

화학물질용 보호복 형식

1. 대분류
   1) 1, 2형식 : 가스상 물질로부터 인체를 보호하기 위한 것이다.
   2) 3, 4형식 : 액체의 분사나 분무로부터 인체를 보호하기 위한 것이다.
   3) 5, 6형식 : 분진 등의 에어로졸 및 미스트로부터 인체를 보호하기 위한 것이다.

2. 형식구분 소분류

1	a	긴급용
	b	보호복 외부에 개방형 공기호흡기와 같은 호흡용 공기공급이 있는 가스 차단 보호복
	c	공기라인과 같은 양압의 호흡용 공기가 공급되는 가스 차단복
2		공기라인과 같은 양압의 호흡용 공기가 공급되는 가스 비차단 보호복
3		액체 차단 성능을 갖는 보호복
4		분무 차단 성능을 갖는 보호복
5		분진 등과 같은 에어로졸에 대한 차단 성능을 갖는 보호복
6		미스트에 대한 성능을 갖는 보호복

23 고용노동부에서 발표한 2017년 산업재해 현황에 관한 설명으로 옳지 않은 것은?

① 직업병이란 작업환경 중 유해인자와 관련성이 뚜렷한 질병으로 난청, 진폐, 금속 및 중금속 중독, 유기화합물 중독, 기타 화학물질 중독 등이 있다.

② 직업관련성 질병이란 업무적 요인과 개인질병 등 업무외적 요인이 복합적으로 작용하여 발생하는 질병으로 뇌·심혈관질환, 신체부담작업, 요통 등이 있다.

③ 2017년에는 2016년 대비 업무상질병자 중 직업병과 직업관련성 질병의 빈도수가 모두 증가하였다.

④ 업무상질병자 중 직업병에서는 난청이 가장 높은 빈도수로 나타났다.

⑤ 업무상질병자 중 직업관련성 질병에서는 요통이 가장 높은 빈도수로 나타났다.

●해설

2017년 산업보건통계 현황

2017년도 업무상 질병자수는 9,183명으로 전년도 7,876명에 비해 1,307명(16.59%)이 증가하였다.

업무상 질병자수 = 업무상 질병 요양자수 + 업무상 질병 사망자수

• 이 중에서 소음성 난청, 진폐 등 직업병은 2017년에 3,054명으로 전년도 2,234명보다 820명(36.71%)이 증가하였고, 작업관련성 질병은 2017년에 6,129명으로 전년도 5,642명보다 487명(8.63%) 증가하였다.

• 작업관련성 질병 중 뇌·심혈관 질환자는 775명으로 전년도 587명보다 188명(32.03%) 증가하였으며, 신체부담 작업으로 인한 질환(경견완장해 등) 또한 2,436명으로 전년도 2,098명보다 338명(16.11%) 증가하였다.

<업무상 질병 요양자 비교표>

구분	총계	직업병							직업관련성 질병				
		소계	진폐	난청	금속 및 중금속 중독	유기 화합물 중독	기타 화학 물질 중독	기타	소계	뇌· 심혈관 질환	신체 부담 작업	요통	기타
2016년(명)	7,876	2,234	1,418	472	1	8	30	305	5,642	587	2,098	2,737	220
2017년(명)	9,183	3,054	1,553	1,051	19	16	69	346	6,129	775	2,436	2,638	280
증감(명)	1,307	820	135	579	18	8	39	41	487	188	338	-99	60
증감률(%)	16.59	36.71	9.52	122.67	1800	100	130	13.44	8.63	32.03	16.11	-3.62	27.27

24 표준화사망비(SMR)에 관한 설명으로 옳지 않은 것은?

① 직접표준화법으로 산출한다.

② 관찰사망수를 기대사망수로 나눈다.

③ 기대사망은 관찰사망 집단보다 더 큰 집단을 사용한다.

④ 1(100%)보다 크면 관찰집단에서 특정 질병에 대한 위험요인이 존재할 가능성이 있다.

⑤ 직업역학 분야에서 사용하는 주요 지표 중 하나이다.

●해설

표준화사망비

1. 개요

정확한 기준이 없는 상황에서 서로 비교할 만한 기준을 가져와 정확한 비교목적으로 사용하는 계측치를 표준화율이라 하며, 연령구조를 동일하게 하는 방법이 표준화 방법의 핵심이다. 연령표준화 방법은 직접법과 간접법으로 구분된다.

◉ ANSWER | 23 ④ 24 ①

2. 직접표준화법의 산정방법(연령별 측도는 있으나 표준집단이 없을 때)
   1) 연령구조가 정해진 가상적 표준집단을 상정해 연령별 인구수를 파악한다.
   2) 비교하고자 하는 인구집단의 연령별 비율을 표준인구에 적용해 인구집단별로 표준인구에서의 연령별 기대빈도수를 계산한다.
   3) 인구집단별로 연령별 기대빈도 수를 합산한 후 표준집단의 총 인구수로 나누어 표준화율을 구한다.
3. 간접표준화법의 산정방법(특정 인구집단의 사망률이 전체 인구집단의 사망률보다 높은지 비교하는 방법)
   1) 각 연령군에 적용할 기준을 정한다.
   2) 연령별 기준율을 비교하고자 하는 집단의 각 연령군에 적용해 기대사건 수를 산출한다.
   3) 실제 관찰된 사건의 총수를 기대사건 수로 나누어 표준화발생비를 얻는다.
   4) 기준율에서 정한 전체율에 표준화비를 곱해 표준화율을 계산한다.

25 한 사업장에서 다음과 같은 재해결과가 나왔을 때, 이에 관한 해석으로 옳지 않은 것은?

> • 환산도수율(F) = 1.2   • 환산강도율(S) = 96

① 작업자 1인당 일평생 1.2회의 재해가 발생한다.
② 작업자 1인당 일평생 96일의 근로손실일수가 발생한다.
③ 재해 1건당 근로손실일수는 평균 80일이다.
④ 사업장의 도수율은 12이다.
⑤ 사업장의 강도율은 9.6이다.

해설

$$강도율 = \frac{환산강도율}{100} = \frac{96}{100} = 0.96$$

근로자 1인의 1년간 총근로시간수 = 8시간 × 300일 = 2,400시간(1일 근로시간 8시간 × 1년 근로일수 300일)
근로자 1인의 평생 근로시간수 = 40년 × 2,400시간 + 4,000시간 = 100,000시간
(1인의 일평생 근로연수 40년, 1년 근로일수 300일, 일평생 잔업시간 4,000시간)
사망 및 1, 2, 3급의 근로손실일수 = 25년 × 300일 = 7,500일

1. 강도율 : 연근로시간 2,000시간에 대한 근로손실일수의 비율

$$강도율 = \frac{근로손실일수}{연근로시간수} × 1,000 \quad (근로손실일수 = 휴업일수, 요양일수, 입원일수 × \frac{300}{365})$$

2. 환산강도율 : 한 근로자가 한 작업장에서의 평생 근로시간에 대한 근로손실일수

$$환산강도율 = \frac{근로손실일수}{연근로시간수} × 평생근로시간$$

3. 도수율 : 연근로시간 1백만 시간에 대한 재해건수의 비율

$$도수율 = \frac{재해발생건수}{연근로시간수} ÷ 10^6 = \frac{연천인율}{2.4}$$

4. 환산도수율 : 한 근로자가 한 작업장에서 평생 동안 작업할 때 당할 수 있는 재해건수
   환산도수율 = 도수율 × 0.12(평생근로시간이 12만인 경우 ×0.12, 10만이면 ×0.10, 15만이면 ×0.15)

5. 연천인율
   연평균 근로자 1천 명에 대한 재해자수의 비율

$$연천인율 = \frac{연간 재해자수}{연평균 근로자수} × 1,000$$

◉ ANSWER | 25 ⑤

3과목 기업진단 · 지도

01 인사평가의 방법을 상대평가법과 절대평가법으로 구분할 때 상대평가법에 속하는 기법을 모두 고른 것은?

ㄱ. 서열법	ㄴ. 쌍대비교법
ㄷ. 평정척도법	ㄹ. 강제할당법
ㅁ. 행위기준척도법	

① ㄱ, ㄴ, ㄷ   ② ㄱ, ㄴ, ㄹ
③ ㄱ, ㄷ, ㄹ   ④ ㄴ, ㄷ, ㅁ
⑤ ㄴ, ㄹ, ㅁ

◉해설

인사평가의 상대평가법
- 서열법
- 쌍대비교법
- 강제할당법

인사평가의 절대평가법
- 평정척도법
- 데크리스트법
- 중요사건기술법

02 기능별 부문화와 제품별 부문화를 결합한 조직구조는?

① 가상조직(Virtual Organization)
② 하이퍼텍스트조직(Hypertext Organization)
③ 에드호크라시(Adhocracy)
④ 매트릭스조직(Matrix Organization)
⑤ 네트워크조직(Network Organization)

◉해설

매트릭스조직
기능별 부문화와 제품별 부문화를 결합한 조직구조로 팀원이 여러 리더에게 보고하는 업무구조로서 팀원은 원격근무를 할 때나 사무실에 출근해 근무할 때에도 프로젝트 매니저와 각 부서장에게 보고한다. 이와 같은 관리구조로 인해 회사가 팀을 재조정할 필요 없이 새로운 제품과 서비스의 창출이 가능하다.

◉ ANSWER | 01 ② 02 ④

03 아담스(J. Adams)의 공정성 이론에서 투입과 산출의 내용 중 투입이 아닌 것은?

① 시간　　　　　　　　　　② 노력
③ 임금　　　　　　　　　　④ 경험
⑤ 창의성

해설

아담스의 공정성 이론

조직 내 개인과 조직 간 교환관계에 있어 공정성 문제와 공정성이 훼손되었을 때 나타나는 개인의 행동유형을 제시하고 구성원 개인은 직무에 대해 자신이 조직으로부터 받은 보상을 비교함으로써 공정성을 지각하며, 자신의 보상을 동료와 비교해 공정성을 판단한다는 이론
• 투입 : 직무수행과 관련된 노력, 업적, 기술, 교육, 경험 등
• 산출 : 임금, 후생복지, 승진, 지위, 권력, 인간관계 등

04 집단의사결정기법에 관한 설명으로 옳지 않은 것은?

① 델파이법(Delphi Technique)은 의사결정시간이 짧아 긴박한 문제의 해결에 적합하다.
② 브레인스토밍(Brainstorming)은 다른 참여자의 아이디어에 대해 비판할 수 없다.
③ 프리모텀(Premortem) 기법은 어떤 프로젝트가 실패했다고 미리 가정하고 그 실패의 원인을 찾는 방법이다.
④ 지명반론자법은 악마의 옹호자(Devil's Advocate) 기법이라고도 하며, 집단사고의 위험을 줄이는 방법이다.
⑤ 명목집단법은 참여자들 간에 토론을 하지 못한다.

해설

델파이법(Delphi Technique)

내용이 아직 알려지지 않았거나 일정한 합의점에 달하지 못한 경우 다수의 전문가 의견을 자기기입식 설문조사나 우편조사방법으로 수회에 걸쳐 피드백시켜 의견을 수렴하고 합의 된 내용을 얻는 전문집단적 사고에 의한 정책분석 방법으로 의사결정시간이 매우 길게 소요된다.

05 부당노동행위 중 근로자가 어느 노동조합에 가입하지 아니할 것 또는 탈퇴할 것을 고용조건으로 하거나 특정한 노동조합의 조합원이 될 것을 고용조건으로 하는 행위는?

① 불이익대우　　　　　　　② 단체교섭거부
③ 지배 · 개입 및 경비원조　④ 정당한 단체행동참가에 대한 해고 및 불이익대우
⑤ 황견계약

해설

황견계약

차별 대우를 교환조건으로 노동조합에 가입하지 않고 쟁의에도 참가하지 않거나 조합으로부터 탈당한다는 등의 조건을 내용으로 노동자가 개별적으로 사용자와 맺는 고용계약을 말한다.

◎ ANSWER | 03 ③ 04 ① 05 ⑤

06 식스 시그마(Six Sigma) 분석도구 중 품질 결함의 원인이 되는 잠재적인 요인들을 체계적으로 표현해주며, Fishbone Diagram으로도 불리는 것은?

① 린 차트
② 파레토 차트
③ 가치흐름도
④ 원인결과 분석도
⑤ 프로세스 관리도

원인결과 분석도
Six Sigma 분석도구 중 품질 결함의 원인이 되는 잠재적 요인들을 체계적으로 표현해주는 기법

07 수요를 예측하는 데 있어 과거 자료보다는 최근 자료가 더 중요한 역할을 한다는 논리에 근거한 지수평활법을 사용하여 수요를 예측하고자 한다. 다음 자료의 수요 예측값(F_t)은?

- 직전 기간의 지수평활 예측값(F_{t-1}) = 1,000
- 평활 상수(α) = 0.05
- 직전 기간의 실제값(A_{t-1}) = 1,200

① 1,005
② 1,010
③ 1,015
④ 1,020
⑤ 1,200

수요예측치
= 평활상수 × 전기실제값 + (1 − 평활상수) × 전기예측치
= 0.05 × 1,200 + (1 − 0.05) × 1,000 = 1,010

08 재고량에 관한 의사결정을 할 때 고려해야 하는 재고유지비용을 모두 고른 것은?

ㄱ. 보관설비비용	ㄴ. 생산준비비용
ㄷ. 진부화 비용	ㄹ. 품절비용
ㅁ. 보험비용	

① ㄱ, ㄴ, ㄷ
② ㄱ, ㄴ, ㄹ
③ ㄱ, ㄷ, ㅁ
④ ㄱ, ㄹ, ㅁ
⑤ ㄴ, ㄷ, ㄹ

재고유지비용
- 보관설비비용
- 진부화 비용
- 보험비용

◎ ANSWER | 06 ④ 07 ② 08 ③

09 서비스 수율관리(Yield Management)가 효과적으로 나타나는 경우가 아닌 것은?

① 변동비가 높고 고정비가 낮은 경우

② 재고가 저장성이 없어 시간이 지나면 소멸하는 경우

③ 예약으로 사전에 판매가 가능한 경우

④ 수요의 변동이 시기에 따라 큰 경우

⑤ 고객특성에 따라 수요를 세분화할 수 있는 경우

● 해설

서비스 수율관리(Yield Management)

가격과 가용 가능한 능력의 함수로 기업 자원을 이용해 최대로 산출할 수 있는 잠재 수익 중 실제로 달성한 수익을 상대로 얼마인가를 나타내는 척도

서비스업에서 수율관리가 필요한 이유

1) 고정된 서비스 능력

2) 생산과 소비의 동시성

3) 심한 수요 변동

따라서 서비스 수율관리는 변동비가 높고 고정비도 높은 경우에도 효과적으로 나타난다.

10 오건(D. Organ)이 범주화한 조직시민행동의 유형에서 불평, 불만, 험담 등을 하지 않고, 있지도 않은 문제를 과장해서 이야기하지 않는 행동에 해당하는 것은?

① 시민덕목(Civic Virtue) ② 이타주의(Altruism)

③ 성실성(Conscientiousness) ④ 스포츠맨십(Sportsmanship)

⑤ 예의(Courtesy)

● 해설

조직시민행동 유형

1) 신사적(Sportsmanship) 행동

조직이나 다른 구성원과 관련하여 불만, 불평이 생겼을 경우 험담하기보다 긍정적 측면에서 이해하고자 노력하거나 직접 이야기를 해 문제를 해결하려는 행동

2) 공익적(Civic Virtue) 행동

조직 내 다양한 공식, 비공식적 활동에 적극 참여하는 행동

3) 양심적(Conscientiousness) 행동

양심에 따라 조직의 명시적, 암묵적 규칙을 충실히 준행하는 것으로 필요 이상의 휴식시간을 취하지 않는 것, 회사의 비품을 아껴 쓰는 것이 대표적이다.

4) 이타적(Altruism) 행동

친사회적 행동으로 조직의 제 상황에서 도움을 필요로 하는 다른 사람을 자발적으로 도와주는 행위

5) 예의적(Courtesy) 행동

자신의 업무와 관련해 다른 사람이 피해보지 않도록 미리 배려하는 행동

11 직업 스트레스에 관한 설명으로 옳지 않은 것은?

① 비르(T. Beehr)와 프랜즈(T. Franz)는 직업 스트레스를 의학적 접근, 임상·상담적 접근, 공학심리학적 접근, 조직심리학적 접근 등 네 가지 다른 관점에서 설명할 수 있다고 제안하였다.

② 요구-통제 모델(Demands-Control Model)은 업무량 이외에도 다양한 요구가 존재한다는 점을 인식하고, 이러한 다양한 요구가 종업원의 안녕과 동기에 미치는 영향을 연구한다.

③ 자원보존 이론(Conservation of Resources Theory)은 종업원들은 시간에 걸쳐 자원을 축적하려는 동기를 가지고 있으며, 자원의 실제적 손실 또는 손실의 위협이 그들에게 스트레스를 경험하게 한다고 주장한다.

④ 셀리에(H. Selye)의 일반적 적응증후군 모델은 경고(Alarm), 저항(Resistance), 소진(Exhaustion)의 세 가지 단계로 구성된다.

⑤ 직업 스트레스 요인 중 역할 모호성(Role Ambiguity)은 종업원이 자신의 직무 기능과 책임이 무엇인지 불명확하게 느끼는 정도를 말한다.

● 해설

요구-통제 모델
직무요구와 통제라는 두 개의 중요한 환경적 요인에 초점을 맞추어 직무와 관련된 스트레스와 동기부여를 예측하기 위한 기법이다.

12 직무만족을 측정하는 대표적인 척도인 직무기술 지표(JDI ; Job Descriptive Index)의 하위요인이 아닌 것은?

① 업무   ② 동료
③ 관리 감독   ④ 승진 기회
⑤ 작업 조건

● 해설

1. **직무기술지표의 동기요인**
   - 급여
   - 회사의 정책과 행정
   - 하급자와의 인간관계
   - 개인생활 요소들
   - 직장의 안정성
   - 감시와 감독
   - 감독자와의 인간관계
   - 작업조건
   - 직위

2. **직무기술지표의 위생요인(하위요인)**
   직무 불만족에 영향을 미치는 요인들

13 헤크만(J. Hackman)과 올드햄(G. Oldham)의 직무특성 이론은 5개의 핵심직무특성이 중요 심리상태라고 불리는 다음 단계와 직접적으로 연결된다고 주장하는데, '일의 의미감(Meaningfulness)경험'이라는 심리상태와 관련 있는 직무특성을 모두 고른 것은?

ㄱ. 기술 다양성   ㄴ. 과제 피드백
ㄷ. 과제 정체성   ㄹ. 자율성
ㅁ. 과제 중요성

① ㄱ, ㄷ   ② ㄱ, ㄷ, ㅁ
③ ㄴ, ㄹ, ㅁ   ④ ㄷ, ㄹ, ㅁ
⑤ ㄴ, ㄷ, ㄹ, ㅁ

● 해설

일의 의미감 경험 심리상태와 관련된 직무특성
- 기술 다양성
- 과제 정체성
- 과제 중요성

14 브룸(V. Vroom)의 기대이론(Expectancy Theory)에서 일정 수준의 행동이나 수행이 결과적으로 어떤 성과를 가져올 것이라는 믿음을 나타내는 것은?

① 기대(Expectancy)   ② 방향(Direction)
③ 도구성(Instrumentality)   ④ 강도(Intensity)
⑤ 유인가(Valence)

● 해설

브룸(Victor H. Vroom)의 기대이론

1. 정의
   개인의 동기는 자신의 노력이 성과를 가져올 것이라는 기대와 성과는 보상을 주리라는 수단성에 대한 기대감이 복합적으로 결정된다는 동기부여 이론이다.

2. 동기유발 요인
   ① 가치 : 행위의 결과로 얻게 되는 보상에 부여되는 가치
   ② 수단성 : 행위의 1차적 결과가 2차적 결과를 유발해 보상으로 돌아올 가능성
   ③ 기대 : 자신의 행동을 통해 1차적 결과물을 획득할 수 있으리라는 자신감

3. 브룸의 개인목표 달성 메커니즘
   개인의 노력＞개인의 성과＞조직의 보상＞개인의 목표달성

4. 구성 3요소
   ① 기대 : 노력대비 성과의 관계
   ② 도구성 : 성과대비 보상의 관계
   ③ 유인가(Valence) : 보상대비 개인목표의 관계

5. 조직구성에서의 의의

조직을 구성하는 조직 내 구성원이 어떠한 업무를 수행할 것인가의 여부를 결정하는 데에는 그 업무가 가져다 줄 가치와 그 업무를 함으로써 기대하는 가치가 달성될 가능성과 자신의 일처리능력에 대한 평가가 복합적(동기부여 = 기대감×도구성×유인성)으로 작용한다고 주장하였다.

15 라스뮈센(J. Rasmussen)의 수행수준 이론에 관한 설명으로 옳은 것은?

① 실수(Slip)의 기본적인 분류는 3가지 주제에 대한 것으로 의도형성에 따른 오류, 잘못된 활성화에 의한 오류, 잘못된 촉발에 의한 오류이다.

② 인간의 행동을 숙련(Skill)에 바탕을 둔 행동, 규칙(Rule)에 바탕을 둔 행동, 지식(Knowledge)에 바탕을 둔 행동으로 분류한다.

③ 오류의 종류로 인간공학적 설계오류, 제작오류, 검사오류, 설치 및 보수오류, 조작오류, 취급오류를 제시한다.

④ 오류를 분류하는 방법으로 오류를 일으키는 원인에 의한 분류, 오류의 발생결과에 의한 분류, 오류가 발생하는 시스템 개발단계에 의한 분류가 있다.

⑤ 사람들의 오류를 분석하고 심리수준에서 구체적으로 설명할 수 있는 모델이며 욕구체계, 기억체계, 의도체계, 행위체계가 존재한다.

◉해설

라스뮈센의 수행수준 이론
1. 인간의 행동 분류
   • 숙련에 바탕을 둔 행동
   • 규칙에 바탕을 둔 행동
   • 지식에 바탕을 둔 행동

16 착시를 크기 착시와 방향 착시로 구분하는 경우, 동일한 물리적인 길이와 크기를 가지는 선이나 형태를 다르게 지각하는 크기 착시에 해당하지 않는 것은?

① 뮐러-라이어(Muller-Lyer) 착시   ② 폰조(Ponzo) 착시
③ 에빙하우스(Ebbinghaus) 착시   ④ 포겐도르프(Poggendorf) 착시
⑤ 델뵈프(Delboeuf) 착시

◉해설

• Muller-Lyer 착시 : 화살표의 끝부분 방향이 달라짐에 따라 선의 길이에 착시를 겪는 현상
• Ponzo 착시 : 동일한 길이이나 주변의 사다리꼴로 인해 선의 길이에 착시를 겪는 현상
• Poggendorf 착시 : 중간에 놓은 구조물 윤곽으로 단절된 사선방향에 착시를 겪는 현상
• Ebbinghaus 착시 : 동일한 크기의 두 원을 둘러싼 다른 원의 크기가 다름에 따라 크기에 착시를 겪는 현상
• Delbouef 착시 : 동일한 크기의 두 원을 둘러싼 고리와의 거리가 다름에 따라 크기에 착시를 겪는 현상

◉ ANSWER | 15 ② 16 ④

17 집단(팀)에 관한 다음 설명에 해당하는 모델은?

> • 집단이 발전함에 따라 다양한 단계를 거친다는 가정을 한다.
> • 집단발달의 단계로 5단계(형성, 폭풍, 규범화, 성과, 해산)를 제시하였다.
> • 시간의 경과에 따라 팀은 여러 단계를 왔다갔다 반복하면서 발달한다.

① 캠피온(Campion)의 모델　　　　　② 맥그래스(McGrath)의 모델
③ 그래드스테인(Gladstein)의 모델　　④ 해크만(Hackman)의 모델
⑤ 터크만(Tuckman)의 모델

●해설

1. 터크만의 모델
- 집단이 발전함에 따라 다양한 단계를 거친다는 가정을 한다.
- 집단발달의 단계로 5단계를 제시하였다.
- 시간의 경과에 따라 팀은 여러 단계를 반복하며 발달한다.

2. 터크만의 팀 개발 모델
- 형성 : 팀 구성 단계
- 격동 : 논의 시 갈등 발생(혼돈기)
- 표준화 : 팀원 간 신뢰성 확보와 성과 증가 단계
- 수행 : 원활
- 해산

18 산업재해이론 중 아담스(E. Adams)의 사고연쇄 이론에 관한 설명으로 옳은 것은?

① 관리구조의 결함, 전술적 오류, 관리기술 오류가 연속적으로 발생하게 되며 사고와 재해로 이어진다.
② 불안전상태와 불안전행동을 어떻게 조절하고 관리할 것인가에 관심을 가지고 위험해결을 위한 노력을 기울인다.
③ 긴장 수준이 지나치게 높은 작업자가 사고를 일으키기 쉽고 작업수행의 질도 떨어진다.
④ 작업자의 주의력이 저하하거나 약화될 때 작업의 질은 떨어지고 오류가 발생해서 사고나 재해가 유발되기 쉽다.
⑤ 사고나 재해는 사고를 낸 당사자나 사고발생 당시의 불안전행동, 그리고 불안전행동을 유발하는 조건과 감독의 불안전 등이 동시에 나타날 때 발생한다.

●해설

아담스(Adams) 이론의 의의
재해의 직접 원인이 불안전한 행동, 상태에서 유발하거나 방치한 전술적 에러에서 비롯된다는 이론

아담스(Adams) 재해발생 사고연쇄반응
- 제1단계 : 관리적 결함
- 제2단계 : 작전적 에러(관리자의 에러)
- 제3단계 : 전술적 에러(관리조직의 에러)
- 제4단계 : 사고
- 제5단계 : 재해

◉ **ANSWER** | 17 ⑤　18 ①

19 다음은 산업위생을 연구한 학자이다. 누구에 관한 설명인가?

> • 독일 의사
> • "광물에 대하여(De Re Metallica)" 저술
> • 먼지에 의한 규폐증 기록

① Alice Hamilton
② Percival Pott
③ Thomas Percival
④ Georgius Agricola
⑤ Pliny the Elder

●해설

게오르기우스 아그리콜라(Georgius Agricola)
독일의 광물학자이자 의사로 1517년 라이프치히 대학 졸업 후 언어학 교사로서 인문학자로도 알려져 있으나 이후 의학을 배운 뒤 은광산촌의 의사가 되었고 시장으로도 선출되었다.

20 화학물질 및 물리적 인자의 노출기준에 관한 설명으로 옳지 않은 것은?

① "최고노출기준(C)"이란 근로자가 1일 작업시간 동안 잠시라도 노출되어서는 아니 되는 기준이다.
② 노출기준을 이용할 경우에는 근로시간, 작업의 강도, 온열조건, 이상기압도 고려하여야 한다.
③ "Skin" 표시물질은 피부자극성을 뜻하는 것은 아니며, 점막과 눈 그리고 경피로 흡수되어 전신 영향을 일으킬 수 있는 물질이다.
④ 발암성 정보물질의 표기는 화학물질의 분류 · 표시 및 물질안전보건자료에 관한 기준에 따라 1A, 1B, 2로 표기한다.
⑤ "단시간노출기준(STEL)"이란 15분간의 시간가중평균노출값으로서 노출농도가 시간가중평균노출기준(TWA)을 초과하고 단시간노출기준(STEL) 이하인 경우에는 1회 노출 지속시간이 15분 미만이어야 하고, 이러한 상태가 1일 3회 이하로 발생하여야 하며, 각 노출의 간격은 45분 이상이어야 한다.

●해설

단시간노출기준
15분간의 시간가중평균노출값으로서 노출농도가 시간가중평균노출기준을 초과하고 단시간노출기준 이하인 경우에는 1회 노출 지속시간이 15분 미만이어야 하고, 이러한 상태가 1일 4회 이하로 발생하여야 하며, 각 노출의 간격은 60분 이상이어야 한다.

21 근로자건강진단 실무지침에서 화학물질에 대한 생물학적 노출지표의 노출기준 값으로 옳지 않은 것은?

① 노말-헥산 : [소변 중 2,5-헥산디온, 5mg/L]
② 메틸클로로포름 : [소변 중 삼염화초산, 10mg/L]
③ 크실렌 : [소변 중 메틸마뇨산, 1.5g/g crea]
④ 톨루엔 : [소변 중 o-크레졸, 1mg/g crea]
⑤ 인듐 : [혈청 중 인듐, 1.2μg/L]

해설

톨루엔 : 소변 중 o-크레졸, 0.8mg/L

22 후드 개구부 면에서 제어속도(Capture Velocity)를 측정해야 하는 후드 형태에 해당하는 것은?

① 외부식 후드　　　　　　　　　② 포위식 후드
③ 리시버(Receiver)식 후두　　　　④ 슬롯(Slot) 후드
⑤ 캐노피(Canopy) 후드

해설

포위식 후드
후드 개구부 면에서 제어속도를 측정하는 후드 형태이며 후드별 제어풍속 측정방법은 다음과 같다.
1. 포위식 후드는 개구면 이외의 공기 유입량이 없으므로 유입되는 공기의 체적과 덕트에서 나오는 풍량이 같다.
2. 분당 배풍량=60×평균풍속×개구면적 (풍속단위가 m/sec이므로 60을 곱해줌)

23 카드뮴 및 그 화합물에 대한 특수건강진단 시 제1차 검사항목에 해당하는 것은?(단, 근로자는 해당 작업에 처음 배치되는 것은 아니다.)

① 소변 중 카드뮴
② 베타2-마이크로글로불린
③ 혈중 카드뮴
④ 객담세포검사
⑤ 단백뇨정량

해설

• 카드뮴 및 그 화합물에 노출되는 작업자는 1년에 1회 이상 특수건강진단을 실시하며 작업 배치 건강진단 후 첫 번째 특수건강진단은 6개월 이내에 작업자 개별적으로 실시한다.
• 생물학적 노출지표검사 필수항목 : 혈중 카드뮴, 소변 중 카드뮴, 소변 중 베타2-마이크로글로불린 검사를 검사하며 제1차 검사항목에는 혈중 카드뮴을 검사한다.

24 근로자 건강진단 실시기준에서 유해요인과 인체에 미치는 영향으로 옳지 않은 것은?

① 니켈-폐암, 비강암, 눈의 자극증상

② 오산화바나듐-천식, 폐부종, 피부습진

③ 베릴륨-기침, 호흡곤란, 폐의 육아종 형성

④ 카드뮴-만성 폐쇄성 호흡기 질환 및 폐기종

⑤ 망간-접촉성 피부염, 비중격 점막의 괴사

해설

망간-중추신경계질환인 파킨슨 증후군

25 작업환경측정 대상 유해인자에는 해당하지만 특수건강진단 대상 유해인자는 아닌 것은?

① 디에틸아민　　　　　　　② 디에틸에테르

③ 무수프탈산　　　　　　　④ 브롬화메틸

⑤ 피리딘

해설

1. **특수건강진단 대상 유해인자**

   1) 유기화합물 109종

   　가솔린, 베타-나프틸아민, 니트로글리세린, 니트로메탄, 니트로벤젠 등

   2) 금속류 20종

   　구리, 납, 니켈 및 그 무기화학물, 니켈 카르보닐, 망간, 사알킬납, 산화아연, 산화철 등

   3) 산 및 알칼리류 8종

   　무수초산, 불화수소, 시안화 나트륨, 시안화 칼륨, 염화수소, 질산, 트리클로로아세트산, 황산

   4) 가스 상태 물질류 14종

   　불소, 브롬, 산화에틸렌, 삼수소화 비소, 염소, 오존, 이산화질소 등

   5) 기타

   　디아니시딘 및 그염 등 허가 대상 유해물질 12종, 분진 7종, 물리적 인자 8종, 야간작업 2종이 있다.

2. **야간작업2종**

   1) 6개월간 밤 12시부터 오전 5시까지의 시간을 포함하여 계속되는 8시간 작업을 월평균 4회 이상 수행하는 경우

   2) 6개월간 오후 10시부터 다음날 오전 6시 사이의 시간 중 작업을 월평균 60시간 이상 수행하는 경우

3과목 **기업진단 · 지도**

01 균형성과표(BSC : Balanced Score Card)에서 조직의 성과를 평가하는 관점이 아닌 것은?

① 재무 관점
② 고객 관점
③ 내부 프로세스 관점
④ 학습과 성장 관점
⑤ 공정성 관점

● 해설

균형성과표(BSC : Balanced Score Card)에서 조직의 성과를 평가하는 관점
1. 과거의 재무 관점
2. 외부고객 관점
3. 내부 프로세스 관점
4. 미래의 학습과 성장 관점

02 노사관계에서 숍제도(Shop System)를 기본적인 형태와 변형적인 형태로 구분할 때, 기본적인 형태를 모두 고른 것은?

ㄱ. 클로즈드 숍(Closed Shop)	ㄴ. 에이전시 숍(Agency Shop)
ㄷ. 유니온 숍(Union Shop)	ㄹ. 오픈 숍(Open Shop)
ㅁ. 프레퍼렌셜 숍(Preferential Shop)	ㅂ. 메인티넌스 숍(Maintenance Shop)

① ㄱ, ㄴ, ㄷ
② ㄱ, ㄷ, ㄹ
③ ㄱ, ㄷ, ㅂ
④ ㄴ, ㄹ, ㅁ
⑤ ㄴ, ㅁ, ㅂ

● 해설

노사관계의 숍제도(Shop System)에서 기본적인 형태
1. 클로즈드 숍(Closed Shop) : 전체 근로자를 강제적으로 조합에 가입시키는 형태
2. 오픈 숍(Open Shop) : 근로자 스스로 가입하는 형태
3. 유니온 숍(Union Shop) : 채용된 후 일정한 기한을 두어 노동조합에 가입시키는 형태

◉ ANSWER | 01 ⑤ 02 ②

03 홉스테드(G. Hofstede)가 국가 간 문화차이를 비교하는 데 이용한 차원이 아닌 것은?

① 성과지향성(Performance Orientation)

② 개인주의 대 집단주의(Individualism vs Collectivism)

③ 권력격차(Power Distance)

④ 불확실성 회피성향(Uncertainty Avoidance)

⑤ 남성적 성향 대 여성적 성향(Masculinity vs Feminity)

● 해설

홉스테드(G. Hofstede)가 국가 간 문화차이를 비교하는 데 이용한 차원

1. 남성적 성향 대 여성적 성향(Masculinity vs Feminity)
2. 개인주의 대 집단주의(Individualism vs Collectivism)
3. 권력격차(Power Distance)
4. 불확실성 회피성향(Uncertainty Avoidance)

04 레윈(K. Lewin)의 조직변화의 과정으로 옳은 것은?

① 점검(Checking) – 비전(Vision) 제시 – 교육(Education) – 안정(Stability)

② 구조적 변화 – 기술적 변화 – 생각의 변화

③ 진단(Diagnosis) – 전환(Transformation) – 적응(Adaptation) – 유지(Maintenance)

④ 해빙(Unfreezing) – 변화(Changing) – 재동결(Refreezing)

⑤ 필요성 인식 – 전략수립 – 실행 – 해결 – 정착

● 해설

레윈(K. Lewin)의 조직변화 과정

해빙(Unfreezing) – 변화(Changing) – 재동결(Refreezing)

05 하우스(R. House)의 경로 – 목표 이론(Path – Goal Theory)에서 제시되는 리더십 유형이 아닌 것은?

① 지시적 리더십(Directive Leadership)

② 지원적 리더십(Supportive Leadership)

③ 참여적 리더십(Participative Leadership)

④ 성취지향적 리더십(Achievement – Oriented Leadership)

⑤ 거래적 리더십(Transactional Leadership)

● 해설

리더십 관련 이론

1. R.House & Evans의 경로(통로) – 목표이론
   - 지시적 리더십 : 통제 및 조정에 의한 리더십
   - 지원적 리더십 : 부하직원에 대한 배려 또는 복지에 관한 관심
   - 참여적 리더십 : 정보의 공유, 부하의 제안사항을 반영
   - 성취지향적 리더십 : 높은 목표를 설정하고 성과향상을 촉구하는 리더십

◎ **ANSWER** | 03 ① 04 ④ 05 ⑤

2. Tannenbaum & Schmidt의 상황이론
- 리더의 권위와 부하의 재량권은 반비례한다는 이론
- 독재적(과업지향적), 협의적, 민주적(관계지향적)으로 분류

3. Fiedle의 상황적응모형(목표성취이론)
- 가장 싫어하는 동료에 의해 관계지향적, 과업지향적 리더로 구분
- 리더십 상황이 호의적이거나 비호의적일 때에는 과업지향적 리더십, 중간일 때는 관계지향적 리더십이 효과적

4. Reddin의 3차원 모형(효과성 리더십이론)
- 과업지향형, 관계지향형으로 구분
- 리더의 형태가 상황에 적합하면 효과적 리더십이 되고, 그렇지 못할 경우 비효과적 리더십이 됨

구분	특징
분리형	과업과 인간관계 모두를 경시
헌신형	과업만을 중시
관계형	인간관계만을 중시
통합형	과업 및 인간관계 모두를 중시

5. Hersey&Blanchard의 3차원이론(생애주기이론)
리더의 행동을 관계행동과 과업행동으로 구분하고 효율성을 추가요소로 여긴 이론
- 부하의 성숙도가 낮을 경우 지시하면 과업이 상승하고 관계는 저하
- 부하의 성숙도가 더 나아질 경우 지도하면 과업과 관계가 상승
- 부하의 성숙도가 더 높아져 독립할 정도가 될 때 지원하면 과업이 낮아지고 관계는 향상
- 완전한 독립이 가능할 정도로 성숙한 경우 위임하면 과업과 관계가 낮아짐

06 재고관리에 관한 설명으로 옳은 것은?

① 재고비용은 재고유지비용과 재고부족비용의 합이다.
② 일반적으로 재고는 많이 비축할수록 좋다.
③ 경제적 주문량(EOQ) 모형에서 재고유지비용은 주문량에 비례한다.
④ 1회 주문량을 Q라고 할 때, 평균재고는 Q/3이다.
⑤ 경제적 주문량(EOQ) 모형에서 발주량에 따른 총 재고비용선은 역U자 모양이다.

해설

재고관리
1. 경제적 주문량(EOQ) 모형에서 발주량에 따른 총 재고비용선은 U자 모양이다.
2. 일반적으로 재고는 많이 비축할수록 불리하다.
3. 경제적 주문량(EOQ) 모형에서 재고유지비용은 주문량에 비례한다.
4. 1회 주문량을 Q라고 할 때, 평균재고는 Q/2이다.

◉ ANSWER | 06 ③

07 품질경영에 관한 설명으로 옳은 것은?

① 품질비용은 실패비용과 예방비용의 합이다.

② R-관리도는 검사한 물품을 양품과 불량품으로 나누어서 불량의 비율을 관리하고자 할 때 이용한다.

③ ABC품질관리는 품질규격에 적합한 제품을 만들어 내기 위해 통계적 방법에 의해 공정을 관리하는 기법이다.

④ TQM은 고객의 입장에서 품질을 정의하고 조직 내의 모든 구성원이 참여하여 품질을 향상하고자 하는 기법이다.

⑤ 6시그마운동은 최초로 미국의 애플이 혁신적인 품질개선을 목적으로 개발한 기업경영전략이다.

해설

품질경영의 특징

1. 품질비용은 실패비용과 예방비용, 평가비용의 합이다.
2. 범위의 관리도는 검사한 물품을 양품과 불량품으로 나누어서 불량의 비율을 관리하고자 할 때 이용한다.
3. ABC재고관리는 재고 품목수와 금액에 따라 중요도를 결정하고 차별적으로 재고관리를 적용하는 기법이다.
4. TQM은 고객의 입장에서 품질을 정의하고 조직 내의 모든 구성원이 참여하여 품질을 향상하고자 하는 기법이다.
5. 6시그마운동은 최초로 미국의 모토롤라에서 혁신적인 품질개선을 목적으로 개발한 기업경영전략이다.

08 JIT(Just In Time) 생산시스템의 특징에 해당하지 않는 것은?

① 부품 및 공정의 표준화   ② 공급자와의 원활한 협력

③ 채찍효과 발생   ④ 다기능 작업자 필요

⑤ 칸반시스템 활용

해설

JIT(Just In Time) 생산시스템의 특징

1. 부품 및 공정의 표준화
2. 공급자와의 원활한 협력
3. 칸반시스템 활용
4. 다기능 작업자 필요

09 1년 중 여름에 아이스크림의 매출이 증가하고 겨울에는 스키 장비의 매출이 증가한다고 할 때, 이를 설명하는 변동은?

① 추세변동   ② 공간변동

③ 순환변동   ④ 계절변동

⑤ 우연변동

해설

계절변동

1년 중 계절적인 변동 사유에 따라 매출이 변화하는 특성을 말한다.

⊙ ANSWER | 07 ④ 08 ③ 09 ④

10 업무를 수행 중인 종업원들로부터 현재의 생산성 자료를 수집한 후 즉시 그들에게 검사를 실시하여 그 검사 점수들과 생산성 자료들과의 상관을 구하는 타당도는?

① 내적 타당도(Internal Validity)
② 동시 타당도(Concurrent Validity)
③ 예측 타당도(Predictive Validity)
④ 내용 타당도(Content Validity)
⑤ 안면 타당도(Face Validity)

●해설

동시 타당도(Concurrent Validity)
업무를 수행 중인 종업원들로부터 현재의 생산성 자료를 수집한 후 즉시 그들에게 검사를 실시하여 그 검사 점수들과 생산성 자료들과의 상관을 구하는 타당도이다.

11 직무분석에 관한 설명으로 옳지 않은 것은?

① 직무분석가는 여러 직무 간의 관계에 관하여 정확한 정보를 주는 정보 제공자이다.
② 작업자 중심 직무분석은 직무를 성공적으로 수행하는 데 요구되는 인적 속성들을 조사함으로써 직무를 파악하는 접근 방법이다.
③ 작업자 중심 직무분석에서 인적 속성은 지식, 기술, 능력, 기타 특성 등으로 분류할 수 있다.
④ 과업 중심 직무분석 방법의 대표적인 예는 직위분석질문지(Position Analysis Questionnaire)이다.
⑤ 직무분석의 정보 수집 방법 중 설문조사는 효율적이며 비용이 적게 드는 장점이 있다.

●해설

과업 중심 직무분석 방법의 대표적인 예는 작업자 중심 직무분석질문지(Position Analysis Questionnaire)이다.

12 리전(J. Reason)의 불안전행동에 관한 설명으로 옳지 않은 것은?

① 위반(Violation)은 고의성 있는 위험한 행동이다.
② 실책(Mistake)은 부적절한 의도(계획)에서 발생한다.
③ 실수(Slip)는 의도하지 않았고 어떤 기준에 맞지 않는 것이다.
④ 착오(Lapse)는 의도를 가지고 실행한 행동이다.
⑤ 불안전행동 중에는 실제 행동으로 나타나지 않고 당사자만 인식하는 것도 있다.

●해설

④ 착오(lapse)는 의도하지 않은 사항이 실행된 행동이다.

●ANSWER | 10 ② 11 ④ 12 ④

13 작업동기 이론에 관한 설명으로 옳은 것을 모두 고른 것은?

> ㄱ. 기대 이론(Expectancy Theory)에서 노력이 수행을 이끌어 낼 것이라는 믿음을 도구성(Instrumentality) 이라고 한다.
> ㄴ. 형평 이론(Equity Theory)에 의하면 개인이 자신의 투입에 대한 성과의 비율과 다른 사람의 투입에 대한 성과의 비율이 일치하지 않는다고 느낀다면 이러한 불형평을 줄이기 위해 동기가 발생한다.
> ㄷ. 목표설정 이론(Goal-Setting Theory)의 기본 전제는 명확하고 구체적이며 도전적인 목표를 설정하면 수행동기가 증가하여 더 높은 수준의 과업수행을 유발한다는 것이다.
> ㄹ. 작업설계 이론(Work Design Theory)은 열심히 노력하도록 만드는 직무의 차원이나 특성에 관한 이론으로, 직무를 적절하게 설계하면 작업 자체가 개인의 동기를 촉진할 수 있다고 주장한다.
> ㅁ. 2요인 이론(Two-Factor Theory)은 동기가 외부의 보상이나 직무 조건으로부터 발생하는 것이지 직무 자체의 본질에서 발생하는 것이아니라고 주장한다.

① ㄱ, ㄴ, ㅁ   ② ㄱ, ㄷ, ㄹ
③ ㄴ, ㄷ, ㄹ   ④ ㄴ, ㄹ, ㅁ
⑤ ㄷ, ㄹ, ㅁ

●해설

작업동기 이론

1. 형평 이론(Equity Theory)에 의하면 개인이 자신의 투입에 대한 성과의 비율과 다른 사람의 투입에 대한 성과의 비율이 일치하지 않는다고 느낀다면 이러한 불형평을 줄이기 위해 동기가 발생한다.
2. 목표설정 이론(Goal-Setting Theory)의 기본 전제는 명확하고 구체적이며 도전적인 목표를 설정하면 수행동기가 증가하여 더 높은 수준의 과업수행을 유발한다는 것이다.
3. 작업설계 이론(Work Design Theory)은 열심히 노력하도록 만드는 직무의 차원이나 특성에 관한 이론으로, 직무를 적절하게 설계하면 작업 자체가 개인의 동기를 촉진할 수 있다고 주장한다.
4. 기대이론이란 다른 근로자 간의 동기 정도를 예측하는 것보다 한 사람이 서로 다양한 과업에 기울이는 노력수준을 예측하는 데 유용한 이론이다.
5. 2요인 이론(Two-Factor Theory)은 위생요인과 동기요인이 구분된다는 이론이다.

14 직업 스트레스 모델에 관한 설명으로 옳지 않은 것은?

① 노력-보상 불균형 모델(Effort-Reward Imbalance Model)은 직장에서 제공하는 보상이 종업원의 노력에 비례하지 않을 때 종업원이 많은 스트레스를 느낀다고 주장한다.
② 요구-통제 모델(Demands-Control Model)에 따르면 작업장에서 스트레스가 가장 높은 상황은 종업원에 대한 업무 요구가 높고 동시에 종업원 자신이 가지는 업무통제력이 많을 때이다.
③ 직무요구-자원 모델(Job Demands-Resources Model)은 업무량 이외에도 다양한 요구가 존재한다는 점을 인식하고, 이러한 다양한 요구가 종업원의 안녕과 동기에 미치는 영향을 연구한다.
④ 자원보존 모델(Conservation of Resources Model)은 자원의 실제적 손실 또는 손실의 위협이 종업원에게 스트레스를 경험하게 한다고 주장한다.
⑤ 사람-환경 적합 모델(Person-Environment Fit Model)에 의하면 종업원은 개인과 환경 간의 적합도가 낮은 업무 환경을 스트레스원(Stressor)으로 지각한다.

⊙ ANSWER | 13 ③ 14 ②

② 요구 – 통제 모델(Demands – Control Model)에 따르면 작업장에서 스트레스가 가장 높은 상황은 종업원에 대한 업무 요구가 높고 동시에 종업원 자신이 가지는 업무통제력이 없거나 적을 때이다.

15 산업재해의 인적 요인이라고 볼 수 없는 것은?

① 작업 환경
② 불안전행동
③ 인간 오류
④ 사고 경향성
⑤ 직무 스트레스

● 해설

산업재해의 요인
1. 물적 요인 : 작업 환경
2. 인적 요인 : 불안전행동, 인간 오류, 사고 경향성, 직무 스트레스

16 인간의 일반적인 정보처리 순서에서 행동실행 바로 전 단계에 해당하는 것은?

① 자극
② 지각
③ 주의
④ 감각
⑤ 결정

● 해설

인간의 정보처리 순서
감각 → 지각 → 선택 → 조직화 → 해석 → 의사결정 → 실행

17 조명의 측정단위에 관한 설명으로 옳은 것을 모두 고른 것은?

> ㄱ. 광도는 광원의 밝기 정도이다.
> ㄴ. 조도는 물체의 표면에 도달하는 빛의 양이다.
> ㄷ. 휘도는 단위면적당 표면에서 반사 혹은 방출되는 빛의 양이다.
> ㄹ. 반사율은 조도와 광도 간의 비율이다.

① ㄱ, ㄷ
② ㄴ, ㄹ
③ ㄱ, ㄴ, ㄷ
④ ㄱ, ㄷ, ㄹ
⑤ ㄱ, ㄴ, ㄷ, ㄹ

조명의 측정단위

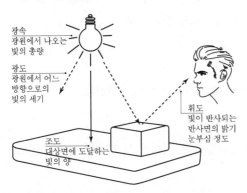

광속
광원에서 나오는
빛의 총량

광도
광원에서 어느
방향으로의
빛의 세기

휘도
빛이 반사되는
반사면의 밝기
눈부심 정도

조도
대상면에 도달하는
빛의 양

18 아래의 그림에서 a에서 b까지의 선분 길이와 c에서 d까지의 선분 길이가 다르게 보이지만 실제로는 같다. 이러한 현상을 나타내는 용어는?

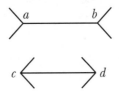

① 포겐도르프(Poggendorf) 착시현상
② 뮬러-라이어(Müller-Lyer) 착시현상
③ 폰조(Ponzo) 착시현상
④ 죌너(Zöllner) 착시현상
⑤ 티체너(Titchener) 착시현상

학설	그림	학설	그림
Müller-Lyer의 착시	(a)　　　(b)	Herling의 착시	(a)　　　(b)
Helmholtz의 착시	(a)　　　(b)	Poggendorf의 착시	(a) (c)(b)

19 유해인자와 주요 건강 장해의 연결이 옳지 않은 것은?

① 감압환경 : 관절 통증
② 일산화탄소 : 재생불량성 빈혈
③ 망간 : 파킨슨병 유사 증상
④ 납 : 조혈기능 장해
⑤ 사염화탄소 : 간독성

●해설

② 일산화탄소 : 중독 시 심각한 조직손상을 유발하며 두통, 메스꺼움, 현기증을 유발한다.

20 우리나라에서 발생한 대표적인 직업병 집단 발생 사례들이다. 가장 먼저 발생한 것부터 연도순으로 나열한 것은?

> ㄱ. 경남 소재 에어컨 부속 제조업체의 세척 작업 중 트리클로로메탄에 의한 간독성 사례
> ㄴ. 전자부품 업체의 2 – bromopropane에 의한 생식독성 사례
> ㄷ. 휴대전화 부품 협력업체의 메탄올에 의한 시신경 장해 사례
> ㄹ. 노말 – 헥산에 의한 외국인 근로자들의 다발성 말초신경계 장해 사례
> ㅁ. 원진레이온에서 발생한 이황화탄소 중독 사례

① ㄱ → ㄴ → ㄷ → ㄹ → ㅁ
② ㄱ → ㅁ → ㄹ → ㄷ → ㄴ
③ ㄹ → ㄷ → ㄴ → ㄱ → ㅁ
④ ㅁ → ㄴ → ㄹ → ㄷ → ㄱ
⑤ ㅁ → ㄹ → ㄷ → ㄴ → ㄱ

●해설

우리나라에서 발생한 대표적인 직업병 연도별 집단 발생 사례
1. 1990년 : 원진레이온에서 발생한 이황화탄소 중독 사례
2. 1995년 : 전자부품 업체의 2 – bromopropane에 의한 생식독성 사례
3. 2004년 : 노말 – 헥산에 의한 외국인 근로자들의 다발성 말초신경계 장해 사례
4. 2016년 : 휴대전화 부품 협력업체의 메탄올에 의한 시신경 장해 사례
5. 2022년 : 경남 소재 에어컨 부속 제조업체의 세척 작업 중 트리클로로메탄에 의한 간독성 사례

21 국소배기장치에 관한 설명으로 옳은 것을 모두 고른 것은?

> ㄱ. 공기보다 무거운 증기가 발생하더라도 발생원보다 낮은 위치에 후드를 설치해서는 안 된다.
> ㄴ. 오염물질을 가능한 모두 제거하기 위해 필요환기량을 최대화한다.
> ㄷ. 공정에 지장을 받지 않으면 후드 개구부에 플랜지를 부착하여 오염원 가까이 설치한다.
> ㄹ. 주관과 분지관 합류점의 정압 차이를 크게 한다.

① ㄱ, ㄴ
② ㄱ, ㄷ
③ ㄴ, ㄹ
④ ㄷ, ㄹ
⑤ ㄱ, ㄴ, ㄷ, ㄹ

◎ ANSWER | 19 ② 20 ④ 21 ②

22 수동식 시료채취기(Passive Sampler)에 관한 설명으로 옳지 않은 것은?

　① 간섭의 원리로 채취한다.
　② 장점은 간편성과 편리성이다.
　③ 작업장 내 최소한의 기류가 있어야 한다.
　④ 시료채취시간, 기류, 온도, 습도 등의 영향을 받는다.
　⑤ 매우 낮은 농도를 측정하려면 능동식에 비하여 더 많은 시간이 소요된다.

23 화학물질 및 물리적 인자의 노출기준에서 STEL에 관한 설명이다. (　) 안의 ㄱ, ㄴ, ㄷ을 모두 합한 값은?

> "단시간노출기준(STEL)"이란 (ㄱ)분의 시간가중평균노출값으로서 노출농도가 시간가중평균노출기준(TWA)을 초과하고 단시간노출기준 이하인 경우에는 1회 노출 지속시간이 (ㄴ)분 미만이어야 하고, 이러한 상태가 1일 4회 이하로 발생하여야 하며, 각 노출의 간격은 (ㄷ)분 이상이어야 한다.

　① 15　　　　　　　　　　　② 30
　③ 65　　　　　　　　　　　④ 90
　⑤ 105

24 라돈에 관한 설명으로 옳지 않은 것은?

① 색, 냄새, 맛이 없는 방사성 기체이다.

② 밀도는 9.73g/L로 공기보다 무겁다.

③ 국제암연구기구(IARC)에서는 사람에게서 발생하는 폐암에 대하여 제한적 증거가 있는 group 2A 로 분류하고 있다.

④ 고용노동부에서는 작업장에서의 노출기준으로 600Bq/m³를 제시하고 있다.

⑤ 미국 환경보호청(EPA)에서는 4pCi/L를 규제기준으로 제시하고 있다.

● 해설

③ 국제암연구기구(IARC)에서는 사람에게서 발생하는 폐암에 대하여 제한적 증거가 있는 group 1로 분류하고 있다.

⑤ 미국 환경보호청(EPA)에서는 4pCi/L를 실내공간 규제기준치로만 제시하고 있다.

25 세균성 질환이 아닌 것은?

① 파상풍(Tetanus)

② 탄저병(Anthrax)

③ 레지오넬라증(Legionnaires' disease)

④ 결핵(Tuberculosis)

⑤ 광견병(Rabies)

● 해설

⑤ 광견병은 세균성이 아닌 바이러스성 질병에 해당된다.

3과목 기업진단 · 지도

01 조직구조 설계의 상황요인에 해당하는 것을 모두 고른 것은?

ㄱ. 조직의 규모	ㄴ. 표준화
ㄷ. 전략	ㄹ. 환경
ㅁ. 기술	

① ㄱ, ㄴ, ㄷ   ② ㄱ, ㄴ, ㄹ

③ ㄴ, ㄷ, ㅁ   ④ ㄱ, ㄴ, ㄷ, ㄹ

⑤ ㄱ, ㄷ, ㄹ, ㅁ

해설

1. 조직설계는 환경, 기술, 규모, 전략 등의 상황요인이 고려되어야 하며, 구성원들의 개인적 행동이나 집단적 상호작용을 억제하거나 촉진할 필요가 있다.
2. 조직이 크면 클수록 행동은 반복적으로 되므로 경영자들은 표준화를 통해 이에 효율적으로 대처하게 된다.

조직구조이론 제안자별 특징

이론제안자	특징
우드워드(J. Woodward)	• 기술의 구분은 단위생산기술, 대량생산기술, 연속공정기술 • 대량생산에는 기계적 조직구조가 적합 • 연속공정에는 유기적 조직구조가 적합
번즈(T. Burns), 스탈커(G. Stalker)	• 안정적 환경 : 기계적인 조직 • 불확실한 환경 : 유기적인 조직이 효과적
톰슨(J. Thompson)	• 단위작업 간의 상호의존성에 따라 기술을 구분 • 중개형, 장치형, 집약형으로 유형화
페로우(C. Perrow)	• 기술구분을 다양성 차원과 분석가능성 차원으로 구분 • 일상적 기술, 공학적 기술, 장인기술, 비일상적 기술로 유형화
블라우(P. Blau)	사회학적 이론 연구
차일드(J. Child)	전략적 선택이론 연구

02 프렌치(J. French)와 레이븐(B. Raven)의 권력의 원천에 관한 설명으로 옳지 않은 것은?

① 공식적 권력은 특정역할과 지위에 따른 계층구조에서 나온다.

② 공식적 권력은 해당지위에서 떠나면 유지되기 어렵다.

③ 공식적 권력은 합법적 권력, 보상적 권력, 강압적 권력이 있다.

◉ ANSWER | 01 ⑤ 02 ④

④ 개인적 권력은 전문적 권력과 정보적 권력이 있다.

⑤ 개인적 권력은 자신의 능력과 인격을 다른 사람으로부터 인정받아 생긴다.

◉해설

프렌치와 레이븐의 권력의 원천

1. 공식적 권력 : 조직의 직위를 근거로 한다. 보상과 처벌을 할 수 있는 것은 공식적 권한이며 이를 능력으로 보는 관점이다.

   1) 보상과 처벌의 수준을 결정하는 것은 공식적 권력의 지각 정도에 따라 다를 수 있다.

   2) 강압적 권력, 보상적 권력, 합법적 권력으로 세분화한다.

2. 개인적 권력 : 조직의 공식적 직위를 가질 필요는 없다.

   1) 개인적 권력은 전문지식과 존경과 호감이다.

   2) 인텔의 가장 유능한 칩 디자이너는 전문지식이라는 개인적 권력을 가지고 있지만, 그는 경영자도 아니고 공식적 권력도 갖고 있지 않다.

3. 강압적 권력 : 기반은 두려움이다.

   1) 순응하지 않을 경우 자신에게 발생할 수 있는 부정적인 결과에 대한 두려움을 말한다. 부정적 결과는 신체적 고통, 이동 제한을 통한 좌절감, 생리적 욕구나 안전욕구를 통제하는 방식의 물리적 제재로 위협하는 경우이다.

   2) 강압적 권력의 대표적인 예가 바로 성희롱이다. 연구에 따르면 권력 차이가 클수록 성희롱이 자주 발생한다.

4. 보상적 권력 : 기반은 이익이다.

   1) 지시에 순응했을 때 자신이 받게 될 보상의 크기를 결정할 수 있는 이가 권력을 가지고 있다고 지각하는 것이다.

   2) 대표적인 보상은 임금인상 · 보너스를 결정하는 재무적 보상과 인정 · 승진 · 작업할당 · 중요부서로 발령을 결정하는 비재무적 보상이 있다.

03 직무분석과 직무평가에 관한 설명으로 옳지 않은 것은?

① 직무분석은 인력확보와 인력개발을 위해 필요하다.

② 직무분석은 교육훈련 내용과 안전사고 예방에 관한 정보를 제공한다.

③ 직무명세서는 직무수행자가 갖추어야 할 자격요건인 인적특성을 파악하기 위한 것이다.

④ 직무평가 요소비교법은 평가대상 개별직무의 가치를 점수화하여 평가하는 기법이다.

⑤ 직무평가는 조직의 목표달성에 더 많이 공헌하는 직무를 다른 직무에 비해 더 가치가 있다고 본다.

◉해설

1. 직무분석 : 직무의 내용을 체계적으로 분석하여 인사관리에 필요한 직무정보를 제공하는 과정이다.

   1) 접근방법 : 과업중심과 작업자중심으로 분류

   2) 효과 : 기업에서 필요로 하는 업무의 특성과 근로자의 자질 파악이 가능하며, 근로자들에게 필요한 교육훈련을 계획하고 실시할 수 있게 되어 결과적으로 근로자에게 유용하고 공정한 수행평가를 실시하기 위한 준거를 획득할 수 있다.

2. 직무설계 : 직무설계 시에는 직무담당자의 만족감 · 성취감 · 업무동기 및 생산성 향상을 목표로 이루어져야 한다.

3. 직무충실화 : 직무설계 시 직무담당자의 만족감 · 성취감 · 업무동기 및 생산성 향상을 목표로 설계하는 방법 중 작업자의 권한과 책임을 확대하는 직무설계방법이다.

4. 과업중요성 : 직무수행이 고객에게 영향을 주는 정도를 말하는 것으로 조직 내외에서 과업이 미치는 영향력의 크기이다.

5. 직무평가 : 직무의 상대적 가치를 평가하는 활동이며, 직무평가 결과는 직무급의 상정에 활용된다.

◉ ANSWER | 03 ④

04 협상에 관한 설명으로 옳지 않은 것은?

① 협상은 둘 이상의 당사자가 희소한 자원을 어떻게 분배할지 결정하는 과정이다.

② 협상에 관한 접근방법으로 분배적 교섭과 통합적 교섭이 있다.

③ 분배적 교섭은 내가 이익을 보면 상대방은 손해를 보는 구조이다.

④ 통합적 교섭은 윈-윈 해결책을 창출하는 타결점이 있다는 것을 전제로 한다.

⑤ 분배적 교섭은 협상당사자가 전체 자원(pie)이 유동적이라는 전제하에 협상을 진행한다.

해설

협상

1. 정의

타결의사를 가진 2 또는 그 이상의 당사자 사이에 양방향 의사소통(communication)을 통하여 상호 만족할 만한 수준의 합의(agreement)에 이르는 과정이다.

2. 협상방법

1) 당사자의 입장에서 보면 상대방과의 결합적 의사결정행위(jointly decided action)를 통한 자신의 본질적 이해를 증진시킬 수 있는 수단이라고 이해된다.

2) 흥정(bargaining)과 구분된다. 흥정은 개인과 개인 사이의 매매 등과 같은 상호작용을 가리키는 반면, 협상은 기업, 국가 등 복합적인 사회 작위 간의 다수 의제에 대한 상호작용이다. 그러나 실제로는 구분 없이 사용하고 있다.

3) 상호이익은 상쇄될 수 있으며, 일시적인 균형상태가 이루어진다.

4) 협상이 이루어질 동안 행위자는 상대방에 의해 나타나는 입장을 고려함으로써 자신의 입장을 다시 수정한다.

교섭

1. 분배적 교섭 : 한정된 양의 자원을 나눠 가지려고 하는 협상으로 제로섬 상황에서 내가 이득을 보면 상대는 손해를 보는 교섭

2. 통합적 교섭 : 서로 이득이 될 수 있는 해결책을 창출해 타결점을 찾으려는 협상. 분배적 교섭과의 차이점으로 장기적 관계를 형성하는 특징이 있다.

05 노동쟁의와 관련하여 성격이 다른 하나는?

① 파업

② 준법투쟁

③ 불매운동

④ 생산통제

⑤ 대체고용

해설

노동쟁의

1. 정의

임금 · 근로시간 · 복지 · 해고 기타 대우 등 근로조건의 결정에 관한 노동관계 당사자 간의 주장의 불일치로 일어나는 분쟁상태(노동조합 및 노동관계조정법 2조)를 말한다.

2. 파업 · 태업 · 직장폐쇄 기타 노동관계 당사자가 주장을 관철할 목적으로 행하는 행위와 이에 대항하는 행위로서

3. 업무의 정상적인 운영을 저해하는 행위인 쟁의행위와 구별되며, 일과시간 후의 농성과 같은 근로자의 집단행위인 '단체행동'과도 구별된다.

06 대량고객화(mass customization)에 관한 설명으로 옳지 않은 것은?

① 높은 가격과 다양한 제품 및 서비스를 제공하는 개념이다.

② 대량고객화 달성 전략의 하나로 모듈화 설계와 생산이 사용된다.

③ 대량고객화 관련 프로세스는 주로 주문조립생산과 관련이 있다.

④ 정유, 가스 산업처럼 대량고객화를 적용하기 어렵고 효과 달성이 어려운 제품이나 산업이 존재한다.

⑤ 주문접수 시까지 제품 및 서비스를 연기(postpone)하는 활동은 대량고객화 기법 중의 하나이다.

> **해설**
>
> **대량고객화(Mass Customization)**
> 1. 맞춤화된 상품과 서비스를 위해 대량생산으로 비용을 낮춰 경쟁력을 창출하는 생산·마케팅 방식이다.
> 2. 모듈화(module)로 대량 고객화를 위한 설계와 생산방식이 사용된다.
> 3. 대량고객화 관련 프로세스는 주로 주문조립생산과 연관성이 있다.
> 4. 대량고객화는 모든 제품이나 산업에 적용하기에는 부적절한 분야가 존재하며 정유, 가스 산업이 이에 해당된다.
> 5. 주문접수 시까지 제품 및 서비스를 연기하는 활동은 대량고객화를 지향하는 기법 중의 하나로 볼 수 있다.

07 품질경영에 관한 설명으로 옳지 않은 것은?

① 주란(J. Juran)은 품질삼각축(quality trilogy)으로 품질 계획, 관리, 개선을 주장했다.

② 데밍(W. Deming)은 최고경영진의 장기적 관점 품질관리와 종업원 교육훈련 등을 포함한 14가지 품질영영 철학을 주장했다.

③ 종합적 품질경영(TQM)의 과제 해결 단계는 DICA(Define, Implement, Check, Act)이다.

④ 종합적 품질경영(TQM)은 프로세스 향상을 위해 지속적 개선을 지향한다.

⑤ 종합적 품질경영(TQM)은 외부 고객만족뿐만 아니라 내부 고객만족을 위해 노력한다.

> **해설**
>
> **품질경영**
> 품질경영(QM)은 품질관리(QC)보다 폭넓고 발전적인 개념으로 최고경영자의 리더십 아래 품질을 경영의 최우선 과제로 하는 것이 원칙이다. 즉, 품질경영은 고객만족을 통한 기업의 장기적인 성공은 물론 경영활동 전반에 걸쳐 모든 구성원의 참가와 총체적 수단을 활용하는 전사적·종합적인 경영관리체계이다. 따라서 품질경영은 최고경영자의 품질방침을 비롯하여 고객을 만족시키는 모든 부문의 전사적 활동으로서 품질방침 및 계획(QP : Quality Policy & Planning), 품질관리를 위한 실시 기법과 활동(QC : Quality Control), 품질보증(QA : Quality Assurance), 활동과 공정의 유효성을 증가시키는 활동(QI : Quality Improvement) 등을 포함하는 넓은 의미로 생각해야 한다.

08 6시그마와 린을 비교 설명한 것으로 옳은 것은?

① 6시그마는 낭비 제거나 감소에, 린은 결점 감소나 제거에 집중한다.

② 6시그마는 부가가치 활동 분석을 위해 모든 형태의 흐름도를, 린은 가치흐름도를 주로 사용한다.

③ 6시그마는 임원급 챔피언의 역할이 없지만, 린은 임원급 챔피언의 역할이 중요하다.

④ 6시그마는 개선활동에 파트타임(겸임) 리더가, 린은 풀타임(전담) 리더가 담당한다.

⑤ 6시그마의 개선 과제는 전략적 관점에서 선정하지 않지만, 린은 전략적 관점에서 선정한다.

◉ ANSWER | 06 ① 07 ③ 08 ②

6시그마 경영

1. 모토로라에서 창안됨
2. 임직원들의 자발적 참여로 기업 스스로 추진해 나가는 방식의 품질개선운동
3. 과거의 품질경영 방침결정이 하의상달 방식이었다면 6시그마 경영은 상의하달 방식으로 이루어짐
4. 사업 전체의 전사적 품질경영혁신운동으로 과거의 품질관리와는 차별화된 기법
5. 제조부문을 비롯한 제품개발, 영업, 경영 등 전 요소를 계량화하여 품질영향요소의 오차범위를 6시그마 범위 내에 설정하는 기법

09 생산운영관리의 최신 경향 중 기업의 사회적 책임과 환경경영에 관한 설명으로 옳은 것을 모두 고른 것은?

> ㄱ. ISO 29000은 기업의 사회적 책임에 관한 국제 인증제도이다.
> ㄴ. 포터(M. Porter)와 크래머(M. Kramer)가 제안한 공유가치창출(CSV : Creating Shared Value)은 기업의 경쟁력 강화보다 사회적 책임을 우선시한다.
> ㄷ. 지속가능성이란 미래 세대의 니즈(needs)와 상충되지 않도록 현 사회의 니즈(needs)를 충족시키는 정책과 전략이다.
> ㄹ. 청정생산(cleaner production) 방법으로는 친환경원자재의 사용, 청정 프로세스의 활용과 친환경 생산 프로세스 관리 등이 있다.
> ㅁ. 환경경영시스템인 ISO 14000은 결과 중심 경영시스템이다.

① ㄱ, ㄴ 　　　　　② ㄷ, ㄹ
③ ㄹ, ㅁ 　　　　　④ ㄷ, ㄹ, ㅁ
⑤ ㄱ, ㄷ, ㄹ, ㅁ

1. CSV : 기업의 경제적 가치와 공동체의 사회적 가치를 조화시키는 경영으로, 2011년 마이클 포터가 하버드 비즈니스 리뷰에 처음 제시하였다.
2. 지속가능성 : 자연이 다양성과 생산성을 유지하고, 생태계를 균형 있게 유지하며 기능하는지 연구하는 것을 뜻한다. 과학기술의 발달로 인류가 자연을 착취하고 파괴한 역사가 지속되어 왔기 때문에, 지구의 자정 기능을 초과하여 이로 인한 여러 재해 및 생태계 파괴가 일어나고 있다. 이에 맞서 인류가 우리를 둘러싼 자연환경과 어떻게 조화롭게 살아가고, 보호할 수 있는지에 대해 연구하기 위하여 지속가능성이 주요 이슈로 대두되었다.
3. ISO 14000 : 환경경영체제, 능력, 서비스, 환경성과 등을 평가하여 환경 인증을 주는 환경경영 국제규격을 통칭하는 개념이다.

10 직무분석을 위해 사용되는 방법들 중 정보입력, 정식적 과정, 작업의 결과, 타인과의 관계, 직무맥락, 기타 직무특성 등의 범주로 조직화되어 있는 것은?

① 과업질문지(TI : Task Inventory)
② 기능적 직무분석(FJA : Functional Job Analysis)
③ 직위분석질문지(PAQ : Position Analysis Questionnaire)
④ 직무요소질문지(JCI : Job Components Inventory)
⑤ 직무분석 시스템(JAS : Job Analysis System)

● 해설

1. 직무분석방법

　1) 직무분석에서 직무에 대한 정보를 제공하는 가장 중요한 자원은 현업 전문가(SME : Subject Matter Expert)이다. 현업 전문가의 자격 요건이 명확하게 정해져 있는 것은 아니지만, 최소 요건으로서 직무가 수행하는 모든 과제를 잘 알고 있을 만큼 충분히 오랜 경험을 갖고 최근에 종사한 사람이어야 한다(Thompson & Thompson, 1982). 따라서 직무를 분석할 때 가장 적절한 정보를 제공할 수 있는 사람은 현재 직무와 관련된 일을 하고 있는 현업 전문가이며, 특히 현재 직무에 종사하고 있는 현직자(job incumbent)이다. 현직자는 자신들의 직무에 관해 가장 상세하게 알고 있기 때문이다. 하지만 모든 현직자들이 자신의 직무를 잘 표현할 수 있는 것은 아니므로 직무분석을 위해 정보를 잘 전달할 만한 사람을 선택해야 한다.

　2) 랜디와 베이시(Landy & Vasey, 1991)는 어떤 현직자가 직무를 분석하는지가 중요하다는 것을 발견했다. 그리고 경험 많은 현직자들이 가장 가치 있는 정보를 제공한다는 것을 알아냈다. 현직자들의 언어 능력, 기억력, 협조성과 같은 개인적 특성도 그들이 제공하는 정보의 질을 좌우한다. 또한 만일 현직자가 직무분석을 하는 이유에 관해 의심한다면 그들의 자기방어 전략으로서 자신의 능력이나 일의 문제점을 과장하여 말하는 경향이 있다.

　3) 직무의 관리자 또한 정보의 중요한 출처이다. 관리자들은 해당 직무에 종사하며 승진한 경우가 많기 때문에 직무에서 요구하는 것이 무엇인지 정확하게 알려줄 수 있다. 그러나 관리자들은 현직자들에 비해 좀 더 객관적인 직무 정보를 제공할 수 있지만 현직자들과 의견 차이가 있을 수 있다. 이러한 의견 차이는 해당 직무에서 요구하는 중요한 능력을 현직자와 관리자들이 서로 다르게 판단할 수 있기 때문에 발생한다. 직무에서 요구되는 중요한 능력과 상사들이 언급하는 중요한 능력이 다를 수 있다.

　4) 마지막으로 직무분석에 필요한 정보의 중요한 출처는 문헌자료이다. 기존 문헌자료를 통해 사람들에게서 얻을 수 없는 정보를 얻을 수 있다. 예를 들어, 기존의 업무 편람이나 작업 일지, 국가에서 발행되는 직업사전과 같은 기록물로부터 직무에 관한 기초 정보를 얻을 수 있다.

2. 직무분석 단계

　1) 직무분석을 위한 행정적 준비

　2) 직무분석의 설계

　3) 직무에 관한 자료 수집과 분석

　4) 직무기술서와 작업자 명세서 작성 및 결과 정리

　5) 각 관련 부서에서 직무분석의 결과 제공

　6) 시간 경과에 따른 직무 변화 발생 시 직무기술서나 작업자 명세서에 최신 직무 정보를 반영하여 수정

3. 직무분석의 용도

　직무분석의 결과로부터 얻은 정보는 여러 용도로 사용된다. 애시(Ash, 1988)는 직무 분석과 관련된 여러 문헌을 토대로 직무분석의 용도를 다음과 같이 정리했다.

　1) 직무에서 이루어지는 과제나 활동과 작업 환경을 알아내어 조직 내 직무들의 상대적 가치를 결정하는 직무 평가(job evaluation)의 기초 자료를 제공한다.

　2) 모집 공고와 인사 선발에 활용된다. 직무분석을 통해 각 직무에서 일할 사람에게 요구되는 지식, 기술, 능력 등을 알 수 있기 때문에 직무 종사자의 모집 공고에서 자격 조건을 명시할 수 있고 선발에 사용할 방법이나 검사를 결정할 수 있다.

　3) 종업원의 교육 및 훈련에 활용된다. 각 직무에서 이루어지는 활동이 무엇이고 요구되는 지식, 기술, 능력이 무엇인지를 알아야 교육 내용과 목표를 결정할 수 있다.

　4) 인사 평가에 활용된다. 직무 분석을 통해 직무를 구성하고 있는 요소들을 알아내고 실제 종업원들이 각 요소에서 어떤 수준의 수행을 나타내는지 평가한다. 평가의 결과는 승인, 임금 결정 및 인상, 상여금 지급, 전직 등의 인사 결정에 활용된다.

　5) 직무에 소요되는 시간을 추정해 해당 직무에 필요한 적정 인원을 산출할 수 있기 때문에 조직 내 부서별 적정 인원 산정이나 향후의 인력수급 계획을 수립할 수 있다.

　6) 선발된 사람의 배치와 경력 개발 및 진로 상담에 활용된다. 선발된 사람들을 적합한 직무에 배치하고 경력 개발에 관한 기초 자료를 제공한다.

11 직업 스트레스 모델 중 종단 설계를 사용하여 업무량과 이 외의 다양한 직무요구가 종업원의 안녕과 동기에 미치는 영향을 살펴보기 위한 것은?

① 요구-통제 모델(Demands-Control model)
② 자원보존이론(Conservation of Resources model)
③ 사람-환경 적합 모델(Person-Environment Fit model)
④ 직무요구-자원 모델(Job Demands-Resources model)
⑤ 노력-보상 불균형 모델(Effort-Reward Imbalance model)

◉ 해설

1. 직업 스트레스 모델
   1) 직무요구-통제 모형(JD-C model)
      이 모형에 의하면, 적절한 대응수단이 제공되지 않은 상태에서 직무담당자가 과도한 수준의 직무요구에 직면하게 되면 이는 곧 업무추진 동기의 상실은 물론, 직무긴장과 스트레스, 심지어 불안과 소진 등 매우 부정적인 생리적, 심리적 경험을 초래할 수 있다. 그 결과, 이러한 부정적인 직무경험은 직무만족과 조직몰입의 저하는 물론, 이직의도의 증대 등 해당 조직에 여러 면에서 심각한 부정적 영향을 줄 수 있다.
   2) 직무요구-자원 모형(JD-R model)
      일종의 확장된 직무요구-통제 모형(extended JD-C model)이라고 할 수 있는데, 이는 기존의 직무통제 요인 이외에 직무요구와 상호작용하여 여러 가지 부정적인 영향을 경감·완화해 줄 수 있는 다양한 조절요인을 규명해 보려는 시도에서 비롯되었다고 볼 수 있다.
      이러한 JD-R 모형의 기본 가정에 따르면, 비록 많은 조직들이 처한 구체적인 직무조건이나 상황이 저마다 조금씩 다르긴 하지만, 이들 조직의 직무특성들은 크게 직무요구(job demands)와 직무자원(job resources)이라는 두 가지 일반적 요인들로 구분해 볼 수 있다.
      먼저 직무요구란 JD-C 모형에서도 이미 활용되어 온 개념으로서, 직무담당자에게 직무수행이나 완수를 위해 지속적인 육체적·정신적 노력을 기울이도록 요구함으로써, 그 결과 해당 직무수행자에게 상당한 생리적·심리적 희생을 감내하게 만드는 직무특성을 의미한다. 이에 비해 직무자원이란 직무담당자가 자신의 과업목표를 달성해 가는 데 기능적인 역할을 하며, 그 과정에서 직무요구의 여러 부정적인 심리적·생리적 영향을 감소시키는데 기여할 뿐만 아니라, 나아가 개인적인 성장과 학습, 개발을 촉진하는 직무 측면을 일컫는다.

2. 직무스트레스에 의한 건강장해 예방조치
   안전보건규칙 제669조(직무스트레스에 의한 건강장해 예방 조치) 사업주는 근로자가 장시간 근로, 야간작업을 포함한 교대작업, 차량운전[전업(專業)으로 하는 경우에만 해당한다] 및 정밀기계 조작작업 등 신체적 피로와 정신적 스트레스 등(이하 "직무스트레스라" 한다.)이 높은 작업을 하는 경우에 법 제5조제1항에 따라 직무스트레스로 인한 건강장해 예방을 위하여 다음 각 호의 조치를 하여야 한다.
   1) 작업환경·작업내용·근로시간 등 직무스트레스 요인에 대하여 평가하고 근로시간 단축, 장·단기 순환작업 등의 개선대책을 마련하여 시행할 것
   2) 작업량·작업일정 등 작업계획 수립 시 해당 근로자의 의견을 반영할 것
   3) 작업과 휴식을 적절하게 배분하는 등 근로시간과 관련된 근로조건을 개선할 것
   4) 근로시간 외의 근로자 활동에 대한 복지 차원의 지원에 최선을 다할 것
   5) 건강진단 결과, 상담자료 등을 참고하여 적절하게 근로자를 배치하고 직무스트레스 요인, 건강문제 발생가능성 및 대비책 등에 대하여 해당 근로자에게 충분히 설명할 것
   6) 뇌혈관 및 심장질환 발병위험도를 평가하여 금연, 고혈압 관리 등 건강증진 프로그램을 시행할 것

◉ **ANSWER** | 11 ④

12 자기결정이론(self-determination theory)에서 내적 동기에 영향을 미치는 세 가지 기본욕구를 모두 고른 것은?

ㄱ. 자율성	ㄴ. 관계성
ㄷ. 통제성	ㄹ. 유능성
ㅁ. 소속성	

① ㄱ, ㄴ, ㄷ   ② ㄱ, ㄴ, ㄹ

③ ㄱ, ㄷ, ㅁ   ④ ㄴ, ㄷ, ㅁ

⑤ ㄷ, ㄹ, ㅁ

◉해설

자기결정이론

1. 정의

인지평가이론, 유기적 통합이론, 인과 지향성이론, 기본적 심리욕구이론의 네 개 이론으로 구성된 거시이론으로, 개인의 행동이 스스로 동기부여 되고 스스로 결정된다는 것에 의미를 두고 있다.

2. 내적 동기에 영향을 미치는 기본욕구

1) 자율성

개인이 외부의 환경으로부터 압박이나 강요를 받지 않으며 개인의 선택을 통해 자신의 행동이나 조절을 할 수 있는 상태에서 자신들이 추구하는 것이 무엇인지에 대해 개인이 자유롭게 선택할 수 있는 감정을 말한다.

2) 유능성

사람은 누구나 자신이 능력 있는 존재이기를 원하고 기회가 될 때마다 자신의 능력을 향상하기를 원한다. 이러한 과정에서 너무 어렵거나 쉬운 과제가 아닌 자신의 수준에 맞는 과제를 수행함으로써 본인이 유능하다고 느끼고 싶어 하며 이것을 유능성 욕구라 한다.

3) 관계성

타인과 안정적 교제나 관계에서의 조화를 이루는 것에서 느끼는 안정성을 의미하는 것으로, 타인에게 무언가를 얻거나 사회적인 지위 등을 획득하기 위한 것이 아니며 그 관계에서 나타나는 안정성 그 자체를 지각하는 것을 말한다.

13 터크만(B. Tuckman)이 제안한 팀 발달의 단계 모형에서 '개별적 사람의 집합'이 '의미 있는 팀'이 되는 단계는?

① 형성기(forming)   ② 격동기(storming)

③ 규범기(norming)   ④ 수행기(performing)

⑤ 휴회기(adjourning)

◉해설

터크만의 팀 발달단계

조직심리학자인 브루스 터크만(Bruce Tuckman)은 모든 팀이 경험하는 팀의 발달단계를 다음의 4단계로 제시하였다.

1. 형성기

1) 일명 "탐색기"라고도 한다.

2) 많은 것이 생소하고, 불명확하다.

3) 팀의 미션, 목표에 대한 명확한 공감대가 형성되어 있지 않다.

4) 일하는 방법, 프로세스도 정립되어 있지 않다.

◉ ANSWER | 12 ② 13 ③

5) 팀원 간 서로 조심스럽게 대한다.
6) 성과가 낮다.

2. 혼돈기
    1) 일명 "갈등기"라고도 한다.
    2) 팀원 간 상호작용이 본격화되어 생각, 생활방식 차이로 갈등과 혼란이 발생한다.
    3) 의사결정이 오래 걸려 일이 지연된다.
    4) 팀원 간 갈등이 심화되거나 팀장의 리더십에 불만을 갖는 팀원이 생긴다.
    5) 개인이 하는 것보다 오히려 성과가 낮게 나온다

3. 규범기
    1) 혼돈기를 극복한 팀은 규범기로 들어간다.
    2) 팀원 간 서로 친하고 결속력이 강화된다.
    3) 목표에 대한 공감대가 형성된다.
    4) 의견차이를 존중하며, 세련되게 해결하여 보다 나은 팀 시너지를 창출하기 위해 새롭게 일하는 방법을 논의한다.
    5) 성과가 본격적으로 나오기 시작한다.

4. 성취기
    1) 기존성과에 만족하지 않고 더 높은 성과를 내기 위해 움직인다.
    2) 스스로 알아서 일하고, 문제도 스스로 해결한다.
    3) 소통이 매우 활발하며, 서로에 대한 신뢰도 강하다.
    4) 고성과를 내는 팀이 된다.

14 반생산적 업무행동(CWB) 중 직·간접적으로 조직 내에서 행해지는 일을 방해하려는 의도적 시도를 의미하며 다음과 같은 사례에 해당하는 것은?

> • 고의적으로 조직의 장비나 재산의 일부를 손상시키기
> • 의도적으로 재료나 공급물품을 낭비하기
> • 자신의 업무영역을 더럽히거나 지저분하게 만들기

① 철회(withdrawal)
② 사보타주(sabotage)
③ 직장무례(workplace incivility)
④ 생산일탈(production deviance)
⑤ 타인학대(abuse toward others)

해설

사보타주(sabotage)
1. 제2차 세계대전 중 점령군의 기재(器材)에 대한 파괴활동에 대해 붙여진 명칭으로 일반적으로는 전선(戰線)의 배후 또는 점령지역에서 적의 군사기재, 통신선과 군사시설에 피해를 주거나 그것들을 파괴하는 것을 목적으로 하거나 그 효과를 갖는 행위를 가리킨다. 스파이와는 달리 정보수집이 목적이 아니며 작전지대 내에 한정되지 않고 적의 지배지역 전반에서 일어난다.

ANSWER | 14 ②

2. 사보타주는 적의 비군사물에 대해 이루어지면 이른바 테러행위로서 위법이 되고, 군사목표에 대해서 이루어지면 그것 자체는 위법은 아니다. 후자의 경우 사보타주를 하는 자가 군인인지 민간인인지에 따라 체포되었을 때의 조치가 달라진다. 군인의 경우 제복착용 등의 조건을 갖추고 있으면 체포되어도 포로의 대우를 받는다. 한편, 1949년 제네바 제4(민간인보호) 협약에 의하면 사보타주의 명백한 혐의가 있는 민간인은 통신의 권리를 상실하고(5조) 또한 민간인이 점령군의 군사시설에 대해 실행한 중대한 사보타주의 경우에만 점령국은 그 형벌규정에 의해 사형을 내리는 것이 인정되어 있다(68조). 또한 '민간항공의 안전에 대한 불법적 행위의 억제를 위한 협약(몬트리올협약, 1971.9.23)'을 사보타주 조약이라고도 한다.

※ **철회(withdrawal)**
아직 발생하지 않은 효력의 발생 가능성을 소멸시키는 행위로서 철회는 일방적 의사표시로 효력이 발생하지만 당사자 사이에 일단 권리관계가 성립되면 철회하지 못한다. 예를 들면, 제한능력자의 계약은 추인이 있을 때까지 상대방이 그 의사표시를 철회할 수 있다(민법 16조 1항). 대리권이 없는 자가 한 계약은 본인의 추인이 있을 때까지 상대방은 본인이나 그 대리인에 대하여 계약을 철회할 수 있다(134조). 채권자나 채무자가 선택하는 경우에 그 선택은 상대방에 대한 의사표시로 하되, 그 의사표시는 상대방의 동의가 없으면 철회하지 못한다(382조). 유언자는 언제든지 유언 또는 생전행위로 유언의 전부나 일부를 철회할 수 있다.

15 스웨인(A. Swain)과 구트만(H. Guttmann)이 구분한 인간오류(Human Error)의 유형에 관한 설명으로 옳지 않은 것은?

① 생략오류(Omission Error) : 부분으로는 옳으나 전체로는 틀린 것을 옳다고 주장하는 오류
② 시간오류(Timing Error) : 업무를 정해진 시간보다 너무 빠르게 혹은 늦게 수행했을 때 발생하는 오류
③ 순서오류(Sequence Error) : 업무의 순서를 잘못 이해했을 때 발생하는 에러
④ 실행오류(Commission Error) : 수행해야 할 업무를 부정확하게 수행하기 때문에 생겨나는 에러
⑤ 부가오류(Extraneous Error) : 불필요한 절차를 수행하는 경우에 생기는 오류

● 해설

Human Error의 분류

1. 심리적원인에 의한 분류

Omisson Error	필요작업이나 절차를 수행하지 않아서 발생되는 에러
Timing Error	필요작업이나 절차의 수행 지연으로 발생되는 에러
Commission Error	필요작업이나 절차의 불확실한 수행으로 발생되는 에러
Sequencial Error	필요작업이나 절차상 순서착오로 발생되는 에러
Extraneous Error	불필요한 작업 또는 절차를 수행하여 발생되는 에러

2. 레벨에 의한 분류

Primary Error	작업자 자신의 잘못으로 발생된 에러
Secondary Error	작업조건의 문제로 발생된 에러로 적절한 실행을 하지 못해 발생된 에러
Command Error	필요한 자재, 정보, 에너지 등의 공급이 이루어지지 못해 발생된 에러

16 다음 그림에서 (a)와 (c)가 일직선으로 보이지만 실제로는 (a)와 (b)가 일직선이다. 이러한 현상을 나타내는 용어는?

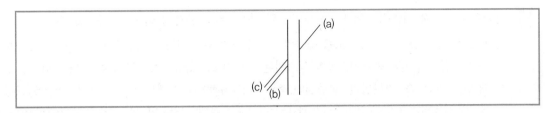

① 뮬러 – 라이어(Müller – Lyer) 착시현상　② 티체너(Titchener) 착시현상
③ 폰조(Ponzo) 착시현상　④ 포겐도르프(Poggendorf) 착시현상
⑤ 죌너(Zöllner) 착시현상

착시현상의 분류

학설	그림	현상
Müller – Lyer의 착시	(a)　　(b)	(a)가 (b)보다 길어 보임 실제 (a) = (b)
Helmholtz의 착시	(a)　　(b)	(a)는 세로로 길어 보이고, (b)는 가로로 길어 보인다.
Herling의 착시		가운데 두 직선이 곡선으로 보인다.
Köhler의 착시		우선 평행의 호(弧)를 본 경우에 직선은 호의 반대 방향으로 굽어 보인다.
Poggendorf의 착시	(a) (c)　(b)	(a)와 (c)가 일직선으로 보이나 실제 (a)와 (b)가 일직선이다.
Zöllner의 착시		세로의 선이 굽어 보인다.
Orbigon의 착시		안쪽 원이 찌그러져 보인다.
Sander의 착시		두 점선의 길이가 다르게 보인다.
Ponzo의 착시		두 수평선부의 길이가 다르게 보인다.

17 산업재해이론 중 하인리히(H. Heinrich)가 제시한 이론에 관한 설명으로 옳은 것은?

① 매트릭스 모델(Matrix model)을 제안하였으며, 작업자의 긴장수준이 사고를 유발한다고 보았다.

② 사고의 원인이 어떻게 연쇄반응을 일으키는지 도미노(domino)를 이용하여 설명하였다.

③ 재해는 관리부족, 기본원인, 직접원인, 사고가 연쇄적으로 발생하면서 일어나는 것으로 보았다.

④ 재해의 직접적인 원인은 불안전행동과 불안전상태를 유발하거나 방치한 전술적 오류에서 비롯된다고 보았다.

⑤ 스위스 치즈 모델(Swiss cheese model)을 제시하였으며, 모든 요소의 불안전이 겹쳐져서 사고가 발생한다고 주장하였다.

해설

하인리히의 연쇄성이론

1. 연쇄성이론은 보험회사 직원이었던 하인리히가 최초로 발표하였으며 도미노이론이라고 불리기도 한다.
2. 사고를 예방하는 방법은 연쇄적으로 발생되는 원인들 중에서 어떤 원인을 제거하면 연쇄적인 반응을 차단할 수 있다는 이론에 근거를 두고 있다.
3. 연쇄성 이론에 의하면 5개의 도미노가 있다.
   1) 사회적 · 유전적 요소
   2) 개인적 결함
   3) 불안전한 상태 및 행동
   4) 사고
   5) 재해
4. 사고 발생의 직접적인 원인은 불안전한 행동과 불안전한 상태이다.
5. 연쇄성 이론에서 첫 번째 도미노는 사회적 · 유전적 요소이다.

18 조직 스트레스원 자체의 수준을 감소시키기 위한 방법으로 옳은 것을 모두 고른 것은?

ㄱ. 더 많은 자율성을 가지도록 직무를 설계하는 것
ㄴ. 조직의 의사결정에 대한 참여기회를 더 많이 제공하는 것
ㄷ. 직원들과 더 효과적으로 의사소통할 수 있도록 관리자를 훈련하는 것
ㄹ. 갈등해결기법을 효과적으로 사용할 수 있도록 종업원을 훈련하는 것

① ㄱ, ㄴ 　　　　　　　　　　② ㄷ, ㄹ
③ ㄱ, ㄴ, ㄹ 　　　　　　　　④ ㄴ, ㄷ, ㄹ
⑤ ㄱ, ㄴ, ㄷ, ㄹ

해설

조직 스트레스원 감소방법

1. 직무설계란 위해서는 조직 내에서 과업이 어떤 과정으로 수행되어야 하는지 책임과 체제가 어떻게 사용되는지에 대한 설계과정을 말하므로 직무를 수행하는 자에게 의미와 만족을 부여하는지도 스트레스 감소에 중요한 역할을 한다.
2. 이 외에도 의사결정의 참여기회 확대나 효과적인 의사소통이 가능하도록 하는 등의 방법이 유용하다.

⊙ ANSWER | 17 ② 18 ⑤

19 산업위생의 목적에 해당하는 것을 모두 고른 것은?

> ㄱ. 유해인자 예측 및 관리
> ㄴ. 작업조건의 인간공학적 개선
> ㄷ. 작업환경 개선 및 직업병 예방
> ㄹ. 작업자의 건강보호 및 생산성 향상

① ㄱ, ㄴ, ㄷ
② ㄱ, ㄴ, ㄹ
③ ㄱ, ㄷ, ㄹ
④ ㄴ, ㄷ, ㄹ
⑤ ㄱ, ㄴ, ㄷ, ㄹ

◉ 해설

산업위생의 목적 달성을 위한 활동
1. 메탄올은 메틸알코올 또는 목정으로 불리는 가장 간단한 형태의 알코올 화합물로 노출지표검사로 분석한다.
2. 노출기준과 작업환경 측정결과를 이용해 평가한다.
3. 피토관을 이용해 국소배기장치 덕트의 속도압과 정압을 주기적으로 측정한다.
4. 금속 흄(Fume) 등과 같이 열적으로 생기는 분진 등이 발생하는 작업장에서는 1급 이상의 방진마스크를 착용하게 한다.
5. 인간공학적 평가도구인 OWAS를 활용해 작업자들에 대한 작업 자세를 평가한다.

20 노출기준 설정방법 등에 관한 설명으로 옳지 않은 것은?

① 노동으로 인한 외부로부터 노출량(dose)과 반응(response)의 관계를 정립한 사람은 Pearson Norman(1972)이다.
② 노출에 따른 활동능력의 상실과 조절능력의 상실 관계는 지수형 곡선으로 나타난다.
③ 향상성(homeostasis)이란 노출에 대해 적응할 수 있는 단계로 정상조절이 가능한 단계이다.
④ 정상기능 유지단계는 노출에 대해 방어기능을 동원하여 기능장해를 방어할 수 있는 대상성(compensation) 조절기능 단계이다.
⑤ 대상성(compensation) 조절기능 단계를 벗어나면 회복이 불가능하여 질병이 야기된다.

◉ 해설

노출기준 설정방법
1. 향상성
   노출에 대해 적응할 수 있는 단계로 상처가 가해졌을 때, 상처 자리 쪽으로 또는 그 반대쪽으로 굽는 성질과 같이 정상조절이 가능한 단계이다.
2. 대상성
   신체의 어떤 기관이 불완전한 기능을 다른 기관이 대신한 결과로 나타나는 성질로 조절기능 단계를 벗어나면 회복이 불가능해 질병이 야기되며, 정상기능 유지단계는 노출에 대해 방어기능을 동원하여 기능장해를 방어할 수 있는 애상성 조절기능단계이다.
3. 기타 특징
   노출에 따른 활동능력의 상실과 조절능력의 상실 관계는 지수형 곡선을 나타낸다.

◉ ANSWER | 19 ⑤ 20 ①

21 우리나라 작업환경측정에서 화학적 인자와 시료채취 매체의 연결이 옳은 것은?

① 2-브로모프로판-실리카겔관
② 디메틸포름아미드-활성탄관
③ 시클로헥산-실리카겔관
④ 트리클로로에틸렌-활성탄관
⑤ 니켈-활성탄관

● 해설
1. 트리클로로에틸렌 : 활성탄관
2. 디메틸포름아미드 : 실리카겔관
3. 2-브로모프로판 : 이황화탄소/디메틸포름아미드로 탈착 후 일정량을 가스크로마토그래프(GC : Gas Chromato graph)에 주입하여 정량한다.

22 공기정화장치 중 집진(먼지제거) 장치에 사용되는 방법 또는 원리에 해당하지 않는 것은?

① 세정
② 여과(여포)
③ 흡착
④ 원심력
⑤ 전기 전하

● 해설
먼지제거 장치에 사용되는 방법 : 세정, 여과, 원심력에 의한 방법, 정전기를 이용한 전기 전하 방법 등이 있다.

23 산업안전보건법 시행규칙 별지 제85호 서식(특수·배치 전·수시·임시 건강진단 결과표)의 작성 사항이 아닌 것은?

① 작업공정별 유해요인 분포 실태
② 유효인자별 건강진단을 받은 근로자 현황
③ 질병코드별 질병유소견자 현황
④ 질병별 조치 현황
⑤ 건강진단 결과표 작성일, 송부일, 검진기관명

● 해설
작성 항목
1. 일반건강진단의 경우
   ① 시행규칙 별지 제22호의(1) 서식 중 "근로자 건강진단 사후관리 소견서"에서 '사업장명', '실시기간', '공정(부서)', '성명', '성별', '나이', '근속연수', '건강구분', '검진소견', '사후관리소견', '업무수행 적합여부'를 작성한다.
   ② '검진소견', '사후관리소견', '업무수행 적합여부'는 C 판정자 이상에 대하여 기재하며, U 판정자는 작성 가능한 항목만 기재한다.
2. 특수·배치 전·수시·임시건강진단의 경우
   ① 시행규칙 별지 제22호의(2) 서식 중 "근로자 건강진단 사후관리 소견서"에서 '사업장명', '실시기간', '공정(부서)', '성명', '성별', '나이', '근속연수', '유해인자', '생물학적 노출지표(참고치)', '건강구분', '검진소견', '사후관리소견', '업무수행 적합여부'를 작성한다.
   ② '검진소견', '사후관리소견', '업무수행 적합여부'는 C 판정자 이상에 대하여 기재하며, U 판정자는 작성 가능한 항목만 기재한다.

◉ ANSWER | 21 ④ 22 ③ 23 ①

③ '생물학적 노출지표(참고치)'는 해당 근로자만 기재한다.

3. 일반건강진단을 「국민건강보험법」에 의한 건강검진으로 갈음하는 경우 및 그 외 규칙 제99조제1항제2호에서 제6호에 해당하는 건강진단으로 갈음하는 경우
   일반건강진단의 경우와 동일하다.

4. 특수건강진단을 「원자력법」에 따른 건강진단(방사선), 「진폐의 예방과 진폐근로의 보호 등에 관한 법률」에 따른 정기 건강진단(광물성 분진), 「진단용 방사선 발생장치의 안전관리 규칙」에 따른 건강진단(방사선) 및 그 외 규칙 제99호제2항제4호에 해당하는 건강진단으로 갈음하는 경우
   특수 · 배치 전 · 수시 · 임시건강진단의 경우와 동일하다.

24 산업안전보건기준에 관한 규칙상 사업주가 근로자에게 송기마스크나 방독마스크를 지급하여 착용하도록 하여야 하는 업무에 해당하지 않는 것은?

① 국소배기장치의 설비 특례에 따라 밀폐시설이나 국소배기장치가 설치되지 아니한 장소에서의 유기화합물 취급업무

② 임시작업인 경우의 설비 특례에 따라 밀폐시설이나 국소배기장치가 설치되지 아니한 장소에서의 유기화합물 취급업무

③ 단시간작업인 경우의 설비 특례에 따라 밀폐시설이나 국소배기장치가 설치되지 아니한 장소에서의 유기화합물 취급업무

④ 유기화합물 취급 장소에 설치된 환기장치 내의 기류가 확산될 우려가 있는 물체를 다루는 유기화합물 취급업무

⑤ 유기화합물 취급 장소에서 청소 등으로 유기화합물이 제거된 설비를 개방하는 업무

▶해설

1. 방독마스크
   1) 선정기준
      ① 사용대상 유해물질을 제독할 수 있는 정화통을 선정
      ② 산소농도 18% 미만인 산소결핍 장소에서의 사용금지
      ③ 파과시간이 긴 것
      ④ 그 외의 것은 방진마스크 선정기준을 따름
   2) 사용 및 관리방법
      ① 정화통의 파과시간을 준수
      ※ 파과시간 : 정화통 내의 정화제가 제독능력을 상실하여 유해가스를 그대로 통과시키기까지의 시간을 말한다. 파과시간은 제조회사마다 정화통에 표시되어 있으므로 사용 시마다 사용기간 기록카드에 기록하여 남은 유효시간이 작업시간에 맞게 충분히 남아 있는 시점에 확인한다.
      ② 대상물질의 농도에 적합한 형식을 선택
      ③ 다음의 경우에는 송기마스크를 사용
         • 유해물질의 종류, 농도 불분명한 장소
         • 작업강도가 매우 큰 작업
         • 산소결핍의 우려가 있는 장소
      ④ 사용 전에 흡 · 배기 상태, 유효시간, 가스종류와 농도, 정화통의 적합성 등을 점검
      ⑤ 정화통의 유효시간이 불분명 시에는 새로운 정화통으로 교체
      ⑥ 정화통은 여유 있게 확보
      ⑦ 그 외의 것은 방진마스크 사용방법을 따름

◉ ANSWER │ 24 ⑤

2. 송기마스크
  1) 선정기준
    ① 격리된 장소, 행동반경이 크거나 공기의 공급장소가 멀리 떨어진 경우에는 공기호흡기를 지급하며 이때는 기능을 확실히 체크해야 함
    ② 인근에 오염된 공기가 있거나 위험도가 높은 장소에서는 폐력흡인형이나 수동형은 적합하지 않음
    ③ 화재폭발이 발생할 우려가 있는 위험지역 내에서 사용해야 할 경우에 전기 기기는 방폭형을 사용
  2) 사용 및 관리방법
    ① 신선한 공기의 공급
      압축공기관 내 기름 제거용으로 활성탄을 사용하고 그 밖에 분진, 유독가스를 제거하기 위한 여과장치를 설치한다. 송풍기는 산소농도가 18% 이상이고 유해가스나 악취 등이 없는 장소에 설치한다.
    ② 폐력흡인형 호스마스크는 안면부 내에 음압되어 흡기, 배기밸브를 통해 누설되어 유해물질이 침입할 우려가 있으므로 위험도가 높은 장소에서의 사용을 피한다.
    ③ 수동 송풍기형은 장시간 작업 시 2명 이상 교대하면서 작업한다.
    ④ 공급되는 공기의 압력을 1.75kg/cm² 이하로 조절하며, 여러 사람이 동시에 사용할 경우에는 압력조절에 유의한다.
    ⑤ 전동송풍기형 호스마스크는 장시간 사용할 때 여과재의 통기저항이 증가하므로 여과재를 정기적으로 점검하여 청소 또는 교환해 준다.
    ⑥ 동력을 이용하여 공기를 공급하는 경우에는 전원이 차단될 것을 대비하여 비상전원에서 연결하고 그것을 제3자가 손대지 못하도록 표시함
    ⑦ 공기호흡기 또는 개방식인 경우에는 실린더 내의 공기 잔량을 점검하여 그에 맞게 대처함
    ⑧ 작업 중 다음과 같은 이상상태가 감지될 경우에는 즉시 대피
      • 송풍량의 감소
      • 가스냄새 또는 기름냄새 발생
      • 기타 이상상태라고 감지할 때
    ⑨ 송기마스크의 보수 및 유지관리 방법은 다음과 같다.
      • 안면부, 연결관 등의 부품이 열화된 경우에는 새것으로 교환
      • 호스에 변형, 파열, 비틀림 등이 있는 경우에는 새것으로 교환
      • 산소통 또는 공기통 사용 시에는 잔량을 확인하여 사용시간을 기록 · 관리
      • 사용 전에 관리감독자가 점검하고 1개월에 1회 이상 정기점검 및 정비를 하여 항상 사용할 수 있도록 한다.

25 화학물질 및 물리적 인자의 노출기준에서 유해물질별 그 표시 내용의 연결이 옳은 것은?
  ① 인듐 및 화합물 – 흡입성
  ② 크롬산 아연 – 발암성 1A
  ③ 일산화탄소 – 호흡성
  ④ 불화수소 – 생식세포 변이원성 2
  ⑤ 트리클로로에틸렌 – 생식독성 1A

해설

화학물질의 노출기준
1. 인듐 및 화합물 : 호흡성
2. 크롬산 아연 : 발암성 1A
3. 일산화탄소 : 생식독성
4. 불화수소 : Skin
5. 트리클로로에틸렌 : 발암성 1A, 생식세포 변이원성 2

◉ ANSWER | 25 ②

3과목 기업진단·지도

01 인사평가 방법에 관한 설명으로 옳지 않은 것은?

① 서열(Ranking)법은 등위를 부여해 평가하는 방법으로, 평가 비용과 시간을 절약할 수 있다.

② 평정척도(Rating Scale)법은 평가 항목에 대해 리커트(Likert) 척도 등을 이용해 평가한다.

③ BARS(Behaviorally Anchored Rating Scale) 평가법은 성과 관련 주요 행동에 대한 수행 정도로 평가한다.

④ MBO(Management by Objectives) 평가법은 상급자와 합의하여 설정한 목표 대비 실적으로 평가한다.

⑤ BSC(Balanced Score Card) 평가법은 연간 재무적 성과 결과를 중심으로 평가한다.

◉해설

인사고과기법의 분류

구분	특징
균형성과표(BSC)	성과지표를 활용하는 방법 • 재무 • 내부 프로세스 • 학습에 의한 성장 • 고객의 평가
목표관리법(MBO)	• 장점 : 동기부여에 의한 자기계발 가능 • 단점 : 권한위임이 어렵다.
체크리스트법	• 장점 : 직무와 밀접한 고과방식으로 신뢰성이 높다. • 단점 : 직무의 전반적 산정이 어렵다.
평가센터법(ACM)	• 최고 경영자를 대상으로 한 기법 • 전문적 평가센터에 의한 방법
행동기준평가법(BARS)	직무수행의 구체적인 지침에 의한 방법으로 직무개발에 효과가 있다.

02 노사관계에 관한 설명으로 옳지 않은 것은?

① 우리나라에서 단체협약은 1년을 초과하는 유효기간을 정할 수 없다.

② 1935년 미국의 와그너법(Wagner Act)은 부당노동행위를 방지하기 위하여 제정되었다.

③ 유니온 숍제는 비조합원이 고용된 이후, 일정기간 이후에 조합에 가입하는 형태이다.

④ 우리나라에서 임금교섭은 조합 수 기준으로 기업별 교섭형태가 가장 많다.

⑤ 직장폐쇄는 사용자 측의 대항행위에 해당한다.

◉ ANSWER | 01 ⑤ 02 ①

단체협약은 원칙적으로 체결한 날로부터 그 효력이 발생되며 협약의 유효기간을 정하고 있는 경우는 그 기간의 만료로서 효력이 종료된다. 단, 당사자가 임의로 정할수 있는 유효기간은 2년을 초과할 수 없고, 유효기간이 정하여지지 않은 경우나 2년을 초과한 경우에는 그 단체협약의 유효기간은 2년으로 된다.

03 조직문화 중 안전문화에 관한 설명으로 옳은 것은?

① 안전문화 수준은 조직구성원이 느끼는 안전 분위기나 안전풍토(Safety Climate)에 대한 설문으로 평가할 수 있다.

② 안전문화는 TMI(Three Mile Island) 원자력발전소 사고 관련 국제원자력기구(IAEA) 보고서에 의해 그 중요성이 널리 알려졌다.

③ 브래들리 커브(Bradley Curve) 모델은 기업의 안전문화 수준을 병적-수동적-계산적-능동적-생산적 5단계로 구분하고 있다.

④ Mohamed가 제시한 안전풍토의 요인들은 재해율이나 보호구 착용률과 같이 구체적이어서 안전문화 수준을 계량화하기 쉽다.

⑤ Pascale의 7S모델은 안전문화의 구성요인으로 Safety, Strategy, Structure, System, Staff, Skill, Style을 제시하고 있다.

안전문화란 조직구성원이 느끼는 안전환경이나 풍토에 대한 것으로 그 수준은 설문으로 평가할 수 있다.

04 동기부여이론에 관한 설명으로 옳은 것을 모두 고른 것은?

ㄱ. 매슬로(A. Maslow)의 욕구 5단계이론에서 가장 상위계층의 욕구는 자기가 원하는 집단에 소속되어 우의와 애정을 갖고자 하는 사회적 욕구이다.

ㄴ. 허츠버그(F. Herzberg)의 2요인이론에서 급여와 복리후생은 동기요인에 해당한다.

ㄷ. 맥그리거(D. McGregor)의 X이론에 의하면 사람은 엄격한 지시·명령으로 통제되어야 조직 목표를 달성할 수 있다.

ㄹ. 맥클리랜드(D. McClelland)는 주제통각시험(TAT)을 이용하여 사람의 욕구를 성취욕구, 권력욕구, 친교욕구로 구분하였다.

① ㄱ, ㄴ　　　　　　　　　　② ㄱ, ㄹ

③ ㄷ, ㄹ　　　　　　　　　　④ ㄱ, ㄴ, ㄷ

⑤ ㄴ, ㄷ, ㄹ

동기부여이론

1. 앨더퍼(C. Alderfer)의 ERG 이론은 내용이론이다.

2. 맥클리랜드(D. McClelland)의 성취동기이론에서 성취욕구를 측정하기에 가장 적합한 것은 TAT(주제통각검사)이다.

3. 허츠버그(F. Herzberg)의 위생-동기이론에 따르면 동기유발이 되기 위해서는 위생요인이 충족되어야 동기요인

을 추구할 수 있다.

4. 브룸(V. Vroom)의 기대이론은 기대감, 수단성, 유의성에 의해 노력의 강도가 결정되며 이들 중 하나라도 0이면 동기부여가 안 된다.

5. 아담스(J. Adams)는 페스팅거(L. Festinger)의 인지부조화 이론을 동기유발과 연관시켜 공정성 이론을 체계화하였다.

05 리더십(Leadership)에 관한 설명으로 옳은 것은?

① 리더십 행동이론에서 리더의 행동은 상황이나 조건에 의해 결정된다고 본다.

② 리더십 특성이론에서 좋은 리더는 리더십 행동에 대한 훈련에 의해 육성될 수 있다고 본다.

③ 리더십 상황이론에서 리더십은 리더와 부하 직원들 간의 상호작용에 따라 달라질 수 있다고 본다.

④ 헤드십(Headship)은 조직 구성원에 의해 선출된 관리자가 발휘하기 쉬운 리더십을 의미한다.

⑤ 헤드십은 최고경영자의 민주적인 리더십을 의미한다.

▶해설

리더십 상황이론에서 리더십은 리더와 부하 직원들 간의 상호작용에 따라 달라질 수 있다고 보며 리더십 이론은 다음과 같다.

리더십 이론

1. 블레이크의 리더십 관리격자모형 : 일에 대한 관심과 사람에 대한 관심이 모두 높은 리더가 이상적 리더

2. 피들러의 리더십 상황이론

   1) 과업지향형 리더 : 과업지향적인 통제형 리더십

   2) 관계지향형 리더 : 대인관계의 원만한 형성으로 과업을 성취하도록 하는 배려형 리더십

3. 리더–부하 교환이론 : 효율적인 리더는 믿을 만한 부하들을 내집단으로 구분하여 그들에게 더 많은 정보를 제공하고, 경력개발 지원 등의 특별한 대우를 한다.

4. 변혁적 리더 : 기대 이상의 성과가 가능하도록 리더가 아닌 하위자가 예외적인 사항에 대해 개입하는 등 조직 전체를 위해 일하게 함으로써 성과를 발휘하도록 한다.

5. 카리스마 리더 : 강한 자기확신, 인상관리, 매력적인 비전 제시로 동기부여를 하는 리더십

06 수요예측방법에 관한 설명으로 옳은 것은?

① 델파이 방법은 일반 소비자를 대상으로 하는 정량적 수요예측 방법이다.

② 이동평균법은 과거 수요예측치의 평균으로 예측한다.

③ 시계열분석법의 변동요인에 추세(Trend)는 포함되지 않는다.

④ 단순회귀분석법에서 수요량 예측은 최대자승법을 이용한다.

⑤ 지수평활법은 과거 실제 수요량과 예측치 간의 오차에 대해 지수적 가중치를 반영해 예측한다.

▶해설

수요예측 중 지수평활법은 과거 실제 수요량과 예측치 간의 오차에 대해 지수적 가중치를 반영해 예측하며 시계열 분석에서의 변동요인 4요소는 다음과 같다.

1. 추세변동 : 자료의 추이가 점진적, 장기적으로 증가 또는 감소되는 변동

2. 계절변동 : 월, 계절에 따라 증가 또는 감소되는 변동

3. 순환변동 : 경기순환과 같은 요인으로 인한 변동

4. 불규칙변동 : 돌발사건, 전쟁 등으로 인한 변동

◎ ANSWER | 05 ③ 06 ⑤

07 재고관리에 관한 설명으로 옳지 않은 것은?

① 경제적 주문량(EOQ) 모형에서 재고유지비용은 주문량에 비례한다.

② 신문판매원 문제(Newsboy Problem)는 확정적 재고모형에 해당한다.

③ 고정주문량모형은 재고수준이 미리 정해진 재주문점에 도달할 경우 일정량을 주문하는 방식이다.

④ ABC 재고관리는 재고의 품목 수와 재고 금액에 따라 중요도를 결정하고 재고관리를 차별적으로 적용하는 기법이다.

⑤ 재고로 인한 금융비용, 창고 보관료, 자재 취급비용, 보험료는 재고유지비용에 해당한다.

● 해설

신문판매원 문제는 유동적 재고모형에 해당되며, 특히 ABC 재고관리의 이해가 중요하다.

ABC 재고관리
1. 자재 및 재고자산의 차별 관리방법으로 A, B, C 등급으로 구분된다.
2. 품목의 중요도를 결정하고, 품목의 상대적 중요도에 따라 통제를 달리하는 재고관리시스템이다.
3. 파레토 분석 결과에 따라 품목을 등급으로 나누어 분류한다.
4. A등급에 속하는 품목의 수는 적고 보관량 및 회전빈도는 많다.
5. 각 등급별 재고 통제수준은 A등급은 엄격하게, B등급은 중간 정도, C등급은 느슨하게 한다.

08 품질경영기법에 관한 설명으로 옳지 않은 것은?

① SERVQUAL 모형은 서비스 품질수준을 측정하고 평가하는 데 이용될 수 있다.

② TQM은 고객의 입장에서 품질을 정의하고 조직 내의 모든 구성원이 참여하여 품질을 향상하고자 하는 기법이다.

③ HACCP은 식품의 품질 및 위생을 생산부터 유통단계를 거쳐 최종 소비될 때까지 합리적이고 철저하게 관리하기 위하여 도입되었다.

④ 6시그마 기법에서는 품질특성치가 허용한계에서 멀어질수록 품질비용이 증가하는 손실함수 개념을 도입하고 있다.

⑤ ISO 9000 시리즈는 표준화된 품질의 필요성을 인식하여 제정되었으며 제3자(인증기관)가 심사하여 인증하는 제도이다.

● 해설

6시그마 기법
1. 모토로라에서 창안되었다.
2. 임직원들의 자발적 참여로 기업 스스로 추진해 나가는 방식의 품질개선운동이다.
3. 과거의 품질경영방침 결정이 하의상달방식이었다면 6시그마 기법은 상의하달방식으로 이루어진다.
4. 사업 전체의 전사적 품질경영혁신운동으로 과거의 품질관리와는 차별화된 기법이다.
5. 제조부문을 비롯해 제품개발, 영업, 경영 등 전 요소를 계량화해 품질영향요소의 오차범위를 6시그마 범위 내에 설정하는 기법이다.

09 식음료 제조업체의 공급망관리팀 팀장인 홍길동은 유통단계에서 최종 소비자의 주문량 변동이 소매상, 도매상, 제조업체로 갈수록 증폭되는 현상을 발견하였다. 이에 관한 설명으로 옳지 않은 것은?

① 공급사슬 상류로 갈수록 주문의 변동이 증폭되는 현상을 채찍효과(Bullwhip Effect)라고 한다.

◉ ANSWER | 07 ② 08 ④ 09 ②

② 유통업체의 할인 이벤트 등으로 가격 변동이 클 경우 주문량 변동이 감소할 것이다.

③ 제조업체와 유통업체의 협력적 수요예측시스템은 주문량 변동이 감소하는 데 기여할 것이다.

④ 공급사슬의 정보공유가 지연될수록 주문량 변동은 증가할 것이다.

⑤ 공급사슬의 리드타임(Lead Time)이 길수록 주문량 변동은 증가할 것이다.

해설

채찍효과

예측 가능한 장기적 변동을 제외하고 나면 제품에 대한 최종 소비자의 수요는 그 변동폭이 크지 않다. 그러나 공급망을 거슬러 올라갈수록 이 변동폭이 커지는 현상을 채찍효과라 하는데, 긴 채찍의 경우 손잡이 부분에서 작은 힘이 가해져도 끝 부분에서는 큰 파동이 생기는 데서 착안되었다.

10 스트레스의 작용과 대응에 관한 설명으로 옳지 않은 것은?

① A유형이 B유형 성격의 사람에 비해 스트레스에 더 취약하다.

② Selye가 구분한 스트레스 3단계 중에서 2단계는 저항단계이다.

③ 스트레스 관련 정보수집, 시간관리, 구체적 목표의 수립은 문제 중심적 대처방법이다.

④ 자신의 사건을 예측할 수 있고, 통제 가능하다고 지각하면 스트레스를 덜 받는다.

⑤ 긴장(각성) 수준이 높을수록 수행 수준은 선형적으로 감소한다.

해설

스트레스의 작용과 대응

1. A유형이 B유형 성격의 사람에 비해 스트레스에 더 취약하다.
   A유형
   1) 마감시한이 없을 때에도 최대의 능력을 발휘하여 일한다.
   2) 자신의 물리적 · 사회적 환경을 장악하려는 통제감이 높다.
   3) 좌절하면 공격적이고 적대적이 되며, 피로감과 신체적 증상을 덜 보고한다.
2. Selye가 구분한 스트레스 3단계
   1) 1단계 : 경보단계
   2) 2단계 : 저항단계
   3) 3단계 : 소진단계
3. 스트레스 관련 정보수집, 시간관리, 구체적 목표수립은 문제 중심적 대처방법이다.
4. 자신의 사건을 예측할 수 있고, 통제 가능하다고 지각하면 스트레스를 덜 받는다.

11 김부장은 직원의 직무수행을 평가하기 위해 평정척도를 이용하였다. 금년부터는 평정오류를 줄이기 위한 방법으로 '종업원 비교법'을 도입하고자 한다. 이때 제거 가능한 오류(a)와 여전히 존재하는 오류(b)를 옳게 짝지은 것은?

① a : 후광오류, b : 중앙집중오류   ② a : 후광오류, b : 관대화오류

③ a : 중앙집중오류, b : 관대화오류   ④ a : 관대화오류, b : 중앙집중오류

⑤ a : 중앙집중오류, b : 후광오류

해설

1. 평정척도에 의한 직무수행 평가 시 제거 가능한 오류 : 중앙집중오류
2. 평정척도에 의한 직무수행 평가 시 여전히 존재하는 오류 : 후광오류

⊙ **ANSWER** | 10 ⑤ 11 ⑤

12 인사 담당자인 김부장은 신입사원 채용을 위해 적절한 심리검사를 활용하고자 한다. 심리검사에 관한 설명으로 옳지 않은 것은?

① 다른 조건이 모두 동일하다면 검사의 문항 수는 내적 일관성의 정도에 영향을 미치지 않는다.
② 반분 신뢰도(Split-half Reliability)는 검사의 내적 일관성 정도를 보여주는 지표이다.
③ 안면 타당도(Face Validity)는 검사문항들이 외관상 특정 검사의 문항으로 적절하게 보이는 정도를 의미한다.
④ 준거 타당도(Criterion Validity)에는 동시 타당도(Concurrent Validity)와 예측타당도(Predictive Validity)가 있다.
⑤ 동형 검사 신뢰도(Equivalent-form Reliability)는 동일한 구성개념을 측정하는 두 독립적인 검사를 하나의 집단에 실시하여 측정한다.

◉해설

심리검사 시 다른 조건이 모두 동일하다면 검사 문항 수는 내적 일관성의 정도에 영향을 미치는 중요한 요소가 된다.

13 다음에 설명하는 용어는?

> 응집력이 높은 조직에서 모든 구성원들이 하나의 의견에 동의하려는 욕구가 매우 강해, 대안적인 행동방식을 객관적이고 타당하게 평가하지 못함으로써 궁극적으로 비합리적이고 비현실적인 의사결정을 하게 되는 현상이다.

① 집단사고(Groupthink)
② 사회적 태만(Social Loafing)
③ 집단극화(Group Polarization)
④ 사회적 촉진(Social Facilitation)
⑤ 남만큼만 하기 효과(Sucker Effect)

◉해설

집단사고
응집력이 높은 조직에서 모든 구성원들이 하나의 의견에 동의하려는 욕구가 매우 강해, 대안적인 행동방식을 객관적이고 타당하게 평가하지 못함으로써 궁극적으로 비합리적이고 비현실적인 의사결정을 하게 되는 현상

14 용접공이 작업 중에 보호안경을 쓰지 않으면 시력손상을 입는 산업재해가 발생한다. 용접공의 행동특성을 ABC행동이론(선행사건, 행동, 결과)에 근거하여 기술한 내용으로 옳은 것을 모두 고른 것은?

> ㄱ. 보호안경을 착용하지 않으면 편리하다는 확실한 결과를 얻을 수 있다.
> ㄴ. 보호안경 착용으로 나타나는 예방효과는 안전행동에 결정적인 영향을 미친다.
> ㄷ. 미래의 불확실한 이득(시력보호)으로 보호안경의 착용 행위를 증가시키는 것은 어렵다.
> ㄹ. 모범적인 보호안경 착용자에게 공개적인 인센티브를 제공하여 위험행동을 감소하도록 유도한다.

① ㄱ, ㄷ
② ㄴ, ㄹ
③ ㄱ, ㄷ, ㄹ
④ ㄴ, ㄷ, ㄹ
⑤ ㄱ, ㄴ, ㄷ, ㄹ

용접공의 행동특성

1. 보호안경을 착용하지 않으면 편리하다.
2. 보호안경 착용으로 나타나는 예방효과는 안전행동에 결정적인 영향을 미친다.
3. 미래의 불확실한 이득으로 보호안경의 착용 행위를 증가시키는 것은 어렵다.
4. 모범적인 보호안경 착용자에게 공개적인 인센티브를 제공하여 위험행동을 감소하도록 유도한다.

15 휴먼에러 발생 원인을 설명하는 모델 중, 주로 익숙하지 않은 문제를 해결할 때 사용하는 모델이며 지름길을 사용하지 않고 상황파악, 정보수집, 의사결정, 실행의 모든 단계를 순차적으로 실행하는 방법은?

① 위반행동 모델(Violation Behavior Model)
② 숙련기반행동 모델(Skill-Based Behavior Model)
③ 규칙기반행동 모델(Rule-Based Behavior Model)
④ 지식기반행동 모델(Knowledge-Based Behavior Model)
⑤ 일반화 에러 모형(Generic Error Modeling System)

지식기반행동 모델

휴먼에러 발생원인 모델 중 익숙하지 않은 문제를 해결할 때 사용하는 모델로 상황파악, 정보수집, 의사결정, 실행의 모든 단계를 순차적으로 실행하는 방법

16 소음의 특성과 청력손실에 관한 설명으로 옳지 않은 것은?

① 0dB 청력수준은 20대 정상 청력을 근거로 산출된 최소역치수준이다.
② 소음성 난청은 달팽이관의 유모세포 손상에 따른 영구적 청력손실이다.
③ 소음성 난청은 주로 1,000Hz 주변의 청력손실로부터 시작된다.
④ 소음작업이란 1일 8시간 작업을 기준으로 85dBA 이상의 소음이 발생하는 작업이다.
⑤ 중이염 등으로 고막이나 이소골이 손상된 경우 기도와 골도 청력에 차이가 발생할 수 있다.

건강장해 예방을 위한 관리기준

1. 소음작업 : 1일 8시간 작업을 기준으로 85dB 이상의 소음을 발생하는 작업
2. 강렬한 소음작업
    1) 90dB 이상 소음이 1일 8시간 이상 발생하는 작업
    2) 95dB 이상 소음이 1일 4시간 이상 발생하는 작업
    3) 100dB 이상 소음이 1일 2시간 이상 발생하는 작업
    4) 105dB 이상 소음이 1일 1시간 이상 발생하는 작업
    5) 110dB 이상 소음이 1일 30분 이상 발생하는 작업
    6) 115dB 이상 소음이 1일 15분 이상 발생하는 작업
3. 충격소음작업 : 소음이 1초 이상 간격으로 발생하는 작업
    1) 120dB 이상 소음이 1일 1만 회 이상 발생하는 작업

◎ ANSWER | 15 ④ 16 ③

2) 130dB 이상 소음이 1일 1천 회 이상 발생하는 작업
3) 140dB 이상 소음이 1일 1백 회 이상 발생하는 작업
4. 진동작업 : 아래의 기계 · 기구를 사용하는 작업
1) 착암기
2) 동력을 이용한 해머
3) 체인톱
4) 엔진 커터
5) 동력을 이용한 연삭기
6) 임팩트 렌치
7) 그 밖에 진동으로 인하여 건강장해를 유발할 수 있는 기계 · 기구
5. 청력보존 프로그램 : 소음노출 평가, 소음노출 기준 초과에 따른 공학적 대책, 청력보호구의 지급과 착용, 소음의 유해성과 예방에 관한 교육, 정기적 청력검사, 기록 · 관리 사항 등이 포함된 소음성 난청을 예방 · 관리하기 위한 종합적인 계획

17 인간의 정보처리과정에 관한 설명으로 옳은 것을 모두 고른 것은?

ㄱ. 단기기억의 용량은 덩이 만들기(Chunking)를 통해 확장할 수 있다.
ㄴ. 감각기억에 있는 정보를 단기기억으로 이전하기 위해서는 주의가 필요하다.
ㄷ. 신호검출이론(Signal-detection Theory)에서 누락(Miss)은 신호가 없는데도 있다고 잘못 판단하는 경우이다.
ㄹ. Weber의 법칙에 따르면 10kg의 물체에 대한 무게 변화감지역(JND)이 1kg의 물체에 대한 무게 변화감지역보다 더 크다.

① ㄴ, ㄷ
② ㄱ, ㄴ, ㄹ
③ ㄱ, ㄷ, ㄹ
④ ㄴ, ㄷ, ㄹ
⑤ ㄱ, ㄴ, ㄷ, ㄹ

해설

인간의 정보처리과정
1. 단기기억의 용량은 덩이 만들기를 통해 확장가능하다.
2. 감각기억에 있는 정보를 단기기억으로 이전하기 위해서는 주의가 필요하다.
3. 신호검출이론에서 누락은 신호가 있는데도 없다고 잘못 판단하는 경우이다.

인간정보처리이론의 정보량
1. 정보의 측정단위는 비트(bit)
2. Hick-Hyman 법칙 : 선택반응시간과 자극 정보량 사이의 선형함수 관계로 나타난다는 법칙
3. 자극-반응 실험에서 인간에게 입력되는 정보량과 출력되는 정보량은 정보전달체계의 불완전함으로 인해 다르게 나타나게 되며 전달된 정보량 산정을 위해서는 전달체계의 간섭(Noise) 또는 정보량, 손실 정보량 등의 고려가 필요하다.
4. 정보란 불확실성을 감소시켜 주는 지식이나 소식을 의미한다.

18 어떤 가설을 받아들이고 나면 다른 가능성은 검토하지도 않고 그 가설을 지지하는 증거만을 탐색해서 받아들이는 현상에 해당하는 것은?

① 대표성 어림법(Representativeness Heuristic)
② 가용성 어림법(Availability Heuristic)
③ 과잉확신(Overconfidence)
④ 확증 편향(Confirmation Bias)
⑤ 사후확신 편향(Hindsight Bias)

◉ 해설

확증 편향

어떤 가설을 받아들이고 나면 다른 가능성은 검토하지도 않고 그 가설을 지지하는 증거만을 탐색해서 받아들이는 현상

19 근로자 건강진단에 관한 설명으로 옳지 않은 것은?

① 납땜 후 기판에 묻어 있는 이물질을 제거하기 위하여 아세톤을 취급하는 근로자는 특수건강진단 대상자이다.
② 우레탄수지 코팅공정에 디메틸포름아미드 취급 근로자의 배치 후 첫 번째 특수 건강진단 시기는 3개월 이내이다.
③ 6개월간 오후 10시부터 다음날 오전 6시 사이의 시간 중 작업을 월 평균 60시간 이상 수행하는 근로자는 야간작업 특수건강진단 대상자이다.
④ 직업성 천식 및 직업성 피부염이 의심되는 근로자에 대한 수시건강진단의 검사 항목이 있다.
⑤ 정밀기계 가공작업에서 금속가공유 취급 시 노출되는 근로자는 배치전·특수건강진단 대상자이다.

◉ 해설

1. DMF에 노출되는 작업부서 전체 근로자에 대한 특수건강진단 주기는 6개월에 1회 이상으로 한다.
2. 또한 집단적 주기 단축 조건은 다음의 어느 하나에 해당하는 경우 당해 공정에서 당해 유해인자에 노출되는 모든 근로자에 대하여 특수건강진단 기본주기를 다음 회에 한하여 1/2로 단축하여야 한다.
   1) 당해 건강진단 직전의 작업환경 측정결과 디메틸포름아미드 N농도가 노출기준 이상인 경우
   2) N,N－디메틸포름아미드에 의한 직업병유소견자가 발견된 경우
3. 배치 전 건강진단 후 첫 번째 특수건강진단 1개월 이내에 근로자 개별적으로 실시하되 배치 전 건강진단 실시 후 1개월 이내에 사업장의 특수건강진단이 실시될 예정이면 그것으로 대신할 수 있다.
4. 특수건강진단 대상 화학적 인자 : 유기화합물(108종)
   1) 가솔린(Gasoline)
   2) 글루타르알데히드(Glutaraldehyde)
   3) β－나프틸아민(β－Naphthylamine)
   4) 니트로글리세린(Nitroglycerin)
   5) 니트로메탄(Nitromethane)
   6) 니트로벤젠(Nitrobenzene)
   7) ρ－니트로아닐린(ρ－아미노니트로벤젠, ρ－Nitroaniline)
   8) ρ－니트로클로로벤젠(ρ－Nitrochlorobenzene)
   9) 디니트로톨루엔(Dinitrotoluene)

10) 디메틸아닐린(아미노디메틸벤젠, Dimethylaniline)
11) ρ-디메틸아미노아조벤젠(ρ-Dimethylaminoazobenzene)
12) N,N-디메틸아세트아미드(N,N-Dimethylacetamide)
13) 디메틸포름아미드(N,N-디메틸포름아미드, Dimethylformamide)
14) 4,4-디아미노-3,3-디클로로디페닐메탄(4,4-Diamino-3,3-Dichlorodiphenylmethane)
15) 디에틸렌트리아민(Diethylenetriamine)
16) 디에틸에테르(에틸에테르, Diethylether)
17) 1,4-디옥산(1,4-Dioxane)
18) 디이소부틸케톤(Diisobutylketone)
19) 디클로로메탄(이염화메틸렌, Dichloromethane)
20) o-디클로로벤젠(o-Dichlorobenzene)
21) 1,2-디클로로에틸렌(이염화아세틸렌, 1,2-Dichloroethylene)
22) 디클로로플루오로메탄(디클로로모노플루오로메탄, Dichlorofluoromethane)
23) 마젠타(Magenta)
24) 말레산 언하이드라이드(무수말레산, Maleic Anhydride)
25) 2-메톡시에탄올(에틸렌 글리콜 모노메틸 에테르, 메틸셀로솔브,2-Methoxyethanol)
26) 메틸렌 비스페닐 이소시아네이트(Methylene Bisphenyl Isocyanate)
27) 메틸 n-부틸 케톤(메틸부틸케톤, Methyl n-buthyl Ketone)
28) o-메틸 시클로헥사논(o-Methyl Cyclohexanone)
29) 메틸 시클로헥사놀(Methyl Cyclohexanol) 등

20 관리대상 유해물질 관련 국소배기장치 후드의 제어풍속에 관한 설명으로 옳지 않은 것은?

① 가스 상태 물질 포위식 포위형 후드는 제어풍속이 0.4m/s 이상이다.
② 가스 상태 물질 외부식 측방흡인형 후드는 제어풍속이 0.5m/s 이상이다.
③ 가스 상태 물질 외부식 상방흡인형 후드는 제어풍속이 1.0m/s 이상이다.
④ 입자 상태 물질 포위식 포위형 후드는 제어풍속이 1.0m/s 이상이다.
⑤ 입자 상태 물질 외부식 상방흡인형 후드는 제어풍속이 1.2m/s 이상이다.

해설

국소배기장치 후드의 제어풍속

물질유형	후드형태	제어풍속
가스상태	포위식 포위형	0.4m/s
	외부식 측방흡인형	0.5m/s
	외부식 상방흡인형	1.0m/s
입자상태	외부식 상방흡인형	1.2m/s

21 산업위생의 범위에 관한 설명으로 옳지 않은 것은?

① 새로운 화학물질을 공정에 도입하려고 계획할 때, 알려진 참고자료를 바탕으로 노출 위험성을 예측한다.
② 화학물질 관리를 위해 국소배기장치를 직접 제작 및 설치한다.
③ 작업환경에서 발생할 수 있는 감염성질환을 포함한 생물학적 유해인자에 대한 위험성평가를 실시한다.
④ 노출기준이 설정되지 않은 물질에 대하여 노출수준을 측정하고 참고자료와 비교하여 평가한다.
⑤ 동일한 직무를 수행하는 노동자 그룹별로 직무특성을 상세하게 기술하고 유사 노출그룹을 분류한다.

◎해설

산업위생의 범위
1. 새로운 화학물질을 공정에 도입하려고 계획할 때, 알려진 참고자료를 바탕으로 노출 위험성을 예측
2. 작업환경에서 발생할 수 있는 감염성질환을 포함한 생물학적 유해인자에 대한 위험성평가의 실시
3. 노출기준이 설정되지 않은 물질에 대하여 노출수준을 측정하고 참고자료와 비교하여 평가
4. 동일한 직무를 수행하는 노동자 그룹별로 직무특성을 상세하게 기술하고 유사노출그룹을 분류

22 미국산업위생학회에서 산업위생의 정의에 관한 설명으로 옳지 않은 것은?

① 인지란 현재 상황의 유해인자를 파악하는 것으로 위험성평가(Risk Assessment)를 통해 실행할 수 있다.
② 측정은 유해인자의 노출 정도를 정량적으로 계측하는 것이며 정성적 계측도 포함한다.
③ 평가의 대표적인 활동은 측정된 결과를 참고자료 혹은 노출기준과 비교하는 것이다.
④ 관리에서 개인보호구의 사용은 최후의 수단이며 공학적, 행정적인 관리와 병행해야 한다.
⑤ 예측은 산업위생 활동에서 마지막으로 요구되는 활동으로 앞 단계들에서 축적된 자료를 활용하는 것이다.

◎해설

미국산업위생학회의 산업위생 정의
1. 인지란 현재 상황의 유해인자를 파악하는 것으로 위험성평가를 통해 실행할 수 있다.
2. 측정은 유해인자의 노출 정도를 정량적으로 계측하는 것이며 정성적 계측도 포함한다.
3. 평가의 대표적인 활동은 측정된 결과를 참고자료 혹은 노출기준과 비교하는 것이다.
4. 관리에서 개인보호구의 사용은 최후의 수단이며 공학적, 행정적인 관리와 병행해야 한다.

23 국가별 노출기준 중 법적 제재력이 없는 것은?

① 독일 GCIHHCC의 MAK
② 영국 HSE의 WEL
③ 일본 노동성의 CL
④ 우리나라 고용노동부의 허용기준
⑤ 미국 OSHA의 PEL

◎해설

독일 GCIHHCC의 MAK는 법적 제제력을 갖지 않는다.

◎ ANSWER | 21 ② 22 ⑤ 23 ①

24 산업위생관리의 기본원리 중 작업관리에 해당하는 것은?

① 유해물질의 대체
② 국소배기 시설
③ 설비의 자동화
④ 작업방법 개선
⑤ 생산공정의 변경

해설

산업위생관리 기본원리 중 작업방법 개선은 작업관리에 해당된다.

25 유기용제의 일반적인 특성 및 독성에 관한 설명으로 옳은 것을 모두 고른 것은?

> ㄱ. 탄소사슬의 길이가 길수록 유기화학물질의 중추신경 억제효과는 증가한다.
> ㄴ. 염화메틸렌이 사염화탄소보다 더 강력한 마취특성을 가지고 있다.
> ㄷ. 불포화탄화수소는 포화탄화수소보다 자극성이 작다.
> ㄹ. 유기분자에 아민이 첨가되면 피부에 대한 부식성이 증가한다.

① ㄱ, ㄴ
② ㄱ, ㄷ
③ ㄱ, ㄹ
④ ㄴ, ㄷ
⑤ ㄴ, ㄹ

해설

유기용제의 일반적인 특성

1. 기름을 녹이는 특징이 있으며, 피부에 묻으면 지방질을 통과해 체내에 흡수되며 휘발성과 인화성이 강하다.
2. 탄소사슬의 길이가 길수록 유기화학물질의 중추신경 억제효과는 증가한다.
3. 유기분자에 아민이 첨가되면 피부에 대한 부식성이 증가한다.

3과목 기업진단 · 지도

01 직무관리에 관한 설명으로 옳지 않은 것은?

① 직무분석이란 직무의 내용을 체계적으로 분석하여 인사관리에 필요한 직무정보를 제공하는 과정이다.

② 직무설계는 직무 담당자의 업무 동기 및 생산성 향상 등을 목표로 한다.

③ 직무충실화는 작업자의 권한과 책임을 확대하는 직무설계방법이다.

④ 핵심직무특성 중 과업중요성은 직무담당자가 다양한 기술과 지식 등을 활용하도록 직무설계를 해야 한다는 것을 말한다.

⑤ 직무평가는 직무의 상대적 가치를 평가하는 활동이며, 직무평가 결과는 직무급의 산정에 활용된다.

해설

1. 직무분석 : 직무의 내용을 체계적으로 분석해 인사관리에 필요한 직무정보를 제공하는 과정

2. 직무설계 : 직무 담당자의 만족감 · 성취감 · 업무동기 및 생산성 향상을 목표로 이루어져야 한다.

3. 직무충실화 : 직무설계 시 직무 담당자의 만족감 · 성취감 · 업무동기 및 생산성 향상을 목표로 설계하는 방법 중 작업자의 권한과 책임을 확대하는 직무설계방법

4. 과업중요성 : 직무수행이 고객에게 영향을 주는 정도를 말하는 것으로 조직 내 · 외에서 과업이 미치는 영향력의 크기

5. 직무평가 : 직무의 상대적 가치를 평가하는 활동이며, 직무평가 결과는 직무급의 산정에 활용된다.

02 조직구조 유형에 관한 설명으로 옳지 않은 것은?

① 기능별 구조는 부서 간 협력과 조정이 용이하지 않고 환경변화에 대한 대응이 느리다.

② 사업별 구조는 기능 간 조정이 용이하다.

③ 사업별 구조는 전문적인 지식과 기술의 축적이 용이하다.

④ 매트릭스 구조에서는 보고체계의 혼선이 야기될 가능성이 높다.

⑤ 매트릭스 구조는 여러 제품라인에 걸쳐 인적자원을 유연하게 활용하거나 공유할 수 있다.

해설

조직구조의 유형

1. 기능별 구조 : 부서 간 협력과 조정이 용이하지 않고 환경변화에 대한 대응에 오랜 시간이 소요되는 구조

2. 사업별 구조 : 부서 간 협력과 조정 중 기능 간의 조정이 활성화된 구조로 전문적인 지식과 기술의 축적이 쉽지 않다.

3. 매트릭스 구조 : 여러 제품라인에 인적자원을 유연하게 활용 · 공유하는 구조의 특성상 보고체계의 혼선이 야기될 가능성이 높은 구조

⊛ **ANSWER** | 01 ④ 02 ③

03 노동조합에 관한 설명으로 옳지 않은 것은?

① 직종별 노동조합은 산업이나 기업에 관계없이 같은 직업이나 직종 종사자들에 의해 결성된다.

② 산업별 노동조합은 기업과 직종을 초월하여 산업을 중심으로 결성된다.

③ 산업별 노동조합은 직종 간, 회사 간 이해의 조정이 용이하지 않다.

④ 기업별 노동조합은 동일 기업에 근무하는 근로자들에 의해 결성된다.

⑤ 기업별 노동조합에서는 근로자의 직종이나 숙련 정도를 고려하여 가입이 결정된다.

●해설

노동조합

1. 직종별 노동조합 : 산업이나 기업에 관계없이 같은 직종이나 직업에 종사하는 사람들에 의해 결성된다.
2. 산업별 노동조합 : 기업과 직종을 초월해 산업중심으로 결성된 노동조합으로 직종 간, 회사 간의 이해 조정이 용이하지 않다.
3. 기업별 노동조합 : 동일한 기업에 근무하는 근로자들에 의해 결성된 노동조합으로 근로자의 직종 · 숙련도가 고려되지 않는다.

04 JIT(Just In Time) 생산방식의 특징으로 옳지 않은 것은?

① 간판(kanban)을 이용한 푸시(push) 시스템

② 생산준비시간 단축과 소(小)로트 생산

③ U자형 라인 등 유연한 설비배치

④ 여러 설비를 다룰 수 있는 다기능 작업자 활용

⑤ 불필요한 재고와 과잉생산 배제

●해설

JIT(Just In Time)

1. 공정 간 생산 효율화를 위해 제품정보를 간판을 이용하는 방식으로 단일 공정에 대한 정보제공 방식인 푸시 시스템과 차별화된 생산방식
2. 도요타 자동차에서 최초로 도입한 방식으로 생산준비시간 단축과 소로트 생산이 가능
3. U자형 라인 등 생산 유연성 설비배치와 여러 설비를 다룰 수 있는 다기능 작업자를 활용함으로써 불필요한 재고와 과잉생산에 대한 원가관리가 가능한 생산방식

05 품질개선 도구와 그 주된 용도의 연결로 옳지 않은 것은?

① 체크시트(check sheet) : 품질 데이터의 정리와 기록

② 히스토그램(histogram) : 중심위치 및 분포 파악

③ 파레토도(Pareto diagram) : 우연변동에 따른 공정의 관리상태 판단

④ 특성요인도(cause and effect diagram) : 결과에 영향을 미치는 다양한 원인들을 정리

⑤ 산점도(scatter plot) : 두 변수 간의 관계를 파악

품질개선 도구와 주된 용도

1. 체크시트 : 품질 데이터의 정리와 기록
2. 히스토그램 : 중심위치 및 분포 파악
3. 파레토도 : 품질관리 대상 항목을 항목별 점유율 크기 순서로 나열해 중점관리 대상의 파악이 용이
4. 특성요인도 : 결과에 영향을 미치는 다양한 원인들을 정리
5. 산점도 : 두 변수 간의 관계 파악

06 매슬로우(A. Maslow)의 욕구단계이론 중 자아실현욕구를 조직행동에 적용한 것은?

① 도전적 과업 및 창의적 역할 부여
② 타인의 인정 및 칭찬
③ 화해와 친목분위기 조성 및 우호적인 작업팀 결성
④ 안전한 작업조건 조성 및 고용 보장
⑤ 냉난방 시설 및 사내식당 운영

매슬로우의 욕구단계이론

1. 제1단계 : 생리적 욕구
2. 제2단계 : 안전 욕구
3. 제3단계 : 사회적 욕구
4. 제4단계 : 존경 욕구
5. 제5단계 : 자아실현의 욕구

보기의 적용

① 도전적 과업 및 창의적 역할 부여 : 제5단계
② 타인의 인정 및 칭찬 : 제4단계
③ 화해와 친목분위기 조성 및 우호적인 작업팀 결성 : 제3단계
④ 안전한 작업조건 조성 및 고용 보장 : 제2단계
⑤ 냉난방 시설 및 사내식당 운용 : 제1단계

07 어떤 프로젝트의 PERT(Program Evaluation and Review Technique) 네트워크와 활동소요시간이 아래와 같을 때, 옳지 않은 설명은?

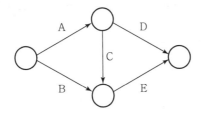

활동	소요시간(日)
A	10
B	17
C	10
D	7
E	8
계	52

① 주 경로(critical path)는 A−C−E이다.

② 프로젝트를 완료하는 데에는 적어도 28일이 필요하다.

③ 활동 D의 여유시간은 11일이다.

④ 활동 E의 소요시간이 증가해도 주 경로는 변하지 않는다.

⑤ 활동 A의 소요시간을 5일만큼 단축시킨다면 프로젝트 완료시간도 5일만큼 단축된다.

● 해설

1. 주 경로 : 경로 중 가장 소요시간이 오래 걸리는 경로
   1) A−C−E＝28일
   2) A−D＝17일
   3) B−E＝25일
2. 프로젝트를 완료하는 데는 주 경로에 의한 28일이 소요되므로 활동 E의 소요시간이 증가해도 이미 주 경로는 A-C-E이기 때문에 주 경로는 변하지 않는다.
3. 활동 A의 소요시간을 단축시킬 수 있는 최대시간은 3시간이며 그 이상으로 단축 시 주 경로가 변하게 된다.

08 공장의 설비배치에 관한 설명으로 옳은 것을 모두 고른 것은?

> ㄱ. 제품별 배치(product layout)는 연속, 대량 생산에 적합한 방식이다.
> ㄴ. 제품별 배치를 적용하면 공정의 유연성이 높아진다는 장점이 있다.
> ㄷ. 공정별 배치(process layout)는 범용설비를 제품의 종류에 따라 배치한다.
> ㄹ. 고정위치형 배치(fixed position layout)는 주로 항공기 제조, 조선, 토목건축 현장에서 찾아볼 수 있다.
> ㅁ. 셀형 배치(cellular layout)는 다품종 소량생산에서 유연성과 효율성을 동시에 추구할 수 있다.

① ㄱ, ㅁ

② ㄱ, ㄹ, ㅁ

③ ㄴ, ㄷ, ㄹ

④ ㄱ, ㄴ, ㄹ, ㅁ

⑤ ㄱ, ㄷ, ㄹ, ㅁ

● 해설

공장 설비배치

1. 제품별 배치 : 연속 · 대량 생산에 적합한 것으로, 소품종 대량생산을 추구하는 방식
2. 고정위치형 배치 : 항공기 · 조선 · 토목건축 현장에서 볼 수 있는 방식으로 생산과정이 복잡하고 장기간 소요되는 경우 적용하는 방식
3. 셀형 배치 : 다품종 소량생산에서 유연성과 효율성을 추구하는 방식

◉ ANSWER | 08 ②

09 리더십 이론의 설명으로 옳은 것을 모두 고른 것은?

> ㄱ. 블레이크(R. Blake)와 머튼(J. Mouton)의 리더십 관리격자모형에 의하면 일(생산)에 대한 관심과 사람에 대한 관심이 모두 높은 리더가 이상적 리더이다.
> ㄴ. 피들러(F. Fiedler)의 리더십 상황이론에 의하면 상황이 호의적일 때 인간중심형 리더가 과업지향형 리더보다 효과적인 리더이다.
> ㄷ. 리더 – 부하 교환이론(leader – member exchange theory)에 의하면 효율적인 리더는 믿을 만한 부하들을 내집단(in – group)으로 구분하여, 그들에게 더 많은 정보를 제공하고, 경력개발 지원 등의 특별한 대우를 한다.
> ㄹ. 변혁적 리더는 예외적인 사항에 대해 개입하고, 부하가 좋은 성과를 내도록 하기 위해 보상시스템을 잘 설계한다.
> ㅁ. 카리스마 리더는 강한 자기 확신, 인상관리, 매력적인 비전 제시 등을 특징으로 한다.

① ㄱ, ㄴ, ㄹ
② ㄱ, ㄷ, ㅁ
③ ㄴ, ㄷ, ㄹ
④ ㄱ, ㄴ, ㄷ, ㅁ
⑤ ㄱ, ㄷ, ㄹ, ㅁ

해설

리더십 이론
1. 블레이크의 리더십 관리격자모형 : 일에 대한 관심과 사람에 대한 관심이 모두 높은 리더가 이상적 리더
2. 피들러의 리더십 상황이론
   1) 과업지향형 리더 : 과업지향적인 통제형 리더십
   2) 관계지향형 리더 : 대인관계의 원만한 형성으로 과업을 성취하도록 하는 배려형 리더십
3. 리더 – 부하 교환이론 : 효율적인 리더는 믿을 만한 부하들을 내집단으로 구분하여 그들에게 더 많은 정보를 제공하고, 경력개발 지원 등의 특별한 대우를 한다.
4. 변혁적 리더 : 기대 이상의 성과가 가능하도록 리더가 아닌 하위자가 예외적인 사항에 대해 개입하는 등 조직 전체를 위해 일하게 함으로써 성과를 발휘하도록 한다.
5. 카리스마 리더 : 강한 자기확신, 인상관리, 매력적인 비전 제시로 동기부여를 하는 리더십

10 산업심리학의 연구방법에 관한 설명으로 옳지 않은 것은?

① 관찰법 : 행동표본을 관찰하여 주요 현상들을 찾아 기술하는 방법이다.
② 사례연구법 : 한 개인이나 대상을 심층 조사하는 방법이다.
③ 설문조사법 : 설문지 혹은 질문지를 구성하여 연구하는 방법이다.
④ 실험법 : 원인이 되는 종속변인과 결과가 되는 독립변인의 인과관계를 살펴보는 방법이다.
⑤ 심리검사법 : 인간의 지능, 성격, 적성 및 성과를 측정하고 정보를 제공하는 방법이다.

해설

실험법
산업심리학 연구를 위한 기초통계의 작성 시 고려하는 인과관계 조사대상으로는 독립변인, 종속변인, 가외변인, 매개변인, 중재변인 등이 있다. 독립변인이 종속변인의 유일한 원인은 아니며 두 변인 간의 관계가 인과적이거나 의존적이라는 것을 의미한다. 따라서 유일한 원인이 아니라는 것은 상호 간 영향을 미치는 변인이 존재할 수 있다는 것으로 작용변인의 연구는 지속적으로 이루어져야 할 것이다.

작용변인	내용	사례
독립변인	조사 및 실험에 따른 인간관계의 원인이 되는 변인	올바른 태도는 무사고자의 독립변인
종속변인	조사 및 실험의 결과가 되는 변인	무사고자가 갖출 점은 올바른 태도
가외변인	독립변인이 직접적이지 않으나 종속변인에 영향을 미치는 변인	무사고자는 올바른 태도 외에 적절한 지식과 기능을 겸비해야 함
매개변인	독립변인과 종속변인의 상호 간 변인역할을 갖는 중간단계의 변인	올바른 태도는 무사고자의 독립변인이며, 무사고자는 올바른 태도의 종속변인
중재변인	독립변인과 종속변인의 관계를 다르게 나타나게 관여하는 중재적 변인	올바른 태도를 갖추는 것이 무사고자가 되는 영향요인이 되나 이외에도 성별에 따른 차이가 나타났다면 성별은 중재변인에 해당됨

11 인간의 정보처리 방식 중 정보의 한 가지 측면에만 초점을 맞추고 다른 측면은 무시하는 것은?

① 선택적 주의(selective attention)
② 분할 주의(divided attention)
③ 도식(schema)
④ 기능적 고착(functional fixedness)
⑤ 분위기 가설(atmosphere hypothesis)

●해설

인간의 정보처리 방식 중 선택적 주의

정보처리 방식에 있어 한 가지 측면에만 초점을 맞추고 다른 측면은 무시하는 방식

12 일 – 가정 갈등(work – family conflict)에 관한 설명으로 옳지 않은 것은?

① 일과 가정의 요구가 서로 충돌하여 발생한다.
② 장시간 근무나 과도한 업무량은 일 – 가정 갈등을 유발하는 주요한 원인이 될 수 있다.
③ 적은 시간에 많은 것을 해내기를 원하는 경향이 강한 사람은 더 많은 일 – 가정 갈등을 경험한다.
④ 직장은 일 – 가정 갈등을 감소시키는 데 중요한 역할을 담당하지 않는다.
⑤ 돌봐 주어야 할 어린 자녀가 많을수록 더 많은 일 – 가정 갈등을 경험한다.

●해설

일 – 가정 갈등의 요인

1. 일과 가정의 요구가 서로 충돌해 발생한다.(모든 갈등은 요인 간의 충돌로 발생)
2. 장시간 근무나 과도한 업무량은 일 – 가정 갈등을 유발하는 주요한 원인이 될 수 있다.
3. 적은 시간에 많은 것을 해내기를 원하는 경향이 강한 사람이 더 많은 일 – 가정 갈등을 경험한다.
4. 직장은 일 – 가정 갈등을 해소시키는 데 중요한 역할을 담당한다.
5. 돌봐 주어야 할 어린 자녀가 많을수록 더 많은 일 – 가정 갈등을 경험한다.

◉ ANSWER | 11 ① 12 ④

13 다음에 해당하는 갈등 해결방식은?

> 근로자가 동료나 관리자와 같은 제3자에게 갈등에 대해 언급하여, 자신과 갈등하는 대상을 직접 만나지 않고 저절로 갈등이 해결되는 것을 희망한다.

① 순응하기 방식(accommodating style)　② 협력하기 방식(collaborating style)
③ 회피하기 방식(avoiding style)　④ 강요하기 방식(forcing style)
⑤ 타협하기 방식(compromising style)

● 해설

갈등 해결방식
1. 협력하기 방식 : 갈등이 생겼을 때 갈등 발생 대상자에게 상호협력을 제안하고 같이 해결해 나아가는 가장 합리적인 방식
2. 회피하기 방식 : 근로자가 동료나 관리자와 같은 제3자에게 갈등에 대해 언급해 자신과 갈등하는 대상을 직접 만나지 않고 저절로 갈등이 해결되는 것을 희망하는 것과 같은 방식

14 조명과 직무환경에 관한 설명으로 옳지 않은 것은?

① 조도는 어떤 물체나 표면에 도달하는 빛의 양을 말한다.
② 동일한 환경에서 직접조명은 간접조명보다 더 밝게 보이도록 하며, 눈부심과 눈의 피로도를 줄여준다.
③ 눈부심은 시각 정보 처리의 효율을 떨어뜨리고, 눈의 피로도를 증가시킨다.
④ 작업장에 조명을 설치할 때에는 빛의 밝기뿐만 아니라 빛의 배분도 고려해야 한다.
⑤ 최적의 밝기는 작업자의 연령에 따라서 달라진다.

● 해설

조명과 직무환경
1. 조도는 어떤 물체나 표면에 도달하는 빛의 양을 말한다.
2. 동일한 환경에서 직접조명은 간접조명보다 더 밝게 보이도록 하며, 눈부심과 눈의 피로도가 높아진다.
3. 눈부심은 시각 정보 처리의 효율을 떨어뜨리고, 눈의 피로도를 증가시킨다.
4. 작업장에 조명을 설치할 때에는 빛의 밝기뿐만 아니라 빛의 배분도 고려해야 한다.
5. 최적의 밝기는 작업자의 연령에 따라서 달라진다.

15 직무분석에 관한 설명으로 옳은 것을 모두 고른 것은?

> ㄱ. 직무분석 접근 방법은 크게 과업중심(task – oriented)과 작업자중심(worker – oriented)으로 분류할 수 있다.
> ㄴ. 기업에서 필요로 하는 업무의 특성과 근로자의 자질을 파악할 수 있다.
> ㄷ. 해당 직무를 수행하는 근로자들에게 필요한 교육훈련을 계획하고 실시할 수 있다.
> ㄹ. 근로자에게 유용하고 공정한 수행 평가를 실시하기 위한 준거(criterion)를 획득할 수 있다.

① ㄱ, ㄴ　　　　　　　② ㄴ, ㄷ
③ ㄴ, ㄹ　　　　　　　④ ㄱ, ㄷ, ㄹ
⑤ ㄱ, ㄴ, ㄷ, ㄹ

직무분석

1. 직무의 내용을 체계적으로 분석해 인사관리에 필요한 직무정보를 제공하는 과정
2. 접근방법 : 과업중심과 작업자중심으로 분류
3. 효과 : 기업에서 필요로 하는 업무의 특성과 근로자의 자질 파악이 가능하며, 근로자들에게 필요한 교육훈련을 계획하고 실시할 수 있게 되어 결과적으로 근로자에게 유용하고 공정한 수행평가를 실시하기 위한 준거를 획득할 수 있다.

16 다음 중 인간의 정보처리와 표시장치의 양립성(compatibility)에 관한 내용으로 옳은 것을 모두 고른 것은?

> ㄱ. 양립성은 인간의 인지기능과 기계의 표시장치가 어느 정도 일치하는가를 말한다.
> ㄴ. 양립성이 향상되면 입력과 반응의 오류율이 감소한다.
> ㄷ. 양립성이 감소하면 사용자의 학습시간은 줄어들지만, 위험은 증가한다.
> ㄹ. 양립성이 향상되면 표시장치의 일관성은 감소한다.

① ㄱ, ㄴ   ② ㄴ, ㄷ
③ ㄷ, ㄹ   ④ ㄱ, ㄴ, ㄹ
⑤ ㄱ, ㄴ, ㄷ, ㄹ

1. 양립성 : 인간의 인지기능과 기계의 표시장치가 어느 정도 일치하는가를 말하는 것으로 양립성이 향상되면 입력과 반응의 오류율이 감소하는 효과가 있다.
2. 양립성의 분류

구분	특징
개념양립성	학습에 의해 이미 알고 있는 개념적 양립성
운동양립성	표시장치의 움직이는 방향과 조정장치의 방향이 일치되도록 기대하는 양립성
공간양립성	표시장치와 조정장치의 공간적 배치에 의해 나타나는 양립성
양식양립성	작업에 적합한 양식의 기대에 따른 양립성

17 아래 그림에서 평행한 두 선분은 동일한 길이임에도 불구하고 위의 선분이 더 길어 보인다. 이러한 현상을 나타내는 용어는?

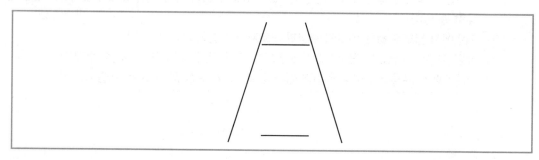

① 포겐도르프(Poggendorf) 착시현상   ② 뮬러-라이어(Müller-Lyer) 착시현상
③ 폰조(Ponzo) 착시현상   ④ 티체너(Titchener) 착시현상
⑤ 죌너(Zöllner) 착시현상

해설

학설	현상	그림
(1) Müller Lyer의 착시	• (a)가 (b)보다 길어 보임 • 실제 a=b	 (a) (b)
(2) Helmholz의 착시	• (a)는 세로로 길어 보임 • (b)는 가로로 길어 보임	 (a) (b)
(3) Herling의 착시	• (a)는 양단이 벌어져 보임 • (b)는 중앙이 벌어져 보임	 (a) (b)
(4) Poggendorf의 착시	• (a)와 (c)가 일직선으로 보임 • 실제 (a)와 (b)가 일직선	

18 다음 중 산업재해이론과 그 내용의 연결로 옳지 않은 것은?

① 하인리히(H. Heinrich)의 도미노 이론 : 사고를 촉발시키는 도미노 중에서 불안전상태와 불안전행동을 가장 중요한 것으로 본다.

② 버드(F. Bird)의 수정된 도미노 이론 : 하인리히(H. Heinrich)의 도미노 이론을 수정한 이론으로, 사고 발생의 근본적 원인을 관리 부족이라고 본다.

③ 애덤스(E. Adams)의 사고연쇄반응 이론 : 불안전행동과 불안전상태를 유발하거나 방치하는 오류는 재해의 직접적인 원인이다.

④ 리전(J. Reason)의 스위스 치즈 모델 : 스위스 치즈 조각들에 뚫려 있는 구멍들이 모두 관통되는 것처럼 모든 요소의 불안전이 겹쳐져서 산업재해가 발생한다는 이론이다.

⑤ 하돈(W. Haddon)의 매트릭스 모델 : 작업자의 긴장 수준이 지나치게 높을 때, 사고가 일어나기 쉽고 작업 수행의 질도 떨어지게 된다는 것이 핵심이다.

●**해설**

1. 하인리히의 연쇄성 이론
   1) 연쇄성 이론은 보험회사 직원이었던 하인리히에 의해 최초로 발표되었으며 도미노 이론이라고 불리기도 한다.
   2) 사고를 예방하는 방법은 연쇄적으로 발생되는 원인들 중에서 어떤 원인을 제거하면 연쇄적인 반응을 차단할 수 있다는 이론에 근거를 두고 있다.
   3) 연쇄성 이론에 의하면 5개의 도미노가 있다.
      ① 사회적 · 유전적 요소
      ② 개인적 결함
      ③ 불안전한 상태 및 행동
      ④ 사고
      ⑤ 재해
   4) 사고 발생의 직접적인 원인은 불안전한 행동과 불안전한 상태이다.
   5) 연쇄성 이론에서 첫 번째 도미노는 사회적 · 유전적 요소

2. 버드의 수정 도미노 이론 : 하인리히의 도미노 이론을 수정한 것으로 사고발생의 근본원인을 관리부족으로 수정
3. 애덤스의 사고연쇄반응 이론 : 불안전한 행동과 불안전한 상태를 유발하거나 방치하는 오류가 재해의 직접적인 원인이다.
4. 리전의 스위스 치즈 모델 : 스의스 치즈 조각들에 뚫려 있는 구멍들이 모두 관통되는 것처럼 모든 요소의 불안전함이 겹쳐져 재해가 발생된다는 이론
5. 하돈의 매트릭스 모델 : 교통사고로 인한 재해의 저감을 줄이기 위한 것으로 기능의 파악에 중점을 둔 이론

19 국소배기장치의 환기효율을 위한 설계나 설치방법으로 옳지 않은 것은?

① 사각형관 덕트보다는 원형관 덕트를 사용한다.

② 공정에 방해를 주지 않는 한 포위형 후드로 설치한다.

③ 푸시-풀(push-pull) 후드의 배기량은 급기량보다 많아야 한다.

④ 공기보다 증기밀도가 큰 유기화합물 증기에 대한 후드는 발생원보다 낮은 위치에 설치한다.

⑤ 유기화합물 증기가 발생하는 개방처리조(open surface tank) 후드는 일반적인 사각형 후드 대신 슬롯형 후드를 사용한다.

1. 국소배기장치의 환기효율을 위한 기준
   1) 사각형관 덕트보다는 원형관 덕트를 사용한다.
   2) 공정에 방해를 주지 않는 한 포위형 후드로 설치한다.
   3) 푸시-풀 후드의 배기량은 급기량보다 많아야 한다.
   4) 공기보다 증기밀도가 큰 유기화합물 증기에 대한 후드는 발생원보다 높은 위치에 설치한다.
   5) 유기화합물 증기가 발생하는 개방처리조 후드는 일반적인 사각형 후드 대신 슬롯형 후드를 사용한다.

2. 배기장치의 설치 시 고려사항
   1) 국소배기장치 덕트 크기는 후드 유입공기량과 반송속도를 근거로 결정한다.
   2) 공조시설의 공기유입구와 국소배기장치 배기구는 서로 이격시키는 것이 좋다.
   3) 공조시설에서 신선한 공기의 공급량은 배기량의 10%가 넘도록 해야 한다.
   4) 국소배기장치에서 송풍기는 공기정화장치와 떨어진 곳에 설치한다.

20 화학물질 및 물리적 인자의 노출기준 중 2018년에 신설된 유해인자로 옳은 것은?

① 우라늄(가용성 및 불용성 화합물) ② 몰리브덴(불용성 화합물)
③ 이브롬화에틸렌 ④ 이염화에틸렌
⑤ 라돈

● 해설 ─

라돈(Rn)은 방사성 기체원소로 2018년 화학물질 및 물리적 인자의 노출기준이 신설되었다.

21 산업위생의 목적 달성을 위한 활동으로 옳지 않은 것은?

① 메탄올의 생물학적 노출지표를 검사하기 위하여 작업자의 혈액을 채취하여 분석한다.
② 노출기준과 작업환경측정결과를 이용하여 작업환경을 평가한다.
③ 피토관을 이용하여 국소배기장치 덕트의 속도압(동압)과 정압을 주기적으로 측정한다.
④ 금속 흄 등과 같이 열적으로 생기는 분진 등이 발생하는 작업장에서는 1급 이상의 방진마스크를 착용하게 한다.
⑤ 인간공학적 평가도구인 OWAS를 활용하여 작업자들에 대한 작업 자세를 평가한다.

● 해설 ─

산업위생의 목적 달성을 위한 활동
1. 메탄올은 메틸알코올 또는 목정으로 불리는 가장 간단한 형태의 알코올 화합물로 노출지표검사에 의한 방법으로 분석한다.
2. 노출기준과 작업환경측정결과를 이용해 평가한다.
3. 피토관을 이용해 국소배기장치 덕트의 속도압과 정압을 주기적으로 측정한다.
4. 금속 흄(Fume) 등과 같이 열적으로 생기는 분진 등이 발생하는 작업장에서는 1급 이상의 방진마스크를 착용하게 한다.
5. 인간공학적 평가도구인 OWAS를 활용해 작업자들에 대한 작업 자세를 평가한다.

22 공기시료채취펌프를 무마찰 비누거품관을 이용하여 보정하고자 한다. 비누거품관의 부피는 500 cm³이었고 3회에 걸쳐 측정한 평균시간이 20초였다면, 펌프의 유량(L/min)은?

① 1.0
② 1.5
③ 2.0
④ 2.5
⑤ 3.0

23 근로자 건강증진활동 지침에 따라 건강증진활동 계획을 수립할 때, 포함해야 하는 내용을 모두 고른 것은?

> ㄱ. 건강진단결과와 사후관리조치
> ㄴ. 작업환경측정결과에 대한 사후조치
> ㄷ. 근골격계 질환 징후가 나타난 근로자에 대한 사후조치
> ㄹ. 직무스트레스에 의한 건강장해 예방조치

① ㄱ, ㄴ
② ㄱ, ㄹ
③ ㄱ, ㄷ, ㄹ
④ ㄴ, ㄷ, ㄹ
⑤ ㄱ, ㄴ, ㄷ, ㄹ

24 작업장에서 휘발성 유기화합물(분자량 100, 비중 0.8) 1L가 완전히 증발하였을 때, 공기 중 이 물질이 차지하는 부피(L)는?(단, 25℃, 1기압)

① 179.2
② 192.8
③ 195.6
④ 241.0
⑤ 244.5

1. $PV = \dfrac{W}{M}RT$

$V = \dfrac{WRT}{PM}$

여기서, P : 압력(1atm)

$\quad\quad\quad V$: 부피(L)

$\quad\quad\quad W$: 무게(0.8kg/L×1L)

$\quad\quad\quad R$: 기체상수($0.08205 \times \dfrac{\text{L} \cdot \text{atm}}{\text{g} \cdot \text{mL} \cdot \text{K}}$)

$\quad\quad\quad T$: 절대온도(273+25℃)

2. $V = \dfrac{800 \times 0.08205 \times 298}{1 \times 100}$

$\quad\quad = 195.6\text{L}$

25 다음에서 설명하는 화학물질은?

- 2006년에 이 화학물질을 취급하던 중국동포가 수개월 만에 급성 간독성을 일으켜 사망한 사례가 있었다.
- 이 화학물질은 폴리우레탄을 이용해 아크릴 등의 섬유, 필름, 표면코팅, 합성가죽 등을 제조하는 과정에서 노출될 수 있다.

① 벤젠

② 메탄올

③ 노말헥산

④ 이황화탄소

⑤ 디메틸포름아미드

●해설

디메틸포름아미드

1. 인체에 유해한 화학물질로 급성 간독성을 유발할 수 있다.
2. 폴리우레탄을 이용해 아크릴 등의 섬유, 필름, 표면코팅, 합성가죽 등을 제조하는 과정에서 노출될 수 있다.
3. 폴리아크릴로니트릴의 용매이며, 아크릴계 합성섬유에서는 방사용제로 사용한다.

Willy.H

| 약력 |
- 건설안전기술사
- 토목시공기술사
- 서울중앙지방법원 건설감정인
- 한양대학교 공과대학 졸업
- 삼성그룹연구원
- 서울시청 전임강사(안전, 토목)
- 서울시청 자기개발프로그램 강사
- 삼성물산 강사
- 삼성전자 강사
- 삼성 디스플레이 강사
- 롯데건설 강사
- 현대건설 강사
- SH공사 강사
- 종로기술사학원 전임강사
- 포천시 사전재해영향성 검토위원
- LH공사 설계심의위원
- 대법원 · 고등법원 감정인

| 저서 |
- 「최신 건설안전기술사 Ⅰ·Ⅱ」 (예문사)
- 「건설안전기술사 최신기출문제풀이」 (예문사)
- 「재난안전 방재학 개론」 (예문사)
- 「건설안전기술사 핵심 문제」 (예문사)
- 「건설안전기사 필기 · 실기」 (예문사)
- 「건설안전산업기사 필기 · 실기」 (예문사)
- 「No1. 산업안전기사 필기」 (예문사)
- 「No1. 산업안전산업기사 필기」 (예문사)
- 「건설안전기술사 실전면접」 (예문사)
- 「건설안전기술사 moderation」 (진인쇄)
- 「산업안전지도사 1차」 (예문사)
- 「산업안전지도사 2차」 (예문사)
- 「산업안전지도사 실전면접」 (예문사)
- 「산업보건지도사 1차」 (예문사)

한유숙

| 약력 |
- 수원여자대학교 간호학과 졸업
- 보건교사 자격
- 삼성전자 수원 부속의원 근무

산업보건지도사 1차

산업안전보건법령/산업위생일반/기업진단·지도

발행일 | 2023. 9. 20   초판발행
2024. 2. 10   개정 1판1쇄

저 자 | Willy.H · 한유숙
발행인 | 정용수

발행처 | 예문사

주 소 | 경기도 파주시 직지길 460(출판도시) 도서출판 예문사
T E L | 031) 955 – 0550
F A X | 031) 955 – 0660
등록번호 | 11 – 76호

정가 : 55,000원

ISBN 978-89-274-5376-5 13530